AGFA-GEVAERT AKTIENGESELLSCHAFT

MITTEILUNGEN AUS DEN FORSCHUNGSLABORATORIEN DER AGFA-GEVAERT AG LEVERKUSEN-MÜNCHEN

BAND IV

MIT 370 ABBILDUNGEN

Springer-Verlag Berlin Heidelberg GmbH 1964

ISBN 978-3-662-12513-7 ISBN 978-3-662-12512-0 (eBook)
DOI 10.1007/978-3-662-12512-0

Ursprünglich erschienen bei Springer-Verlag Berlin Heidelberg New York 1964.
Softcover reprint of the hardcover 1st edition 1964
Library of Congress Catalog Card Number: 64 - 66169

Druck-Nr. D. 885-6104/15962

Titel Nr. 6317

HERRN DIREKTOR DR. DR. H.C.

FRITZ GAJEWSKI

DEM LANGJÄHRIGEN ERFOLGREICHEN

LEITER UND FÖRDERER DER AGFA

IN DANKBARKEIT GEWIDMET

Vorwort

Der vorliegende Band ist Herrn Direktor Dr. Dr. h. c. FRITZ GAJEWSKI gewidmet.

Herr Dr. GAJEWSKI kam erstmalig mit der Erzeugung photographischer Produkte in engere Berührung, als der Vorstand der I.G. Farbenindustrie A.G. ihn im Jahr 1928 beauftragte, die damalige ,,Betriebsgemeinschaft Berlin" zu reorganisieren, in der die Werke der ,,Agfa" mit ihren Produktionsgebieten Photo, Kunstseide und Fasern zusammengeschlossen waren.

Als die I.G. Farbenindustrie A.G. 1929 im Zuge einer grundlegenden Neuorganisation in drei Sparten gegliedert wurde, war die Betriebsgemeinschaft Berlin der Kern der Sparte III. Herr Dr. GAJEWSKI übernahm 1931 als Mitglied des Vorstandes und des Zentralausschusses der I.G. Farbenindustrie A.G. die gesamte technische Leitung dieser Sparte.

Seine großen Leistungen auf dem Kunstseide- und Fasergebiet sind bekannt. Wir verdanken ihm aber vor allem die außerordentlichen Erfolge der Agfa auf dem photographischen Sektor vor dem 2. Weltkrieg. So veranlaßte er, von der entscheidenden Bedeutung intensiver Forschung frühzeitig überzeugt, die Errichtung des Agfa-Zentrallaboratoriums. Damit schuf er die Grundlage für bedeutende und zukunftsweisende Entwicklungen, von denen das Agfacolor-Verfahren besonders hervorgehoben sei.

Im Band IV ist — wie in seinen Vorgängern — nur ein Teil derjenigen wissenschaftlichen Arbeiten zusammengestellt, die in den Agfa-Laboratorien in Leverkusen und München in den letzten Jahren durchgeführt wurden, und die zum Teil auch bereits in der einschlägigen Fachliteratur veröffentlicht sind. Die organisch-präparativen Beiträge stehen in diesem Bande anzahlmäßig den rein photographischen und physikalisch-chemischen Arbeiten nach; es ist daher beabsichtigt, im folgenden Band die zahlreichen abgeschlossenen und z. Z. laufenden organisch-chemischen Arbeiten bevorzugt wiederzugeben.

Alle Arbeiten waren zum Zeitpunkt der Gründung des gemeinsamen Konzerns Agfa-Gevaert AG, Leverkusen und Gevaert-Agfa NV. Mortsel abgeschlossen, so daß auf die durch den Austausch der beiderseitigen Forschungsergebnisse und die z. T. jetzt gemeinsam durchgeführten Untersuchungen hier noch keine Rücksicht genommen ist.

Die Gliederung des Stoffes ist im wesentlichen die folgende:

Nach Übersichtsarbeiten zum heutigen Stand der Theorie des photographischen Elementarprozesses finden sich zu diesem Thema Beiträge aus zwei Untersuchungsrichtungen: Wachstum und Kristalltracht von Halogensilbermikrokristallen, sowie Aufbau und Stabilität des latenten Bildes. Es folgen weitgehend theoretische Arbeiten zum Mechanismus verschiedener Reaktionen, die bei der Entwicklung von Bedeutung sind. Weitere Arbeiten behandeln Eigenschaften verarbeiteter photographischer Schichten, wobei einerseits die Sensitometrie von Farbumkehrfilmen, andererseits die immer mehr an Bedeutung gewinnenden Untersuchungen über die Leistungsfähigkeit photographischer Schichten im Sinne der Übertragungstheorie zu Wort kommen.

Die organisch-chemischen Arbeiten sind in ihrer Themenstellung vielseitig: Farblose und farbige Kupplung, Farbstoffe für die spektrale Sensibilisierung, neue Entwicklersubstanzen, Reaktivfarbstoffe für Gelatine, Analytik.

Zwei weitere Beiträge befassen sich mit Eigenschaften und Herstellung von Magnetschichten; den Abschluß bilden Arbeiten aus dem Kamera- bzw. Gerätebau: Photoelektrische Empfänger, sowie Wirkungsgrad von Beleuchtungssystemen.

An den organisatorischen Arbeiten zur Herausgabe des Bandes war Herr Dr. Matejec maßgeblich beteiligt, wofür ich ihm meinen besonderen Dank sage.

Leverkusen, im Dezember 1964

Eberhard Klein

Inhaltsverzeichnis

Thermodynamische Gesichtspunkte zum photographischen Elementarprozeß

Von R. Matejec

Zusammenfassung

Nach einer Beschreibung und Abgrenzung des thermodynamisch stabilen Zustandsbereiches von AgBr werden die elektrischen Teilleitfähigkeiten und die Konzentrationen der Ladungsträger in Abhängigkeit von den thermodynamischen Zustandsvariablen (Silberaktivität (a_{Ag}); Brompartialdruck (p_{Br_2}); elektrochemisches Potential ($E_{Redox} - E_{Ag^+/Ag}$) einer mit dem AgBr im Gleichgewicht stehenden Lösungsphase) diskutiert. Zustandsdaten für die Äquivalenzbedingung und für die beiden Grenzzustände der thermodynamischen AgBr-Stabilität (Sättigung des AgBr an Silber; Sättigung des AgBr an Brom) werden hergeleitet.

Die elektrochemische und die photochemische Überführung des AgBr in Silber wird unter gemeinsamen Gesichtspunkten betrachtet: An „Keimbildungszentren" (z. B. an strukturellen Fehlstellen, Subkeimen, Reifkeimen, latenten Bildkeimen usw.) setzt sowohl die elektrochemische als auch die photochemische Silberbildung ein, sobald die „Sättigungskonzentration" des Silbers im AgBr mehr oder weniger weit überschritten wird; zur „spontanen" Silberausscheidung über eine „spontane Silberkeimbildung" kommt es dagegen erst, wenn eine kritische Silber-Übersättigungs grenze überschritten wird.

Die Gleichgewichtskonzentration der Defektelektronen wird im AgBr gleichfalls durch die thermodynamischen Zustandsbedingungen gesteuert; deren Einfluß auf Rekombination und Regression beim photographischen Elementarprozeß wird qualitativ diskutiert.

1. Einleitung

Beim photographischen Elementarprozeß entstehen die Keime des latenten Bildes nach Absorption diskreter Lichtquanten. Ferner bestehen in der Regel die meisten dieser Keime aus nur ziemlich wenigen Silberatomen. Dies sind offenbar die Hauptgründe, warum der photographische Elementarprozeß vorzugsweise in der atomistischen Betrachtungsweise diskutiert wird: An Hand des Bändermodells wird gewöhnlich das Schicksal der bei der Lichtabsorption entstehenden Ladungsträger ($\ominus$ und $\oplus$), deren Rekombination und Einfang durch diskrete Fallen usw. abgehandelt; thermodynamische Gesichtspunkte werden dabei meist nur sehr spärlich herangezogen.

Aber wenn die Keime des latenten Bildes auch selbst sehr klein sind, so entstehen sie bei der Belichtung der photographischen Schichten doch meistens in einer so großen Zahl, daß statistische Betrachtungen möglich sind. Aus diesem Grunde können in gewissen Fällen thermodynamische Gesichtspunkte zur Erforschung des photographischen Geschehens nicht unwesentlich beitragen. Im folgenden sollen hier deshalb einige Probleme des photographischen Elementarprozesses einmal unter thermodynamischen Aspekten diskutiert werden.

Aus thermodynamischen Daten und elektrischen Leitfähigkeitsmessungen läßt sich für den stabilen Zustandsbereich des AgBr das in Abb. 2 dargestellte Zustandsdiagramm herleiten (vgl. [*1*]). An Hand dieses Diagramms kann man die elektrochemische und die photochemische Silberausscheidung aus dem AgBr unter gemeinsamen Gesichtspunkten diskutieren: Beim Überschreiten der „Sättigungskonzentration" des Silbers im AgBr tritt sowohl elektrochemisch als auch photochemisch eine Silberausscheidung aus dem AgBr nur dann auf, wenn „Keimbildungszentren" oder „Keime" am AgBr vorhanden sind (strukturelle Fehlstellen; Subkeime; Reifkeime; latente Bildkeime usw.). Zur „spontanen" Silberkeimbildung muß dagegen die elektrochemisch oder photochemisch im AgBr erzeugte „Silberkonzentration" eine noch höher gelegene, kritische „Übersättigungs-Grenzkonzentration" übersteigen.

Es sei betont, daß die in dieser Arbeit verwendeten Begriffe (wie z. B. „Silberübersättigung" des AgBr; „Konzentrationen" von außerordentlich kleinen Größenordnungen usw.) thermodynamisch zwar exakt definiert sind, aber nicht immer vorbehaltlos in die atomistische Vorstellungsweise übertragen werden können.

2. Der thermodynamisch stabile Zustandsbereich des AgBr

Zur Einführung in die thermodynamische Betrachtungsweise soll hier zunächst einmal der bei [*1*] theoretisch dargelegte, bei Zimmertemperatur thermodynamisch stabile Zustandsbereich des AgBr behandelt werden.

Es wird dabei ausgegangen von der Bildungsreaktion des AgBr aus den Elementen unter Normalbedingungen:

$$\frac{1}{2}\,\mathrm{Br_2} + \mathrm{Ag} \rightleftharpoons \mathrm{AgBr}\,. \tag{1}$$

Anwendung des Massenwirkungsgesetzes auf die Reaktion (1) ergibt die folgende Gleichung (2):

$$p_{\mathrm{Br_2}}^{\frac{1}{2}} \cdot a_{\mathrm{Ag}} = \exp\left[\frac{\Delta G^\circ_{(1)}}{RT}\right], \tag{2}$$

in welcher $p_{\mathrm{Br_2}}$ den $\mathrm{Br_2}$-Partialdruck, a_{Ag} die thermodynamische Aktivität des Silbers im AgBr und $\Delta G^\circ_{(1)}$ den Standardwert der freien Bildungsenthalpie des AgBr nach Reaktion (1) bedeutet. Durch die Gl. (2) ist jedem $\mathrm{Br_2}$-Partialdruck ($p_{\mathrm{Br_2}}$) eine ganz bestimmte, thermodynamische Silberaktivität (a_{Ag}) zugeordnet.

Diese Silberaktivität ist ein Maß für die Konzentration des (in Form von freien Elektronen und freien Zwischengittersilberionen gemäß Gl. 10) im AgBr homogen „gelösten" Silbers; sie wird infolgedessen zweckmäßigerweise normiert auf Bruchteile oder Vielfache der „Silber-Sättigungskonzentration" im AgBr angegeben [*1*]. Sofern das AgBr mit Ag im thermodynamischen Phasengrenzgleichgewicht vorliegt und das AgBr infolgedessen an Silber „gesättigt" ist, wird dann $a_{\mathrm{Ag}} = 1$ oder $\log a_{\mathrm{Ag}} = 0$ (vgl. auch den unten beschriebenen Stabilitäts-Grenzzustand AgBr/Ag).

Die freie Bildungsenthalpie ($\Delta G^{\circ}_{(1)}$) des AgBr beträgt —22,93 [kcal/Mol] bei 25 °C [2]; infolgedessen hat die rechte Seite der Gl. (2) bei 25 °C die Größe

$$\exp\left[\frac{\Delta G^{\circ}_{(1)}}{RT}\right] = 10^{-16,8}\,. \tag{3}$$

Nach [3] hängt die thermodynamische Aktivität des Silbers im AgBr ferner über die Gl. (4):

$$-\frac{RT}{F}\ln a_{Ag} = (E_{Redox} - E_{Ag^+/Ag}) \tag{4}$$

mit der Differenz zwischen dem elektrochemischen Redoxpotential (E_{Redox}) und dem elektrochemischen (Ag+/Ag)-Gleichgewichtspotential einer Lösungsphase zusammen, welche mit dem AgBr unter gegebenen Zustandsbedingungen im thermodynamischen Gleichgewicht steht (ausführliche Einzelheiten darüber s. bei [3]).

Die Gleichungen (2) bis (4) geben aber nicht nur die funktionellen Zusammenhänge zwischen den drei Zustandsvariablen a_{Ag}, p_{Br_2} und ($E_{Redox} - E_{Ag^+/Ag}$), sondern auch die Grenzen des stabilen Zustandsbereichs an:

Wenn das AgBr mit metallischem Silber in Kontakt und im thermodynamischen Gleichgewicht steht (Stabilitäts-Grenzzustand: AgBr/Ag), dann ist nach der oben angegebenen Normierung

$$\left\{\begin{array}{l} a_{Ag} = 1, \text{ somit nach Gl. (2) und (3)} \\ p_{Br_2} = 10^{-(2\times 16,8)} = 10^{-33,6}\,[\text{atm}] \text{ und nach Gl. (4)} \\ (E_{Redox} - E_{Ag^+/Ag}) = 0\,. \end{array}\right.$$

Wird dieser Grenzzustand nach größeren a_{Ag}-Werten (kleineren p_{Br_2}-Werten oder negativeren Redoxpotentialen) überschritten, dann wird das AgBr instabil; im AgBr herrscht dann die Tendenz, Ag^+-Ionen in Ag-Atome umzuwandeln.

Wenn andererseits das AgBr mit flüssigem Br_2 von 1 atm Druck in Kontakt steht (Stabilitäts-Grenzzustand: AgBr/Br_2), dann ist

$$\left\{\begin{array}{l} p_{Br_2} = 1\,[\text{atm}], \text{ somit nach Gl. (2) und (3)} \\ a_{Ag} = 10^{-16,8} \text{ und nach Gl. (4)} \\ (E_{Redox} - E_{Ag^+/Ag}) = +975\,[\text{mV}]\,. \end{array}\right.$$

Wird dieser andere Grenzzustand nach kleineren a_{Ag}-Werten (d. h. nach größeren p_{Br_2}-Werten oder nach positiveren Redoxpotentialen) überschritten, dann verdampft unter Normalbedingungen das Halogen aus dem AgBr.

Die in diesen beiden Stabilitäts-Grenzzuständen im reinen AgBr bei Zimmertemperatur erzielbaren stöchiometrischen Überschußkonzentrationen sind jedoch nur sehr klein (vgl. [1]: Aus der weiter hinten im Abschnitt 3 enthaltenen Abb. 2 folgt für den ersten der obengenannten Grenzzustände (AgBr/Ag) ein maximaler Ag-Überschuß von $10^{-1,5}\left[\frac{\text{Elektronen}}{\text{Mol AgBr}}\right] \mathrel{\hat{=}} 10^{-25,3}\left[\frac{\text{Mole Ag}}{\text{Mol AgBr}}\right]$ (Ordinatenwert von $c_{\ominus}$ in Abb. 2 bei $\log a_{Ag} = 0$), für den zweiten der obengenannten Grenzzustände (AgBr/Br_2) folgt ein maximaler Br-Überschuß von $10^{+13,6}\left[\frac{\text{Defektelektronen}}{\text{Mol AgBr}}\right] \mathrel{\hat{=}}$ $\mathrel{\hat{=}} 10^{-9,8}\left[\frac{\text{Mole Br}}{\text{Mol AgBr}}\right]$ (Ordinatenwert von $c_{\oplus}$ in Abb. 2 bei $\log a = -16,8$).

3. Elektrische Leitfähigkeiten und Gleichgewichtskonzentrationen der freien Ladungsträger im thermodynamisch stabilen Zustands-Bereich des AgBr

In der Abb. 1 sind die elektrischen Teilleitfähigkeiten (Ionenleitfähigkeit $\varkappa_{\text{ion}}$, Elektronenleitfähigkeit $\varkappa_{\ominus}$ und Defektelektronenleitfähigkeit $\varkappa_{\oplus}$) des AgBr in dem im Abschnitt 2 behandelten thermodynamisch stabilen Zustandsbereich für Zimmertemperatur als Funktion der thermodynamischen Silberaktivität (a_{Ag}) sowie als Funktion der elektrochemischen Potentialdifferenz ($E_{\text{Redox}} - E_{\text{Ag}^+/\text{Ag}}$) eingetragen (entnommen von [*1*]). Die linke Abszissengrenze ($\log a_{\text{Ag}} = 0$) der Abb. 1 entspricht dem einen Grenzzustand, der im Phasengleichgewicht (AgBr/Ag metall.) vorliegt; die rechte Abszissengrenze ($\log a_{\text{Ag}} = -16{,}8$) entspricht dagegen dem anderen Grenzzustand, der im Phasengleichgewicht ($AgBr/Br_2$ 1 [atm]) vorhanden ist.

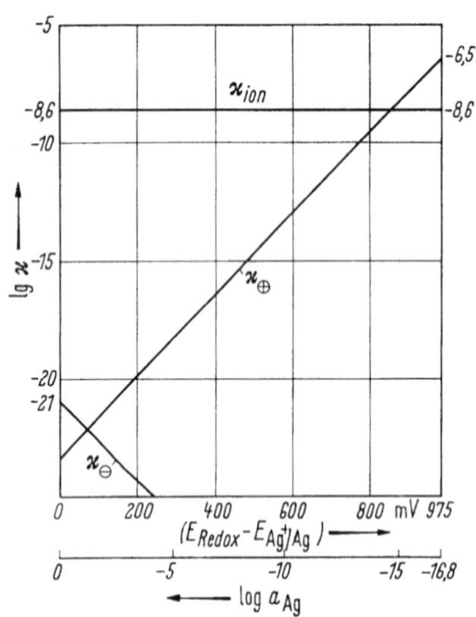

Abb. 1. Ionenleitfähigkeit ($\varkappa_{\text{ion}}$), Elektronenleitfähigkeit ($\varkappa_{\ominus}$) und Defektelektronenleitfähigkeit ($\varkappa_{\oplus}$) bei 25 °C im thermodynamisch stabilen Zustandsbereich des reinen AgBr als Funktion der thermodynamischen Silberaktivität (a_{Ag}) sowie als Funktion der elektrochemischen Potentialdifferenz ($E_{\text{Redox}} - E_{\text{Ag}^+/\text{Ag}}$) einer Lösung, die mit dem AgBr im Gleichgewicht steht (nach C. Wagner [*1*]).

Man kann diesem Diagramm folgendes entnehmen:

Die Ionenleitfähigkeit ist im gesamten Zustandsbereich konstant (sofern man Fremdstoffdotierungen ausschließt, vgl. unten). Begründet ist diese Konstanz der Ionenleitfähigkeit in dem größenordnungsmäßig sehr starken Überwiegen der Frenkelfehlstellen-Gleichgewichtskonzentration über die Gleichgewichtskonzentrationen der elektronischen Ladungsträger im gesamten Zustandsbereich (vgl. z. B. Abb. 2), so daß eine Variation der Konzentrationen dieser elektronischen Ladungsträger die Konzentration der Frenkelfehlstellen praktisch nicht beeinflußt.

Die Defektelektronenleitfähigkeit steigt dagegen in Abb. 1 proportional $p_{\text{Br}_2}^{\frac{1}{2}}$ und damit proportional $\dfrac{1}{a_{\text{Ag}}}$, die Elektronenleitfähigkeit andererseits proportional a_{Ag} und damit proportional $\dfrac{1}{p_{\text{Br}_2}^{\frac{1}{2}}}$ an.

Da die elektrische Leitfähigkeit einer jeden Ladungsträgersorte gegeben ist durch die folgende Beziehung:

$$\varkappa_i = z_i e \cdot c_i \cdot u_i \tag{5}$$

und da sowohl die Größen der Ladungen ($z_i e$) als auch die der Beweglichkeiten (u_i) der Ladungsträger im AgBr bekannt sind (bei 25 °C ist $u_{\text{Ag}_0^+} \approx 1{,}5 \cdot 10^{-4} \left[\dfrac{\text{cm}^2}{\text{V sek}}\right] \gg$ $\gg u_{\text{Ag}_\square^-}$ (s. [*4—5*]); $u_{\ominus} \approx 50$ bis $80 \left[\dfrac{\text{cm}^2}{\text{V sek}}\right]$ (s. [*6—11*]); $u_{\oplus} \approx 0{,}5$ bis $1{,}7 \left[\dfrac{\text{cm}^2}{\text{V sek}}\right]$ (s. [*12—14*]), kann man die in Abb. 1 eingetragenen elektrischen Leitfähigkeiten in die entsprechenden Ladungsträgerkonzentrationen umrechnen. Man erhält dann für den stabilen Zustandsbereich die in Abb. 2 eingetragenen Funktionen, die dort außerdem (gestrichelt gezeichnet) in den Ag-Übersättigungsbereich hinein extrapoliert worden sind.

Aus den in Abb. 2 eingetragenen Daten läßt sich die thermische Bildungsenthalpie ($\Delta G_{(8)}$) eines Elektronen-Defektelektronen-Paares abschätzen; wenn man in grober Näherung die Zustandsdichten der Elektronen im Leitungsband und die Zustands-

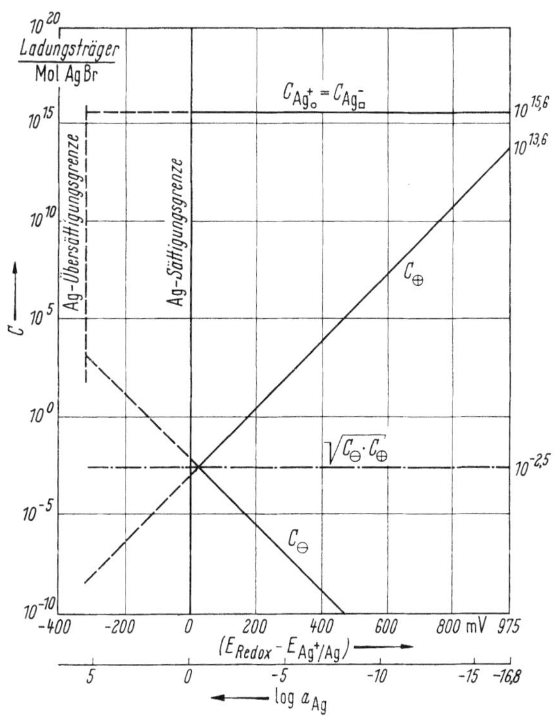

Abb. 2. Gleichgewichtskonzentrationen in Ladungsträger pro Mol AgBr der Frenkelfehlstellen (für $c_{Ag_o^+} = c_{Ag_\square^-}$), der freien Elektronen ($\ominus$) und der freien Defektelektronen ($\oplus$) im thermodynamisch stabilen Zustandsbereich des reinen AgBr als Funktion der thermodynamischen Silberaktivität (a_{Ag}) und der elektrochemischen Potentialdifferenz ($E_{Redox} - E_{Ag^+/Ag}$).

dichten der Defektelektronen im Valenzband beide gleich eins setzt, dann ist diese Bildungsenthalpie vergleichbar mit der Energiedifferenz zwischen Valenzband und Leitungsband im Bändermodell des AgBr (vgl. [*1* u. *15*]). Man kann der Abb. 2 für die Wurzel aus dem Produkt der Gleichgewichtskonzentrationen $\sqrt{c_\ominus \cdot c_\oplus}$ von freien Elektronen und freien Defektelektronen einen Wert von

$$\sqrt{c_\ominus \cdot c_\oplus} = 10^{-2,5}\left[\frac{\text{Ladungsträger}}{\text{Mol AgBr}}\right] = 10^{-26,3}\left[\frac{\text{Mole}}{\text{Mol AgBr}}\right] \tag{6}$$

entnehmen. Setzt man das Quadrat dieser Größe in die Massenwirkungsgleichung

$$\frac{c_{\mathrm{Br}^-}}{c_\ominus \cdot c_\oplus} = \exp\left[\frac{\Delta G^\circ_{(8)}}{RT}\right] \tag{7}$$

der Reaktion

$$\mathrm{Br}^- \rightleftharpoons \ominus + \oplus \tag{8}$$

ein und berücksichtigt man, daß die Konzentration der Br^--Ionen im AgBr $c_{\mathrm{Br}^-} = 1\left[\frac{\mathrm{Mol}}{\mathrm{Mol}}\right]$ ist, dann erhält man für die freie Bildungsenthalpie eines Elektronen-Defektelektronen-Paares im AgBr einen Wert von $\Delta G^\circ_{(8)} = +3{,}1$ [eV], der mit der optisch ermittelten Energiedifferenz zwischen Valenzband und Leitungsband in guter Näherung übereinstimmt (vgl. auch [*1*]).

Durch Fremdstoffdotierung oder Randschichteinflüsse kann nicht nur die Konzentration der Frenkelfehlstellen, sondern auch die der elektronischen Ladungsträger im AgBr verändert werden. Theoretisch ist zu erwarten, daß die in Abb. 2 eingetragene Gerade der Elektronenkonzentration ($c_\ominus$) parallel nach oben (oder unten) und die der Defektelektronenkonzentration ($c_\oplus$) parallel nach unten (oder oben) verschoben wird, wenn die Konzentration ($c_{\mathrm{Ag}_\circ^+}$) der Zwischengittersilberionen im AgBr durch solche Einflüsse verkleinert (oder vergrößert) wird. Verkleinerung (oder Vergrößerung) der Silberionenlücken-Konzentration ($c_{\mathrm{Ag}_\square^-}$) müßte in entgegengesetzter Richtung wirken.

4. Thermodynamische Gesichtspunkte zur Silberkeimbildung im AgBr

Die Abb. 2 zeigt, daß das reine AgBr bei Zimmertemperatur im Äquivalenzzustand:

$$c_\ominus = c_\oplus\,, \tag{9}$$

der dort bei $\log a_{\mathrm{Ag}} = -0{,}7$ oder $(E_{\mathrm{Redox}} - E_{\mathrm{Ag}^+/\mathrm{Ag}}) = +50$ [mV] liegt, an Silber untersättigt ist: Erst dann, wenn die Konzentration der freien Elektronen über den im Stabilitäts-Grenzzustand AgBr/Ag (d. h. bei $a_{\mathrm{Ag}} = 1$ oder $\log a_{\mathrm{Ag}} = 0$) vorhandenen Gleichgewichtswert gesteigert wird, ist die Ausscheidung einer Silberphase am oder im AgBr durch die Reaktion

$$\ominus + \mathrm{Ag}_\circ^+ \rightleftharpoons \mathrm{Ag} \tag{10}$$

infolge einer Übersättigung des AgBr an Silber thermodynamisch erlaubt. Anwendung des Massenwirkungsgesetzes auf die Reaktion (10) ergibt die Beziehung

$$\frac{c_\ominus \cdot c_{\mathrm{Ag}_\circ^+}}{a_{\mathrm{Ag}}} = \exp\left[\frac{\Delta G^\circ_{(10)}}{RT}\right]. \tag{11}$$

Mit den aus Abb. 2 bei $a_{\mathrm{Ag}} = 1$ zu entnehmenden Zahlenwerten

$$c_\ominus = 10^{-1,5}\left[\frac{\text{Elektronen}}{\text{Mol AgBr}}\right] = 10^{-25,3}\left[\frac{\text{Mole}}{\text{Mol}}\right] \text{ und}$$

$$c_\oplus = 10^{+15,6}\left[\frac{\mathrm{Ag}_\circ^+\text{-Ionen}}{\text{Mol AgBr}}\right] = 10^{-8,2}\left[\frac{\text{Mole}}{\text{Mol}}\right]$$

kann man für die durch Gl. (12)

$$K_{(10)} = \exp\left[\frac{\Delta G^\circ_{(10)}}{RT}\right] \tag{12}$$

gegebene Gleichgewichtskonstante $K_{(10)}$ der Reaktion (10) einen Wert von

$$K_{(10)} = 10^{+14,1}\left[\frac{\text{Ladungsträger}^2}{(\text{Mol AgBr})^2}\right] = 10^{-33,5}\left[\frac{\text{Mole}^2}{\text{Mol}^2}\right] \tag{13}$$

und für die freie Bildungsenthalpie von Silber aus den freien Elektronen und den Zwischengittersilberionen des AgBr nach Reaktion (10) einen Wert von $\Delta G^\circ_{(10)} = -1{,}95$ [eV] abschätzen.

Die thermodynamische Voraussetzung für eine Silberausscheidung aus dem reinen AgBr bei Zimmertemperatur gemäß Reaktion (10) lautet somit:

$$c_\ominus \cdot c_{Ag_\circ^+} > K_{(10)} = 10^{+14,1}\left[\frac{\text{Ladungsträger}^2}{(\text{Mol AgBr})^2}\right] \tag{14a}$$

oder

$$a_{Ag} > 1 \tag{14b}$$

oder

$$(E_{Redox} - E_{Ag^+/Ag}) < 0\,. \tag{14c}$$

Wird im AgBr durch Fremdstoffdotierung oder durch Randschichteinflüsse die Konzentration der Frenkelfehlstellen oder die der freien Elektronen verändert, dann verschieben sich zwar wahrscheinlich wie oben angegeben auch die Absolutlagen der in Abb. 2 eingetragenen Ladungsträgerkonzentrationen und die aus Abb. 1 ersichtlichen elektrischen Teilleitfähigkeiten. Die durch die Beziehungen (14a) bis (14c) gegebenen Ag-Sättigungsbedingungen sowie die durch die Gln. (6) bis (7) gegebenen Gleichgewichtsbedingungen zwischen den freien Elektronen und Defektelektronen müßten dagegen unverändert bleiben.

4.1. „Spontane" Silberkeimbildung am AgBr bei Abwesenheit von „Keimbildungszentren"

Im Gegensatz zu den vorstehenden Ausführungen zeigt die praktische Erfahrung, daß die Umwandlung des AgBr in Ag beim Überschreiten der Beziehungen (14a) bis (14c) nicht ungehemmt abläuft, wenn katalytisch wirkende „Keime" oder „Keimbildungszentren" fehlen.

Die photographischen Entwicklerlösungen haben z. B. gewöhnlich ein Redoxpotential, welches um ca. 200 [mV] negativer ist als das jeweilige elektrochemische Ag^+/Ag-Gleichgewichtspotential. Wird das AgBr mit solchen Entwicklerlösungen in Kontakt gebracht, so wird dadurch nach Gl. 4 die thermodynamische Aktivität des Silbers im AgBr auf einen Wert von 10^3 bis 10^4 erhöht; um den gleichen Faktor erhöht sich dann im AgBr auch die Konzentration der freien Elektronen über den bei $a_{Ag} = 1$ vorhandenen Sättigungswert (vgl. Abb. 2). Trotzdem läuft unter diesen Zustandsbedingungen die Silberbildung nur an dem AgBr ab, welches katalytisch wirkende Zentren trägt.

Erst dann, wenn man das AgBr mit Redoxsystemen behandelt, welche noch negativere Redoxpotentiale aufweisen, etwa bei

$$(E_{Redox} - E_{Ag^+/Ag}) < \text{ca. } -300\ [\text{mV}] \tag{15c}$$

oder somit bei

$$a_{Ag} > \text{ca. } 10^{+5} \tag{15b}$$

oder bei

$$c_{\ominus} \cdot c_{Ag_0^+} > \text{ca. } 10^{+19} \left[\frac{\text{Ladungsträger}^2}{(\text{Mol AgBr})^2}\right] \tag{15a}$$

kommt es zu einer „spontanen" Silberkeimbildung: Das AgBr wird dann auch bei Abwesenheit von katalytisch wirkenden Zentren (Entwicklungskeimen) durch das Redoxsystem zu Silber reduziert (d. h. es wird „verschleiert").

Die physikalischen Gründe, welche eine so relativ große Übersättigung des AgBr an freien Elektronen erforderlich machen, bevor es zu einer „spontanen Silberkeimbildung" kommt, sind noch nicht geklärt; infrage könnten sowohl Unterschiede in den Grenzflächenenergien zwischen AgBr und Ag-Keim [*16—21*] als auch kritische Grenzgrößen der Keimstabilität kommen (vgl. [*22—28*]).

Eine Erhöhung der thermodynamischen Silberaktivität (a_{Ag}) im AgBr bis über die z. B. aus Abb. 2 ersichtliche Sättigungskonzentration des Silbers und sogar noch weiter bis über die kritische Übersättigungsgrenze hinaus ist aber nicht nur auf elektrochemischem, sondern auch auf photochemischem Wege möglich. Wird das AgBr belichtet, so bilden sich bei der Lichtabsorption die freien Photoelektronen, deren stationäre Konzentration ($c_{\ominus}$) proportional der absorbierten Lichtintensität (J) ist:

$$c_{\ominus} = \varphi \cdot \tau_{\ominus} J \tag{16}$$

In dieser Gleichung (16) bedeuten φ die Quantenausbeute und $\tau_{\ominus}$ die Lebensdauer der Photoelektronen.

Bei einer bestimmten, kritischen Lichtintensität wird die stationäre Konzentration der freien (Photo-) Elektronen im AgBr so groß, daß die durch die Beziehungen (15a) und (15b) gegebene kritische Übersättigungsgrenze überschritten wird; es kommt dann gleichfalls zur „spontanen" Silberkeimbildung. Die zu dieser spontanen Keimbildung erforderliche, kritische Lichtintensität muß wegen der Beziehungen (15a) und (16) mit steigender Ag_0^+-Konzentration im AgBr abnehmen.

Zur Illustration der spontanen Keimbildung ist in Abb. 3 als Beispiel des Reziprozitätsdiagramm einer homodispersen, chemisch nicht gereiften AgBr-Emulsion eingetragen (vgl. [*29*]).

Man erkennt aus der Abb. 3, daß die Kurven gleicher Schwärzung in einem gewissen Intensitätsbereich im Reziprozitätsdiagramm senkrecht nach oben verlaufen: Unabhängig von der Belichtungsmenge ($J \cdot t$) setzt hier die (spontane) Silberkeimbildung erst ein, sobald die Licht*intensität* (J) einen bestimmten, kritischen Wert überschreitet.

Der relativ große Intensitätsbereich, über welchen sich in Abb. 3 die senkrechten Kurvenäste vom Dichte-Parameter 0,2 bis zum Dichte-Parameter 3,0 erstrecken, ist wahrscheinlich nur zum Teil auf statistische Einflüsse zurückzuführen; Schichtdickeneffekte scheinen hierfür die Hauptursache zu sein (tiefer in der Schicht gelegene AgBr-Körner erhalten bei der Belichtung kleinere Lichtintensitäten als die obersten Körner).

Zum Studium der photochemischen spontanen Keimbildung ist es erforderlich, daß das aus Abb. 3 ersichtliche Reziprozitätsverhalten nicht durch eine breite Korngrößenverteilung der Emulsion, durch störende Rekombinationseffekte (Solarisation) oder durch Konkurrenzeinflüsse (zwischen Außen- und Innenkeimbild) beeinflußt wird.

Auch die theoretisch geforderte Abhängigkeit der zur spontanen Silberkeimbildung erforderlichen, kritischen Lichtintensität von der Ag_0^+-Konzentration im AgBr

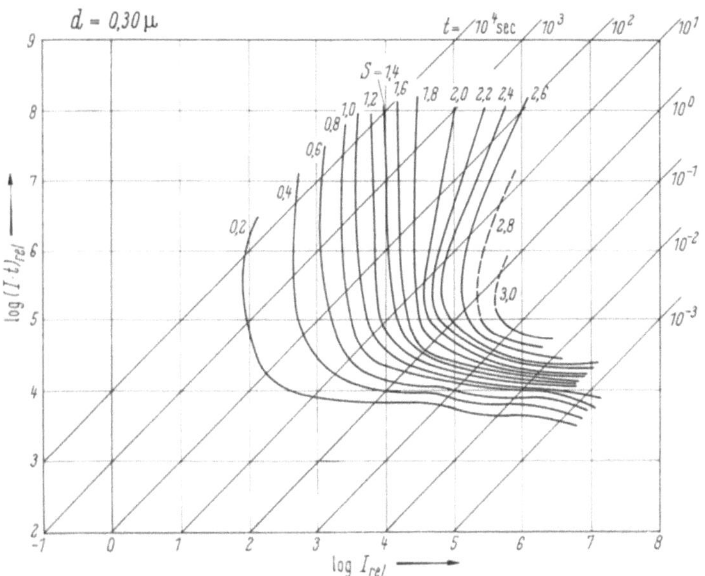

Abb. 3. Reziprozitätsdiagramm des latenten Außenkeimbildes einer homodispersen AgBr-Emulsion zur Illustration der „spontanen Silberkeimbildung" beim Überschreiten einer kritischen Lichtintensität. (Entnommen aus S. WAGNER, Dissertation TH Aachen (1963) vgl. [*29*].)

konnte gefunden werden: Wenn man in der (wäßrigen) Zwischenphase der Emulsion die Ag^+-Konzentration und damit über Randschichteffekte [*30—34*] auch die Ag_0^+-Konzentration in den AgBr-Körnern erhöht, dann verschieben sich die senkrechten Kurvenäste des Reziprozitätsdiagramms (kritische Mindest-Lichtintensität der spontanen Keimbildung, vgl. Abb. 3) nach kleineren Lichtintensitäten (R. MEYER, bisher unveröffentlicht).

Recht elegant kann man das Zusammenspiel zwischen Ag_0^+-Konzentration und der durch die Lichtintensität gesteuerten stationären Photoelektronen-Konzentration bei der spontanen Keimbildung studieren [*34*], indem man (chemisch nicht sensibilisierte) AgBr-Körner zunächst ohne Belichtung in ein stationäres elektrisches Gleichspannungsfeld bringt und dann dort zwar mit gleichen Lichtmengen ($J \cdot t$), aber steigenden Lichtintensitäten belichtet. Durch das elektrische Feld erhält man in jedem AgBr-Korn einen in Feldrichtung von — nach + hin abfallenden Verlauf der Ag_0^+-Konzentration. Bei kleinen Lichtintensitäten reicht die entstehende Photoelektronen-Konzentration an keiner Stelle der Körner aus, die durch die Beziehung (15a) gegebene Übersättigungsbedingung zu überschreiten, es kommt infolgedessen nirgends zur Silberkeimbildung (vgl. Abb. 4a). Wird die Lichtintensität (J) bei konstanter Lichtmeenge ($J \cdot t$) steigert, dann entstehen die Silberkeime, welche durch nachfolgende physikalische Entwicklung sichtbar gemacht werden können, nur in einer schmalen, an der Kathodenseite eines jeden AgBr-Korns gelegenen Zone, wo sich die Ag_0^+-Ionen infolge des anliegenden elektrischen Feldes zu besonders hohen Konzentrationen angesammelt haben (vgl. Abb. 4b).

Wird die Lichtintensität (J) — bei konstanten Lichtmengen ($J \cdot t$) — noch weiter gesteigert, dann dehnt sich diese Keimbildungszone an jedem Korn bis zu Kornbereichen kleinerer Ag_0^+-Konzentration aus (s. Abb. 4c), und bei noch höheren Lichtintensitäten erstreckt sie sich schließlich auch bis zu Bereichen kleinster Ag_0^+-Konzentrationen, d. h. über das ganze Korn (s. Abb. 4d).

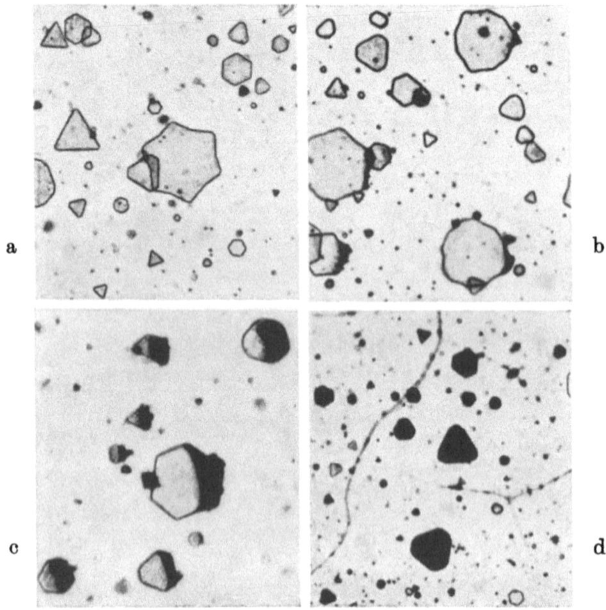

Abb. 4a–d. Spontane Silberkeimbildung an chemisch nicht sensibilisierten AgBr-Körnern im stationären elektrischen Gleichspannungsfeld bei gleichen Belichtungsmengen $\left(J \cdot t \approx 10^{16} \left[\frac{\text{Quanten}}{\text{cm}^2}\right];\ \lambda = 436\ \text{m}\mu\right)$ und von Abb. 4a nach Abb. 4d von 10^{12} auf 10^{14} $\left[\frac{\text{Quanten}}{\text{cm}^2\,\text{sek}}\right]$ steigenden Lichtintensitäten. Die durch die Belichtung gebildeten Silberkeime wurden durch physikalische Entwicklung sichtbar gemacht. (Entnommen aus R. Matejec, Z. f. Elektrochem. 66, 460 (1962).

Dieses Ergebnis zeigt besonders deutlich, daß die „spontane" Silberkeimbildung beim Belichten immer dann einsetzt, wenn das Produkt aus der durch die Lichtintensität gesteuerten Photoelektronenkonzentration ($c_\ominus$) und der Ag_0^+-Konzentration im AgBr einen kritischen Wert übersteigt (vgl. Gl. 15a): Je höher die Lichtintensität ist, bei um so kleineren Ag_0^+-Konzentrationen setzt diese Keimbildung ein.

Die kritische Ag-Übersättigungsgrenze, welche im AgBr zur „spontanen" Silberkeimbildung überschritten werden muß, braucht beim photochemischen Prozeß (Bildung latenter Bildkeime über Photoelektronen durch Lichtabsorption) nicht bei der gleichen thermodynamischen Silberaktivität (a_{Ag}) zu liegen wie beim elektrochemischen Prozeß (Verschleiernde Reduktion des AgBr durch sehr starke Reduktionsmittel), da sich z. B. beim photochemischen Prozeß (im Gegensatz zum elektrochemischen) neben den freien (Photo-) Elektronen auch freie Defektelektronen bilden. Über den quantitativen Zusammenhang, der zwischen den beiden Übersättigungserscheinungen ohne Zweifel besteht, ist bisher noch nichts bekannt.

4.2. Silberkeimbildung bei Anwesenheit von „Keimbildungszentren" am AgBr

Sind irgendwelche „Keimbildungszentren" am (oder auch im) AgBr vorhanden (wie z. B. strukturelle Fehlstellen; Subkeime; durch chemische Sensibilisierung entstandene Reifkeime; Schleierkeime usw.), dann nimmt die Größe der Ag-Übersättigung, welche zur Silberausscheidung aus dem AgBr erforderlich ist, ab. Im Grenzfall kann diese erforderliche Übersättigung praktisch gleich Null werden.

Für den „elektrochemischen Silberausscheidungsprozeß", welcher sozusagen der photographischen Entwicklung entspricht, hat die Anwesenheit solcher „Keimbildungszentren" folgende Konsequenzen:

Diejenige elektrochemische Potentialdifferenz, um die das Redoxpotential einer Lösung negativer sein muß als das Ag^+/Ag-Gleichgewichtspotential, wenn diese Lösung bereits das *un*belichtete AgBr in diskutablen Zeiten reduzieren soll, schrumpft durch die Anwesenheit solcher Zentren zusammen. Im Grenzfall braucht bei der Anwesenheit von „entwicklungsaktiven Keimen" (d. h. von Latentbildkeimen, Schleierkeimen, aktiven strukturellen Fehlstellen usw.) fast keine Ag-Übersättigung mehr zur Reduktion des AgBr zu Silber vorzuliegen; die Reduktion läuft dann ab, sobald das Ag^+/Ag-Gleichgewichtspotential (d. h. die Silberaktivität $a_{Ag} = 1$) nur etwas überschritten wird (vgl. [*35*]).

Über die „entwicklungsaktive" katalytische Wirksamkeit der Latentbildkeime, welche die Photographie überhaupt erst ermöglicht, und über die gleiche (unerwünschte) Wirksamkeit der Schleierkeime braucht hier nicht weiter diskutiert werden. Es soll hier aber gezeigt werden, daß auch strukturelle Fehlstellen die zur elektrochemischen Silberausscheidung erforderliche Übersättigung herabsetzen können (vgl. [*36*]). In Abb. 5 ist in den beiden Teilbildern je eine Mikroaufnahme einer AgBr-Kristalloberfläche wiedergegeben, die in den unteren Bildhälften mit einer konzentrierten KBr-Lösung angeätzt worden war. Das rechte Teilbild zeigt diese partiell angeätzte Oberfläche nach einer zusätzlichen Behandlung mit einem photographischen Außenkeimentwickler. Man erkennt aus dem rechten Teilbild, daß an den durch die Ätzung entstandenen strukturellen Fehlstellen die Silberbildung durch den Außenkeimentwickler bereits stattfindet, obgleich dessen Redoxpotential noch nicht negativ genug ist, auch die ungeätzte AgBr-Oberfläche zu reduzieren.

Nicht nur bei der elektrochemischen, sondern auch bei der photochemischen Silberausscheidung (d. h. beim photographischen Elementarprozeß) wird die zur Silberkeimbildung erforderliche Ag-Übersättigung durch die Anwesenheit von „Keimbildungszentren" herabgesetzt.

So wird z. B. der aus Abb. 3 ersichtliche, sehr starke „Niedrigintensitätsfehler" des reinen AgBr durch chemische Sensibilisierung vermindert; die senkrechten Kurvenäste des Reziprozitätsdiagramms, welche bei Abb. 3 als „Intensitätsgrenzen der spontanen Keimbildung" diskutiert wurden, „kippen um" nach niedrigeren Lichtintensitäten. Außerdem steigt natürlich durch die chemische Sensibilisierung in der bekannten Weise auch die Absolutempfindlichkeit des AgBr an, und bei hohen Lichtintensitäten tritt dann ferner noch durch Konkurrenz zwischen den durch die chemische Sensibilisierung erzeugten Zentren und spontan gebildeten Silberkeimen der bekannte Hochintensitätsfehler auf.

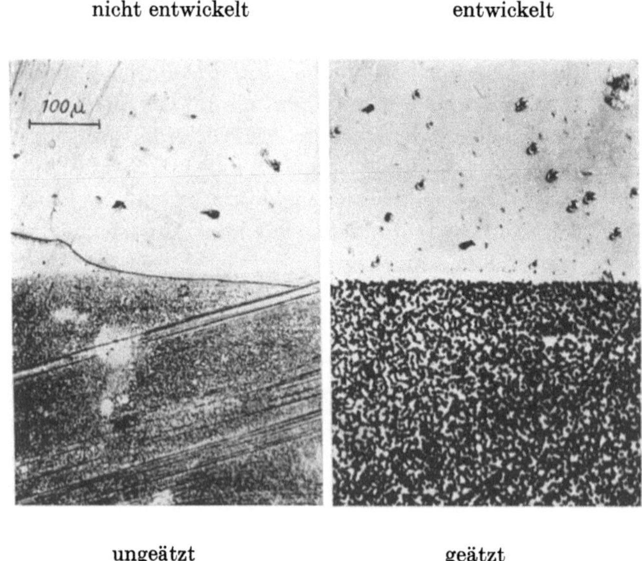

Abb. 5. Mikroskopische Aufnahmen einer zur Hälfte mit conc. KBr-Lösung angeätzten, bindemittelfreien AgBr-Kristalloberfläche.
Linkes Teilbild: Nach Ätzung nicht mit Außenkeimentwickler behandelt.
Rechtes Teilbild: Nach Ätzung mit Außenkeimentwickler behandelt.
Die durch die Ätzung entstandenen strukturellen Fehlstellen können die Reduktion zu Silber genauso einleiten wie die Keime des latenten Bildes. (Entnommen aus E. KLEIN u. R. MATEJEC, Z. f. angew. Physik **12**, 26, (1960).

Strukturelle Fehlstellen vermindern gleichfalls die zur photochemischen Silberausscheidung am AgBr erforderliche Ag-Übersättigung: Die große Bedeutung von strukturellen Fehlstellen für den Ablauf des photographischen Elementarprozesses ist in der Literatur schon häufig diskutiert worden (vgl. z. B. [*36*—*45*]). An Hand der Abb. 6 soll hier nur gezeigt werden, daß an den gleichen strukturellen Fehlstellen wie in Abb. 5, welche z. B. durch Ätzung mit conc. KBr-Lösung entstanden sind, die photolytische Silberausscheidung bereits bei solchen kleinen (absorbierten) Lichtintensitäten und somit bei solchen kleinen Ag-Übersättigungen des AgBr abläuft, wo die strukturell ungestörte AgBr-Oberfläche noch keinerlei (spontane) Silberkeimbildung zeigt.

Die Abb. 6 zeigt somit an Hand der photochemischen Silberausscheidung die gleiche Wirkung der strukturellen Fehlstellen wie die Abb. 5 an Hand des elektrochemischen Prozesses: Beide Male wird die zur Silberausscheidung erforderliche Ag-

Übersättigung des AgBr durch die Anwesenheit der strukturellen Fehlstellen herabgesetzt.

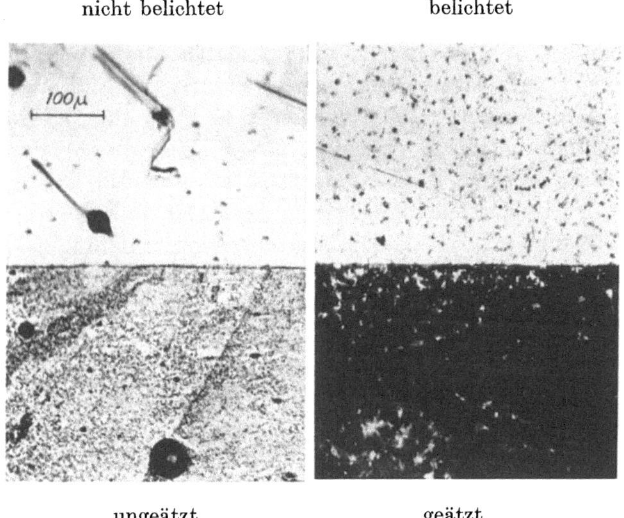

Abb. 6. Mikroskopische Aufnahmen einer zur Hälfte mit conc. KBr-Lösungen angeätzten, bindemittelfreien AgBr-Kristalloberfläche.
Linkes Teilbild: Nach Ätzung nicht belichtet.
Rechtes Teilbild: Nach Ätzung bis zum Auftreten photolytischer Silberausscheidung belichtet.
An den durch die Ätzung entstandenen strukturellen Fehlstellen scheidet sich das photolytische Silber bereits bei kleineren Lichtintensitäten ab als an der ungeätzten AgBr-Kristalloberfläche. (Entnommen aus E. Klein u. R. Matejec, Z. f. angew. Physik 12 26 (1960).

5. Die Defektelektronen im AgBr

Die Defektelektronen können im AgBr sowohl mit den bei der Belichtung primär entstandenen Elektronen als auch mit den sekundär entstandenen Silberkeimen „rekombinieren"; infolgedessen ist zur Erzielung einer möglichst hohen Quantenausbeute des photographischen Elementarprozesses und einer möglichst hohen Stabilität des entstandenen latenten Bildes eine möglichst niedrige Defektelektronenkonzentration erforderlich.

Eine bestimmte, ziemlich kleine Defektelektronenkonzentration ist im AgBr stets von vornherein vorhanden, deren Größe nach Abb. 2 abhängt vom thermodynamischen Zustand (gegeben durch die Silberaktivität (a_{Ag}) oder durch den Br_2-Partialdruck (p_{Br_2}) oder durch die elektrochemische Potentialdifferenz ($E_{Redox} - E_{Ag^+/Ag}$) der mit dem AgBr in Kontakt stehenden Phase), in welchem sich das AgBr gerade befindet. Zur Erzielung einer möglichst hohen Quantenausbeute des photographischen Elementarprozesses und zur Vermeidung von Oxydations-Folgeprozessen sollte diese Gleichgewichtskonzentration der Defektelektronen möglichst klein gehalten werden; das Optimum liegt nach Abb. 2 bei a_{Ag}-Werten, die möglichst wenig unter eins oder bei ($E_{Redox} - E_{Ag^+/Ag}$)-Werten, die möglichst wenig über Null liegen.

Durch die Belichtung wird die Konzentration der Defektelektronen über deren Gleichgewichtswert hinaus erhöht; auch diese erhöhten Defektelektronen-Konzentrationen müssen zur Erzielung einer hohen Quantenausbeute des photographischen Elementarprozesses möglichst rasch aus dem AgBr entfernt werden. In einer anderen Arbeit dieses Bandes [*3*] wird gezeigt, daß für die Oxydation der Innensilberkeime die Diffusion der Defektelektronen der geschwindigkeitsbestimmende Schritt ist. Wahrscheinlich wird auch die Geschwindigkeit, mit der die Defektelektronen das AgBr nach der Lichtabsorption verlassen, überwiegend durch deren Diffusionsgeschwindigkeit im AgBr geregelt. Theoretisch ist zu erwarten, daß diese Diffusionsgeschwindigkeit der Defektelektronen um so größer ist, je kleiner deren Diffusionsweglänge im AgBr und je größer deren Konzentrationserhöhung bei der Belichtung ist. Die bei der Belichtung gebildeten Defektelektronen verlassen infolgedessen (in Übereinstimmung mit der praktischen Erfahrung, s. z. B. [*29*]) um so rascher das AgBr-Korn, je kleiner die Korngröße und je größer die absorbierte Lichtintensität ist. Damit das Redoxpotential durch das bei der Belichtung gebildete Halogen in der das AgBr umgebenden Phase nicht ansteigt, spielt auch die Pufferkapazität des Redoxsystems in der umgebenden Phase eine gewisse Rolle.

6. Schlußbemerkungen

Die vorstehende zusammenfassende Arbeit soll zeigen, daß man auch durch thermodynamische Überlegungen interessante Einblicke in das photographische Geschehen erhält, und daß es keineswegs gerechtfertigt ist, die thermodynamischen Gesichtspunkte zu vernachlässigen. Die großen Vorzüge der quantenmechanischen und atomistischen Betrachtungsweise des photographischen Elementarprozesses sollen dabei natürlich keineswegs verkannt werden.

Literatur

[*1*] Wagner, C.: Z. Elektrochem. **63** 1027 (1959).
[*2*] U.S. National Bureau of Standards, Circular 500 (Washington 1952).
[*3*] Matejec, R. u. E. Moisar: in diesem Band S. 157.
[*4*] Teltow, J.: Ann. d. Phys. **6/5**, 63, 71 (1950).
[*5*] Kurnick, S. W.: J. Chem. Phys. **20**, 218 (1952).
[*6*] Allemand, C. u. J. Rossel: Helv. Phys. Acta **28**, 212 (1954).
[*7*] Chollet, L. u. J. Rossel: Helv. Phys. Acta **33**, 627 (1960).
[*8*] Yamanaka, C., H. Sakai u. T. Suita: J. Phys. Soc. Japan **11**, 605 (1956).
[*9*] Yamanaka, C., N. Itoh u. T. Suita: Phot. Sensitivity **II**, Maruzen, Tokyo 1958, S. 175.
[*10*] Süptitz, P.: Intern. Wiss. phot. Konf., Zürich (1961)
[*11*] Saunders, V. I., R. W. Tyler u. W. West: Intern. Wiss. phot. Konf., Zürich (1961).
[*12*] Hanson, R. C. u. F. C. Brown: J. appl. Phys. **31**, 210 (1960).
[*13*] Hamm, F. A.: Wiss. Phot. Konf., Lüttich (1959).
[*14*] Hamm, F. A.: J. appl. Phys. **30**, 1468 (1959).
[*15*] Spenke, E: Elektronische Halbleiter, Berlin/Göttingen/Heidelberg: Springer 1955, S. 290.
[*16*] Reinders, W. u. L. Hamburger-Delft: Z. wiss. Phot. **31**, 32, 265 (1933).
[*17*] Reinders, W.: J. Phys. Chem. **38**, 783 (1934).
[*18*] Reinders, W.: Sci. ind. Phot. **5**, 284 (1934).
[*19*] Reinders, W. u. R. W. P. DeVries: Rec. trav. chim. **56**, 985 (1937).

[20] REINDERS, W. u. M. C. F. BEUKERS: Trans. Faraday Soc. 912 (1938).
[21] VOLMER, M.: „Kinetik der Phasenbildung".
[22] DEMERS, P.: Canad. J. Phys. **31**, 294 (1953).
[23] MITCHELL, J. W.: Sonderheft d. Phot. Korr. **2** (1957).
[24] MITCHELL, J. W. u. N. F. MOTT: Phil. Mag. **2**, 1149 (1957).
[25] MITCHELL, J. W.: Reports on Progress in Physics **20**, 433 (1957).
[26] MITCHELL, J. W.: J. Phot. Sci. **5**, 49 (1957).
[27] MATEJEC, R.: Physikalische Blätter **14**, 17 (1958).
[28] MITCHELL, J. W.: J. Phot. Sci. **9**, 328 (1961).
[29] WAGNER, S.: Dissertation TH Aachen (1963); s. ferner in diesem Band S. 93.
[30] WAGNER, C.: A. N. „Randschichtgleichgewichte in Ionen-Kristallen" vom 21. 4. 1943.
[31] GRIMLEY, T. B. u. N. F. MOTT: Discussions of the Faraday Soc. **1**, 3 (1947).
[32] MATEJEC, R.: Z. Elektrochem. **66**, 326 (1962).
[33] MATEJEC, R.: Phot. Sci. Engng. **7**, 123 (1963).
[34] MATEJEC, R.: Z. Elektrochem. **66**, 459 (1962).
[35] MATEJEC, R. u. E. MOISAR: in diesem Band S. 146.
[36] KLEIN, E. u. R. MATEJEC: Z. angew. Phys. **12**, 26 (1960).
[37] TRIVELLI, A. P. H.: Arch. néer land Sci. exact natur. **14**, 339 (1909).
[38] TRIVELLI, A. P. H.: Rec. trav. chim. Pays-Bas **42**, 714 (1923).
[39] SMEKAL, A.: Bericht über den 8. Intern. Kongreß Dresden, Leipzig: Barth 1932, S. 34.
[40] MITCHELL, J. W.: Fundamental Mechanismus of Photographic Sensitivity, London: Butterworth 1951, S. 242.
[41] MITCHELL, J. W.: J. Phot. Sci. **1**, 112 (1953).
[42] MITCHELL, J. W.: Z. phys. **138**, 381 (1954).
[43] STEIGMANN, A.: Sci. ind. Phot. **25**, 190 (1954).
[44] STEIGMANN, A.: Sci. ind. Phot. **27**, 223 (1956).

Zusammenfassung über die heutigen Vorstellungen zur spektralen Sensibilisierung

Von E. Klein und R. Matejec

Zusammenfassung

Der vorliegende zusammenfassende Bericht wurde als ein Überblick über die spektrale Sensibilisierung auf dem 2. Internationalen Farbensymposium vom 21. bis 24. 4. 1964 auf Schloß Elmau vorgetragen.

Nach einer allgemeinen Einleitung (Teil I) werden in Teil II die wichtigsten experimentellen Erscheinungen zusammengestellt, welche im Zusammenhang mit der spektralen Sensibilisierung beobachtet werden können. In Teil III werden dann die daraus hergeleiteten heutigen Vorstellungen über den Mechanismus der spektralen Sensibilisierung diskutiert.

I. Einleitung

Nach einem photochemischen Grundgesetz kann durch Licht ein Stoff nur dann (photochemisch oder photophysikalisch) verändert werden, wenn das Licht durch diesen Stoff auch absorbiert wird.

Andererseits ist aber die Lichtempfindlichkeit von manchen photochemischen oder photophysikalischen Systemen in bestimmten Spektralbereichen nur deshalb recht klein, weil der durch die Lichteinwirkung in der jeweiligen Primärreaktion zu verändernde Stoff das Licht in diesen betreffenden Spektralbereichen nur sehr wenig absorbiert. In einigen Fällen kann man dann jedoch die Lichtempfindlichkeit eines solchen lichtempfindlichen Systems in dem betreffenden Spektralbereich erhöhen durch Hinzufügen eines anderen, in diesem Spektralbereich das Licht genügend stark absorbierenden Stoffes (eines sogenannten spektralen Sensibilisators), welcher selbst nur die Lichtabsorption besorgt und anschließend dann die absorbierte Strahlungsenergie nach irgendeinem Mechanismus erst auf das eigentliche lichtempfindliche System einwirken läßt. Diese Erscheinung wird als „spektrale Sensibilisierung“ bezeichnet (vgl. z. B. [*1*—*8*]), sie wurde an photographischen Schichten schon vor fast hundert Jahren entdeckt [*9*].

In der Praxis ist die spektrale Sensibilisierung vor allem bei den photographischen und bei den elektrophotographischen Verfahren von Bedeutung. Im folgenden soll diese Erscheinung deshalb anhand dieser beiden technisch bedeutsamen Vorgänge diskutiert werden.

II. Experimentelle Erscheinungen bei der spektralen Sensibilisierung

1. Allgemeines über die spektrale Sensibilisierung

In den photographischen Schichten ist z. B. das Halogensilber der lichtempfindliche Stoff. Dieses ist dort in Form kleiner, mikroskopisch sichtbarer Körner in Gelatine als Bindemittel suspendiert. Eine starke Lichtabsorption zeigt das reine Halogensilber aber nur im ultravioletten Spektralbereich (vgl. [*9*—*14*] u. Abb. 1).

Lediglich der langwellige Absorptionsausläufer reicht bis in den kurzwelligen sichtbaren Spektralbereich hinein [*15*—*20*], wobei dieser langwellige Absorptionsausläufer beim AgCl etwas kurzwelliger und beim AgJ etwas langwelliger liegt als beim

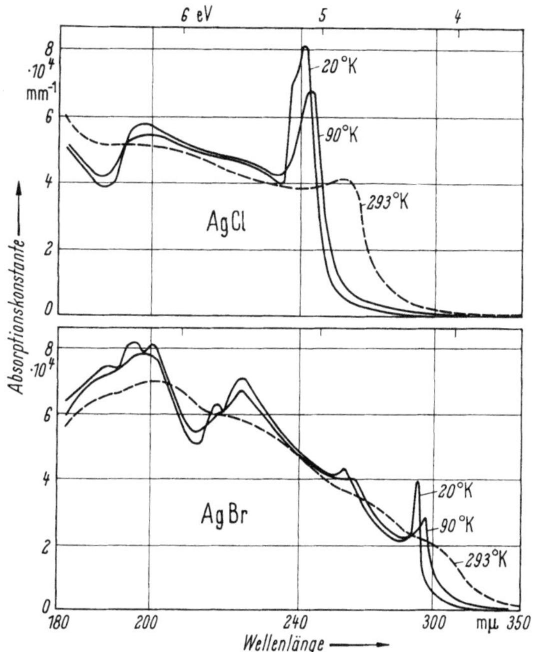

Abb. 1. Lichtabsorption von AgCl und AgBr. (Entnommen aus Y. Okamoto, Nachr. Akad. Wiss. Göttingen math. phys. Kl. IIa **14**, 275 (1956).

AgBr. Dementsprechend sind die photographischen Halogensilber-Emulsionen, sofern sie ohne besondere Zusätze hergestellt worden sind, auch nur gegen Licht des ultravioletten und des kurzwelligen sichtbaren Spektralbereichs empfindlich; in der Abb. 2 gibt das obere Spektrogramm beispielsweise den Empfindlichkeitsbereich einer solchen AgBr-Emulsion wieder.

Wenn man nun an den Oberflächen der einzelnen Halogensilberkörner einer photographischen Schicht bestimmte organische Farbstoffe adsorbiert, welche das Licht im längerwelligen Spektralbereich absorbieren — in der Praxis erfolgt das durch Zumischen von speziellen Farbstofflösungen zur photographischen Emulsion vor dem Guß der Schichten — dann wird die Lichtempfindlichkeit der in den photographischen Emulsionen vorhandenen Halogensilberkörner um den Absorptionsbereich dieser Farbstoffe (d. h. der spektralen Sensibilisatoren) erweitert (s. z. B. das mittlere Spektrogramm der Abb. 2). Durch Adsorption von mehreren Farbstoffsorten, deren Lichtabsorptionsbanden an verschiedenen Stellen des Spektrums liegen, kann man erreichen, daß die Halogensilberemulsionen im gesamten sichtbaren Spektralbereich empfindlich werden (panchromatische Emulsionen; s. z. B. das untere Spektrogramm in Abb. 2). Ferner ist durch geeignete Sensibilisatoren sogar eine Ausdehnung der photographischen Empfindlichkeit bis in den ultraroten Spektralbereich hinein möglich.

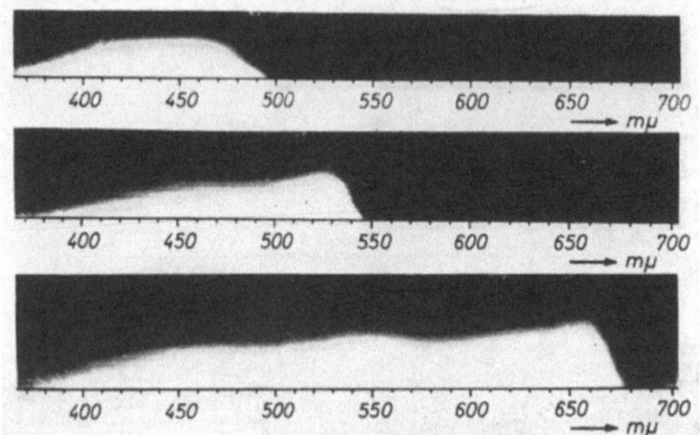

Abb. 2. Empfindlichkeitsspektren. *Oben:* unsensibilisierte AgBr-Emulsion. *Mitte:* orthochromatische Emulsion. *Unten:* panchromatische Emulsion. (Entnommen aus R. Matejec, Phot. Korr. 97, 51 (1961).

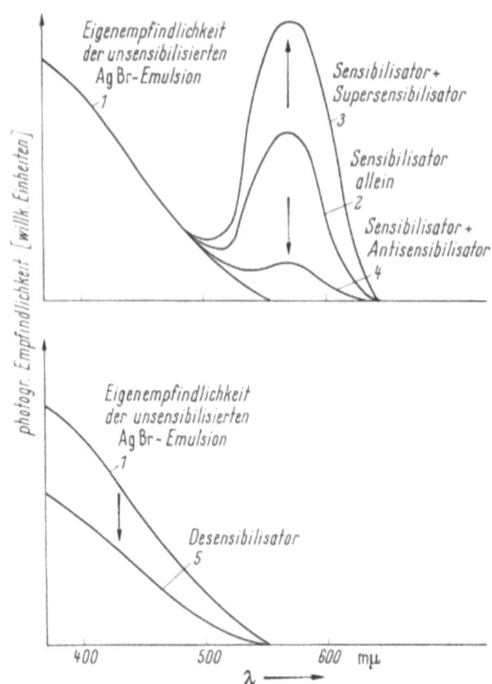

Abb. 3. Schematische Erläuterung der Begriffe: Sensibilisierung, Super-, Anti- und Desensibilisierung.

2. Spezielle Sensibilisierungseffekte

Bei der spektralen photographischen Sensibilisierung treten unter gewissen Bedingungen auch noch einige Nebeneffekte auf (vgl. z. B. [*1*—*8*] u. [*21* — *24*]), welche in der Abb. 3 schematisch dargestellt sind.

Die Kurve 1 in Abb. 3 gibt zunächst den spektralen Verlauf der AgBr-Eigenempfindlichkeit wieder. Durch Adsorption eines spektralen Sensibilisierungsfarbstoffs an den AgBr-Emulsionskörnern erhält die Emulsion dann im Bereich der Farbstoffabsorption eine zusätzliche Empfindlichkeits-„Bande“ (vgl. Kurve 2 in Abb. 3); dieser Effekt wird (wie schon oben ausgeführt) als spektrale Sensibilisierung bezeichnet.

Es gibt nun gewisse (organische) Stoffe, welche schon bei spurenweiser Anwesenheit in der Farbstoffadsorptionsschicht an der Oberfläche der Halogensilberkörner die Ausbeute der spektralen Sensibilisierung sehr stark steigern, ohne daß diese Stoffe selbst zur Lichtabsorption nennenswert beitragen; dieser Effekt wird als Supersensibilisierung oder Übersensibilisierung bezeichnet [*1—8*; *21—24*] (vgl. Kurve 3 in Abb. 3).

Auch der umgekehrte Effekt, die sogenannte „Antisensibilisierung" wird beobachtet (vgl. Kurve 4 in Abb. 3): Bei spurenweiser Anwesenheit von bestimmten organischen Fremdstoffen in der Farbstoffadsorptionsschicht nimmt die Ausbeute der spektralen Sensibilisierung sehr stark ab (Vergiftungserscheinung), ohne daß dabei die kurzwelliger gelegene Halogensilber-Eigenempfindlichkeit nennenswert vermindert wird [*1—8*; *21—24*].

Stoffe, welche die Halogensilber-Eigenempfindlichkeit vermindern, werden andererseits Desensibilisatoren genannt (vgl. Kurve 5 in Abb. 3) [*1—8*; *25—38*]; die Desensibilisierung kann mehrere Ursachen haben [*36—38*]: Der zugesetzte Farbstoff kann z. B. lediglich als optisches Filter die Belichtung der Emulsionskörner schwächen, oder aber es kann der Desensibilisierungsfarbstoff mit den photographisch wirksamen Elektronenfallen des Emulsionskorns in Konkurrenz treten, die im Halogensilber gebildeten Photoelektronen wegfangen und auf diese Weise die Quantenausbeute des photographischen Elementarprozesses im Emulsionskorn herabsetzen (s. weiter hinten); da die Desensibilisierung jedoch in ihrem Mechanismus kaum etwas mit der spektralen Sensibilisierung zu tun hat, soll sie hier nur am Rande behandelt werden.

3. Anforderungen, welche an die physikalisch-chemischen Eigenschaften der Sensibilisierungsfarbstoffe gestellt werden

Die verwendeten Sensibilisierungsfarbstoffe müssen folgende Bedingungen erfüllen:

a) Sie müssen an der gewünschten Stelle des Spektrums das Licht möglichst stark absorbieren. Einzelheiten über die Lichtabsorption der Sensibilisierungsfarbstoffe in Abhängigkeit von deren Struktur s. [*1—8* u. *39, 40*].

b) Sie müssen an der Oberfläche der Halogensilberkörner fest adsorbiert werden (vgl. [*1—8, 22—23* u. *41—53*]).

c) Sie dürfen mit dem Halogensilber keine für das photographische Verfahren nachteiligen Reaktionen eingehen (z. B. dürfen sie keine Reduktion des Halogensilbers unter „Schleierbildung" einleiten, keine Oxydation der Silberkeime des latenten Bildes und keine Hemmung der Entwicklungsreaktion zeigen usw.).

d) Sie dürfen nicht leicht Elektronen aufnehmen (d. h. sie dürfen nicht leicht reduziert werden und keine leicht reduzierbare funktionelle Gruppen enthalten wie z. B. Nitrogruppen oder Azogruppen). Sonst wirken sie nämlich als Desensibilisatoren, indem sie die bei der Belichtung im Halogensilber entstehenden Photoelektronen wegfangen und dadurch mit dem photographischen Elementarprozeß in Konkurrenz treten [*1—8, 36—38*].

e) Schließlich müssen sie selbstverständlich auch in der Lage sein, die eigentliche Sensibilisierungsreaktion mit möglichst hoher Quantenausbeute durchzuführen. Dazu ist ein gewisser ebener Bau der Moleküle erforderlich: Werden die Farbstoffmoleküle durch große Substituenten, welche entsprechende sterische Wirkungen hervorrufen, daran gehindert, eine ebene Struktur anzunehmen, dann verschwindet ihre Sensibilisatorwirkung (vgl. [*48,54—55*]; weiter hinten Abb. 9). Welche sonstigen strukturellen Voraussetzungen der Sensibilisierungsfarbstoffe für eine möglichst hohe Quantenausbeute der Sensibilisierungsreaktion notwendig sind, ist noch nicht geklärt.

Die Anforderungen a) bis e) werden mehr oder weniger gut erfüllt von organischen Farbstoffmolekülen, bei denen zwei oder mehr Heteroatome (Y und Y′) über ein System von konjugierten Kohlenstoff-Doppelbindungen miteinander verbunden sind nach der folgenden allgemeinen Formel:

$$-\mathrm{Y}-(\mathrm{CH}=\mathrm{CH}-)_n-\mathrm{CH}=\mathrm{Y}'-. \tag{1}$$

In dieses allgemeine Schema (1) lassen sich die in der Praxis verwendeten Sensibilisierungsfarbstoffe einordnen.

Darüber hinaus ist eine spektrale Sensibilisierungseinwirkung aber auch an einigen speziellen, aromatischen Kohlenwasserstoffen und an einigen wenigen Azofarbstoffen bekannt geworden (vgl. [*56*–*57*]). In der Praxis haben diese Stoffe jedoch keine Bedeutung erlangt.

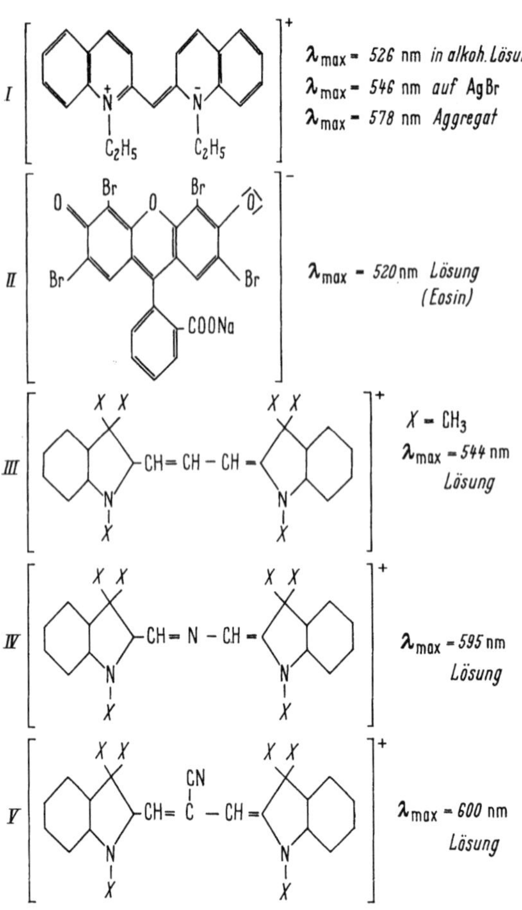

Abb. 4. Strukturformeln für Pseudoisocyanin (I), Eosin (II) und einige andere Cyanine (III bis V). (Entnommen aus F. Dörr, Umschau 588 (1960)).

Bei den Cyaninen sind die Heteroatome Y und Y′ in Formel (1) in heterocyklische aromatische Ringsysteme eingebaut, welche durch eine Kette von Kohlenstoffatomen in konjugierten Doppelbindungen miteinander resonanzfähig verbunden sind. Die konjugierte C-Atom-Kette verhindert außerdem, daß sich die aromatischen Ringsysteme eines Sensibilisatormoleküls gegeneinander verdrehen [*58*], wodurch die Sensibilisator wirkung verschwinden würde (vgl. z. B. oben Punkt e) und weiter hinten Abb. 9).

Je länger die Kohlenstoffkette mit der konjugierten Doppelbindung ist, welche bei den Cyaninen die beiden Ringsysteme miteinander verbindet, bei um so größeren Wellenlängen liegt dessen Lichtabsorption und damit auch dessen Sensibilisierungsbereich. Die folgende Abb. 5 gibt für zwei bestimmte Cyanintypen als Beispiel die spektrale Lage des Sensibilisierungsmaximums in Abhängigkeit von der Kettenlänge wieder.

Ein für die Sensibilisierungsfarbstoffe typisches Termschema ist in Abb. 6 schematisch skizziert (vgl. [*59*]).

Neben den einzelnen Termen (S = Singulett, T = Triplett) ist in Abb. 6 die ungefähre Lebensdauer (τ) der angeregten Elektronen angegeben.

Durch die Lichtabsorption in der Sensibilisierungsbande (1 bis 2,4 eV) wird ein Elektron aus dem Grundterm (S_0) in den ersten Anregungsterm (S_1) befördert; die kürzerwellige Lichtabsorption ($S_0 \rightarrow S_2$) liegt im ultravioletten Spektralbereich der Halogensilber-Eigenabsorption und wird deshalb für die spektrale Sensibilisierung nicht ausgenutzt. (S_2) liegt im allgemeinen 1,5 bis 2 eV über (S_1).

Die Rückkehr eines auf S_1 angeregten Elektrons nach S_0 im reinen Farbstoff (d.h. bei Abwesenheit eines Sensibilisierungssubstrats wie z. B. AgBr) kann entweder strahlungslos unter Umwandlung der absorbierten Energie in Wärmeschwingungen oder unter Fluoreszenzemission erfolgen. Ferner ist auch ein Umweg möglich über den Triplett-Term (T_0), welcher im allgemeinen etwa 0,4 eV unter S_1 liegt; das Elektron wird dann in (T_0) größenordnungsmäßig $> 10^{-4}$ sec lang gespeichert und gelangt dann entweder strahlungslos oder unter Phosphoreszenzemission in S_0 zurück.

Thiocyanine

n	λ_{max} [mμ]	E [eV]
0	460	2,68
1	595	2,07
2	706	1,74
3	812	1,52

Merocyanine

n	λ_{max} [mμ]	E [eV]
0	470	2,62
1	585	2,12
2	685	1,79

Abb. 5. Abhängigkeit des Sensibilisierungsmaximums zweier spezieller Cyanintypen von der Länge der konjugierten Ketten. (Entnommen aus W. WEST, Phot. Sci. Eng. 6, 92 (1962).

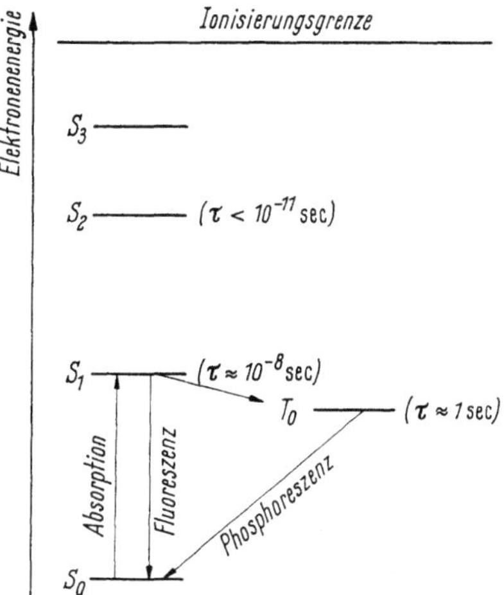

Abb. 6. Energieterme eines Farbstoffes (schematisch) und Lebensdauer der angeregten Zustände. S = Singulett-Terme, T = Triplett-Terme. (Vgl. z. B. F. DÖRR u. G. SCHEIBE, Z. wiss. Phot. 55, 133 (1961).

Bei wirksamen, fluoreszierenden Sensibilisatoren nimmt die Fluoreszenzausbeute sehr stark ab, wenn sie am Halogensilber (oder anderen, zu sensibilisierenden Photoleitern) [*59—61*] adsorbiert werden; daraus wird geschlossen, daß die spektrale Sensibilisierung des Halogensilbers am Term (S_1) eingreift und (im Gegensatz zu früheren Vorstellungen [*62*]) nicht über den Triplettzustand (T_0) abläuft.

Die Sensibilisierungsspektren sind bei allen Sensibilisierungsfarbstoffen unter gleichen Aggregationsbedingungen (s. unten) gegenüber den in Lösung gemessenen Absorptionsspektren um 10 bis 40 mμ nach langen Wellen verschoben (vgl. [*1*—*8*]). Es wird angenommen, daß dieser Effekt zurückzuführen ist auf eine (relativ geringe) Veränderung des Elektronensystems der Farbstoffe durch die Adsorption am Halogensilber.

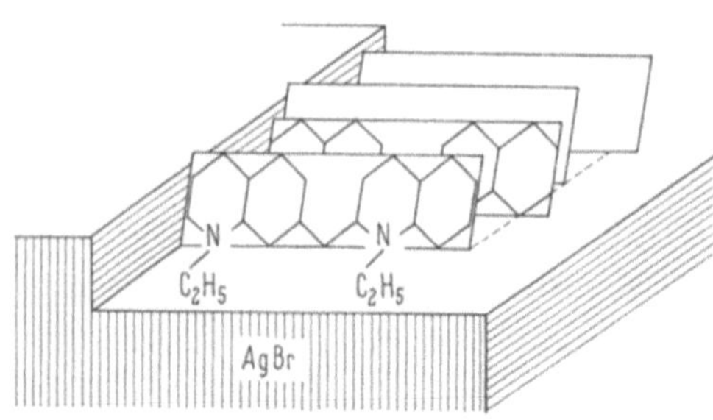

Abb. 7. Ausschnitt aus einem absorbierten Farbstoff-Aggregat. (Entnommen aus F. Dörr, Umschau (1961).

Abb. 8. Strukturformeln einiger Supersensibilisatoren. (Entnommen aus H. Frieser, A. Graf und D. Eschrich, Z. f. Elektrochem. 65, 870 (1961.)

Außerdem ordnen sich die Farbstoffmoleküle (besonders die Cyanine) an der Halogensilberoberfläche bei der Adsorption oft zu „polymeren“ Farbstoffaggregaten an, in denen mehrere (bis zu tausend) Farbstoff moleküle enthalten sein können [*1*—*8*, *63*—*71*]. Diese Aggregate treten manchmal auch in stark konzentrierten oder in stark elektrolythaltigen Lösungen auf. Sie sind an einer sehr scharfen, stark konzentrationsabhängigen Absorptionsbande (der J-Bande) zu erkennen. In den adsorbierten J-Aggregaten stehen die Cyanin- Moleküle alle mit der gleichen Kante in parallelen Ebenen schräg gegen die Halogensilberoberfläche geneigt und seitlich gegeneinander versetzt, wie es in der Abb. 7 schematisch skizziert ist.

Die Aggregatbildung nimmt mit steigenden Farbstoffkonzentrationen nach einem reversiblen Gleichgewicht zu; als Zwischenstufen zwischen den monomeren Farbstoffmolekülen und den polymeren J-Aggregaten werden oft auch noch durch spezielle D- und H- Absorptionsbanden die sogenannten D- (=dimeren) Aggregate und die H-Aggregate erfaßt (vgl. [*1*—*8*; *63*,*68*])

In den J-Aggregaten kann die absorbierte Lichtenergie über viele Moleküle hinweg wandern [*64*], d. h. die Lichtabsorption und der Sensibilisierungsakt können an örtlich voneinander weit entfernten Farbstoffmolekülen erfolgen (vgl. [*1*—*8*]). Allerdings ist die Sensibilisierungswirkung eines Farbstoffs nicht an diesen polymeren Aggregatzustand gebunden: Auch nicht aggregierte Einzelmoleküle können prinzipiell die spektrale Sensibilisierung besorgen.

Die Supersensibilisierung und die Antisensibilisierung treten andererseits vorwiegend an Farbstoffaggregaten auf. Es wird angenommen, daß in diesem Fall die von irgendeinem Einzelmolekül des Farbstoffaggregates absorbierte Lichtenergie strahlungslos durch das Aggregat hindurchwandert und dabei auch an die Stelle gelangt, wo ein wirksames Fremdstoffmolekül eingelagert ist. Wenn dort an diesem Fremdstoffmolekül der Sensibilisierungsakt begünstigt erfolgt, dann beobachtet man die Supersensibilisierung. Wenn dagegen die Strahlungsenergie durch das eingebaute Fremdstoffmolekül in eine für die photographische Sensibilisierung unwirksame Form umgewandelt wird (z. B. ,,Löschung" der Elektronenanregungsenergie durch Umwandlung in Torsionsschwingungsenergie der Farbstoffmoleküle), dann tritt Antisensibilisierung auf.

Allerdings ist in gewissen Fällen auch eine Super- und Antisensibilisierung von monomer adsorbierten Farbstoffmolekülen bekannt; dies wird auf Resonanzeffekte zwischen dem Sensibilisator und dem Super- oder Antisensibilisator zurückgeführt [*24*].

In der folgenden Tabelle sind einige Supersensibilisatoren zusammengestellt.

4. Spektrale Sensibilisierung und Photoleitfähigkeit

Bei der Lichtabsorption entstehen im Halogensilberkristall (wie bei den typischen Photohalbleitern) primär Photoelektronen und Defektelektronen, welche dort nicht nur die Sekundärvorgänge des photographischen Elementarprozesses auslösen, sondern auch eine elektrische Photoleitfähigkeit verursachen.

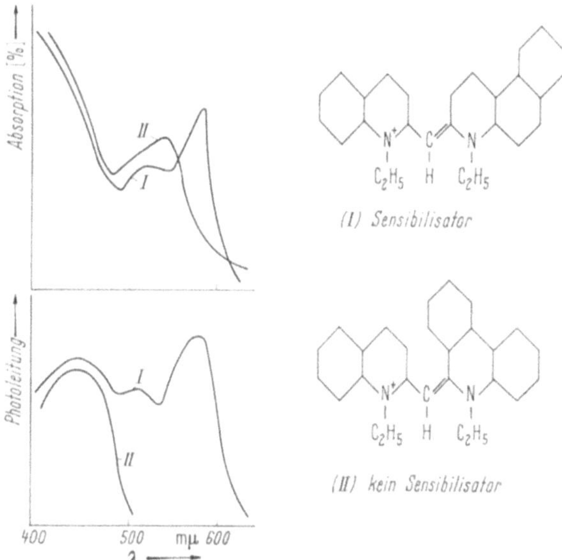

Abb. 9. Beispiel zur spektralen Sensibilisierung der elektrischen Photoleitfähigkeit an AgBr durch organische Farbstoffe. (Entnommen aus W. WEST u. B. H. CARROLL, J. Chem. Phys. 15, 539 (1947).

Für die weiter hinten im Abschnitt III diskutierten Vorstellungen über den Mechanismus der spektralen Sensibilisierung hat nun der Befund eine große Bedeutung, daß die organischen Sensibilisierungsfarbstoffe die elektrische Photoleitfähigkeit des Halogensilbers (und die von anderen anorganischen Photohalbleitern) genau so spektral sensibilisieren wie die photographische Empfindlichkeit (s. [*23—24, 72—83*]).

In Abb. 9 soll der Zusammenhang zwischen der spektralen Sensibilisierung der photographischen Empfindlichkeit und der Photoleitfähigkeit des Halogensilbers anhand eines speziellen Beispiels demonstriert werden. Der Farbstoff (I) der Abb. 9 ist im Spektralbereich von 500 bis 600 mμ ein photographischer Sensibilisator, der Farbstoff (II), der sich in der Struktur vom Farbstoff (I) nur wenig unterscheidet, sensibilisiert dagegen nicht. Die Ursache für dieses unterschiedliche Verhalten soll darin zu suchen sein, daß beim Farbstoff (II) der obere Benzolring infolge von sterischer Hinderung die beiden über die (-CH=)Brücke zusammengehaltenen aromatischen Ringsysteme gegeneinander verdreht. Obgleich nun beide Farbstoffe (I und II) in der photographischen Emulsion am AgBr absorbiert im Spektralbereich von 500 bis 600 mμ Absorptionsbanden zeigen (vgl. das obere Teilbild in Abb. 9), tritt nur an der mit dem Farbstoff (I) versetzten Emulsion in diesem Spektralbereich eine sensibilisierte elektrische Photoleitung auf (vgl. das untere Teilbild in Abb. 9). Der Farbstoff II dagegen, welcher den photographischen Elementarprozeß nicht spektral sensibilisiert, ergibt auch keine sensibilisierte elektrische Photoleitung. Es tritt in Emulsionen, welche diesen Farbstoff (II) enthalten, eine Photoleitung nur im Spektralbereich der AgBr-Eigenabsorption auf (d. h. bei $\lambda < 500$ mμ).

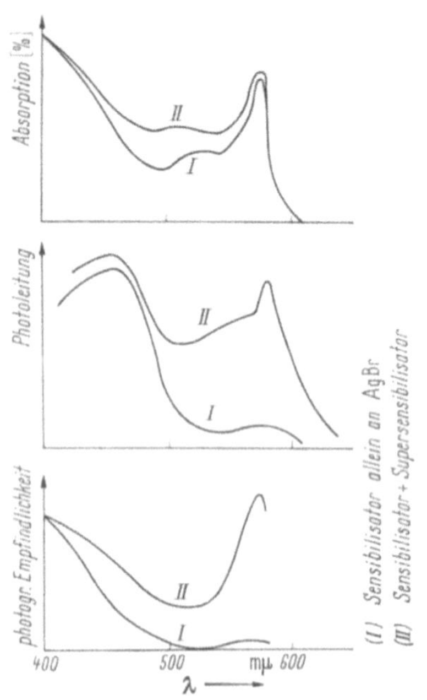

Abb. 10. Erfassung der Supersensibilisierung an AgBr mit Hilfe der elektrischen Photoleitfähigkeit. (Entnommen aus B. H. Carroll, J. Chem. Phys. **15**, 539 (1947).

Auch der eingangs erwähnte Effekt der Supersensibilisierung läßt sich mit Hilfe der elektrischen Photoleitfähigkeit am Halogensilber experimentell erfassen (vgl. [*23*—*24*] u. Abb. 10).

In der Abb. 10 ist im oberen Teilbild der spektrale Verlauf der Lichtabsorption, im mittleren Teilbild der der Photoleitung und im unteren Teilbild der der photographischen Empfindlichkeit eingetragen für eine mit einem bestimmten Farbstoff spektral sensibilisierte AgBr-Emulsion mit und ohne einen Supersensibilisator. Obwohl sich im Spektralbereich der Farbstoffabsorption (d. h. zwischen 500 und 600 mμ) die Lichtabsorption der Emulsion durch den Zusatz des Supersensibilisators nur unwesentlich ändert (s. oberes Teilbild der Abb. 10), nimmt die elektrische Photoleitfähigkeit und die photographische Empfindlichkeit der Emulsion in diesem Spektralbereich durch den Zusatz des Supersensibilisators sehr stark zu (vgl. das mittlere und das untere Teilbild der Abb. 10).

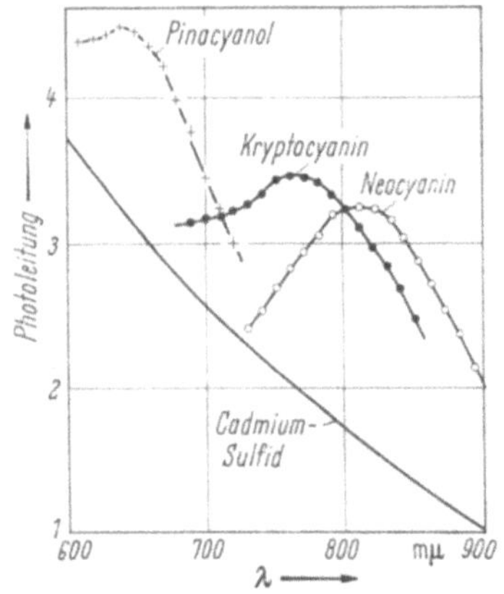

Abb. 11. Spektrale Sensibilisierung von CdS durch organische Farbstoffe. (Entnommen aus R. C. Nelson, JOSA **46**, 13 (1956).

Wie die elektrische Photoleitfähigkeit des Halogensilbers läßt sich auch die Photoleitfähigkeit anderer Photohalbleiter durch die organischen Sensibilisierungsfarbstoffe spektral sensibilisieren [*72—83*]. Dieser Sachverhalt ist vor allem bei der sogenannten Elektrophotographie in die Praxis eingeführt worden, welche die elektrische Photoleitfähigkeit der Halbleitersubstanzen zur Bildaufzeichnung ausnutzt.

Die Abb. 11 zeigt als Beispiel den spektralen Verlauf der Photoleitfähigkeit von CdS mit und ohne Sensibilisierungszusatz [*81*]. An den Stellen im Spektrum, wo die verwendeten, am CdS adsorbierten Farbstoffe Absorptionsbanden haben, treten in der Kombination Farbstoff + Halbleiter gleichfalls „Photoleitfähigkeitsbanden" auf. Eine besonders starke spektrale Sensibilisierung der Photoleitung tritt auf am ZnO; ferner sind außer an den Silberhalogeniden auch an den Thalliumhalogeniden, am MgJ_2 und am PbO spektrale Sensibilisierungseffekte beobachtet worden [*8*].

Die reinen Sensibilisierungsfarbstoffe (ohne Halbleitersubstrat) zeigen selbst zwar auch schon eine (sehr geringe) elektrische Photoleitfähigkeit [*84—102*]. Die durch spektrale Sensibilisierung an der Kombination Farbstoff + Halbleiter erzielbare Photoleitfähigkeit ist jedoch um etwa 4—10 Zehnerpotenzen größer als die Photoleitfähigkeit der Farbstoffe allein (d. h. von Farbstoffschichten ohne Halbleiter als Adsorptionsträger). Infolgedessen ist eine möglicherweise in der am Halbleiter monomolekular adsorbierten Farbstoffschicht selbst auftretende elektrische Photoleitfähigkeit neben der durch die spektrale Sensibilisierung im Halbleiter ausgelösten Photoleitfähigkeit vernachlässigbar klein.

5. Temperaturabhängigkeit und Quantenausbeute der spektralen Sensibilisierung

Wird eine photographische Schicht von Zimmertemperatur ausgehend abgekühlt, dann nimmt deren Empfindlichkeit im allgemeinen ab (manchmal allerdings erst nach Durchlaufen eines mehr oder weniger gut ausgeprägten Empfindlichkeitmaximums). Dabei ist die Abnahme der spektral sensibilisierten Empfindlichkeit meistens stärker, höchstens aber gleich der Abnahme der Halogensilber-Eigenempfindlichkeit [*40, 103*]. Daraus folgt, daß die Quantenausbeute der spektralen Sensibilisierung mit abnehmender Temperatur im allgemeinen abnimmt oder höchstens konstant bleibt, jedoch niemals zunimmt.

Sind Supersensibilisatoren anwesend, dann verläuft die Temperaturfunktion der durch die spektrale Sensibilisierung erzielbaren Empfindlichkeit dagegen nahezu parallel der Temperaturfunktion der Halogensilber-Eigenempfindlichkeit [*103*]. Die Abnahme der spektralen Sensibilisierungsausbeute mit sinkender Temperatur wird also durch den Supersensibilisator sozusagen aufgehoben. Erst beim Abkühlen auf sehr tiefe Temperaturen (unterhalb 90° K) verliert auch die Supersensibilisierung an Wirksamkeit [*103*].

Die Quantenausbeute (φ) der spektralen Sensibilisierung hängt außer von der Temperatur auch stark vom verwendeten Farbstoff ab. Die bisher an den besten Sensibilisatoren gemessenen Maximalwerte liegen in der Größenordnung von $\varphi = 0{,}25$ ([*2*]; bezogen auf die Quantenausbeute von $\varphi = 1$ im Spektralbereich der Halogensilber-Eigenabsorption spektral nicht sensibilisierter Emulsionen). Während also bei einer direkten Lichtabsorption im Halogensilberkorn praktisch jedes Lichtquant photochemisch ein Silberatom erzeugt, kann beim Umweg über die spektrale Sensibilisierung höchstens etwa jedes vierte vom Farbstoff absorbierte Lichtquant diese photochemische Reaktion im Halogensilber auslösen. Mindestens 75% der im Farbstoff absorbierten Lichtquanten gehen bei der spektralen Sensibilisierungsreaktion für den photographischen Prozeß verloren.

Auch durch den Einsatz von Supersensibilisatoren läßt sich die Quantenausbeute der spektralen Sensibilisierung nicht über einen Maximalwert von größenordnungsmäßig $\varphi = 0{,}25$ hinaus erhöhen; die Supersensibilisatoren vergrößern in der Regel die Quantenausbeute der spektralen Sensibilisierung nur bei solchen (Farbstoffaggregate bildenden) Sensibilisatoren, deren sehr geringes Sensibilisierungsvermögen bei Abwesenheit des Supersensibilisators nur wesentlich kleinere Quantenausbeuten erzielen läßt [*103*].

Im Zusammenhang mit der Sensibilisierungsausbeute und mit den in Abschnitt III diskutierten Vorstellungen zum Mechanismus der spektralen Sensibilisierung ist auch der experimentelle Befund erwähnenswert, daß bei einer genügend starken und langen Bestrahlung jedes Farbstoffmolekül mehrmals (im Grenzfall sogar beliebig oft) den spektralen Sensibilisierungsakt durchführen kann. An spektral sensibilisiertem Halogensilber wurde festgestellt, daß sich durch Bestrahlung mit Licht des (langwelligen) Sensibilisierungsbereichs bis zu größenordnungsmäßig 10^2mal so viel Silberatome photochemisch bilden können wie absorbierende Farbstoffmoleküle anwesend sind [*104—110*], ohne daß sich danach deren Sensibilisierungs vermögen erschöpft hätte. Bei anhaltender Bestrahlung werden allerdings auch die Sensibilisierungsfarbstoffe durch photochemische Nebenreaktionen allmählich zerstört (s. z. B.[*111*]). Auch am ZnO wurde eine Ausbeute von 10^2 bis 10^3 Photoelektronen pro Farbstoffmolekül gemessen [*82—83*]. Die Abb. 12 gibt als Beispiel die am ZnO bei Sensibilisierung mit verschiedenen Erythrosinkonzentrationen (C_1 und C_2) erhaltenen Photoelektronenausbeuten in Abhängigkeit von der Bestrahlungszeit wieder.

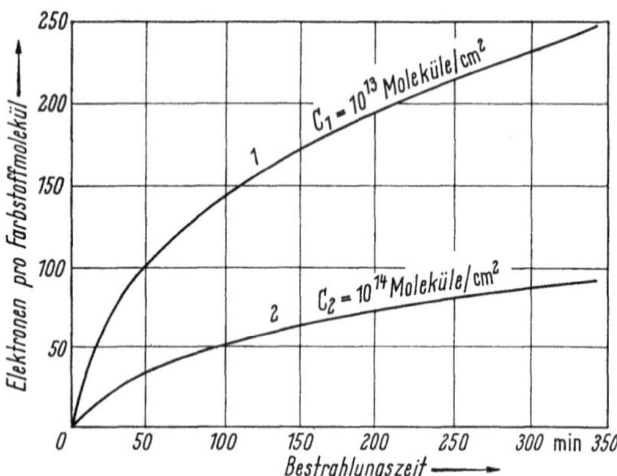

Abb. 12. Photoelektronenausbeute am spektral mit Erythrosin sensibilisierten ZnO als Funktion der Bestrahlungszeit für zwei verschiedene Farbstoffkonzentrationen (C_1 und C_2). (Entnommen aus R. MATEJEC, Z. Elektrochem. 65, 783 (1961).

6. Modellversuche zum Mechanismus der spektralen Sensibilisierung

Wie weiter hinten im Abschnitt III ausgeführt ist, werden für die spektrale Sensibilisierung vor allem zwei mögliche Mechanismen diskutiert: Nach der Lichtabsorption durch den Farbstoff wird von diesem entweder ein Elektron oder aber die Energie auf das Halogensilber (oder allgemein auf den Photohalbleiter) übertragen.

Zur Entscheidung der Frage, welcher von diesen beiden Mechanismen bei der spektralen Sensibilisierung abläuft, werden in der Literatur zahlreiche Modellversuche angeführt; die beiden typischsten Modellversuche sollen hier kurz behandelt werden.

a) Modellversuche zur Elektronenübertragung. Um eine Elektronenübertragung möglichst direkt zu demonstrieren, wurden Sperrschichteffekte in der an Abb. 13 skizzierten Schichtenkombination untersucht. (H. MEIER, Vortr. phot. Koll. ETH Zürich und Bunsentagung Berlin (1964); vgl. ferner [*95—96*]).

In dieser Anordnung befindet sich eine Farbstoffschicht zusammen mit einer Halogensilberschicht kombiniert zwischen zwei Elektroden, von denen zumindest die mit dem Farbstoff in Kontakt stehende Elektrode lichtdurchlässig sein muß. Wird

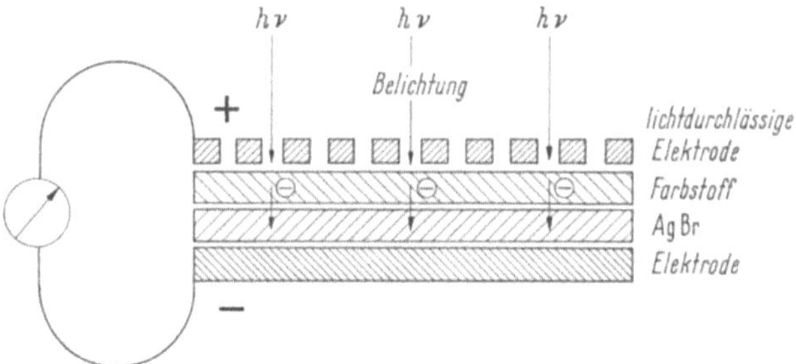

Abb. 13. Schichtenkombination zur Messung der Elektronenübertragung vom Sensibilisierungsfarbstoff zum Halogensilber (schematisch; nach H. MEIER, Vortr. ETH Zürich (1964)).

die Farbstoffschicht durch diese lichtdurchlässige Elektrode hindurch mit Licht der Farbstoffabsorption belichtet, dann tritt ein äußerer Sperrschichteffekt auf, wobei in der Regel die Farbstoffseite positiv, die Halogensilberseite negativ polarisiert wird. Aus dem Auftreten dieses Sperrschichteffektes wird auf einen Elektronenübergang vom Farbstoff auf das Halogensilber bei der spektralen Sensibilisierung geschlossen [*95—102*].

Auf den ersten Blick scheint der Mechanismus der Elektronenübertragung durch diesen Versuch einwandfrei bewiesen zu sein. Es wäre allerdings möglich, daß eine Elektronenübertragung bei diesem Versuch nur vorgetäuscht wird: Wenn nämlich der Farbstoff im Halogensilber (und zwar in der Nähe der Phasengrenze Farbstoff/Halogensilber) freie Elektronen und Defektelektronen durch Energieübertragung erzeugt, dann müßten die so entstandenen Elektronen infolge ihrer längeren Lebensdauer und höheren Beweglichkeit weiter in das Innere der Halogensilberschicht hineindiffundieren als die langsameren und kurzlebigeren Defektelektronen; dadurch könnten sie elektrische Polarisationen aufbauen, welche gleichsinnige äußere Sperrschichteffekte verursachen müßten wie bei einer Elektronenübertragung zu erwarten sind (Dember-Effekt).

b) Modellversuch zur Energieübertragung. Nachdem schon früher eine strahlungslose Energieübertragung in hochviskosen Lösungen [*126—127*] und in aromatischen Kohlenwasserstoffen (s. z. B. [*128*] u. [*131—135*] aufgefunden und untersucht worden ist, wurden jetzt erst in der letzten Zeit Schichtenkombinationen beschrieben [*129—130*], durch welche die Energieübertragung besonders gut illustriert werden kann (s. Abb. 14).

Bei dieser Anordnung werden eine Farbstoffschicht, eine Barium-Stearat-Zwischenschicht und eine Fluoreszenzstoffschicht miteinander kombiniert. Die Zwischenschicht wird deshalb aus Barium-Stearat hergestellt, weil sich aus diesem durch Spreitung genügend dünne, homogene Schichten herstellen lassen. Ist die Barium-

Stearatschicht dünn genug (Schichtdicke < 100Å) dann wird die vom Farbstoff absorbierte Lichtenergie strahlungslos durch die Barium-Stearatschicht hindurch auf die Fluoreszenzschicht übertragen, welche dann die empfangene Energie z. B. als Fluoreszenzlicht emittiert [*129*—*130*].

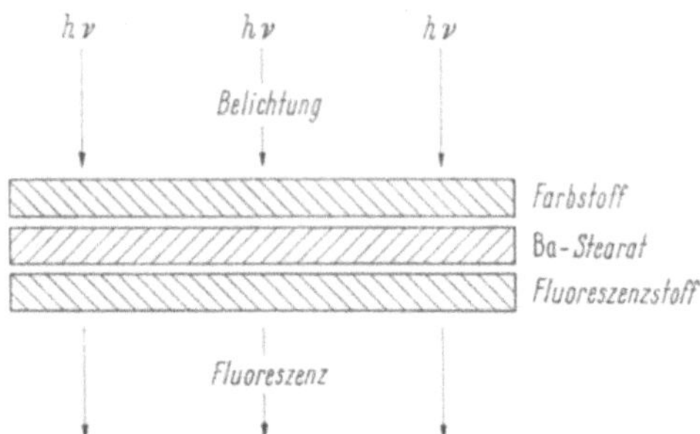

Abb. 14. Schichtenkombination zur Messung der Energieübertragung (schematisch; nach H. KUHN und Mitarbeiter [*129*/*130*]).

Durch einen ähnlichen Schichtaufbau konnte auch schon eine Energieübertragung vom Farbstoff durch eine Ba-Stearatschicht hindurch auf dünne Metallschichten und auf CdS-Schichten gefunden werden (H. KUHN, Vortrag auf dem Farbensymposium (1964) auf Elmau): Bei Verwendung einer fluoreszierenden „Farbstoff"-Schicht und Austausch der Fluoreszenzschicht in Abb. 14 gegen eine Metallaufdampfschicht oder gegen eine CdS-Schicht verliert der als Lichtempfänger wirkende Farbstoff seine Fluoreszenzfähigkeit, sobald die Dicke der Barium-Stearatschicht für den eine Energieübertragung maximal zulässigen kritischen Wert unterschreitet. Ob eine strahlungslose Energieübertragung vom Farbstoff durch Barium-Stearatschichten hindurch auch auf Halogensilberschichten stattfindet, wurde mit der in Abb. 14 skizzierten Anordnung bisher leider noch nicht untersucht.

III. Vorstellungen über den Mechanismus der spektralen Sensibilisierung

Bei der Diskussion des Mechanismus der spektralen Sensibilisierung stehen meistens die beiden folgenden Fragen im Vordergrund:

Wie kommt es, daß der Sensibilisierungsfarbstoff im Halogensilber (oder allgemein im Photohalbleiter) die gleichen photochemischen (oder photophysikalischen) Prozesse auslösen kann, wozu andererseits bei der Lichtabsorption im Halogensilber selbst (oder im Photohalbleiter) größere Energiebeträge erforderlich sind?

Überträgt der Farbstoff bei der spektralen Sensibilisierung die absorbierte Strahlung in Form von Energie (etwa in Form von Exzitonen) auf das Halogensilber (oder allgemein auf den Photohalbleiter), oder aber gibt er Elektronen an das Halogensilber (oder an den Photohalbleiter) ab? (D. h.: „Energieinjektion" oder „Elektroneninjektion"?)

Diese beiden Fragen sollen hier vor allem behandelt werden.

1. Diskussion unter dem Gesichtspunkt einer „Elektroneninjektion"

Die mit der spektralen Sensibilisierung verbundenen Photoleitfähigkeitseffekte, von denen hier in den Abb. 9 bis 11 einige Beispiele dargestellt worden sind, und die an den Farbstoffen selbst beobachtbaren (geringen) photoelektrischen Effekte [*100* bis

102] haben zunächst zu der Annahme geführt, daß der Farbstoff selbst Elektronen in das Leitungsband des Halogensilbers oder des Halbleiters injiziert, wo diese Elektronen dann die elektrische Leitfähigkeit erhöhen und im Fall des Halogensilbers außerdem auch den photographischen Elementarprozeß (d. h. die Bildung von Silberkeimen) einleiten. Entsprechend dieser Vorstellung wurde zunächst das in Abb. 15 skizzierte Modell aufgestellt [*112—113*].

Nach dem in Abb. 15 dargestellten Schema liegen die Elektronenniveaus (S_0) und (S_1) des adsorbierten Farbstoffs relativ zu denen des Halogensilbers so im Energiediagramm, daß das erste Anregungsniveau (S_1) des Farbstoffs wenig über dem Leitungsband (L) des Halogensilbers liegt. Diese relative Lage vom Leitungsband des Halogensilbers und dem ersten Anregungsniveau (S_1) des Farbstoffs läßt sich folgendermaßen abschätzen: Aus der Wasserstoffähnlichkeit der kurzwelligen Farbstoffabsorptionsspektren [*114*], aus der Elektronenaustrittsarbeit fester Farbstoffschichten [*115—116*] und aus dem Kontaktpotential [*117—118*] beträgt der Abstand des ersten Anregungsniveaus S_1 von der Ionisierungsgrenze der Sensibilisierungsfarbstoffe größenordnungsmäßig 3 bis 3,2 eV, wogegen aus der Elektronenaustrittsarbeit des Halogensilbers [*119—120*] für den Abstand des Halogensilber-Leitungsbandes von der Ionisierungsgrenze ein Abstand von größenordnungsmäßig 3,2 bis 3,5 eV hergeleitet werden kann.

Bei der Lichtabsorption des Farbstoffs gelangt dann nach diesem Modell ein Elektron zunächst aus dem Grundniveau (S_0) des Farbstoffs in das erste Anregungsniveau (S_1), von wo es dann nach Abb. 15 ohne energetische Schwierigkeiten in das Leitungsband (L) des Halbleiters übergehen kann.

Das erste Anregungsniveau (S_1) der Desensibilisatoren soll umgekehrt tiefer liegen als das Leitungsband des Halogensilbers [*36—38*; *103*], so daß bei der Desensibilisierung umgekehrt die Photoelektronen, welche im Halogensilber bei Einstrahlung in dessen Eigenabsorption entstehen, in das Farbstoffniveau (S_1) gelangen und dort festgelegt werden.

Die vorn im Abschnitt II,5 genannten Experimente, nach denen die Farbstoffmoleküle den Sensibilisierungsakt mehrmals durchführen können, führen jedoch zu der Frage, auf welchem Weg dann die Farbstoffmoleküle nach jedem Sensibilisierungsakt wieder regeneriert werden, wenn sie z. B. nach dem in Abb. 15 gezeigten Modell bei der spektralen Sensibilisierung ein Elektron an den Halbleiter oder an das Halogensilber abgegeben haben.

Das in Abb. 15 gezeigte Sensibilisierungsmodell ist zur Erklärung der oftmaligen Wiederholbarkeit des Sensibilisierungsaktes deshalb noch etwas zu modifizieren. Es ist dabei folgendes zu berücksichtigen:

Die spektrale Sensibilisierung ist eine Reaktion, welche sich an der Halbleiteroberfläche abspielt. Dort muß man aber sicher mit anderen Halbleitereigenschaften rechnen als im homogenen Halbleitervolumen vorliegen. An der Kristalloberfläche liegen z. B. andere Gitterschwingungsverhältnisse vor [*121*], außerdem ändert sich dort auch die Dielektrizitätskonstante sprunghaft. Die Gitterbausteine sind deshalb dort polarisiert und die Elektronenbänder deformiert [*82*, *83*]. Bei den Verbindungshalbleitern (AgBr, ZnO, CdS usw.) wird bekanntlich das Valenzband aus Elektronenniveaus der Anionen, das Leitungsband dagegen aus Elektronenniveaus der Kationen aufgebaut. Weil nun in der Regel die größeren Anionen eine stärkere Polarisierbarkeit aufweisen als die kleineren Kationen, deshalb dürfte auch die Deformation des Valenzbandes an der Halbleiteroberfläche stärker sein als die des Leitungsbandes, d. h. es ist zu erwarten, daß die Elektronenbänder des Halbleiters an der Halbleiteroberfläche etwa so verlaufen, wie es die folgende Abb. 16 wiedergibt.

Nach dem Schema der Abb. 16 bereitet dann die Wiederholbarkeit der spektralen Sensibilisierung durch ein Farbstoffmolekül keine energetischen Schwierigkeiten mehr.

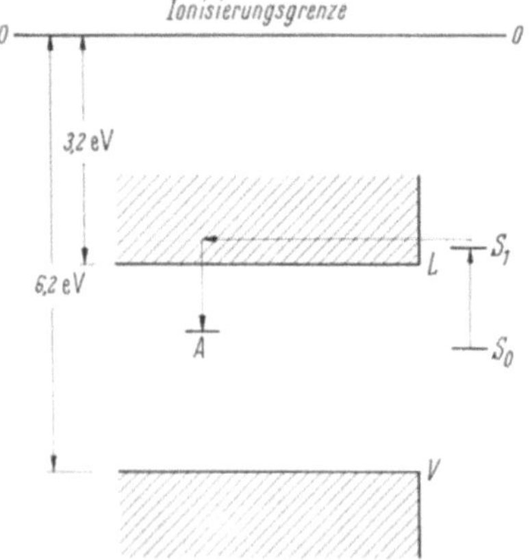

Abb. 15. Älteres Energieschema zur spektralen Sensibilisierung. (Nach N. F. Mott, Phot. J. 88 B, 119 (1948).

Abb. 16. Neueres Energieschema zur spektralen Sensibilisierung. (Entnommen aus R. Matejec, Z. Elektrochem. 65, 783 (1961).

Falls der Farbstoff bei der spektralen Sensibilisierung Elektronen in den Halbleiter injiziert, ergibt sich der folgende Reaktionsablauf (vgl. Abb. 16):

Bei der optischen Anregung des Farbstoffs gelangt ein Elektron aus dem Farbstoffgrundniveau (S_0) in das erste Anregungsniveau (S_1). Von dort kann es dann aus dem Farbstoff in das Leitungsband (L) des Halbleiters übergehen. Anschließend kann dann das Grundniveau (S_0) des Farbstoffs wieder mit einem Elektron aus dem Valenzband (V) des Halbleiters besetzt werden; der Farbstoff wird auf diese Weise regeneriert.

Nach dieser Modellvorstellung bilden sich bei der spektralen Sensibilisierung die Defektelektronen sogleich an der Halbleiteroberfläche, während sie bei Einstrahlung in die Eigenabsorption des Photohalbleiters wie die Photoelektronen zunächst in homogenen Photohalbleitervolumen entstehen und von dort aus dann erst an die Oberfläche wandern. Tatsächlich konnte aus Fluoreszenzmessungen [*40*, *122*] und Ladungsträger-Driftmessungen [*123*] hergeleitet werden, daß nach der spektral sensibilisierten Lichtabsorption (im Gegensatz zur Halogensilber-Eigenabsorption) im homogenen Kristallvolumen des Halogensilbers zwar bewegliche Photoelektronen, aber keine beweglichen Defektelektronen vorhanden sind. Der Energiebetrag, um den die Quantenenergie bei der spektralen Sensibilisierung kleiner sein kann als die Quantenenergie der Halogensilber-Eigenempfindlichkeit, ist nach Abb. 16 gegeben durch die Differenz zwischen der Energie eines Defektelektrons an der Halbleiteroberfläche und der eines Defektelektrons im Halbleitervolumen (d. h durch den Betrag, um den das Valenzband an der Oberfläche aufgebogen ist).

Voraussetzung für den durch die Abb. 16 illustrierten Sensibilisierungsmechanismus ist allerdings, daß für den direkten Elektronenübergang aus dem Valenzband ins Leitungsband höchstens der gleiche Energiebetrag erforderlich ist wie für die Elektronenanregung im Farbstoff; wenn die Elektronenanregung dort nicht direkt, sondern (vorwiegend) auf dem Umweg über die spektrale Sensibilisierung erfolgt, dann liegt das wahrscheinlich nicht an den energetischen Verhältnissen, sondern daran, daß die optische Übergangswahrscheinlichkeit der Elektronen im adsorbierten Farbstoff wesentlich größer ist als die in der Halbleiteroberfläche. (Über die Deutung dieser geringen Übergangswahrscheinlichkeit vgl. [*124—125*]).

Die Sensibilisierungs-Aktivität eines Sensibilisierungsfarbstoffs ist nach dem Mechanismus der Elektronenübertragung gegeben durch die Wahrscheinlichkeit, mit der ein Elektron aus dem Farbstoff durch Tunneleffekt auf das Halogensilber übertritt. Wenn man den Potentialwall des Elektronendiagramms der Abb. 17a durch den vereinfachten (rechteckigen) Potentialwall der Abb. 17b annähert, läßt sich nach [*59*] die Wahrscheinlichkeit dieses Tunneleffektes folgendermaßen abschätzen:

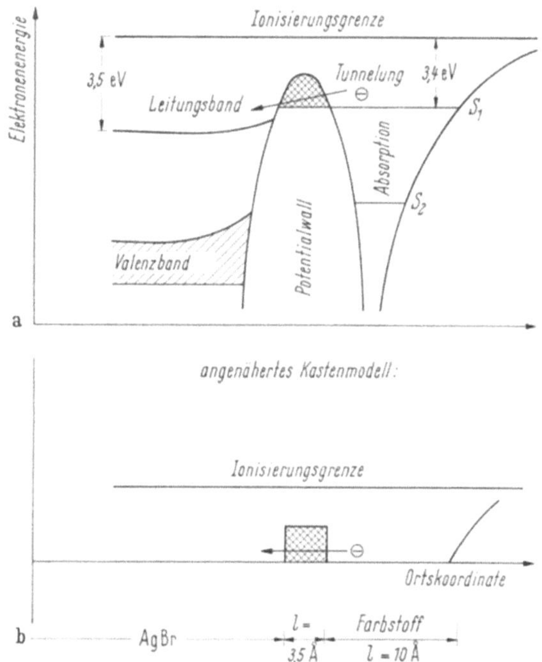

Abb. 17. a) Termschema des Adsorptionskomplexes AgBr/Sensibilisierungsfarbstoff, b) Potentialwall zwischen AgBr und Farbstoff nach a), für die Abschätzung der Tunnelwahrscheinlichkeit stark vereinfacht. (Nach F. DÖRR u. G. SCHEIBE, Z. wiss. Phot. 55, 133 (1961).

Der Durchlaßgrad (D) eines in Abb. 17b von rechts aus dem Farbstoff kommenden und durch den (für die Modellrechnung rechteckig angenommenen) Potentialwall zum AgBr gelangenden Elektrons ist quantenmechanisch gegeben durch die folgende Beziehung:

$$D = D_0 \cdot \exp\left[-\frac{8l}{h}\sqrt{m_\ominus (U - E_\ominus)}\,.\right]. \tag{2}$$

Die Formelzeichen dieser Gleichung (2) bedeuten folgendes: D_0 ist ein Proportionalitätsfaktor der Größenordnung 1; l ist die Länge des Potentialwalls, der entsprechend dem Abstand zwischen adsorbiertem Farbstoff und Halogensilber zu 3,4 Å abgeschätzt wird (Größenordnung einer Atombindung); h ist das Plancksche Wirkungsquantum $= 1{,}05 \cdot 10^{-27}$ erg · sec; $m_\ominus$ ist die Elektronenmasse $= 10^{-27}$ g; U ist die Schwellenenergie des Potentialwalls, abgeschätzt zu 2 eV; $E_\ominus$ die (thermische) Energie des Elektrons $\approx 0{,}1$ eV; schließlich ist noch der Umrechnungsfaktor enthalten von 1 eV $= 1{,}6 \cdot 10^{-12}$ erg.

Durch Einsetzen dieser Zahlenwerte in die Gleichung (2) erhält man für den Durchlaßgrad D einen Zahlenwert von $\approx 10^{-3}$ bis 10^{-2}, d. h. das im Elektronensystem des Farbstoffs auf dem Term (S_1) hin und her laufende Elektron hat unter 10^2 bis 10^3 Reflexionen am Potentialwall etwa einmal die Chance, ihn durch Tunnelung zu durchdringen.

Die Stoßfrequenz (f) des angeregten Elektrons im Term (S_1) läßt sich andererseits abschätzen aus der folgenden Gleichung:

$$f = \frac{v}{\Delta s}\,. \tag{3}$$

In dieser Gl. (3) bedeutet v die formale, räumliche Bewegungsgeschwindigkeit des Elektrons im Anregungsniveau (S_1) und Δs die Länge der konjugierten Kette des Farbstoffs. Die Geschwindigkeit (v) läßt sich abschätzen[1] aus dem Elektronenimpuls Δp nach der Beziehung

$$\Delta p \approx m_\ominus \cdot v\,. \tag{4}$$

Das Produkt aus Elektronenimpuls (Δp) und Elektronenweglänge (Δs) ist andererseits näherungsweise gleich einem Planckschen Wirkungsquantum:

$$\Delta p \cdot \Delta s = \hbar\,. \tag{5}$$

Durch Kombination der Gleichungen (3) bis (5) ergibt sich für die Stoßfrequenz (f) dann die Beziehung (6):

$$f \approx \frac{\hbar}{m_\ominus \cdot (\Delta s)^2}\,, \tag{6}$$

d. h. ein Zahlenwert von $f \approx 5 \cdot 10^{13}$ [sec^{-1}].

Die Geschwindigkeitskonstante (k_T) der Tunnelreaktion ist ferner gegeben durch die Gl. (7) zu

$$k_T = D \cdot f\,. \tag{7}$$

Mit einem oben nach Gl. (2) hergeleiteten Durchlaßgrad von $D \approx 2 \cdot 10^{-3}$ und einer Stoßfrequenz von $f \approx 5 \cdot 10^{13}$ wird nach Gl. (7) die Geschwindigkeitskonstante (k_T) der Tunnelreaktion $k_T \approx 10^{11}$ [sec^{-1}].

---

[1] Eine Anwendung des Kuhn'schen Elektronengas-Modells ergibt statt der Gleichung (4) die folgende Beziehung

$$v = \frac{\hbar}{m_\ominus \lambda_\ominus}\,, \tag{4a}$$

in welcher ($\lambda_\ominus$) die Wellenlänge des schwingenden Elektrons bedeutet. Diese Wellenlänge ($\lambda_\ominus$) ist mit der Länge (Δs) der konjugierten Kette verbunden durch die Beziehung:

$$\lambda_\ominus = \frac{\Delta s}{2n} \tag{4b}$$

(n: Anzahl der konjugierten Doppelbindungen). Verwendet man die Gln. 4a und 4b an Stelle von Gl. 4, so erhält man im Endergebnis größenordnungsmäßig ähnliche Werte wie bei der hier dargelegten Abschätzung.

Vergleicht man diesen abgeschätzten Zahlenwert mit der Geschwindigkeitskonstanten (k_F) der Fluoreszenzemission, welche definiert ist durch die Beziehung (8)

$$k_F = \frac{1}{\tau_F}, \tag{8}$$

und für welche man mit einer Lebensdauer (τ_F) der Elektronen im angeregten Zustand von $\tau_F \approx 10^{-8}$ [sec] einen Wert von $k_F \approx 10^8$ [sec^{-1}] abschätzen kann, so findet man, daß im Adsorptionskomplex (Halogensilber/Sensibilisierungsfarbstoff) die Geschwindigkeitskonstante (k_T) der Tunnelreaktion um den Faktor 10^3 größer ist als die Geschwindigkeitskonstante (k_F) der Fluoreszenzemission. Nach der oben durchgeführten Abschätzung ist somit die Wahrscheinlichkeit dafür, daß das angeregte Elektron des Farbstoffs aus dem Term (S_1) durch Tunnelreaktion in das Leitungsband des Halogensilbers übergeht, etwa um den Faktor 10^3 größer als die Wahrscheinlichkeit für die Rückkehr des Elektrons aus (S_1) in (S_0) unter Fluoreszenzemission. Die stark verminderte Fluoreszenz der am Kristall adsorbierten Farbstoffe könnte auf diese Weise leicht erklärt werden. Randschicht- und Oberflächeneffekte des Halogensilbers sind selbstverständlich bei der hier umrissenen näherungsweisen Abschätzung der Elektronenübergangswahrscheinlichkeit vernachlässigt worden.

Die Supersensibilisierung wird nach den Vorstellungen der Elektronenübertragung gedeutet als eine Verminderung der Höhe der in Abb. 17 skizzierten, zwischen dem Farbstoff und dem Halbleiter gelegenen Potentialschwelle [*57*, *103*].

2. Diskussion unter dem Gesichtspunkt einer Energieübertragung

Im Gegensatz zu den Ausführungen des vorigen Abschnitts ist es aber auch möglich, daß beim Elementarakt der spektralen Sensibilisierung kein Elektron, sondern die Anregungsenergie selbst vom Sensibilisator auf den zu sensibilisierenden Halbleiter übertragen wird (vgl. [*1—8*]).

Aus verschiedenartigen Fluoreszenzuntersuchungen sind an zahlreichen Systemen zahlreiche Fälle bekannt geworden, wo eine solche Energieübertragung stattfindet: Durch Vergleich der theoretischen Konzentrationsabhängigkeit der Fluoreszenzlöschung mit der experimentell gefundenen an Systemen, wo fluoreszierende Stoffe in zähen Medien gelöst sind [*126—127*] und aus der Sensibilisierbarkeit der Fluoreszenz [*127*] wurde hergeleitet, daß die Energie über mehrere Lösungsmittelmoleküle hinweg strahlungslos vom Sensibilisator auf einen Akzeptor übertragen werden kann. Gut bekannt ist außerdem die Energieübertragung bei der sensibilisierten Fluoreszenz an Systemen, wo z. B. Tetracenmoleküle oder Moleküle von anderen höheren aromatischen Kohlenwasserstoffen als Fluoreszenzzentren (Energieakzeptoren) in kristallines Anthracen als sensibilisierendes Wirtsgitter eingelagert sind (vgl. z. B. [*131—135*]). Bei der Energieübertragung von Benzol auf Anthracen wurde sogar der Zeitbedarf der Energieübertragung gemessen [*128*]. Besonders gut illustriert wird schließlich der Prozeß der Energieübertragung durch Versuche, bei denen die von einer Farbstoffschicht absorbierte Lichtenergie durch eine genügend dünne Bariumstearatschicht hindurch auf eine darunterliegende Fluoreszenzstoffschicht übertragen wird ([*129—130*], vgl. auch Abb. 14).

Durch diese und ähnliche Experimente ist gesichert, daß ein organisches Farbstoffmolekül in der Lage ist, durch Fernkoppelung seiner elektronischen Oszillatoren mit den Oszillatoren anderer, entfernter gelegener Moleküle die absorbierte Lichtenergie strahlungslos auf diese zu übertragen. Die Stärke dieser Koppelung bestimmt die Quantenausbeute dieser Energieübertragung.

Nimmt man nun an, daß statt einer Elektronenübertragung eine solche strahlungslose Energieübertragung auch bei der spektralen Sensibilisierung des photographischen Prozesses und der Photoleitfähigkeit abläuft, dann ist es allerdings auch in diesem Fall erforderlich, zur Vermeidung der obengenannten energetischen Schwierigkeiten an Stelle des in Abb. 15 skizzierten Elektronenenergiediagramms das in Abb. 16 skizzierte zu verwenden, Die Quantenausbeute der spektralen Sensibilisierung hängt dann von der Stärke der Koppelungskräfte zwischen dem Sensibilisierungsfarbstoff und den Elektronenoszillatoren in der Halbleiteroberfläche ab (vgl. z. B. [*135*]); durch die Supersensibilisatoren wird die Koppelung nach diesen Vorstellungen verbessert.

Bei einer Energieübertragung führt ein Sensibilisierungsakt zum gleichen Endzustand wie im Fall einer Elektronenübertragung, nämlich zu einem Photoelektron im Leitungsband im Innern und zu einem Defektelektron im Valenzband an der Oberfläche des zu sensibilisierenden Halbleiters. Kritisch betrachtet unterscheiden sich die Endergebnisse der beiden Sensibilisierungsmechanismen nur darin, daß das Photoelektron, welches letzten Endes im Leitungsband des Halbleiters auftritt, im Fall der Elektronenübertragung aus dem Farbstoff stammt und dort durch ein Elektron aus dem Valenzband der Halbleiteroberfläche ersetzt wurde, während im Fall der Energieübertragung dieses Elektron direkt und ohne Umweg dem Valenzband der Halbleiteroberfläche entnommen wird. Da sich die Elektronen des Farbstoffs von denen des Halbleiters mit den heutigen Mitteln experimentell nicht unterscheiden lassen, ist auch eine Entscheidung zu Gunsten der Elektronenübertragung oder der Energieübertragung heute kaum möglich. Infolgedessen ist die Frage, ob bei der spektralen Sensibilisierung Elektronen oder Energie vom Farbstoff auf den Halbleiter übertragen werden, noch immer ungeklärt.

Literatur

Zusammenfassende Artikel zur spektralen Sensibilisierung

[*1*] Horwitz, L.: Phot. Sci. Techn. **1**, 43 (1954).
[*2*] Dickinson, O.: J. phot. Sci. **2**, 50 (1954).
[*3*] Wolff, H.: Fortschritt chem. Forschung 3/3, 1955, S. 503.
[*4*] Brünner, R., A. Oberth u. G. Scheibe: Z. wiss. Phot. **50**, 283 (1955).
[*5*] Dörr, F.: Umschau 588 (1960).
[*6*] West, W.: Wiss. Phot. Konferenz Zürich 1961.
[*7*] Carroll, B. H.: Phot. Sci. Eng. **5**, 65 (1961).
[*8*] Terenin, A. u. I. Akimow: Z. phys. Chem. (Leipz. Ausg.) **217**, 307 (1961).

Originalarbeiten

[*9*] Vogel, H.: Ber. **6**, 1302 (1873).
[*10*] Fesefeld, H.: Z. f. Physik **64**, 741 (1930); **67**, 37 (1931).
[*11*] Fesefeld, H. u. Z. Gyulai: Nachr. Wiss. Ges. Göttingen math. phys. Kl. 1929, S. 226.
[*12*] Okamoto, Y.: Nachr. Akad. Wiss. Göttingen 1956, S. 275.
[*13*] Matejec, R.: Z. f. Physik **145**, 593 (1957).
[*14*] Tutihasi, S.: Phys. Rev. **105**, 882 (1957).

[15] EGGERT, J. u. F. KLEINSCHROD: Z. wiss. Phot. **39**, 169 (1940).
[16] BILTZ, M.: JOSA **39**, 994 (1949).
[17] EGGERT, J.: Ann. d. Physik (7) **4**, 140 (1959).
[18] URBACH, F.: Phys. Rev. (2) **92**, 1324 (1953).
[19] MOSER, F. u. F. URBACH: Phys. Rev. (2) **102**, 1519 (1956).
[20] MEINIG, K., J. METZ u. J. TELTOW: phys. stat. solidi **2**, 1556 (1962).
[21] WEST, W. u. B. H. CARROLL: J. Chem. Phys. **15**, 539 (1947); **19**, 417 (1951).
[22] CARROLL, B. H. u. W. WEST: Fundamental Mechanism of Photogr. Sensitivity, London: Butterworth 1951, S. 162.
[23] WEST, W. u. B. H. CARROLL: J. phys. Chem. **57**, 797 (1953).
[24] BRÜNNER, R., A. E. OBERTH, G. PICK u. G. SCHEIBE: Z. Elektrochem. **62**, 132, 146 (1958).
[25] KÖNIG, E.: Das Arbeiten mit farbenempfindlichen Platten, Berlin: 1909, S. 46.
[26] LÜPPO-CRAMER, H.: Camera **1**, 225 (1923).
[27] LÜPPO-CRAMER, H.: Z. wiss. Phot. **31**, 329 (1933) u. **36**, 8 (1937).
[28] BLAU, M. u. H. WAMBACHER: Z. wiss. Phot. **33**, 191 (1934).
[29] BLAU, M. u. H. WAMBACHER: Nature **134**, 538 (1934).
[30] BLAU, M. u. H. WAMBACHER: Phot. Korr. **72**, 108 (1936).
[31] HEISENBERG, E.: Veröff. wiss. Zentrallaboratorien d. Agfa **3**, 115 (1933).
[32] CHUBAROV, R. V.: Fotokinokhim. Prom. **4**, 32 (1936).
[33] BOKINIK, YA, A. u. V. A. SMINOVA: Fotokinokhim. Prom. **5**, 51 (1937).
[34] EGGERT, J. u. M. BILTZ: Veröff. wiss. Zentrallaboratorien d. Agfa **6**, 23 (1939).
[35] BREIDO, I. I. u. YU. N. GOROKHOVSKII: Zhur. Fiz. Khim. **17**, 57 (1943).
[36] SPENCE, J. u. B. H. CARROLL: J. Phys. Chem. **52**, 1090 (1948).
[37] HAUTOT, A. u. H. SAUVENIER: Colloqu. Sci. Phot. Paris 1951, S. 137.
[38] TAMURA, M. u. S. TUTIHASI: Photogr. Sensitivity (I), Hakone Sympos. 1956, S. 125.
[39] BROOKER, L. G. S., G. H. KEYES, R. H. SPRAGUE, R. H. VAN DYKE, E. VAN LARE, G. VON ZANDT u. F. L. WHITE: J. Am. Chem. Soc. **73**, 5326 (1951).
[40] WEST, W.: Phot. Sci. Eng. **6**, 92 (1962).
[41] SHEPPARD, S. E. u. H. CROUCH: J. Phys. Chem. **32**, 751 (1928).
[42] SHEPPARD, S. E., R. H. LAMBERT u. R. L. KEENAN: J. Phys. Chem. **36**, 174 (1932).
[43] SHEPPARD, S. E., R. H. LAMBERT u. R. D. WALKER: J. Chem. Phys. **7**, 265 (1938).
[44] RABINOWITSCH, A. E. u. S. V. NATANSON: J. Phys. Chem. USSR **11**, 434 (1938).
[45] DAVEY, E. P.: Trans. Faraday Soc. **36**, 323 (1940).
[46] SKERLAK, T.: Kolloid-Z. **95**, 265 (1941).
[47] HOPPE, W.: Kolloid-Z. **101**, 300 (1942) u. **109**, 21 (1944).
[48] SHEPPARD, S. E., R. H. LAMBERT u. R. D. WALKER: J. Chem. Phys. **9**, 107 (1941).
[49] SHEPPARD, S. E., R. H. LAMBERT u. R. D. WALKER: J. Phys. Chem. **50**, 210 (1946).
[50] PETERS, R. H. u. T. VICKERSTAFF: Proc. Roy. Soc. **192 A**, 292 (1948).
[51] WEST, W., B. H. CARROLL u. D. H. WHITCOMB: J. Phys. Chem. **56**, 1054 (1952) u. J. Phot. Sci. **1**, 145 (1953).
[52] WEST, W., B. H. CARROLL u. D. L. WHITCOMB: J. Phot. Sci. **1**, 145 (1953).
[53] WEST, W., B. H. CARROLL u. D. L. WHITCOMB: Ann. of the New York Academy of Science **58**, 893 (1954).
[54] BROOKER, L. G. S., F. L. WHITE, R. H. SPRAGUE, S. G. DENTJE u. G. VAN ZANDT: Chem. Rev. **41**, 325 (1947).
[55] BROOKER, L. G. S., F. L. WHITE, D. W. HESELTIME, G. H. KEYES, S. G. JR u. E. VAN LARE: J. Phot. Sci. **1**, 173 (1953).
[56] DP 968 111 v. 27. 5. 1943/20. 8. 1953, Agfa AG Leverkusen.
[57] F. P. 904 623/17/3 I. G. Farbenindustrie AG.
[58] SCHEIBE, G. u. L. KANDLER: Naturwiss. **26**, 412 (1938).
[59] DÖRR, F. u. G. SCHEIBE: Z. wiss. Phot. **55**, 133 (1961).
[60] WEST, W.: Wiss. Phot. Konf. Lüttich 1959, Oxford: Pergamon Press 1962, S. 557.
[61] AKIMOV, I. A.: J. nauch. Priklad. Kinemat. **4**, 64 (1959).
[62] UMANO, S.: Photogr. Sensitivity (I) Hakone Symposium 1956, S. 129.
[63] JELLEY, E. E.: Nature **138**, 1009 (1936).
[64] SCHEIBE, G.: Z. f. angew. Chem. **50**, 51, 212, 217 (1937); **52**, 631 (1939).

[65] SCHEIBE, G.: Z. Elektrochem. **52**, 283 (1948).
[66] SCHEIBE, G.: Kolloid-Z. 82, 1 (1938).
[67] SCHEIBE, G., L. KANDLER u. H. ECKER: Naturwiss. **25**, 75 (1937).
[68] SCHWARZ, G.: Sci. ind. Phot. (2) **10**, 233 (1939).
[69] SHEPPARD, S. E.: Rev. Mod. Phys. **14**, 303 (1942).
[70] SOCHER, H.: Fortschr. d. Photographie III, 1944, 113.
[71] FÖRSTER, TH.: Naturwiss. **33**, 166 (1946).
[72] PUTZEIKO, E. K. u. A. V. TERENIN: Zhur. Fiz. Khim. **23**, 676 (1949); Doklady Akad. Nauk. SSSR **70**, 401 (1950).
[73] GOLDMAN, A. G. u. I. A. AKIMOV: Zhur. Fiz. Khim. **27**, 355 (1953).
[74] PUTZEIKO, E. K.: Doklady Akad. Nauk SSSR **91**, 1070 (1953).
[75] AKIMOV, I. A. u. E. K. PUTZEIKO: Doklady Akad. Nauk SSSR **102**, 481 (1955).
[76] AKIMOV, I. A.: Zhur. Fiz. Khim. **30**, 1007 (1956).
[77] TERENIN, A. N., E. K. PUTZEIKO u. I. A. AKIMOV: J. Chim. Physique **54**, 716 (1957) u. Intern. wiss. Phot. Konferenz Köln 1956 (O. Helwich, Darmstadt: 1958, S. 117).
[78] AKIMOV, I. A.: Doklady Akad. Nauk SSSR **121**, 300 (1958).
[79] TERENIN, A. N. u. E. K. PUTZEIKO: J. Chim. Phys. **55**, 681 (1958).
[80] PUTZEIKO, E. K.: Doklady Akad. Nauk. SSSR **129**, 303 (1959).
[81] Nelson, R. C.: JOSA **46**, 13 (1956).
[82] MATEJEC, R.: Z. Elektrochem. **65**, 783 (1961).
[83] MATEJEC, R.: Phot. Korr. **97**, 51 (1961).
[84] ZCOTRO, N.: Bull. Akad. St. Petersburg **6**, 727 (1919).
[85] PETRIKALN, A.: Z. Phys. Chem. **10 B**, **9** (1930).
[86] WARTANJAN, A. T. u. A. N. TERENIN: J. Phys. USSR **4**, 173 (1941).
[87] WARTANJAN, A. T.: Zhur. Fiz. Khim. **20**, 1065 (1946); **22**, 769, (1948); **27**, 272 (1953); **31**, 1792 (1957).
[88] WARTANJAN, A. T.: Acta Physicochim. USSR **22**, 201 (1947).
[89] WARTANJAN, A. T.: Izv. Akad. Nauk SSSR (ser. Fiz.) **16**, 169 (1952); **20**, 1541 (1956); **21**, 523 (1957).
[90] NELSON, R. C.: J. Chem. Phys. **22**, 885 (1954); **30**, 406 (1959).
[91] NELSON, R. C.: JOSA **46**, 10 (1956).
[92] WEIGL, J.: J. Mol. Spectr. **1**, 216 (1957).
[93] WEIGL, J.: J. Chem. Phys. **24**, 883 (1956).
[94] TERENIN, A.: Symposium on Electrical Conductivity in Organic Solids, Durham (1960) (New York — London: J. Wiley & Sons, 1961, S. 39).
[95] MEIER, H.: Z. Elektrochem. **58**, 859 (1954); **59**, 1029 (1955); **63**, 971 (1959).
[96] MEIER, H.: Z. wiss. Phot. **50**, 301 (1955); **51**, 208 (1956); **53**, 1 (1958).
[97] MEIER, H.: Z. angew. Chem. **69**, 732 (1957).
[98] MEIER, H.: Z. phys. Chem. **208**, 323 (1958).
[99] NODDACK, W. u. H. MEIER: Z. Elektrochem. **57**, 691 (1953); **63**, 971 (1959).
[100] NODDACK, W., H. MEIER u. A. HAUS: Z. phys. Chem. **212**, 76 (1959).
[101] NODDACK, W., H. MEIER u. A. HAUS: Z. f. phys. Chem. NF **20**, **233** (1959).
[102] NODDACK, W., G. ECKERT u. H. MEIER: Z. Elektrochem. **56**, 735 (1952).
[103] FRIESER, H., A. GRAF u. D. ESCHRICH: Z. Elektrochem. **65**, 870 (1961).
[104] LESZYNSKI, W.: Z. wiss. Phot. **24**, 261 (1926).
[105] TOLLERT, H.: Z. phys. Chem. **140 A**, 355 (1929).
[106] EGGERT, J. u. M. BILTZ: Trans. Faraday. Soc. **34**, 892 (1938), Agfa Veröff. **6**, 23 (1939).
[107] EGGERT, J., W. MEIDINGER u. H. ARENS: Helv. Chim. Acta **31**, **1163** (1948).
[108] BOKINIK, Y. I. u. A. Z. ILJINA: Acta Phys. Chem. USSR **9**, 205 (1928).
[109] SHEPPARD, S. E., R. H. LAMBERT u. R. D. WALKER: Chem. Phys. **7**, **426** (1935).
[110] NATANSON, S. V. u. G. L.: J. Phys. Chem. USSR **14**, 278 (1940).
[111] JEFFREYS, R. A.: Congrès Internat. de Chimie Industr. Liège, Antwerpen: Mercurius, 1958.
[112] MOTT, N. F.: Phot. J. **88 B**, 119 (1948).
[113] GURNEY, R. W. u. N. F. MOTT: Electronic Processes in Ionic Crystals, Oxford 1948.
[114] SCHEIBE, G., D. BRÜCK u. F. DÖRR: Ber. **85**, 867 (1952).

[115] VILESSOV, F. I.: Doklady Akad. Nauk SSSR **132**, 632 (1960).
[116] VILESSOV, F. I. u. A. N. TERENIN: Doklad. Akad. Nauk SSSR **133**, 1060 (1960) u. **134**, 71 (1960).
[117] NELSON, R. C.: JOSA **46**, 1016 (1956) u. **48**, 1 (1958).
[118] NELSON, R. C.: J. Chem. Phys. **27**, 864 (1957).
[119] FLEISCHMANN, R.: Ann. Physik **5**, 73 (1930).
[120] TAFT, E. A., H. R. PHILIP u. L. APKER: Phys. Rev. (2) **110**, 876 (1958).
[121] FRANCK, J. u. E. TELLER: J. Chem. Phys. **6**, 861 (1930).
[122] WEST, W.: J. phys. Chem. **66**, 2398 (1962).
[123] SAUNDERS, V. I., R. W. TYLER u. W. WEST: Wiss. Phot. Konferenz Turin 1963.
[124] SEITZ, F.: Rev. Modern Phys. **23**, 320 (1951).
[125] BROWN, F. C. u. F. SEITZ: Photogr. Sensitivity 2 (Tokyo Symposium 1957) Tokyo: Maruzen Co., 1958, S. 11.
[126] FÖRSTER, TH.: Naturwiss. **33**, 166 (1946), Ann. Physik **2**, 55 (1948).
[127] FÖRSTER, TH.: Z. Elektrochem. **64**, 157 (1960).
[128] KNAU, H.: Z. f. Naturforschg. **12a**, 881 (1958).
[129] ZWICK, M. M. u. H. KUHN: Z. f. Naturforschg. **17a**, 411 (1962).
[130] DREXHAGE, K. H., M. M. ZWICK u. H. KUHN: Ber. Bunsenges. f. phys. Chem. **67**, 497 (1963).
[131] LIPSETT, F. R.: Energy transfer in Polyacene solid solutions, Canada: Nat. Res. Comp. (1957).
[132] SCHMILLEN, A.: Halbleiter u. Phosphore 1958, S. 445.
[133] SCHMILLEN, A.: Z. f. Physik **135**, 294 (1953) u. **150**, 123 (1958).
[134] SCHMILLEN, A.: Umschau 650 (1959).
[135] STASIW, O.: Elektronen- und Ionenprozesse in Ionenkristallen, Berlin/Göttingen/Heidelberg: Springer 1959.

Wachstum und Kristalltracht der Silberhalogenidkristalle photographischer Emulsionen

Von E. KLEIN und E. MOISAR

1. Einleitung

Empfindlichkeit, Gradation und Auflösungsvermögen photographischer Schichten werden zu einem wesentlichen Teil von der Größenverteilung der Silberhalogenidkörner bestimmt. Eine auch theoretisch fundierte Kenntnis des Wachstumsmechanismus der Silberhalogenidkristalle beansprucht daher nicht nur ein wissenschaftliches, sondern auch ein erhebliches technologisches Interesse. Es soll im folgenden versucht werden, einen einigermaßen geschlossenen Überblick über unsere gegenwärtigen Anschauungen über das Kristallwachstum zu geben.

Voraussetzung für die Bildung und das Wachstum von Partikeln einer schwerlöslichen festen Phase ist eine Übersättigung der flüssigen Phase. Diese tritt bei den üblichen Herstellungsverfahren photographischer Emulsionen im Augenblick der Zugabe der ersten Anteile der Reaktionspartner — Alkalihalogenid und Silbernitrat — auf und gibt Anlaß zur Bildung von Kristallkeimen. Auf die Keimbildungsvorgänge soll hier nicht näher eingegangen werden; es sei auf spezielle Schriften, z. B. [*1*], verwiesen. Die im Anschluß an die Keimbildung vorliegenden Kristallkeime lagern sich im weiteren Verlauf der Emulsionsherstellung, der „physikalischen Reifung", anschließend um, wobei ihre Zahl abnimmt und ihre mittlere Größe wächst. Für diese Änderung der mittleren Teilchengröße kommen zwei Ursachen in Frage:

a) Liegen in einem dispersen System Teilchen verschiedener Größe vor, so haben gemäß der GIBBS-THOMSON'schen Beziehung die Teilchen eine vom jeweiligen Radius abhängige verschiedene Löslichkeit:

$$c_r = c_\infty \, e^{\frac{2\sigma V_m}{rRT}} \tag{1}$$

(Erklärung der Symbole am Ende dieser Arbeit.)

Infolge höherer Löslichkeit der kleineren Partikel ist das Medium in bezug auf die Löslichkeit der größeren Teilchen übersättigt, und es erfolgt die als OSTWALD-Reifung bekannte Umlösung, d. h. ein Materietransport von den kleineren zu den größeren Partikeln.

b) Werden dem dispersen System während der Umlösung weitere Mengen der Reaktionspartner zugeführt, so kann sich — was überwiegend der Fall sein dürfte — die neu gebildete feste Phase an die bereits vorhandenen Teilchen anlagern und diese dadurch vergrößern. Daneben ist auch eine Neubildung von Kristallkeimen möglich.

Wieweit die Versuchsbedingungen die Umlösung, d. h. die zeitliche Änderung der mittleren Teilchengröße, beeinflussen, ist Gegenstand der im nächsten Abschnitt beschriebenen Untersuchungen. Eine Beschränkung auf diese mehr summarische

Beschreibung allein ist jedoch nicht befriedigend, vielmehr ist auch der eigentliche Mechanismus des an der Grenzfläche Kristall/Lösungsphase ablaufenden Stoffaustausches näher zu betrachten. Im Gegensatz zu Substanzanlagerung, z. B. an einen von seinem Dampf umgebenen Flüssigkeitstropfen, erfolgt das Kristallwachstum nicht durch regellosen, zufälligen Einbau einzelner Gitterelemente [*1*, *2*, *3*]. Im allgemeinen muß unter Aufbringung einer gewissen Keimbildungsarbeit ein (zweidimensionaler) Flächenkeim auf einer intakten Gitterebene gebildet werden, von dessen Rand anschließend das Wachstum bis zur Auffüllung einer neuen, intakten Gitterebene ausgeht. In Analogie zur Bildung der (dreidimensionalen) Kristallkeime ist auch für die Bildung eines Flächenkeimes eine Übersättigung als treibende Kraft erforderlich, die jedoch unter der kritischen Übersättigung bei der dreidimensionalen Keimbildung liegt.

Die Keimbildungsarbeiten und damit die Wachstumsgeschwindigkeiten unterscheiden sich an den einzelnen Kristallflächen mit verschiedener kristallographischer Flächenindizierung meist stark voneinander. Diese Unterschiede können z. B. durch Adsorptionseffekte stark beeinflußt werden. Es ist daher zu erwarten, daß als Folge geänderter Wachstumsgeschwindigkeiten die Kristallform von der Zusammensetzung der Lösungsphase abhängt, worüber im Abschnitt 3 berichtet wird.

2. Kristallwachstum

2.1. Experimentelles

Die in der photographischen Technologie üblichen Fällungsverfahren lassen sich zum größten Teil im wesentlichen innerhalb zweier, idealisierter Grenzfälle einordnen:

a) Abgeschlossene Systeme. Sie sind prinzipiell dadurch gekennzeichnet, daß nach einer sehr kurzen Durchmischungszeit der Reaktionspartner das System keinen weiteren Konzentrationsänderungen oder anderweitigen Maßnahmen unterworfen wird. Ohne Eingriff von außen ändert sich demnach die Teilchenverteilung der in der Gesamtmasse konstanten dispersen Phase ungestört entsprechend den später zu betrachtenden Gesetzen (Quasistationäre Systeme).

b) Systeme mit Stoffzufuhr. Auch hier ändert sich die Verteilung der primär vorhandenen Teilchen, jedoch wird dieser durch Umlösung bedingte Vorgang durch eine fortlaufende Substanzanlagerung an die zum jeweiligen Zeitpunkt vorhandenen Teilchen überlagert.

Es werden im folgenden Modellsysteme beider Grenzfälle gesondert behandelt.

2.1.1. Abgeschlossene Systeme. Abgeschlossene Systeme wurden dadurch realisiert, daß in Gegenwart weitgehend hemmkörperarmer Gelatine Lösungen genau äquivalenter Mengen $AgNO_3$ und Alkalihalogenid rasch im Thermostaten vermischt wurden. Eine Minute nach der Keimbildung, die also stets unter denselben Bedingungen erfolgte und daher die gleiche Anfangsverteilung der Silberhalogenidkörner lieferte, wurden dem System die zur Einstellung eines bestimmten p_{Ag}-Wertes erforderlichen Zusätze von Alkalihalogenid bzw. Silbernitrat oder gegebenenfalls auch Zusätze oberflächenaktiver Verbindungen zugeführt. Die zeitliche Dispersitätsänderung wurde durch Messung der Lichtstreuung verdünnter Proben durchgeführt. Zur Messung wurde monochromatisches, vom Silberhalogenid nicht absorbierbares und parallel einfallendes Licht (Intensität I_0) verwendet. Gemessen wurde die Intensität (I'') des parallel austretenden Lichtes, welches sich aus dem nicht gestreuten und einem sehr geringen, in Vorwärtsrichtung gestreuten Anteil zusammensetzt. Die gemäß

$$\tau = \frac{1}{s} \ln \frac{I_0}{I''} \tag{2}$$

(s = Schichtdicke) definierte Trübung τ ist bis zu Teilchengrößen von etwa 0,4 μ eine lineare Funktion des Teilchendurchmessers, wie Messungen an AgBr-Dispersionen einheitlicher Korngröße ergaben (Abb. 1). Die Trübungsmessungen wurden in einigen Fällen durch elektronenmikroskopische Aufnahmen ergänzt. Die zeitliche Änderung der Trübung, d. h. also des mittleren Teilchendurchmessers, wurde an AgCl-, AgBr- und AgJ-Fällungen verfolgt. Durch einen $AgNO_3$- oder Alkalihalogenidzusatz nach der ersten Minute wurde ein bestimmter p_{Ag}-Wert für die anschließende, bei 60 °C durchgeführte Periode des Teilchenwachstums eingestellt.

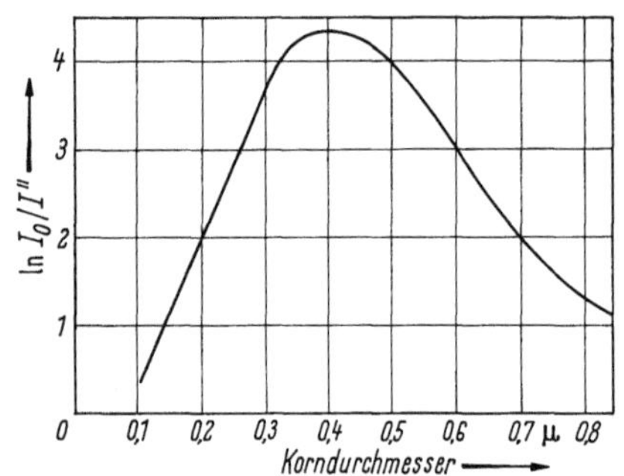

Abb. 1. Trübung als Funktion der Teilchengröße homodisperser AgBr-Sole.

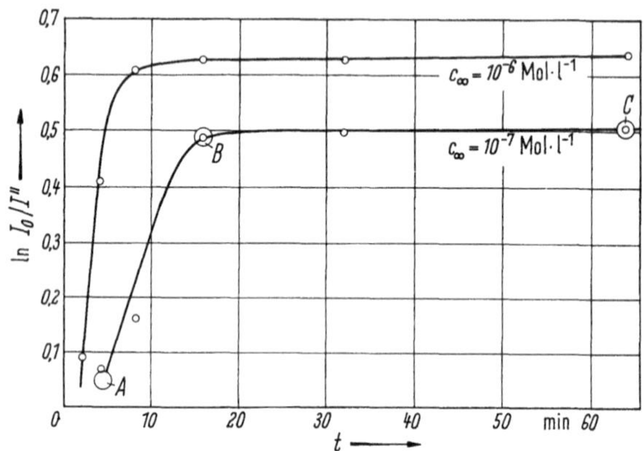

Abb. 2. Trübungs-/Zeit-Kurven für AgJ-Sole.

Die resultierenden Trübungs-/Zeit-Kurven zeigen anfangs eine schnelle, später eine langsame Zunahme des mittleren Teilchendurchmessers, der besonders deutlich bei AgJ in einen nahezu konstanten Endwert übergeht (Abb. 2). Das Einmünden in einen annähernd konstanten Endwert wird durch elektronenmikroskopische Direktaufnahmen der bei A, B und C entnommenen Proben bestätigt (Abb. 3a—c).

Trägt man den nach einer bestimmten Zeit — z. B. nach 64 Minuten — erreichten Trübungswert in Abhängigkeit von dem bei der physikalischen Reifung eingestellten p_{Ag}-Wert auf, so erhält man für alle drei Halogenide einen im wesentlichen übereinstimmenden Verlauf: Die Wachstumskurven zeigen im Bereich des Äquivalenz-

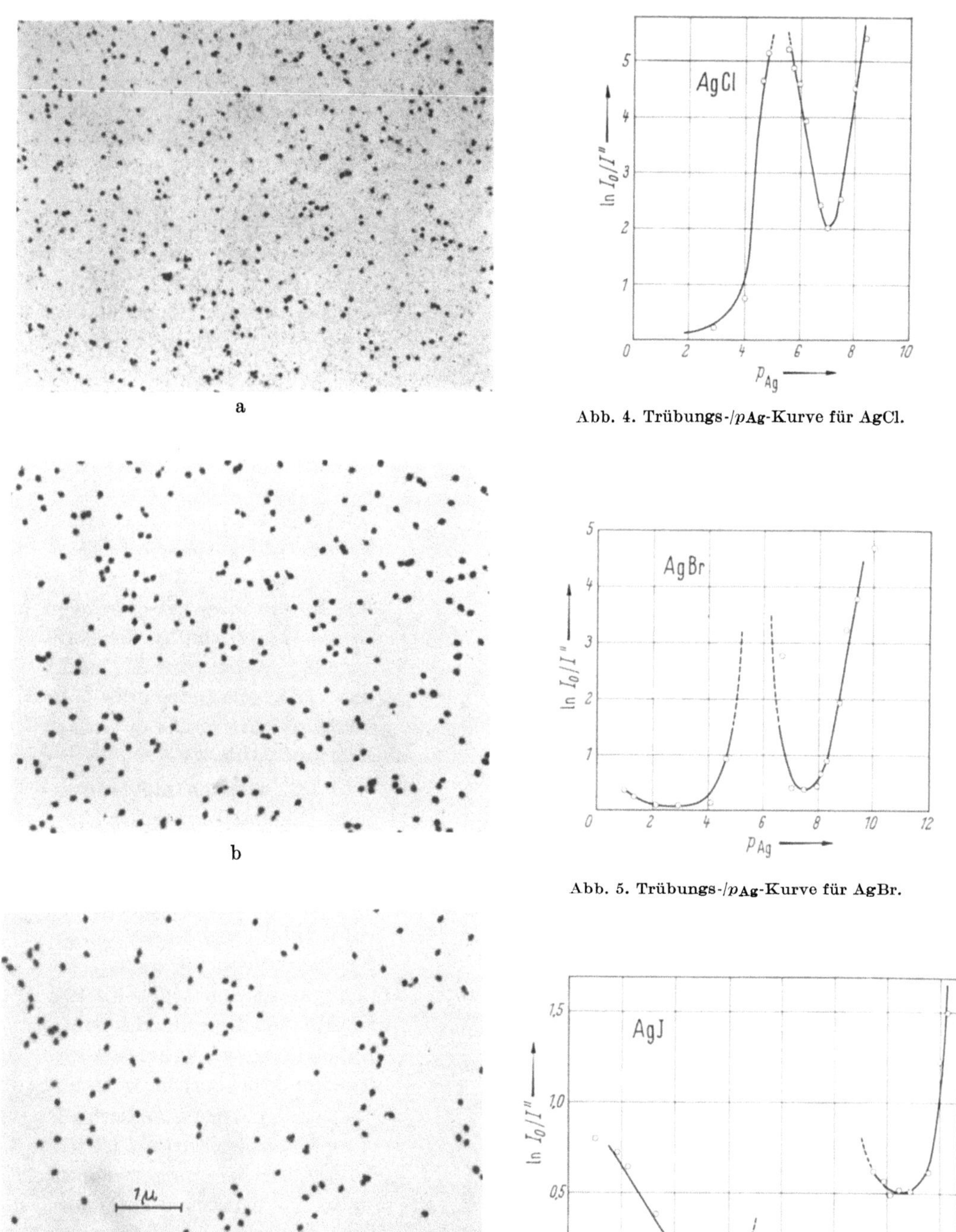

Abb. 3. Elektronenmikroskopische Direktaufnahmen von AgJ-Solen in den Reifstadien *A*, *B* und *C* (vgl. Abb. 2).

Abb. 4. Trübungs-/p_{Ag}-Kurve für AgCl.

Abb. 5. Trübungs-/p_{Ag}-Kurve für AgBr.

Abb. 6. Trübungs-/p_{Ag}-Kurve für AgJ.

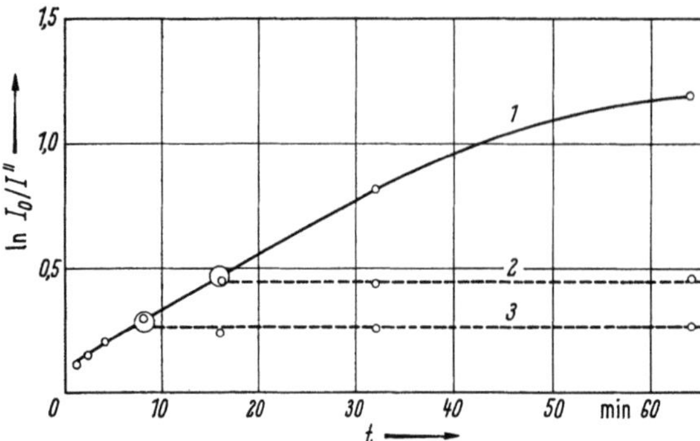

Abb. 7. Wachstumshemmung durch Zusatz von Purinbasen, *1* = Kornwachstum von AgCl ohne Adenin, *2* = Kornwachstum von AgCl bei Adeninzusatz nach 16 Min., *3* = Kornwachstum von AgCl bei Adeninzusatz nach 8 Min.

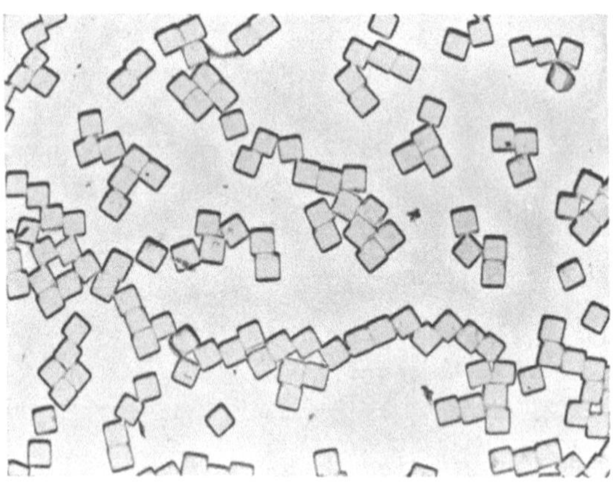

Abb. 8. AgBr-Körner, Kantenlänge etwa 0,3 μ.

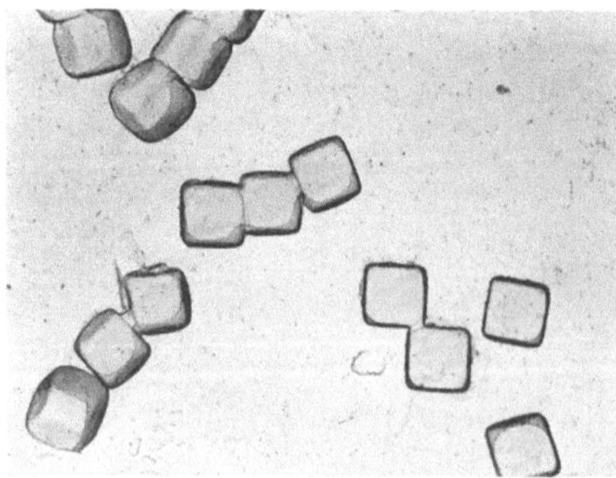

Abb. 9. AgBr-Körner, Kantenlänge etwa 1,0 μ.

punktes, d. h. also bei demjenigen p_{Ag}-Wert, der durch die Wurzel des Löslichkeitsproduktes gegeben ist, ein stark ausgeprägtes Maximum der mittleren Teilchengröße, dem sich zu beiden Seiten Minima mit angrenzenden Gebieten erneuter Wachstumszunahme im Bereich eines größeren Silber- und besonders eines Halogenidüberschusses anschließen (Abb. 4—6).

Durch Zusatz grenzflächenaktiver Verbindungen, die im Zusammenhang mit den natürlichen Hemmkörpern der Gelatine diskutiert werden (Purinbasen), wird das Kornwachstum sofort gestoppt: Zu AgCl-Fällungen wurden zu verschiedenen Zeiten Zusätze von Nucleinsäure zugefügt. Jeweils vom Zeitpunkt der Nucleinsäurezugabe an bleibt die Korngröße praktisch konstant (Abb. 7).

2.1.2. Systeme mit Stoffzufuhr. Nach dem in 2.1.1. beschriebenen Verfahren entstehen Silberhalogenidkristalle mit meist breitem Korngrößenspektrum und verschiedenartigen Kristallformen, wie sie auch bei den meisten photographischen Emulsionen des konventionellen Typs auftreten. (Vgl. z. B. elektronenmikroskopische Aufnahmen in [*4*].) Charakteristisch für diese Emulsionskristalle ist das Vorhandensein einiger bevorzugter Wachstumsrichtungen, die eine starke Anisotropie der Kristalle zur Folge haben.

Man gelangt zu sehr gleichmäßigen Kornformen, wenn man die Phasen der Keimbildung der Umlösung und des Kristallwachstums durch gesteuerte Zugabe der Reaktionspartner unter genauer Konstanthaltung des p_{Ag} durchführt. Wählt man hierzu einen Wert in der Nähe des Äquivalenzpunktes, so erhält man Silberhalogeniddispersionen mit außerordentlich enger Korngrößenverteilung. Die resultierenden Kristalle zeigen den der Gleichgewichtsform des AgCl bzw. AgBr entsprechenden kubischen Habitus (Abb. 8—10).

Voraussetzung für die Herstellung derartiger homodisperser Silberhalogenidemulsion ist es, daß die Bildung von Kristallkeimen auf die erste Phase des Fällungsvorganges beschränkt bleibt und daß zu einem späteren Zeitpunkt keine Neu-

Abb. 10. AgBr-Körner, Kantenlänge etwa 3,2 μ.

bildung stabiler Kristallkeime erfolgt. Die Bildung neuer Kristallkeime ist immer dann zu erwarten, wenn die durch Nachlieferung von Silber- und Halogenidionen in der Lösungsphase auftretende Übersättigung nicht mehr ausreichend schnell durch Diffusion der Reaktionspartner an die Oberflächen der Kristalle abgebaut werden kann. Diese — natürlich unerwünschte — Erscheinung läßt sich im Versuch leicht realisieren, wenn während der Fällung das Gesamtvolumen durch Verdünnen stark vermehrt und damit der mittlere Kornabstand vergrößert wird. Dadurch können die Diffusionshöfe um die einzelnen Kristalle nicht mehr überlappen; die Übersättigung in der Zwischenphase steigt auf so hohe Werte, daß die Bildungswahrscheinlichkeit neuer Keime stark vergrößert wird. Die Abb. 11 und 12 zeigen das Ergebnis solcher Versuche bei AgBr bzw. AgCl. Die Bildung neuer Keime ist jeweils im rechten Teilbild durch das Vorhandensein von Teilchen mehrerer Größenklassen zu erkennen. Die Zahlen geben den mittleren Kornabstand während des Fällungsvorganges an; entsprechend der höheren Löslichkeit des AgCl liegt der für die vorliegenden Versuchsbedingungen gültige „kritische Kornabstand“ mit etwa 6 μ höher als beim AgBr mit etwa 1,7 μ.

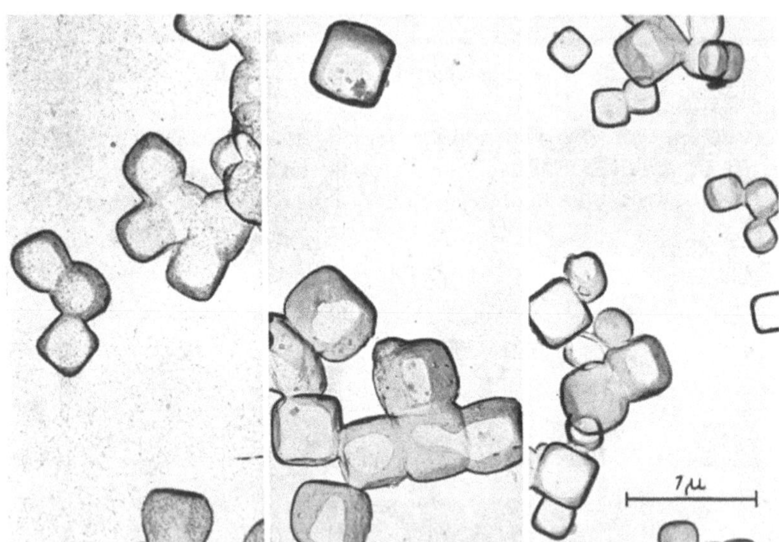

Abb. 11. Neubildung von Keimen bei AgBr durch Vergrößerung des mittleren Kornabstandes während der Fällung. Kornabstände: links 1 μ, Mitte 1,2 μ, rechts 1,7 μ.

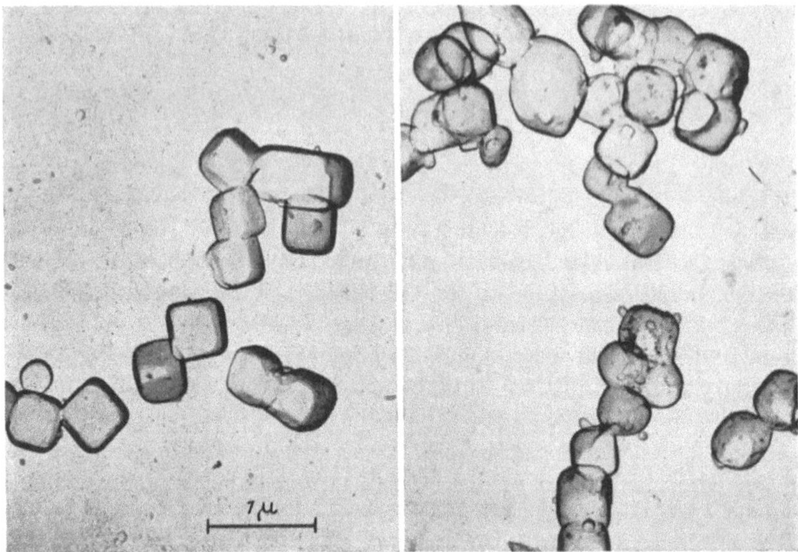

Abb. 12. Neubildung von Keimen bei AgCl durch Vergrößerung des mittleren Kornabstandes während der Fällung. Kornabstände: links 4,5 μ, rechts 6 μ.

2.2. Vergleich der Umlösungstheorie mit den experimentellen Ergebnissen

Wird eine gesättigte Lösung durch geeignete Maßnahmen, wie z. B. Temperaturerniedrigung oder Verdunstung eines Lösungsmittelanteils übersättigt, so tritt nach einer bestimmten Zeit ohne erkennbaren äußeren Anlaß die Bildung von Keimen der zweiten, festen Phase auf. Die treibende Kraft der Keimbildung ist die Übersättigung; daher wird nach einem anfänglich sehr steilen Anstieg der Keimbildungsgeschwindigkeit infolge einsetzender Abnahme der Übersättigung auch die Bildungsgeschwindigkeit neuer Keime rasch praktisch auf Null abfallen. Entsprechend erreicht die Gesamtkeimzahl bereits kurz nach Beginn der Keimbildung einen Wert, der sich anschließend nur wenig ändert, wenn man von den später zu behandelnden Folgereaktionen absieht.

Nach BECKER und DÖRING (vgl. hierzu [*1*]) wird die Keimbildungsgeschwindigkeit durch einen Exponentialausdruck

$$\frac{dN}{dt} = C \cdot e^{-\frac{\text{const} \cdot \sigma^3 c_0^2}{(\Delta c)^2 \cdot T}} \tag{3}$$

beschrieben, wobei const. u. a. einen geometrischen Faktor sowie die Lösungswärme der dispersen Phase enthält. Eine numerische Auswertung der Gleichung durch Integration von Gleichung (3), was direkt die Gesamtzahl der entstandenen Keime liefern würde, scheitert daran, daß wohl in den meisten Fällen genaue Angaben über Δc fehlen und daß vor allem Δc selber eine Funktion der Zahl der bereits gebildeten Keime und ihrer Größe ist. Man sollte erwarten, daß zur Beschreibung des dispersen Systems zu einer bestimmten Zeit die Kenntnis sowohl des Keimbildungsgesetzes wie auch des im nächsten Abschnitt zu behandelnden Umlösungsgesetzes erforderlich ist. Wie im folgenden gezeigt wird, können einige für die Praxis wichtige Eigenschaften des Endzustandes jedoch unter bestimmten Voraussetzungen allein durch die Umlösung erklärt werden. Die Ursache für die Umlösung ist die bereits in Abschnitt 1 erwähnte unterschiedliche Löslichkeit der Partikel eines heterodispersen Systems gemäß (1), wodurch eine Substanzumlagerung von den kleineren zu den größeren Partikeln erfolgt. Gleichungen für die hierbei stattfindende zeitliche Änderung der mittleren Teilchengröße, der Teilchenzahl und der Größenverteilung werden mehrfach, so z. B. von TODES [*5*], LIFSCHITZ und SLYOZOV [*6*] sowie von C. WAGNER [*7*] angegeben. Wir halten uns im folgenden an die in [*7*] beschriebenen Gedankengänge.

Es wird vereinfachend von einer Dispersion kugelförmiger Teilchen ohne bevorzugte Wachstumsrichtung ausgegangen. Durch Umlösung erfolgt eine zeitliche Änderung der Molzahl n der Teilchen, die im Falle eines diffusionsgesteuerten Stoffaustausches im quasistationären Gleichgewicht durch

$$\frac{dn}{dt_{\text{Diff.}}} = -4\pi r D(c'_r - c) \tag{4}$$

beschrieben wird. Ist die Umlösungsgeschwindigkeit jedoch nicht durch die Herandiffusion, sondern durch die Geschwindigkeit der Einbaureaktion bestimmt, so gilt analog (4):

$$\frac{dn}{dt_{\text{Kin.}}} = -4\pi r^2 k(c_r - c'_r)\,. \tag{5}$$

Durch Gleichsetzen von (4) und (5), Auflösen nach c'_r und Einsetzen in (4) oder (5) wird ein allgemeiner Ausdruck für die Molzahländerung und damit für die zeitliche Änderung des Teilchenradius erhalten:

$$\frac{dr}{dt} = -\frac{kDV_m}{kr + D}(c_r - c)\,. \tag{6}$$

Ist $kr \gg D$, liegt ein diffusionsbestimmtes Wachstum vor

$$\frac{d_r}{dt_{\text{Diff.}}} = -\frac{DV_m}{r}(c_r - c), \tag{7}$$

während bei $kr \ll D$ ein reaktionskinetisch begrenztes Wachstum gilt:

$$\frac{dr}{dt_{\text{Kin.}}} = -kV_m(c_r - c). \tag{8}$$

Nimmt man an, daß die Größenverteilung zur Zeit $t = 0$ durch eine schmale Gaußverteilung beschrieben werden kann, so gelangt man schließlich zu den wesentlichen Aussagen der Theorie [7], der Beschreibung der mittleren Teilchengröße als Funktion der Umlösungszeit und der Versuchsbedingungen. Für den diffusionsbedingten Fall gilt

$$\bar{r}_{t,\,\text{Diff.}} = \left[\frac{8\sigma D c_\infty V_m^2 t}{9\nu RT}\right]^{1/3}, \tag{9}$$

während bei reaktionskinetisch gesteuertem Stoffübergang als analoger Ausdruck Gl. (10) erhalten wird.

$$\bar{r}_{t,\,\text{Kin.}} = \frac{8}{9}\left[\frac{\sigma k c_\infty V_m^2 t}{RT}\right]^{1/2}. \tag{10}$$

Numerische Auswertung der Gl. (9) und (10) mit den für AgBr bekannten bzw. abgeschätzten Konstanten ergibt die in Abb. 13 und 14 gezeigten Kurvenscharen. Nach Gl. (9) bzw. (10) sowie Abb. 13 bzw. 14 ist mit zunehmender Umlösungszeit ein zunächst rasches, anschließend langsamer werdendes Anwachsen des mittleren Teilchendurchmessers zu erwarten. Ein Vergleich der Abb. 13 oder 14 mit den experimentell für zwei verschiedene Löslichkeitswerte erhaltenen Trübungs-/Zeit-Kurven der Abb. 2 zeigt eine weitgehende qualitative Übereinstimmung nicht nur im allgemeinen Verlauf, sondern auch im Einfluß einer Erhöhung der Löslichkeit. Ein ähnliches zunächst rasches, dann asymptotisches Ansteigen des mittleren Teilchendurchmessers als Funktion der Umlösezeit wurde mehrfach beobachtet. AMMANN-BRASS [8] beschreibt derartige Wachstumskurven sowohl für schutzkolloidfreie wie auch für gelatinehaltige AgBr-Fällungen, während MEEHAN und BEATTIE [9] an gelatinefreien AgBr-Solen das anfängliche schnelle Teilchenwachstum auf Koagulation und nur das anschließende langsame Wachstum auf Umlöseprozesse zurückführen. Nach Gl. (9) und (10) bzw. Abb. 13 und 14 ist der nach einer gegebenen Zeit zu erwartende mittlere Teilchenradius eine Funktion der Löslichkeit c_∞. Man kann die Löslichkeit z.B. von AgBr als Funktion des p_{Ag}-Wertes darstellen, wie es Abb. 15 zeigt. Die Löslichkeit hat beim Äquivalenzpunkt ($p_{\text{Ag}} \sim 6$) ein Maximum, fällt entsprechend dem MWG beim Vorliegen eines Halogenid- oder Silberionenüberschusses zunächst ab, um dann infolge einsetzender Komplexbildung erneut anzusteigen. Den gleichen Verlauf wie die Löslichkeits-p_{Ag}-Kurve der Abb. 15 zeigen die experimentellen Trübungs-/p_{Ag}-Kurven der Abb. 4 bis 6.

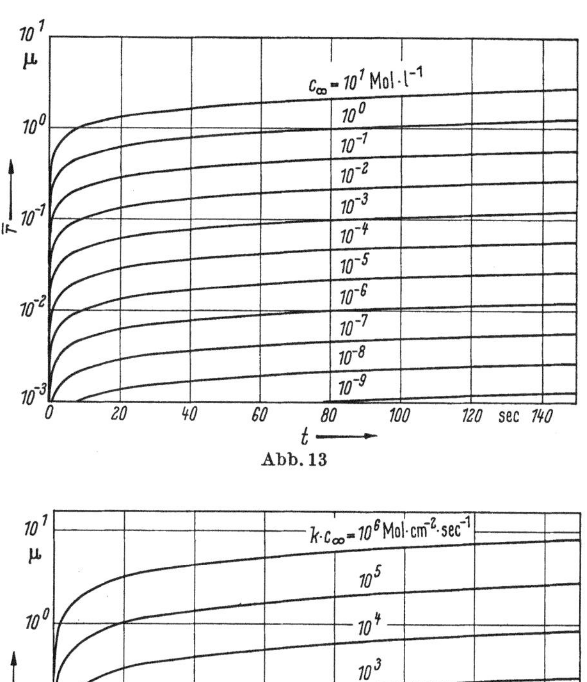

Abb. 13

Abb. 14

Abb. 13 u. 14. Teilchengröße als Funktion der Zeit nach Wagner **[7], berechnet für AgBr.**

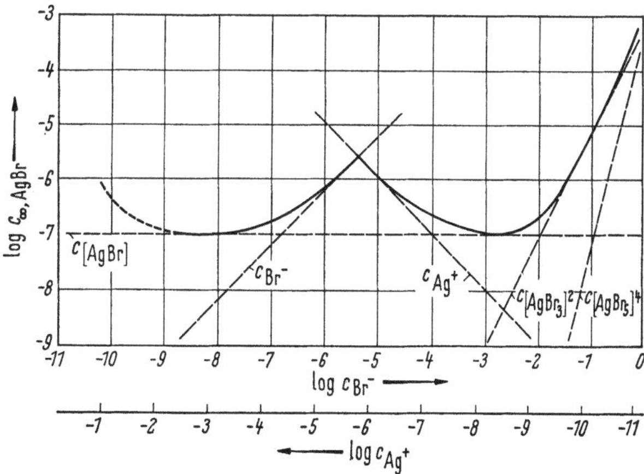

Abb. 15. Löslichkeit von AgBr als Funktion des p_{Ag}.

Allerdings ist das Kornwachstums-Maximum in der Nähe der jeweiligen Äquivalenzpunkte nicht ausschließlich durch den hier liegenden Maximalwert der Löslichkeit zu erklären. In der Nähe des Äquivalenzpunktes durchläuft auch die Adsorption gittereigener Ionen aus der Lösung ein Minimum, und demnach nimmt hier σ als Funktion des p_{Ag} einen Höchstwert an, was laut Gl. (4) gleichfalls in Richtung auf eine Vergrößerung von $\bar{r}_t$ wirkt. Ferner sind gerade am Äquivalenzpunkt noch Koagulationserscheinungen möglich, da hier das elektrokinetische Potential den Wert Null annimmt.

Wird zu einem dispersen System weitere Substanz mit der Zugabegeschwindigkeit $\dot{c}$ zugeführt, so wird die Änderung von Teilchenzahl und -größe durch die Umlösung durch die zusätzliche Änderung infolge Stoffanlagerung überlagert. Diese zuletzt genannte Änderung hat aber — im Gegensatz zu der Umlösung — stets positives Vorzeichen. Die mathematische Behandlung, die hier für den Fall diffusionsbestimmten Teilchenwachstums durchgeführt wird [*10*], schließt sich eng an die Ausdrücke des quasistationären Falles an. Es seien zwei Grenzfälle betrachtet:

a) Zu Beginn liegen sehr viele Keime vor, so daß

$$Z_0 \gg \frac{\dot{c}\,RT}{8\pi\sigma D\,V_m c_\infty}\,. \tag{11}$$

Dann entfällt durch Zufällung nur ein unwesentlicher Substanzanteil auf jeden einzelnen Keim. Das System wird sich also im wesentlichen ungestört unter Verminderung der Teilchenzahl umlösen, bis die Teilchenzahl auf einen durch das rechte Glied der Ungleichung (11) gegebenen Wert abgesunken ist. In diesem Falle ist die anfängliche Teilchenzahl Z_0, sofern sie nur ausreichend groß ist, unwesentlich für die Teilchenzahl des Endzustandes. Die Teilchenzahl ist also proportional zur Zufällungsgeschwindigkeit $\dot{c}$.

b) Zu Beginn liegen relativ wenig Keime vor,

$$Z_0 \ll \frac{\dot{c}\,RT}{8\pi\sigma D\,V_m c_\infty}\,. \tag{12}$$

Dann entfällt durch die Substanzanlagerung je Keim eine derart große Substanzmenge, daß sich dadurch die Keime außerordentlich rasch vergrößern und schnell aus dem Größenbereich einer möglichen Umlösung herauswachsen. Dadurch wird die Keimzahl unabhängig von der Zufällungsgeschwindigkeit. Das gleiche gilt gemäß der Ungleichung (12) auch dann, wenn man nicht die anfängliche Keimzahl verringert, sondern $\dot{c}$ vergrößert.

In beiden Fällen soll die Keimzahl zu einer beliebigen Zeit konstant und praktisch gleich der Anfangskeimzahl und damit unabhängig von $\dot{c}$ sein, sofern letzteres hinreichend groß ist.

Führt man eine Reihe von Versuchen mit verschiedener Zufuhrgeschwindigkeit $\dot{c}$ aus, so sollte man zunächst ein lineares Ansteigen von Z_t mit $\dot{c}$ (Gültigkeitsbereich von Fall a) erwarten, während bei höheren $\dot{c}$-Werten jedoch eine Konstanz der Teilchenzahlen zu beobachten wäre. Der Versuch ergibt, wie Abb. 16 zeigt, genau den erwarteten Verlauf. Berechnet man aus den obenstehenden Ungleichungen den Inflexionspunkt, von dem ab die Teilchenzahl invariant von $\dot{c}$ wird, so ergibt sich mit den für AgBr zutreffenden Konstanten der Wert

$$\dot{c} = 1{,}7 \cdot 10^{-8}\,\text{Mol} \cdot \text{cm}^{-3} \cdot \text{sec}^{-1}\,.$$

Den gleichen Wert erhält man auch experimentell, wie aus Abb. 16 zu ersehen ist.

Wie im quasistationären System [Gl. (9) oder (10)] erscheint auch im rechten Glied der Ungleichung (11) oder (12) die Löslichkeit als ein für $\bar{r}_t$ bzw. Z_t wichtiger Faktor. Einen qualitativen Eindruck des Effektes einer Löslichkeitsänderung vermittelt ein Vergleich der Kornaufnahmen von Fällungen bei verschiedenen Temperaturen. Da die insgesamt dem System zugeführte Menge an Silberhalogenid bei den hier beschriebenen Fällungen stets konstant war, sind die folgenden Aufnahmen direkt vergleichbar; die Teilchenzahlen verhalten sich wie die dritten Wurzeln der Teilchengrößen (Abb. 17).

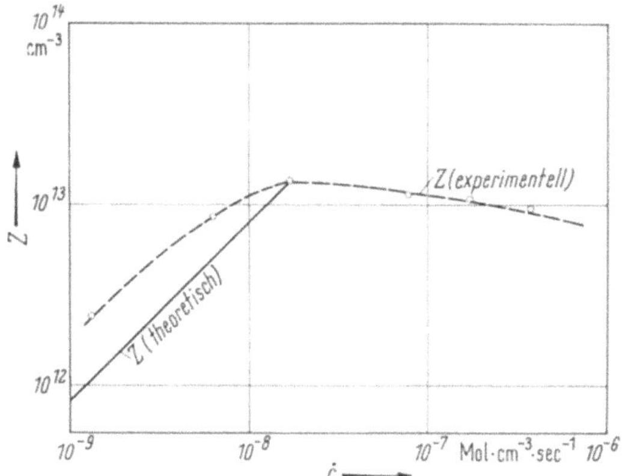

Abb. 16. Teilchenzahl als Funktion der Zufuhrgeschwindigkeit.

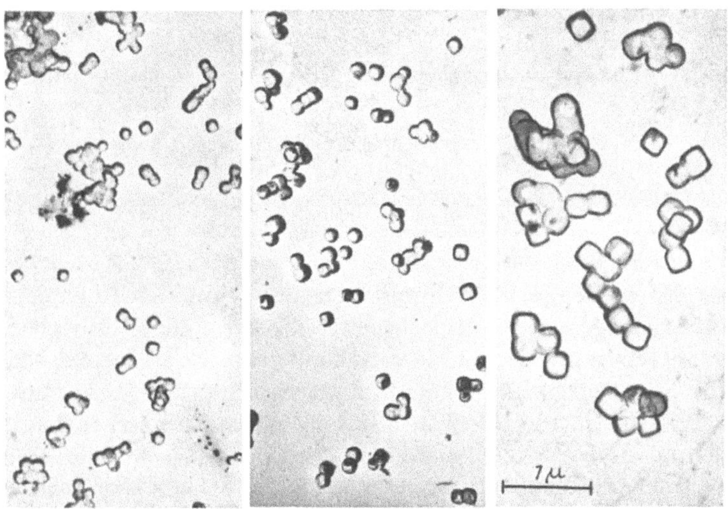

Abb. 17. Vergleich der Teilchengrößen von AgBr-Fällungen bei 30 °C (links), 50 °C (Mitte) und 80 °C (rechts) Fällungstemperatur.

Mit steigender Temperatur, d. h. zunehmender Löslichkeit, nimmt die Teilchenzahl immer stärker ab bzw. die Teilchengröße immer stärker zu. Geht man vom schwerlöslichen AgBr zum leichter löslichen AgCl über (Abb. 18), so werden gleichfalls weniger, dafür aber größere Partikel erhalten. Die Löslichkeits- werte betragen hier $1{,}5 \cdot 10^{-7}$ bzw. $1{,}5 \cdot 10^{-6} \cdot l^{-1}$. Die experimentell ermittelten Teilchenzahlen zeigen den gleichen Unterschied einer Zehnerpotenz (entsprechend Ungleichung (11)), nämlich $5{,}4 \cdot 10^{12}$ bzw. $6 \cdot 10^{11}$ cm^{-3}.

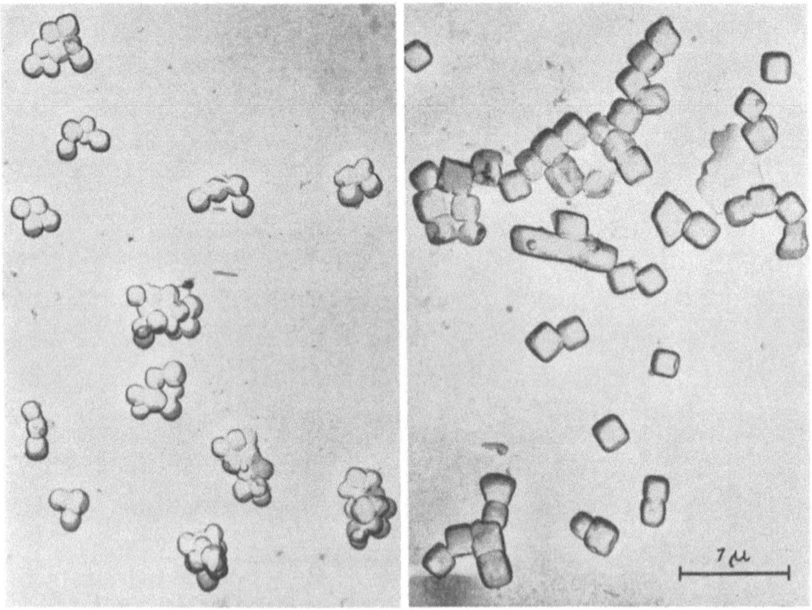

Abb. 18. Vergleich der Teilchengrößen von AgBr- (links) und AgCl-Fällungen (rechts).

3. Kristalltracht

Nach dem GIBBS-CURIE-WULFFschen Prinzip wird die Form eines mit seiner gesättigten Lösung im Gleichgewicht stehenden Kristalls durch die Forderung bestimmt, daß die Summe der Produkte aus Flächeninhalt und spezifischer freier Oberflächenenergie aller Flächen einen Minimalwert annehmen muß. Eine hinreichend starke Änderung der spezifischen Oberflächenenergie der einen oder vorwiegend der einen Flächenart muß zwangsläufig zu einer Änderung der Kristalltracht führen. Diese Änderung der Oberflächenenergie kann z. B. durch bevorzugte Adsorption an einzelnen Kristallflächen erfolgen, wobei es im Prinzip gleichgültig ist, ob eine Adsorption gitterfremder oder gittereigener Stoffe vorliegt. Ein Beispiel für den erstgenannten Fall ist die bekannte Trachtänderung von NaCl, welches aus harnstoffhaltigen Lösungen oktaedrisch statt kubisch kristallisiert. Eine Trachtänderung durch Absorption gittereigener Ionen wird beim AgBr beobachtet, welches als reine Gleichgewichtsform (NaCl-Typ) nur [*100*]-Flächen aufweist, jedoch z. B. in der Mehrzahl der photographischen Emulsionen infolge des hier vorliegenden Bromidionenüberschusses die bekannten, durch [*111*]-Flächen begrenzten Kristalle zeigt.

In ähnlicher Weise wie die Gleichgewichtsform wird auch die Wachstumsform durch eine Änderung der Grenzflächenenergie beeinflußt. Es erscheinen nur solche Flächen durch wiederholbares Wachstum als glatte Wachstumsflächen, die ihrerseits auch als Flächen der Gleichgewichtsform auftreten können.

Dieser Abschnitt befaßt sich mit einer Untersuchung über den Einfluß der Wachstumsbedingungen — insbesondere der Halogenidkonzentration — auf die Wachstumsgeschwindigkeiten der einzelnen Flächenarten der Silberhalogenide.

3.1. Experimentelles

3.1.1. Nichtstationäres Wachstum homodisperser AgBr-Kristalle. Durch gesteuerten Einlauf wäßriger $AgNO_3$- und KBr-Lösungen wurde in Gegenwart inaktiver Gelatine als Schutzkolloid nach dem in Abschnitt 2.1.2 beschriebenen Verfahren eine homodisperse AgBr-Emulsion hergestellt. Die Kristalle dieser Emulsion hatten die Form von Tetradekaedern, wobei der Flächeninhalt der [*100*]- und der [*111*]-Flächen annähernd gleich war. Auf die Körner dieser Ausgangsemulsionen wurde bei verschiedenen, während einer Fällung durch eine elektronische Regelvorrichtung jeweils konstantgehaltenen p_{Ag}-Werten weiteres AgBr aufgefällt. Durch die l.c. erwähnten Maßnahmen wurde die Bildung neuer Kristallkeime hierbei verhindert. Das Verhältnis der Kornmassen vor und nach der Auffällung betrug 1 : 3,5.

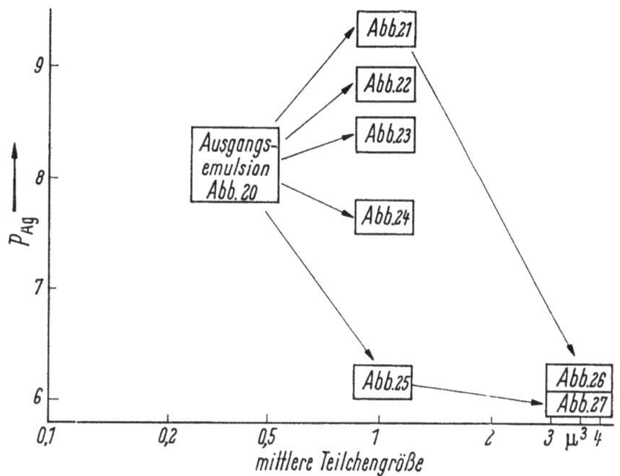

Abb. 19. Schema der AgBr-Fällungen.

In Abb. 19 ist schematisch das Versuchsprogramm dieser Auffällungen wiedergegeben; man erkennt, daß die Fällungen im Bereich von p_{Ag} 6,1 bis 9,3 ($[Br^-] = 1,8 \cdot 10^{-5}$ bis $2 \cdot 10^{-2}$ Mol/l) durchgeführt wurden. Abb. 20 ist eine elektronenmikroskopische Aufnahme der AgBr-Körner (Kohlehüllen [*11*]) der tetradekaedrischen Ausgangsemulsion, während Kornaufnahmen der daraus durch Auffällung resultierenden Emulsionen gemäß dem Schema der Abb. 19 in den Abb. 21—25 wiedergegeben sind. Auf die in den Abb. 21 und 25 dargestellten Oktaeder bzw. Kuben

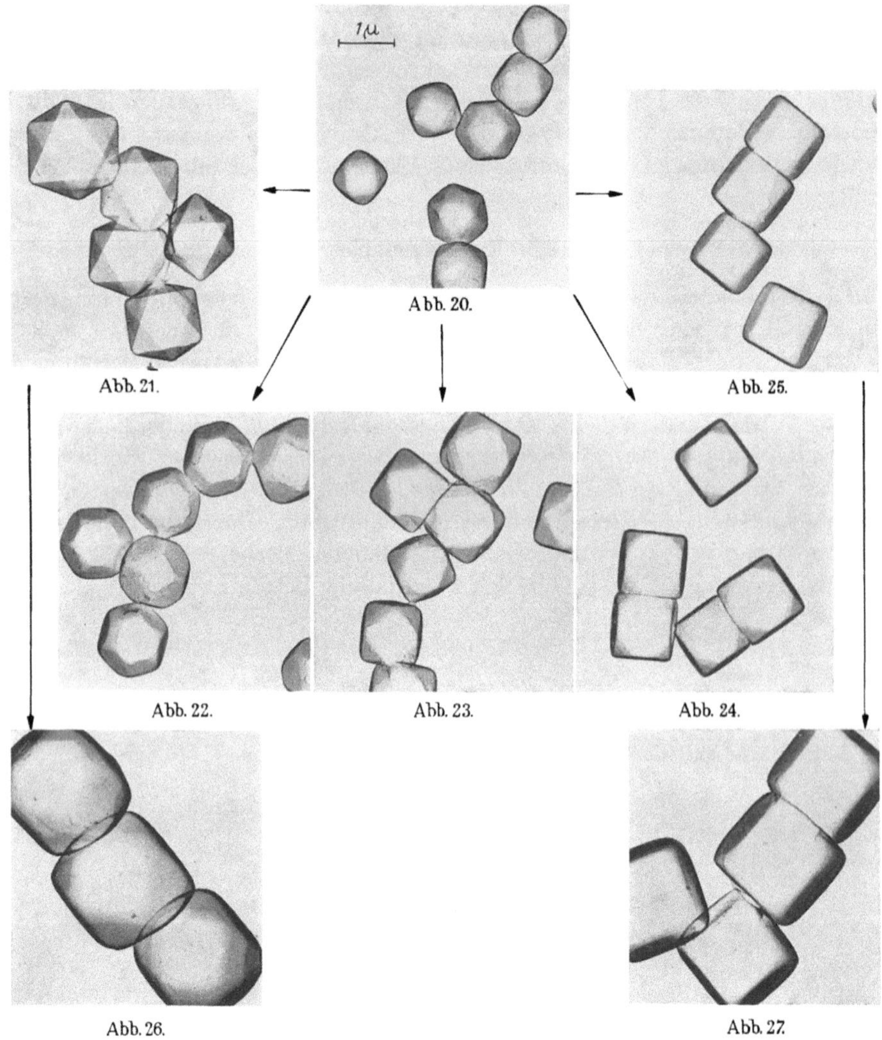

Abb. 20. Tetradekaedrische Kristalle einer AgBr-Emulsion. Sie diente als Ausgangsemulsion zur Herstellung der Kristalle der Abb. 21—25 gemäß Schema Abb. 19.

Abb. 21. AgBr-Auffällung auf die Kristalle der Abb. 20 bei p_{Ag} 9,3.

Abb. 22. AgBr-Auffällung auf die Kristalle der Abb. 20 bei p_{Ag} 8,7.

Abb. 23. AgBr-Auffällung auf die Kristalle der Abb. 20 bei p_{Ag} 8,4.

Abb. 24. AgBr-Auffällung auf die Kristalle der Abb. 20 bei p_{Ag} 7,7.

Abb. 25. AgBr-Auffällung auf die Kristalle der Abb. 20 bei p_{Ag} 6,1.

Abb. 26. AgBr-Auffällung auf die Kristalle der Abb. 21 bei p_{Ag} 6,1.

Abb. 27. AgBr-Auffällung auf die Kristalle der Abb. 25 bei p_{Ag} 6,1.

wurde in zwei weiteren Versuchen erneut AgBr (etwa die dreifache Menge) bei p_{Ag} 6,1 aufgefällt. Die hierbei erhaltenen AgBr-Kristalle sind in Abb. 26 und 27 abgebildet.

3.1.2. Quasistationäres Wachstum („Ostwaldreifung") von AgBr durch Umlösung

Es wurden drei AgBr-Emulsionen mit folgenden Eigenschaften verwendet:

Emulsion A = Kubisch, Kantenlänge 0,18 μ
Emulsion C_{kub} = Kubisch, Kantenlänge 0,45 μ
Emulsion C_{okt} = Oktaedrisch, gleiches Kornvolumen wie C_{kub}.

Jeweils zwei der Emulsionen wurden gemischt, wobei die Gesamtmasse der kleineren Körner etwa das Zehnfache der Gesamtmasse der größeren Körner betrug. Abb. 28 zeigt eine Aufnahme der Kornmischung A + C_{kub} und Abb. 29 die Körner der Emulsion C_{okt}, noch ohne zugefügte zweite Kornkomponente.

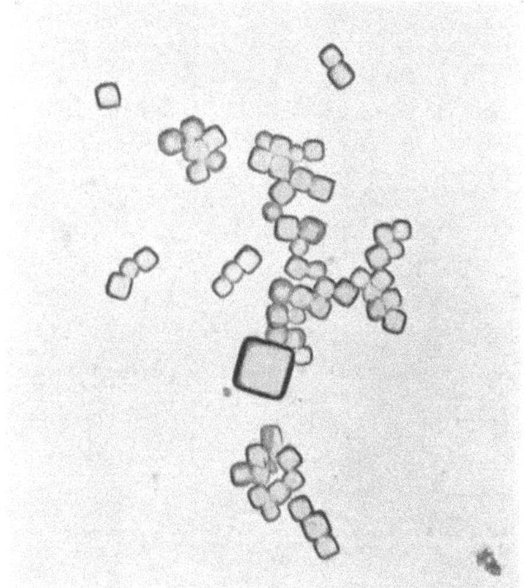

Abb. 28. Ungereifte Mischung kubischer AgBr-Kristalle der Kantenlängen 0,18 und 0,45 μ (A+C_{kub}; vgl. Text).

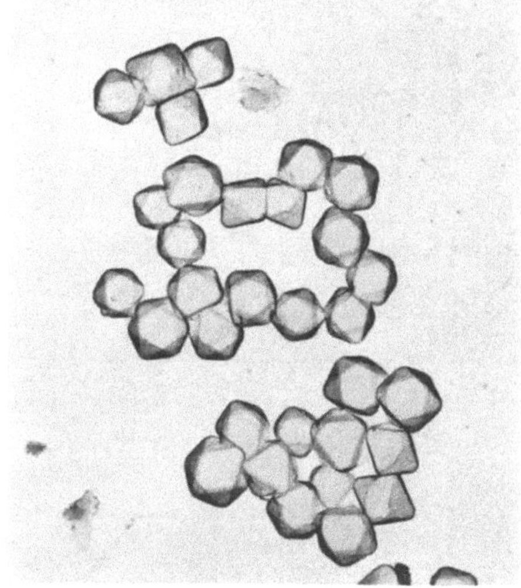

Abb. 29. Oktaedrische AgBr-Kristalle C_{okt} (vgl. Text).

Tabelle 1. *Quasistationäre Umlösung von* AgBr *bei* 60 °C

Mischung	p_{Ag}	NH_3-Konzentrationen	Abbildung
$A + C_{kub}$	7,6	0,5%	30
$A + C_{kub}$	8,5	0,5%	31
$A + C_{kub}$	9,3	0,5%	32
$A + C_{kub}$	9,3	0,1%	33
$A + C_{kub}$	9,3	0	34
$A + C_{kub}$	7,6	0,1%	35
$A + C_{okt}$	7,6	0,1%	36

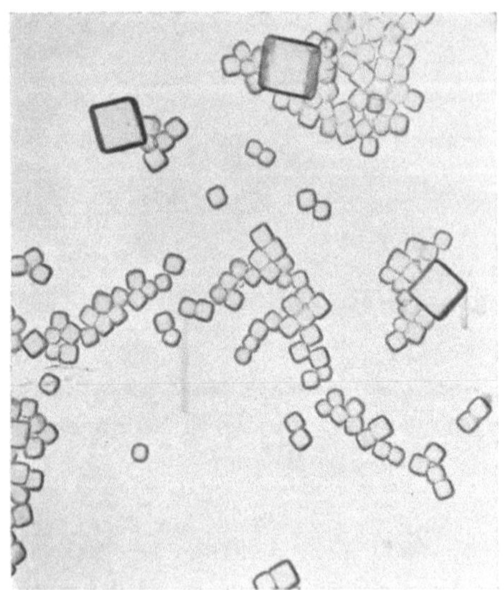

Abb. 30. Mischung A + C_{kub} nach Digestion bei p_{Ag} 7,6 und 0,5% NH_3.

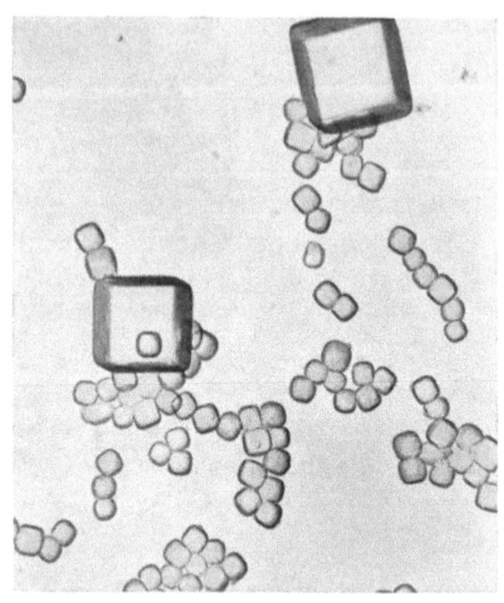

Abb. 31. Mischung A + C_{kub} nach Digestion bei p_{Ag} 8,5 und 0,5% NH_3.

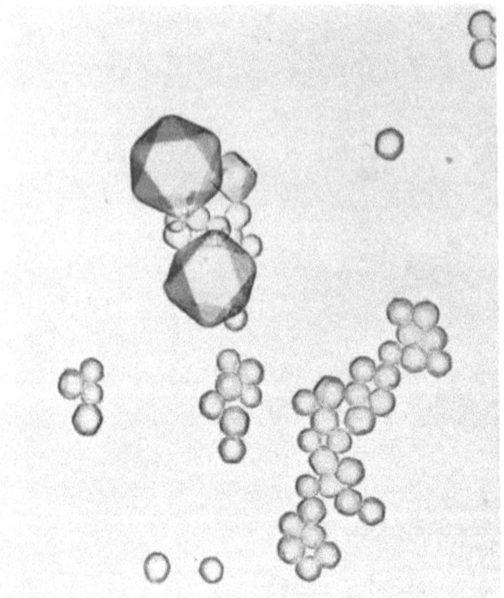

Abb. 32. Mischung A + C_{kub} nach Digestion bei p_{Ag} 9,3 und 0,5% NH_3.

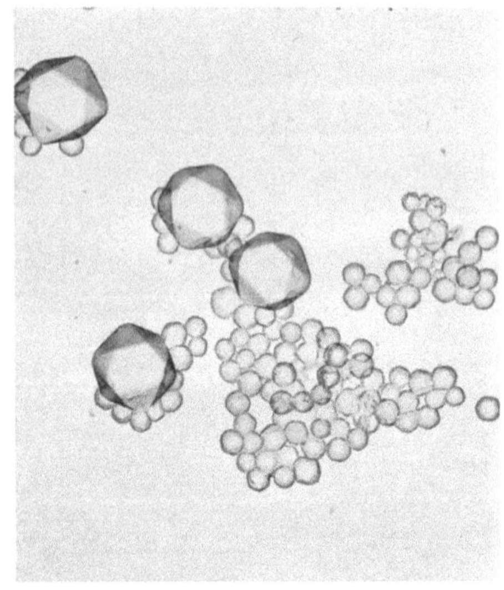

Abb. 33. Mischung A + C_{kub} nach Digestion bei p_{Ag} 9,3 und 0,1% NH_3.

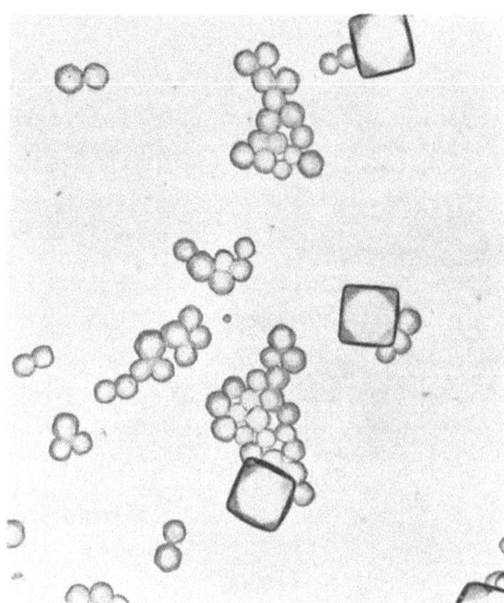

Abb. 34. Mischung $A + C_{\mathrm{kub}}$ nach Digestion bei p_{Ag} 9,3 und 0% NH_3.

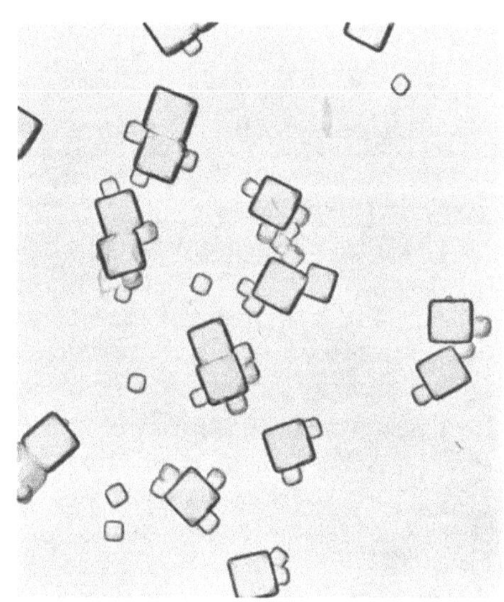

Abb. 35. Mischung $A + C_{\mathrm{kub}}$ nach Digestion bei p_{Ag} 7,6 und 0,1% NH_3.

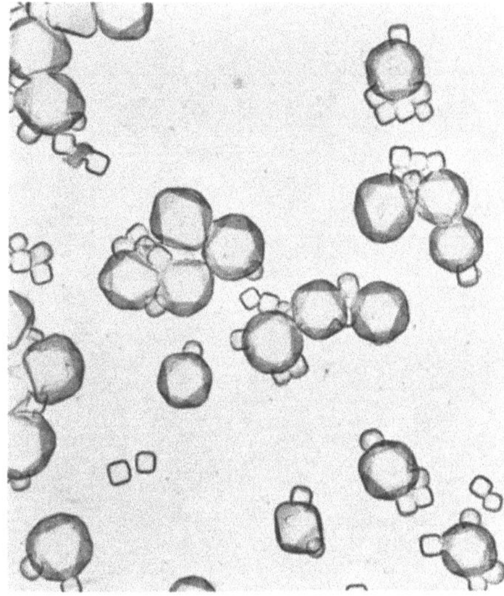

Abb. 36. Mischung $A + C_{\mathrm{okt}}$ nach Digestion bei p_{Ag} 7,6 und 0,1% NH_3.

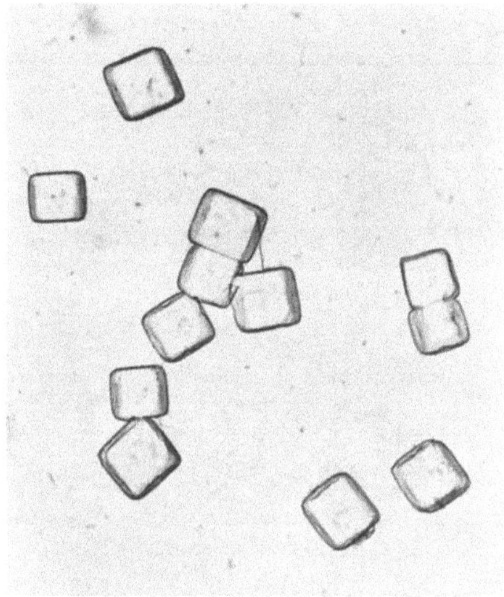

Abb. 37. AgCl-Fällung bei p_{Ag} 6,1.

Diese Mischungen wurden nach p_{Ag}-Einstellung und gegebenenfalls nach Zugabe von NH_3 zur Löslichkeitssteigerung unter Rühren zwei Stunden im Thermostaten bei 60 °C belassen.

In Tab. 1 sind die für die einzelnen Umlöseversuche eingestellten Versuchsbedingungen eingetragen. Ferner wird in Tab. 1 auf die Abbildungsnummern der nach der zweistündigen Digestion durchgeführten elektronenmikroskopischen Kornaufnahmen hingewiesen.

3.1.3. Nichtstationäres Wachstum von AgCl. Entsprechend dem in Abschnitt 3.1.1. beschriebenen Verfahren wurden durch Einlauf von $AgNO_3$- und NaCl-Lösungen AgCl-Emulsionen hergestellt. Über die Keimbildungs- und Auffällungsbedingungen unterrichtet Tab. 2. Als Keimbildungsphase wurde willkürlich diejenige Zeitspanne festgelegt, innerhalb der 5% der Gesamtsilbermenge dem System zugeführt wurde. Tab. 2 verweist gleichfalls auf die Kornaufnahmen der erhaltenen AgCl-Emulsionen.

Tabelle 2. *Fällungsbedingungen von* AgCl

p_{Ag} der Keimbildung	p_{Ag} der Weiterfällung	Abbildung
6,1	6,1	37
6,1	8,8	38
8,8	8,8	39

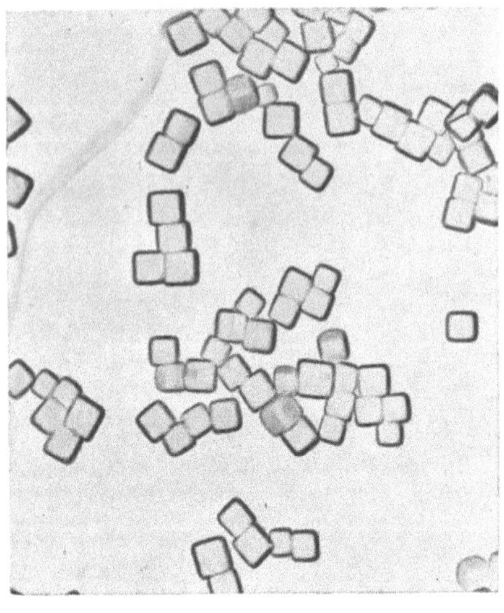

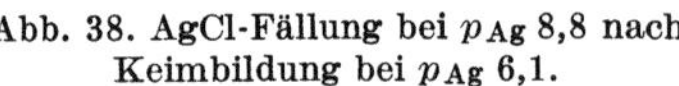
Abb. 38. AgCl-Fällung bei p_{Ag} 8,8 nach Keimbildung bei p_{Ag} 6,1.

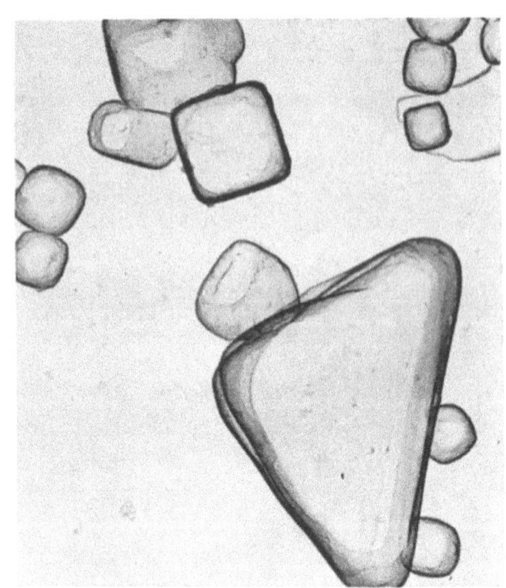
Abb. 39. AgCl-Fällung bei p_{Ag} 8,8.

3.1.4. Quasistationäres Wachstum („Ostwaldreifung") von AgCl durch Umlösung. Die in Abb. 38 dargestellte AgCl-Emulsion wurde 60 min bei 50° C unter Rühren im Thermostaten digeriert. Der p_{Ag}-Wert war auf 8,8 eingestellt worden, entsprechend einer Cl-Konzentration in der Lösungsphase von 1 Mol/l. Die Form der AgCl-Körner nach der Umlösung ist in Abb. 40 wiedergegeben.

3.1.5. Messung der Bromidadsorption an AgBr. Die Br^--Adsorption wurde durch Differentialtitration [*12*] bestimmt. Das Verfahren bestand im wesentlichen darin, zwei AgBr-Emulsionen gleicher Gelatinekonzentration, aber mit sehr unterschiedlichem Gehalt an AgBr-Körnern zunächst mit KBr auf p_{Ag} 9 ($[Br^-] = 2{,}5 \cdot 10^{-3}$ Mol/l) einzustellen und dann schrittweise bei 50 °C mit $AgNO_3$ zu titrieren. Die beiden Titriergefäße waren durch eine Elektrolytbrücke miteinander verbunden und enthielten je eine Ag-Elektrode; das eine der Gefäße enthielt außerdem eine Kalomelbezugselektrode. Im Vergleichssystem, welches nur wenig AgBr-Körner als Kristallisationskeime enthielt, wurde zunächst durch $AgNO_3$-Zugabe eine kleine p_{Ag}-Änderung vorgenommen. Anschließend wurde der zu untersuchenden Emulsion soviel $AgNO_3$-Lösung langsam zugefügt, bis keine Potentialdifferenz zwischen den beiden Ag-Elektroden bestand. Der Mehrverbrauch an $AgNO_3$-Lösung bei der Emulsion gegenüber dem Vergleichssystem entsprach dem Verbrauch von zugesetzten Ag-Ionen durch die vom Korn desorbierten Br^--Ionen. Die Titration wurde einmal mit einer Emulsion mit kubischen AgBr-Körnern (Emulsion C_{kub} aus Abb. 28) und einmal mit einer Emulsion mit oktaedrischen AgBr-Kristallen (C_{okt} aus Abb. 29) durchgeführt. Abb. 41 zeigt den Titrationsverlauf bei beiden Emulsionen. Der Unterschied zwischen den beiden Titrationskurven ist ein Maß für die unterschiedliche Bromidadsorption an [*100*]- und [*111*]-Flächen. Die eingesetzten AgBr-Mengen entsprachen gleicher Gesamtoberflächengröße.

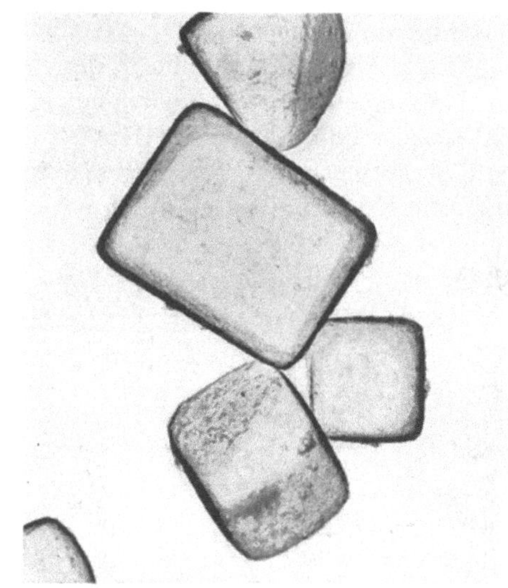

Abb. 40. AgCl-Kristalle der Emulsion aus Abb. 38 nach Digestion bei p_{Ag} 8,8.

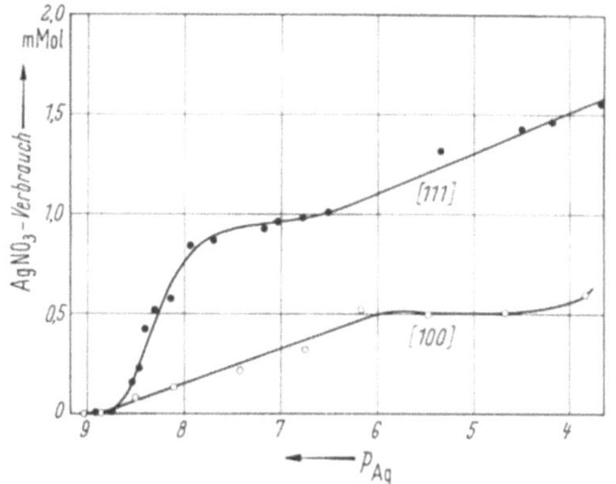

Abb. 41. Differentialtitrationskurven zweier AgBr-Emulsionen mit [*100*]- bzw. [*111*]-Flächen. Die Ordinate gibt den Mehrverbrauch der Emulsion an $AgNO_3$ durch Umsetzung mit desorbiertem Bromid gegenüber dem Vergleichssystem an.

3.2. Diskussion der Ergebnisse

Wie die Kornaufnahmen Abb. 21—25 zeigen, führt das Wachstum mit zunehmenden p_{Ag}-Werten, d. h. bei erhöhter Br^--Konzentration in der Lösungsphase, vorzugsweise zur Ausbildung von Kristallen mit [*111*]-Flächen, bei geringerer Bromidkonzentration hingegen zu Kuben. Ähnliche Beobachtungen wurden kürzlich von BERRY u. Mitarb. [*13*] sowie, allerdings nicht durch Fällung, sondern durch gesteuerte Zersetzung von $[AgBr_x]^{-x+1}$-Komplexen, von OTTEWIL u. WOODBRIDGE [*14*] mitgeteilt.

Die bei einem gegebenen p_{Ag}-Wert auftretende Kristalltracht ist im wesentlichen unabhängig von der Kristallform des Ausgangskörpers. So erhält man bei p_{Ag} 6,1 ($[Br^-] = 1{,}8 \cdot 10^{-5}$ Mol/l) stets Kuben, gleichgültig, ob man AgBr auf Tetradekaeder, auf Oktaeder oder bereits auf Kuben aufwachsen läßt (Abb. 25, 26 und 27). Für eine Betrachtung der Wachstumsvorgänge ist es vorteilhaft, den Kristall durch zwei Vektoren zu beschreiben, die senkrecht auf den [*111*]-Flächen (absoluter Betrag q) und auf den [*100*]-Flächen (absoluter Betrag r) stehen. In dieser vektoriellen Darstellung ist ein Kubus durch das Verhältnis der Absolutbeträge $q : r = \sqrt{3} = 1{,}73\ldots$ charakterisiert. Die [*111*]-Flächen sind beim Kubus verschwindend klein und formal auf die acht Eckpunkte des Würfels begrenzt; q entspricht somit der halben Raumdiagonalen. Entsprechend gilt für das Oktaeder $q : r = 1 : \sqrt{3} = 0{,}58\ldots$; r stellt hier in analoger Weise den halben Abstand gegenüberliegender Ecken dar. Projiziert man den Kristall in die [*110*]-Ebene, so ergibt sich das allgemeine Bild der Abb. 42 für einen Kristall mit [*100*]- und [*111*]-Flächen.

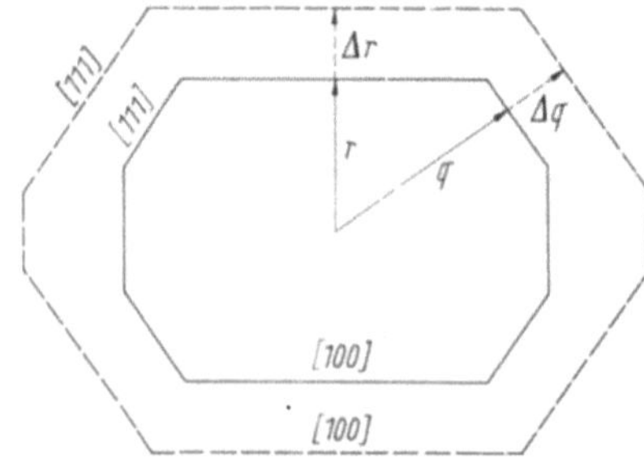

Abb. 42. Vektorielle Darstellung des Kristallwachstums.

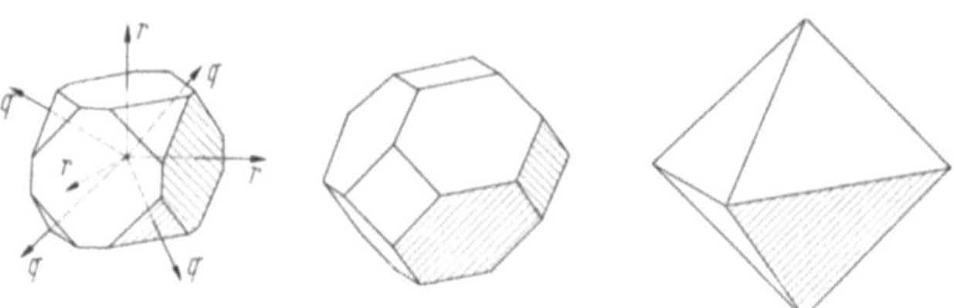

Abb. 43. Kristallwachstum bei $\Delta q \ll \Delta r$.

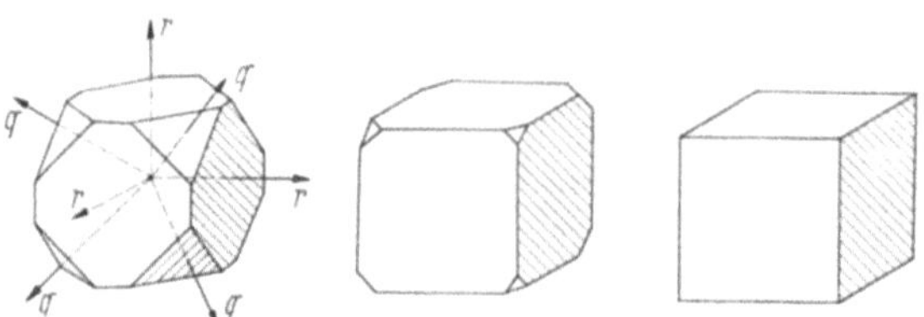

Abb. 44. Kristallwachstum bei $\Delta q \gg \Delta r$.

Wachsen beide Flächenarten in der Normalenrichtung q bzw. r, so sind die Streckenabschnitte Δq bzw. Δr proportional den Wachstumsgeschwindigkeiten senkrecht zu den [*111*]- bzw. [*100*]-Flächen. Ist $\Delta q : \Delta r \leq 0{,}58$, so verschwinden die [*100*]-Flächen, und es bildet sich bei ausreichender Substanzanlagerung schließlich ein Oktaeder; ist umgekehrt $\Delta q : \Delta r \gg 1{,}73$, verschwinden die [*111*]-Flächen unter Bildung eines Würfels (Abb. 43 und 44). Nur wenn $\Delta q : \Delta r$ zwischen 1,73 und 0,58 liegt, bleiben beim Wachstum sowohl [*111*]- als auch [*100*]-Flächen bestehen, d. h. die Wachstumsform ist das Tetradekaeder.

Am Tetradekaeder treten — je nachdem, ob es mehr dem Würfel oder dem Oktaeder ähnelt, — die in Abb. 45 angegebenen meßbaren Kanten auf, aus denen die Beträge der Vektoren q und r nach

$$q = \frac{l' + 2b}{6} = \frac{a' + c\sqrt{2}}{2}\sqrt{3} - \frac{c}{\sqrt{6}},$$

$$r = \frac{l' + b}{2}\sqrt{2} = \frac{a' + c\sqrt{2}}{2}$$

berechnet werden können.

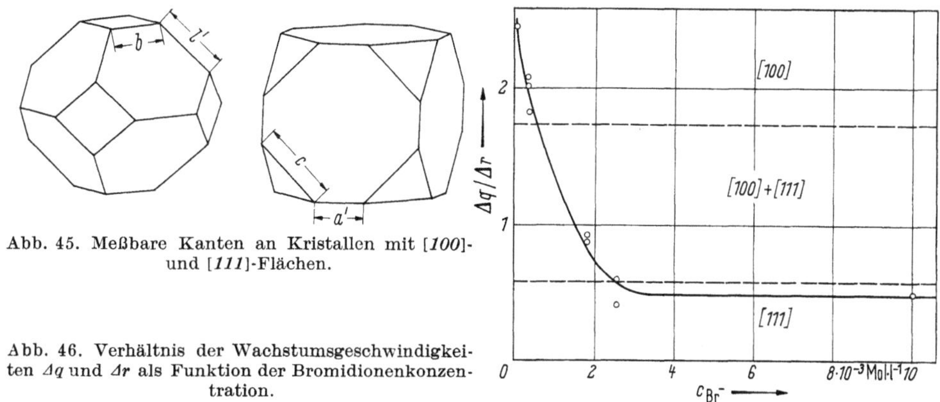

Abb. 45. Meßbare Kanten an Kristallen mit [*100*]- und [*111*]-Flächen.

Abb. 46. Verhältnis der Wachstumsgeschwindigkeiten Δq und Δr als Funktion der Bromidionenkonzentration.

Statistische Auswertung einer größeren Zahl von Kornaufnahmen ergab für jeden p_{Ag}-Wert ein (r, q)-Wertepaar, aus welchem nach Abzug der r- und q-Werte der tetradekaedrischen Ausgangskörner Δr und Δq erhalten werden. Die Absolutwerte von Δr und Δq sind bei der gewählten Versuchsanordnung ohne allgemeine Aussagekraft (multipliziert mit einem geometrischen Faktor ist ihre Summe proportional der Zufuhrgeschwindigkeit der $AgNO_3$- und KBr-Lösungen). Hingegen kann man den Quotienten $\Delta q : \Delta r$ mit dem Verhältnis der Keimbildungsgeschwindigkeiten bei der Bildung von Flächenkeimen auf den [*100*]- bzw. [*111*]-Flächen in Beziehung bringen. In Abb. 46 ist $\Delta q : \Delta r$ als Funktion des Fällungs-p_{Ag} wiedergegeben. Unterhalb p_{Ag} 7,5, d. h. bei sehr geringer Br^--Konzentration in der Lösungsphase ($[Br^-] < 5 \cdot 10^{-4}$ Mol/l) existieren nur reine Kuben als Wachstumsform.

Die Keimbildungsgeschwindigkeit ist an den [*111*]-Flächen groß gegenüber der an den [*100*]-Flächen; genauer gesagt bedarf es zur Anlagerung von Gitterbausteinen an die Halbkristallagen der [*111*]-Flächen in diesem p_{Ag}-Bereich keiner merklichen Keimbildungsarbeit [*15*], während ein Wachstum senkrecht zu den [*100*]-Flächen nur über die Bildung eines Flächenkeims mit gegebener spezifischer Randenergie möglich ist.

Mit steigender Br^--Konzentration soll die Adsorption von Br^--Ionen bevorzugt an [*111*]-Flächen einsetzen [*16*], wodurch für die Anlagerung neuer Bausteine an diese Flächen nunmehr eine Keimbildungsarbeit aufgewendet werden muß, die mit steigender Bromidbelegung gleich oder schließlich größer wird als die Keimbildungsarbeit an den [*100*]-Flächen. Diese Keimbildungsarbeit auf den [*100*]-Flächen wird gleichzeitig durch Erniedrigung der spezifischen Randenergie infolge Adsorption verringert. Dementsprechend wird auch die Wachstumsgeschwindigkeit normal auf den [*111*]-Flächen im Vergleich zur Wachstumsgeschwindigkeit der [*100*]-Flächen mit steigender Br^--Konzentration immer geringer, was schließlich (vgl. z. B. Abb. 43) zur Ausbildung rein oktaedrischer Kristallformen führt. Nur in dem in Abb. 46 eingetragenen Zwischenbereich von p_{Ag} 7 bis 8,5 sind Tetradekaeder auf die Dauer beständig ($[Br^-] = 2 \cdot 10^{-4}$ bis $3 \cdot 10^{-3}$ Mol/l).

Es konnte nun experimentell gezeigt werden, daß tatsächlich deutliche Unterschiede im Adsorptionsverhalten der beiden verschiedenen Flächenarten bestehen. Man kann, da die Oberflächen der AgBr-Kristalle bei homodispersen Emulsionen genau bekannt sind, die Differentialtitrationskurven der Abb. 41 benutzen, um die Adsorptionsisothermen für die Br^--Adsorption an [*100*]- und [*111*]-Flächen zu berechnen.

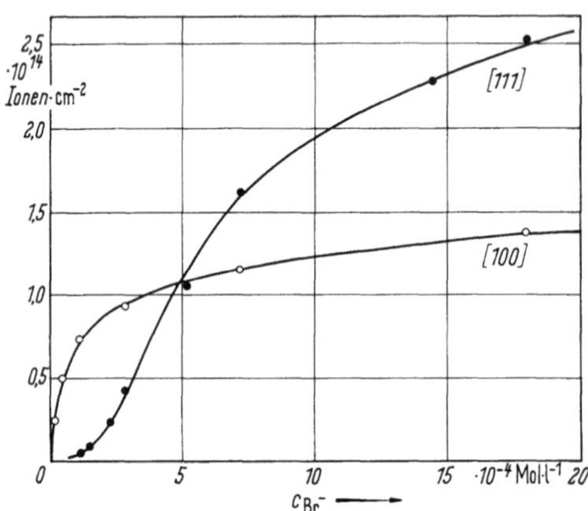

Abb. 47. Adsorptionsisothermen von Bromid an AgBr für [*100*]- und [*111*]- Flächen bei 40 °C.

Als Bezugsgröße zur Berechnung wird das waagerechte Stück der Titrationskurven der Abb. 41 herangezogen: In diesem Kurventeil findet keine Br^--Desorption bei $AgNO_3$-Zugabe statt; es wird daher angenommen, daß hier bereits kein Bromid mehr adsorbiert ist. Der erneute Anstieg bei weiterer $AgNO_3$-Zugabe ist zweifellos auf eine Ag^+-Adsorption zurückzuführen. Die in Abb. 47 wiedergegebenen Adsorptionsisothermen lassen erkennen, daß die Bromidadsorption an [*100*]-Flächen entsprechend einer Langmuirisotherme sehr rasch asymptotisch auf einen Grenzwert ansteigt, der in Übereinstimmung mit anderen Untersuchungen [*12*] bei etwa 10% Oberflächenbedeckung liegt.

Gänzlich anders ist die Form der Adsorptionsisotherme an den [*111*]-Flächen: Unterhalb einer Bromidkonzentration von etwa $5 \cdot 10^{-4}$ Mol/l (p_{Ag} 7,5) liegt die Bromidadsorption erheblich unter derjenigen der [*100*]-Flächen, um bei höheren Bromidkonzentrationen beträchtlich weiter anzusteigen.

Unterhalb $[Br^-] = 5 \cdot 10^{-4}$ Mol/l ist also die Oberflächenbedeckung der [*111*]-Flächen gering. Das Wachstum an den reinen (*111*)-Flächen läuft entsprechend dem weiter oben Ausgeführten ohne Keimbildungsarbeit durch Einbau einzelner Gitterbausteine in die Halbkristallagen ab. Da stets die in Normalrichtung wachsende Fläche zuwächst, d. h. verschwindet, treten demgemäß in diesem p_{Ag}-Bereich die kubischen Wachstumsformen auf. Oberhalb der genannten Bromidkonzentration nimmt die Flächenbedeckung der [*111*]-Flächen schnell zu. Damit sollte nach [*16*] das Wachstum an den [*111*]-Flächen nunmehr erschwert ablaufen. Tatsächlich wachsen auch etwa von dieser Bromidkonzentration an die Kristalle nicht mehr rein kubisch weiter (vgl. Abb. 46), sondern bilden daneben [*111*]-Flächen aus.

Grundsätzlich die gleiche Abhängigkeit der Kristalltracht vom p_{Ag} wird beobachtet, wenn man unter den in Abschnitt 3.1.2 beschriebenen Bedingungen eines quasistationären Systems die Kristalle einer gröberen AgBr-Emulsion durch Umlösung („OSTWALDreifung“) auf Kosten gleichzeitig anwesender AgBr-Kristalle geringerer Größe wachsen läßt (Tab. 1 und Abb. 31 bis 35). Man erkennt z. B. aus Abb. 31 und 32 im Vergleich zu Abb. 28, daß eine Umlösung unter Vergrößerung der Kristalle der gröberen Kornklasse (*C*) stattgefunden hat, die jedoch nur bei einem p_{Ag}-Wert von 9,7 ($[Br^-] = 10^{-2}$ Mol/l) (Abb. 32) zu Oktaedern führt. Verringerung der Löslichkeit durch Herabsetzung der NH_3-Konzentration verlangsamt die Umlösung, wie man an der abnehmenden Größe der Körner der Kornklasse *C* von Abb. 32 über Abb. 33 nach Abb. 34 erkennen kann. Die Körner der Abb. 34 konnten sich noch nicht zu vollständigen Oktaedern umwandeln, da die an sie angelagerte Substanzmenge zu gering war. Einige ähnliche Beobachtungen beschrieben MARKOCKI und ROMER [*17*], machten die Bildung gleichmäßiger Wachstumsformen jedoch von der Anwesenheit von NH_3 abhängig und deuteten die Trachtbeeinflussung durch elektrostatische Wechselwirkung zwischen den unterschiedlich geladenen Kristallflächen und den komplexen Ionen $[Ag(NH_3)_2]^+$ oder $[AgBr_{n+1}]^{n-}$.

Ein anderes Ergebnis der Versuche am quasistationären System soll noch erwähnt werden: Eine Mischung der Kornklassen $A + C_{kub}$ scheint unter den aus Tab. 1 ersichtlichen Bedingungen praktisch stabil zu sein. (Abb. 35 im Vergleich zu Abb. 28), d. h. es findet keine merkliche Umlösung statt. Dieser Befund ist zunächst aus der allgemeinen Theorie der Umlösung [*7*] nicht zu erwarten gewesen, wird aber verständlich, wenn man berücksichtigt, daß die Kuben C_{kub} keine [*111*]-Flächen aufweisen und nur über eine Flächenkeimbildung mit erforderlicher zweidimensionaler Keimbildungsarbeit an den [*100*]-Flächen wachsen können [*18*]. Die Keimbildungsgeschwindigkeit ist nach BECKER und DÖRING [vgl. Gl. (3)] eine sehr steile Funktion der Übersättigung. Diese ist bei dem nur geringen Löslichkeitsunterschied zwischen den Körnern *A* und C_{kub} nicht mehr ausreichend, um eine merkliche Flächenkeimbildung an den [*100*]-Flächen zu ermöglichen. Ersetzt man in der Mischung $A + C_{kub}$ unter sonst gleichen Bedingungen lediglich die kubischen Körner C_{kub} durch die in Abb. 29 abgebildeten oktaedrischen Körner C_{okt}, so findet eine Umlösung trotz unveränderten Löslichkeitsunterschiedes statt (C_{kub} und C_{okt} besitzen gleiche Größe und somit nach GIBBS-THOMSON gleiche Löslichkeit, sofern man von einem eventuellen Einfluß der verschiedenen Kristalltracht auf die Löslichkeit absieht), wie man an der Größenänderung der Körner nach zweistündiger Digestion (Abb. 36) erkennen kann. Dieses Ergebnis war zu erwarten, da die im weiter oben genannten Fall ($A + C_{\text{kub}}$) an den [*100*]-Flächen von C_{kub} zum Wachsen erforderliche Keimbildungsarbeit im System $A + C_{\text{okt}}$ nicht mehr aufzuwenden ist, weil ein Wachstum an den Halbkristallagen der [*111*]-Flächen von C_{okt} ohne Keimbildungsarbeit möglich ist.

Die durch den geringen Löslichkeitsunterschied zwischen C_{okt} und A aufrechterhaltene Übersättigung reicht also in diesem Falle zum Kristallwachstum aus. Diese Beobachtungen stehen natürlich nicht in Widerspruch zu der allgemeinen Umlösungstheorie [*7*], die für die Modelle eines diffusionsbedingten oder eines reaktionskinetisch gesteuerten Stoffüberganges abgeleitet wurde. Man kann formal für das hier behandelte, praktisch stabile System $A + C_{\text{kub}}$ eine außerordentlich kleine Reaktionsgeschwindigkeit (sehr geringe Flächenkeimbildungsgeschwindigkeit) annehmen mit daraus resultierender sehr geringer — praktisch nicht zu beobachtender — Umlösegeschwindigkeit. Danach scheint hier ein reaktionskinetisch bedingter Wachstumsvorgang gemäß Gl. (5) und (10) vorzuliegen. Als geschwindigkeitsbestimmenden Schritt des Kristallwachstums hat man die Bildung dreidimensionaler Flächenkeime anzusehen, deren Bildungsgeschwindigkeit eine Funktion der Übersättigung ist. Nach der Bildung des Flächenkeims geht von ihm aus das Wachstum der begonnenen Gitterebene bis zum Flächenrand weiter, wobei die für die Flächenkeimbildung erforderliche Übersättigung aufgehoben wird. Ein neuer Flächenkeim wird erst nach erneutem Aufbau der Übersättigung gebildet u. s. f. Ist die zur Bildung eines Flächenkeimes erforderliche Übersättigung sehr klein, so ist die Reaktionsgeschwindigkeitskonstante [k in Gl. (6)] bereits bei Lösungskonzentrationen, die knapp über c_r liegen, sehr hoch und das Wachstum wird diffusionsbedingt; anderenfalls wird das Wachstum reaktionskinetisch (= durch die Geschwindigkeit der Flächenkeimbildung) begrenzt. Für einen reaktionskinetisch begrenzten Wachstumsvorgang scheinen auch Beobachtungen von BERRY und SKILLMAN [*19*] zu sprechen: Sie untersuchten die Änderung der Korngrößenverteilung einer durch Doppeleinlauf hergestellten AgCl-Emulsion während der Fällung und stellten ein Teilchenwachstum fest, dessen Geschwindigkeit proportional der Teilchenoberfäche war. Das deutet aber — wie Gl. (5) aussagt — auf einen reaktionskinetisch begrenzten Vorgang als geschwindigkeitsbestimmenden Schritt hin.

Versuche zur Realisierung oktaedrischer Wachstumsformen schlugen beim AgCl selbst bei extrem hohen p_{Ag}-Werten fehl, wie die Aufnahmen nichtstationär gefällter AgCl-Emulsionen (Abb. 38—40) sowie quasistationärer Umlöseversuche (Abb. 41) zeigen. In Abb. 41 sind neben reinen Kuben auch einige Kristalle zu beobachten, die nur durch einen Stapelfehler auf einer [*111*]-Fläche und anschließende Ausbildung der kubischen Wachstumsformen (Zwillingsbildung) zu deuten sind [*20, 21*]. Im Keimbildungsstadium müssen also — zumindest während einer kurzen Zeitspanne — [*111*]-Flächen als äußere Kristallbegrenzung vorgelegen haben. Die Frage, warum in allen späteren Wachstumsstadien am AgCl, trotz ähnlichen Gitters wie beim AgBr, keine [*111*]-Flächen auftreten, ist noch ungeklärt. Es könnte sein, daß beim AgCl eine bevorzugte Adsorption von Cl^--Ionen an den [*111*]-Flächen nicht in dem Maße wie beim AgBr erfolgt, und daß daher selbst bei hohen Cl^--Konzentrationen in Lösung die spezifische Oberflächenenergie der [*111*]-Flächen nicht unter den Wert der Oberflächenenergie der [*100*]-Flächen herabgedrückt werden kann.

Im Vorstehenden wurden Vorstellungen über das Kristallwachstum herangezogen [*1*, *15*, *16*, *18*], die in erster Linie für einen reinen Idealkristall mit nichtpolaren Bindungen (KOSSELkristall) abgeleitet worden sind. Eine Anwendung auf Ionenkristalle, mit denen wir es in der vorliegenden Arbeit zu tun hatten, stellt daher eine grobe Vereinfachung dar. Unsere Kenntnisse über die Oberflächenfeinstruktur von Ionenkristallen im allgemeinen und speziell über den Bau der [*111*]-Flächen von Kristallen des NaCl-Typs sind zur Zeit noch lückenhaft.

4. Ausblick

Die im Verlauf der physikalischen Reifung stattfindende zeitliche Änderung der Zahl und Größe der Silberhalogenidkristalle ist im wesentlichen eine Funktion der Löslichkeit und kann durch alle löslichkeitsändernden Maßnahmen (p_{Ag}, Temperatur, Komplexbildner) beeinflußt werden. Für die Kinetik des Kristallwachstums werden als mögliche Grenzbedingungen entweder ein durch die Herandiffusion begrenztes Kornwachstum oder aber eine reaktionskinetisch begrenzte Wachstumsgeschwindigkeit diskutiert. Theoretische Überlegungen über den Mechanismus des Kristallwachstums lassen vermuten, daß der geschwindigkeitsbestimmende Schritt des Kristallwachstums im Falle nahezu ideal gebauter Kristalle die Bildung eines Flächenkeimes auf intakten Kristallflächen sein dürfte.

Die Kristalltracht ist — wenigstens beim AgBr — eine eindeutige Funktion der Bromionenkonzentration in der Lösungsphase. Bei geringer Bromidkonzentration ist Wachstums- und Gleichgewichtsform ein von [*100*]-Flächen begrenzter Kristall. Bei Erhöhung der Bromidkonzentration erfolgt bevorzugte Bromidadsorption an [*111*]-Flächen, die demzufolge nunmehr als äußere Begrenzungsflächen in Erscheinung treten.

Die vorstehend beschriebenen Versuche und Überlegungen zum Kristallwachstum und zur Kristalltracht gelten nur für nahezu ideal gebaute Kristalle, die unter Ausbildung der vom p_{Ag} abhängigen Gleichgewichtsform ohne Vorzugsrichtungen wachsen. Die Mehrzahl der photographischen Emulsionen des konventionellen Typs („Kippemulsionen" u. dgl.) zeichnen sich jedoch dadurch aus, daß sie überwiegend aus stark anisotrop gewachsenen Kristallen (Plättchen, Nadeln usw.) bestehen. Für diese Kristalle, die bevorzugte Wachstumsstellen besitzen, gilt natürlich nicht mehr der vorstehend diskutierte Wachstumsmechanismus. Über die Ursachen dieser Wachstumsanisotropie, die hierbei auftretenden Kristallformen und die Folgerungen, die daraus für den photographischen Prozeß gezogen werden müssen, wird in der anschließenden Arbeit berichtet [*21*].

Herrn Prof. J. N. STRANSKI, Berlin, und Herrn Prof. C. WAGNER, Göttingen, danken wir für viele wertvolle Hinweise und anregende Diskussionen. Herrn Prof. WAGNER verdanken wir weiterhin noch die mathematische Behandlung der Umlösungsvorgänge bei gleichzeitiger Substanzzufuhr. Unser Dank gilt auch allen unseren Mitarbeitern, besonders aber Frau I. CLOSMANN, Herrn H. FISCHER und Herrn G. MÜNCH für die Emulsionsherstellung und die Elektronenmikroskopie.

Anhang: Verwendete Symbole

c = Konzentration
$\dot{c}$ = Geschwindigkeit der Substanzzufuhr
c_∞ = Sättigungskonzentration im Gleichgewicht mit sehr großen Teilchen der schwerlöslichen Verbindung
c_r = Sättigungskonzentration im Gleichgewicht mit Teilchen vom Radius r der schwerlöslichen Verbindung
c'_r = Konzentration an der Oberfläche von Teilchen vom Radius r
Δc = Übersättigung
D = Diffusionskoeffizient
k = Reaktionsgeschwindigkeitskonstante
r = Teilchenradius
$\bar{r}_t$ = mittlerer Teilchenradius zur Zeit t
V_m = Mol-Volumen
Z = Teilchenzahl
σ = Grenzflächenenthalpie der Phasengrenze Kristall/Lösung
ν = Stöchiometrischer Faktor, der die Dissoziation angibt (Mollaufzahl)

Literatur

[1] VOLMER, M.: Kinetik der Phasenbildung, Dresden u. Leipzig, 1935.
[2] HONIGMANN, B.: Gleichgewichts- und Wachstumsformen von Kristallen, Darmstadt, 1958.
[3] STRANSKI, J. N. u. Mitarbeiter: Ausführliches Literaturverzeichnis in [2] angegeben.
[4] KLEIN, E.: Mitt. Forschungslabor. Agfa II, 43 (Berlin/Göttingen/Heidelberg: Springer 1958).
[5] TODES, O. M.: J. phys. Chem. (russ.) **20**, 630 (1946).
[6] LIFSCHITZ, I. M. u. V. V. SLYOZOV: Phys. Chem. Solids **19**, 35 (1961).
[7] WAGNER, C.: Zt. Elektrochem. **65**, 581 (1961).
[8] AMMANN-BRASS, H.: Chimia **10**, 173 (1956).
[9] MEEHAN, E. J. u. W. H. BEATTIE: J. physic. Chem. **65**, 1522 (1961).
[10] WAGNER, C.: private Mitt.
[11] KLEIN, E.: Zt. Elektrochem. **60**, 998 (1956).
[12] HERZ, A. H. u. J. O. HELLING: J. Colloid Sci. **17**, 293 (1962).
[13] BERRY, C. R., S. J. MARINO u. C. F. OSTER: J. photogr. Sci. **5**, 332 (1961).
[14] OTTEWILL, R. H. u. R. F. WOODBRIDGE: J. Colloid Sci. **16**, 581 (1961).
[15] STRANSKI, J. N. u. R. KAISCHEW: Physik. Z. **36**, 393 (1935).
[16] KNACKE, O. u. J. N. STRANSKI: Zt. Elektrochem. **60**, 816 (1956).
J. N. STRANSKI: VDI-Berichte **20**, 5 (1957).
[17] MARKOCKI, W. u. W. ROMER: Korpuskularphotographie IV, 149. Hrsg. H. Frieser u. G. Heimann, München 1963.
[18] KNACKE, O. u. J. N. STRANSKI: Ergebn. exakt. Naturwiss. **26**, 383 (1952).
[19] BERRY, C. R. u. D. C. SKILLMAN: Int. Konf. wiss. Phot., Turin, 1963.
[20] BERRY, C. R. u. D. C. SKILLMAN: J. photogr. Sci. **6**, 159 (1962).
[21] KLEIN, E., H. J. METZ u. E. MOISAR: dieser Band, S. 65.

Zwillingsbildung bei Silberhalogenidkristallen photographischer Emulsionen

Von E. KLEIN, H. J. METZ und E. MOISAR

1. Ableitung der idealen Kristallformen

Bei den AgBr-Kristallen photographischer Emulsionen beobachtet man teils sehr regelmäßige isotrop wachsende Kristalle (Würfel, Oktaeder), teils aber auch Kristalle, die eine weniger regelmäßige und symmetrische Form haben und sich oft durch ein stark anisotropes Wachstum auszeichnen (Plättchen, Nadeln). Das Wachstum zu regelmäßigen Kristallformen läßt sich zwanglos durch die Annahme deuten, daß nahezu ideale Einkristalle ohne Versetzungen und Anordnungsfehler vorliegen. Hat sich die dem umgebenden Milieu (p_{Ag}-Wert) entsprechende Gleichgewichtsform eingestellt, die zu [*100*]-Begrenzungsflächen im Gebiet der Äquivalenz von Ag^+- und Br^--Ionen und zu [*111*]-Begrenzungsflächen bei hohem Br^--Überschuß führt, so ist zum Wachsen solcher Kristalle eine merkliche Übersättigung für die Bildung zweidimensionaler Flächenkeime erforderlich. Die Bildung des Flächenkeims ist in diesem Fall wahrscheinlich der geschwindigkeitsbestimmende Schritt [*1*].

Die unregelmäßigen Kristallformen, vor allem die bei hohem Br^--Überschuß unter den üblichen Fällungs- und Reifbedingungen vorwiegend entstehenden drei- und sechseckigen Plättchen, wurden von EVANS und MITCHELL [*2*] durch Annahme dendritischer Keime mit Schraubenversetzungen erklärt. BERRIMAN und HERZ [*3*] nehmen dagegen an, daß die plättchenförmigen Kristalle durch Mehrfachverzwillingung (Stapelfehler) auf parallelen [*111*]-Flächen entstehen.

In beiden Fällen führen die Kristallbaufehler zu permanenten Stufen bzw. Trögen auf der Kristalloberfläche, an denen zum weiteren Wachstum entweder gar keine Flächenkeimbildung erforderlich ist (Stufen) oder aber die Flächenkeimbildung sehr erleichtert wird (Tröge). Begrenzungsflächen, die permanente Stufen bzw. Tröge haben, können auch bei sehr geringer Übersättigung (etwa durch Ostwaldreifung) weiterwachsen. Das Auftreten von Stapelfehlern in AgBr-Mikrokristallen wurde durch Laue-Aufnahmen an großen, plättchenförmigen Kristallen [*3*] und durch direkte elektronenmikroskopische Beobachtung von Orientierungszwillingen [*4, 5*] nachgewiesen.

Der Begriff „Stapelfehler" wird hier in einer anderen Bedeutung verwendet als in der Versetzungstheorie der Metalle mit dichtester Kugelpackung (vgl. etwa A. SEEGER, Handbuch d. Physik Bd. VII/1). Beim Wachsen einer [*111*]-Fläche im Gitter vom NaCl-Typus wechseln in aufeinanderfolgenden Netzebenen die Ionenlagen — ebenso wie bei der kubisch dichtesten Kugelpackung — in der Reihenfolge ABCABC ... ab. Als neue Lage erscheint regulär immer diejenige, welche in den beiden vorhergehenden Netzebenen nicht besetzt war. Als Stapelfehler bezeichnen wir den Fall, in dem die Lage der zweiten vorhergehenden Netzebene eingenommen wird; etwa

ABCABC$\underline{\mathrm{B}}$ACBAC$\underline{\mathrm{A}}$.... Damit führt ein Stapelfehler immer zur Bildung eines Orientierungszwillings, zwei aufeinanderfolgende Stapelfehler zu einer Orientierungszwillingslamelle.

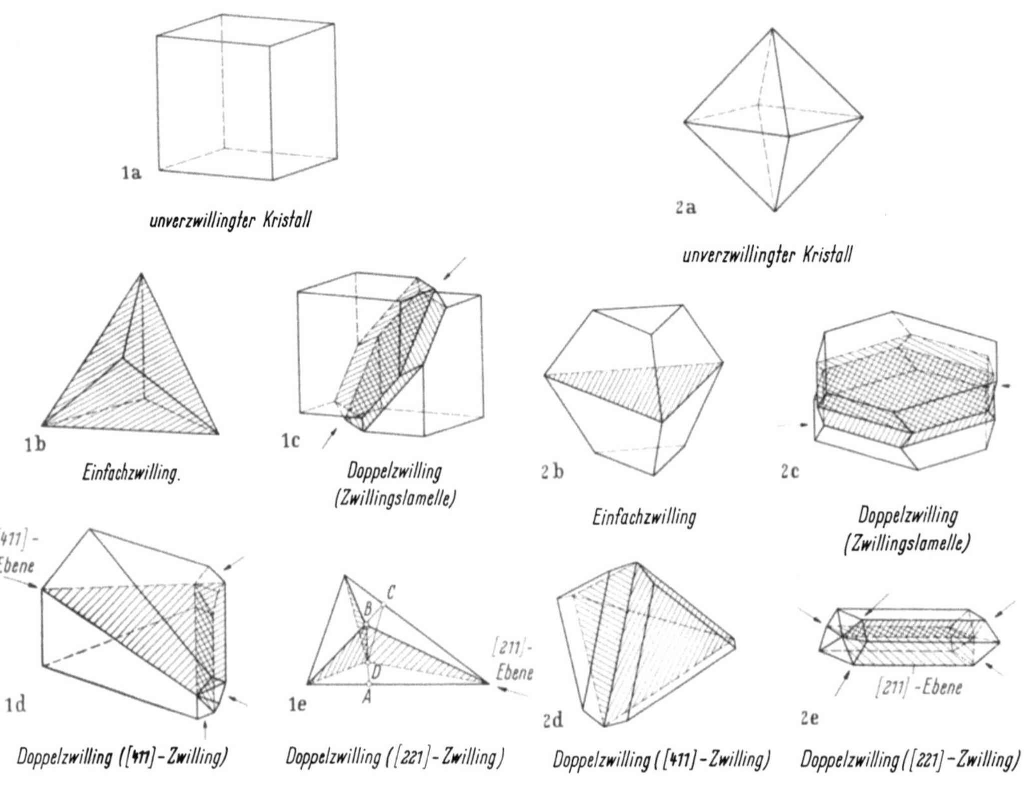

Abb. 1. Idealformen bei kubischen Begrenzungsflächen (die Pfeile weisen auf permanente Tröge).

Abb. 2. Idealformen bei oktaedrischen Begrenzungsflächen (die Pfeile weisen auf permanente Tröge).

Stapelfehler bilden sich bei AgBr-Fällungen erfahrungsgemäß nur unter solchen Bedingungen, bei denen

a) die [*111*]-Flächen Begrenzungsflächen sind (hoher Br^--Überschuß) und

b) eine sehr hohe Übersättigung in der Lösungsphase vorhanden ist.

Die letzte Bedingung ist nur in der kurzen Phase der Keimbildung erfüllt. Die späteren Wachstumsbedingungen bestimmen zwar den Kristallhabitus ([*111*]- oder [*100*]-Flächen), lassen jedoch praktisch keine neuen Stapelfehler mehr entstehen. Durch Keimbildung bei hohem Br^--Überschuß und anschließender Auffällung bei verschiedenem p_{Ag}-Wert durch gesteuerten Doppeleinlauf lassen sich sämtliche in den verschiedenen Emulsionen beobachtbaren Kristallformen erhalten.

Es gelingt nun, praktisch alle unregelmäßigen Kristallformen allein auf das Auftreten von Stapelfehlern während der Keimbildung zurückzuführen. Auch bei extremen Keimbildungsbedingungen scheint der größte Teil der Keime regulär (ohne Stapelfehler zu sein) (1a und 2a in Abb. 1 bzw. 2). Ein kleiner Teil der Keime weist einen Stapelfehler auf, wodurch die in [5] und [6] beschriebenen einfachen Zwillinge entstehen (1b und 2b in Abb. 1 bzw. 2). Der Rest der Keime besitzt zwei und mehr Stapelfehler, jedoch dürfte der Bruchteil der Keime, die mehr als zwei Stapelfehler enthalten, zumindest bei reinen AgBr-Fällungen, äußerst gering sein.

In Abb. 1 und 2 sind die verschiedenen Idealformen gezeichnet, die entstehen, wenn an einem oktaedrischen Keim mit 0, 1 und 2 Stapelfehlern durch weiteres Auffällen sämtliche durch die Zwillingsbildung vorübergehend entstehenden Tröge zugewachsen sind und sich die dem eingestellten p_{Ag}-Wert entsprechenden äußeren Begrenzungsflächen [7] ausgebildet haben. Bei den Doppelzwillingen können die beiden Stapelfehlerebenen drei verschiedene Lagen zueinander einnehmen (parallele, spitzenbenachbarte und seitenbenachbarte Flächen am Keimoktaeder), dementsprechend gibt es hier drei verschiedene Idealformen (*c*, *d*, *e*).

Abb. 1 zeigt schematisch die Idealformen, die durch spätere Ausbildung von [*100*]-Flächen entstehen, während in Abb. 2 die gleichen Kristalltypen, jedoch mit den entsprechenden oktaedrischen Begrenzungsflächen dargestellt sind.

2. Beschreibung der vorkommenden Zwillingstypen

2.1. Experimentelles

Die elektronenmikroskopischen Untersuchungen der Kristallformen wurden im wesentlichen an drei speziell für diesen Zweck hergestellten Emulsionen durchgeführt. Alle Emulsionen enthielten Kristalle in der Größenordnung von etwa 1 μ. Sie wurden erhalten durch Auffällung von AgBr auf eine einzige Keimemulsion unter verschiedenen Bedingungen. Die Ausgangskeimemulsion wurde hergestellt, indem zu 2 Liter einer 0,6 *n* KBr-Lösung mit einem Gelatinegehalt von 3% bei 30 °C sehr rasch unter intensivem Rühren 100 ml einer 3 *n* $AgNO_3$-Lösung zugegeben wurden. Unmittelbar danach wurde die gesamte Mischung in ein mit Trockeneis gekühltes Alkoholbad ausgeschüttet. Die Keimemulsion wurde dadurch praktisch momentan zur Erstarrung gebracht. Anschließend wurde aus der erstarrten Emulsion durch Auswässern der hohe Br-Überschuß entfernt. Durch dieses Verfahren konnte eine Ostwaldreifung im Stadium unmittelbar nach der Keimbildung, die zu einer Änderung der primären Keimverteilung geführt hätte, weitgehend vermieden werden.

Auf die Keimemulsion wurde durch gesteuerten Doppeleinlauf bei konstantem p_{Ag}-Wert weiteres AgBr aufgefällt. Dabei wurde einmal der p_{Ag}-Wert in der Nähe des Äquivalenzpunktes (p_{Ag} 6) konstant gehalten. Es entstand eine Emulsion mit Kristallen von kubischer Tracht (Emulsion *A*). In einer weiteren Fällung bei einem p_{Ag}-Wert von 9 entstanden aus der gleichen Keimemulsion Kristalle mit oktaedrischer Tracht (Emulsion B). Eine dritte Fällung schließlich bei einem p_{Ag}-Wert von 7 lieferte eine Emulsion *C* mit Kristallen von vorwiegend kubischer Tracht, an denen jedoch zum Teil auch gut ausgeprägte [*111*]-Flächen erkennbar waren.

Bei der elektronenmikroskopischen Untersuchung der Kristalle der einzelnen Emulsionen ergab sich, daß neben den in Abschnitt 1 schon kurz beschriebenen Grundtypen der Zwillingskristalle mit einem und zwei Stapelfehlern noch einige sehr charakteristische Mehrfachzwillinge vorkommen. Diese Mehrfachzwillinge treten zwar nur mit einer geringen Häufigkeit auf, doch lassen sich vielleicht aus ihrem Vorkommen und ihrem Aufbau weitere allgemeine Schlüsse für den Mechanismus der Zwillingsbildung und des Kristallwachstums ziehen.

Die folgenden Abbildungen 3 bis 21 zeigen elektronenmikroskopische Stereoaufnahmen charakteristischer Zwillingstypen. Durch Auswertung einer großen Anzahl derartiger Stereoaufnahmen, die einzelne Kristalltypen in den verschiedensten Positionen zeigen (vgl. etwa die späteren Abb. 13—15 und 18—20), konnte der Aufbau der Zwillingskristalle allein aus der äußeren Kristallform, d. h. aus Lage und Art der Begrenzungsflächen, aus der Symmetrie des Kristalls und aus der Lage höher indizierter Korngrenzebenen erschlossen werden. Der Aufbau der in den Stereoaufnahmen gezeigten Kristalltypen wird anhand von Zeichnungen erläutert, auf die in den Texten zu den Stereobildern verwiesen wird (Abb. 22—30). Die Fülle des Materials macht es unmöglich, auf sämtliche auf den Stereoaufnahmen erkennbare Details einzugehen. Sie erschließen sich meist erst bei längerer Betrachtung und Vergleichen mit anderen Typen bzw. räumlichen Modellen.

Die elektronenmikroskopischen Bilder zeigen Kohlehüllen, aus denen die Kristalle nach der Kohlebedampfung herausgelöst wurden. Die Kristalle lagen während der Kohlebedampfung auf einem Glasobjektträger. Die Auflagefläche konnte also nicht mit Kohle bedeckt werden. Deswegen sind die Hüllen unten offen. (Nähere Einzelheiten zum Präparationsverfahren in [*8*]).

Bei Mehrfachzwillingen entstehen durch sekundäres Zusammenwachsen verschieden orientierter Kristallbereiche oft höher indizierte Korngrenzebenen. An solchen höher indizierten Korngrenzebenen (nicht an [*111*]-Zwillingskorngrenzen, d. h. Stapelfehlerebenen) ist der ideale Kristallaufbau stärker gestört. Deswegen werden die Kristalle an den Stellen, wo solche Korngrenzebenen an die Oberfläche treten, leicht angelöst. Es ist möglich, daß dieses Anlösen während der Präparation geschieht (enzymatischer Abbau der Gelatine). Jedenfalls ist die Lage solcher hochindizierter Korngrenzen an den Kohlehüllen stets als „ Naht" erkennbar. (Diese Erscheinung wurde für die Analyse des Kornaufbaus aus der äußeren Kornform wesentlich mitbenutzt.)

2.2. Oktaedrische Zwillingskristalle

Schematisch sind die Idealtypen mit 0, 1 und 2 Stapelfehlern bei oktaedrischen Begrenzungsflächen in Abb. 2 dargestellt, während elektronenmikroskopische Stereoaufnahmen der entsprechenden Typen in den Abb. 3—6 wiedergegeben sind. Die Vergrößerung liegt bei allen Aufnahmen etwa bei 15000 bis 20000. Um kurze Bezeichnungen für die verschiedenen Zwillingstypen zu haben, werden die bereits in Abschnitt 1 benutzten Symbole (1b, 2d usw.) weiter verwendet und ergänzt. Die Buchstaben sind dabei willkürlich gewählte Kenngrößen für die „Zwillingsstruktur" der Kristalle. So bedeutet etwa *a*: unverzwillingter Kristall, *b*: Kristall mit einer Stapelfehlerebene, *c*: Kristall mit zwei parallelen Stapelfehlerebenen usw. Ein Kristall mit einer gegebenen Zwillingsstruktur kann jeweils kubische oder oktaedrische Begrenzungsflächen besitzen. Das wird in der Bezeichnung ausgedrückt durch die Ziffern 1 für kubische und 2 für oktaedrische Begrenzungsflächen (vgl. Abb. 1 und 2).

Die meisten Körner sind reguläre Oktaeder vom Typ 2a (vgl. z. B. Abb. 21 in [*1*]). Relativ häufig sind Kristalle vom Typ 2b (Abb. 3) mit nur einem Stapelfehler. Typ 2c (Zwillingslamelle) ist der bereits von BERRIMAN und HERZ [*2*] beschriebene hexagonale Plättchenkristall (Abb. 4). Typ 2d stellt einen Kristalltyp dar, bei dem durch Zusammenwachsen von zwei verschieden orientierten Zwillingsbereichen eine höher indizierte [*411*]-Zwillingskorngrenze entstehen kann. Erfahrungsgemäß bildet sich bei diesem Typ unter oktaedrischen Wachstumsbedingungen die [*411*]-Korn-

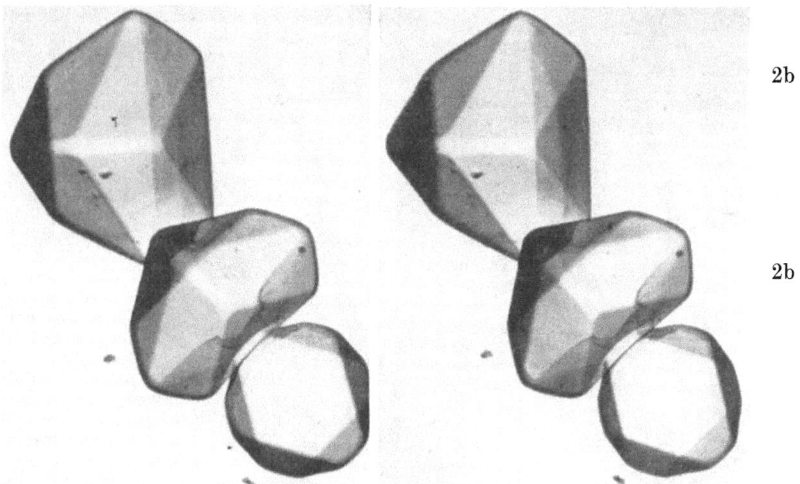

Abb. 3. (Typ 2b). Zwei einfache Zwillinge. Dieser Kristalltyp wurde von BERRY u. SKILLMAN [*6*] zuerst beschrieben (vgl. Abb. 30). Der dritte Kristall könnte ein Oktaeder mit Zwillingslamelle sein (Typ 2c), bei dem jedoch die Zwillingslamelle wegen ihrer geringen Dicke nicht erkennbar ist.

Abb. 4. (Typ 2c). Zwei Kristalle vom Typ 2c mit deutlich sichtbarer Zwillingslamelle. Dieser Typ, der bei der Ostwaldreifung zu großen sechseckigen Plättchenkristallen auswächst, wurde zuerst von BERRIMAN und HERZ [*3*] als Zwillingskristall beschrieben. Unten ein Kristall vom Typ 2b auf der Grundfläche liegend.

grenze nur unvollständig aus. An dem flachen Trog, den Typ 2d (Abb. 5) zeigt, ist offenbar das Wachstum gegenüber normalen Flächen gehemmt, so daß das auch in Abb. 2 zeichnerisch dargestellte Tetraeder mit zwei Zwillingsplatten entsteht. Die am Schnittpunkt der bei den Stapelfehlerebenen entstehenden Rinne ist ein für diesen Typ charakteristisches Merkmal, das bei elektronenmikroskopischen Aufnahmen auffällt.

Beim Typ 2e (Abb. 6) ist ebenfalls eine sekundäre Korngrenze ([*211*]) vorhanden. Es entsteht ein nadelförmiges Gebilde mit drei permanenten Trögen an beiden Enden. Diese Tröge erklären zwanglos das außergewöhnliche Wachstum dieses Kristalltyps unter bestimmten Bedingungen [*9*].

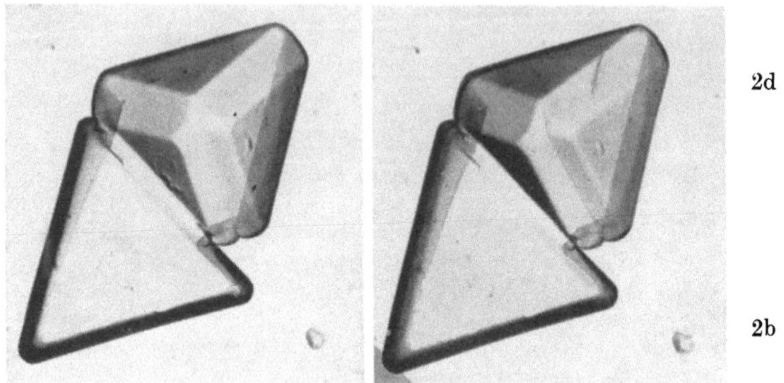

Abb.5 (Typ 2d). Ein Tetraeder mit zwei aufgesetzten Zwillingsplatten, die unter Ausbildung einer [*411*]-Korngrenze ein kleines Stück weit zusammengewachsen sind. Die [*411*]-Korngröße ist als „Naht" gut erkennbar. Unten ein flacher Kristall vom Typ 2b. Vgl. Abb. 22 und 23, auch 2.

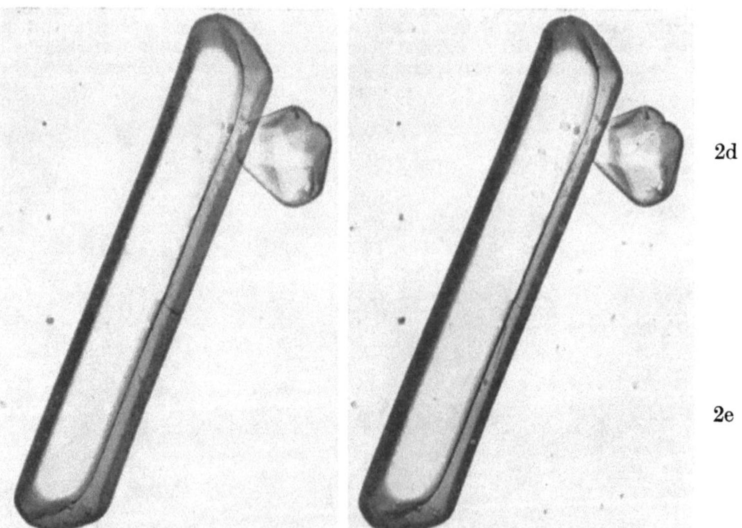

Abb. 6 (Typ 2e). Nadel mit deutlich erkennbarer Naht an der [*122*]-Zwillingskorngrenze und Trögen an den Enden. Abb. 24 zeigt die Nadel im Querschnitt.

Über die Häufigkeit der beschriebenen Zwillingstypen in der Emulsion *B* gibt die folgende Tabelle Auskunft. Die angegebenen Werte wurden nicht durch Auszählen, sondern durch Abschätzen ermittelt. Sie sollen zur groben Orientierung dienen.

Die meisten Körner sind reguläre Oktaeder (Typ 2a). Vgl. auch [*6*]. Etwa 2% der Körner lassen sich keinem der beschriebenen Typen zuordnen; es handelt sich bei diesen Körnern wohl zumeist um weniger symmetrisch und regelmäßig verzwillingte

Kristalle, die wegen ihrer wenig charakteristischen Form bisher nicht als wohlbestimmte Typen eingeordnet und in ihrem Aufbau allein aus ihrer äußeren Form analysiert werden konnten.

Tabelle 1. *Häufigkeiten der Zwillingstypen in der Emulsion B.*

Typ	Anzahl der Körner, unter denen sich im Mittel ein Korn dieses Typs findet
2b	4—5
2c	20
2d	20
2e	100
2f	50
2g	10^3—10^4
2h	10^3—10^4
2i	10^3—10^4

Die Typen 2d, 2g, 2h und 2i bilden eine Reihe. Sie besitzen jeweils 2, 3, 4 und 5 Stapelfehlerebenen, die sämtlich in einer Zone liegen und sich in einer Geraden schneiden (vgl. Abb. 22, 23 u. 27). Der Winkel zwischen benachbarten Stapelfehlerebenen ist der Tetraederwinkel $2\alpha \approx 70°30'$ ($\text{tg}\, 2\alpha = 2\sqrt{2}$).

Die Häufigkeiten der Typen 2g, 2h und 2i liegen in der gleichen Größenordnung. Es ist unwahrscheinlich, daß es sich hier um unabhängig voneinander auftretende Stapelfehler handelt. Es scheint vielmehr, daß alle diese Typen auf den Grundkristall

Abb. 7 (Typen 2f, 2h). Der Typ 2f ist eine Abwandlung des Typs 2d. Die Lage der Korngrenze [*111*/*511*] ist deutlich sichtbar. Vgl. Abb. 22 und 23. Der Typ 2h besteht aus 5 verschiedenen Zwillingsbereichen. Die Naht zeigt die Lage einer [*877*]-Zwillingskorngrenze an. Vgl. Abb. 22 und den Schnitt 1h in Abb. 27.

2d zurückgehen, wobei jedoch der Mechanismus, nach dem diese Typen aus dem Grundtyp 2d entstehen können, noch nicht völlig klar ist. (Möglicherweise können an der „Rinne" des Typs 2d Stapelfehlerkeime leichter als reguläre Flächenkeime aufwachsen. Dann könnten aus 2d die Typen 2g und 2h entstehen, aus diesen auf ähnliche Weise vielleicht der Typ 2i).

Bei den beschriebenen Zwillingstypen kommen neben den primären [*111*]-Stapelfehlerebenen als makroskopisch beobachtbare Korngrenzebenen vor: [*122*], [*411*], [*511*], [*877*] und [*1, 11, 11*]. Die Abb. 29 zeigt einen Schnitt durch ein kubisches Gitter in einer [*011*]-Ebene (Zeichenebene). Von den senkrecht zu dieser Ebene liegenden Zonenflächen sind diejenigen eingezeichnet, die als Korngrenzebenen vorkommen.

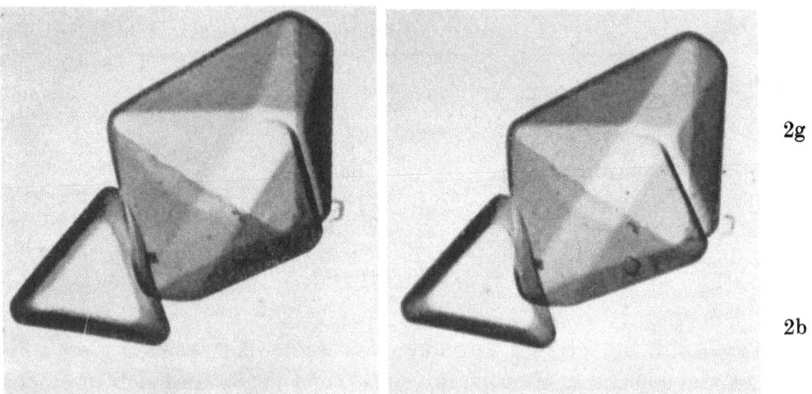

Abb. 8 (Typ 2g). Der Typ 2g besteht aus vier verschiedenen Zwillingsbereichen. An der [*511*]-Zwillingskorngrenze ist der Kristall stark angelöst. Vgl. Abb. 22 und den Schnitt 1g in Abb. 27.

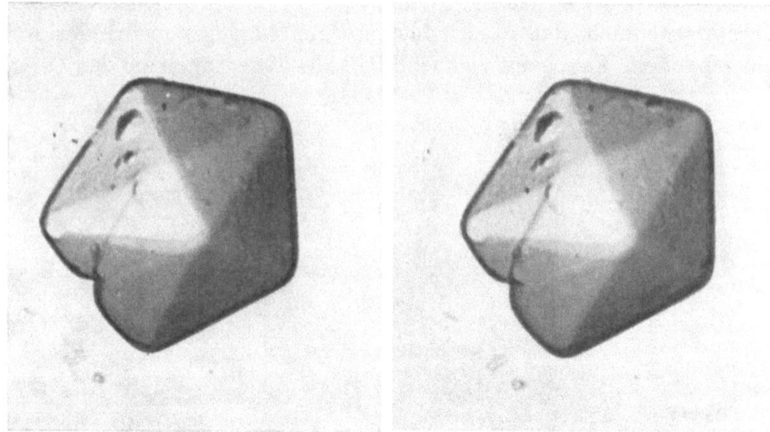

Abb. 9 (Typ 2i). Der Kristalltyp 2i besteht aus 6 verschiedenen Zwillingsbereichen. Vgl. Abb. 22 und den Schnitt 2i in Abb. 23. Die dort mit I und VI bezeichneten Kristallbereiche sind auf einer [*1, 11, 11*]-Zwillingskorngrenze zusammengewachsen, die auf der Aufnahme als Naht erkennbar ist.

Außerdem lassen sich aus der Zeichnung die Winkel zwischen diesen Zonenflächen entnehmen. Anhand dieser Winkel läßt sich die Indizierung der Korngrenzen an den gezeichneten Kristallen, die aus der Geometrie des kubischen Gitters, der Zwillingsstruktur und der Symmetrie der Kristalle ermittelt wurden, nachprüfen.

2.3. Kubische Zwillingskristalle

Den in Abb. 1 dargestellten Idealformen bei kubischen Begrenzungsflächen sind in den Abb. 10—12 elektronenmikroskopische Stereoaufnahmen der entsprechenden

Kristalltypen gegenübergestellt. Auch hier sind die meisten Kristalle regulär und ohne Stapelfehler gewachsen (vgl. z. B. Abb. 25 in [*1*]). Daneben tritt relativ häufig der Einfachzwilling, Typ 1 b (Abb. 10) in Erscheinung. Der Doppelzwilling, Typ 1 c, mit Zwillingslamelle (Abb. 11) wurde bereits von BERRY und SKILLMAN [*6*] kurz beschrieben.

Unter den Doppelzwillingen befindet sich weiter ein keilförmiger Kristall (Typ 1 d; Abb. 12), bei dem sich unter symmetrischen Bedingungen durch Zusammenwachsen von zwei verschieden orientierten Zwillingsbereichen eine [*411*]-Zwillingskorngrenze ausbildet. Dieser Kristalltyp ist von BERRY und SKILLMAN [*6*] als [*311*]-Zwilling gedeutet worden. Typ 1 e zeigt einen auf analoge Weise entstandenen Doppelzwilling mit [*221*]-Zwillingskorngrenze. Die Chancen für die Ausbildung dieses Typs werden durch die erste Zwillingsbildung, nach der das Keimoktaeder in Richtung auf den Typ 2 b wächst, stark vermindert. Zudem scheint an flachen Trögen, in deren Grundkante sich zwei Stapelfehlerebenen schneiden (Rinnen), die Flächenkeimbildung nicht erleichtert, sondern gegenüber einer normalen Fläche erschwert zu sein. Unter den Emulsionskörnern kubischer Tracht findet man diesen Typ in einer Form, die aus 1 e entsteht, wenn die Spitze längs ABCD (vgl. Abb. 1) oder ein Stück rechts davon abgetrennt wird. Abb. 12 zeigt in einer elektronenmikroskopischen Stereoaufnahme neben regulären Würfeln Körner des Typs 1 d und 1 e. Beim Typ 1 d sind an den Ecken auch [*111*]-Flächen ausgebildet. Die Lage der hochindizierten Zwillingskorngrenze ist an beiden Typen gut erkennbar (Naht). Am Typ 1 e erkennt man deutlich die Lage der Rinne.

Abb. 10 (Typ 1 b). Der Einfachzwilling 1 b wurde erstmalig von BERRY und SKILLMAN [*5*] beschrieben.

Die Häufigkeiten der einzelnen Zwillingstypen in der Emulsion *A* (bzw. *C*) stimmen bei den Grundtypen mit den Häufigkeiten der entsprechenden Zwillinge in der Emulsion *B* überein. Bei den übrigen, mehrfach verzwillingten Typen scheinen die Häufigkeiten in den Emulsionen zum Teil unterschiedlich zu sein. So ist etwa der Typ 1 f in der Emulsion *A* seltener als der entsprechende Typ 2 f in der Emulsion *B*.

Abb. 11 (Typ 1c). Der abgebildete Kristall stammt aus einer Emulsion mit einem geringen Anteil verzwillingter Kristalle, die stark gereift wurden. Er besitzt gleichzeitig [*100*]- und [*111*]-Begrenzungsflächen. Die Lage der Zwillingslamelle ist deutlich erkennbar. In den Emulsionen A und C gleicht dieser Typ den unverzwillingten Würfeln, ist allerdings größer als diese und neigt leicht zur Ausbildung von [*111*]-Flächen an den Ecken (vgl. auch [*4*]).

Abb. 12 (Typen 1d und 1e). Der Aufbau des Typs 1d ist in den Abb. 25, 26 und 27 näher erläutert. Beim Typ 1e (vgl. Abb. 24) ist die Rinne unter Ausbildung der [*221*]- Zwillingskorngrenze ein Stück zugewachsen.

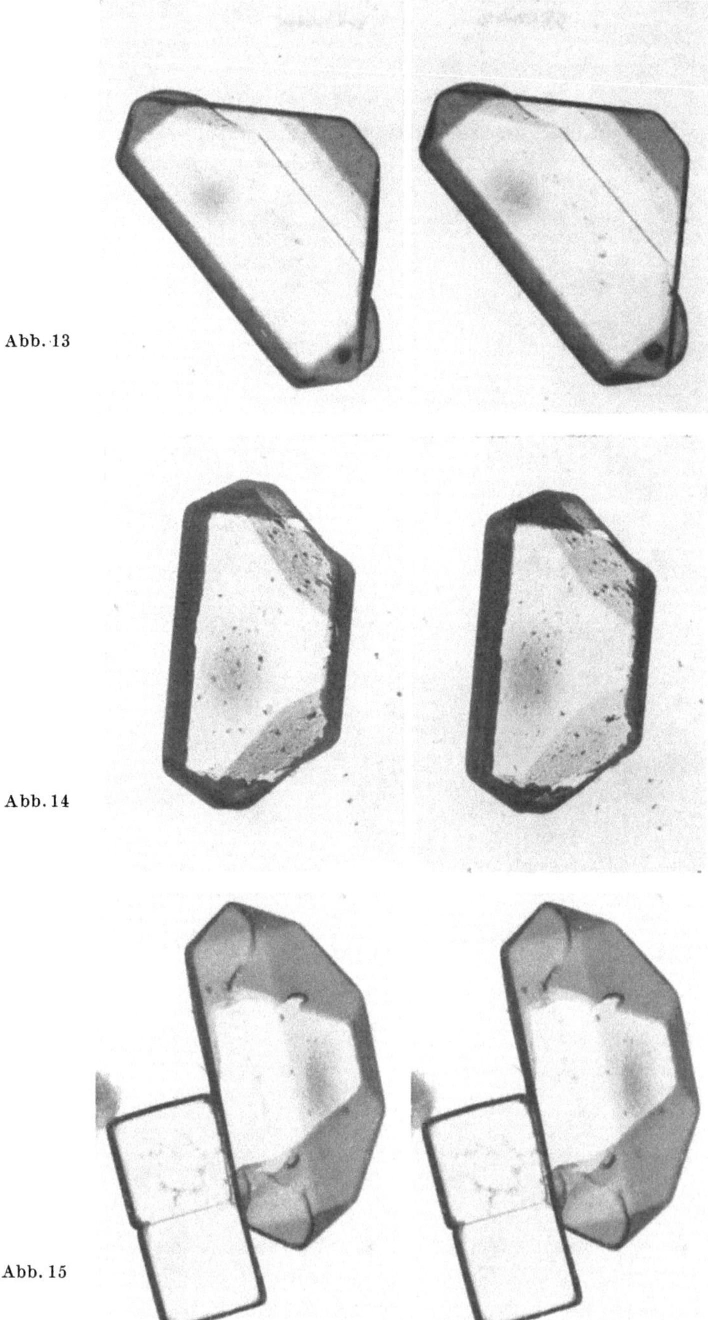

Abb. 13—15 (Typ 1f). Kristalle aus Emulsion C. Die drei Aufnahmen zeigen drei verschiedene Ansichten des gleichen Kristalltyps, was sich am besten anhand eines räumlichen Modells zeigen läßt. (Vgl. Abb. 25). Der Kristall liegt in Abb. 13 auf der Fläche *GF*, in Abb. 14 auf *DE* und in Abb. 15 auf *AB*. Dieses Beispiel läßt erkennen, wie charakteristisch sich die einzelnen Formen ausprägen. In Abb. 13 und 15 erkennt man die [*111, 511*]-Korngrenze. Vgl. auch Abb. 26 und 27.

Auch die Typen 1g, 1h und 1i, die alle ähnliche Stäbchen bilden, scheinen in *A* seltener vorzukommen als die gut unterscheidbaren Typen 2g, 2h und 2i in *B*. Es ist wohl nur ihrer auffälligen Form zuzuschreiben, daß man sie findet. Vergleichsweise häufig ist in Emulsion *A* dagegen der Typ 1k (Häufigkeit etwa 1 auf 500). Diese Unterschiede in den Häufigkeiten der mehrfach verzwillingten Typen in den verschiedenen, aus dem gleichen Keimansatz hergestellten Emulsionen könnten darauf

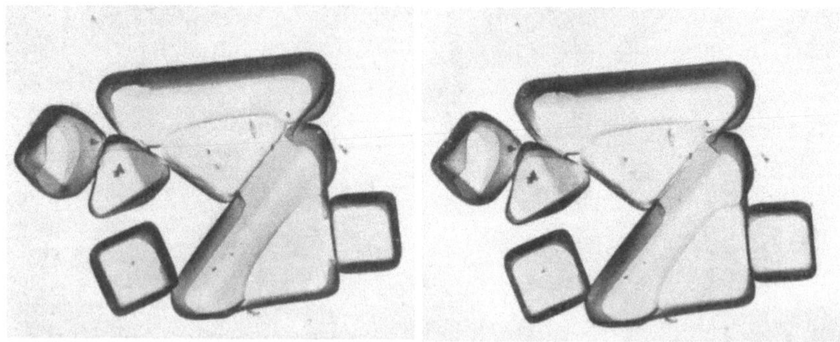

Abb. 16 (Typ 1f). Zwei Kristalle vom Typ 1f aus Emulsion A. Im Gegensatz zu diesem Typ in Emulsion C sind hier keine ausgeprägten [*111*]-Flächen vorhanden. Das Aussehen der einzelnen Zwillingstypen ist oft stark p_{Ag}-abhängig. Zwischen den reinen kubischen und oktaedrischen Formen gibt es Übergänge.

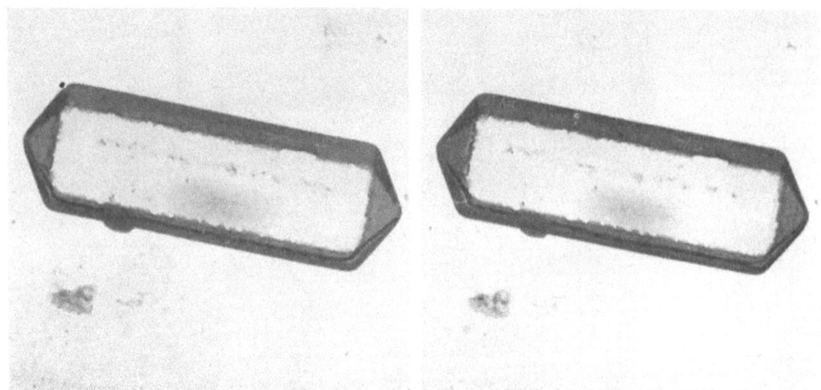

Abb. 17 (Typ 1h). Kristall aus Emulsion C. Nadel mit [*100*]-Mantelflächen und [*111*]-Flächen an beiden Enden. Es läßt sich anhand der Aufnahme nicht einwandfrei entscheiden, ob der Typ 1h oder 1i vorliegt. Die beiden Kristalle sehen sich sehr ähnlich (vgl. Abb. 25, 26 und 27). Die in der Emulsion A vorkommenden Nadeln haben stark abgerundete Ecken, so daß zwischen den drei Typen 1g, 1h und 1i nicht unterschieden werden kann. Dieser Kristalltyp wurde bereits von BERRY und SKILLMAN [*6*] beobachtet, konnte aber nicht gedeutet werden.

hindeuten, daß diese Typen nicht primär im Stadium der Keimbildung, sondern möglicherweise sekundär in einem späteren Stadium der Fällung entstehen. Ihre Häufigkeit müßte dann durch die Fällungsbedingungen beeinflußt werden können.

Die abgebildeten Kristalle stammen alle aus Emulsionen mit gut ausgebildeten Kristallformen. In normalen AgBr-Emulsionen findet man die meisten der hier beschriebenen Typen nicht. Das liegt einmal daran, daß herkömmliche Emulsionen fast immer im Br-Überschuß gefällt werden und anschließend eine starke Ostwald-

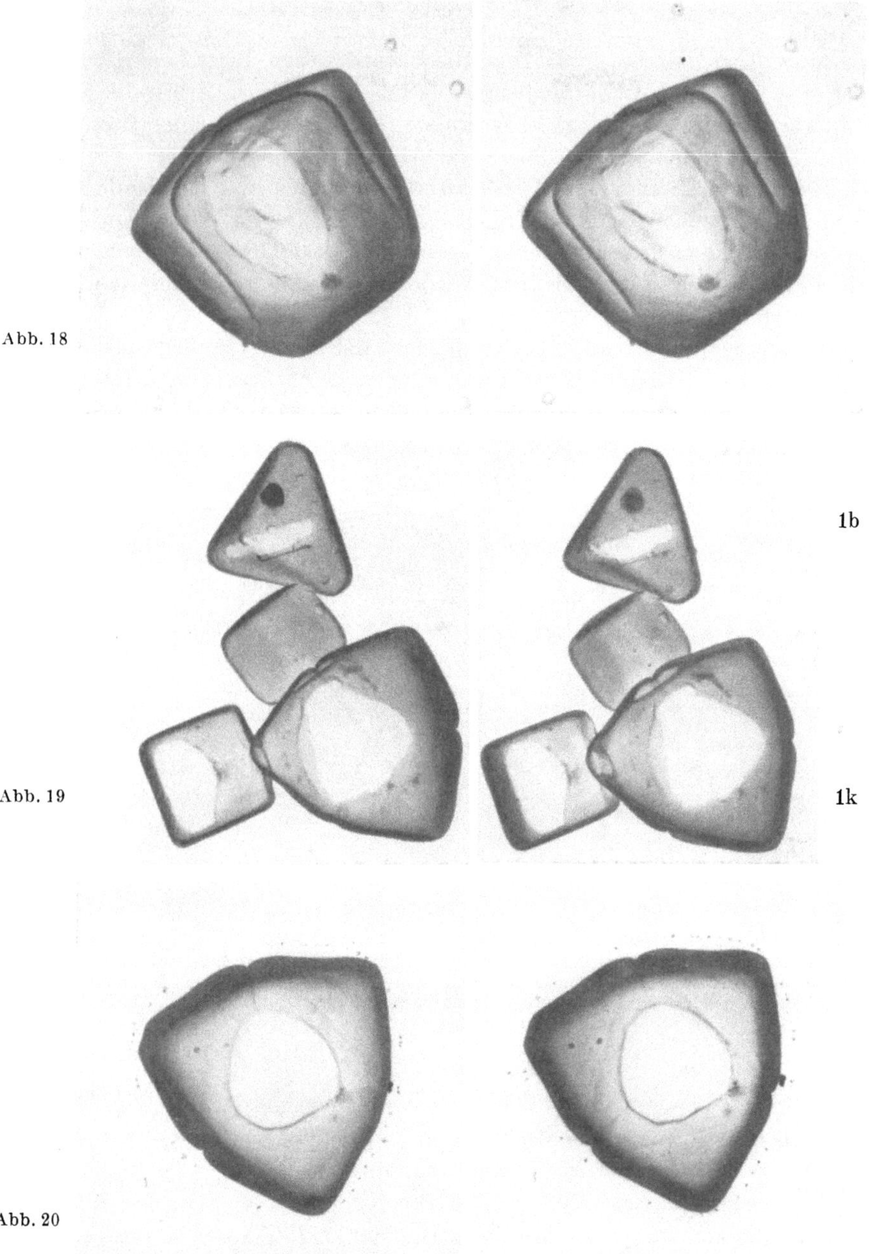

Abb. 18—20 (Typ 1k). Kristalltyp aus der Emulsion A, bestehend aus vier Zwillingsbereichen. Der Aufbau des Kristalls ist in Abb. 28 erläutert. Der entsprechende Kristall bei oktaedrischen Begrenzungsflächen (2k) ist ein Tetraeder mit drei aufgesetzten Zwillingsplatten. Die Aufnahmen zeigen drei verschiedene Lagen dieses Typs. Die Nähte bezeichnen drei [*411*]-Zwillingskorngrenzen.

In Abb. 19 liegt der Kristall auf der Grundfläche, dem Grunddreieck des inneren Tetraeders. Man erkennt daran, wie sauber und symmetrisch die drei verschiedenen Kristallbereiche auf [*411*]-Ebenen zusammen gewachsen sind.

In Abb. 20 liegt die Grundfläche des Kristalls oben. Neben den deutlich sichtbaren Nähten der [*411*]-Korngrenzen an den Seiten sind durch die zwei Stapelfehlerebenen die Umrisse des Grunddreiecks schwach angedeutet.

reifung erfahren, so daß bevorzugt nur die oktaedrischen Plättchenkristalle und Tetraeder (Typ 2c und 2d) vorkommen. Bei kubischen Formen haben die Kristalle infolge starker Reifung meist stark abgerundete Oberflächen, die keine Bestimmung des Kornaufbaus aus den äußeren Begrenzungsflächen mehr zulassen.

Doch besteht kein Zweifel daran, daß in diesen normalen Emulsionen die gleichen Kristalltypen vorkommen, sofern sie nicht durch Reifung vernichtet wurden. Man kann das prüfen, indem man auf die vorliegenden Kristalle unter geeigneten Bedingungen weiteres AgBr auffällt und damit wiederum Formen mit definierten Begrenzungsflächen bekommt.

In AgCl-Fällungen findet man die Kornformen der Abb. 1. Es liegt nahe, daraus den Schluß zu ziehen, daß diese Kornformen auf gleiche Art wie beim AgBr zustande kommen. Das würde voraussetzen, daß zumindest in der Keimbildungsphase, bei

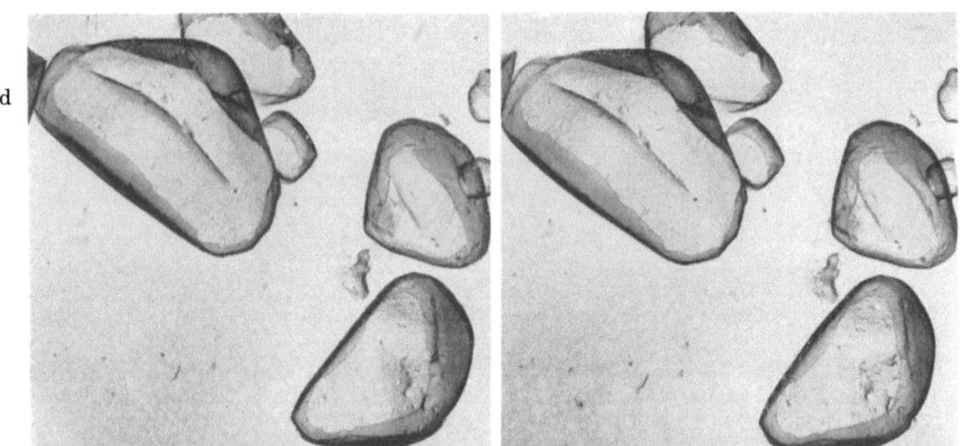

Abb. 21 (Typ 1d, 1e). Diese Kristalle entstammen einer reinen AgCl-Emulsion. Infolge der höheren Löslichkeit werden AgCl-Kristalle im Verlauf der elektronenmikroskopischen Präparationen stärker angelöst als AgBr-Kristalle; sie zeigen deshalb fast immer stark abgerundete Flächen und Kanten. Die einzelnen Zwillingstypen sind dadurch schwieriger zu erkennen. Doch lassen sich die Grundtypen 1b, 1c, 1d und 1e in AgCl-Fällungen sicher nachweisen.

Die Abbildung zeigt Kristalle vom Typ 1d und 1e. Vgl. die entsprechenden Typen in reinen AgBr-Emulsionen in Abb. 10 und 12.

hohem Cl^--Überschuß und hoher Übersättigung, [*111*]-Flächen an den Keimen auftreten. Im späteren, beobachtbaren Stadium wurden bisher bei AgCl-Kristallen immer nur [*100*]-Begrenzungsflächen gefunden. Wenn es jedoch gelingt, etwa durch Adsorption geeigneter Fremdsubstanzen, das Wachstum der [*111*]-Flächen so stark zu hemmen, daß diese Flächen Begrenzungsflächen werden, sollten beim AgCl die gleichen Plättchen, Nadeln und Tetraeder entstehen wie beim AgBr.

3. Folgerungen für das Kristallwachstum

Aus der Analyse der in reinen AgBr-Emulsionen aufgefundenen Kristallformen lassen sich Rückschlüsse auf das Kristallwachstum ziehen. Man kann die beschriebenen Kristallformen zwanglos deuten, wenn man folgende Hypothesen voraussetzt:

a) Die bei der Emulsionsfällung entstehenden AgBr-Kristalle sind weitgehend ideal gebaut. Sie enthalten praktisch keine Versetzungen. Die einzigen Kristallbaufehler, die — abgesehen von nulldimensionalen Fehlstellen, wie etwa Ionen auf Zwischengitterplatz, Lücken, eingebauten Fremdionen — vorkommen, sind Stapelfehler auf [*111*]-Ebenen, die zur Ausbildung von Orientierungszwillingen führen und sekundär auch höher indizierte Korngrenzen erzeugen können.

b) Die Kristalle wachsen sehr regelmäßig, auch im Stadium der Keimbildung bei hoher Übersättigung. Der wachsende Kristall baut sich — wenn seine Begrenzungsflächen dem umgebenden Milieu entsprechen — Schicht für Schicht auf. Zur Anlage einer jeden neuen Schicht (wahrscheinlich eine Netzebene bei [*100*]-Begrenzungsflächen, zwei Netzebenen bei [*111*]-Begrenzungsflächen) ist ein neuer Flächenkeim erforderlich. Auch bei hoher Übersättigung ist (wenigstens für [*111*]-Flächen) die Flächenkeimbildung der geschwindigkeitsbestimmende Schritt. Das bedeutet: Die Anlagerung an einen vorhandenen Flächenkeim geht sehr rasch und führt zur vollständigen Bedeckung der betreffenden Fläche. Danach ist solange keine weitere Anlagerung von Substanz an dieser Fläche möglich, bis sich ein neuer Flächenkeim gebildet hat. Die Bildungsgeschwindigkeit neuer Flächenkeime ist so gering gegenüber der Geschwindigkeit des Zuwachsens einer angefangenen Schicht, daß sich selten mehr als ein Flächenkeim auf einer Kristallfläche befindet. Ein dendritisches Wachstum in der Keimbildungsphase, das — wie EVANS und MITCHELL [*2*] annehmen — zu Versetzungen führt, wird damit ausgeschlossen.

Zu a) Praktisch alle vorkommenden Kristalle sind entweder regulär gebaut oder verzwillingt. Die meisten der verzwillingten Kristalle können als bestimmte einfach aufgebaute Typen identifiziert werden. Einzelne Zwillingstypen lassen durch ihr Wachstum den Einfluß der Flächenkeimbildung erkennen: Kristallflächen, die miteinander einfache Tröge bilden, wachsen schneller als normale Flächen und können bei geringer Übersättigung zu stark anisotropen Formen führen (Plättchen, Nadeln). Im Grunde eines einfachen Troges ist die Flächenkeimbildung gegenüber einer normalen Fläche erleichtert. Wenn die Kristalle Versetzungen enthielten, müßte es vorkommen, daß Schraubenversetzungen Begrenzungsflächen durchstoßen. An solchen Durchstoßpunkten von Schraubenversetzungen befindet sich eine permanente Stufe, es ist demnach keine Flächenkeimbildung erforderlich [*10*]. An derartigen Flächen mit Schraubenversetzungen müßte der Kristall sehr rasch wachsen und anisotrop werden. Formen, die auf ein solches, durch Schraubenversetzungen bewirktes Wachstum hindeuten, haben wir bei unseren Untersuchungen nie gefunden. Die stäbchenförmigen Kristalle, die man am ehesten durch das Vorhandensein einer Schraubenversetzung deuten möchte [*11*], lassen sich einwandfrei durch Zwillingsbildung erklären.

Wenn man bei der Keimbildung das Auftreten von Stapelfehlern verhindert, indem man dafür sorgt, daß der p_{Ag}-Wert in der Nähe des Äquivalenzpunktes bleibt ([*100*]-Flächen), so entstehen aus den Keimen völlig regelmäßige Kristalle, die keinerlei Anzeichen von anisotropem Wachstum zeigen [*12*]. Auch dies ist ein starker Beweis dafür, daß nur die Stapelfehler, nicht aber Versetzungen für das anisotrope Wachstum verantwortlich sind.

Zu b) Stapelfehler entstehen bei hoher Übersättigung und hohem Br^--Überschuß, wo [*111*]-Flächen Begrenzungsflächen sind. Wir nehmen an, daß in diesem Fall die

Begrenzungsfläche eine nahezu vollständige Br^--Ionen-Netzebene ist und Flächenkeime der Dicke zweier Ionenlagen gebildet werden. Wenn ein solcher Flächenkeim als Stapelfehlerkeim entsteht, hat er die Chance, sich als Stapelfehler über die ganze Fläche auszubreiten. Dies wird dann geschehen, wenn nicht gleichzeitig auf dieser Fläche reguläre Keime vorhanden sind, die mit dem Stapelfehlerkeim konkurrieren können, und wenn die Anlagerung von Substanz rasch genug geschieht. Ist die Stapelfehlerebene voll ausgebildet und von weiteren Schichten überwachsen, so kann dieser Kristallbaufehler nicht mehr beseitigt werden, es sei denn, der Kristall würde bis zu dieser Ebene wieder abgebaut.

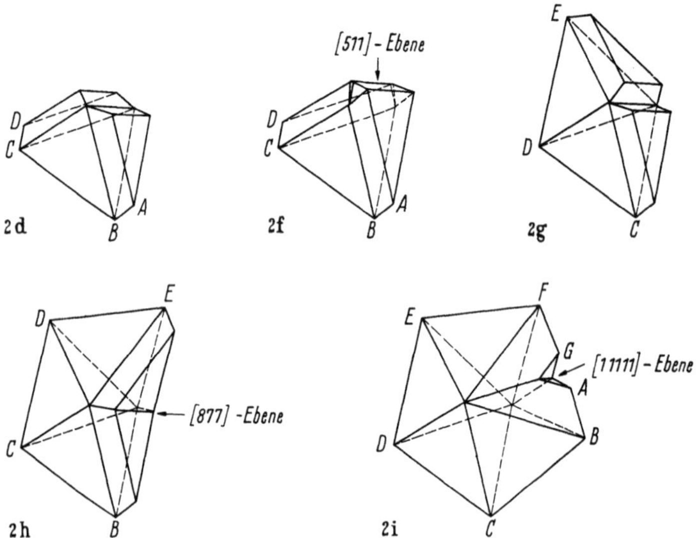

Abb. 22. Mehrfachzwillinge mit oktaedrischen Begrenzungsflächen.

Nun zeigt die Kornformanalyse, daß Stapelfehlerebenen fast immer den Kristall auf *einer* Netzebene durchsetzen. Die häufigsten Zwillingstypen sind Einfachzwillinge. Sie besitzen nur eine Stapelfehlerebene, die durch den ganzen Kristall hindurchgeht. Würde der Stapelfehler innerhalb des Kristalls von einer Netzebene auf eine andere überspringen, so müßten an den Sprungstellen Versetzungslinien liegen. Bei näherer Untersuchung zeigt sich, daß diese an den Sprungstellen von Stapelfehlerebenen liegenden Versetzungslinien Schraubencharakter haben. An den Durchstoßpunkten zur Kristalloberfläche erzeugen sie permanente Stufen, die zu einem bevorzugten seitlichen Wachstum führen. Bei Emulsionen mit oktaedrischen Begrenzungsflächen findet man nun tatsächlich manchmal flache Einfachzwillinge, die auf ein bevorzugtes seitliches Wachstum hindeuten, das zwanglos durch eine solche an den Seitenflächen austretende Versetzungslinie erklärbar ist (vgl. Abb. 5). Auch unter den kubischen Einfachzwillingen kommen gelegentlich größere Exemplare vor. Der weitaus größte Teil der Einfachzwillinge jedoch zeigt kein schnelleres Wachstum als normale unverzwillingte Kristalle. In diesen Typen existieren demnach keine Versetzungen, d. h. der Stapelfehlerkeim muß Gelegenheit gehabt haben, sich ungestört über die ganze Fläche auszubreiten. Da sich Stapelfehlerkeime und reguläre Flächenkeime in ihren Wachstumseigenschaften kaum wesentlich unterscheiden dürften, vor allem aber Stapelfehlerkeime sicher nicht schneller als reguläre Keime wachsen, muß dieses Ergebnis auch für reguläre Flächenkeime gelten: Beim Wachsen eines AgBr-Kristalls mit [*111*]-Flächen bei hohem Br^--Überschuß breiten sich Flächenkeime im allgemeinen über ihre ganze Netzebene aus. Es kommt selten vor, daß auf keiner Kristallfläche gleichzeitig mehrere Flächenkeime entstehen.

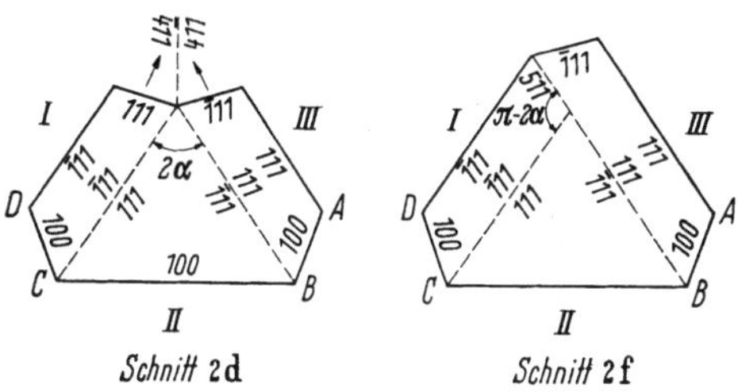

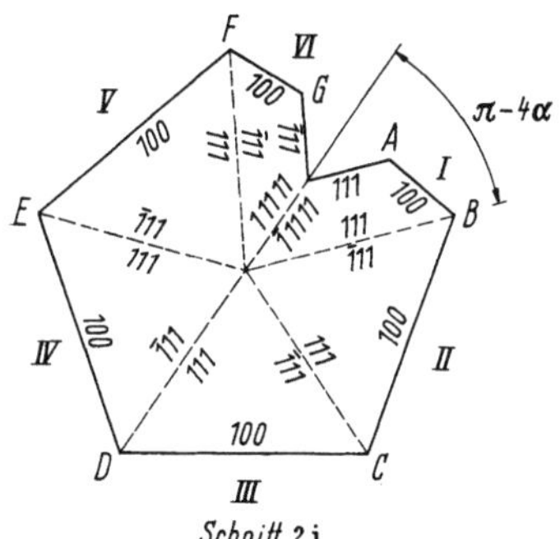

Abb. 23. Schnitte durch einige Kristalle der Abb. 22. Der Winkel α ist bestimmt durch die Beziehung $\operatorname{tg} \alpha = \frac{\sqrt{2}}{2}$.

Bei Kristallen mit [*100*]-Begrenzungsflächen — etwa in der Nähe des Äquivalenzpunktes — lassen sich keine so speziellen Aussagen über das Wachstum der Flächenkeime machen. Es gibt sicher auch Bedingungen, unter denen für das Wachstum von Kristallflächen überhaupt keine Flächenkeimbildung erforderlich ist [*3*]. AgBr-Kristalle mit (makroskopisch) oktaedrischer Tracht z. B. scheinen in der Nähe des Äquivalenzpunktes praktisch ohne Flächenkeimbildung zu wachsen, bis sich stabile kubische Begrenzungsflächen ausgebildet haben. In allen Fällen jedoch geschieht die Anlagerung von weiterer Substanz an den (versetzungsfreien) AgBr-Kristallen offenbar so regelmäßig, daß dabei keine Versetzungen entstehen können.

Auf Grund der vorstehenden Hypothese läßt sich das Zustandekommen der unregelmäßigen Kristallformen in reinen AgBr-Emulsionen etwa folgendermaßen verstehen:

Bei der Keimbildung unter hohem Br^--Überschuß entstehen zunächst reguläre oktaedrische Keime, die sehr rasch — unter immer erneuter Flächenkeimbildung — wachsen. Mit einer gewissen, geringen Wahrscheinlichkeit (größenordnungsmäßig etwa 1 : 1 000 bis 1 : 10 000) entsteht an Stelle eines regulären Flächenkeims ein

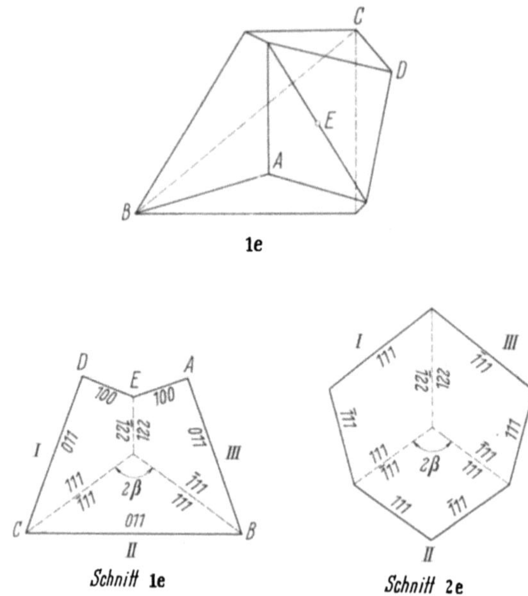

Abb. 24. Grundtyp 1e in der praktisch vorkommenden Form mit Schnitt. Schnitt 2e ist der Querschnitt der oktaedrischen Nadel

$$\left(\beta = \frac{\pi}{2} - \alpha\right).$$

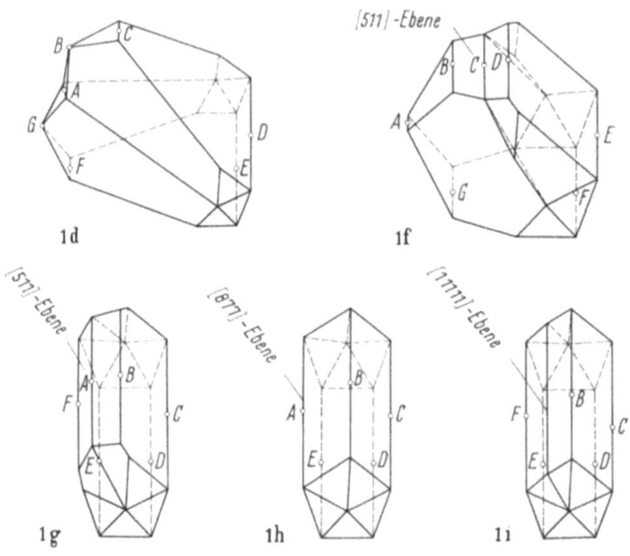

Abb. 25. Mehrfachzwilling mit vorwiegend kubischen Begrenzungsflächen.

Stapelfehlerkeim. Dieser Stapelfehlerkeim breitet sich im allgemeinen ungestört über die ganze Netzebene aus. Für den nächsten Flächenkeim, der sich auf der Stapelfehlerschicht bildet, ist bereits die bezüglich der fehlgewachsenen Schicht richtige, bezüglich des darunter liegenden Kristalls jedoch falsche Position energetisch gün-

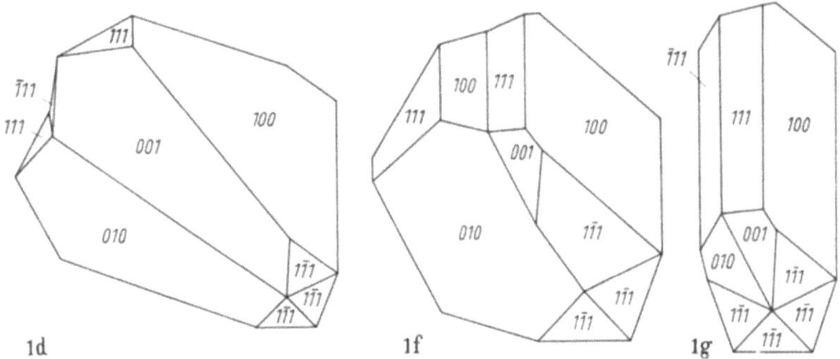

Abb. 26. Lage der Würfel- und Oktaederflächen bei den Kristallen der Abb. 25. (Bei den Typen 1h und 1i sind die Mantelflächen kubisch, die Deckflächen oktaedrisch.)

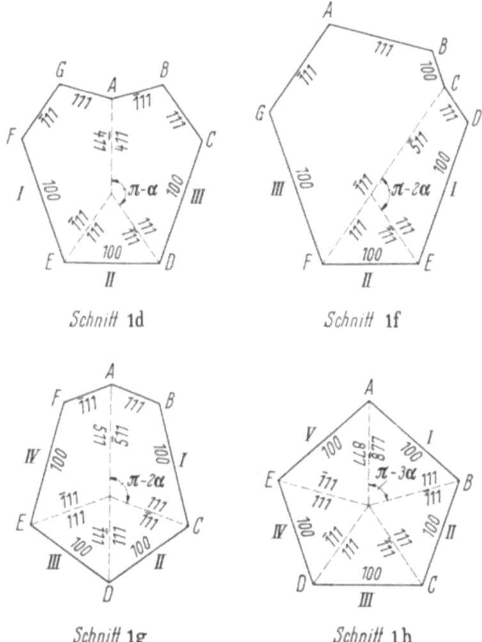

Abb. 27. Schnitte durch die Kristalle der Abb. 25.

stiger. Mit großer Wahrscheinlichkeit entsteht der Keim in dieser Position, und durch weiteres Aufwachsen erhält man einen Orientierungszwilling.

In Abb. 30 ist das schematisch dargestellt. Fig. I zeigt zwei in Zwillingsposition aufeinandergesetzte Oktaeder. Das untere Oktaeder möge den regulären Keim darstellen, das obere Oktaeder den aufgewachsenen Zwillingsbereich (natürlich ist dieser aufgewachsene Zwillingsbereich unmittelbar nach der Zwillingsbildung kein solches Oktaeder, sondern nur eine wenige Netzebenen dicke Schicht. Das obere Oktaeder in Fig. I gibt deshalb nur die Lage der Netzebenen im Zwillingsbereich richtig wieder). Wie man an Fig. I erkennt, entstehen durch die Verzwillingung an drei Stellen Tröge.

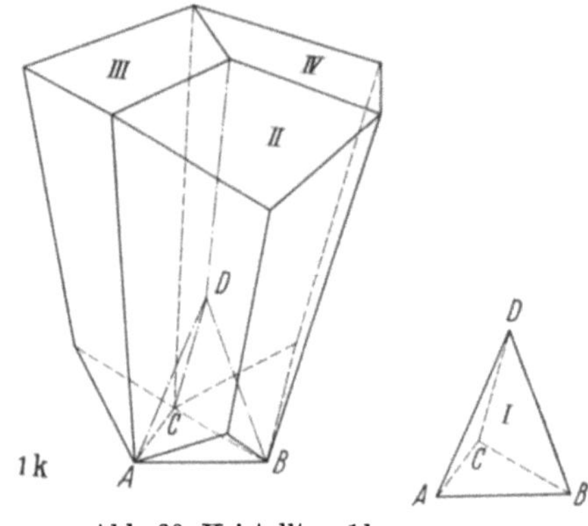

Abb. 28. Kristalltyp 1k.

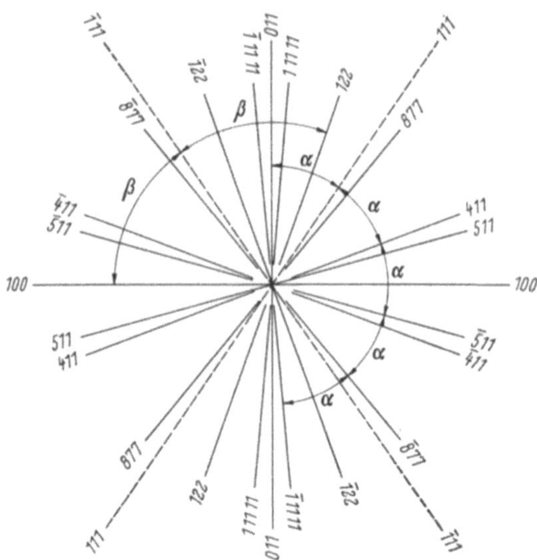

Abb. 29. Indizierung der Korngrenzebenen. Schnitt durch ein kubisches Gitter in einer [$01\bar{1}$]-Ebene (Zeichenebene). Von den senkrecht zu dieser Ebene liegenden Zonenflächen sind diejenigen eingezeichnet, die als Korngrenzebenen vorkommen.

Es gilt: $\alpha + \beta = \frac{\pi}{2}$, $\operatorname{tg} \alpha = \frac{\sqrt{2}}{2}$.

Am Grunde dieser Tröge durchsetzt die Stapelfehlerebene den Kristall. An diesen Stellen ist offenbar die Flächenkeimbildung gegenüber einer normalen Fläche erleichtert; die Flächen, die den Trog bilden, wachsen schneller.

Abb. 31, Fig. 1, zeigt dieses Wachstum schematisch. Die Stapelfehlerebene bleibt beim Wachsen des Kristalls erhalten und setzt sich in den aufwachsenden Kristallbereich auf der gleichen Netzebene fort. An Abb. 30, Fig. I bis III, wird schematisch gezeigt, wie das schnellere Wachstum der Trogflächen bei dem einfachen Zwilling schließlich zum Verschwinden (Zuwachsen) der Tröge führt. (In der Zeichnung ist der Übersichtlichkeit halber angenommen, daß nur die Trogflächen wachsen. In Wirklichkeit wachsen gleichzeitig auch die übrigen Flächen, so daß man ausgehend von einem kleinen Oktaeder mit aufgewachsener dünner Zwillingsschicht etwa zur gleichen Figur III [Typ 2b] kommt).

Weiter ist in Abb. 30, Fig. III bis VI, der Übergang von oktaedrischen zu kubischen Begrenzungsflächen dargestellt. Liegt der Kristalltyp 2b vor, und wird durch Auswässern der hohe Br^--Überschuß aus der Emulsion entfernt und am Äquivalenzpunkt weiter Substanz aufgefällt, so entsteht aus dem Typ 2b über die gezeichneten

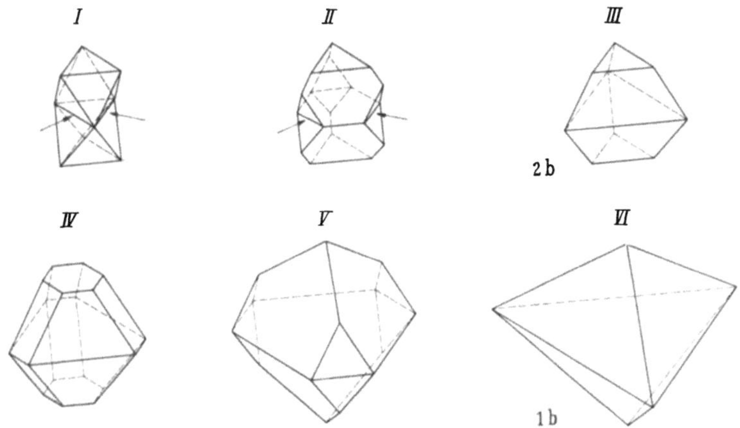

Abb. 30. Entstehung der Einfachzwillinge 2b und 1b (z. T. schematisch).

Zwischenformen der Typ 1b. Die Zwischenformen lassen sich beobachten. Unter den beschriebenen Versuchsbedingungen geht das Wachstum vom Typ 2b zum Typ 1b durch Aufwachsen auf „[*111*]-Flächen“ ohne Flächenkeimbildung vor sich. Erst wenn der Typ 1b vollständig ausgebildet ist und keine [*111*]-Flächen mehr zeigt, erfolgt das weitere Wachstum über Flächenkeimbildung auf [*100*]-Flächen.

In analoger Weise entstehen die Mehrfachzwillinge. Dabei bilden sich die Stapelfehler auf verschiedenen Flächen im allgemeinen nacheinander. Man muß also etwa bei den Kristallen mit zwei Stapelfehlern annehmen, daß der zweite Stapelfehler am Kristalltyp 2b bzw. an einer Übergangsform vom Typ der Fig. II in Abb. 30 entsteht. Diese Annahme hat Konsequenzen, z. B. für die Häufigkeit des Nadelkristalls 2e. Offenbar kann dieser Kristalltyp nur durch Stapelfehlerbildung auf den Trogflächen entstehen. Da die Trogflächen rasch verschwinden, muß die Chance für die Entstehung dieses Typs geringer sein als etwa für den Typ 2d, was experimentell bestätigt wird.

Tritt der zweite Stapelfehler auf einer zur ersten Stapelfehlerebene parallelen Kristallfläche auf, so entstehen die in normalen AgBr-Emulsionen besonders häufigen Plättchenkristalle. Wenn der zweite Stapelfehler im Stadium der Fig. II, Abb. 30, entsteht, erhält man einen Kristall mit 6 Trögen an den Seitenflächen. Diese Tröge wachsen gleichzeitig und verhindern so gegenseitig ihr Zuwachsen mit dem Ergebnis, daß alle Tröge erhalten bleiben und eine flache sechseckige Kristallform entsteht. Die unter den Plättchenkristallen weiterhin häufig zu findenden dreieckigen Formen entstehen wahrscheinlich dann, wenn der zweite Stapelfehler erst am vollständig ausgebildeten Typ 2b auftritt. Der Kristall 2b besitzt keine Tröge mehr, die mit den drei neu entstehenden konkurrieren können. Es ist jedoch auch möglich, daß die seltener vorkommenden Einfachzwillinge, deren Stapelfehler den Kristall nicht auf einer einzigen Netzebene durchsetzt, bei geringer Übersättigung zu großen dreieckigen Plättchenkristallen auswachsen, wie bereits vorher diskutiert wurde.

Bei den Doppelzwillingen bleibt noch der Fall zu diskutieren, daß die beiden Stapelfehler auf nichtparallelen Flächen entstehen. Dann entsteht zunächst an der Kristalloberfläche eine Kante, in der sich die beiden Stapelfehlerebenen schneiden. Beim weiteren Wachstum des Kristalls über diese Schnittgerade hinaus bildet sich nun in den meisten Fällen zwischen den beiden zusammenwachsenden, verschieden orientierten Kristallbereichen eine ebene, höher indizierte Zwillingskorngrenze aus. Diese Zwillingskorngrenze läßt sich makroskopisch am Kristall beobachten. Ihre Indizierung kann man aus dem Grundgitter unter Benutzung der Symmetriebedingung leicht berechnen. Es ist wahrscheinlich, daß die hochindizierte Korngrenze, die ja sekundär entsteht, mikroskopisch weniger exakt ausgebildet ist und vielleicht sogar aus größeren Stufen mit niedrig indizierten Flächen gebildet wird.

Allerdings spricht die bevorzugte Ausbildung der (makroskopisch) symmetrischen Korngrenzebene doch wiederum für einen gewissen inneren Zwang zu dieser Form, die vielleicht nicht allein mit einem sehr regelmäßigen Wachstum auf den Kristallflächen zu begründen ist. Soweit makroskopisch erkennbar, zeigt der wachsende Zwillingskristall eine starke Tendenz, auch eine einmal gewählte höher indizierte Korngrenzebene einzuhalten. In Abb. 31 Fig. 2, ist dies schematisch für das Zusammenwachsen auf einer symmetrischen Korngrenzebene dargestellt.

In manchen Fällen beobachtet man beim Zusammenwachsen aber auch den Fall der Fig. 3 in Abb. 31. Dabei setzt sich eine der Stapelfehlerebenen über die Schnittgerade hinaus als [*111*]-Korngrenze fort. Der andere Kristallbereich wächst mit der geometrisch entsprechenden höher indizierten Kristallfläche dagegen. Bei den Kristalltypen 1f und 2f (siehe etwa Abb. 7 u. 12) ist dieser Fall des asymmetrischen Zusammenwachsens sehr charakteristisch ausgeprägt. Andere als die beiden in Fig. 2 und 3, Abb. 31, skizzierten Möglichkeiten des Zusammenwachsens wählt der Zwillingskristall offenbar nur ungern, und auch ein Übergang zwischen den beiden Fällen an einem einzigen Kristall wird nicht beobachtet. Die vorkommenden Formen der Typen 1e und 2d deuten im übrigen darauf hin, daß der Zwillingskristall allgemein nicht leicht eine höher indizierte Korngrenzebene bildet. Wenn günstig liegende Begrenzungsflächen vorhanden sind, entstehen flache Tröge, an denen praktisch keine weitere Substanz angelagert wird. Nur wenn solche sekundären Tröge nicht möglich sind, wie etwa bei den Typen 1d und 2e, kommt es zur vollständigen Ausbildung der höher indizierten Zwillingskorngrenze.

Die aus der Analyse der Kristallformen zunächst für reine AgBr-Kristalle abgeleiteten Eigenschaften scheinen von allgemeiner Natur zu sein. Die in AgCl-Emulsionen vorgefundenen Kornformen lassen darauf schließen, daß das Wachstum dieser

Kristalle den gleichen Gesetzmäßigkeiten folgt. Die Mannigfaltigkeit der Formen in AgCl-Emulsionen ist deshalb nicht so groß, weil die AgCl-Kristalle im beobachtbaren Stadium stets [*100*]-Begrenzungsflächen zeigen. Auch ein starker Überschuß von Cl^--Ionen führt hier nicht zu [*111*]-Begrenzungsflächen. Die deutlich erkennbaren Zwillingstypen mit [*111*]-Zwillingsebenen deuten jedoch auf die Existenz von [*111*]-Flächen im Stadium der Keimbildung. Zur Klärung dieses Punktes sind weitere Versuche im Gange.

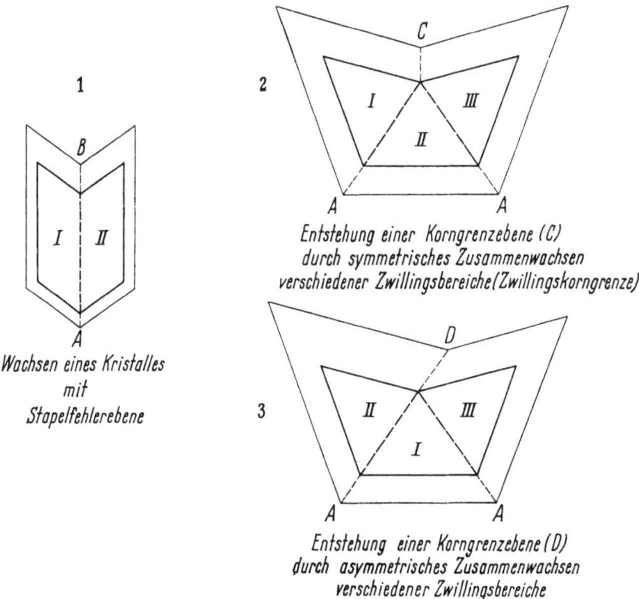

Abb. 31. Wachsen von Zwillingskristallen (schematisch).

Zwillingsbildung scheint weiterhin allein für die vorkommenden unregelmäßigen Kristallformen verantwortlich zu sein bei AgJ-Kristallen [*11*], ferner bei AgBr/AgCl-Mischkristallen und AgBr/AgJ-Mischkristallen, solange man durch geeignete Wahl der Herstellungsbedingungen dafür sorgt, daß im wesentlichen ein einheitlicher Mischkristall entsteht, in dem keine großen Konzentrationsgradienten vorkommen.

Wie schon von Berry und Mitarbeitern [*11*] bemerkt wurde, scheint bei AgBr/AgJ-Mischkristallen, die bei nicht zu hohem Jodidgehalt im AgBr-Gitter kristallisieren, die Stapelfehlerbildung häufiger zu sein als in reinen AgBr-Emulsionen. Deswegen und weil in diesen Emulsionen größere beobachtbare Kristalle nur durch intensive Reifung zu erhalten sind, die zu einer Auslese von stärker verzwillingten Kristallen führt, sind in diesen AgBr-/AgJ-Mischemulsionen nicht so einfach gebaute, charakteristische Zwillingstypen aufzufinden wie bei reinen AgBr-Fällungen.

In allen aufgezählten Fällen entstehen jedoch Kristalle, die offenbar praktisch frei von Versetzungen sind.

4. Ausblick

In der vorliegenden Arbeit konnte eine Reihe komplizierter Kristallformen in reinen AgBr-Emulsionen durch Zwillingsbildung auf [*111*]-Flächen gedeutet werden. Die für das Wachstum der Kristalle angenommenen Hypothesen (keine Versetzungen, sehr regelmäßiges über Flächenkeimbildung verlaufendes Wachstum, gelegentlich Stapelfehler auf [*111*]-Flächen) lassen sich in vielen Punkten durch experimentelle Beobachtungen stützen und geben unseres Wissens zum erstenmal eine recht vollständige Beschreibung der vorhandenen Mannigfaltigkeit der Kristallformen in AgBr-Emulsionen auf Grund eines einfachen Prinzips.

Das bedeutet nicht, daß die mitgeteilten Hypothesen in allen Punkten zutreffen müssen. So wäre es z. B. denkbar, daß die beobachtete Zwillingsbildung nicht durch Aufwachsen von Stapelfehlerebenen auf [*111*]-Flächen entsteht, sondern durch Koagulation oktaedrischer Keime in Zwillingsposition. Man findet, allerdings sehr selten, Kristallformen, die aus zwei verschieden orientierten Kristallbereichen bestehen, welche offensichtlich auf [*111*]-Flächen zusammenhängen, jedoch nicht in Zwillingsposition, sondern um bestimmte Winkel dagegen verdreht. Diese Formen wurden von Evans und Mitchell [*2*] zuerst beobachtet und von Farnell und Mitarbeitern [*14*] eingehend untersucht. Sie können wohl nur durch Koagulation entstanden sein.

Wir halten jedoch die geschilderte Zwillingsbildung durch Aufwachsen eines Stapelfehlerkeims für wahrscheinlicher als die durch Koagulation. Da die wachsenden AgBr-Kristalle (bei hohem p_{Ag}-Wert) außer von überschüssigen Br^--Ionen sicherlich auch von adsorbierten H_2O- und Gelatinemolekülen bedeckt sind, können solche Kristalle wohl kaum durch Koagulation zu Zwillingskristallen zusammenwachsen, ohne daß dabei Versetzungen entstehen, die zu einem bevorzugten seitlichen Wachstum führen müßten.

Das wichtigste Ergebnis dieser Arbeit scheint uns zu sein, daß die Mikrokristalle photographischer Emulsionen — im Gegensatz zu großen, aus der Schmelze gezogenen Silberhalogenid-Kristallen — im wesentlichen als versetzungsfrei angesehen werden müssen (abgesehen von den in seltenen Fällen vorhandenen und nachweisbaren Versetzungen, die mit Sprüngen an den Stapelfehlerebenen verbunden sind und von den in Mehrfachzwillingen vorkommenden höher indizierten Korngrenzebenen, die man sich aus parallelen Stufenversetzungen aufgebaut denken kann).

Da unter geeigneten Bedingungen [*12*] die Zwillingsbildung völlig vermieden werden kann und dann Emulsionen mit regulären würfel- bzw. oktaederförmigen Kristallen entstehen, die sich in ihren photographischen Eigenschaften nicht wesentlich von Emulsionen mit verzwillingten Kristallen unterscheiden, muß eine Theorie des photographischen Elementarprozesses demnach auf die bisher an vielen Stellen benutzte Annahme von Versetzungen in AgHal-Mikrokristallen [*15*] verzichten.

5. Zusammenfassung

Die in photographischen AgBr- und AgCl-Emulsionen vorkommenden unregelmäßigen Kristallformen werden durch Zwillingsbildung auf [*111*]-Flächen erklärt. Anhand einer Reihe elektronenmikroskopischer Stereoaufnahmen und zeichnerischer Darstellungen werden zunächst die in reinen AgBr-Emulsionen vorkommenden charakteristischen Zwillingstypen auf Grund der beobachtbaren Kornform analysiert und beschrieben. Aus der Kornformanalyse werden Vorstellungen über das Kristallwachstum entwickelt, die zu dem Schluß führen, daß die Silberhalogenidmikrokristalle, wie sie z. B. in photographischen Emulsionen vorliegen, praktisch frei von Versetzungen sind.

Unser Dank gilt Fräulein RITA BIERMANN und Herrn HELMUT FISCHER für die Herstellung der Emulsionen. Frau INGE CLOSMANN und Herrn GERHARD MÜNCH danken wir für die saubere Ausführung der Präparation und die Anfertigung der Stereoaufnahmen am Elektronenmikroskop.

Literatur

[1] KLEIN, E. u. E. MOISAR: in diesem Band, S. 38.
[2] EVANS, T. u. J. W. MITCHELL: Defects in Crystalline Solids, Phys. Soc. London 409 (1954).
[3] BERRIMAN, R. W. u. R. H. HERZ: Nature **180**, 293 (1957).
[4] HAMILTON, J. F. u. L. E. BRADY: J. Appl. Phys. **29**, 994 (1958).
[5] BERRY, C. R. u. D. C. SKILLMAN: J. Appl. Phys. **33**, 1900 (1962).
[6] BERRY, C. R. u. D. C. SKILLMAN: Phot. Sci. Eng. **6**, 159 (1962).
[7] MOISAR, E. u. E. KLEIN: Ber. Bunsenges. phys. Chem. **67**, 949 (1963).
[8] KLEIN, E. u. G. MÜNCH: Z. Elektrochem. **60**, 998 (1956). Vortrag Tag. f. Elektronenmikroskopie Zürich 1963.
[9] AMMANN-BRASS, H.: Chimia **10**, 173 (1956).
[10] BURTON, W. K., N. CABRERA u. S. C. FRANK: Discuss. Faraday Soc. **5**, 33 (1949).
[11] BERRY, C. R., S. J. MARINO u. C. F. OSTER: Phot. Sci. Eng. **5**, 332 (1961)
[12] KLEIN, E. u. E. MOISAR: Ber. Bunsenges. phys. Chem. **67**, 349 (1963).
[13] KNACKE, O. u. J. N. STRANSKI: Z. Elektrochem. **60**, 816 (1956).
[14] FARNELL, G. C., R. B. FLINT u. E. PITTS: Proc. Phys. Soc. **78**, 698 (1961).
[15] MITCHELL, J. W.: Rep. Prog. Phys. **20**, 433 (1957).

Berechnung der freien Adsorptionsenthalpien von Ag^+-Ionen und Halogenionen am Halogensilber aus den isoionischen Punkten

Von R. Matejec und R. Meyer

Zusammenfassung

An Hand thermodynamischer Überlegungen wird gezeigt, daß man aus der bekannten Temperaturfunktion des Löslichkeitsproduktes und aus der Lage des isoionischen Punktes die freien Adsorptionsenthalpien der Ag^+- und der Halogenionen am Halogensilber errechnen kann.

1. Allgemeine Theorie

Wenn ein Silberhalogenidkristall mit einer Lösungsphase in Kontakt steht, welche an dem betreffenden Silberhalogenid gesättigt ist, dann herrscht zwischen Halogensilberkristall und Lösungsphase folgendes Gleichgewicht:

$$(AgX)_{\text{Kristall}} \rightleftarrows Ag^+_{\text{Lösung}} + X^-_{\text{Lösung}} \tag{1}$$

Die thermodynamische Gleichgewichtsbedingung für Gl. (1) lautet:

$$\frac{c_{Ag^+,L} \cdot c_{X^-,L}}{c_{Ag^+,K} \cdot c_{X^-,K}} = \exp\left[\frac{-\Delta G_{AgX}}{RT}\right] \tag{2}$$

In Gl. (2) bedeuten:

$c_{Ag^+,L}$ und $c_{X^-,L}$	die Ag^+- und X^--Konzentrationen in der Lösung,
$c_{Ag^+,K}$ und $c_{X^-,K}$	die Ag^+- und X^--Konzentrationen im Kristall,
ΔG_{AgX}	ist die freie Bildungsenthalpie des AgX aus gelösten Ag^+- und X^--Ionen.

Setzt man

$$c_{Ag^+,K} \cdot c_{X^-,K} = L_0$$

und

$$c_{Ag^+,L} \cdot c_{X^-,L} = L \tag{3}$$

dann erhält man die bekannte Beziehung

$$L = L_0 \exp\left[\frac{-\Delta G_{AgX}}{RT}\right] \tag{4}$$

Die Bildungsenthalpie ΔG_{AgX} kann man also der Temperaturfunktion des Löslichkeitsproduktes L entnehmen.

Die Bildungsenthalpie ΔG_{AgX} wird nicht nur frei, wenn man ein Mol AgX bildet, sondern auch dann, wenn man ein Mol Ag^+-Ionen und ein Mol X^--Ionen gleichzeitig an einer genügend großen, kristallographisch beliebig orientierten AgX-Oberfläche adsorbiert. Zwar ist der Energiezustand eines Ions an der Kristalloberfläche verschieden von dem eines Ions im Kristallinneren; jedoch wird bei der Adsorption eines gittereigenen Ions nicht nur ein Ion an die Kristalloberfläche angelagert, sondern auch ein früheres Oberflächenion in ein Innenion umgewandelt. Da die Bildung von

AgX aus den gelösten Ionen (Ag^+ und X^-) als eine Wiederholung des Adsorptionsschrittes aufgefaßt werden kann, ist die freie Adsorptionsenthalpie eines Ag^+- und X^--Ionenpaares gleich der Bildungsenthalpie ΔG_{AgX} des Halogensilbers (AgX) aus gelösten Ag^+- und X^--Ionen.

Die Bruttoreaktion (1) ist zerlegbar in eine Adsorption von Ag^+-Ionen nach Gl. (5):

$$Ag^+{}_L \rightleftharpoons Ag^+{}_K \tag{5}$$

und in eine Adsorption von Halogenionen nach Gl. (6):

$$X^-{}_L \rightleftharpoons X^-{}_K \,. \tag{6}$$

Für die Gln. (5) und (6) lauten die Gleichgewichtsbedingungen

$$\frac{c_{Ag^+,L}}{c_{Ag^+,K}} = \exp\left[\frac{-\Delta G_{Ag^+}}{RT}\right] \tag{7}$$

und

$$\frac{c_{X^-,L}}{c_{X^-,K}} = \exp\left[\frac{-\Delta G_{X^-}}{RT}\right] \tag{8}$$

Multiplikation von Gl. (7) und (8) ergibt die Gl. (2); daraus läßt sich herleiten, daß

$$\Delta G_{Ag^+} + \Delta G_{X^-} = \Delta G_{AgX} \tag{9}$$

sein muß.

Aus Platzgründen und aus elektrostatischen Gründen gelten die Gleichgewichtsbedingungen (7) und (8) allerdings nur in der Nähe des isoelektrischen Punktes der betreffenden Halogensilbersorte.

Immerhin lassen die Gln. (4), (7) und (8) unter Zuhilfenahme des isoelektrischen Punktes die freien Adsorptionsenthalpien ΔG_{Ag^+} und ΔG_{X^-} ermitteln.

Am isoelektrischen Punkt sind die beiden Konzentrationen ($c_{Ag^+,K}$) und ($c_{X^-,K}$) gleich:

$$c_{X^-,K} = c_{Ag^+,K} \tag{10}$$

Bezeichnet man den p_{Ag}-Wert am isoionischen Punkt mit $p_{Ag,i}$ und berücksichtigt man, daß

$$p_{Ag} = -\log c_{Ag^+,L} \tag{11}$$

ist, dann kann man aus den Gln. (4) und (7—11) die folgenden Beziehungen herleiten:

$$\frac{1}{2}\log L_0 + p_{Ag,i} = \frac{\Delta G_{Ag^+}}{2,3\ RT} \tag{12}$$

$$\frac{1}{2}\log L_0 - \log L - p_{Ag,i} = \frac{\Delta G_{X^-}}{2,3\ RT} \tag{13}$$

Der Faktor 2,3 kommt durch die Umrechnung vom natürlichen in den dekadischen Logarithmus zustande.

Die Gln. (12) und (13) gestatten, aus dem Löslichkeitsprodukt (L) und dem isoelektrischen Punkt die freien Absorptionsenthalpien von Halogen- und Silberionen an Halogensilber zu ermitteln.

2. Freie Adsorptionsenthalpien von Ag^+- und Br^--Ionen an Silberbromid

Aus der Temperaturfunktion des Löslichkeitsproduktes kann man für die freie Bildungsenthalpie ΔG_{AgBr} des AgBr aus gelösten Ag^+- und Br^--Ionen einen Wert von

$$\Delta G_{AgBr} = 20{,}3\ \text{kcal/Mol}$$

und für die Konstante L_0 einen Wert von

$$L_0 = 468 \left[\frac{\text{Mol}^2}{\text{l}^2}\right]$$

entnehmen [*1—7*].

Für den isoionischen Punkt werden in der Literatur aus ξ-Potentialmessungen an AgBr-Solen Werte zwischen

$$p_{Ag,i} = 4{,}2 \quad \text{und} \quad p_{Ag,i} = 5{,}8$$

angegeben [*8—12*].

Aus diesen Grenzwerten ergeben sich nach den Gln. (12) und (13) folgende Grenzwerte für die freien Adsorptionsenthalpien der Ag^+- und Br^--Ionen:

Tabelle 1

Grenzwerte der isoionischen Punkte ($p_{Ag,i}$) *am* AgBr *und daraus nach Gl. (12) und (13) berechnete freie Absorptionenthalpien* (ΔG_{Ag^+} *und* ΔG_{Br^-}).

$p_{Ag,i}$	4,2	5,8
ΔG_{Ag^+}	7,6 kcal/Mol	9,8 kcal/Mol
ΔG_{Br^-}	12,6 kcal/Mol	10,5 kcal/Mol

Der relativ große Bereich für die errechneten freien Adsorptionsenthalpien ist wahrscheinlich dadurch zu erklären, daß die bei [*12*] (s. ferner [*8—11*]) gemessenen AgBr-Sole die kristallographischen (100)- und (111)-Flächen in verschieden großem Verhältnis enthielten; die Adsorptionswärmen sind an den einzelnen kristallographischen Flächen sicher verschieden. Die in Tabelle 1 zusammengestellten Grenzwerte für die freien Adsorptionsenthalpien entsprechen wahrscheinlich den Werten für die reinen (111)- und (100)-Flächen.

Prinzipiell wäre es möglich, mit Hilfe der oben zusammengestellten freien Adsorptionsenthalpien und dem bekannten Flächenbedarf der Ag^+- und Br^--Ionen die Langmuir-Isothermen der Adsorption zu errechnen. Es ist jedoch zu berücksichtigen, daß bei Emulsionen stets Gelatine und andere Emulsionszusätze mit der Ag^+- und Br^--Adsorption in Konkurrenz treten und daß elektrostatische Effekte die Adsorption stark beeinflussen; wegen dieser Konkurrenzeffekte und wegen der elektrostatischen Einflüsse sind offenbar zur Adsorption einer bestimmten Ag^+- und Br^--Menge wesentlich größere Ag^+- und Br^--Konzentrationen in der Lösungsphase erforderlich, als man aus solchen Rechnungen herleiten kann.

Literatur

[*1*] GLETHILL, J. A. u. G. McP. MALAN: Trans. Faraday Soc. **50**, 126 (1954).
[*2*] GUGGENHEIM, E. A. u. J. E. PRUE: Trans. Faraday Soc. **50**, 231 (1954).
[*3*] KLEIN, E.: Z. f. Elektrochem. **60**, 1003 (1956).
[*4*] KLEIN, E.: Wiss. phot. Konf. Köln 225 (1956); Darmstadt: O. Helwich 1958.
[*5*] KLEIN, E.: Phot. Korresp. **92**, 139 (1956).
[*6*] CLIFFORD, A. F.: J. Am. Chem. Soc. **79**, 5404 (1957).
[*7*] LIESER, K. H.: Z. f. anorg. Chem. **292**, 97 (1957).
[*8*] REYERSON, L. N., I. M. KOLTHOFF u. K. CODD: J. Phys. Chem. **51**, 321 (1947).
[*9*] DAVIES, K. N. u. A. K. HOLLIDAY: Trans. Faraday Soc. **48**, 1066 (1952).
[*10*] LUVALLE, J. E. u. J. M. JACKSON: J. Phys. Chem. **61**, 1216 (1957).
[*11*] SUSAKI, S. u. T. KATOAKA: Phot. Sci. and Engin. **3**, 127 (1959).
[*12*] BARR, J. u. H. O. DICKINSON: Wiss. phot. Konf. Zürich 1961.

Ein Beitrag zum Solarisationsverhalten photographischer Silberbromidemulsionen[1]

Von E. Klein und S. Wagner

1. Einführung

Obwohl aus der Literatur eine Vielzahl von Arbeiten bekannt ist, die sich mit der Solarisation photographischer Schichten befassen, läßt sich noch nicht eindeutig festlegen, welche der dabei angegebenen Theorien für diese Erscheinung die richtige ist. Der Grund dafür dürfte auch darin zu suchen sein, daß alle diese Untersuchungen an Emulsionen durchgeführt wurden, die neben unterschiedlichsten Herstellungsbedingungen auch eine sehr breite Korngrößenverteilung aufwiesen. Das Ziel der vorliegenden Arbeit war es deshalb, diese Untersuchungen bezüglich des Solarisationsverhaltens an Silberbromidemulsionen einheitlicher Kristalltracht und -größe [*1*] durchzuführen, um damit eindeutigere Aussagen über das Solarisationsverhalten photographischer Schichten machen zu können. Das Besondere an diesen Emulsionen ist, daß sie sich bei gleichen Herstellungsbedingungen, bei einheitlicher Kristallform und -größe untereinander nur durch einen Parameter, nämlich die Korngröße, unterscheiden, was der Aussagekraft der experimentellen Ergebnisse wesentlich mehr Gewicht verleiht. Durch zusätzliche Behandlung der verwendeten Emulsionen (Oberflächensensibilisierung, Halogenakzeptorzusatz usw.) sollte versucht werden, die gefundenen Ergebnisse zu bestätigen und zu ergänzen.

2. Beschreibung der Meßergebnisse

2.1. Untersuchung der Abhängigkeit der Solarisation von der Größe der Emulsionskristalle

In einer Reihe von Arbeiten war gefunden worden, daß nur bestimmte Emulsionen die Solarisation zeigen. Dabei war auch darauf hingewiesen worden, daß offensichtlich die Größe der Emulsionskristalle eine wesentliche Rolle spielt. Da für die vorliegenden Experimente Emulsionen zur Verfügung standen, die bei sehr enger Korngrößenverteilung eine einheitliche Kristallform aufwiesen, war es naheliegend, durch Untersuchung einer Reihe derartiger Emulsionen, die sich nur durch die Korngröße unterschieden, frühere Ergebnisse zu prüfen und eventuell zu bestätigen.

Die Abb. 1 und 2 zeigen die elektronenmikroskopischen Aufnahmen — im folgenden kurz EM-Aufnahmen genannt — zweier in diesem Zusammenhang untersuchter kubischer Silberbromidemulsionen.

Zur Vereinfachung wird im folgenden eine abgekürzte Schreibweise zur Charakterisierung der einzelnen Emulsionen eingeführt. Das Wort ,,Emulsion" wird durch den Buchstaben E abgekürzt, wobei die zugefügte Zahl die Kantenlänge der kubi-

---
[1] Auszug aus der Dissertation von S. Wagner, Aachen 1963

schen Kristalle in $10^{-2}\,\mu$ wiedergibt, z. B. bedeutet *E* 90: Kubische Silberbromidemulsion der Kantenlänge 0,9 μ. Zusätzliche Behandlungen der Emulsionen sind durch beigefügte Abkürzungen angegeben, z. B. Schwefelsensibilisierung durch *S*, Halogenakzeptorzusatz durch HA.

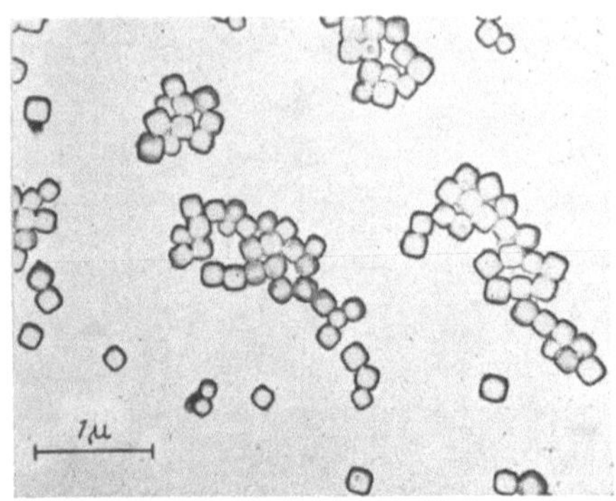

Abb. 1. EM-Aufnahme von E 17

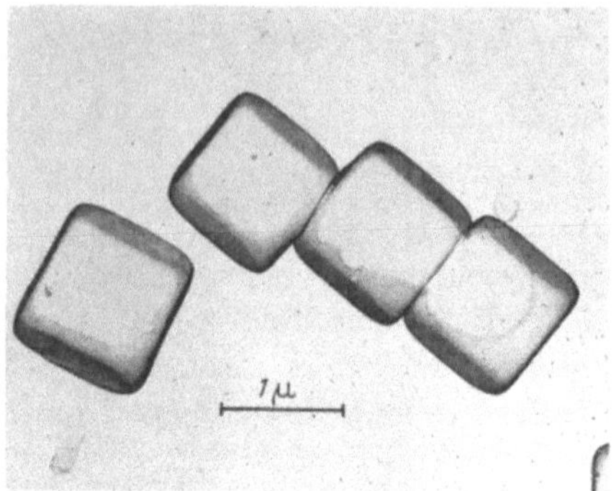

Abb. 2. EM-Aufnahme von E 110.

Die Abb. 1 und 2 lassen deutlich die einheitliche Kornform und die enge Korngrößenverteilung dieser Emulsionen erkennen. Wie aus der Literatur bekannt ist [*2*], läßt sich das Solarisationsverhalten nur bei der Verwendung eines Oberflächenentwicklers beobachten. Aus diesem Grund wurden die belichteten Filmstreifen in einem Oberflächenentwickler entwickelt. Die dabei von einigen Emulsionen erhaltenen Schwärzungskurven sind in den Abb. 3 bis 7 wiedergegeben.

Wegen der relativ großen Abweichung vom Reziprozitätsgesetz hat es sich als unzweckmäßig erwiesen, eine zusammenfassende Schwärzungskurve aus mehreren Einzelkurven zu zeichnen. Aus diesem Grund ist jeder Belichtungszeit eine Schwärzungskurve zugeordnet, wobei die Abszisse nicht log $I \cdot t$, sondern log I charakterisiert.

Die Abb. 3 zeigt die Schwärzungskurven von E 17. Man erkennt deutlich, besonders beim Vergleich mit den grobkörnigeren Emulsionen, die geringe Empfindlichkeit und bei höheren Intensitäten die hohe Schwärzung. Mit steigender Korngröße (E 35) beobachtet man eine stetige Zunahme der Empfindlichkeit und eine Abnahme der unter diesen Belichtungsbedingungen erreichbaren Schwärzung (Abb. 4). Interessant sind die Schwärzungskurven von E 44 in Abb. 5, die neben der bereits beschriebenen Tendenz bei den höchsten Intensitätsstufen eine geringe, aber deutlich und stets reproduzierbare Umkehrung der Schwärzungskurven zeigen. Diese Korngröße scheint eine Grenze für das Auftreten der Solarisation bei diesen Emulsionstypen (kubische Silberbromidemulsionen mit 100-Flächen) darzustellen. Beim Übergang zu noch größeren Emulsionskristallen (E 55 und E 70) bestätigt sich dieser Effekt ganz einwandfrei, wie die Abb. 6 und 7 erkennen lassen. Eine weitere charakteristische Größe scheint bei der E 70 vorzuliegen. Die Schwärzung geht hier, wie Abb. 7 zeigt, wieder auf den Wert der unbelichteten Stellen zurück. Die Entwickelbarkeit derartig belichteter Kristalle ist unter den angewendeten Entwicklungsbedingungen praktisch verlorengegangen. Auch ein Vergleich der unter gleichen Bedingungen erreichbaren

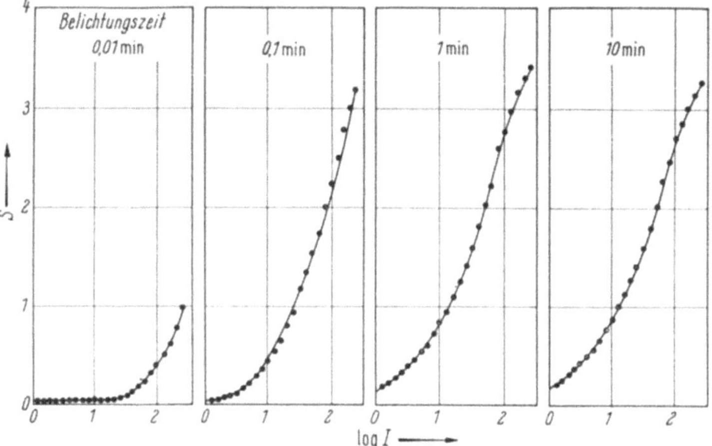

Abb. 3. Schwärzungskurven von E 17 bei Oberflächenentwicklung.

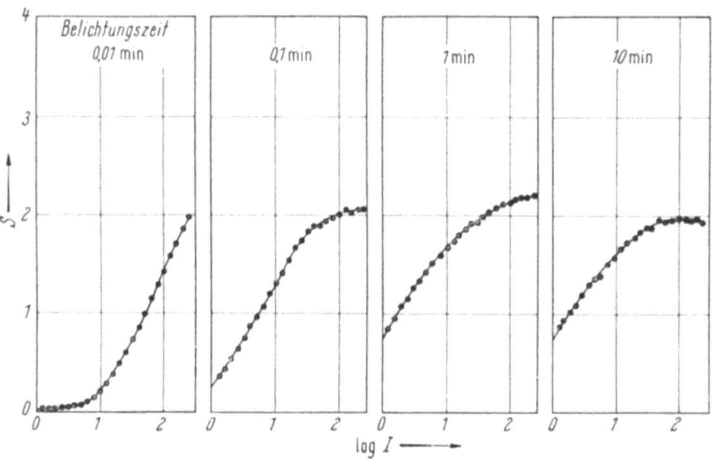

Abb. 4. Schwärzungskurven von E 35 bei Oberflächenentwicklung.

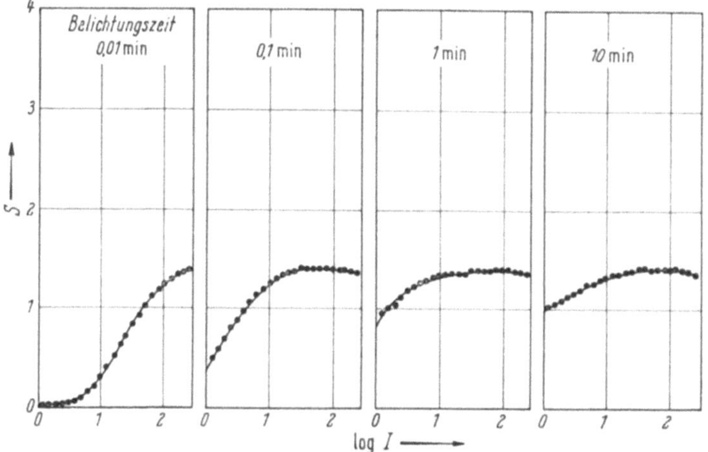

Abb. 5. Schwärzungskurven von E 44 bei Oberflächenentwicklung.

Schwärzung ist interessant. Obwohl alle Filmstreifen annähernd gleichen Silberauftrag haben, zeigt sich ein starker Unterschied in der Schwärzung beim Vergleich von E 17 mit E 70 (Abb. 3 und 7), der keineswegs allein mit der unterschiedlichen Deckkraft erklärt werden kann.

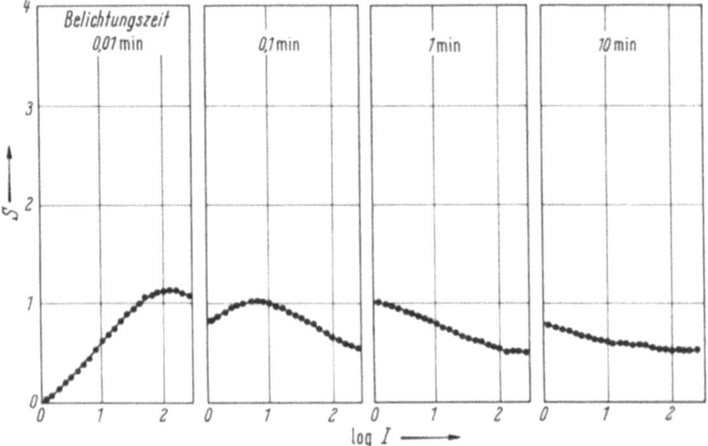

Abb. 6. Schwärzungskurven von E 55 bei Oberflächenentwicklung.

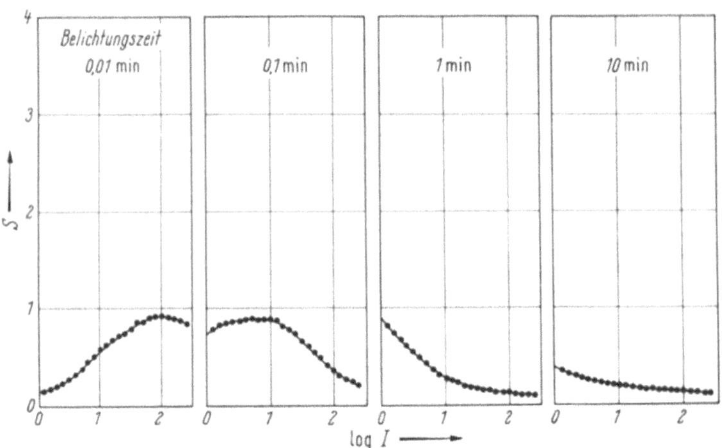

Abb. 7. Schwärzungskurven von E 70 bei Oberflächenentwicklung.

Wie schon angedeutet, zeigen die hier untersuchten Emulsionen einen ausgeprägten Schwarzschildfehler, der, in der Darstellung nach KRON, in den Abb. 8 bis 12 wiedergegeben ist. Für diese Darstellung der Schwärzungsflächen wurde das gleiche Filmmaterial verwendet, das zur Aufstellung der Schwärzungskurven in den Abb. 3 bis 7 diente. Auch die Entwicklungsbedingungen wurden nicht verändert, um direkte Vergleiche zu ermöglichen.

Bei der Betrachtung der dargestellten Schwärzungsflächen muß man feststellen, daß offenbar zwei Belichtungsbereiche existieren, die das photographische Verhalten der Schichten recht unterschiedlich beeinflussen. Besonders interessant ist in diesem Zusammenhang, daß die Trennungslinie zwischen beiden Bereichen längs einer Zeitachse verläuft und daß diese Grenzbelichtungszeit relativ unabhängig von der Größe der Emulsionskristalle bei etwa 10^{-1} bis 10^{-2} Sekunden liegt. Man kann also

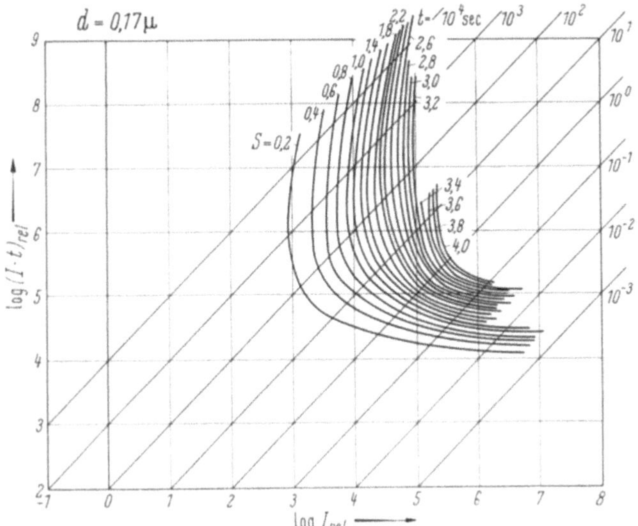

Abb. 8. Darstellung der Schwärzungsflächen von E 17 nach Kron.

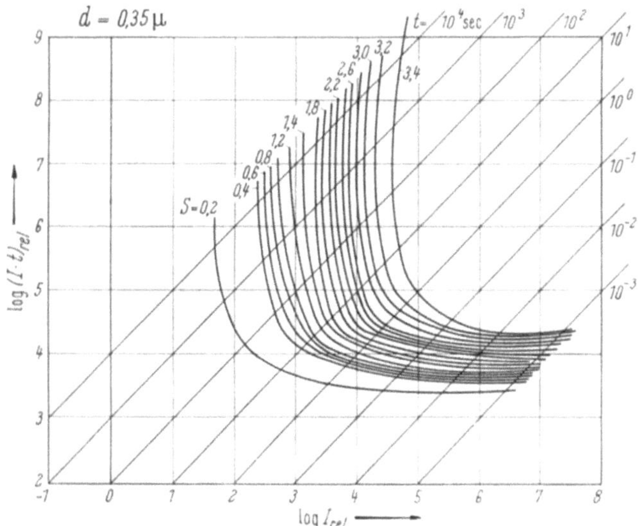

Abb. 9. Darstellung der Schwärzungsflächen von E 35 nach Kron.

mit einer gewissen Berechtigung von einem Kurzzeit- und einem Langzeitbereich sprechen. Der Kurzzeitbereich ist dadurch gekennzeichnet, daß nur geringe Abweichungen vom Reziprozitätsverhalten auftreten, was besonders bei den feinkörnigen Emulsionen (Abb. 8 und 9) deutlich zum Ausdruck kommt. Weiterhin erhält man bei den kurzen Belichtungszeiten höhere Schwärzungen als im Langzeitgebiet, besonders bei den grobkörnigen Emulsionen (Abb. 11 und 12). Ein sehr unterschiedliches Verhalten zeigen die verschiedenen Emulsionen dagegen im sogenannten Langzeitbereich. Die feinkörnigen Emulsionen (E 17) lassen in diesem Gebiet einen äußerst ausgeprägten Reziprozitätsfehler erkennen. So ist bei diesen unbehandelten Emulsionen die

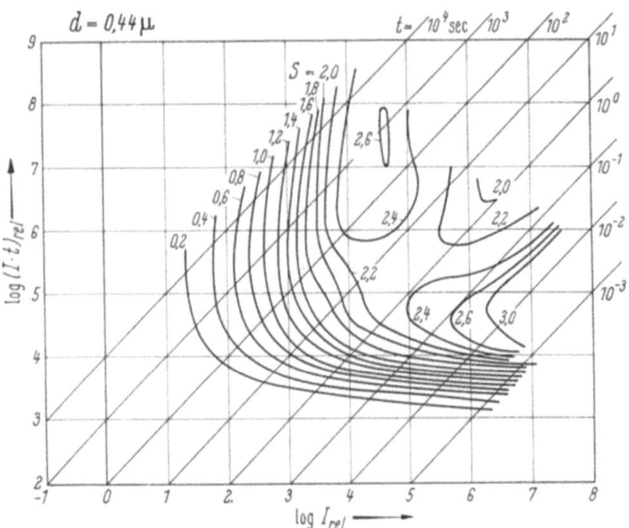

Abb. 10. Darstellung der Schwärzungsflächen von E 44 nach Kron.

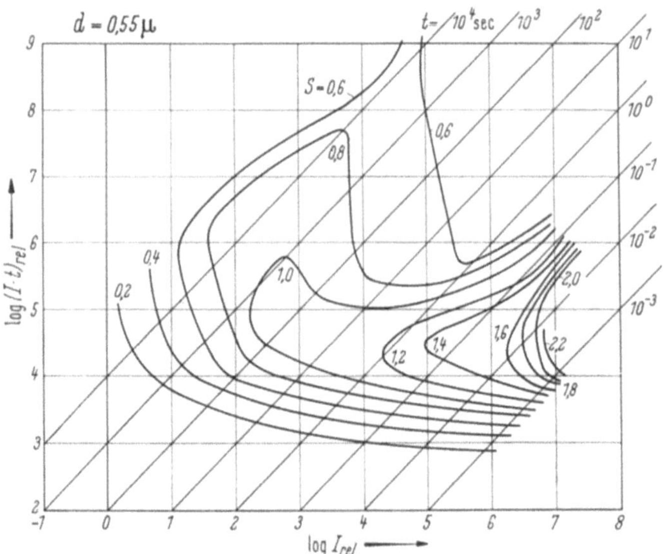

Abb. 11. Darstellung der Schwärzungsflächen von E 55 nach Kron.

entwickelte Schwärzung praktisch nur eine Funktion der Intensität des eingestrahlten Lichtes, d. h. man erhält bei gleichen Belichtungswerten bei der hohen Intensität eine sehr große, bei niedriger Intensität überhaupt keine Schwärzung. Mit steigender Korngröße nimmt die Schwärzung im Langzeitbereich immer mehr ab und erreicht

z. B. bei E 70 nur noch einen Wert von etwa 1,0 gegenüber 4,0 bei den feinkörnigen Emulsionen. Eine Umkehr der Schwärzungskurve, d. h. eine Solarisation, läßt sich erst von einer Korngröße von etwa 0,4 μ an beobachten. Interessant ist in diesem Zusammenhang, daß die Solarisation nur im Langzeitbereich auftritt, also irgendwie an eine Mindestbelichtungszeit gebunden ist, die bei 10^{-1} bis 10^{-2} Sekunden liegt.

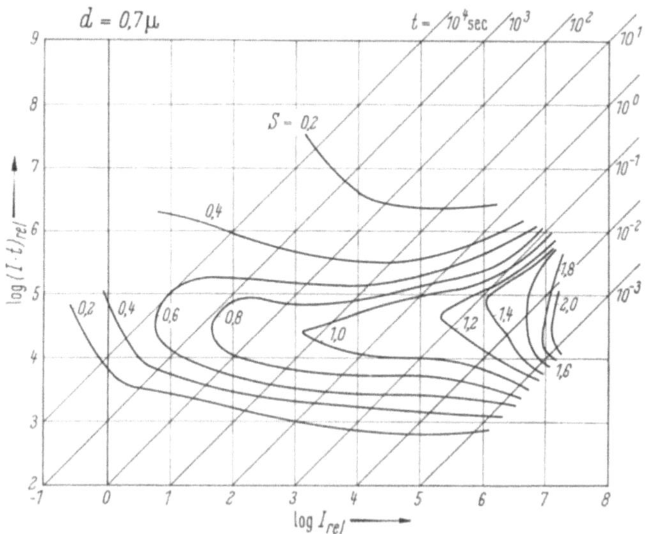

Abb. 12. Darstellung der Schwärzungsflächen von E 70 nach KRON.

2.2. Der Einfluß der Entwicklungszeit auf das Solarisationsverhalten

Nach SAUVENIER [3] hat die Entwicklungszeit einen nicht unbedeutenden Einfluß auf das Solarisationsverhalten photographischer Schichten. Es war deshalb von Interesse, ob durch Variation der Entwicklungszeit die Korngrößenabhängigkeit der Solarisation beeinflußt werden kann. Für diesen Zweck wurden Filmstreifen mit den Emulsionen der Korngrößenreihe eine Minute belichtet — diese Zeit hatte sich aufgrund von Vorversuchen als die günstigste erwiesen — und in einem Oberflächenentwickler verschieden lange (0,25 bis 8 Minuten) entwickelt. Die dabei erhaltenen Schwärzungskurven sind in den Abb. 13 bis 15 wiedergegeben. Dieses an sich recht enge Intervall der Entwicklungszeit sollte lediglich die Frage beantworten, ob bei der allgemein angewendeten Zeit von vier Minuten schon irgendwelche Solarisationseffekte überdeckt werden.

Da bei diesen Entwicklungszeiten noch keine Bestätigung der Sauvenier'schen Behauptung zu beobachten war, wurde unter analogen Bedingungen bei der E 110 die Entwicklungszeit zwischen 1 und 128 Minuten variiert. Die Schwärzungskurven in Abb. 15 zeigen deutlich, daß eine Schwärzungszunahme im Solarisationsgebiet erst bei der längsten Entwicklungszeit (128 Minuten) auftritt.

2.3. Untersuchungen über das Solarisationsverhalten von Silberbromidemulsionen bei Blitzfolgebelichtung

Von KLEIN und EGGERS [4] war gefunden worden, daß eine Hochintensitäts-Kurzzeit-Belichtung bei Oberflächenentwicklung zu einer reinen Negativschwärzungskurve

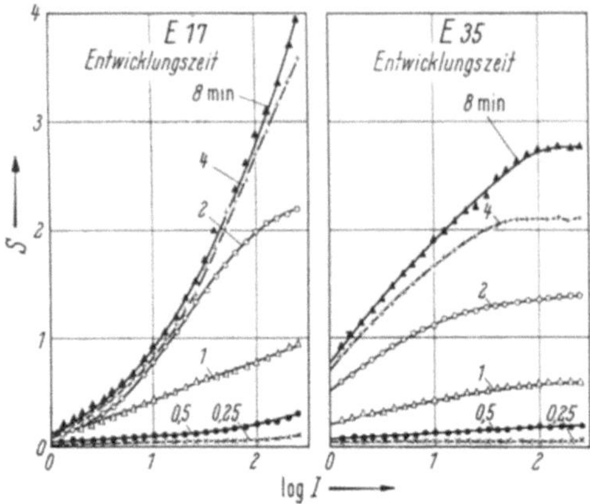

Abb. 13. Schwärzungskurven von E 17 und E 35 bei verschiedener Entwicklungszeit (Oberflächenentwicklung).

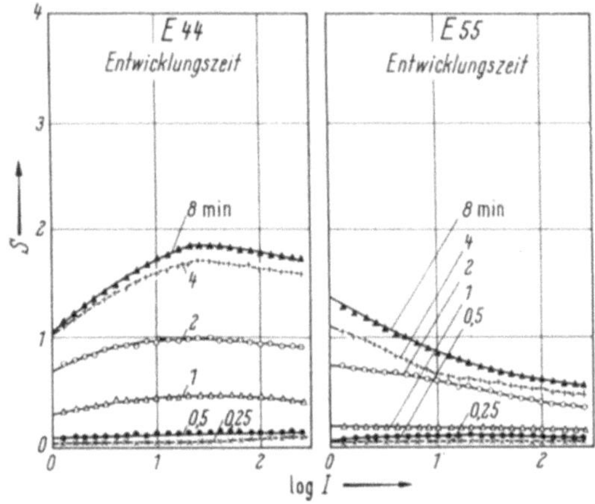

Abb. 14. Schwärzungskurven von E 44 und E 55 bei verschiedener Entwicklungszeit (Oberflächenentwicklung).

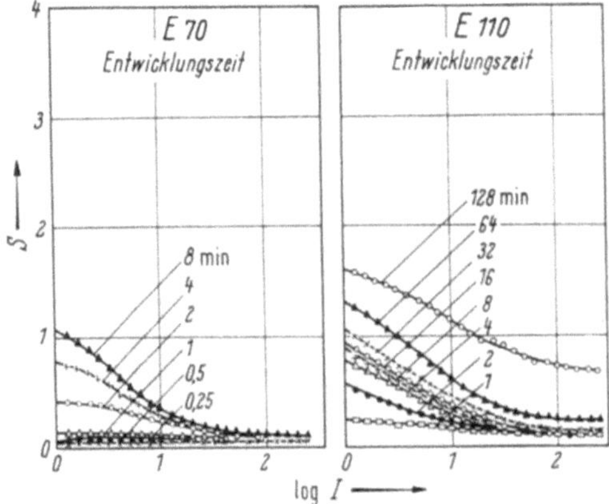

Abb. 15. Schwärzungskurven von E 70 und E 110 bei verschiedener Entwicklungszeit (Oberflächenentwicklung).

führt. Durch eine Folge derartiger Belichtungen mit zwischenliegenden Dunkelpausen läßt sich eine Umkehr der Schwärzungskurve erreichen.

Es war deshalb von besonderem Interesse, ob die bei der Niedrigintensitäts-Langzeit-Belichtung beobachtete Abhängigkeit der Solarisation von der Größe der Emulsionskristalle auch bei dieser Belichtungsart in Erscheinung tritt. Da Blitzbelichtungen im allgemeinen zu einer relativ hohen Schwärzung führen, wurde der Silberauftrag auf den Filmbahnen von 5 g auf 2,5 g Ag/m² herabgesetzt, wodurch die entwickelten Schwärzungen in den gut meßbaren Bereich ($S = 0-4$) verschoben wurden. Die Entwicklungszeit im Oberflächenentwickler betrug vier Minuten. Die von den einzelnen Emulsionen erhaltenen Schwärzungskurven sind in den Abb. 16 und 17 wiedergegeben.

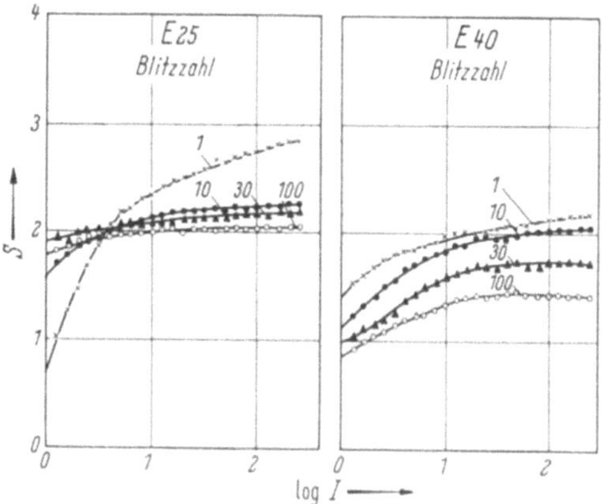

Abb. 16. Schwärzungskurven von E 25 und E 40 bei Blitzfolgebelichtungen (Oberflächenentwicklung).

Das experimentelle Ergebnis bestätigt einwandfrei, daß die Solarisation bei einer Folge von Hochintensitätsbelichtungen in gleicher Weise wie bei der Niedrigintensitäts-Langzeit-Belichtung eine Funktion der Korngröße ist. Man erhält also nur bei den Emulsionen eine Umkehr der Schwärzungskurve, bei denen bei Langzeit-Belichtung eine Solarisation beobachtet werden kann. Das Ergebnis ist deshalb so interessant, weil man daraus schließen kann, daß beide Erscheinungen im Prinzip nach dem gleichen Mechanismus ablaufen. Auf den besonderen Charakter der Umkehrerscheinung bei Blitzfolgebelichtung (man findet z. B. eine Mehrfachsolarisation) soll im Rahmen dieser Arbeit nicht näher eingegangen werden. Es kam vielmehr darauf an, zu zeigen, daß für die Solarisation bei einer Folge von Hochintensitäts-Kurzzeit-Belichtungen in gleicher Weise wie bei der Langzeit-Belichtung die Korngrößenabhängigkeit Gültigkeit besitzt.

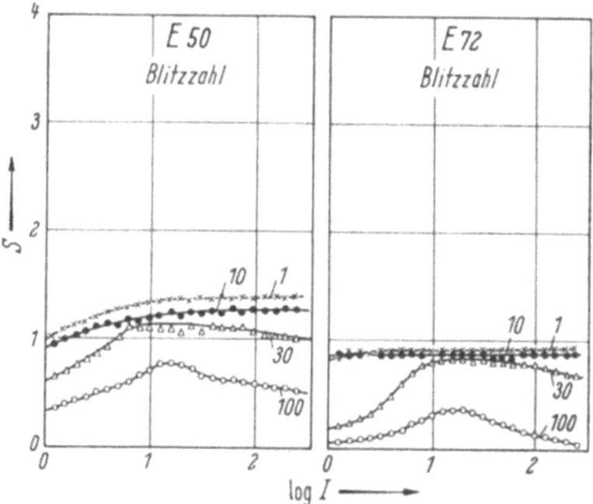

Abb. 17. Schwärzungskurven von E 50 und E 72 bei Blitzfolgebelichtungen (Oberflächenentwicklung).

2.4. Untersuchung über das Solarisationsverhalten photographischer Schichten bei β-Strahlung

Aufgrund der eben beschriebenen Ergebnisse war es naheliegend, eine solarisierende (E 60) und eine nichtsolarisierende Emulsion (E 30) einer β-Strahlung auszusetzen, um damit zu prüfen, ob auch bei dieser „Belichtung" eine Korngrößenabhängigkeit beobachtet werden kann. Das Ergebnis der Bestrahlung im Elektronenmikroskop (Belichtungszeitreihe bei konstanter Strahlungsintensität) ist in Abb. 18 wiedergegeben. Es beweist ganz einwandfrei, daß die Korngrößenabhängigkeit der Solarisation nicht nur bei Lichtbelichtung auftritt, sondern auch bei anderen Strahlenarten beobachtet werden kann, die in der Lage sind, den photographischen Elementarprozeß einzuleiten.

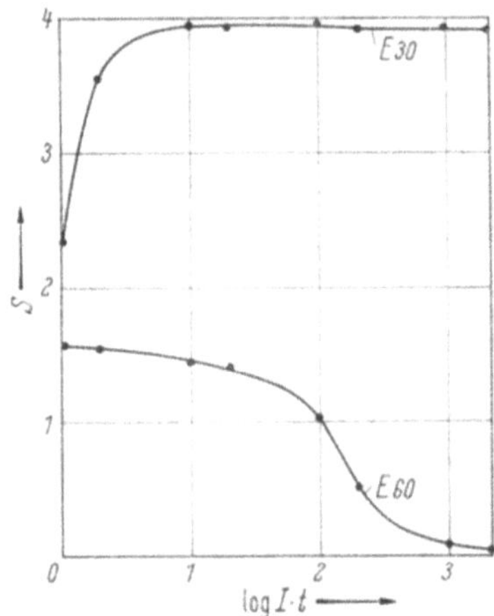

Abb. 18. Schwärzungskurven von E 30 und E 60 bei Elektronenbestrahlung (Oberflächenentwicklung).

2.5. Der Einfluß eines Halogenakzeptorzusatzes auf das Solarisationsverhalten

MEIDINGER [5] konnte zeigen, daß durch Zusatz eines Halogenakzeptors ($NaNO_2$) zur Emulsion die Solarisation verhindert oder zumindest verzögert wird. Da diese Erscheinung für eine Deutung der Solarisation (Rehalogenierungstheorie) von Bedeu-

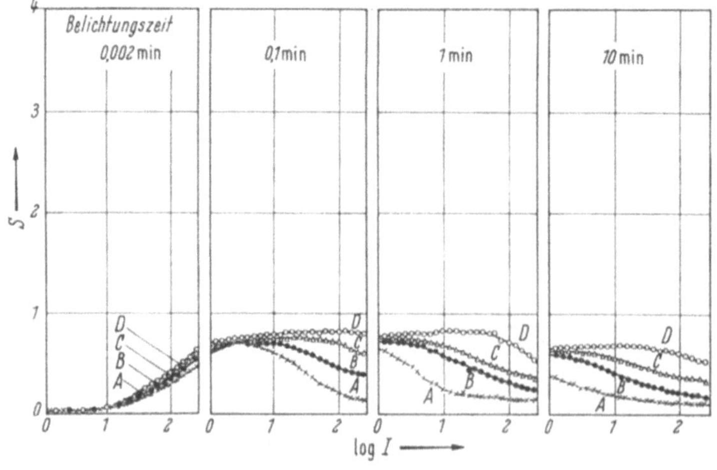

Abb. 19. Schwärzungskurven von E 60, E 60 HA 1, E 60 HA 2 und E 60 HA 3 bei Oberflächenentwicklung. Die Zahlen 1, 2 und 3 charakterisieren die steigende Menge an Halogenakzeptor.
Kurve *A:* E 60
Kurve *B:* E 60 HA 1
Kurve *C:* E 60 HA 2
Kurve *D:* E 60 HA 3.

tung ist, wurde eine gut solarisierende kubische Silberbromidemulsion (E 60) vor dem Beguß der Filmbahnen mit verschiedenen Mengen eines Halogenakzeptors versetzt. Die bei dieser Untersuchung erhaltenen Schwärzungskurven sind in Abb. 19 wiedergegeben. Die experimentellen Untersuchungen bestätigen eindeutig die Ergebnisse MEIDINGERS. Ein Halogenakzeptorzusatz führt zu einer geringen Erhöhung der Maximalschwärzung und der Empfindlichkeit. Mit zunehmender Halogenakzeptorkonzentration (E 60 HA 1, E 60 HA 2 und E 60 HA 3) wird die Solarisation verzögert, d. h. sie tritt erst bei höheren Belichtungswerten in Erscheinung. Offensichtlich setzt der Abbau der Oberflächenbildkeime durch Rehalogenierung erst ein, wenn der Halogenakzeptor verbraucht worden ist.

2.6. Der Einfluß einer Oberflächensensibilisierung auf das Solarisationsverhalten

Alle bisherigen Untersuchungen im Rahmen dieser Arbeit, vom Halogenakzeptorzusatz abgesehen, wurden mit Emulsionen durchgeführt, die keiner besonderen Nachbehandlung unterzogen worden sind. Kommerzielle Emulsionen werden jedoch, um sie den Erfordernissen der praktischen Photographie anzupassen, auf verschiedenste Weise einer zusätzlichen Behandlung unterzogen. In diesem Zusammenhang spielt die sogenannte Schwefelsensibilisierung eine nicht unbedeutende Rolle. Um deren Einfluß auf das Solarisationsverhalten zu studieren, wurden zwei Emulsionen der Korngrößenreihe ausgewählt (E 18 und E 60), mit Natriumthiosulfat versetzt und verschiedene Zeiten einer Temperatur von 45 °C ausgesetzt.

Zur Charakterisierung der einzelnen Behandlungsstadien wurden folgende Abkürzungen verwendet:

E 18 : unbehandelte Emulsion
E 18 S— 0: Natriumthiosulfat als Gießzusatz
E 18 S— 60: Natriumthiosulfat-Zusatz und 60 Minuten gereift
E 18 S—240: Natriumthiosulfat-Zusatz und 240 Minuten gereift.

In analoger Weise wurde die entsprechend behandelte Emulsion E 60 gekennzeichnet.

Um festzustellen, wie sich die latenten Bildkeime auf Kornoberfläche und Kristallinneres bei den einzelnen Emulsionen verteilen, wurde neben der Oberflächenentwicklung auch eine Innenentwicklung (Ausbleichen der Oberflächenbildkeime und Entwicklung in einem Totalentwickler) durchgeführt. Die bei diesen Untersuchungen erhaltenen Schwärzungskurven sind in den Abb. 20 bis 23 wiedergegeben. Der etwas ungünstig erscheinende Darstellungsmaßstab (z. B. in Abb. 21) wurde bewußt gewählt, um direkte Vergleiche der Schwärzungskurven untereinander zu ermöglichen und die recht unterschiedliche Verteilung der latenten Bildkeime besonders deutlich zum Ausdruck zu bringen.

Beim Vergleich der Schwärzungskurven für Oberflächenentwicklung stellt man fest, daß eine Sensibilisierung der Kristalloberfläche mit $S_2O_3^{--}$-Ionen einen bestimmenden Einfluß auf die erzielbare Schwärzung ausübt. Das kommt besonders bei der grobkörnigen Emulsion (E 60) deutlich zum Ausdruck, deren höchste Schwärzung durch Sensibilisierung von etwa 0,8 bei der unbehandelten Emulsion E 60 auf 2,4 (E 60 S—240) erhöht wird. Die Emulsion E 18 zeigt auch nach der Sensibilisierung keine Umkehr der Schwärzungskurve, dagegen macht sich bei der E 60 ein Einfluß

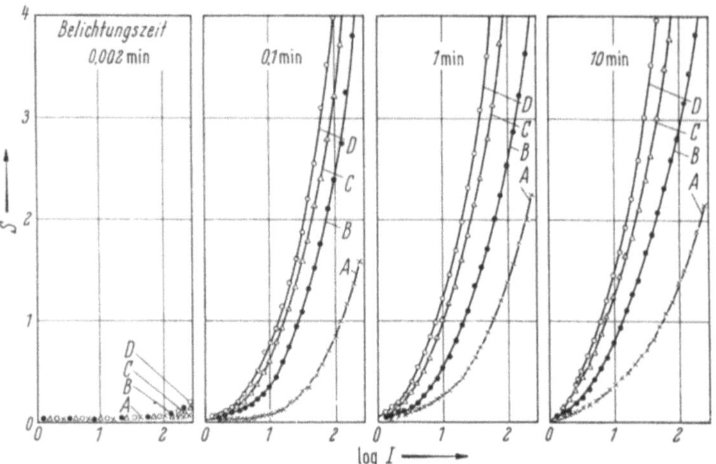

Abb. 20. Schwärzungskurven der Reifreihe von E 18 bei Oberflächenentwicklung
Kurve *A:* E 18 Kurve *C:* E 18 S — 60
Kurve *B:* E 18 S — 0 Kurve *D:* E 18 S — 240.

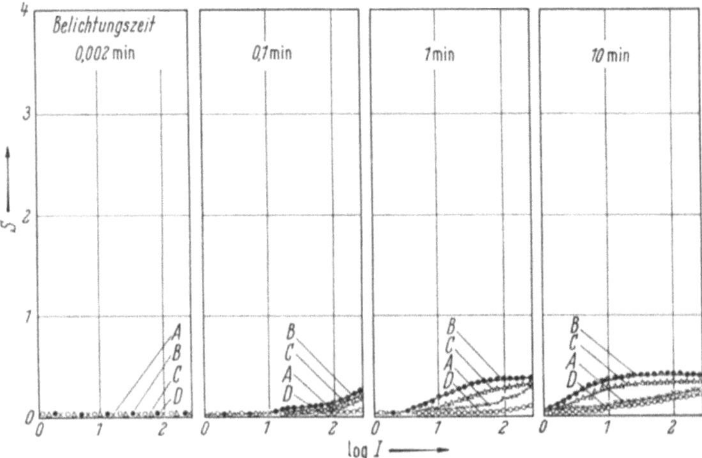

Abb. 21. Schwärzungskurven der Reifreihe von E 18 bei Innenentwicklung (Bezeichnung der Kurven wie in Abb. 20).

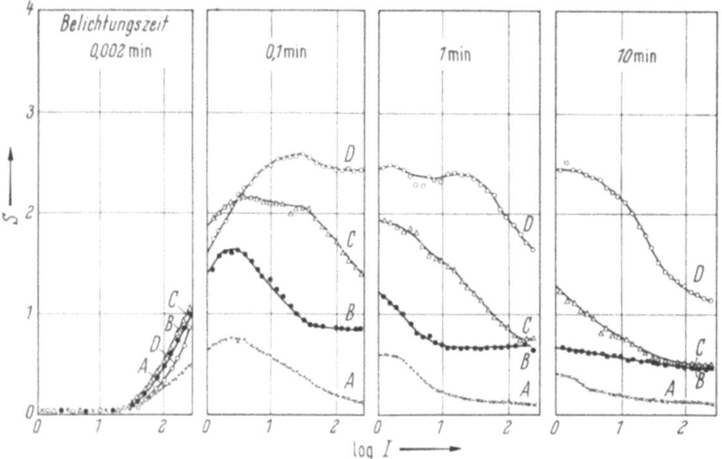

Abb. 22. Schwärzungskurven der Reifreihe von E 60 bei Oberflächenentwicklung
Kurve *A*: E 60 Kurve *C*: E 60 S — 60
Kurve *B*: E 60 S — 0 Kurve *D*: E 60 S — 240.

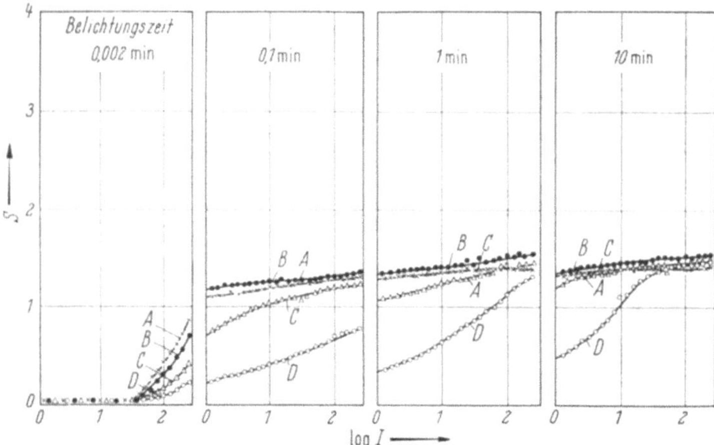

Abb. 23. Schwärzungskurven der Reifreihe von E 60 bei Innenentwicklung (Bezeichnung der Kurven wie in Abb. 22).

der $S_2O_3^{--}$-Ionen auf das Solarisationsverhalten deutlich bemerkbar. Man erhält zwar in gleicher Weise wie bei der unbehandelten Emulsion eine Umkehr der Schwärzungskurve, jedoch setzt die Solarisation mit zunehmender Reifzeit erst bei höheren Belichtungswerten ein. Dieser Effekt deutet auf eine gewisse Analogie zum Halogenakzeptorzusatz hin. Im Gegensatz dazu wird aber durch diese Oberflächensensibilisierung die niedrigste Schwärzung im Solarisationsgebiet gegenüber der der unbehandelten Emulsion erhöht.

Interessant ist ein Vergleich der Schwärzungskurven der beiden Entwicklungsarten (Oberflächen- und Innenentwicklung) bei den einzelnen Behandlungsstadien. Neben der Korngrößenabhängigkeit, der Verteilung der latenten Entwicklungskeime — bei der feinkörnigen Emulsion E 18 liegen praktisch nur Oberflächenkeime vor, deren Zahl mit steigender Größe der Emulsionskristalle zugunsten der Zahl der Innenkeime abzunehmen scheint — läßt sich noch eine zusätzliche Abhängigkeit von der Reifzeit beobachten. Etwa in gleichem Maße wie durch die Sensibilisierung mit $S_2O_3^{--}$-

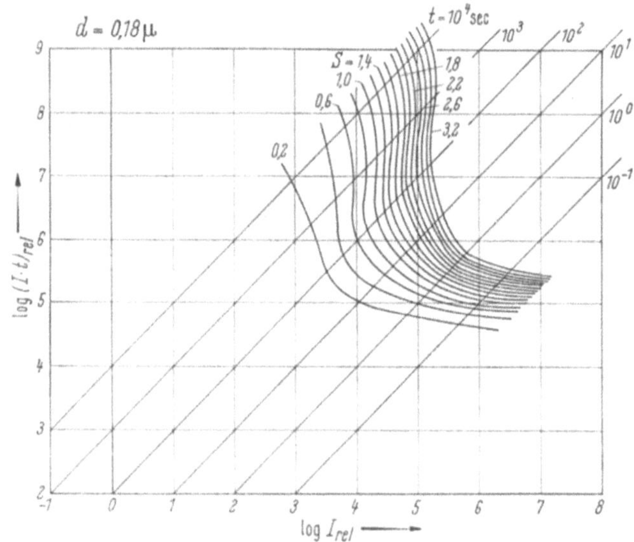

Abb. 24. Darstellung der Schwärzungsflächen nach KRON von E 18 bei Oberflächenentwicklung.

Ionen mit zunehmender Reifung die Oberflächenschwärzung ansteigt, geht die Schwärzung bei Innenentwicklung zurück. Ein sehr wichtiges Ergebnis zeigen noch die Schwärzungskurven der solarisierenden Emulsion E 60 bei Oberflächen- und Innenentwicklung. Man kann beobachten, daß ein deutlicher Anstieg der Schwärzung bei Innenentwicklung bei den gleichen Belichtungswerten beginnt, bei denen die Solarisation anfängt.

Als sehr aufschlußreich bezüglich der Eigenschaften photographischer Schichten erweist sich die Darstellung der Schwärzungsflächen nach KRON in den Abb. 24 bis 30, die das Abweichen vom Reziprozitätsverhalten besonders deutlich wiedergibt.

Wesentlich deutlicher als bei den einfachen Schwärzungskurven macht sich eine Oberflächensensibilisierung mit $S_2O_3^{--}$-Ionen bei den Schwärzungsflächen bemerkbar.

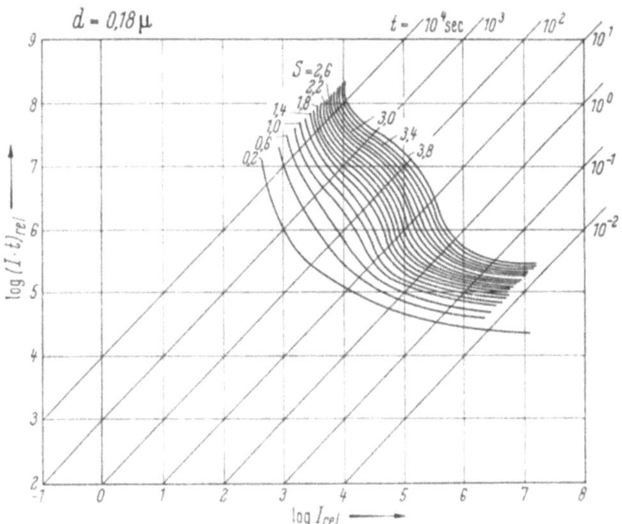

Abb. 25. Darstellung der Schwärzungsflächen nach KRON von E 18 S — 0 bei Oberflächenentwicklung.

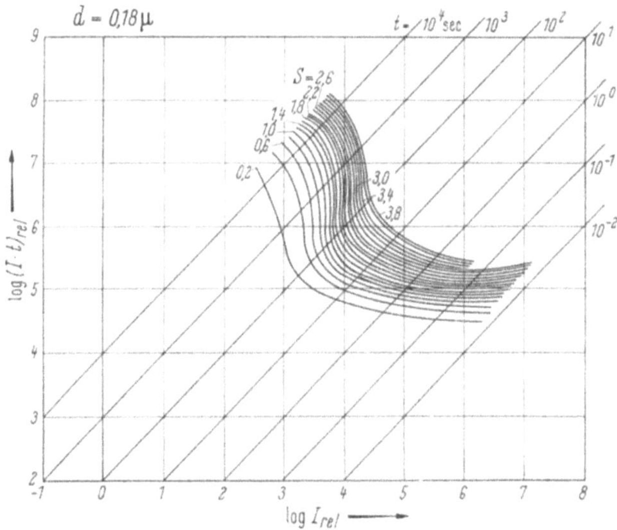

Abb. 26. Darstellung der Schwärzungsflächen nach KRON von E 18 S — 240 bei Oberflächenentwicklung.

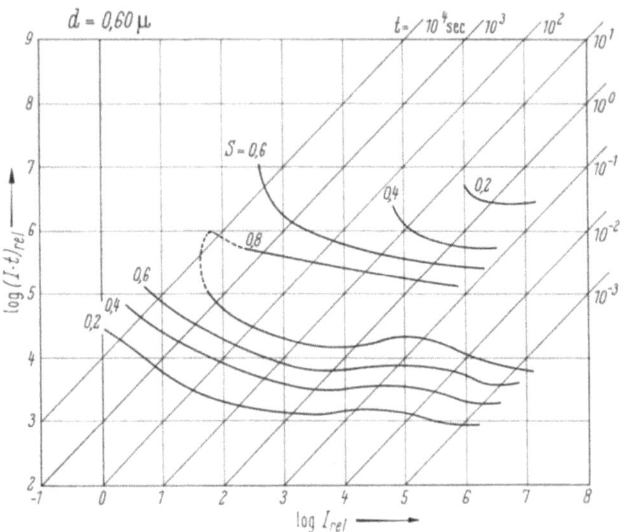

Abb. 27. Darstellung der Schwärzungsflächen nach KRON von E 60 bei Oberflächenentwicklung.

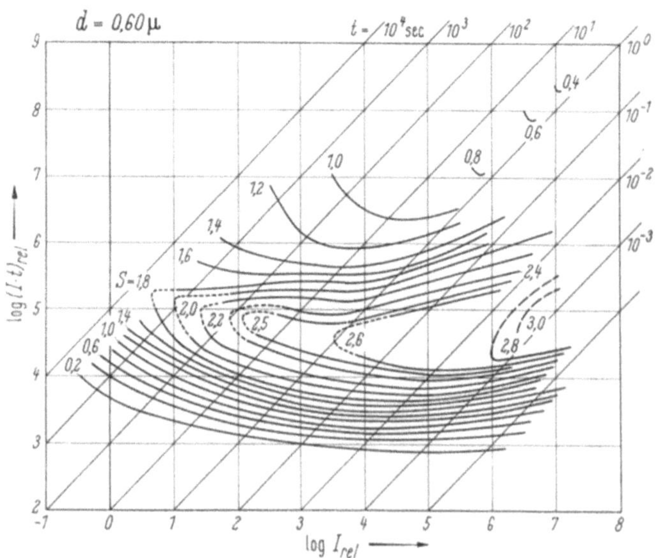

Abb. 28. Darstellung der Schwärzungsflächen nach KRON von E 60 S — 0 bei Oberflächenentwicklung.

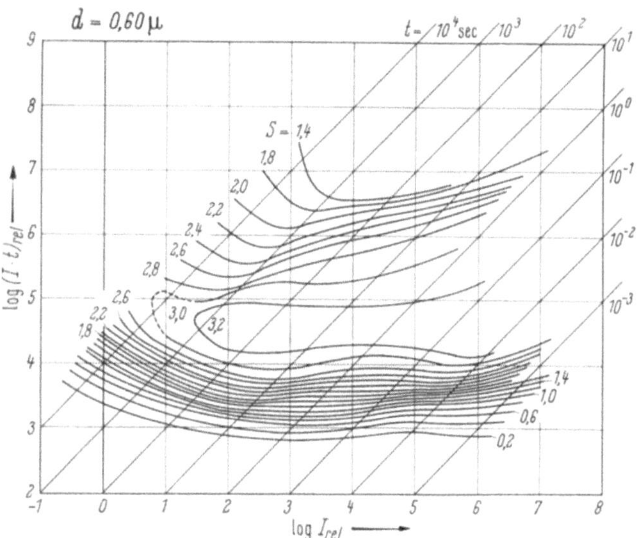

Abb. 29. Darstellung der Schwärzungsflächen nach KRON von E 60 S — 60 bei Oberflächenentwicklung

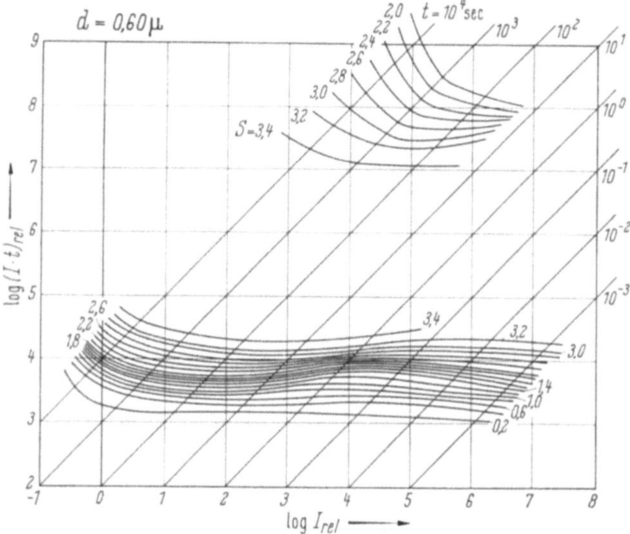

Abb. 30. Darstellung der Schwärzungsflächen nach KRON von E 60 S — 240 bei Oberflächenentwicklung.

So wird durch diese Behandlung der äußerst ausgeprägte Reziprozitätsfehler der feinkörnigen Emulsion etwas abgeschwächt, die Gradation wird steiler, und es läßt sich eine höhere Schwärzung entwickeln. Man kann keine Solarisation beobachten. Am deutlichsten macht sich der Einfluß der Reifung mit Natriumthiosulfat bei der solarisierenden Emulsion E 60 bemerkbar. Bei der unbehandelten Emulsion (Abb. 27) erreicht die Schwärzung auch im Gebiet der kurzen Belichtungszeiten nur einen Wert von etwa eins und geht dann sofort wieder zurück. Die Solarisation setzt bereits bei geringen Belichtungswerten ein. Die Gradation der Schwärzungskurve ist sowohl im Negativ- als auch im Solarisationsgebiet sehr flach. Schon der Zusatz von S_2O_3-$^{--}$ Ionen zur Emulsion kurz vor dem Vergießen verändert sofort die photographischen Eigenschaften ganz beträchtlich (Abb. 28). Die Schwärzung wird im gesamten Belichtungsgebiet bedeutend erhöht, die Gradation wird steiler, und die Solarisation setzt erst bei höheren Belichtungswerten ein. Im Bereich der hohen Intensität baut sich ein ausgesprochenes Schwärzungsmaximum auf, dessen höchster Wert bei den kurzen Belichtungszeiten liegt. Mit zunehmender Reifzeit dehnt sich dieses Gebiet nach den langen Belichtungszeiten hin aus und bildet bei E 60 S—240 ein breiteres Plateau, das das Negativgebiet mit einer Breite von drei logarithmischen Belichtungseinheiten vom Beginn der Solarisation trennt.

2.7. Der Einfluß einer Innensensibilisierung auf das Solarisationsverhalten

Wie im letzten Abschnitt beschrieben worden ist, werden die Eigenschaften einer photographischen Schicht durch eine Oberflächensensibilisierung bedeutend beeinflußt. Offensichtlich spielt dabei eine Verschiebung des Verhältnisses von Innen- zu

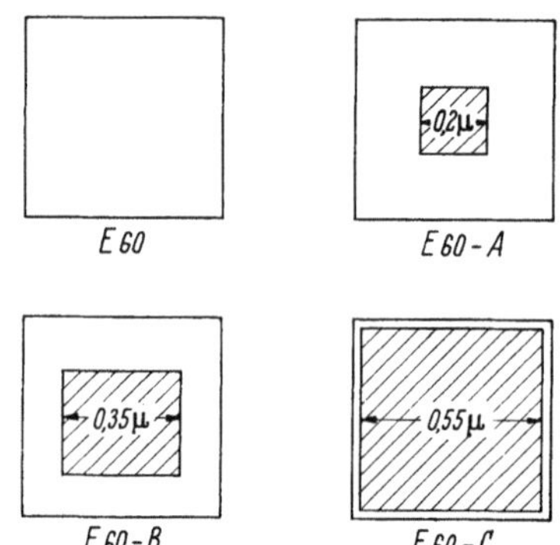

Abb. 31. Schematischer Kornaufbau der innensensibilisierten Emulsionen. Die schraffierten Gebiete sind durch Belichtung verschleiert.

Außenbild, erreicht durch eine Veränderung der Topographie der Reifzentren, eine wichtige Rolle. Es war deshalb naheliegend zu untersuchen, welchen Einfluß eine Innensensibilisierung der kubischen Silberbromidkristalle auf das Solarisationsverhalten ausübt.

Ein von MOISAR und WAGNER [*6*] beschriebenes Verfahren gestattet, beliebige Stellen im Inneren der Emulsionskristalle durch Einwirkung von Reduktionsmitteln oder durch Belichtung mit Silberkeimen zu versehen. Nach dieser Methode wurde eine Reihe von Emulsionen bei verschiedenen Aufwachsstadien belichtet. Durch eine anschließende Auffällung wurden alle diese Emulsionen auf eine einheitliche Kristallgröße von 0,6 μ gebracht. Ein schematischer Aufbau dieser Emulsionen ist in Abb. 31 wiedergegeben. Die mit diesen Emulsionen hergestellten Filmstreifen wurden in bereits mehrfach beschriebener Weise verarbeitet. Die dabei erhaltenen Schwärzungskurven sind in Abb. 32 wiedergegeben.

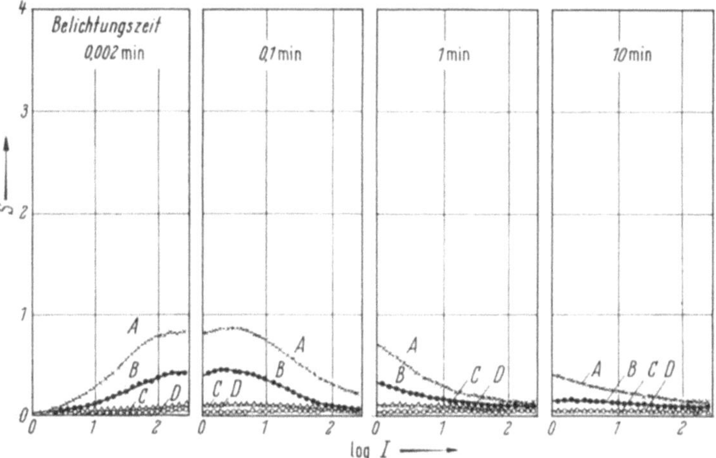

Abb. 32. Schwärzungskurven von innensensibilisierten Emulsionen bei Oberflächenentwicklung
Kurve *A:* E 60 Kurve *C:* E 60 — B
Kurve *B:* E 60 — A Kurve *D:* E 60 — C
(Der genauere Aufbau der einzelnen Emulsionen ist in Abb. 31 schematisch dargestellt.)

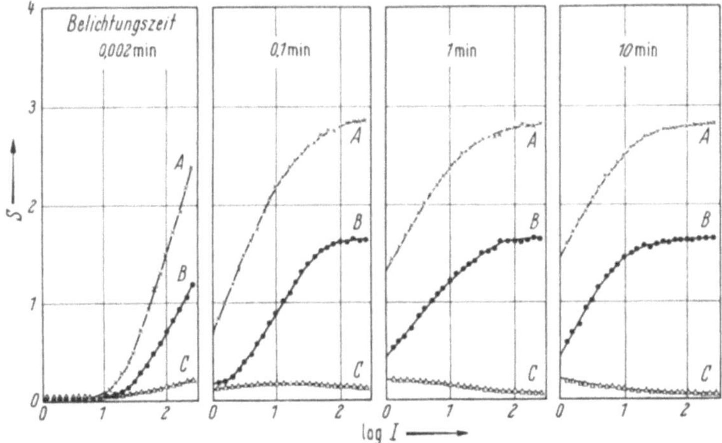

Abb. 33. Schwärzungskurven von innensensibilisierten Silberbromidemulsionen einer Kantenlänge von 0,35 μ bei Oberflächenentwicklung
Kurve *A:* E 35 : unbehandelte Emulsion
Kurve *B:* E 35 A: Kubus von 0,2 μ optisch verschl.
Kurve *C:* E 35 B: bei 0,2 μ durch Reduktion verschl.

Das Ergebnis der experimentellen Untersuchungen bestätigt die zu Beginn dieses Abschnittes ausgesprochene Vermutung, daß das Verhältnis von Oberflächen- zu Innenbild bei einer Emulsion einheitlicher Korngröße in der Hauptsache durch die Verteilung der Reifzentren bestimmt wird. So beobachtet man, daß mit zunehmender Innenverschleierung die Tendenz zur Ausbildung eines Oberflächenbildes immer mehr zurückgeht. Bei der Emulsion E 60—C, deren verschleierte Emulsionskristalle nur noch mit einer dünnen „sauberen" Hülle versehen sind, werden praktisch alle Elektronen von den Innenkeimen eingefangen, so daß kaum noch ein Oberflächenbild entsteht. Auch das Solarisationsverhalten wird durch diese Behandlung beeinflußt. Die bei der unbehandelten Emulsion E 60 im Solarisationsgebiet noch auftretende geringe Schwärzung geht durch die Innensensibilisierung auf den Wert Null zurück. Es war deshalb von Interesse zu untersuchen, ob bei einer Emulsion, die aufgrund ihrer Korngröße gerade noch nicht solarisiert, eine Innensensibilisierung zu einer Umkehr der Schwärzungskurve führt. Für diesen Zweck wurde eine Emulsion der Korngröße 0,2 μ einmal durch Reduktion, zum anderen durch Belichtung verschleiert. Die unbehandelte und die beiden verschleierten Emulsionen wurden durch Auffällung auf die gleiche Korngröße von 0,35 μ gebracht. Die Ergebnisse der Untersuchung der mit diesen Emulsionen begossenen Filmstreifen sind in Abb. 33 wiedergegeben.

Auch bei dieser Korngröße zeigt sich der deutliche Rückgang der Schwärzung als Folge der Innensensibilisierung der Emulsionskristalle. Die durch Belichtung verschleierte Emulsion E 35 A behält trotz der starken Abnahme der Schwärzung ihren Negativcharakter bei. Dagegen läßt sich durch eine offensichtlich intensivere Verschleierung des Kristallinneren durch Reduktionsmittel eine Umkehr der Schwärzungskurve erhalten. Man kann also durch Erzeugung von intensiven Elektronenfallen im Kristallinneren bei Emulsionen, die aufgrund ihrer Größe im unbehandelten Zustand noch nicht solarisieren, eine Solarisation erhalten. Ein Ergebnis, das beweist, daß durch eine Veränderung der Topographie der Reifzentren das Solarisationsverhalten einer photographischen Schicht beeinflußt werden kann.

2.8. Solarisationsverhalten von Silberbromidemulsionen mit unterschiedlicher Kristalltracht

Alle bisherigen Untersuchungen wurden mit kubischen Silberbromidemulsionen durchgeführt. Um festzustellen, welchen Einfluß die Form der Kristalle auf das Solarisationsverhalten hat, wurden Emulsionen unterschiedlicher Kristalltracht (annähernd gleiches Kornvolumen), aber einheitlicher Korngröße untersucht. Die Abb. 34 zeigt die elektronenmikroskopischen Aufnahmen dieser Emulsionen. Die Schwärzungs-

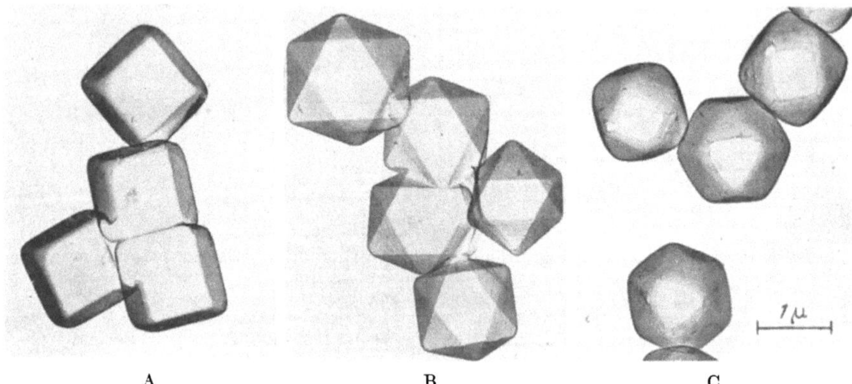

A B C

Abb. 34. EM-Aufnahmen von Emulsionen mit verschiedener Kristalltracht
A: Kuben, B: Oktaeder, C: Tetradekaeder.

kurven für Oberflächenentwicklung sind in Abb. 35 wiedergegeben. Bezüglich des Solarisationsverhaltens zeigen sich praktisch keine Unterschiede. Alle drei Emulsionen besitzen an der Oberfläche im Solarisationsgebiet offensichtlich keine Entwicklungskeime mehr. Dagegen beobachtet man Unterschiede im Bereich der höchsten Schwär-

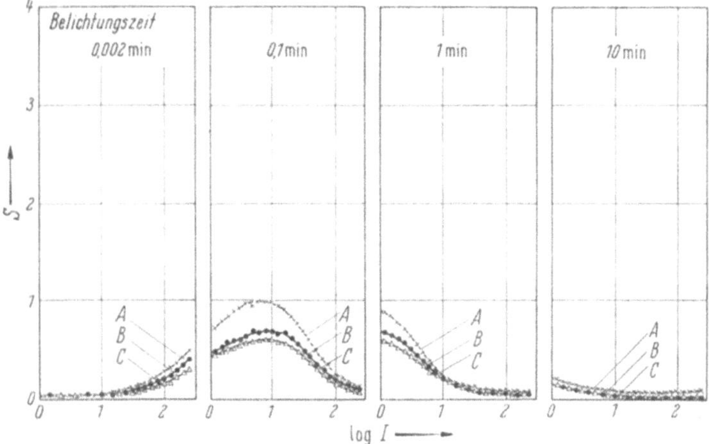

Abb. 35. Schwärzungskurven von Emulsionen verschiedener Kristalltracht bei Oberflächenentwicklung Kurve A: Kubische Emulsion, Kurve B: Oktaedr. Emulsion, Kurve C: Tetradekaedrische Emulsion.

zung, die bei der kubischen Emulsion etwas höher liegt als bei den beiden anderen. Offensichtlich liegt bei diesen eine andere Verteilung der Reifzentren als Folge der veränderten Herstellungsbedingungen vor.

3. Diskussion der Meßergebnisse und Versuch einer Deutung

Zu Beginn der Zusammenfassung der experimentellen Ergebnisse dieser Arbeit sei nochmals betont, daß die Untersuchungen an Silberbromidemulsionen durchgeführt worden sind, deren Kristalle aufgrund der Herstellungsbedingungen einen strukturell möglichst ungestörten Aufbau aufweisen. Sie sind durch einheitliche Kornform und -größe sowie eine sehr enge Korngrößenverteilung gekennzeichnet. Die einzelnen Emulsionen unterscheiden sich untereinander nur durch ihre Korngröße. Durch den speziellen Charakter dieser Emulsionen war ein besonders klarer Einblick in das Solarisationsverhalten photographischer Schichten möglich, da die Solarisationseffekte bei diesen Emulsionen (im Gegensatz zu den aus der Literatur bekannten Ergebnissen) nicht durch störende Einwirkung von Korngrößenverteilung, gemischter Kristallform, strukturellen Gitterstörungen usw. beeinflußt worden sind.

Eine Theorie für das Solarisationsverhalten photographischer Schichten darf mit den folgenden experimentellen Ergebnissen dieser Arbeit nicht in Widerspruch stehen:

1. Die Solarisation ist eine Funktion der Größe der Silberbromidkristalle. Emulsionen mit zusatzfreien, strukturell möglichst ungestörten, kubischen Silberbromidkristallen, welche kleiner sind als 0,35 μ, zeigen keine Solarisation. Im Korngrößenbereich von 0,4 μ bis 0,7 μ Kantenlänge tritt zunehmend Solarisation auf, d. h. die Umkehr der Schwärzungskurve wird immer ausgeprägter. Kristalle mit einer Kantenlänge von größer oder gleich 0,7 μ solarisieren so stark, daß die Schwärzungskurve

nach Durchlaufen eines Maximums im Solarisationsgebiet bis auf eine Schwärzung von Null zurückgeht.

2. Kompakte Silberbromidemulsionen anderer Kristalltracht (z. B. Oktaeder) solarisieren gleichfalls. Auch bei solchen Kristallen ist für das Auftreten der Solarisation eine Mindestkorngröße erforderlich.

3. Die Solarisation wird, wie schon von Arens und Nens [2] gefunden worden ist, im allgemeinen nur bei Oberflächenentwicklung beobachtet.

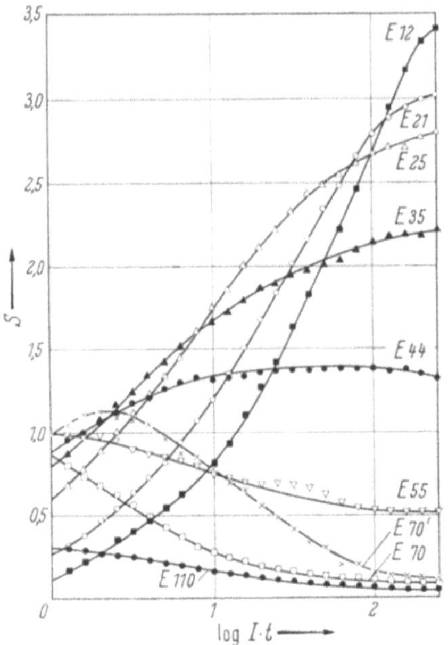

Abb. 36. Abhängigkeit der Solarisation von der Korngröße kubischer Silberbromidemulsionen bei Oberflächenentwicklung. Die Kurve *E 70'* unterscheidet sich von *E 70* durch einen höheren Silberauftrag der Schicht.

4. Bei feinkörnigen Emulsionen entstehen bei einer Belichtung praktisch nur Oberflächenkeime. Mit steigender Korngröße verschiebt sich das Verhältnis von Oberflächen- zu Innenkeimen immer mehr zugunsten der Innenkeime.

5. Der Beginn der Solarisation ist mit einer besonders starken Zunahme des Innenbildes gekoppelt.

6. Bei Emulsionen, deren Kristalle im Inneren sensibilisiert sind (z. B. durch Belichtung in einem frühen Fällungsstadium und Weiterfällung auf vergleichbare Größe), wird die kritische Korngrößengrenze der Solarisation zu kleineren Kristallen hin verschoben. So beobachtet man z. B. eine schwache Umkehr der Schwärzungskurve, wenn eine Emulsion, die aufgrund der geringen Größe ihrer Kristalle gerade noch nicht solarisiert, auf die eben beschriebene Weise innen sensibilisiert wird (siehe Abb. 33).

7. Ein Halogenakzeptorzusatz verschiebt die Solarisation, wie schon Meidinger [5] fand, zu höheren Belichtungswerten. Die Verschiebung ist um so größer, je höher die Akzeptorkonzentration ist.

8. Eine Oberflächensensibilisierung mit $S_2O_3^{--}$-Ionen wirkt auf die Solarisation wie ein Halogenakzeptorzusatz. Außerdem wird die unter vergleichbaren Bedingungen erreichbare Schwärzung stark erhöht. Das gilt auch für die niedrigste Schwärzung im Solarisationsgebiet, die wesentlich höher liegt als die einer unsensibilisierten Emulsion.

9. Für das Auftreten der Solarisation ist neben der Mindestkorngröße (siehe Punkt 1) auch eine Mindestbelichtungszeit erforderlich. So wird durch eine Kurzzeit-Hochintensitäts-Belichtung (1 Blitz mit 0,002 Sekunden Blitzdauer) in Übereinstimmung mit KLEIN und EGGERS [*4*] keine Solarisation erhalten, auch nicht bei den Emulsionen, die aufgrund ihrer Korngröße bei Langzeitbelichtung solarisieren.

10. Wird eine Kurzzeit-Hochintensitäts-Belichtung dagegen mehrmals mit zwischenliegenden Dunkelpausen durchgeführt (z. B. 100 Blitze mit 30 Sekunden Dunkelpause), so kann man, wie schon KLEIN und EGGERS [*4*] fanden, eine Solarisation beobachten, jedoch nur bei den Emulsionen, die aufgrund ihrer Größe bei Langzeitbelichtung solarisieren.

11. Bei Belichtung mit anderen Strahlenarten (z. B. mit β-Strahlen) zeigen nur *die* Emulsionen eine Solarisation, die aufgrund ihrer Korngröße auch bei Langzeitbelichtung mit sichtbarem Licht solarisieren.

12. Die in der vorliegenden Arbeit untersuchten feinkörnigen Emulsionen weisen im unbehandelten Zustand einen ausgeprägten Reziprozitätsfehler auf. Die entwickelte Schwärzung ist praktisch nur eine Funktion der Intensität des eingestrahlten Lichtes und unabhängig von der Belichtungszeit.

Die Modellvorstellungen für den Mechanismus der Solarisation müssen mit den in den Punkten 1 bis 12 beschriebenen experimentellen Ergebnissen im Einklang stehen. Für eine Erklärung dieser Ergebnisse und damit der Solarisation kommt nur die Rehalogenierungstheorie in Frage.

Bei einer Belichtung werden im Silberhalogenidkristall Elektronen und Defektelektronen erzeugt. Die Defektelektronen wandern durch Elektronenersatzleitung vorwiegend zur Oberfläche der Kristalle. Die Elektronen werden dagegen zum Teil im Korninneren zum Innenbild und zum Teil an der Kornoberfläche zum Oberflächenbild eingefangen (MITCHELL [*7*]). Es gelangen infolgedessen mehr Defektelektronen an die Kristalloberfläche als Elektronen. Solange die Defektelektronen in Form von Brom den Kristallverband verlassen oder durch Reaktion mit einem Halogenakzeptor gebunden werden, wird sich ein latentes Oberflächenbild ausbilden können. Wenn der Halogenakzeptor in der umgebenden Phase durch Reaktion mit den Brommolekülen verbraucht worden ist, steigt die Konzentration der Defektelektronen im Oberflächenbereich der Kristalle an. Dadurch wird die Zahl der Defektelektronen an der Oberfläche die Zahl der Elektronen übersteigen. Infolgedessen werden nicht nur alle gleichzeitig mit den Defektelektronen entstehenden Elektronen an der Kornoberfläche durch Rekombination gebunden, sondern es kommt darüber hinaus zu einem Abbau der durch vorangegangene Belichtungen entstandenen Oberflächenkeime. Durch diesen Abbau der anfangs gebildeten Silberaggregate kommt es zu einer Umkehr der Schwärzungskurve und damit zur Solarisation. Diese Vorstellungen stimmen im Prinzip mit denen von TOMAMICHEL [*8*] überein.

Im folgenden soll ein Modell für die Solarisation dargestellt werden, das die Rehalogenierungstheorie zum Inhalt hat und den experimentellen Ergebnissen der vorliegenden Arbeit gerecht wird.

Durch die Belichtung bilden sich in einem Silberhalogenidkristall gleich viele Elektronen und Defektelektronen. Ein Teil dieser elektrischen Ladungsträger verschwindet sofort nach der Belichtung wieder durch Rekombination. Durch Abdiffusion in die umgebende Phase oder durch Reaktion mit einem Halogenakzeptor wird ein weiterer Anteil der Defektelektronen verbraucht. Eine bestimmte Menge von Elektronen, die diesen verschwundenen Defektelektronen zahlenmäßig äquivalent ist, wird dagegen an bevorzugten Stellen eingefangen und bildet mit den Zwischengittersilberionen Silberatome. Aus diesem Grund steigt die Menge des latenten Bildsilbers, wenn man den Gesamtkristall betrachtet, während der Belichtung laufend an. Im äußersten Fall könnte sie, wenn die Bildungsrate der elektrischen Ladungsträger gleich deren Rekombination wäre und keine Defektelektronen den Kristallverband verlassen, durch die Belichtung nicht verändert werden. Die Quantenausbeute des photographischen Prozesses wäre dann Null; negativ kann sie nicht werden.

Nach Punkt 3 der Zusammenfassung der experimentellen Ergebnisse wird die Solarisation nur im Oberflächenbereich der Kristalle beobachtet. Aus dem vorangegangenen geht aber hervor, daß die Menge des latenten Silbers auch im Solarisationsgebiet weiter ansteigt. Daraus kann nur geschlossen werden, daß die gleiche Zahl von Silberatomen, die an der Oberfläche der Kristalle durch Rebromierung abgebaut wird, im Inneren der Emulsionskörner gebildet werden muß. Die Ausbildung eines Innenbildes ist damit wichtigste Voraussetzung für das Auftreten der Solarisation. Alle Effekte, die in die Rekombination, in den Abtransport der Defektelektronen oder in das Verteilungsverhältnis von Oberflächen- zu Innenbild eingreifen, beeinflussen damit auch die Solarisation.

Der Einfluß der Größe der Emulsionskristalle auf das Solarisationsverhalten kann so verstanden werden, daß sich mit steigender Korngröße das Verhältnis von Oberflächen- zu Innenbild zugunsten des Innenbildes verschiebt. Im gleichen Verhältnis übersteigt die Zahl der Defektelektronen die Zahl der Elektronen im Oberflächenbereich, wodurch die Rehalogenierungsreaktion immer stärker in Erscheinung tritt. Dadurch wird mit zunehmender Größe der Emulsionskristalle die Solarisation begünstigt, und es ist verständlich, daß sie erst oberhalb einer kritischen Korngröße möglich ist. Diese Grenzgröße liegt z. B. bei zusatzfreien, strukturell möglichst ungestörten, kubischen Silberbromidkristallen bei einer Kantenlänge von 0,4 μ.

Durch eine Innensensibilisierung wird das Verhältnis von Oberflächen- zu Innenbild zugunsten des Innenbildes verschoben. Infolgedessen wird sich dadurch die kritische Korngröße für das Auftreten einer Solarisation verändern. Sie verschiebt sich durch eine Innensensibilisierung zu kleineren Kristallgrößen.

Eine Oberflächensensibilisierung ist in ihrer Wirkung der Innensensibilisierung entgegengesetzt. Durch sie wird die Ausbildung eines Oberflächenbildes begünstigt, wodurch sich das Verhältnis von Oberflächen- zu Innenbild zugunsten des Oberflächenbildes verschiebt. Eine Solarisation wird infolgedessen erschwert.

Der Zusatz eines Halogenakzeptors bewirkt, daß der Anteil der Defektelektronen, die den Kristall verlassen, größer wird. Die für eine Rehalogenierung — und damit für die Solarisation — erforderliche Bromkonzentration steht erst nach Verbrauch des Halogenakzeptors zur Verfügung. Für das Auftreten der Solarisation sind deshalb höhere Belichtungswerte erforderlich.

Mit zunehmender Lichtintensität steigt das Konzentrationsgefälle des Halogens in die umgebende Phase hinein sehr stark an, da nach WAGNER [9] ein konzentrationsabhängiges Verteilungsgleichgewicht zwischen den Defektelektronen im Kristall und Brommolekülen in der umgebenden Phase existiert. Infolgedessen nimmt auch der Anteil der Defektelektronen, die in die umgebende Phase abdiffundieren, zu, was aufgrund der in der Modellbetrachtung aufgestellten Bilanz zu einer verstärkten Silberbildung im Oberflächenbereich der Kristalle führt. Zudem muß bei hohen Belichtungsintensitäten mit einer sogenannten spontanen Keimbildung gerechnet werden, die interessanterweise bei den in der vorliegenden Arbeit untersuchten Emulsionen bevorzugt im Oberflächenbereich aufzutreten scheint. So ist auch verständlich, daß bei einer Kurzzeit-Hochintensitäts-Belichtung keine Solarisation beobachtet werden kann.

Bezüglich einer ausführlichen Darstellung des besonderen Solarisationsverhaltens bei einer Folge von Kurzzeit-Hochintensitäts-Belichtungen und dessen Deutung sei an eine Arbeit von EGGERS, MOISAR und WAGNER [10] verwiesen. Im Rahmen der vorliegenden Arbeit sollte nur gezeigt werden, daß eine Solarisation bei Blitzfolgebelichtung nur bei den Emulsionen beobachtet werden kann, die bei Langzeitbelichtung aufgrund ihrer Korngröße solarisieren.

Auch der unter Punkt 12 beschriebene ausgeprägte Reziprozitätsfehler der feinkörnigen Emulsionen könnte durch die Rehalogenierungstheorie gedeutet werden. Dieser Reziprozitätsfehler ist dadurch gekennzeichnet, daß die entwickelte Schwärzung unabhängig von der Belichtungszeit praktisch nur eine Funktion der Lichtintensität ist. Durch das konzentrationsabhängige Verteilungsgleichgewicht zwischen Defektelektronen im Kristallverband und den Brommolekülen in der umgebenden Phase vergrößert sich mit zunehmender Intensität des eingestrahlten Lichtes das Konzentrationsgefälle des Halogens in die umgebende Phase hinein sehr stark. Aus diesem Grund nimmt mit der Intensität des Lichtes der Anteil der abdiffundierenden Defektelektronen zu, was in der Bilanz zu einer verstärkten Silberbildung führt. Bei kleinen Lichtintensitäten ist die Abdiffusion der Defektelektronen so gering, daß eine Rehalogenierung sehr wahrscheinlich wird und die Bildung von stabilen Entwicklungskeimen verhindert.

Eine andere Erklärung des Reziprozitätsfehlers könnte davon ausgehen, daß durch die Defektelektronen irgendwelche Reifzentren zerstört werden, wodurch die Bildung von neuen Keimen nur durch spontane Keimbildung möglich ist. Bei niedriger Lichtintensität ist aber wegen der geringen mittleren Lebensdauer der sogenannten Subkeime (etwa 1 bis 3 Silberatome) die Wahrscheinlichkeit für die Bildung von stabilen Entwicklungskeimen sehr gering.

In der Literatur ist eine Reihe von wichtigen Solarisationseffekten beschrieben, die im folgenden im Sinne der in dieser Arbeit dargestellten Modellvorstellungen gedeutet werden sollen.

Die von LÜPPO-CRAMER [11] beschriebene Verstärkung des Solarisationseffektes durch Einwirkung von Brommolekülen auf die photographische Schicht vor der Belichtung kann durch einen Verbrauch des Halogenakzeptors erklärt werden. Dadurch wird das Konzentrationsgefälle des Broms in die umgebende Phase verringert, und der Anteil der abdiffundierenden Defektelektronen geht zurück. Aus diesem Grund setzt die Rehalogenierung der Oberflächenkeime bereits bei kleineren Belichtungswerten ein. Das Ausbleiben der Solarisation bei tiefen Temperaturen (—120 °C) könnte in Übereinstimmung mit EVANS und WEBB [*12*] dadurch erklärt werden, daß die Rehalogenierungsreaktion bei diesen Temperaturen sehr langsam abläuft und dadurch kaum in Erscheinung tritt.

Daß ein sogenannter Totalentwickler die Solarisation im wesentlichen aufhebt, dürfte ein sekundärer Effekt sein. Wie schon erwähnt worden ist, wird die Solarisation im allgemeinen nur bei Oberflächenentwicklung beobachtet. Ein Totalentwickler enthält jedoch Silberhalogenidlösungsmittel und ist dadurch in der Lage, die Innenkeime freizulegen und zu entwickeln.

Interessant ist, daß nach STERRY [*13*] bei physikalischer Entwicklung nach der Fixage eine schwache Umkehr der Schwärzungskurve zu beobachten ist. Durch den besonderen Charakter der physikalischen Entwicklung ist die Schwärzung — abgesehen von Entwicklungszeit, Silberauftrag usw. — eine Funktion der Zahl der Entwicklungskeime. Da aber deren Zahl nach KLEIN [*14*] im Solarisationsgebiet abnimmt, ist das Auftreten einer schwachen Solarisation verständlich. Ein Rückgang der niedrigsten Schwärzung im Solarisationsgebiet auf Null, wie er bei Oberflächenentwicklung beobachtet werden kann, ist bei physikalischer Entwicklung nach der Fixage nicht zu erwarten, da die entwickelten Innenkeime ebenfalls zur Schwärzung beitragen.

4. Experimenteller Teil

4.1. Durchführung der Messungen

Die Herstellung von Emulsionen einheitlicher Kornform und -größe erfolgte nach einer von KLEIN und MOISAR [*1*] beschriebenen Methode, nach der unter festgelegten Versuchsbedingungen (p_{Ag}-Wert, Temperatur usw.) auf schon vorhandene Primärkeime weiter Silberbromid aufgefällt wird, wobei jede neue Keimbildung verhindert wird. Dadurch lagert sich die gesamte zugefügte Silberhalogenidmenge statistisch an alle Keime, und man ist auf diese Weise in der Lage, Kristalle beliebiger Größe (Kantenlänge 0,15 μ bis 3,0 μ) herzustellen, indem man einfach die Menge des aufzufällenden Silberhalogenids berechnet. Die Form der Silberhalogenidkristalle läßt sich durch geeignete Wahl der Versuchsbedingungen zwischen kubisch und oktaedrisch (sowie Zwischenformen) variieren. Kristallform und -größe lassen sich durch elektronenmikroskopische Aufnahmen (Kohleabdruckverfahren [*15, 16*]) sehr genau feststellen und kontrollieren.

Die vorliegenden Untersuchungen wurden an Emulsionen durchgeführt, deren Kantenlänge (bei kubischer Kristallform) zwischen 0,17 μ und 1,1 μ lag, wobei sich die jeweiligen Kantenlängen der einzelnen Emulsionen um den Faktor $\sqrt[3]{2}$ (=Volumenverdoppelung) unterschieden. Die Silberbromidemulsionen wurden der einfacheren Bearbeitung wegen mit einer Filmgießmaschine im diskontinuierlichen Verfahren auf Filmbahnen aus Cello aufgezogen. Der Silberauftrag betrug 5 g Ag/m². Dieser Auftrag hatte sich nach eingehenden Vorversuchen als der günstigste erwiesen, da er eine genügend große, also gut auswertbare Schwärzung liefert, ohne daß irgendwelche Schichtdickeneffekte in Erscheinung treten.

Die Belichtung der Filmstreifen erfolgte mit einer Belichtungsapparatur der Firma Ernst Hermann, Berlin-Lichterfelde. Diese Apparatur, die mit einem Fallverschluß versehen ist, erlaubte Belichtungszeiten von 0,02 sec und 0,1 sec, sowie Zeitbelichtungen. Als Lichtquelle diente eine Quecksilberhochdrucklampe HQA 300 der

Firma Osram, die in einem Abstand von 0,75 m vom zu belichtenden Streifen angebracht war. Die Belichtung erfolgte über einen DIN-Keil mit einem Schwärzungsumfang von drei logarithmischen Einheiten und einer Stufenkonstante von 0,1.

Die Entwicklung der belichteten Filmstreifen erfolgte nach verschiedenen Arten, um die Verteilung des latenten Bildes und damit auch die Solarisationserscheinung — ein enger Zusammenhang zwischen beiden wurde aufgrund der in der Literatur beschriebenen Ergebnisse vermutet — genau studieren zu können. Nach Arens und Nens [2] läßt sich die Solarisation nur bei Verwendung eines Oberflächenentwicklers beobachten. Um aber gleichzeitig auch das latente Innenbild studieren zu können, wurde das latente Oberflächenbild ausgebleicht und die Entwicklung in einem Totalentwickler durchgeführt. Aus einer Arbeit von Moisar und Wagner [6] geht hervor, daß das Bleichbad und der Oberflächenentwickler bei niedrigen Entwicklungszeiten im statistischen Mittel nicht tiefer als zehn bis fünfzehn Gitterebenen in den Emulsionskristall hinein wirksam sind. Die Temperatur der Bäder wurde, wenn nicht anders angegeben, bei 20 °C konstant gehalten. Die verwendeten Lösungen hatten folgende Zusammensetzung:

Oberflächenentwickler [17]:

Glycin	10 g
Na_2CO_3 wasserfrei	50 g

Mit Wasser auf 1000 ml auffüllen.

Totalentwickler [18]:

Lösung A:

Hydrochinon	12 g
Metol	3 g
Na_2SO_3 wasserfrei	45 g
KBr	4 g
Na_2CO_3 wasserfrei	50 g
Wasser	800 ml

Lösung B:

$Na_2S_2O_3$	20 g
Wasser	200 ml

Zum Gebrauch A und B mischen.

Bleichbad [19]:

Kaliumferricyanid	3 g
Phenosafranin	12 mg

Mit Wasser auf 1000 ml auffüllen

Fixierbad:

Natriumthiosulfat	300 g
Kaliumpyrosulfit	10 g
Wasser	1000 ml

Unterbrechungsbad:

Einprozentige Essigsäurelösung.

Für die Oberflächenentwicklung wurden die belichteten Filmstreifen, abgesehen von Untersuchungen, bei denen die Entwicklungszeit variiert wurde, vier Minuten im Oberflächenentwickler entwickelt. Zur Unterbrechung der Entwicklung wurden die Streifen in ein Stoppbad gegeben und nach kurzer Zwischenwässerung fünf Minuten fixiert.

Für die Entwicklung des latenten Innenbildes wurden die belichteten Filmstreifen zur Beseitigung des Oberflächenbildes fünf Minuten in der Bleichlösung gebadet und nach zehnminütiger Zwischenwässerung vier Minuten im Totalentwickler entwickelt. Die Weiterverarbeitung erfolgte dann in gleicher Weise wie bei der Oberflächenentwicklung.

5. Zusammenfassung

In der vorliegenden Arbeit wurde das Solarisationsverhalten von kubischen Silberbromidemulsionen untersucht, deren Kristalle aufgrund der Herstellungsbedingungen einen strukturell weitgehend ungestörten Aufbau aufwiesen, sowie durch einheitliche Kornform und -größe gekennzeichnet waren. Bei einer sehr engen Korngrößenverteilung unterschieden sich die verschiedenen untersuchten Emulsionen untereinander nur durch ihre Korngröße, wodurch besonders klare Ergebnisse erhalten wurden. Die experimentellen Untersuchungen zeigten, daß die Solarisation eine Funktion der Größe der Emulsionskristalle ist. Für die untersuchten Emulsionen war eine Mindestkorngröße (0,4 μ Kantenlänge) für das Auftreten der Solarisation erforderlich. Im Korngrößenbereich von 0,4 μ bis 0,7 μ wurde das Solarisationsverhalten immer ausgeprägter. Kristalle einer Kantenlänge von größer oder gleich 0,7 μ solarisierten so stark, daß die Schwärzungskurve nach Durchlaufen eines Maximums im Solarisationsgebiet bis auf eine Schwärzung von Null zurückging.

Die kritische Korngrößenebene für das Auftreten der Solarisation konnte durch einen anderen Kristallaufbau durch Sensibilisierung verändert werden. Nach einer Innensensibilisierung zeigten Emulsionen eine schwache Solarisation, die im unbehandelten Zustand aufgrund ihrer Größe noch nicht solarisierten.

Andererseits wurde beobachtet, daß durch eine Oberflächensensibilisierung mit $S_2O_3^{--}$-Ionen die Solarisation erschwert wird. So lag z. B. die niedrigste Schwärzung im Solarisationsgebiet bei oberflächensensibilisierten Emulsionen höher als bei unsensibilisierten Emulsionen gleicher Korngröße.

Bei Belichtung mit anderen Strahlenarten (z. B. mit β-Strahlen) zeigten nur die Emulsionen eine Solarisation, die aufgrund der Größe ihrer Kristalle bei Langzeitbelichtung mit sichtbarem Licht solarisieren. Die Korngrößenabhängigkeit gilt auch für die Solarisation bei Blitzfolgebelichtung.

Für die Solarisation ist neben einer Mindestkorngröße auch eine Mindestbelichtungszeit erforderlich. So konnte z. B. nach einer Hochintensitäts-Kurzzeit-Belichtung keine Solarisation beobachtet werden, auch nicht bei den Emulsionen, die bei Langzeitbelichtung aufgrund ihrer Korngröße solarisierten.

Der Beginn der Solarisation ist mit einer besonders starken Zunahme des Innenbildes gekoppelt.

Für die Deutung der experimentellen Ergebnisse wurde ein Modell diskutiert, das die sogenannte Rehalogenierungstheorie zum Inhalt hat.

Durch eine Belichtung werden in einem Silberbromidkristall gleich viel Elektronen und Defektelektronen erzeugt. Die Defektelektronen wandern zum größten Teil zur Oberfläche der Kristalle. Durch Abdiffusion in die umgebende Phase und durch Reaktion mit einem Halogenakzeptor wird ein Teil der Defektelektronen verbraucht. Eine bestimmte Menge von Elektronen, die der Zahl der verschwundenen Defektelektronen äquivalent ist, wird an der Oberfläche und im Kristallinneren eingefangen

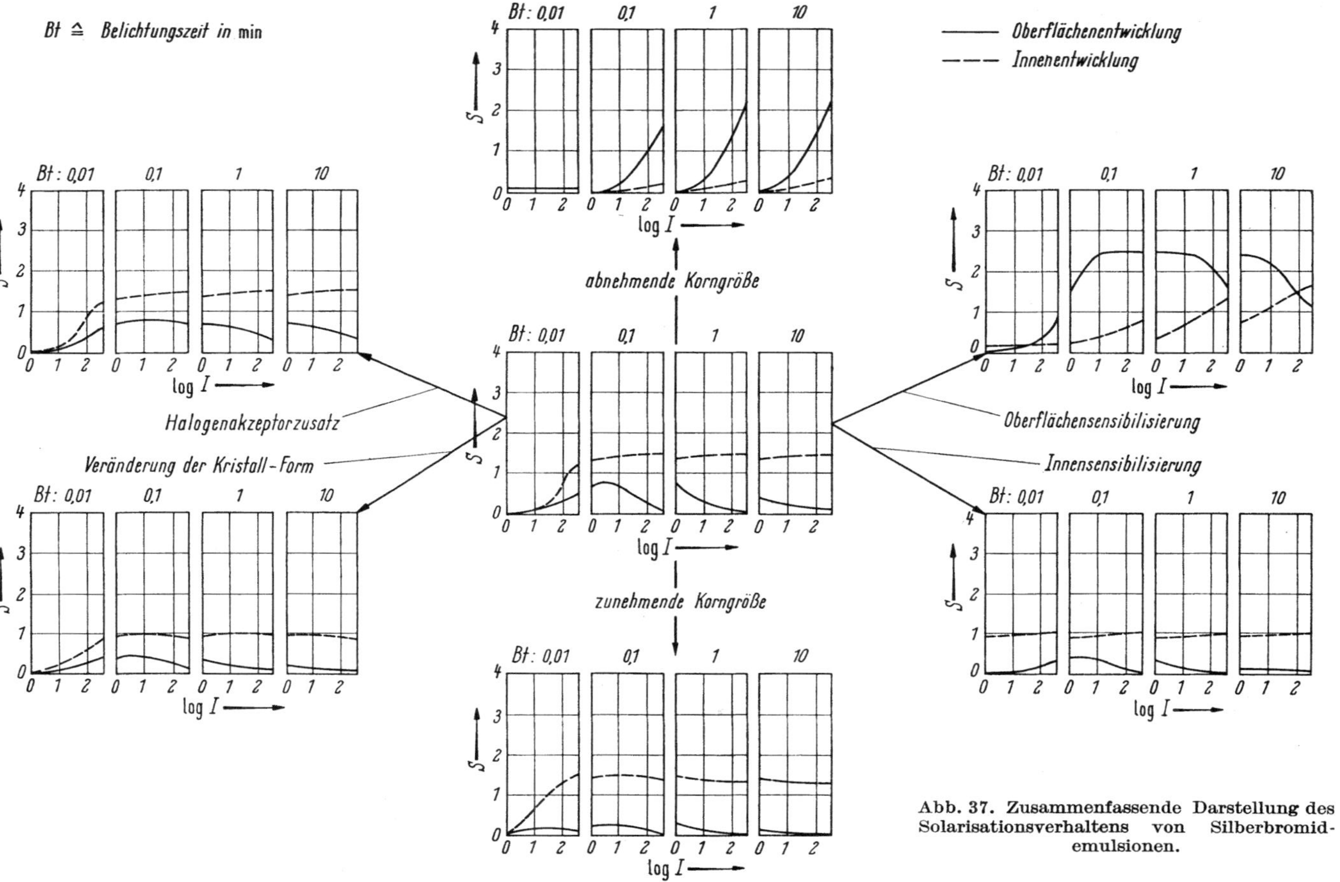

Abb. 37. Zusammenfassende Darstellung des Solarisationsverhaltens von Silberbromidemulsionen.

und bildet Silber. Es stellt sich ein bestimmtes Verhältnis von Oberflächen- zu Innenbild ein. Nach Verbrauch des Halogenakzeptors übersteigt im Oberflächenbereich die Zahl der Defektelektronen die der Elektronen, wodurch die zu Beginn der Belichtung gebildeten Silberatome durch Rehalogenierung abgebaut werden. Alle Effekte, die in die Rekombination, in den Abtransport der Defektelektronen oder in das Verhältnis von Oberflächen- zu Innenbild eingreifen, beeinflussen damit auch die Solarisation.

In der Abb. 37 sind noch einmal die wichtigsten Faktoren zusammengefaßt, die einen Einfluß auf das Solarisationsverhalten photographischer Silberbromidemulsinen ausüben.

Den Mitarbeitern des wissenschaftlichen Laboratoriums, besonders den Herren Dr. J. Eggers, Dr. R. Matejec und Dr. E. Moisar danken wir für die Unterstützung und für die wertvollen Diskussionen.

Literatur

[1] Klein, E. u. E. Moisar: Z. Elektrochem. **67**, 349 (1963).
[2] Arens, H. u. U. Nens: Z. wiss. Phot. **52**, 226 (1958).
[3] Sauvenier, H.: Sci. Ind. Phot. **19**, 282 (1948).
[4] Klein, E. u. J. Eggers: Züricher Konf. 1961.
[5] Meidinger, W.: Phys. Z. **38**, 564 (1937)
[6] Moisar, E. u. S. Wagner: Z. Elektrochem. **67**, 356 (1963).
[7] Mitchell, J. W.: „Die photogr. Empfindlichkeit". Phot. Korr. 1. Sonderh. 1957.
[8] Tomamichel, F.: Diss. Zürich 1961.
[9] Wagner, C.: Z. Phys. Chem. **32**, 447 (1936).
[10] Eggers, J., E. Moisar u. S. Wagner: im gleichen Band.
[11] Lüppo-Cramer, H.: Z. Phys. **29**, 387 (1924).
[12] Evans, J. H. u. C. H. Webb: JOSA **30**, 445 (1951).
[13] Sterry, J.: Eders Jahrb. **13**, 289 (1899).
[14] Klein, E.: Z. Elektrochem. **62**, 870 (1958).
[15] Klein, E.: Hab.-Schrift Aachen 1958.
[16] Bradley, D. E.: Brit. J. appl. Ph. **5**, 2, 61 (1954).
[17] Sutherns, E. A. u. P. J. Hillson: J. Phot. Sci. **9**, 335 (1961).
[18] Stevens, G. W. W.: DP 848 909.
[19] Sutherns, E. A.: Koll.wiss. Phot. Zürich 1961.

Untersuchungen über die topographische Verteilung des latenten Bildes

Von E. Moisar

1. Einleitung

Eine Reihe photographischer Effekte, wie z. B. die Solarisation, der Clayden- und der Intensitäts-Umkehreffekt kann nur unter Berücksichtigung der Topographie des latenten Bildes [*1*, *2*] als Funktion der Korneigenschaften einerseits, der unterschiedlichen Wirkung verschiedener Belichtungsarten andererseits verstanden werden. Hierbei ist unter Korneigenschaften neben der geometrischen Größe vor allem die Art und die Anzahl der Reifkeime sowie deren Topographie im Korn gemeint. Die photographische Wirkung einer vom Silberhalogenidkorn absorbierten Strahlung (Licht, γ-Strahlung, Korpuskularstrahlung) hängt bekanntlich nicht allein von der Summe der vom Korn aufgenommenen Quanten (bzw. von der ihr proportionalen Zahl von Elektronen/Defektelektronenpaaren) ab, sondern wird wesentlich auch von deren zeitlichem Angebot beeinflußt. Die vom Reziprozitätsgesetz geforderte Austauschbarkeit von Belichtungszeit und -intensität gilt meist nur in relativ schmalen Bereichen.

Wird bei sehr geringen Intensitäten während langer Zeitspannen belichtet, tritt — vermutlich wegen der Instabilität der intermediär gebildeten, noch nicht entwickelbaren Keime — ein Niedrigintensitätsfehler auf, dessen Vorhandensein gerade als Beweis für den mehrstufigen Aufbau des latenten Bildes aufgefaßt wurde. Umgekehrt kann bei sehr kurzen Belichtungszeiten und hohen Intensitäten, z. B. durch erhöhte Rekombination, ebenfalls die Quantenausbeute erheblich vermindert werden. Nicht nur die Menge des gebildeten latenten Bildsilbers (das nicht direkt bestimmt werden kann) unterscheidet sich demnach bei den einzelnen Belichtungsarten, es ist auch die photographische Wirkung einer chemischen Reifung stark von der Intensität und der Dauer der Belichtung abhängig.

Ein erheblicher Nachteil der meisten bisher durchgeführten Untersuchungen über die Intensitätsabhängigkeit der Bildbildung und der Reifung bestand in der Inhomogenität der verwendeten photographischen Emulsionen. Die Ursache für die Inhomogenität ist primär in der Korngrößenverteilung der Emulsion zu suchen, die sich auf zweierlei Weise störend bemerkbar macht: Die einzelnen Korngrößenklassen haben infolge ihrer unterschiedlichen Einfangquerschnitte selbst bei einer angenommenen identischen Quantenempfindlichkeit verschiedene praktische Empfindlichkeiten, wodurch manche, von der Intensität abhängige photographische Effekte unscharf oder u. U. überhaupt nicht beobachtet werden können. Ferner muß man erwarten, daß bei heterodispersen Emulsionen die Körner der einzelnen Größenklassen unterschiedliche Zusammensetzung [*3*] besitzen und gegebenenfalls untereinander in ihrem Reifzustand erheblich differieren können.

In der vorliegenden Arbeit wird die Bildung und topographische Verteilung des latenten Bildes bei verschiedenen Belichtungsarten untersucht. Die hierzu verwendeten Emulsionen sind dadurch ausgezeichnet, daß sie praktisch keine Korngrößenverteilung besitzen. Da sämtliche Emulsionskristalle während der Fällung unter identischen Bedingungen gleichmäßig durch geregelten Doppeleinlauf gewachsen sind, ist die Gewähr gegeben, daß Oberflächenbeschaffenheit und Zusammensetzung sämtlicher Emulsionskörner weitgehend übereinstimmen.

Die Herstellung der homodispersen Emulsionen ist prinzipiell in [*4*] beschrieben; die Belichtung erfolgte je nach der erforderlichen Intensität und Belichtungszeit mit Glühlampenlicht, mit dem Licht einer Jod-Quarzlampe sowie mit Elektronenblitzen, deren Entladungszeit durch Maßnahmen an der Schaltung variiert wurde. Die Teilchenbelichtungen wurden mit β-Strahlung eines ^{85}Kr-Präparates sowie in einem Elektronenmikroskop mit 80 kV durchgeführt. Die Verarbeitung ist in [*1*] ausführlich angegeben.

2. Experimentelle Ergebnisse

2.1. Prüfung der Tiefenwirkung von Oberflächenentwicklern und Bleichbädern

Eine Unterscheidung von Oberflächen- und Innenbild wird üblicherweise dadurch vorgenommen, daß das Oberflächenbild in einem Entwickler entwickelt wird, der frei von Silberhalogenid-Lösungsmitteln ist. Das latente Bild im Korninneren wird andererseits dadurch nachgewiesen, daß zunächst das latente Oberflächenbild oxydativ zerstört wird, worauf Innenentwicklung in einem mit Thiosulfat versetzten, lösenden Entwickler erfolgt. Die Voraussetzung für einwandfreie Ergebnisse ist jedoch die bisher nicht sicher bewiesene Annahme, daß sowohl der Oberflächenentwickler wie auch das Bleichbad in ihrer Wirkung tatsächlich auf die Oberfläche der Körner beschränkt sind. Daß diese Annahme zu Recht besteht, kann dadurch bewiesen werden [*1*], daß man auf eine an den Kornober-

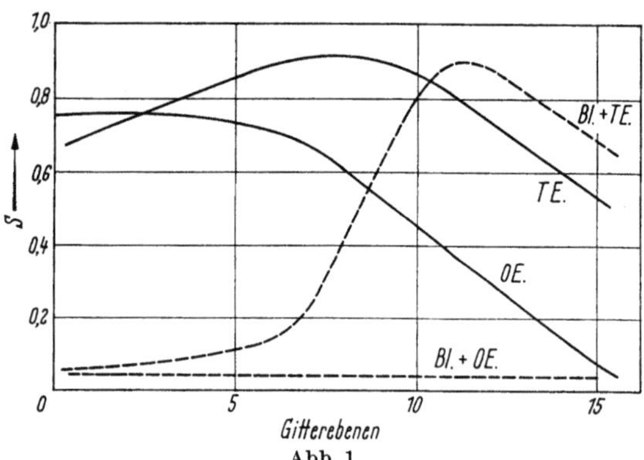

Abb. 1

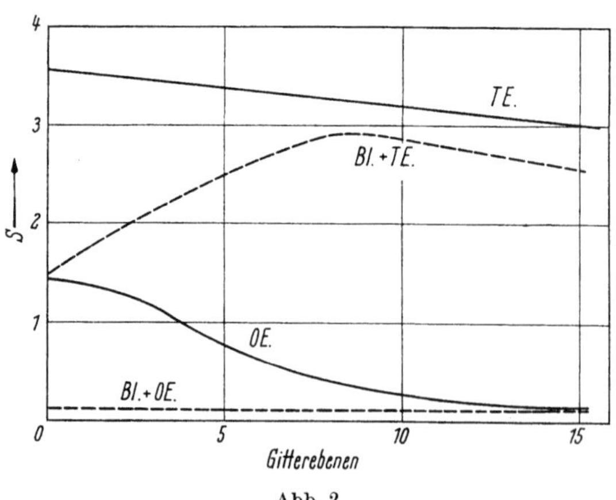

Abb. 2

Abb. 1 u. 2. Entwickelbare Schwärzung verschleierter AgBr-Emulsionen als Funktion der nach Verschleierung aufgefällten Hüllenstärke
OE: Oberflächenentwicklung
BI + *OE*: gebleicht, dann OE
TE: Tiefenentwicklung
BI + *TE*: gebleicht, dann TE
Abb. 1. chemisch verschleiert
Abb. 2. optisch verschleiert

flächen durch schwache Reduktion leicht verschleierte homodisperse AgBr-Emulsion derart weiteres AgBr auffällt, daß die ursprünglich verschleierten Kornoberflächen nunmehr von einigen weiteren Gitterlagen AgBr bedeckt sind. Die in verschiedenen Entwicklern erzielte Schwärzung von Schichten solcher Emulsionen ist in Abb. 1 als Funktion der Stärke der pro Korn aufgefällten AgBr-Hüllen dargestellt.

Schon nach dem Aufwachsen von — im Mittel — wenigen Gitterebenen ist die Bedeckung der ursprünglichen latenten Oberflächenbildkeime so vollständig, daß die Zahl der im Oberflächenentwickler entwickelbaren Körner absinkt. Bei im Mittel 15 Gitterebenen ist die Aufwachsstatistik bereits so gut, daß sämtliche ehemaligen Oberflächenbildkeime in das Korninnere verlegt sind und im Oberflächenentwickler praktisch keine Körner mehr entwickelt werden können. Das latente Bild ist natürlich unverändert vorhanden, wie die Entwicklung im Totalentwickler zeigt, und ist nicht etwa durch die Auffällung zerstört worden. Einen zur Oberflächenentwicklung gegenläufigen Gang hat eine Kombination von Tiefenentwicklung mit vorangegangener oxydativer Bleichung der Oberfläche: Ohne Aufwachshülle wird das chemisch erzeugte Oberflächenbild wegoxydiert, während eine AgBr-Hülle es vor dem Angriff des Oxydationsmittels schützt. Man kann daraus unter Berücksichtigung einer gewissen Aufwachsstatistik folgern, daß nur diejenigen latenten Bildkeime von einem Oberflächenentwickler entwickelt werden können und daher nur als nachweisbare Oberflächenkeime zu bezeichnen sind, die sich direkt auf der Kornoberfläche oder allenfalls in einer Tiefe von ganz wenigen Gitterebenen unterhalb der Oberfläche befinden. Auf den gleichen Bereich beschränkt bleibt auch die Wirkung von Silberoxydationsmitteln.

Verschleiert man die Emulsionskörner nicht wie vorhin chemisch, sondern dadurch, daß man die flüssige Emulsion mit aktinischem Licht bestrahlt und anschließend daran wieder eine Hülle auffällt, so erhält man nach dem Vergießen und Entwickeln im Prinzip ein ähnliches Bild (Abb. 2). Der einzige wesentliche Unterschied besteht darin, daß ohne Aufwachshülle nach vorherigem Bleichen bei Tiefenentwicklung noch ein deutlicher Schleierwert erhalten wird. Das ist auch verständlich, denn durch die Belichtung sind latente Bildkeime nicht nur an der Oberfläche, sondern auch im Korninneren entstanden, die vom Oxydationsmittel nicht erreicht werden.

2.2. Topographie des latenten Bildes in weitgehend reifkeimfreien AgBr-Körnern

Das sensitometrische Verhalten homodisperser, ungereifter AgBr-Emulsionen ist bei Oberflächenentwicklung aus Abb. 3 für vier Emulsionen unterschiedlicher Korngröße ersichtlich. Die Schwärzungen sind in Abb. 3 und der folgenden Abb. 4 jeweils auf die bei Blitzbelichtung und Oberflächenentwicklung maximal entwickelbare Schwärzung normiert. Bei Niedrigintensitätsbelichtung tritt oberhalb einer Korngröße von ca. 0,4 μ [5] Solarisation auf, die mit zunehmender Korngröße ausgeprägter wird.

Bei Blitzbelichtung und Innenentwicklung (Abb. 4) werden Schwärzungskurven erhalten, die phänomenologisch zunächst den Solarisationskurven zu ähneln scheinen. Jedoch nimmt dieser Innenbild-Umkehreffekt im Gegensatz zur Solarisation mit zunehmender Korngröße ab. Die Innenbild-Umkehr bei hohen Intensitäten (Blitzbelichtung) wird durch Änderungen an der Phasengrenze Korn/Zwischenphase beeinflußt: So wird z. B. durch Zusatz eines Halogenakzeptors die Maximalschwärzung bei Innenentwicklung erhöht (Abb. 5). Auf die Ausbildung der Schwärzungskurve bei Blitzbelichtung und Oberflächenentwicklung übt dabei der Halogenakzeptor keinen wesentlichen Einfluß aus.

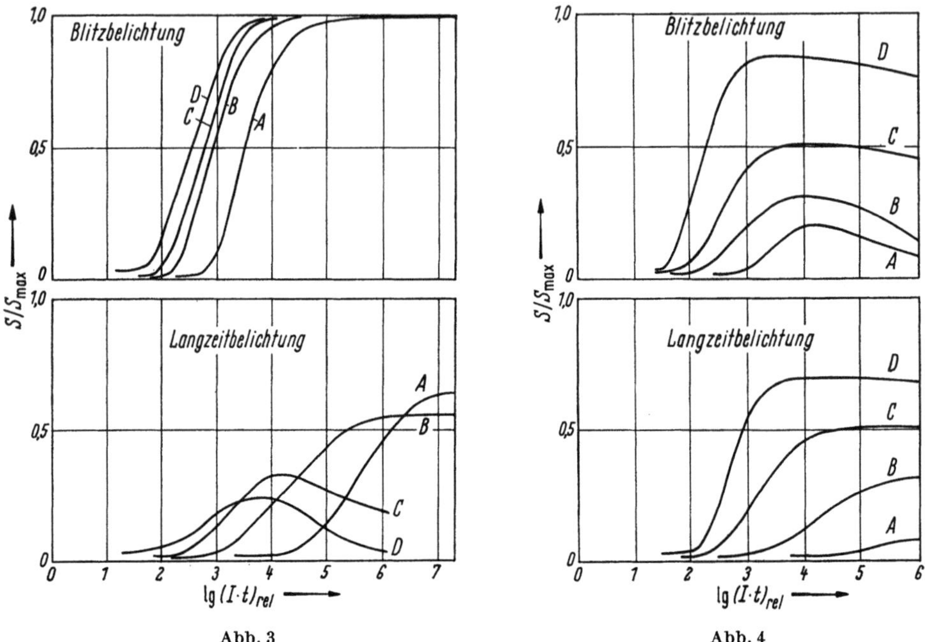

Abb. 3 Abb. 4

Abb. 3 u. 4. Schwärzungskurven von vier AgBr-Emulsionen bei Blitzbelichtung (oberes Teilbild) bzw. Niedrig-Intensitätsbelichtung (unten).
Ungefähre Korngrößen: $A = 0{,}18\ \mu$; $B = 0{,}30\ \mu$; $C = 0{,}50\ \mu$; $D = 0{,}80\ \mu$.
Abb. 3. Oberflächenentwicklung, Abb. 4. Innenentwicklung.

Der Einfluß eines in das Korn eingebauten Defektelektronenakzeptors ist in Abb. 6 dargestellt. Während nach Schwefelreifung an der Korn*oberfläche* die Bildung eines durch Tiefenentwicklung nachweisbaren Innenbildes fast ganz zurückgeht, wird durch Einbau von Ag_2S *in* das Korn [*1*] die Innenbild-Umkehr nach Blitzbelichtung und Innenbelichtung beseitigt. Die Schwellenwerte der nach Oberflächenentwicklung erhaltenen Schwärzungskurven sind praktisch identisch, jedoch verläuft die Kurve bei der Emulsion C_{BS} (Ag_2S-Keime im Korninneren) deutlich flacher.

Der Einfluß des p_{Ag}-Wertes der Emulsion vor dem Beguß auf die nach Blitzbelichtung und Innenentwicklung erhaltene Schwärzungskurve geht aus Abb. 7 hervor. Die Maximalschwärzung durchläuft bei Variation des p_{Ag}-Wertes bei etwa 8,8 ein Minimum; auch hier ist außer einer geringen Verflachung bei p_{Ag}-Erhöhung kein wesentlicher Einfluß auf die Schwärzungskurve bei Oberflächenentwicklung festzustellen.

In Abb. 8 wird die Wirkung verschiedener Belichtungsarten für Oberflächen- und Innenentwicklung bei Emulsion C verglichen. Um einen für alle Belichtungsarten übereinstimmenden Abszissenmaßstab zu erhalten, wurden die einzelnen Schwärzungskurven (nach Oberflächenentwicklung) derart entlang der $\log(J \cdot t)$-Achse verschoben, daß die Kurvenfußpunkte übereinstimmten. Um den gleichen Betrag

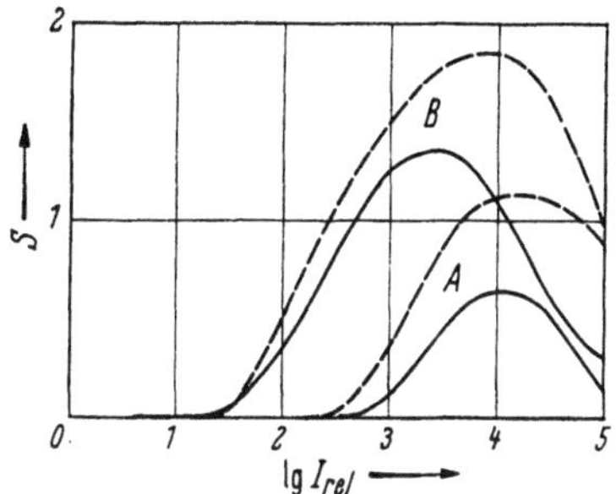

Abb. 5. Innenbildumkehr von zwei AgBr-Emulsionen unterschiedlicher Korngröße (A = 0,18 μ; B = 0,30 μ). Blitzbelichtung 10^{-3} sec; Innenentwicklung.
o——o ohne Bromakzeptor,
o·······o mit einem Säurehydrazid als Halogenakzeptor.

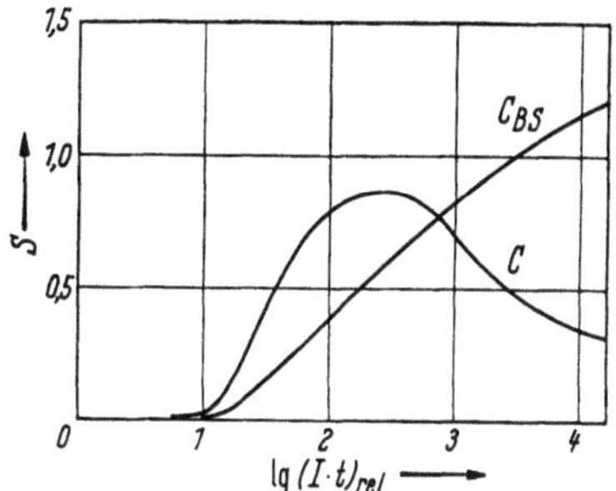

Abb. 6. Schwärzungskurven nach Blitzbelichtung (0,8 · 10^{-3} sec) und Innenentwicklung für eine Emulsion mit Ag_2S-Keimen im Korninnern (Emulsion C_{BS}) und die Vergleichsemulsion C ohne Innenkeime.

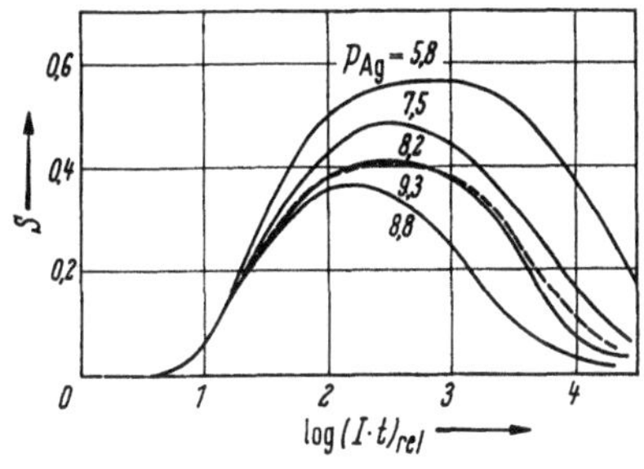

Abb. 7

Abb. 7. Innenbildumkehr als Funktion des pAg-Wertes der Emulsion (als Parameter angegeben). Blitzbelichtung, 0,8 · 10^{-3} sec; Innenentwicklung.

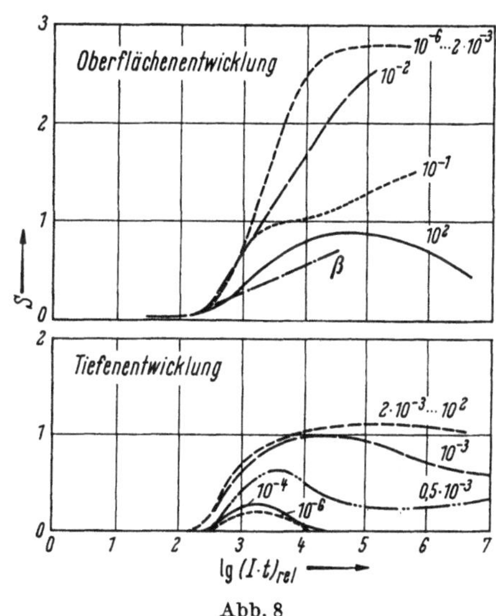

Abb. 8

Abb. 8. Schwärzungskurven der Emulsion C (0,50 μ) für die als Parameter angegebenen Belichtungszeiten in sec; Oberflächen- (oben) und Innenentwicklung (unten).

wurden die Schwärzungskurven nach Innenentwicklung, sowie diejenigen der Abb. 11 gegeneinander verschoben. Bei kurzen Belichtungszeiten (10^{-6} bis $2 \cdot 10^{-3}$ sec) liegen die Schwärzungskurven bei Oberflächenentwicklung praktisch aufeinander, um bei längeren Belichtungszeiten abzuflachen und schließlich in die Langzeit-Solarisationskurve überzugehen. Mit abnehmender Belichtungszeit nimmt die Innenbild-Umkehr stark zu. Bei 10^{-6} sec Belichtungszeit ist nur noch eine sehr geringe Zahl von Körnern bei mittleren Intensitäten im Innenentwickler entwickelbar; bei β-Bestrahlung kann überhaupt kein Innenbild nachgewiesen werden.

Ein charakteristischer Unterschied zwischen Kurzzeit- und Langzeitbelichtung besteht bekanntlich darin, daß nur nach Langzeitbelichtung Solarisation auftritt. Es konnte jedoch gezeigt werden [*6*, *7*], daß bei Belichtung mit einer Folge von Blitzen solarisationsartige Effekte zu beobachten sind, die zu Schwärzungskurven mit gegebenenfalls mehreren Maxima und Minima führen. Bei Belichtung mit einer sehr großen Zahl von Einzelblitzen werden schließlich Schwärzungskurven mit nur einem Maximum erhalten, die prinzipiell denen nach einer Langzeitbelichtung gleichen. Auch durch ionisierende Partikel tritt bei hohen Strahlungsdosen Solarisation auf (Abb. 9).

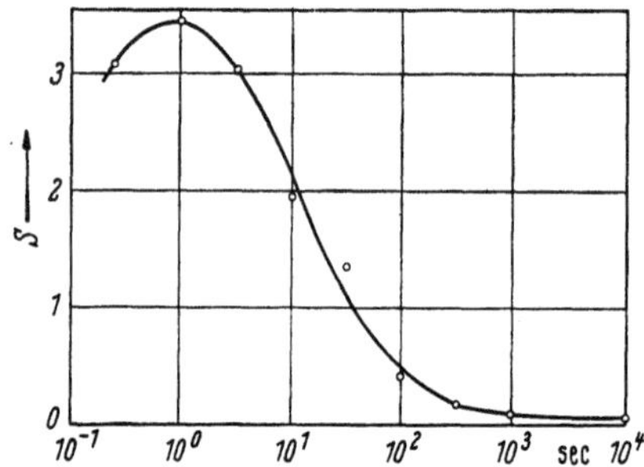

Abb. 9. Solarisation nach Elektronenbestrahlung (80 kV) Emulsion *D*, Oberflächenentwicklung

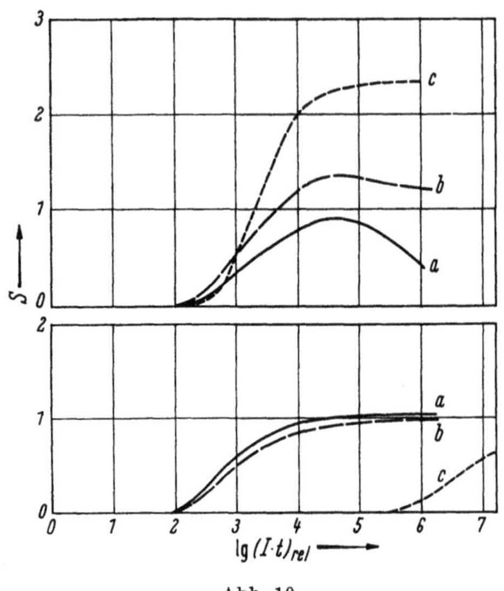

Abb. 10

Abb. 10. Schwärzungskurven nach Niedrigintensitätsbelichtung und Oberflächen- (oberes) bzw. Innenentwicklung (unteres Teilbild)
a unbehandelte Vergleichsemulsion;
b Thiosulfat als Gießzusatz;
c mit Thiosulfat bei 50 °C gereift.

2.3. Topographie des latenten Bildes in Gegenwart von Reifkeimen

Durch die Gegenwart von Reifkeimen wird die topographische Verteilung des latenten Bildes gegenüber derjenigen in reifkeimfreien Emulsionskörnern verändert. Aus Abb. 10 ist der Einfluß einer Schwefelreifung zu ersehen. Zugabe von Thiosulfat *ohne* thermische Behandlung (Reifung) führt bei unverändertem Innenbild zu einer Erhöhung der maximalen Schwärzung bei Oberflächenentwicklung (Abb. 10b). Diese Wirkung ist insofern reversibel, als durch einfaches Extrahieren mit verdünnter KBr-Lösung das Thiosulfat restlos entfernt werden kann, worauf die nun erhaltene Schwärzungskurve bei Oberflächenentwicklung wieder derjenigen der Ausgangsemulsion (Abb. 10a) entspricht. Nach thermischer Behandlung ist ein irreversibler Reifeffekt zu beobachten; er äußert sich vor allem dadurch, daß nunmehr die Bildung eines entwickelbaren Innenbildes (Abb. 10c) stark unterdrückt wird.

Die Wirkung von Gold-Reifkeimen im Korninneren auf die Form der Schwärzungskurven ist für Innen- und Oberflächenentwicklung unter den gleichen Belichtungsbedingungen wie bei Abb. 8 in Abb. 11 dargestellt. Die verwendete Emulsion entsprach derjenigen von Abb. 8 in der Korngröße, nur befanden sich im Korninneren in einer Tiefe von ca. 0,1 μ unterhalb der Kornoberfläche die erwähnten Reif-

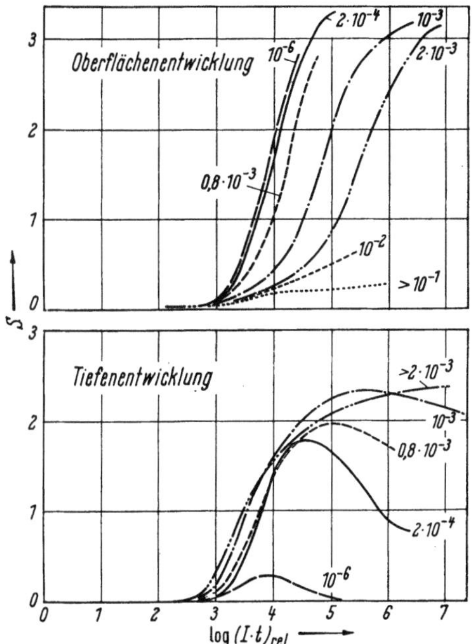

Abb. 11. Schwärzungskurven einer Emulsion C_{BG} (0,50 μ) mit Gold-Reifkeimen im Korninneren. Der absolute Abszissenmaßstab entspricht demjenigen der Abb. 8 für die einzelnen Belichtungsarten; Oberflächen- (oben) und Innenentwicklung (unten).

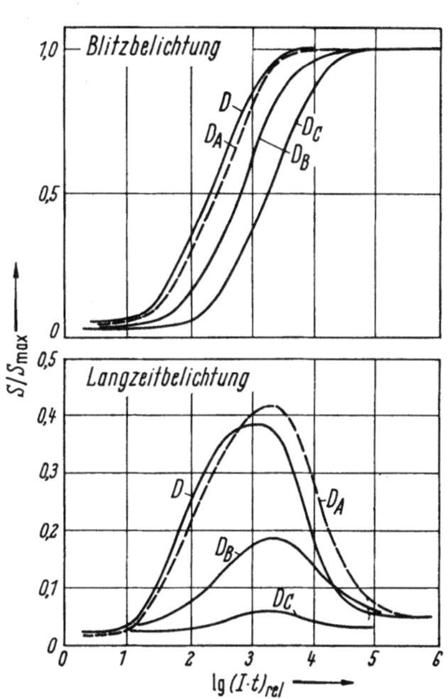

Abb. 12. Schwärzungskurven nach Niedrigintensitätsbelichtung und Oberflächenentwicklung. Emulsionen: D = Vergleichsemulsion; D_A, D_B, D_C: Emulsionen mit Gold-Innenkeimen in einer Tiefe von ca. 0,2, 0,12 und 0,08 μ.

keime. Infolge Konkurrenz zwischen der Kornoberfläche und den tiefer gelegenen Empfindlichkeitszentren kommt es hier bei Langzeitbelichtung fast zu keinem Oberflächenbild. Diese Konkurrenz macht sich bei sehr kurzen Belichtungszeiten weniger bemerkbar, da die Schwärzungskurven bei Hochintensitätsbelichtung wieder denen der Abb. 8 entsprechen.

Schwärzungskurven bei Niedrigintensitätsbelichtung von Emulsionen mit Goldkeimen im Korninneren sind in Abb. 12 dargestellt. Die Bezeichnungen D_A—D_C geben die Tiefe an, in der die Innenkeime unterhalb der Kornoberfläche liegen.

3. Diskussion der Versuchsergebnisse

Eine Diskussion der photographischen Wirkung verschiedener Belichtungsarten (Niedrigintensität-, Kurzzeitbelichtung, ionisierende Partikel) sollte davon ausgehen, daß wohl ohne Zweifel die Bildung des latenten Bildes in allen Fällen nach dem prinzipiell gleichen Mechanismus erfolgt. Nach Absorption einer beliebigen Energieart wird mithin im Korn stets als Primärschnitt eine Anzahl Elektronen-/Defektelektronenpaare gebildet, deren räumliche Trennung und Einfang in geeigneten Fallen den anschließenden Sekundärschritt bildet. Speziell die Sekundärvorgänge, zu denen man auch die Rekombination von Elektronen und Defektelektronen zählen muß, sind in ihrem Ablauf in entscheidender Weise von der Konzentration und dem zeitlichen Angebot der primär gebildeten Ladungsträger abhängig. Eine vergleichende Untersuchung über die Bildung und Topographie des latenten Bildes bei verschiedenen Belichtungen kann verständlicherweise nicht durch eine direkte Messung des latenten Bildes erfolgen; man ist stets auf indirekte Schlußfolgerungen angewiesen. Bei den hier allein verwendeten homodispersen Emulsionen liegen die Verhältnisse jedoch insofern relativ günstig, da durch das Fehlen einer Größenverteilung sowie durch weitgehend identischen Kornaufbau aller Körner von der Beobachtung des Verhaltens vieler Emulsionskörner auf die Eigenschaften eines repräsentativen Durchschnittskorns direkt geschlossen werden kann. Die beobachteten Schwärzungskurven kann man demnach für eine prinzipielle Diskussion auch als die Wahrscheinlichkeitsfunktion auffassen, mit der ein Durchschnittskorn unter gegebenen Bedingungen entwickelbar geworden ist.

3.1. Niedrigintensitätsbelichtung

Bei Belichtung mit niedriger Intensität, also bei relativ geringem Elektronen- und Defektelektronenangebot, scheint die Topographie der Reifkeime entscheidend für die Verteilung des latenten Bildes zu sein. In chemisch ungereiften Emulsionen verteilt sich das latente Bild auf die Kornoberfläche und das Korninnere. Für eine Verteilung der Art, daß einige der Körner nur Oberflächen-, die anderen nur Innenbild ausbilden [*9*], liegen im Falle homodisperser Emulsionen keine Anzeichen vor. Mit zunehmender Korngröße — bei sonst gleicher Kornbeschaffenheit — wird aus Gründen der Korngeometrie der Anteil des Oberflächenbildes relativ geringer. Weitere Quantenabsorption führt daher vermehrt zur Bildung des Innenbildes, während die in äquivalenter Menge an die Kornoberfläche gelangenden Defektelektronen in ihrer Zahl weit über der Menge des Oberflächenbildes liegen [*5*] und dieses durch Rebromierung zerstören können (Abb. 3 u. 4). Das im Korninneren liegende latente Bild scheint demnach wohl als Elektronenfalle [*10*], nicht jedoch als Defektelektronenfalle wirken zu können: An der Kornoberfläche chemisch verschleierte Emulsionskörner zeigen bei Belichtung eine Solarisation des Oberflächenschleiers bei bereits wesentlich geringerer Quantenabsorption, wenn sie im Korn*inneren* zusätzlich mit Ag-Keimen versehen sind [*1*] (Abb. 13).

Würden die Ag-Keime im Korninneren bevorzugt Defektelektronen statt Elektronen einfangen, wäre das erwähnte Versuchsergebnis unverständlich. Die fehlende Reaktionsbereitschaft zwischen Defektelektronen und Ag-Keim im Korninneren kann wohl — wie Mitchell annimmt — durch die positive Überschußladung des Keimes infolge Adsorption von Zwischengittersilberionen bedingt sein.

Sehr wirksame Elektronenfallen werden durch Goldkeime im Korninneren gebildet, deren Anwesenheit die Bildung eines Oberflächenbildes bei Niedrigintensitätsbelichtung fast vollständig unterbindet (vgl. Abb. 11). Im Gegensatz zu den solarisierenden Emulsionen ohne Reifkeime (Abb. 3 und 8) kommt es hier noch nicht einmal intermediär zu einem Oberflächenbild, das anschließend rebromiert werden kann, da auch durch hohe Bromakzeptorkonzentrationen in der Schicht kein Oberflächenbild entwickelt wird. Einen interessanten Vergleich der Fallenwirkung innerer Keime als Funktion ihrer Lage innerhalb des Kornes gestattet die Abb. 12: Zwischen Kornoberfläche und inneren Fallen stellt sich ein „Verteilungsgleichgewicht“ für die Bil-

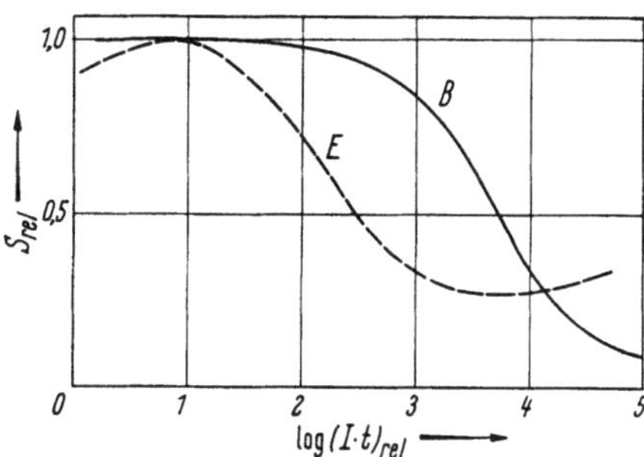

Abb. 13. Solarisation chemisch erzeugter Oberflächenschleierkeime durch Niedrigintensitätsbelichtung.
B: Vergleichsemulsion,
E: wie *B*, jedoch mit zusätzlichen, chemisch erzeugten Ag-Keimen im Korninneren.

dung des latenten Bildes ein, das sich mit zunehmender Entfernung der Fallen von der Kornoberfläche zugunsten der Oberfläche verschiebt; liegen die Fallen sehr tief im Korninneren (Emulsionen D_A), so „merken“ die Photoelektronen nichts von ihnen und verhalten sich wie im fallenfreien Korn der Vergleichsemulsion *D*.

3.2. Hochintensitäts(Kurzzeit)-belichtung

Das verschiedene Verhalten der Silberhalogenidkörner einer photographischen Schicht nach Langzeit- und nach Kurzzeitbelichtung muß durch den einzigen wesentlichen Unterschied beider Belichtungsarten — nämlich das Auftreten einer hohen Konzentration von Ladungsträgern während einer kurzen Zeitspanne — erklärt werden. Bekanntlich führt eine Kurzzeitbelichtung nicht zur Solarisation. Das muß aber bedeuten, daß sich das latente Bild an der Kornoberfläche erst zu einem Zeitpunkt in seiner endgültigen Verteilung gebildet haben kann, zu dem die Defektelektronen bereits den Kristall verlassen haben, da andernfalls (besonders bei großen Kristallen mit relativ kleiner Oberfläche im Verhältnis zum Kristallvolumen) ein Abbau des Oberflächenbildes unausweichlich wäre. Die in großer Zahl freigemachten Photoelektronen können im Korninneren und an der Oberfläche vorübergehend flache Fallen (z. B. Zwischengittersilberionen) besetzen, wobei vorausgesetzt wird [*11*], daß eine Rekombination von Defektelektronen und Elektronen in flachen Fallen unwahrscheinlich ist. Die Defektelektronen werden an der Kornoberfläche z. B. von Halogenionen [*10*] irreversibel eingefangen. Die im Korninneren in flachen Fallen sitzenden Elektronen werden wieder leicht in das Leitungsband abgegeben, um in weiteren wiederholbaren Schritten erneut flache Fallen zu besetzen. Sind relativ viel Zwischengittersilberionen und (bei nicht zu hoher Belichtungsintensität) relativ wenig Photoelektronen im Korn vorhanden, so kann eine besetzte Falle ein weiteres Zwischengittersilberion und anschließend ein zweites Elektron einfangen und damit stabiler werden. Bei sehr hohen Elektronenkonzentrationen stehen im Korninneren nicht genug Zwischengittersilberionen zur Verfügung, um stabile Keime und damit ein latentes Innenbild zu erzeugen. Die experimentell mit steigender Intensität beobachtete Abnahme (Abb. 4, 5 und 6 sowie [*9*]) der im Tiefenentwickler entwickelbaren Schwärzung nach Blitzbelichtung kann dadurch erklärt werden. Es besteht [*12*] ein Gleichgewicht zwischen der Zwischengittersilberion-Konzentration und der Ag^+-Konzentration in der den Kristall umgebenden Phase. Man kann demnach durch eine Erhöhung der Ag^+-Konzentration in der Zwischenphase die Menge der Zwischengittersilberionen im Kristall vermehren und damit die Bildung eines stabilen Innenbildes begünstigen. Wie Abb. 7 zeigt, wird auch tatsächlich die im Tiefenentwickler entwickelbare Schwärzung durch Erhöhung der Ag^+-Konzentration (p_{Ag}-Erniedrigung von 8,8 auf 5,8) erheblich größer — die „Innenbild-Umkehr" nimmt ab. Durch eine p_{Ag}-Erhöhung von 8,8 auf 9,3 (und darüber, was in Abb. 7 aus Gründen der Übersichtlichkeit nicht weiter eingezeichnet ist) nimmt die Schwärzung gleichfalls zu. Man könnte daran denken, daß durch Adsorption von Br^--Ionen an der Kornoberfläche das Einfangen von Defektelektronen erleichtert und damit die Rekombination im Korninneren verringert wird. Der gleiche Effekt kann durch einen Halogenakzeptor (Säurehydrazid; Abb. 5) erfüllt werden, der durch Abfangen des an der Kornoberfläche freigemachten Broms gleichfalls das Abwandern von Defektelektronen nach außen begünstigt.

Es sind mehrfach Versuche an Einkristallen in „sandwich-Anordnung" [*13, 14*], durchgeführt worden. Diese Kristalle bestanden aus zwei aufeinandergepreßten Kristallhälften, wobei an der dazwischenliegenden Grenzfläche eine Schicht anderer Zusammensetzung (z. B. Ag_2S, $[Ir\,Cl_6]^{3-}$ o. dgl.) aufgebracht war. Emulsionskristalle dieser Art mit schalenförmigem Aufbau wurden kürzlich beschrieben [*1*]. Die Wirkung einer im Korninneren in ca. 0,1 μ Tiefe befindlichen Ag_2S-Schicht auf die Bildung des Innenbildes bei Kurzzeitbelichtung ist in Abb. 6 dargestellt. Sulfidionen auf Gitterplätzen assoziieren zum Ladungsausgleich mit Zwischengittersilberionen ($S_G^- \; Ag_o^+$). Wird durch Einfang eines Defektelektrons [*15*] die eine negative Überschußladung beseitigt ($S_G^- + e \rightarrow S_G^o$), so wird das assoziierte Ionenpaar entkoppelt, das Zwischengittersilberion kann ein Elektron einfangen u. s. f. Die Fallenwirkung des Ag_2S für Elektronen ist also eine Folge des Defektelektroneneinfanges. Es kann sich folglich sowohl durch verringerte Rekombinationen wie durch Lieferung freier Zwischengittersilberionen vermehrt ein latentes Innenbild ohne Innenbildumkehr bilden, wie Abb. 6 zeigt.

Es wurde schon weiter oben auf die bekannte Tatsache hingewiesen, daß *eine* Blitzbelichtung bei Oberflächenentwicklung im allgemeinen in dem experimentell leichter zugänglichen Intensitätsbereich nicht zur Solarisation führt. Es entsteht stets ein Oberflächenbild, daneben je nach Intensität ein mehr oder weniger schwaches Innenbild. Dieses wirkt bei einem darauffolgenden Blitz als Elektronenfalle und tritt in Konkurrenz zum Oberflächenbild. Mit zunehmender Zahl an folgenden Blitzen verstärkt sich die Menge und damit die Fallenwirkung des Innenbildes weiter, bis schließlich mehr Elektronen im Korninneren als an der Oberfläche pro Blitz gebunden werden. Damit treten aber nun Defektelektronen im Überschuß an der Kornoberfläche auf, womit die experimentell auch erwiesene Voraussetzung zur Solarisation gegeben ist. Bei sehr hohen Intensitäten werden in den Schwärzungskurven bei Blitzfolgebelichtung Gebiete beobachtet, in denen die Solarisation ausbleibt. Das wurde auf eine „spontane Keimbildung“ zurückgeführt. Darunter soll der experimentell zu beobachtende Befund verstanden werden, daß von einer besonders hohen Intensität ab die Fallenwirkung normaler Elektronenfallen (z. B. Reifkeime oder Bildkeime im Korninneren) nicht ins Gewicht fällt und sich stets ein Oberflächenbild ziemlich unabhängig von den tiefer liegenden Fallen ausbildet. Die Ursache dafür kann zwanglos im Anschluß an die Mitchell'schen Vorstellungen darin gesehen werden, daß die bei hohen Intensitäten *und* kurzen Belichtungszeiten durch Defektelektroneneinfang durch Br^--Ionen an der Oberfläche massenhaft freiwerdenden Zwischengittersilberionen (s. o.) am Entstehungsort mit den zuwandernden Photoelektronen zum latenten Bild zusammentreten. Die Fallenwirkung innerer Reifkeime o. dgl. ist dabei gering, vorausgesetzt, daß der Vorgang sich in kurzen Zeiten abspielt; verlängert man die Belichtungszeit, so geht das hohe zeitliche Angebot an Zwischengittersilberionen zurück, die Fallenwirkung anderer (innerer) Keime nimmt zu und die Bildung eines latenten Oberflächenbildes geht zurück. In diesem Sinne ist die Schar von Schwärzungskurven der Abb. 8 und 11 zu deuten. Mit kürzer werdender Belichtungszeit tritt in Abb. 11 die Wirkung der inneren Goldkeime immer mehr zurück; interessant ist, daß hier trotz innerer Elektronenfallen (Au-Keime) bei kurzen Belichtungszeiten ebenfalls — wie in der Vergleichsemulsion ohne Innenkeime (Abb.8) — die Innenbildumkehr auftritt.

3.3. Teilchenbestrahlung

Grundsätzlich ist eine Einwirkung ionisierender Teilchen einer extrem kurzen Lichtbelichtung gleichzusetzen [*8*, *16*]; die Dauer entspricht der Zeitspanne des Teilchendurchganges durch das Korn von 10^{-13}—10^{-14} Sekunden. Da u. U. Energieverluste von mehreren hundert eV pro Korn entstehen, werden enorme zeitliche Ladungsträgerkonzentrationen auftreten. Es sollte prinzipiell das für kurze Belichtungszeiten in Abschnitt 32 Diskutierte auch für Teilchenbestrahlung gelten. In der Tat wird bei der Emulsion C_{BG} (Goldkeime im Inneren) nach Elektronenbestrahlung ein Oberflächenbild wie nach Blitzbelichtung beobachtet. Ein Innenbild tritt in den Emulsionen C (Abb.8) und C_{BG} (Abb. 11) nicht nachweisbar auf. Da aus beiden Abbildungen hervorgeht, daß zunehmende Verkürzung der Belichtungszeit zu immer schwächerem Innenbild führt, ist das Ausbleiben eines Innenbildes zu erwarten gewesen. Darauf ist bereits früher [*17*] hingewiesen worden. Führt man die Teilchenbestrahlung so durch, daß die Körner der Schicht nicht nur höchstens von einem, sondern während längerer Zeit von sehr vielen Teilchen getroffen werden, so liegen prinzipiell Verhältnisse wie bei einer Reihe aufeinanderfolgender Kurzzeitbelichtungen vor. Es ist daher verständlich, daß auch nach einer solchen längeren Elektronenbestrahlung wie nach einer Blitzfolgebelichtung Solarisation auftritt (Abb. 9).

Schließlich soll auf die Dispersität des Oberflächenbildes hingewiesen werden. Es wurde [*18*] durch physikalische Entwicklung der Bildkeime und statistische Auswertung der Größe der entwickelten Partikel nachgewiesen, daß bei Blitzbelichtung das latente Bild in wesentlich disperserer Form als bei Langzeitbelichtung vorliegt. Durch mikroskopische Beobachtung anentwickelter Körner konnte dieser Befund mehrfach (z. B. [*19*]) bestätigt werden. Für Blitzfolgebelichtung konnte gezeigt werden [7], daß ein disperses Bild im ersten Anstieg der Schwärzungskurve vorliegt, daß aber im anschließenden Solarisationsgebiet die Zahl der anentwickelten Keime pro Korn stark zurückging (natürlich besaßen viele Körner dort überhaupt keine Entwicklungskeime an der Kornoberfläche; daher Solarisation). In dem der Solarisation folgenden Bereich der „spontanen Keimbildung" traten erwartungsgemäß wieder viele Keime pro Korn auf.

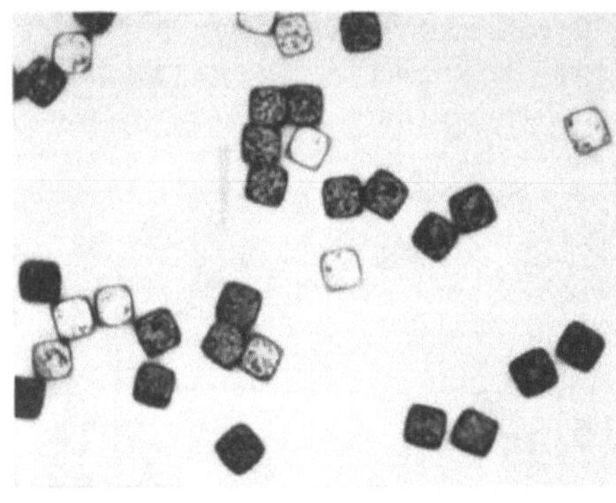

Abb. 14

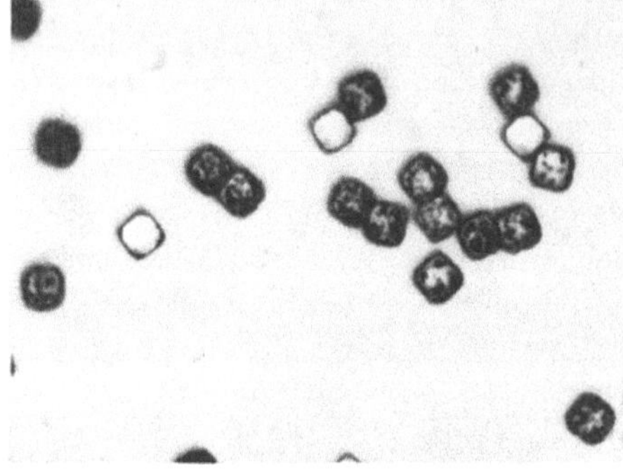

Abb. 15

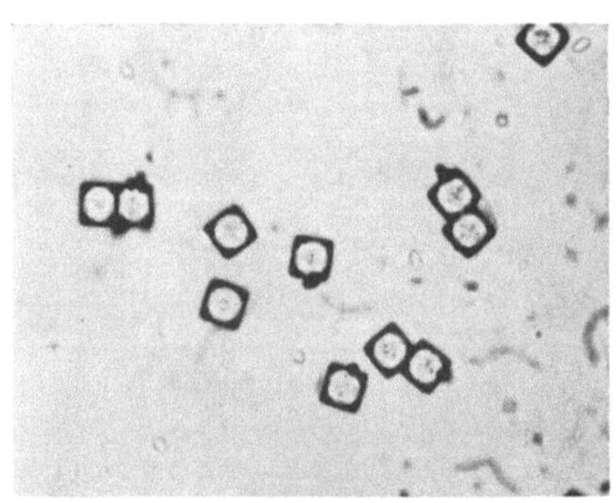

Abb. 16

Abb. 14—16. Anentwickelte, nichtfixierte Einkornschichten. Anentwicklung in stark verdünntem Oberflächenentwickler. Kantenlänge der Körner ca. 3,5 μ.
Abb. 14. Blitzbelichtung,
Abb. 15. geringe Elektronenbestrahlung,
Abb. 16. lange Elektronenbestrahlung (Solarisationsgebiet).

Es konnte nun gezeigt werden, daß nicht nur nach Blitzbelichtung (Abb. 14), sondern auch nach geringer Elektronenbestrahlung ein disperses Bild durch Anentwicklung (Abb. 15) nachweisbar ist. Anhaltende Elektronenbestrahlung, die zu merklicher Solarisation führt, bewirkt hingegen eine Verminderung der Anzahl der Keime an den noch entwickelbaren Körnern (Abb. 16).

4. Zusammenfassung

Eine vergleichende Untersuchung der photographischen Wirkung von Hoch- und Niedrigintensitätsbelichtung ergab, daß für die Topographie des latenten Bildes bei Niedrigintensitätsbelichtung im wesentlichen die Topographie von Elektronenfallen maßgebend ist. Dem phänomenologischen Bild nach scheint hier der Gurney-Mott-Mechanismus zu gelten. Natürlich kann der Defektelektroneneinfang an der Kornoberfläche den entscheidenden Schritt im Sinne der Mitchell'schen Theorie darstellen; die dabei freiwerdenden Zwischengittersilberionen treten jedoch vorzugsweise am Ort von Reifkeimen mit Elektronen zusammen. Bei Hochintensitätsbelichtung — wozu auch die Einwirkung ionisierender Partikel gehört — ist die Topographie der Reifkeime ohne große Bedeutung. Es wird, vermutlich durch Defektelektroneneinfang und Bildung zahlreicher Zwischengittersilberionen, stets ein disperses Oberflächenbild gebildet. Bei mehreren aufeinanderfolgenden Blitzbelichtungen — wie auch bei langanhaltender Einwirkung ionisierender Teilchen — (wobei ein Korn also nacheinander viele Treffer erhalten hat) erfolgt ein Abbau des Oberflächenbildes, der prinzipiell mit der bei Niedrigintensitäts(Langzeit)-belichtung auftretenden Solarisation übereinstimmt. Bei hohen Intensitäten und kurzen Belichtungszeiten wird eine Umkehr des entwickelbaren Innenbildes beobachtet, die mit Verkürzung der Belichtungszeit stärker auftritt. Bei Teilchenbestrahlung wird kein Innenbild gefunden.

Die Bildung des Innenbildes bei kurzen Belichtungszeiten kann durch Erhöhung der Zwischengittersilberionenkonzentration oder durch Einbau von Defektelektronenfallen in das Korn begünstigt werden.

Ein Teil der experimentellen Ergebnisse stammt aus einer gemeinsam mit Herrn Dr. S. Wagner durchgeführten Arbeit. Dafür, sowie für viele fruchtbare Diskussionen, an denen auch unsere Kollegen Dr. R. Matejec und Dr. R. Meyer beteiligt waren, sei auch an dieser Stelle herzlich gedankt.

Zu danken ist ferner auch Herrn Dr. Kraus und Herrn Kolb, Ingenieur-Abteilung der Farbenfabriken Bayer, für ihre Unterstützung bei der Durchführung der Kurzzeitbelichtungen.

Literatur

[1] Moisar, E. u. S. Wagner: Ber. Bunsenges. physik. Chemie **67**, 356 (1963).
[2] Trautweiler, F.: Reprographie **4**, 13 (1964).
[3] Hirsch, H.: J. phot. Sci. **10**, 129 (1962).
[4] Klein, E. u. E. Moisar: Ber. Bunsenges. physik. Chem. **67**, 349 (1963).
[5] Klein, E. u. S. Wagner: dieser Band, S. 93.
[6] Eggers, J., E. Klein u. E. Moisar: Z. f. wiss. Phot. **57**, 132 (1963).
[7] Eggers, J., E. Moisar u. S. Wagner: dieser Band, S. 136.
[8] Bogomolov, K. S., E. B. Dobroserdova u. W. N. Sharkov: Int. Wiss. Phot. Konf. Köln, Darmstadt 1958, S. 343.
[9] Stevens, G. W. W.: J. Phot. Sci. **9**, 322 (1961).
[10] Mitchell, J. W.: Phot. Korr. 1. Sonderheft (1957), S. 27.
[11] Bayer, B. E. u. J. F. Hamilton: Int. Coll. of Phot. Sci. Turin (1963).
[12] Matejec, R.: Mitt. Forsch. Labor Agfa **III**, 45 (1961).
[13] Evans, T., J. M. Hedges u. J. W. Mitchell: J. Phot. Sci. **3**, 73 (1955).
[14] West, W. u. V. J. Saunders: Phot. Sci. Eng. **3**, 258 (1959).
[15] Stasiw, O. u. J. Teltow: Ann. Physik (5) **40**, 181 (1941).
[16] Berg, W. F.: Phot. Corpusculaire **I**, 93 (1957).
[17] Cüer u. R. Schmitt: Compt. rend. **242**, 2831 (1956).
[18] Klein, E.: Mitt. Forsch. Labor Agfa **II**, 80 (1958).
[19] Swinnerton, A. J.: J. Phot. Sci. **10**, 217 (1962).

Der Aufbau des latenten Bildes bei Blitzfolgebelichtungen

Von J. Eggers, E. Moisar und S. Wagner

1. Einleitung

Wird eine geeignete [*1*, *2*] photographische Silberhalogenidschicht mit Licht steigender Intensität belichtet, so nimmt — wenn die Belichtungszeit länger als etwa 1/10 sec dauert — die Zahl der in einem Oberflächenentwickler entwickelbaren Körner nur bis zu einem von Emulsion zu Emulsion verschiedenen Maximalwert zu, um bei weiterer Erhöhung der Lichtintensität wieder abzunehmen. Diese als Solarisation bezeichnete Erscheinung wird heute ganz allgemein [*3*] als die Folge eines Rehalogenierungsprozesses gedeutet, in dessen Verlauf die Silberatome des latenten Bildes an der Kornoberfläche mit Defektelektronen, evtl. auch mit freiem Halogen, unter Umkehrung des Elementarprozesses reagieren. Im Gegensatz zu der Langzeitbelichtung wird keine Solarisation beobachtet, wenn man zu Belichtungszeiten unterhalb 1/10 sec übergeht. Läßt man jedoch auf eine Blitzbelichtung eine Reihe weiterer Blitze folgen, so findet man mit zunehmender Blitzzahl bei genügend hohen Intensitäten nicht nur — wie bei einer Langzeitbelichtung — *ein* Solarisationsgebiet, sondern man beobachtet u. U. *mehrfaches* Ansteigen und Abnehmen der Schwärzung in Abhängigkeit von der Intensität [*4*, *5*].

Obwohl die Blitzfolgebelichtung in der Praxis kaum angewendet wird, lohnt sich eine genauere Untersuchung des dabei auftretenden Verhaltens der photographischen Schicht deshalb, weil man dadurch wichtige Aufschlüsse über den Mechanismus und die Kinetik des Primärprozesses und der Folgereaktionen bei Belichtung einer photographischen Schicht erhalten kann.

2. Versuchsteil

2.1. Emulsionen

Die Versuche wurden mit einer reinen AgBr-Emulsion kubischer Kristalltracht und sehr enger Korngrößenverteilung [*6*] durchgeführt. Für die Mehrzahl der Versuche diente Emulsion III mit Kristallen von etwa 1,2 μ Kantenlänge (Abb. 1). Die Schwärzungskurve in Abb. 2 zeigt die deutliche Solarisation dieser Emulsion bei Langzeitbelichtung.

Eine weitere Emulsion (IIIa) gleicher Kornform und -größe mit einem in einer Tiefe von ca. 0,3 μ unterhalb der Kornoberfläche liegenden latenten Bild wurde für Modellbetrachtungen (vgl. Abschnitt 3, Abb. 19) hergestellt. Das Verfahren hierzu wurde kürzlich beschrieben [*7*]. Es besteht prinzipiell darin, die durch geregelten Doppeleinlauf durchgeführte Emulsionsfällung zu einem geeigneten Zeitpunkt zu unterbrechen, die flüssige Emulsion mit dem Licht einer Osram HQS 500-Lampe zu belichten und anschließend die Fällung bis zu der gewünschten Korngröße von 1,2 μ fortzusetzen.

Weitere Emulsionen (I und II), die zu einer Untersuchung über den Einfluß der Korngröße auf die Solarisationseffekte [2] dienten, entsprachen in Kristallform und Homodispersität der in Abb. 1 gezeigten Emulsion III, nur lagen die Korngrößen bei ca. 0,15 μ Kantenlänge (Emulsion I) und ca. 0,3 μ Kantenlänge (Emulsion II).

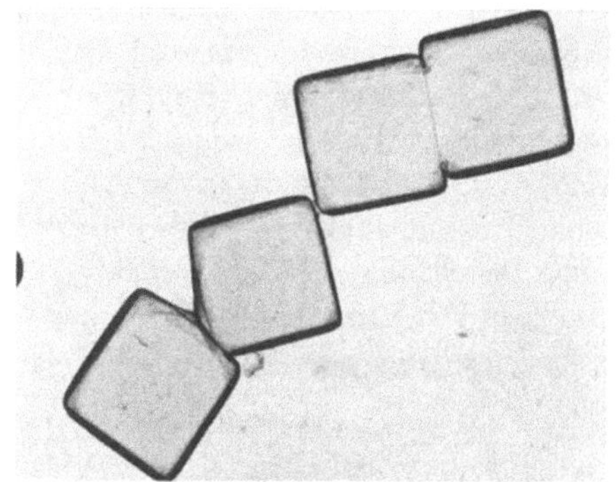

Abb. 1. Elektronenmikroskopische Aufnahme (Kohlehüllen) der AgBr-Körner der verwendeten Emulsion III (Kantenlänge 1,2 μ).

2.2. Belichtung

Die Langzeitbelichtung erfolgte mit Glühlampenlicht, $5 \cdot 100$ W, hinter einem Stufenkeil (Belichtungszeit 600 sec). Die Blitzbelichtungen wurden gleichfalls hinter einem Stufenkeil, aber mit dem Blitzgerät Mannesmann-Studio 1 durchgeführt. Das Gerät gibt wahlweise Blitze dreier verschiedener Intensitäten und Blitzdauer ab. Die Blitzdauer, d. h. die Zeitspanne, innerhalb der die Blitzintensität auf $1/e$ der Maximalintensität abgeklungen ist, liegt bei 10^{-3}, $2 \cdot 10^{-3}$ und $3 \cdot 10^{-3}$ sec. Bei den Mehrfach-Blitzbelichtungen betrug die Dunkelpause zwischen aufeinanderfolgenden Blitzen 30 Sekunden.

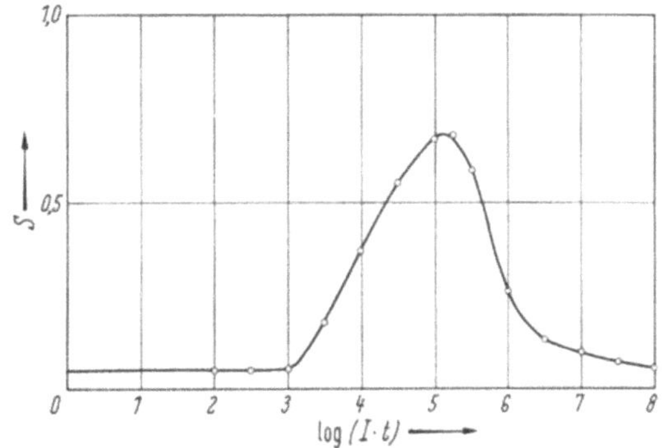

Abb. 2. Schwärzungskurve bei Langzeitbelichtung. Oberflächenentwickler, Emulsion III.

2.3. Entwicklung

Oberflächenentwicklung [8]:

Glycin	10 g
Na_2CO_3 sicc.	50 g
H_2O bis	1000 ml

Entwicklung 4 Minuten bei 18 °C.

Innenentwicklung:

Bleichbad [9]:

$K_3[Fe(CN)_6]$	3 g
Phenosafranin	12,5 mg
H_2O bis	1000 ml

5 Minuten bei 18 °C bleichen, anschließend 10 Minuten zwischenwässern.

Tiefenentwickler [10]:

Lösung A:

Hydrochinon	12 g
Metol	3 g
Na_2SO_3 sicc.	45 g
KBr	4 g
Na_2CO_3 sicc.	56 g
H_2O etwa	800 ml

Lösung B:

$Na_2S_2O_3 \cdot 5\,H_2O$	20 g
H_2O etwa	200 ml

Zum Gebrauch A und B mischen, auf 1000 ml auffüllen, bei 18 °C entwickeln.

3. Diskussion der Versuchsergebnisse

In den Abb. 3—5 sind Schwärzungskurven (Schwärzung gegen log $[I \cdot t]$) für Blitzfolgebelichtungen für die drei verschiedenen Blitzzeiten dargestellt, wobei die Blitzzahl als Parameter erscheint. Diese Änderung der Belichtungszeit innerhalb des kleinen Bereiches von 10^{-3} sec bis $3 \cdot 10^{-3}$ sec führt zu den in den Abb. 3—5 dargestellten Schwärzungskurven, die in der Abb. 6 für 100 Blitze und in Abb. 7 für 300 Blitze nochmals zusammengestellt sind.

Allen Belichtungen ist das Auftreten eines ersten Solarisationsgebietes nach einer kleinen Zahl von Einzelbelichtungen gemeinsam, dem sich ein Bereich mit erneutem Schwärzungsanstieg anschließt. Bei steigender Blitzzahl tritt im Anschluß an den zweiten Anstieg ein weiteres Solarisationsgebiet auf. Mit zunehmender Dauer der Einzelblitze tritt diese zweite Umkehr der Schwärzungskurve bei geringeren Blitzzahlen auf. Die beiden Schwärzungsmaxima unterscheiden sich dadurch, daß bei weiterer Erhöhung der Blitzzahl das zweite Schwärzungsgebiet schneller als das erste abgebaut wird, bis schließlich nur das erste Schwärzungsgebiet übrigbleibt und die Schwärzungskurve derjenigen einer einfachen Langzeitbelichtung entspricht (vgl. Abb. 2). Die Schwelle des ersten Schwärzungsgebietes rückt mit steigender Blitzzahl entlang der log $(I \cdot t)$-Achse zurück, was auf eine Abweichung vom idealen Reziprozitätsverhalten hinweist. Die ersten Schwärzungsmaxima zeigen nur einen geringen Reziprozitätsfehler und liegen daher etwa beim gleichen log $(I \cdot t)$-Wert, während der Beginn des zweiten Schwärzungsgebietes in der Darstellung der Abb. 3—7 mit zunehmender Blitzzahl nach höheren log $(I \cdot t)$-Werten verschoben wird. Zeichnet man jedoch z. B. die Abb. 4 derart um, daß die Schwärzung nicht gegen log $(I \cdot t)$, sondern gegen log I aufgetragen ist, so erkennt man (Abb. 8), daß der zweite Schwärzungsanstieg stets bei gleicher Belichtungsintensität unabhängig von der Zahl der Einzelbelichtungen und damit von der Gesamtbelichtungszeit einsetzt.

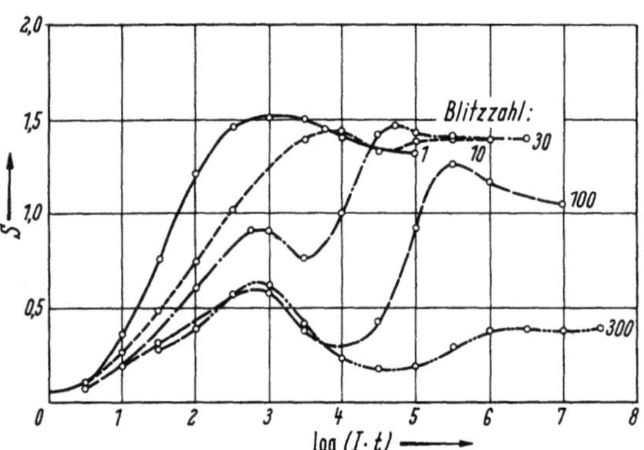

Abb. 3. Schwärzungskurven bei Blitzfolgebelichtung, Blitzdauer $3 \cdot 10^{-3}$ sec. Oberflächenentwickler, Parameter ist die Blitzzahl (Em. III).

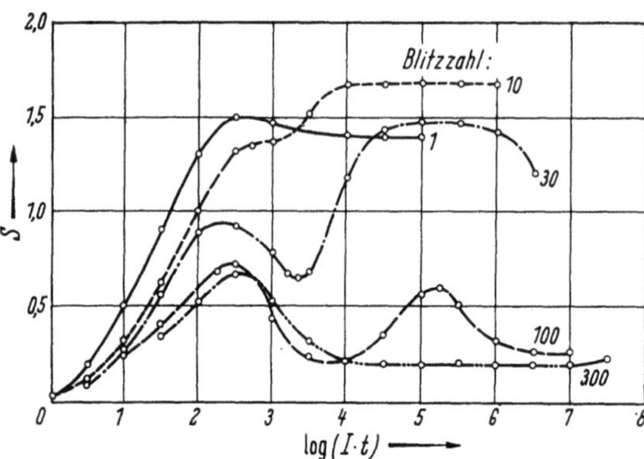

Abb. 4. Schwärzungskurven bei Blitzfolgebelichtung, Blitzdauer $2 \cdot 10^{-3}$ sec. Oberflächenentwickler, Parameter ist die Blitzzahl (Em. III).

Beide Solarisationsgebiete verschwinden bei Zusatz eines Halogenakzeptors zur Schicht (Abb. 9). Man kann folglich annehmen, daß sowohl der ersten wie der zweiten Solarisation der gleiche Rehalogenierungsvorgang zugrunde liegt. Ist bei höheren Blitzzahlen der Halogenakzeptor verbraucht, treten — jedoch erst später, d. h. nach erhöhter Blitzzahl gegenüber der nicht mit Halogenakzeptor versehenen Schicht — beide Solarisationsgebiete auf.

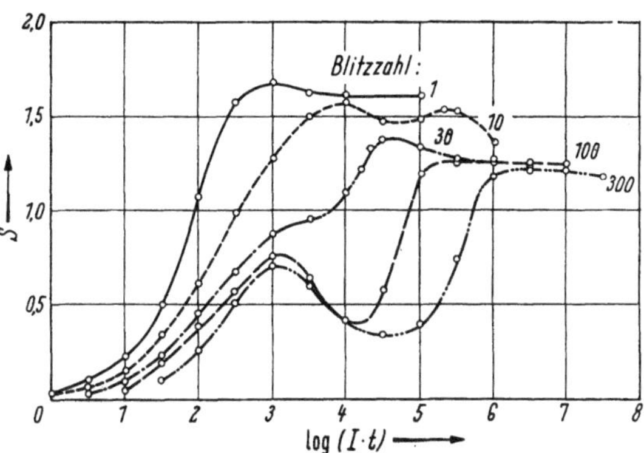

Abb. 5. Schwärzungskurven bei Blitzfolgebelichtung, Blitzdauer 10^{-3} sec. Oberflächenentwickler, Parameter ist die Blitzzahl (Em. III).

Die Solarisation, d. h. die Zerstörung des latenten Oberflächenbildes durch Rehalogenierung, beschränkt sich nicht auf das Bildsilber direkt an der Oberfläche, sondern erstreckt sich auch in eine gewisse Tiefe in das Korninnere hinein. Man erkennt das aus Abb. 10, in der Schwärzungskurven für verschiedene Entwicklungszeiten im Innenkeimentwickler (nach oxydativer Zerstörung des Oberflächenbildes) wiedergegeben sind; bei kurzen Entwicklungszeiten, in denen der Entwickler erst die Keime der äußersten Kornhülle freigelegt hat, sind die beiden Schwärzungs- und die beiden Solarisationsgebiete zumindest angedeutet.

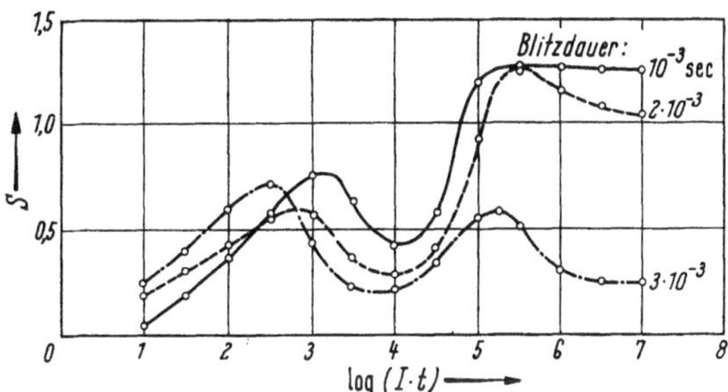

Abb. 6. Schwärzungskurven bei Belichtung mit 100 Blitzen. Oberflächenentwickler, Parameter ist die Dauer der Einzelblitze. (Emulsion III).

Für die Solarisationserscheinung bei Blitzfolgebelichtung gilt die gleiche Korngrößenabhängigkeit wie bei der Langzeitbelichtung [2]. So läßt sich bei den Emulsionen I (0,15 μ Kantenlänge) und II (0,3 μ Kantenlänge) in Übereinstimmung mit früher bei Langzeitbelichtung gefundenen Ergebnissen keine Solarisation beobachten (Abb. 11). Interessant ist jedoch, daß der Zusatz eines Halogenakzeptors das photographische Verhalten deutlich verändert. Wie in Abb. 12 zu sehen ist, wird der ausgeprägte Reziprozitätsfehler der Emulsion I und II durch Zusatz eines Halogenak-

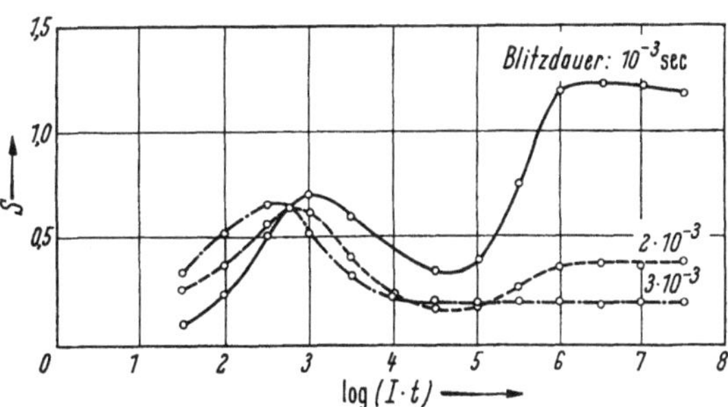

Abb. 7. Schwärzungskurven bei Belichtung mit 300 Blitzen. Oberflächenentwickler, Parameter ist die Dauer der Einzelblitze. (Em. III).

zeptors stark vermindert, besonders im Bereich der hohen Blitzzahlen. Ein interessantes Ergebnis läßt sich beobachten, wenn die Schwärzungskurven der Emulsion I für 1 und 300 Blitze nicht über log $(I \cdot t)$, sondern über log I aufgetragen werden (Abb. 13). Es zeigt sich da, daß die höchste Schwärzung bei 300 Blitzen bei der gleichen Intensität deutlich niedrigere Werte hat als bei 1 Blitz. Obwohl es zu keiner

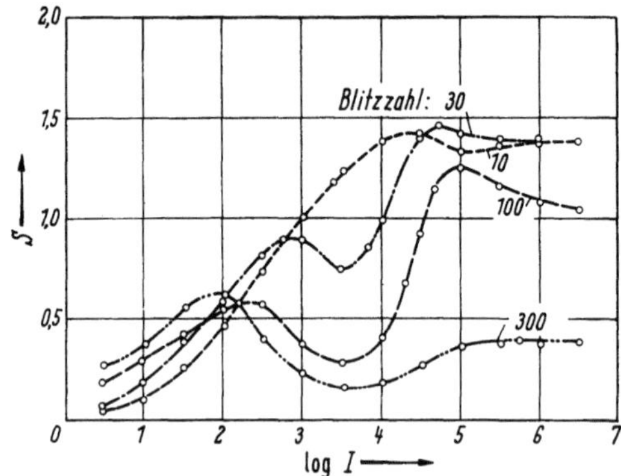

Abb. 8. Schwärzungskurven (*S* als Funktion von log I) bei Blitzfolgebelichtung, Blitzdauer $2 \cdot 10^{-3}$ sec. Oberflächenentwicklung. Parameter ist die Blitzzahl. (Em. III).

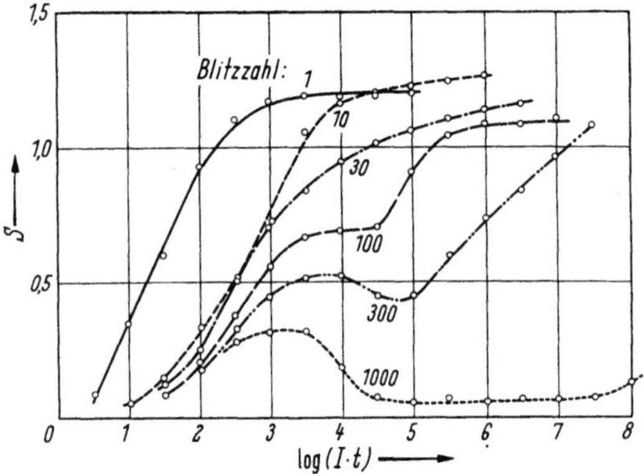

Abb. 9. Schwärzungskurven bei Blitzfolgebelichtung, Blitzdauer $3 \cdot 10^{-3}$ sec. Die Emulsionsschicht enthielt einen Halogenakzeptor. Oberflächenentwicklung. Parameter ist die Blitzzahl. (Em. III).

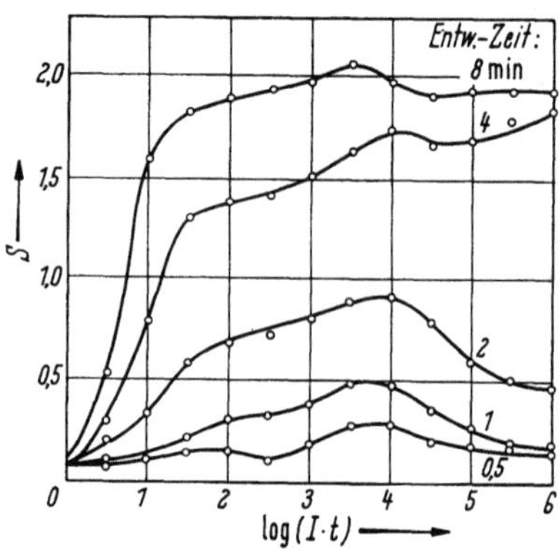

Abb. 10. Schwärzungskurven bei Belichtung mit 50 Blitzen. Innenentwicklung. Parameter ist die Entwicklungszeit.

Umkehr der Schwärzungskurve kommt, läßt sich doch ein Abbau der Oberflächenkeime deutlich beobachten.

Die Größe der Emulsionskörner gestattet eine direkte mikroskopische Betrachtung der Form der im 1 : 4 verdünnten Oberflächenentwickler anentwickelten und unfixierten AgBr-Körner. Nach einfacher Blitzbelichtung werden nach kurzer Anentwicklung kompakte Kornformen erhalten (Abb. 14), die auf das Vorliegen eines dispersen Oberflächenbildes (viele latente Bildkeime pro Korn) hinweisen.

Bei Blitzfolgebelichtung (100 Blitze) sind im Gebiet des ersten Anstieges der Schwärzungskurve (vgl. hierzu Abb. 8) nach der gleichen Anentwicklungszeit vor-

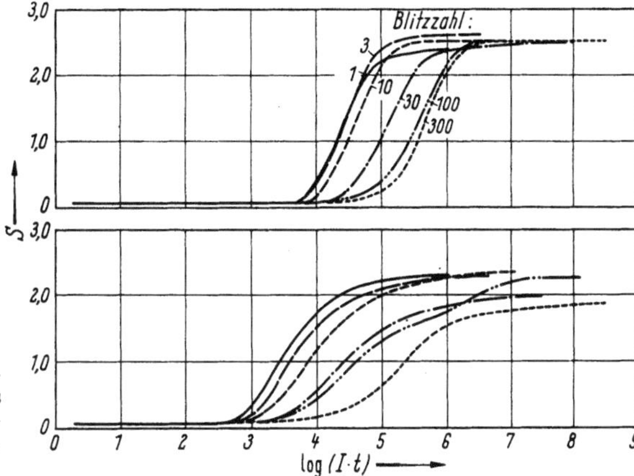

Abb. 11. Schwärzungskurven der Emulsionen I (oberes Teilbild) und II (unteres Teilbild) bei Blitzfolgebelichtung, Blitzdauer 3 ·10 $^{-3}$ sec. Oberflächenentwicklung. Parameter ist die Blitzzahl.

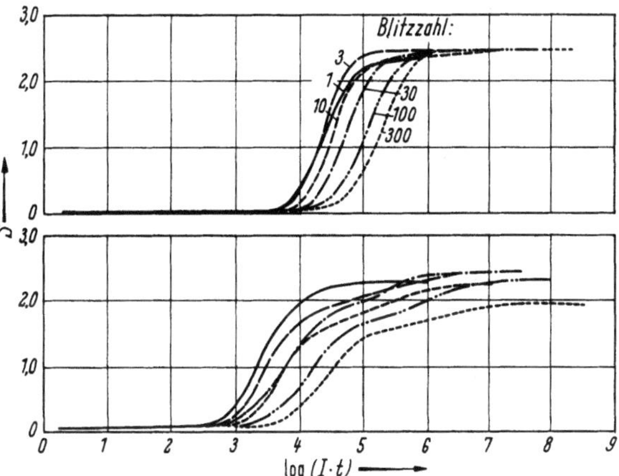

Abb. 12. Schwärzungskurven der Emulsionen I (oberes Teilbild) und II (unteres Teilbild) mit Halogenakzeptorzusatz bei Blitzfolgebelichtung, Blitzdauer 3 · 10 $^{-3}$ sec. Oberflächenentwicklung. Parameter ist die Blitzzahl.

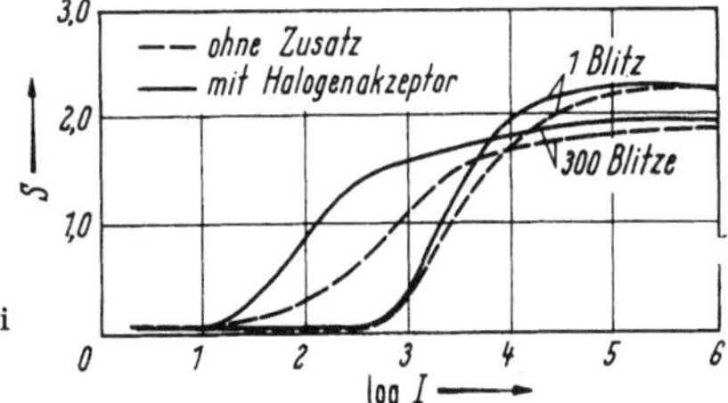

Abb. 13. Schwärzungskurven (S als Funktion von log I) bei Blitzfolgebelichtung. Blitzdauer 3 · 10 $^{-3}$ sec. Oberflächenentwicklung. (Em. I).

wiegend Körner mit einem oder einigen Entwicklungskeimen (Abb. 15) zu beobachten. Im ersten Solarisationsgebiet (Abb. 16) nimmt die Zahl der anentwickelten Körner ab, während das Erscheinungsbild sich qualitativ nicht wesentlich geändert hat. Im

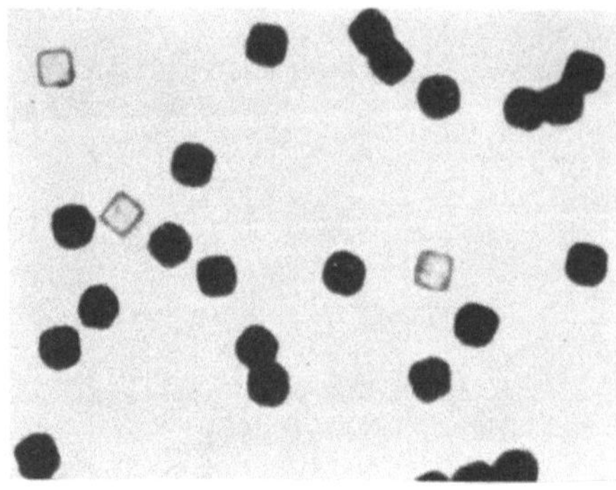

Abb. 14. Mikroaufnahme einer anentwickelten Schicht nach einer Blitzbelichtung (Negativschwelle).

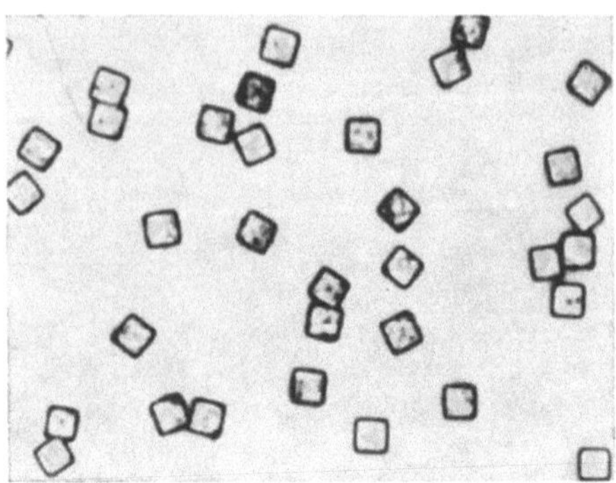

Abb. 15. Mikroaufnahme einer anentwickelten Schicht. Blitzfolgebelichtung, erster Negativanstieg.

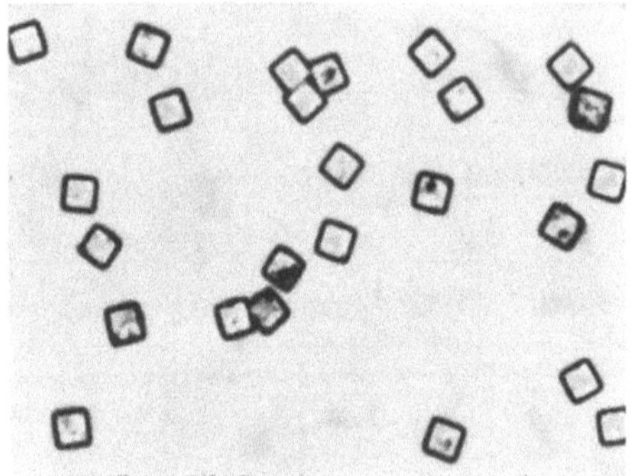

Abb. 16. Mikroaufnahme einer anentwickelten Schicht. Blitzfolgebelichtung, erstes Solarisationsgebiet.

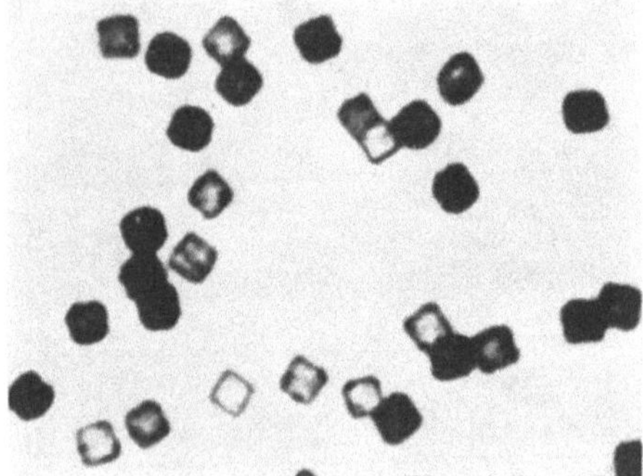

Abb. 17. Mikroaufnahme einer anentwickelten Schicht. Blitzfolgebelichtung, zweiter Schwärzungsanstieg.

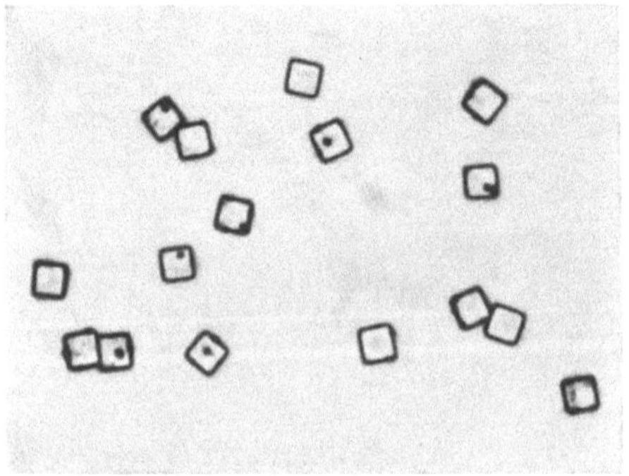

Abb. 18. Mikroaufnahme einer anentwickelten Schicht. Blitzfolgebelichtung, zweites Solarisationsgebiet.

zweiten Schwärzungsgebiet (Abb. 17) treten wieder kompakte Kornformen, d. h. anentwickelte Körner mit sehr vielen Entwicklungskeimen auf. Diese Körner ähneln weitgehend den Anentwicklungsformen bei nur einem Blitz (Abb.14). Schließlich treten im zweiten Solarisationsgebiet, d. h. bei den höchsten Belichtungsintensitäten, wieder Körner mit nur wenigen Entwicklungskeimen auf (Abb. 18); die Mehrzahl der Körner ist hier natürlich überhaupt nicht entwickelbar.

Eine Deutung des Verlaufs der Schwärzungskurven bei Blitzfolgebelichtung muß zunächst vom Aufbau des latenten Bildes und der Solarisation ausgehen. Daran sind folgende Vorgänge beteiligt:

a) Durch eine Quantenabsorption werden in einem Silberhalogenidkristall gleichviel Elektronen und Defektelektronen gebildet.

b) Durch Rekombination (Umkehrung des Primärprozesses) nimmt die Zahl der elektrischen Ladungsträger wieder ab.

c) Die Defektelektronen, die nicht durch Rekombination (b) verbraucht worden sind, wandern durch Elektronenersatzleitung überwiegend zur Oberfläche der Kristalle und werden entweder von einer Defektelektronenfalle eingefangen oder diffundieren in Form von Halogen in die umgebende Phase ab, wo sie mit einem Halogenakzeptor reagieren.

d) Die Elektronen werden zum Teil an der Oberfläche und zum Teil im Innern der Kristalle eingefangen und bilden mit den Zwischengittersilberionen atomares Silber.

e) Es gelangen mehr Defektelektronen zur Kristalloberfläche als Elektronen. Solange die Defektelektronen den Kristallverband verlassen oder durch Defektelektronenfallen gebunden werden, wird sich ein Oberflächenbild ausbilden können.

f) Wenn bei höherem Defektelektronenangebot die Kapazität der Defektelektronenfallen und der Halogenakzeptoren erschöpft ist, wird im Oberflächenbereich die Zahl der Defektelektronen die der Elektronen übersteigen. Das hat zur Folge, daß die durch vorangegangene Belichtungen entstandenen Oberflächenkeime durch Rehalogenierung abgebaut werden, wodurch ihre Größe und Anzahl verringert wird (Solarisation), während sich das Innenbild weiter aufbaut. Das bedeutet, daß mit zunehmender Belichtung auch im Solarisationsgebiet die Menge des latenten bzw. photolytischen Silbers immer weiter ansteigt.

Bei hohen Intensitäten muß zusätzlich mit folgenden Vorgängen gerechnet werden:

g) Durch das hohe Elektronenangebot können auch flache Elektronenfallen vorübergehend besetzt werden, die sich anschließend durch Umlagerung (z. B. infolge thermischer Anregung) oder weiteren Elektroneneinfang stabilisieren können.

h) Eine zusätzliche Erzeugung flacher Elektronenfallen kann durch „spontane Silberkeimbildung" (direkte Reaktion zwischen Elektronen und Zwischengittersilberionen) angenommen werden.

Eine einzelne Blitzbelichtung führt selbst bei hohen Belichtungsintensitäten bekanntlich nicht zur Solarisation. Offensichtlich sind die Defektelektronen durch das hohe Konzentrationsgefälle bereits durch die Kornoberfläche durchgetreten, während die Bildung eines stabilen Oberflächenbildes z. B. durch die unter g) und h) genannten Vorgänge mit geringerer Geschwindigkeit ablaufen dürfte. Im stabilen Endzustand nach einem Blitz treffen wir also zahlreiche latente Bildkeime an der Oberfläche und im Korninnern an. Die im Laufe einer weiteren und folgender

Blitzbelichtung entstehenden Elektronen und Defektelektronen finden — im Gegensatz zu denen des ersten Blitzes — im und am Korn zahlreiche tiefe zusätzliche Fallen vor. Es hängt von der Fallenverteilung, von der Geometrie des Korns und von der Intensität der Folgebelichtungen ab, ob und wie schnell das nach dem ersten Blitz gebildete Oberflächenbild abgebaut werden kann. Prinzipiell ist zu erwarten, daß sowohl das ursprünglich vorhandene Innenbild wie auch das Außenbild trotz Rehalogenierung weiter verstärkt werden. Ist das Verhältnis von Kornoberfläche zum Korninnern klein, was bei großen Körnern der Fall ist, so wird ein überwiegender Teil der Photoelektronen zum weiteren Aufbau des Innenbildes verwendet; eine ihnen äquivalente Zahl von Defektelektronen gelangt im Überschuß an die Oberfläche und kann dort das Oberflächenbild rehalogenieren, was zunächst zu einer Verringerung der Keimzahl und Keimgröße an der Oberfläche und schließlich zur Solarisation führt. Für den ersten Negativanstieg und die erste Solarisation bei Blitzfolgebelichtung ist demzufolge der gleiche Mechanismus wie bei der Langzeitbelichtung gültig.

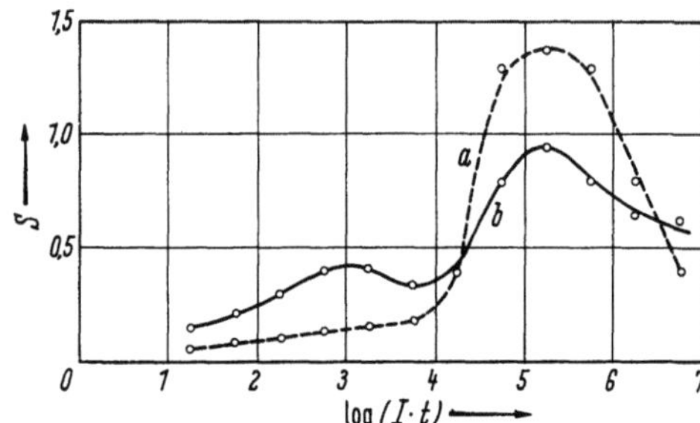

Abb. 19. Schwärzungskurven bei Blitzfolgebelichtung (50 Blitze, $3 \cdot 10^{-3}$ sec Blitzdauer). *a* Modell-Emulsion mit Innenkeimen (Emulsion IIIa); *b* Vergleichsemulsion ohne Innenkeime (Emulsion III).

Bei sehr hoher Intensität wird das Angebot an Photoelektronen jedoch derart groß, daß die Fallenwirkung der vorhandenen latenten Innenbildkeime nicht mehr ausreicht. Es kommt, trotz des Innenbildes, zu einer „spontanen Keimbildung“ zwischen Elektronen und Zwischengittersilberionen, vielleicht auch — wie bei *einem* Blitz — zu einer vorübergehenden Besetzung flacher Fallen mit anschließender Umlagerung, wenn die Defektelektronen das Korn verlassen haben. Hierin ist die Ursache zu suchen, daß bei höheren Intensitäten bei Blitzfolgebelichtung durch die zusätzlich gebildeten Fallen sich das Verhältnis von Oberflächen- zu Innenbild vergrößert und daher die Solarisation ausbleibt. Erhöht man die Intensität noch weiter, wiederholt sich dasselbe wie im ersten Solarisationsgebiet.

Es kann experimentell gezeigt werden, daß die Fallenwirkung eines Innenbildes nur bis zu bestimmten, wenn auch relativ hohen Intensitäten ausreicht, um die Bildung eines latenten Oberflächenbildes zu verhindern. Die im Versuchsteil beschriebene Emulsion mit künstlich erzeugten Innenkeimen zeigt bei mehrfacher Beblitzung erst bei denselben hohen Intensitäten das Auftreten eines Oberflächenbildes (Abb. 19), bei denen im Fall der regulären Emulsionen der zweite Schwärzungsanstieg beginnt.

Mit Ausnahme von Primärschritt a) erfolgen alle weiteren Reaktionsschritte mit endlicher Geschwindigkeit. Man sollte erwarten, daß z. B. eine Belichtung mit einer Folge einzelner Blitze bei großem zeitlichem Abstand zwischen den Einzelblitzen im wesentlichen das latente Bild frequenzunabhängig bildet, während eine Verkürzung der Dunkelpause auf Zeitspannen, in denen die Folgereaktionen b)—h) noch nicht vollständig abgelaufen sind, zu einer Frequenzabhängigkeit des Bildaufbaus führen sollte. Die Grenzen der Abhängigkeit von der Frequenz und der Dunkelpausenlänge sollten ein Kriterium für die Geschwindigkeit des langsamsten Folgeprozesses sein. Diese Untersuchungen werden Gegenstand einer späteren Arbeit sein.

Literatur

[1] Meidinger, W.: Phys. Z. **38**, 564 (1937).
[2] Klein, E. u. S. Wagner: in diesem Band, S. 93.
[3] Mees, C. E. K.: The Theory of the Photographic Process, New York: Macmillan Co., 1954.
[4] Eggers, J. u. E. Klein: Int. Kolloquium wiss. Phot. Zürich 1961 Sektion Ia, 28.
[5] Eggers, J., E. Klein u. E. Moisar: Z. wiss. Phot. **57**, 132 (1963).
[6] Klein, E. u. E. Moisar: Ber. Bunsenges. Phys. Chem. **67**, 349 (1963).
[7] Moisar, E. u. S. Wagner: Ber. Bunsenges. Phys. Chem. **67**, 356 (1963).
[8] Sutherns, E. A. u. P. J. Hillson: J. Phot. Sci. **9**, 335 (1961).
[9] Sutherns, E. A.: Int. Kolloquium wiss. Phot. Zürich 1961, Sektion Ia, 6.
[10] Stevens, G. W. W. u. E. B. Knott: DP 848 909.

Das Redoxverhalten des latenten Bildes

Teil I.: Das Redoxverhalten der Außenkeime

Von R. Matejec und E. Moisar

Zusammenfassung

Es wird über das Redoxverhalten des latenten Außenkeimbildes in Abhängigkeit vom Redoxpotential der Lösungsphase berichtet, welcher diese Keime ausgesetzt sind.

Wenn man das Redoxverhalten des latenten Außenkeimbildes auf konventionelle Weise unter Verwendung des reversiblen, Fluorid-, Citrat- oder Malonationen enthaltenen Fe^{+3}/Fe^{+2}-Redoxsystems untersucht, treten einige störende kinetische Effekte auf, welche die Meßergebnisse verfälschen:

a) Komplexbildung zwischen den Fluorid-, Citrat- oder Malonationen und den gelösten Silberionen;

b) Reduktion der komplex gelösten Silberionen zu Silber, sobald das Redoxpotential der Lösung das Ag^+/Ag-Gleichgewichtspotential unterschreitet;

c) Starke negative Abweichung des Ag^+/Ag-Potentials vom Gleichgewichtswert zu Beginn des Versuchs, wenn die verwendeten Redoxlösungen nicht bereits vor Versuchsbeginn an Halogensilber gesättigt werden.

Die drei unter a) bis c) genannten störenden Einflüsse verursachen Abweichungen des p_{Ag}-Wertes und damit auch des Ag^+/Ag-Gleichgewichtspotentials von dem Wert, welcher aus der eingesetzten Halogenidkonzentration theoretisch erwartet werden müßte. Diese Abweichungen verändern sich zudem noch während des Versuchsablaufs. Wenn man diese Abweichungen berücksichtigt, findet man für das Redoxpotential des latenten Außenkeimbildes Werte, welche in der Größenordnung des makroskopischen Ag^+/Ag-Gleichgewichtspotentials liegen.

Die Keime des latenten Außenbildes lassen sich gegen Oxydation nicht nur durch Goldsensibilisierung stabilisieren; eine solche Stabilisierung tritt vielmehr auch durch Behandlung der Schichten mit Goldsalzen nach der Belichtung auf (d. h. durch Goldlatensifikation). Im Gegensatz zur Oxydationsreaktion liegt das zur Einleitung der Entwicklung mindestens erforderliche kritische Redoxpotential bei den goldhaltigen Außenkeimen bei dem gleichen Wert wie bei den Silber-Außenkeimen.

1. Einleitung

Aus thermodynamischen Gründen kann die Reduktion des Halogensilbers an den Entwicklungskeimen nur dann einsetzen, wenn das Redoxpotential der verwendeten Entwicklerlösung negativer ist als das elektrochemische Ag^+/Ag-Gleichgewichtspotential zwischen Keim und Lösungsphase. Ist andererseits das Redoxpotential des

Entwicklers positiver als das Ag^+/Ag-Gleichgewichtspotential, müssen die Silberkeime oxydiert werden (Korrosionsreaktion; vgl. z. B. [*1*]).

Das kritische elektrochemische Potential E_{krit} des latenten Außenkeimbildes, welches zur Entwicklung unterschritten und zur Oxydation überschritten werden muß, wird im allgemeinen experimentell folgenderweise ermittelt:

Belichtete photographische Schichten werden längere Zeit mit Lösungen behandelt, welche das reversible Fe^{+3}/Fe^{+2}-Redoxsystem enthalten. Das Redoxpotential wird durch Zusatz von Fe^{+3}-Komplexbildnern (Citrat, Malonat, Oxalat, Fluorid u. a.) variiert. Es wird dabei festgestellt, bei welchem Redoxpotential die Entwicklungsreaktion einsetzt. Führt man andererseits nach der Redoxbehandlung eine konventionelle (Außenkeim-)Entwicklung durch, dann läßt sich dadurch feststellen, bei welchem Potential der oxydative Keimabbau beginnt.

Durch frühere Versuche wurde von mehreren Autoren festgestellt [*2*—*9*], daß das kritische Redoxpotential E_{krit} des latenten Außenkeimbildes etwa 100 bis 200 mV negativer liegt als das Ag^+/Ag-Gleichgewichtspotential einer makroskopischen Silberoberfläche. Diese Abweichung wurde durch eine Zunahme der freien Energie mit abnehmender Keimgröße gedeutet [*2*—*7*].

Bei diesen früheren Versuchen anderer Autoren war allerdings vorausgesetzt worden, daß die zugesetzten Fe^{+3}-Komplexbildner (Citrat usw.) zwar das Redoxpotential steuern, die Ag^+-Aktivität der Lösung und damit auch das Ag^+/Ag-Gleichgewichtspotential jedoch nicht verändern. Ferner wurde bei diesen früheren Versuchen auch die Verschiebung des Ag^+/Ag-Gleichgewichtspotentials beim Altern der Lösung durch die Reduktion der gelösten Silberionen nicht berücksichtigt. Schließlich waren dort die verwendeten KBr-haltigen Redoxlösungen nicht von Anfang an mit AgBr gesättigt. Eine von der gegebenen KBr-Konzentration abhängige Ag^+-Sättigungskonzentration stellte sich in diesen Lösungen erst in dem Maße allmählich ein, wie das AgBr der photographischen Schicht aufgelöst wurde. Die Keime des latenten Außenkeimbildes wurden deshalb bei diesen früheren Versuchen [*1*—*9*] offenbar zu Beginn der Versuche sehr viel negativeren Ag^+/Ag-Potentialen ausgesetzt, als einer an AgBr gesättigten Lösung bei der vorhandenen KBr-Konzentration entsprach.

Durch neue Versuche wurde jetzt festgestellt, daß diese Punkte nicht vernachlässigt werden dürfen. Bei den in der genannten Weise früher durchgeführten Redoxversuchen ist die Konzentration der Fe^{+3}-Komplexbildner stets um Größenordnungen größer als die Ag^+-Konzentration. Außerdem ist in den verwendeten Lösungen die Ag^+-Konzentration im allgemeinen schlecht gepuffert. Unter diesen Bedingungen macht sich dann eine Komplexbildung auch zwischen den Fe^{+3}-Komplexbildnern und den Ag^+-Ionen bemerkbar; das Ag^+/Ag-Gleichgewichtspotential wird dadurch zu negativeren Werten verschoben.

Eine Verschiebung des makroskopischen Ag^+/Ag-Gleichgewichtspotentials nach negativeren Werten tritt ferner unter den hier verwendeten Versuchsbedingungen auch noch zusätzlich auf, wenn das Redoxpotential des Fe^{+3}/Fe^{+2}-Redoxsystems negativer ist als das Ag^+-Ag-Gleichgewichtspotential, da dann die (z. B. in Komplexform) gelösten, den p_{Ag}-Wert bestimmenden Ag^+-Ionen im Laufe der Alterung in der Lösung reduziert werden.

Ferner ist es unerläßlich, die verwendeten Redoxlösungen bereits vor Versuchsbeginn an AgBr zu sättigen, da die Schichten sonst zu Beginn des Versuchs ziemlich negativen Ag^+/Ag-Potentialen ausgesetzt werden; innerhalb dieser anfänglichen Untersättigungsperiode werden sonst nur die kleinen Außenkeime zerstört, während größere Außenkeime nur abgebaut werden, so daß dann eine Abhängigkeit des Redoxpotentials von der Keimgröße vorgetäuscht wird.

2. Experimentelle Methodik

Die hier mitgeteilten Redoxversuche an den Keimen das latenten Bildes wurden in Anlehnung an die früheren Versuche anderer Autoren [*2*—*9*] folgendermaßen durchgeführt:

Nach Belichtung wurden die photographischen Schichten in einer geschlossenen Apparatur unter Stickstoff mit einer Lösung behandelt, welche nur an AgBr gesättigtes KBr in der gewünschten Konzentration enthielt. Der Ausgangs-p_{Ag}-Wert der Schichten wurde auf diese Weise dem gewünschten p_{Ag}-Wert angeglichen. Darauf wurden die Schichten 24 Stunden lang unter laufend strömendem Stickstoff-Überdruck jeweils mit einer Mischung aus folgenden beiden Lösungen behandelt:

A. Fe^{+3}-Lösung 20 g Fe^{+3}-Sulfat werden in 1 Liter gelöst, dann zuerst mit 100 ccm 10%iger Natriumcitratlösung und anschließend mit 1,5 Liter einer 2%igen Boraxlösung versetzt. Als Lösungsmittel wird für alle Einzellösungen eine an AgBr gesättigte KBr-Lösung der erwünschten KBr-Konzentration verwendet. Es wird eine klare Fe^{+3}-Lösung erhalten, deren Redoxpotential (gemessen durch eine Pt-Elektrode gegen eine gesättigte Kalomelelektrode) bei +200 mV und deren pH-Wert bei 6,5 liegt.

B. Fe^{+2}-Lösung 50 g Fe^{+2}-Sulfat werden in 1 Liter gelöst, dann zuerst mit 60 ccm einer 10%igen Na-Citrat-Lösung und anschließend mit 150 ccm einer 2%igen Boraxlösung versetzt. Als Lösungsmittel wird auch hier die an AgBr gesättigte KBr-Lösung der gewünschten KBr-Konzentration verwendet. Es wird eine klare Fe^{+2}-Lösung erhalten, deren Redoxpotential (Pt- gegen gesättigte Kalomelelektrode) bei —300 mV und deren pH-Wert bei 6,5 liegt.

Durch Variation des Mischungsverhältnisses $\frac{Fe^{+3}\text{-Lösung } (A)}{Fe^{+2}\text{-Lösung } (B)}$ konnte das Redoxpotential (gemessen durch eine Pt-Elektrode gegen eine gesättigte Kalomelelektrode) zwischen —300 und +200 mV variiert werden. Das makroskopische Ag^+/Ag-Gleichgewichtspotential wurde mit einer Silber/Silberbromidelektrode gegen eine gesättigte Kalomelelektrode gemessen. Der durch das Borax gepufferte pH-Wert der Mischungen lag zwischen $p\text{H} = 6$ und $p\text{H} = 7$. Nach 24stündigem Einwirken der Redoxlösungen wurden die Schichten dann weiterhin unter Stickstoff 8 Minuten lang in einem bei [*10*] angegebenen Außenkeimentwickler entwickelt. Zum Schluß wurden die Schichten dann an Luft fixiert, gewässert und getrocknet.

Sollte nicht die oxydative Zerstörung der Keime des latenten Bildes, sondern das zur Entwicklung erforderliche Redoxpotential gemessen werden, erfolgte die Verarbeitung der Schichten in der gleichen Weise. Es wurde dann lediglich die Entwicklung durch den Außenkeimentwickler weggelassen.

3. Störende Einflüsse auf das Ag^+/Ag-Gleichgewichtspotential der verwendeten Redox-Behandlungslösungen

3.1. Einfluß der Komplexbildung zwischen Ag^+-Ionen und Citrat-, Fluorid- oder Malonat-Ionen

Bei den Redoxversuchen an den Keimen des latenten Bildes werden der Lösungsphase als Komplexbildner für die Fe^{+3}-Ionen Fluoride, Citrate oder Malonate zugesetzt. Dabei wurde stets angenommen [*2—9*], daß diese Zusätze zwar mit den Fe^{+3}-Ionen, jedoch nicht mit den Ag^+-Ionen Komplexe bilden würden, d. h., daß sie das Ag^+/Ag-Gleichgewichtspotential unverändert ließen.

Man kann eine die Redoxuntersuchungen störende Komplexbildung zwischen den Ag^+-Ionen und den genannten Zusätzen jedoch leicht experimentell erfassen, wenn man diese Zusätze zwar Ag^+-haltigen, jedoch Fe^{+3}/Fe^{+2}-freien Lösungen zusetzt und dabei die Veränderung des Ag^+/Ag-Gleichgewichtspotentials verfolgt.

Aus der Abb. 1 ist der Einfluß von KF auf das Ag^+/Ag-Gleichgewichtspotential ersichtlich. Als Ordinate ist in dieser Abbildung das Potential E der in der Lösung eintauchenden Ag-Elektrode (gemessen gegen eine gesättigte Kalomelelektrode) und als Abszisse die zugesetzte KF-Menge eingetragen. Die Lösungsphase enthielt bei diesem Versuch nur Ag^+, NO_3^-, Br^--, K^+- und, im Falle der Kurven *1a—4a*, F^--Ionen; sie war an AgBr gesättigt, enthielt aber kein überschüssiges AgBr als Bodenkörper.

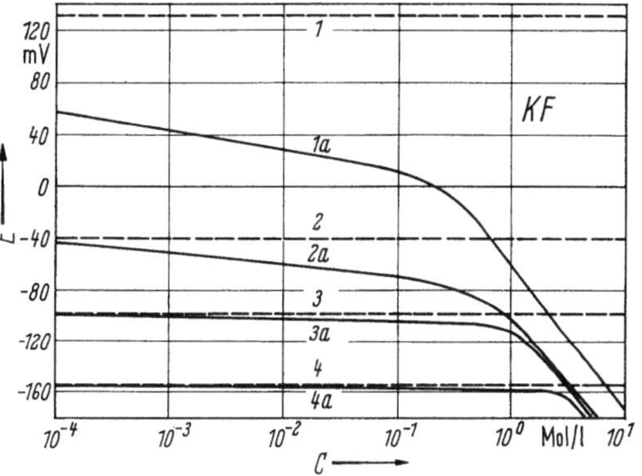

Abb. 1. Veränderung des Ag^+/Ag-Gleichgewichtspotentials durch Bildung von $[AgF_n]^{(+1-n)}$-Komplexen bei Zusatz von KF zu gesättigten AgBr-Lösungen verschiedenen p_{Ag}-Wertes (Bezugselektrode = gesättigte Kalomelektrode; T = 20 °C).

Gerade *1*: Ag^+/Ag-Potential einer Lösung mit $cBr^- = 10^{-5}n$; $cAg^+ = 10^{-7,2}n$

Gerade *2*: Ag^+/Ag-Potential einer Lösung mit $cBr^- = 10^{-2}n$; $cAg^+ = 10^{-10,2}n$

Gerade *3*: Ag^+/Ag-Potential einer Lösung mit $cBr^- = 10^{-1}n$; $cAg^+ = 10^{-11,2}n$

Gerade *4*: Ag^+/Ag-Potential einer Lösung mit $cBr^- = 1n$; $cAg^+ = 10^{-12,2}n$.

Die Kurven *1a* bis *4a* geben diejenigen Potentialwerte an, auf die die (Ag^+/Ag)-Potentiale der Lösungen von Kurve *1* bis Kurve *4* absinken, wenn die aus dem Abszissenwert ersichtliche KF-Konzentration in die jeweilige Lösung gebracht wird.

Die gestrichelten Geraden (*1* bis *4*) geben in der Abb. 1 die Größe der Ag^+/Ag-Gleichgewichtspotentiale an, welche jeweils vor den einzelnen Meßreihen in der fluoridfreien Lösungsphase durch Sättigen an AgBr und Zugabe von Ag^+- oder Br^--Ionen eingestellt worden waren. Bei einer Zugabe von KF bis zur Einstellung der jeweils in der Abszisse angegebenen KF-Konzentration sank dann das Ag^+/Ag-Gleichgewichtspotential auf die in den ausgezogenen Kurven (*1a* bis *4a*) angegebenen Werte ab. Die Differenzen zwischen den Kurven *1* und *1a*, *2* und *2a*, *3* und *3a* sowie *4* und *4a* ergeben somit für verschiedene p_{Ag}-Werte der Lösungsphase als Parameter die durch Komplexbildung an Silberionen mit den in der Abszisse angegebenen KF-

Konzentrationen verursachten Verschiebungen des Ag^+/Ag-Gleichgewichtspotentials.

Analoge Meßreihen für Na-Citrat und Na-Malonat sind in den Abb. 2 und 3 eingetragen. Nach den Abb. 2 und 3 wird das Ag^+/Ag-Gleichgewichtspotential bei Na-Citratzusatz und bei Na-Malonatzusatz in der gleichen Weise durch Komplexbildung verändert wie nach Abb. 1 bei KF-Zusatz.

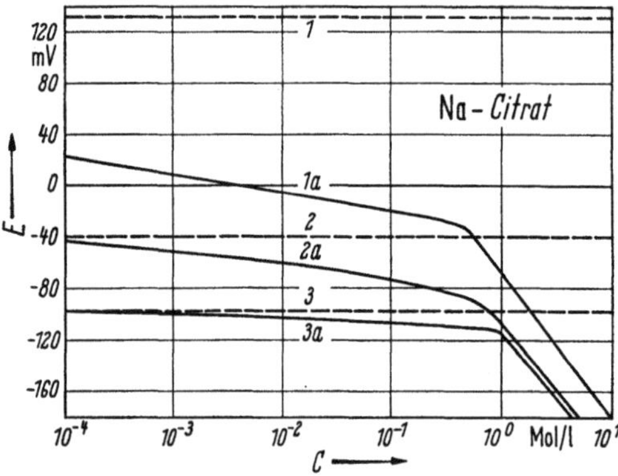

Abb. 2. Veränderung des Ag^+/Ag-Potentials durch Bildung von $Ag(Citrat_n]^{(+1-3n)}$-Komplexen bei Zusatz von Na-Citrat zu gesättigten AgBr-Lösungen verschiedenen p_{Ag}-Wertes. (Bezugselektrode = gesättigte Kalomelektrode; T = 20 °C).

Gerade *1*: Ag^+/Ag-Potential einer Lösung mit $c_{Br^-} = 10^{-5}n$; $c_{Ag^+} = 10^{-7,2}n$

Gerade *2*: Ag^+/Ag-Potential einer Lösung mit $c_{Br^-} = 10^{-2}n$; $c_{Ag^+} = 10^{-10,2}n$

Gerade *3*: Ag^+/Ag-Potential einer Lösung mit $c_{Br^-} = 10^{-1}n$; $c_{Ag^+} = 10^{-11,2}n$.

Die Kurven *1a* bis *3a* geben diejenigen Potentialwerte an, auf die die Ag^+/Ag-Potentiale der Lösungen von Kurve *1* bis *3* absinken, wenn die aus dem Abszissenwert ersichtliche Na-Citrat-Konzentration in die jeweilige Lösung gebracht wird.

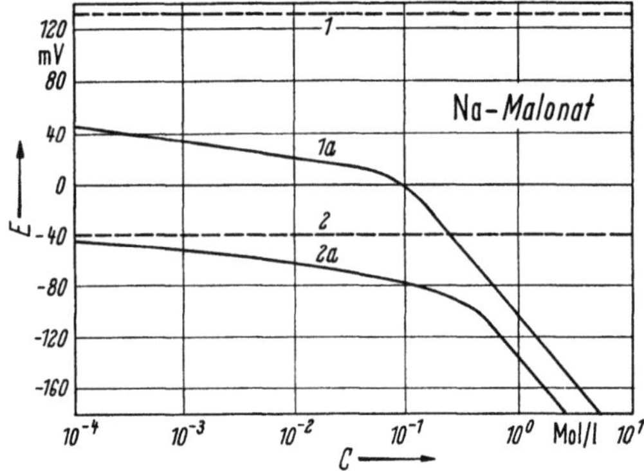

Abb. 3. Veränderung des Ag^+/Ag-Potentials durch Bildung von $[Ag(Malonat)_n]^{(+1-2n)}$-Komplexen bei Zusatz von Na-Malonat zu gesättigten AgBr-Lösungen verschiedenen p_{Ag}-Wertes (Bezugselektrode = gesättigte Kalomelelektrode, T = 20 °C).

Gerade *1*: Ag^+/Ag-Potential einer Lösung mit $c_{Br^-} = 10^{-5}n$; $c_{Ag^+} = 10^{-7,2}n$

Gerade *2*: Ag^+/Ag-Potential einer Lösung mit $c_{Br^-} = 10^{-2}n$; $c_{Ag^+} = 10^{-10,2}n$.

Die Kurven *1a* und *2a* geben diejenigen Potentialwerte an, auf die die Ag^+/Ag-Potentiale der Lösungen von Kurve *1* und Kurve *2* absinken, wenn die aus dem Abszissenwert ersichtliche Na-Malonat-Konzentration in die jeweilige Lösung gebracht wird.

Man kann aus den Abb. 1 bis 3 entnehmen, daß die Verschiebung des Ag^+/Ag-Gleichgewichtspotentials zu negativeren Werten um so kleiner ist, je mehr der p_{Ag}-Wert der Lösung vom AgBr-Äquivalenzpunkt entfernt ist. Mit steigender Br^--Konzentration wird die Ag^+-Konzentration der Lösung vermutlich in zunehmendem Maß durch die Bildung der $[AgBr_n]^{+1-n}$-Komplexe gepuffert, so daß die Verschiebung des Ag^+/Ag-Gleichgewichtspotentials durch die genannten Zusätze schwächer wird. Die Potentialverschiebung steigt ferner mit wachsender KF-, Citrat- oder Malonat-Zusatzkonzentration an. Es ist zu bemerken, daß im gesamten Konzentrationsbereich der Abb. 1 bis 3 die Zusatzkonzentrationen um viele Zehnerpotenzen größer sind als die freie Ag^+-Konzentration, wodurch die Komplexbildung (erkennbar durch die gemessene Ag^+/Ag-Potentialverschiebung) auch bei schwacher Komplexbildungstendenz der Reaktionspartner sehr begünstigt ist. Die Knickpunkte, an denen die Kurven *1a*, *2a*, *3a*, und *4a* in den Abb. 1 bis 3 ihre Neigung ändern, geben vermutlich diejenigen Zusatzkonzentrationen an, bei denen die den p_{Ag}-Wert stabilisierende Pufferwirkung der $[AgBr_n]^{+1-n}$-Komplexe jeweils zusammenbricht.

Der Einfluß der vorstehend beschriebenen Komplexbildung zwischen Ag^+-Ionen und den genannten Komplexbildnern auf das an einer Ag-Elektrode sich einstellende Potential tritt besonders dann in Erscheinung, wenn man den p_{Ag}-Wert der Lösung nicht abpuffert. Im Grenzfall einer praktisch völlig Ag^+-freien Lösung (dadurch realisiert, daß man z. B. die in Abschnitt 2 erwähnten Fe^{+3}/Fe^{+2}-Redoxlösungen mit reinem statt mit AgBr-gesättigtem Wasser herstellt) sollte eine Ag-Elektrode als indifferente Edelmetallelektrode (wie z. B. eine Pt-Elektrode) nur das Redoxpotential der Lösung anzeigen. Das ist, wie die obere Kurve der Abb. 4 zeigt, in einer Fe^{+3}/Fe^{+2}-Lösung in Abwesenheit von Komplexbildnern auch der Fall; die an einer Pt- und an einer Ag-Elektrode (jeweils gegen Kalomel) gemessenen Potentiale als Funktion des Fe^{+3}/Fe^{+2}-Verhältnisses sind praktisch im gesamten Konzentrationsgebiet identisch. In Gegenwart von Citrat (Abb. 4, untere Kurven) nimmt jedoch die Ag-Elektrode oberhalb eines Redoxpotentials von ca. -200 mV unter dem Einfluß des Komplexbildners ein negativeres Potential als die Pt-Elektrode an. Man kann diese Erscheinung wohl durch eine teilweise Depolarisation der Ag-Elektrode deuten. Die Ag-Elektrode zeigt dann ein Mischpotential zweier Elektrodenvorgänge — nämlich der Fe^{+3}/Fe^{+2}-Redoxreaktion und der durch Citrat begünstigten Korrosionsreaktion — an. In Gegenwart von merklichen Mengen von Ag^+-Ionen in der Lösungsphase (wie im Fall der in Abschnitt 3.1 beschriebenen Redoxversuche) wird hauptsächlich das Ag^+/Ag-Gleichgewicht potentialbestimmend für die Ag-Elektrode.

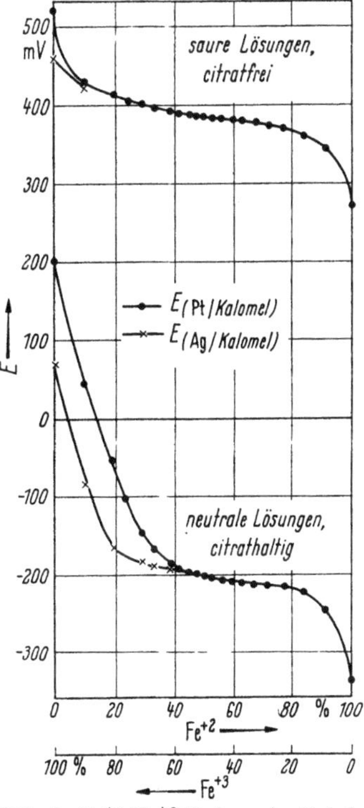

Abb. 4. Fe^{+3}/Fe^{+2}-Redoxpotential als Funktion des Fe^{+3}/Fe^{+2}-Konzentrationsverhältnisses in Ag^+-freien Lösungen, gemessen mit der Pt- und Ag-Elektrode. Abszisse: Prozentuale Anteile von Lösung A und Lösung B.

3.2. Verschiebung des Ag^+/Ag-Gleichgewichtspotentials durch Reduktion der komplex gelösten Silberionen

Der oben im Abschnitt 3.1 genannte, die Redoxversuche an den Keimen des latenten Bildes störende Einfluß kann weitgehend ausgeschaltet werden, wenn man den p_{Ag}-Wert der verwendeten Redoxlösungen durch andere Ag^+-Komplexe (z. B. von $[AgBr_n]^{+1-n}$-Komplexen) puffert.

Aber auch dann macht sich noch eine andere Störung bemerkbar: Unterschreitet nämlich das Redoxpotential der Redox-Lösungen das Ag^+/Ag-Gleichgewichtspotential, so werden im Laufe der Zeit die in diesen Lösungen gelösten Silberionen allmählich zu Silber reduziert; der p_{Ag}-Wert wird dadurch erhöht; das Ag^+/Ag-Gleichgewichtspotential verschiebt sich dann zu negativeren Werten. Dieser Effekt ist für Fe^{+3}/Fe^{+2}-haltige Lösungen verschiedenen Redoxpotentials aus Abb. 5 ersichtlich.

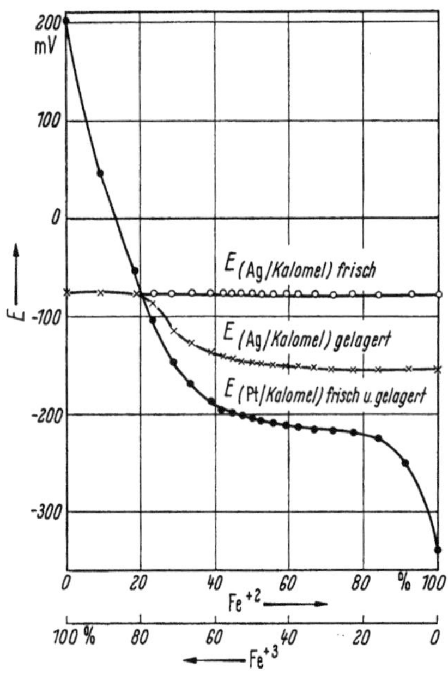

Abb. 5. Verschiebung des Ag^+/Ag-Gleichgewichtspotentials zu negativeren Werten durch Reduktion der als $[AgBr_n]^{1-n}$-komplex gelösten Silberionen. Redoxlösungen mit verschiedenen Mischungsverhältnissen von Fe^{+3} (Lösung A) zu Fe^{+2} (Lösung B). Ag^+/Ag-Gleichgewichtspotentiale gemessen mit Ag-Br-überzogenen Ag-Elektroden.

Das Ag^+/Ag-Gleichgewichtspotential der $[AgBr_n]^{+1-n}$-komplexhaltigen Lösungen war im frischen Zustand praktisch unabhängig vom Redox-Mischungsverhältnis (Fe^{+3}-haltige Lösung *A* zu Fe^{+2}-haltiger Lösung *B*), d.h. es stellte sich an der mit AgBr überzogenen Ag-Elektrode ein Potential ein, bei dem die Einwirkung der gepufferten Ag^+-Ionen die Einwirkung des Fe^{+3}/Fe^{+2}-Redoxsystems überwog.

Nach einer 24stündigen Lagerung unter Stickstoff blieb das Ag^+/Ag-Gleichgewichtspotential jedoch nur bei den Mischungen unverändert, bei denen das Redoxpotential positiver als das Ag^+/Ag-Gleichgewichtspotential war: Bei den Mischungen, wo dieses Redoxpotential negativer war, hatte sich dagegen das Ag^+/Ag-Gleichgewichtspotential zu negativeren Werten verschoben. Als Ursache für diese Verschiebung muß eine teilweise Reduktion der als $[AgBr_n]^{+1-n}$-Komplex gelösten Silberionen durch das Redoxsystem angenommen werden. Dadurch werden Bromionen aus diesen Komplexen frei, welche die Dissoziation der restlichen Komplexe unter Erhöhung des p_{Ag}-Wertes zurückdrängen.

Bei der Reduktion der Silberionen wird zwar ein äquivalenter Betrag von Fe^{+2}-Ionen zu Fe^{+3}-Ionen oxydiert; im Verhältnis zu der insgesamt anwesenden Fe^{+2}-Konzentration ist das jedoch nur ein verschwindend kleiner Betrag. Das Fe^{+3}/Fe^{+2}-Redoxpotential der Lösungen ändert sich daher im Laufe der Lagerung nicht.

3.3. Das Ag^+/Ag-Potential in nicht an AgBr gesättigten KBr-Lösungen

Im Gegensatz zu den früheren Arbeiten [*1*—*9*] wurden die vorliegenden Versuche mit Fe^{+3}/Fe^{+2}-Redoxlösungen durchgeführt, die vor Versuchsbeginn mit AgBr gesättigt waren (vgl. Abschnitt 2). In KBr-Lösungen, die nicht mit AgBr gesättigt worden sind, ist die Ag^+-Konzentration im allgemeinen sehr klein und das unter Stickstoff gemessene Ag^+/Ag-Potential sehr negativ. Bringt man in eine solche Lösung eine photographische Schicht, dann löst sich das AgBr dieser Schicht auch nur relativ langsam auf. Das der vorgegebenen KBr-Konzentration bei Sättigung mit AgBr entsprechende Ag^+/Ag-Gleichgewichtspotential stellt sich daher nicht sofort ein (vgl. Abb. 6). In der ersten Phase der Redoxversuche, während der das Ag^+/Ag-Potential wesentlich negativer ist als dem AgBr-Sättigungswert entspricht, können Keime des latenten Bildes durch Oxydation auch dann zerstört werden, wenn das Redoxpotential der Lösung negativer ist als das bei Sättigung mit AgBr zu erwartende Ag^+/Ag-Gleichgewichtspotential. Spezielle Abweichungen zwischen unseren Ergebnissen und denen früherer Arbeiten [*1*—*9*] können unter Umständen auch durch diese verzögerte Sättigung erklärt werden. Insbesondere ist es denkbar, daß bei Verwendung von nicht mit AgBr gesättigten Redoxlösungen bei bestimmten Redoxpotentialen während der anfänglichen AgBr-Untersättigungsperiode nur die kleinsten Keime des latenten Bildes oxydativ restlos zerstört werden, während größere Keime die Zeitspanne der Untersättigung überleben und anschließend dann eine Reduktion der Emulsionskörner einleiten können. Auf diese Weise ließe sich der folgende interessante

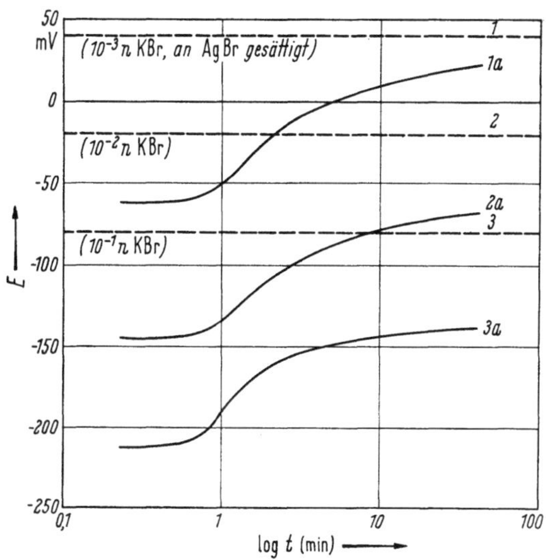

Abb. 6. Kurven *1a*—*3a*: Zeitliche Änderung des Ag^+/Ag-Potentials von KBr-Lösungen ($10^{-3}n$, $10^{-2}n$ und $10^{-1}n$) nach dem Einbringen photographischer Schichten (gemessen in O_2-freier Lösung mit einer blanken Ag-Elektrode gegen gesättigte Kalomelelektrode unter Stickstoff). Geraden *1*—*3*: Ag^+/Ag-Gleichgewichtspotentiale bei Sättigung an AgBr.

Befund [*6*, *7*] erklären: Nach Behandlung einer belichteten photographischen Schicht mit Redoxlösungen, die nicht vorher mit AgBr gesättigt worden sind, kann man bei bestimmten Redoxpotentialen sowohl einen oxydativen Abbau der kleinen als auch einen reduktiven Aufbau der großen latenten Bildkeime beobachten. Da die Redoxpotentiale, bei denen dieser Effekt auftrat, negativer waren als das bei Sättigung an AgBr zu erwartende Ag^+/Ag-Gleichgewichtspotential, wurde dieses unterschiedliche Verhalten kleiner und großer Keime bei [*6*, *7*] im Gegensatz zu den obigen Ausführungen durch eine Abhängigkeit des Redoxpotentials der latenten Bildkeime von der Keimgröße gedeutet.

Mit welchen Zeiten man zu rechnen hat, bis sich die AgBr-Sättigungskonzentration in KBr-haltigen Lösungen nach dem Einbringen einer photographischen Schicht einstellt, geht anhand eines Beispiels aus der Abb. 6 hervor; die Ergebnisse solcher Messungen sind allerdings von den Versuchsdimensionen (Lösungsvolumen, Schichtmenge und Schichtsorte) abhängig.

Außerdem geben die Kurven der Abb. 6 auch nur die in der Lösungsphase unter Rühren gemessenen Ag^+/Ag-Potentiale wieder. Wahrscheinlich stellt sich in den photographischen Schichten selbst die AgBr-Sättigung rascher ein.

4. Ergebnisse der Redoxversuche am Außenkeimbild photographischer Schichten

4.1. Außenkeime des latenten Bildes chemisch ungereifter Emulsionen

Da die chemische Reifung einen großen Einfluß auf die Ergebnisse der Redoxversuche hat (vgl. z. B. die stabilisierende Wirkung der Goldsensibilisierung [*8—9*] und [*11—12*]), wurden die hier angeführten Redoxversuche mit einer chemisch nicht gereiften AgBr-Modellemulsionen durchgeführt, welche außer kubischen AgBr-Körnern und inaktiver Gelatine keine Zusätze enthielt. Besonderes Augenmerk wurde auf die Abhängigkeit der Redoxergebnisse vom p_{Ag}-Wert gerichtet, da im p_{Ag}-Bereich des Bromidüberschusses die p_{Ag}-Pufferkapazität der Lösung mit steigender Bromidkonzentration infolge wachsender $[AgBr_n]^{+1-n}$-Komplexkonzentration zunimmt. Die Ergebnisse einer derartigen Meßreihe (KBr-Konzentrationen $10^{-2}n$, $10^{-1}n$ und $10^{0}n$; jeweils an AgBr gesättigt) sind aus der Abb. 7 ersichtlich.

Das theoretische Ag^+/Ag-Gleichgewichtspotential ist in Abb. 7 mit E_{Ag/Ag^+}, das kritische Entwicklerpotential mit E_{krit} bezeichnet. Ein oxydativer Abbau der Entwicklungskeime, der sich in einer Verminderung der Schwärzung äußert, setzt ein bei Redoxpotentialen, welche positiver sind als das kritische Redoxpotential

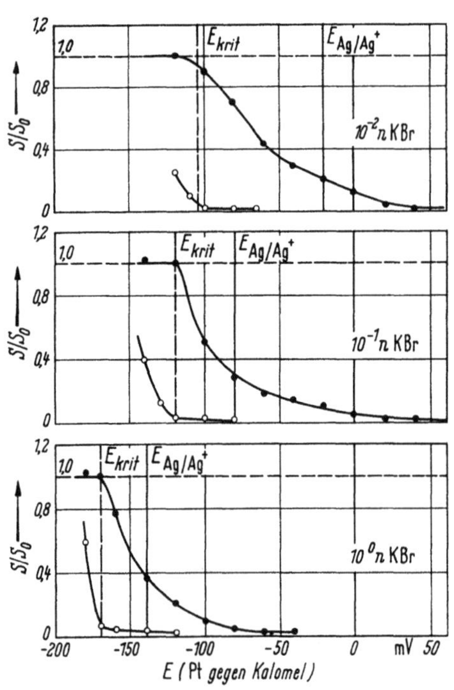

Abb. 7. Oxydation und Entwicklung von Keimen des latenten Bildes chemisch ungereifter AgBr-Modellemulsion.

Ordinate: Schwärzung (S) nach Redoxbehandlung, normiert auf die Schwärzung (S_0) nach Oberflächenentwicklung ohne Redox behandlung.

Abszisse: Redoxpotential (Platin gegen gesättigte Kalomelelektrode) der Redoxbehandlungslösung.

—•—•—•— Normierte Schwärzung nach Redoxbehandlung, Oberflächenentwicklung und Fixage.

—○—○— Normierte Schwärzung nach Redoxbehandlung und Fixage (ohne Oberflächenentwicklung).

E_{krit}; zur Einleitung der Entwicklungsreaktion ist andererseits ein Redoxpotential erforderlich, welches negativer ist als E_{krit}.

Man kann der Abb. 7 entnehmen, daß die scheinbare Differenz zwischen dem kritischen Redoxpotential E_{krit} und dem theoretischen, makroskopischen Ag^+/Ag-Gleichgewichtspotential, welche früher auf die geringe Keimgröße des latenten Bildes zurückgeführt worden ist, mit steigender KBr-Konzentration der Lösung (d. h. mit steigender Pufferung ihres p_{Ag}-Wertes) kleiner wird. Dies ist nach den Ausführungen des Abschnittes 3.1 darauf zurückzuführen, daß mit steigender Pufferung des p_{Ag}-Wertes der Einfluß der Komplexbildung zwischen den Citrationen und den Silberionen abnimmt.

Die scheinbare Potentialdifferenz zwischen dem kritischen Redoxpotential und dem makroskopischen Ag^+/Ag-Gleichgewichtspotential verschwindet allerdings auch bei den maximal möglichen KBr-Konzentrationen nicht vollständig. Das liegt offenbar daran, daß die in Abschnitt 3.2 behandelte Reduktion der komplexgelösten Silberionen bei allen p_{Ag}-Werten abläuft.

Eine quantitative Abschätzung dieser (scheinbaren) Potentialdifferenz zeigt, daß sie mit Sicherheit auf die im Abschnitt genannten Störungen und nicht auf die geringe Größe der Silberkeime des latenten Bildes zurückzuführen ist.

4.2. Stabilität der Keime des latenten Bildes nach Goldreifung und nach Goldlatensifikation

Vor kurzem wurden Messungen veröffentlicht [*8, 9*], nach denen Entwicklungskeime, welche auf Goldreifkeimen entstanden sind, erst bei positiveren Redoxpotentialen oxydativ zerstört werden als reine Ag-Entwicklungskeime (vgl. auch [*11—12*]):

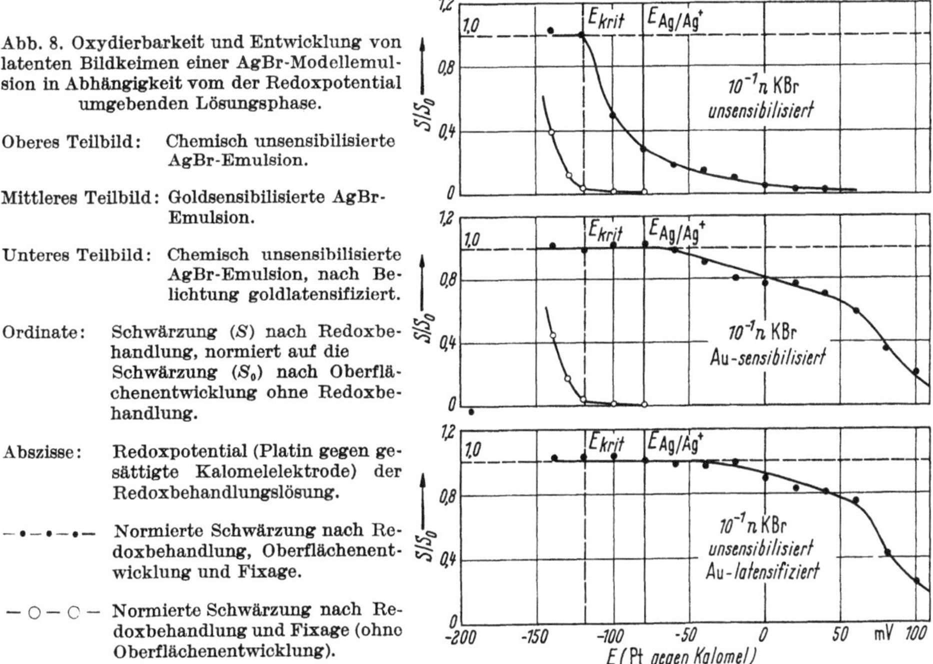

Abb. 8. Oxydierbarkeit und Entwicklung von latenten Bildkeimen einer AgBr-Modellemulsion in Abhängigkeit vom der Redoxpotential umgebenden Lösungsphase.

Oberes Teilbild: Chemisch unsensibilisierte AgBr-Emulsion.

Mittleres Teilbild: Goldsensibilisierte AgBr-Emulsion.

Unteres Teilbild: Chemisch unsensibilisierte AgBr-Emulsion, nach Belichtung goldlatensifiziert.

Ordinate: Schwärzung (S) nach Redoxbehandlung, normiert auf die Schwärzung (S_0) nach Oberflächenentwicklung ohne Redoxbehandlung.

Abszisse: Redoxpotential (Platin gegen gesättigte Kalomelelektrode) der Redoxbehandlungslösung.

—•—•—•— Normierte Schwärzung nach Redoxbehandlung, Oberflächenentwicklung und Fixage.

—○—○— Normierte Schwärzung nach Redoxbehandlung und Fixage (ohne Oberflächenentwicklung).

Dieser Befund konnte bestätigt werden. Darüberhinaus wurde festgestellt, daß die Keime des latenten Bildes nicht nur durch Goldsensibilisierung, sondern auch durch Behandlung mit Goldsalzen nach der Belichtung (d. h. durch Goldlatensifikation) stabilisiert werden können.

In Abb. 8 sind die Ergebnisse von Redoxuntersuchungen an einer AgBr-Modellemulsion ohne chemische Sensibilisierung, nach Goldsensibilisierung und nach Goldlatensifizierung einander gegenübergestellt.

Interessanterweise erfolgt nach Abb. 8 zwar die Oxydation der goldhaltigen Keime des latenten Bildes erst bei positiveren Redoxpotentialen als die der reinen Ag-Keime; die Entwicklungsreaktionen können die goldhaltigen Keime jedoch erst bei den gleichen negativen Redoxpotentialen einleiten wie die reinen Ag-Keime (d. h. bei Potentialen, welche negativer sind als E_{krit}).

Literatur

[1] Bullock, E. R.: Chemical Reactions of the Photographic Latent Image, New York: Van Nostrand, 1927.
[2] Reinders, W. u. L. Hamburger-Delft: Z. wiss. Phot. **31**, 265 (1933).
[3] Reinders, W.: J. Phys. Chem. **38**, 783 (1934).
[4] Reinders, W.: Sci. Ind. Phot. **5**, 284 (1934).
[5] Reinders, W. u. M. C. F. Beuckers: Trans. Faraday **800**, 912 (1938).
[6] Hillson, P. J.: J. Phot. Sci. **6**, 97 (1958).
[7] Hillson, P. J.: J. Ind. Phot. **30**, 18 (1959).
[8] Bourdon, J. u. A. Bonnerot: Sci. Ind. Phot. **30**, 205 (1959).
[9] Bourdon, J. u. A. Bonnerot: Sci. Ind. Phot. **32**, 369 (1961).
[10] James, T. H., W. Vanselow u. R. F. Quirk: PSA Journal (Phot. Sci. and Technique) **19 B**, 170 (1953).
[11] Hautot, A. u. H. Sauvenier: Sci. Ind. Phot. **28**, 57 (1957).
[12] Tschibissow, K. W.: Z. wiss. Phot. **56**, 185 (1962).

Das Redoxverhalten des latenten Bildes

Teil II.: Das Redoxverhalten der Innenkeime

Von R. Matejec und E. Moisar

Zusammenfassung

Es wird über die Oxydation des latenten Innenkeimbildes in Abhängigkeit vom Redoxpotential und vom p_{Ag}-Wert der zur Oxydation verwendeten Lösungsphase sowie in Abhängigkeit von der Oxydationsdauer berichtet. Dabei wird gezeigt, daß wie beim latenten Außenbild auch beim latenten Innenbild kinetische Gesichtspunkte eine große Rolle spielen. Die experimentellen Ergebnisse lassen sich theoretisch deuten unter der Annahme, daß die Kinetik durch die Defektelektronendiffusion geregelt wird.

Das latente Innenbild wurde erzeugt, indem eine homodisperse, chemisch unsensibilisierte AgBr-Emulsion kubischer Korntracht zunächst homogen belichtet wurde; die dabei entstandenen Keime des latenten Bildes wurden dann durch Umhüllung der Körner mit weiterem Halogensilber in das Korninnere verlagert und dabei sämtliche in Innenkeime verwandelt.

Durch die Redoxbehandlung tritt außerdem in gewissen Redoxbereichen eine Verschleierung auf, wenn die Schichten nach der Redoxbehandlung mit sehr aktiven Entwicklerlösungen entwickelt werden. Dieser Verschleierungseffekt wird durch eine durch die Redoxbehandlung verursachte Abnahme der Schutzkolloidwirkung der Gelatine gedeutet.

1. Einleitung

Über das Redoxverhalten des latenten Außenkeimbildes wurde im Teil I dieser Arbeit berichtet [*1*]. Dort wurde festgestellt, daß das Redoxpotential des latenten Außenkeimbildes chemisch ungereifter (insbesondere goldfreier) Emulsionen mit dem elektrochemischen Gleichgewichtspotential ($E_{Ag^+/Ag}$) einer makroskopischen Silberelektrode zumindest größenordnungsmäßig übereinstimmt, sofern man kinetische Begleiteffekte berücksichtigt (vgl. [*1*] u. [*2*]); bei Verwendung oxydierender Lösungen, deren Redoxpotential nur wenig positiver ist als das makroskopische elektrochemische Ag^+/Ag-Gleichgewichtspotential ($E_{Ag^+/Ag}$), wird demzufolge das latente Außenkeimbild oxydativ zerstört.

Erfahrungsgemäß wird dagegen das latente Innenkeimbild durch solche oxydierende Lösungen innerhalb der gebräuchlichen Behandlungszeiten noch nicht angegriffen [*3—14*]; erst sehr starke Oxydationsmittel zerstören innerhalb diskutabler Oxydationszeiten auch das latente Innenkeimbild (vgl. z. B. [*8*] u. [*10*]).

Systematische Untersuchungen über die zur Oxydation des latenten Innenkeimbildes erforderlichen Redoxpotentiale liegen bisher allerdings noch nicht vor. Infolgedessen wurde in der vorliegenden Arbeit die Innenkeim-Oxydation in Abhängigkeit vom Redoxpotential und vom p_{Ag}-Wert der Oxydationslösung sowie von der Oxydationsdauer untersucht; die erhaltenen Ergebnisse lassen sich theoretisch deuten unter der Annahme, daß die Kinetik der Innenkeimoxydation vorwiegend durch die Kinetik der Defektelektronen-Diffusion im Halogensilber geregelt wird.

2. Experimentelle Methodik

2.1. Verwendete Emulsionen

Verwendet wurden chemisch ungereifte, homodisperse AgBr- und AgCl-Emulsionen kubischer Kristalltracht. Ein physikalisch zuverlässiges Innenkeimbild wurde folgendermaßen hergestellt (vgl. [*15*]):

Hatten die homodispersen, kubischen AgBr- oder AgCl-Körner im Laufe der Fällung eine gewisse Größe erreicht (Würfelkanten bei AgBr ca. $3 \cdot 10^{-5}$ [cm]; bei AgCl ca. $4 \cdot 10^{-5}$ [cm]), dann wurde die Emulsion in zwei Teile geteilt:

Der Teil *A* wurde in flüssigem Zustand in dünner Schicht durch Blitzlicht belichtet. Die Emulsionskörner wurden dadurch statistisch mit latenten Bildkeimen versehen. Anschließend wurde dann auf diese Körner noch eine Hülle aus jeweils dem gleichen Silberhalogenid aufgefällt: Die Bildkeime wurden dadurch in das Korninnere hinein verlegt, d. h. die Keime wurden durch das aufgefällte Halogensilber im Inneren des Halogensilberkristalls „begraben". Die Korngrößen wurden durch diese Auffällung nur geringfügig vergrößert (Würfelkanten bei AgBr ca. $3{,}2 \cdot 10^{-5}$ [cm]; bei AgCl ca. $5 \cdot 10^{-5}$ [cm]). Die latenten Bildkeime dieses Emulsionsteiles (*A*) waren nach der Auffällung zwar noch durch die bekannten Innenkeimentwickler, aber nicht mehr durch die bekannten Außenkeimentwickler entwickelbar. Der Emulsionsteil (*A*), welcher infolge dieser Versuchstechnik nur Innenkeime enthielt, soll im folgenden stets als „Innenkeim-Emulsion" bezeichnet werden.

Im anderen Teil *B* der Emulsion wurden die Körner ohne Belichtung durch Weiterauffällung jeweils des gleichen Silberhalogenids auf die gleiche Endgröße wie im Teil *A* gebracht. Dieser Emulsions-Teil (*B*), welcher weder Innen- noch Außenkeime enthielt, soll im folgenden stets als „keimfreie Vergleichs-Emulsion" bezeichnet werden.

2.2. Redoxbehandlung und Verarbeitung der Schichten

Ähnlich wie bei der Untersuchung des latenten Außenkeimbildes [*1*] wurden auch bei den hier behandelten Versuchen stets Lösungen verwendet, welche zur Einstellung eines definierten p_{Ag}-Wertes Alkalihalogenid enthielten und welche vor Versuchsbeginn an Silberhalogenid gesättigt worden waren. Der *p*H-Wert war durch Acetatpuffer auf $p\text{H} \approx 4{,}5$ eingestellt.

Als Redoxsystem enthielten diese Lösungen die Mischungen Fe^{+3}/Fe^{+2}, $[Fe(CN)_6]^{-3}/[Fe(CN)_6]^{-4}$, MnO_4^{-}/Mn^{+2} oder $Cr_2O_7^{-2}/Cr^{+3}$; variiert wurde das Redoxpotential durch Einstellung verschiedener Konzentrationsverhältnisse von oxydierter zu reduzierter Form der Redoxsubstanzen. Es wurde festgestellt, daß die Oxydation der Innenkeime innerhalb der Fehlergrenzen praktisch nur vom Redoxpotential der Lösungen und nicht von der stofflichen Natur des verwendeten Redoxsystems abhängt.

Nach den (verschieden langen) Redoxbehandlungen wurden die untersuchten Emulsionsschichten gewässert. Bei einem Teil der Versuchsreihen wurden sie dann in dem folgenden bei [*14*] angegebenen (chemischen) Innenkeimentwickler entwickelt:

Teil I:

12 g Hydrochinon
3 g Metol
45 g Na_2SO_3 sicc.
55,6 g Na_2CO_3
4 g KBr
mit H_2O auf 800 ccm.

Teil II:

20 g $Na_2S_2O_3$
mit H_2O auf 200 ccm.

Teil I und Teil II vor Gebrauch gemischt.

Bei einem anderen Teil der Versuchsreihen wurden die Schichten nach alkalischer Fixage (in 100 g $Na_2S_2O_3$ + 20 g Na_2SO_3 sicc. pro 1 H_2O) und nach anschließendem Zwischenbaden in 2%iger Na_2 SO_3-Lösung mit einem physikalischen Entwickler folgender Zusammensetzung entwickelt:

Teil I:

5 g *p*-Phenylendiamin
50 g $NaHSO_3$
10 g Na_2SO_3 sicc.
auf 100 ccm H_2O

Teil II:

75 g Na_2SO_3 sicc.
10 g $AgNO_3$
auf 500 ccm H_2O.

Teil I und Teil II vor Gebrauch 1 : 1 gemischt.

3. Experimentelle Ergebnisse

Die experimentellen Ergebnisse sind in den Abb. 1—4 zusammengestellt.

Aus den Abb. 1—4 kann man folgendes entnehmen:

Bei Entwicklung in einem chemischen Innenkeimentwickler (Abb. 1 u. 3) ist eine Abnahme der entwickelbaren Schwärzung festzustellen, wenn die oxydative Vorbehandlung mit einem Redoxsystem von ausreichend positivem Redoxpotential durchgeführt worden ist. Bei weniger positiven Redoxpotentialen (die aber noch positiver als das Ag^+/Ag-Gleichgewichtspotential sind und bei denen aus thermodynamischen Gründen nur eine Oxydation aber keine Reduktion des Silbers möglich ist; vgl. Abschnitt 4.1) tritt sowohl bei der innenkeimfreien Vergleichsemulsion als auch bei der Innenkeimemulsion eine Schwärzungszunahme (Verschleierung) auf. Diese unerwartete Verschleierung macht eine exakte Auswertung der Abb. 1 und 3 unmöglich; vermutlich ist dieser Verschleierungseffekt auf eine Verminderung der Schutzkolloidwirkung der Gelatine zurückzuführen.

Bei physikalischer Entwicklung (nach Fixage) tritt dagegen diese störende Verschleierung nicht auf (vgl. Abb. 2 u. 4). Bei Redoxpotentialen, welche nur wenig positiver sind als das Ag^+/Ag-Gleichgewichtspotential, wird sowohl die Schwärzung der Innenkeimemulsion als auch die der innenkeimfreien Vergleichsemulsion durch die Redoxbehandlung praktisch nicht verändert. Erst bei sehr positiven Potentialen des Redoxsystems ist ein Abbau der Innenkeime festzustellen. Dasjenige Potential, bei dem ein merklicher Abbau der Innenkeime einsetzt, verschiebt sich mit steigen-

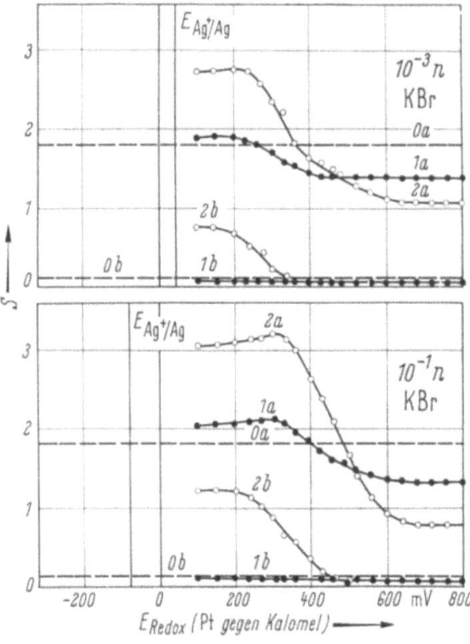

Abb. 1. Schwärzungen der Innenkeim-AgBr-Emulsion und der keimfreien AgBr-Vergleichsemulsion nach Redoxbehandlung mit Lösungen verschiedener Redoxpotentiale und chemischer Innenentwicklung; $T = 20$ °C.

p_{Ag}-Werte: oberes Teilbild: $p_{Ag} = 9{,}2$ ($\triangleq 10^{-3} n$ KBr), unteres Teilbild: $p_{Ag} = 11{,}2$ ($\triangleq 10^{-1} n$ KBr)

Kurven *a*: Innenkeim-AgBr-Emulsion
Kurven *b*: keimfreie AgBr-Vergleichsemulsion
Kurven *0*: Schwärzungen ohne Redoxbehandlung.
Kurven *1*: Schwärzungen nach 1 Std. Redoxbehandlung.
Kurven *2*: Schwärzungen nach 60 Std. Redoxbehandlung.

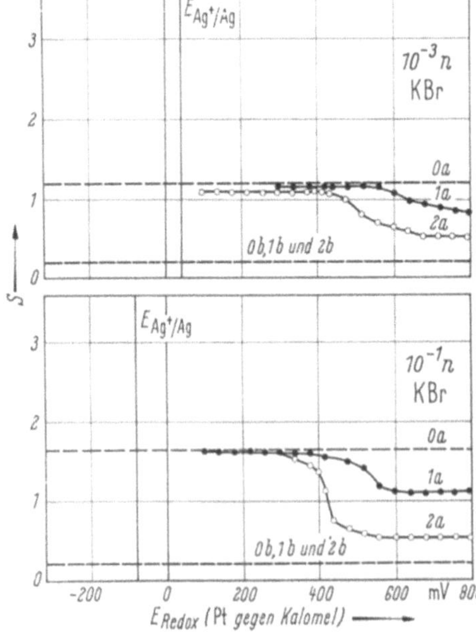

Abb. 2. Schwärzungen der Innenkeim-AgBr-Emulsion und der keimfreien AgBr-Vergleichsemulsion nach Redoxbehandlung mit Lösungen verschiedener Redoxpotentiale und physikalischer Entwicklung; $T = 20$ °C.

p_{Ag}-Werte: oberes Teilbild: $p_{Ag} = 9{,}2$ ($= 10^{-3} n$ KBr), unteres Teilbild: $p_{Ag} = 11{,}2$ ($= 10^{-1} n$ KBr)

Kurven *a*: Innenkeim-AgBr-Emulsion.
Kurven *b*: keimfreie AgBr-Vergleichsemulsion.
Kurven *0*: Schwärzungen ohne Redoxbehandlung.
Kurven *1*: Schwärzungen nach 1 Std. Redoxbehandlung.
Kurven *2*: Schwärzungen nach 60 Std. Redoxbehandlung.

dem p_{Ag}-Wert und zunehmender Redoxbehandlungszeit pro logarithmischer Einheit um etwa 60 mV nach negativeren Redoxpotentialen. Eine Deutung dieser Ergebnisse wird in Abschnitt 5 gegeben.

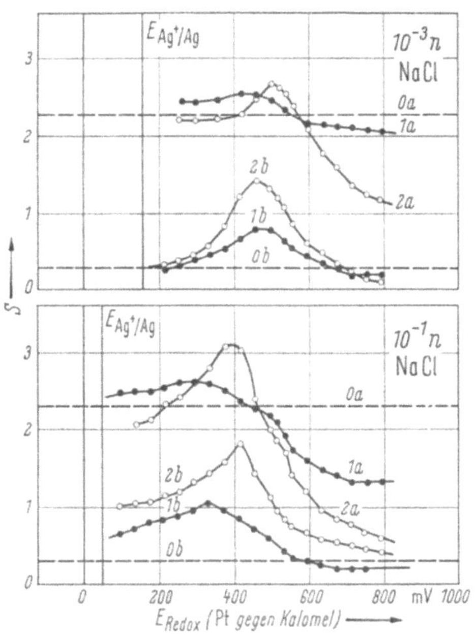

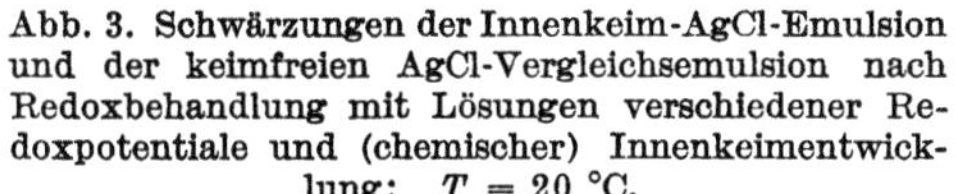

Abb. 3. Schwärzungen der Innenkeim-AgCl-Emulsion und der keimfreien AgCl-Vergleichsemulsion nach Redoxbehandlung mit Lösungen verschiedener Redoxpotentiale und (chemischer) Innenkeimentwicklung; $T = 20$ °C.

p_{Ag}-Werte: oberes Teilbild: $p_{Ag} = 6{,}8 (\triangleq 10^{-3} n$ NaCl), unteres Teilbild: $p_{Ag} = 8{,}8 (\triangleq 10^{-1} n$ NaCl).

Kurven *a*: Innenkeim-AgCl-Emulsion.
Kurven *b*: keimfreie AgCl-Vergleichsemulsion.
Kurven *0*: Schwärzungen ohne Redoxbehandlung.
Kurven *1*: Schwärzungen nach 1 Std. Redoxbehandlung.
Kurven *2*: Schwärzungen nach 60 Std. Redoxbehandlung.

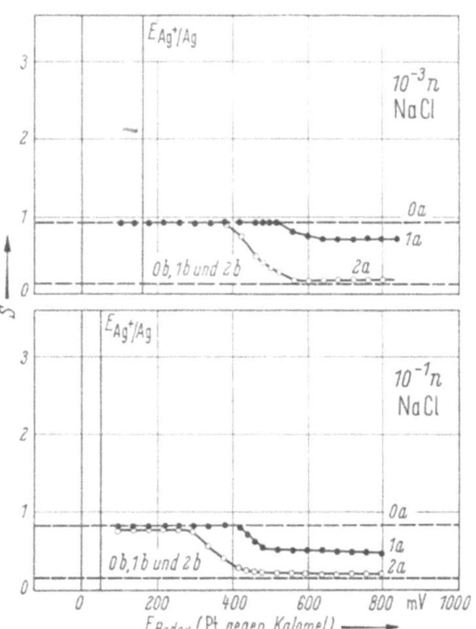

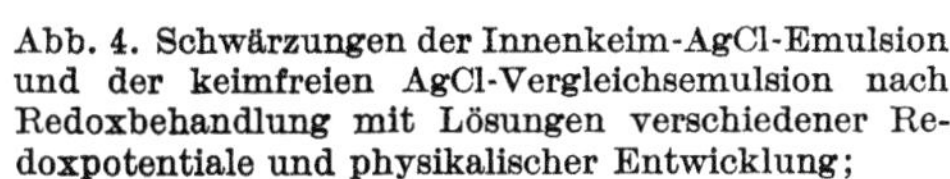

Abb. 4. Schwärzungen der Innenkeim-AgCl-Emulsion und der keimfreien AgCl-Vergleichsemulsion nach Redoxbehandlung mit Lösungen verschiedener Redoxpotentiale und physikalischer Entwicklung;

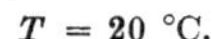

$T = 20$ °C.

p_{Ag}-Werte: oberes Teilbild: $p_{Ag} = 6{,}8 (\triangleq 10^{-3} n$ NaCl), unteres Teilbild: $p_{Ag} = 8{,}8 (\triangleq 10^{-1} n$ NaCl).

Kurven *a*: Innenkeim-AgCl-Emulsion.
Kurven *b*: keimfreie AgCl-Vergleichsemulsion.
Kurven *0*: Schwärzungen ohne Redoxbehandlung.
Kurven *1*: Schwärzungen nach 1 Std. Redoxbehandlung.
Kurven *2*: Schwärzungen nach 60 Std. Redoxbehandlung.

4. Theoretische Diskussion der Innenkeim-Oxydation

4.1. Allgemeines

Das chemische Potential des Silbers ist im thermodynamischen Gleichgewicht unabhängig von dessen topographischer Verteilung: die Keime des latenten Innenkeimbildes müßten deshalb im thermodynamischen Gleichgewicht (wenn man von unterschiedlichen Grenzflächenenergien absieht) das gleiche chemische Potential haben wie die des latenten Außenkeimbildes. Sie müßten daher auch beide oxydiert werden, sobald das Redoxpotential E_{Redox} der Lösungsphase das von den Versuchsbedingungen abhängige elektrochemische Ag^+/Ag-Gleichgewichtspotential $E_{Ag^+/Ag}$ überschreitet, d. h. sobald

$$E_{\text{Redox}} > E_{Ag^+/Ag} \tag{1}$$

ist.

Aus den Experimenten ist andererseits bekannt, daß zur Oxydation des latenten Innenkeimbildes wesentlich positivere Redoxpotentiale erforderlich sind als zur Oxydation des latenten Außenkeimbildes (vgl. Abschnitt 3, sowie z. B. [*8*] und [*10*]). Da dieser experimentelle Befund aus der Thermodynamik nicht herzuleiten ist, muß man annehmen, daß wie bei der Oxydation des latenten Außenkeimbildes [*1, 2*] auch bei der Oxydation des latenten Innenkeimbildes kinetische Gesichtspunkte eine große Rolle spielen.

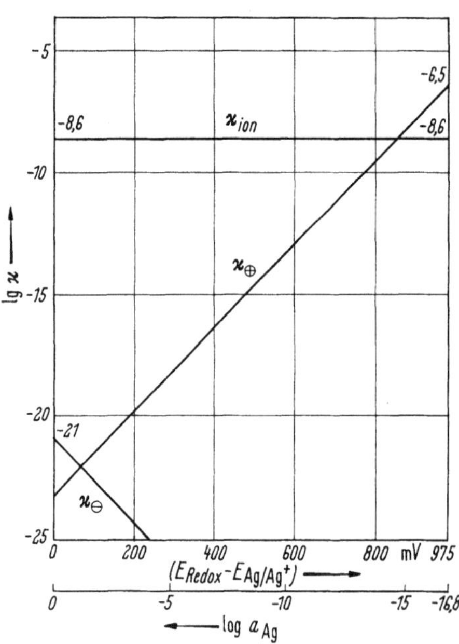

Abb. 5. Elektrische Teilleitfähigkeiten (Ionenleitfähigkeit $\varkappa_{\text{ion}}$, Elektronenleitfähigkeit $\varkappa_\ominus$ und Defektelektronenleitfähigkeit $\varkappa_\oplus$) im AgBr bei 25 °C als Funktion der thermodynamischen Aktivität (a_{Ag}) des Silbers nach C. WAGNER [*16*]). Die thermodynamische Aktivität (a_{Ag}) des Silbers entspricht an der linken Bildbegrenzung dem Kontaktgleichgewicht Ag/AgBr, an der rechten Seite dem Kontaktgleichgewicht $AgBr/Br_2$ von 1 atm Br_2-Partialdruck.

Im Gegensatz zum latenten Außenkeimbild ist das latente Innenkeimbild allseitig von Halogensilber umgeben; es steht nur indirekt über das Halogensilber mit der Lösungsphase in Kontakt. Ein der Lösungsphase zugesetztes Oxydationsmittel kann die Innenkeime infolgedessen nicht direkt oxydieren, ihre Oxydation muß viel mehr indirekt durch die Halogensilberphase hindurch vor sich gehen.

Einerseits kann sie durch Reaktion des Innenkeimsilbers mit den Defektelektronen (⊕) erfolgen, welche bei gegebenem Redoxpotential der Lösungsphase in das Korninnere hineindiffundieren; andererseits ist prinzipiell auch eine Oxydation des Innensilbers durch Auswanderung von freien Elektronen (⊖) aus dem Korninneren und Reaktion dieser freien Elektronen an der Phasengrenze Halogensilberkorn/Lösungsphase möglich. Entscheidend für die Frage, welcher von diesen beiden Mechanismen überwiegt, ist das Verhältnis der entsprechenden elektrischen Teilleitfähigkeiten $\varkappa_\ominus$ und $\varkappa_\oplus$ im Halogensilberkristall: Bei $\varkappa_\ominus > \varkappa_\oplus$ müßte die Innenkeimoxydation überwiegend durch Elektronenauswanderung, bei $\varkappa_\ominus < \varkappa_\oplus$ dagegen überwiegend durch Defektelektroneneinwanderung erfolgen.

Die Größe der bei Zimmertemperatur im AgBr vorhandenen elektrischen Teilleitfähigkeiten $\varkappa_\ominus$ und $\varkappa_\oplus$ dieser elektronischen Ladungsträger ist als Funktion der thermodynamischen Aktivität a_{Ag} des Silbers im Halogensilber in Abb. 5 eingetragen. Ferner ist als Abszissenmaßstab in Abb. 5 die elektrochemische Potentialdifferenz $E_{Redox}—E_{Ag^+/Ag}$ eingezeichnet, welche mit der Silberaktivität a_{Ag} nach Gl. (12) zusammenhängt.

Man kann der Abb. 5 entnehmen, daß im AgBr bei höheren Silberaktivitäten

$$\log a_{Ag} > -1{,}2 \tag{2a}$$

die Elektronenteilleitfähigkeit ($\varkappa_\ominus$) größer als die Defektelektronen-Teilleitfähigkeit ($\varkappa_\oplus$) ist:

$$\varkappa_\ominus > \varkappa_\oplus\,. \tag{2b}$$

Umgekehrt ist bei

$$\log a_{Ag} < -1{,}2 \tag{3a}$$

$$\varkappa_\ominus < \varkappa_\oplus\,. \tag{3b}$$

Somit wird die Innenkeimoxydation nach Abb. 5 im Bereich $\log a_{Ag} > -1{,}2$ überwiegend durch Elektronenauswanderung, im Bereich $\log a_{Ag} < -1{,}2$ dagegen überwiegend durch eindiffundierende Defektelektronen erfolgen.

Die in Abb. 5 dargestellten Funktionen wurden allerdings bei [*16*] an großen, reinen Halogensilberkristallen mit Idealzustand der Frenkelfehlordnung erhalten (d. h. es sind nur die thermisch erzeugten Frenkelfehlstellen $Ag_\circ^+$ und $Ag_\square^-$ anwesend, so daß $c_{Ag_\circ^+} = c_{Ag_\square^-}$). Es ist zu erwarten, daß die Absolutlage auch der elektronischen Teilleitfähigkeiten $\varkappa_\ominus$ und $\varkappa_\oplus$ von den in Abb. 5 dargestellten Werten abweicht, wenn in den Emulsionskörnern der Zustand der Frenkelfehlordnung z. B. durch Fremdstoffdotierung oder durch Randschichteinflüsse vom thermischen Idealzustand entfernt ist: Vergrößerung der $Ag_\square^-$-Konzentration und Verkleinerung der $Ag_\circ^+$-Konzentration im Kristall dürfte z. B. $\varkappa_\ominus$ erhöhen und $\varkappa_\oplus$ vermindern.

Infolgedessen wird auch die Größe der thermodynamischen Aktivität (a_{Ag}), bei der $\varkappa_\ominus = \varkappa_\oplus$ ist und bei der demgemäß die Innenkeimoxydation durch Elektronenauswanderung in eine solche durch Defektelektroneneindiffusion übergeht, vom jeweiligen Zustand der Frenkelfehlordnung im Halogensilberkorn abhängen.

Der Zusammenhang zwischen thermodynamischer Aktivität des Silbers im Halogensilber und dem Redoxpotential E_{Redox} der Lösungsphase kann folgendermaßen hergeleitet werden:

Wird ein Halogensilberkristall oder eine photographische Schicht mit einem Oxydationsmittel behandelt, dann wird in der Lösungsphase das Halogen-Halogenid-Gleichgewicht

$$X^- \rightleftharpoons \frac{1}{2}\, X_2 + \ominus \tag{A}$$

so weit verschoben, bis das Redoxpotential E_{Redox} des Oxydationsmittels mit dem Redoxpotential E_{X_2/X^-} des Halogen-Halogenidgleichgewichts (*A*) übereinstimmt:

$$E_{X_2/X^-} = E_{Redox} \tag{4}$$

Andererseits ist E_{X_2/X^-} gegeben durch die Nernst'sche Gleichung zu:

$$E_{X_2/X^-} = E^\circ_{X_2/X^-} + \frac{RT}{F} \ln \frac{\sqrt{p_{X_2}}}{c_{X^-}} \qquad (5)$$

in welcher $E^\circ_{X_2/X^-}$ das elektrochemische Halogen/Halogenid-Normalpotential, p_{X_2} den Halogenpartikeldruck und c_{X^-} die Halogenidkonzentration bedeuten. Das elektrochemische Ag^+/Ag-Gleichgewichtspotential $E_{Ag^+/Ag}$ ist andererseits gegeben durch folgende Beziehung:

$$E_{Ag^+/Ag} = E^\circ_{Ag^+/Ag} + \frac{RT}{F} \cdot \ln c_{Ag^+} \qquad (6);$$

in dieser Gl. (6) bedeutet $E^\circ_{Ag^+/Ag}$ das elektrochemische Ag/Ag^+-Normalpotential und c_{Ag^+} die freie Ag^+-Konzentration der Lösungsphase.

Aus der Thermodynamik folgt ferner (vgl. z. B. [*16*]) die Beziehung

$$\ln \sqrt{p_{X_2}} = \frac{\Delta G^\circ_{AgX}}{RT} - \ln a_{Ag} \qquad (7).$$

In dieser Gl. (7) ist ΔG°_{AgX} der Standardwert der Änderung der freien Enthalpie bei der Bildung des Silberhalogenids AgX aus metallischem Ag und gasförmigem Halogen (X_2) unter Normalbedingungen, a_{Ag} ist die bereits oben bei Abb. 5 erwähnte thermodynamische Silber-Aktivität im Halogensilber (AgX).

Die Verknüpfung zwischen der Silberionenkonzentration c_{Ag^+} und der Halogenidkonzentration c_{X^-} ist schließlich für die an Halogensilber gesättigte Lösungsphase gegeben durch das Löslichkeitsprodukt L_{AgX} des Halogensilbers:

$$c_{Ag^+} \cdot c_{X^-} = L_{AgX} \qquad (8).$$

Kombination der Gl. (4 bis 8) ergibt dann die Beziehung (9):

$$(E_{Redox} - E_{Ag^+/Ag}) = \left(E^\circ_{X_2/X^-} - E^\circ_{Ag^+/Ag} + \frac{\Delta G^\circ_{AgX}}{F} - \frac{RT}{F} [\ln L_{AgX} + \ln a_{Ag}] \right) (9).$$

In dem speziellen Fall, daß das AgBr mit Ag im thermodynamischen Gleichgewicht steht, ist

$$a_{Ag} = 1 \qquad (10a)$$

und

$$E_{Redox} = E_{Ag^+/Ag} \qquad (10b).$$

Setzt man die durch Gl. (10a) und (10b) gegebenen speziellen Werte in Gl. (9) ein, so ergibt sich, daß

$$(E^\circ_{X_2/X^-} - E^\circ_{Ag^+/Ag}) + \frac{\Delta G_{AgX}}{F} - \frac{RT}{F} \ln L_{AgX} = 0 \qquad (11)$$

sein muß. Durch Einsetzen der nach verschiedenen Methoden gemessenen, aus der Literatur bekannten und in Gl. (11) enthaltenen Stoffkonstanten findet man die Gl. (11) ziemlich genau bestätigt. Kombination der Gln. (9) und (11) ergibt schließlich die Beziehung (12):

$$(E_{Redox} - E_{Ag^+/Ag}) = -\frac{RT}{F} \ln a_{Ag} \qquad (12),$$

welche den Zusammenhang liefert zwischen der thermodynamischen Aktivität des Silbers im Halogensilber und dem elektrochemischen Potential der wäßrigen Phase, mit der dieses Halogensilber in Kontakt steht.

Setzt man in diese Gl. (12) den Wert $\log a_{Ag} = -1{,}2$ ein, für den nach Abb. 5 $\varkappa_{\ominus} = \varkappa_{\oplus}$ ist, so findet man, daß die Innenkeimoxydation durch Auslaufen freier Elektronen in eine Innenkeimoxydation durch eindiffundierende Defektelektronen bei Zimmertemperatur in AgBr bei

$$E_{\text{Redox}} - E_{Ag^+/Ag} = 69{,}5\ [\text{mV}] \qquad (13)$$

übergehen müßte.

4.2. Kinetik der Innenkeimoxydation unter der Voraussetzung diffusionsbegrenzter Prozesse

4.2.1. Der Teildiffusionsstrom der Defektelektronen. In dem Redoxpotentialbereich, in welchem nach den Ausführungen des Abschnitts 4.1 das latente Innenbild durch Defektelektronen oxydiert wird, kann die Diffusion der Defektelektronen der geschwindigkeitsbestimmende Schritt sein. Allgemein läßt sich der Diffusionsstrom

$$\dot{n}_{\oplus} = \frac{dn_{\oplus}}{dt} \qquad (14)$$

der Defektelektronen für gegebene Bedingungen folgendermaßen berechnen:

Ein aus n_{Ag} Silberatomen bestehender Innenkeim, dessen Radius r ist, sei in einem Halogensilberkorn homogen vom Halogensilber umgeben. Der Abstand des Keims von der Kornoberfläche sei in allen Richtungen groß gegen r.

Sobald das Halogensilberkorn in die Oxydationslösungen eingebracht wird, stellt sich an der Kornoberfläche wahrscheinlich sehr rasch die Gleichgewichtskonzentration $c_{\oplus,G}$ der Defektelektronen ein; die Defektelektronen beginnen dann aufgrund ihres Konzentrationsgefälles $\frac{dc_{\oplus}}{dx}$ in das Korninnere hineinzudiffundieren.

In gewissen Redoxbereichen liegen sehr kleine Defektelektronen-Gleichgewichtskonzentrationen vor (vgl. Abb. 7); unter diesen Bedingungen ist die Verwendung eines Diffusionsmodells, welches ein „Defektelektronen-Konzentrationsgefälle“ enthält, begrifflich schwierig. Rein formal könnte man dann die Berechnungen mit thermodynamischen Aktivitäten statt mit echten Konzentrationen durchführen. Darauf soll im folgenden jedoch verzichtet werden, da sich dadurch an den Endergebnissen prinzipiell nichts ändern würde.

Die Größe des Defektelektronen-Diffusionsstromes $\dot{n}_{\oplus}$ ist nach dem 1. Diffusionsgesetz gegeben durch den Ausdruck

$$\dot{n}_{\oplus} = D_{\oplus} \cdot Q \cdot - \frac{dc_{\oplus}}{dx} \qquad (15).$$

In Gl. 15 ist Q der Diffusionsquerschnitt, $D_{\oplus}$ der Diffusionskoeffizient und $\frac{dc_{\oplus}}{dx}$ der Konzentrationsgradient der Defektelektronen.

Im allgemeinen Fall ist die Zahl der diffundierenden Defektelektronen $n_{\oplus}$ eine Funktion des Ortes x und der Zeit t:

$$n_{\oplus} = f(x, t) \qquad (16\text{a})$$

$$\frac{dn_{\oplus}}{dt} = \left(\frac{\partial n_{\oplus}}{\partial x}\right)_t \cdot \frac{dx}{dt} + \left(\frac{\partial n_{\oplus}}{\partial t}\right)_x \qquad (16\text{b})$$

Da hier jedoch vorausgesetzt werden soll, daß im homogenen Halogensilberkristall außer an den Phasengrenzen Halogensilberkristall/Lösung und Halogensilberkristall/Silberkeim weder Defektelektronen gebildet werden noch verschwinden können (d. h. eine Störung des Diffusionsverlaufs durch Defektelektronenfallen oder Defektelektronenquellen sowie durch benachbarte Innenkeime soll ausgeschlossen sein), wird

$$\frac{\partial n_\oplus}{\partial x} = 0 \tag{17}$$

und somit

$$\frac{\mathrm{d}n_\oplus}{\mathrm{d}t} = \dot{n}_\oplus = \left(\frac{\partial n_\oplus}{\partial t}\right)_x \tag{18}$$

Die Gln. (17) und (18) bedeuten, daß durch alle geschlossenen Flächen, welche man um den Innenkeim legen kann, der gleiche Defektelektronen-Diffusionsstrom $\dot{n}_\oplus$ fließt. Zweckmäßigerweise legt man zur Vereinfachung des Diffusionsquerschnitts Q im Diffusionsmodell Kugelflächen um den im Halogensilber eingebetteten Innenkeim mit dem (variablen) Radius x um den Keimmittelpunkt. Der Diffusionsquerschnitt wird dann

$$Q = 4\pi x^2 \tag{19}$$

Kombination der Gln. (15) und (19) ergibt dann

$$\mathrm{d}c_\oplus = \frac{\dot{n}_\oplus}{4\pi D_\oplus} \cdot \frac{\mathrm{d}x}{x^2} \tag{20}$$

Integriert man diese Gl. (20) zwischen den Grenzen $x_1 = r$ und $x_2 = \infty$ (d. h. $x_2 \gg r$) und berücksichtigt man, daß die in genügend großem Abstand vom Innenkeim (d. h. bei $x_2 \gg r$) vorhandene Defektelektronenkonzentration c_2 gleich deren Gleichgewichtskonzentration $c_{\oplus,\mathrm{G}}$ ist ($c_2 \approx c_{\oplus,\mathrm{G}}$), daß andererseits die an der Keimoberfläche (d. h. bei $x_1 = r$) vorhandene Defektelektronenkonzentration c_1 erheblich kleiner ist als deren Gleichgewichtskonzentration ($c_1 \ll c_{\oplus,\mathrm{G}}$), so erhält man die Beziehung

$$\dot{n}_\oplus = 4\pi r D_\oplus c_{\oplus,G} \tag{21}$$

Diese Gl. (21) gibt zunächst den Zusammenhang zwischen der Gleichgewichtskonzentration $c_{\oplus,\mathrm{G}}$ der Defektelektronen und dem zum Silberkeim hin gerichteten Defektelektronen-Diffusionsstrom $\dot{n}_\oplus$ wieder. Zweckmäßigerweise kann man diesen Diffusionsstrom noch über die Keimgröße r normieren:

$$\frac{\dot{n}_\oplus}{r} = 4\pi D_\oplus c_{\oplus,G} \tag{22}$$

Der „reduzierte Diffusionsstrom" $\left(\frac{\dot{n}_\oplus}{r}\right)$ gestattet als allgemeine Funktion eine Berechnung der Diffusionsströme für beliebige Keimgrößen.

Das in den Gln. (21) und (22) enthaltene Produkt ($D_\oplus \cdot c_{\oplus,\mathrm{G}}$) kann man aus den in Abb. 5 eingetragenen $\varkappa_\oplus$-Werten entnehmen, wenn man berücksichtigt, daß der Diffusionskoeffizient $D_\oplus$ und die Gleichgewichtskonzentration $c_{\oplus,\mathrm{G}}$ der Defektelektronen über die elektrische Defektelektronenbeweglichkeit $u_\oplus$ mit der elektrischen Teilleitfähigkeit $\varkappa_\oplus$ verknüpft sind durch die Beziehungen:

$$\varkappa_\oplus = F \cdot c_{\oplus,G} \cdot u_\oplus \tag{23}$$

und

$$D_\oplus = \frac{RT}{F} \cdot u_\oplus \tag{24}$$

Man erhält dann für den (reduzierten) Defektelektronen-Diffusionsstrom $\left(\frac{\dot{n}_\oplus}{r}\right)$ die Gleichung

$$\frac{\dot{n}_\oplus}{r} = \frac{4\pi\, RT}{F^2}\, \varkappa_\oplus \qquad (25).$$

In Abb. 6 ist dieser (reduzierte) Defektelektronen-Diffusionsstrom $\frac{\dot{n}_\oplus}{r}$ als Funktion der Differenz zwischen Ag^+/Ag-Gleichgewichtspotential und Redoxpotential (E_{Redox}-$E_{Ag^+/Ag}$) sowie als Funktion der thermodynamischen Silberaktivität a_{Ag} eingetragen.

Die in den Gln. (21) und (22) enthaltenen Größen $D_\oplus$ und $c_{\oplus,G}$ kann man jedoch auch unabhängig von den in Abb. 5 eingetragenen $\varkappa_\oplus$-Werten erhalten: Die Verteilungskonstante K_B des Verteilungsgleichgewichts

$$Br_2 \rightleftharpoons 2\,\oplus \qquad (B)$$

zwischen den Defektelektronen ($\oplus$) im AgBr und dem Brom (Br_2) der umgebenden Phase ist nach [*17*] bekannt, sie verknüpft den Brompartialdruck (p_{Br_2}) der Lösung und die Defektelektronenkonzentration $c_\oplus$ durch die Gleichung

$$\frac{c_{\oplus,G}}{\sqrt{p_{Br_2}}} = \sqrt{K_B} \qquad (26).$$

Kombination dieser Gl. (23) mit den Gln. (7) und (12), (21—22) ergibt dann die Beziehungen

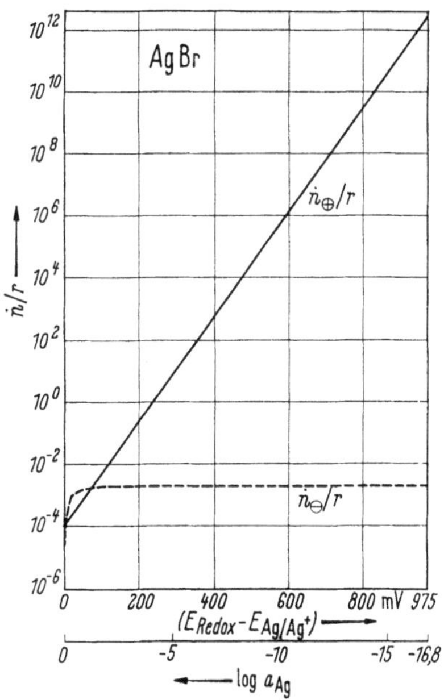

Abb. 6. Reduzierte Diffusionsströme ($\dot{n}/r$) der Defektelektronen ($\oplus$) und der freien Elektronen ($\ominus$) als Funktion der Differenz (E_{Redox} — $E_{Ag^+/Ag}$) zwischen Redoxpotential und Ag^+/Ag-Gleichgewichtspotential der Lösungsphase sowie als Funktion der thermodynamischen Silberaktivität (a_{Ag}).

$$\frac{\dot{n}_\oplus}{r} = \frac{4\pi D_\oplus K_B \cdot \exp\left[\frac{(\Delta G^\circ{}_{AgBr})}{RT}\right]}{a_{Ag}} \qquad (27\,a)$$

und

$$\frac{\dot{n}_\oplus}{r} = 4\pi D_\oplus\, K_B \exp\left[\frac{\Delta G^\circ{}_{AgBr} + F(E_{Redox} - E_{Ag^+/Ag})}{RT}\right] \qquad (27\,b)$$

welche den (reduzierten) Defektelektronendiffusionsstrom $\frac{\dot{n}_\oplus}{r}$ als Funktion der thermodynamischen Silberaktivität a_{Ag} oder als Funktion des Redoxpotentials E_{Redox} der Lösungsphase wiedergeben.

$D_\oplus$ läßt sich über die Gl. (24) aus der elektrischen Beweglichkeit ($u_\oplus \approx 1 \left[\frac{cm^2}{sec}\right]$ bei 20 °C, vgl. [*18—19*]) zu $D_\oplus \approx 2{,}5 \cdot 10^{-2} \left[\frac{cm^2}{sec}\right]$ errechnen. Die mit diesem Wert nach Gl. (27a oder b) erhaltenen (reduzierten) Diffusionsströme $\frac{\dot{n}_\oplus}{r}$ stimmen mit den nach Gl. (25) erhaltenen größenordnungsmäßig gut überein. Zur Illustration sind in Abb. 7 die über Gl. (23) und (26) ermittelbaren Defektelektronen-Gleichgewichtskonzentrationen (untere Abszissen-Maßstäbe) und die durch Gl. 27a und b gegebenen absoluten Defektelektronen-Diffusionsströme $\dot{n}_\oplus$ $\left[\frac{\oplus}{\text{sec}}\right]$ für einen Keimradius von $r = 10^{-7}$ cm (oberer Abszissen-Maßstab) als Funktion des (nicht auf das Ag^+/Ag-Gleichgewichtspotential, sondern auf die gesättigte Kalomelelektrode bezogenen) Redoxpotentials der Lösungsphase ersichtlich.

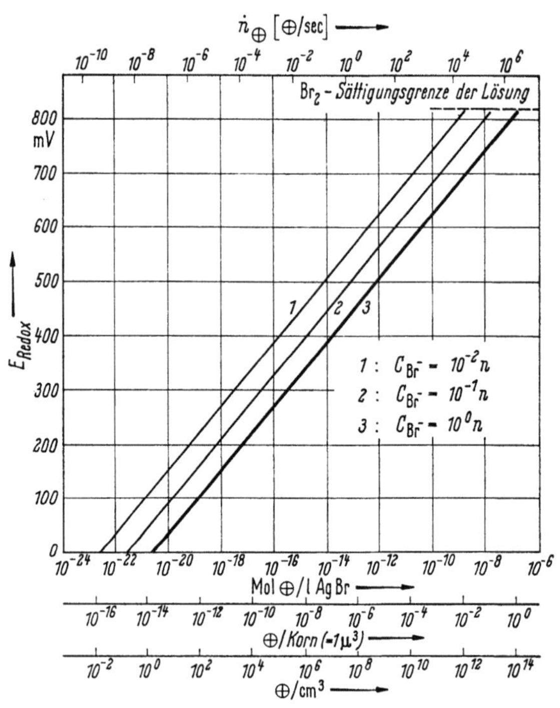

Abb. 7. Defektelektronen-Gleichgewichtskonzentrationen und absolute Defektelektronen-Diffusionsströme als Funktion des Redoxpotentials. (Durch Br^- eingestellte pAg-Werte als Parameter).

Untere Abszissenmaßstäbe:	Defektelektronenkonzentration im Halogensilber.
Obere Abszissenmaßstäbe:	Diffusionsströme der Defektelektronen ($\dot{n}_\oplus$) bei der Innenkeimoxydation. Angenommene Größe des Innenkeims: $r = 1{,}2 \cdot 10^{-7}$ [cm]; entspricht ca. 10^2 Ag-Atomen.
Ordinatenmaßstab:	Redoxpotential (E_{Redox}) der Lösungsphase, bezogen auf die gesättigte Kalomelelektrode.
Parameter:	Bromidkonzentration in der Lösungsphase.

4.2.2. Der Teildiffusionsstrom der freien Elektronen. Zur Ermittlung des Teildiffusionsstroms $\dot{n}_\ominus$ der freien Elektronen kann man ein ähnliches Diffusionsmodell wie im vorigen Abschnitt anwenden. Es ist dabei allerdings folgendes zu berücksichtigen: Der Konzentrationsgradient der freien Elektronen ist in dem hier betrachteten Redoxbereich vom Keim fort zur Oberfläche des Halogensilberkorns hin gerichtet, dementsprechend läuft auch der Diffusionsstrom der freien Elektronen dem Diffusionsstrom der Defektelektronen entgegengerichtet. Die thermodynamische Maximal-Konzentration der freien Elektronen im Halogensilber liegt stets an der Phasengrenze zum Silberkeim vor, sie ist dort unabhängig vom Redoxpotential (E_{Redox}) der das Halogensilber umgebenden Lösungsphase. Dieses Redoxpotential steuert nur in der weiteren Umgebung des Keims durch die dort vorliegende Defektelektronenkonzentration ($c_{\oplus,G}$) über die Beziehung

$$c_{\oplus,G} \cdot c_{\ominus,G} = \text{const.} \tag{28}$$

auch die freie Elektronenkonzentration im Halogensilber.

Nach diesem Modell ist im Grenzfall ($E_{\text{Redox}} \to E_{\text{Ag}^+/\text{Ag}}$) der Diffusionsstrom $\dot{n}_\ominus$ der freien Elektronen gleich Null ($\dot{n}_\ominus \to 0$), er steigt mit zunehmend positiveren Redoxpotentialen bis auf einen Sättigungswert $\dot{n}_{\ominus,\text{max}}$ an. Dieser Sättigungsstrom ist gegeben durch die Beziehung

$$\frac{\dot{n}_{\ominus,\text{max}}}{r} = 4\pi D_\ominus c_{\ominus,\text{max}} \tag{29}.$$

Aus der Elektronenbeweglichkeit ($u_\ominus \approx 50 \left[\frac{\text{cm}^2}{\text{V} \cdot \text{sec}}\right]$ im AgBr bei 20 °C, vgl. z. B. [*20—23*]) erhält man einen Diffusionskoeffizienten von $D_\ominus \approx 1{,}2 \left[\frac{\text{cm}^2}{\text{sec}}\right]$. Für $c_{\ominus,\text{max}}$ läßt sich aus dem $\varkappa_{\ominus,\text{max}}$-Wert der Abb. 5 bei $\log a_{\text{Ag}} = 0$ ein Wert von $c_{\ominus,\text{max}} \approx$ $\approx 10^{-4} \left[\frac{\ominus}{\text{cm}^3}\right]$ herleiten. Der mit Hilfe dieser Zahlen ermittelte reduzierte Elektronendiffusionsstrom $\frac{\dot{n}_\ominus}{r}$ ist als Funktion von ($E_{\text{Redox}} - E_{\text{Ag}^+/\text{Ag}}$) und als Funktion der thermodynamischen Silberaktivität a_{Ag} gleichfalls in Abb. 6 eingetragen.

Man kann aus dieser Abbildung erkennen, daß diese Diffusionsströme $\frac{\dot{n}_\ominus}{r}$ sehr klein sind; Elektronendiffusionsströme von dieser Größenordnung können keinen nennenswerten Beitrag zum oxydativen Abbau der Innenkeime liefern.

Die maximale Elektronenkonzentration $c_{\ominus,\text{max}}$ hängt allerdings (wie bereits im Abschnitt 4.1 erwähnt) stark vom Zustand der Frenkelfehlordnung des Halogensilberkristalls ab. Zur genaueren Abschätzung des Elektronendiffusionsstromes wäre deshalb eine genaue Kenntnis des Frenkelfehlordnungszustandes im Halogensilberkorn unter emulsionstechnischen Bedingungen (d. h. eine Berücksichtigung von Verunreinigungs- und Randschichteinflüssen) erforderlich.

5. Vergleich zwischen den experimentellen und den theoretischen Ergebnissen

Die im Abschnitt 4 abgeleitete Theorie der Innenkeimoxydation kann die im Abschnitt 3 mitgeteilten experimentellen Ergebnisse nahezu quantitativ erklären:

Die Gl. (27b) der Oxydationstheorie verlangt, daß sich das Redoxpotential E_{Redox}, bei dem ein Innenkeimabbau gerade noch festzustellen ist, um den Faktor $\frac{RT}{F} = 58$ mV nach negativeren Werten verschieben muß, wenn die Oxydationszeit (gegeben in Gl. [27b] durch $\dot{n}_\oplus = \frac{dn_\oplus}{dt}$) oder der p_{Ag}-Wert (gegeben in Gl. [27b] durch $E_{\text{Ag}^+/\text{Ag}}$) um eine logarithmische Einheit vergrößert wird.

Den Abb. 2 und 4 kann man entnehmen, daß diese Forderung der Theorie tatsächlich erfüllt ist: Dasjenige Redoxpotential, bei dem die Innenkeime bei gegebenen Versuchsbedingungen gerade noch zerstört werden, verschiebt sich bei einer Veränderung der Oxydationszeit oder des p_{Ag}-Wertes pro logarithmischer Einheit um rund 60 mV.

Aus Abb. 6 ist der Zusammenhang zwischen dem auf den Keimradius r reduzierten Diffusionsstrom $\frac{\dot{n}_\oplus}{r}$ und dem Redoxpotential ersichtlich. Mit Hilfe dieser Funktion kann man ausrechnen, bis zu welchen maximalen Keimgrößen ein vollständiger oxydativer Keimabbau bei gegebenem Redoxpotential und gegebener Oxydationsdauer möglich ist. Vergleicht man dieses Ergebnis mit den Abbaukurven der Abb. 2 und 4, so gelangt man zu Mindestkeimgrößen von ca. drei bis zwanzig Ag-Atomen pro latentem Bildkeim.* Dieser Wert erscheint durchaus plausibel zu sein; auch dieser Befund zeigt, daß die in Abschnitt 4 dargelegte Theorie in guter Näherung anwendbar ist. Gewisse quantitative Ungenauigkeiten könnten in einer nicht ausreichend genauen Kenntnis der Defektelektronen-Leitfähigkeit ($\varkappa_\oplus$; s. Gl. 25) bzw. der Defektelektronen-Verteilungskonstanten (K_B; s. Gl. 27a, 27b) begründet sein. Durch den Einfluß von Randschichtgleichgewichten oder von Fremdstoffdotierungen weichen diese Größen in den Emulsionskörnern von den in Abb. 5 angegebenen, an großen Kristallen gemessenen Daten möglicherweise etwas ab.

Die Topographie der Bildkeime im Korninneren beeinflußt sowohl nach der Theorie als auch nach den experimentellen Ergebnissen nicht die Kinetik des oxydativen Keimabbaus, sofern sich ein ungestörter, kugelsymmetrischer Defektelektronen-Diffusionshof um jeden Keim ausbilden kann. Das ist nach der Diffusionstheorie stets der Fall, wenn der Abstand des Keimes von der Kornoberfläche etwa das fünf- bis zehnfache des Keimradius übersteigt.

Herrn Prof. Dr. C. WAGNER, Göttingen, möchten wir für sehr wertvolle Diskussionen herzlich danken.

Formelzeichen

Größen:

a	thermodynamische Aktivität
c	Konzentration $\left[\frac{\text{Mol}}{\text{cm}^3}\right]$ oder $\left[\frac{\text{Mol}}{\text{l}}\right]$
D	Diffusionskoeffizient $\left[\frac{\text{cm}^2}{\text{sec}}\right]$
E	elektrochemisches Potential [Volt]
F	molares elektrochemisches Ladungsäquivalent $\left(1 \text{ Faraday} = 1\left[\frac{\text{Coulomb}}{\text{Mol}}\right]\right)$
G	freie Enthalpie $\left[\frac{\text{kcal}}{\text{Mol}}\right]$
K	Gleichgewichtskonstante
L	Löslichkeitsprodukt $\left(\text{im Fall des Halogensilbers: } \left[\frac{\text{Mol}^2}{\text{l}^2}\right]\right)$

* Über die aus den Abbaukurven herleitbaren Keimgrößenverteilungen des latenten Bildes wird in Kürze berichtet

n	Teilchenzahl
$\dot{n} \left(= \frac{dn}{dt}\right)$	Diffusionsstrom $\left[\frac{\text{Ladungsträger}}{\text{sec}}\right]$
p	Druck [Atmosphäre]
Q	Diffusionsquerschnitt [cm^2]
R	Allgemeine Gaskonstante $\left[\frac{\text{Joule}}{\text{Mol} \cdot \text{Grad}}\right]$
r	Radius des Innenkeims [cm]
S	Schwärzung
T	Temperatur [Grad]
t	Zeit [sec]
u	elektrische Beweglichkeit $\left[\frac{\text{cm}^2}{\text{Volt} \cdot \text{sec}}\right]$
$\varkappa$	elektrische (Teil-)Leitfähigkeit

Symbole und Indices:

Beim Index	bezieht sich die betreffende Größe auf:	Beim Index	bezieht sich die betreffende Größe auf:
Ag	Silber	r	Keimradius
Ag^+	Silberionen	Redox	Redoxsystem
Ag_0^+	Zwischengittersilberionen	t	Zeit
$Ag_\square^-$	Silberionenlücken	X	Halogen
G	Gleichgewichtszustand	X^-	Halogenionen
max	Maximalwert	x	Ort (x)
°	Standardbedingungen (z. B. $E°$: Normalpotential, $G°$: Standardenthalpie)	⊖	Elektronen im Halogensilber
		⊕	Defektelektronen im Halogensilber

Literatur

[1] Matejec, R. u. E. Moisar: Dieser Band, S. 146.
[2] Schmidt, J.: Z. f. wiss. Phot. **57**, 215 (1963).
[3] Arens, H.: Z. f. wiss. Phot. **35**, 1 (1936) und Agfa Veröff. **5**, 110 (1937).
[4] Stevens, G. W.: Fundam. Mech. of Photogr. Sensitiv. London 1951, S. 227.
[5] Falla, L.: Sci. ind. Phot. **24**, 388 (1953).
[6] Hautot, A.: Z. f. wiss. Phot. **50**, 267 (1955).
[7] Hautot, A. u. H. Sauvenier: Sci. ind. Phot. **26**, 201 u. 394 (1955).
[8] West, W. u. V. J. Saunders: Wiss. Photographie Darmstadt: O. Hellwig, 1958, S. 48.
[9] Wood, H. W.: J. Phot. Sci. **7**, 73 (1959).
[10] Hautot, A.: Wiss. Phot. Konferenz Zürich 1961, III, 17.
[11] Spracklen, D. M.: J. Phot. Sci. **9**, 145 (1961).
[12] Sutherns, E. A.: J. Photogr. Sci. **9**, 217 (1961).
[13] Sutherns, E. A.: Wiss. Phot. Konferenz Zürich 1961, Ia, 6.
[14] Stevens, G. W.: J. Phot. Sci. **9**, 322 (1961).
[15] Moisar, E. u. S. Wagner: Ber. Bunsenges. **67**, 356 (1963).
[16] Wagner, C.: Z. f. Elektrochem. **63**, 1027 (1959).
[17] Matejec, R.: Z. f. wiss. Phot. **55**, 121 (1961).
[18] Kluge, J., O. Stasiw u. P. Süptitz: Z. f. Physik **160**, 363 (1960).
[19] Hanson, R. C. u. F. C. Brown: J. Appl. Phys. **31**, 210 (1960).
[20] Burnham, D. C., F. C. Brown u. R. S. Knox: Phys. Rev. **119**, 1560 (1960).
[21] Haynes, J. R. u. W. Shockley: Phys. Rev. **82**, 935 (1951).
[22] Allmand, Ch. u. J. Rossel: Helv. phys. Acta **27**, 519 (1964).
[23] Süptitz, P.: Naturwiss. **44**, 629 (1957).

Das Fading bei Licht- und γ-Bestrahlung in Abhängigkeit von der Strahlungsintensität

Von J. Eggers, R. Matejec und R. Meyer

Zusammenfassung

Es wird berichtet über das Fading des latenten Außenkeim- und Innenkeimbildes, welches durch Licht- oder durch γ-Bestrahlung im Intensitätsbereich von sehr kleinen bis mittleren Strahlungsintensitäten erzeugt worden war. Experimentell wurde folgendes gefunden:

Sowohl bei Licht- als auch bei γ-Bestrahlung ist das Fading bei niedrigen Intensitäten größer als bei mittleren Intensitäten. Die mit Lichtbestrahlung erhaltenen Kurven zeigen, daß diese Intensitätsabhängigkeit des Fadings besonders stark beim Innenkeimbild auftritt. Die Fadingskinetik läßt sich deuten durch die Annahme, daß das latente Innenkeimbild nicht nur aus einem stabilen, sondern auch aus einem labilen Anteil besteht. In der ersten Fadingsperiode wandert der labile Anteil aus dem Korninneren an die Kornoberfläche und verzögert das Verschwinden des Außenkeimbildes. Das Fading des Außenkeimbildes nimmt stärker zu, sobald das labile Innenkeimbild erschöpft ist.

Die Bedeutung der Reziprozitätsabhängigkeit des Fadings für die Messung, Auswertung und Deutung von Reziprozitätskurven bei Licht- und γ-Bestrahlung wird diskutiert.

1. Einleitung

Es ist bekannt [*1*—*10*], daß unter verschiedenen Belichtungsbedingungen Latentbild-Keime unterschiedlicher Größe entstehen. Außerdem hängt die Topographie des latenten Bildes stark von den Belichtungsbedingungen ab [*5*, *11*—*31*]. Auch die Oxydierbarkeit der latenten Bildkeime ist je nach Topographie (Innen- und Außenkeimbild) und Größe der Keime verschieden (vgl. S. 146 u. 157).

Z. B. wird die verschiedene Oxydierbarkeit von Außenkeim- und Innenkeimbild in der Praxis zur separaten Erkennung des Innenbildes ausgenutzt. Mit bestimmten Bleichlösungen läßt sich nur das Oberflächenbild oxydieren [*35*—*45*].

Auch über die verschiedene Oxydierbarkeit von verschieden großen Keimen sind zahlreiche Arbeiten bekannt [*46*—*55*]. Die Abhängigkeit der Stabilität der Latentbild-Keime von ihrer Größe wurde bisher durch eine Abhängigkeit des Gleichgewichts-Redoxpotentials von der Größe der Silberkeime gedeutet [*46*—*53*]. Aber auch unter der Voraussetzung, daß keine Keimgrößenabhängigkeit dieses Redoxpotentials besteht [*54*, *55*], werden kleine Keime auf Grund ihrer geringeren Silbermenge bei Oxydation nach kürzerer Zeit zerstört als große. Experimentell kann man die verschieden starke Oxydierbarkeit großer und kleiner Keime beispielsweise folgendermaßen zeigen (Abb. 1):

In Abb. 1 sind die nach Langzeit- (10 sec), Blitz- (10^{-3} sec) und γ-Bestrahlung bei chemischer Entwicklung sowie physikalischer Entwicklung nach der Fixage erhaltenen Schwärzungskurven eingetragen. Man erkennt, daß nach chemischer Entwicklung die erhaltenen Schwärzungskurven vergleichbar verlaufen; nach Fixage und physikalischer Entwicklung nimmt dagegen die Schwärzung von der Langzeit- über die Blitz- zur γ-Bestrahlung ab.

Dieser Befund kann gedeutet werden durch eine Verminderung der mittleren Keimgröße von der Langzeit- über die Blitz- zur γ-Bestrahlung. Die kleinen Keime werden durch die Fixage leichter zerstört als die großen, so daß die bei physikalischer Entwicklung beobachteten Schwärzungsunterschiede zustande kommen (s. Abb. 1). Vermutlich ist der Abbau der Latentbildkeime bei der Fixage auf den oxydierenden Einfluß des im Bad gelösten Luftsauerstoffs in Kombination mit dem Komplexbildner zurückzuführen.

Um einen größeren Überblick über diese Effekte zu erhalten, wurde das Fading von Oberflächen- und Innenbild in Abhängigkeit von der Strahlungsart und Bestrahlungsintensität untersucht.

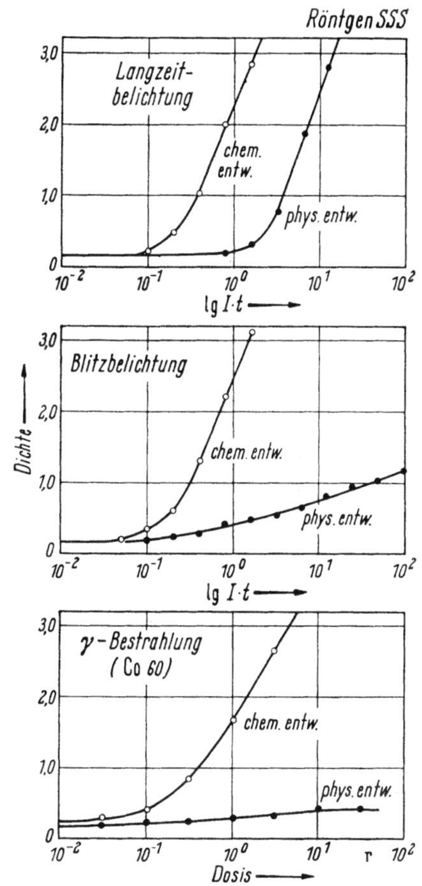

Abb. 1. Zerstörung des latenten Bildes von Agfa Röntgen-SSS-Film im Fixierbad bei Anwesenheit von Luftsauerstoff in Abhängigkeit von den Belichtungsbedingungen.

2. Meßergebnisse

a) Lichtbelichtung

Untersucht wurde die Intensitätsabhängigkeit des Fadings im Bereich des Niedrigintensitätsfehlers

bei Innen- und Außenkeimentwicklung

bei Feucht- und Trockenlagerung

am Agfa Isopan FF-Film (Feinkornemulsion)

und Agfa Röntgen SSS-Film (hochempfindliche Grobkornemulsion).

Die erhaltenen Ergebnisse sind in den Abb. 2—7 zusammengestellt. Man kann diesen Abbildungen folgende gemeinsame Effekte entnehmen:

α) Das durch niedrige Intensitäten entstehende latente Bild zeigt in allen Fällen ein stärkeres Fading als das durch mittlere Intensitäten erzeugte. Besonders stark ausgeprägt ist dieser Effekt beim latenten Innenkeimbild (s. Abb. 3, 5, 7).

β) Das starke Niedrigintensitätsfading des Innenkeimbildes erfolgt bis zu einer Lagerungszeit von etwa 7 Tagen (s. Abb. 3, 5, 7); nach dieser Zeit nimmt das latente Innenkeimbild nur noch relativ wenig ab.

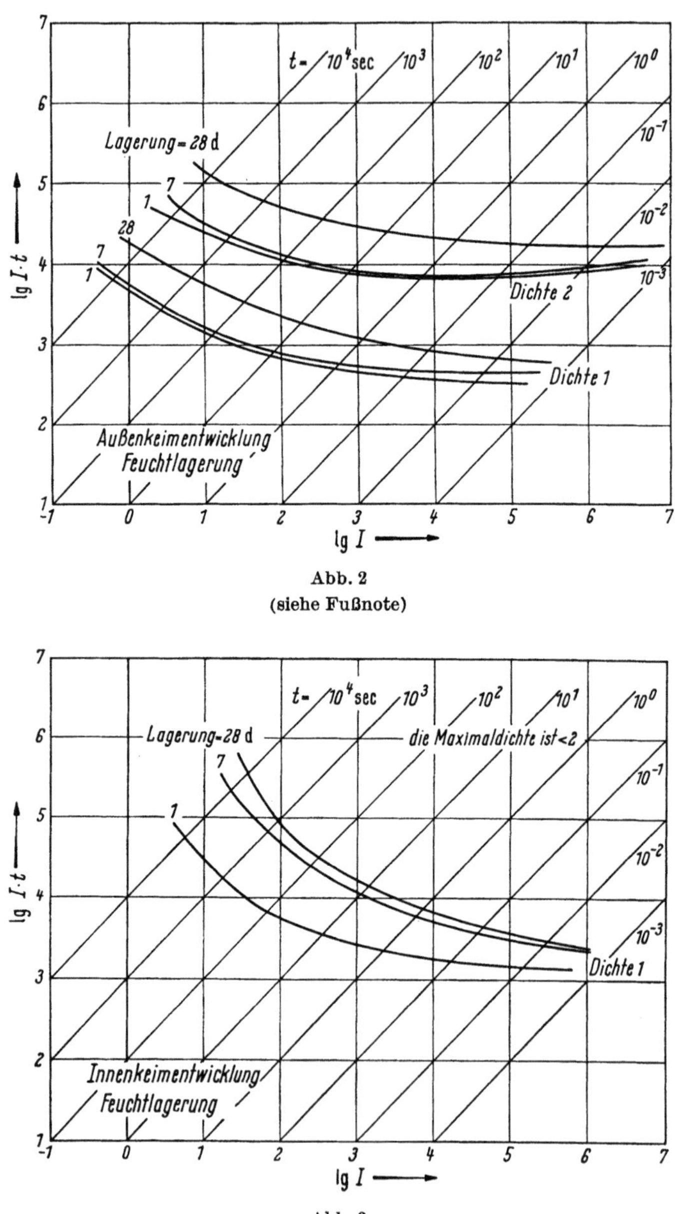

Abb. 2
(siehe Fußnote)

Abb. 3

Unterschriften der Abb. 2—7 s. unter Abb. 7. S. 176.

Das Außenkeimbild (Abb. 2, 4, 6) bleibt in der ersten 7-Tage-Periode relativ stabil; insbesondere bei Feuchtlagerung nimmt das latente Außenkeimbild nach dieser Stabilitätsperiode stärker ab (s. Abb. 2).

γ) Die Feuchtlagerung beschleunigt nicht nur das Fading des Außenkeimbildes, sondern in starkem Maße auch das Fading des Innenkeimbildes. Den Kurven 1 der Abb. 3 und 5 kann man z. B. entnehmen, daß bereits nach einem Tag Feuchtlagerung das Innenkeimbild bei niedrigen Intensitäten wesentlich stärker zurückgegangen ist als bei einem Tag Trockenlagerung.

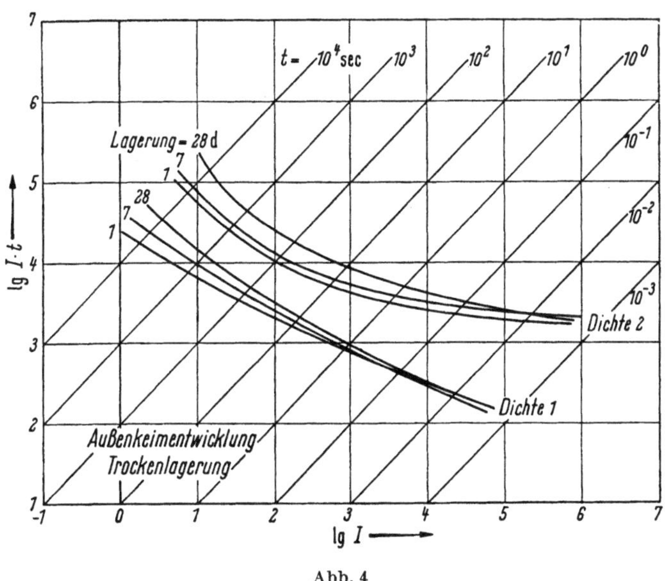

Abb. 4

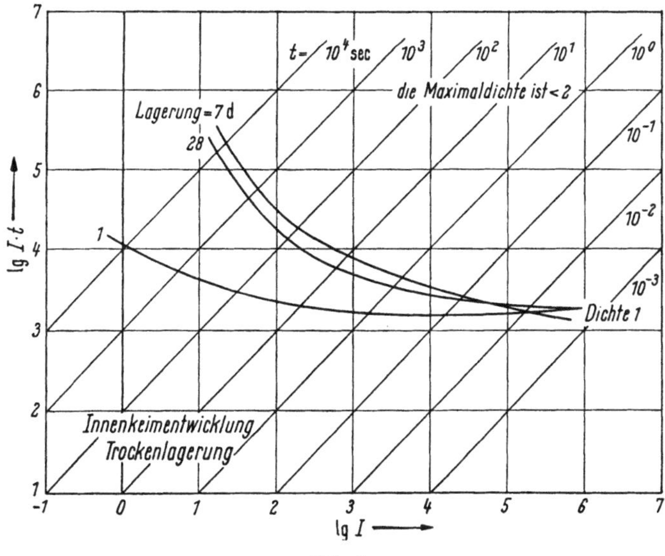

Abb. 5

δ) Der Grenzwert, den das Innenkeimbild nach etwa 7 Tagen Lagerung erreicht hat, ist dagegen ziemlich unabhängig von den Feuchtigkeitsbedingungen der Lagerung (vgl. z. B. Abb. 3 und 5, Kurve 7 und 28 Tage Lagerzeit; ähnliche Verhältnisse wurden auch bei Röntgen-SSS-Film beobachtet).

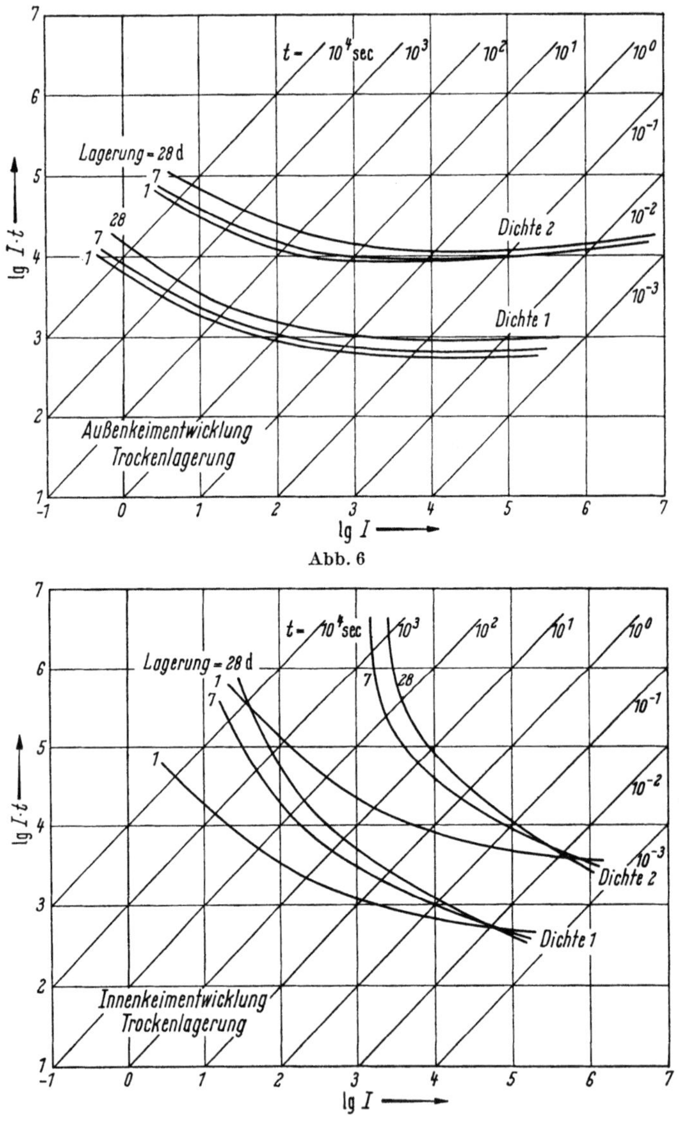

Abb. 6

Abb. 7

Abb. 2—7. Reziprozitätsabhängigkeit des Fadings des durch Lichtbelichtung erzeugten Innen- und Außenkeimbilds nach Lichtbelichtung im Intensitätsbereich des Niedrigintensitätsfehlers.
Abb. 2 bis 5: Agfa-Isopan FF.
Abb. 6 und 7: Agfa-Röntgen SSS.
Abb. 2 und 3: Feuchtlagerung (100% relat. Luftfeuchte, Zimmertemperatur).
Abb. 4 bis 7: Trockenlagerung (0% relat. Luftfeuchte, Zimmertemperatur).
Parameter: 1, 7 und 28 Tage Lagerzeit; Dichten 1 und 2.

b) γ-Bestrahlung mit Co 60

Die Reziprozitätskurven, welche am JFF-Film nach γ-Bestrahlung erhalten wurden, sind in den Abb. 8 und 9 zusammengestellt.

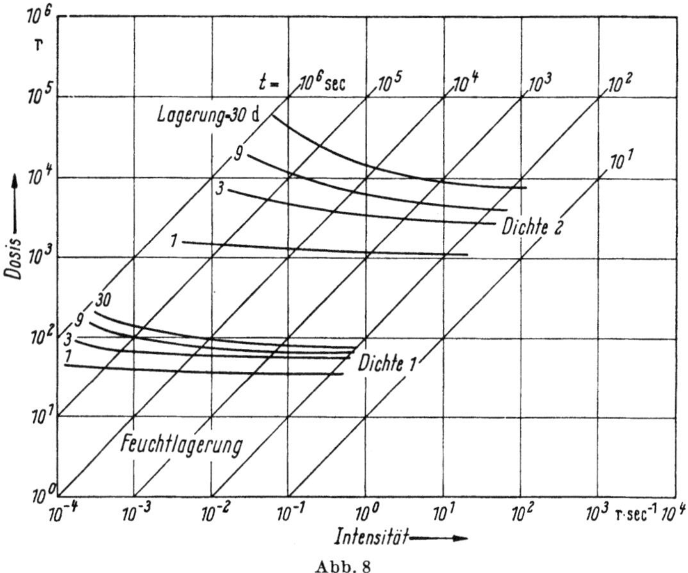

Abb. 8

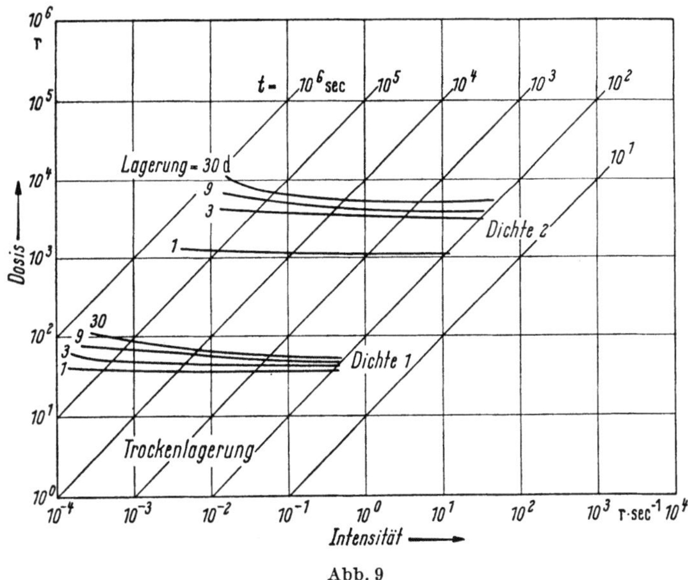

Abb. 9

Abb. 8 u. 9. Reziprozitätsabhängigkeit des Fadings des durch γ-Bestrahlung erzeugten latenten Bildes im Intensitätsbereich des Niedrigintensitätsfehlers.

Abb. 8: Feuchtlagerung (100% relat. Luftfeuchte, Zimmertemperatur).
Abb. 9: Trockenlagerung (0% relat. Luftfeuchte, Zimmertemperatur).
Parameter: 1, 3, 9 u. 30 Tage Lagerzeit; Dichten 1 und 2.

Man erkennt aus diesen Abbildungen wieder den unter Abschnitt a) α beschriebenen Effekt: Das bei niedrigen Intensitäten entstandene latente Bild zeigt auch bei der γ-Bestrahlung ein stärkeres Fading als das bei höheren Intensitäten entstandene Latentbild. Genauso wie bei Lichtbelichtung ist auch bei der γ-Bestrahlung das Fading stärker, wenn das Material feucht gelagert wird.

Das reziprozitätsabhängige Fading wurde auch bei anderen untersuchten Filmen gefunden. Der Effekt ist bei Grobkornemulsionen geringer als bei Feinkornemulsionen.

3. Diskussion

a) Lichtbelichtung

zu α): Es ist überraschend, daß das bei niedrigen Intensitäten entstandene latente Bild ein stärkeres Fading zeigt als das bei mittleren Intensitäten entstandene Latentbild, da in der Literatur [*56—67*] die Meinung vertreten ist, daß gerade bei niedrigen Intensitäten wenige, große und stabile latente Bildkeime entstehen. Aus dem starken Fading bei niedrigen Lichtintensitäten (insbesondere beim Innenkeimbild) muß man schließen, daß die unter diesen Bedingungen entstandenen Latentbildkeime ziemlich instabil sind. Es erscheint nach diesem Ergebnis nicht ausgeschlossen, daß die bei niedrigen Intensitäten entstandenen Keime (insbesondere die Innenkeime) kleiner sind als die, welche bei mittleren Intensitäten gebildet werden.

zu β): Das latente Innenkeimbild besteht offenbar aus einem stabileren und einem instabileren Anteil; die unterschiedlichen Fadingsgeschwindigkeiten zwischen 1 bis 7 Tagen und 7 bis 28 Tagen Lagerung sind anders nicht zu deuten. Man kann allerdings nicht entscheiden, ob der stabile Anteil schon sofort nach der Belichtung vorhanden ist oder sich erst im Laufe der Lagerung durch Keimumlagerung bildet.

Das Außenkeimbild nimmt (im Gegensatz zum Innenkeimbild) in der ersten Fadingsperiode nur wenig ab, obwohl bei Annahme eines Oxydationsmechanismus als Fadingsursache gerade das Außenkeimbild zuerst zerstört werden sollte. Dies kann man deuten durch die Annahme, daß in der ersten Fadingsperiode das Außenkeimbild durch den instabilen Anteil des Innenkeimbildes zum größten Teil regeneriert wird (Wanderung eines Teils des latenten Bildes von innen nach außen). Sobald der instabile Anteil des Innenkeimbildes dann verbraucht ist, setzt Fading des Oberflächenbildes ein.

zu γ): Die unter β) dargelegten Vorstellungen werden noch gestützt durch den Befund, daß Feuchtigkeit vor allem das Fading des Innenkeimbildes fördert. Feuchtigkeit kann nur an der Kornoberfläche einwirken; die Beschleunigung des Innenkeimfadings durch Feuchtigkeit erfolgt offenbar über eine primäre Beschleunigung der Oxydation des Außenkeimbildes.

zu δ): Der stabilere Bestandteil des latenten Innenbildes ist offenbar unabhängig von den Lagerungsbedingungen.

Darüber hinaus zeigen aber die hier beschriebenen Versuche, daß der Niedrigintensitätsfehler photographischer Schichten durch Lagerung zwischen Belichtung und Entwicklung erheblich verstärkt wird. Dieser Effekt darf bei der Messung von Reziprozitätskurven nicht unberücksichtigt bleiben. Ein exakter Vergleich von Reziprozitätskurven verschiedener Herkunft ist nur dann möglich, wenn die Behandlungsbedingungen der Schichten zwischen Belichtung und Entwicklung gleich waren.

b) γ-Bestrahlung

Soweit untersucht, stimmen die Fadingseffekte des durch γ-Bestrahlung entstandenen latenten Bildes im Bereich niedriger Strahlungsintensitäten mit den Effekten a) α und a) β, welche durch Lichtbelichtung erhalten wurden, überein.

Aus der Literatur ist bekannt [*68—72*], daß bei Röntgen- und γ-Bestrahlung photographischer Schichten im Negativteil der Schwärzungskurve kein Reziprozitätsfehler auftritt. Unseren Meßergebnissen kann man entnehmen, daß dies zutrifft, sofern man die bestrahlten Proben sogleich nach der Bestrahlung entwickelt. Werden die Proben jedoch zwischen Bestrahlung und Entwicklung gelagert, so tritt (besonders bei Feuchtlagerung) das Fading ein, welches von der verwendeten Strahlungsintensität abhängt. Dadurch beobachtet man dann auch im Negativteil der Schwärzungskurve einen Niedrigintensitätsfehler.

4. Experimentelle Einzelheiten

a) Verwendetes Photomaterial

Die untersuchten handelsüblichen Agfa-Photomaterialien umfaßten AgBr/AgJ-Schichten vom Siedeemulsions- und vom NH_3-Emulsionstyp.

b) Belichtungs- und Bestrahlungsbedingungen

Lichtbelichtung. Zur Lichtbelichtung wurde eine 250-Watt-Kinelampe mit einer Farbtemperatur von 2400 °K verwendet. Die Intensitätsabstufung der Belichtung erfolgte hinter Kontaktstufenkeilen.

γ-Bestrahlung. Bestrahlt wurde mit Kobalt-60-Strahlung; die Intensitätsabstufung erfolgt einerseits durch verschieden starke Strahlungsquellen, andererseits durch Abstandsvariation. Die Strahlungsdosis wurde mit einem Siemens-Dosimeter gemessen.

c) Lagerung

Die Proben wurden in einem geschlossenen Gefäß bei Zimmertemperatur gelagert. Feuchtlagerung erfolgte über Wasser, Trockenlagerung über P_2O_5.

d) Verarbeitungsbedingungen

Die Rezepte der zur Verarbeitung der Schichten verwendeten Lösungen sind in der Übersicht auf S. 180 zusammengestellt.

Erläuterung der Verarbeitungsbedingungen für die in den einzelnen Abbildungen dargestellten Ergebnisse:

Abb. 1. Chemische Entwicklung: Nach Rezept I. Physikalische Entwicklung: Nach der neutralen Fixage (Rezept II) erfolgte die physikalische Entwicklung nach Rezept III.

Abb. 2, 4 u. 6. Außenkeimentwicklung nach Rezept I.

Abb. 3, 5 u. 7. Innenkeimentwicklung: Nach dem Bleichen des Außenkeimbildes mit Bleichbad durch Rezept IV erfolgte die Innenkeimentwicklung nach Rezept V.

Abb. 8 u. *9.* Röntgenentwicklung nach Rezept VI.

Übersicht

Rezepte der zur Verarbeitung der Schichten verwendeten Lösungen

Rezept I	*Außenkeimentwickler:* 10 g Glycin 50 g Soda } auf 1 l H_2O 4 Minuten entwickeln bei 20 °C
Rezept II	*Neutrales Fixierbad:* 200 g Natriumthiosulfat krist. auf 1 l H_2O mit (Borsäure/Borat)-Puffer auf *p*H = 7 eingest.
Rezept III	*Physikalischer Entwickler:* 5 g *p*-Phenylendiamin 50 g Natriumbisulfit 20 g Natriumsulfit } auf 0,5 l H_2O (Teil A) 150 g Natriumsulfit 10 g Silbernitrat } auf 0,5 l H_2O (Teil B) Teil A und B vor Gebrauch im Verhältnis 1 : 1 gemischt.
Rezept IV	*Bleichbad:* 3 g Kaliumferricyanid 12,5 mg Phenosafranin } auf 1 l H_2O 5 Minuten bleichen bei 20 °C.
Rezept V	*Innenkeimentwickler:* Teil A 12 g Hydrochinon 3 g Metol 45 g Natriumsulfit 4 g Kaliumbromid } auf 1 l H_2O Teil B 20 g Natriumthiosulfat auf 0,5 l H_2O Kurz vor Gebrauch Teil A und Teil B vereinigen. 4 Minuten entwickeln bei 20 °C.
Rezept VI	*Röntgenentwickler:* 6,5 g Hydrochinon 3,5 g Metol 50,0 g Natriumsulfit 40 g Natriumcarbonat 1 g Kaliumbromid } auf 1 l H_2O 5 Minuten entwickeln bei 20 °C .

Die γ-Bestrahlungen wurden im Isotopenlaboratorium der Farbenfabriken Bayer/ Elberfeld durchgeführt, wofür wir den Herren Dr. Duhm und Dr. Wegener zu Dank verpflichtet sind.

Literatur

[1] BERG, W. F.: Photogr. J. **86B**, 154 (1946).
[2] BURTON, P. C. u. W. F. BERG: Photogr. J. **86B**, 2 (1946).
[3] BURTON, P. C.: Photogr. J. **86B**, 13 (1946).
[4] BERG, W. F. u. P. C. BURTON: Photogr. J. **88B**, 84 (1948)
[5] ARENS, H.: Z. wiss. Phot. **44**, 228 (1949).
[6] HAMM, F. A. u. H. HOERLIN: Phys. Rev. **84**, (1951).
[7] HOERLIN, H. u. F. A. HAMM: J. Appl. Physics **24**, 1514 (1953).
[8] HAMM, F. A. u. J. J. COMER: J. Appl. Physics **24**, 1495 (1953).
[9] SCHMITT, R., M. DEBEAUVAIS-WACK u. P. CÜER: Internat. Konferenz wiss. Phot. Köln 1956, Sci. Ind. Phot. **28**, 30 (1957).
[10] KLEIN, E. u. R. MATEJEC: Z. f. Elektrochem. **63**, 883 (1959).
[11] BERG, W. F., A. MARRIAGE u. G. W. W. STEVENS: Journ. Opt. Soc. Amer. **31**, 385 (1941). Photogr. Journ. **81**, 413 (1941).
[12] TELLEZ-PLASENZIA, H.: Sci. Ind. Phot. **19**, 45 (1948).
[13] SAUVENIER, H.: Bull. Soc. R. Sc. Liège **16**, 306 (1947). Sci. Ind. Phot. **19**, 454 (1948).
[14] SAUVENIER, H.: Bull. Soc. Roy. Sci. Liège **16**, 54 (1947). Sci. Ind. Phot. **19**, 305 (1948).
[15] BERG, W. F.: Vortr. Colloqu. v. 15.—17. 4. 48 Lüttich, Ref. V. Haase, Z. wiss. Phot. **44**, 222 (1949).
[16] KORNFELD, G.: J. opt. Soc. Amer. **39**, (12) 1020 (1949).
[17] SCHOPPER, E., S. MAGUN u. W. BRAUN: R. P. S. Centenary Conferenz 1953, ref. in Sc. Ind. Phot. **25**, 363—364 (1954).
[18] CÜER, P. u. R. SCHMITT: R. P. S. Sentenary Conference London (1953) ref. in Sc. Ind. Phot. **25**, 434 (1954) Nr. 11.
[19] CÜER, P. u. R. SCHMITT: C. r. **242**, 2831—2834 (1956) Nr. 24, Ref. in Sc. Ind. Phot. **27**, 350 (1956) Nr. 9.
[20] HAUTOT, A. u. R. SAUVENIER: Sc. Ind. Phot. **29**, 292—296 (1958) Nr. 8.
[21] KIKUCHI, SH.: J. Phys. Radium 20. 62—64 Jan. 1959. Coll. d. France, Labor. de Phys. et Chim. Nucl.
[22] WEST, W. u. V. I. SAUNDERS: C. R. Coll. Sci. Phot. Liège 1959. Ref. in Sc. Jnd. Phot. **30**, 430—32 (1959), Nr. 12.
[23] WEST, W. u. V. J. SAUNDERS: J. Phys. Chem. **63**, 45—54 (1959).
[24] NODDACK, W., H. SCHALLER u. W. HECKER: Intern. Konf. wiss. Phot. Köln (1956), S. 82—86.
[25] KIKUCHI, S.: J. Phys. **20**, 62—64 (1959) Nr. 1.
[26] ONDREICHIK, O.: Zh. nauch. prikl. Fot. Kine **5**, 81 (1960) Nr. 2.
[27] KIKUCHI, S., Y. OISHI u. Y. KIMURA: Bull. Soc. Sci. Phot. Japan (1959), Nr. 9, S. 1.
[28] SWINNERTON, A. J.: J. Phot. Sci. **10**, 217 (1962).
[29] MOISAR, E. u. S. WAGNER: Ber. d. Bunsenges. **67**, 356 (1963).
[30] FARNELL, G. C. u. M. E. F. HOWARTH: J. Phot. Sci. **11**, 256 (1963).
[31] BERG, W. F. u. H. UEDA: J. Phot. Sci. **11**, 365 (1963).
[32] ARENS, H., Agfa-Veröff. **5**, 110 (1937), Z. wiss. Phot. **35**, 1 (1936).
[33] STEVENS, G. W.: Fund. Mech. of Photogr. Sens. London (1951), S. 225.
[34] FALLA, L.: Sci. Ind. Phot. **2**, 24, 388 (1953).
[35] HAUTOT, A.: Z. wiss. Phot. **50**, I. Teil 267 (1955).
[36] HAUTOT, A. u. H. SAUVENIER: Sc. Ind. Phot. **26**, 201 (1955).
[37] HAUTOT, A. u. H. SAUVENIER: Sc. Ind. Phot. **26**, 394 (1955).
[38] WEST, W. u. V. I. SAUNDERS: Intern. Konf. Wiss. Phot. Köln 1956, S. 48, Darmstadt: O. Helwich, 1958.
[39] SAUVENIER, H.: Bull. Soc. R. Sci. Liège **25**, 357 (1956).
[40] WOOD, H. W.: J. Phot. Sci. **7**, 73 (1959).
[41] HAUTOT, A. u. H. SAUVENIER: Sc. Ind. Phot. **31**, 89 (1960).
[42] SUTHERNS, E. A.: J. Photogr. Sci. **9**, 230 (1961).
[43] SUTHERNS, E. A.: J. Photogr. Sci. **9**, 217 (1961).
[44] STEVENS, G. W. W.: J. Photogr. Sci. **9**, 322 (1961).
[45] SPRACKLEN, D. M.: J. Photogr. Sci. **9**, 145 (1961).

[46] REINDERS, W. u. L. HAMBURGER-DELFT: Z. wiss. Phot. **31**, 265 (1933).
[47] REINDERS, W.: J. Phys. Chem. **38**, 783 (1934).
[48] REINDERS, W.: Sci. ind. Phot. **5**, 284 (1934).
[49] REINDERS, W. u. M. C. F. BEUCKERS: Trans. Faraday Soc. 912 (1938).
[50] HILLSON, P. J.: J. Phot. Sci. **6**, 97 (1958).
[51] HILLSON, P. J.: Sci. Ind. Phot. **30**, 18 (1959).
[52] BOURDON, J. u. A. BONNEROT: Sci. Ind. Phot. **30**, 205 (1959).
[53] BOURDON, J. u. A. BONNEROT: Sci. Ind. Phot. **32**, 369 (1961).
[54] MATEJEC, R. u. E. MOISAR: Internat. wiss. phot. Konf. Turin 1963 u. Phot. Korresp. **100** (1964), S. 39.
[55] SCHMIDT, I.: Intern. wiss. phot. Konf. Budapest 1963 u. Z. wiss. Phot. 1964.
[56] HEISENBERG, E.: Agfa Veröff. Bd. III, 1933.
[57] FARAGGI, H. u. G. ALBOUY: Sci. Ind. Phot. **20**, 336 (1949), Photober. 199 (1950).
[58] ALBOUY, G. u. H. FARAGGI: J. de Physique et le Radium **10**, 105 (1949).
[59] ALBOUY, G. u. H. FARAGGI: Fund. Mech. of Phot. Sens. 290 (1951).
[60] HÄLG, W. u. L. JENNY: Helv. Phys. Acta **24**, 508 (1951).
[61] DEMERS, P., J. LAPALME u. J. THOUVENIN: Canad. Jl. Phys. **31**, 295 (1953).
[62] VIGON, M. T., M. A. DE LA VEGA u. M. SOLFS: Chem. Zentral-Blatt **126**, 6667 (1955).
[63] GRENISHIN, S. G.: Zh. nauch. prikl. Fot. Kine **2**, 81 (1957).
[64] MEIER, H. W.: Z. wiss. Phot. **53**, 46 (1958).
[65] SSOLOWJEW, Sc. M.: J. wiss. angew. Phot. Kine **3**, 19 (1958).
[66] GAUVIS, H. u. W. SEBAOUIN: II. Coll. Intern. Photo Corpusc. Montreal Sept. 1958, S. 228.
[67] TOMODA, Y. u. M. KAWASAKI: Kogyo Kagaku Zassi **62**, 383 (1959), Chem. Zentralblatt **26**, 8743 (1960).
[68] PRECHT, J.: Physik Z. **1**, 48 (1899).
[69] KROENCKE, H.: Ann. d. Physik **43**, 687 (1914).
[70] BELL, G. E.: Brit. J. of Radiology **9**, 587 u. 688 (1936).
[71] MORGAN, R. H.: Radiology **42**, 471 (1944).
[72] EHRLICH, M.: J. Opt. Soc. Am. 797 u. 801 (1956).

Elektrodentheorie der photographischen Entwicklung

Von R. Matejec und R. Meyer

Zusammenfassung

Unter der Annahme, daß die Diffusions-Transportvorgänge die geschwindigkeitsbestimmenden Vorgänge sind, werden die „Stromspannungskurven“ des kathodischen und des anodischen Teilprozesses berechnet. Im stationären Entwicklungszustand sind die Stromstärken des kathodischen Teilprozesses und die des anodischen Teilprozesses beide gleich der Entwicklungsstromstärke des Gesamtprozesses. Über die „Stromspannungskurven“ des anodischen und des kathodischen Teilprozesses läßt sich deshalb die Entwicklungsstromstärke des Gesamtprozesses und ihre Zeitfunktion aus den Entwicklungsbedingungen ermitteln.

Unter gewissen Vereinfachungen läßt sich nach dieser Theorie der zeitliche Verlauf der physikalischen und der chemischen Entwicklung quantitativ berechnen.

I. Einleitung

Befindet sich ein metallischer Silberkeim in einem Medium, welches zwar bewegliche Silberionen, jedoch kein Redoxsystem enthält, so nimmt er zunächst nur das von der Silberionenkonzentration abhängige elektrochemische Potential dieses Mediums an; zwischen Keim und Umgebung besteht dann keine elektrochemische Potentialdifferenz, es fließt dementsprechend dann auch kein Silberionenstrom aus der Umgebung zum Keim.

Ein solcher Silberionenstrom fließt erst dann zum Keim, wenn diesem ein elektrochemisches Potential aufgezwungen wird, welches negativer ist als das obengenannte Ag/Ag^+-Gleichgewichtspotential. Der Silberionenstrom steigt dann mit wachsender elektrochemischer Potentialdifferenz an; die Abhängigkeit der Silberionenstromstärke von der erzwungenen elektrochemischen Potentialdifferenz zwischen Keim und Umgebung soll als „Stromspannungskurve des kathodischen Teilprozessss“ bezeichnet werden (s. Abb. 1).

In analoger Weise kann man bei Anwesenheit eines (Entwickler-)Redoxsystems einen in Form von reduzierten Entwicklermolekülen zum Silberkeim hinfließenden „Elektronen“-Strom als „elektrischen Strom des anodischen Teilprozesses“ auffassen; die Abhängigkeit der Stromstärke von der elektrochemischen Potentialdifferenz zwischen Keim und Redoxsystem kann dann als „anodische Stromspannungskurve“ bezeichnet werden (s. Abb. 1).

Bei gleichzeitiger Anwesenheit eines (Entwickler-)Redoxsystems und von Silberionen stellt sich dann nach der Elektrodentheorie ein stationäres elektrochemisches Mischpotential am Keim ein; die anodische Stromstärke ist dann gleich der kathodischen Stromstärke. Das stationäre Mischpotential des Keims und die Entwicklungsstromstärke im stationären Zustand erhält man aus dem Schnittpunkt der kathodischen und der anodischen Stromspannungskurven, wenn man nicht wie in Abb. 1 die vorzeichenbehafteten Stromstärken, sondern ihre Absolutwerte als Funktion des elektrochemischen Potentials aufträgt.

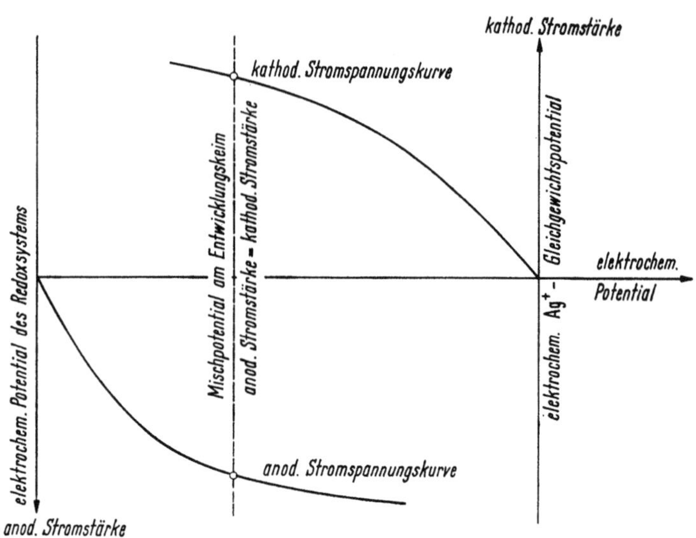

Abb. 1. Schematische Darstellung des Zusammenwirkens von anodischem und kathodischem Teilprozeß zum Gesamtprozeß.

Für die photographische Entwicklung gibt es prinzipiell zwei mögliche Mechanismen: Während der anodische Teilprozeß nur durch die Lösungsphase erfolgt, kann der kathodische Teilprozeß entweder durch die Lösungsphase oder durch den Halogensilberkristall ablaufen: Im ersten Fall spricht man von „physikalischer", im zweiten von „chemischer" Entwicklung [*1*—*7*].

Die Abb. 2 veranschaulicht die Modellvorstellungen für die beiden Entwicklungsarten:

Im Fall der „physikalischen" Entwicklung (Abb. 2a) ist der Entwicklungskeim nur von Lösungsphase umgeben. Es gelangen dann von allen Seiten Silberionen (gegebenenfalls in Form von Ag^+-Komplexen) und Elektronen (in Form von reduzierten Entwicklermolekülen) aus der Lösungsphase zum Keim, der auf diese Weise kugelförmig wächst. Die Abscheidungsfläche der Silberionen und der Elektronen ist dann die Phasengrenzfläche zwischen Silberkeim und Lösung.

Im Fall der „chemischen" Entwicklung ist dagegen der Ag^+-Transport durch die Lösungsphase (kathodischer Teilprozeß) wegen der dort zu kleinen Ag^+- (Ag^+-Komplex-)Konzentration nur von untergeordneter Bedeutung; der Entwicklungskeim sitzt an der Kristalloberfläche des Halogensilberkorns (Abb. 2b); die Abscheidungsfläche der Elektronen (anodischer Teilprozeß) ist wie bei der physikalischen Entwicklung die Phasengrenzfläche zwischen Silberkeim und Lösung, die der Silberionen (kathodischer Teilprozeß) ist dagegen die Kontaktfläche zwischen dem Silberkeim und dem Halogensilberkristall, zu der die Silberionen durch den Kristall hindurch (wahrscheinlich in Form von Frenkelfehlstellen) zuwandern. Das Silber wächst auf diese Weise bei der chemischen Entwicklung fadenförmig aus dem Halogensilberkorn heraus.

Insbesondere JAENICKE und Mitarbeiter [*8—13*] haben die Elektrodentheorie bereits auf die Entwicklung angewendet und in Modellversuchen den anodischen und den kathodischen Teilprozeß getrennt untersucht (s. a. [*14—16*]). In der vorliegenden Arbeit werden die Stromspannungskurven der beiden Teilprozesse aus den Zustandsbedingungen der Entwicklung (Konzentrationsverhältnisse, Diffusionsbeweglichkeiten, stöchiometrische Daten, Keimgröße usw.) berechnet.

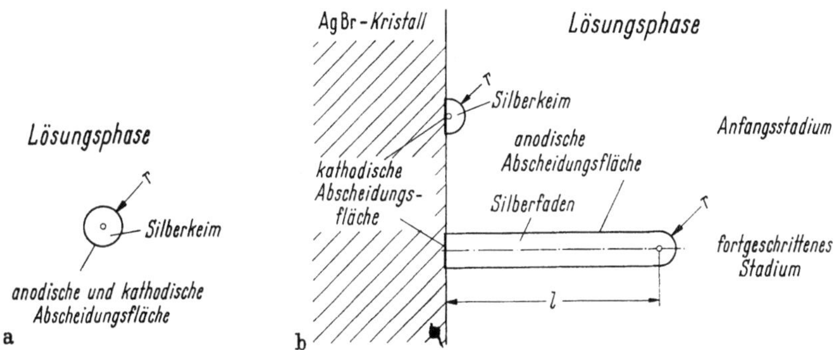

Abb. 2. Modell zur Entwicklung: a) physikalische Entwicklung, b) chemische Entwicklung.

Ein thermodynamischer Zusammenhang zwischen Konzentrationsdifferenzen und elektrischen Diffusionspotentialen sowie elektrischen Strömen und Diffusionsströmen wurde an Modellversuchen zur photographischen Entwicklung bereits experimentell festgestellt [*17*].

Eine theoretische Behandlung der Entwicklungsprozesse ist nur mit gewissen Vernachlässigungen allgemein durchführbar. Es werden deshalb nur die beiden extremen Grenzfälle (reine „physikalische" Entwicklung und reine „chemische" Entwicklung) behandelt. Ferner wird angenommen, daß die Transportvorgänge die geschwindigkeitsbestimmenden Reaktionen seien; diese Voraussetzung gilt zumindest in einem bestimmten Konzentrations- und *p*H-Bereich (s. z. B. [*12*]). Wegen dieser und noch anderer Vereinfachungen kann die folgende Arbeit den Entwicklungsverlauf nur näherungsweise wiedergegeben.

II. Transportvorgänge im stationären Zustand (ohne Berücksichtigung von Zeiteffekten)

A. Physikalische Entwicklung

1. Vorbemerkung. In einer homogenen Lösungsphase befinde sich ein aus n Silberatomen bestehender Silberkeim vom Radius r (s. Abb. 2a). Während der Entwicklungsreaktion tritt an der Keimoberfläche ein Stoffumsatz auf: Infolge der Abscheidungsreaktionen am Keim (Abgabe von Elektronen, Abscheidung von Silberionen) wird in der den Keim umgebenden Lösungsphase ein Konzentrationsgefälle erzeugt, das den weiteren Stoffzufluß gewährleistet. Umgekehrt werden die Reaktionsprodukte der Entwicklung am Silberkeim gestaut; ihre erhöhte Konzentration an der Keimoberfläche bewirkt einen Stofftransport durch Diffusion in umgekehrter Richtung. Das Volumen der Lösungsphase soll — gemessen an den Keimdimensionen — so groß sein, daß die Stoffkonzentrationen in genügend großem Abstand vom Keim durch den am Keim ablaufenden Stoffumsatz praktisch nicht verändert werden.

2. Theoretisches. *a) Kathodischer Teilprozeß.* α) Transport von *freien* Silberionen durch die Lösungsphase.

Die Ag^+-Konzentration in der homogenen Lösungsphase, d. h. in genügend großem Abstand vom Silberkeim, betrage $c_{Ag^+,\infty}$. Infolge der Ag^+-Abscheidung am Keim während der Entwicklung wird dort die Ag^+-Konzentration auf den Wert $c_{Ag^+,r}$ erniedrigt, d. h. es besteht ein Ag^+-Konzentrationsgefälle und damit auch eine elektrochemische Potentialdifferenz zwischen der Lösung an der Keimoberfläche und der homogenen Lösungsphase. Diese Potentialdifferenz ist gegeben durch die Beziehung:

$$E_{Ag^+,r} - E_{Ag^+,\infty} = \frac{RT}{F} \cdot \ln \frac{c_{Ag^+,r}}{c_{Ag^+,\infty}} . \tag{1}$$

Der mit dem Konzentrationsgefälle $\left(\frac{\partial c_{Ag^+}}{\partial x}\right)_t$ verbundene Diffusionsstrom wird geregelt durch das 1. Diffusionsgesetz:

$$\frac{\mathrm{d}n_{Ag^+}}{\mathrm{d}t} = D_{Ag^+} \cdot Q \cdot \left(\frac{\partial c_{Ag^+}}{\partial x}\right)_t . \tag{2}$$

Die Zahl n_{Ag^+} der zuwandernden Silberionen ist im allgemeinen Fall eine Funktion des Ortes und der Zeit:

$$\left.\begin{aligned} n_{Ag^+} &= f(x, t) \\ \frac{\mathrm{d}n_{Ag^+}}{\mathrm{d}t} &= \left(\frac{\partial n}{\partial x}\right)_t \cdot \frac{\mathrm{d}x}{\mathrm{d}t} + \left(\frac{\partial n}{\partial t}\right)_x \end{aligned}\right\} \tag{3}$$

Da in unserem Fall vorausgesetzt wird, daß im gesamten betrachteten Raum außer an den Grenzen keine Teilchen umgesetzt werden können, gilt

$$\left(\frac{\partial n_{Ag^+}}{\partial x}\right)_t = 0 \tag{4}$$

und damit wird

$$\frac{\mathrm{d}n_{Ag^+}}{\mathrm{d}t} = \left(\frac{\partial n_{Ag^+}}{\partial t}\right)_x = \dot{n}_{Ag^+} . \tag{5}$$

Die Gl. (4) bedeutet, daß durch alle geschlossenen Flächen, die man um den Keim legen kann, der gleiche Teilchenstrom fließt. Zweckmäßigerweise legt man um den Keim Kugelflächen mit einem Radius x um den Keimmittelpunkt.

Mit Gl. (2), (5) und

$$Q = 4\pi x^2 \tag{6}$$

läßt sich die Ortsfunktion der Ag^+-Konzentration leicht ermitteln zu

$$c_{Ag^+,\infty} - c_{Ag^+,x} = \frac{\dot{n}}{4\pi x D_{Ag^+}} . \tag{7}$$

Für $x = r$ ergibt sich aus Gl. (7) für die Ag^+-Konzentration an der Keimoberfläche

$$c_{Ag^+,r} = c_{Ag^+,\infty}\left(1 - \frac{\dot{n}_{Ag^+}}{4\pi r \cdot D_{Ag^+} \cdot c_{Ag^+,\infty}}\right) . \tag{8}$$

Da jedes Silberion eine elektrische Elementarladung trägt, ist mit dem Ag^+-Diffusionsstrom $\dot{n}_{Ag^+}$ ein elektrischer Strom i_{Ag^+} verbunden, und zwar gilt die Beziehung

$$i_{Ag^+} = F \cdot \dot{n}_{Ag^+} \,. \tag{9}$$

Durch Kombination der Gln. (1), (8) und (9) erhält man für den Herantransport der Silberionen (kathodischer Teilprozeß) folgenden Zusammenhang zwischen elektrischer Stromstärke i_{Ag^+} und elektrochemischer Potentialdifferenz $(E_{Ag^+,r} - E_{Ag^+,\infty})$:

$$(E_{Ag^+,r} - E_{Ag^+,\infty}) = \frac{RT}{F} \cdot \ln\left(1 - \frac{i_{Ag^+}}{4\pi r F D_{Ag^+} c_{Ag^+,\infty}}\right). \tag{10}$$

β) Transport von Silberionen in Form von Ag^+-*Komplexen* durch die Lösungsphase.

In der Lösung befinde sich ein Ag^+-Komplex von der chemischen Formel

$$[(Ag^+)_p(L^{-m})_q]^{+p-(q\cdot m)} \tag{11}$$

Zwischen der Komplexkonzentration c_K, der Ligandenkonzentration c_L und der Ag^+-Konzentration c_{Ag^+} gilt das Massenwirkungsgesetz

$$\frac{(c_{Ag^+})^p \cdot (c_L)^q}{c_K} = K \,. \tag{12}$$

Um die durch Gl. (4) geforderte „Quellenfreiheit“ für die Ag^+-Ionen an jedem Ort zu gewährleisten, muß die Bedingung

$$\left.\begin{aligned} c_{Ag^+} &\ll c_L \\ c_{Ag^+} &\ll c_K \end{aligned}\right\} \tag{13}$$

erfüllt sein; die in der Praxis der physikalischen Entwicklung verwendeten Ag^+-Komplexe erfüllen im allgemeinen die Bedingung (13).

Durch gleiche Überlegungen, wie im vorigen Abschnitt für die freien Ag^+-Ionen durchgeführt wurden, erhält man für den Zusammenhang zwischen dem Komplexdiffusionsstrom $\dot{n}_K$ und den Komplexkonzentrationen $c_{K,r}$ und $c_{K,\infty}$ die Beziehung

$$c_{K,r} = c_{K,\infty}\left(1 - \frac{\dot{n}_K}{4\pi r D_K\, c_{K,\infty}}\right) \tag{14}$$

und für den Zusammenhang zwischen Ligandendiffusionsstrom $\dot{n}_L$ und den Ligandenkonzentrationen $c_{L,r}$ und $c_{L,\infty}$

$$c_{L,r} = c_{L,\infty}\left(1 + \frac{\dot{n}_L}{4\pi r D_L\, c_{L,\infty}}\right). \tag{15}$$

Trägt ein Komplexmolekül (oder -ion) p Ag^+-Ionen, so ist der mit dem Komplexstrom $\dot{n}_K$ verbundene Silberionentransport $\dot{n}_{Ag^+}$ gegeben durch den Zusammenhang

$$p \cdot \dot{n}_K = \dot{n}_{Ag^+} \,. \tag{16}$$

Für jedes am Keim umgesetzte Komplexmolekül (oder -ion) entstehen q Ligandenmoleküle (oder -ionen). Im stationären Zustand ist der Ligandenstrom $\dot{n}_L$ mit dem Komplexstrom $\dot{n}_K$ deshalb verbunden durch die folgende Gl. (17):

$$\left.\begin{aligned} -q \cdot \dot{n}_K &= \dot{n}_L \\ \text{oder} \quad -\frac{q}{p} \cdot \dot{n}_{Ag^+} &= \dot{n}_L \end{aligned}\right\} \tag{17}$$

Durch Kombination der Gl. (1), (9), (12) und (14)—(17) erhält man dann für den Zusammenhang zwischen dem elektrischen Silberionenstrom i_{Ag^+}, der in Form von

Komplexdiffusion erfolgt (kathodischer Teilprozeß) und der elektrochemischen Potentialdifferenz $(E_{\text{Ag}^+,r} - E_{\text{Ag}^+,\infty})$ den Ausdruck

$$(E_{\text{Ag},r} - E_{\text{Ag},\infty}) = \frac{RT}{pF} \ln \frac{\left(1 - \dfrac{i_{\text{Ag}^+}}{4\pi r p F D_K\, c_{K,\infty}}\right)}{\left(1 + \dfrac{q \cdot i_{\text{Ag}^+}}{4\pi r p F D_L\, c_{L,\infty}}\right)^q} \tag{18}$$

b) *Anodischer Teilprozeß.* Die Diffusionsvorgänge beim anodischen Teilprozeß werden durch die gleichen Gesetzmäßigkeiten geregelt wie beim kathodischen Teilprozeß. Reduzierte Entwicklermoleküle (oder -ionen) werden an der Keimoberfläche oxydiert; ihre Konzentration $c_{R,r}$ in der Lösung an der Keimoberfläche ist deshalb kleiner als die Konzentration $c_{R,\infty}$ in der homogenen Lösungsphase. Unter dem Einfluß des so vorhandenen Konzentrationsgefälles diffundieren reduzierte Entwicklermoleküle (oder -ionen) fortgesetzt zum Keim. Andererseits ist durch den Stoffumsatz die Konzentration $c_{Ox,r}$ der oxydierten Entwicklermoleküle (oder -ionen) in der Lösung an der Keimoberfläche größer als die Konzentration $c_{Ox,\infty}$ in der homogenen Lösungsphase. Man erhält die Gleichungen

$$(E_{E,\infty} - E_{E,r}) = \frac{RT}{zF} \ln \frac{c_{R,r}}{c_{R,\infty}} \cdot \frac{c_{ox,\infty}}{c_{ox,r}} \tag{19}$$

$$c_{R,r} = c_{R,\infty} \left(1 - \frac{\dot{n}_R}{4\pi r D_R\, c_{R,\infty}}\right) \tag{20}$$

$$c_{ox,r} = c_{ox,\infty} \left(1 + \frac{\dot{n}_{ox}}{4\pi r D_{ox}\, c_{ox,\infty}}\right). \tag{21}$$

Der anodische Teilprozeß entspricht nur einem Ladungsumsatz an der Keimoberfläche: Im stationären Zustand diffundieren genauso viel Äquivalente der reduzierten Form des Entwicklers zum Keim hin, wie Äquivalente oxydierten Entwicklers vom Keim wegdiffundieren. Es gilt dann die Gleichung:

$$\dot{n}_{ox} = \dot{n}_R\,. \tag{22}$$

Der Entwicklerdiffusionsstrom $\dot{n}_R$ ist einem Elektronenstrom $\dot{n}_E$ äquivalent. Wenn pro Entwicklermolekül z-Elektronen bei der Entwicklung umgesetzt werden, dann gilt die Beziehung

$$\dot{n}_E = z \cdot \dot{n}_R\,. \tag{23}$$

Ferner entspricht dem Elektronendiffusionsstrom $\dot{n}_E$ (ähnlich wie bei Gl. (9)) ein elektrischer Strom i_E nach folgender Gleichung:

$$i_E = F \cdot \dot{n}_E\,. \tag{24}$$

Durch Kombination der Gln. (19)—(24) erhält man als Zusammenhang zwischen dem durch die Entwicklerdiffusion hervorgerufenen Elektronenstrom i_E (anodischer Teilprozeß) und der elektrochemischen Potentialdifferenz $(E_{E,\infty} - E_{E,r})$ die Beziehung

$$(E_{E,\infty} - E_{E,r}) = \frac{RT}{zF}\, ln \frac{\left(1 - \dfrac{i_E}{4\pi r z F D_R \cdot c_{R,\infty}}\right)}{\left(1 + \dfrac{i_E}{4\pi r z F D_{ox} \cdot c_{ox,\infty}}\right)}. \tag{25}$$

c) *Zusammenhang zwischen kathodischem und anodischem Teilprozeß.* Das elektrische Potential der Keimoberfläche kann nur einen Wert annehmen; infolgedessen muß während der Entwicklung

$$E_{E,r} = E_{\mathrm{Ag}^+,r} = E_r \tag{26}$$

sein. Ferner muß im stationären Entwicklungsgleichgewicht

$$\left.\begin{aligned} |i_E| &= |i_{\mathrm{Ag}^+}| = i \\ \dot{n}_E &= \dot{n}_{\mathrm{Ag}^+} = \dot{n} \end{aligned}\right\} \tag{27}$$

sein. Aus den Gln. (10) und (25)—(27) erhält man für den Fall, daß bei der physikalischen Entwicklung nur freie Silberionen, reduzierte und oxydierte Entwicklermoleküle diffundieren, als Bestimmungsgleichung für die elektrische Entwicklungsstromstärke i der Silberabscheidung an einem Keim vom Radius r die Beziehung

$$(E_{E,\infty} - E_{\mathrm{Ag}^+,\infty}) = \frac{RT}{F} \ln \frac{\left(1 - \frac{i}{4\pi r F D_{\mathrm{Ag}^+} c_{\mathrm{Ag}^+,\infty}}\right)\left(1 - \frac{i}{4\pi r z F D_R c_{R,\infty}}\right)^{1/z}}{\left(1 + \frac{i}{4\pi r z F D_{ox} c_{ox,\infty}}\right)^{1/z}} \tag{28}$$

$$(E_{E,\infty} - E_{\mathrm{Ag}^+,\infty}) = \frac{RT}{F} \ln \frac{\left(1 - \frac{\dot{n}}{4\pi r D_{\mathrm{Ag}^+} c_{\mathrm{Ag}^+,\infty}}\right)\left(1 - \frac{\dot{n}}{4\pi r z D_R c_{R,\infty}}\right)^{1/z}}{\left(1 + \frac{\dot{n}}{4\pi r z D_{ox} c_{ox,\infty}}\right)^{1/z}} .$$

Für den Fall, daß bei der physikalischen Entwicklung der Silberionentransport durch Ag^+-Komplexe erfolgt, erhält man die Gleichung

$$\left.\begin{aligned} (E_{E,\infty} - E_{\mathrm{Ag}^+,\infty}) &= \frac{RT}{F} \ln \frac{\left(1 - \frac{i}{4\pi r p F D_K c_{K,\infty}}\right)^{1/p}\left(1 - \frac{i}{4\pi r z F D_R c_{R,\infty}}\right)^{1/z}}{\left(1 + \frac{q_i}{4\pi r p F D_L c_{L,\infty}}\right)^{q/p}\left(1 + \frac{i}{4\pi r z F D_{ox} c_{ox,\infty}}\right)^{1/z}} \\ (E_{E,\infty} - E_{\mathrm{Ag}^+,\infty}) &= \frac{RT}{F} \ln \frac{\left(1 - \frac{\dot{n}}{4\pi r p D_K c_{K,\infty}}\right)^{1/p}\left(1 - \frac{\dot{n}}{4\pi r z D_R c_{R,\infty}}\right)^{1/z}}{\left(1 + \frac{q \cdot \dot{n}}{4\pi r p D_L c_{L,\infty}}\right)^{p/q}\left(1 + \frac{\dot{n}}{4\pi r z D_{ox} c_{ox,\infty}}\right)^{1/z}} \end{aligned}\right\} \tag{29}$$

3. Diskussion der zeitunabhängigen Ergebnisse (physikalische Entwicklung). In den oben hergeleiteten Gleichungen treten die Diffusionskonstanten D_{Ag^+}, D_K, D_L, D_R und D_{Ox} auf; zur Diskussion der Funktionen anhand von speziellen Beispielen ist eine Kenntnis dieser Diffusionskonstanten notwendig. Zahlenwerte für die Diffusionskonstanten sind aus der Literatur entweder durch Direktmessungen bekannt oder aber (falls es sich um Ionen handelt) aus den Äquivalentleitfähigkeiten berechenbar. Für einige Beispiele sind die Zahlenwerte in Tabelle 1 zusammengestellt.

Man kann der Tabelle 1 entnehmen, daß die fraglichen Diffusionskonstanten alle in der gleichen Größenordnung liegen.

Die Gln. (10), (18) und (25) geben für die physikalische Entwicklung den Zusammenhang zwischen der Entwicklungsstromstärke ($\dot{n} = i/F$) und der elektrochemischen Potentialdifferenz (ΔE) an; sie entsprechen infolgedessen den „Stromspannungskurven" des anodischen und des kathodischen Teilprozesses der physikalischen Entwicklung.

Alle drei Gleichungen [Gl. (10), (18) und (25)] enthalten die Diffusionsstromstärke $\dot{n}$ ($= i/F$) nur in der Kombination $\dot{n}/(r \cdot c_\infty)$. Infolgedessen ist es zweckmäßig, nicht die Stromstärke $\dot{n}$, sondern den Ausdruck $\dot{n}/(r \cdot c_\infty)$ als Funktion der elektrochemischen Potentialdifferenz zwischen homogener Lösungsphase und Entwicklungskeim aufzutragen, weil man dann Stromspannungskurven erhält, die für beliebige Konzentrationen und Keimgrößen gelten. Bei kathodischen und anodischen Prozessen, welche aus einer Zu- und aus einer Rückdiffusion bestehen, geht dann als weiterer Parameter lediglich das Konzentrationsverhältnis der beteiligten Reaktionspartner in der homogenen Lösungsphase ein (im Fall des Entwicklers $c_{Ox,\infty}/c_{R,\infty}$; im Fall des Silberkomplexes $c_{L,\infty}/c_{K,\infty}$).

Tabelle 1. *Diffusionskonstanten*[1]*), Komplexkonstanten und Normalpotentiale einzelner an der photographischen Entwicklung beteiligter Reaktionspartner;* $T = 25$ °C *(eingeklammerte Zahlen sind geschätzte Werte)*

Stoff	Leitfähigkeiten Λ (Ω^{-1} cm pro Grammäquivalent)		Diffusionskonstanten D (cm^2/sec)		Lit.	stöchiometrische Exponenten		Komplexkonstanten K (wenn Konzentrationen in Mol/ltr eingesetzt werden)	Lit.	Normalpotential (in Volt)	Lit.
Ag^+-Ion	62		$16{,}1 \cdot 10^{-6}$		[18]	—		—	—	+0,799	[23]
Ag^+-Komplex	Λ_L	Λ_K	D_L	D_K		q	p				
$Ag(SO_3)_2^{-3}$	57,5		$12 \cdot 10^{-6}$		[25]	2	1	$4{,}5 \cdot 10^{-9}$	[21]	—	
$Ag(SCN)_2^{-1}$	66	(33)	$17{,}1 \cdot 10^{-6}$	$(8{,}6 \cdot 10^{-6})$	[18]	2	1	$6 \cdot 10^{-9}$	[22]	—	
$Ag(SCN)_4^{-3}$	66	(33)	$17{,}1 \cdot 10^{-6}$	$(8{,}6 \cdot 10^{-6})$	[18]	4	1	$2{,}7 \cdot 10^{-11}$	[22]	—	
Entwickler	Λ_{Ox}	Λ_{Red}	D_{Ox}	D_{Red}		z					
Fe^{+2}/Fe^{+3}	68	54	$17{,}6 \cdot 10^{-6}$	$14{,}0 \cdot 10^{-6}$	[18] [19]	1		—		+0,772	[23]
Hydrochinon	—	—	$(7{,}5 \cdot 10^{-6})$	$7{,}5 \cdot 10^{-6}$	[20]	2		—		+0,170 (bei $pH = 9$)	[24]

[1]) Die aus der Literatur bekannten Diffusionskonstanten gelten für unendlich verdünnte wäßrige Lösungen. Die Zahlenwerte ändern sich bei höheren Konzentrationen und bei Anwesenheit von zusätzlichen Lösungsgenossen (Fremdionen, Gelatine usw.). Zur exakten Berechnung der Entwicklungsvorgänge wäre es erforderlich, die genauen Zahlenwerte für die jeweiligen Entwicklungsbedingungen in die Rechnungen einzusetzen. Mit den Zahlenwerten der Tabelle 1 kann man die Entwicklungsvorgänge nur größenordnungsmäßig beschreiben.

In den Abb. 3 und 4 sind die reduzierten *kathodischen* Stromspannungskurven für den Fall der Ag^+-Diffusion und für den Fall der $Ag(SO_3)_2^{-3}$-Diffusion, in der Abbildung 5 sind die reduzierten *anodischen* Stromspannungskurven für den Fall der Hydrochinon-Diffusion unter Verwendung der in Tabelle 1 angeführten Diffusionskonstanten eingetragen. Die absoluten Diffusionsströme lassen sich aus den Kurven der Abb. 3—5 leicht ermitteln, indem man die dort aufgezeichneten Funktionswerte mit r und dem entsprechenden c_∞-Wert multipliziert.

Man kann den Abb. 3—5 entnehmen, daß die (reduzierte) Stromstärke stets bei kleinen Potentialdifferenzen ansteigt und bei größeren Potentialdifferenzen in einen

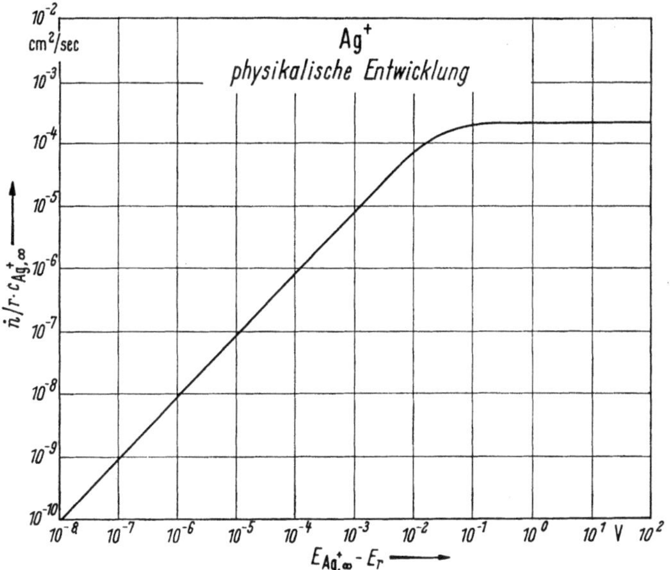

Abb. 3. Reduzierte kathodische Stromspannungskurve für die Diffusion freier Silberionen durch die Lösungsphase (in Abwesenheit von Komplexbildnern) $T = 20$ °C.

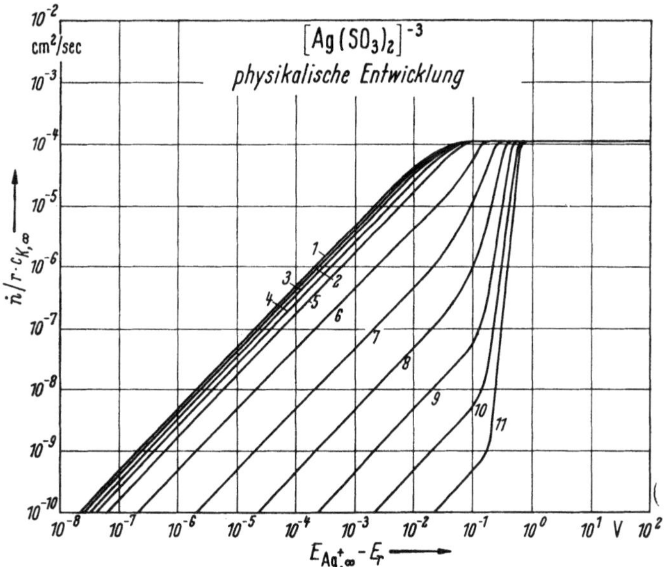

Abb. 4. Reduzierte kathodische Stromspannungskurven für die Diffusion der Silberionen in Form von $Ag[SO_3)_2]^{-3}$-Komplex, $T = 20$ °C

Kurve *1*: $c_{L\infty} = 10^4 c_{K,\infty}$
Kurve *2*: $c_{L,\infty} = 10^3 c_{K,\infty}$
Kurve *3*: $c_{L,\infty} = 10^2 c_{K,\infty}$
Kurve *4*: $c_{L,\infty} = 10^1 c_{K,\infty}$
Kurve *5*: $c_{L,\infty} = 10^0 c_{K,\infty}$
Kurve *6*: $c_{L,\infty} = 10^{-1} c_{K,\infty}$
Kurve *7*: $c_{L,\infty} = 10^{-2} c_{K,\infty}$
Kurve *8*: $c_{L,\infty} = 10^{-3} c_{K,\infty}$
Kurve *9*: $c_{L,\infty} = 10^{-4} c_{K,\infty}$
Kurve *10*: $c_{L,\infty} = 10^{-5} c_{K,\infty}$
Kurve *11*: $c_{L,\infty} = 10^{-6} c_{K,\infty}$

Sättigungsstrom übergeht. Im Gegensatz zum ansteigenden Teil der Stromspannungskurven ist der Sättigungsstrom unabhängig vom Verhältnis $c_{L,\infty}/c_{K,\infty}$ oder $c_{Ox,\infty}/c_{R,\infty}$.

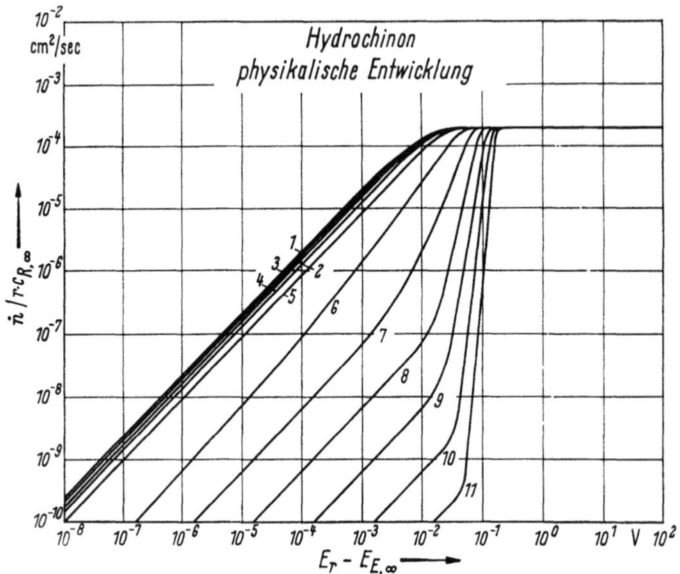

Abb. 5. Reduzierte anodische Stromspannungskurven für Hydrochinon-Entwickler, $T = 20$ °C
Kurve *1*: $c_{Ox,\infty} = 10^4\, c_{R,\infty}$
Kurve *2*: $c_{Ox,\infty} = 10^3\, c_{R,\infty}$
Kurve *3*: $c_{Ox,\infty} = 10^2\, c_{R,\infty}$
Kurve *4*: $c_{Ox,\infty} = 10^1\, c_{R,\infty}$
Kurve *5*: $c_{Ox,\infty} = 10^0\, c_{R,\infty}$
Kurve *6*: $c_{Ox,\infty} = 10^{-1}\, c_{R,\infty}$
Kurve *7*: $c_{Ox,\infty} = 10^{-2}\, c_{R,\infty}$
Kurve *8*: $c_{Ox,\infty} = 10^{-3}\, c_{R,\infty}$
Kurve *9*: $c_{Ox,\infty} = 10^{-4}\, c_{R,\infty}$
Kurve *10*: $c_{Ox,\infty} = 10^{-5}\, c_{R,\infty}$
Kurve *11*: $c_{Ox,\infty} = 10^{-6}\, c_{R,\infty}$

Im Bereich des Sättigungsstromes ist die Konzentration des Reaktionspartners, der durch Diffusion zum Keim transportiert werden muß (Ag^+-Ion, Ag^+-Komplex oder reduzierte Form des Entwicklers), am Keim sehr klein, so daß dort eine weitere Verkleinerung dieser Konzentration zwar die zugehörige Potentialdifferenz ΔE vergrößert (exponentielle Abhängigkeit), den Konzentrationsgradienten und den damit verbundenen Diffusionsstrom jedoch praktisch unverändert läßt.

Die Größe der (reduzierten) Sättigungsstromstärken läßt sich aus folgenden Gleichungen berechnen:

Reduzierter Sättigungsstrom der freien Ag^+-Diffusion:

$$\frac{\dot{n}}{r \cdot c_{Ag^+,\infty}} = 4\pi D_{Ag^+} . \tag{30}$$

Reduzierter Sättigungsstrom der Ag^+-Komplexdiffusion:

$$\frac{\dot{n}}{r \cdot c_{K,\infty}} \; 4\pi p D_K . \tag{31}$$

Reduzierter Sättigungsstrom der Entwicklerdiffusion:

$$\frac{\dot{n}}{r \cdot c_{R,\infty}} \; 4\pi z D_R . \tag{32}$$

Im ansteigenden Bereich der Stromspannungskurven treten keine Sättigungseinflüsse auf; hier nimmt der Konzentrationsgradient und damit auch der Diffusionsstrom mit steigender Potentialdifferenz zu. Die Kurve der Abb. 3 und alle Kurven 1—5 in den Abb. 4 und 5 (doppelt logarithmischer Maßstab) haben im aufsteigenden Ast nur die Neigung 1, d. h. der Strom ist hier der Potentialdifferenz proportional.

Die Kurven 6—11 der Abb. 4 und 5, bei denen $c_{Ox,\infty} < c_{R,\infty}$ oder $c_{L,\infty} < c_{K,\infty}$ ist, haben dagegen nur bei kleinen Stromstärken die Neigung 1, im Bereich größerer Stromstärken verlaufen sie steiler, d. h. es besteht dort dann kein linearer Zusammenhang mehr zwischen Strom und elektrochemischer Potentialdifferenz. Die Ursache ist darin zu suchen, daß sich in diesem Bereich die rückdiffundierenden Komponenten (Entwickler-Oxydationsprodukt oder Liganden des Ag^+-Komplexes) infolge der hohen Stromstärke an der Keimoberfläche zu Konzentrationen ($c_{Ox,r}$ oder $c_{L,r}$) anstauen, welche groß sind gegenüber den entsprechenden Konzentrationen der homogenen Lösungsphase ($c_{Ox,\infty}$ oder $c_{L,\infty}$).

Bei der photographischen Entwicklung können der anodische und der kathodische Teilprozeß nie für sich allein ablaufen; sie sind stets miteinander gekoppelt

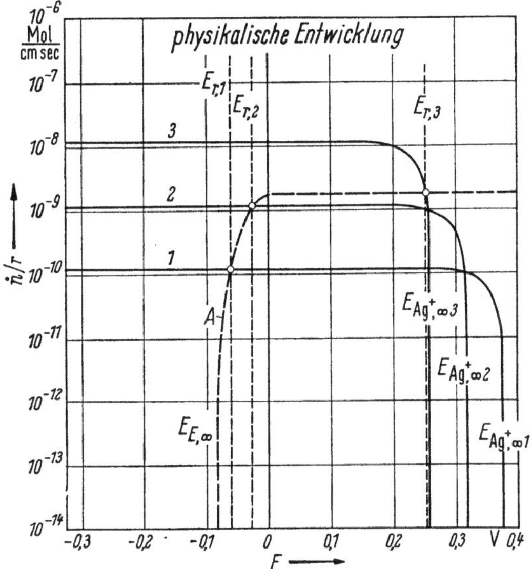

Abb. 6. Kopplung des anodischen und des kathodischen Teilprozesses bei physikalischer Entwicklung mit folgenden Zustandsbedingungen:

Kurve *A*: Anodische Stromspannungskurve
Entwickler: Hydrochinon: $c_{R,\infty} = 10^{-5}$ Mol/cm³;
$c_{Ox,\infty} = 10^{-7}$ Mol/cm³;
$E_{E,\infty} = -80$ mV; pH $= 9$; $T = 20$ °C
Kathodische Stromspannungskurven:
Ag^+-Komplex: $Ag(SO_3)_2^{-3}$
Kurve *1*: $c_{K,\infty} = 10^{-6}$ Mol/cm³, $c_{L,\infty} = 10^{-5}$ Mol/cm³, pAg $= 7{,}35$ $E_{Ag^+,\infty} = +376$ mV
Kurve *2*: $c_{K,\infty} = 10^{-5}$ Mol/cm³, $c_{L,\infty} = 10^{-4}$ Mol/cm³, pAg $= 8{,}35$ $E_{Ag^+,\infty} = +319$ mV
Kurve *3*: $c_{K,\infty} = 10^{-4}$ Mol/cm³, $c_{L,\infty} = 10^{-3}$ Mol/cm³, pAg $= 9{,}35$ $E_{Ag^+,\infty} = +261$ mV
Entwicklung Fall 1: $E_{r,1} = -260$ mV; $(\dot{n}/r)_1 = 10^{-10}$ Mol · cm^{-1} · sec^{-1}
Entwicklung Fall 2: $E_{r,2} = -230$ mV; $(\dot{n}/r) = 10^{-9}$ Mol · cm^{-1} · sec^{-1}
Entwicklung Fall 3: $E_{r,3} = +254$ mV; $(\dot{n}/r) = 1{,}9 \cdot 10^{-9}$ Mol · cm^{-1} · sec^{-1}
(Potentiale bezogen auf die Normal-Wasserstoff-Elektrode)

(vergl. z. B. Gl. (28) und (29)). Wie die beiden Teilprozesse den Gesamtprozeß regulieren, soll in Abb. 6 an einem speziellen Beispiel (für drei verschiedene Komplexkonzentrationen) gezeigt werden:

Die Entwicklerkonzentrationen $c_{R,\infty}$ und $c_{Ox,\infty}$ sowie das Redox-Normalpotential der Entwickler bestimmen die Lage des Potentialwertes $E_{E,\infty}$, welcher als Nullpunkt der anodischen Stromspannungskurve dient. Die drei Potentiale $E_{Ag^+,\infty}$ (Nullpunkte der kathodischen Stromspannungskurven) werden andererseits durch die Konzentrationen $c_{K,\infty}$ und $c_{L,\infty}$ (bzw. $c_{Ag^+,\infty}$), durch die Komplexkonstante K und durch das Ag/Ag^+-Normalpotential festgelegt.

Zur Ermittlung der wahren Entwicklungsstromstärke müssen die kathodische und die anodische Stromspannungskurve im gleichen Ordinatenmaßstab eingetragen werden; da $c_{R,\infty}$ und $c_{K,\infty}$ oder $c_{Ag^+,\infty}$ aber im allgemeinen voneinander verschieden sind, ist eine Normierung des Ordinatenmaßstabs nach c_∞ nicht mehr möglich. Der Ordinatenmaßstab wurde in Abb. 6 deshalb nur noch über r normiert, d. h. die Stromspannungskurven gelten dort für beliebige Keimgrößen r; der Schnittpunkt der anodischen und der kathodischen Stromspannungskurve gibt dann sowohl die normierte Entwicklungsstromstärke $\dot{n}/r$ unter den angegebenen Entwicklungsbedingungen als auch das an der Keimoberfläche vorhandene elektrochemische Misch-Potential E_r an.

Naturgemäß muß E_r zwischen $E_{E,\infty}$ und $E_{Ag^+,\infty}$ liegen; E_r ist bei der physikalischen Entwicklung unabhängig von der Keimgröße r und deshalb während der gesamten Entwicklungsdauer konstant (s. auch Abschnitt III, A). Man kann der Abb. 6 folgendes entnehmen: Solange der Schnittpunkt der anodischen und der kathodischen Stromspannungskurve im Sättigungsbereich der kathodischen Kurve liegt, steigt die Entwicklungsstromstärke mit steigender Komplexkonzentration an (Fall 1 und 2). Liegt der Schnittpunkt dagegen im Sättigungsbereich der anodischen Kurve, dann hat eine Erhöhung der Komplexkonzentration keinen Einfluß mehr auf die Entwicklungsstromstärke (Fall 3); der Engpaß liegt dann im anodischen Teilprozeß. Das elektrochemische Potential E_r des Entwicklungskeims verschiebt sich mit steigender Komplexkonzentration zu zunehmend positiveren Werten. Liegt der Schnittpunkt im Sättigungsbereich *beider* Kurven, dann ist der Wert von E_r sehr labil; geringe Konzentrationsänderungen genügen, um E_r aus der Nähe von $E_{E,\infty}$ in die Nähe von $E_{Ag^+,\infty}$ zu verlegen und umgekehrt.

Die Konzentrationsgefälle, welche in der Lösungsphase bei den in Abb. 6 diskutierten Entwicklungsbeispielen nach den Gln. (14), (15), (20) und (21) auftreten, werden in der Abb. 7 wiedergegeben.

Die Entwicklerkonzentrationen $c_{R,\infty}$ und $c_{Ox,\infty}$ sind in allen drei Fällen gleich; die Konzentrationen $c_{K,\infty}$ und $c_{L,\infty}$ nehmen dagegen von Fall 1 zu Fall 3 jeweils um eine Zehnerpotenz zu. Im Fall 1 und 2 liegt der Schnittpunkt der Stromspannungskurven im Sättigungsbereich der kathodischen Kurven (s. Abb. 6). Die Komplexkonzentration c_K sinkt deshalb in diesen beiden Fällen an der Keimoberfläche um mehrere Größenordnungen ab; im Fall 3 liegt der Schnittpunkt dagegen im Sättigungsbereich der anodischen Kurve; die Komplexkonzentration c_K sinkt in diesem Fall deshalb nur unwesentlich ab (siehe Kurven 3 in Abb. 7).

Der Zufluß an reduziertem Entwickler und an Ag^+-Komplex bestimmt die am Keim gebildete Menge von oxydiertem Entwickler und von Komplexliganden; ist diese Menge jeweils groß gegen die entsprechenden Konzentrationen $c_{L,\infty}$ oder $c_{Ox,\infty}$, dann erstreckt sich die Zone der entsprechenden Rückdiffusion weit in die Lösungsphase hinein (Kurven 4 in Abb. 7), ist sie klein gegen $c_{L,\infty}$ oder $c_{Ox,\infty}$, dann ist praktisch keine Zone der Rückdiffusion vorhanden (Kurven 1 in Abb. 7). Die Zonen der Zudiffusion sind dagegen immer auf einen Bereich von etwa dem Zehnfachen des Keimradius beschränkt (s. Kurve 2 und 3 in Abb. 7), da die fraglichen Diffusionskonstanten alle in der gleichen Größenordnung liegen (vgl. Tabelle 1).

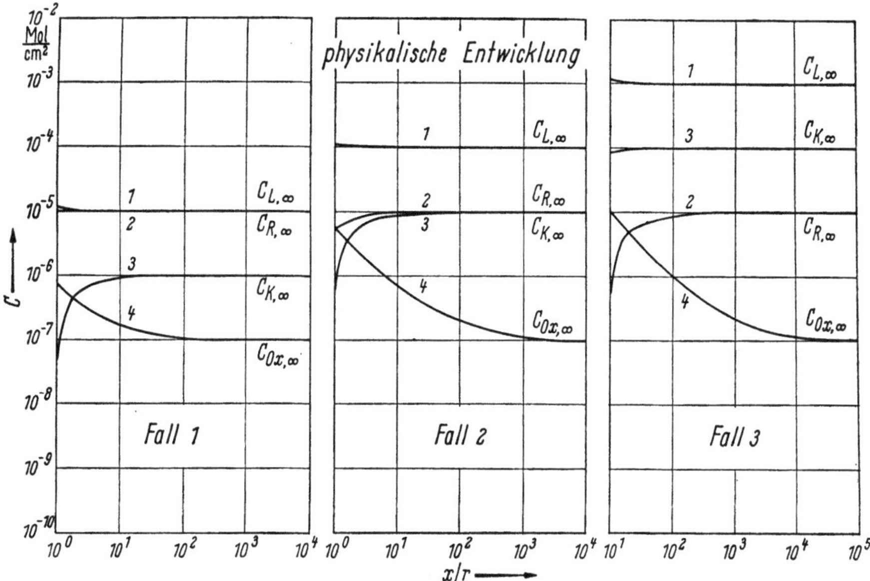

Abb. 7. Konzentrationsverlauf in der Lösung, Abstand (x) normiert auf den Keimradius (r). Gleiche Entwicklungsbedingungen wie bei Abb. 6, Fall 1—3.
Kurve *1*: Ligandenkonzentration, c_L.
Kurve *2*: Konzentration der reduzierten Form des Entwicklers, c_R.
Kurve *3*: Komplexkonzentration c_K.
Kurve *4*: Konzentration der oxydierten Form des Entwicklers, c_{Ox}.

B. Chemische Entwicklung

1. Vorbemerkung. An einer Halogensilberoberfläche befinde sich zu Beginn der Entwicklung ein aus n Silberatomen bestehender Entwicklungskeim vom Radius r. Der Keim sei klein im Verhältnis zum Halogensilberkristall. Der Silberionentransport durch die Lösungsphase sei vernachlässigbar klein, die Silberionen sollen hier (im Gegensatz zur physikalischen Entwicklung) praktisch ausschließlich durch den Halogensilberkristall hindurch zum Keim gelangen, sie werden an der Kontaktfläche Halogensilber/Silberkeim abgeschieden (kathodischer Teilprozeß), der Silberkeim wächst auf diese Weise fadenförmig aus dem Halogensilberkristall heraus (Fadenlänge $= l + r$, vgl. Abb. 2b).

Die Elektronen gelangen dagegen (wie bei der physikalischen Entwicklung) durch Diffusion der Entwicklermoleküle zur Kontaktfläche Silber/Lösungsphase und werden wegen der guten Elektronenleitfähigkeit des Silbers rasch zum Abscheidungsort der Silberionen (Kontaktfläche Silber/Halogensilber) transportiert. Im Gegensatz zur physikalischen Entwicklung bleibt bei der chemischen Entwicklung die Abscheidungsfläche des kathodischen Teilprozesses konstant, während sich die Abscheidungsfläche des anodischen Teilprozesses vergrößert.

2. Theoretisches. *a) Kathodischer Teilprozeß.* Für den elektrischen Silberionenstrom durch den Halogensilberkristall gilt die allgemeine Beziehung

$$i_{Ag^+} = F\dot{n}_{Ag^+} = Q \cdot \varkappa \cdot \frac{dE}{dx} . \tag{33}$$

Legt man durch den Halogensilberkristall in verschiedenem Abstand x um den Mittelpunkt der Kontaktfläche Silber/Halogensilberkristall Halbkugelflächen, dann ist nach den gleichen Überlegungen, wie bei der Herleitung der Gln. (5) und (6) ausgeführt wurde, der Diffusionsstrom der Silberionen durch alle Halbkugelflächen hindurch gleich und gegeben durch die Beziehung

$$i_{Ag^+} = 2\pi x^2 \cdot \varkappa \cdot \frac{dE}{dx} . \tag{34}$$

Durch Integration der Gl. (34) erhält man den Potentialverlauf innerhalb des Kristalls zu

$$\frac{i_{Ag^+}}{2\pi\varkappa} \cdot \left(\frac{1}{x_1} - \frac{1}{x_2}\right) = E_1 - E_2 . \tag{35}$$

Für $x_1 = r$ und $x_2 \gg r$ (d. h. der Halogensilberkristall sei groß im Verhältnis zur Kontaktfläche Silber/Halogensilber) erhält man aus Gl. (35) für den Zusammenhang zwischen Ag^+-Stromstärke und elektrochemischer Potentialdifferenz (kathodischer Teilprozeß) den Ausdruck

$$\frac{i_{Ag^+}}{2\pi r\varkappa} = (E_{Ag^+,r} - E_{Ag^+,\infty}) . \tag{36}$$

b) *Anodischer Teilprozeß.* Für den anodischen Teilprozeß gelten bei chemischer Entwicklung prinzipiell die gleichen Gesetzmäßigkeiten wie bei der physikalischen Entwicklung. Der Unterschied besteht lediglich darin, daß der Keim nicht kugelförmig, sondern ein mehr oder weniger langes fadenförmiges Gebilde ist. Dadurch ergeben sich für das Konzentrationsgefälle des reduzierten und oxydierten Entwicklers am Keim und damit auch für die Potentiale andere Abhängigkeiten als bei der physikalischen Entwicklung.

Es gilt wieder das erste Diffusionsgesetz

$$\frac{dn_R}{dt} = \dot{n}_R = -QD_R \frac{\partial c_R}{\partial x} . \tag{37}$$

Die durchströmte Fläche Q ist jedoch zumindest in Fadennähe keine Kugelfläche, sondern setzt sich im Idealfall zusammen aus einer Zylinderfläche der Länge l und dem Radius x und einer Halbkugelfläche.

$$Q = 2\pi x^2 + 2\pi l x . \tag{38}$$

Mit Gl. (37) ergibt sich daraus

$$\dot{n}_R = -2\pi (x^2 + lx) D_R \frac{\partial c_R}{\partial x} . \tag{39}$$

Nach Integration erhält man näherungsweise folgenden Konzentrationsverlauf:

$$c_{R,\infty} - c_{R,x} = \frac{\dot{n}_R}{2\pi\, D_R l} \ln\left(1 + \frac{l}{x}\right). \tag{40}$$

Im Grenzfall $l \ll x$ geht Gl. (40) in die entsprechende Beziehung (7) für die reine Kugelform über:

$$\lim_{l/x \to 0} \frac{1}{l} \ln\left(1 + \frac{l}{x}\right) = \frac{1}{x}. \tag{41}$$

Die Konzentration des reduzierten Entwicklers an der Keimoberfläche erhält man dann aus Gl. (42):

$$c_{R,r} = c_{R,\infty}\left[1 - \frac{\dot{n}_R}{2\pi l z D_R\, c_{R,\infty}} \ln\left(1 + \frac{l}{r}\right)\right]. \tag{42}$$

In gleicher Weise ergibt sich für die oxydierte Form des Entwicklers

$$c_{ox,r} = c_{ox,\infty}\left[1 + \frac{\dot{n}_{ox}}{2\pi l z D_{ox}\, c_{ox,\infty}} \ln\left(1 + \frac{l}{r}\right)\right]. \tag{43}$$

Ersetzt man wie in Gl. (22)—(24) die Teilchenströme $\dot{n}$ durch die elektrischen Ströme i_E, so ergibt sich mit Gl. (19) der Zusammenhang zwischen dem durch die Entwicklerdiffusion hervorgerufenen Elektronenstrom i_E und der elektrochemischen Potentialdifferenz $(E_{E,\infty} - E_{E,r})$:

$$(E_{E,\infty} - E_{E,r}) = \frac{RT}{zF} \ln \frac{\left[1 - \frac{i_E}{2\pi z l F D_R\, c_{R,\infty}} \ln\left(1 + \frac{l}{r}\right)\right]}{\left[1 + \frac{i_E}{2\pi z l F D_{ox}\, c_{ox,\infty}} \ln\left(1 + \frac{l}{r}\right)\right]} \tag{44}$$

$$(E_{E,\infty} - E_{E,r}) = \frac{RT}{zF} \ln \frac{\left[1 - \frac{\dot{n}}{2\pi z l D_R\, c_{R,\infty}} \ln\left(1 + \frac{l}{r}\right)\right]}{\left[1 + \frac{\dot{n}}{2\pi z l D_{ox}\, c_{ox,\infty}} \ln\left(1 + \frac{l}{r}\right)\right]} \tag{45}$$

In diesen Gleichungen tritt ($\dot{n} = i_E/F$) nur in der Kombination $\dot{n}/l \ln(1 + l/r)$ auf, alle anderen Größen auf der rechten Seite der Gln. (44) und (45) bleiben während der Entwicklung zeitlich konstant und hängen nur von den Entwicklungsbedingungen ab. Führt man die in Abb. 8 wiedergegebene allgemeine Hilfsfunktion

$$r^* = \frac{l}{r \ln\left(1 + \frac{l}{r}\right)} \tag{46}$$

ein, so wird

$$\frac{\dot{n}}{l} \ln\left(1 + \frac{l}{r}\right) = \frac{\dot{n}}{r \cdot r^*}. \tag{47}$$

Mit Gl. (47) erhält dann die anodische Stromspannungskurve (Gl. (45)) die Form:

$$(E_{E,\infty} - E_{E,r}) = \frac{RT}{zF} \ln \frac{\left(1 - \frac{\dot{n}}{2\pi z D_R\, c_{R,\infty} \cdot r r^*}\right)}{\left(1 + \frac{\dot{n}}{2\pi z D_{ox}\, c_{ox,\infty} \cdot r r^*}\right)} \tag{48}$$

Die Hilfsfunktion r^* erhält damit folgende anschauliche Bedeutung: Ein halbkugelförmiger Keim, der den „Ersatzradius“ $(r \cdot r^*)$ besitzt, ergibt die gleiche anodische Stromspannungskurve wie ein Silberfaden vom Radius r und von der Länge l.

c) *Zusammenhang zwischen kathodischem und anodischem Teilprozeß.* Wie bei der physikalischen Entwicklung gilt wieder, daß der Silberkeim infolge seiner hohen Leitfähigkeit nur ein Potential annehmen kann (Gl. (26)) und daß im stationären Gleichgewicht die Ströme des anodischen und kathodischen Teilprozesses gleich groß sind (Gl. (27)). Daraus ergibt sich als Bestimmungsgleichung für die elektrische Entwicklungsstromstärke i der Silberabscheidung an einem Keim vom Radius r und der Länge l (d. h. für gegebenes r und r^*) die folgende Gleichung:

$$
\begin{aligned}
(E_{E,\infty} - E_{\mathrm{Ag}^+,\infty}) &= \frac{RT}{zF} \ln \frac{\left(1 - \dfrac{i}{2\pi z F D_{R,\infty} c_{R,\infty} r r^*}\right)}{\left(1 + \dfrac{i}{2\pi z F D_{ox,\infty} c_{ox,\infty} r r^*}\right)} - \frac{i}{2\pi\varkappa r} \\
(E_{E,\infty} - E_{\mathrm{Ag}^+,\infty}) &= \frac{RT}{zF} \ln \frac{\left(1 - \dfrac{\dot{n}}{2\pi z D_R c_{R,\infty} r r^*}\right)}{\left(1 + \dfrac{\dot{n}}{2\pi z D_{ox} c_{ox,\infty} r r^*}\right)} - \frac{\dot{n} F}{2\pi\varkappa r}
\end{aligned}
\qquad (49)
$$

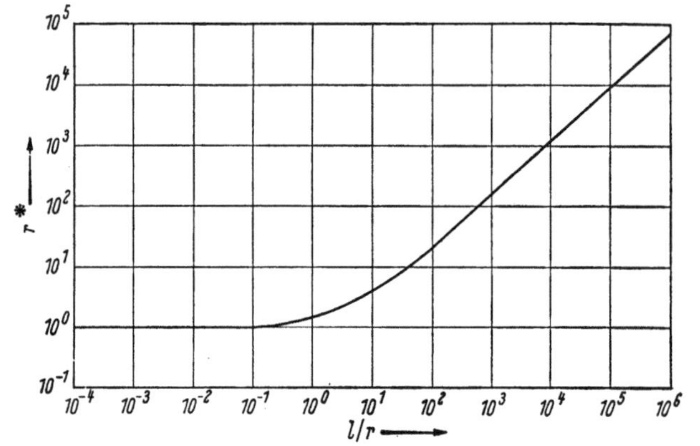

Abb. 8. Hilfsfunktion $r^* = \dfrac{l}{r \ln\left(1 + \dfrac{l}{r}\right)}$ in Abhängigkeit von $\dfrac{l}{r}$.

3. Diskussion der zeitunabhängigen Ergebnisse (chemische Entwicklung). Zur Diskussion der im vorstehenden Abschnitt für die chemische Entwicklung hergeleiteten Gleichungen anhand von speziellen Beispielen ist außer der Kenntnis der in Tabelle 1 zusammengestellten Diffusionskonstanten noch eine Angabe über die elektrische Leitfähigkeit der Halogensilberkörner erforderlich; diese ist mindestens so groß wie die Leitfähigkeit des makroskopischen Halogensilbers (bei Zimmertemperatur ist z. B. $\varkappa_{\mathrm{AgBr}} = 10^{-8} \Omega^{-1} \mathrm{cm}^{-1}$); es gibt aber Hinweise, daß die elektrische Leitfähigkeit der Halogensilberkörner wesentlich größer ist als die der Makrokristalle (Einfluß von Randschichten; Mischkristalle usw.); es wurden z. B. Werte von $\varkappa_{\mathrm{AgBr}} = 10^{-6} \Omega^{-1} \mathrm{cm}^{-1}$ an Emulsionskörnern gemessen [*26*].

Wahrscheinlich hängen die elektrischen Leitfähigkeiten der Emulsionskörner aber auch von den speziellen Emulsionsbedingungen ab. Da bisher noch keine detaillierten Kenntnisse dieser Daten vorliegen, soll hier zur Vereinfachung angenommen werden, daß bei allen drei Silberhalogeniden (AgCl, AgBr und AgJ) die elektrische

Leitfähigkeit ($\varkappa$) der Emulsionskörner um zwei Zehnerpotenzen größer sei als die der Makrokristalle.

Aus der Abb. 9 sind die unter dieser Voraussetzung berechneten kathodischen Stromspannungskurven für AgCl-, AgBr- und AgJ-Körner ersichtlich.

Die anodischen Stromspannungskurven lassen sich nach Gl. (44) berechnen; für zwei Spezialfälle ($c_{Ox,\infty}/c_{R,\infty} = 10^{-2}$ und $c_{Ox,\infty}/c_{R,\infty} = 1$) wurden die reduzierten Stromspannungskurven für verschiedene l/r-Werte als Parameter (d. h. für verschiedenes r^*) in Abb. 10 eingetragen.

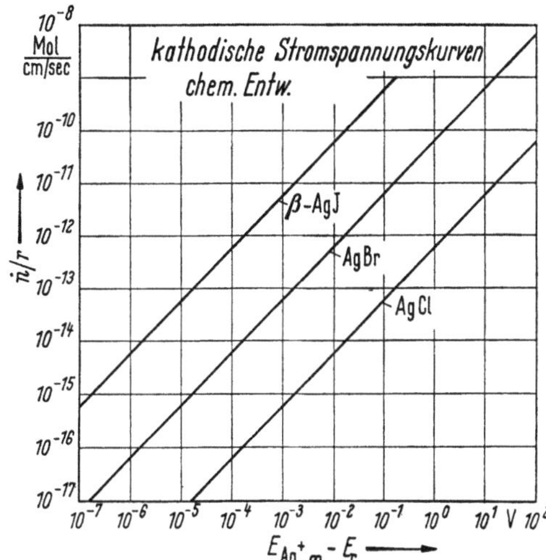

Abb. 9. Kathodische Stromspannungskurven für AgCl-, AgBr- und AgJ-Körner. Für die elektrischen Leitfähigkeiten der Körner wurden Werte angenommen, welche um zwei Zehnerpotenzen größer sind als die der Makrokristalle:

$\varkappa$AgCl-Korn: $10^{-8}\,[\Omega^{-1}\,\text{cm}^{-1}]$,
$\varkappa$AgBr-Korn: $10^{-6}\,[\Omega^{-1}\,\text{cm}^{-1}]$,
$\varkappa\beta$-AgJ-Korn: $10^{-4}\,[\Omega^{-1}\,\text{cm}^{-1}]$.

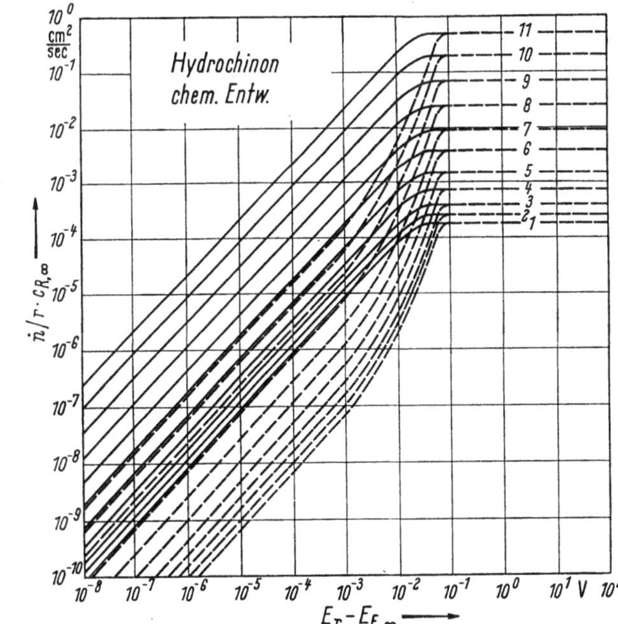

Kurve *1*: $l/r = 0$
Kurve *2*: $l/r = 10^0$
Kurve *3*: $l/r = 3 \cdot 10^0$
Kurve *4*: $l/r = 10^1$
Kurve *5*: $l/r = 3 \cdot 10^1$
Kurve *6*: $l/r = 10^2$
Kurve *7*: $l/r = 3 \cdot 10^2$
Kurve *8*: $l/r = 10^3$
Kurve *9*: $l/r = 3 \cdot 10^3$
Kurve *10*: $l/r = 10^4$
Kurve *11*: $l/r = 3 \cdot 10^4$

gestrichelte Kurven:

$$\frac{c_{Ox,\infty}}{c_{R,\infty}} = 10^{-2}$$

ausgezogene Kurven:

$$\frac{c_{Ox,\infty}}{c_{R,\infty}} = 10^0$$

Abb. 10. Reduzierte anodische Stromspannungskurven der chemischen Entwicklung. Entwickler: Hydrochinon. $T = 20\,°\text{C}$.

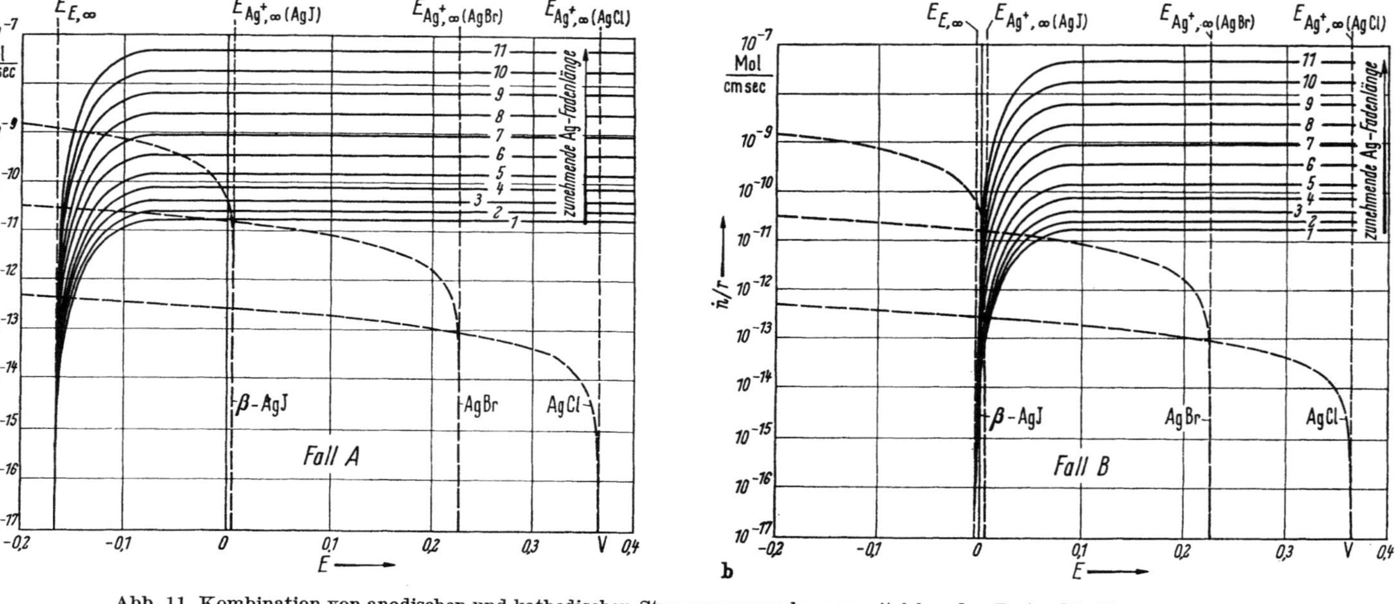

Abb. 11. Kombination von anodischen und kathodischen Stromspannungskurven mit folgenden Zustandsbedingungen:

Kathodische Stromspannungskurven (gestrichelt):
Halogenidkonzentration: 10^{-2} Mol/l
AgCl: $c_{Ag^+,\infty} = 10^{-7,8}$; $E_{Ag^+} = +\ 365$ mV
AgBr: $c_{Ag^+,\infty} = 10^{-10,3}$; $E_{Ag^+} = +\ 226$ mV
AgJ : $c_{Ag^+,\infty} = 10^{-14}$; $E_{Ag^+} = +\ \ 5$ mV
Elektrische Leitfähigkeiten der Halogensilberkörner wie bei Abb. 9.

Anodische Stromspannungskurven (ausgezogen):
$$\frac{l}{r} = \frac{\text{Fadenlänge}}{\text{Fadenradius}} \text{ (als Parameter)}$$

Kurven *1*: $\frac{l}{r} = 0$
Kurven *2*: $\frac{l}{r} = 10^0$
Kurven *3*: $\frac{l}{r} = 3 \cdot 10^0$
Kurven *4*: $\frac{l}{r} = 10^1$
Kurven *5*: $\frac{l}{r} = 3 \cdot 10^1$
Kurven *6*: $\frac{l}{r} = 10^2$
Kurven *7*: $\frac{l}{r} = 3 \cdot 10^2$
Kurven *8*: $\frac{l}{r} = 10^3$
Kurven *9*: $\frac{l}{r} = 3 \cdot 10^3$
Kurven *10*: $\frac{l}{r} = 10^4$
Kurven *11*: $\frac{l}{r} = 3 \cdot 10^4$

Fall A **(Abb. 11 a)**
Entwickler: Hydrochinon, $p_H = 13$

Entwicklerkonzentration: $c_{R,\infty} = 10^{-4}\ \frac{\text{Mol}}{\text{l}}$

$c_{Ox,\infty} = 10^{-6}\ \frac{\text{Mol}}{\text{l}}$

Redoxpotential: $E_{E,\infty} = -\ 166$ mV (gegen die Normal-Wasserstoffelektrode).

Fall B **(Abb. 11 b):**
Entwickler: Hydrochinon, $p_H = 10{,}5$

Entwicklerkonzentration: $c_{R,\infty} = 10^{-4}\ \frac{\text{Mol}}{\text{l}}$

$c_{Ox,\infty} = 10^{-6}\ \frac{\text{Mol}}{\text{l}}$

Redoxpotential: $E_{E,\infty} = -\ 36$ mV (gegen die Normal-Wasserstoffelektrode).

Die reduzierten anodischen Stromspannungskurven werden im logarithmischen Maßstab mit steigendem l/r (d. h mit zunehmender anodischer Abscheidungsfläche) lediglich parallel nach größeren Diffusionsstromstärken verschoben, die Form der Kurven bleibt unverändert und ist prinzipiell die gleiche wie bei der physikalischen Entwicklung (s. Abb. 5).

Auch bei der chemischen Entwicklung sind der anodische und der kathodische Teilprozeß stets miteinander gekoppelt. Wie die beiden Teilprozesse den Gesamtprozeß regulieren, soll in Abb. 11 für die drei verschiedenen Silberhalogenide gezeigt werden.

Insbesondere soll hier hergeleitet werden, daß die Entwicklungsstromstärke nach der Elektrodentheorie nicht nur von der elektrischen Leitfähigkeit ($\varkappa$) der Halogensilberkörner, sondern auch von der Lage des vom p_{Ag}-Wert der Lösung abhängigen Ag/Ag^+-Gleichgewichtspotentiale (E_{Ag^+}) sowie selbstverständlich auch von der Lage der von der Entwicklersorte und Entwicklerkonzentration abhängigen Redoxpotentiale (E_E) der Entwicklerlösung abhängt.

Es soll hier gezeigt werden, daß es Fälle gibt, wo an Halogensilberkörnern mit kleinerer elektrischer Leitfähigkeit die Wachstumsgeschwindigkeit eines einzelnen Silberfadens bei der chemischen Entwicklung infolge der Lage der elektrochemischen Potentiale größer ist als an Körnern einer anderen Halogensilbersorte von höherer elektrischer Leitfähigkeit (s. Abb. 11):

Man kann der Abb. 11 folgendes entnehmen:

Im Fall A ist die elektrochemische Potentialdifferenz zwischen dem (Ag/Ag^+)-Potential (E_{Ag^+}) und dem Redoxpotential ($E_{E,\infty}$) der Entwicklerlösung größer als im Fall B. In der Praxis kann dies (bei organischen Entwicklersubstanzen) erzielt werden durch Einstellung verschiedener pH-Werte (z. B. bei Fall A: $p\mathrm{H} = 13$; bei Fall B: $p\mathrm{H} = 10{,}5$).

Bei großen Potentialdifferenzen (Fall A) liegen die Arbeitspunkte der Entwicklung (= Schnittpunkte zwischen anodischen und kathodischen Stromspannungskurven) für alle Ag-Fadenlängen bei den verschiedenen Halogensilbersorten in der Reihenfolge von deren elektrischer Leitfähigkeit; AgJ hat die größte, AgCl die kleinste elektrische Leitfähigkeit; demgemäß sind die theoretischen Entwicklungsstromstärken unter diesen Bedingungen bei den AgJ-Körnern größer, bei den AgCl-Körnern kleiner als bei den AgBr-Körnern.

Daß diese Reihenfolge jedoch nicht unter allen Entwicklungsbedingungen gewahrt ist, wird durch Abb. 11 illustriert.

Infolge der Löslichkeitsverhältnisse ist das Potential ($E_{Ag^+,\infty}$) für AgCl positiver, für AgJ dagegen negativer als für AgBr (gleiche Halogenid-Konzentrationen vorausgesetzt). Bei gegebenem Redoxpotential ($E_{E,\infty}$) des Entwicklers sind die elektrochemischen Potentialdifferenzen ($E_{Ag^+,\infty} - E_{E,\infty}$) für AgCl-Körner größer, für AgJ-Körner kleiner als für AgBr-Körner. Die elektrochemische Potentialdifferenz ($E_{Ag^+,\infty} - E_{E,\infty}$) als treibende Kraft der Entwicklung und die Größe der elektrischen Leitfähigkeit gehen also für die verschiedenen Halogensilbersorten in entgegengesetzte Richtung:

Bei kleinen Potentialdifferenzen können die unterschiedlichen elektrischen Leitfähigkeiten der verschiedenen Halogensilbersorten durch die unterschiedliche Potentialdifferenz überkompensiert werden. Aus Abb. 11, Fall B ist z. B. ersichtlich, daß sich bei kleinen elektrochemischen Potentialdifferenzen und kleinen Ag-Fadenlängen für AgJ-Körner wesentlich kleinere Entwicklungsstromstärken ($\dot{n}/r$; Arbeitspunkte der chemischen Entwicklung) ergeben als für AgBr-Körner.

III. Zeitabhängigkeit der Transportvorgänge

A. Physikalische Entwicklung

1. Allgemeine Zeitfunktionen. In den in Abschnitt II. A für die physikalische Entwicklung hergeleiteten Gln. (28) und (29) treten die beiden zeitabhängigen Größen $\dot{n}$ und r stets in der Kombination $\dot{n}/r$ auf. Alle anderen in diesen Gleichungen vorkommenden Größen sind zeitlich konstant und hängen nur von den Entwicklungsbedingungen ab. Infolgedessen muß der Ausdruck $\dot{n}/r$ für beliebige Exponenten p, z und q bei jeder physikalischen Entwicklung unabhängig von der Zeit sein, d. h., es gilt bei allen Entwicklungszeiten die Beziehung

$$\frac{\dot{n}}{r} = \text{const.} = a\,. \tag{50}$$

Die nur von den speziellen Entwicklungsbedingungen abhängige Konstante a wird für den Fall, daß der Silberionentransport durch Diffusion von freien Ag^+-Ionen erfolgt, aus Gl. (28) ermittelt; für den Fall, daß der Ag^+-Transport durch Diffusion von Ag^+-Komplexen erfolgt, erhält man die Konstante a durch Auflösen von Gl. (29). Auch graphisch kann man den Zahlenwert von a ($= \dot{n}/r$) ermitteln, indem man in der in Abb. 6 dargelegten Weise für die jeweils gegebenen Entwicklungsbedingungen (Art des Entwicklers, Art des Ag^+-Komplexes, c_∞-Werte) die reduzierten Stromspannungskurven zeichnet. Der Schnittpunkt dieser Kurven liefert dann die Größe von a unter den gegebenen Bedingungen. Aus Gl. (50) ergibt sich noch eine weitere Folgerung für die physikalische Entwicklung: Führt man die Beziehung (50) in die Gl. (10) oder (18) und (25) ein, so ergibt sich, daß auch

$$E_{\mathrm{Ag}^+,r} = E_{E,r} = \text{const.}\,, \tag{51}$$

d. h. unabhängig von der Zeit ist. Das elektrochemische Potential E_r der Keimoberfläche bleibt demnach während der gesamten Entwicklungsdauer unverändert (s. auch Abschnitt II/A). Durch Kombination der Gl. (50) mit den Gln. (8), (14), (15), (20) und (21) ergibt sich außerdem, daß auch die Konzentrationen $c_{\mathrm{Ag}^+,r}$, $c_{K,r}$, $c_{L,r}$, $c_{R,r}$ und $c_{Ox,r}$ an der Keimoberfläche während des gesamten Entwicklungsverlaufs zeitlich konstant bleiben.

Durch die Silberabscheidung wächst der Entwicklungskeim kugelförmig im Laufe der Entwicklung an. Besteht zu beliebiger Zeit der Silberkeim vom Radius r aus n Silberatomen vom Volumen V_{Ag}, so gilt die Beziehung

$$n\,V_{\mathrm{Ag}} = \frac{4}{3}\,\pi r^3 \tag{52}$$

$$\dot{n} = \frac{\mathrm{d}n}{\mathrm{d}t} = \frac{4\pi r^2}{V_{\mathrm{Ag}}} \cdot \frac{\mathrm{d}r}{\mathrm{d}t}\,. \tag{53}$$

Die Gl. (53) gibt den Zusammenhang zwischen dem Silberionendiffusionsstrom $\dot{n}$ und der Wachstumsgeschwindigkeit des Keimradius wieder. Durch Kombination der Gln. (50) und (53) erhält man für die physikalische Entwicklung die folgenden Zeitfunktionen:

$$\frac{\dot{n}}{r} = a = \frac{4\pi}{V_{Ag}} r \frac{dr}{dt} \tag{54}$$

integriert:

$$(r^2 - r_0^2) = \frac{a \cdot V_{Ag}}{2\pi} \cdot t. \tag{55}$$

Über die Gl. (52) kann man in Gl. (54) und (55) r in n umrechnen.

Für $r \gg r_0$ erhält man aus den Gln. (50)—(55) die Beziehung

$$\dot{n} \cdot t = \frac{3n}{2 V_{Ag}}. \tag{56}$$

Gl. (56) besagt, daß zur physikalischen Entwicklung von gleichgroßen Silberteilchen (d. h. für gleiches n) Reziprozität besteht zwischen Entwicklungsdiffusionsstrom $\dot{n}$ und Entwicklungszeit t.

2. Diskussion der Zeitfunktionen anhand von speziellen Beispielen. *a) Theoretische Zeitfunktionen.* Für die in Abb. 6 behandelten speziellen Beispiele der physikalischen Entwicklung folgen die in Abb. 12 und 13 dargestellten Zeitfunktionen.

Man kann den Abb. 12 und 13 entnehmen, daß r mit $t^{1/2}$ und demzufolge n mit $t^{3/2}$ bei $r \gg r_0$ anwächst.

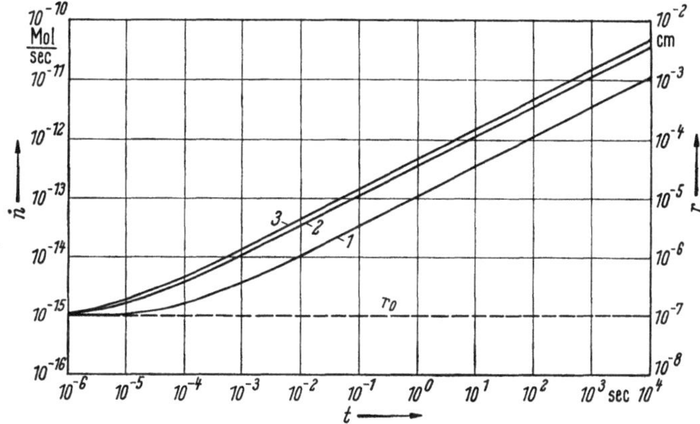

Abb. 12. Entwicklungsgeschwindigkeit n (linker Ordinatenmaßstab) und Keimradius r (rechter Ordinatenmaßstab) bei physikalischer Entwicklung in Abhängigkeit von der Entwicklungszeit (t). Anfangskeimgröße: $r_0 = 10^{-7}$ cm, $T = 20$ °C. Entwicklungsbedingungen der Kurven *1* bis *3* wie in den Fällen 1 bis 3 der Abb. 6

b) *Vergleich zwischen Experiment und Theorie.* Um festzustellen, wie gut die Ergebnisse der Elektrodentheorie mit der Praxis übereinstimmen, wurden die Zeitfunktionen der physikalischen Entwicklung folgendermaßen gemessen (vgl. auch [*27*]):

$[Ag(SO_3)]_2'''$-Komplex, überschüssiges SO_3'', p-Phenylendiamin als Entwicklersubstanz und durch Reduktion hergestellte Silberkolloide als Entwicklungskeime wurden in bestimmten Mengen rasch in wäßriger Lösung zusammengemischt. In die Lösung tauchten eine mit geschmolzenem AgBr überzogene Ag-Elektrode und eine (Kalomel-)Bezugselektrode ein. Eine solche Ag-Elektrode spricht infolge ihres AgBr-

Überzugs nur auf die Ag^+-Konzentration und nicht auf das Redoxpotential der Lösung an, wenn man durch entsprechende Maßnahmen (Dunkelkammerlicht, Gelatinezusatz zur Lösung) eine Zerstörung des AgBr-Überzugs durch chemische Entwicklung verhindert.

Die durch die physikalische Entwicklung gebildete Silber-„Konzentration" (c_{Ag}) läßt sich mit dieser Anordnung aus der zeitlichen Abnahme der Ag^+-Konzentration potentiometrisch folgendermaßen ermitteln:

Bezeichnet man mit c_{Ag}, c_{Ag^+}, c_K und c_L die Silber-, Silberionen-, $[Ag(SO_3)_2]'''$-Komplex- und $(SO_3)''$-Ligandenkonzentration zu beliebiger Zeit, mit $c^\circ_{Ag^+}$, $c_K{}^\circ$ und $c_L{}^\circ$ die entsprechenden Konzentrationen zum Startpunkt der Entwicklung und mit K die Komplexkonstante, dann gelten folgende Gleichungen:

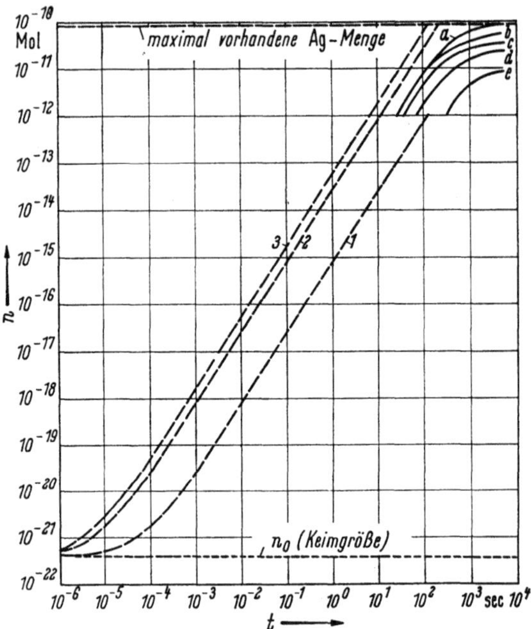

Abb. 13. Ausgezogene Kurven $a-e$: experimentell erhaltene Zeitfunktionen der physikalischen Entwicklung von Abb. 14.
Gestrichelte Kurven: berechnet nach der Elektrodentheorie für die Fälle 1—3 der Abb. 6; Entwicklungsbedingungen wie in Abb. 12 und 6.

Die Komplexkonzentration (c_K) nimmt in dem Maße ab, in dem die Silberkonzentration (c_{Ag}) zunimmt:

$$c_K = c_K{}^\circ - c_{Ag}\,. \tag{57}$$

Da für jedes verschwindende $[Ag(SO_3)_2]'''$-Komplexion zwei (SO_3'')-Ligandenionen entstehen, ist die Zunahme der Ligandenkonzentration (c_L) doppelt so groß wie die Zunahme der Silberkonzentration (c_{Ag}):

$$c_L = c_L{}^\circ + 2c_{Ag}\,. \tag{58}$$

Ferner gilt für den Komplex in der Lösung in jedem Zeitpunkt das Massenwirkungsgesetz:

$$\frac{c_{Ag^+}\cdot(c_L)^2}{c_K} = K. \tag{59}$$

Durch Kombination der Gln. (57) bis (59) ist es möglich, aus der potentiometrisch gemessenen Zeitfunktion der Ag^+-Konzentration (c_{Ag^+}) die Zeitfunktion der Konzentration (c_{Ag}) des entwickelten Silbers auszurechnen. Aus der mikroskopisch bestimmbaren Endgröße der entwickelten (kugelförmigen) Silberteilchen und der insgesamt zur Entwicklung verfügbaren Ag^+-Komplexkonzentration läßt sich ferner die Konzentration der Silberkeime bestimmen und damit dann auch die Konzentration des entwickelten Silbers in die Silbermenge pro Keim umrechnen.

Die nach diesem potentiometrischen Verfahren bestimmten Zeitfunktionen der physikalischen Entwicklung sind in Abb. 14 eingetragen.

Man erkennt aus der Abb. 14, daß die entwickelte Silbermenge im Anfangsstadium der physikalischen Entwicklung in Übereinstimmung mit der Elektrodentheorie mit $t^{3/2}$ ansteigt; aus älteren, mittels direkter Silberanalyse ermittelten und daher ungenaueren Meßdaten wurde ein Anstieg proportional zu t^1 hergeleitet [*28—30*].

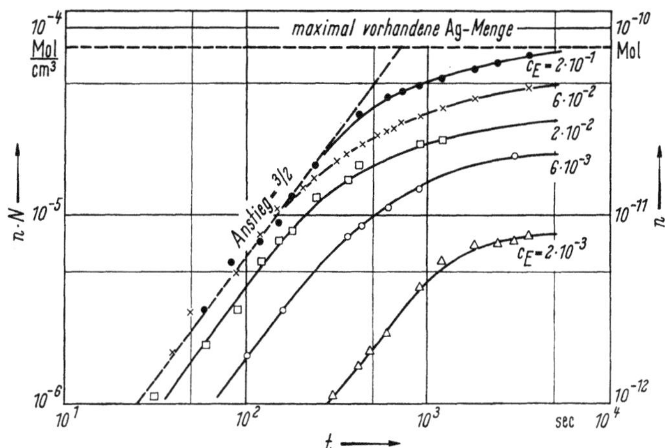

Abb. 14. Zeitfunktionen der physikalischen Entwicklung für verschiedene Entwicklerkonzentrationen (c_E als Parameter (in Molen pro l).
Ag^+-Komplex: $Ag(SO_3)_2^{-3}$;
Komplexkonzentration: $7{,}84 \cdot 10^{-2} \frac{\text{Mole}}{\text{l}}$ (SO_3'')-Ligandenkonzentration: $1{,}13 \frac{\text{Mole}}{\text{l}}$
Entwickler: *p*-Phenylendiamin.
Linker Ordinatenmaßstab: Ag-Konzentration (Mole pro cm³ Lösung). Rechter Ordinatenmaßstab: Ag-Menge (Mole pro Entwicklungskeim).

Ferner ist die physikalisch entwickelte Silbermenge nach der Elektrodentheorie in Übereinstimmung mit den experimentellen Ergebnissen [*28—30*] unabhängig von der sehr kleinen Ausgangskeimgröße. Gegen Ende der Entwicklung geht die Silberkonzentration gegen einen Grenzwert, der durch die Erschöpfung der Entwicklersubstanz gegeben ist.

In Abb. 13 wurden die nach der Elektrodentheorie berechneten Zeitfunktionen den in dem obengenannten System experimentell ermittelten Kurven der Abb. 14 gegenübergestellt.

Bei Verwendung von anderen Ag^+-Komplexen für die physikalische Entwicklung ist zu beachten, daß man es dort je nach Ligandenkonzentration mit Komplexgemischen verschiedener Koordinationszahl zu tun hat. Bei anderen Entwicklersubstanzen (wie z. B. Hydrochinon) kann in der Lösung während der physikalischen Entwicklung eine spontane Silberkeimbildung erfolgen und dadurch die Messung der Entwicklungs-Zeitfunktion verfälscht werden.

B. Chemische Entwicklung

1. Allgemeine Zeitfunktionen. Zur Ermittlung der Zeitfunktion der chemischen Entwicklung ist die Integration der Gl. (49) erforderlich. Diese Integration ist nur graphisch oder numerisch möglich. Weiter unten soll diese Zeitfunktion anhand der schon in Abb. 11 behandelten Beispiele diskutiert werden.

Der Zusammenhang zwischen n und l ergibt sich durch die folgenden Gleichungen

$$(n - n_0) \cdot V_{\mathrm{Ag}} = \pi r^2 \cdot l \,. \tag{60}$$

$$\dot{n} = \frac{\mathrm{d}n}{\mathrm{d}t} = \frac{\pi r^2}{V_{\mathrm{Ag}}} \cdot \frac{\mathrm{d}l}{\mathrm{d}t} \,. \tag{61}$$

2. Diskussion der Zeitfunktionen anhand von speziellen Beispielen. Die Zeitfunktionen der chemischen Entwicklung für die verschiedenen Halogensilbersorten für Fall A und Fall B der Abb. 11 kann man aus den Arbeitspunkten (Schnittpunkte zwischen anodischen und kathodischen Stromspannungskurven) durch graphische Integration erhalten.

Man entnimmt der Abb. 11 zunächst

$$\frac{\dot{n}}{r} = f\left(\frac{l}{r}\right). \tag{62}$$

und bestimmt dann graphisch das Integral

$$\frac{\pi r}{V_{\mathrm{Ag}}} \int \frac{\mathrm{d}l}{f\left(\frac{l}{r}\right)} = \int \mathrm{d}t \,. \tag{63}$$

Die so beispielsweise für die Fälle A und B (bei einem Fadenradius von $r = 10^{-6}$ cm) ermittelten Zeitfunktionen der chemischen Entwicklung sind in Abb. 15 dargestellt.

Man kann der Abb. 15 entnehmen, daß im Fall A die nach einer gewissen Zeit entwickelte Silbermenge (n) in der Reihenfolge der elektrischen Leitfähigkeiten vom AgCl zum AgBr zum AgJ zunimmt. Im Fall B erfolgt dagegen die Silberbildung beim AgBr rascher als beim AgJ. Außerdem ist aber auch (in Übereinstimmung mit den praktischen Erfahrungen) die Entwicklungsgeschwindigkeit bei allen Halogensilbersorten im Fall B (pH = 10,5) kleiner als im Fall A (pH = 13).

Die vorstehenden theoretischen Ergebnisse gelten nur für die Wachstumsgeschwindigkeit der Einzelsilberfäden im Grenzfall rein chemischer Entwicklung. Verarmungserscheinungen in der Lösung, Induktionsperioden usw. wurden vernachlässigt.

Über den Einfluß der Entwicklerkonzentration auf den Ablauf der chemischen Entwicklung kann man aus der dargelegten Elektrodentheorie folgende Zusammenhänge herleiten [*31*]:

Bei höheren Entwicklerkonzentrationen (d. h. immer dann, wenn der kathodische Teilprozeß der Engpaß der chemischen Entwicklung ist) bleibt die (reduzierte)

Entwicklungsgeschwindigkeit $\dot{n}/r$ praktisch während der gesamten Entwicklungsdauer konstant. Der Silberfaden schiebt sich dann mit konstanter Geschwindigkeit aus dem Halogensilberkorn heraus. Dieses Ergebnis wurde auch experimentell beobachtet [*14*].

Bei kleinen Entwicklerkonzentrationen begrenzt der anodische Teilprozeß zu Beginn der chemischen Entwicklung die Entwicklungsgeschwindigkeit $\dot{n}/r$. In dem Maße, wie die anodische Abscheidungsfläche während der Entwicklung wächst,

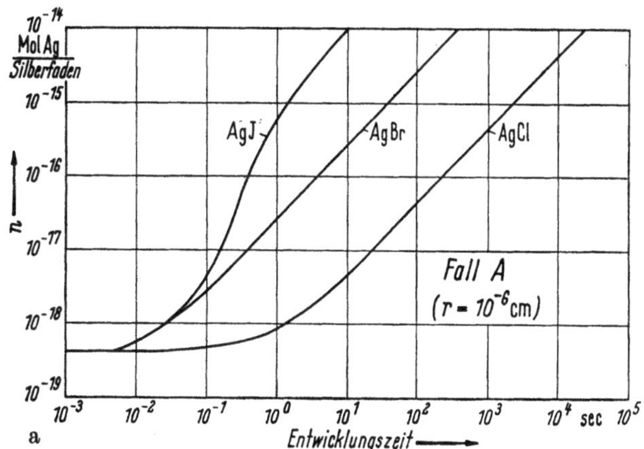

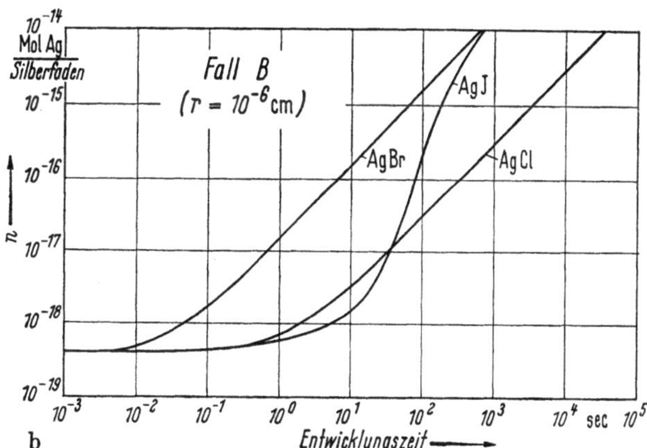

Abb. 15. Zeitabhängigkeit der Entwicklungsgeschwindigkeit für die in Abb. 11 unter Fall A und Fall B angegebenen Entwicklungsbedingungen.

steigt dann auch die Entwicklungsgeschwindigkeit an, bis die Größe der kathodischen Abscheidungsfläche die Entwicklungsgeschwindigkeit begrenzt. Die Entwicklungsgeschwindigkeit bleibt dann konstant und ist identisch mit dem bei größeren Konzentrationen (z. B. bei Fall 3) vorhandenen Wert. Aus $\dot{n}/r = \text{const.}$ für große

Entwicklungszeiten (d. h. für große l/r-Werte) oder höhere Entwicklerkonzentrationen folgt mit Gl. (58) die Beziehung

$$\frac{dl}{dt} = \frac{\text{const}}{r} \tag{64}$$

d. h. die Wachstumsgeschwindigkeit des Silberfadens ist um so größer, je kleiner der Ausgangskeim (r) ist. Die Ursache dafür ist, daß das für die Zuwanderung der Silberionen erforderliche Potentialgefälle ΔE nach Gl. (36) proportional $1/r$ ist.

Bei großen Entwicklungszeiten t (d. h. bei großen l/r-Werten) ist die Silbermenge n unabhängig von der Entwicklerkonzentration. Sie ist über das Potential $E_{E,\infty}$ jedoch abhängig vom Verhältnis der Konzentrationen der oxydierten und der reduzierten Form und von der Art des Entwicklers. Sie ist dort proportional dem Keimradius r und der Entwicklungszeit t. Abweichungen von dieser Proportionalität treten nur auf bei sehr kleinen Entwicklungszeiten, sie sind um so größer, je kleiner die Entwicklerkonzentration $c_{R,\infty}$ ist. Außerdem ist n nach Abb. 15 bei großem t (wie schon bei der Diskussion der Abb. 14 erörtert) proportional r.

Die Umrechnung der n-Werte in die Fadenlängen l kann über die Gl. (57) erfolgen. Die aus den n-Werten der Abb. 15 berechenbaren Fadenlängen l stimmen größenordnungsmäßig mit der Praxis überein.

Im Gegensatz zur physikalischen Entwicklung ist bei der chemischen Entwicklung ein experimenteller Vergleich zwischen den in Abb. 15 dargestellten, aus der Elektrodentheorie der Entwicklung berechneten Zeitfunktionen und experimentellen Werten sehr schwierig: In der photographischen Schicht wird die Kinetik der chemischen Entwicklung sehr stark durch kornstatistische Einflüsse (d. h. durch die Verteilungsbreite der Induktionsperiode, durch unterschiedliche elektrische Leitfähigkeiten der Einzelkörner usw.) bestimmt; aus der Messung der Schwärzungszunahme einer Schicht bei der chemischen Entwicklung lassen sich deshalb keine Aussagen über die Zeitfunktion des Wachstums eines Einzelsilberfadens herleiten. Auch die (z. B. mikroskopisch beobachtbare) Bruttosilberbildung am Einzelkorn bei der chemischen Entwicklung gibt keine Auskunft über die Zeitfunktion des Entwicklungsstroms (= Silberzunahme) am Einzelsilberfaden, da während der chemischen Entwicklung das Halogensilberkorn unter Bildung von „Ätzgruben" [*32*] abgebaut wird. In gewissen Fällen können diese Ätzgruben gleichfalls die Entwicklung einleiten [*33*], wodurch dann die Silberbildung am Einzelkorn über die Entwicklungsstromstärke am Einzelsilberfaden hinaus superproportional gesteigert wird (vgl. z. B. [*14*] und [*34*] bis [*36*].

IV. Schlußbemerkung

In den obigen Abschnitten wurden nur die beiden Grenzfälle reiner chemischer und reiner physikalischer Entwicklung behandelt; in der Praxis treten dagegen die beiden Entwicklungsarten nebeneinander auf. Die oben dargelegte Theorie gestattet, für die vorhandenen speziellen Entwicklungsbedingungen unter gewissen Vernachlässigungen die „Entwicklungsstromstärken" $\dot{n}$ für die physikalische und für die chemische Entwicklung zu berechnen und auf diese Weise festzustellen, welche Entwicklungsart unter den gegebenen Entwicklungsbedingungen überwiegt.

Formelzeichen

a) *Größen*

a	Konstante
c	Konzentration [Mol/cm³]
D	Diffusionskonstante [cm²/sec]
E	Elektrochemisches Potential [Volt]
F	Faraday-Konstante [Asec/Mol]
i	elektrische Stromstärke [Ampere]
K	Ag^+-Komplexkonstante
L	Symbol für den Komplexliganden
l	Länge des Silberfadens bei chemischer Entwicklung
m	Ladung des Liganden im Ag^+-Komplex
n	Stoffmenge [Mol]
$\dot{n}$	Teilchenstrom ($= dn/dt$); [Mol/sec]
p, q	stöchiometrische Verhältniszahlen des Ag^+-Komplexes (s. Gl. (11))
Q	Diffusionsquerschnitt [cm²]
r	Keim- (und Faden-) Radius [cm]
r^*	Hilfsfunktion mit der Bedeutung $r \cdot r^*$ = Effektivradius
R	Gaskonstante $\left[\frac{\text{VAsec}}{°\text{KMol}}\right]$
T	Temperatur °K
t	Zeit [sec]
V_{Ag}	Atomvolumen von Ag [cm³/Mol]
x	Ort (Abstand vom Zentrum des Entwicklungskeims) [cm]
z	Anzahl der Elektronen, die pro Entwicklermolekül umgesetzt werden
$\varkappa$	Elektrische Leitfähigkeit [Ω^{-1} cm^{-1}]

b) *Indices*

Index Ag^+	Betreffende Größe bezüglich Ag^+-Ionen
E	Betreffende Größe bezüglich des Entwicklersystems
K	Betreffende Größe bezüglich des Ag^+-Komplexes
L	Betreffende Größe bezüglich des Komplexliganden
Ox	Betreffende Größe bezüglich der oxydierten Form des Entwicklers
R	Betreffende Größe bezüglich der reduzierten Form des Entwicklers
r	Betreffende Größe am Entwicklungskeim
∞	Betreffende Größe in großer Entfernung vom Entwicklungskeim
°	Betreffende Größe zur Zeit $t = 0$

Literatur

[1] KLEIN, E.: Z. Elektrochem. **60**, 998 (1956).
[2] KLEIN, E.: Wiss. Photographie, Konf. Köln 1956, S. 225, Darmstadt: Helwich.
[3] KLEIN, E. u. R. MATEJEC: Z. Elektrochem. **61**, 1127 (1957).
[4] KLEIN, E.: Z. Elektrochem. **62**, 505, 870 (1958).
[5] JAMES, T. H.: Phot. Sci. Eng. **1**, 114 (1958).
[6] JAMES, T. H. u. W. VANSELOW: Phot. Sci. Eng. **1**, 104 (1958).
[7] JAMES, T. H. u. W. VANSELOW: Phot. Eng. **7**, 90 (1956).
[8] JAENICKE, W.: Progr. in Photogr. **III**, 55 (London 1958).
[9] JAENICKE, W. u. C. SCHOTT: Z. Elektrochem. **59**, 956 (1955).
[10] JAENICKE, W., A. KRÜGER u. K. HAUFFE: Z. phys. Chem. (A) **197**, 161 (1951).
[11] JAENICKE, W. u. F. SUTTER: Wiss. Phot. Konf. Köln 1956, S. 386, Darmstadt: Helwich.
[12] JAENICKE, W. u. F. SUTTER: Z. Elektrochem. **63**, 722 (1959).
[13] JAENICKE, W., R. P. TISCHER u. H. GERISCHER: Z. Elektrochem. **59**, 448 (1955).

[14] FRIESER, H.: Z. wiss. Phot. **39**, 67 (1940).
[15] KEITH, H. D. u. J. W. MITCHELL: Phil. Mag. **44**, 877 (1953).
[16] WAGNER, C. u. W. TRAUD: Z. Elektrochem. **44**, 391 (1938).
[17] MATEJEC, R.: Z. Elektrochem. **66**, 326 (1962).
[18] FALKENHAGEN, H., G. KELBG u. E. SCHMUTZER: Landolt Börenstein 6. Aufl. 7. Teil II Bd. 8, Berlin/Göttingen/Heidelberg: Springer 1960. S. 257.
[19] LANDOLT-BÖRENSTEIN: 5. Aufl. 2. Erg. Bd. 8, Berlin/Göttingen/Heidelberg: Springer 1931, S. 189.
[20] LUVALLE, J. E., F. M. DUNNINGTON u. C. MARGUETTI: Phot. Eng. **6**, 42 (1955).
[21] KLEIN, E.: Z. Elektrochem. **60**, 1003 (1956).
[22] KLEIN, E.: Phot. Korr. **92**, 139 (1956).
[23] D'ANS, J. u. E. LAX: Taschenbuch für Chemiker und Physiker, Berlin 1949, S. 1251.
[24] MEES, C. E. K.: The Theory of the Photographic Process, New York: MacMillan Co., 1954, S. 693.
[25] MATEJEC, R. und R. MEYER: In diesem Band S. 211.
[26] HAMILTON, J. F. u. L. E. BRADY: J. Appl. Phys. **30**, 1893 (1959).
[27] MATEJEC, R. u. R. MEYER: Phot. Sci. Eng. **7**, 265 (1963).
[28] ARENS, H. u. J. EGGERT: Z. f. Elektrochem. **35**, 728 (1929).
[29] ARENS, H.: Z. wiss. Phot. **30**, 49 (1931); **31**, 68 (1932) u. 125; **32**, 65 (1933).
[30] ARENS, H.: Veröffentl. d. Agfa (Wolfen) **3**, 32 (1933).
[31] MATEJEC, R. u. R. MEYER: Z. wiss. phot. **57**, 18 (1963).
[32] KLEIN, E. u. R. MATEJEC: Z. f. Elektrochem. **61**, 1127 (1957).
[33] KLEIN, E. u. R. MATEJEC: Z. f. angew. Physik **12**, 26 (1960).
[34] RABINOWITSCH, A. J., A. N. BOGOYAVLENSKI u. Y. S. ZUEV: Acta Physicochim. USSR **16**, 307 (1942).
[35] FRIESER, H.: Z. wiss. Phot. **37**, 240 (1938).
[36] BAGDASSARIAN, KH. S.: Acta Physicochim. USSR **19**, 421 (1944).

Über die Beweglichkeit der Sulfitionen und Assoziationserscheinungen zwischen Sulfit- und Natriumionen in wäßrigen Lösungen

Von R. Matejec und R. Meyer

Zusammenfassung

Durch elektrische Leitfähigkeitsmessungen an wäßrigen Na_2SO_3-Lösungen werden die elektrische Beweglichkeit ($u_{SO_3''}$) und der Diffusionskoeffizient ($D_{SO_3''}$) des Sulfitions ermittelt. Die gefundene, ungewöhnlich starke Konzentrationsabhängigkeit dieser Daten wird gedeutet durch die Annahme eines Assoziationsgleichgewichtes zwischen den Na^+-Ionen und den SO_3''-Ionen, durch welches die Konzentration der freien Ionen bei höheren Na_2SO_3-Konzentrationen vermindert wird. Die Gleichgewichtskonstante (K) dieses Assoziationsgleichgewichts und die Beweglichkeit der $[NaSO_3']$-Ionen lassen sich unter diesen Annahmen aus der Konzentrationsabhängigkeit der elektrischen Leitfähigkeit abschätzen.

1. Einleitung und Problemstellung

Im Zusammenhang mit theoretischen und experimentellen Untersuchungen über den Mechanismus und die Kinetik der photographischen Entwicklung ist die Kenntnis der Diffusionskoeffizienten aller beteiligten Reaktionspartner erforderlich (vgl. z. B. [*1*]). Die vorliegende Arbeit soll einen Beitrag hierzu liefern; es wird der Diffusionskoeffizient des Sulfitions sowie dessen Konzentrations- und Temperaturfunktion über elektrische Leitfähigkeitsmessungen ermittelt.

In der Literatur wird bisher nur ein einziger Wert ($\Lambda_{\infty,SO_3''} = 72$ cm²/ΩMol bei 25 °C) für die Äquivalentleitfähigkeit des Sulfitions (bei unendlicher Verdünnung) angegeben [*2*]. Aus den vorliegenden Messungen ergibt sich jedoch bei der gleichen Temperatur ein wesentlich kleinerer Grenzwert der Äquivalentleitfähigkeit bei unendlicher Verdünnung von $\Lambda_{\infty,SO_3''} = 57{,}5$ [cm²/ΩMol].

Die Abweichung des in der Literatur angegebenen, zu großen Grenzwertes ($\Lambda_{\infty,SO_3''}$) von dem in der vorliegenden Arbeit ermittelten Zahlenwert ist erklärlich: Infolge der ungewöhnlich starken Konzentrationsabhängigkeit der SO_3''-Äquivalentleitfähigkeit wird durch Extrapolation leicht ein zu großer Grenzwert erhalten.

2. Theoretische Grundlagen des Meßverfahrens

Die Diffusionskoeffizienten (D) von geladenen Teilchen sind mit deren elektrischer Beweglichkeit (u) verknüpft über die Nernst-Einstein'sche Beziehung:

$$D_i = \frac{RT}{F} \cdot u_i. \tag{1}$$

Die elektrische Beweglichkeit (u) hängt aber andererseits über die Gl. (2)

$$\Lambda_i = F \cdot u_i \tag{2}$$

mit der Äquivalentleitfähigkeit (Λ_i) der betreffenden Ionensorte zusammen. Infolgedessen ist es prinzipiell möglich, den Diffusionskoeffizienten ($D_{SO_3''}$) der Sulfitionen über die elektrische Leitfähigkeit von Sulfitlösungen zu ermitteln.

Die elektrische Gesamtleitfähigkeit ($\varkappa$) einer ionenhaltigen Lösung setzt sich additiv zusammen aus den Leitfähigkeitsanteilen der einzelnen Ionensorten:

$$\varkappa = \sum^{i} \varkappa_i \tag{3}$$

Mit

$$\varkappa_i = c_i \cdot z_i \cdot \Lambda_i \tag{4}$$

erhält man dann für die elektrische Gesamtleitfähigkeit einer ionenhaltigen Lösung den Ausdruck

$$\varkappa = \sum^{i} c_i z_i \Lambda_i \,. \tag{5}$$

In den Gln. (1) bis (5) bedeuten F das elektrische molare Ladungsäquivalent, c_i die molare Konzentration und z_i die Größe der Ionenladung der jeweiligen Ionensorte.

In wäßrigen Na_2SO_3-Lösungen sind insgesamt folgende Ionensorten zu erwarten:

Na^+; SO_3''; HSO_3'; H^+ und OH'.

(Im Abschnitt 4 wird gezeigt, daß man bei höheren Na_2SO_3-Konzentrationen außerdem wahrscheinlich auch mit der Anwesenheit von $NaSO_3'$-Ionen rechnen muß.)

Der pH-Wert lag bei den untersuchten Lösungen stets zwischen 8,5 und 9; man kann aus den entsprechenden Gleichgewichten herleiten, daß bei den hier verwendeten Na_2SO_3-Konzentrationen die Leitfähigkeitsanteile der HSO_3'-, der H^+- und der OH'-Ionen in diesem pH-Bereich vernachlässigbar klein sind. Man braucht deshalb in erster Näherung zunächst nur die Leitfähigkeitsanteile der Na^+- und der SO_3''-Ionen zu berücksichtigen, so daß näherungsweise gilt:

$$\varkappa = c_{Na^+} \cdot \Lambda_{Na^+} + 2 c_{SO_3''} \cdot \Lambda_{SO_3''} \,. \tag{6}$$

In zusatzfreien Na_2SO_3-Lösungen ist die *molare* Na^+-Konzentration stets doppelt so groß wie die molare SO_3''-Konzentration; bezeichnet man die eingewogene molare Na_2SO_3-Konzentration mit (c_0), so erhält man mit

$$\left.\begin{aligned} c_{Na^+} &= 2c_0 \\ c_{SO_3''} &= c_0 \end{aligned}\right\} \tag{7}$$

für die unbekannte Äquivalentleitfähigkeit ($\Lambda_{SO_3''}$) des Sulfitions den folgenden Ausdruck:

$$\Lambda_{SO_3''} = \frac{\varkappa}{2c_0} - \Lambda_{Na^+}. \tag{8}$$

3. Experimentelle Ergebnisse

Die aus den Leitfähigkeitsmessungen nach Gl. (8) berechneten empirischen Äquivalentleitfähigkeiten des SO_3''-Ions sind in den Abb. 1 und 2 für verschiedene Konzentrationen und Temperaturen zusammengestellt.

Der Abb. 1 kann man entnehmen, daß die Temperaturfunktion der empirischen Äquivalentleitfähigkeit ($\Lambda_{SO_3''}$) des Sulfitions nur bei sehr kleinen Na_2SO_3-Konzentrationen ($c_0 \leqq 10^{-2}$ molar) die an anorganischen Ionen normalerweise anzutreffende Charakteristik zeigt. Bei höheren Na_2SO_3-Konzentrationen ist der Anstieg der

[$\Lambda_{SO_3''} = f(T)$]-Kurven geringer (s.z.B. 10^{-1} m SO_3'' in Abb. 1). Bei sehr hohen (in Abb. 1 nicht eingetragenen) Konzentrationen wird dieser Anstieg sogar negativ,

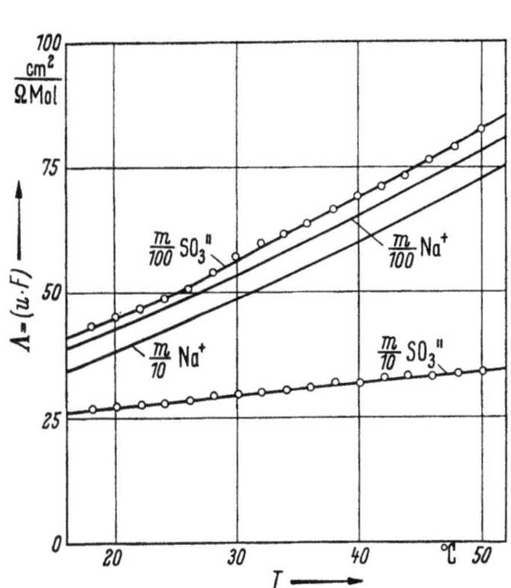

Abb. 1. Temperaturfunktionen der empirischen Äquivalentleitfähigkeiten (Λ) von Na^+ (Literaturwerte nach [2]) und SO_3'' (eigene Meßwerte) für 10^{-2} molare und 10^{-1} molare Lösungen.

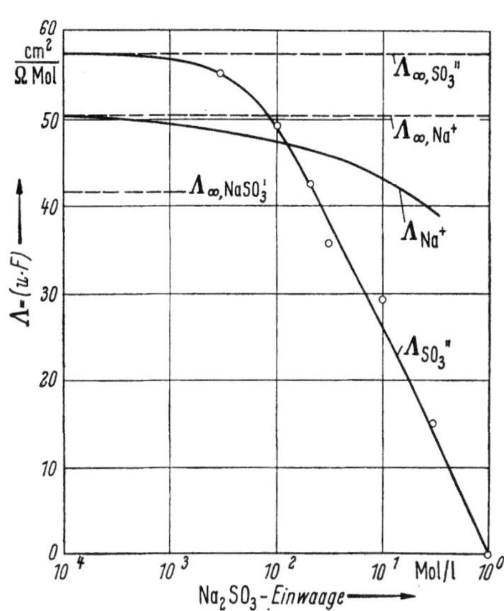

Abb. 2. Konzentrationsfunktionen der empirischen Äquivalentfähigkeiten von Na^+ (Literaturwerte nach [2]) und SO_3'' (eigene Meßwerte) für $T = 25$ °C. Der nach Abschnitt 4 hergeleitete Λ_∞-Wert des $NaSO_3'$-Ions für $T = 25$ °C ist gleichfalls mit eingetragen.

außerdem ergeben sich für sehr hohe Na_2SO_3-Konzentrationen ($c \geqq 1$ molar) für die Sulfitionen nach Gl. (8) sogar physikalisch nicht zulässige negative Äquivalentleitfähigkeiten ($\Lambda_{SO_3''}$) und Beweglichkeiten ($u_{SO_3''}$).

Aus Abb. 2 geht die ungewöhnlich starke Konzentrationsabhängigkeit der SO_3''-Äquivalentleitfähigkeit besonders deutlich hervor. Dieser Sachverhalt zeigt, daß für höhere Na_2SO_3-Konzentrationen die Näherungsgleichung (8) einer Korrektur bedarf. Im Abschnitt 4 soll darüber berichtet werden.

Aus den dargelegten Gründen kann aus den Leitfähigkeitsmessungen direkt und ohne Korrektur ein physikalisch zuverlässiger Wert des Diffusionskoeffizienten nur für sehr kleine Sulfit-Konzentrationen hergeleitet werden. In Abb. 3 sind deshalb nur diejenigen Werte des SO_3''-Diffusionskoeffizienten aufgeführt, welche aus den an 10^{-2} molaren Na_2SO_3-Lösungen gemessenen elektrischen Leitfähig-

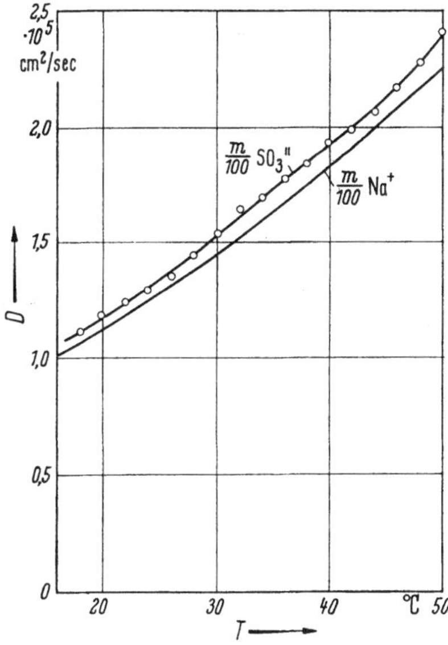

Abb. 3. Temperaturfunktion der Diffusionskoeffizienten von SO_3'' und Na^+ in 10^{-2} molarer Lösung.

keiten berechnet worden sind. Zum Vergleich ist die Temperaturfunktion des Na^+-Diffusionskoeffizienten für 10^{-2} molare Na^+-Lösungen in Abb. 3 mit eingetragen.

4. Assoziation zwischen Na^+-Ionen und SO_3''-Ionen zu $NaSO_3'$-Ionen als Ursache für die starke Konzentrationsabhängigkeit der empirischen SO_3''-Äquivalentleitfähigkeit

Die im vorigen Abschnitt (3) beschriebene, anormal starke Abhängigkeit der empirischen Äquivalentleitfähigkeit ($\Lambda_{SO_3''}$) von der Na_2SO_3-Konzentration läßt sich am plausibelsten erklären durch die Annahme, bei höheren Na_2SO_3-Konzentrationen setze eine Assoziation gemäß folgender Gleichung ein:

$$Na^+ + SO_3'' \rightleftharpoons NaSO_3' \,. \tag{9}$$

Bei Existenz dieses Gleichgewichtes lagern sich bei höheren Na_2SO_3-Konzentrationen nach dieser Gl. (9) je ein Na^+-Ion und ein SO_3''-Ion zusammen.

Die effektive Ionenkonzentration wird dadurch verkleinert, so daß die elektrische Leitfähigkeit dann nicht die aus den Ionenbeweglichkeiten und der eingewogenen Na_2SO_3-Konzentration erwarteten Werte erreicht; eine zu kleine Äquivalentleitfähigkeit ($\Lambda_{SO_3''}$) der Sulfitionen wird dann dadurch vorgetäuscht.

Nach Gl. (7) beträgt die eingewogene Na^+-Gesamtkonzentration $2c_0$ und die eingewogene SO_3''-Gesamtkonzentration c_0. Bezeichnet man die nach Gl. (9) im Gleichgewicht vorhandene $NaSO_3'$-Konzentration mit c^*, so ergibt eine Anwendung des Massenwirkungsgesetzes auf Gl. (9) den Ausdruck:

$$\frac{(2c_0 - c^*)(c_0 - c^*)}{c^*} = K. \tag{10}$$

Ferner ist die elektrische Leitfähigkeit ($\varkappa^0$), welche nach Gl. (8) aus der eingewogenen Na_2SO_3-Konzentration und der bei kleinen Konzentrationen ermittelten Äquivalentleitfähigkeit ($\Lambda_{SO_3''}$) erwartet wird, gegeben durch den Ausdruck

$$\varkappa^0 = 2c_0 \Lambda_{Na^+} + 2c_0 \cdot \Lambda_{SO_3''} \,, \tag{11}$$

während die empirische (tatsächliche) elektrische Leitfähigkeit gegeben ist durch die Beziehung

$$\varkappa = (2c_0 - c^*)\Lambda_{Na^+} + 2(c_0 - c^*)\Lambda_{SO_3''} + c^*\Lambda_{NaSO_3'} \,. \tag{12}$$

Die Differenz ($\Delta\varkappa$) zwischen theoretischer und empirischer Leitfähigkeit erhält man als Differenz von Gl. (11) und (12), es wird

$$\Delta\varkappa = c^*(\Lambda_{Na^+} + 2\Lambda_{SO_3''} - \Lambda_{NaSO_3'}) \,. \tag{13}$$

Setzt man

$$\Lambda_{Na^+} + 2\Lambda_{SO_3''} - \Lambda_{NaSO_3'} = \Delta\Lambda, \tag{14}$$

so erhält man aus Gl. (13) den Ausdruck

$$c^* = \frac{\Delta\varkappa}{\Delta\Lambda} \,. \tag{15}$$

Kombination der Gln. (10) und (15) führt dann zu der Beziehung:

$$K = \frac{\Delta\varkappa}{\Delta\Lambda} + \frac{\Delta\Lambda}{\Delta\varkappa} \cdot 2c_0^2 - 3c_0 \,. \tag{16}$$

Falls ein Gleichgewicht der oben erwähnten Art existiert, dann muß für beliebige Konzentrationen c_0 und den jeweils dazugehörigen experimentell ermittelten $\Delta\varkappa$-Werten die Gl. (16) durch den gleichen K-Wert und den gleichen $\Delta\Lambda$-Wert erfüllt sein.

Unter Verwendung der in Abschnitt 3 angegebenen Leitfähigkeitsdaten kann man auf diese Weise tatsächlich aus verschiedenen $c_0/\Delta\varkappa$ Wertpaaren eine Gleichgewichtskonstante von

$$K = 0{,}9 \cdot 10^{-1} \left[\frac{\text{Mol}}{\text{l}}\right] (\pm 50\% \text{ Fehler})$$

und einen $\Delta\Lambda$-Wert von

$$\Delta\Lambda = 123 \left[\frac{\text{cm}^2}{\Omega\,\text{Mol}}\right] (\pm 25\% \text{ Fehler})$$

für 25 °C ermitteln.

Aus Gl. (14) folgt dann für $NaSO_3'$ eine Äquivalentleitfähigkeit von

$$\Lambda_{NaSO_3'} = 42 \left[\frac{\text{cm}^2}{\Omega\,\text{Mol}}\right] (\pm 25\% \text{ Fehler}) \, .$$

Unter Verwendung dieser Daten läßt sich mit dem durch Gl. (9) aufgestellten Modell der Ionenassoziation die ungewöhnlich starke (scheinbare) Konzentrationsabhängigkeit der SO_3''-Äquivalentleitfähigkeit, wie sie z. B. für 25 °C aus Abb. 2 ersichtlich ist, mit guter Näherung quantitativ erklären.

Literatur

[1] MATEJEC, R. u. R. MEYER: Z. wiss. Phot. **56**, 18 (1962). Phot. Science and Engin. **7**, 265 (1963).

[2] FALKENHAGEN, H., G. KELBG u. E. SCHMUTZER in: Landolt-Börnstein, Zahlenwerte aus Physik, Chemie, Astronomie, Geophysik und Technik. **7.** Teil, Bd. II (Elektrische Eigenschaften), Berlin/Göttingen/Heidelberg: Springer 1960, S. 257.

Zur Reaktionskinetik des Silbersalzdiffusionsverfahrens[1]

Von R. Meyer

Zusammenfassung

Aufgrund des bekannten Reaktionsschemas des Silbersalzdiffusionsverfahrens wird ein vierstufiges Reaktionssystem aufgestellt, das die Prozesse beschreibt, die nach dem Passieren der Quetschrollen des Copyrapid-Gerätes in den unbelichteten Teilen ablaufen.

Die Behandlung der Einzelprozesse zeigt, daß die Lösungsgeschwindigkeit des Silberhalogenids und die Reaktionsgeschwindigkeit der physikalischen Entwicklung abhängig sind von der dritten Wurzel der Korn- und Keimzahlen.

In Übereinstimmung mit früheren Untersuchungen ergibt sich aus der Rechnung, daß unterschiedliche Keimgrößen die physikalische Entwicklung nur minimal beeinflussen.

Bei den gekoppelten Reaktionen hängt der Charakter des Reaktionsablaufs vom Verhältnis des Diffusionskoeffizienten zur Reaktionskonstante ab.

Werden sämtliche Konstanten um den gleichen Faktor geändert, so bleibt der Reaktionsablauf der gleiche. Sämtliche Reaktionen laufen dann um diesen Faktor beschleunigt oder verlangsamt ab.

1. Einleitung

Das Prinzip des Silbersalzdiffusionsverfahrens besteht darin, daß ein belichtetes Negativ einer Rapidentwicklung unterworfen und im nassen Zustand in engen Kontakt mit einer ebenfalls durch Entwickler angefeuchteten Positivschicht gebracht wird. In der Positivschicht befinden sich lediglich ein Fixiermittel und kolloide Silber- oder Silbersulfidkeime.

Die in der Negativschicht nach der Entwicklung noch verhandenen Silberhalogenidkörner werdendurch das Fixiermittel gelöst und die freiwerdenden Silberionen in Form von Silberkomplex in die Positivschicht transportiert, wo sie in Gegenwart des Entwicklers an den kolloiden Silberkeimen als Silber abgeschieden werden [*1*—*3*].

Der Prozeß ist infolge der gekoppelten Reaktionsfolge stark zeitempfindlich und hängt von der Art und Menge der verwendeten Stoffe sowie von den physikalischen Bedingungen (z. B. der Durchlässigkeit beim Stofftransport) der Schichten ab.

Da die Tendenz in der Praxis u. a. nach immer kürzeren Verarbeitungszeiten geht und die Diffusionsverfahren z. B. durch die Erweiterung auf Colorprozesse wahr-

---

[1] Die Programmierung und die Arbeiten zur numerischen Integration der reaktionskinetischen Differentialgleichungen auf dem elektronischen Digitalrechner Z 22 wurden von Herrn Dr. H. K. Dettmar in der Ingenieurabteilung Angewandte Physik der Farbenfabriken Bayer ausgeführt. An dieser Stelle sei ihm dafür nochmals gedankt.

scheinlich noch größere Bedeutung gewinnen, soll im folgenden ein brauchbares Gleichungssystem zur Behandlung der Kinetik des Gesamtprozesses aufgestellt werden und anhand von errechneten Beispielen die Einflußnahme der wichtigsten Reaktionsparameter diskutiert werden.

2. Aufstellung des Gleichungssystems

Es sind im wesentlichen vier Vorgänge, die bei einer quantitativen Behandlung des Vorganges zu berücksichtigen sind (Rückreaktionen wurden vernachlässigt).

Schema der Reaktionsfolge

A Diffusion des Fixiermittels FM
B Lösung des Silberhalogenids AgHal und Bildung eines Silberkomplexes AgK
C Diffusion des Silberkomplexes AgK
D Physikalische Entwicklung

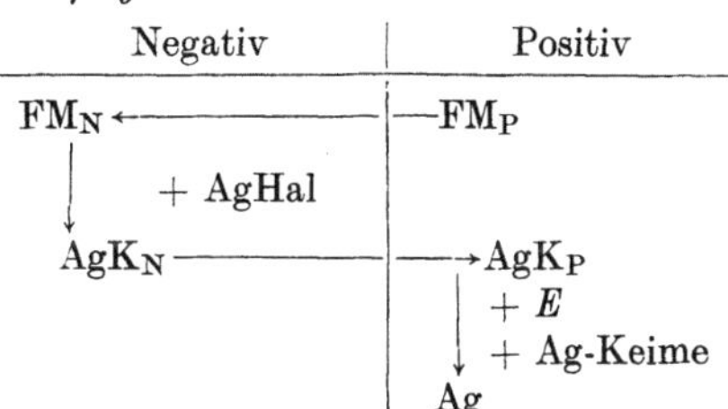

Die Vorgänge *A* und *C* sind Diffusionsprozesse, deren Diffusionsgeschwindigkeiten abhängen vom Diffusionskoeffizienten *D* und der Konzentrationsdifferenz zwischen Positiv- und Negativschicht (vereinfachtes 1. Diffusionsgesetz).

$$\mathrm{A} = D_{\mathrm{A}}([\mathrm{FM_P}] - [\mathrm{FM_N}]) \tag{1}$$

$$\mathrm{C} = D_{\mathrm{C}}([\mathrm{AgK_N}] - [\mathrm{AgK_P}]) \tag{2}$$

Der Lösungsvorgang *B* ist abhängig von der Fixiermittelkonzentration $\mathrm{FM_N}$ und der Größe der Angriffsfläche, also der Oberfläche der Silberhalogenidkörner.

$$\mathrm{B} = K_{\mathrm{B}}[\mathrm{FM_N}] \cdot O_{\mathrm{AgHal}}\,. \tag{3}$$

Zweckmäßigerweise ersetzt man die Oberfläche $\mathrm{O_{AgHal}}$ durch die Kornzahl n_{AgHal} und die Silberhalogenidkonzentration AgHal. Alle Größen werden bezogen auf die Flächeneinheit.

Die Gesamtoberfläche $\mathrm{O_{AgHal}}$ setzt sich zusammen aus $\mathrm{n_{AgHal}}$-Körnern.

$$O_{\mathrm{AgHal}} = O_{\mathrm{Korn}} \cdot n_{\mathrm{AgHal}}\,.$$

Bei kugelförmiger Kornform ist:

$$O_{\mathrm{Korn}} = 4\pi r^2$$

und

$$v_{\mathrm{Korn}} = \frac{4}{3}\pi r^3 = \frac{[\mathrm{AgHal}] \cdot v_{\mathrm{AgHal}}}{n_{\mathrm{AgHal}}}\,.$$

Löst man vorstehende Beziehung nach r^2 auf und setzt sie in die voranstehenden Beziehungen, so ergibt sich für die Gesamtoberfläche $\mathrm{O_{AgHal}}$:

$$O_{\mathrm{AgHal}} = \sqrt[3]{n_{\mathrm{AgHal}}\, 36\pi\, v^2_{\mathrm{AgHal}}}\; [\mathrm{AgHal}]^{2/3}\,. \tag{4}$$

Dabei bedeutet v_{AgHal} den Platzbedarf eines Silberhalogenids bei Rechnung mit absoluten Teilchenzahlen oder das Molvolumen bei Rechnung mit Molen. Z. B. beträgt $v_{\mathrm{AgCl}} = 4{,}28 \cdot 10^{-23}\,\mathrm{cm}^3$ bei Rechnung mit absoluten Teilchenzahlen. Die Kornzahl n_{AgCl} liegt erfahrungsgemäß in der Größenordnung $n_{\mathrm{AgCl}} = 10^8$—10^9 pro cm^2.

Die physikalische Entwicklung D wird aufgefaßt als bimolekulare Reaktion zwischen dem Silberkomplex AgK_P und dem Entwickler E, die an der Oberfläche O_{Ag} der gebildeten Silberpartikel abläuft, also abhängig von deren Größe ist.

$$D = K_D \cdot [AgK_P] \cdot [E] \cdot O_{Ag} . \tag{5}$$

Die Reaktion läuft also nur ab, wenn bereits eine minimale Menge an Keimsilber oder Silbersulfid zu Beginn vorhanden ist. Die Gesamtoberfläche setzt sich wieder zusammen aus:

$$O_{Ag} = O_{Keim} \cdot n_{Ag_2S}$$

mit

$$O_{Keim} = 4\pi r^2$$

$$v_{Keim} = \frac{4}{3} \pi r^3 = \frac{[Ag_2S] \cdot v_{Ag_2S} + [Ag]\, v_{Ag}}{n_{Ag_2S}} .$$

Für O_{Ag} ergibt sich dann eine ähnliche Beziehung wie die Gl. (4)

$$O_{Ag} = \sqrt[3]{n_{Ag_2S}\, 36\pi\, v^2_{Ag}} \left([Ag_2S] \frac{v_{Ag_2S}}{v_{Ag}} + [Ag]\right)^{2/3} . \tag{6}$$

Dabei bedeuten v_{Ag} und v_{Ag_2S} wieder die Teilchen- oder Molvolumen der betreffenden Stoffe.

Für die obengenannten Stoffe ergibt sich ein Teilchenvolumen von:

$$v_{Ag} = 1{,}7 \cdot 10^{-23}\ \text{cm}^3$$

$$v_{Ag_2S} = 5{,}62 \cdot 10^{-23}\ \text{cm}^3 .$$

Experimentell wurde ermittelt, daß die Keimzahl $n_{Ag_2S} \approx 10^{11}/\text{cm}^2$ beträgt.

Aus der Kombination der vorstehenden Gleichungen ergibt sich das folgende zu lösende Gleichungssystem.

$$\begin{aligned}
&1.\ d[FM_P]/dt = -A \\
&2.\ d[FM_N]/dt = +A - (2)\,B \\
&3.\ d[AgHal]/dt = -B \\
&4.\ d[AgK_N]/dt = +(2)\,B - C \\
&5.\ d[AgK_P]/dt = +C - (2)\,D \\
&6.\ d[Ag]/dt = +D \\
&7.\ d[E]/dt = -D
\end{aligned} \tag{7}$$

Dazu kommen noch folgende allgemeine Umsatzbeziehungen, die für jeden Zeitpunkt t der Reaktion gelten

$$\begin{aligned}
&8.\ [AgHal]_0 - [AgHal]_t = \left(\frac{1}{2}\right)([FM]_0 - [FM_N]_t - [FM_P]_t) \\
&9.\ [AgHal]_0 - [AgHal]_t = \left(\frac{1}{2}\right)([AgK_N]_t + [AgK_P]_t) + [Ag] \\
&10.\ [E]_0 - [E]_t = [Ag] .
\end{aligned} \tag{8}$$

Die eingeklammerten Zahlen (2) und (1/2) gelten für einen Komplex mit der Koordinationszahl 2, z. B. $Ag(S_2O_3)_2$.

Eine Lösung des gekoppelten nichtlinearen Differentialgleichungssystems ist in geschlossener Form nicht möglich. Die Rechnungen für die gekoppelte Form wurden deshalb auf dem Digitalrechner Z 22 durchgeführt.

3. Einzelreaktionen

Um einen Überblick über Reaktionsverlauf und zu erwartende Effekte bei Veränderung der Konstanten zu erhalten, werden vorerst die ungekoppelten Einzelreaktionen betrachtet.

a) Diffusionsprozesse

Die allgemeine Gleichung für die Diffusionsprozesse A und C lautet (s. Gl. (1) und (2)):

$$\frac{\mathrm{d}\,x_{1,2}}{\mathrm{d}t} = \mp D\,(x_1 - x_2) \tag{9}$$

mit der allgemeinen Bedingung $x_0 = x_1 + x_2$. Nach Integration erhält man als allgemeine Zeitfunktion:

$$x_{1,2_t} = \frac{x_0}{2}\,(1 \pm e^{-2Dt})\,. \tag{10}$$

Die Zeitabhängigkeit des Prozesses für verschiedene Diffusionskoeffizienten ist aus Abb. 1 zu ersehen.

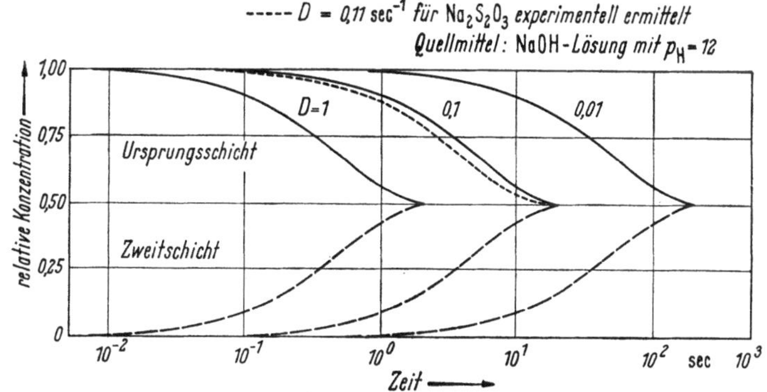

Abb. 1. Zeitfunktion des Diffusionsprozesses für verschiedene Diffusionskoeffizienten D nach Gl. (10) (Logarithmischer Zeitmaßstab).

Experimentell wurde für das Fixiermittel S_2O_3'' bei einer Quellösung mit $p\mathrm{H} = 12$ ein Diffusionskoeffizient von $D_A = 0{,}11\ \mathrm{sec}^{-1}$ ermittelt. Wie sich aus den Versuchen ergab, ist die Diffusion abhängig vom pH-Wert der Quellösung, wahrscheinlich infolge der unterschiedlichen Quellbarkeit und damit auch Durchlässigkeit der Gelatine bei verschiedenen pH-Werten.

Die durchschnittliche Thiosulfatkonzentration in den Handelsschichten $[\mathrm{FM}]_0$ beträgt $7{,}5 \cdot 10^{17}\ Na_2S_2O_3/\mathrm{cm}^2$.

b) Lösungsreaktion B

Die Lösungsgeschwindigkeit des Halogensilbers ist nach Gl. (3) und (4)

$$\frac{\mathrm{d}[\mathrm{AgHal}]}{\mathrm{d}t} = K_{\mathrm{B}}[\mathrm{FM_N}]\,\sqrt[3]{n_{\mathrm{AgHal}}\,36\pi v^2{}_{\mathrm{AgHal}}}\,[\mathrm{AgHal}]^{2/3}. \tag{11}$$

Als Nebenbedingung gilt hierbei

$$[\mathrm{FM}]_0 - [\mathrm{FM}]_t = (2)\,([\mathrm{AgHal}]_0 - [\mathrm{AgHal}]_t)\,. \tag{12}$$

Die eingeklammerte Zahl 2 gilt für die Bildung eines Silberkomplexes mit der Koordinationszahl 2. [FM] kann dann ersetzt werden durch

$$[\mathrm{FM}] = [\mathrm{FM}]_0 - 2\,[\mathrm{AgHal}]_0 + 2\,[\mathrm{AgHal}]$$

$$[\mathrm{FM}] = 2\left(\underbrace{\frac{[\mathrm{FM}]_0 - 2\,[\mathrm{AgHal}]_0}{2}}_{a^3} + [\mathrm{AgHal}]\right). \tag{13}$$

Damit ergibt sich die zu integrierende Funktion (11) zu

$$\frac{\mathrm{d}[\mathrm{AgHal}]}{\mathrm{d}t} = 2K_B \sqrt[3]{n_{\mathrm{AgHal}}\, 36\pi v^2{}_{\mathrm{AgHal}}}\; (a^3 + [\mathrm{AgHal}]) \cdot [\mathrm{AgHal}]^{2/3}\,. \tag{14}$$

Als Zeitfunktion erhält man:

$$2K_B \sqrt[3]{n_{\mathrm{AgHal}}\, 36\pi v^2{}_{\mathrm{AgHal}}}\; t =$$

$$= \frac{1}{2a^2}\left[\ln \frac{([\mathrm{AgHal}]^{1/3} + a)^2}{[\mathrm{AgHal}]^{2/3} - a\,[\mathrm{AgHal}]^{1/3} + a^2} + 2\sqrt{3}\ \mathrm{arc\,tan}\ \frac{2[\mathrm{AgHal}]^{1/3} - a}{a\sqrt{3}}\right] - K\,. \tag{15}$$

K ist dabei die Integrationskonstante für den Fall $[\mathrm{AgHal}] = [\mathrm{AgHal}_0]$. In der Praxis ist meist die Bedingung $[\mathrm{FM}_0] = 2\,[\mathrm{AgHal}_0]$ erfüllt, wie aus den Rezepten hervorgeht, dann wird $a = 0$, und die Zeitfunktion vereinfacht sich zu

$$2K_B \sqrt[3]{n_{\mathrm{AgHal}}\, 36\pi v^2{}_{\mathrm{AgHal}}}\; t = \frac{3}{2}\left[\frac{1}{\sqrt[3]{[\mathrm{AgHal}]^2}} - \frac{2}{\sqrt[3]{[\mathrm{AgHal}]_0{}^2}}\right]. \tag{16}$$

Die einfachste Manipulation, die am System vorgenommen werden kann, ist außer Konzentrationsveränderungen die Veränderung der Kornzahl n_{AgHal}.

Die Abb. 2 zeigt den Verlauf der Zeitfunktionen bei konstantem Silberhalogenidauftrag, aber jeweils um eine Zehnerpotenz veränderten Kornzahlen.

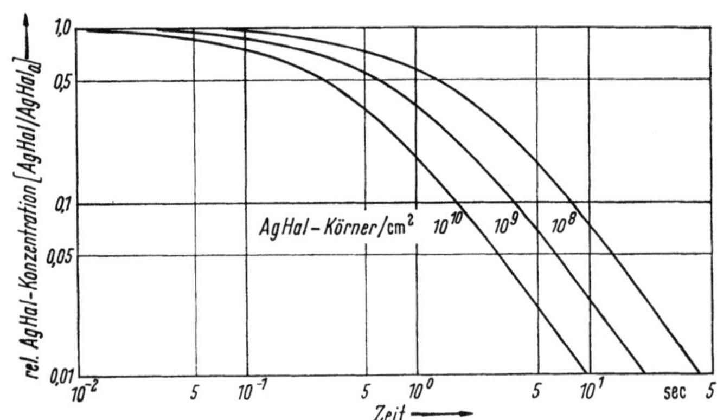

Abb. 2. Zeitfunktion der Lösungsreaktion B für verschiedene Kornzahlen n_{AgHal} nach Gl. (16).

Silberhalogenidauftrag $[\mathrm{AgHal}_0]$	$= 4{,}0 \cdot 10^{17}\ \mathrm{cm}^{-2}$
Kornzahl n_{AgHal}	$= 10^8,\ 10^9,\ 10^{10}\ \mathrm{cm}^{-2}$
Korndurchmesser (Kugel) d	$= 0{,}7\ \mu,\ 0{,}3\ \mu,\ 0{,}15\ \mu$
Fixiermittelkonzentration $[\mathrm{FM}_0]$	$= 2[\mathrm{AgHal}_0] = 8{,}0 \cdot 10^{17}\ \mathrm{cm}^{-2}$
Reaktionskonstante K_B	$= 0{,}235\ \mathrm{sec}^{-1}$

Da die Kornzahl in der Funktion mit der 3. Wurzel eingeht, ergibt sich im logarithmischen Zeitmaßstab eine Parallelverschiebung des Reaktionsablaufes um ein Drittel der logarithmischen Zeiteinheit.

Aus den zur Verfügung stehenden Werten wurden folgende Daten für den Lösungsprozeß ermittelt:

Die AgCl-Konzentration beträgt: $\mathrm{AgCl} = 4{,}2 \cdot 10^{17}/\mathrm{cm}^2$.

Das Molekularvolumen beträgt: $v_{\mathrm{AgCl}} = 4{,}28 \cdot 10^{-23}\ \mathrm{cm}^3$.

Aus der Beziehung (16) ergibt sich die Möglichkeit, die Reaktionskonstante K_B experimentell zu ermitteln.

c) Physikalische Entwicklung D

Nach den Gl. (5) und (6) ergibt sich die Differentialgleichung für die physikalische Entwicklung zu:

$$\frac{d[Ag]}{dt} = K_D \cdot [AgK] \cdot [E] \sqrt[3]{n_{Ag_2S}\, 36\pi v^2_{Ag}} \left([Ag_2S]\frac{v_{Ag_2S}}{v_{Ag}} + [Ag]\right)^{2/3}. \qquad (17)$$

Handelt es sich um einen Entwickler mit einem Elektronenübergang, so gilt: $[E_0]-[E] = [Ag]$.

Für die Komplexkonzentration gilt das gleiche: $[AgK_0]-[AgK] = [Ag]$. Aus rechnerischen Gründen wird $[E_0] = [AgK_0]$ und damit auch $[E] = [AgK]$ gesetzt.

Damit wird die Gl. (17) zu:

$$\frac{d[Ag]}{dt} = K_D ([E_0] - [Ag])^2 \sqrt[3]{n_{Ag_2S}\, 36\pi v^2_{Ag}} \left([Ag_2S]\frac{v_{Ag_2S}}{v_{Ag}} + [Ag]\right)^{2/3}$$

oder

$$\frac{d[Ag]}{dt} = K_D[E_0]^{2/3} \sqrt[3]{n_{Ag_2S}\, 36\pi v^2_{Ag}} \left(1 - \frac{[Ag]}{[E_0]}\right)^2 \left(\frac{[Ag_2S]\, v_{Ag_2S}}{[E_0] v_{Ag}} + \frac{[Ag]}{[E_0]}\right)^{2/3}. \qquad (18)$$

Umformung auf dimensionslose Variable und Substituierung zur Integration:

$$\frac{[Ag]}{[E_0]} = x, \quad \frac{v_{Ag_2S}}{v_{Ag}} = \alpha, \quad \frac{[Ag_2S]}{[E_0]} = \beta, \quad d[Ag] = [E_0]\, dx \qquad (19)$$

$$\frac{dx}{dt} = \underbrace{K_D[E_0]^{5/3} \sqrt[3]{n_{Ag}\, 36\pi v^2_{Ag}}}_{c_1} (1 - x)^2 (\beta\alpha + x)^{2/3}. \qquad (20)$$

Die Integration der Gleichung ergibt:

$$c_1 t = \frac{1}{\beta\alpha + 1}\left[\frac{\sqrt[3]{\beta\alpha + x}}{1 - x} - \sqrt[3]{\beta\alpha} + \frac{2}{3}(V - K)\right]. \qquad (21)$$

V steht für den folgenden Ausdruck:

$$V = \frac{1}{2\sqrt[3]{(\beta\alpha + 1)^2}}\left[\ln \frac{(\sqrt[3]{\beta\alpha + 1} - \sqrt[3]{\beta\alpha + x})^2}{(\sqrt[3]{\beta\alpha + x})^2 + \sqrt[3]{(\beta\alpha + 1)(\beta\alpha + x)} + \sqrt[3]{(\beta\alpha + 1)^2}} - 2\sqrt{3} \arctan \frac{2\sqrt[3]{\beta\alpha + x} + \sqrt[3]{\beta\alpha + 1}}{\sqrt{3}\sqrt[3]{\beta\alpha + 1}}\right]. \qquad (22)$$

Die Integrationskonstante K ($t = 0$) erhält den folgenden Wert:

$$K = \frac{1}{2\sqrt[3]{(\beta\alpha + 1)^2}}\left[\ln \frac{(\sqrt[3]{\beta\alpha + 1} - \sqrt[3]{\beta\alpha})^2}{\sqrt[3]{(\beta\alpha)^2} + \sqrt[3]{(\beta\alpha + 1)\beta\alpha} + \sqrt[3]{(\beta\alpha + 1)^2}} - 2\sqrt{3} \arctan \frac{2\sqrt[3]{\beta\alpha} + \sqrt[3]{\beta\alpha + 1}}{\sqrt{3}\sqrt[3]{\beta\alpha + 1}}\right]. \qquad (23)$$

Die Zeitfunktionen nach den vorstehenden Beziehungen sind in den Abb. 4 und 5 graphisch dargestellt.

Variiert wurden bei der Rechnung:

1. Die Keimgröße bei konstanter Keimzahl $n_{Ag_2S} = 10^{11}/cm^2$ (Abb. 4).
2. Die Keimzahl bei konstanter Keimgröße $= 10^3$ Moleküle/Keim (Abb. 5).

Die Variation der Keimgröße bei konstanter Keimzahl (Abb. 4) bewirkt lediglich, daß mit steigender Keimgröße der Beginn der Entwicklung früher einsetzt. Auf den Endpunkt der Entwicklung hat die Keimgröße kaum einen Einfluß. Das kann auch der Gl. (17) entnommen werden. In dieser Beziehung stellt $[Ag_2S]$ ein Störglied dar, das nur dann Einfluß auf den Reaktionsverlauf besitzt, wenn $[Ag_2S]$ die gleiche Größenordnung hat wie [Ag]. Das ist aber nur für die Anfangsphase der Entwicklung der Fall. Für die Endphase liegt der Wert von [Ag] um Größenordnungen höher als $[Ag_2S]$ und bestimmt dann allein den Reaktionsverlauf. Experimentell wurde die Unabhängigkeit der physikalischen Entwicklung von der Keimgröße bereits sehr

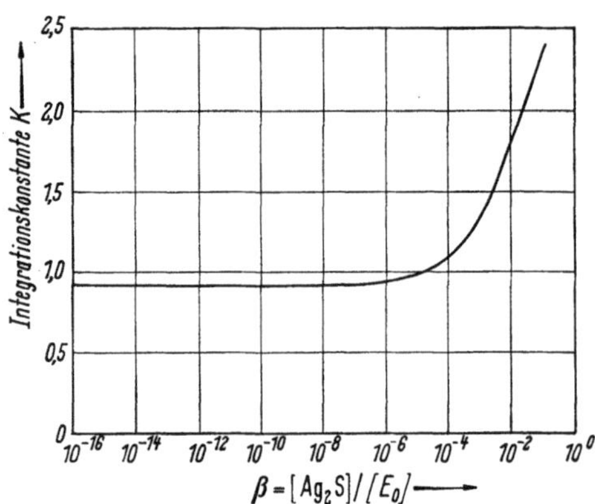

Abb. 3. Integrationskonstante K in Abhängigkeit vom Verhältnis Keimmenge zur Entwicklerkonzentration β für $\alpha = \frac{v_{Ag_2S}}{v_{Ag}} = 3{,}3$ nach Gl. (23).

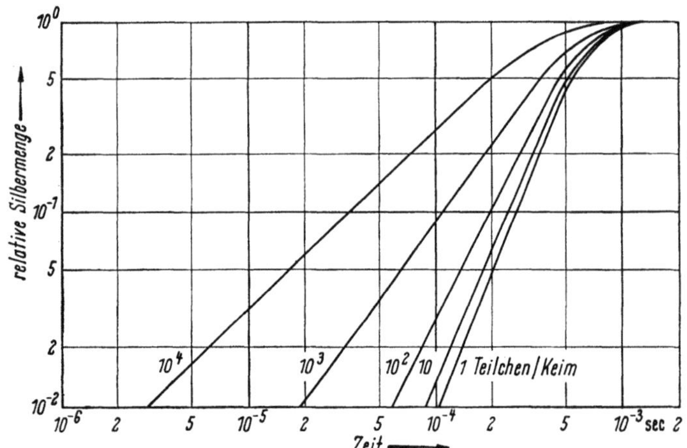

Abb. 4. Zeitfunktion der physikalischen Entwicklung (Reaktion D) in Abhängigkeit von der Keimgröße bei konstanter Keimzahl n_{Ag_2S} nach Gl. (21).
Keimgröße = 10^4, 10^3, 10^2, 10^1, 10^0 Teilchen/Keim
Keimzahl $n_{Ag_2S} = 10^{11}\ cm^{-2}$
Keimmenge $[Ag_2S] = n_{Ag_2S} \cdot$ Keimgröße $= 10^{15}, 10^{14}, 10^{13}, 10^{12}, 10^{11}\ cm^{-2}$
Entwicklerkonzentration $[E_0] = 10^{16}\ cm^{-2}$
Silberkomplexkonzentration $[AgK_0] = 10^{16}\ cm^{-2}$
Reaktionskonstante $K_D = 1{,}125 \cdot 10^{-12}\ sec^{-1}\ cm^2$
Molekularvolumen $v_{Ag_2S} = 5{,}62 \cdot 10^{-23}\ cm^3$
$v_{Ag} = 1{,}7 \cdot 10^{-23}\ cm^3$

frühzeitig festgestellt [4]. Anders liegen die Verhältnisse bei Variation der Keimzahl n_{Ag_2S} (Abb. 5). In diesem Fall tritt eine ähnliche Abhängigkeit von der Keimzahl auf wie bei der Lösungsreaktion B von der Kornzahl. Infolge der Abhängigkeit der Reak-

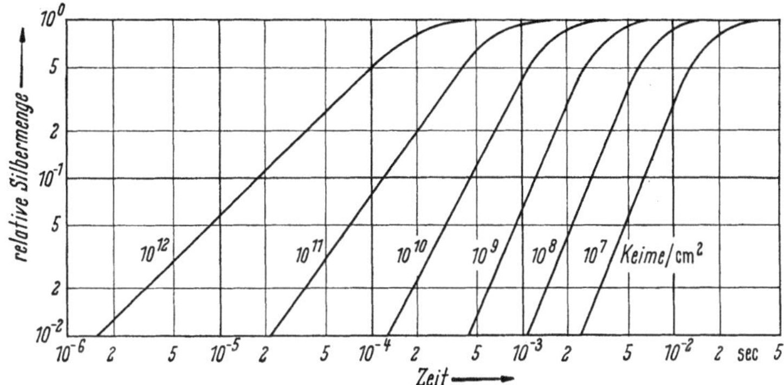

Abb. 5. Zeitfunktion der physikalischen Entwicklung (Reaktion D) in Abhängigkeit von der Keimzahl n_{Ag_2S} bei konstanter Keimgröße nach Gl. (21).

Keimgröße $= 10^3$ Teilchen/Keim
Keimzahl $n_{Ag_2S} = 10^{12}, 10^{11}, 10^{10}, 10^9, 10^8, 10^7\ cm^{-2}$
Keimmenge $[Ag_2S] = 10^{15}, 10^{14}, 10^{13}, 10^{12}, 10^{11}, 10^{10}\ cm^{-2}$
Entwicklerkonzentration $[E_0] = 10^{16}\ cm^{-2}$
Silberkomplexkonzentration $(AgK_0] = 10^{16}\ cm^{-2}$
Reaktionskonstante $K_D = 1{,}125 \cdot 10^{-16}\ sec^{-1}\ cm^2$
Molekularvolumen $v_{Ag_2S} = 5{,}62 \cdot 10^{-23}\ cm^3$
$v_{Ag} = 1{,}7 \cdot 10^{-23}\ cm^3$

tionsgeschwindigkeit von der Keimzahl mit der 3. Wurzel in Gl. (17) und (20) wird bei Veränderung der Keimzahl um jeweils eine Zehnerpotenz der Reaktionsverlauf im logarithmischen Zeitmaßstab annähernd um jeweils 1/3 der logarithmischen Zeiteinheit nach links oder rechts verschoben. Dieser Befund gilt nur annähernd, da, wie bereits oben erwähnt, $[Ag_2S]$ als Störglied auftritt und darin die Keimzahl n_{Ag_2S} nochmals implizit enthalten ist. Eine weitere Möglichkeit, die physikalische Entwicklung zu beeinflussen, besteht in der Veränderung der Entwicklerkonzentration $[E_0]$. In der Gl. (20) ist die Veränderliche [Ag] auf die Anfangskonzentration des Entwicklers relativiert, außerdem geht $[E_0]$ mit der Potenz 5/3 in die Konstante c_1 ein. Der Anstieg im geradlinigen Teil der Zeitkurven der physikalischen Entwicklung liegt in den Abb. 4 und 5 zwischen den Werten $\operatorname{tg} \alpha = 0{,}95$ und $\operatorname{tg} \alpha = 2{,}45$. In diesen Bereichen kann die physikalische Entwicklung durch die Näherungsfunktion

$$[Ag]_{rel} = A\, t^{\operatorname{tg} \alpha} \tag{24}$$

ersetzt werden.

Es muß in diesem Zusammenhang erwähnt werden, daß die unter ganz anderen Voraussetzungen abgeleitete Zeitfunktion der physikalischen Entwicklung in [5] den gleichen formelmäßigen Charakter mit $\operatorname{tg} \alpha = 1{,}5$ aufweist.

4. Dreistufenprozeß

Die grundlegenden Gesetzmäßigkeiten einer gekoppelten Folge von Diffusionsprozessen und chemischen Reaktionen lassen sich übersichtlicher an einem Dreistufenprozeß verfolgen. Im folgenden wird deshalb an einigen Beispielen der gefundene

Sachverhalt dargelegt. Die Reaktionsfolge beschränkt sich bei diesen Beispielen auf die ersten drei gekoppelten Stufen:

A. Diffusion des FM vom Positiv zum Negativ

B. Lösungsreaktion

C. Transport des Silberkomplexes AgK vom Negativ zum Positiv.

Die Abb. 6 zeigt den Reaktionsverlauf des Dreistufensystems bei verschiedenen Diffusionskoeffizienten. Fall 2 ist der Normalfall, bei dem die Diffusionsprozesse und

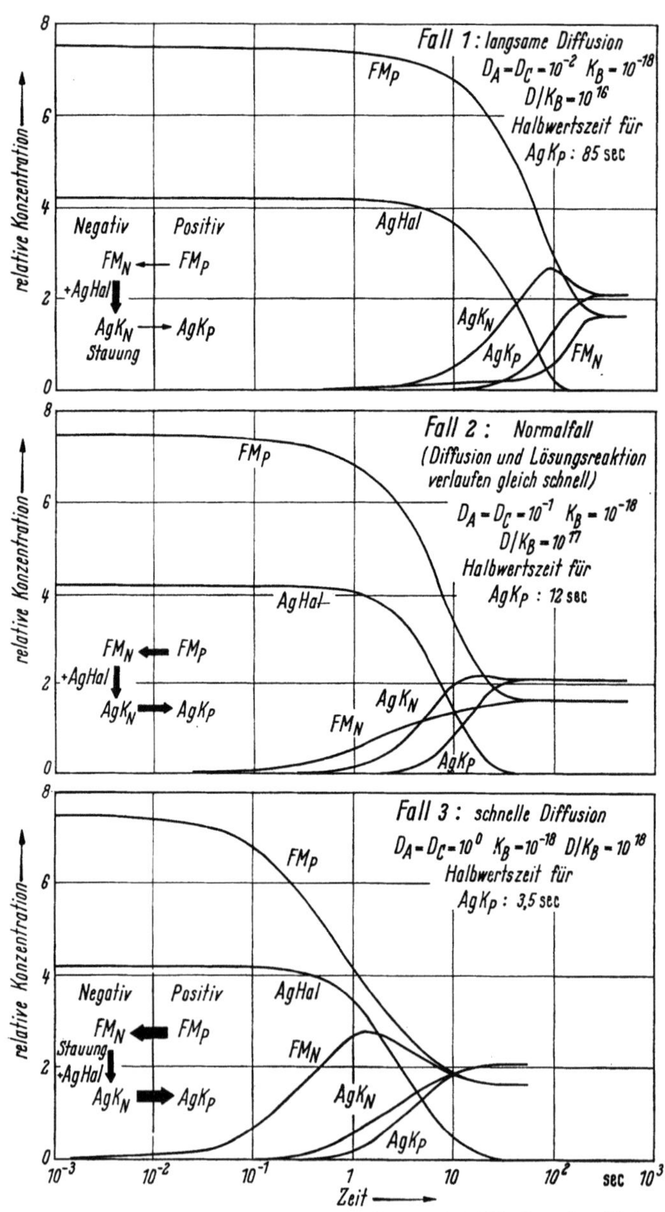

Abb. 6. Zeitfunktion von Dreistufenprozessen bestehend aus: A. Diffusion des Fixiermittels FM vom Positiv zum Negativ, B. Lösung des Silberhalogenids AgHal, C. Transport des Silberkomplexes AgK vom Negativ zum Positiv.

der Lösungsvorgang annähernd gleich schnell ablaufen; kenntlich daran, daß keine Stauungs- oder starken Sogerscheinungen bei den Reaktionspartnern auftreten.

Im Fall 1 sind die beiden Diffusionsprozesse stark verlangsamt, deswegen kommt es beim Lösungsvorgang zu einer starken Sogerscheinung. Die Fixiermittelkonzentration im Negativ FM_N bleibt außerordentlich gering, weil das überdiffundierte FM sofort mit dem Halogensilber reagiert und zum Silberkomplex umgesetzt wird. Andererseits wird der gebildete Silberkomplex im Negativ gestaut. Die Dauer des Gesamtvorganges wird im wesentlichen durch die Diffusion als langsamsten Prozeß bestimmt.

Den reaktionsbestimmten Prozeß zeigt Fall 3. Die Diffusionskoeffizienten wurden so gewählt, daß die Lösungsreaktion den Engpaß für den Ablauf des Gesamtprozesses darstellt. In diesem Fall tritt eine Stauung des Fixiermittels im Negativ und eine Sogerscheinung beim Transport des Silberkomplexes vom Negativ zum Positiv ein, kenntlich an der geringen Konzentrationsdifferenz zwischen Negativ und Positiv.

Prinzipiell läßt sich sowohl aus den gezeigten Reaktionsverläufen als auch schon aus den Reaktionsgleichungen folgendes über schlecht gekoppelte Systeme, bei denen der Ablauf einer Reaktion den Gesamtprozeß bestimmt (Fall 1 und 3), aussagen:

a) Eine Stauung eines Reaktionspartners bewirkt eine *Beschleunigung* der *nachfolgenden* Reaktion sowohl bei Diffusionsprozessen als auch bei chemischen Reaktionen.

b) Eine Stauung eines Reaktionspartners bewirkt eine *Verzögerung* eines *vorhergehenden Diffusionsprozesses*. Die Stauung hat keinen Einfluß auf den Ablauf einer vorhergehenden chemischen Reaktion.

c) Hält man die Konzentration eines Reaktionspartners in einer Reaktionsstufe niedrig (Sog), so *beschleunigt* er einen *vorhergehenden Diffusionsprozeß*.

Eine weitere Aussage erhält man bei Untersuchung gekoppelter Dreistufenprozesse, bei denen das Verhältnis von Diffusionskoeffizienten zu Reaktionskonstanten erhalten bleibt, also die genannten Größen in gleichem Verhältnis geändert werden. Abb. 7 zeigt zwei Reaktionsabläufe, bei denen sich die Diffusionskoeffizienten und Reaktionskonstanten um jeweils eine Zehnerpotenz unterscheiden, das Verhältnis jedoch konstant bleibt. Im logarithmischen Zeitmaßstab aufgetragen ist der Reaktionsablauf vollkommen gleichartig, nur ist die Reaktion mit den größeren Diffusionskoeffizienten und Reaktionskonstanten um eine logarithmische Zeiteinheit nach kürzeren Zeiten verschoben.

Dieser Befund hat allgemeine Bedeutung, da er die Kenntnis von gekoppelten Reaktionsabläufen erweitert.

d) Kennt man den Reaktionsablauf eines Systems bei beliebigen Diffusionskoeffizienten und Reaktionskonstanten, so kann man alle möglichen Reaktionsabläufe voraussagen, bei denen das Verhältnis von Diffusionskoeffizienten zu Reaktionskonstante das gleiche bleibt. Der Ablauf der gekoppelten Reaktion wird um den Faktor verlangsamt oder beschleunigt, um den die Konstanten der ursprünglichen Reaktion verändert werden.

In der Abb. 8 sind die vorstehenden Erfahrungen graphisch zusammengefaßt. Als zeitlich kennzeichnende Größe bei dem Reaktionsablauf der einzelnen Stufen wurden die Zeitwerte benutzt, bei denen die Reaktionspartner, bei welchen keine Stauungs-

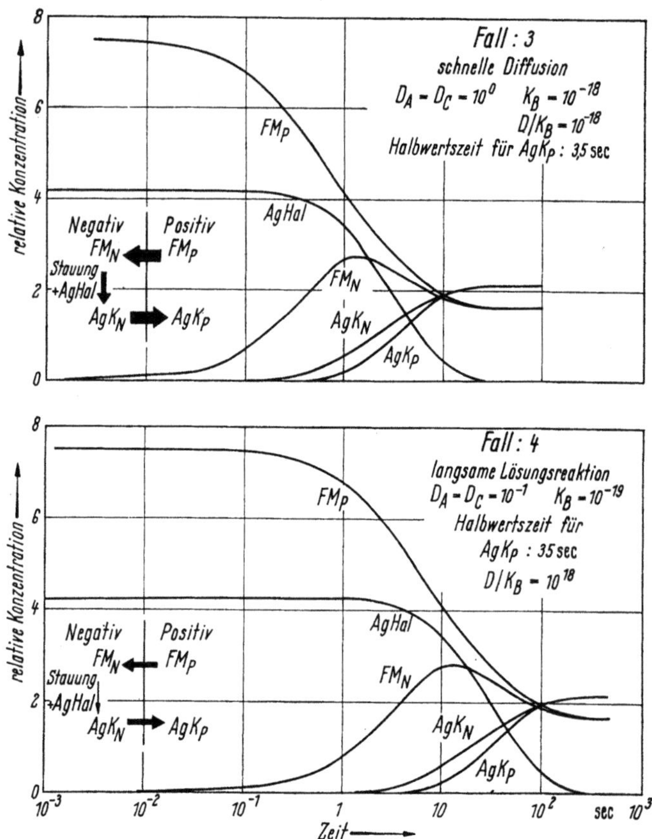

Abb. 7. Zeitfunktionen von Dreistufenprozessen mit konstantem Verhältnis von Diffusionskoeffizienten zu Reaktionskonstanten: $D_{A,C}/K_B = 10^{18}$.

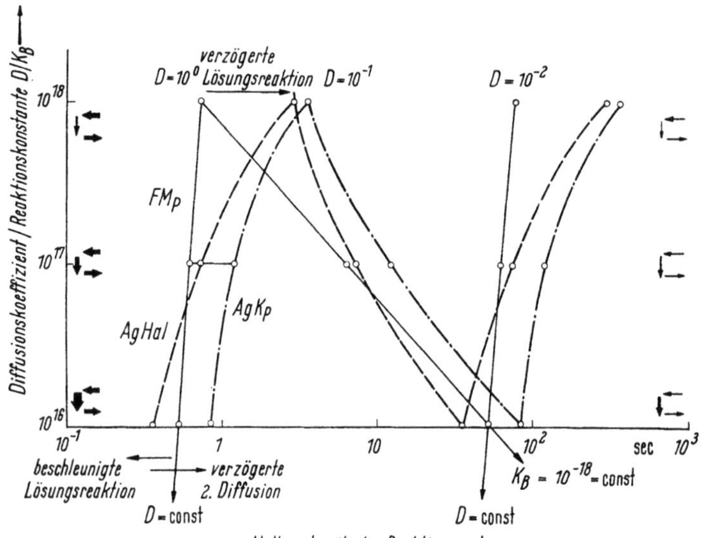

Abb. 8. Halbwertszeiten der Reaktionsverläufe von FM_P (1. Stufe), AgHal (2. Stufe) und AgK_P (3. Stufe) beim Dreistufenprozeß in Abhängigkeit vom Verhältnis der Konstanten $D_{A,C}/K_B$.

erscheinungen auftreten können (1. Stufe: FM_P, 2. Stufe: AgHal, 3. Stufe: AgK_P), entweder auf die Hälfte ihres Endwertes angestiegen oder auf die Hälfte ihres Anfangswertes abgesunken sind. Diese charakteristische Zeit wird als Halbwertszeit bezeichnet.

In dem Diagramm der Abb. 8 ist als Abszisse die Halbwertszeit in logarithmischer Darstellung und als Ordinate das Verhältnis von D/K aufgetragen. Die eingezeichneten Kurven (1. Stufe: FM_P: ausgezogen; 2. Stufe: AgHal: gestrichelt; 3. Stufe: AgK_P: strichpunktiert, geben die Abhängigkeit der Halbwertszeiten vom Verhältnis D/K wieder.

Aus der Abbildung läßt sich folgendes entnehmen:

a) Es gibt einen D/K-Wert, bei dem die drei Stufen der Reaktion am besten gekoppelt sind, erkennbar daran, daß zwischen erster und letzter Stufe die geringste logarithmische Zeitdifferenz besteht.

b) In dem betrachteten D/K-Intervall hat der Reaktionsablauf der ersten Stufe den größten Einfluß auf den Ablauf der Gesamtreaktion. Die nachfolgenden Reaktionen beeinflussen den Ablauf des Gesamtvorganges mit verändertem Gewicht. Erkennbar ist das im vorliegenden Diagramm an der Neigung der einzelnen Kurven, falls D oder K konstant gehalten werden. Hält man K = const., so ist für die erste Stufe die Veränderung des Diffusionskoeffizienten voll wirksam, erkennbar an der um ca 135° geneigten, voll ausgezogenen Geraden, die die Halbwertszeit der 1. Reaktionsstufe anzeigt. Hält man dagegen den Diffusionskoeffizienten konstant (fast senkrechte Linien), so erkennt man aus den gestrichelten Kurven, die die Halbwertszeit der zweiten Reaktionsstufe angeben, daß der Einfluß bei Veränderung der Reaktionskonstanten wesentlich geringer ist als von den Einzelreaktionen her zu erwarten war. Erst bei einem relativ großen D/K-Verhältnis, wenn die Diffusion gegenüber der Lösungsreaktion praktisch momentan erfolgt, erreicht die Abhängigkeit von der Reaktionskonstanten den von der Einzelreaktion her zu erwartenden Wert.

c) Die Rückkopplung der zweiten Reaktionsstufe auf die 1. Diffusionsreaktion ist relativ gering, erkennbar an der geringen Abweichung der FM_P-Geraden von der senkrechten Lage bei konstanten Diffusionskoeffizienten.

Die Diffusionskoeffizienten der ersten und dritten Stufe wurden in allen Fällen einander gleichgesetzt. Das ist insofern berechtigt, als aus der Literatur bekannt ist, daß Moleküle mit annähernd gleicher Größe auch in den Diffusionseigenschaften sich kaum unterscheiden. Das trifft für den vorliegenden Prozeß zu.

5. Vollständiger Silbersalzdiffusionsprozeß (Vierstufenreaktion)

Die Reaktionsverläufe des vollständigen vierstufigen Prozesses unter gegebenen Bedingungen sind aus Abb. 9 ersichtlich. In dem oberen Teilbild wurde der Prozeß unter der Annahme errechnet, daß die Negativschicht 10^8 Silberhalogenidkörner/cm^2 enthält, während das untere Teilbild den Verlauf der Reaktion darstellt unter der Annahme, daß die Negativschicht 10^{10} Silberhalogenidkörner/cm^2 enthält. Der Silberhalogenidauftrag ist in beiden Fällen gleich. Infolge der geringen Silberhalogenidoberfläche im oberen Teilbild kommt es zur Stauung von Fixiermittel im Negativ. Die Lösungsreaktion setzt relativ spät ein (ca. eine logarithmische Zeiteinheit nach Beginn des 1. Diffusionsprozesses).

Im unteren Teilbild erfolgt die Lösung des Silberhalogenids infolge der wesentlich größeren Oberfläche so schnell, daß keine Stauungen des Fixiermittels im Negativ auftreten. Im Gegensatz zum Dreistufenprozeß erhält der 2. Diffusionsprozeß im vierstufigen Prozeß einen vollständig anderen Charakter. Der 2. Diffusionsprozeß stellt nur ein temporäres Zwischenstadium dar. Die Silberkomplexkonzentration geht vom Wert 0 über einen Maximalwert wieder zum Wert 0 zurück, sowohl im Negativ als auch im Positiv. Im Gegensatz zum ersten Diffusionsvorgang ist hier die Konzentrationsdifferenz zwischen Negativ und Positiv, die für den Ablauf des Vorganges geschwindigkeitsbestimmend ist, sowohl zu Beginn als auch am Ende des Prozesses äußerst gering. Er stellt also ein besonders kritisches Stadium des Gesamtprozesses dar. Manipuliert werden kann dieser Prozeß weniger durch Veränderung des Diffusionskoeffizienten als durch Beeinflussung des vorhergehenden Lösungsvorganges und den nachfolgenden Entwicklungsprozeß.

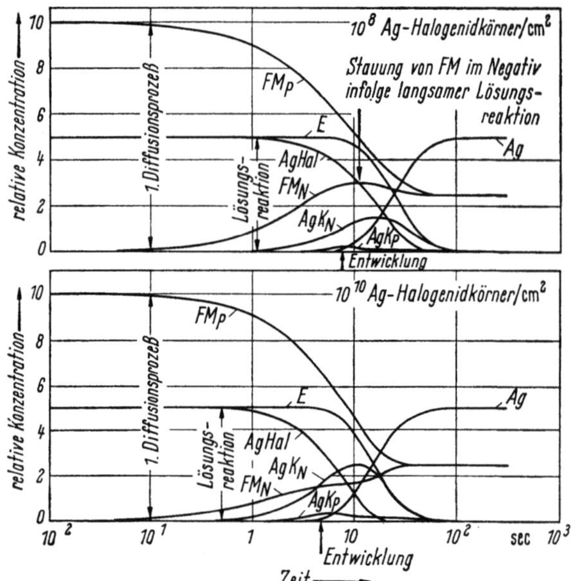

Abb. 9. Zeitfunktionen des vollständigen Silbersalzdiffusionsprozesses

$[FMP_0] = 10^{18}\,cm^{-2}$, $[AgHal_0] = 5 \cdot 10^{17}\,cm^{-2}$, $[E_0] = 5 \cdot 10^{17}\,cm^{-2}$
$[Ag_2S] = 10^{14}\,cm^{-2}$, Keimzahl $nAg_2S = 10^{11}\,cm^{-2}$, $D_{A,C} = 10^{-1}\,sec^{-1}$
$K_B = 10^{-1}\,sec^{-1}$, $K_D = 1{,}5 \cdot 10^{-4}\,sec^{-1}\,cm^2$

Oberes Teilbild: Langsame Lösungsreaktion 10^8 AgHalogenidkörner/cm².
Unteres Teilbild: Schnelle Lösungsreaktion 10^{10} AgHalogenidkörner/cm².

Um ein großes Konzentrationsgefälle zu erhalten, muß der Lösungsvorgang sehr schnell erfolgen; dann wird die Konzentration des Silberkomplexes im Negativ groß. Andererseits muß auch die physikalische Entwicklung sehr schnell ablaufen; damit wird die Konzentration des Silberkomplexes im Positiv sehr niedrig gehalten. Die Beeinflussung des Gesamtvorganges durch derartige Manipulationen ist aus der Abb.9 deutlich erkennbar.

Ähnlich wie beim Dreistufenprozeß kann man die Erfahrungstatsachen der Rechnungen in einem Diagramm zusammenfassen, in dem die Halbwertszeiten der einzelnen Reaktionsstufen in Abhängigkeit vom Verhältnis der Diffusionskoeffizienten und Reaktionskonstanten eingetragen sind. Da in dem jetzigen Fall noch eine weitere Reaktionskonstante eingeht, müßte das Diagramm exakterweise dreidimensional erweitert werden.

Allgemein gilt wieder, daß bei Veränderung aller eingehenden Diffusions- und Reaktionskonstanten um den gleichen Faktor (Erhaltung der D/K-Verhältnisse) der Reaktionsablauf in logarithmischem Zeitmaßstab dargestellt der gleiche bleibt und lediglich um den logarithmischen Betrag des Faktors auf der Zeitachse nach kürzeren oder längeren Zeiten verschoben wird.

Die Abb. 10 gibt die Abhängigkeit der Halbwertszeiten der einzelnen Reaktionsstufen von den D/K-Verhältnissen der gerechneten Beispiele graphisch wieder (In den Abb. 10 und 11 bedeutet K die Kombination von

$$K = K_{B,D} \sqrt[3]{n_{AgHal,\, Ag_2S} \cdot 36\,\pi \cdot v^2_{AgHal,\, Ag}}).$$

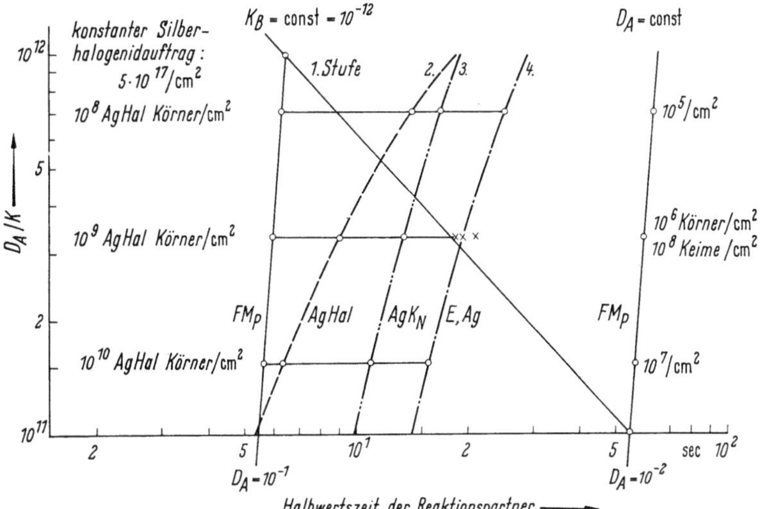

Abb. 10. Halbwertszeiten der Reaktionsverläufe des vollständigen Silbersalzdiffusionsprozesses in Abhängigkeit vom Verhältnis Diffusionskonstante D_A zur Konstanten der Lösungsreaktion

$$K = K_B \sqrt[3]{n_{AgHal} \cdot 36\,\pi\, v^2_{AgHal}}.$$

Variiert wurde die Kornzahl n_{AgHal}. Die übrigen Werte entsprechen den Zahlenangaben der Abb. 9.

Bei den ersten beiden Reaktionsstufen (1. Diffusionsprozeß und Lösungsvorgang) tritt gegenüber dem Dreistufenprozeß keine Änderung auf. Die Rückkopplung der nachfolgenden Stufe ist so schwach, daß bei den untersuchten Fällen keine Veränderungen festgestellt werden konnten. Für die dritte Reaktionsstufe, die Diffusion des Silberkomplexes, kann als charakteristische Reaktionszeit keine Halbwertszeit angegeben werden, da, wie bereits erwähnt, die Konzentration über ein Maximum wieder nach 0 abfällt. In diesem Fall wird die Zeit, bei der die maximale Konzentration erreicht wird, als charakteristische Zeit angesehen. Sie ist in den Diagrammen der Abb. 10 und 11 eingetragen.

Prinzipiell ist den Abb. 10 und 11 zu entnehmen, daß die dritte Reaktionsstufe, die Diffusion des Silberkomplexes, vom Negativ in das Positiv aus den oben erwähnten Gründen stark nivellierend auf den Gesamtprozeß einwirkt, während die nachfolgende physikalische Entwicklung in dem untersuchten Bereich sehr stark an den Diffusionsvorgang gekoppelt ist. Eine Veränderung der Keimzahlen hat in der gekoppelten Reaktionsfolge keine einen Einfluß in dem untersuchten Bereich. Das liegt vor allem

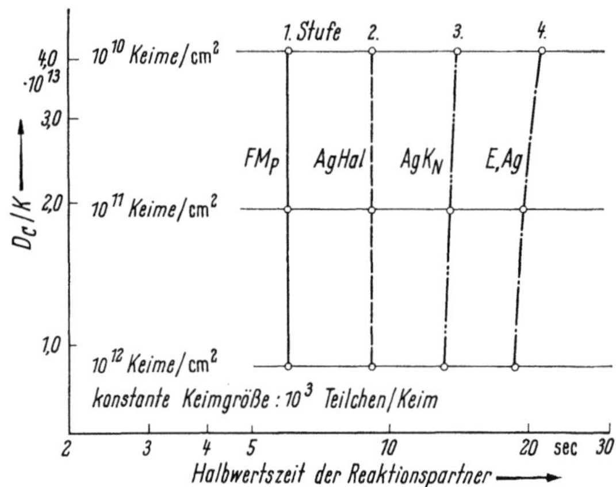

Abb. 11. Halbwertszeiten der Reaktionsverläufe des vollständigen Silbersalzdiffusionsverfahrens in Abhängigkeit vom Verhältnis Diffusionskonstante D_C zur Konstanten der physikalischen Entwicklung

$$K = K_D \sqrt[3]{n_{Ag_2S} \cdot 36\,\pi\,v^2{}_{Ag}}\,.$$

Variiert wurde die Keimzahl n_{Ag_2S} bzw. die Keimmenge $[Ag_2S]$ bei konstanter Keimgröße. Zahl der Silberhalogenid-Körner $n_{AgHal} = 10^9\,cm^{-2}$. Die übrigen Werte entsprechen den Zahlenangaben der Abb. 9.

daran, daß der Silberkomplex im Positiv diejenige Größe ist, die zwangsläufig stets in geringster Konzentration vorliegt. Demzufolge treten bei dem geringen Angebot an Silberkomplex keine Schwierigkeiten bei der Abscheidung auf. Nur ganz zu Beginn, wenn die Oberfläche der Keime noch sehr klein ist, bemerkt man eine geringe Stauung an Silberkomplex.

Die Arbeit wurde auf Anregung von Herrn Dr. KLEIN durchgeführt. Ferner sei Frau Dr. WEYDE und Herrn Dr. v. RINTELEN für die gewährte Unterstützung gedankt.

Literatur

[1] WEYDE, E.: Z. f. Naturforschg. **6a**, 381 (1951).
[2] ROTT, A.: Sci. Ind. Phot. (2) **13**, 151 (1942).
[3] WEYDE, E.: Mitt. d. Agfa Lev.-München Bd. I 1955, S. 262.
[4] EGGERT, J. u. H. ARENS: Z. Elektrochem. **35**, 728 (1929).
[5] MATEJEC, R. u. R. MEYER: Z. wiss. Phot. **57**, 18 (1963).

Die optimale Gradation und die optimale Belichtung von Farbumkehrfilmen

Von W. Behrendt

Zusammenfassung

Unter Berücksichtigung des Streulichtes bei der Aufnahme und Wiedergabe kommt man bei handelsüblichen Farbumkehrfilmen und einem Objektumfang von 1 : 32 zu einer wirksamen Projektionssteilheit $\beta = 1{,}0$, also zu dem schon immer theoretisch geforderten Wert, obwohl die Filme sensitometrisch die Steilheit $\beta = 1{,}4$ haben. Die Bedingung für eine optimale Belichtung ist etwa eine symmetrische S-Kurve im bildwichtigen Teil, gemessen wieder in der Projektion. Ein Durchgang ist für ein harmonisches Bild erforderlich. Für die Mehrzahl der Bilder sind Dichten weit über 2,0 unwirksam. Für kontrastreiche Motive und zur Erzielung eines genügenden Belichtungsspielraumes muß die sensitometrische Kurve aber bis etwa Dichte 3,0 gehen.

Einleitung

Die theoretische Bedingung für die Helligkeitswiedergabe in allen photographischen Prozessen fordert, daß das Gammaprodukt beim Negativ/Positiv-Prozeß (1) oder der Gammawert beim Umkehrfilm genau 1,0 sein muß, damit die Leuchtdichten im Bild proportional den Leuchtdichten des photographischen Objektes sind. Praktisch liegen in allen Farb- und Schwarzweiß-Prozessen die Gammawerte bzw. Gammaprodukte viel höher, nämlich bei etwa 1,4 bis 2,0.

Als Beispiel zeigt Abb. 1 die Sensitometerkurve für den Farbumkehrfilm Agfacolor CT 18. Sie ist praktisch identisch mit der Kurve von Farbumkehr-Schmalfilmen sowie von Farbkopien nach Farbnegativen (2). Eingezeichnet ist $\gamma = 1{,}8$ gemessen nach der klassischen Methode an der Wendetangente, sowie die mittlere Steigung $\beta = 1{,}4$. Als Schnittpunkte der Sekante sind die Punkte 0,2 und 2,0 über Minimal dichte (Schleier) gewählt, also dieselben Punkte, die bei dem genormten Empfindlichkeitskriterium (3) benutzt werden. Diese Punkte begrenzen auch etwa den Dichteumfang eines mittleren Bildes, gemessen auf dem Film (s. unten Abb. 4).

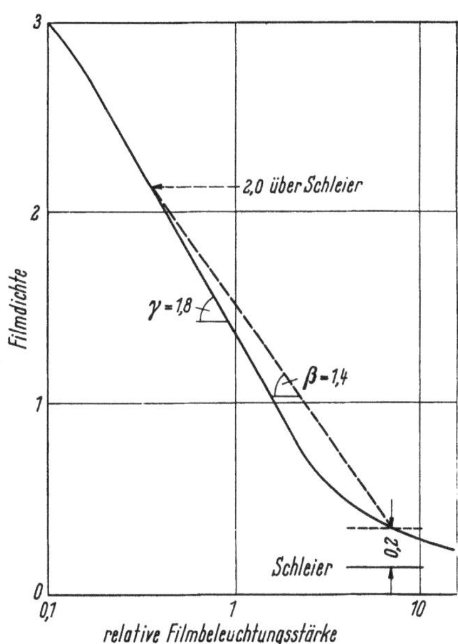

Abb. 1. Sensitometerkurve Farbumkehrfilm Agfacolor CT 18; Messung Selenphotoelement mit Grünfilter (Breitbandfilter VG 2).

Streulicht

Die Kurve nach Abb. 1 läßt scheinbar nur einen Helligkeitsumfang von etwa 1 : 100 ohne Belichtungsspielraum oder etwa 1 : 25 mit einem Belichtungsspielraum von ± 1 Lichtwert zu, also Werte, die von der Praxis weit übertroffen werden. Man muß daher den verflachenden Einfluß des Streulichtes berücksichtigen, und zwar sowohl in der Kamera wie in der Projektion. Das Streulicht entsteht durch Reflexion an den Glasflächen der Objektive in Kamera und Projektor sowie durch Reflexionen am Film, an den Innenwänden der Kamera, am Bildschirm und an den Wänden des Projektionsraumes.

In den Abb. 2 und 3 sind die beiden Ursachen des Streulichtes schematisch dargestellt. Abb. 2 zeigt eine Balgenkamera im Schnitt. Der von einem Objektpunkt kommende Lichtstrom wird nach den Gesetzen der Optik auf einem Punkt rechts auf dem Film vereinigt. Unentwickelte Filme sind aber bekanntlich recht hell und reflektieren 30 bis 40 Prozent des Lichtes, wie durch die dünnen von dem Punkt auf dem Film ausgehenden Pfeile im Bild dargestellt ist. Dieses Streulicht kommt hauptsäch-

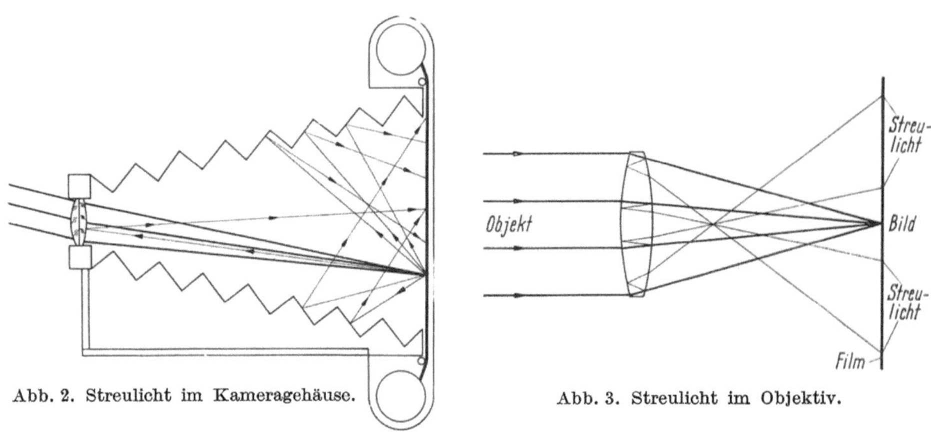

Abb. 2. Streulicht im Kameragehäuse.

Abb. 3. Streulicht im Objektiv.

lich auf die Kamerawand, zum kleinen Teil auch zurück zum Objektiv. Die Kamerawände sind zwar dunkel lackiert oder gespritzt; dennoch reflektieren auch sie ein wenig, und zwar in der Größenordnung von 2 bis 5 Prozent des darauf fallenden Lichtes. Dieses zum zweiten Mal diffus reflektierte Licht kommt nun wieder zu einem nennenswerten Teil zum Film zurück. Man kann damit rechnen, daß etwa 1 Prozent des ursprünglich auf einen Punkt des Films konzentrierten Lichtes nach mehrfacher diffuser Reflexion wieder auf den Film gelangt, dann aber keineswegs auf den Bildpunkt, sondern verteilt auf alle Teile des Films. Es werden also alle Teile des Films mitbelichtet, die nach den Gesetzen der geometrischen Optik kein Licht erhalten sollten. Mit anderen Worten: Jeder Punkt des Films erhält außer dem Licht, das er erhalten soll, zusätzlich etwa 1—1,5 Prozent des Mittelwertes der gesamten Beleuchtungsstärke auf dem Film.

Die zweite Ursache des Streulichtes läßt Abb. 3 erkennen. Hier ist das ganze Kameragehäuse weggelassen und nur eine Linse des Objektivs sowie die Filmebene gezeigt. Das von links kommende Licht wird wiederum nach den Gesetzen der geometrischen Optik im Bildpunkt konzentriert. Die Glasoberflächen des Objektivs reflektieren aber einen kleinen Bruchteil des Lichtes, wie in der Zeichnung zu erkennen ist. Das an der zweiten Glasfläche reflektierte Licht wird zum größten Teil in den Objektraum zurückgespiegelt, ohne den Film zu beeinflussen. Ein kleiner Bruchteil wird aber von der vorderen Glasfläche noch einmal gespiegelt und kann nun auf den Film gelangen. Jetzt aber ist es normalerweise nicht auf den Bildpunkt gerichtet, sondern verteilt sich — ganz ähnlich wie oben zu Abb. 2 ausgeführt — auf die ganze Filmfläche. Die heute übliche Vergütung der Objektive vermindert diese Glas/Luft-Reflexion und damit das Streulicht, kann aber beides nicht völlig unterdrücken. Ein normales Objektiv enthält ja nicht nur einen einzigen Glaskörper, sondern mindestens drei mit insgesamt sechs Glas/Luft-Flächen. Die Möglichkeit der schädlichen Zweifach-Reflexion wächst mit der Zahl der Glaskörper und steigt bei vier- und fünfgliedrigen Objekten schnell an. Auf diese Weise tritt auch bei einem guten Objektiv ein Streulicht in einer Größenordnung von etwa 0,5 bis 1,5 Prozent auf. Bei Vario-Objektiven oder bei anamorphotischen Objektiven wird dieser Betrag meist überschritten.

Beide Streulichtarten zusammen geben bei guten Kameras 1 bis 3 Prozent. Das heißt: Photographiert man z. B. ein weißes Haus mit einer sehr dunklen Toreinfahrt, so erhält der Film an der Stelle, wo die Toreinfahrt abgebildet wird, immer noch eine Beleuchtungsstärke von 1 bis 3 Prozent derjenigen, die er an dem Bild der weißen Hausmauer erhält.

Im Projektionsgerät treten die gleichen Erscheinungen auf wie in der Kamera. Die Wirkung der Reflexion an den Glas/Luft-Flächen des Objektivs hat die gleichen Folgen wie die Reflexionen am Kameraobjektiv, und statt der Doppel-Reflexion zwischen Film und Kameragehäuse hat man die Doppelreflexion zwischen dem weißen Projektionsschirm und den mehr oder weniger hellen Wänden des Projektionsraumes in Rechnung zu stellen. Man kommt zu Streulichtbeträgen von 0,7 bis 3 Prozent (4); bei schlechten Projektoren liegt der Wert noch höher. Will man ihn messen, so benutzt man einen Film oder ein Dia, das völlig klar ist und nur in der Mitte einen kleinen, vollkommen undurchsichtigen schwarzen Punkt enthält (5). Man mißt an der Projektionswand einmal die Bildwand-Helligkeit neben dem Bild des schwarzen Punktes und dann inmitten des Punktes. Beträgt die Beleuchtungsstärke an den hellen Teilen der Bildwand z. B. 100 Lux und mißt man am Bilde des schwarzen Punktes noch eine Resthelligkeit von 2 Lux, so hat die Projektion ein Streulicht von 2 Prozent. Das oben zitierte Normblatt DIN 15571 empfiehlt für Objektiv- und Raumstreulicht in umbauten Theatern Beträge unter je 1%, zusammen also unter 2%.

Das Streulicht wird allerdings sowohl bei der Aufnahme wie in der Projektion nur dann voll wirksam, wenn man sehr helle Gegenstände photographiert oder deren Bilder projiziert (6). Das ist der Fall bei Aufnahmen im Schnee, am Strand oder bei Außenaufnahmen, in denen der Himmel einen größeren Teil des Bildes einnimmt. Bei Aufnahmen von anderen Motiven ist meist nur ein Bruchteil des Gesamtstreulichtes wirksam. Ist B_{max} die maximale, B_{m} die mittlere Leuchtdichte im abgebildeten Objekt, so ist nur der Bruchteil $B_{\mathrm{m}}/B_{\mathrm{max}}$ des Gesamtstreulichtes wirksam. Diese Zahl kann bis dicht an 1 gehen, wenn man z. B. gleichmäßig helle Schneeflächen mit kleineren dunklen Unterbrechungen photographiert. Der Mittelwert liegt niedriger. Bekannt ist, daß im Mittel die mittlere Leuchtdichte im Objekt B_{m} und die mittlere

Beleuchtungsstärke im Objekt J_m im Verhältnis $B_m/J_m = 1:6$ stehen, wenn B_m in Apostilb, J_m in Lux gemessen werden. Der Faktor 6 für das Verhältnis der Eichfaktoren für Objektmessung (Leuchtdichte) und Lichtmessung (Beleuchtungsstärke) ist im Normblatt für Belichtungsmesser verankert (7) und wird praktisch bei der Herstellung von Belichtungsmessern benutzt. Die Transparenz der Streuscheibe für Lichtmessung beträgt nämlich $1/6 = 0{,}17$. Reflektiert der hellste bildwichtige Teil im Objekt den Bruchteil R_{max}, so ist bei der Beleuchtungsstärke J_m die Leuchtdichte an diesem Teil $B_{max} = R_{max}\,J_m$, die mittlere Leuchtdichte bei einem „mittleren" Objekt $B_m = 0{,}17 \cdot J_m$. Der wirksame Bruchteil des Streulichtes ist also

$$\frac{B_m}{B_{max}} = \frac{0{,}17\,J_m}{R_{max} \cdot J_m} = \frac{0{,}17}{R_{max}}.$$

R_{max} kann von etwa 0,3 bis 0,90 gehen (Schnee), so daß ein Anteil von 0,2 bis 0,6 des Streulichtes wirksam wird. Dies entspricht auch etwa den Messungen von Jones und Condit [*8*]. Zur Ermittlung des wirksamen Streulichtes muß der so erreichte Faktor, also 0,2 bis 0,6, mit dem Gesamtstreulicht (s. o.) von 1,5 bis 3% multipliziert werden. Das wirksame Streulicht kann dann

$0{,}2 \cdot 1{,}5 = 0{,}3\%$ bis
$0{,}6 \cdot 3{,}0 = 1{,}8\%$ betragen.

Für Vario-Objektive, Anamorphoten oder unsaubere Objektive kommen wesentlich höhere Werte vor, so daß man mit etwa 0,4 bis 5% rechnen muß.

Jones und Condit ermittelten experimentell den mittleren Objektumfang mit 160. Dieser soll durch den mittleren „Flare-Faktor" 4,0 auf 40 reduziert werden. Hieraus errechnet sich ein mittleres wirksames Streulicht, bezogen auf die hellste Bildstelle, von 1,8%.

Im folgenden wird mit 2,0% gerechnet.

Verflachung durch Streulicht

In Abb. 4 ist der Einfluß des Streulichtes sensitometrsich dargestellt. Die punktierte Kurve gibt die Beleuchtungsstärke auf dem Film als Funktion der Leuchtdichte im Objekt bei 2% Streulicht. Da 2% von 32 Apostilb 0,64 sind, so wird am dunkelsten Teil des Diagrammes, bei 1 Apostilb, die wirksame Leuchtdichte 1,64 Apostilb. Das Diagramm ist so normiert, daß die Leuchtdichte 1 ohne Streulicht gerade die Beleuchtungssträrke 1 auf dem Bild ergeben würde.

Für die weitere Rechnung muß die praktische Kurve mit Hilfe der Goldbergschen Kopierkurven-Konstruktion, wie dies für den Negativ/Positiv-Prozeß schon mehrfach veröffentlicht wurde [*9*], auf die Sensitometerkurve des Films (Abb. 1) abgebildet werden. Es ergibt sich die gestrichelte Kurve für die Filmdichten. Diese ist abermals auf die Streulichtkurve des Projektors abzubilden; dabei ist auch für die Projektion 2% wirksames Streulicht angenommen. Es ergibt sich die ausgezogene Kurve in Abb. 4. Die Goldberg-Konstruktion ist nicht mit abgebildet, sondern alle drei Kurven in gleicher Richtung in dasselbe Diagramm eingetragen.

Betrachtet man die beiden Endpunkte der ausgezogenen, d. h. also in der Projektion wirksamen Kurve, so sieht man, daß für ein Objekt mit dem Leuchtdichteumfang 1 : 32 (Abszisse) der Umfang in der Projektion ebenfalls 1 : 32 beträgt. Das heißt also: Für ein Objekt mit dem Umfang 1 : 32, für je 2% wirksames Streulicht bei Aufnahme und Projektion ist der Helligkeitsumfang von Objekt und Wiedergabe gleich, die alte Forderung (1) also erfüllt.

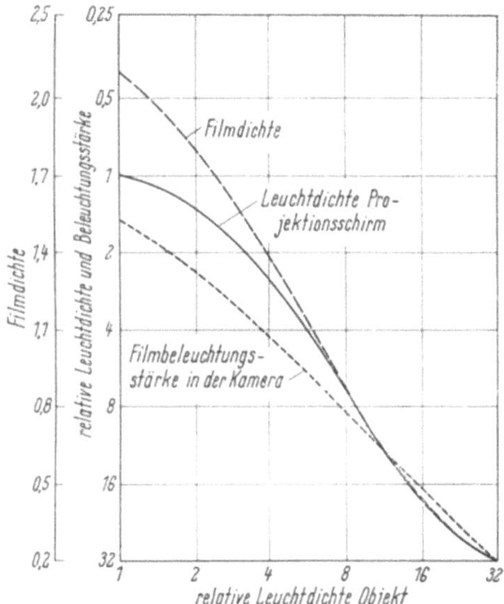

Abb. 4. Kontrastminderung bei Agfacolor Umkehrfilm CT 18 durch 2 Prozent Streulicht in der Kamera und 2 Prozent in der Projektion. Punktierte Linie: Beleuchtungsstärke in der Kamera auf dem Film. Gestrichelte Linie; Kurve der Farbdichte des entwickelten Films. Ausgezogene Linie: Kurve der wirksamen Leuchtdichte auf dem Projektionsschirm.

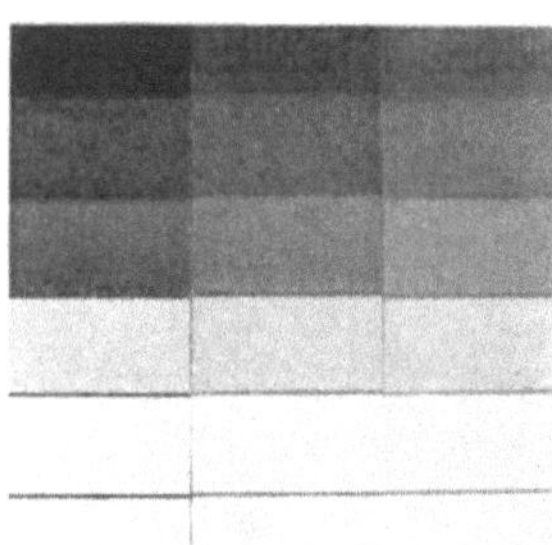

Abb. 5. Wirkung einer Grautafel in der Projektion. Oben: ohne Streulicht; Mitte: Kamera und Projektion 2 Prozent Streulicht; unten: Kamera 5 Prozent, Projektion 2 Prozent Streulicht.

Allerdings ist die Kurve der Helligkeiten in der Projektion keineswegs geradlinig, sondern an beiden Enden stark gekrümmt. Sowohl die Lichter wie die Schatten sind also flacher dargestellt als die Mitteltöne, eine Erscheinung, die jedem Praktiker nicht nur vom Umkehrfilm her, sondern auch aus der Negativ/Positiv-Photographie bekannt ist.

Im Zeitschriftendruck kann man projizierte Bilder nicht darstellen. Trotzdem wurde in Bild 5 versucht, einen Eindruck zu vermitteln, wie er bei der Projektion entstehen würde. Dargestellt ist das Bild einer Grautafel mit einem Umfang von 1 : 32 (log. Umfang 1,5), und zwar nicht nur entsprechend einem Streulicht von 2% bei Aufnahme und Projektion (mittleres Bild), sondern auch ganz ohne Streulicht (oberes Bild) und mit einer schlechten Kamera, die 5% Streulicht aufweist (unteres Bild). Für das obere Bild wurde die Grautafel vor einem schwarzen Hintergrund aufgenommen, so daß sich das Streulicht nicht auswirken konnte. Man sieht die sehr erheblichen Gradationsunterschiede zwischen den drei Tafeln. Die mittlere entspricht ungefähr dem Original, während die obere zu steil und die untere zu flach ist.

Für das Negativ/Positiv-Verfahren gelten die hier angestellten Überlegungen prinzipiell in gleicher Weise. Allerdings kann man den Streulichteinfluß weitgehend durch die Wahl der Papiergradation kompensieren (9).

Mittlere wirksame Steilheit

In den vorhergehenden Abschnitten ist bewiesen oder wenigstens glaubhaft gemacht, daß für ein Objekt von dem Umfang 1 : 32 die in der Projektion wirksame Steilheit (Beta) 1,0 ist. Dies wurde vom Verfasser mehrfach in Experimentalvorträgen an Grautafeln demonstriert, wobei das Original und die Photographie der Grautafel zusammen im Projektionslicht gezeigt wurden. Die Frage ist, ob 1 : 32 als mittlerer Umfang anzusehen ist. Der mittlere Objektumfang wurde zuerst von GOLDBERG [*10*] mit 1 : 20 bis 1 : 30 ermittelt.

JONES und CONDIT [*8*] maßen 1 : 160, wobei sich in den dazwischenliegenden 40 Jahren nicht die Objekte geändert, sondern die Meßmethoden verfeinert haben. Das Meßinstrument von GOLDBERG hatte selbst Streulicht und gab daher für dunkle Objektteile zu hohe Leuchtdichten an. Rechnet man entsprechend Abb. 4, aber für den Umfang 1 : 160 statt 1 : 32, so findet man als Beleuchtungsstärkeumfang auf dem Film 1 : 40 statt 1 : 20, als Dichteumfang im entwickelten Film 2,4 statt 1,9 und schließlich als Leuchtdichteumfang in der Projektion 1 : 40 statt 1 : 32. Die wirksame Steilheit (Beta) ist dann

$$\frac{\log 40}{\log 160} = \frac{1{,}6}{2{,}2} = 0{,}73\,,$$

also erheblich weniger als 1,0. Dabei würden die dunkleren Teile des Objektes nur mit sehr geringem Kontrast wiedergegeben werden. (Verlängerung der ausgezogenen Kurve in Abb. 4 nach links.) Dies entspricht durchaus den praktischen Erfahrungen, wonach in Schattenpartien zwar noch so viel Zeichnung vorhanden ist, daß man großflächige Abstufungen erkennen kann, aber keinesfalls ein Kontrast wie in den mittleren und helleren Bildteilen.

Für die Beurteilung der optimalen Filmgradation sind Objektumfänge von 1 : 10 bis 1 : 40 entscheidend. Auch ALBRO und CURRENT [*11*] rechnen nur mit 1 : 5 bis 1 : 100 und begründen damit den in DIN 4512 [*3*] und anderen Normen verankerten mittleren Dichteumfang von 1,8 im Umkehrfilm, der sehr nahe bei dem Umfang 1,9 nach Abb. 4 liegt. Man kann also, wenn auch ohne exakten Beweis, sagen, daß die mittlere Steilheit im bildwichtigen Teil von Umkehrbildern in der Nähe von 1,0 liegt.

Optimale Belichtung von Umkehrfilmen

Es ergibt sich nun die weitere Frage nach der optimalen Belichtung des Farbumkehrfilms. Abb. 6 enthält die gleiche Rechnung wie Abb. 4, diesmal aber ausgeführt für verschiedene Über- und Unterbelichtungen eines Farbumkehrfilmes. Ebenso wie oben wurde die sensitometrische Kurve eines Agfacolor CT 18 Filmes zugrunde gelegt. Die Zwischenstadien, entsprechend Abb. 4, sind weggelassen. Die mittlere mit Null bezeichnete Kurve entspricht der ausgezogenen Kurve in Abb. 4. Rechts und links sind die errechneten, wirksamen Kurven bei ein und zwei Lichtwerten Unter- und Überbelichtung eingezeichnet. Es ergibt sich das jedem Praktiker geläufige charakteristische Bild für die Über- und Unterbelichtung. Bei der Überbelichtung kommt man in den Filmdurchhang: Die Lichter werden flach, die Schatten steil. Im Gegensatz dazu werden bei der Unterbelichtung die Lichter steil und die Schatten flach. Die Wirkung des Streulichtes ist also bei der Unterbelichtung viel stärker als bei der Überbelichtung, während bei der Überbelichtung der Filmdurchhang wirksam wird. Die optimale Belichtung ist dadurch gekennzeichnet, daß die effektive Sensitometerkurve in der Projektion etwa eine symmetrische S-Kurve darstellt. Leider lassen sich diese Zusammenhänge im Druck nicht darstellen. Praktische Aufnahmen und parallel durchgeführte Messungen ergaben aber immer wieder, daß als optimales Bild dasjenige empfunden wird, bei dem die effektive Kurve etwa eine symmetrische S-Kurve ist. Es läßt sich also die Regel aufstellen:

Die optimale Belichtung beim Umkehrfilm ist dann erreicht, wenn die effektive Gradation in den bildwichtigen Teilen eine symmetrische S-Kurve darstellt.

Daraus kann man eine wichtige Folgerung ziehen. Diese besagt, daß stärkeres Streulicht im Projektor die linke Krümmung der Kurven in Bild 6 verstärkt und daher eine reichlichere Belichtung beim Umkehrfilm erfordert. Oder anders ausgedrückt: der Film erscheint in einer Projektion mit stärkerem Streulicht unempfindlicher als in einer Projektion mit geringerem Streulicht. Dabei spielt übrigens auch Nebenlicht eine Rolle, das z. B. von schlecht abgedunkelten Fenstern, also nicht einmal vom Projektor herrührt.

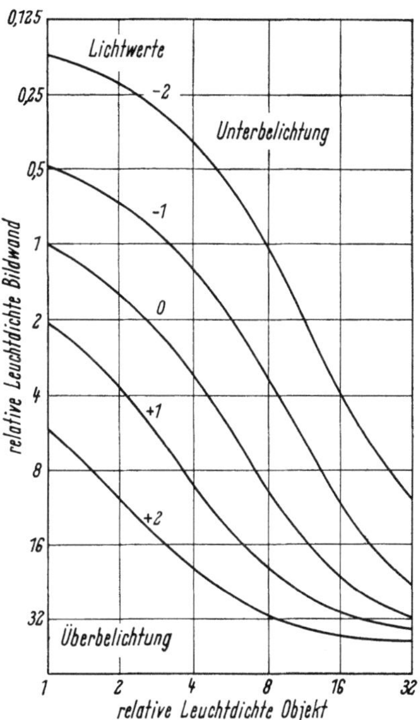

Abb. 6. Helligkeitswiedergabe bei der Projektion von Farbumkehrfilmen bei normaler Belichtung, Unter- und Überbelichtung.

Eine weit verbreitete Meinung besagt, daß bei heller Projektion dunklere Bilder, bei dunkler Projektion hellere Bilder bevorzugt werden, während nach den hier niedergelegten Betrachtungen und Versuchen nur der Streulichtanteil maßgeblich ist. Trotzdem ist die erwähnte Meinung oft richtig, da man praktisch in einer lichtschwachen Projektion meist viel Streulicht hat und umgekehrt. Im übrigen ist eine lichtstarke Projektion selbstverständlich nicht nur wegen des verminderten Streulichtes zu empfehlen, sondern auch wegen des allgemein besseren Bildeindrucks in bezug auf Farbsättigung, Schärfe und Auflösung.

Optimale Gradation von Farbumkehrfilmen

Die sensitometrische Kurve nach Abb. 1 wurde vom Filmhersteller nicht nach theoretischen Überlegungen, sondern nach praktischen Aufnahmen festgelegt. Sie erfährt in der Steilheit ihre nachträgliche Begründung durch die Betrachtungen dieser Abhandlung. Zu begründen ist noch der geradlinige Anstieg in den dunklen Teilen und der Durchhang auf der rechten Seite.

Wie man aus Abb. 4 erkennt, spielt bei dem dort angenommenen Objektumfang und der dort angenommenen Belichtung die Filmdichte über etwa 2,0 nur noch eine untergeordnete Rolle. Trotzdem steigt (s. Abb. 1) die Dichte noch bis über 3,0 fast geradlinig an.

Dies hat zwei Gründe:

Einmal würden auch mäßige Unterbelichtungen zu flach werden (s. Abb. 6), zum anderen muß man auch Aufnahmen mit großem Umfang und kleinem Streulicht berücksichtigen. Extreme Beispiele dafür sind Feuerwerk, Lichtreklamen bei Nacht, Kirchenfenster. Könnte man die Sensitometerkurve schon bei etwa 2,0 abbiegen lassen, so könnte man mit denselben Emulsionen ca. 5 DIN Empfindlichkeit gewinnen.

Die Begründung für den Durchhang des Filmes auf der Seite der geringen Dichten ergibt sich aus Abb. 6. Bei einem Film, dessen Sensitometerkurve geradlinig bis zur Minimaldichte verläuft, würde man den Eindruck der Unterbelichtung erzielen (Lichter steiler als Schatten). Man müßte mit den Lichtern bis nahe an die Minimaldichte gehen und würde trotzdem keine harmonische Abstufung erhalten. (Symmetrische S-Kurve). Auch diese Tatsachen sind durch Erfahrungen belegt. Legt man den Umfang 1 : 32 und den Streulichtanteil 2% zugrunde, so erhält man für die symmetrische Kurve nach Abb. 6 eine sensitometrische Kurve nach Abb. 1. Dies kann man wohl als eine Bestätigung ansehen, daß die Theorie der symmetrischen S-Kurve einigermaßen zutrifft. Sie wurde auch an einigen praktischen Aufnahmen erprobt und im Rahmen der recht erheblichen Fehlergrenzen bestätigt.

Anwendung auf Schwarzweiß-Umkehrfilme

Für Schwarzweiß-Umkehrfilme gelten obige Betrachtungen unverändert, wenn man den Callier-Effekt berücksichtigt. Bei der üblichen Messung in diffusen Dichten muß daher der Schwarzweißfilm flacher als der Farbfilm sein.

Literatur

[1] PORTER, A. W. u. R. E. SLADE: Phil. Mag. **38**, 187—197 (1919) und zahlreiche spätere Autoren, Übersicht bei NARATH, A., Bull of the Research Council of Israel **50**, 257—284 (1957).

[2] BEHRENDT, W.: Kino-Technik **15**, 169 (1961).

[3] DIN 4512 Blatt 4, 1963; ASA-PH 2. 21. 1961.

[4] FRIESER, H. u. W. MÜNCH: Kinotechnik **23**, 78—83 (1941).

[5] DIN 15 571, 1964.

[6] PAULI, H.-G.: Bild und Ton **17**, 139 (1964).

[7] DIN 19 010, 1961; ASA PH 2, 12, 1961.

[8] JONES, L. A., u. H. R. CONDIT: J.O.S.A. **31**, 651 (1941).

[9] JONES, L. A.: Phot. Journ. **89B**, 126 (1949).

[10] GOLDBERG, E.: Aufbau d. photogr. Bildes, Halle 1925.

[11] ALBRO, SP. R. u. I. B. CURRENT: Phot. Sc. and Eng **4**, 65—68 (1960).

Statistische Häufigkeit von „guten" und „schlechten" photographischen Bildern auf Umkehrfilm

Von W. Behrendt

Zusammenfassung

Am Umkehrfilm, insbesondere Farbumkehrfilm, sind im Gegensatz zum Negativ-Positiv-Prozeß für den Amateur kaum Korrekturen möglich. Ein „gutes" Bild muß also „richtig" in der Belichtung und „richtig" in der Farbe sein. Im vorliegenden Aufsatz werden die Begriffe „gutes", „zumutbares" und „schlechtes" Bild definiert. Unter Berücksichtigung der zur Zeit üblichen Fertigungstoleranzen und Normvorschriften wird die Häufigkeit guter und schlechter Bilder nach den Regeln der Wahrscheinlichkeitsrechnung bestimmt. Sie werden von der Praxis (Auszählung in Umkehranstalten) bestätigt. Folgerungen für Normen und Fertigungstoleranzen werden gezogen, die zum großen Teil bereits praktisch eingeführt sind.

1. Einleitung

Bei jeder industriellen Fertigung müssen Toleranzeh in Kauf genommen werden, die vielfach durch Normen festgelegt sind. So sind z. B. die Normen für Schrauben und Muttern so festgelegt, daß mit Sicherheit jede Schraube in jede Mutter gleichen Nennmaßes paßt. In der Photographie sind an einer guten Aufnahme ungewöhnlich viel Glieder beteiligt, nämlich im allgemeinen:

Belichtungsmesser,	Kameraverschluß,
Motiv,	Film,
Objektiv,	Filmentwicklung und eventuell Kopie.

Die Frage des Zusammenpassens dieser Teile wird in letzter Instanz vom Photographen entschieden, Er sagt, das Bild ist richtig, unter- oder überbelichtet, farbrichtig oder farbfalsch. Beim Negativfilm hat allerdings die vorletzte Instanz, die Kopieranstalt, noch individuelle Ausgleichsmöglichkeiten durch Wahl der Kopierbelichtung und der Papiergradation. Praktisch brauchen wir uns daher für die Frage der Toleranzen nur mit Umkehrfilmen, insbesondere mit den Farbumkehrfilmen, zu beschäftigen.

2. Gute, brauchbare, schlechte Bilder

Im folgenden sind als schlechte Bilder nur solche verstanden, die wegen Unterbelichtung, Überbelichtung oder Farbstich schlecht sind. Weder die Ästhetik noch Korn und Schärfe sind dabei berücksichtigt. Die Frage ist also: Wie groß ist die Wahrscheinlichkeit, mit handelsüblichen Filmen und Geräten richtig zu belichten und farblich einwandfreie Bilder zu erhalten?

2.1 Belichtung

Die richtige Belichtung ist diejenige, bei der das Diapositiv oder der Schmalfilm von einer Mehrheit von Beobachtern als optimal innerhalb einer Belichtungsreihe empfunden wird. Man führt also eine in halben oder viertel Lichtwerten abgestufte Belichtungsreihe einer größeren Zahl von Beobachtern vor und läßt abstimmen, welche Bilder gut, brauchbar (zumutbar) und unbrauchbar sind. Wie wohl jeder Photograph aus Erfahrung weiß, stimmen die Urteile verschiedener Beobachter in dieser Beziehung recht gut überein, d. h. innerhalb $\pm 1/2$ Lichtwert bezeichnen fast alle Beobachter dasselbe Bild als optimal. Geübte Personen (Farbfilm-Prüfstelle der Agfa-Photofabrik) beurteilen auf $\pm 1/4$ Lichtwert genau.

Die Zumutbarkeitsgrenze oder, was dasselbe ist, die Grenze des Belichtungsspielraumes hängt vor allem von der sensitometrischen Kurve des Films, aber auch vom Motiv ab. Flachere Filme haben einen größeren Belichtungsspielraum. Praktisch muß man aber stets über einen Gammawert 1,0 bleiben [*1*] und kommt dann auf einen Belichtungsspielraum von ± 1 bis 1 1/2 Lichtwerten (Auswertung von Vorführungen mit Abstimmungszetteln). Bilder, die weiter als $\pm$ 1 1/2 Lichtwerte vom Optimum entfernt sind, sind in den anschließenden Rechnungen als unbrauchbar bezeichnet.

2.2. Farbabstimmung

Die richtige Farbabstimmung kann farbreizmetrisch [*2*] oder wieder durch Betrachtung ermittelt werden. Da in der Projektion dem Auge keine weiße oder graue Vergleichsfläche geboten wird, kann es strenggenommen gar keinen Farbstich erkennen, sondern nur einen Farbgang, also beispielsweise unterschiedliche Farbtöne in den Feldern einer photographierten Grautreppe [*3*].

Die Farbe der Projektionslichtquelle kann in weiten Grenzen schwanken, ohne daß eine Farbverfälschung bemerkbar wird [*4, 5*]. Ein relativ schwaches Filter bei der Aufnahme dagegen wird bemerkt. Dies liegt daran, daß bei der Aufnahme die hellsten und dunkelsten Teile des entwickelten Filmes (Schleier und Grundschwärze) unverändert bleiben und nur in den mittleren Dichten Verschiebungen eintreten, die allgemein als Farbstich bezeichnet werden.

Da ein Farbgang farbreizmetrisch nicht ganz leicht zu erfassen ist, wurde die optimale Farbabstimmung und die Grenze der Zumutbarkeit durch Vorführung vor einem größeren Zuschauerkreis mit Abstimmzettel festgestellt. Zu diesem Zweck wurden von 5 verschiedenen Motiven Aufnahmen auf denselben Film mit und ohne abgestufte Filter in den 6 Farben rot, purpur, blau, blaugrün, grün, gelb hergestellt und projiziert (Einzelheiten sind einer späteren Veröffentlichung vorbehalten). Die Abstufung der (handelsüblichen) Filter war so, daß 3 Filter von je 100 Filtereinheiten gelb, purpur und blaugrün übereinandergelegt grau in einer Dichte von etwa 1,0 ergaben. Dann war die „Halbwertsgrenze", das heißt die Grenze, bei der etwa 50% der Beobachter die Bilder ablehnten, bei 20—25 Filtereinheiten in alle Richtungen.

Damit sind die Grundlagen für die Definition der guten und schlechten Bilder gegeben. Die Wahrscheinlichkeit, daß man gute oder schlechte Bilder erhält, wird zweckmäßig für Belichtung einerseits und Farbstich (Farbgang) andererseits getrennt geführt. Allerdings gibt es Fälle, in denen eine Überbelichtung oder Unterbelichtung nur deshalb unbrauchbare Bilder gibt, weil der betreffende Film seinen mittleren Farbstich je nach Belichtung ändert. Rechnerisch ist das aber kein Unterschied gegenüber einer andersartigen Begrenzung des Belichtungsspielraumes.

3. Fehler durch Unter- und Überbelichtung

3.1. Toleranzen nach deutschen und internationalen Normen

Die existierenden und geplanten Normen, die sich mit dem Problem der richtigen Belichtung befassen, sind in Abb. 1 in ihrem Zusammenwirken dargestellt. DIN 4512 gibt Meßverfahren für Filmempfindlichkeiten, wobei die Norm für Farbumkehrfilm (DIN 4512 — Blatt 4) allerdings erst ein Vorschlag ist. Der Filmempfindlichkeitswert wird auf den Belichtungsmesser übertragen, und dieser gibt Werte für Blende und Belichtungszeit an.

Bei Blitzaufnahmen lautet die entsprechende Reihe Filmempfindlichkeit — Leitzahl — Blendenzahl.

Für Belichtungsmesser und Blitzleitzahl sind Toleranzen von je $\pm$ 1/2 Lichtwert festgelegt, für die Belichtungszeit von $\pm$1/3 Lichtwert. Für die Blende sind die Normal-Toleranzen noch in Diskussion. In der amerikanischen Norm ASA PH 3.33-1959 sind auch für die Blende Toleranzen festgelegt, die nach Brennweiten und Öffnungs-

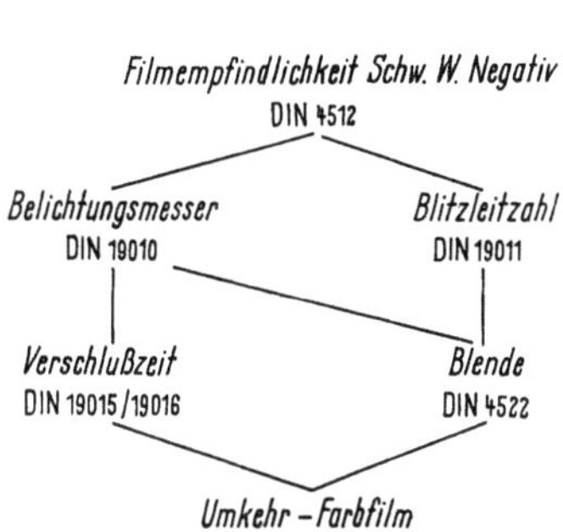

Abb. 1. Normen für korrekte Belichtung.

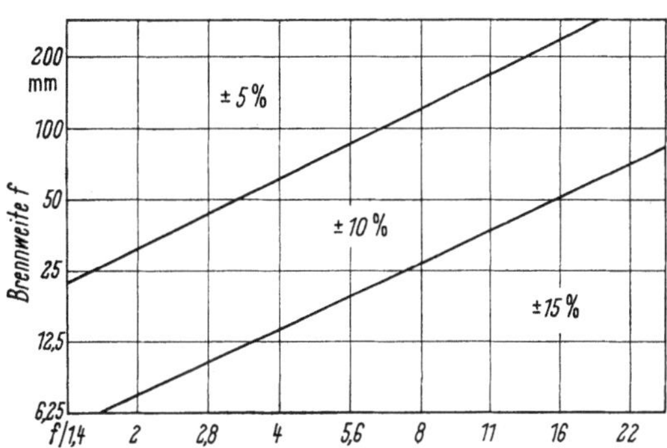

Abb. 2. Durchmessertoleranzen für photographische Objektivblenden nach der amerikanischen Norm (geplante DIN-Norm ähnlich).

verhältnis abgestuft sind. Abb. 2 zeigt dieses Toleranzfeld, das in Prozenten des Blendendurchmessers, also nicht in Lichtwerten, angegeben ist. Auf Lichtwerte umgerechnet ergeben

$$\pm\ 5\%: \begin{matrix} +0{,}14 \\ -0{,}15 \end{matrix} \approx \pm 1/6 \text{ Lichtwert}$$

$$\pm 10\%: \begin{matrix} +0{,}28 \\ -0{,}30 \end{matrix} \approx \pm 1/3 \text{ Lichtwert}$$

$$\pm 15\%: \begin{matrix} +0{,}40 \\ -0{,}47 \end{matrix} \approx \pm 1/2 \text{ Lichtwert}$$

Für die Kleinbildphotographie mit Brennweiten von 40—50 mm liegen die wichtigsten praktisch benutzten Blenden, nämlich 1 : 4 bis 1 : 11, im mittleren Toleranzfeld, für 8 mm Kameras wird fast nur das rechte Feld mit $\pm$15% ausgenutzt. Im folgenden wird daher für Standbildkameras mit einer symmetrischen Toleranz von

$\pm 1/3$ Lichtwert, für Schmalfilmkameras $\pm 1/2$ Lichtwert gerechnet. Diese Werte dürften für Kleinformat und größere Formate heute einzuhalten sein, bei 8 mm Kameras machen sie bei den kleinsten Blenden einige Schwierigkeiten. Für automatische Kameras werden die Toleranzen weiter unten diskutiert.

In DIN 4512 ist die Toleranz für die Filmempfindlichkeit pauschal mit $\pm$ 1 DIN = = $\pm$ 1/3 Lichtwert festgelegt, wobei die Filmalterung berücksichtigt ist. Die Filmtoleranzen werden aber im nächsten Abschnitt genauer diskutiert.

Da die Norm für die Blitzleitzahl relativ neu ist und noch nicht immer eingehalten wird, werden Blitzaufnahmen nicht berücksichtigt.

3.2 Filmtoleranzen

Der Film nimmt für sich allein mehrere Toleranzen in Anspruch. Die folgenden Werte sind für die Filme Agfacolor CT 18 (35 mm und breiter) sowie Agfacolor CT 13 (8 und 16 mm) angegeben. Andere Fabrikate dürften sich nicht allzusehr davon unterscheiden.

Farbumkehrfilme werden heute mit einer Genauigkeit von $\pm$ 1/2 DIN hergestellt, entsprechend 1/6 = 0,17 Lichtwerten. Dazu kommt aber eine Empfindlichkeitsänderung im Laufe der Garantiezeit, die immerhin 1 DIN = 0,33 Lichtwert betragen kann. Da man die Frischempfindlichkeit von Farbfilmen etwas höher als den Nominalwert ansetzt, so äußert sich die Alterung als Plus-Minus-Toleranz, also $\pm$ 0,17 Lichtwerte. Durch die Entwicklung kann eine Unsicherheit von $\pm$ 1 DIN = 0,33 Lichtwerten verursacht werden. Schließlich ist noch die Änderung des latenten Bildes zu beachten, die sich als scheinbare Empfindlichkeitsabnahme bemerkbar macht, wenn der belichtete Film erst nach Wochen oder Monaten entwickelt wird. Sie kann $\pm$ 1/2 DIN = $\pm$ 0,17 Lichtwerte betragen. Die Frischempfindlichkeiten obiger Filme sind so eingestellt, daß die korrekte Empfindlichkeit im Mittel erreicht wird, wenn der Film ein halbes Jahr nach Herstellung belichtet und 3—4 Wochen nach Belichtung entwickelt wird. Der erste Wert ist durch umfangreiche statistische Kontrollen ermittelt, der zweite ist geschätzt.

3.3 Sonstige Toleranzen

Schließlich ist noch zu berücksichtigen, daß der Belichtungsmesser auch bei korrekter Eichung nicht bei allen Objekten die optimale Belichtung anzeigt. Beispielsweise muß bei trübem Wetter reichlicher belichtet werden, als es der Anzeige entspricht. Der Belichtungsmesser kann ja nur den arithmetischen Mittelwert der Leuchtdichten anzeigen, während für das optimale Bild außerdem der Kontrast, die Helligkeitsverteilung und das Streulicht in Kamera und Projektion maßgebend sind [*1*]. Genaue Statistiken über den Motiv-Einfluß gibt es nicht, jedoch kann man aus Veröffentlichungen sowie aus den Gebrauchsanweisungen für Filme und Belichtungsmesser entnehmen, daß er nur sehr selten mehr als $\pm$ 0,5 Lichtwerte erreicht.

3.4 Addition der Toleranzen für Stehbildkameras ohne Automatik

In Tabelle 1 sind alle bisher aufgeführten Toleranzen für Stehbildkameras zusammengestellt.

Tabelle 1. *Toleranzen und mittlere Fehler in der Farbphotographie (Standaufnahmen)*
Alle Zahlen in Lichtwerteinheiten

	Toleranz	mittlerer Fehler σ	$100\,\sigma^2$
Belichtungsmesser	0,5	0,25	6,2
Motivabhängigkeit	0,5	0,12	1,5
Übertragung auf der Kamera	0,25	0,12	1,5
Belichtungszeit	0,33	0,17	2,7
Blende	0,33	0,17	2,7
Filmempfindlichkeit frisch	0,17	0,08	0,7
Alterung	0,17	0,08	0,7
Entwicklung	0,33	0,17	2,7
latentes Bild	0,17	0,08	0,7
	2,75		19,4

$\sqrt{0{,}194} = 0{,}44$ Lichtwerte

Mit dem Übertragungsfehler in der dritten Zeile ist die Tatsache gemeint, daß bei den meisten Kameras der Belichtungszeithebel Rasten hat, zwischen denen man nicht einstellen kann oder soll. Die Rasten haben meist einen Abstand von 1/2 Lichtwert, so daß ein Fehler von $\pm$ 1/4 Lichtwert zusätzlich entsteht.

Addiert man alle in der zweiten Spalte der Tabelle 1 aufgeführten Toleranzen, so erhält man den Wert 2,75, also fast $\pm$ 3 Lichtwerte. Es gibt keinen Farbumkehrfilm, der einen so großen Belichtungsspielraum hat. Man muß also annehmen, daß sich im allgemeinen verschiedene Fehler gegenseitig aufheben. In der Tat ist es höchst unwahrscheinlich, daß sämtliche Fehlermöglichkeiten in der gleichen Richtung in vollem Umfange zusammenkommen.

Mit Hilfe der Statistik ist es möglich, die Wahrscheinlichkeit für das Zusammentreffen verschiedener Fehler zu errechnen. Charakteristisch für die Rechnungsart ist die Einführung des mittleren Fehlers σ als quadratischer Mittelwert sämtlicher möglichen Einzelfehler. Die Wahrscheinlichkeitsrechnung besagt, daß bei mehreren unabhängigen Fehlern die Quadrate der einzelnen mittleren Fehler addiert werden müssen, um daraus das Quadrat des mittleren Gesamtfehlers zu erhalten. Die Frage ist nur, wie man den mittleren Fehler (Standard-Abweichung σ) der einzelnen Größen errechnen kann. Theoretisch könnte man 10 000 Belichtungsmesser nehmen und die Häufigkeitsverteilung der Eichfaktoren messen Dieser Weg ist praktisch ungangbar. Man kann aber vernünftige Annahmen über die Häufigkeitsverteilung aller Fehler machen, wenn man von der Voraussetzung ausgeht, daß eine Gaußsche Fehlerverteilung mit abgeschnittenen Enden vorliegt. Die Enden sind deshalb abgeschnitten, weil bei der Herstellung der Geräte — Belichtungsmesser oder Kamera — die Qualitätskontrolle alle Geräte ausscheidet, die außerhalb der Toleranz liegen.

Aus dem Prozentsatz der von der Kontrolle ausgeschiedenen Geräte kann man das Verhältnis σ : Toleranz errechnen. Für Belichtungsmesser, Objektive und Verschlüsse liegen diese Zahlen dem Autor für das Agfa Camerawerk vor.

Ferner liegen für die Filmtoleranzen (Frischwerte) die Zahlen für Agfacolor-Umkehrfilme vor, für die Streuung der Entwicklung die Kontrollstreifen des Agfacolor-

Umkehrdienstes. Für die Streuung durch Alterung lag die Alterung als Funktion der Zeit vor, ferner die Altersverteilung in den Umkehranstalten (Auszählung von Emulsions-Nummern). Für das latente Bild lag wieder die Alterung als Funktion der Zeit vor, während die Altersverteilung des latenten Bildes geschätzt werden mußte. Als mittleres Alter wurden 3 Wochen (mittlere Urlaubsdauer) angenommen. In all diesen Fällen ergaben sich σ-Werte in der Größenordnung der halben Toleranz, und zur vereinfachten Rechnung wurde durchweg $\sigma = 1/2$ Toleranz angesetzt, also zum Beispiel beim Belichtungsmesser $\sigma = 0{,}25$ Lichtwerteinheiten. Eine Ausnahme ist die Abhängigkeit vom Objekt. Hier kann man nämlich mit Recht annehmen, daß große Abweichungen relativ selten sind und daß der Benutzer genügend Erfahrung hat, um in schweren Fällen der Abweichung selbst eine Korrektur vorzunehmen. Aus diesem Grunde ist der mittlere Fehler der Objektabhängigkeit nur mit 0,12 Lichtwerteinheiten, also nur 1/4 der Gesamt-Toleranz eingesetzt.

Die letzte Spalte der Tabelle 1 gibt die Quadratwerte der einzelnen mittleren Fehler an, der Einfachheit halber mit 100 multipliziert. Die Summe dieser Quadrate ist 19,4, der mittlere Gesamtfehler also $\sqrt{0{,}194} = 0{,}44$ Lichtwerteinheiten. Obwohl also maximal Abweichungen von fast 3 Lichtwerteinheiten vom Sollwert vorkommen können, beträgt der mittlere Gesamtfehler nur knapp 1/2 Lichtwerteinheit.

Aus dieser einen Zahl 0,44 läßt sich die gesamte Häufigkeitsverteilung ableiten. Sie ist in Abb. 3 dargestellt. Senkrecht ist die relative Häufigkeit, waagrecht die Abweichung von der korrekten Belichtung aufgetragen, ebenfalls wieder in Lichtwerten. Rechts finden sich die Überbelichtungen, links die Unterbelichtungen. Um aus der Kurve ermitteln zu können, wieviel Aufnahmen brauchbar sind, muß man nur noch den Belichtungsspielraum des Filmes kennen. Die eingetragenen Werte beziehen sich auf Farbumkehrfilm. Hier kann man sagen, daß eine Über- oder Unterbelichtung von $\pm$ 1/2 Lichtwert ohne Vergleich nicht bemerkbar ist, daß also alle Aufnahmen innerhalb dieses Spielraumes vom technischen Standpunkt aus als sehr gut zu bezeichnen sind. Die Anzahl der in diesem Sinne sehr guten Aufnahmen ergibt sich aus der von links oben nach rechts unten schraffierten Fläche und errechnet sich zu 74% sämtlicher Aufnahmen. An dieses Gebiet schließt sich der Bereich von $\pm 1/2 \ldots \pm 1$ Lichtwert an, den man immer noch als gut bezeichnen kann. Die Gesamthäufigkeit in diesem Bereich ist $2 \times 11{,}8$ oder 23,6%. Liegt die Belichtung 1...1 1/2 Lichtwerte von der optimalen Belichtung entfernt, so sind die Aufnahmen im allgemeinen noch nicht unbrauchbar, aber auch nicht besonders gut. Sie sind in Abb. 3 als brauchbar bezeichnet; ihre Häufigkeit beträgt $2 \times 1{,}165$ oder 2,33%. Viele Amateure finden diese Aufnahmen noch schön und erwarten von anderen Betrachtern, daß sie derselben Ansicht sind. Kommt man aber um mehr als 1 1/2 Lichtwerte zur Über- oder Unterbelichtung, so sind diese Aufnahmen zum größten Teil unbrauchbar. Dieses Gebiet umspannt $2 \times 0{,}035$ oder 0,07%.

Aus dieser Rechnung folgt, daß bei völlig einwandfreien Geräten und einwandfreiem Film 97,6% aller Aufnahmen gut und sehr gut, aber immerhin 0,07% unbrauchbar sind. Wenn man also 10 000 Personen ebenso viele Kameras und Belichtungsmesser sowie je einen Film zum Belichten überlassen würde, so müßte man damit rechnen, daß etwa sieben Filme trotz aller Sorgfalt unbrauchbar wären. Da Millionen von Farbfilmen in jedem Jahr belichtet werden, kommen diese Fälle tatsächlich vor.

Wenn dann der Verbraucher beim Hersteller von Kamera, Belichtungsmesser oder Film reklamiert, so wird er die Antwort erhalten, daß seine Fehlbelichtungen nur durch das Zusammentreffen unglücklicher Umstände verursacht wurden und daß die Geräte und der Film sowie die Entwicklung völlig in Ordnung seien. Der Kunde empfindet solche Briefe oft als Ausrede. Leider ist es aber so, daß nach dem heutigen Stand der Technik eine absolute Sicherheit bei der Belichtung von Farbfilmen noch nicht gegeben ist.

Die errechneten Zahlen können durch Auszählungen bei Umkehranstalten überprüft werden. Solche Zählungen finden in den Agfacolor-Anstalten laufend statt (etwa 3000 Filme pro Monat). Die Kontrolleure sind so trainiert, daß sie den Bereich $\pm$ 1 Lichtwert als gut, den Bereich außerhalb als schlecht bezeichnen. Dabei ergeben sich ziemlich konstant etwa 1—2% Über- und Unterbelichtungen mehr als errechnet, wobei Blitzaufnahmen nicht mitgezählt sind. Hier muß man wohl annehmen, daß entweder keine Belichtungsmesser oder defekte Apparate benutzt oder primitive Fehler gemacht wurden.

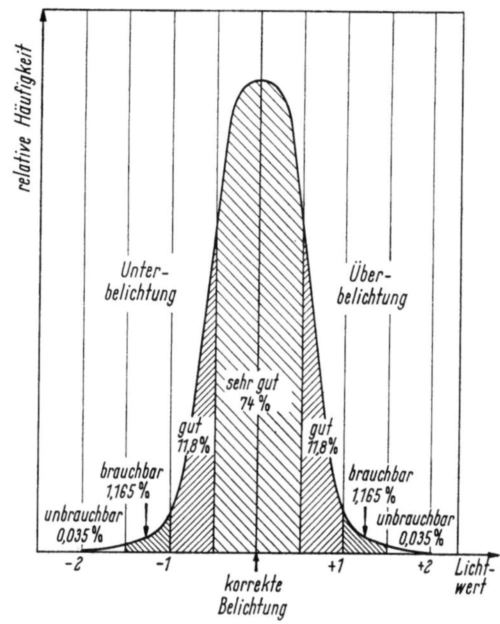

Abb. 3. Häufigkeitsverteilung der Über- und Unterbelichtungen bei Farbumkehrfilm und nicht automatischen Kameras.

Wie kann man die Ausbeute, die ja schon recht gut ist, noch verbessern? Zur Beantwortung dieser Frage sehen wir die Tabelle 1 durch, vor allem die letzte Spalte, und diskutieren Verbesserungsmöglichkeiten bei den einzelnen Fehlern.

3.5 Verbesserungsmöglichkeiten der korrekten Belichtung

3.5.1. Belichtungsmesser. In diesem elektro-optischen Teil liegt der weitaus größte Einzelfehler. Nach dem heutigen Stand der Technik ist die Toleranz $\pm$ 1/2 Lichtwert über einen Bereich von z. B. 15 Lichtwerten bis auf die erste Stufe (geringste Leuchtdichte) einzuhalten, aber nur mit großem Aufwand zu vermindern. In dem Fehler stecken Ermüdungs- und Alterseigenschaften des Photoelementes, toter Gang und Unwucht des Drehspulsystems sowie Unsicherheiten der Eichvorrichtung. Eine Verminderung des Fehlers ist durch individuelle Eichung zusammen mit der benutzten Kamera möglich, insbesondere, wenn der Belichtungsmesser über den ganzen Bereich zu reichlich oder zu knapp anzeigt. In diesem Falle stellt man z. B. einen 18° Film auf 16 oder 20. Man darf diese individuelle Eichmöglichkeit nicht überschätzen. Sehr häufig verlaufen die Eichkurven teils über, teils unter der Sollkurve, und dann ist der Amateur für eine Korrektur überfordert. Man kann nur hoffen, daß die Industrie Mittel und Wege findet, den elektro-optischen Fehler zu vermindern.

3.5.2. Die Motivabhängigkeit ist der unsicherste Teil der ganzen Rechnung. Darin steckt nämlich u. a. ein Intelligenzfaktor. Wer beispielsweise bei einer Sonnenuntergangsaufnahme den Belichtungsmesser auf Lichtmessung schaltet und auf die Kamera richtet, wird — wenn der Zeiger überhaupt ausschlägt — 4 bis 6 Lichtwerte überbelichten. Die Motivabhängigkeit wird nur von Belichtungsmessern mit sehr kleinem Bildwinkel vermieden, wobei Lichter und Schatten getrennt gemessen werden. Solche Geräte werden gelegentlich im Studio verwendet, sind aber für den Amateur viel zu teuer und zu umständlich.

In der Zahl 1,5 in der letzten Spalte von Tabelle 1 ist schon vorausgesetzt, daß der Amateur die Gebrauchsanweisung beachtet und beispielsweise bei trübem Wetter eine Blendenstufe reichlicher als angegeben belichtet. Ebenso wird er gegebenenfalls zur Messung nahe an das Objekt herangehen und bei Aufnahmen mit viel Himmel das Instrument neigen. Bei automatischen Kameras entfallen diese Möglichkeiten weitgehend.

3.5.3. Der Übertragungsfehler ist verhältnismäßig klein und prinzipiell durch engere Rasten an den Einstellringen zu vermindern. Bei automatischen Kameras ist er häufig zu vernachlässigen.

3.5.4. Die Belichtungszeiteinstellung hat heute schon einen hohen Stand der Technik erreicht. Die angegebene Toleranz wird bei neuen Kameras meist eingehalten, bei älteren und schlecht behandelten Verschlüssen allerdings nicht mehr.

3.5.5. Die Blendentoleranz wird ebenfalls eingehalten (Schmalfilmkameras siehe weiter unten). Hier muß ein alter Wunsch der Praktiker an die Objektivhersteller wiederholt werden, daß nämlich die Blendenzahlen nicht auf die geometrische Blende, sondern auf die Beleuchtungsstärke im Bildzentrum bezogen werden. Die dadurch entstehenden Fehler in Tiefenschärfetabellen sind völlig zu vernachlässigen. Nicht berücksichtigt ist die Vignettierung der Objektive. Diese spielt im Negativ-Positiv-Verfahren keine große Rolle, da die Vignettierung im Vergrößerungsapparat der in der Kamera entgegenwirkt. Beim Farbumkehrfilm wirken aber Kamera und Projektor in gleicher Richtung. Es wäre also ein Projektor zu fordern, der am Rand heller ist als in der Mitte. Zur Zeit gilt unsere Statistik streng genommen nur für den mittleren Bildteil.

3.5.6. Der Film ist mit vier unabhängigen Fehlern an dem Ergebnis beteiligt, von denen der der Entwicklung der einzig wesentliche ist. Noch vor wenigen Jahren waren die Filmtoleranzen übrigens wesentlich größer. An der Einengung der Entwicklungstoleranz wird selbstverständlich gearbeitet, jedoch kann auch die angegebene Zahl nur mit großem Aufwand an chemischer und sensitometrischer Kontrolle eingehalten werden. Die Hauptkontrolle der Entwicklung ist nach wie vor sensitometrisch, und in dieser Kontrolle stecken außer dem eigentlichen Entwicklungsfehler noch Fehler von der Sensitometerbelichtung, Stufenkeilmessung sowie Ungleichmäßigkeiten innerhalb einer Filmbahn. Da alle großen Umkehranstalten heute zu 99% den Wert von $\pm$ 1/3 Lichtwert im gemessenen Sensitometerkeil einhalten, kann man sogar schließen, daß die wahre Entwicklungsschwankung noch etwas geringer ist.

Damit soll nicht geleugnet werden, daß gelegentlich Einzelpannen, z. B. Ausfall eines Reglers, vorkommen, die dann bei einer bestimmten Anzahl von Filmen irreparable Schäden hervorrufen.

3.6. Einfluß von Toleranzänderungen

Der Einfluß einer Toleranzänderung ist in Abb. 4 dargestellt. Als Beispiel ist die Toleranz der Frischempfindlichkeit des Films gewählt. Die Abszisse gibt die Toleranz der Empfindlichkeit des Films bei Auslieferung aus der Filmfabrik, also ohne Berücksichtigung der Alterung und Entwicklung. Die obere Kurve gibt die Fehlbelichtung bei strenger Beurteilung, also einem angenommenen Belichtungsspielraum von $\pm$ 1 Lichtwert. Bei der jetzt üblichen Toleranz von $\pm$ 1/6 Lichtwert = $\pm$ 1/2 DIN (s. Tabelle 1) hat man 2,4% Fehlbelichtungen (vergl. Abb. 3). Die untere Kurve gibt die Fehlbelichtungen für Amateure mit mäßigen Ansprüchen, also 1 1/2 Lichtwert Belichtungsspielraum. Der Prozentsatz ist 0,07% (vgl. Abb. 3). Man sieht, daß eine Toleranzänderung von 1/2 auf 1 DIN keinen sehr großen Einfluß hat. Man kommt von 2,4 auf 3,2% (obere Kurve) und von 0,07% auf 0,12% (untere Kurve). Eine Toleranzverminderung würde praktisch überhaupt keine Verbesserung bringen.

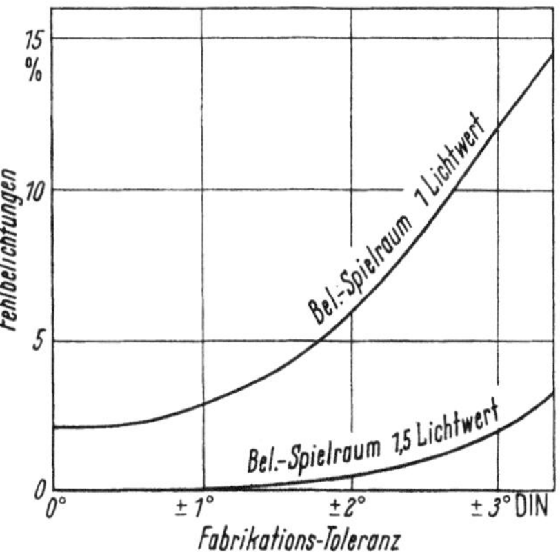

Abb. 4. Fehlbelichtungen bei verschiedenen Empfindlichkeitstoleranzen (Frischempfindlichkeit, Farbumkehrfilm).

Die Toleranzkurven der anderen Einflußgrößen sehen ähnlich aus. Allen ist gemeinsam, daß Tolereanzen über 1 DIN = 1/3 Lichtwert die Fehlerstatistik außerordentlich viel stärker beeinflussen als darunter. Dementsprechend ist am wichtigsten, an der Toleranzverminderung von 2 Teilen zu arbeiten, nämlich Belichtungsmesser und (nur beim Schmalfilm) Objektivblende. Nur diese haben zur Zeit Toleranzen über 1/3 Lichtwert.

3.7

Von der Toleranzänderung zu unterscheiden ist eine Änderung des Mittelwertes. Damit ist gemeint, daß zwar die Toleranz nach Tabelle 1 eingehalten wird, daß aber der Mittelwert nicht gleich dem Sollwert ist. Der Sollwert muß dabei aus vorhandenen oder noch zu erstellenden Normen (vgl. Abb. 1) entnommen werden. Solche Mittelwertverschiebungen sind bei der Belichtungszeit kaum möglich, wohl aber beim Film, beim Belichtungsmesser und den Blitzgeräten. Die Belichtungsmessernorm besteht erst einige Jahre, die für die Leitzahl ist ganz neu, die für die Farbempfindlichkeit ist erst in der Einführung.

Es besteht also durchaus die Möglichkeit, daß z. B. die Mittelwerte Belichtungsmesser-Film oder die Mittelwerte Blitzgerät-Film nicht zusammenpassen. Dies war beispielsweise vor etwa 6 Jahren der Fall. Damals paßten bestimmte Fabrikate von Belichtungsmessern nicht zu bestimmten Filmfabrikaten, sondern gaben systematisch einen Überschuß an Über- oder Unterbelichtungen. Bei den Belichtungsmessern hat die Einführung der deutschen und gleichlautenden amerikanischen Normen eine erhebliche Beruhigung gebracht.

Bei den Blitzgeräten, insbesondere den Elektronenblitzgeräten, beginnt sich die Normung ebenfalls günstig auszuwirken. Bisher liegt aber der Mittelwert der vorhandenen Geräte noch nicht bei dem Mittelwert der Farbfilme, sondern die Unterbelichtungen überwiegen, wenn man nach Gebrauchsanweisung belichtet. Mit der abnehmenden Anzahl älterer Geräte wird sich dies ausgleichen.

Beim Film kann auch nach Einführung einer Norm noch eine Mittelwertverschiebung eintreten, wenn die Alterung nicht bei dem Mittelwert der Filmempfindlichkeit berücksichtigt wird. Z. B. muß der Agfacolor CT 18 Film mit einer Frischempfindlichkeit von 19 ± 0,5 DIN hergestellt werden, damit er nach Alterung der Emulsion und des latenten Bildes von je 0,5 DIN bei einem ,,Gebrauchsmittelwert" von 18 DIN ankommt. Es wäre zu erwägen, ob in DIN 4512 Blatt 4 außer der Alterung noch eine Latentzeit vorgeschrieben wird.

Auch bei Objektivblenden ist eine Mittelwertverschiebung denkbar. Beispielsweise sind bei gleichem geometrischem Öffnungsverhältnis Ein- und Zweilinser lichtstärker als vielgliedrigere Objektive.

Aus Abb. 3 kann man die Folgen einer Mittelwertverschiebung ablesen. Besteht z. B. zwischen Belichtungsmesser und Film eine mittlere Verschiebung von 1 DIN in Richtung Überbelichtung, so liegt die Grenze der guten Bilder in Abb. 3 nicht mehr bei +1 und −1 Lichtwert, sondern bei + 2/3 und — 4/3 Lichtwert. Links bei der Unterbelichtung wird also ein Teil der bisher nur gerade brauchbaren Bilder gut, rechts ein Teil der bisher guten Bilder nur noch brauchbar. Wegen der Form der Gaußkurve ist aber der Verlust an guten Bildern auf der rechten Seite viel größer als der Gewinn auf der linken Seite. Die Zahl der Überbelichtungen steigt also viel schneller, als die Zahl der Unterbelichtungen sinkt, die Summe der Fehlbelichtungen steigt.

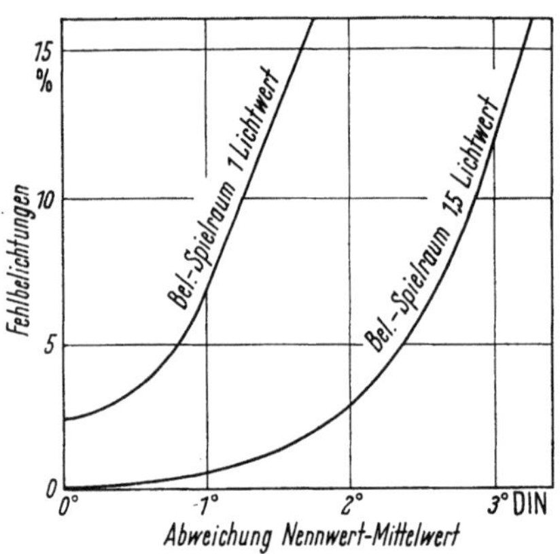

Abb. 5. Fehlbelichtungen (Summe von Unter- und Überbelichtungen) bei Änderungen des Mittelwertes einer beliebigen Einflußgröße (z. B. Eichfaktor des Belichtungsmessers oder Empfindlichkeit des Films).

Die Verhältnisse für verschiedene Mittelwertabweichungen sind in Abb. 5 dargestellt. Die Abszisse zeigt die Größe der Abweichung in DIN-Graden, die Ordinate die Summe der Fehlbelichtungen, also Über- und Unterbelichtungen zusammen. Die linke Kurve gilt wieder für die strenge Beurteilung (gerade noch brauchbar als Fehlbelichtung gezählt), die rechte Kurve für die milde Beurteilung (nur unbrauchbare Bilder). Man sieht den außerordentlich starken Anstieg schon bei relativ kleinen Verschiebungen. Bereits eine Verschiebung um 1 DIN bedeutet einen Anstieg der Fehlbelichtungen von 2,3 auf 6,8% bzw. von 0,07 auf 0,4%. *Mittelverschiebungen sind also viel gefährlicher als Toleranzvergrößerungen.*

Außer den oben erwähnten Möglichkeiten einer Mittelwertverschiebung kommen noch Alterungserscheinungen bei Geräten in Frage, die sich meist bei

alten Blitzgeräten in Richtung Unterbelichtung,
alten Belichtungsmessern in Richtung Überbelichtung

äußern.

3.8

Der Film geht in allen bisherigen Betrachtungen nicht nur mit seinen eigenen Empfindlichkeitstoleranzen ein, sondern ganz entscheidend mit seinem **Belichtungsspielraum**. Die Abhängigkeit der Zahl der Fehlbelichtungen vom Belichtungsspielraum bei korrekten Mittelwerten gibt Abb. 6. Für den Spielraum 1,0 bzw. 1,5 Lichtwerte findet man selbstverständlich die oben angegebenen Werte 2,3% bzw. 0,07%. Man erkennt aber aus der Kurve, die übrigens nur eine Vergrößerung von Abb. 3 darstellt, den außerordentlich großen Einfluß des Belichtungsspielraums. Beispielsweise ist der verbesserte Agfacolorfilm CT 18 (seit Anfang 1962) gegenüber dem früheren in der Steilheit nur um 20% herabgesetzt und damit der Belichtungsspielraum um 20% erhöht worden. Eine Änderung von 0,8 auf 1,0 oder von 1,2 auf 1,5 Lichtwerte bedeutet aber nach Abb. 6 eine außerordentliche Verbesserung der Ausbeute an guten Bildern, wie sie bei dem genannten Film auch tatsächlich eingetreten ist.

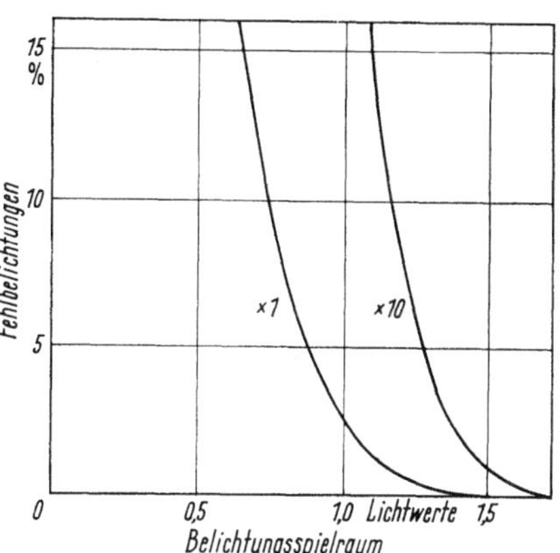

Abb. 6. Fehlbelichtungen bei verschiedenem Belichtungsspielraum des Films.

Theoretisch sollte man meinen, daß die jetzigen Farbumkehrfilme mit $\gamma = 1{,}8$ im geradlinigen Teil bzw. $\beta = 1{,}4$ einschließlich Durchhang noch flacher werden könnten, wodurch der Belichtungsspielraum vergrößert werden würde. Leider wird dies durch das Streulicht von den Objektiven in Kamera und Projektor, im Kameragehäuse und im Projektionsraum unmöglich gemacht [*1*]. Für den Bildeindruck ist nämlich die Filmgradation einschließlich Streulicht mit etwa $\beta = 1{,}0$, für den Belichtungsspielraum dagegen die reine Filmgradation mit $\beta = 1{,}4$ maßgeblich. Durch Streulichtverminderung könnte erreicht werden, daß Filme mit der Gradation 1,0 hergestellt werden könnten, wobei der Belichtungsspielraum selbst bei strengen Ansprüchen auf fast 1 1/2 Lichtwerte gesteigert werden könnte. Dann wären aber (vgl. Abb. 6) weitere Toleranzeinengungen überflüssig.

Damit sind alle Einflußgrößen bei Farbumkehraufnahmen in Stehbildkameras diskutiert, und wir haben nur noch die besonderen Verhältnisse bei Schmalfilmen sowie bei automatischen Kameras zu berücksichtigen.

3.9. Schmalfilmkameras

Bei Schmalfilmaufnahmen treten folgende Änderungen gegenüber Tabelle 1 ein:

Die Toleranzen für Belichtungsmesser, Motivabhängigkeit und den Film bleiben.

Der Übertragungsfehler entfällt, soweit nicht Rasten am Blendenhebel sind.

Die Belichtungszeit ist konstanter. 10% Ganggenauigkeit entspricht etwa 0,13 Lichtwerteinheiten.

Bei der Blende geht, wie oben diskutiert, die Toleranz von 0,33 auf 0,5 Lichtwerte hinauf. Rechnet man genau wie in Tabelle 1 weiter, ergibt sich ein Wert

$$\sigma = \sqrt{0{,}192} = 0{,}44 \text{ Lichtwerte,}$$

also zufällig genauso groß wie bei Standaufnahmen. Damit gelten also auch dieselben Gesetzmäßigkeiten für die Fehlbelichtungen wie schon oben diskutiert und in Tabelle 2 nochmals zusammengestellt.

3.10. Automatische Kameras

Bei automatischen Kameras gibt es keine Normen, nach denen man sich richten könnte, wenn auch in der ISO (International Organization for Standardization) die Normungsarbeit aufgenommen wurde. Ganz sicher darf man nicht einfach die Toleranzen für Belichtungsmesser, Blende und Verschluß addieren und die Summe, also

$$0{,}5 + 0{,}33 + 0{,}33 = 1{,}16 \text{ Lichtwerte}$$

als Toleranz zulassen. Da bei der Berechnung des mittelren Fehlers die Quadrate der Einzelfehler addiert werden, würden sich ganz untragbare Zahlen für die Fehlbelichtungen ergeben, nämlich 2,5% (gegenüber 0,07%) bei geringen Ansprüchen oder 13,4% (gegen 2,4%) bei strengeren Ansprüchen. Praktisch muß man weitgehend auf die Blenden- und Zeit-Toleranzen verzichten und sich mit der Gesamttoleranz 0,5 Lichtwerte begnügen. Praktisch ist diese Bedingung z. B bei den Kameras der Optima-Serie für den größten Teil der Skala erfüllt. Die Bilanz gemäß Tabelle 1 sieht dann folgendermaßen aus:

Belichtungsmesser und Film bleibt unverändert.
Blende, Belichtungszeit, Übertragung entfällt.

Die Motivabhängigkeit wird größer. Man kann nämlich nicht mehr, wie beim getrennten Belichtungsmesser, durch kleine Tricks (Neigen des Belichtungsmessers, Nahmessung, ev. Lichtmessung) die Motivabhängigkeit vermindern. Bei manchen Kameras (z. B. Movex Reflex) ist diese Möglichkeit zwar unter Ausschaltung der Automatik gegeben, jedoch wird wohl wenig davon Gebrauch gemacht. Wir müssen also für die Motivabhängigkeit mit einem Wert $\sigma = 0{,}25$ rechnen. Für den Gesamtwert erhält man dann

$$\sigma = \sqrt{0{,}174} = 0{,}42$$

und somit eine, wenn auch kleine, Verbesserung der Trefferwahrscheinlichkeit (s. Tabelle 2). In der Tat ist der Hauptvorteil der automatischen Kameras in der Bequemlichkeit zu suchen. Bei absoluten Laien, die sich nicht in den Skalen auskennen, tritt allerdings eine erhebliche Erhöhung der Bildausbeute ein.

3.11. Der Einfluß der Projektion

Schließlich ist noch der Einfluß der Projektion auf die Bildbeurteilung zu erwähnen. Dieser setzt sich aus einem psychologischen Faktor, also dem persönlichen Geschmack des Beobachters, sowie einem Geräte- und Raumeinfluß zusammen. Für den letzteren ist wieder hauptsächlich das Streulicht, indirekt auch die Lichtstärke maßgeblich. Beide bewirken, daß verschiedene Beobachter an verschiedenen Projektionsgeräten nicht immer dieselben Bilder als optimal, über- oder unterbelichtet ansehen. Nimmt man als Standard-Abweichung für den Beobachter $\pm$ 1/3 Lichtwert, für die Projektion ebenfalls $\pm$ 1/3 Lichtwert an, so ergeben sich die größeren Fehlerprozente in Tabelle 2, S. 252.

Tabelle 2. *Wahrscheinlichkeit der richtigen Belichtung*

Kamera mit/ohne Automatik	Projektor und Beobachter	Prozentsatz der Aufnahmen		
		sehr gut und gut	brauchbar	unbrauchbar
ohne	normal[1]	97,6	2,33	0,07
mit	normal[1]	98	1,95	0,05
ohne	beliebig[1]	95,5	4,27	0,23
mit	beliebig[1]	96,3	3,51	0,19

[1] normal bedeutet: Mittelwert aus verschiedenen Beurteilern.
beliebig : Verschiedene Beobachter, verschiedene Projektionsbedingungen.

4. Fehler durch falsche Farbabstimmung (Farbstich, Farbgang)

4.1. Toleranzen nach deutschen und internationalen Normen

In DIN 4512, Blatt 4, und entsprechenden internationalen Normen ist das „mittlere“ Tageslicht und die Transparenz des mittleren Objektivs festgelegt. Toleranzen werden dort nicht gegeben.

4.2. Filmtoleranzen

Für die Berechnung wurden die Toleranzen von Agfacolor-Filmen in Filtereinheiten (Definition siehe oben, Abschnitt 2.2.) ermittelt, also wieder die Toleranzen und Standardabweichungen für Frischabstimmung, Alterung, latentes Bild und Entwicklung. Hierbei ist zu berücksichtigen, daß die Farbe ein zweidimensionaler Begriff ist. Eine Filterzahl ist also eine zusammengesetzte Zahl; 30 00 10 bedeutet z. B. 30 Gelb + 10 Blaugrün.

Farbverschiebungen in verschiedenen Richtungen müssen vektoriell addiert werden. Zweckmäßig und anschaulich gibt man nicht rechtwinklige Koordinaten, sondern Koordinaten in den drei Farbachsen gelb-blau, purpur-grün und blaugrün-rot. Jeder Vektor in einer der drei Achsen projiziert sich dann in jede der beiden anderen Achsen mit einem Anteil von $\cos 60° = 0{,}5$.

4.3. Sonstige Toleranzen

Außer den Farbstichen, die vom Film einschließlich Entwicklung verursacht sind, sind noch die Farbe des Objektivs (Transparenz der Gläser) und wetterbedingte Farbschwankungen zu berücksichtigen.

4.4. Addition der Toleranzen

Unter Voraussetzung einer Zumutbarkeitsgrenze von etwa 20 Filtereinheiten (s. Punkt 2.2) kommt man auf eine Ausbeute von etwa 98% guten und 2% schlechten Bildern für Agfacolor CT 18. Nimmt man die Grenze bei 15 Filtereinheiten an, ergeben sich etwa 11% „farbstichige“ Bilder. Da diese Werte für andere Filmfabrikate z. T. beträchtlich anders liegen, werden hier keine Einzelheiten angegeben. Praktisch wird die Rechnung durch Auszählungen der Kontrolleure bestätigt, wenn man wieder Blitzaufnahmen anschließt.

Literatur

[1] BEHRENDT, W.: „Betrachtungen über die günstigste sensitometrische Kurve von Farbumkehrfilmen“. Agfa Wissenschaftl. Veröffentlichungen Band IV (1964).

[2] DIETZEL, K.: „Methode sensitometrique complete pour les films en couleurs inversibles“. Photogr. Korrespondenz **97**, 131—139, 147—154 (1961).

[3] BEHRENDT, W.: „Qualitätsanforderungen an den farbigen Schmalfilm“. Kino-Technik **17**, 62—64 (1963).

[4] MAC ADAM, D. L.: “The fundament of colour measurements” JSMPTE **31**, 343—350 (1938),

[5] BEHRENDT, W.: „Heutiger Stand der Beleuchtungstechnik bei der Kinoprojektion“. Bild und Ton **2**, 277—309 (1949).

[6] STIMSON, A.: “Measuring and judging photographic exposure of colour film for automatic exposure controlled cameras”. Photogr. Science and Eng. **4**, 203—207 (1960).

Wichtige Meßdefinitionen zur Kennzeichnung der Leistungsfähigkeit photographischer Bildaufzeichnungsverfahren

Von G. Langner

Zusammenfassung

1. Es wird eine Übersicht über Begriffe und Meßdefinitionen zur Kennzeichnung der Abbildungsgüte von photographischen Schichten und Bildübertragungssystemen gegeben. Dabei wird zwischen Einzeleigenschaften (Modulationsübertragungsfunktion, Körnigkeit und deren Wiener-Spektrum) und integralen Eigenschaften unterschieden, in denen mehrere der genannten Einzeleigenschaften zusammenwirken.

2. Solche integrale Eigenschaften sind: kleinster nachweisbarer Kontrast, äquivalenter Quantennutzeffekt, Signal-Rausch-Verhältnis, Anzahl der nachweisbaren Helligkeitsstufen, Informationskapazität. Diese Größen eignen sich als Kriterien für die Leistungsfähigkeit jeglicher Bildübertragungs- und Bildspeichersysteme.

3. Der ideale Quantendetektor als theoretischer Optimalfall wird behandelt. Die integralen Kriterien ermöglichen einen korrekten Vergleich eines realen Bildübertragungs- oder Speichersystems mit dem Idealfall.

4. Mit Hilfe dieser Kriterien kann man feststellen, ob die Verbesserung einer Teileigenschaft (z. B. Empfindlichkeit, Schärfe bei Colorfilmen) die zwangsläufig damit gekuppelte Verschlechterung einer anderen Teileigenschaft (Körnigkeit) im Endeffekt überwiegt, weil sich diese Kriterien auf den „Endeffekt" beziehen.

5. Prinzipielle Methoden zur Messung dieser Größen werden angegeben.

6. Der Faktor k, um den ein sichtbarer Kontrast über der Körnigkeit liegen muß, wird theoretisch abgeleitet. Es ergibt sich unter praktischen Verhältnissen $k = 4{,}5 \ldots 5$.

7. Dieser Bericht bildet die Grundlage zu der Arbeit „Die Berechnung der Körnigkeit, des kleinsten nachweisbaren Kontrastes und der Anzahl der nachweisbaren Helligkeitsstufen photographischer Schichten" (S. 271 in diesem Band).

I. Einleitung

Zur Kennzeichnung der Abbildungsgüte von photographischem Bildaufzeichnungsmaterial und von Bildübertragungsgeräten (Bildwandler, Bildverstärker, Fernsehaufnahmeröhren) stehen eine beträchtliche Anzahl physikalisch meßbarer Eigenschaften zur Verfügung. Als besonders wichtig haben sich die Übertragungsfunktion, spezieller die sogenannte Modulationsübertragungsfunktion (MÜF) und das sogenannte Wiener-Spektrum der zufälligen Helligkeitsschwankungen auf dem wiedergegebenen Bild erwiesen. In diesem Band sind diesen Begriffen und der zugehörigen

Meßtechnik je ein Aufsatz gewidmet, und zwar „Zur Praxis der Modulationsübertragungsfunktion“ und „Zur Messung der Körnigkeit und des Wiener-Spektrums photographischer Schichten“.

Bei der Beschreibung von photographischen Schichten und Bildübertragungskanälen durch die genannten Eigenschaften übersieht man jedoch leicht ihre gegenseitige Abhängigkeit. Jeder dieser Begriffe einzeln gestattet noch keine Aussage über die Gesamtleistungsfähigkeit. Darüber hinaus ist von großem Interesse, wie weit das Material bzw. der Übertragungskanal im Prinzip noch verbesserungsfähig ist, wie weit man also noch von der theoretischen Grenze entfernt ist. Diese Fragestellung hat im Hinblick auf irgendeine Einzeleigenschaft wenig Sinn. Ein gutes Beispiel bietet die Frage nach der maximal mit einer photographischen Schicht erreichbaren Empfindlichkeit. Es ist bekannt, daß eine höhere Empfindlichkeit mit einer höheren Körnigkeit erkauft werden muß. Körnigkeit und Empfindlichkeit sind konjugierte Eigenschaften. In der Tat bieten sich eine Reihe von Definitionen für Eigenschaften an, welche die Gesamtleistungsfähigkeit eines Bildübertragungskanals, insbesondere einer photographischen Schicht, quantitativ zu kennzeichnen gestatten. Es ist das Ziel dieses Aufsatzes, derartige Eigenschaften und die wichtigsten sie konstituierenden Teileigenschaften aufzuführen und zu diskutieren. In dem anschließenden Aufsatz „Die Berechnung der Körnigkeit, des kleinsten nachweisbaren Kontrastes und der Anzahl der nachweisbaren Helligkeitsstufen von photographischen Schichten“, S. 271 dieses Bandes, werden dann die Methode und die Ergebnisse der Berechnung dieser Kenngrößen und -funktionen aus der Empfindlichkeits- und Größenverteilung der Silberhalogenidkörner und der Schichtstruktur behandelt.

II. Wichtige Definitionen für physikalische Teileigenschaften photographischer Schichten

1.

Die Dichte (Schwärzung oder Farbdichte) einer photographischen Schicht wird hier stets mit D bezeichnet. Wenn keine näheren Angaben über die Art der Dichte gemacht werden, so ist nur vorausgesetzt, daß es sich um eine beliebige, aber stets um die gleiche Art Dichte handelt, beispielsweise die diffuse Dichte (nach DIN 4512, Blatt 3), die Dichte im parallelen Licht, die visuelle Dichte (bezogen auf die spektrale Hellempfindlichkeit des Gesichtssinnes) oder die Kopierdichte (bezogen auf die spektrale Sensibilisierung des Kopiermaterials). Für eine definierte Entwicklung, Naß- und Trockenverarbeitung ist jede Art Dichte eine Funktion von Belichtungsdauer und Intensität des Lichtes. Um die grundsätzlichen Betrachtungen nicht zu komplizieren, wird bei allen Betrachtungen, in denen der Zusammenhang zwischen Dichte und Lichtmenge eine Rolle spielt, vom Hoch- und Niedrigintensitätsfehler abgesehen, d. h. die Dichte wird als eindeutige Funktion der Lichtmenge E [Lx sec] bzw. von der Anzahl q der pro Flächeneinheit auftretenden Photonen aufgefaßt. Diese eindeutige Funktion ist D (log E) bzw. D (log q). Die Steilheit ist definiert durch

$$\gamma = \frac{\mathrm{d}D}{\mathrm{d}\log E} = \frac{\mathrm{d}D}{\mathrm{d}\log q} \tag{1}$$

2. Die Modulationsübertragungsfunktion

Die Modulationsübertragungsfunktion (MÜF) $R(\nu)$ einer photographischen Schicht beschreibt die Ortsverteilung der für die Entstehung des latenten Bildes maßgebenden effektiven Belichtung, wenn die aufgeprägte Belichtung die Ortsteilung

$$E(x) = \overline{E} + A \sin 2\pi\nu x \tag{2}$$

besitzt, deren Modulation $a = \frac{A}{\overline{E}}$ beträgt.

$$a' = \frac{A'}{\overline{E}} = R(\nu) \cdot \frac{A}{\overline{E}} = R(\nu) a \tag{3}$$

ist dann die Modulation der effektiven Belichtung. Da man jede örtliche Belichtungsverteilung $E(\vec{r})$ eindeutig in zweidimensionale Sinus- und Cosinusfunktionen mit einem Spektrum von Amplitude und Phase zerlegen kann, kommt der sinusförmigen örtlichen Belichtungsverteilung eine hervorragende Bedeutung zu. Aus der aufgeprägten Belichtungsverteilung und der MÜF kann man prinzipiell die örtliche Verteilung der effektiven Belichtung berechnen. Die Berechnung der zugehörigen Ortsverteilung der Dichte der entwickelten Schicht ist jedoch nur in Sonderfällen möglich, die im Aufsatz „Zur Praxis der Modulationsübertragungsfunktion" auf S. 312 dieses Bandes ausführlich dargelegt sind. Im allgemeinen unterscheidet sich nämlich die charakteristische Kurve für das in der Schicht gestreute Licht von der charakteristischen Kurve für einen aufbelichteten Sensitometerkeil. Ferner spielen Entwicklereffekte eine Rolle. Für eine geringe Modulation darf auch in diesen Fällen der Zusammenhang zwischen der Ortsverteilung der Dichte und der Ortsverteilung der effektiven Belichtung in guter Näherung als linear angenommen werden. Die hier nur angedeuteten Probleme sind in dem Aufsatz „Zur Praxis der Modulationsübertragungsfunktion" auf S. 312 dieses Bandes eingehend behandelt.

3. Der Kontrast

Die Modulation einer sinusförmigen örtlichen Belichtungsverteilung ist gleichbedeutend mit dem *Kontrast*, wenn dieser durch

$$K = \frac{E_2 - E_1}{E_2 + E_1} \tag{4}$$

definiert ist. E_1 und E_2 sind die Belichtungen zweier benachbarter, gleich großer Gebiete.

Für eine sinusförmige Ortsverteilung der Aufbelichtung gilt

$$E_2 - E_1 = 2A$$
$$E_2 + E_1 = 2\overline{E} \tag{5}$$

also

$$K = \frac{A}{\overline{E}} = a$$

Besonders anschaulich ist ein kreisförmiger Fleck der Fläche F mit der Belichtung E_2 auf einem gleichmäßig beleuchteten Umfeld mit der Belichtung E_1. Das große

Umfeld erhält dann bei der visuellen Betrachtung so viel Gewicht, daß es den Mittelwert der Belichtung bestimmt und man schreiben kann

$$K_F = \frac{E_2 - E_1}{E_1} = \frac{\Delta E}{E} \tag{6}$$

Durch die Streuung und Reflexion in der Schicht wird $E_1 = E$ nicht geändert, aber ΔE der *effektiven* Belichtung wird kleiner. Man kann schreiben

$$K'_F = \eta_F \cdot K_F \, . \tag{7}$$

Der Faktor η_F hängt von der Detailgröße F, der MÜF und der Meßanordnung ab. Eine Berechnung für kreisförmige Details findet sich beispielsweise in einer früheren Arbeit des Verfassers [*2*].

4. Körnigkeit und Wiener-Spektrum

Eine gleichmäßig belichtete photographische Schicht zeigt in der Vergrößerung — unter dem Mikroskop oder in Projektion — bekanntlich ein „Korngewimmel". Man erkennt bei mäßiger Vergrößerung meist keine einzelnen Körner, sondern dunklere und hellere Flecke unterschiedlicher Größe und unregelmäßiger Anordnung. Für diesen visuellen Eindruck des „Korngewimmels" ist in der deutschsprachigen Literatur die Bezeichnung „Korn" vorgeschlagen worden, in der englischsprachigen Literatur ist hierfür der Terminus „graininess" gebräuchlich. Physikalisch läßt sich diese Erscheinung durch die Schwankungen der Dichte D von Stelle zu Stelle der Schicht beschreiben. Die engen Zusammenhänge und die Meßmethoden für Korn und Körnigkeit werden ausführlich in dem Aufsatz „Zur Messung der Körnigkeit und des Wiener-Spektrums photographischer Schichten" auf Seite 296 dieses Bandes behandelt. Es genügt, an dieser Stelle die drei Meßdefinitionen anzuführen, die sich für die verschiedenen Meßverfahren ergeben.

Mißt man die Dichte einer photographischen Schicht auf einem gleichmäßig belichteten Feld an n Stellen i mit einer Meßblende der Fläche F, so erhält man nach den Regeln der Statistik für die mittlere Dichte

$$\overline{D} = \lim_{n \to \infty} \frac{1}{n} \sum_{i=1}^{n} D_i \tag{8}$$

Die gemessenen Werte zeigen die mittlere quadratische Schwankung

$$\overline{\Delta D_F^2} = \lim_{n \to \infty} \frac{1}{n} \sum_{i=1}^{n} (D_i - \overline{D})^2 \tag{9}$$

bzw. die Standardabweichung

$$\sigma_F = \sqrt{\overline{\Delta D_F^2}} \tag{10}$$

Durch die Messung sehr vieler Werte D gewinnt man eine Häufigkeitsverteilung $p_F\,(D)$ für das Auftreten eines Dichtewertes im Intervall D, $D + \mathrm{d}D$. Die mittlere Dichte $\overline{D}$ ergibt sich als erstes Moment dieser Häufigkeitsverteilung zu

$$\overline{D}_F = \int_{D=0}^{\infty} D p_F(D) \, \mathrm{d}D \, . \tag{11}$$

Die mittlere quadratische Abweichung vom Mittelwert erhält man, indem man das zweite Moment der Häufigkeitsverteilung bildet, zu

$$\overline{\Delta D_F^2} = \overline{D_F^2} - \overline{D}^2 = \int\limits_{D=0}^{\infty} D^2 p_F(D)\,\mathrm{d}D - \overline{D}^2 . \tag{12}$$

Bei einer kontinuierlichen Abtastung mit Hilfe einer Meßblende der Fläche F möge insgesamt die Fläche A auf der Probe abgetastet werden. Der Radiusvektor des Schwerpunktes der Meßblende auf der Probe sei $\vec{r}$. Dann erhält man für die mittlere Dichte und deren mittlere quadratische Schwankung bzw. Standardabweichung die Ausdrücke

$$\overline{D} = \lim_{A\to\infty} \frac{1}{A} \iint\limits_{A} D_F(\vec{r})\,\mathrm{d}f \tag{13}$$

und

$$\overline{\Delta D_F^2} = \lim_{A\to\infty} \frac{1}{A} \iint\limits_{A} [D_F(\vec{r}) - \overline{D}]^2\,\mathrm{d}f \tag{14}$$

Die Beziehungen (8), (11) und (13) einerseits, wie (9), (12) und (14) andererseits, liefern natürlich die gleichen Werte für $\overline{D}$ bzw. $\overline{\Delta D_F^2}$ an der selben Probe.

Die Funktion D_F $(\vec{r})$ ist eine Zufallsfunktion des Ortsvektors $\vec{r}$. WIENER hat gezeigt, daß für eine solche Funktion das Integral

$$\Phi_F(\vec{\nu}) = \lim_{A\to\infty} \frac{1}{A} \left\{ \iint\limits_{A} [D_F(\vec{r}) - \overline{D}]\, e^{-2\pi i(\vec{\nu},\vec{r})}\,\mathrm{d}f \right\}^2 \tag{15}$$

definiert ist. Sie wird das geglättete Energiespektrum oder nach einem Vorschlag von CLARK JONES [1] das „Wiener-Spektrum der Dichteschwankungen" genannt. $\vec{\nu}$ ist der Ortsfrequenzvektor mit den Komponenten ν_x und ν_y (Zahl der Perioden in x- bzw. y-Richtung). Unter bestimmten, in der Praxis oft zutreffenden Voraussetzungen ist $\overline{\Delta D_F^2}$ zur Fläche F der Meßblende umgekehrt proportional, d. h. es gilt

$$\overline{\Delta D_F^2} \cdot F = \text{const} \quad \text{bzw.} \quad \sigma_F \cdot \sqrt{F} = \text{const} \tag{16}$$

$\sqrt{F}$ ist aber dem Durchmesser d einer kreisförmigen Meßblende proportional, so daß gilt

$$\sigma_F d = \text{const} = G . \tag{17}$$

G bezeichnet man als die Selwyn-Körnigkeit.

Nach einem Lehrsatz der Theorie der Fouriertransformation gilt die wichtige Beziehung

$$\overline{\Delta D_F^2} = \iint\limits_{-\infty}^{+\infty} \Phi_F(\vec{\nu})\,\mathrm{d}\nu_x \mathrm{d}\nu_y \tag{18}$$

Man kann also $\overline{\Delta D_F^2}$ auch über das Wiener-Spektrum erhalten.

Das durch Gl. (9) definierte Wiener-Spektrum der zufälligen Dichteschwankungen gilt für die Meßblende der Größe F. Diese wird durch die Übertragungsfunktion R_F (ν_x, ν_y) beschrieben. Der Zusammenhang zwischen dem durch die Meßblende modifizierten Wiener-Spektrums Φ_F (ν_x, ν_y) und dem wahren Wiener-Spektrum Φ (ν_x, ν_y) wird durch die Gleichung

$$\Phi_F(\nu_x,\nu_y) = |\, R(\nu_x,\nu_y)\,|^2 \cdot \Phi(\nu_x,\nu_y) \tag{19}$$

gegeben. Näheres hierzu siehe im Aufsatz „Zur Messung der Körnigkeit und des Wiener-Spektrums photographischer Schichten" S. 296 dieses Bandes.

Damit können wir die Aufführung der wichtigsten Definitionsgleichungen zur Beschreibung der Körnigkeit von photographischen Schichten beschließen. Insbesondere ist es an dieser Stelle nicht erforderlich, die sog. Autokorrelationsfunktion der Schwärzungsschwankungen mit aufzuführen, da in ihr keine neue Aussage enthalten ist. Man vergleiche hierzu eine Darstellung von ZEITLER [*3*].

III. Ideale und reale Quantendetektoren

Zur integralen Kennzeichnung der Leistungsfähigkeit von photographischen Schichten lassen sich Begriffe mit besonders großer Aussagekraft finden, wenn man die photographischen Schichten als Quantendetektoren auffaßt. Dann ist es insbesondere möglich, die photographischen Schichten mit anderen Quantendetektoren zu vergleichen wie Fernsehaufnahmeröhren, Bildverstärker und Bildwandler. Hier haben insbesondere CLARK JONES [*4*, *5*] und ZWEIG [*6*] Pionierarbeit geleistet. Die Zusammenhänge werden besonders erhellt, wenn man die realen Quantendetektoren mit dem idealen Quantendetektor vergleicht. Der ideale Quantendetektor ist dadurch definiert, daß er jedes auftreffende Quant nutzbar absorbiert, d. h. jedes auftreffende Quant verursacht eine makroskopisch nachweisbare Wirkung, z. B. das Aufleuchten eines Lichtblitzes, die Beeinflussung der Durchlässigkeit oder des Reflexionsvermögens für Licht, eine Farbänderung oder die Drehung der Polarisationsebene, um nur einige Beispiele zu nennen, also allgemein die *Steuerung* einer Fremdenergie, denn nur hierdurch kann eine Verstärkerwirkung zustande kommen. Die photographische Wirkung ist damit beim idealen Quantendetektor der Flächendichte q der *auftreffenden* Quanten proportional.

Ein *realer* Quantendetektor ist aus den folgenden Gründen ungünstiger als der ideale Quantendetektor:

1. Nicht alle auftreffenden Quanten werden wirksam absorbiert, sondern im Mittel nur der Bruchteil β. (Unvollständige Absorption).

2. Es werden Quanten verschwendet, indem neue Quanten an einer Stelle absorbiert werden, an der sie keine Wirkung mehr verursachen, da dort schon vorher Quanten wirksam absorbiert worden sind (Sättigung).

3. Der Quantendetektor hat in bezug auf die Wirkung, welche die Absorption von Quanten verursacht, statistische Eigenschaften. Die gleiche Anzahl absorbierter Quanten führt dann nicht zur gleichen meßbaren oder wahrnehmbaren Wirkung (Strukturelle Körnigkeit).

4. Bis zu ihrer Absorption werden die Quanten ein- oder mehrfach gestreut, so daß sie im Mittel in einer gewissen Entfernung vom Ort des Auftreffens absorbiert werden und das Bild verunschärfen (Verunschärfung).

5. Bei vielen Reaktionen, die durch die Absorption von Quanten ausgelöst werden, genügt nicht die Absorption *eines* Quantes — sogen. Einquantenprozeß — sondern es müssen mehrere Quanten absorbiert werden, um eine makroskopisch meßbare oder wahrnehmbare Wirkung hervorzurufen (Mehrquantenprozeß).

IV. Der kleinste nachweisbare Kontrast, das Auflösungsvermögen und die Anzahl nachweisbarer Helligkeitsstufen

Bei einer photographischen Schicht erzeugt der aufbelichtete Kontrast $K = \Delta E/E$ den Kontrast $K' = \eta_F \cdot \Delta E/E$ der effektiven Belichtung. Dieser führt zu einer Dichtedifferenz ΔD. Für kleine Kontraste kann man unter Verwendung von Gl. (1) schreiben

$$\begin{aligned}\Delta D &= \gamma\, \Delta \log E' = \gamma \log e \cdot \Delta \ln E' = \gamma \log e \cdot [\ln (E + \Delta E') - \ln E] \\ &= \gamma \log e \cdot \ln \left(1 + \frac{\Delta E'}{E}\right) \approx \gamma \log e \frac{\Delta E'}{E} = \gamma \cdot \log e \cdot \eta_F \frac{\Delta E}{E}\end{aligned} \tag{20}$$

Der Standardabweichung $\sigma = \sqrt{\overline{\Delta D_F^2}}$ der statistischen Dichteschwankungen infolge der Körnigkeit entspricht nach Gl. (20) die äquivalente Standardabweichung

$$\frac{\sqrt{\overline{\Delta E_F^2}}}{E} = \sigma_{F,\ddot{a}q} = \frac{\sqrt{\overline{\Delta D_F^2}}}{\gamma \cdot \log e \cdot \eta_F}, \quad \log e \approx 0{,}435, \quad \frac{1}{\log e} \approx 2{,}3 \tag{21}$$

des aufbelichteten Kontrastes.

Stellt man fest, daß sich die Dichte einer Detailfläche der Größe F um $\Delta D = k \sqrt{\overline{\Delta D_F^2}}$ vom Umfeld unterscheidet, so beträgt im allgemeinen Falle (beliebige Funktion $p_F(D)$) die Wahrscheinlichkeit dafür, daß diese Dichtedifferenz ΔD nicht von zufälligen Dichteschwankungen des Umfeldes herrührt, sondern eine informationstragende Bedeutung hat, für

$$\Delta D \geqslant 0$$

$$P_F(\Delta D^+) = \int_0^{\bar{D}+\Delta D} p_F(D)\,\mathrm{d}D \tag{22}$$

und für $\Delta D \leqq 0$

$$P_F(\Delta D^-) = \int_{\bar{D}-\Delta D}^{\infty} p_F(D)\,\mathrm{d}D\,. \tag{23}$$

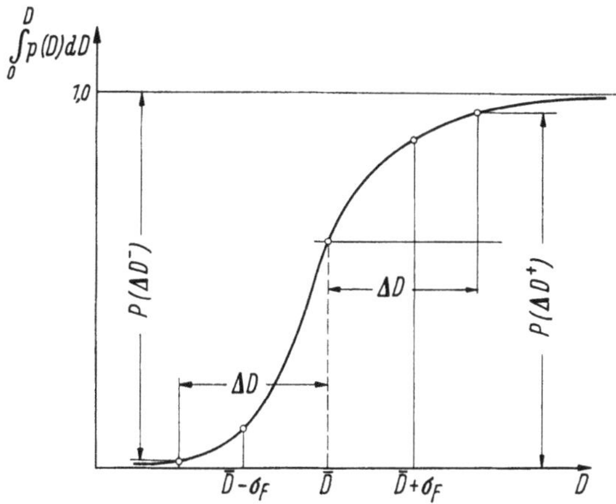

Abb. 1. Wahrscheinlichkeit dafür, daß ein gemessener oder sichtbarer Kontrast nicht zufällig, sondern ein übermitteltes Signal ist (schematisch).

$p_F(D)$ ist die relative Häufigkeit der Dichtewerte im Sinne des Abschnitts II, 4, gültig für die Detailfläche F, was durch den Index F angedeutet ist.

Der durch die Gln. (21) und (21) beschriebene Zusammenhang ist in Abb. 1 veranschaulicht.

Im Spezialfall einer symmetrischen Wahrscheinlichkeitsdichte gilt

$$\int_{D}^{\bar{D}} p_F(D)\,\mathrm{d}D = \int_{\bar{D}}^{D} p_F(D)\,\mathrm{d}D \tag{24}$$

und

$$\int_{0}^{\bar{D}} p_F(D)\,\mathrm{d}D = \int_{\bar{D}}^{\infty} p_F(D)\,\mathrm{d}D = \frac{1}{2}. \tag{25}$$

Man erhält dann für ein beliebiges ΔD

$$P_F(\Delta D) = \frac{1}{2} + \int_{\bar{D}}^{D+|\Delta D|} p_F(D)\,\mathrm{d}D. \tag{26}$$

Die Wahrscheinlichkeit dafür, daß es sich gleichzeitig auf n Flächenstücken der Größe F bei einer Dichteschwankung ΔD um ein übermitteltes Signal und nicht um eine zufällige Schwankung handelt, ergibt sich zu

$$P_{F,n}(\Delta D) = [P_F(\Delta D)]^n\,. \tag{27}$$

Damit also $P_{F,n}\,(\Delta D)$ einen vorgegebenen Wert, z. B. 0,9 erreicht, muß für jedes beliebige Flächenstück gelten

$$P_F(\Delta D) = [P_{F,n}(\Delta D)]^{1/n}\,. \tag{28}$$

Es genügt, zur quantitativen Diskussion anzunehmen, daß $p_F\,(D)$ eine Gauß-Verteilung ist, daß also gilt

$$p_F(D) = \frac{1}{\sqrt{2\pi}\,\sigma_F}\,\exp\left[-\frac{(D-\bar{D})^2}{2\sigma_F^2}\right]. \tag{29}$$

Es ist dann nämlich leicht möglich, quantitative Aussagen über k zu machen, und zwar gilt

$$P_{F,n}(k\sigma_F) = \left[\frac{1}{2} + \frac{1}{\sqrt{2\pi}}\int_{0}^{|k|} e^{-t^2/2}\,\mathrm{d}t\right]^n \tag{30}$$

mit

$$\Delta D = k\sigma_F\,.$$

In Abb. 2 ist k in Abhängigkeit von n mit $P_{F,n}\,(k\sigma_F)$ als Parameter dargestellt. Fordert man z. B., daß für $n = 10^3$ $P_{F,n} = 0{,}95$, so ergibt sich $k = 3{,}9$. $k = 5$ garantiert, daß auf einem Bildausschnitt, über den vom Gesichtssinn integriert wird, die gesehenen Details zum überwiegenden Teil „echt" und nicht von zufälligen Dichteschwankungen hervorgerufen sind. Eine ganz ähnliche Argumentation verwendet auch ZWEIG [*6*] in seiner bereits erwähnten Arbeit.

Eine Abweichung um ΔD vom Dichtemittelwert $\bar{D}$ wird offenbar vom aufbelichteten Kontrast der Größe

$$K_F = \frac{\Delta E}{E} = \frac{\Delta q}{q} = \frac{2{,}3\,\Delta D_F}{\eta_F \cdot \gamma} \tag{31}$$

verursacht. Gl. (31) ergibt sich aus Gl. (20) für kleine Kontraste.

$$\frac{\Delta E'}{E} = \eta_F \frac{\Delta E}{E} \tag{32}$$

ist der Kontrast der effektiven Belichtung im Sinne des Abschnitts II, 2.

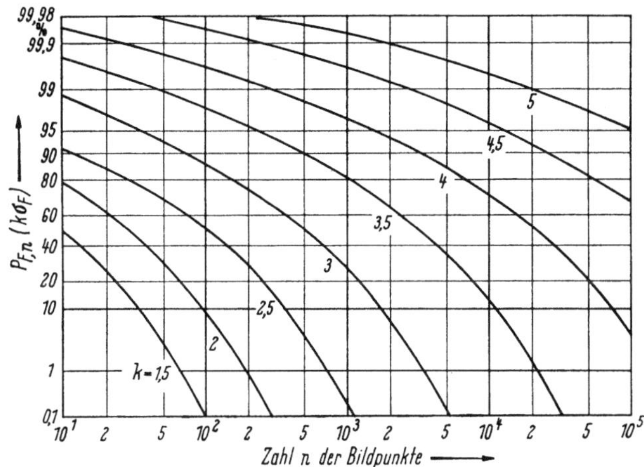

Abb. 2. Wahrscheinlichkeit dafür, daß es sich bei einer gemessenen oder sichtbaren, aus n Details (Bildpunkten) der Fläche F bestehenden Helligkeitsverteilung um übermitteltes Signal und nicht um zufällige Helligkeitsschwankungen handelt. Erkennbarkeitsfaktor k als Parameter.

Es ist nur nötig, $\Delta D_F = k \cdot \sqrt{\overline{\Delta D_F^2}}$ zu setzen, um den kleinsten nachweisbaren Kontrast

$$K_{\min,F} = \frac{2{,}3 \cdot k \sqrt{\overline{\Delta D_F^2}}}{\eta_F \cdot \gamma} \tag{33}$$

zu erhalten. Für eine örtlich sinusförmigmodulierte Helligkeitsverteilung nach Gl. (2) ist statt der Gl. (7) die Gl. (3) zu verwenden und man erhält

$$a_{\min}(\nu) = \frac{2{,}3 k \cdot \sqrt{\overline{\Delta D_F^2}}}{R(\nu) \cdot \gamma} \tag{34}$$

Hierbei ist aber zu beachten, daß sich für k und F ein größerer Spielraum ergibt und durch geeignete experimentelle Anordnungen F sehr groß und $k < 5$ gemacht werden kann. Auf entsprechende experimentelle Möglichkeiten wird im Aufsatz „Zur Praxis der Modulationsübertragungsfunktion“, S. 312 dieses Bandes, näher eingegangen. Die zu $\alpha_{\min} = 1$ gehörende Ortsfrequenz ist das unter den durch k und F festgelegten Bedingungen erzielbare *Auflösungsvermögen* (AV).

Es soll ausdrücklich darauf hingewiesen werden, daß γ nach Gl. (1) definiert ist und keine nach einer Vorschrift an die charakteristische Kurve gelegte Sehne, sondern die Tangente darstellt. γ und $\overline{\Delta D_F^2}$ sind daher Funktionen der Belichtung. Damit sind auch $K_{\min}$ bzw. $a_{\min}$ Funktionen des Belichtungsniveaus. Sie werden für eine bestimmte Belichtung ein Minimum. Auf diese Zusammenhänge geht der anschließende Aufsatz „Die Berechnung der Körnigkeit, des kleinsten nachweisbaren Kontrastes und der Anzahl der nachweisbaren Helligkeitsstufen“ ausführlich quantitativ ein.

Wenn der kleinste nachweisbare Kontrast $K_{\min}$ beträgt, so beträgt die zugehörige infinitesimale Anzahl nachweisbarer Helligkeitsstufen unter Berücksichtigung der Gl. (33)

$$\mathrm{d}m = \frac{\mathrm{d}K}{K_{\min}} = \frac{\mathrm{d}E}{E \cdot K_{\min}} = \frac{\eta_F \cdot \gamma \cdot \mathrm{d}E}{2{,}3 \cdot k \cdot \sqrt{\Delta D_F^2} \cdot E} = \frac{\eta_F \cdot \gamma}{k\sqrt{\Delta D_F^2}} \, \mathrm{d} \log E \tag{35}$$

Die Anzahl der innerhalb eines vorgegebenen Belichtungsintervalles ($\log E_1$, $\log E_2$) nachweisbaren Helligkeitsstufen beträgt folglich

$$m = \frac{1}{k} \int\limits_{\log E_1}^{\log E_2} \frac{\eta_F \cdot \gamma}{\sqrt{\Delta D_F^2}} \, \mathrm{d} \log E \,. \tag{36}$$

Entwicklungseffekte bewirken, daß auch η_F vom Belichtungsniveau abhängt. Deshalb wurde η_F unter das Integral gezogen. Eine besonders aufschlußreiche Kennzeichnung eines photographischen Materials erhält man mithilfe der Kurvenschar

$$k \cdot m \cdot (F, \log E) = \int\limits_{-\infty}^{\log E} \frac{\eta_F \cdot \gamma}{\sqrt{\Delta D_F^2}} \, \mathrm{d} \log E \tag{37}$$

mit F als Parameter. Der Wendepunkt der Kurven ist gleichzeitig die Stelle des kleinsten nachweisbaren Kontrastes. Die Belichtung, für die $m = 1$, kann man mit gutem

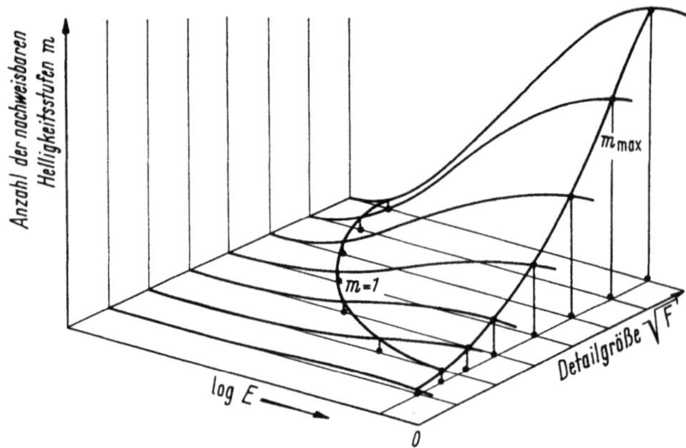

Abb. 3. Schar der Kurven für die Anzahl der nachweisbaren Helligkeitsstufen in Abhängigkeit von Belichtungsbereich- und Detailgröße (schematisch). Die Empfindlichkeitsgrenze ($m = 1$) und die maximale Anzahl $m_{\max}$ sind eingezeichnet.

Recht als Maß für die Empfindlichkeit benutzen. Abb. 3 zeigt schematisch eine Kurvenschar $k\, m\, (F, \log E)$. Die ,,Empfindlichkeitskurve“ und die Kurve für $k m_{\max}$ (obere Integrationsgrenze ∞) sind als ausgezeichnete Kurven mit eingetragen.

In dieser Betrachtung wurden die Details, die durch einen nachweisbaren Kontrast gegen ihre Umgebung gekennzeichnet sind, als vorzugsweise kreisförmig gewählt.

Wenn die MÜF $R(\nu)$ zur Verfügung steht, ist es günstiger, sinusförmige örtliche Helligkeitsverteilungen nach Gl. (2) zu wählen. Man erhält unter Verwendung von Gl. (34)

$$k \cdot m\,(\nu, \log E) = \int\limits_{-\infty}^{\log E} \frac{R(\nu) \cdot \gamma}{\sqrt{\overline{\Delta D_F^2}}}\, \mathrm{d} \log E \tag{38}$$

Für die Fläche F gilt das bereits im Zusammenhang mit der Gl. (34) Gesagte. Vom Standpunkt der modernen Informationstheorie ist der Ausdruck $\sqrt{\overline{\Delta D_F^2}}$ jedoch ein Schönheitsfehler, da er eine spezielle Wahl der Abtastblende voraussetzt. Dieser kann dadurch beseitigt werden, daß man vom aufbelichteten Kontrast $\frac{\Delta \mathrm{E}}{\mathrm{E}}\,(\vec{r})$ analog zu Gl. (9) ebenfalls das Wiener-Spektrum bildet:

$$\varphi(\vec{\nu}) = \lim_{A \to \infty} \frac{1}{A} \left[\iint\limits_{A} \frac{\Delta E}{E}\,(\vec{r})\, e^{-2\pi i\,(\vec{\nu}, \vec{r})}\, \mathrm{d}f \right]^2 \tag{39}$$

Analog zur Beziehung (18) gilt dann

$$\frac{\overline{\Delta E^2}}{E^2} = \iint\limits_{-\infty}^{+\infty} \varphi(\vec{\nu})\, \mathrm{d}\nu_x \mathrm{d}\nu_y \tag{40}$$

Sinnvollerweise setzen wir nun voraus, daß im angebotenen Kontrastspektrum keine Ortsfrequenz besonders ausgezeichnet sei. Andererseits muß das Ortsfrequenzgebiet jedoch beschränkt sein, da sonst $\varphi\,(\vec{\nu})$ verschwinden müßte. Beide Forderungen werden durch den Ansatz

$$\varphi(\vec{\nu}) = \begin{cases} \varphi_0 & \text{für } \vec{\nu} \text{ innerhalb } \mathfrak{G} \\ \equiv 0 & \text{für } \vec{\nu} \text{ außerhalb } \mathfrak{G} \end{cases} \tag{41}$$

erfüllt. Man erhält also mit (41) aus Gl. (40)

$$\frac{\sqrt{\overline{\Delta E^2}}}{E} = \sqrt{\varphi_0}\,\sqrt{\mathfrak{G}} \tag{42}$$

$$\sqrt{\varphi_0} = \frac{1}{\sqrt{\mathfrak{G}}} \cdot \frac{\sqrt{\overline{\Delta E^2}}}{E}$$

kann nur dann als meßbar gelten, wenn

$$\sqrt{\varphi_0} \geqslant \frac{2{,}3 \cdot k \sqrt{\Phi(\nu)}}{R(\nu) \cdot \gamma} \tag{43}$$

erfüllt ist.

Analog zu Gl. (35) müssen wir nun bilden

$$\mathrm{d}m = \frac{\mathrm{d}\,(\sqrt{\varphi_0}\,)}{\min\,\{\sqrt{\varphi_0}\,\}} = \frac{\sqrt{\overline{\mathrm{d}E^2}}}{\sqrt{\mathfrak{G}} \cdot E \cdot \min\,\{\sqrt{\varphi_2}\,\}} \tag{44}$$

Wir setzen $\sqrt{\overline{\mathrm{d}E^2}} = \mathrm{d}E$
und erhalten

$$\mathrm{d}m = \frac{R(\nu) \cdot \gamma \cdot \mathrm{d}E}{2{,}3 \cdot k \sqrt{\mathfrak{G}} \cdot \sqrt{\Phi(\nu)} \cdot E} = \frac{R(\nu)\,\gamma}{k \sqrt{\mathfrak{G}}\,\sqrt{\Phi(\nu)}}\, \mathrm{d} \log E \tag{45}$$

Die Anzahl der nachweisbaren Helligkeitsstufen ergibt sich dann zu

$$m(\nu, \log E) = \frac{1}{k\sqrt{\mathfrak{G}}} \int_{-\infty}^{\log E} \frac{R(\nu)\cdot\gamma}{\sqrt{\Phi(\nu)}}\, \mathrm{d}\log E \tag{46}$$

Während die Gl. (36) eine größere Anschaulichkeit besitzt, bietet die Gl. (46) den Vorteil, daß man die aus Rechnung oder Messung bekannte Modulationsübertragungsfunktion $R(\nu)$ und das Wiener-Spektrum zur Berechnung der Funktion $m(\nu, \log E)$ verwenden kann. Die Wahl des Ortsfrequenzgebietes $\mathfrak{G}$ ist zwar willkürlich, aber Absolutwerte von $m(\nu, \log E)$ sind ohnehin nicht unmittelbar meßbar. Es bringt bereits allen gewünschten Aufschluß, photographische Schichten auf der Basis gleichen angenommenen Ortsfrequenzgebietes $\mathfrak{G}$ zu vergleichen.

V. Der äquivalente Quantennutzeffekt und verwandte Begriffe

Es liegt nahe, irgendeinen Bildübertragungskanal oder eine seiner Komponenten wie Bildwandler, Bildverstärker, Fernsehaufnahmeröhren und natürlich photographische Schichten mit dem idealen Quantendetektor zu vergleichen. Der ideale Quantendetektor wurde in Abschnitt III definiert. Alle zufälligen Helligkeitsschwankungen sind bei ihm einzig durch die Poissonverteilung der auftreffenden Quanten hervorgerufen. Es gilt also

$$\left(\frac{\overline{\Delta E^2}}{\overline{E}^2}\right) = \frac{\overline{\Delta Q_F^2}}{\overline{Q_F^2}} = \frac{\overline{Q_F}}{\overline{Q}^2} = \frac{1}{\overline{Q}} = \frac{1}{q\cdot F} \tag{47}$$

wobei q die Flächendichte der auftreffenden Quanten ist. Eine photographische Schicht liefert dagegen, wie man durch Quadrieren von Gl. (20) zeigt, eine zufällige Schwankung der Dichte, die auf den aufbelichteten Kontrast umgerechnet, das mittlere Schwankungsquadrat

$$\left(\frac{\overline{\Delta E^2}}{\overline{E}^2}\right)_{\text{real}} = \frac{2{,}3^2\,\overline{\Delta D_F^2}}{\eta_F^2\gamma^2} \tag{48}$$

besitzt.

Der äquivalente Quantennutzeffekt ε_F ist in der anglo-amerikanischen Literatur (Clark Jones [*5*], Zweig [*6*] und Shaw [*9*]) als Verhältnis des durch Gl. (47) beschriebenen mittleren Schwankungsquadrates des aufbelichteten Kontrastes beim idealen Quantendetektor zum durch Gl. (48) beschriebenen mittleren Schwankungsquadrat der realen Photoschicht oder anderen in Frage stehenden Quantendetektoren definiert. Es gilt also

$$\varepsilon_F = \frac{\eta_F^2\gamma^2}{2{,}3^2 q\cdot F\cdot\overline{\Delta D_F^2}} \tag{49}$$

Ähnlich, wie man beim kleinsten nachweisbaren Kontrast und der Anzahl der getrennt nachweisbaren Helligkeitsstufen einmal von der anschaulicheren Detailfläche F ausgehen und zum anderenmal auch im Ortsfrequenzraum mit der Modulationsübertragungsfunktion und dem Wiener-Spektrum der Dichteschwankungen rechnen kann, so ist es auch bei der Definition des äquivalenten Quantennutzeffektes möglich, in doppelter Weise vorzugehen. Für das aus den zufälligen Dichteschwankungen auf den aufbelichteten Kontrast umgerechnete Wiener-Spektrum $\varphi'(\nu)$ erhält man

$$\varphi'(\nu) = \frac{2{,}3^2 \cdot \Phi(\nu)}{\gamma^2 \cdot R^2(\nu)} \tag{50}$$

Das Wiener-Spektrum der nur von der Poisson-Statistik der auftreffenden Quanten herrührenden Schwankungen des aufbelichteten Kontrastes ergibt sich, wenn man Gl. (41) und Gl. (47) in Gl. (40) einsetzt, zu

$$\varphi'_0 = \frac{\overline{\Delta E^2}}{\mathfrak{G} \cdot E^2} = \frac{\overline{\Delta q^2}}{\mathfrak{G} \bar{q}^2} = \frac{\overline{\Delta Q_F^2} F^2}{\mathfrak{G} F^2 Q_F^2} = \frac{1}{\mathfrak{G} Q_F} = \frac{1}{\mathfrak{G} F q} \tag{51}$$

Die höchste in $\mathfrak{G}$ enthaltene Ortsfrequenz muß mindestens so groß sein wie die reziproke Fläche F, braucht aber andererseits nicht größer zu sein, so daß $\mathfrak{G} \cdot F = 1$ gesetzt werden kann. Man erhält für den äquivalenten Quantennutzeffekt daher

$$\varepsilon(\nu) = \frac{R^2(\nu) \cdot \gamma^2}{2{,}3^2 \cdot q \cdot \Phi(\nu)} \tag{52}$$

Der kleinste nachweisbare Kontrast würde für ein Detail der Fläche F beim idealen Quantendetektor

$$K_{\min} = \frac{k}{\sqrt{q} \cdot \sqrt{F}} \tag{53}$$

betragen. Dividiert man diesen Wert durch den kleinsten mit einer realen photographischen Schicht nachweisbaren Kontrast nach Gl. (33) und vergleicht den so erhaltenen Ausdruck mit Gl. (49), so ergibt sich

$$\frac{K_{\min,\,\mathrm{id}}}{K_{\min,\,\mathrm{real}}} = \frac{\eta_F \cdot \gamma}{2{,}3^2 q \cdot F \cdot \sqrt{\overline{\Delta D_F^2}}} = \sqrt{\varepsilon_F} \tag{54}$$

Es ist auch ohne weiteres möglich, die Anzahlen der nachweisbaren Helligkeitsstufen in einem vorgegebenen Belichtungsintervall bei einem realen und bei einem idealen Quantendetektor anzugeben. Die im vorigen Abschnitt (IV) entwickelten Begriffe leisten also in bezug auf den Vergleich mit dem idealen Quantendetektor das Gleiche wie der äquivalente Quantennutzeffekt und haben zudem den Vorzug größerer Anschaulichkeit.

Es wird im folgenden Aufsatz (S. 271 dieses Bandes) ,,Die Berechnung der Körnigkeit und der Anzahl der nachweisbaren Helligkeitsstufen bei photographischen Schichten" begründet, daß es oft zweckmäßig ist, eine reale photographische Schicht nicht mit dem idealen Quantendetektor, sondern mit der idealen photographischen Schicht zu vergleichen, wie bereits ZWEIG [*6*] gezeigt hat.

VI. Das Signal-Rausch-Verhältnis und die Informationskapazität

Die Informationskapazität ist ein Maß für die Anzahl der Ja-Nein-Entscheidungen, die ein Informationsspeicher speichern bzw. ein Informationsübertragungssystem fehlerfrei übertragen kann, und zwar ist die Maßzahl der Zweierlogarithmus dieser Zahl und wird in bits (von binary digit (s)) angegeben. Es gibt über die Grundlagen und Anwendung der Informationstheorie heute bereits eine umfangreiche Literatur.

LINFOOT [8] und SHAW [9] haben die Ausdrücke für die Informationskapazität photographischer Schichten abgeleitet, die unter der Voraussetzung gelten, daß die Wahrscheinlichkeitsverteilung der Fourierkomponenten der angebotenen Helligkeitsverteilungen im Ortsfrequenzraum innerhalb eines festzulegenden Ortsfrequenzgebietes eine Gauß-Verteilung mit einer für alle Ortsfrequenzen gleichen Standardabweichung der Amplituden ist. Zur Berechnung der Informationskapazität wollen wir hier zunächst einen anschaulicheren Weg gehen. Dazu teilen wir ein Bild der Fläche A in Details der Fläche F, wie wir dies zur Berechnung des kleinsten nachweisbaren Kontrastes schon früher getan haben. Auf diese Weise erhält man $N = A/F$ „Bildelemente". Jedes Bildelement kann m_F verschiedene nach Gl. (36) berechenbare Helligkeitsstufen annehmen, also sind m verschiedene „Bilder" getrennt nachweisbar. Die Informationskapazität beträgt also nach den Festsetzungen der Informationstheorie

$$I_F = \frac{A}{F} \cdot \mathrm{ld}\, m \qquad \mathrm{ld} = \log_2 . \tag{55}$$

Diese Zahl hängt von der gewählten Fläche F der Bildelemente ab. Man wird von dieser Einschränkung frei, wenn man für die Informationskapazität eine Formel verwendet, die in der Informationstheorie (vgl. z. B. das Lehrbuch von GOLDMAN [10]) abgeleitet und von verschiedenen Autoren wie LINFOOT [8], LANGNER [11], CLARK JONES [12] und SHAW [9] auf die Berechnung der Informationskapazität von Informationsübertragungskanälen angewendet wird, die als informationspeicherndes Glied eine photographische Schicht enthalten.

Diese Formel lautet allgemein

$$I = \frac{1}{2} \iint_{\mathfrak{G}} \mathrm{ld} \left[1 + \frac{\varphi_0 \,|\, R(\vec{\nu}) \,|^2 \gamma^2}{2{,}3^2 \cdot \Phi(\vec{\nu})}\right] d\nu_x \, d\nu_y \text{ bits} . \tag{56}$$

In Gl. (56) kann $R(\vec{\nu})$ komplex sein, also außer der Übertragung der Modulation auch die Übertragung der Phase beschreiben. Im praktisch wichtigen Fall, daß $R(\vec{\nu})$ und das Wiener-Spektrum $\Phi(\vec{\nu})$ der Dichteschwankungen nur vom Betragen $\nu = \sqrt{\nu_x^2 + \nu_y^2}$ abhängen, also ein rotationssymmetrisches Ortsfrequenzspektrum haben, vereinfacht sich die Gl. (56) zu

$$I = \pi \int_0^{\nu_0} \mathrm{ld} \left[1 + \frac{\varphi_0 \,|\, R(\nu) \,|^2 \gamma^2}{2{,}3^2 \cdot \Phi(\nu)}\right] \nu \, d\nu \quad \text{bits} . \tag{57}$$

$\mathfrak{G}$ in Gl. (56) ist das Ortsfrequenzgebiet, in dem die angebotenen Signale nicht identisch verschwinden. In Gl. (57) ist $\mathfrak{G}$ ein kreisförmiges Gebiet mit dem Radius ν_0 des Ortsfrequenzvektors. ν_0 ist die Ortsfrequenz, oberhalb der die angebotenen Signale verschwinden. Die Formeln (56) und (57) gelten unter der Voraussetzung, daß die Wahrscheinlichkeitsverteilung der Fourierkomponenten der angebotenen Helligkeitsverteilungen im Ortsfrequenzraum innerhalb des gegebenen Ortsfrequenzgebietes $\mathfrak{G}$ für alle Ortsfrequenzen eine Gaußverteilung mit der gleichen Standardabweichung $\sqrt{\varphi_0}$ haben und außerhalb $\mathfrak{G}$ verschwinden. Während in Gl. (55) eine Willkür in der Festlegung der Detailfläche F liegt, ist in den Gln. (56) und (57) die Festlegung von φ_0 und zunächst auch von $\mathfrak{G}$ bzw. ν_0 willkürlich.

In der Nachrichtentechnik bezeichnet man das Verhältnis der Wiener-Spektren des Nutzsignals zum Wiener-Spektrum des Störsignals (Rauschen) als *Signal-Rausch-Verhältnis* (SRV) und gibt es in einem logarithmischen Maß an, z. B. in $\mathrm{d}B = 10 \log \mathrm{SRV}$. Eine andere Bezeichnungsweise ist Störabstand. Ein Störabstand von 40 dB bedeutet, daß die elektrische oder akustische Signal*leistung* 10^4 mal so groß ist wie die Rausch*leistung*. Dem entspricht das Verhältnis der effektiven elektrischen Signalspannung zur effektiven Rauschspannung wie 100 : 1. In analoger Weise ist bei der photographischen Schicht der Quotient $\frac{\varphi_0 |R(\nu)|^2 \gamma^2}{2{,}3^2 \Phi(\nu)}$ als SRV aufzufassen. Vergleicht man das SRV mit der Bedingung (43), so ist wegen $4{,}5 \leq k \leq 5$ für eine befriedigende Bildwiedergabe zu fordern, daß das SRV mindestens $k^2 = 20$ beträgt.

Ein besonders wichtiger Gesichtspunkt bei der Verwendung der Gln. (56) und (57) ist aber, daß I vom Belichtungsniveau abhängt, wie z. B. der kleinste nachweisbare Kontrast, und daher nicht mit der Informationskapazität verglichen werden kann, die sich aus Gl. (55) ergibt. Um für eine photographische Schicht integral in ihrem gesamten Belichtungsbereich die Informationskapazität ohne Spezialisierung auf eine bestimmte Detailgröße F angeben zu können, beschreiten wir folgenden Weg:

1. Wir setzen für φ_0 nach Gl. (40) und Gl. (41)

$$\varphi_0 = \frac{\overline{\Delta E^2}}{\mathfrak{G} \cdot E^2} \quad \text{bzw.} \quad \varphi_0 = \frac{\overline{\Delta E^2}}{\pi \nu_0{}^2 E^2}. \tag{58}$$

2. Wir wählen für φ_0 infinitesimal kleine Werte.

$$\mathrm{d}\varphi_0 = \frac{\overline{\mathrm{d}E^2}}{\mathfrak{G} \cdot E^2} \quad \text{bzw.} \quad \mathrm{d}\varphi_0 = \frac{\overline{\mathrm{d}E^2}}{\pi \nu_0{}^2 E^2}. \tag{59}$$

3. Setzt man (59) in die Gl. (57) ein, so erhält man wegen

$$\lim_{x \to \mathrm{d}x} \mathrm{ld}\,(1 + x) = \lim_{x \to \mathrm{d}x} [\mathrm{ld}\, e \cdot \ln (1 + x)] = \mathrm{ld}\, e \cdot \mathrm{d}x \tag{60}$$

$$\mathrm{d}I = 0{,}272 \cdot \frac{\overline{\mathrm{d}E^2}}{\nu_0{}^2 E^2} \int_0^{\nu_0} \frac{\gamma^2 \,|\, R(\nu) \,|^2}{\Phi(\nu)} \nu \, \mathrm{d}\nu \quad \text{bits} \left(\frac{\mathrm{ld}\, e}{(\ln 10)^2} = 0{,}272 \right). \tag{61}$$

Mit $\nu = u \cdot \nu_0$ ergibt sich

$$\mathrm{d}I = 0{,}272 \cdot \frac{\overline{\mathrm{d}E^2}}{E^2} \int_0^1 \frac{\gamma^2 \,|\, R(\nu) \,|^2}{\Phi(n)} u \, \mathrm{d}u. \tag{62}$$

4. In Gl. (48) wurde $\sqrt{\overline{\mathrm{d}E^2}} = \mathrm{d}E$ gesetzt. Nun setzen wir sinngemäß $\overline{\mathrm{d}E^2} = \mathrm{d}E^2 = 2E\,\mathrm{d}E$ und integrieren

$$I' = 0{,}544 \int_{E=0}^{\infty} \frac{\mathrm{d}E}{E} \int_0^1 \frac{\gamma^2 \,|\, R(u) \,|^2}{\Phi(u)} u \, \mathrm{d}u = 1{,}25 \int_{\log E = -\infty}^{+\infty} \int_0^1 \frac{\gamma^2 (\log E) \cdot |\, R(u, \log E) \,|^2}{\Phi(u, \log E)} \times$$
$$\times\, u \, \mathrm{d}u \, \mathrm{d} \log E \quad \text{bit}. \tag{63}$$

Diese Definition der Informationskapazität hat den Vorteil, daß sie den gesamten Belichtungsbereich berücksichtigt. Eine Willkür liegt in der Wahl von ν_0, das ja in $u = \frac{\nu}{\nu_0}$ in Erscheinung tritt, wenn die gemessenen oder berechneten Funktionen

$R(\nu, \log E)$ und $\Phi(\nu, \log E)$ eingesetzt werden. Ein Vergleich von photographischen Schichten untereinander oder mit idealen Schichten ist nur auf der Basis gleicher Grenzfrequenz ν_0 möglich. Das Paradoxon, daß nach Gl. (65) zwei Schichten den gleichen Wert I' haben, wenn ihr γ und ihre Modulationsübertragungsfunktion und ihr Wiener-Spektrum der Dichteschwankungen, bezogen auf die jeweilige in beiden Fällen verschiedene Grenzfrequenz, gleich sind, löst sich dadurch auf, daß ja das angebotene Signal im Falle der kleineren Grenzfrequenz auch weniger Information im Sinne der Informationstheorie enthält, weil es bei gleicher Standardabweichung $\sqrt{\varphi_0}$ der Fourierkomponenten im Ortsfrequenzraum ein kleines Ortsfrequenzgebiet besitzt. Beim Vergleich ist daher stets auf gleiches ν_0 zu beziehen.

VII. Schlußbetrachtung

Hersteller und Anwender photographischen Materials interessiert in gleicher Weise eine quantitative und direkt oder indirekt meßbare Kennzeichnung der Leistungsfähigkeit, die auch einen Vergleich mit anderen Quantendetektoren, insbesondere mit dem idealen Quantendetektor zuläßt. Wenn es darauf ankommt, innerhalb eines vorgegebenen Belichtungsbereiches ein Detail der Fläche F mit einem möglichst kleinen Kontrast nachweisen zu können, so ist der kleinste nachweisbare Kontrast nach Gl. (36) das geeignete Maß. Es gestattet außerdem den Vergleich mit dem idealen Quantendetektor durch Verwendung der Gl. (58) und erfüllt in dieser Hinsicht die gleiche Forderung wie der äquivalente Quantennutzeffekt. Ein anschauliches Maß für die Leistungsfähigkeit einer photographischen Schicht oder eines anderen zur Bildübertragung bzw. -speicherung benutzten Quantendetektors ist die durch Gl. (60) gegebene Anzahl der getrennt nachweisbaren Bilder pro Flächeneinheit, deren Bildelemente die Größe F haben. In diesen Ausdruck geht die Zahl m_F der getrennt nachweisbaren Helligkeitsstufen ein. Die Kurvenschar, die den durch Gl. (37) gegebenen Zusammenhang zwischen der Belichtung E, der normierten Anzahl km der nachweisbaren Helligkeitsstufen und der Detailgröße F darstellt, kann als sehr vollständige Beschreibung einer photographischen Schicht bei einer gegebenen Verarbeitung gelten. Mit Hilfe eines geeigneten Testobjektes gelingt die direkte Messung von m als Funktion von $\log E$ nach F. Abb. 4 zeigt das Testobjekt und eine mit diesem Testobjekt hergestellte Aufbelichtung mittels Kamera auf ein photographisches Material so wie die Auswertung.[1] Wie im folgenden Aufsatz „Die Berechnung der Körnigkeit und des kleinsten nachweisbaren Kontrastes ..." gezeigt wird, kann man $K_{\min}$ und m in Abhängigkeit von der Empfindlichkeits- und Größenverteilung der Körner und von der Schichtstruktur berechnen. Auf diese Weise gewinnt man wertvolle Aufschlüsse über Maßnahmen, die man anstreben muß, um eine für einen vorliegenden Zweck optimale photographische Schicht herzustellen. Außerdem kann man empirisch den Einfluß der Verarbeitung, besonders der Entwicklung studieren und optimalisieren. Es erschien sinnvoll, den Faktor k zu diskutieren, der angibt, wievielmal so groß ein auf der Schicht gemessener Kontrast im Vergleich zur Standardabweichung der zufälligen Dichteschwankungen sein muß, damit er mit großer Wahrscheinlich-

[1] Ähnliche Testobjekte zum Zweck der optimalen Wahl der Kopierbedingungen hat GOLDBERG [*13*] angegeben.

keit ein informationstragendes Signal und nicht eine zufällige Dichteschwankung darstellt. Aus der Betrachtung ergab sich, daß der Wert von k zwischen 4,5 und 5 liegen muß.

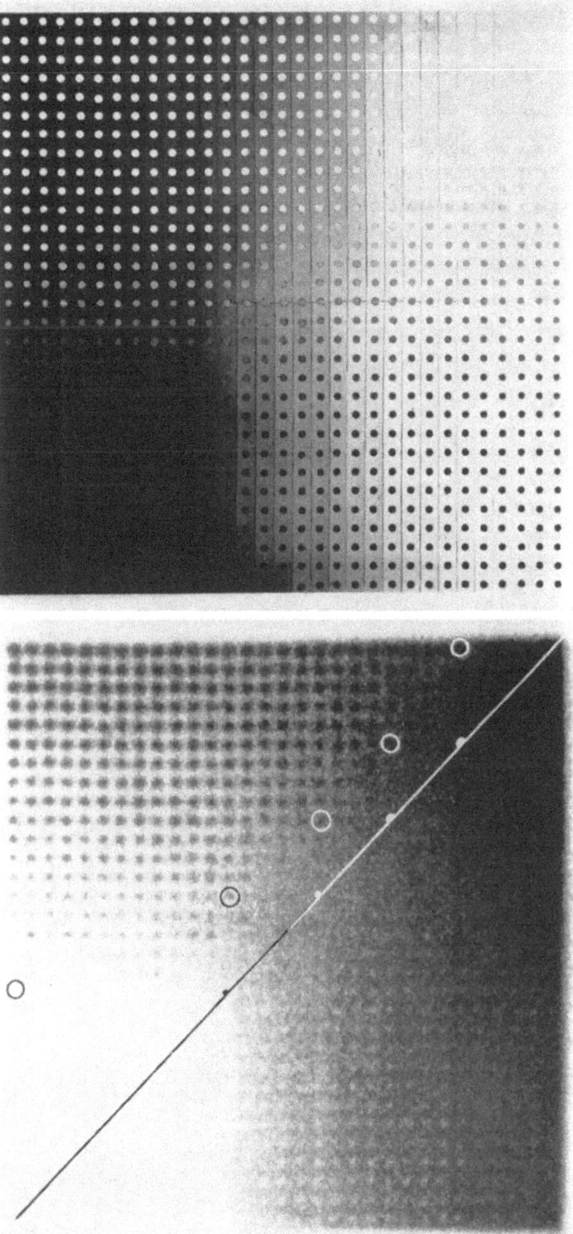

Abb. 4. Beispiel für ein Testobjekt zur Ermittlung der Anzahl der mit einer photographischen Schicht nachweisbaren Helligkeitsstufen (oben) und Auswertung nach Aufbelichtung auf einem hochempfindlichen Negativfilm (unten). Detailgröße auf dem Film: 26 μ, Anzahl der nachweisbaren Helligkeitsstufen: 5.

Eine vom Standpunkt der Informationstheorie korrektere Formulierung einer die Leistungsfähigkeit einer photographischen Schicht kennzeichnenden physikalischen Größe bietet die Informationsspeicherkapazität in der Form der Gl. (63). Man kann sie als Funktion der oberen Integrationsgrenze, nämlich der Belichtung, betrachten und erhält eine sehr nützliche Kennzeichnung einer photographischen Schicht. Der Hauptvorteil dieser Darstellung liegt jedoch nicht in ihrer formalen Eleganz, sondern darin, daß man damit den gesamten Übertragungsprozeß vom gesendeten zum empfangenen Signal behandeln kann, indem man die Übertragungsfunktionen der einzelnen Übertragungsglieder der als linear angenommenen Übertragungskette miteinander in bekannter Weise multipliziert und die Wiener-Spektren addiert.

Der äquivalente Quantennutzeffekt ist zwar auch eine brauchbare Kennzeichnung eines Quantendetektors, wir können aber in dieser Definition gegenüber den anderen hier aufgeführten Definitionen, wie kleinster nachweisbarer Kontrast, Anzahl der getrennt nachweisbaren Kontraststufen, Informationskapazität über den gesamten Belichtungsbereich, keinen Vorteil erblicken, zumal sich der äquivalente Quantennutzeffekt aus den anderen Definitionen berechnen läßt, wie Gl. (54) zeigt.

Literatur

[*1*] Jones, R. C.: J. Opt. Soc. Amer. **43**, 281 (1953).

[*2*] Langner, G.: Z. wiss. Phot. **55**, 218—233 (1961).

[*3*] Zeitler, E.: Mitt. Agfa Band II, Berlin/Göttingen/Heidelberg: Springer 1958, S. 217 bis 248.

[*4*] Jones, R. C.: Phot. Sci. and Eng. **2**, 57—63 (1958).

[*5*] Jones, R. C.: J. Opt. Soc. Amer. **50**, 883—886 (1960).

[*6*] Zweig, H. J.: J. Opt. Soc. Amer. **51**, 310—318 (1961).

[*7*] Zweig, H. J.: Phot. Sci. Eng. **5**, 142—149 (1961).

[*8*] Linfoot, E. H.: J. Phot. Sci. **9**, 188 (1961).

[*9*] Shaw, R.: J. Phot. Sci. **11**, 313—320 (1963).

[*10*] Goldman, S.: Information Theory (1953) New York: Prentice Hall.

[*11*] Langner, G.: Die Informationsübertragung bei der Mikroskopie mit Röntgenstrahlen; Forschgs.-Ber. d. Landes Nordrhein-Westf., Nr. 1001, Opladen; Westdeutscher Verlag.

[*12*] Jones, R. C.: J. Opt. Soc. Amer. **52**, 493—99 (1962).

[*13*] Goldberg, E.: Der Aufbau des photographischen Bildes, Halle: Knapp 1925.

Zur Berechnung der Körnigkeit, des kleinsten nachweisbaren Kontrastes und der Anzahl der nachweisbaren Helligkeitsstufen photographischer Schichten

Von G. Langner

Zusammenfassung

1. Es wird der Formalismus hergeleitet, der es gestattet, die charakteristische Kurve, die Körnigkeit, den kleinsten nachweisbaren Kontrast und die Anzahl der nachweisbaren Helligkeitsstufen einer photographischen Schicht in Abhängigkeit von der Belichtung zu berechnen. (Zur Definition der Begriffe vgl. die Arbeit „Wichtige Meßdefinitionen zur Kennzeichnung der Leistungsfähigkeit photographischer Bildaufzeichnungsverfahren“ [in diesem Band].)

2. Es treten folgende Parameter auf: Mittlere Anzahl Ag-Halogenid-Körner pro Flächeneinheit, Unordnungsgrad der Anordnung der Körner in der Schicht, Empfindlichkeits- und Größenverteilung der Körner, photometrische Konstante. Die Bedeutung der Berechnungsmethode liegt darin, daß diese Parameter bei der Herstellung photographischer Schichten mehr oder weniger sicher willkürlich beeinflußt werden können.

3. Mit Hilfe des entwickelten Formalismus werden praktische Beispiele durchgerechnet. Hierbei werden folgende vereinfachende Voraussetzungen gemacht:

a) Der Schleier wird nicht berücksichtigt.

b) Es wird angenommen, daß die Empfindlichkeitsverteilung unabhängig von der Korngröße ist.

c) Es erfolgt Beschränkung auf dünne bzw. homogene Schichten (Unabhängigkeit der unter 2. aufgeführten Parameter von der Schichttiefenkoordinate).

4. Die wichtigsten Ergebnisse der Rechnung lauten:

a) Die Empfindlichkeitsverteilung hat auf die Körnigkeit keinen Einfluß.

b) Je breiter die Korngrößenverteilung ist, desto stärker wird die Körnigkeit im Bereich geringer Belichtungen, je geordneter die Körner in der Schicht sind (eine nicht statistische Kornverteilung in der Schicht ist technologisch allerdings schwierig zu erreichen), desto stärker geht die Körnigkeit bei höheren Dichten zurück.

c) Bei einer Verbreiterung der Korngrößenverteilung muß bereits ein geringes Vorziehen der Schwelle und eine Vergrößerung des Belichtungsspielraums mit einem beträchtlichen Rückgang der Anzahl der nachweisbaren Helligkeitsstufen und einem Anwachsen des kleinsten nachweisbaren Kontrastes erkauft werden. Das Vorziehen der Schwelle kommt nur großen Details zugute.

d) Gegenüber den besten auf dem Markt befindlichen Schwarz-Weiß-Schichten ist der ideale Quantendetektor im Minimum des nachweisbaren Kontrastes um den Faktor 15 besser. Theoretisch müßte eine Steigerung um den Faktor 10 möglich sein. Letzteres gilt auch für die Anzahl der nachweisbaren Helligkeitsstufen im gesamten Belichtungsbereich.

5. Der Formalismus ist für kompliziertere Fälle (Umkehrentwicklung, Colorschichten) weiterentwickelt. Hierbei werden Umlösung bei der Erstentwicklung und die Farbstoffkupplung als neue Einflußgrößen eingeführt.

6. Die Arbeit deutet die Möglichkeit an, photographische Schichten für eine vorgegebene Anwendung zu optimalisieren unter der Voraussetzung, daß es technologisch gelingt, die wesentlichen Parameter (s. 2.) frei zu beeinflussen.

1. Einführung

Aus der Empfindlichkeits- und Größenverteilung der Halogen-Silber-Körner und der Belichtungsverteilung in der Tiefe der Schicht läßt sich, wie FRIESER und KLEIN [*1*] gezeigt haben, die charakteristische Kurve eines Schwarz-Weiß-Negativ-Photomaterials berechnen. Die Belichtungsverteilung folgt aus den optischen Eigenschaften der Schicht, und zwar aus dem Streuabsorptions-Querschnitt der Körner, ihrer Packungsdichte, aus der komplexen optischen Brechungszahl des Bindemittels und des Schichtträgers sowie der Schichtdicke. Auch der Diffusionslichthof und damit die Modulationsübertragungsfunktion lassen sich prinzipiell unter diesen Voraussetzungen berechnen. So behandelt z. B. METZ [*2*] theoretisch und experimentell die Lichtverteilung in photographischen Schichten. DE BELDER, JESPERS und VERBRUGGHE [*3*] haben ein mathematisches Verfahren zur Berechnung der Lichtverteilung in der Schicht ausgearbeitet. In der vorliegenden Arbeit wird nun zunächst die Körnigkeit als mittleres Schwankungsquadrat der Dichte aus der Empfindlichkeits- und Größenverteilung sowie dem Absorptionsquerschnitt und der photometrischen Konstanten der Körner berechnet. Die Quantenempfindlichkeit eines Kornes gibt an, daß das Korn mindestens r^* Quanten absorbieren muß, um entwickelbar zu werden. Nach unserer heutigen Kenntnis über den photographischen Elementarprozeß ist r^* keine Apriori-Eigenschaft eines Korns, vielmehr ist die relative Häufigkeitsverteilung von r^* eine statistische Eigenschaft einer Gesamtheit von Körnern unter bestimmten Entwicklungsverhältnissen.

Die in dieser Arbeit angewandte Methode baut auf der Arbeit von FRIESER und KLEIN [*1*] zur Berechnung der charakteristischen Kurve (Schwärzungskurve) auf und ist mathematisch eigentlich nichts anderes als die Erweiterung der Methode von FRIESER und KLEIN auf Momente höherer Ordnungen von relativen Häufigkeitsverteilungen. Es wird auch gezeigt, in welcher Weise kompliziertere photographische Prozesse, wie der Umkehrprozeß und die Farbkupplung in Colorschichten, mit dieser Methode rechnerisch zugänglich sind. Wesentliche Züge der Theorie hat der Verfasser bereits früher veröffentlicht [*4*]. In der vorliegenden Arbeit wurde die Theorie erweitert, ferner wurden die rechnerischen Ergebnisse vervollständigt.

In der in diesem Band veröffentlichten Arbeit: „Wichtige Meßdefinitionen zur Kennzeichnung der Leistungsfähigkeit photographischer Bildaufzeichnungsverfahren", auf S. 254, hinfort mit I bezeichnet, wurde herausgestellt, daß neben der charakteristischen Kurve, der Modulationsübertragungsfunktion und der Körnigkeit bzw. deren Wiener-Spektrum, Begriffe wie der kleinste nachweisbare Kontrast, die Anzahl der nachweisbaren Helligkeitsstufen und der äquivalente Quantennutzeffekt sehr nützliche physikalische Maße zur Kennzeichnung photographischer Schichten darstellen. Es wird ferner gezeigt, daß es vollauf genügt, sich auf den kleinsten nachweisbaren Kontrast und die Anzahl der nachweisbaren Kontraststufen zu beschränken, da man den äquivalenten Quantennutzeffekt leicht daraus berechnen kann. Eine besonders wichtige Eigenschaft dieser Definitionen ist die Vergleichsmöglichkeit mit dem idealen Quantendetektor, die es ermöglichen soll zu entscheiden, ob bei einem in Frage stehenden Quantendetektor prinzipiell noch eine Verbesserung möglich ist.

Außer der Körnigkeit — die charakteristische Kurve fällt als Nebenergebnis mit heraus — werden in dieser Arbeit auch der kleinste nachweisbare Kontrast und die Anzahl der nachweisbaren Helligkeitsstufen berechnet. Aus den Ergebnissen dieser Berechnungen kann man folgern, welche Maßnahmen man ergreifen muß, um photographische Schichten zu verbessern und für einen vorgegebenen Verwendungszweck zu optimalisieren.

2. Definitionen und Voraussetzungen

Es wird bei der folgenden Berechnung angenommen, daß der Beitrag, den ein entwickeltes Silberkorn zur photographischen Schwärzung liefert, zur Projektionsfläche des Korns proportional sei und daß die Proportionalitätskonstante nicht von der Volumendichte der entwickelten Körner abhängt. Es soll also das Lambert-Beersche Gesetz gelten, d. h. für die Schwärzung D die Nuttingsche [5] Beziehung

$$D = \frac{n \cdot \bar{a} \cdot \bar{p}}{2{,}3} \tag{1}$$

$$\ln 10 \approx 2{,}3\,.$$

n ist die Flächendichte der Halogen-Silber-Körner, $\bar{p}$ die Wahrscheinlichkeit dafür, daß ein Halogen-Silber-Korn entwickelt wird und $\bar{a}$ die mittlere effektive Fläche eines Korns, welche photometrisch zur Wirkung gelangt. Bei diffuser Beleuchtung gilt die Beziehung (1) mit befriedigender Genauigkeit.

Für Einkornschichten, in denen die Körner voneinander isoliert sind und sich nur selten überdecken, gilt

$$D = \log \frac{1}{1 - n \cdot \bar{a} \cdot \bar{p}} \approx \frac{n\,\bar{a}\,\bar{p}}{2{,}3} \tag{2}$$

also auch die Nuttingsche Formel. Bei hoher Packungsdichte beeinflussen sich die Körner in bezug auf die Streuung gegenseitig, so daß in der Nuttingschen Formel (1) eine Korrekturfunktion eingeführt werden muß. Eine Berücksichtigung dieses Tatbestandes würde aber den hier eingeschlagenen Weg unnötig erschweren.

Als Definition der Körnigkeit gehen wir von den Definitionsgleichungen (I, 9) und (I, 12) aus.

3. Die Zufallsvariablen einer photographischen Schicht

Bekanntlich kann man die charakteristische Kurve einer photographischen Halogen-Silber-Schicht, die so dünn ist, daß keine nennenswerte Absorption darin stattfindet (sogenannte Elementarschicht [Monolayer]), aus der Quantenstatistik, der Empfindlichkeitsverteilung und der Größenverteilung der Körner berechnen, wie FRIESER und KLEIN [1] allgemein gezeigt haben. Dieser Theorie liegt folgende Modellvorstellung zugrunde:

Ein Halogen-Silber-Korn muß mindestens r^* Quanten absorbieren, um entwickelbar zu werden. Die Wahrscheinlichkeit dafür, daß ein solches Korn entwickelbar wird, wenn pro Korn im Mittel $\overline{Q}$ Quanten absorbiert werden, beträgt

$$p(\overline{Q},r^*) = 1 - e^{-\overline{Q}} \cdot \sum_{r=0}^{r^*-1} \frac{\overline{Q}^r}{r!} . \tag{3}$$

Die Mindestquantenzahl r^*, welche ein Maß für die Quantenempfindlichkeit eines Korns ist, schwankt von Korn zu Korn statistisch und wird durch eine Verteilungsfunktion $g(r^*)$ beschrieben, welche den Bruchteil $g(r^*)$ der Körner mit der Quantenempfindlichkeit r^* angibt. Es gilt

$$\sum_{r^*=0}^{\infty} g(r^*) = 1 . \tag{4}$$

Bei der Belichtung besitzt ein Halogen-Silber-Korn gegenüber den Quanten einen Absorptionsquerschnitt s. Im Falle schwacher Absorption (reziproker Wert des Absorptionskoeffizienten μ klein gegen die Korndicke) ist der Absorptionsquerschnitt zum Volumen des Korns proportional. Es gilt dann

$$s = \mu \cdot v . \tag{5}$$

Beträgt die mittlere Flächendichte der Quanten in der Schicht q, so ergibt sich die mittlere Zahl der pro Korn absorbierten Quanten zu

$$\overline{Q} = q \cdot s . \tag{6}$$

Die Wahrscheinlichkeit $p(r^*, \overline{Q})$ für die Entwickelbarkeit eines Kornes nach Gl. (3) wird dann eine Funktion der Korngröße, und man kann schreiben

$$p(\overline{Q},r^*) = p(\overline{q},v,r^*) . \tag{7}$$

Untersuchungen von FARNELL und CHANTER [6] und deren Auswertung durch MARRIAGE [7] verdanken wir die Kenntnis der Verteilungsfunktion $g(r^*)$ für eine Reihe typischer photographischer Emulsionen. Aus diesen Untersuchungen sowie aus Untersuchungen von FRIESER und KLEIN [1] ergab sich, daß es sicher Körner gibt, welche nach der Absorption von bereits vier Quanten entwickelbar werden, während die Existenz von Körnern, welche zur Entwickelbarkeit weniger als vier Quanten benötigen, noch nicht nachgewiesen werden konnte. Daher wird $g(r^*)$ für $r^* = 1, 2, 3$ verschwinden. $g(r^*)$ für $r^* = 0$ bedeutet Körner, welche entwickelbar werden, obwohl sie nicht belichtet worden sind, also Schleierkörner. r^* ist jedoch nicht eine Eigenschaft des Halogen-Silber-Korns allein, sondern eine Eigenschaft der Kombination Belichtungsart/Korn/Entwicklung. So macht es z. B. einen Unterschied, ob eine Hochintensitäts-Kurzzeitbelichtung oder eine Niederintensitäts-Langzeitbelichtung gewählt wird. Daß belichtete Körner sich in verschiedenen Entwicklern und auch in bezug auf die Inkubationszeit bei der Entwicklung unterschiedlich verhalten, ist hinlänglich bekannt. Ferner sei auf den Effekt von Silber-Halogen-Lösungsmitteln hingewiesen. Deshalb kennzeichnet die Quantenempfindlichkeit r^* eine Kombination von Belichtung, Korn und Entwicklung.

Eine große Rolle für die sensitometrischen Eigenschaften spielt bekanntlich die Korngrößenverteilung. Korngrößenanalysen verschiedener Autoren, z. B. von KLEIN [8], haben in guter Näherung logarithmische Normalverteilungen für die Korngröße ergeben. Bezeichnet man das Kornvolumen mit v, so ist die relative Häufigkeit $h(v)$ für das Auftreten von Körnern mit einem Volumen im Intervall $(v, v + \mathrm{d}v)$ gegeben durch

$$h(v) = \frac{\log e}{\sqrt{2\pi}\,\sigma_v \cdot v} \exp\left[-\frac{(\log v/v_0)^2}{2\sigma_v}\right], \tag{8}$$

wenn die Integrationsvariable v beträgt bzw.

$$h(\log v) = \frac{1}{\sqrt{2\pi}\,\sigma_v} \exp\left[-\frac{(\log v/v_0)^2}{2\sigma_v}\right], \tag{9}$$

wenn die Integrationsvariable $\log v$ beträgt.

v_0 ist das häufigste Volumen.

FARNELL und CHANTER [6] und MARRIAGE [7] fanden nun, daß die Verteilungsfunktion $g(r^*)$ für die Quantenempfindlichkeit von der Korngröße abhängt.

Ganz allgemein kann man daher eine Verteilungsfunktion $G(v, r^*)$ für die relative Häufigkeit einführen, daß ein Halogen-Silber-Korn die Quantenempfindlichkeit r^* besitzt und daß sein Volumen im Intervall $(v, v + \mathrm{d}v)$ liegt. Es gelten dann die Normierungen

$$\int\limits_{v=0}^{\infty} \sum_{r^*=0}^{\infty} G(r^*, v)\,\mathrm{d}v = 1\,, \tag{10}$$

$$\int\limits_{v=0}^{\infty} G(r^*, v)\,\mathrm{d}v = g(r^*)\,, \tag{11}$$

$$\sum_{r^*=0}^{\infty} G(r^*, v) = h(v)\,. \tag{12}$$

Nach der Entwicklung und weiteren Verarbeitung der Schicht besitzt das entstandene Silberkorn in der Schicht den Wirkungsquerschnitt a gegenüber der photographischen Auswertung, welche von der Art dieser Auswertung und von der Verarbeitung der Schicht entscheidend abhängt. Man kann allgemein schreiben

$$a = \varphi v^{2/3}\,, \tag{13}$$

wobei φ von der Entwicklung, der Trocknung und der Auswertung (visuelle Betrachtung, Photometrie) abhängt und photometrische Konstante genannt wird.

Bei der Verwendung von Halogen-Silber-Lösungsmitteln im Entwickler (z. B. Umkehrentwicklung) hängt φ außerdem vom ursprünglichen Volumen v des Silber-Halogenid-Korns ab.

Als weitere Zufallsvariable ist die Zahl N_F der unter der Fläche F der Meßblende befindlichen Halogen-Silber-Körner zu nennen. Für die Dichte spielt deren Mittelwert $\overline{N}_F = \overline{n} \cdot F$ eine Rolle. Für die Körnigkeit sind die Schwankungen ΔN_F dieser Zahl maßgebend. Deren mittleres Quadrat werde mit $\overline{\Delta N_F^2}$ bezeichnet.

4. Die „ideale" Schicht und der Unordnungsgrad der Körner

Angenommen, die Halogen-Silber-Körner seien in einer photographischen Schicht so angeordnet, daß sich unter jedem Flächenstück der Größe F genau gleich viele, nämlich N_F Körner befinden. Dies wäre durch eine regelmäßige, z. B. rastermäßige Anordnung der Körner zu erreichen. Für eine solche Schicht gilt ganz offenbar $\overline{\Delta N_F^2} = 0$. Ferner seien alle Körner gleich groß (Kornvolumen v_0) und gleich empfindlich, also alle Körner seien nach Absorption von r^* Quanten entwickelbar. Eine solche Schicht wollen wir „ideale" Schicht nennen und ihre Körnigkeit berechnen. Diese wird nur noch durch den Quantenschrot bestimmt. Die Wahrscheinlichkeit dafür, daß nach der Absorption von im Mittel $\overline{Q}$ Quanten pro Korn N'_F der N_F Körner entwickelbar werden, beträgt

$$W(N'_F, N_F) = \binom{N_F}{N'_F} p^{N'_F}(1-p)^{N_F - N'_F} \tag{14}$$

wobei sich p aus der Beziehung (3) ergibt. Durch Bildung des ersten Moments

$$\overline{N'_F} = \sum_{N'_F=0}^{N_F} N'_F\, W(N'_F, N_F) = p N_F\,, \tag{15}$$

erhält man die mittlere Zahl der pro Flächenstück F entwickelbar gemachten Körner. Führt man die Flächendichte

$$n = \frac{N_F}{F} \tag{16}$$

der Körner ein, so erhält man durch Einsetzen von $p \cdot n$ in die Nuttingsche Formel (1) die Dichte. Um das mittlere Schwankungsquadrat der Dichte zu erhalten, muß

$$\overline{\Delta D_F^2} = \frac{a^2}{2{,}3^2 F^2}\, \overline{\Delta N_F'^2} \tag{17}$$

gebildet werden.

Nun gilt bekanntlich

$$\overline{\Delta N_F'^2} = \overline{N_F'^2} - \overline{N'_F}^2 \tag{18}$$

Das zweite Moment lautet:

$$\overline{N_F'^2} = N_F'^2 \cdot W(N'_F, N_F) = N_F \cdot p(1-p) + N_F^2 p^2. \tag{19}$$

Setzt man Gl. (19) in Gl. (18) ein, so erhält man

$$\overline{\Delta N_F'^2} = p N_F\,(1-p). \tag{20}$$

Gl. (20) in Gl. (17) eingesetzt liefert für die Körnigkeit einer Schicht mit gleich großen Körnern

$$\overline{\Delta D_F^2} = \frac{a^2 N_F}{2{,}3^2 F^2}\, p(1-p). \tag{21}$$

Führt man den Maximalwert

$$D_{\max} = \frac{a N_F}{2{,}3 F} \tag{22}$$

der Dichte ein, so erhält man für das mittlere Quadrat der Schwärzungsschwankungen einer „idealen" Schicht wegen Gl. (20) und Gl. (17)

$$\overline{\Delta D_F^2} = \frac{a}{2{,}3F} D\left(1 - \frac{D}{D_{\max}}\right). \tag{23}$$

Für die halbe Maximalschwärzung erreicht die Körnigkeit ihr Maximum und verschwindet bei Erreichen der Maximalschwärzung.

Es soll nun der Fall behandelt werden, daß die Zahl der Körner unter dem Flächenstück von Stelle zu Stelle schwankt. Die relative Häufigkeit dafür, daß sich N_F Halogen-Silber-Körner unter einem Flächenstück der Größe F befinden, sei $w(N_F)$. Für das Moment erster Ordnung ergibt sich nun unter Berücksichtigung der Beziehung (14)

$$\overline{N_F'} = \sum_{N_F'=0}^{\infty} N_F' \sum_{N_F=N_F'}^{\infty} w(N_F) \cdot W(N_F', N_F) = \sum_{N_F=0}^{\infty} w(N_F) \sum_{N_F'=0}^{N_F} N_F' W(N_F', N_F) = p \sum_{N_F=0}^{\infty} N_F w(N_F) = p\overline{N_F}, \tag{24}$$

wobei

$$\overline{N_F} = \sum_{N_F=0}^{\infty} N_F w(N_F) \tag{25}$$

die mittlere Anzahl von Halogen-Silber-Körnern unter beliebig gelegenen Flächenstücken der Größe F ist. Um $\overline{\Delta N_F'^2}$ zu erhalten, bildet man zunächst unter Berücksichtigung der Gl. (19)

$$\begin{aligned}\overline{N_F'^2} &= \sum_{N_F'=0}^{\infty} N_F'^2 \sum_{N_F=N_F'}^{\infty} w(N_F)\, W(N_F', N_F) = \sum_{N_F=0}^{\infty} w(N_F) \sum_{N_F'=0}^{N_F} N_F'^2 W(N_F', N_F) = \\ &= \sum_{N_F=0}^{\infty} w(N_F) \cdot [p N_F (1-p) + p^2 N_F^2] = p\overline{N_F}(1-p) + p^2 \overline{N_F^2}\end{aligned} \tag{26}$$

$$\overline{N_F^2} = \sum_{N_F=0}^{\infty} N_F^2 w(N_F) \tag{27}$$

ist das zweite Moment der Häufigkeitsverteilung $w(N_F)$.

Das mittlere Schwankungsquadrat

$$\overline{\Delta N_F^2} = \overline{N_F^2} - \overline{N_F}^2 \tag{28}$$

der Anzahl der Halogen-Silber-Körner unter F ist zur mittleren Zahl $\overline{N_F}$ proportional:

$$\overline{\Delta N_F^2} = \alpha \overline{N_F}. \tag{29}$$

α bezeichnet den Unordnungsgrad der Anordnung der Halogen-Silber-Körner in der Schicht. Die „ideale" Schicht hat den Unordnungsgrad $\alpha = 0$, der andere Extremfall ist erreicht für $\alpha = 1$, nämlich für eine Poisson-Verteilung der Körner. Setzt man in Gl. (26) $\overline{N_F^2}$ aus Gl. (28) und für $\overline{\Delta N_F^2}$ Gl. (29) ein und bildet dann $\overline{\Delta N_F'^2}$ nach der Vorschrift Gl. (18), so erhält man

$$\overline{\Delta N_F'^2} = p\overline{N_F}[1 - p(1-\alpha)]. \tag{30}$$

Für die Körnigkeit einer photographischen Schicht mit dem Unordnungsgrad α, welche aus lauter gleich großen und gleich empfindlichen Körnern besteht, erhält man unter Verwendung von Gl. (16) durch Einsetzen von Gl. (30) in Gl. (17)

$$\overline{\Delta D_F^2} = \frac{a^2 \cdot n}{2{,}3^2 \cdot F} p[1 - p(1-\alpha)]. \tag{31}$$

Im Falle maximaler Unordnung ($\alpha = 1$) ergibt sich

$$\overline{\Delta D_F^2} = \frac{a^2 \cdot n \cdot p}{2{,}3^2 \cdot F} = \frac{a \cdot D}{2{,}3 \cdot F}, \tag{32}$$

im Falle vollkommener Ordnung ($\alpha = 0$) die Gleichung

$$\overline{\Delta D_F^2} = \frac{a^2 \cdot n}{2{,}3^2 \cdot F} p(1 - p). \tag{33}$$

In Abb. 1 ist die Beziehung (31) für verschiedene Werte von α dargestellt. Zur Veranschaulichung sind Modelle von körnigen Schichten für den Fall $\alpha = 0$ und $\alpha = 1$ eingezeichnet.

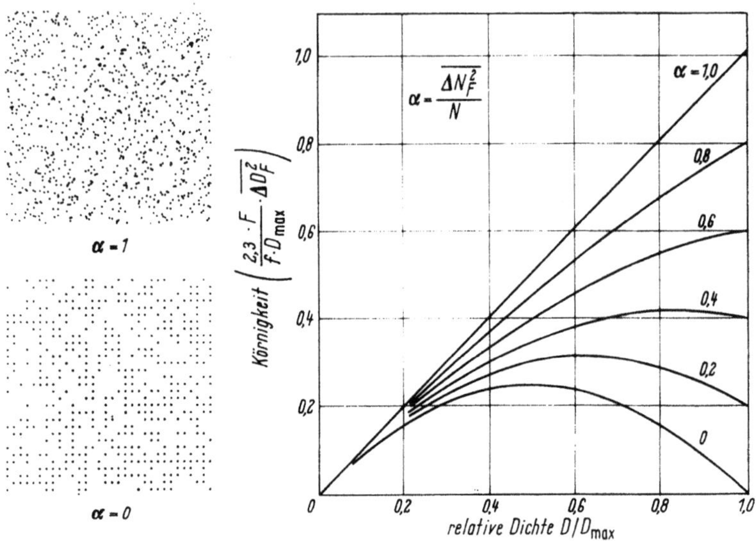

Abb. 1. Abhängigkeit der Körnigkeit vom Unordnungsgrad α der Körner. Links Beispiele einer geordneten ($\alpha = 0$) und einer ungeordneten ($\alpha = 1$) Schicht. Entnommen aus [4].

5. Schichten mit Körnern uneinheitlicher Empfindlichkeit und Größe

Es sei nun nicht mehr vorausgesetzt, daß alle Körner die gleiche Empfindlichkeit r^* haben. Der Bruchteil der Körner mit der Empfindlichkeit r^* beträgt $g(r^*)$. Die Wahrscheinlichkeit dafür, daß ein Korn nach der Absorption von im Mittel $\overline{Q}$ Quanten entwickelbar wird, ergibt sich dann zu

$$\bar{p}_{r^*} = \sum_{r^*=0}^{\infty} g(r^*)\, p(Q, r^*). \tag{34}$$

In dieser Arbeit werden wir durchweg für $p(\overline{Q}, r^*)$ den aus der Poisson-Verteilung abgeleiteten Ausdruck (3) verwenden. Rückgang des latenten Bildes und Solarisation wird voraussetzungsgemäß durch (3) nicht berücksichtigt.

Dies könnte durch einen Faktor $S(\overline{Q}, r^*)$ geschehen, der z. B. für hohe Werte von Q und kleine Werte von r^* verschwindet. Um die Übersichtlichkeit nicht zu erschweren, sollen aber solche Effekte hier vernachlässigt werden.

An Stelle von $p = p(Q, r^*)$ ist in die Beziehungen für die Dichte und die Körnigkeit, insbesondere in Gl. (31), $\overline{p_{r^*}}$ nach Gl. (34) einzusetzen.

Während es bisher offenbar nicht gelungen ist, photographische Schichten mit Körnern gleicher Quantenempfindlichkeit herzustellen, ist es möglich, Schichten mit Körnern praktisch einheitlicher Korngröße herzustellen, z. B. nach KLEIN und MOISAR [*9*].

Diese Körner unterscheiden sich nur noch in der Quantenempfindlichkeit r^*, nicht jedoch in den durch ihr unterschiedliches Volumen hervorgerufenen unterschiedlichen Absorptionsquerschnitten. Bei Schichten mit Körnern, welche einer Korngrößenverteilung $h(v)$ unterliegen, trägt diese Korngrößenverteilung zum mittleren Quadrat der Schwärzungsschwankungen in doppelter Weise bei. Erstens besitzen die unentwickelten Körner nach Gl. (5) und Gl. (6) eine unterschiedliche Wahrscheinlichkeit, Quanten zu absorbieren, und zweitens tragen die entwickelten Körner in unterschiedlicher Weise zur Schwärzung bei.

Die Formel von SIEDENTOPF [*10*]

$$\overline{\Delta D_F^2} = \frac{\bar a D}{2{,}3 \cdot F}\left(1 + \frac{\overline{\Delta a^2}}{\bar a^2}\right) \tag{35}$$

berücksichtigt nur den zweiten Effekt. HAUGH [*11*] hat dagegen in einer strukturellen Theorie der Körnigkeit auch den ersten Effekt berücksichtigt und hat gezeigt, daß man bei Vorliegen einer Korngrößenverteilung die Körnigkeit nicht aus den sensitometrischen Daten entnehmen kann, wie das nach Gl. (35) wegen der Proportionalität zwischen $\overline{\Delta D_F^2}$ und D scheinbar der Fall ist. Während HAUGH versucht, die vorkommenden Häufigkeitsverteilungen von vornherein durch Normalverteilungen darzustellen, gehen wir den allgemeineren Weg. Entwickelt man ΔD [Gl. (1)] in eine Reihe, so erhält man

$$\Delta D = \frac{1}{2{,}3 \cdot F}\,(\bar a \Delta N'_F + \overline{N'_F} \Delta a_F + \Delta N'_F \Delta a_F) \tag{36}$$

Dieser Ausdruck liefert quadriert

$$\begin{aligned}(\Delta D)^2 = \frac{1}{2{,}3^2 \cdot F^2}\,[\bar a^2 (\Delta N'_F)^2 + \overline{N'_F}^2 (\Delta a_F)^2 + (\Delta N'_F)^2 (\Delta a_F)^2 + \\ + 2\bar a \overline{N'_F} \Delta a_F \Delta N'_F + 2\overline{N'_F} \Delta N'_F (\Delta a_F)^2 + 2\bar a \Delta a_F (\Delta N'_F)^2]\end{aligned} \tag{37}$$

Die Mittelwertsbildung führt auf die mittlere quadratische Schwankung von $\Delta N'_F$ und $\Delta \alpha_F$ und von gemischten Gliedern. In der Statistik wird für zwei Zufallsvariable x und y durch

$$C_{xy} = \overline{xy} - \bar x \bar y \tag{38}$$

die Korrelationszahl definiert. $C_{xy} = 0$, also $\overline{xy} = \bar x \bar y$ bedeutet, daß beide Zufallsvariable statistisch völlig unabhängig sind, $0 < C_{xy} \ll \bar x \bar y$, also $\bar x \bar y < \overline{xy} \ll 2 \bar x \bar y$ bedeutet, daß ein bestimmter Wert von y überdurchschnittlich häufig bis immer mit bestimmtem Wert von x zusammen auftritt und $0 > C_{xy} \gg \bar x \bar y$, also $0 - \overline{xy} \ll \bar x \bar y$ bedeutet, daß ein bestimmter Wert von y überdurchschnittlich selten bis nie zusammen mit einem bestimmten Wert von x auftritt. Es gelten die Definitionen

$$\bar x = \lim_{n \to \infty} \frac{1}{n} \sum_{i=1}^{n} x_i; \quad \bar y = \lim_{n \to \infty} \frac{1}{n} \sum_{i=1}^{n} y_i \tag{39}$$

und

$$\overline{xy} = \lim_{n\to\infty} \frac{1}{n} \sum_{i=1}^{\infty} x_i y_i .$$

Unter der Voraussetzung, daß die $N_{F,i}$ von den a_i statistisch unabhängig sind, verschwinden in Gl. (36) bei der Mittelwertsbildung wegen $\overline{\Delta N'_F} = \overline{\Delta a_F} = 0$ die gemischten Glieder in $\Delta N'_F$ und Δa_F, und man erhält

$$\overline{\Delta D_F^2} = \frac{1}{2{,}3^2 F^2} [\bar{a}^2 \overline{\Delta N_F'^2} + \overline{N_F'}^2 \overline{\Delta a_F^2}] . \tag{40}$$

Daß diese Voraussetzung wirklich zutrifft, kann von vornherein keineswegs als sicher gelten. In Flächenstücken i der Fläche F, die besonders viele überdurchschnittlich große Körner enthalten (d. h. $\Delta a_F > 0$), ist die Wahrscheinlichkeit dafür, daß diese die zur Entwickelbarkeit notwenige Anzahl von Quanten absorbieren, größer, also $\Delta N'_F$ positiv. Im Falle, daß ein Flächenstück besonders viele unterdurchschnittsgroße Körner enthält ($\Delta a_F < 0$), ist die Wahrscheinlichkeit dafür, daß diese Körner die nötige Anzahl Quanten absorbieren, geringer, also $\Delta N'_F < 0$, allerdings wird die Anzahl N_F der in den fraglichen Flächenstücken von vornherein enthaltenen Körner im ersteren Fall unterdurchschnittlich, im letzteren Fall überdurchschnittlich sein, insbesondere bei höheren Packungsdichten. Wir wollen annehmen, daß dadurch der erstgenannte Effekt wieder kompensiert wird und vernachlässigen die gemischten Glieder in Gl. (36) bei der Mittelwertsbildung. Über Untersuchungen über diesen Sachverhalt ist uns bisher nichts bekannt geworden, es handelt sich aber unseres Erachtens hierbei um ein für die Körnigkeit photographischer Schichten wichtiges Problem, das es wert wäre, näher untersucht zu werden.

Die Schreibweise der Gleichungen vereinfacht sich etwas, wenn man mit Hilfe von

$$\varrho = v^{1/3} \tag{41}$$

einen Korn*radius* definiert und von einer Verteilungsfunktion $H(r^*, \varrho)$ spricht. Die Wahrscheinlichkeit $\bar{p}(q)$ dafür, daß irgendein Korn beliebiger Größe und Empfindlichkeit entwickelbar wird, wenn die Flächendichte der auf die Schicht auftreffenden Quanten q beträgt, wird nun durch den Ausdruck

$$\bar{p}(\bar{q}) = \int_{\varrho=0}^{\infty} \left\{ \sum_{r^*=0}^{\infty} H(r^*,\varrho)\, p(r^*,\bar{q},\varrho) \right\} \mathrm{d}\varrho \tag{42}$$

gegeben.

$H(r^*, \varrho) \cdot p(r^*, \bar{q}, \varrho)$ ist die Häufigkeitsverteilung der *entwickelten* Körner mit der Empfindlichkeit r^*, deren Kornradius im Intervall $\varrho, \varrho + \mathrm{d}\varrho$ liegt.

Die photometrisch wirksame Fläche eines entwickelten Korns beträgt $a = \varphi \cdot \varrho^2$. Deren Mittelwert nach Belichtung mit der Flächendichte q der Quanten ergibt sich aus dem zweiten Moment von $H(r^*, \varrho) p(r^*, q, \varrho)$ zu

$$\bar{a}(q) = \frac{\varphi}{\bar{p}(q)} \int_{\varrho=0}^{\infty} \varrho^2 \left\{ \sum_{r=0}^{\infty} H(r^*,\varrho)\, p(r^*,q,\varrho) \right\} \mathrm{d}\varrho . \tag{43}$$

Für $\bar{p}(q)$ ist Gl. (42) zu verwenden.

In einem Flächenstück der Fläche F an der Stelle i mögen sich N'_i entwickelbar gemachte Körner befinden, welche von $j = 1, \ldots, N'_i$ durchnumeriert werden. Das Korn j möge den Radius ϱ_j haben. Dann beträgt die mittlere photographisch wirksame Fläche der Körner im i-ten Flächenstück

$$\bar{a}_i = \frac{\varphi}{N'_i} \sum_{j=1}^{N'_i} \varrho_j^2 . \tag{44}$$

Für jedes Flächenstück i der Größe F wird $\overline{a_i}$ verschieden sein. Das mittlere Schwankungsquadrat von $\overline{a_i}$, nämlich $\overline{\Delta \overline{a_i}^2}$, beträgt

$$\overline{\Delta \bar{a}_i^2} = \lim_{n \to \infty} \frac{1}{n} \sum_{i=1}^{n} (\bar{a}_i - \bar{a})^2, \tag{45}$$

wobei

$$a = \lim_{n \to \infty} \frac{1}{n} \sum_{i=1}^{n} \bar{a}_i \tag{46}$$

die mittlere Projektionsfläche aller Körner der Schicht ist.

Wenn im Mittel pro Flächenstück der Fläche F $\overline{N'_F}$ Körner entwickelt worden sind, so gilt die Beziehung

$$\overline{\Delta \bar{a}_i^2} = \overline{\Delta a_F^2} = \frac{\overline{\Delta a^2}}{\overline{N'_F}} \tag{47}$$

mit

$$\overline{\Delta a^2} = \overline{a^2} - \bar{a}^2 \tag{48}$$

$\overline{a^2}$ erhält man aus dem vierten Moment der Verteilungsfunktion zu

$$\overline{a^2(q)} = \frac{\varphi^2}{\bar{p}(q)} \int_{\varrho=0}^{\infty} \varrho^4 \left\{ \sum_{r^*=0}^{\infty} H(r^*, \varrho)\, p(r^*, q, \varrho) \right\} d\varrho . \tag{49}$$

Setzt man (41) in (1) ein, so erhält man für die Dichte einer Einkornschicht im allgemeinen Fall

$$D = \frac{n \cdot \varphi}{2{,}3} \int_{\varrho=0}^{\infty} \varrho^2 \left\{ \sum_{r^*=0}^{\infty} H(r^*, \varrho)\, p(r^*, q, \varrho) \right\} d\varrho . \tag{50}$$

Es ist nicht auszuschließen, daß $\varphi = \varphi(D)$ eine Funktion der Dichte und sogar des Kornradius ϱ ist. In diesem Fall müßte $\varphi = \varphi(\varrho)$ unter das Integral gezogen werden.

Zur Berechnung von $\overline{\Delta D_F^2}$ sind nun ebenfalls alle Vorarbeiten geleistet. $\overline{\Delta N_F'^2}$ ergibt sich für eine Poisson-Verteilung der Körner in der Schicht zu

$$\overline{\Delta N_F'^2} = \overline{N'_F} = \overline{N_F p} = \overline{N_F} \cdot \bar{p} , \tag{51}$$

weil N_F und p statistisch voneinander unabhängig sind. Setzt man nun (51) und (47) in (40) ein, so erhält man

$$\overline{\Delta D_F^2} = \frac{\overline{N_F} \cdot \bar{p}}{2{,}3^2\, F^2} (\bar{a}^2 + \overline{\Delta a^2}). \tag{52}$$

Beachtet man (48) und (16) und setzt (49) in (52) ein, so wird schließlich

$$\overline{\Delta D_F^2} = \frac{n\, \varphi^2}{2{,}3^2 F} \int_{\varrho=0}^{\infty} \varrho^4 \left\{ \sum_{r^*=0}^{\infty} H(r^*, \varrho)\, p(r^*, q, \varrho) \right\} d\varrho . \tag{53}$$

In bezug auf die photometrische Konstante φ gilt das oben Gesagte auch hier. Die abgeleiteten Formeln gelten voraussetzungsgemäß für sogenannte Einkornschichten bzw. Elementarschichten, d. h. es ist überall in der Schichttiefe gleiche Belichtung vorausgesetzt. Zur Berechnung dicker Schichten muß die vertikale Belichtungsverteilung in der Schicht $q(z)$ bekannt sein, die sich aus den optischen Eigenschaften ergibt. An Stelle der Flächendichte n der Körner geht die Volumendichte ν der Körner in der Form $\nu(z)dz$ ein. Außerdem kann $H(r^*, \varrho)$ eine Funktion von z sein. Dies ist bei Mehrschichtenfilmen tatsächlich der Fall. In der allgemeinen Formulierung ergibt sich für die charakteristische Kurve einer Schicht der Dicke h zu

$$D(q) = \frac{1}{2,3} \int\limits_{z=0}^{h} \nu(z) \int\limits_{\varrho=0}^{\infty} \varphi(q,\varrho)\,\varrho^2 \left\{ \sum_{r^*=0}^{\infty} H(r^*,\varrho,z)\, p[r^*,\varrho,q(z)] \right\} d\varrho\, dz \tag{54}$$

und unter der Voraussetzung, daß die einzelnen Elementarschichten voneinander statistisch unabhängig sind[1]

$$\overline{\Delta D_F^2}(q) = \frac{1}{2,3^2 F} \int\limits_{z=0}^{h} \nu(z) \int\limits_{\varrho=0}^{\infty} \varphi^2(q,\varrho)\cdot\varrho^4 \left\{ \sum_{r^*=0}^{\infty} H(r^*,\varrho,z)\, p[r^*,\varrho,q(z)] \right\} d\varrho\, dz \tag{55}$$

Im Sonderfall, daß als einzige Variable nur q von z abhängt, führen wir ein

$$\int\limits_{z=0}^{h} p[r^*,\varrho,q(z)]\,dz = p'(r^*,\varrho,q_0)\,; \tag{56}$$

q_0 ist die Flächendichte der *auftreffenden* Quanten.

Dann gelten die Formeln (50) und (53) mit $p'(r^*, \varrho, q_0)$ statt $p(r^*, \varrho, q)$ auch für dicke Schichten.

Um uns ein Bild über den Einfluß der Empfindlichkeits- und Korngrößenverteilung auf die charakteristische Kurve und die Körnigkeit zu machen, wollen wir nun einige konkrete Fälle berechnen.

6. Berechnete Beispiele für charakteristische Kurve und Körnigkeit

Wir haben bei der Berechnung vorausgesetzt, daß die Belichtung q nicht von der Schichttiefe abhängt. Diese Voraussetzung bedeutet keine wesentliche Einschränkung, da sich die Relation der einzelnen Schichten zueinander bei anderen Tiefenverteilungen der Belichtung nicht ändern wird.

Es handelt sich im einzelnen um eine Schicht mit Körnern einheitlicher Größe ($v = 0{,}0425\ \mu^3$) und einheitlicher Empfindlichkeit ($r^* = 32$), um eine Schicht mit der gleichen einheitlichen Korngröße, aber einer Verteilung $g(r^*)$ der Quantenempfindlichkeit, wie sie von MARRIAGE [7] auf Grund des experimentellen Materials von FARNELL und CHANTER [6] für eine empfindliche Negativemulsion ermittelt wurde. Diese Empfindlichkeitsverteilung $g(r^*)$ ist in Abb. 2 dargestellt. Sie wurde durch Messung von — in unserer Ausdrucksweise — $\bar{p}_r{}^*$ (vgl. Gl. (34)) gewonnen, indem für $p(Q, r^*)$ die Funktion (3) angenommen wurde. Dies ist aber nur zulässig,

[1] Inwieweit diese Voraussetzung zutrifft, muß noch durch experimentelle Untersuchungen erhärtet werden.

wenn Fading und Solarisation unberücksichtigt bleiben können, andernfalls täuschen sie einen zu hohen Anteil sehr unempfindlicher Körner vor. Vgl. hierzu auch das auf S. 278 im Hinblick auf Gl. (34) Gesagte.

Abb. 3 zeigt die charakteristische Kurve auf die Flächendichte n der Körner normiert, und zwar gestrichelt die Kurve für die Schicht mit gleich großen

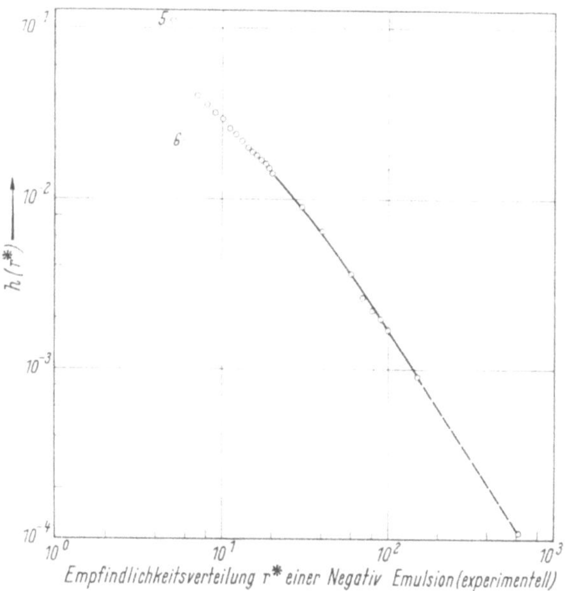

Abb. 2. Empfindlichkeitsverteilung, aus einer experimentell ausgemessenen Emulsion für Körner gleicher Größe ermittelt. Fast negative Emulsion nach A. MARRIAGE [6].

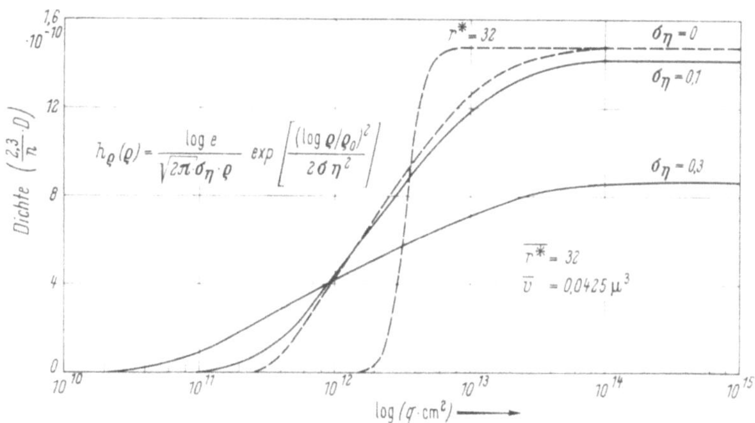

Abb. 3. Berechnete charakteristische Kurven für verschiedene Emulsionen mit gleicher mittlerer Quantenempfindlichkeit r^* und gleichem mittlerem Kornvolumen $\overline{v}$, aber verschiedenen Verteilungen der Quantenempfindlichkeit und Korngröße. Entnommen aus [4].

($v = 0{,}0425\,\mu^3$) und gleich empfindlichen Körnern, dann für die Schicht mit der in Abb. 2 dargestellten Empfindlichkeitsverteilung. Wie zu erwarten, hat die Empfindlichkeitsverteilung eine erhebliche Verflachung der charakteristischen Kurve zur

Folge. Für eine Schicht mit derselben Empfindlichkeitsverteilung der Körner, aber der Größenverteilung

$$h(\varrho) = \frac{\log e}{\sqrt{2\pi}\,\sigma_\eta \varrho} \exp\left[-\frac{(\log \varrho/\varrho_0)^2}{2\sigma_\eta^2}\right] \tag{57}$$

wurden für die Fälle $\bar{v} = 0{,}0425\ \mu^3$, $\sigma_\eta = 0{,}1$ und $\sigma_\eta = 0{,}3$ die charakteristischen Kurven berechnet und eingezeichnet. $\sigma_\eta = 0{,}1$ entspricht einer Standardabweichung der log-normalen Volumenverteilung von $\sigma_v = 3\sigma_\eta = 0{,}3$, $\sigma_\eta = 0{,}3$ entspricht $\sigma_v = 0{,}9$. Bei der Berechnung der Schwärzungskurven nach der Gl. (50) wurde zur Vereinfachung der Rechnung angenommen, daß $H(r^*, \varrho) = g(r^*) \cdot h(\varrho)$ sei, daß also für jede Korngröße die gleiche Empfindlichkeitsverteilung gilt.

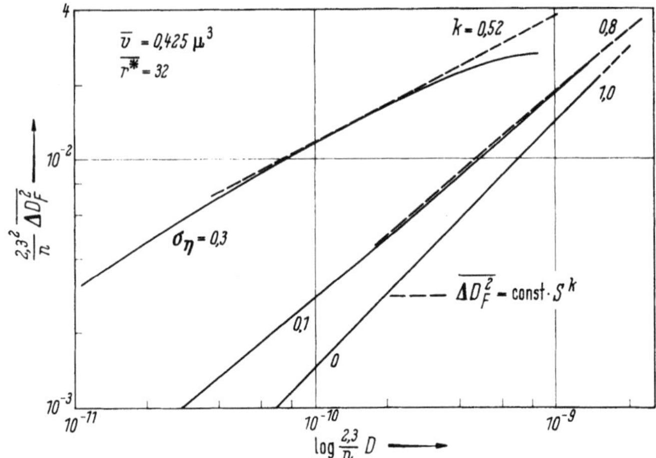

Abb. 4. Berechnete Körnigkeit für die in Abb. 3 dargestellten Schichten in Abhängigkeit von der Belichtung. Entnommen aus [4].

In Wirklichkeit hängt jedoch die Empfindlichkeitsverteilung etwas von der Korngröße ab.

Die Art der Normierung ermöglicht einen Vergleich der Schichten für gleichen Silberauftrag. Mit zunehmender Breite σ_η der Korngrößenverteilung rückt die Schwelle immer weiter vor; der Belichtungsspielraum nimmt zu, Steilheit und Maximaldichte nehmen ab.

Die Berechnung der Körnigkeit in der Form $\overline{\Delta D_F^2} \cdot \frac{2{,}3^2 F}{n}$ für die Darstellung in Abb. 4 erfolgte mit Hilfe der Gl. (53). Um die Abhängigkeit zwischen Körnigkeit und Dichte besser erkennen zu können, wurde in Abb. 4

$$\log \frac{2{,}3^2 F}{n}\,\overline{\Delta D_F^2} \quad \text{gegen} \log \frac{2{,}3}{n}\,D$$

aufgetragen. Dadurch ergibt sich für die Schichten mit lauter gleichgroßen Körnern ($\sigma_\eta = 0$) eine Gerade mit der Steigung 1. Die Kurve für $\sigma_\eta = 0{,}1$ kann man noch ganz gut durch eine Gerade mit der Steigung 0,8 approximieren, während die Kurve für $\sigma_\eta = 0{,}3$ konvex gekrümmt ist und eine Gerade keine gute Approximation mehr darstellt. Das Ergebnis liefert eine gewisse Rechtfertigung für die z. B. von Frieser vorgeschlagene Näherung

$$\overline{\Delta D_F^2} = \text{const} \cdot D^\beta \text{ mit } 0 < \beta \leqslant 1 \,. \tag{58}$$

Aus Messungen an handelsüblichen Negativfilmen mittlerer und hoher Empfindlichkeit findet man für β Werte zwischen 0,6 und 0,8. Man erkennt aus der Abb. 4, daß sich der Einfluß der Korngrößenverteilung auf die Körnigkeit im wesentlichen bei kleinen und mittleren Dichten bemerkbar macht.

7. Der kleinste nachweisbare Kontrast und die Anzahl der nachweisbaren Helligkeitsstufen

Wie in der Arbeit des Verfassers auf S. 254 dieses Bandes dargelegt, sind die charakteristische Kurve und die Körnigkeit wichtige *Teil*eigenschaften einer bildaufzeichnenden Schicht. Es wurde dann ausführlich auf den Wert der Begriffe „kleinster nachweisbarer Kontrast" und „Anzahl der nachweisbaren Helligkeitsstufen" zur integralen Kennzeichnung einer bildaufzeichnenden Schicht eingegangen. Es wurde dort auch gezeigt, daß die Definition äquivalenter Quantennutzeffekt (equivalent quantum efficiency) mit den hier angeführten Begriffen direkt zusammenhängt. Es sollen nun die beiden Funktionen zunächst für die ideale Schicht berechnet werden.

Zur Berechnung des kleinsten nachweisbaren Kontrastes gehen wir von der Gl. (I, 33) aus. Hierzu brauchen wir die Steilheit γ (Definition Gl. (I, 1)) und die Körnigkeit in der Form für eine Detailfläche der Größe F.

Setzt man in die Gl. (I, 1)

$$\gamma = \frac{\mathrm{d}D}{\mathrm{d}\log q} = \frac{na}{2{,}3} \cdot \frac{\mathrm{d}p}{\mathrm{d}\log Q} = \frac{na}{2{,}3} \cdot \frac{\mathrm{d}p}{\mathrm{d}Q} \cdot \frac{2{,}3\,\mathrm{d}Q}{\mathrm{d}\ln Q} = naQ\,\frac{\mathrm{d}p}{\mathrm{d}Q} \tag{59}$$

für p die Gl. (3) ein, so erhält man die für Steilheit einer Schicht, die nur aus gleich empfindlichen und gleich großen Körnern besteht,

$$\gamma = n \cdot a \cdot \frac{Q^{r^*}}{(r^*-1)!}\,e^{-Q} \,. \tag{60}$$

Die Körnigkeit $\overline{\Delta D_F^2}$ erhält man aus Gl. (31). Setzt man (30) und (59) in die Gl. (I, 33) ein, so ergibt sich für den kleinsten nachweisbaren Kontrast einer Schicht mit gleich empfindlichen (r^*) und gleich großen Körnern, deren Unordnungsgrad α beträgt, für die Detailgröße F

$$K_{\min}(F,Q) = \frac{k \cdot \sqrt{p \cdot [1 - p(1-\alpha)]} \cdot e^Q (r^*-1)!}{\eta_F \sqrt{n}\,\sqrt{F} \cdot Q^{r^*}} \,. \tag{61}$$

Für p ist die Gl. (3) zu verwenden. Von einer „Idealschicht" wollen wir voraussetzen, daß $\eta_F = 1$ gilt, d. h. der Kontrast wird durch Lichtstreuung nicht beeinträchtigt.

In Abb. 5 ist $K_{\min}$ gegen $\log Q$ für $r^* = 1, 4, 16$ und 32 und für den Unordnungsgrad $\alpha = 0$ und $\alpha = 1$ aufgetragen. Setzt man p aus Gl. (3) in (61) ein, so ergibt sich für kleine Q die Näherung

$$K_{\min}(F,Q) \to \frac{k (r^*-1)!\, Q^{-r^*/2}}{2{,}3\,\sqrt{n}\,\sqrt{F}\,\sqrt{r^*}} \,. \tag{62}$$

Die Ableitung der Formel findet sich im Anhang 1.

Die sich aus (62) ergebenden Asymptoten sind in Abb. 5 mit eingetragen. Die zu $r^* = 1$ gehörende Asymptote stellt zugleich $K_{\min}$ für den idealen Quantendetektor dar. Vgl. hierzu I, Abschnitt V, Gl. (I, 53).

Mit der idealen Emulsion ($r^* = 1$) kann man bei geringer Belichtung fast genauso kleine Kontraste nachweisen wie mit dem idealen Quantendetektor, bei höheren Belichtungen macht sich in zunehmendem Maße die Sättigung bemerkbar.

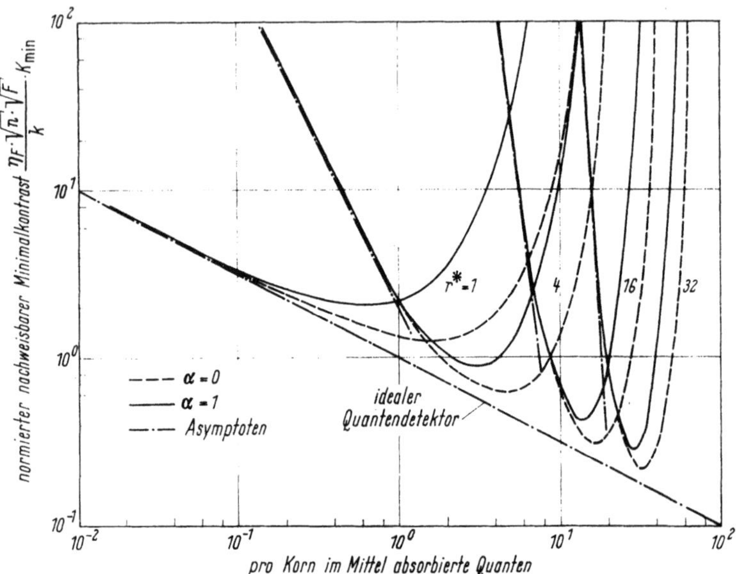

Abb. 5. Kleinster nachweisbarer Kontrast für ideale Schichten mit lauter gleich großen und gleich empfindlichen Körnern in Abhängigkeit von der Anzahl Q der im Mittel pro Korn absorbierten Quanten.

Verglichen mit dem idealen Quantendetektor erreicht man mit aus gleich empfindlichen Körnern gleicher Größe bestehenden Schichten, in denen die Körner vollkommen geordnet sind ($\alpha = 0$), im Optimum der Kontrasterkennbarkeit den idealen Quantendetektor zu 80%. Nach Gl. (I, 49) beträgt an dieser Stelle der äquivalente Quantennutzeffekt etwa 64%. Dies ist die gleiche Zahl, die auch ZWEIG [*12*] angibt. Vollständige Unordnung der Körner, ($\alpha = 1$), reduziert die Zahlen auf 66% bzw. 44%. Diese Grenze gilt in gleicher Weise für alle Schichten aus gleich empfindlichen und gleich großen Körnern unabhängig vom r^*-Wert. Je unempfindlicher die Körner werden (steigender r^*-Wert), desto enger ist der optimale Bereich. Der Unterschied zwischen einer Schicht mit geordneten ($\alpha = 0$) und ungeordneten Körnern ($\alpha = 1$) macht sich in kleinstem nachweisbarem Kontrast und im Belichtungsspielraum bemerkbar.

$K_{\min}$ nimmt mit $r^{*-1/2}$ ab. Die Zahl Q der pro Korn im Mittel absorbierten Quanten im Optimum der Kontrasterkennbarkeit steigt mit r^*. Um dieses Optimum für alle r^* an die gleiche Flächendichte q der auftreffenden Quanten zu legen, muß der Absorptionsquerschnitt $\varrho = v \cdot \mu$ [vgl. Gl. (10)] und damit das Kornvolumen ebenfalls mit r^* ansteigen. Bei gleichbleibender Flächendichte n der Körner muß dann auch der Silberauftrag mit r^* zunehmen. Die Maximaldichte steigt mit

$v^{2/3}$, die optische Dichte der unentwickelten Schicht mit r^*. Der Belichtungsspielraum nimmt dagegen mit wachsendem r^* immer mehr ab. Stellt man gleichen Silberauftrag zur Bedingung, so bedeutet dies, daß n zu r^{*-1} proportional gehalten werden muß. Da $\sqrt{n} \cdot K_{\min}$ proportional zu $r^{*-\frac{1}{2}}$ ist, bleibt dann $K_{\min}$ unabhängig von r^* konstant. Damit ist auch die optische Dichte der unentwickelten Schicht von r^* unabhängig, während die Maximalschwärzung zu $r^{*-\frac{1}{3}}$ proportional ist, also mit wachsendem r^* abnimmt.

Aus dieser Betrachtung geht hervor, daß sich bei gegebenem Silberauftrag für eine vorgegebene Belichtung q mit jeder einheitlichen Kornempfindlichkeit r^* der gleiche Kontrast noch nachweisen läßt, bis man schließlich zu große Körner braucht. Trotzdem sind empfindlichere Körner günstiger, da sich mit ihnen eine höhere Maximalschwärzung und ein größerer Belichtungsspielraum erreichen läßt.

Abb. 6 zeigt die Ergebnisse der Berechnung des kleinsten nachweisbaren Kontrastes $K_{\min}$ für Schichten, die alle aus Körnern der mittleren Quantenempfindlichkeit $\overline{r^*} = 32$ und dem mittleren Kornvolumen $\bar{v} = 0{,}0425\,\mu^3$ (z. B. kubische Körner von der mittleren Kantenlänge $\varrho = 0{,}35\,\mu$) bestehen, also die gleichen Schichten, deren charakteristische Kurven Abb. 3 zeigt. Die steile gestrichelt gezeichnete Kurve gehört

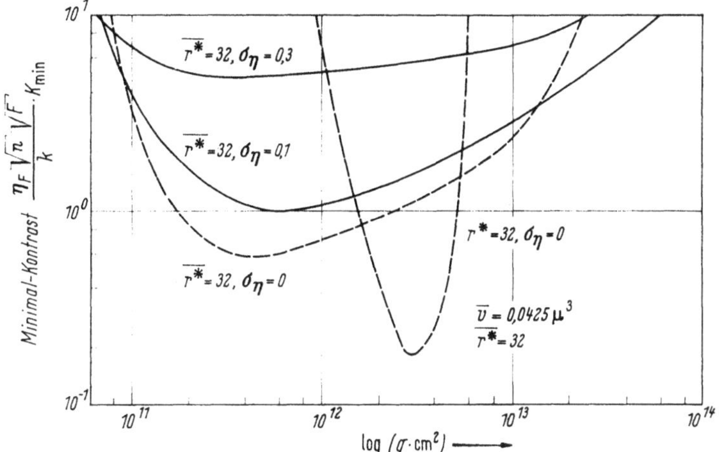

Abb. 6. Kleinster nachweisbarer Kontrast für die Schichten, deren charakteristische Kurve in Abb. 3 und deren Körnigkeit in Abb. 4 dargestellt ist. Entnommen aus [4].

zu einer Emulsion mit gleich empfindlichen ($r^* = 32$) und gleich großen Körnern ($v = 0{,}0435\,\mu^3$, $\sigma_\eta = 0$), die höher liegende gestrichelte Kurve gehört zu einer Emulsion, deren Körner zwar gleich groß sind ($\sigma_\eta = 0$, $v = 0{,}0435\,\mu^3$), deren Quantenempfindlichkeit aber durch die in Abb. 2 dargestellte Verteilung beschrieben wird. Die Einbuße am optimalen kleinsten nachweisbaren Kontrast beträgt den Faktor 3. Die Unterlegenheit erstreckt sich aber nur über einen Belichtungsbereich von 0,5 Dekaden. Eine Schicht mit der gleichen Empfindlichkeitsverteilung der Körner, die aber nun eine Korngrößenverteilung mit $\sigma_\eta = 0{,}1$ haben, ist in ihrem Optimum um den Faktor 1,7 schlechter als die Schicht mit gleichgroßen Körnern und dieser in einem Bereich von 2,2 Dekaden unterlegen. Eine Erhöhung der Standardabweichung der Kornradien von $\sigma_\eta = 0{,}1$ auf $\sigma_\eta = 0{,}3$ bewirkt eine Verschlechterung im Optimum der Kontrasterkennbarkeit um den Faktor 5. Eine Überlegenheit ist nur unterhalb $q = 7 \cdot 10^{10}$ cm^{-2} vorhanden.

Zur Berechnung der Anzahl der nachweisbaren Helligkeitsstufen greifen wir auf die Gl. (I, 37) zurück. In I ist der Begriff der Anzahl nachweisbarer Helligkeitsstufen eingehend erläutert. Wir beginnen mit idealen Schichten, d. h. solchen mit Körnern einheitlicher Empfindlichkeit und Größe. Durch Einsetzen der Gl. (60) für γ und der Gl. (31) für $\overline{\Delta D_F^2}$ erhält man

$$\mathrm{d}m = \eta_F \sqrt{n} \sqrt{F} \frac{Q^{r^*} \cdot e^{-Q} \,\mathrm{d} \log Q}{(r^* - 1)!\, p[1 - p(1 - \alpha)]} \,. \tag{63}$$

In Abb. 7 ist die Funktion $\frac{m k}{\eta_F \sqrt{n} \sqrt{F}}$ für Schichten mit $r^* = 1, 4, 16, 32$, $\alpha = 0$ und $\alpha = 1$ in Abhängigkeit von $\log Q$ dargestellt. An der steilsten Stelle jeder Kurve

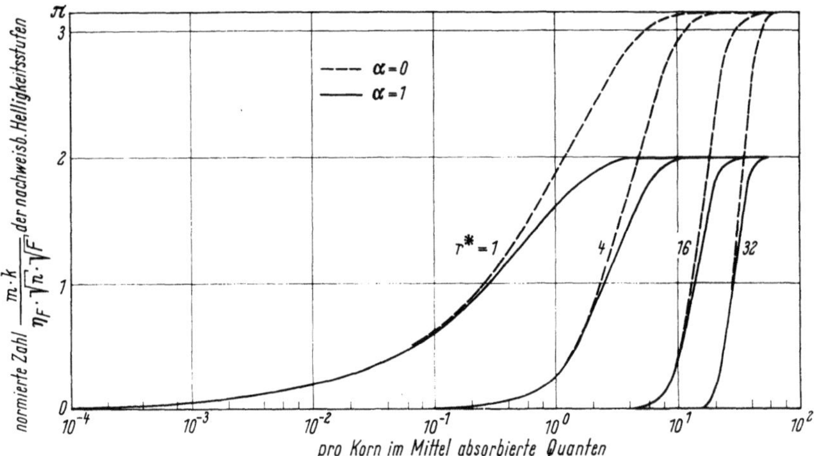

Abb. 7. Anzahl der nachweisbaren Helligkeitsstufen für die gleichen idealen Schichten wie in Abb. 5.

befindet sich das Minimum des kleinsten nachweisbaren Kontrastes. Im Anhang 2 wird bewiesen, daß

$$\lim_{\log Q \to \infty} \frac{m k}{\eta_F \sqrt{n} \sqrt{F}} = \begin{cases} \frac{1}{\sqrt{1-\alpha}} \left[\frac{\pi}{2} - \arcsin(2\alpha - 1)\right] & \text{für } 0 \leqq \alpha < 1 \\ 2 \text{ für } \alpha = 1 \,. \end{cases} \tag{64}$$

Im Falle $\alpha = 0$ geht der Wert gegen π. Ein hoher Ordnungsgrad der Körner in der Schicht macht sich am deutlichsten in der Anzahl der nachweisbaren Helligkeitsstufen bemerkbar, verbunden mit einer Erweiterung des Belichtungsspielraums.

In Abb. 8 ist die Funktion $\frac{m k}{\eta_F \sqrt{n} \sqrt{F}}$ für die gleichen Schichten aufgetragen, deren kleinster nachweisbarer Kontrast in Abb. 6 dargestellt ist. Liegt eine Empfindlichkeitsverteilung vor, so kann man mit gleich großen Körnern ebenfalls die Werte π (bei $\alpha = 0$) bzw. 2 (bei $\alpha = 1$) für $\frac{m k}{\eta_F \sqrt{n} \sqrt{F}}$ erreichen. Sind die Körner nicht mehr gleich groß, so muß zur Berechnung von m in die Gl. (I, 57) für γ der Wert aus Gl. (I, 1) in Verbindung mit der Gl. (50) und für $\overline{\Delta D_F^2}$ der Wert aus der Gl. (53) eingesetzt werden. Man erhält nach Kürzung

$$\mathrm{d}m = \frac{\eta_F \sqrt{n}\,\sqrt{F}}{k} \cdot \frac{\dfrac{\mathrm{d}(\overline{p}\cdot\overline{a})}{\mathrm{d}\log q}}{\sqrt{\overline{p}\cdot\overline{a}^2}}\,\mathrm{d}\log q\,. \tag{65}$$

Die erhaltenen Kurven ähneln den charakteristischen Kurven aus Abb. 3. Während jedoch bei der Schicht mit $\sigma_\eta = 0{,}3$ die Schwelle der charakteristischen Kurve erheblich vorgezogen ist, erscheint diese Schicht vom Standpunkt der nachweisbaren Helligkeitsstufen nicht mehr so sehr überlegen. Dies ist eine Folge der hohen Körnigkeit in der Schwelle. In Abb. 8 ist eine Skala von $k \cdot m/\eta_F$ mit eingetragen, die für den Silberauftrag 3 g/m² und die Detailgröße $F = 100\,\mu^2$ gilt.

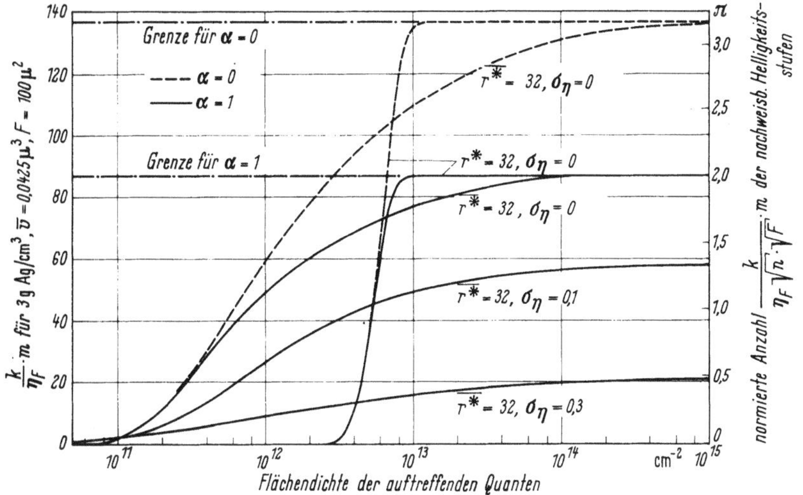

Abb. 8. Anzahl der nachweisbaren Helligkeitsstufen für die gleichen Schichten wie in Abb. 6.

Der Belichtungswert, bei dem die erste nachweisbare Helligkeitsstufe für ein $100\,\mu^2$ großes Detail liegt, ist für die Schicht mit $\sigma_\eta = 0{,}3$ um den Faktor 1,5 *größer* als bei der Schicht mit $\sigma_\eta = 0{,}1$, während die DIN-Empfindlichkeit um 5 DIN-Stufen höher liegt. Man muß daraus den Schluß ziehen, daß eine Empfindlichkeitssteigerung durch Verbreiterung der Korngrößenverteilung nur für die Sichtbarmachung großer Details im Bereich der Schwelle Vorteile bringt. Je kleiner die Details sind, desto geringer sind die Vorteile der Verbreiterung der Korngrößenverteilung. Durch den in Wirklichkeit vorhandenen Schleier, den wir der Einfachheit halber hier nicht berücksichtigt haben, wird die Körnigkeit im Gebiet der Schwelle besonders bei der breiten Korngrößenverteilung noch weiter angehoben. Nach den Ergebnissen der in Abb. 8 dargestellten Berechnungen müßten sich mit einer idealen photographischen Schicht $m = \dfrac{\pi \cdot \eta_F \cdot \sqrt{n} \cdot \sqrt{F}}{k}$ Helligkeitsstufen für Details der Fläche F getrennt nachweisen lassen. Eigene noch unveröffentlichte Messungen der bei im Handel befindlichen Filmen erreichten Anzahl unterscheidbarer Helligkeitsstufen ergaben Werte von etwa $0{,}3 \cdot \eta_F \sqrt{n} \sqrt{F}/k$. Es müßte sich also theoretisch eine Steigerung um etwa den Faktor 10 erzielen lassen. Ähnliche Ergebnisse erhält man in Bezug auf den kleinsten nachweisbaren Kontrast und die Belichtung, für die gerade ein Detail der Größe F vom Untergrund (Basis bzw. Schleier) unterscheidbar ist ($m = 1$). Bei den empfindlichsten gegenwärtig auf dem Markt befindlichen Filmen beträgt diese Belichtung für ein Detail von 100 μ ∅ einige 10^9 Quanten pro cm^2. Für die ideale Schicht ($\alpha = 0$, $r^* = 1$) würde sie nach Abb. 7 nur 10^{-3} im Mittel pro Korn absorbierte Quanten, d. h. eine Belichtung von etwa $2 \cdot 10^8$ Quanten/cm^2 erfordern, wenn man die Bedingungen wählt, die auch der linken Skala in Abb. 8 zugrunde gelegt sind (Korngröße $v = 0{,}0425\ \mu^3$, Silberauftrag 3 g/m^2). Eine Steigerung der Empfindlichkeit um den Faktor 10 bis 15 ist daher als theoretisch möglich anzusehen.

8. Umkehrschichten und Colorschichten

Mit dem in dieser Arbeit verwendeten Formalismus der Berechnung von Schwärzung und Körnigkeit ist es prinzipiell möglich, auch die Umkehrentwicklung, die Colorentwicklung und Silbersalzdiffusionsschichten zu untersuchen. Bei Umkehrschichten gilt im einfachsten Falle für die Zweitbelichtung als mittlere Zahl $N_F^{(2)}$ der Halogensilberkörner

$$\overline{N}_F^{(2)} = \overline{N}_F (1 - p_1) \,. \tag{66}$$

Wenn man annimmt, daß bei der Zweitbelichtung alle diese Körner ein latentes Bild erhalten, so beträgt die Körnigkeit einer Umkehrschicht mit lauter gleich großen Körnern und dem Unordnungsgrad $\alpha = 1$

$$\overline{\Delta D_F^2} = \frac{a^2 n (1 - p_1)}{2{,}3^2 F} \,. \tag{67}$$

Bei Schichten mit einer Korngrößenverteilung wendet man oft bei der Erstentwicklung Silberhalogenlösungsmittel an, um die kleinen und daher unempfindlichen Körner aufzulösen und dafür zu sorgen, daß an Stellen hoher Belichtung (den „Lichtern") bei der Zweitbelichtung keine Schwärzung mehr erfolgen kann. Die Umlösung beschreiben wir durch die Funktion $l(\varrho)$. $H(r^*, \varrho)$ ist nach wie vor die anfängliche Verteilung. $l(\varrho)$ ist gleich Eins für die nicht verschwindenden Körner und gleich Null für die verschwundenen Körner. Ist für eine Korngröße ϱ ein *Teil* der Körner verschwunden, so nimmt $l(\varrho)$ einen Wert zwischen 0 und Eins an. Die für die Zweitbelichtung zur Verfügung stehenden Körner haben als Folge von Erstbelichtung, Umlösung und Bleichung die Größenverteilung $l(\varrho) H(r^*, \varrho)\,[1 - p(q, r^*, \varrho)]$. $\varrho' = \lambda(\varrho)$ ist die Korngröße nach der Umlösung. Wir wollen annehmen, daß die Zweitbelichtung ausreicht, um alle restlichen Körner entwickelbar zu machen. Dann ergibt sich für die Dichte der Umkehrschicht

$$D_2 = \frac{n \varphi_2}{2{,}3} \int\limits_{\varrho=0}^{\infty} [\lambda(\varrho)]^2 \left\{ \sum_{r^*=0}^{\infty} l(\varrho) H(r^*, \varrho)\,[1 - p(q_1, r^*, \varrho)] \right\} d\varrho \,, \tag{68}$$

während sich im Falle, daß nicht alle nach dem Bleichen übriggebliebenen Körner bei der Zweitbelichtung entwickelbar werden,

$$D_2 = \frac{n \varphi_2}{2{,}3} \int\limits_{\varrho=0}^{\infty} [\lambda(\varrho)]^2 \left\{ \sum_{r^*=0}^{\infty} l(\varrho)\, H(r^*, \varrho)\,[1 - p(q_1, r^*, \varrho)]\; p(q_2, r^*, \lambda(\varrho)) \right\} d\varrho \tag{69}$$

ergibt. In (66) ist vorausgesetzt, daß sich durch den Umlösungsprozeß die Empfindlichkeitsverteilung nicht ändert. Wenn diese Voraussetzung nicht zutrifft, verkompliziert sich der Ausdruck erheblich. Da durch entsprechende Zweitbelichtung dafür gesorgt werden kann, daß $p(q_2,r^*,\lambda(\varrho))$ für alle ϱ und r^* nahe an Eins liegt, ist der durch diese Annahme praktisch entstehende Fehler unerheblich.

Die Körnigkeit ergibt sich unter der vereinfachenden Annahme, daß $p(q_2,r^*,\lambda(\varrho)) = 1$ für alle r^* und ϱ zu

$$\overline{\Delta D_F^2} = \frac{n\varphi_2^2}{2{,}3^2 F} \int\limits_{\varrho=0}^{\infty} [\lambda(\varrho)]^4 \left\{ \sum_{r^*=0}^{\infty} l(\varrho)\, H(r^*,\varrho)\, [1 - p(q,r^*,\varrho)] \right\} d\varrho . \tag{70}$$

Bei schwacher Belichtung tragen zu $p(q_1,r^*,\varrho)$ vorwiegend die großen Körner etwas bei. Deren Radius wird durch die Umlösung noch vergrößert. Dies führt dazu, daß bei der Zweitbelichtung in den dichten Stellen im wesentlichen große Körner fehlen und entsprechende ,,Löcher" hinterlassen.

Als letztes Beispiel soll kurz die Anwendung der in dieser Arbeit entwickelten Theorie auf Colorschichten besprochen werden. Dabei soll die vereinfachende Annahme gemacht werden, daß der Beitrag, den ein Farbkorn zur Farbdichte liefert, zu $v^\varkappa$ proportional sei, wobei $2/3 \leqslant \varkappa \leqslant 1$. $\varkappa = 1$ würde bei geringer Extinktion, $\varkappa = 2/3$ bei hoher Extinktion gelten. Im allgemeinen kuppelt ein Ag-Halogenid-Korn eine Farbstoffmenge, die zu seinem Volumen proportional ist. Bei hoher Kupplungsgeschwindigkeit und hoher Farbstoffkonzentration (z. B. bei einentwickelten Komponenten) kann man erwarten, daß $\varkappa$ näher an 2/3 als an 1 liegt und daß der Verhältnisfaktor zwischen dem Volumen des Ag-Halogenid-Korns und dem Volumen des Farbkorns etwa dem Verhältnis der Molvolumina entspricht, multipliziert mit der Anzahl Ag-Atome, die nötig sind, um ein Farbstoffmolekül zu bilden. Bei der Anwendung der Statistik ist zu berücksichtigen, daß es für den in einem vorgegebenen Volumen erzeugbaren Farbstoff eine obere Grenze gibt. Bei vorgegebener Schichtdicke hieße dies, daß oberhalb einer bestimmten Zahl entwickelter Körner pro Flächeneinheit kein weiterer Farbstoff mehr gebildet werden kann. Bei gleichmäßiger Volumenverteilung der Komponente muß man also eine Statistik über die in einem vorgegebenen Volumen gebildete Silbermenge heranziehen und die Häufigkeitsverteilung oberhalb einer bestimmten Silbermenge abschneiden. Im einfachsten Fall ergibt sich die Farbdichte zu

$$D = \frac{nc}{2{,}3} \int\limits_{\varrho=0}^{\infty} \varrho^{3\varkappa} \left\{ \sum_{r^*=0}^{\infty} H(r^*,\varrho)\, p(r^*,q,\varrho) \right\} d\varrho \tag{71}$$

und das mittlere Schwankungsquadrat der Farbdichte zu

$$\overline{\Delta D_F^2} = \frac{nc^2}{2{,}3^2 F} \int\limits_{\varrho=0}^{\infty} \varrho^{6\varkappa} \left\{ \sum_{r^*=0}^{\infty} H(r^*,\varrho)\, p(r^*,q,\varrho) \right\} d\varrho . \tag{72}$$

Der Faktor c hängt von der Wellenlänge des Lichtes, vom Verhältnis der Molvolumina, der Stöchiometrie und der Geschwindigkeit der Kupplung ab, die Konstante $\varkappa$ drängt im wesentlichen von der Kupplungsgeschwindigkeit ab. Bei hoher Kupplungsgeschwindigkeit und hoher Extinktion nähert sich $\varkappa$ dem Wert 2/3 und c wird im wesentlichen durch das Volumenverhältnis zwischen AgBr-Molekül und Farbstoffmolekül und der Stöchiometrie bestimmt.

Bei geringer Kupplungsgeschwindigkeit wird $\varkappa$ gegen 1 gehen und c wird außer vom Volumenverhältnis und der Stöchiometrie von der als gering angenommenen Extinktion bestimmt und klein.

Für die Farbkörnigkeit spielt jedenfalls die Körnigkeit der verwendeten Emulsion eine wichtige Rolle. Eine Verringerung von $\overline{\Delta D_F^2}$ durch Verringerung des Faktors c ist durchweg nur mit einer Verringerung der Kupplungsgeschwindigkeit oder durch eine ungünstige Stöchiometrie zu erreichen. Hierdurch wird entweder viel Silber verbraucht oder die großen und lockeren entstehenden Farbkörner beeinträchtigen die Schärfe.

Der Zweck dieses Abschnittes soll als erfüllt gelten, wenn gezeigt werden konnte, daß prinzipiell auch bei komplexen photographischen Prozessen, wie bei der Umkehrentwicklung und den Colorschichten die in dieser Arbeit entwickelte Methode zur Berechnung der Körnigkeit und weitergehender Begriffe anwendbar ist.

9. Diskussion und Folgerungen

Die hier angewandte Methode zur Berechnung der Körnigkeit und des Minimalkontrastes für photographische Schichten suchte einen Kompromiß zu gehen zwischen möglichst großer Übersichtlichkeit und der Berücksichtigung der wesentlichen Einflußgrößen. Ersteres wurde erreicht unter Verzicht auf die ausführliche Berechnung dicker Schichten mit nennenswerter Absorption und die Voraussetzung, daß ein entwickeltes Korn zur Dichte einen Beitrag liefert, der zu seiner Projektionsfläche proportional ist, unabhängig von der Gesamtdichte, also der Volumenkonzentration der entwickelten Körner. Als wesentliche Einflußgrößen wurden erkannt der Unordnungsgrad der Halogensilberkörner in der Schicht, die Empfindlichkeitsverteilung und die Korngrößenverteilung. Es zeigte sich, daß der Unordnungsgrad insbesondere für die hohe Körnigkeit bei höheren Schwärzungen verantwortlich ist, während eine breite Korngrößenverteilung bei gleichem mittlerem Kornvolumen und gleichem Silberauftrag ein Anwachsen der Körnigkeit für den gesamten Schwärzungsbereich bei gleichzeitiger Verringerung der Maximaldichte zur Folge hat. Die Erhöhung der Körnigkeit macht sich insbesondere bei geringen und mittleren Dichten bemerkbar. Dafür wird die Schwellenempfindlichkeit erhöht. Dieser Vorteil wird zum großen Teil jedoch wieder aufgehoben, wenn man die Schwellenempfindlichkeit nicht nach der Normvorschrift mißt, sondern wenn man Begriffe wie kleinster nachweisbarer Kontrast oder die Anzahl der nachweisbaren Helligkeitsstufen heranzieht, welche das Verhalten einer photographischen Schicht als Informationsspeicher sinnvoller beschreiben.

Es konnte auch gezeigt werden, daß sich bei gleichem vorgegebenem Silberauftrag für eine vorgegebene Belichtung mit einer Emulsion aus beliebig aber gleich empfindlichen Körnern der gleiche Wert des Minimums des kleinsten nachweisbaren Kontrastes erzielen läßt. Empfindlichere Körner ermöglichen jedoch einen größeren Belichtungsspielraum und sind aus diesem Grunde vorzuziehen. Ferner kommt man mit kleineren Körnern aus, was emulsionstechnologisch Vorteile bietet.

Es konnte ferner gezeigt werden, daß man mit einer idealen Emulsion theoretisch im Belichtungsoptimum einen äquivalenten Quantennutzeffekt von etwa 64% erreichen kann und daß die Anzahl der nachweisbaren Helligkeitsstufen nicht von der

Empfindlichkeitsverteilung, sondern bei gleichem Silberauftrag nur vom Ordnungszustand der Körner und der Korngrößenverteilung abhängt.

Schließlich soll ausdrücklich betont werden, daß hier nur ein Anfang bei der Anwendung der in dieser Arbeit entwickelten Methode gemacht werden konnte. Es erscheint durchaus möglich, z. B. durch Anwendung der Variationsrechnung nun Fragen zu beantworten wie diese:

Ist es zweckmäßiger, eine photographische Schicht bei vorgegebenem Belichtungsspielraum durch eine Korngrößenverteilung, eine Empfindlichkeitsverteilung oder durch einen absorbierenden Farbstoff in der Schicht zu realisieren?

Oder welche ist die optimale Verteilungsfunktion $H(r^*,\varrho)$? Vereinigt man die in dieser Arbeit entwickelte Methode mit der z. B. von De Belder, Jespers und Verbrugghe [*3*] entwickelten Methode zur Berechnung der Lichtverteilung in der Photoschicht durch Einwirkung der Streuung, Absorption und Totalreflexion, so erscheint es unter Verwendung elektronischer Rechenmaschinen durchaus möglich, photographische Schichten zu optimalisieren und für vorgegebene Zwecke zu „konstruieren“. (In der angloamerikanischen Literatur ist hierfür der Ausdruck „engineering“ üblich.) Voraussetzung für die Realisierung ist dann die Beherrschung der Technologie der Emulsionsherstellung und des Schichtaufbaus. Besonders die willkürliche Beeinflussung der Empfindlichkeitsverteilung durch Maßnahmen bei der Fällung und chemischen Reifung und die Erhöhung der Ordnung der Körner in der Schicht sind wichtige technologische Voraussetzungen zur Erreichung des hier angedeuteten Zieles.

Anhang

1. Näherung für p, γ, $\overline{\Delta D_F^2}$ und $K_{\min}$ im Bereiche geringer Belichtungen Q

Nach der Definition der Steilheit

$$\gamma = \frac{\mathrm{d}D}{\mathrm{d}\log E} = \frac{\mathrm{d}D}{\mathrm{d}\log Q} \tag{I, 1}$$

gilt für Schichten mit gleichempfindlichen und gleich großen Körnern

$$\gamma = \frac{na}{2{,}3}\,\frac{dp}{\mathrm{d}\log Q} = naQ\,\frac{\mathrm{d}p}{\mathrm{d}Q} \tag{A, 1}$$

Bildet man von (3) die Ableitung nach Q, so erhält man

$$\frac{\mathrm{d}p}{\mathrm{d}Q} = \frac{d}{\mathrm{d}Q}\left[1 - e^{-Q}\sum_{r=0}^{r^*-1}\frac{Q^r}{r!}\right] = \frac{Q^{r^*-1}}{(r^*-1)!}\,e^{-Q} \tag{A, 2}$$

Entwickelt man p_{r*} nach (3) in eine Potenzreihe und bricht nach dem Glied mit Q^{r^*} ab, so ergibt sich

$$p_{r*} = \left[1 - \left(1 - Q + \frac{Q^2}{2!} - \frac{Q^3}{3!} + \cdots\right)\left(1 + Q + \frac{Q^2}{2!} + \frac{Q^3}{3!} + \cdots + \frac{Q^{r^*-1}}{(r^*-1)!}\right)\right] = \frac{Q^{r^*}}{r^*!} \tag{A, 3}$$

Setzt man (A, 3) in Gl. (31) ein, so erhält man für die Körnigkeit bei geringer Belichtung

$$\overline{\Delta D_F^2} \to \frac{na^2}{2{,}3^2 F}\left[p_{r^*} - (1-\alpha)\,p_{r^*}^2\right] \tag{A, 4}$$

Da wir hinter dem Glied mit Q^{r^*} abbrechen wollen, $p_{r^*}^2$ aber in der Näherung (A, 3) nur Glieder von Potenzen $2r^*$ und höher enthält, können wir den Term $(1-\alpha)\,p_{r^*}^2$ vernachlässigen. Ein höherer Ordnungsgrad der Körner in der Schicht wirkt sich also bei kleinen Belichtungen nicht mehr aus. Man erhält

$$\overline{\Delta D_F^2} \to \frac{n a^2}{2{,}3^2 F} \cdot \frac{Q^{r^*}}{r^*}\,. \tag{A, 5}$$

Setzt man (A, 2) in (A, 1), entwickelt in eine Potenzreihe und bricht mit dem Glied in Q^{r^*} ab, setzt dann (A, 1) sowie die Wurzel aus (A, 5) in (I, 33) ein, so erhält man als Näherung für den kleinsten nachweisbaren Kontrast im Bereich kleiner Belichtungen Q

$$K_{\min} = \frac{k(r^*-1)!\; Q^{-r^*/2}}{2{,}3\sqrt{n}\,\sqrt{F}\,\sqrt{r^*}}\,. \tag{(62) = (A, 6)}$$

2. Die maximale Anzahl nachweisbarer Helligkeitsstufen

Wie gehen aus von der Gl. (I, 37) und führen p als Integrationsvariable ein. Für eine Schicht mit dem Unordnungsgrad und gleichgroßen Körnern erhalten wir als maximale Anzahl nachweisbarer Helligkeitsstufen

$$m = \frac{\eta_F}{k} \int\limits_{\log q=-\infty}^{+\infty} \frac{\gamma(\log q)}{\sqrt{\overline{\Delta D_F^2}(\log q)}}\, \mathrm{d}\log q = \frac{\eta_F}{2{,}3k} \int\limits_{q=0}^{\infty} \frac{\gamma(q)}{\sqrt{\overline{\Delta D_F^2}}} \frac{\mathrm{d}q}{q}\,. \tag{A, 7}$$

Nun führen wir p als Integrationsvariable ein. Wegen

$$\gamma = n \cdot a \cdot q \cdot \frac{\mathrm{d}p}{\mathrm{d}q} \tag{A, 8}$$

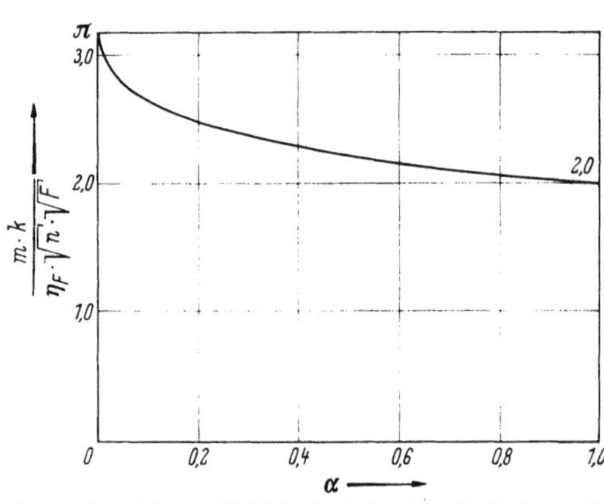

Abb. 9. Maximale Anzahl der nachweisbaren Helligkeitsstufen für Schichten mit gleich großen Körnern in Abhängigkeit vom Unordnungsgrad α.

und

$$\sqrt{\overline{\Delta D_F^2}} = \frac{a\sqrt{n}}{2{,}3\sqrt{F}} \sqrt{p[1-p(1-\alpha)]} \tag{A, 9}$$

erhält man aus (A,7), wenn man (A, 8) und (A, 9) in (A, 7) einsetzt

$$m_{\max} = \frac{\eta_F\sqrt{n}\,\sqrt{F}}{k} \int\limits_{p=0}^{1} \frac{\mathrm{d}p}{\sqrt{p[1-p(1-\alpha)]}}\,. \tag{A, 10}$$

Das Integral (A, 10) ist vom Typus

$$\int \frac{dx}{\sqrt{ax^2 + bx + c}} \quad \text{mit } a < 0\,, \quad c = 0$$

und führt auf den Ausdruck

$$m_{\max} = \frac{\eta_F \sqrt{n}\,\sqrt{F}}{k \cdot \sqrt{1-\alpha}} \left[\frac{\pi}{2} - \arcsin(2\alpha - 1)\right] \text{für } 0 \leqslant \alpha < 1 \qquad \text{(A, 11)}$$

und im Fall $\alpha = 1$ auf

$$m_{\max} = \frac{2\eta_F \sqrt{n}\,\sqrt{F}}{k}\,. \qquad \text{(A, 12)}$$

Der Ausdruck $\frac{mk}{\eta_F \sqrt{n}\,\sqrt{F}}$ ist in Abhängigkeit vom Unordnungsgrad α in Abb. 9 graphisch dargestellt.

Literatur

[1] FRIESER, F. u. E. KLEIN: Journ. Phot. Sci. Engg. **4**, 264 (1960).
[2] METZ, H. J.: Diplomarbeit TH München, 1964,
[3] DE BELDER, JESPERS u. VERERUGGHE: Vortrag IIb, 11, auf dem Internationalen Kolloquium für wiss. Photographie, Turin, Sept. 1963.
[4] LANGNER, G.: Phot. Korr. **99**, 177 (1963).
[5] NUTTING, P. G.: Phil. Mag. **26**, 423 (1913).
[6] FARNELL, G. C. u. J. B. CHANTER: Journ. Phot. Sci. **9**, 73 (1961).
[7] MARRIAGE, A.: Journ. Phot. Sci. **9**, 93 (1961).
[8] KLEIN, E.: Z. Elektrochem. **62**, 993 (1958).
[9] KLEIN, E. u. E. MOISAR: Ber. d. Bunsenges. f. physik. Chem. **67**, 349 (1963).
[10] SIEDENTOPF, H.: Physik. Zeitschr. **38**, 454 (1937).
[11] HAUGH, E. F.: Journ. Phot. Sci. **11**, 65 (1963).
[12] ZWEIG, H. J.: Phot. Sci. Eng. **5**, 142 (1961).

Zur Messung der Körnigkeit und des Wiener-Spektrums photographischer Schichten

Von E. Klein und G. Langner

Zusammenfassung

1. Zur Untersuchung der Beziehungen zwischen Korn (graininess) und Körnigkeit (granularity) sowie zur Untersuchung des Bereiches der Meßblendendimensionen, für den die Selwyn-Beziehung gilt, wurde eine Modellschicht verwendet. Sie besteht aus opaken Kreisscheiben von 19 μ Durchmesser, die nach Maßgabe von Zufallszahlen angeordnet sind.

2. Die Proportionalität von Korn (gemessen über die Grenzvergrößerung) und Körnigkeit (gemessen über die Effektivspannung am Multiplier des Mikrophotometers) konnte bestätigt werden.

3. Die Selwyn-Beziehung gilt einige Prozent genau, wenn der Blendendurchmesser 6—10 mal größer ist als die größten in merklicher Anzahl auftretenden Körner bzw. Kornkonglomerate.

4. Die Messung des Wiener-Spektrums der Dichteschwankungen durch Frequenzanalyse der Multiplier-Ausgangsspannung wird im Ortsfrequenz-Koordinatensystem veranschaulicht. Daran wird deutlich, daß man das Wiener-Spektrum zweckmäßigerweise mit einem langen, schmalen Spalt und die Körnigkeit mit einer kreisförmigen Lochblende mißt.

5. Es wird eine Methode zur Messung der Körnigkeit mit Hilfe des Integrals über das Wiener-Spektrum angegeben. Die Vorteile dieser Methode werden diskutiert.

6. Apparative und meßtechnische Einzelheiten der in unserem Laboratorium zur Messung der Körnigkeit und des Wiener-Spektrums verwendeten Apparatur werden mitgeteilt.

7. Es wird experimentell der Einfluß des Ordnungsgrades der Körner auf das Wiener-Spektrum untersucht.

Außerdem wird gezeigt, daß die Form des Wiener-Spektrums für opake Scheiben auf transparentem Untergrund die gleiche ist wie für transparente Scheiben auf opakem Untergrund.

1. Einleitung

Wie in dem Aufsatz „Zur Praxis der Modulationsübertragungsfunktion" auf S. 312 dieses Bandes ausführlicher dargelegt, muß man zwei verschiedene Verwendungszwecke photographischer Schichten voneinander unterscheiden:

1. Die Verwendung zu mikrophotometrischen Zwecken, z. B. in der Spektrometrie, Diffraktrographie und Autoradiographie.

2. Die Verwendung zur Wiedergabe von Bildern zur visuellen Betrachtung in der bildmäßigen Photographie und Reprographie.

Im ersten Fall geschieht die Auswertung instrumentell. Primär gemessen wird die Dichte D oder die Transparenz T in Abhängigkeit vom Ort der Probe. Zufällige Dichte- bzw. Transparenzschwankungen wirken sich als zufällige Meßfehler aus. Im zweiten erscheint das Bild mehr oder weniger stark körnig. Das ,,Korn“ tritt besonders bei größeren detailarmen Flächen störend in Erscheinung, wie Himmel und Gesichtspartien. Bei der Dokumentation auf Mikrofilmen in der Reprographie erschwert es die Lesbarkeit der Zeichen. Die Ursache ist in allen Fällen die gleiche: die photographische Schicht hat eine körnige Struktur. Die Zahl und Größe der entwickelten Silberkörner schwankt von Stelle zu Stelle, auch wenn die Schicht gleichmäßig belichtet wurde. Mißt man mit einer Meßblende der Fläche F die Dichte D_F einer gleichmäßig belichteten Schicht an vielen Stellen aus, so schwankt die Dichte von Stelle zu Stelle. Die gemessenen Werte liefern eine Zufallsverteilung. Die Schwankungen haben folgende Gründe:

1. Die Körner liegen nicht in einer regelmäßigen Anordnung vor, z. B. in Form der Schwerpunkte einer hexagonal dichtesten Kugelpackung.

2. Das Entstehen eines Silberkorns setzt die Absorption einer bestimmten Zahl von Strahlungsquanten voraus, die Quantendichte unterliegt jedoch einer Statistik und schwankt daher um einen Mittelwert.

3. Die Zahl der zur Entwickelbarkeit eines Korns notwendigen Quanten kann von Korn zu Korn schwanken.

4. Die Größe der Körner kann schwanken.

Bei einer photographischen Schicht treffen im allgemeinen alle vier Ursachen zu.

In der Arbeit ,,Die Berechnung der Körnigkeit, des kleinsten nachweisbaren Kontrastes und der Anzahl der nachweisbaren Helligkeitsstufen“ auf S. 271 dieses Bandes sind die durch diese Gründe verursachten Dichteschwankungen *berechnet*. Im vorliegenden Fall geht es um die *Messung* als physikalisches Maß zum visuellen ,,Korn“. In der anglo-amerikanischen Literatur bezeichnet man den visuellen Eindruck des ,,Korns“ mit ,,graininess“, die physikalisch meßbare Größe mit ,,granularity“. In der Kinematographie spricht man vom ,,Kornkribbeln“. Dieses Kornkribbeln wird in der anglo-amerikanischen Literatur mit ,,mottle“ bezeichnet. Beim Colorfilm setzt sich der Körnigkeitseindruck zusammen aus dem Helligkeitsanteil und dem Farbanteil. In der vorliegenden Arbeit wollen wir uns auf den Helligkeitsanteil beschränken. Untersuchungen von Ooue [*1*] und Zwick [*2*] haben gezeigt, daß dem Helligkeitsanteil ein größeres Gewicht beizumessen ist als dem Farbanteil (Chromazitätsanteil). Bei der instrumentellen Auswertung für wissenschaftliche Zwecke kann man über die spektrale Empfindlichkeitsverteilung der Meßapparatur ohnehin Chromazitätsabweichungen in Helligkeitsabweichungen umwandeln.

In dieser Arbeit sollen Fragen der Meßdefinitionen und Meßtechnik zur Messung der Körnigkeit und der Korrelation zwischen gemessener Körnigkeit und ,,Korn“ behandelt werden. Zur Klärung der Fragen ist es nützlich, wenn man von Modellschichten ausgeht, deren Eigenschaften man besser übersehen kann.

Als Maß für die Körnigkeit verwenden wir das mittlere Schwankungsquadrat $\overline{\Delta D_F^2}$ der Dichte, die mit einer Meßblende der Fläche F an zahlreichen verschiedenen Stellen

$\vec{r}_i$ einer gleichmäßig belichteten Probe gemessen wird. Die exakte mathematische Definition[1] lautet

$$\overline{\Delta D_F^2} = \lim_{n \to \infty} \frac{1}{n} \sum_{i=1}^{n} [D(r_i) - \bar{D}]^2 \tag{1}$$

mit

$$\bar{D} = \lim_{n \to \infty} \frac{1}{n} \sum_{i=1}^{n} D(r_i) . \tag{2}$$

Die hier dargestellten Probleme und Ergebnisse wurden teilweise in einer früheren Arbeit der Verfasser behandelt [*3*].

2. Untersuchungen an Modellschichten

Es gibt verschiedene Möglichkeiten, körnige Schichten herzustellen. So haben MARCHANT und DILLON [*4*] einen von einem Rauschgenerator getriggerten Kathodenstrahloszillographen verwendet. Wir haben eine Modellschicht hergestellt, die aus der photographischen Verkleinerung von runden Scheibchen besteht. Die Zufallsverteilung wurde dadurch erhalten, daß die Schwerpunktskoordinaten der Scheibchen durch Zufallszahlen [*5*] bestimmt wurden.

Abb. 1 zeigt eine auf diese Weise gewonnene Zufallsverteilung im Vergleich mit der Dunkelfeldaufnahme einer gefällten AgBr-Emulsion mit ganz geringem Silberauftrag (Monolayer). Die Schwärzung der gezeigten Modellemulsion beträgt 0,016, der Korndurchmesser 19 μ. Selbst bei dieser geringen Dichte kommen bereits einige

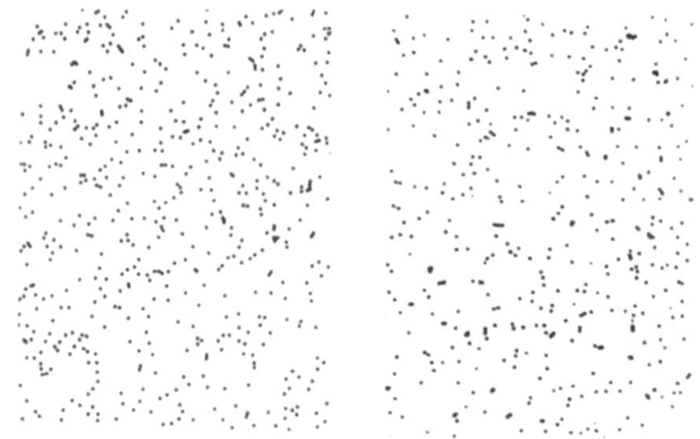

Abb. 1. Vergleich einer Modellschicht (links) mit einer entwickelten, normal präparierten AgBr-Einkornschicht. (Entnommen aus [*3*]).

Überlappungen benachbarter Körner vor. Bei höheren Dichten nimmt die Häufigkeit von Überlappungen und auch von Reihen- und Haufenbildungen aus statistischen Gründen zu. Nur bei hoher mikroskopischer Vergrößerung und auch nur bei sehr grobkörnigen Emulsionen mit Körnern $> 1\,\mu$ sieht man die einzelnen Körner scharf und deutlich. Das einzelne Korn wird dann auf die Netzhaut größer als $10\,\mu$ abge-

[1] Vgl. hierzu die Arbeit „Wichtige Meßdefinitionen zur Kennzeichnung der Leistungsfähigkeit photographischer Bildaufzeichnungsverfahren" auf Seite 253 dieses Bandes.

bildet. Normalerweise wird beim Betrachten von projizierten Bildern oder Papierkopien das einzelne Korn aber wesentlich kleiner als 10 μ auf der Netzhaut abgebildet, oder, was dasselbe ist, es erscheint in deutlicher Sehweite kleiner als etwa 120 μ. Diese Verhältnisse haben wir an der Modellemulsion dadurch simuliert, daß wir die Aufnahmekamera schrittweise defokussiert haben. Außerdem haben wir im Mikrophotometer mit einer Blende vom Durchmesser des Zerstreuungskreises der Defokussierung die Schwärzung registriert und $\sqrt{\overline{\Delta D_F^2}}$ mit einem rms-Voltmeter gemessen. Die Ergebnisse zeigt Abb. 2. Die Aufnahmen wurden mit einem Gesamt-Gamma von —1 kopiert. Das „Korn" im ersten Bild wird visuell anders bewertet als das „Korn"

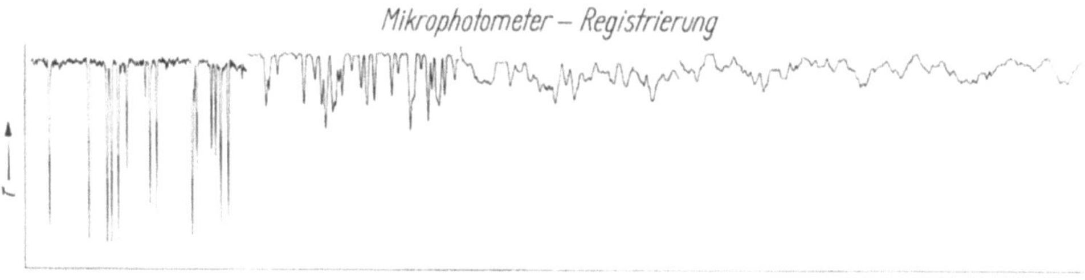

Bild mit zunehmender Defokussierung

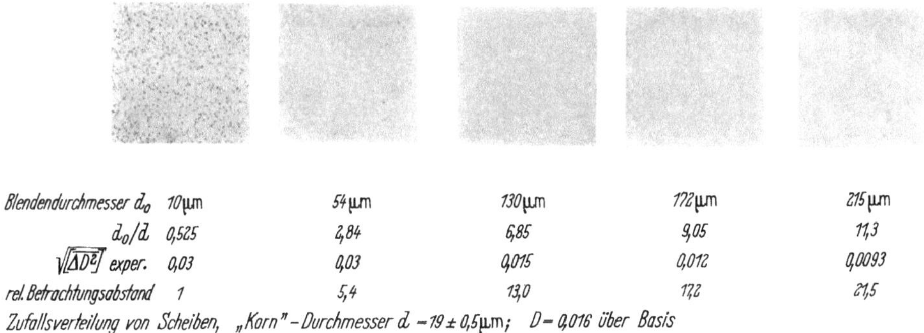

Blendendurchmesser d_0	10 µm	54 µm	130 µm	172 µm	215 µm
d_0/d	0,525	2,84	6,85	9,05	11,3
$\sqrt{\overline{\Delta D^2}}$ exper.	0,03	0,03	0,015	0,012	0,0093
rel. Betrachtungsabstand	1	5,4	13,0	17,2	21,5

Zufallsverteilung von Scheiben, „Korn"-Durchmesser d = 19 ± 0,5 µm; D = 0,016 über Basis

Abb. 2. Vergleich der Mikrophotometerregistrierung mit visuellem Korneindruck für verschieden große Meßblenden und äquivalentem Betrachtungsabstand. (Entnommen aus [3]).

besonders in den Bildern weiter rechts. Man wird gezwungen, sich statt für das dargestellte Detail für die einzelnen Körner zu interessieren. Um ein den Körnern überlagertes Detail zu sehen, würde man weiter weggehen. Die zugehörige Mikrophotometerregistrierung zeigt steile Impulse mit großer Amplitude. Die Voraussetzungen für die Gültigkeit der Beziehung

$$\overline{\Delta D_F^2} = \frac{1}{2{,}3^2} \frac{\overline{\Delta T^2}}{\overline{T}^2} \tag{3}$$

zwischen Dichteschwankung ΔD und Transparenzschwankung ΔT treffen nicht mehr zu. Man kann die Potenzreihe für ΔD nicht bereits nach dem linearen Gliede abbrechen. Bei wachsendem Verhältnis d_F/d = Blendendurchmesser zu Korndurchmesser gilt die Näherung (3) immer besser. Als ein Ergebnis der Untersuchungen kann gewertet werden, daß man gerade noch „Korn“ sieht, wenn die zugehörige Körnigkeit $\sqrt{\overline{\Delta D_F^2}} \approx 0{,}01$ beträgt.

Wir haben weiter an der Modellemulsion die Gültigkeit der Beziehung

$$\overline{\Delta D_F^2} = \frac{\text{const}}{F} \tag{4}$$

nachgeprüft. Der große Vorteil der Modellschicht für diese Untersuchung ist darin zu sehen, daß man die Fläche der Meßblende von Werten variieren kann, die kleiner sind als die Kornfläche bis zu Werten, die wesentlich größer sind als die Kornfläche. Der Korndurchmesser d der Modell„körner“ betrug $19{,}3\,\mu$. Abb. 3 zeigt das Ergebnis der Untersuchung. Es wurde $\sqrt{\overline{\Delta D_F^2}}$ gegen den Meßblendendurchmesser d_F aufgetragen. Wie man sieht, gilt die Beziehung (4) bereits für $d_F/d \geqslant 6$. Aus dem Wert von d_F, unterhalb dessen bei der experimentellen Kurve $\log \sqrt{\overline{\Delta D_F^2}}/(\log d_F)$ die Abweichung von der Geraden beginnt, können Rückschlüsse auf den mittleren effektiven Korndurchmesser $\bar{d}$ gezogen werden.

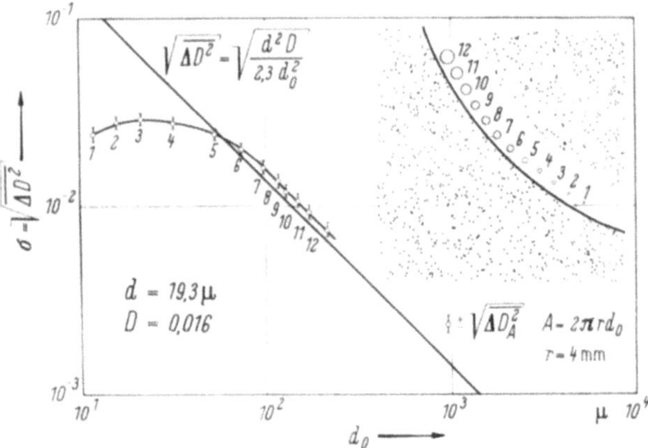

Abb. 3. Zum Nachweis des Gültigkeitsbereiches der Beziehung (4). (Entnommen aus [3].)

Abweichungen können allerdings auch vorgetäuscht werden, wenn infolge mangelhafter Berücksichtigung der Abbildungsfehler der Mikrophotometeroptik ein zu kleiner Wert für die Blende angenommen wird. Hierauf hat schon ZWEIG [6] hingewiesen.

3. Der Vergleich von „Korn“ und Körnigkeit

Beim Vergleich von Kornvergrößerungen mit den gemessenen Körnigkeitswerten muß man darauf achten, daß bei der Herstellung von Kornvergrößerungen die Steilheit des Kopierprozesses eingeht und daß sich bei der Herstellung von Kornvergrößerungen besonders von Colormaterial unter Umständen durch die Steilheit des Kopiermaterials und durch Entwicklungseffekte die Kornform und dadurch der für die Beurteilung maßgebende mittlere Korndurchmesser ändern können. Als korrekte Vergleichsmethoden können nur gelten:

1. der Vergleich in Projektion unter gleichen optischen Verhältnissen (Apertur, Beleuchtungsapertur, Kohärenzgrad) wie im Mikrophotometer;

2. der Vergleich von Kornvergrößerungen mit der an den gleichen Vergrößerungen unter gleichen Beleuchtungsverhältnissen gemessenen Körnigkeit.

Wie weiter oben schon erwähnt, entspricht die visuelle Betrachtung eines Bildes aus der deutlichen Sehentfernung (25 cm—30 cm) der mikrophotometrischen Abtastung mit einer Blende von etwa 120 μ Durchmesser. Zumindest im Falle von Schwarz-Weiß-Negativmaterial ist dann die Grenzvergrößerung gegeben durch

$$V_{gr} = \frac{120\,\mu}{d_F' \gamma} \tag{5}$$

wobei d_F' der Durchmesser derjenigen Abtastblende ist, bei der unter gleichen Beleuchtungsverhältnissen — sowohl im Kopiergerät wie im Mikrophotometer — die Körnigkeit $\sqrt{\overline{\Delta D_F^2}} = 0{,}01$ gemessen wird, wenn das Kopiermaterial die Steilheit γ hat. Es tritt zwar zwischen Negativ und Positivkopie Kontrastumkehr ein, diese Tatsache ändert jedoch an den Werten für die Körnigkeit nichts, solange $\overline{\Delta D_F^2}$ umgekehrt proportional zur Meßfläche F ist.

Betrachtet man nicht eine auf ein Kopiermaterial gemachte Kornvergrößerung, sondern das zu untersuchende Material unmittelbar in Projektion, so ist in (5) $\gamma = 1$ zu setzen.

Andererseits ist als Korn (graininess) der Wert

$$g = \frac{1000}{V_{gr}} \tag{6}$$

definiert [7]. Aus (5) und (6) erhält man als Beziehung zwischen Korn und Körnigkeit

$$g \approx 8{,}5\,\frac{d_F'}{\mu} \tag{7}$$

SELWYN [8] hat gefunden, daß für Schwarz-Weiß-Negativmaterial die Beziehung (4) experimentell gilt. Mißt man mit einer runden Blende vom Durchmesser d_F, so definiert man durch

$$G = d_F \sqrt{\overline{\Delta D_F^2}} = 1{,}13 \sqrt{F \cdot \overline{\Delta D_F^2}} \tag{8}$$

die Selwyn-Körnigkeit. Setzt man in (8) $d_F = d_F'$ und $\sqrt{\overline{\Delta D_F^2}} = 10^{-2}$, so erhält man nach Einsetzen in (7)

$$g \approx 850 \cdot G \cdot \mu^{-1}\,. \tag{9}$$

Bei der praktischen Ausführung von Messungen des Korns nach der Methode der Grenzvergrößerungsbestimmung ist darauf zu achten, daß das Beobachtungsfeld unabhängig von der Dichte der Probe stets gleich hell ist. Die Kontrasterkennbarkeitsschwelle des Auges nimmt nämlich mit abnehmender Helligkeit ab.

4. Grundsätzliches zur Messung des Wiener-Spektrums der Dichteschwankungen

Einen tieferen Einblick in die grundsätzlichen Probleme der Körnigkeitsmessung, z. B. in den Gültigkeitsbereich der Beziehungen (4) bzw. (8), erhält man durch die Anwendung der Fouriertransformation. Mit einer Meßblende der Fläche F, deren Schwerpunkt durch den Ortsvektor $\vec{r}$ festgelegt sei, mißt man an einer gleichmäßig belichteten und entwickelten Probe die Ortsverteilung $\Delta D_F(\vec{r})$ der Dichteschwankungen. Von dieser Funktion kann man im allgemeinen keine Fouriertransformierte bilden, da diese über alle Grenzen wachsen würde. Wiener [9] hat aber gezeigt, daß für eine Zufallsfunktion der Ausdruck

$$\Phi_F(\nu_x,\nu_y) = \lim_{A\to\infty} \frac{1}{A}\left[\iint\limits_A \Delta D_F(\vec{r})\, e^{-2\pi i(\nu_x x+\nu_y y)}\, \mathrm{d}x\, \mathrm{d}y\right]^2 \tag{10}$$

(ν_x und ν_y sind die Ortsfrequenzen in x- bzw. in y-Richtung) existiert und einem endlichen Wert zustrebt. Diesen Ausdruck nennt man nach einem Vorschlag von Goldman [10] das Wiener-Spektrum der Zufallsfunktion D_F.

Die Meßblende ist durch ihre Übertragungsfunktion $R_F(\nu_x, \nu_y)$ gekennzeichnet. Das Absolutquadrat dieser Übertragungsfunktion ist in $\Phi_F(\nu_x, \nu_y)$ noch enthalten. Man kann schreiben

$$\Phi_F(\nu_x,\nu_y) = |\, R_F(\nu_x,\nu_y)\,|^2 \cdot \Phi(\nu_x,\nu_y) \tag{11}$$

und bezeichnet $\Phi(\nu_x, \nu_y)$ als das *wahre* Wiener-Spektrum. Da bei der Lage der Körner keine Richtung ausgezeichnet ist, hängt das wahre Wiener-Spektrum nur vom Betrage $\nu = \sqrt{\nu_x^2 + \nu_y^2}$ der Ortsfrequenz ab. Die Brücke zwischen dem Wiener-

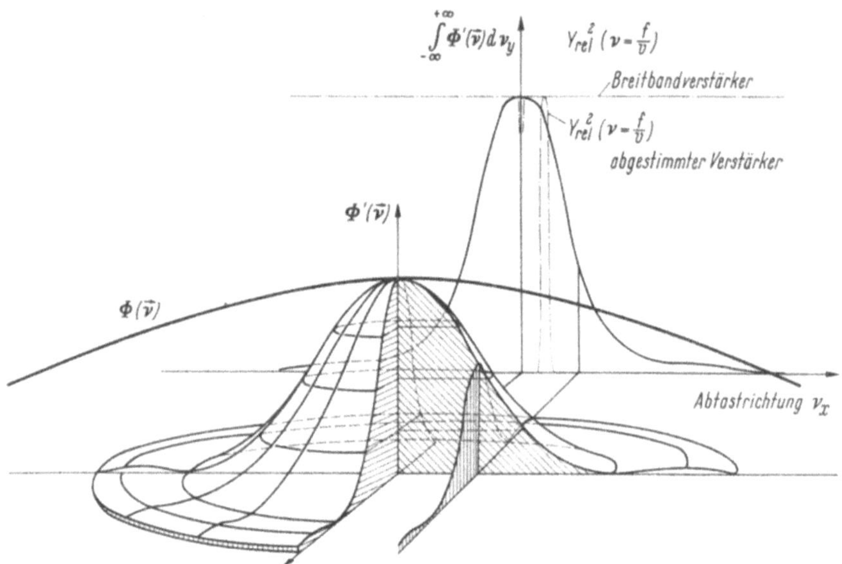

Abb. 4. Darstellung der Messung des Wiener-Spektrums durch Abrasterung mit einer kreisförmigen Blende im Ortsfrequenz-Koordinatensystem.

Spektrum und der Körnigkeit $\overline{\Delta D_F^2}$ bildet der Parsevalsche Satz aus der Theorie der Fouriertransformation. Er lautet in unserem Fall

$$\overline{\Delta D_F^2} = \iint\limits_{-\infty}^{+\infty} \Phi_F(\nu_x,\nu_y)\, \mathrm{d}\nu_x \mathrm{d}\nu_y = \iint\limits_{-\infty}^{+\infty} \Phi\left(\sqrt{\nu_x^2 + \nu_y^2}\right) |\, R_F(\nu_x,\nu_y)\,|^2\, \mathrm{d}\nu_x \mathrm{d}\nu_y\,. \tag{12}$$

Im Sonderfall einer rotationssymmetrischen Übertragungsfunktion, wie das bei runden Blenden im Mikrophotometer, in der Nähe der optischen Achse des Vergrößerungs- und des Projektionsapparates der Fall ist und auch in guter Näherung beim Auge gilt, vereinfacht sich die Beziehung (12) zu

$$\overline{\Delta D_F^2} = 2\pi \int_0^\infty \Phi(\nu) \mid R_F(\nu) \mid^2 \nu \,\mathrm{d}\nu \,. \tag{13}$$

$\overline{\Delta D_F^2}$ ist also zu veranschaulichen als das Volumen des Rotationskörpers der Funktion $\Phi(\nu)|R(\nu)|^2$.

Im Ortsfrequenzraum mit den Koordinaten ν_x und ν_y wird in diesem Falle das Wiener-Spektrum $\Phi_F(\nu)$ durch einen rotationssymmetrischen Körper dargestellt, dessen Volumen ein Maß für die Körnigkeit ist. Er ist in Abb. 4 dargestellt. Die Grenzlinie für den Körper, der das wahre Wiener Spektrum $\Phi(_\nu)$ darstellt, ist ebenfalls eingezeichnet.

Führt man die Probe mit der konstanten Geschwindigkeit v in x-Richtung an der Meßblende vorbei, so registriert man eine Dichtefunktion $D_F(x)$. Im Ortsfrequenzraum bedeutet dies die Integration über ν_y. Das Ergebnis dieser Integration ist in Abb. 4 dargestellt. Ein quadratisch anzeigendes Breitband-Voltmeter in Verbindung mit einer Photozelle, welche den Lichtstrom durch die Meßblende F mißt, würde einen Ausschlag liefern, der zum Integral über ν_x und damit wegen der Beziehung (12) zu $\overline{\Delta D_F^2}$ proportional ist. Dieses quadratisch anzeigende Voltmeter besitze die Zeitkonstante τ. Dann wird bei der Messung auf der Probe die Strecke

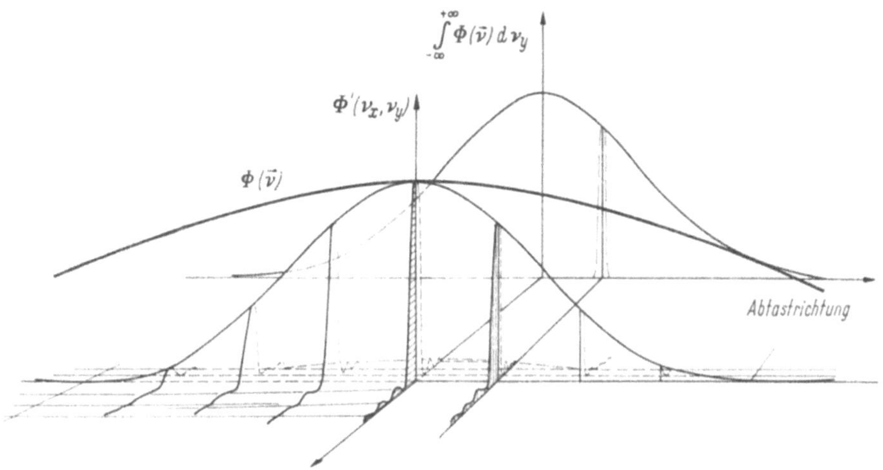

Abb. 5. Darstellung der Messung des Wiener-Spektrums durch Abrasterung mit einem langen engen Spalt im Ortsfrequenz-Koordinatensystem.

$v \cdot \tau$ erfaßt. Diese muß mindestens einige Tausend mal so groß wie der Durchmesser der Meßblende sein. Läßt man die Probe an der Meßblende vorbeirotieren, so daß die Meßblende auf der Probe einen Kreis beschreibt, so muß der Umfang dieses Kreises einige tausend Meßblendendurchmesser groß sein und die Integrationszeit des Voltmeters muß mindestens gleich der Umdrehungsperiode sein. Es wäre ideal, wenn die Spannung am Eingang des Voltmeters zur Dichte proportional wäre. Dort, wo die Spannung zur Transparenz der Probe proportional ist, muß man auf die Gültigkeit der Beziehung (3) achten. Man mißt dann zunächst $\overline{\Delta T_F^2}$ und muß durch $2{,}3^2\overline{T}^2$ dividieren. $\overline{T}$ ist der Mittelwert der Transparenz.

Wenn das quadratische Voltmeter auf ein enges Frequenzband um die Frequenz $f = \nu \cdot v$ abgestimmt ist, so mißt man einen Wert, der zu

$$\int_{-\infty}^{\infty +} \Phi_F\,(\nu_x, \nu_y)\,\mathrm{d}\nu_y$$

proportional ist. Bei der Verwendung einer kreisförmigen Meßblende kann man nicht ohne weiteres hieraus auf das wahre Wiener-Spektrum $\Phi(\nu_x, \nu_y)$ schließen. Hierzu ist vielmehr die Lösung einer Abelschen Integralgleichung erforderlich.

Die Messung des wahren Wiener-Spektrums gelingt aber leicht, wenn man einen langen und engen Spalt als Meßblende verwendet. Die Probe bewegt man dabei quer zum Spalt. Abb. 5 stellt diesen Fall im Ortsfrequenzraum dar. Die Integration über $\mathrm{d}\nu_y$ ist wieder im Hintergrund dargestellt und stimmt praktisch mit der ν_x-Komponenten von $\Phi_F(\nu_x, \nu_y)$ überein, was im Falle der kreisförmigen Meßblende nicht der Fall ist. Diese Übereinstimmung ist umso besser, je länger der Meßspalt im Verhältnis zu seiner Breite ist. Verwendet man jetzt ein quadratisch anzeigendes abgestimmtes Voltmeter, so erhält man das wahre Wiener-Spektrum nach Division durch die ν_x-Komponente von $|\,R_F(\nu_x, \nu_y)\,|^2$. In einer Arbeit von FRIESER *[11]* ist die Ableitung der zu verwendenden Formeln ausführlich dargestellt. Ferner finden sich dort verschiedene Beispiele für Wiener-Spektren, die am gleichen Material mit Meßblenden verschiedener Form und Größe gemessen wurden.

Das Ergebnis der Erörterungen dieses Abschnitts kann man folgendermaßen zusammenfassen:

Zur Messung der Körnigkeit $\overline{\Delta D_F^2}$ sind kreisförmige Meßblenden zweckmäßig. Zur Messung des wahren Wiener-Spektrums sind dagegen kreisförmige Blenden unzweckmäßig und lange enge Spalte zu verwenden.

5. Die Rolle des Wiener-Spektrums bei der photographischen Bildentstehung

Das Wiener-Spektrum spielt bei der mikrophotometrischen Ausmessung, der Herstellung von Kopien, der Projektion und der visuellen Betrachtung photographischer Schichten eine große Rolle. Der Bereich, in dem die Beziehung (4) gilt, ist leicht aus dem Wiener-Spektrum abzuleiten. Wenn nämlich das Absolutquadrat $|\,R_F(\nu_x, \nu_y)\,|^2$ der Übertragungsfunktion der Meßblende schon auf unmeßbar kleine Werte abfällt, wo das wahre Wiener-Spektrum noch konstant bleibt, kann man in (12) $\Phi(\nu_x, \nu_y) = \Phi_0$ vor das Integral setzen. Nach dem Satz von PARSEVAL gilt aber

$$\iint_{-\infty}^{+\infty} |\,R_F(\nu_x,\nu_y)\,|^2\,\mathrm{d}\nu_x\,\mathrm{d}\nu_y = \frac{1}{F} \tag{14}$$

Man erhält also

$$\overline{\Delta D_F^2} = \Phi_0 \iint_{-\infty}^{+\infty} |\,R_F(\nu_x,\nu_y)\,|^2\,\mathrm{d}\nu_x\,\mathrm{d}\nu_y \tag{15}$$

Der Vergleich von Gl. (15) mit der Definition der Selwyn-Körnigkeit G nach Gl. (8) ergibt den Zusammenhang

$$G = 0{,}8\sqrt{\Phi_0}\;. \tag{16}$$

Wenn dagegen innerhalb des Ortsfrequenzbereiches, in dem $|R_F(\nu_x, \nu_y)|^2$ noch nicht verschwindet, das wahre Wiener-Spektrum bereits abfällt, kann man Φ_0 in (15) nicht vor das Integral ziehen.

Die Selwyn-Körnigkeit ist dann nicht mehr von der Blendenfläche unabhängig. Abb. 6 stellt diesen Sachverhalt dar. Im linken Fall ist die Selwyn-Körnigkeit für die Meßblenden, deren Übertragungsfunktionen mit R_1 und R_2 bezeichnet sind, konstant, im rechten Fall ist dies nicht der Fall. Für Schwarz-Weiß-Negativ-Schichten findet man experimentell für Blenden ab ca. 10 μ Durchmesser Konstanz der Selwyn-Körnigkeit. Bei Color-Schichten und mit Röntgen- und Korpuskularstrahlen belichteten Schichten findet man Abweichungen von der Konstanz.

Bei der mikrophotometrischen Registrierung z. B. eines aufbelichteten Strichrasters überlagern sich Störsignale, deren mittleres Schwankungsquadrat sich nach Gl. (12) berechnen läßt. Je schmaler der Spalt ist, desto größer werden die statistischen Schwankungen, desto günstiger wird aber auch die Modulationsübertragungsfunktion des Mikrophotometers. In einem Bereich, wo die MÜF noch nicht

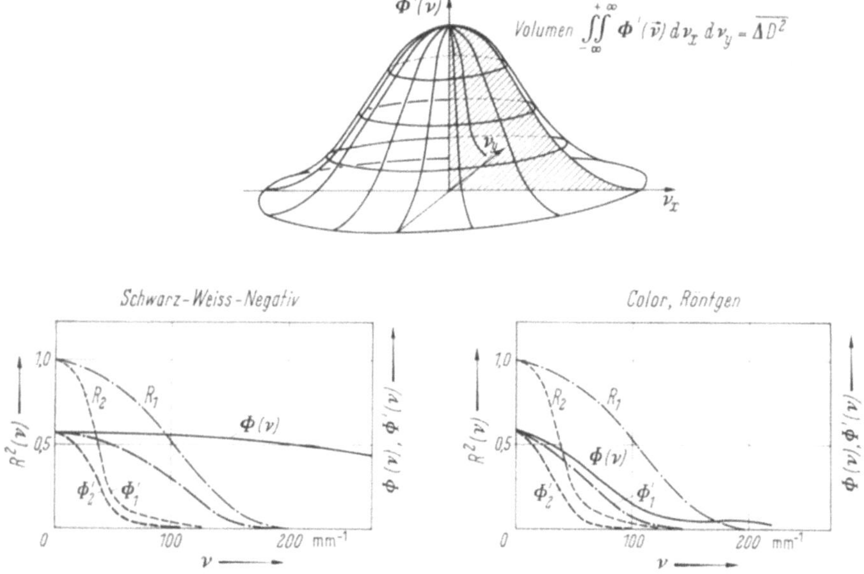

Abb. 6. Zur Veranschaulichung der Fälle, in denen die Selwyn-Körnung konstant ist (links) und in denen sie nicht konstant ist (rechts). (Entnommen aus [3]).

merklich abnimmt, bringt die Verbreiterung des Meßspaltes Vorteile, dort wo die MÜF bereits steil abfällt, bringt sie Nachteile. Es gibt für jede Ortsfrequenz bei vorgegebener MÜF des Objektivs eine optimale Spaltweite, die man im Einzelfall berechnen kann. Die Verwendung einer kreisförmigen Blende zur Ausmessung von Strichrastern bringt bei vergleichbarer Übertragungsfunktion eine starke Vergrößerung der Störsignale und ist daher auf keinen Fall zu empfehlen.

Bei der Kopie eines Negativs auf ein Positivmaterial mit der Steilheit γ spielt es eine Rolle, ob bei der Kopie Nichtlinearitäten auftreten. In linearer Näherung ergibt sich das Wiener-Spektrum der Kopie zu

$$\Phi_K(\nu) = \gamma^2 \Phi_n(\nu) \cdot |R_K(\nu)|^2 \cdot |R_p(\nu)|^2 + \Phi_p(\nu)\,. \tag{17}$$

Hierbei ist $\Phi_n(\nu)$ das Wiener-Spektrum des Negativs, $R_K(\nu)$ die Übertragungsfunktion des Kopiergerätes, $R_p(\nu)$ die MÜF des Positivmaterials und $\Phi_p(\nu)$ das Wiener-Spektrum des Positivmaterials. Als γ muß die unter den Kopierverhältnissen gültige Steilheit eingesetzt werden, die von der aus der charakteristischen Sensitometerkurve ermittelten Steilheit des Positivmaterials abweichen kann.

Die Beziehung (17) gibt die Möglichkeit, die unbekannte Übertragungsfunktion des Kopierprozesses zu bestimmen. ROSSMAN [*12*] hat z. B. diese Methode zur Bestimmung der MÜF von Fluoreszenzschirmen bei Röntgenmaterial angewendet. Er hat einmal das Wiener-Spektrum mit Fluoreszenzschirm bei Röntgenbelichtung und dann das Wiener-Spektrum der photographischen Schicht ohne Fluoreszenzschirm mit Lichtbelichtung von der Wellenlänge der Fluoreszenz gemessen.

Es ist hier immer schlechthin von dem Wiener-Spektrum eines photographischen Materials die Rede gewesen. Das Wiener-Spektrum ist aber von der Dichte abhängig. Die statistischen Eigenschaften eines photographischen Materials in Zusammenhang mit einer bestimmten Entwicklung sind aber nur durch eine Schar von Wiener-Spektren mit der Dichte als Parameter zu beschreiben. Selbst die Trocknung des gewässerten Materials hat noch Einfluß auf das Wiener-Spektrum.

Es sollten hier nur einige Beispiele für die Möglichkeiten gegeben werden, die das Wiener-Spektrum zur Untersuchung photographischer Bildübertragungsprozesse und der photographischen Schichten bietet.

6. Untersuchungen des Wiener-Spektrums einer Modellschicht

Abb. 7 zeigt mikrophotometrische Spaltregistrierungen und das mit diesen Spalten gemessene spezifische Wiener-Spektrum der eingangs beschriebenen Modellemulsion. Die Spaltweite b ist im ersten Fall so klein gegen den Korndurchmesser, daß man das wahre Wiener-Spektrum ohne Korrektur erhält. Für den Fall gleich großer runder Scheibchen kann man das Wiener-Spektrum leicht theoretisch berechnen [*6*]. Es ist mit eingezeichnet. Daß es nicht genau mit dem gemessenen Wiener-Spektrum übereinstimmt, dürfte seinen Hauptgrund in dem Abfall der Flanken durch leichte Unschärfe bei der photographischen Verkleinerung haben, wie in der oberen rechten Ecke der Abbildung des Wiener-Spektrums erläutert. Das unterste Beispiel (Spaltweite $b = 41\ \mu$, $b/d = 2{,}1$) zeigt bereits, wie das gemessene Wiener-Spektrum durch die mit eingezeichnete Spaltfunktion $R(\nu)$ bestimmt wird. Es muß hierzu gesagt werden, daß aus technischen Gründen nicht das Wiener-Spektrum selbst, sondern die Quadratwurzel aus dem Wiener-Spektrum registriert wurde. Aus dem unten in Abb. 7 gezeigten spezifischen Wiener-Spektrum würde man höchstens bis zu $20\ \mathrm{mm}^{-1}$ das wahre Wiener-Spektrum gewinnen können. Es ist einzusehen, daß mit einem Mikrophotometer mit z. B. $3\ \mu$ effektiver Spaltweite das wahre Wiener-Spektrum nur bis unterhalb $300\ \mathrm{mm}^{-1}$ ermittelt werden kann. Der Verlauf der gemessenen Wiener-Spektren wird für eine ganze Anzahl von SW-Emulsionen etwa gleich sein, weil er im wesentlichen durch die Übertragungsfunktion des Mikrophotometers mit Spalt bestimmt wird. In diesem Fall ist die durch Messung gewinnbare Information auf die Ermittlung von Φ_0 des Wiener-Spektrums beschränkt. Interessanter wird die Messung hingegen bei Kopien, Umkehrentwicklungen, Colorschichten und mit Röntgen- oder Korpuskularstrahlen belichteten Schichten, da deren wahre Wiener-Spektren bereits bei verhältnismäßig niedrigen Ortsfrequenzen merklich abfallen und bis in den abfallenden Bereich hinein gemessen werden können. Abb. 8 zeigt einige Beispiele.

Laut Definition ist es nur sinnvoll, von einem Wiener-Spektrum zu sprechen, wenn es sich um eine Zufallsfunktion handelt. Es ist aber trotzdem die Frage inter-

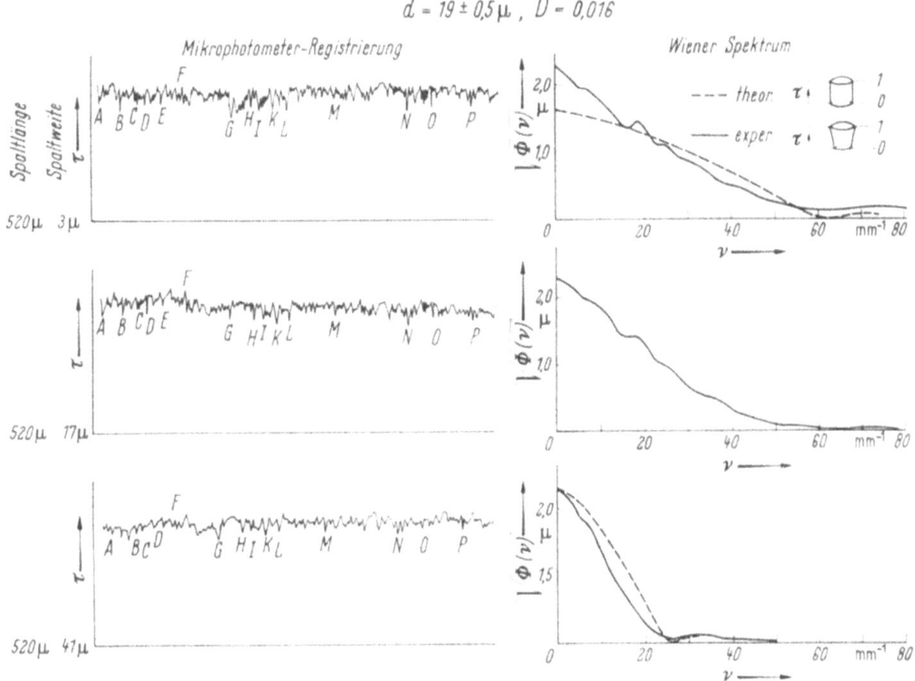

Abb. 7. Mikrophotometrische Spaltregistrierung und Wiener-Spektrum der Modellschicht. (Entnommen aus [3]).

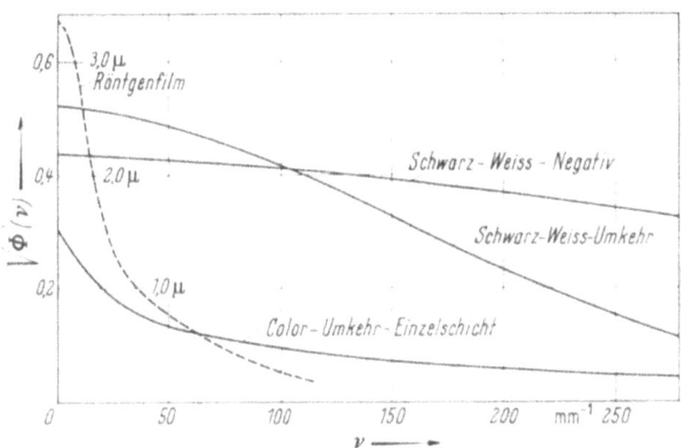

Abb. 8. Beispiele für Wiener-Spektren photographischer Schichten verschiedener Art. (Entnommen aus [3]).

essant, wie sich ein verschieden hoher Ordnungsgrad bei der Messung bemerkbar macht. Wir haben daher nach dem oben beschriebenen Verfahren Modellemulsionen mit verschieden hohem Ordnungsgrad hergestellt, und zwar sowohl von durchsichtigen Körnern auf schwarzem Untergrund wie von undurchsichtigen Körnern auf hellem Untergrund. Abb. 9 zeigt das Aussehen der Modellemulsion und die zugehörigen Wiener-Spektren. Bei der regelmäßigen Anordnung ist wegen der kreisförmigen Abtastbahn die Ordnung für die Messung des Wiener-Spektrums geringer. Die kürzesten Verbindungslinien zwischen den Körnern werden in allen Winkeln geschnitten. Je höher die Unordnung, desto weniger hängt das Wiener-Spektrum von der Abtastrichtung ab. Die Wiener-Spektren für die beiden Fälle: schwarze Körner auf hellem Untergrund und weiße Körner auf schwarzem Untergrund unterscheiden sich nur in ihren Absolutwerten, nicht in ihrer Form. Es macht sich ebenfalls im Rahmen der erreichten Meßgenauigkeit nicht bemerkbar, ob der Abstand zwischen den Körnern ein Vielfaches des Korndurchmessers beträgt (*C* in Abb. 9) oder nur ein Vielfaches von $^1/_{10}$ des Korndurchmessers (*B* in Abb. 9).

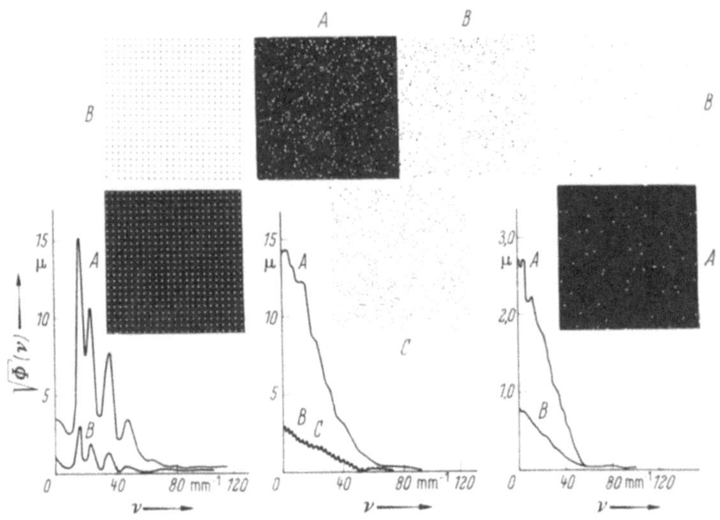

Abb. 9. Abhängigkeit des Wiener-Spektrums vom Ordnungsgrad der Emulsionskörner. (Entnommen aus [3]).

Mit Hilfe von sehr feinkörnigen Emulsionen kann man die Übertragungsfunktion des Mikrophotometers auf verhältnismäßig einfache Weise bestimmen. Statt mit einem Sinusraster (elektrisches Analogon: Sinusgenerator) erfolgt hierbei die Messung mit einem Rauschobjekt (elektrisches Analogon: Rauschgenerator). Wenn eine statistische Größenverteilung der Körner vorliegt, so setzt sich das Wiener-Spektrum additiv aus den Anteilen der einzelnen Korngrößenintervalle zusammen. Haben alle Körner gleiche Form, so ist das wahre Wiener-Spektrum eine Integralgleichung für die Verteilungsfunktion und kann numerisch gelöst werden.

7. Meßtechnische Daten

Es ist bereits ausführlich begründet worden, daß man zur Messung der Körnigkeit $\overline{\Delta D_F^2}$ bzw. der Selwyn-Körnigkeit zweckmäßigerweise kreisförmige Blenden und zur Messung des wahren Wiener-Spektrums der Dichteschwankungen einen langen engen Spalt als Meßblende verwendet. Zur Gewinnung der Meßergebnisse gibt es zwei verschiedene Methoden. Einmal kann man an vielen (einigen tausend) Stellen der Probe die Werte der Dichte messen und die statistischen Mittelwerte nach den Gln. (1) und (2) berechnen. Man kann die Werte auch in einen entsprechend programmierten digitalen Rechner eingeben. Auch das Wiener-Spektrum läßt sich auf diese Weise erhalten. Dazu ist es zweckmäßig, die Meßwerte in Abständen $1/2\nu_0$ zu entnehmen, wobei ν_0 die Grenzfrequenz der Kombination Mikrophotometer/Spaltblende darstellt. Die auf diese Weise erhaltenen Werte sind recht exakt und kaum mit systematischen Fehlern behaftet. Allerdings arbeitet die Methode nicht sehr schnell.

Die zweite Methode beruht auf der elektrischen Weiterverarbeitung der am Ausgang der Photozelle bzw. des Multipliers entstehenden Signale. Es gibt Schaltungen, die eine zur Dichte proportionale Anzeige liefern. Man sorgt durch eine Regelschaltung dafür, daß die Dynodenspannung U_d so nachgeregelt wird, daß der Anodenstrom des Multipliers konstant bleibt. Es gilt dann

$$D = \text{const} + \beta \cdot \log \frac{U_d}{U_0} \,. \tag{18}$$

Mit Hilfe eines Linearisierungsnetzwerks erhält man eine zur Dichte proportionale Ausgangsspannung. Ob man diese Schaltung auch zur Messung der Körnigkeit und des Wiener-Spektrums anwenden kann, hängt vom Frequenzgang der Regelschaltung ab. Es treten elektrische Frequenzen bis zu einigen Kilohertz auf.

Wenn man eine solche Schaltung nicht verwendet und die Ausgangsspannung zur Transparenz der Probe proportional ist, so bleibt man auf die Gültigkeit der Näherung

$$\Delta D = -\frac{1}{2{,}3} \frac{\Delta T}{\overline{T}} \tag{19}$$

angewiesen. Mißt man die Spannung mit einem den Effektivwert anzeigenden Röhrenvoltmeter[1], so ist die Anzeige im Idealfall zu $\sqrt{\overline{\Delta T_F}}$ proportional. Es überlagert sich jedoch noch das Eigenrauschen U_r des Multipliers. Man mißt also

$$U = \sqrt{U_r^2 + U_{\Delta T}^2} \,.$$

Ein Frequenzanalysator[2] mißt eine Spannung, die zum Absolutwert der Fouriertransformierten der Eingangsspannung proportional ist. Bei Rauschmessungen ist das Absolutquadrat der Fouriertransformierten gleich dem Quadrat der Absolutwerte. Man kann daher das Wiener-Spektrum messen. Die Ausgangsspannung ist dabei zur Wurzel aus dem Wiener-Spektrum proportional. Zur Körnigkeitsmessung über das Wiener-Spektrum nach Gl. (12) braucht man das Amplitudenquadrat. Man muß die Ausgangsspannung quadrieren. Dies geschieht in unserem Fall durch ein nichtlineares Netzwerk. Während der Frequenzanalysator den gesamten Frequenzbereich durchfährt, wird über einen Impedanzwandler die Ausgangsspannung einem Meßmotor zugeführt. Der vom Meßmotor zurückgelegte Drehwinkel ist zu $\overline{\Delta T_F^2}$ proportional. Das Wiener-Spektrum des Eigenrauschens des Multipliers kann man in dem Frequenzbereich messen, wo das Wiener-Spektrum der Körnigkeit bereits verschwindet und durch eine Kompensations-Gleichspannung eliminieren. Durch eine Eichung, indem man bei mit konstanter Geschwindigkeit bewegter Probe das Licht zerhackt, berücksichtigt man den Mittelwert $\overline{T}$. Die Formel lautet

$$\overline{\Delta D_F^2} = \frac{\alpha(1-\beta)\beta}{2{,}3^2 \cdot \alpha_{Eich}} \,. \tag{20}$$

[1] z. B. Brüel & Kjaer, Typ 2409. [2] z. B. Rohde & Schwarz, Type FTA.

In (20) bedeuten: α die Anzeige des Integrators, z. B. des Meßmotors, β das Tastverhältnis des Lichtzerhackers (Impulsbreite zu Impulsabstand) und α_{Eich} die Anzeige des Integrators bei eingeschaltetem Zerhacker für z. B. die Grundfrequenz des Zerhackers. Die Formel (20) wird hier ohne Ableitung gebracht. Die Ableitung geht in derselben Weise vor sich, wie die Ableitung der Messung des Wiener-Spektrums in der schon erwähnten Arbeit von FRIESER [*11*].

Die Probengeschwindigkeit v richtet sich nach dem Frequenzbereich des Frequenzanalysators. Bei einem Frequenzbereich von etwa 400 Hz—20 000 Hz wählt man v zwischen 25 und 100 mm, je nach Filmart.

Wegen der Beziehung

$$\nu = \frac{f}{v} \tag{21}$$

(ν Ortsfrequenz, f elektrische Frequenz) gelangt man zu um so höheren Ortsfrequenzen, je geringer die Geschwindigkeit ist. Bei rotierender Probe muß der Ab-

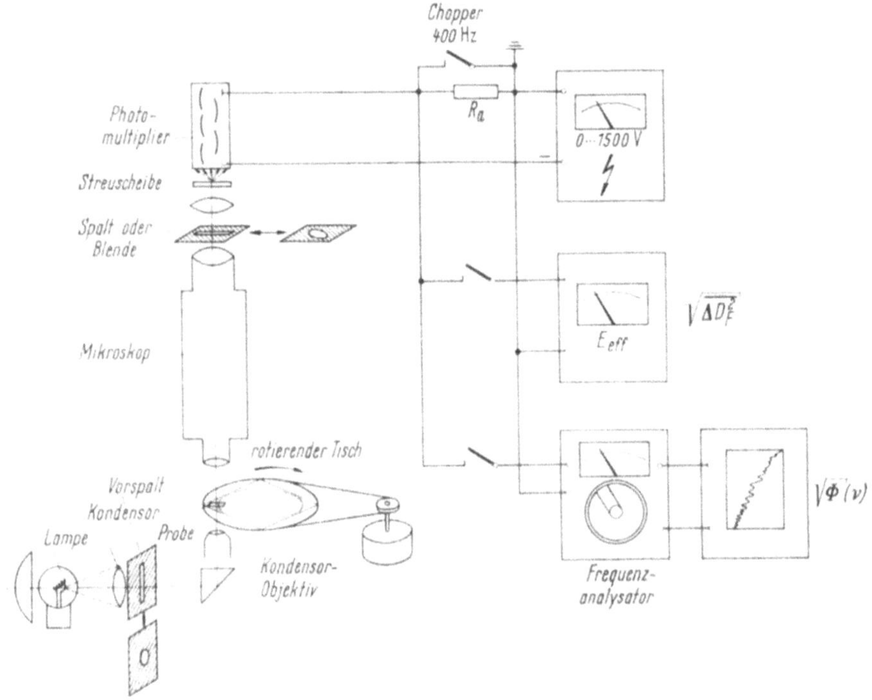

Abb. 10. Schema der Meßanordnung zur Messung von Körnigkeit und Wiener-Spektrum. (Entnommen aus [*3*]).

stand zwischen der Drehachse der Probe und der optischen Achse mindestens zehnmal so groß sein wie die Spaltlänge und der Bahnumfang mindestens 10 000 mal so groß sein wie die Spaltbreite, auf die Probe zurückgerechnet. Die Umlaufzeit der Probe soll geringer sein als die Zeitkonstante des Meßinstrumentes und möglichst auch geringer als die Zeit, in der sich der Frequenzanalysator um die 3dB-Bandbreite verstimmt hat. Die von uns verwendete Anordnung zeigt die Abb. 10. Typische Betriebsdaten sind: Bahnkreisradius 4 mm, Umlaufzeit 300 msec (in dieser Zeit hat sich der Frequenzanalysator um etwa die halbe 3dB-Bandbreite verstimmt), Zeitkonstante der Anzeige 1 sec.

Als weiterer Vorteil der Messung der Körnigkeit über die Integration des Wiener-Spektrums soll erwähnt werden, daß man durch Festlegung der unteren Ortsfrequenzgrenze einen Tiefpaßfilter entbehrlich machen kann, der Störungen fernhält, die bei sehr niedrigen Ortsfrequenzen durch Gußfehler, Entwicklungs- und sonstige Bearbeitungsfehler entstehen.

Zur Verwendung von optischen Filtern ist zu sagen: Bei Negativmaterial sollte man ein Filter verwenden, dessen Durchlässigkeit im Verein mit der spektralen Empfindlichkeit des Multipliers der optischen Sensibilisierung des Kopiermaterials entspricht.

Bei Colorumkehrmaterial oder Schwarz-Weiß-Material für direkte visuelle Betrachtung muß ein Filter verwendet werden, das im Zusammenwirken mit der spektralen Empfindlichkeit des Multipliers der Hellempfindlichkeit des Auges entspricht. Bei Colorschichten kann man durch geeignete Filter den Anteil der einzelnen Schichten an der Körnigkeit und am Wiener-Spektrum untersuchen. An die Präparation der Proben für die Messung von Körnigkeit und Wiener-Spektrum werden hohe Anforderungen gestellt. Zunächst darf die Aufbelichtung nicht im Kontakt mit einer körnigen Schicht erfolgen, sondern in einigem Abstand. Kratzer, Wolkigkeit usw. liefern einen beträchtlichen Beitrag, da die Apparatur im Gegensatz zum menschlichen Gesichtssinn nicht zwischen Körnigkeit und sonstigen Fehlern unterscheiden kann.

Zusammenfassend kann gesagt werden, daß man durch Körnigkeitsmessungen und durch Messung des Wiener-Spektrums eine Reihe interessanter Informationen über photographische Schichten erlangen kann, daß eine enge Korrelation zwischen dem visuellen Körnigkeitseindruck und der meßbaren Körnigkeit besteht, wenn man beim Vergleich von gleichen Verhältnissen ausgeht, daß die Meßtechnik nicht überdurchschnittlich schwierig ist und die Messungen in kurzer Zeit durchgeführt werden können.

Unser Dank gilt Herrn Theisen und Frau Funccius für experimentelle Hilfe und das Anfertigen der Zufallsobjekte.

Literatur

[*1*] Ooue, S.: Vortrag 1961, Soc. Phot. Scientist and Engineers, Annual Conference, Binghamton.
[*2*] Zwick, D.: J. Phot. Sci. **11**, 269—275 (1963).
[*3*] Klein, E. u. G. Langner: J. Phot. Sci. **11**, 177—185 (1963).
[*4*] Marchant, J. C. u. R. L. Dillon: J. Opt. Soc. Amer. **51**, 641—644 (1961).
[*5*] Fischer, R. A. u. F. Yates: Statistical Tables for Biological, Agricultural and Medical Research, Edinburgh und London, 1953, S. 114.
[*6*] Zweig, H. J.: J. Opt. Soc. Amer. **46**, 805—820 (1956) und **49**, 238—244 (1959).
[*7*] Jones, L. A. u. G. C. Higgins: J. Opt. Soc. Amer. **35**, 435—457 (1945).
[*8*] Selwyn, E. W. H.: Phot. Journ. **75**, 571 (1935).
[*9*] Wiener, N.: Acta Mathematica **55**, 117 (1930).
[*10*] Goldman, S.: Information Theory, New York: Prentice Hall 1953.
[*11*] Frieser, H.: Mitt. Agfa Leverkusen-München, Bd. II, Berlin/Göttingen/Heidelberg: Springer 1958, S. 249—260.
[*12*] Rossman, K.: J. Opt. Soc. Amer. **52**, 774—777 (1962).

Zur Praxis der Modulationsübertragungsfunktion

Von G. Langner und R. Müller

Zusammenfassung

1. Die Modulationsübertragungsfunktion (MÜF) ist definiert als das Verhältnis des Kontrastes der effektiven Belichtung zum Kontrast der Aufbelichtung bei der Verwendung einer sinusförmigen örtlichen Intensitätsverteilung (Sinusraster).

2. Bei der Verwendung photographischer Schichten zu photometrischen Zwecken in der Spektrographie, Diffraktographie, Autoradiographie usw. ist die Kenntnis der MÜF genauso wichtig wie die Kenntnis der charakteristischen Kurve.

3. Bei der Verwendung photographischer Schichten in der bildmäßigen Photographie und Kinematographie erlaubt die MÜF eine objektive Schärfebeurteilung und einen Schärfevergleich verschiedener Materialien sowie die quantitative Verfolgung komplizierter Bildübertragungsprozesse (Kopierprozesse) bis zur Bildentstehung auf der Netzhaut.

4. In der vorliegenden Arbeit werden die Meßtechnik der MÜF und ihre Voraussetzungen dargestellt.

4.1. Die Aufbelichtung der Testverteilungen kann mit Objektiven, im Kontakt oder interferometrisch erfolgen. Alle drei Methoden haben ihre Vor- und Nachteile, die ausführlich dargestellt werden.

4.2. Zur Messung der MÜF kann man grundsätzlich jede örtliche Intensitätsverteilung wählen, deren Ortsfrequenzspektrum bekannt ist. Bei Sinusrastern sind die Verhältnisse besonders klar, sie verlangen aber eine Aufbelichtung mit Objektiven oder interferometrisch. Zur Kontaktaufbelichtung eignen sich Strichraster. Die Herstellung von Sinusrastern ist ausführlich besprochen.

4.3. Die Fehlerquellen bei der mikrophotometrischen Ausmessung sind: schlechte Fokussierung, mangelnde Parallelstellung zwischen Raster- und Registrierspalt und unterschiedliche Bewertung der Oberwellenanteile der Transparenzverteilung auf der Probe, die mit Sinusrastern belichtet wurde. Eine Schwingtischanordnung hilft die ersten beiden Fehler zu vermeiden, eine harmonische Analyse und Synthese den dritten. Diese Art der Korrektur wird jedoch nur in den seltensten Fällen angewendet. Es ist aber falsch, die Korrektur auf die ÜF des Mikrophotometers dadurch vorzunehmen, daß man die ermittelte MÜF der photographischen Schicht durch die ÜF des Mikrophotometers dividiert.

4.4. Durch Rückrechnung über die Makroschwärzungskurve erhält man nur in folgenden Idealfällen die korrekte MÜF: kleine Aussteuerung (aufbelichteter Kontrast) und homogene Schicht (keine Doppelschichten usw.) oder separierbare Streufunktion. Das letztere kommt in der Praxis kaum vor. In allen anderen Fällen muß man für jede Ortsfrequenz eine Intensitätsreihe aufbelichten, aus deren Paar charakteristischer Kurven man die korrekte effektive Belichtung erhält [20]. Trotzdem wird die MÜF in vielen Laboratorien aus Gründen des geringeren Aufwandes über die Makrokurve gewonnen.

5. Bei Umkehrfilmen eignet sich zur Beurteilung der Schärfe die Modulationswiedergabefunktion MWF, die ein spezielles Beispiel für die MÜF eines gesamten Bildübertragungskanals darstellt.

1. Einführung

Schärfe und Körnigkeit bestimmen das Wiedergabevermögen eines photographischen Aufnahmematerials für kleine Details. Die Schärfe und Körnigkeit nur subjektiv zu beurteilen ist unbefriedigend. Man hat daher nach physiakalischen Meßdefinitionen gesucht, welche in guter Korrelation mit der subjektiven Beurteilung von Schärfe bzw. Körnigkeit stehen. Zahlenmaterial aus subjektiven Beurteilungen, welches man zur Korrelation heranziehen kann, wird erhalten, indem man einer Reihe von Beobachtern Bilder zur Beurteilung vorlegt. Hierbei müssen möglichst eindeutige und gut definierte „Spielregeln" beachtet werden. Das vorgelegte Material wird entweder mit Zensuren versehen, in eine Rangfolge geordnet oder paarweise verglichen. Man kann nun entweder die Ergebnisse von nach verschiedenen Gesichtspunkten — z. B. Schärfe, Gesamtqualität der Wiedergabe — erfolgter Beurteilung korrelieren oder sie mit den Ergebnissen physikalischer Messungen in Beziehung setzen. Bei Untersuchungen der erstgenannten Art haben Stultz und Zweig [*1*] gefunden, daß die Schärfe zur Gesamtqualität der Wiedergabe einen erheblichen Beitrag liefert. Bei Untersuchungen der zweiten Art haben Higgins und Jones [*2*] bzw. Higgins und Wolfe [*3*] eine gute Korrelation zur sogenannten „Acutance" gefunden. Die „Acutance" wird gemessen, indem man auf den Prüfling eine Kante aufbelichtet, den Schwärzungsverlauf auf dem Prüfling mit einem langen engen Spalt mikrophotometrisch mißt und nach einer bestimmten Vorschrift auswertet. Eine Weiterentwicklung dieser Vorstellung in Beziehung zur k-Zahl nach Frieser wurde von R. Müller [*4*] durchgeführt (vgl. Abschnitt 8). Frieser und Biedermann [*5*] fanden, daß eine gute Korrelation zwischen der subjektiv beurteilten Schärfe und derjenigen Ortsfrequenz eines aufbelichteten Strichrasters besteht, für die der Kontrast des Strichrasters auf 50% abgefallen war.

Zur Kennzeichnung der Schärfe hat inzwischen die Modulationsübertragungsfunktion (MÜF) viel an Boden gewonnen, aber gleichzeitig Kontroversen ausgelöst. Hierbei spielen Mißverständnisse über die Anwendungsmöglichkeiten der MÜF eine Rolle. Bevor wir auf die MÜF eingehen, soll zunächst klar herausgestellt werden, daß es prinzipiell zwei verschiedene Anwendungszwecke für photographische Schichten gibt:

1. Die Verwendung zu mikrophotometrischen Zwecken, z. B. in der Spektrometrie, Diffraktographie und Autoradiographie;

2. die bildmäßige Verwendung in der bildmäßigen Photographie, Kinematographie und Reprographie.

Es ist leicht einzusehen, daß es bei der mikrophotometrischen Verwendung einfacher sein wird, geeignete physikalische Meßdefinitionen für die in diesem Zusammenhang wichtigen physikalischen Eigenschaften der photographischen Schichten zu finden als bei der bildmäßigen Verwendung, denn im ersten Falle entfällt die Forderung nach guter Korrelation mit visuellen Qualitätsurteilen.

2. Die Begründung der Modulationsübertragungsfunktion

A. Für „Modulationsübertragungsfunktion“ (MÜF) waren früher die Ausdrücke „Kontrastübertragungsfunktion“, „Frequenzgang“, „sinewave-response“ gebräuchlich. Die neue Bezeichnung geht auf eine Empfehlung der Internationalen Kommission für Optik, vgl. INGELSTAM [6], zurück. Seit der grundlegenden Arbeit von DUFFIEUX [7] über die Anwendung des Fourierintegrals in der Optik sind über die MÜF im allgemeinen und über ihre Anwendung bei photographischem Material im besonderen zahlreiche Arbeiten erschienen, die hier unmöglich alle aufgeführt werden können. Es soll jedoch nicht unerwähnt bleiben, daß die Verwendung von photographischem Material für den Tonfilm bereits in den dreißiger Jahren Anlaß zu Überlegungen gab, Filme vom Standpunkt der Frequenzübertragung von Signalen zu behandeln. Es sei hier an Arbeiten von EGGERT und SCHMIDT [8] und FRIESER [9] erinnert.

Eine Einführung in die Technik der MÜF beim photographischen Prozeß gibt z. B. eine Arbeit von PERRIN [10], in der 69 Literaturzitate bis 1960 berücksichtigt sind, und eine Arbeit der Verfasser [11] mit 44 Literaturzitaten bis 1963. Im folgenden soll es daher genügen, die Einführung der MÜF von einem praktischen, aber — wie wir meinen — bisher zu wenig beachteten Gesichtspunkt her zu begründen.

Die Einführung der MÜF ergibt sich nämlich folgerichtig aus der Aufgabenstellung bei der mikrophotometrischen Verwendung photographischen Materials. Es soll aus der gemessenen örtlichen Verteilung der Dichte bzw. Transparenz einer entwickelten photographischen Schicht auf die örtliche Verteilung der Aufbelichtung geschlossen werden. Bei Colormaterial tritt noch die spektrale Verteilung hinzu. Wir sprechen nicht von Schwärzung, sondern allgemeiner von *Dichte*, um auch Colormaterial mit einzuschließen. Es gelten zwischen Dichte D und Transparenz T die bekannten Beziehungen

$$D = \log \frac{1}{T} = -\log T, \quad T = 10^{-D}. \tag{2.1}$$

Dichte und Transparenz sind keine eindeutigen Eigenschaften an einer Stelle einer photographischen Schicht, sondern hängen von den Meßbedingungen ab.

Im Idealfall würde man einfach in die charakteristische Kurve $D = D(\log E)$ — bei Schwarz-Weiß-Material die Schwärzungskurve genannt — eingehen und die zugehörige Belichtung ablesen. Durch die innere Reflexion des Lichtes (Reflexionslichthof) und die Lichtstreuung in der Schicht kommt aber auch Licht an die Stellen, wo kein Licht aufbelichtet wurde. Dieses fehlt dann an Stellen starker Aufbelichtung. Für die Erzeugung des latenten Bildes ist eine verfälschte Verteilung wirksam. Die Verfälschung wird relativ um so größer sein, je kleiner die Details sind. Über die charakteristische Kurve erhält man also allenfalls die Ortsverteilung der *effektiven* Belichtung. Es muß außer der charakteristischen Kurve *noch* eine Eigenschaft der Schicht bekannt sein, mit deren Hilfe man aus der Ortsverteilung $E'(\vec{r})$ der effektiven Belichtung auf die gesuchte Ortsverteilung $E(\vec{r})$ der Aufbelichtung schließen kann. $\vec{r} = (x, y)$ stellt den Ortsvektor dar. Die Lösung der Aufgabe geschieht also in zwei Schritten:

$$\underset{\text{Messung}}{D(\vec{r})} \xrightarrow{\text{charakt. Kurve}} E'(\vec{r}) \xrightarrow{\text{Eigenschaft „}\varrho\text{“}} E(\vec{r})$$

Mathematisch formuliert lautet der zweite Schritt:

$$E'(\vec{r}) = \int\limits_{+\infty}^{-\infty}\!\!\int E(\vec{r}')\,\varrho(\vec{r}, \vec{r}')\,\mathrm{d}f\,, \tag{2.2}$$

wobei unter df das Flächenelement zu verstehen ist. Normalerweise hängt die Eigenschaft $\varrho(\vec{r}, \vec{r}')$ nur vom gegenseitigen Abstand $|\vec{r} - \vec{r}'|$ der Punkte ab, die durch $\vec{r}$ und $\vec{r}'$ gekennzeichnet sind, und weder von E noch vom Ort. $\varrho(\vec{r}, \vec{r}') = \varrho(\vec{r}' - \vec{r})$ ist dann diejenige Lichtverteilung, die entsteht, wenn man einen hellen Punkt aufbelichtet. Sie wird daher Punkt-Verwaschungsfunktion genannt, angloamerikanisch „point-spread-function".

Die Formulierung des Problems vereinfacht sich nun zu

$$E'(\vec{r}) = \int\limits_{-\infty}^{+\infty}\!\!\int E(\vec{r}')\,\varrho\,(\vec{r}' - r)\,\mathrm{d}f\,. \tag{2.3}$$

Die Lösung des Problems bedeutet mathematisch die Lösung der Integralgleichung (2.3). Nun stellt (2.3) ein sogenanntes Faltungsintegral dar. Man macht sich zur Lösung den Faltungssatz aus der Theorie der Fouriertransformierten zunutze. Dieser besagt in unserem Falle, daß die örtliche Fouriertransformierte von $E'(\vec{r})$, also der örtlichen Verteilung der effektiven Belichtung gleich ist dem Produkt aus den Fouriertransformierten von $E(\vec{r})$, also der örtlichen Verteilung der Aufbelichtung, und der „Punktverwaschungsfunktion" $\varrho(\vec{r}' - \vec{r})$. Aus diesem Grunde ist es praktischer, wenn man gleich diese Fouriertransformierte kennt und sie sich nicht erst aus der Punktverwaschungsfunktion berechnen muß. Diese Fouriertransformierte ist aber nichts anderes als die sogenannte *Modulationsübertragungsfunktion*. Belichtet man nämlich eine örtlich sinusförmig modulierte Helligkeitsverteilung der Ortsfrequenz ν

$$E(x) = \bar{E}\;\;(1 + m \sin 2\pi\nu x) \tag{2.4}$$

auf, so entsteht die Ortsverteilung der effektiven Belichtung

$$\begin{aligned} E'(x) &= \bar{E}\;\;(1 + R(\nu)\, m \cdot \sin 2\pi\nu x) \\ &= \bar{E}\;\;(1 + m' \cdot \sin 2\pi\nu x)\,, \end{aligned} \tag{2.5}$$

wobei

$$R(\nu) = 2\pi \int\limits_0^\infty \varrho(r)\, J_0(2\pi r\nu)\, r\,\mathrm{d}r\,, \tag{2.6}$$

die zur Hankeltransformation 0-ter Ordnung entartete Fouriertransformation der als rotationssymmetrisch angenommenen Punktverwaschungsfunktion $\varrho(r)$ ist. Der Vollständigkeit halber soll erwähnt werden, daß man oft auch eine Linien-Verwaschungsfunktion (englisch „line-spread-function") definiert. Sie gibt die Ortsverteilung der effektiven Belichtung an, wenn man einen sehr dünnen langen Strich aufbelichtet. Die Modulationsübertragungsfunktion (MÜF) $R(\nu)$ ist die normale eindimensionale Fouriertransformierte dieser Linien-Verwaschungsfunktion. Man kann MÜF, Linien- und Punkt-Verwaschungsfunktion ineinander umrechnen [*12*]. Sie enthalten die gleiche Information über die Schicht. Aus den dargelegten Gründen bietet aber die MÜF die meisten Vorteile. Wie wir weiter unten sehen werden, ist ihr auch vom Standpunkt der Meßtechnik der Vorzug zu geben.

Man sollte also sagen können: Wenn die charakteristische Kurve für eine bestimmte Entwicklung und die MÜF bekannt sind, hat man alle Information, um eine photographische Schicht mikrophotometrisch verwenden zu können, d. h. man kann aus der gemessenen örtlichen Verteilung der Dichte auf die örtliche Verteilung der Aufbelichtung schließen. Leider ist dies ein Idealbild. Aus zwei Gründen treten bei realen photographischen Schichten Abweichungen von diesem Idealbild auf:

1. Die charakteristische Kurve ist für das Streulicht in der Schicht nicht notwendigerweise die gleiche wie für die aufgeprägte Belichtung;
2. Diffusionsvorgänge von Entwickler und Entwicklungsreaktionsprodukten verursachen nichtlineare Effekte.

Beide Effekte sollen nun näher untersucht werden.

3. Das Problem der Berechnung der effektiven Belichtung aus der charakteristischen Kurve

Es erscheint uns sehr wichtig, an dieser Stelle die Verwendung einer photographischen Schicht als ihr eigenes Photometer — also die Ermittlung der effektiven Belichtung aus einer Dichtemessung und die Rückrechnung über die charakteristische Kurve — genauer zu untersuchen. Dabei werden wir an die Arbeit von FRIESER und METZ [*13*] anknüpfen. Bei der folgenden Betrachtung wird vorausgesetzt, daß die Anzahl der in einem Volumenelement $\mathrm{d}v = \mathrm{d}x \cdot dy \cdot \mathrm{d}z$ der Schicht entwickelten Körner nur von der Anzahl der in diesem Volumenelement bei der Belichtung auftretenden Quanten abhängt und nicht von der Anzahl der in benachbarten Volumenelementen entwickelten Körner. Es wird also vorausgesetzt, daß bei der Entwicklung keine ,,Nachbareffekte" auftreten.

Zur Dichte $D(x, y)$ an einer Stelle x, y, welche z. B. mikrophotometrisch gemessen wird, trägt jedes Volumenelement $\mathrm{d}x \cdot \mathrm{d}y \cdot \mathrm{d}z$ einen Anteil $\mathrm{d}D$ bei, welcher proportional ist zur Volumendichte n_0 der in diesem Volumenelement enthaltenen Körner, dem Anteil p dieser Körner, die durch die Belichtung entwickelbar und schließlich entwickelt werden, und dem mittleren Wirkungsquerschnitt $\bar{a}$ *dieser* Körner bei der mikrophotometrischen Messung. Der Anteil p ist eine Funktion der Volumendichte $\mathrm{d}q/\mathrm{d}v$ der Quanten im Volumenelement $\mathrm{d}v$. Wir führen die Abkürzung

$$\mathrm{d}q/\mathrm{d}v = \varepsilon \tag{3.1}$$

ein.

Bei uneinheitlich großen Körnern ist die mittlere Projektionsfläche ebenfalls eine Funktion der Belichtung. Bei geringer Belichtung können nur die größten Körner die erforderliche Anzahl Quanten absorbieren. Mit zunehmender Belichtung nimmt infolgedessen $\bar{a}$ ab. Vgl. hierzu den Aufsatz ,,Zur Berechnung der Körnigkeit, des kleinsten nachweisbaren Kontrasts und der Anzahl der nachweisbaren Helligkeitsstufen photographischer Schichten" auf Seite 271 dieses Bandes. Wir wollen daher p und $\bar{a}$ in der Funktion $\varphi(\varepsilon)$ zusammenfassen. Es sei zugelassen, daß die Volumendichte n_0 der Körner und die Funktion φ noch explizite von der Schichttiefenkoordinaten z abhängen. Dies ist in der Praxis tatsächlich der Fall bei Mehrschichtenfilmen, in denen sich die einzelnen Schichten in der Korngrößenverteilung, Packungsdichte, Empfindlichkeit und der optischen Sensibilisierung unterscheiden können.

Die an der Stelle (x, y) gemessene Dichte beträgt bei einer Schichtdicke h allgemein

$$D(x,y) = \frac{1}{2,3} \int_0^h n_0(z) \cdot \varphi[\varepsilon(x,y,z), z]\, \mathrm{d}z \,. \tag{3.2}$$

Die effektive Belichtung z. B. als Quanten-Flächendichte $\mathrm{d}q'/\mathrm{d}f = E'$ an der Oberfläche erhält man durch die Integration

$$E'(x,y) = \int_0^h \varepsilon(x,y,z)\, \mathrm{d}z \,. \tag{3.3}$$

Zu der Quanten-Volumendichte $\varepsilon(x, y, z)$ im Volumenelement $\mathrm{d}x \cdot \mathrm{d}y \cdot \mathrm{d}z$ liefert jedes Oberflächenelement $\mathrm{d}\xi \cdot \mathrm{d}\eta$ den Beitrag

$$\mathrm{d}\varepsilon(x,y,z) = E(\xi,\eta) \cdot l(\xi,\eta,x,y,z)\, \mathrm{d}\xi\, \mathrm{d}\eta \,. \tag{3.4}$$

$E(\xi, \eta)$ ist die aufbelichtete Flächendichte der Quanten, also kurz die Aufbelichtung. Die Funktion $l(\xi, \eta, x, y, z)$ berücksichtigt die Lichtstreuung und -absorption in der Schicht sowie die innere Reflexion an den Grenzflächen. Wir wollen sie daher *Lichthof-Funktion* nennen. Für die Belichtung (Volumendichte der Quanten) an der Stelle x, y, z ergibt sich also

$$\varepsilon(x,y,z) = \int_{-\infty}^{+\infty} E(\xi,\eta)\, l(\xi,\eta,x,y,z)\, \mathrm{d}\xi\, \mathrm{d}\eta \,. \tag{3.5}$$

Setzt man Gl. (3.5) in (3.3) ein, so erhält man für die „effektive Belichtung"

$$E'(x,y) = \int_{z=0}^{h} \iint_{-\infty}^{+\infty} E(\xi,\eta)\, l(\xi,\eta,x,y,z)\, \mathrm{d}\xi\, \mathrm{d}\eta\, \mathrm{d}z \,. \tag{3.6}$$

Wenn $E(\xi, \eta) = E_0 = \text{const.}$, so muß auch

$$E'(x,y) = \int_0^h \iint_{-\infty}^{+\infty} E(\xi,\eta)\, l(\xi,\eta,x,y,z)\, \mathrm{d}\xi\, \mathrm{d}\eta\, \mathrm{d}z = E_0' =$$

$$= E_0 \int_0^h \iint_{-\infty}^{+\infty} l(\xi,\eta,x,y,z)\, \mathrm{d}\xi\, \mathrm{d}\eta\, \mathrm{d}z = E_0 \cdot L_0 \tag{3.7}$$

konstant sein.

Das heißt, L_0 darf nicht explizite vom Ort abhängen. Diese Bedingung erfordert einen Ansatz von der Form

$$l(\xi,\eta,x,y,z) = l(x-\xi,\, y-\eta,\, z) \,. \tag{3.8}$$

Die Funktion l hängt von der Apertur und dem Inzidenzwinkel des aufbelichteten Bündels ab.

E_0 ist vorgegeben, E_0' ergibt sich aus der Definition (3.3). E_0' ist um den Anteil der Quanten geringer, welche an der Schicht reflektiert werden. Es sind aber andererseits in E_0' Quanten mehrfach enthalten, die durch Reflexion in der Schicht ein Volumenelement mehrfach passieren. Solange jedoch auch bei über die Fläche konstantem $E(x, y) = E_0$ die Verteilung von $\mathrm{d}q/\mathrm{d}v\,(z)$ über die Schichttiefe nicht bekannt ist, bleibt L_0 unsicher.

Die Gl. (3.8) läßt zu, daß in jeder Ebene z die Verteilung eine beliebige sein kann. Setzt man $x - \xi = \xi'$, $y - \eta = \eta'$ und bildet von

$$E'(x,y) = \int_0^h \iint_{-\infty}^{+\infty} E(\xi,\eta)\, l(\xi',\eta',z)\, \mathrm{d}\xi' x\, \mathrm{d}\eta'\, \mathrm{d}z \tag{3.9}$$

die Fouriertransformierte, so erhält man nach dem Faltungssatz für Fouriertransformierte und mit den Definitionen

$$\tilde{E}(\nu_x,\nu_y) = \iint_{-\infty}^{+\infty} E(\xi,\eta) \exp\left[-2\pi i\,(\nu_x\xi + \nu_y\eta)\right] \mathrm{d}\xi\, \mathrm{d}\eta \tag{3.10}$$

$$\tilde{E}'(\nu_x,\nu_y) = \iint_{-\infty}^{+\infty} E'(x,y) \exp\left[-2\pi i\,(\nu_x x + \nu_y y)\right] \mathrm{d}x\, \mathrm{d}y \tag{3.11}$$

und

$$L(\nu_x,\nu_y) = \int_0^h \iint_{-\infty}^{+\infty} l(\xi',\eta',z) \exp\left[-2\pi i\,(\nu_x\xi' + \nu_y\eta')\right] \mathrm{d}\xi'\mathrm{d}\eta' \tag{3.12}$$

die Beziehung

$$\tilde{E}'(\nu_x,\nu_y) = L(\nu_x,\nu_y) \cdot \tilde{E}(\nu_x,\nu_y)\,. \tag{3.13}$$

$L(\nu_x, \nu_y)$ ist die Übertragungsfunktion für die Übertragung von der Aufbelichtungsverteilung $E(x, y)$ in die Verteilung $E'(\xi, \eta)$ der effektiven Belichtung.

Diese hier mit $L(\nu_x, \nu_y)$ bezeichnete Übertragungsfunktion ist im allgemeinen noch nicht identisch mit der in Abschnitt 2 begründeten Modulationsübertragungsfunktion. Von dieser unterscheidet sie sich günstigenfalls um den konstanten Faktor L_0 nach Gl. (3.7).

Es ist nun die Frage zu beantworten, ob und gegebenenfalls wie man aus der gemessenen Dichteverteilung auf die Verteilung der effektiven Belichtung schließen kann, um die Modulationsübertragungsfunktion praktisch zu messen. Damit wäre auch die allgemeinere Aufgabe lösbar, aus einer gemessenen Ortsverteilung $D(x, y)$ der Dichte die Ortsverteilung $E(x, y)$ der Aufbelichtung zu bestimmen. Wie schon eingangs ausgeführt, hängen beide Probleme eng zusammen.

Schreibt man die Ortsverteilung der Aufbelichtung in der Form

$$E(x,y) = E_0 \cdot f(x,y) \tag{3.14}$$

und setzt (3.14) in (3.5) und dann (3.5) in (3.2) ein, so erhält man

$$D(x,y) = \frac{1}{2{,}3} \int_0^h n_0(z) \cdot \varphi\left[E_0 \iint_{-\infty}^{+\infty} f(\xi,\eta) \cdot l(x-\xi,\, y-\eta,\, z)\, \mathrm{d}\xi\, \mathrm{d}\eta, z\right] \mathrm{d}z\,. \tag{3.15}$$

Variiert man E_0, d. h. das Belichtungsniveau, so ändert sich $D(x, y)$ *unabhängig* von der Form $f(x, y)$ der Ortsverteilung. Man erhält also für jede Stelle x, y eine charakteristische Kurve. In der üblichen logarithmischen Darstellung sind alle für die verschiedenen Stellen (x, y) durch Variation von E_0 erhaltenen charakteristischen Kurven zueinander parallel. Der Abstand $\Delta \log E'$ zweier zu zwei verschiedenen Stellen $x = x_1$, $y = y_1$ und $x = x_2$, $y = y_2$ gehörenden charakteristischen Kurven liefert das Verhältnis $E'(x_1, y_1)/E'(x_2, y_2)$ der effektiven Belichtungen an diesen Stellen.

Handelt es sich bei der aufbelichteten Ortsverteilung speziell um einen Sinusraster mit der Verteilung nach Gl. (2.4), so erhält man aus dem Abstand $\Delta \log E'$ der zum Maximum und zum Minimum der Dichte des Rasterbildes auf dem Prüfling gehörenden beiden charakteristischen Kurven

$$\Delta \log E' = \log \frac{1 + m'}{1 - m'}. \tag{3.16}$$

Die Ortsverteilung der effektiven Belichtung ergibt sich nun zu

$$E'(x) = \bar{E}'(1 + m' \cdot \sin 2\pi \nu x). \tag{3.17}$$

Aus (3.16) ergibt sich für die Modulation der effektiven Belichtung

$$m' = \frac{10^{\Delta \log E'} - 1}{10^{\Delta \log E'} + 1}; \tag{3.18}$$

m'/m ist die Modulationsübertragungsfunktion (MÜF), nämlich das Verhältnis der Modulation m' der effektiven Belichtung zur aufbelichteten Modulation m.

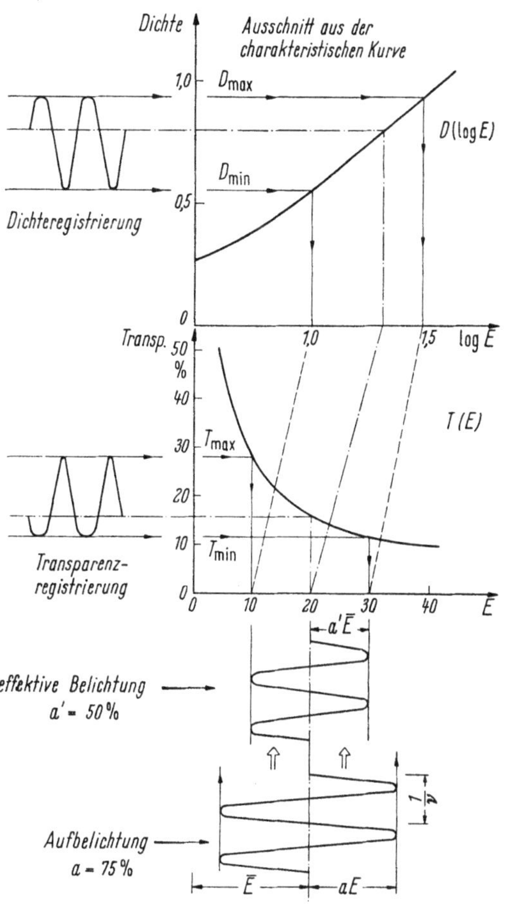

Abb. 1. Aufbelichtung einer sinusförmigen Helligkeitsverteilung, zugehörige effektive Belichtung, sowie mikrophotometrische Dichte- und Transparenzregistrierung.

In Abb. 1 ist die Übertragung der aufbelichteten Modulation m in die Modulation m' der effektiven Belichtung und die Gewinnung dieser Modulation m' über die charakteristische Kurve schematisch dargestellt. Die charakteristische Kurve ist im interessierenden Bereich gezeigt, und zwar oben in der üblichen Darstellung Dichte als Funktion des Zehnerlogarithmus der Belichtung, also $D(\log E)$ und darunter in der Darstellung der Transparenz als Funktion der Belichtung, also $T(E)$. Die Umrechnung der Kurven erfolgt nach Gl. (1.1).

Abb. 2 zeigt den Dichteverlauf bzw. den Transparenzverlauf, wie er mit einem Mikrophotometer an einem Film nach Aufbelichtung eines Sinusrasters gemessen wurde.

Gerade die Gewinnung der Ortsverteilung der effektiven Belichtung auf dem Wege über die charakteristische Kurve, sei es bei der Lösung des photometrischen Problems, sei es zur Bestimmung der MÜF, birgt jedoch prinzipielle Probleme und soll im folgenden näher untersucht werden.

Ein eindeutiger Schluß von der Dichte $D(x, y)$ auf die effektive Belichtung (3.6) erfordert, daß man aus dem Integral

$$D(x,y) = \frac{1}{2{,}3} \int\limits_0^h n_0(z)\,\varphi \left[\iint\limits_{-\infty}^{+\infty} E(\xi,\eta)\, l(x-\xi, y-\eta, z)\, \mathrm{d}\xi\, \mathrm{d}\eta, z \right] \mathrm{d}z \tag{3.19}$$

auf das Integral

$$E'(x,y) = \int\limits_0^h \iint\limits_{-\infty}^{+\infty} E(\xi,\eta)\, l(x-\xi, y-\eta, z)\, \mathrm{d}\xi, \mathrm{d}\eta\, \mathrm{d}z \tag{3.20}$$

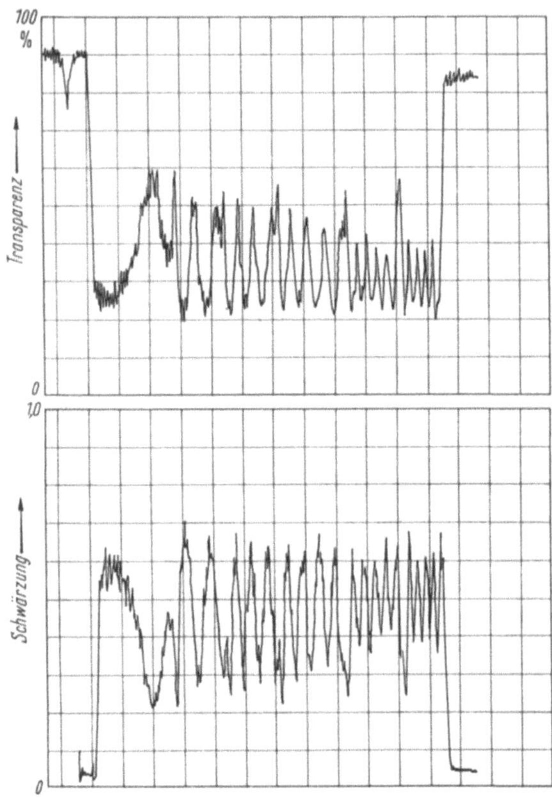

Abb. 2. Beispiel für die mikrophotometrische Registrierung des Transparenzverlaufes (oben) bzw. des Schwärzungsverlaufes (unten) auf einem Film nach Aufbelichtung eines Sinusrasters mit 60% Aussteuerung.

schließen kann. Diese Aufgabe ist nur in Spezialfällen lösbar, z. B. wenn φ eine lineare Funktion und nicht explizite von z abhängig ist, wenn also gilt

$$n_0(z)\, \varphi[\varepsilon(z), z] = n_0 \{A + B \cdot \varepsilon(z)\}\,. \tag{3.21}$$

Setzt man (3.21) in (3.2), so erhält man

$$D(x,y) = \frac{n_0}{2{,}3}\left\{A\,h + B\int_0^h \varepsilon(z)\,\mathrm{d}z\right\} = \frac{n_0}{2{,}3}\{A\,h + B\cdot E'(x,y)\}. \tag{3.22}$$

Praktisch heißt dies: Bei einer Schicht, die überall in der gesamten Schichttiefe die gleiche Volumendichte, Größen- und Empfindlichkeitsverteilung der Körner besitzt und die wir homogene Schicht nennen wollen, kann man innerhalb eines engen Intervalls ΔE die charakteristische Kurve durch eine Gerade approximieren.

Abb. 3 zeigt eine charakteristische Kurve. Die Dichte ist einmal — wie üblich — über $\Delta \log E$ und einmal über E linear aufgetragen. In die zuletzt genannte Kurve sind Geraden nach Näherung (3.22) eingezeichnet. Für Ortsverteilungen der aufgedrückten Belichtung, bei denen die Aufbelichtung innerhalb dieses Intervalls bleibt, kann man bei homogenen Schichten aus der gemessenen Ortsverteilung der Dichte auf die effektive Belichtung schließen.

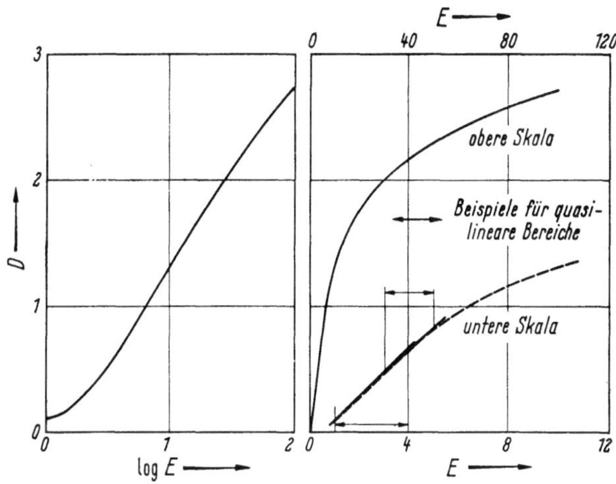

Abb. 3. Veranschaulichung der Anwendbarkeit der linearen Näherung Gl. (3.22) für die effektive Belichtung.

FRIESER und METZ [13] behandeln in ihrer schon erwähnten Arbeit den Fall, daß die Lichthoffunktion $l\,(x-\xi,\, y-\eta,\, z)$ in einen nur von den Flächenkoordinaten und einen nur von den Tiefenkoordinaten z abhängigen Faktor separierbar ist.

Setzt man

$$l(x-\xi,\, y-\eta,\, z) = \lambda(x-\xi,\, y-\eta)\cdot\zeta(z) \tag{3.23}$$

in (3.5) und dann (3.5) in (3.2) ein, so erhält man

$$D(x,y) = \frac{1}{2{,}3}\int_0^h n_0(z)\cdot\varphi\left[\iint_{-\infty}^{+\infty} E(\xi,\eta)\,\lambda(x-\xi,\, y-\eta)\,\mathrm{d}\xi\,\mathrm{d}\eta\cdot\zeta(z),\, z\right]\mathrm{d}z =$$

$$= \frac{1}{2{,}3}\int_0^h n_0(z)\cdot\varphi\left[\frac{1}{Z_0}E'(x,y)\cdot\zeta(z),\, z\right]\mathrm{d}z\,. \tag{3.24}$$

Führt man ein

$$Z_0 = \int_0^h \zeta(z)\,\mathrm{d}z\,, \tag{3.25}$$

so gilt nämlich

$$E'(x,y) = \iint\limits_{-\infty}^{+\infty} E(\xi,\eta) \cdot \lambda(x-\xi,\, y-\eta)\, d\xi\, d\eta \cdot \int\limits_0^h \zeta(z)\, dz$$
$$= Z_0 \iint\limits_{-\infty}^{+\infty} E(\xi,\eta)\, \lambda(x-\xi,\, y-\eta)\, d\xi\, d\eta\,. \tag{3.26}$$

Für eine örtlich konstante Aufbelichtung E_0 ist auch

$$E'(x,y) = E'_0 = E_0 Z_0 \iint\limits_{-\infty}^{+\infty} \lambda(x-\xi,\, y-\eta)\, d\xi\, d\eta = E_0 \cdot Z_0 \tag{3.27}$$

konstant. Setzt man (3.27) in (3.24) ein, so erhält man die makroskopische charakteristische Kurve zu

$$D_0 = \frac{1}{2{,}3} \int\limits_0^h n_0(z) \cdot \varphi[E_0, \zeta(z), z]\, dz \tag{3.28}$$

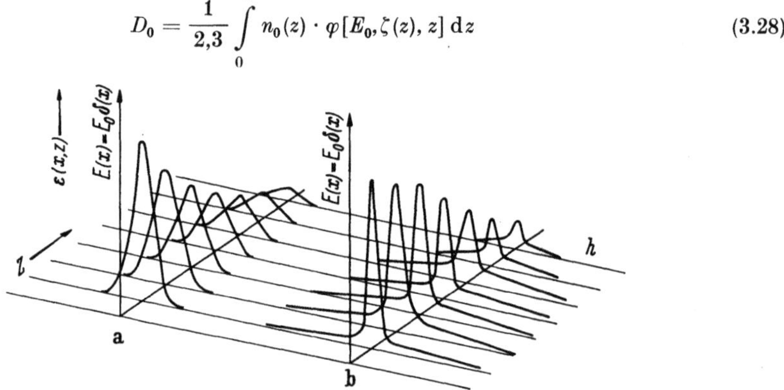

Abb. 4. Veranschaulichung der Lichtverteilung in einer Schicht mit separierbarer Lichthof-Funktion (a) und mit nicht separierbarer Lichthof-Funktion (b).

Mißt man im Mikrodensitometer an der Stelle x, y den Wert $D(x, y)$ der Dichte, so gehört hierzu der Wert $E''(x, y)$ der *scheinbaren* Aufbelichtung, der sich aus der makroskopischen charakteristischen Kurve ergibt. Bis auf den Faktor Z_0 stellt diese scheinbare Aufbelichtung die effektive Belichtung $E'(x, y) = Z_0 \cdot E''(x, y)$ dar. Auf die Kenntnis des Faktors Z_0 kann man in den Fällen verzichten, wo man nur die relative effektive Belichtung zu kennen braucht.

In Abb. 4 ist veranschaulicht, was die Separierbarkeit der Lichthoffunktion bedeutet. In Abb. 4a ist die Volumendichte $\varepsilon\,(x, y, z)$ der Quanten in der Schicht bei der Aufbelichtung eines Lichtpunktes für eine separierbare Lichthoffunktion und in Abb. 4b für eine nicht separierbare Lichthoffunktion dargestellt. Im allgemeinen ist eine separierbare Lichthoffunktion nicht zu erwarten. Gründe hierfür sind der Reflexionslichthof und der rückgestreute Licht-Strahlungsanteil. Nur bei sehr geringem Reflexionslichthof, geringer Streuung und starker Absorption in der Schicht, beispielsweise für ultraviolette und Röntgenstrahlen, kann man näherungsweise mit einer separierbaren Lichthoffunktion rechnen.

Nach diesen Darlegungen ist es also im allgemeinen nicht zu erwarten, daß man durch Zurückrechnung über die makroskopische charakteristische Kurve die Modulationsübertragungsfunktion im Sinne der Definitionsgleichung (3.12) — gegebenenfalls für die Ortsfrequenz Null auf Eins normiert — erhalten kann.

4. Die Entwicklungseffekte

Im Idealfalle ist eine Kombination: photographische Schicht/Entwicklung durch eine einzige charakteristische Kurve und eine MÜF gekennzeichnet. Wir haben jedoch bereits gesehen, daß dieser Idealfall nur in Ausnahmefällen gilt, im allgemeinen aber auch bereits *ohne* Entwicklungseffekte nicht zutrifft. Es kommt nun hinzu, daß der Verlauf der Entwicklung in einem Volumenelement $dv = dx \cdot dy \cdot dz$ der Schicht vom Verlauf der Entwicklung vom benachbarten Volumenelement beeinflußt wird. Die auftretenden Konzentrationsunterschiede an Entwickler und Reaktionsprodukten machen die Verhältnisse sehr kompliziert. Die Wirkungen dieser auftretenden Konzentrationsunterschiede lassen sich bekanntlich an deutlichsten an aufbelichteten Kanten beobachten: dort, wo viele Silber-Halogenidkörner entwickelbar sind, wird sich der Entwickler schneller erschöpfen. Es wird folglich ein Konzentrationsgefälle an frischem Entwickler entstehen, wodurch das Gebiet hoher Dichte an der Kante auf Kosten des Gebietes geringerer Dichte bevorzugt entwickelt. Mit den Reaktionsprodukten ist es umgekehrt: sie diffundieren in das Gebiet geringerer Dichte und hemmen dort die Entwicklung mehr oder weniger stark. Die Wirkung ist die einer „unscharfen Maske". Bei der Umkehrentwicklung und der Farbentwicklung liegen die Verhältnisse noch komplizierter. Oft verwendet man bei der Erstentwicklung von Umkehrmaterial Halogensilberlösungsmittel. Hierbei findet nicht nur eine Auflösung der kleinen Silberhalogenid-Kristalle, sondern auch ein diffusionsgesteuerter Stofftransport statt, der sich ähnlich äußert wie der Nachbareffekt der Entwicklung. Bei der Farbentwicklung müssen die Entwickleroxydationsprodukte einen gewissen Diffusionsweg zurücklegen, bis sie Farbstoff bilden. Hierdurch tritt eine Verunschärfung ein, die sich dem NE der Entwicklung überlagert.

Dadurch, daß man das sich an der Oberfläche der Schicht einstellende Konzentrationsfeld stört und für den Antransport von möglichst vielem frischen Entwickler und den möglichst schnellen Abtransport der Entwicklungs-Reaktionsprodukte sorgt, kann man für einen gegebenen Entwickler den Nachbareffekt auf ein Minimum reduzieren. HENDEBERG [*14*] konnte durch Pinselentwicklung Nachbareffekte weitgehend ausschalten. Entwickler, deren Entwicklungsgeschwindigkeit wenigstens in gewissen Konzentrationsbereichen nicht sehr von der Konzentration abhängt und die durch Reaktionsprodukte, speziell Bromionen, nicht stark gehemmt werden, zeigen wenig Nachbareffekt.

Es ist keineswegs so, daß man den Nachbareffekt unter allen Umständen vermeiden will. Er stört nur bei allen Messungen, welche die photographische Schicht als ihr eigenes Photometer verwenden. In der Photographie von Schwarz-Weiß-Vorlagen (z. B. Dokumentation auf Mikrofilm, Reproduktionstechnik) und in der bildmäßigen Photographie erreicht man durch den Nachbareffekt eine Verbesserung der Schärfe bis hin zu einer Pseudoschärfe, welche sich im Auftreten von bildfremden Strukturen, besonders an Kanten äußert, wie dies von den Machschen Streifen her bekannt ist.

SAYANAGI [*15*] und KELLY [*16*] haben versucht, für den Nachbareffekt eine MÜF zu ermitteln. Obwohl dies bisher mehr qualitativ als quantitativ gelungen ist, kann man prinzipiell folgendes sagen:

Die MÜF des Nachbareffektes, wie sie sich bei der Zurückrechnung über die Schwärzungskurve auf die wirksame Belichtungsverteilung bei der Aufbelichtung von Sinusrastern ergibt, ist im Gegensatz zur MÜF der Lichtdiffusion in der Schicht mit einem Hochpaßfilter vergleichbar, daß heißt, wenn NE vorliegt, so zeigt sich bei der Zurückrechnung über die charakteristische Kurve zur Ermittlung der MÜF ein Maximum, wie es schematisch in Abb. 5 dargestellt ist. Man kann diese MÜF rein formal in einen Anteil der Lichtstreuung (Diffusionslichthof) und einen Anteil der NE zerlegen.

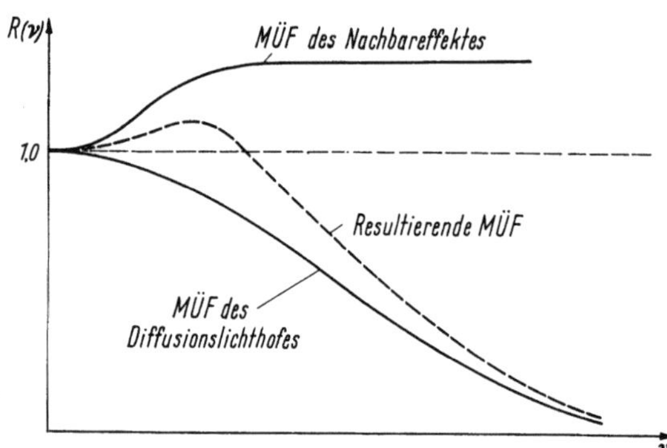

Abb. 5. Zusammenwirken des Diffusions-Lichthofes und des Nachbareffektes (NE). Der Nachbareffekt ist näherungsweise durch eine Übertragungsfunktion dargestellt, obwohl er im Prinzip nichtlinearer Natur ist. Entnommen aus [*11*].

Die MÜF hängt nun von der Entwicklung, der mittleren Belichtung und der aufbelichteten Testvorlage ab und erfüllt damit nicht die Linearitätsbedingung. Die Bestimmung der MÜF mit Hilfe einer aufbelichteten Kante kann sich durchaus von der MÜF unterscheiden, welche mit Hilfe von Sinusrastern gemessen wurde. Dieser Unterschied tritt bei einem idealen linearen Übertragungssystem natürlich nicht auf.

5. Die Aufbelichtung von Intensitätsverteilungen zur Messung der MÜF

Aus dem bisher Gesagten geht hervor, daß es sehr zweckmäßig ist, zur Messung der MÜF örtlich sinusförmig helligkeitsmodulierte Testvorlagen zur Aufbelichtung zu verwenden.

Während es in der Elektrotechnik nicht sonderlich schwierig ist, Sinussignale zu erzeugen, gelingt dies in der Photographie nicht so einfach. Es gibt prinzipiell drei Methoden, die alle ihre Vor- und Nachteile haben. Die erste Methode besteht darin, die Probe an einem schmalen langen Spalt mit der Geschwindigkeit v vorbei zu bewegen und währenddessen das Licht zeitlich sinusförmig mit der zeitlichen Frequenz f zu modulieren.

Die Ortsfrequenz der aufbelichteten Sinusbelichtung beträgt dann

$$\nu = \frac{f}{v} \tag{5.1}$$

Die zeitliche Helligkeitsmodulation kann man auf verschiedene Weise erzeugen, z. B. über eine Kurvenscheibe, die unter Berücksichtigung der Kennlinie der Lanpe den Lampenstrom steuert, über einen rotierenden Polarisator und einen Analysator oder über Sektorscheiben geeigneter Formgebung. Die Aufbelichtung kann unmittelbar durch optische Abbildung auf die Probe erfolgen, man kann aber auch größere Testvorlagen herstellen, die dann wiederum verkleinert optisch auf die Proben belichtet werden. Man hat dann darauf zu achten, daß das Gamma der Testvorlagen und die zeitliche Variation der Belichtung mit dem Spalt so aufeinander angepaßt werden, daß sich eine sinusförmige örtliche Helligkeitsverteilung ergibt.

Die zweite Methode besteht darin, Schablonen nach Art der Lichtton-Zackenschrift für sinusförmige Modulation herzustellen und nach Maßgabe der Schablone

Abb. 6. Schablone zur Erzeugung von sinusförmigen örtlichen Helligkeitsverteilungen mit der in Abb. 7 schematisch dargestellten Apparatur und Beispiel für einen auf diese Weise erzeugten Sinusraster.

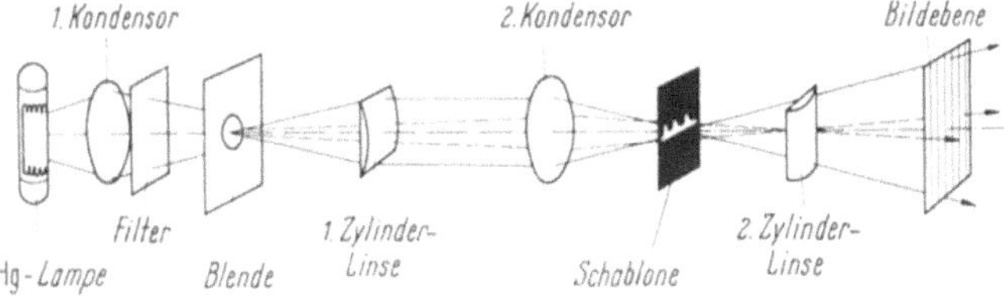

Abb. 7. Schematische Darstellung einer optischen Anordnung zur Erzeugung beliebiger, z. B. sinusförmiger örtlicher Helligkeitsverteilungen.

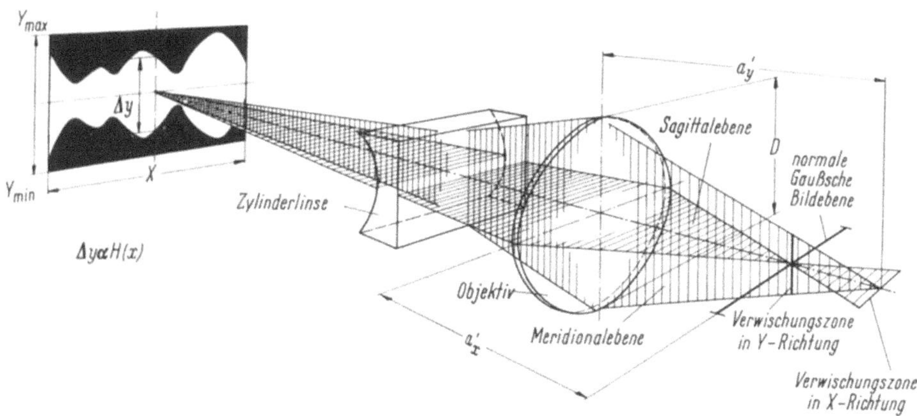

Abb. 8. Schematische Darstellung zur Aufbelichtung beliebiger, z. B. sinusförmiger örtlicher Helligkeitsverteilungen nach LAMBERTS [18]. Entnommen aus [11].

die örtlichen Helligkeitsverteilungen mit geeigneten Zylinderlinsenanordnungen zu erzeugen.

Abb. 6 zeigt als Beispiel derartige Schablonen mit den daraus erhaltenen Sinusverteilungen, die Abb. 7 zeigt schematisch die zur Herstellung der Sinusverteilungen verwendete Apparatur. Das Prinzip derartiger Anordnungen ist ausführlich bei KINDER [*16*] behandelt. Die von uns verwendete Anordnung hat den Vorzug guter Lichtausnutzung und einer Beschränkung des Zylinderlinsenobjektivs auf den achsennahen Bereich. Mit dieser Anordnung werden Negative gewonnen, die dann im Kontakt mit dem Gesamt-Gamma-1 kopiert werden. Diese Kopien werden dann optisch je nach Objektiv, z. B. 25—75 fach, verkleinert. Auf der Probe kann man mit enger Staffelung Ortsfrequenzen von 1,25 mm^{-1} bis 360 mm^{-1} aufbelichten.

Es sei an dieser Stelle bereits erwähnt, daß man auf Streuung der Vorlage in der Aufbelichtungskamera achten muß. Das Gesamt-Gamma-1 muß man daher mit Hilfe der Luftbildmessung in der Aufbelichtungskamera ermitteln. In einem Densitometer würde man niedrigere Dichten und ein flacheres Gamma messen. Es ist auch versucht worden, die Zylinderlinse unmittelbar vor dem Objektiv der Aufbelichtungskamera anzuordnen, wie Abb. 8 zeigt. Vgl. hierzu LAMBERTS [*18*].

Eine dritte Möglichkeit, sinusförmige Ortsverteilungen (anglo-amerikanisch sinusoidal test patterns) zu erzeugen, ist die Anwendung von Zweistrahlinterferenzen. Besonders einfach geschieht die Erzeugung mit einem Lloyd-Interferometer (Abb. 9), das praktisch nur aus einem Spalt und einem Spiegel besteht.

Die Ortsfrequenz ist im gesamten Interferenzgebiet konstant. Es gilt die Beziehung

$$\nu = \frac{2 \sin \alpha}{\lambda} \tag{5.2}$$

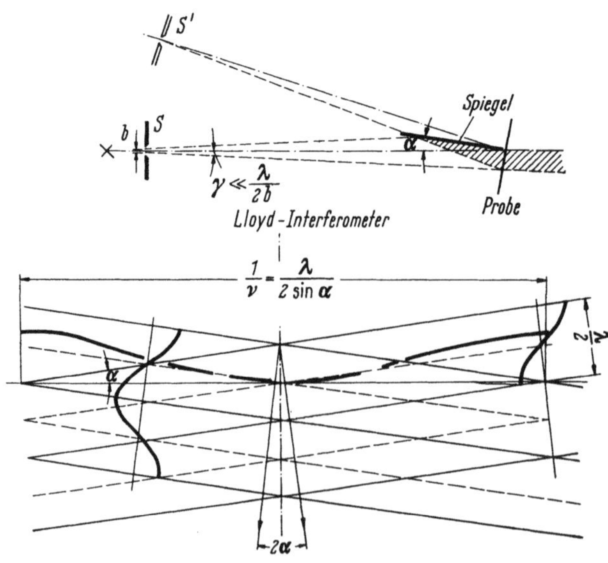

Abb. 9. Schema eines Zweistrahleninterferometers nach LLOYD und das Zustandekommen der sinusförmigen örtlichen Helligkeitsverteilung. Entnommen aus [*11*].

Man gelangt leicht zu Ortsfrequenzen über 1000 mm^{-1}. Der Vorteil des Lloyd-Interferometers liegt darin, daß man ohne Objektiv auskommt und nicht auf die Fokussierung zu achten braucht. Die Modulation der aufbelichteten Sinusverteilung ist unabhängig von der Ortsfrequenz. Es ist möglich, Material auch im UV und IR zu untersuchen. Man erhält eine hohe Anzahl von Perioden. Dadurch ist eine sehr genaue Ausmessung der Proben möglich.

Das Lloyd-Interferometer hat den Nachteil, daß man Ortsfrequenzen unterhalb 20 mm^{-1} wegen der kleinen Inzidenzwinkel schlecht realisieren kann. Es ist aber unseres Wissens das einzige Gerät, mit dem man die MÜF photographischer Schichten noch bei sehr hohen Ortsfrequenzen (bis über 1000 mm^{-1}) messen kann und daher für Grundlagenuntersuchungen sehr wertvoll.

Bisher war die Rede von sinusförmigen Aufbelichtungsverteilungen auf der Probe zur Messung der MÜF. Wir haben oben gesehen, daß die Messung der MÜF mit sinusförmigen Testverteilungen besonders durchsichtig ist. Sie ist im Prinzip aber auch mit jeder anderen Ortsverteilung möglich, vorausgesetzt, man kennt ihre Fouriertransformierte. So verwendet man oft rechteckförmige Verteilungen, sog. Strichraster oder Kanten. Die beiden letztgenannten Testverteilungen sollten im Kontakt aufbelichtet werden. Bei optischer Aufbelichtung wird die Verteilung durch die Übertragungsfunktion des Objektivs entstellt, da die Oberschwingungen ungleich stark geschwächt werden.

Es soll besonders betont werden, daß bei optischer Aufbelichtung zur absoluten Messung der MÜF die Ausmessung der Helligkeitsverteilung im Luftbild unerläßlich ist. Die Messung der MÜF kann nur so genau sein, wie das Luftbild bekannt ist.

Bei der Kontaktaufbelichtung wird die Messung des Luftbildes ersetzt durch die mikrophotometrische Ausmessung der Testvorlage, die im Kontakt aufbelichtet werden soll. Es ist in diesem Falle sehr schwierig, sinusförmige Verteilungen zu verwenden. Stattdessen verwendet man Strichraster, also rechteckförmige Intensitätsverteilungen oder Kanten. Die mit rechteckförmigen Intensitätsverteilungen gewonnenen Funktionen kann man auf eine Sinusverteilung korrigieren. Wie dies geschieht, zeigt z. B. der Aufsatz auf S. 339 in diesem Band. Bei einem aufbelichteten Spalt muß man eine Fourieranalyse durchführen. Die Testvorlagen für Kontaktaufbelichtung werden meist auf sehr steilen Lippmann-Platten hergestellt, wo Halbtöne schwierig zu erreichen sind. Um auch im Kontakt die Modulation der Aufbelichtung zu vermindern, kann man z. B. diffus vorbelichten. Eine Vorbelichtung von einer Einheit und eine Hauptbelichtung von drei Einheiten ergibt eine aufbelichtete Modulation von 60%.

Die Vorteile einer Kontaktaufbelichtung, besonders für den Routinebetrieb, wiegen die Nachteile bei weitem auf. Dies gilt insbesondere bei Vergleichsmessungen, an die, wie wir weiter unten sehen werden, nicht so hohe Anforderungen gestellt werden müssen wie an die Messungen der MÜF für Photomaterial, das mikrophotometrisch verwendet werden soll.

Einen Parameter der Aufbelichtung haben wir bisher außer acht gelassen, die Aufbelichtungsapertur. Bei der Aufbelichtung mit einem Objektiv ist die Aufbelichtungsapertur durch die Öffnung des Objektivs gegeben. Will man hohe Ortsfrequenzen noch mit hinreichend hoher Modulation aufbelichten, so braucht man Objektive mit großer Öffnung. Statt eines Strahles trifft ein Strahlenkegel auf jeden Punkt der

Probe. Hierdurch tritt bereits eine Verwaschung ein, so daß die MÜF von der Apertur abhängt, und zwar um so mehr, je dicker die Schicht und je stärker die Belichtung ist. Man muß also das Objektiv stets an die zu untersuchende photographische Schicht anpassen und bei dickschichtigem Material, dessen MÜF ohnehin nicht bis zu hohen Ortsfrequenzen reicht, Objektive mit geringerer Öffnung wählen als bei dünnschichti-

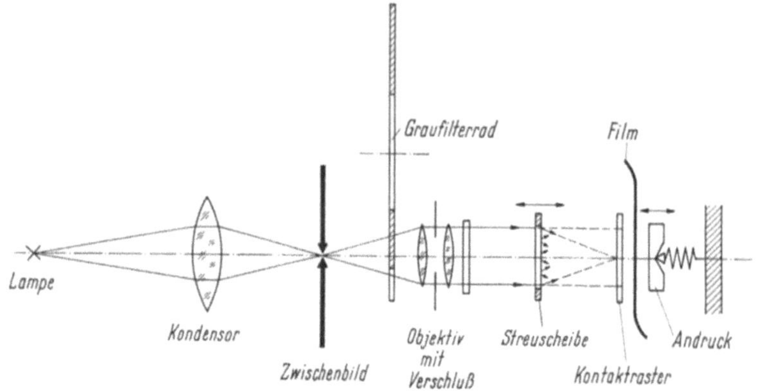

Abb. 10. Schema einer Apparatur zur Kontaktaufbelichtung mit variabler Aufbelichtungsapertur nach R. MÜLLER.

gen Filmen. Beim Lloydinterferometer ist die Apertur vermöge der Gl. (5.2) durch die gewählte Ortsfrequenz und die Lichtwellenlänge gegeben und beträgt z. B. für $\nu = 200\ \text{mm}^{-1}$ und $\lambda = 546$ mm nur $\sin\alpha = 5{,}46 \cdot 10^{-2}$, das entspricht der Blendenzahl 9,2. Für ein fehlerfreies Objektiv der gleichen Öffnung liegt bei $200\ \text{mm}^{-1}$ und $\lambda = 546$ mm aber bereits die Auflösungsgrenze! Bei der Kontaktbelichtung kann man die Aufbelichtungsapertur durch die Beleuchtung steuern. Man kann praktisch paralleles Licht verwenden, aber auch durch eine in passendem Abstand vor der Probe angebrachte Streuscheibe passenden Durchmessers jede größere Apertur erzeugen. Ein einfaches Ausführungsbeispiel für ein Kontaktaufbelichtungsgerät zeigt schematisch die Abb. 10 (vgl. hierzu R. MÜLLER [*19*]).

6. Die Ausmessung der aufbelichteten Raster

Wir kommen nun zur Ausmessung. Es gibt hierzu drei prinzipiell verschiedene Methoden. Am häufigsten wird zur Ausmessung ein Mikrophotometer verwendet. Die Probe wird vergrößert auf eine Blende oder bei der Ausmessung von Linien- und Sinusrastern auf einen Spalt projiziert. Die Intensität des durch den Spalt ausgeblendeten Lichtes wird durch eine Photozelle, normalerweise einen Photomultiplier elektrisch zur Anzeige gebracht. Es ist wichtig, daß man nur Licht mißt, das die Probe an der Meßstelle passiert hat und nicht irgendwelches Streulicht. Das sicherste Mittel hierzu ist es, durch die verkleinerte Abbildung einer Vorblende bzw. eines Vorspaltes nur den interessierenden Bereich zu beleuchten. Die Abb. 11 zeigt schematisch die Prinzipien der Einstrahl- und Zweistrahlmikrophotometer. Optisch besteht kein Unterschied. Beim Einstrahlmikrophotometer wird entweder der Anodenstrom des Multipliers gemessen, der im Proportionalitätsbereich zur Transparenz der gemessenen Stelle der Probe proportional ist, oder es wird durch eine Regelschaltung dafür gesorgt, daß der Anodenstrom konstant bleibt und entsprechend die Dynodenspannung nachgeregelt wird: bei hoher Dichte ist die Dynodenspannung hoch, bei geringer Dichte niedrig.

Es gilt

$$D = D_0 + \beta \log \frac{U}{U_0} \tag{6.1}$$

mit β zwischen 7 und 9. Man kann also etwa vier Dichtedekaden überstreichen. Durch ein Linearisierungsglied wird die logarithmische Kennlinie linearisiert und man mißt eine Spannung, die zur Dichte proportional ist. Beim Einstrahlmikrophotometer muß man den Lampenstrom gut konstant halten und auch jegliche Drift und Empfindlichkeitsänderung des Multipliers vermeiden. Der Stabilisierungsaufwand ist dementsprechend hoch.

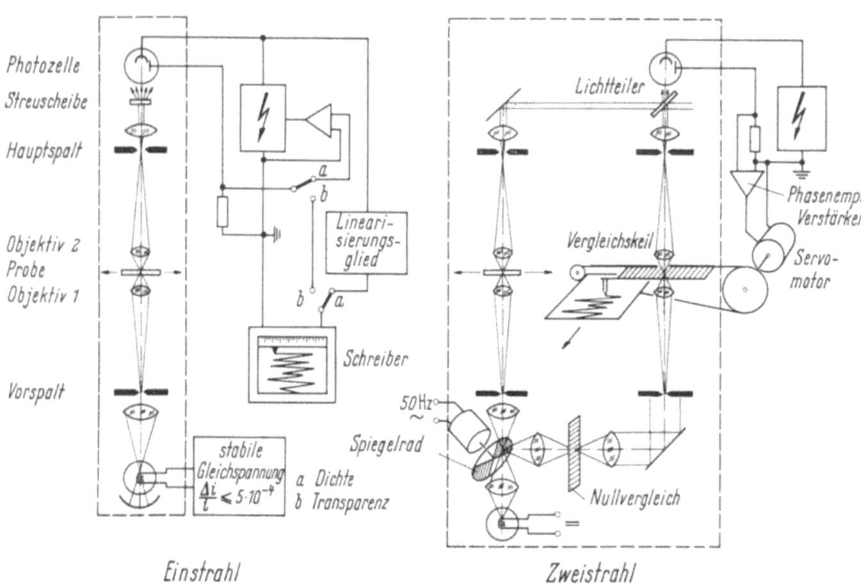

Abb. 11. Schema eines Einstrahl- und eines Zweistrahl-Mikrophotometers.

Beim Zweistrahlsystem wird das Licht abwechselnd in den Proben- und in den Vergleichsstrahlengang gelenkt. Solange der Lichtstrom in beiden Strahlengängen nicht gleich ist, entsteht am Ausgang des Multipliers ein Wechselstrom, dessen Phasenlage angibt, welcher der beiden Strahlengänge mehr Licht führt. Entsprechend wird über den phasenempfindlichen Verstärker der Servomotor gesteuert, der einen kontinuierlichen Keil im Vergleichsstrahlengang so lange verschiebt, bis das Licht in beiden Strahlengängen gleich ist und der Wechselstrom am Ausgang des Multipliers zu Null wird. Der Vergleichskeil kann so geeicht werden, daß seine Verschiebung der Dichte oder der Transparenz proportional ist. Wenn in beiden Strahlengängen die Beleuchtungs- und die Abbildungsapertur gleich sind, besteht eine weitere Möglichkeit darin, ein Stück vom gleichen Material, von dem auch die Probe stammt, so zu belichten, daß die Belichtung zum Abstand von einer Marke proportional ist. Das Zweistrahlmikrophotometer führt dann gleich die Rückrechnung über die charakteristische Makrokurve durch und registriert die Ortsverteilung der effektiven Belichtung, sei es zur Messung der MÜF, sei es zur Bestimmung der Ortsverteilung der Aufbelichtung. Diese Methode ist natürlich nur unter den Bedingungen anwendbar, die im Zusammenhang mit der MÜF und der Verwendung photographischen Materials als Mikrophotometer oben ausführlich erörtert worden sind. Der Stabilisierungsaufwand kann bei einem Zweistrahlgerät geringer sein, da sich langsame Schwankungen der Beleuchtung oder der Hochspannung in beiden Strahlengängen gleich auswirken. Jedes Zweistrahlgerät ist natürlich nur so genau wie der Vergleichskeil. Eine Abwandlung besteht darin, daß man den zum Nullabgleich verwendeten Keil in den Probenstrahlengang setzt und den Abgleich vom Servosystem so durchführen läßt, daß die Summe der Dichten im Probenstrahlengang gleich bleibt. Im zweiten Strahlengang befindet sich dann nur noch ein Keil zum Abgleich der Summe der Dichten.

Damit ist das Wichtigste zu den Bauarten der Mikrophotometer gesagt. Wir betrachten nun die wesentlichsten Fehlerquellen. Die erste ist prinzipieller Natur. Objektiv und Meßspalt besitzen beide zusammen eine Übertragungsfunktion. Eine meßtechnisch interessante Methode zur Messung dieser ÜF ist im Aufsatz „Zur Messung der Körnigkeit......" auf Seite 271 dieses Bandes beschrieben und begründet. Durch diese Übertragungsfunktion wird die Verteilung der Dichte bzw. Transparenz verfälscht. Die Transparenzverteilung auf einer mit einer sinusförmigen Ortsverteilung belichteten Probe ist keineswegs mehr sinusförmig. Sogar im geraden Teil der charakteristischen Kurve ist das der Fall. Dort gilt

$$T(x) = \left(\frac{E}{E_i}\right)^{-\gamma} = \left(\frac{\overline{E}}{E_i}\right)^{-\gamma} (1 + m' \sin 2\pi\nu x)^{-\gamma} \tag{6.2}$$

E_i ist die sog. Inertia, m' die Modulation der *effektiven* Belichtung, also genau die Größe, die gemessen werden soll. Entwickelt man (6.2) in eine Reihe und drückt die Potenzen der Sinusfunktion durch die Sinus und Cosinus der Vielfachen des Winkels $2\pi\nu x$ aus, so erhält man die Oberwellenanteile.

Die ersten Glieder der Entwicklung lauten:

$$\begin{aligned} T(x) = {} & \left(\frac{\overline{E}}{E_i}\right)^{-\gamma} \cdot \Big[1 - \gamma \cdot m' \cdot \sin 2\pi\nu x + \frac{\gamma(\gamma+1)}{2} m'^2 \sin^2 2\pi\nu x - \\ & - \frac{\gamma(\gamma+1)(\gamma+2)}{3!} m'^3 \sin^3 2\pi\nu x + \frac{\gamma(\gamma+1)(\gamma+2)(\gamma+3)}{4!} m'^4 \sin^4 2\pi\nu x - \\ & - \frac{\gamma(\gamma+1)(\gamma+2)(\gamma+3)(\gamma+4)}{5!} m'^5 \sin^5 2\pi\nu x + \cdots\Big] = \\ = {} & \left(\frac{\overline{E}}{E_i}\right)^{-\gamma} \cdot \Big[\Big(1 + \frac{m'^2}{2} \cdot \frac{\gamma(\gamma+1)}{2!} + \\ & + \frac{3m'^4}{8} \frac{\gamma(\gamma+1)(\gamma+2)(\gamma+3)}{4!} + \cdots\Big) - \Big(m'\gamma + \frac{3m'^3}{4} \cdot \frac{\gamma(\gamma+1)(\gamma+2)}{3!} + \\ & + \frac{5m'^5}{8} \cdot \frac{\gamma(\gamma+1)(\gamma+2)(\gamma+3)(\gamma+4)}{5!} - \cdots\Big) \sin 2\pi\nu x - \Big(\frac{m'^2}{2} \cdot \frac{\gamma(\gamma+1)}{2!} + \\ & + \frac{m'^4}{2} \cdot \frac{\gamma(\gamma+1)(\gamma+2)(\gamma+3)}{4!} + \cdots\Big) \cos 2\pi\nu x + \Big(\frac{m'^3}{4} \cdot \frac{\gamma(\gamma+1)(\gamma+2)}{3!} + \\ & + \frac{5m'^5}{16} \cdot \frac{\gamma(\gamma+1)(\gamma+2)(\gamma+3)(\gamma+4)}{5!} + \cdots\Big) \sin 3 \cdot 2\pi\nu x + \end{aligned} \tag{6.3}$$

$$+\left(\frac{m'^4}{8}\frac{\gamma(\gamma+1)(\gamma+2)(\gamma+3)}{4!}+\cdots\right)\cos 4\cdot 2\pi\nu x-$$
$$-\left(\frac{m'^5}{16}\frac{\gamma(\gamma+1)\cdots(\gamma+4)}{5!}+\cdots\right)\sin 5\cdot 2\pi\nu x+\cdots$$

Das Mikrophotometer habe die Übertragungsfunktion $Rz(\nu)$. Die gemessene Transparenzverteilung ergibt sich dann zu

$$\begin{aligned}T'(x)=\left(\frac{\bar{E}}{E_i}\right)^{-\gamma}\cdot\Bigg[\Bigg(1&+\frac{m'^2}{2}\frac{\gamma(\gamma+1)}{2!}+\frac{3m'^4}{8}\frac{\gamma(\gamma+1)(\gamma+2)(\gamma+3)}{4!}+\cdots\Bigg)-\\ &-(m'\gamma+\cdots)\,R_p(\nu)\sin 2\pi\nu x-\\ &-\left(\frac{m'^2}{2}\frac{\gamma(\gamma+1)}{2!}+\cdots\right)R_p(2\nu)\cos 2\cdot 2\pi\nu x+\\ &+\left(\frac{m'^3}{4}\frac{\gamma(\gamma+1)(\gamma+2)}{3!}+\cdots\right)R_p(3\nu)\sin 3\cdot 2\pi\nu x+\\ &+\left(\frac{m'^4}{8}\frac{\gamma(\gamma+1)(\gamma+2)(\gamma+3)}{4!}+\cdots\right)R_p(4\nu)\cos 4\cdot 2\pi\nu x-\\ &-\left(\frac{m'^5}{16}\frac{\gamma(\gamma+1)(\gamma+2)(\gamma+3)(\gamma+4)}{5!}+\cdots\right)R_p(5\nu)\sin 5\cdot 2\pi\nu x+\cdots\Bigg]\end{aligned}\tag{6.4}$$

Diese Transparenzverteilung bzw. die zugehörige Dichteverteilung wird mit dem Mikrophotometer erhalten. Die harmonische Analyse der gemessenen Transparenzverteilung liefert die Oberwellenanteile, die mit Hilfe der als bekannt vorausgesetzten ÜF des Mikrophotometers korrigiert werden müßten. Mit der anschließenden Fouriersynthese kann man dann die wahre Transparenzverteilung rekonstruieren. Diese Korrektur hat natürlich nur innerhalb der Meßgenauigkeit Sinn. Diese wird, wie wir weiter unten sehen werden, erheblich durch die Körnigkeit beeinträchtigt. Um $T'_{\max}$ zu erhalten, ist $x=-1/4\nu$ zu setzen. Alle Koeffizienten von $Rp(k\cdot\nu)$ in (6.4) werden dann positiv. Um $T'_{\min}$ zu erhalten, ist $x=1/4\nu$ zu setzen. Die zu den ungeraden Harmonischen $(\nu, 3\nu, 5\nu,\ldots)$ gehörenden Koeffizienten erhalten ein negatives Vorzeichen.

Wenn eine Korrektur der gemessenen Werte von $T'_{\max}$ und $T'_{\min}$ für die ÜF des Mikrophotometers nicht vorgenommen wird, so macht man bei der Ermittlung von $E_{\min}$ und $E_{\max}$ mit Hilfe der charakteristischen Kurve einen mehr oder weniger großen Fehler, der nicht nur zu einem Fehler bei der Ermittlung der Modulation der effektiven Belichtung, sondern auch zu einem falschen Mittelwert $\bar{E}'$ der effektiven Belichtung führt. Der Mittelwert wird scheinbar von der Ortsfrequenz abhängig. Die Ortsfrequenzabhängigkeit wird jedoch auch dann fälschlicherweise anderen Ursachen, z. B. Entwicklereffekten, zugeschrieben.

Die Gl. (6.4) ist weniger dazu geeignet, die Korrektur wirklich vorzunehmen, da hierzu bereits m' bekannt sein müßte, aber m' gerade gemessen werden soll. Die Gl. (6.4) soll vielmehr quantitativ zeigen, wie Fehler durch die ÜF des Mikrophotometers zustande kommen und daß die Korrektur für die ÜF des Mikrophotometers nicht nach der Rückrechnung über die charakteristische Kurve an der gemessenen Modulation der effektiven Belichtung vorzunehmen ist, sondern an den mikrophotometrischen Meßwerten für die Transparenz *vor* der Rückrechnung. Die Fehler treten um so stärker in Erscheinung, je höher die aufbelichtete Modulation ist, je steiler das Gamma ist und je schlechter die Übertragungsfunktion des Mikrophotometers ist. Als günstiger Kompromiß zwischen geringer Tiefenschärfe und der ÜF haben sich Objektive von ca. 20—25facher Vergrößerung mit einer numerischen Apertur zwischen 0,45 und 0,6 herausgestellt.

Bei der praktischen Mikrophotometrie stellen sich immer wieder zwei Effekte heraus, die die ÜF schnell verschlechtert, und zwar Defokussierung und mangelnde Parallelstellung zwischen Meßspalt und aufbelichtetem Raster. Abb. 12 zeigt die Verschlechterung der ÜF durch Defokussierung bei einem 10/0,25 und einem 25/0,50 Objektiv. Bei Präzisionsphotometrierungen wenden wir daher einen Kunstgriff an. Es wurde ein Schwingtisch für die Probe gebaut, der durch ein elektromagnetisches System angetrieben ist. Über dieses Gerät wird in dem Aufsatz ,,Ein Mikrophotometer......" auf Seite 346 dieses Bandes berichtet. Mit dem Schwingtisch synchronisiert ist die x-Ablenkung eines Kathodenstrahl-Oszillographen, an dessen y-Ver-

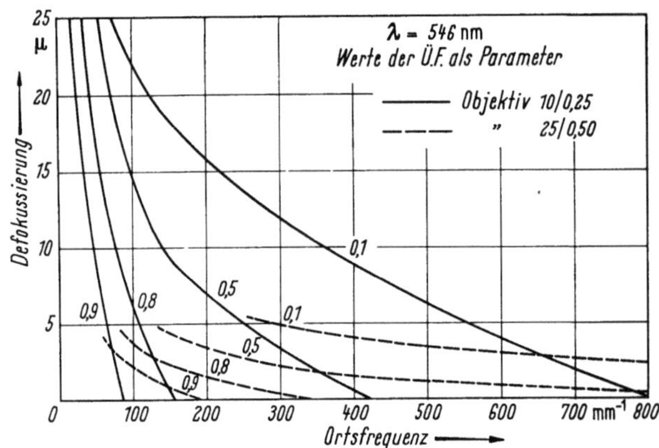

Abb. 12. Einfluß der Defokussierung im Mikrophotometer auf die Übertragungsfunktion.

stärker das Ausgangssignal des Multipliers gelegt wird. Dadurch wird die Transparenzverteilung auf dem Bildschirm sichtbar, und man kann nun nach dem Schirmbild optimal fokussieren und den Meßspalt nach der Probe ausrichten. Diese Anordnung macht verhältnismäßig lange Meßspalte möglich, bei denen eine Verkantung besonders kritisch ist. Wir haben gefunden, daß ein Schwingtisch eine präzise Mikrophotometrie sehr erleichtert. Bei Schnellmessungen, wie sie in der Produktionskontrolle von Filmfabriken notwendig sind, braucht man meist nicht auf den Schreiberstreifen zu warten, sondern kann bereits das Schirmbild aufgrund von fixen Kriterien auswerten.

7. Die Auswertung der mikrophotometrischen Messungen

Die an früherer Stelle bereits verwendete Abb. 2 zeigt einen Registrierstreifen der Messung einer Probe. An diesem Streifen soll demonstriert werden, daß die Meßgenauigkeit im wesentlichen von den statistischen Schwankungen der Dichte bzw. Transparenz bestimmt wird. Es gibt zwei Möglichkeiten der Auswertung. Im Idealfalle erhält man die MÜF, wenn man mit der mikrophotometrisch gemessenen Dichteverteilung in die charakteristische Kurve eingeht und auf diese Weise die effektive Belichtung ermittelt. In Abschnitt 3 wurde ausführlich gezeigt, daß dieses Verfahren im allgemeinen zu prinzipiellen Fehlern führt. Nur in Sonderfällen (separierbare

Lichthoffunktion oder geringe aufbelichtete Modulation bei homogenen Schichten) erhält man die korrekte effektive Belichtung über die charakteristische Makro-Kurve. In allen anderen Fällen erhält man keine eindeutige MÜF mehr, sondern diese hängt vom Aufbelichtungsniveau und dem Kontrast (der Aussteuerung) des Rasters ab. Das von der Theorie her korrekte Auswerteverfahren besteht in der Aufbelichtung von Intensitätsreihen der Raster und im Messen des Abstandes Δ log E der beiden für je eine Ortsfrequenz gewonnenen charakteristischen Kurven. Dieses Verfahren wurde von De Belder, Jespers und Verbrugghe [20] ausgearbeitet.

In Abb. 13 sind schematisch die beiden Auswerteverfahren dargestellt, und zwar oben und in der Mitte die Auswertung über die charakteristische Makro-Kurve, je nachdem, ob das verwendete Mikrophotometer Dichte oder Transparenz registriert, und unten die Auswertung über das Paar charakteristischer Kurven, das bei der Aufbelichtung einer Intensitätsreihe entsteht. Bei einer idealen Schicht müssen die nach beiden Auswerteverfahren ermittelten MÜF übereinstimmen. Ist das nicht der Fall, so deutet dies darauf hin, daß die charakteristischen Kurven für das in der Schicht gestreute Licht nicht die makrocharakteristische Kurve ist. Sind die beiden zu einer Ortsfrequenz gehörenden charakteristischen Kurven nicht parallel, so liegen Entwicklungseffekte vor. Werte der MÜF über Eins sind ein Zeichen für Nachbareffekte.

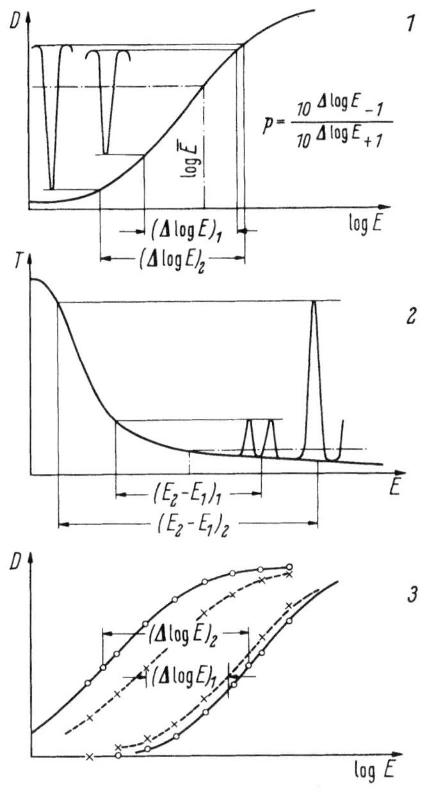

Abb. 13. Ermittlung der MÜF über die charakteristische Kurve (Makro) bei Dichteregistrierung (*1*) und bei Transparenzregistrierung (*2*). In (*3*) ist das korrekte Verfahren der Ermittlung der MÜF auf dem Wege über eine Intensitätsreihe dargestellt.

Zur Reduzierung der durch die Dichteschwankungen entstehenden Meßunsicherheit ist zu sagen:

Es ist erforderlich, um so mehr Perioden aufzubelichten, je höher die Ortsfrequenz ist. Die Größe der Dichteschwankungen hängt von der Spaltfläche und der Körnigkeit ab. Man kann sie durch folgenden experimentellen Kunstgriff erheblich reduzieren: Man verwendet statt eines Spaltes einen Strichraster geeigneter Ortsfrequenz. Dann muß das Feld gleicher Ortsfrequenz auf der Probe allerdings breit genug sein, und man muß für jede Ortsfrequenz einen gesonderten Strichraster im Mikrophotometer als Meßblende verwenden. Für Untersuchungen, bei denen es auf besondere Genauigkeit ankommt, ist jedoch das Verfahren angebracht. Während man, wie in der Arbeit „Zur Messung der Körnigkeit und des Wiener-Spektrums photographischer Schichten“ auf Seite 296 dieses Bandes ausgeführt wird, einen Spalt mit einem Breitbandverstärker vergleichen kann, der bekanntlich ein schlechtes Signal-Rausch-Verhältnis hat, ist der Strichraster statt des Spaltes mit einem Resonanzverstärker vergleichbar, der ein hohes Signal-Rausch-Verhältnis besitzt.

8. Modulationsübertragungsfunktion und Schärfe

Im bisherigen Teil der Ausführungen erhielt die Modulationsübertragungsfunktion ihre Rechtfertigung aus der Aufgabenstellung, aus der Dichte- bzw. Transparenzverteilung auf die örtliche Verteilung der Aufbelichtung zu schließen. Wir haben die Voraussetzungen kennengelernt, unter denen dies möglich ist. Die gleichen Voraussetzungen sind auch notwendig für die eindeutige Messung einer MÜF. Bei der Schärfe kommt es auf schroffe Übergänge an. In der Einleitung wurde in diesem Zusammenhang bereits die „actuance" erwähnt. An schroffen Übergängen sind unbedingt hohe Ortsfrequenzen beteiligt. Eine Reihe von Untersuchungen der letzten Jahre haben bestätigt, daß Schärfe und Ortsfrequenzspektrum der Kontraste gut zueinander korreliert sind. Wird eine hohe Ortsfrequenz noch gut übertragen, so erhält man — geeignete Objekte vorausgesetzt — scharfe Bilder, werden bereits mäßig hohe Ortsfrequenzen nicht mehr gut übertragen, so ist die Schärfe der Bilder unbefriedigend. Von einer Reihe von Autoren, z. B. von Frieser und Biedermann [*5*], und Ooue [*21*] wurde der Zusammenhang zwischen Schärfe und der Modulationsübertragungsfunktion der gesamten Bildübertragung untersucht. Die Abb. 14a—c zeigt ein Beispiel aus eigenen Schärfereihen, bei denen der Zusammenhang zwischen Schärfe und Ortsfrequenzspektrum des Kontrastes untersucht werden sollte. Zu diesem Zwecke wurde das Objektiv der Kamera, mit der Negative einer Diapositivvorlage hergestellt wurden, mit Siebblenden versehen. Mit derartigen Siebblenden kann man in gewissen Grenzen die ÜF des Kameraobjektives verändern, und zwar durch die geometrische Form und Größe der einzelnen Löcher, wie auch durch ihre Anordnung. Die Qualität der Abb. 14a, die ohne jede Siebblende vor dem Objektiv gewonnen wurde, wird im wesentlichen durch das Druckraster (70 Linien pro cm) bestimmt. Jeweils neben den einzelnen Bildern sind ein Testraster und ein Siemensstern mit photographiert worden. Die Modulation des Testrasters, welcher die MÜF des gesamten Bildübertragungsprozesses darstellt, ist jeweils neben den zugehörigen Bildern dargestellt. Man findet, daß bei der Betrachtung aus 25 cm Abstand die Schärfe nichts mehr zu wünschen übrig läßt, wenn das Ortsfrequenzspektrum bis 5 mm^{-1} auf dem Bild möglichst flach auf nicht mehr als 60% der Ausgangsmodulation abfällt. Ein steilerer Abfall wird bereits als Schärfeeinbuße empfunden. Das Problem der Schärfe ist damit auf die Übertragung von Ortsfrequenzen reduziert, die Messung der Schärfe auf die Messung der Wiedergabe der Modulation in Abhängigkeit von der Ortsfrequenz. Es ist also anzunehmen, daß die MÜF ein brauchbares Kennzeichen für die Schärfe darstellt. In welcher Weise dies der Fall ist, soll eine kurze Analyse des photographischen Bildentstehungsprozesses zeigen. Eine Sonderstellung nimmt die Dokumentation von Schwarzweiß-Vorlagen durch Mikrofilme ein. Hier ist eine Meßmethode gerechtfertigt, wie sie zur Ermittlung des Auflösungsvermögens durch Strichraster dient, mit der Maßgabe, daß alle weißen oder schwarzen Balken noch getrennt erkennbar sein müssen. An dieser Erkennbarkeit haben gute Schärfe, d. h. gute MÜF und geringe Körnigkeit gleichermaßen Anteil.

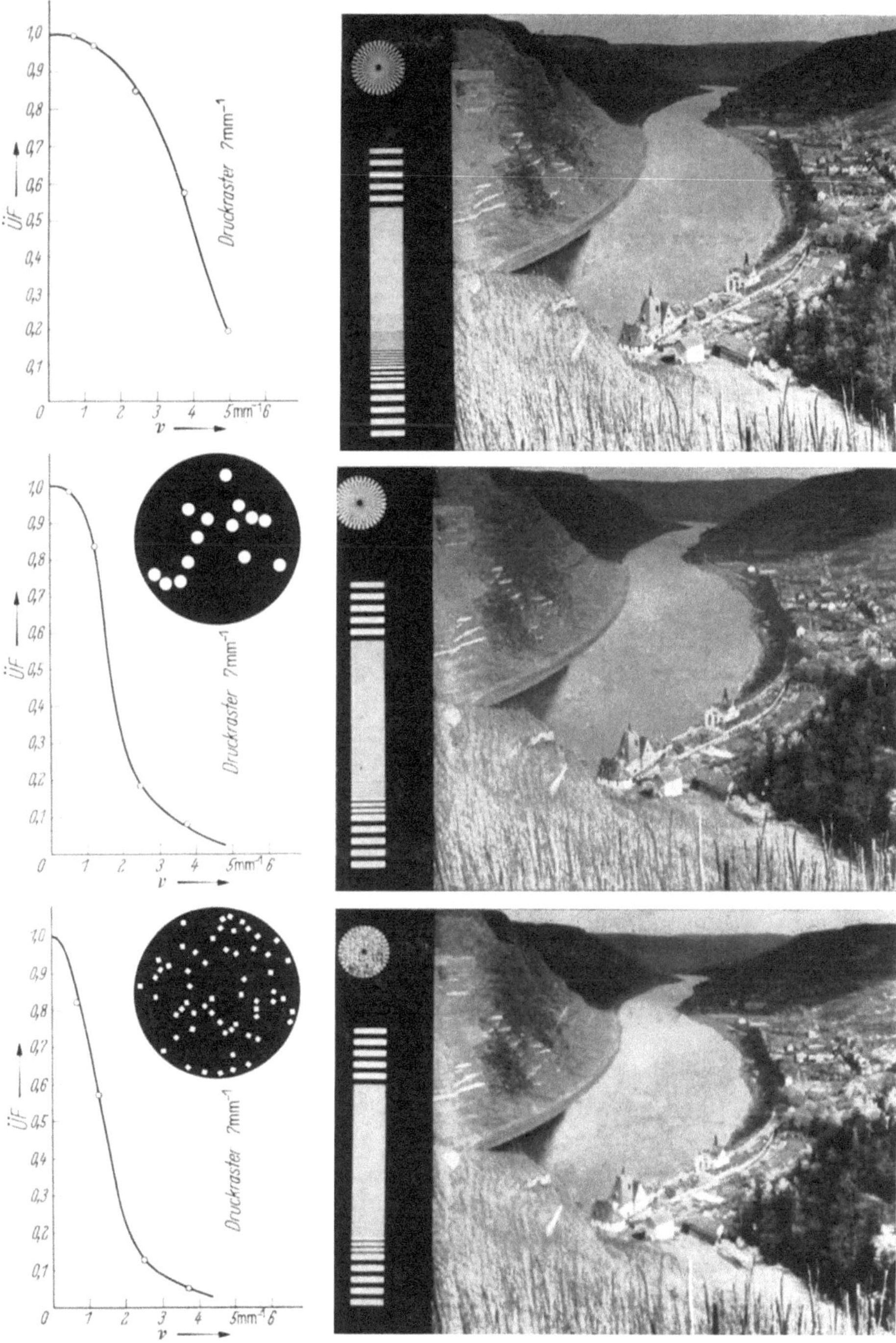

Abb. 14. Schärfeserie mit zugehörigen Modulationswiedergabefunktionen. Die obere Aufnahme entstand ohne Siebblende (volle Schärfe), die definierten Verunschärfungen beim mittleren und unteren Bild wurden durch Siebblenden der abgebildeten Form vor dem Objektiv erzeugt.

Vom Standpunkt der Bildübertragung am einfachsten zu beschreiben ist der Umkehrfilm. Eine aufbelichtete Helligkeitsverteilung wird in eine dieser möglichst ähnlichen Transparenzverteilung übertragen. Es ist also zu vermuten, daß man ein Umkehrmaterial meßtechnisch ähnlich behandeln darf wie ein Objektiv. Man mißt die Modulation im Bild und vergleicht sie mit der aufbelichteten Modulation in Abhängigkeit von der Ortsfrequenz. Für diese Funktion schlagen wir den Ausdruck Modulationswiedergabefunktion (MWF) vor. Im Gegensatz zu einem Objektiv ist jedoch ein Umkehrfilm wegen des Gamma zwischen $-1{,}5$ und $-1{,}8$ nicht linear. Eine objektgetreue Wiedergabe würde erfolgen, wenn die Steilheit $\gamma = -1$ betrüge. Dies geht aus der Gl. (6.2) hervor, wenn man dort $\gamma = -1$ setzt. Durch Streulicht und Umfeldeinflüsse bei der Bildbetrachtung wird jedoch der Kontrast verändert, so daß das Material eine höhere Steilheit besitzen muß, um befriedigende Bilder zu liefern. Vgl. hierzu Untersuchungen von Behrendt [*22*]. Das erhöhte Gamma hat aber zur Folge, daß die wiedergegebene Modulation vom Belichtungsniveau abhängt und eine aufbelichtete sinusförmige örtliche Helligkeitsverteilung nicht genau als Sinusverteilung wiedergegeben wird. Bei der Messung muß man sich auf ein bestimmtes Belichtungsniveau einigen. Ferner sollte man nicht hoch aussteuern. Die Modulation der Aufbelichtung sollte z. B. 60% nicht überschreiten. Ob ein Sinusraster oder ein Rechteckraster aufbelichtet wird und ob optisch oder im Kontakt aufbelichtet wird, ist nicht entscheidend, nur der Vergleich der Materialien untereinander muß auf gleicher Basis erfolgen. In bezug auf Aufbelichtung, Mikrophotometrie und Auswertung gilt das bereits im Zusammenhang mit der MÜF Gesagte.

Beim Negativ-Positiv-Prozeß wird dem Positivmaterial als Ortsverteilung der Aufbelichtung die Transparenzverteilung des Negativs angeboten. Diese enthält, wie weiter oben bereits ausgeführt, einen hohen Oberwellenanteil. Die Übertragungsfunktion des Kopiergerätes, und bei Kopie im gleichen Maßstab die MÜF des Kopiermaterials, müssen alle diese Oberwellen noch bewältigen. Sie müssen daher eine bessere MÜF haben als der Negativfilm. Der Oberwellenanteil ist um so höher, je steiler das Negativmaterial ist. Aus diesem Grund und wegen des Belichtungsspielraumes entwickelt man Negativmaterial zu Gamma-Werten von 0,6 bis 0,8. Es erhöht die Schärfe, wenn man den oft raschen Abfall der ÜF der Kameraobjektive bei verhältnismäßig niedrigen Ortsfrequenzen durch Nachbareffekt kompensiert. Die MÜF steigt dann auf Werte über Eins an.

Die Abhängigkeit der MÜF vom Belichtungsniveau ist längst nicht so stark, wie sie sich bei Ergebnissen nach Meßdefinitionen ergibt, denen unmittelbar die Dichte- oder Transparenzdifferenzen zugrunde liegen und die auf eine Rückrechnung über die charakteristische Kurve verzichten. Es ist nicht korrekt, von zwei Negativmaterialien mit der gleichen MÜF dasjenige als schärfer zu bezeichnen, das zu einem höheren Gamma entwickelt wurde. Um den gleichen Bildeindruck im Positiv zu erzielen, muß nämlich das zu einem steileren Gamma entwickelte Material auf ein flacheres Kopiermaterial kopiert werden.

Wegen des höheren Oberwellenanteils stellt es an die ÜF des Objektivs des Kopiergerätes und die MÜF des Kopiermaterials höhere Anforderungen. Die auf dem Negativmaterial zwangsläufig entstehenden nichtlinearen Verzerrungen werden bei der Kopie wieder entzerrt. Eine vollständige Entzerrung würde stattfinden, wenn das Gammaprodukt von Negativ- und Kopiermaterial „-1“ betrüge und beim Kopierprozeß alle Oberwellen unvermindert übertragen würden. Man darf daher sagen: Sowohl für ein Negativ wie für ein Kopiermaterial ist die MÜF ein einwandfreies Schärfekriterium. Da man Nachbareffekt zuläßt oder sogar züchtet, kann man an den Gültigkeitsbereich der MÜF jedoch nicht so hohe Anforderungen stellen wie bei Photomaterial, das für mikrophotometrische Zwecke verwendet wird. Der von einer Reihe von Autoren geäußerten Meinung, wegen der prinzipiellen Nichtlinearitäten beim photographischen Prozeß sei die MÜF zur Kennzeichnung nicht ausreichend, können wir uns nicht anschließen und hoffen, diese Ansicht durch die bisherigen Ausführungen hinreichend begründet zu haben.

Sicherlich wird die zukünftige Forschung auf diesem Gebiet noch manche neue Erkenntnis bringen; sie wird jedoch auf der Grundlage der Übertragungstheorie und dem Begriff der Übertragungsfunktion aufbauen müssen.

9. Schlußbetrachtung

Bei photographischen Schichten muß man zwei verschiedene Verwendungszwecke unterscheiden: die Registrierung von örtlichen Strahlungsverteilungen mit dem Ziel, diese örtliche Strahlungsverteilung quantitativ aus der Dichteverteilung der photographischen Schicht zu ermitteln und die Herstellung von Bildern in der bildmäßigen Photographie, der Kinematographie und der Reprographie. Beim zuerst genannten Verwendungszweck ist die Kenntnis der Modulationsübertragungsfunktion des verwendeten Materials genauso wichtig wie die Kenntnis der charakteristischen Kurve. Alle Probleme, die sich im Zusammenhang mit der Lösung der photometrischen Aufgabe — Schluß von der Ortsverteilung der Dichte auf die Ortsverteilung der aufbelichteten Strahlung — ergeben, gelten auch für die Messung der MÜF.

Beim zweiten Verwendungsbereich spielt die subjektive Schärfe eine bedeutende Rolle. Bei Negativ- und Kopiermaterial steht sie in guter Korrelation mit der MÜF. Dadurch, daß man im Gegensatz zum erstgenannten Verwendungszweck Nachbareffekte bei der Entwicklung zuläßt oder sogar züchtet, ist der Gültigkeitsbereich der MÜF hier beschränkt, in dem die MÜF von Entwicklung, Aufbelichtungskontrast und Belichtungsniveau mehr oder weniger stark abhängt. Diese Eigenschaft haben aber auch alle anderen Meßdefinitionen, die zur quantitativen physikalischen Kennzeichnung der Schärfe bisher vorgeschlagen worden sind, in noch stärkerem Maße. Bei Umkehrmaterial ist es natürlicher, die Modulation des Bildes auf dem Film im Verhältnis zur Modulation der Aufbelichtung anzugeben. Für die Funktion schlagen wir die Bezeichnung Modulationswiedergabefunktion (MWF) vor.

Zur Messung der MÜF kann die Aufbelichtung prinzipiell mit jeder beliebigen Ortsverteilung der Intensität (Test-Raster) erfolgen, deren Fourier-Transformierte bekannt sind. Besonders klare Verhältnisse bieten sinusförmige Helligkeitsverteilungen (Sinusraster). Ihre experimentelle Verwirklichung ist jedoch mit Schwierigkeiten verbunden. Es gibt hierzu eine Reihe von praktisch brauchbaren Verfahren. Die Kontaktaufbelichtung von rechteckförmigen Intensitätsverteilungen (Strichrastern) bietet den Vorteil großer experimenteller Einfachheit. Eine Umrechnung auf Sinusverteilungen ist durchführbar.

Bei der Aufbelichtung ist die Kenntnis der aufbelichteten Ortsverteilung erforderlich, sonst können nur Vergleichs-, aber keine Absolutmessungen durchgeführt werden.

Bei der mikrophotometrischen Messung kann es erforderlich werden, daß über eine harmonische Analyse, Multiplikation der Grund- und Oberwellenanteile mit der Übertragungsfunktion des Mikrodensitometers und eine harmonische Synthese eine Korrektur erfolgen muß, besonders bei steilem Material. Bei der Auswertung liefert das vielfach übliche Verfahren der Rückrechnung von der mikrophotometrisch gemessenen Dichteverteilung auf die Verteilung der effektiven Belichtung über die makroskopische charakteristische Kurve in den meisten Fällen aus prinzipiellen Gründen (vgl. Abschnitt 3) nicht die korrekte MÜF. Vielmehr muß man von den Testfiguren eine Intensitätsreihe aufbelichten, an der man für das Maximum und das Minimum jeder Ortsfrequenz ein Paar charakteristischer Kurven erhält, aus deren Abstand man die Modulation der effektiven Belichtung bestimmen kann [20]. Entwicklereffekte sind an mangelnder Parallelität dieser charakteristischen Kurven zu erkennen.

Literatur

[*1*] STULTZ, K. F. u. H. J. ZWEIG: JOSA **52**, 45—50 (1962).
[*2*] HIGGINS, G. C. u. L. A. JONES: J. Soc. Mot. Pict. Tel. Eng. **58**, 277—84 (1952).
[*3*] HIGGINS, G. C. u. R. N. WOLFE: J. Soc. Mot. Pict. Tel. Eng. **65**, 26—34 (1956),
[*4*] MÜLLER, R.: Phot. Korr. **93**, 131—38 (1957).
[*5*] FRIESER, H. u. K. BIEDERMANN: J. Phot. Sci. und Optik **20**, 5—10 (1963).
[*6*] INGELSTAM, E.: Phot. Sci. Eng. **5**, 282 (1961).
[*7*] DUFFIEUX, M.: L'integral de Fourier et ses applications à l'optique, Rennes 1946.
[*8*] EGGERT, J. u. R. SCHMIDT: Einführung in die Tonphotographie, Leipzig, S. Hirzel 1932.
[*9*] FRIESER, H.: Kinotechnik **17**, 167—172 (1935).
[*10*] PERRIN, F. H.: J. Soc. Mot. Pict. Tel. Eng. **69**, 151—156 u. 239—249 (1960).
[*11*] LANGNER, G. u. R. MÜLLER: Phot. Korr. **99**, 35—45 u. 69—79 (1963).
[*12*] JONES, R. C.: JOSA **48**, 934—937 (1958).
[*13*] FRIESER, H. u. H. J. METZ: Z. angew. Physik **15**, 184—189 (1963).
[*14*] HENDERBERG, L. O.: Arkiv Fysik **16**, 417—468 (1960).
[*15*] SAYANAGI, K.: JOSA **50**, 185 (1960).
[*16*] KELLY, D. H.: JOSA **51**, 319—330 (1961).
[*17*] KINDER, W.: Z. f. Instrumentenkunde **56**, 393—404 (1936).
[*18*] LAMBERTS, R. L.: JOSA **49**, 425—428 (1959).
[*19*] MÜLLER, R.: Mitt. Agfa Leverkusen-München, Band III, Berlin-/Göttingen/Heidelberg: Springer 1961, 198—205.
[*20*] DE BELDER, M., J. JESPERS u. R. VERBUGGHEE: Vortrag IIa, 11, Intern. Koll. Wiss. Phot. Turin, Sept. 1963.
[*21*] OOUE, S.: Vortrag Symposium ü. Quality in Image Reproduction. London, December 1962, Royal Phot. Soc.
[*22*] BEHRENDT, W.: Kinotechnik **6**, 169 (1961).

Umrechnungs- und Näherungsmethoden zur Bestimmung der Modulationsübertragungsfunktion von photographischen Schichten aus Rechteckrastern

Eine kritische Untersuchung

Von G. Langner und R. Müller

1. Einleitung

Die Theorie der Kontrastübertragung fordert die Verwendung von Rasteranordnungen mit sinusförmiger Helligkeitsverteilung. Die Herstellung und Aufbelichtung solcher im Kontrast definierter Raster, insbesondere die Aufbelichtung im Kontakt mit parallelem Licht bei beliebiger spektraler Verteilung ist bisher nur schwer lösbar. Besonders für Routinemessungen ist dieses Verfahren ungeeignet. Da andererseits das Arbeiten mit Rechteckrastern bei beliebigen Bedingungen gut beherrscht wird, war es von großem Interesse, eine Methode zur rechnerischen Korrektur der mit Rechteckrastern bestimmten Übertragungsfaktoren für Sinusmodulation aufzufinden.

2.1. Ableitung der Umrechnungsformeln

Von verschiedenen Autoren [*1*, *2*] wurde eine von W. Altar [*3*] angegebene Umrechnungsformel verwendet, um aus der Fourierzerlegung des Rechteckrasters auf die Amplitude der Grundschwingung zu schließen.

Sind $R(\nu)$ die Übertragungsfaktoren für das Sinusgitter und $r(\nu)$ diejenigen für das Rechteck, so ist nach Altar:

$$R(\nu) = \frac{\pi}{4}\left[r(\nu) + \frac{r(3\nu)}{3} - \frac{r(5\nu)}{5} + \frac{r(7\nu)}{7} + \frac{r(11\nu)}{11} - \frac{r(13\nu)}{13} - \frac{r(15\nu)}{15} - \frac{r(17\nu)}{17} + \right.$$

$$\left. + \frac{r(19\nu)}{19} + B_k \frac{r(k\nu)}{k} \cdots \right]; \qquad (1)$$

dabei ist

$$B_k = (-1)^m \cdot (-1)\frac{k-1}{2}; \qquad \text{für } n = m$$

$$B_k = 0; \qquad \text{für } n < m,$$

wenn m die Anzahl der Primzahlen und n die Anzahl der verschiedenen Primzahlen, in die k zerlegt werden kann, bedeuten.

Diese Formel hat den Nachteil, daß sie in der Folge ihrer Glieder nicht alternierend ist und man daher beim Abbrechen der Reihe unter Umständen den möglichen Fehler nicht abschätzen kann.

Ein Näherungsverfahren für die Umrechnung läßt sich jedoch auch auf folgende Weise finden.

Nachstehend werden die Zeichen verwendet:

τ = Transparenz

K = Kontrast = $\dfrac{\text{Aussteuerung}}{\text{Mittelwert}} = \dfrac{\tau_{max} - \tau_{min}}{\tau_{max} + \tau_{min}}$

α = Übertragungsfaktor = $\dfrac{K_1}{K_0}$

ν = Ortsfrequenz

x = Ortskoordinate

a = Amplitude

b = Mittelwert

Indices:

0 für das Eingangssignal

1 für das Ausgangssignal

R für Rechteckmodulation

S für Sinusmodulation

Die Helligkeitsverteilung eines periodischen Rechteckrasters kann durch die Fourierreihe dargestellt werden:

$$f_0(x)_R = b_0 + \frac{4}{\pi} \cdot a_0 \left[\sin 2\pi\nu x + \frac{1}{3} \sin 3 \cdot 2\pi\nu x + \frac{1}{5} \sin 5 \cdot 2\pi\nu x + \cdots\right]; \quad (2)$$

Der Kontrast ist definitionsgemäß durch den Quotienten der Differenz vom Maximal- und Minimalwert zum Mittelwert gegeben, also:

$$K_{0R} = \frac{a_0}{b_0}; \quad (3)$$

Für die sinusförmige Grundwelle, deren Funktionsverlauf

$$f_0(x) = b_0 + \frac{4}{\pi} \cdot a_0 \cdot \sin 2\pi\nu x; \quad (4)$$

ist, ergibt sich als Kontrast:

$$K_{0S} = \frac{4}{\pi} \cdot \frac{a_0}{b_0} = \frac{4}{\pi} \cdot K_{0R}; \quad (5)$$

In der Wiedergabe nach der Übertragung durch eine photographische Schicht wird, wenn $\alpha(\nu)$, $\alpha(3\nu)$, $\alpha(5\nu)$ . . . die Übertragungsfaktoren für die Ortsfrequenzen ν, 3ν, 5ν, . . . sind, die Transparenzfunktion dargestellt durch

$$f_1(x)_R = b_1 + \frac{4}{\pi} \cdot a_1 \left[\alpha(\nu) \sin 2\pi\nu x + \frac{\alpha(3\nu)}{3} \sin 3 \cdot 2\pi\nu x + \right.$$
$$\left. + \frac{\alpha(5\nu)}{5} \sin 5 \cdot 2\pi\nu x + \cdots\right]_S. \quad (6)$$

Definiert man, wie in (3), einen Rechteckkontrast, so sei dieser:

$$K_{1R} = \frac{a_1}{b_1}; \quad (7)$$

Für die Maxima und Minima aus (6) wird dieser Rechteckkontrast dann:

$$K_{1R} = \frac{4}{\pi} \cdot \frac{a_1}{b_1} \left[\alpha(\nu) - \frac{\alpha(3\nu)}{3} + \frac{\alpha(5\nu)}{5} - \frac{\alpha(7\nu)}{7} + \cdots\right]_S; \quad (8)$$

Der Kontrast der darin enthaltenen Grundfrequenz ist jedoch:

$$K_{1S} = \frac{4}{\pi} \cdot \frac{a_1}{b_1} \cdot \alpha(\nu)_S \quad (9)$$

Da der Mittelwert b_1 in beiden Fällen gleich ist, verhalten sich

$$\frac{K_{1R}}{K_{1S}} \text{ wie } \frac{\text{Amplitude}_R}{\text{Amplitude}_S} \text{ oder aus (8) und (9)}$$

$$\frac{K_{1R}}{K_{1S}} = \frac{\left[\alpha(\nu) - \frac{\alpha(3\nu)}{3} + \frac{\alpha(5\nu)}{5} - \cdots\right]_S}{\alpha(\nu)_S}. \tag{10}$$

Die Definition der Übertragungsfaktoren

$$\alpha_R = \frac{K_{1R}}{K_{0R}}; \quad \text{und} \quad \alpha_S = \frac{K_{1S}}{K_{0S}}$$

liefert unter Zuhilfenahme von (5) und (10) schließlich:

$$\alpha_R = \frac{4}{\pi}\left[\alpha(\nu) - \frac{\alpha(3\nu)}{3} + \frac{\alpha(5\nu)}{5} - \frac{\alpha(7\nu)}{7} + \cdots\cdot\right]_S; \tag{11}$$

damit ist:

$$\alpha_S(\nu) = \frac{\pi}{4}\,\alpha_R(\nu) + \frac{\alpha_S(3\nu)}{3} - \frac{\alpha_S(5\nu)}{5} + \frac{\alpha_S(7\nu)}{7} - \cdots; \tag{12}$$

2.2. Diskussion der Umrechnungsformel

Nimmt man nun, darin besteht die Annäherung, für die Übertragungsfaktoren der 3., 5., 7. ... Oberschwingung an Stelle der noch unbekannten Faktoren für Sinusraster die mit Rechteckraster gemessenen, so lassen sich die $\alpha_S(\nu)$-Werte leicht berechnen. Für eine niedrige Grundfrequenz ν kompensiert die Reihe vom 2. Glied ab den Faktor $\pi/4$ des 1. Gliedes weitgehend, d. h. der α_S-Wert ist fast gleich dem α_R-Wert. Für höhere Ortsfrequenzen jedoch nehmen die Korrekturglieder erheblich ab und können schließlich ganz wegfallen, so daß sich α_S dem Wert $\pi/4 \cdot \alpha_R$ nähert.

Berücksichtigt man nun noch, daß man zur Korrektur statt der α_S- die zu hohen α_R-Werte verwendet hat, für höhere Ortsfrequenzen jedoch α_S gegen $\pi/4\,\alpha_R$ geht, so kann man schließlich die Umrechnung nach der Formel vornehmen:

$$\alpha_S(\nu) = \frac{\pi}{4}\cdot\left[\alpha_R(\nu) + \frac{\alpha_R(3\nu)}{3} - \frac{\alpha_R(5\nu)}{5} + \frac{\alpha_R(7\nu)}{7} - \frac{\alpha_R(9\nu)}{9} + \cdots\cdot\cdot\right]; \tag{13}$$

ohne große Fehler zu machen.

Die Durchrechnung von praktischen Beispielen zeigt, daß die Differenzen nur unbedeutend sind und die Werte mit den nach der Formel (1) von ALTAR ermittelten übereinstimmen. Die von WITTMAN und RÖHLER [2] geäußerte Meinung, daß eine Umrechnung für Sinusraster nur bis zu $^1/_3$ der höchsten gemessenen Ortsfrequenz möglich sei, ist dann gegenstandslos, wenn man die Messungen bis zu Ortsfrequenzen ausdehnt, für die der Kontrast gegen 0 geht. Wie oben dargelegt, geht α_S dann gegen $(\pi/4)\,\alpha_R$. Die Fehler sind in jedem Falle klein gegen unvermeidbare Meßunsicherheiten zu halten.

3.1. Experimentelle Nachprüfungen

Zur experimentellen Überprüfung der Formel (13) wurden von zwei Schwarz-Weiß-Negativ-Filmen die Modulationsübertragungsfunktionen (MÜF) unter Verwendung von Sinus- und Rechteckmodulation gemessen und die letzteren nach (13) für Sinusmodulation umgerechnet. Die Versuchsbedingungen waren dabei:

Beleuchtungsart Grünfilterlicht, Agfa 54 L

Aussteuerung: $K_0 = 0{,}6$

Apertur der Aufbelichtung 1 : 5,0

Filme: Agfa Isopan FF, Entwicklung Final 6 Min.

Agfa Isopan F, Entwicklung Rodinal 1 : 75 verdünnt, 18 Minuten.

Diese ungewöhnliche Entwicklungsart für Isopan F wurde gewählt, um einen starken Nachbareffekt der Entwicklung zu erhalten, da hierbei unter Umständen größere Differenzen zwischen Sinus- und Rechteckmodulation auftreten könnten.

3.2. MÜF mit Sinusmodulation

Die Aufbelichtung der Sinusraster erfolgte mit einem Mikroobjektiv Leitz Achromat 3,5/0,1, Apertur 1 : 5,0 mit Okular Periplan 10fach durch ca. 25fache Verkleinerung von Rastervorlagen. Die Vorlagen wurden mit einer Zylinderlinsenanordnung nach W. KINDER [*4*] durch Schablonen photographisch hergestellt[1]. Das Filmmaterial (Agfa Phototechn. Film B) wurde mit einem Gesamtgamma −1 entwickelt und die Raster mikrophotometrisch vermessen. Die MÜF des Mikroobjektivs wurde ebenfalls ausgemessen und die Aufbelichtungskontraste rechnerisch korrigiert.

3.3. MÜF mit Rechteckmodulation

Auf Mikratplatten hergestellte Originalraster bis 225 Linien/mm mit rechteckigem Transparenzverlauf wurden im Kontakt aufbelichtet (Anordnung s. [*5*]). Die Beleuchtungsapertur 1 : 5,0 konnte durch eine Streuscheibe mit geeignetem Durchmesser und Abstand von der Vorlage eingestellt werden. Der Aufbelichtungskontrast wurde durch definierte Doppelbelichtung (diffuse Vorbelichtung — Raster-Zweitbelichtung) hergestellt.

3.4. Auswertung

Alle Belichtungen wurden zusammen entwickelt und am selben Mikrophotometer ausgemessen. Die Rückrechnung auf die Kontrastminderung der Belichtung erfolgte an mitentwickelten Sensitometerstufenkeilen, die ebenfalls an demselben Mikrophotometer ausgemessen wurden.

Die mit Rechteckmodulation gewonnenen Übertragungsfaktoren wurden nach den Formeln (13) und (1) umgerechnet.

3.5. Ergebnisse

Die Tabelle stellt zunächst die Kontrastfaktoren der Umrechnungen nach (1) und (13) für Isopan FF gegenüber.

---

[1] Wir danken Herrn Prof. Dr. HANSEN, Zeiß-Oberkochen, für den Hinweis und freundliche Diskussion.

Die Werte der Spalten 3 und 4 zeigen eine hervorragende Übereinstimmung. Für höhere Ortsfrequenzen gehen die beiden Formeln ineinander über, da Unterschiede erst oberhalb der 7. Oberschwingung auftreten. Für höhere Grundfrequenzen ist die 9. Oberwelle aber bereits verschwunden.

Tabelle 1. Übertragungsfaktoren für Isopan FF für Rechteckmodulation sowie der Umrechnungen nach (1) und (13) für Sinusmodulation.

ν L/mm	α_R	α_S nach (1)	α_S nach (13)
10	1,03	0,96	0,97
20	0,98	0,89	0,90
30	0,87	0,77	0,77
40	0,78	0,69	0,68
50	0,70	0,60	0,60
60	0,64	0,54	0,54

Die Abb. 1 zeigt die Übertragungsfunktionen für Agfa Isopan FF gemessen mit Sinusmodulation, mit Rechteckmodulation und die nach (13) gewonnenen Zahlenwerte. Die nach der Formel (13) berechnete MÜF stimmt gut mit der Messung bei Sinusmodulation überein. Lediglich bei höheren Ortsfrequenzen treten geringe Abweichungen auf, deren Ursache in den verschiedenen Korrekturschritten beider Verfahren zu suchen ist.

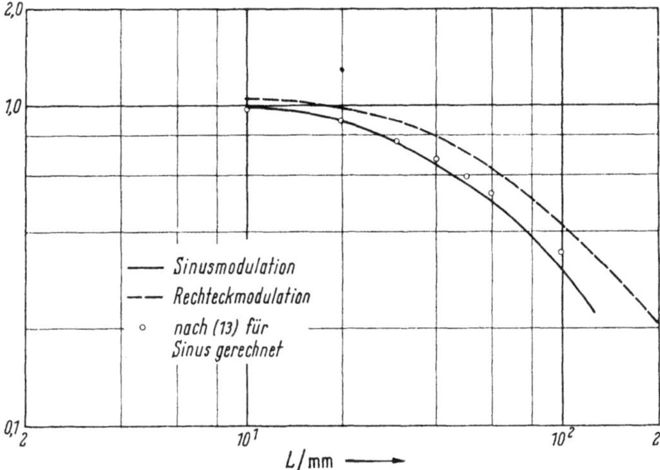

Abb. 1. MÜF von Agfa-Isopan FF gemessen mit Sinus- und Rechteck-Modulation.

Die Abb. 2 vermittelt die Ergebnisse der Agfa Isopan F-Filme bei der angegebenen Entwicklungsart. Die umgerechneten Werte aus der Rechteckmodulation stimmen ausgezeichnet mit der gemessenen Sinuskurve überein, trotz starker Nachbareffekte bei der Entwicklung. Die Steigerung durch Nachbareffekte, die sich in einer Überhöhung des Übertragungsfaktors über 1,0 ausdrückt, erhöht die gesamte Übertragungskurve so stark, daß sie noch über derjenigen des normal entwickelten Isopan FF liegt. Die Körnigkeit ist dabei naturgemäß etwas größer, entsprechend der höheren Filmempfindlichkeit. Dies ist ein typisches Beispiel für die bekannte Tatsache, daß ein Filmmaterial trotz höherer Körnigkeit überragende Schärfeeigenschaften besitzen kann.

Im Zusammenhang mit diesen Vergleichsmessungen und im Anschluß an Überlegungen über die Genauigkeit und die Fehlerabschätzung ergaben sich eine Reihe von beachtenswerten Gesichtspunkten, von welchen einige angeführt werden sollen.

Kontrastübertragungsmessungen erfordern eine genaue Kenntnis des aufbelichteten Kontrastes. Bei optischer Aufbelichtung muß der Kontrast des Luftbildes über das benützte Bildfeld hinweg bekannt sein. Die Messung der MÜF einer Emulsionsschicht kann nicht genauer sein als der aufbelichtete Kontrast bekannt ist.

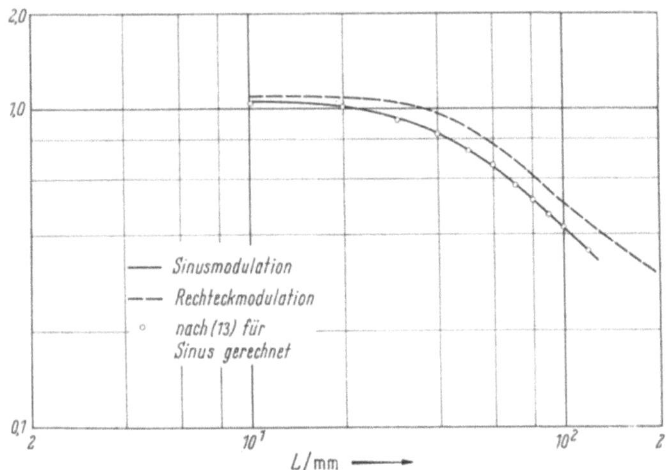

Abb. 2. MÜF von Agfa-Isopan F mit starkem Nachbareffekt bei der Entwicklung für Sinus- und Rechteck-Modulation.

Bei Kontaktaufbelichtung ist zu beachten, daß:

1. Beugungserscheinungen an den Kanten der Rasterstriche auftreten können,

2. durch die Aufbelichtung mit einem bestimmten Aperturverhältnis in der Emulsionsschicht Halbschattengebiete entstehen, so daß kein Rechteckprofil mehr vorhanden ist. Die Abb. 3 soll dies veranschaulichen.

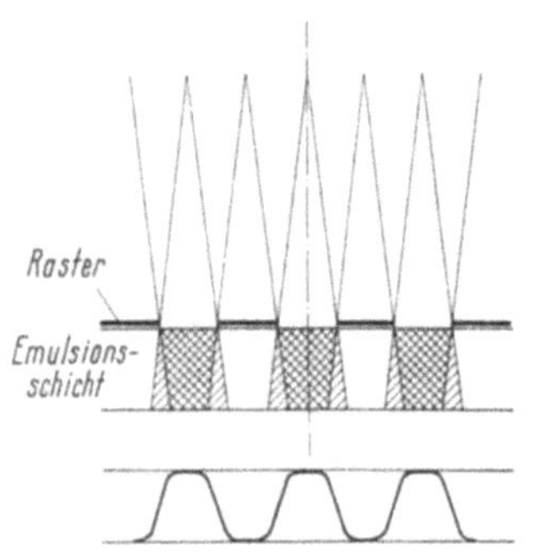

Abb. 3. Entstehung von Halbschattengebieten bei Kontaktaufbelichtung von Rechteckrastern mit Beleuchtungsapertur 1 : 5.

Bei größerer Apertur oder bei höheren Ortsfrequenzen ist demnach die aufgedrückte Belichtung auch bei einem Rechteckraster schon praktisch eine Sinusmodulation, d. h. die sinusförmige Grundschwingung der gewählten Ortsfrequenz dominiert. Daher kann die Berücksichtigung des Faktors (höhere Oberwellen sind nicht mehr vorhanden) möglicherweise zu falschen Ergebnissen führen.

Wenn mit Rechteckrastern gearbeitet wird, sollte man sich der einfachen Methode der Kontaktaufbelichtung mit parallelem Licht bedienen. Eine optische Aufbelichtung von Rechteckrastern ist prinzipiell bedenklich, da durch die MÜF des Objektivs eine Veränderung der Amplituden der Oberwellen eintritt. Korrekterweise müßte dann eine harmonische Analyse der aufbelichteten Helligkeitsverteilung durchgeführt werden.

3. Bei der mikrophotometrischen Auswertung ist die Körnigkeit der entwickelten Emulsionsschicht der Transparenz der Rastermodulation überlagert (Beispiel Abb. 4). In der Ablesung des Transparenzwertes steckt damit eine gewisse Willkür, die übertriebene Genauigkeitsanforderungen illusorisch macht.

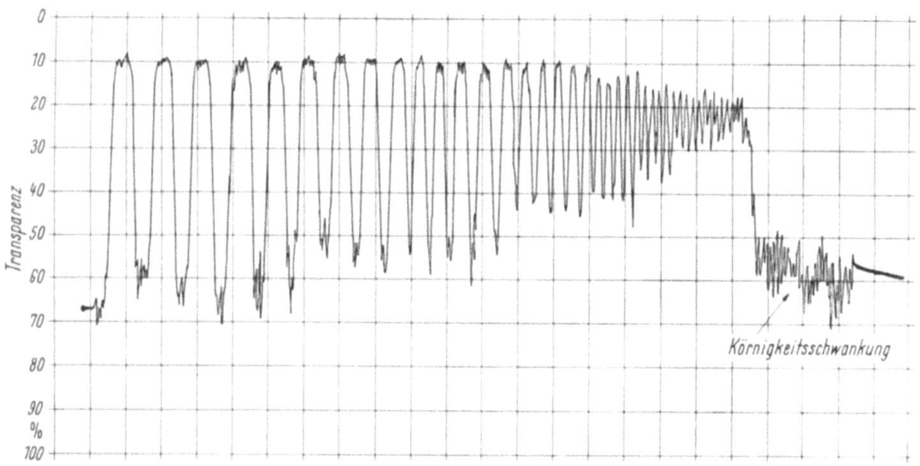

Abb. 4. Mikrophotometrische Registrierung der Transparenzen einer Rasteraufbelichtung mit Überlagerung der Körnigkeit (Spaltverhältnis 1 : 100).

Daraus erhellt, daß Absolutvergleichen von MÜF-Messungen nach verschiedenen Methoden oder mit verschiedenen Apparaturen Grenzen gesetzt sind, die eine sorgfältige und kritische Abwägung erfordern. Für Relativvergleiche verschiedener Materialien mit denselben experimentellen Mitteln liefert die Messung der MÜF hingegen ausgezeichnete Unterlagen.

Literatur

[1] Coltmann, J. W.: J. Opt. Soc. Am. **468** (1954).
[2] Wittman u. Röhler: Optik **243**, (1962).
[3] Altar, W.: Westinghouse Research Memorandum 60—94410—14—19.
[4] Kinder, W.: Zeitschr. für Instrumentenkunde **56**, 393 ff. (1936).
[5] Müller, R.: Mitteilungen aus den Forschungslaboratorien der Agfa, B. III, 1961, S. 198 ff.

Ein Mikrophotometer zur direkten Darstellung der Kontrast-wiedergabefunktion von photographischen Schichten

Von R. Müller

1. Einleitung

Eine Reihe von Autoren haben sich mit der Bestimmung der Modulationsübertragung von photographischen Filmen in theoretischen und experimentellen Untersuchungen befaßt. Diese Arbeiten haben gezeigt, wie groß die Bedeutung dieser Methode für eine sinnvolle Beurteilung der Schärfeeigenschaften ist. Sie haben aber auch gezeigt, mit welcher Sorgfalt und mit welchem experimentellen Aufwand Messungen dieser Art durchgeführt werden müssen, damit sie repräsentative Ergebnisse liefern. Die praktische Durchführung und ihre Auswertung sind zeitraubend und für Serienprüfungen im Rahmen einer Fabrikationsüberwachung wenig geeignet. Es war daher von besonderem Interesse, eine Methode und eine apparative Ausführung zu finden, die es erlaubt, schnell und ohne großen personellen Aufwand Reihenmessungen zu ermöglichen. Mikrophotometrische Registrierungen üblicher Art scheiden dabei aus, da sie zu zeitraubend sind.

2. Beschreibung des Schwing-Mikrophotometers

Der Versuch einer periodischen Abtastung eines auf dem Prüfling aufbelichteten und entwickelten Linienrasters durch einen Meßspalt führt zu der Forderung einer außerordentlich exakten periodischen Bewegung des Prüflings in der Objektebene einer mikroskopischen Vergrößerungsanordnung, wie sie die Abb. 1 darstellt.

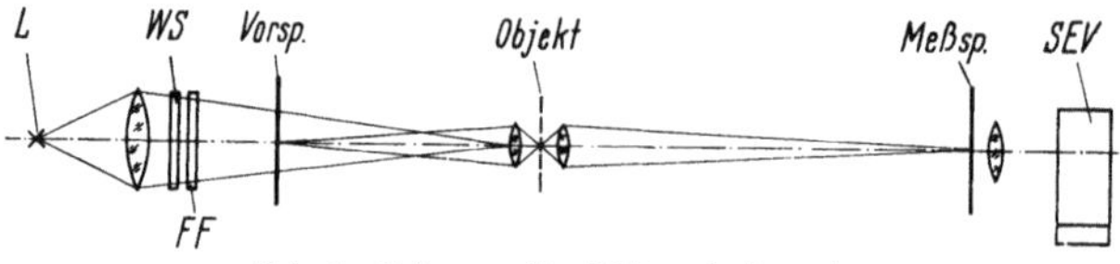

Abb. 1. Schema für Mikrophotometer.

Der Prüfling muß dabei senkrecht zur optischen Achse und zu sich parallel geführt werden, wobei die Auslenkung aus der Objektebene wenige μ nicht überschreiten darf. Mit einer Feder-Schwingführung (nach ATM V 170-4) konnte bei präziser Ausführung diese Forderung erfüllt werden (Abb. 2).

Die Schwingplatte wurde dabei magnetisch in der mechanischen Eigenfrequenz angestoßen (Abb. 3). An der Schwingplatte sind diametral zwei Permanentmagnete befestigt. Der eine Magnet induziert in einer Tauchspule eine Wechselspannung, die über einen Kraftverstärker einen Wechselstrommagneten speist. Dieser erhält über den zweiten Permanentmagneten den Schwingvorgang aufrecht. Die Anordnung ist demnach ein rückgekoppelter Niederfrequenzgenerator, dessen frequenzbestimmendes Glied die federnde Schwingplatte darstellt.

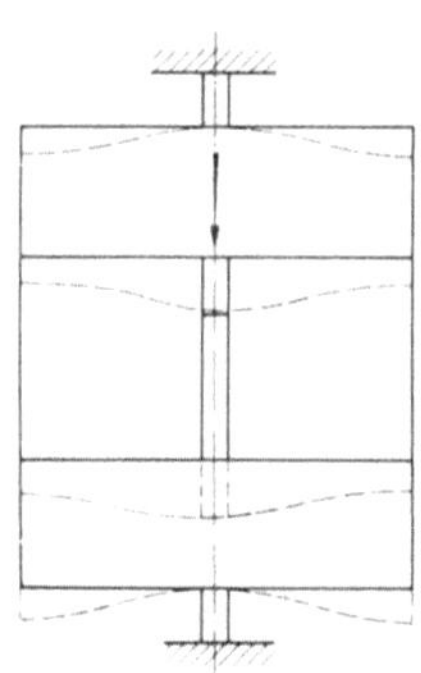

Abb. 2. Feder-Schwingführung nach ATM 170-4.

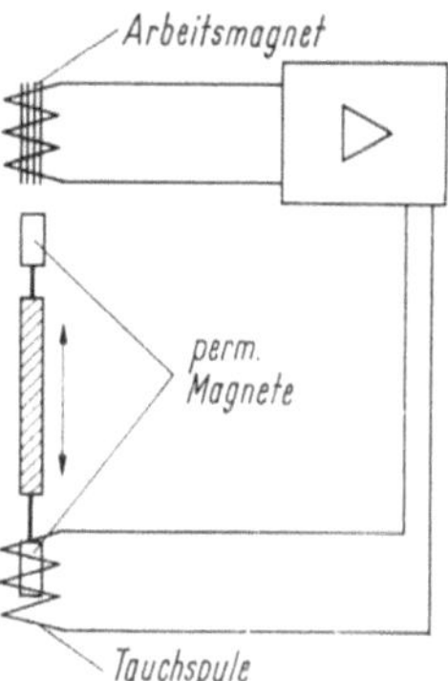

Abb. 3. Feder-Schwingführung; Elektromagnetische Erregung.

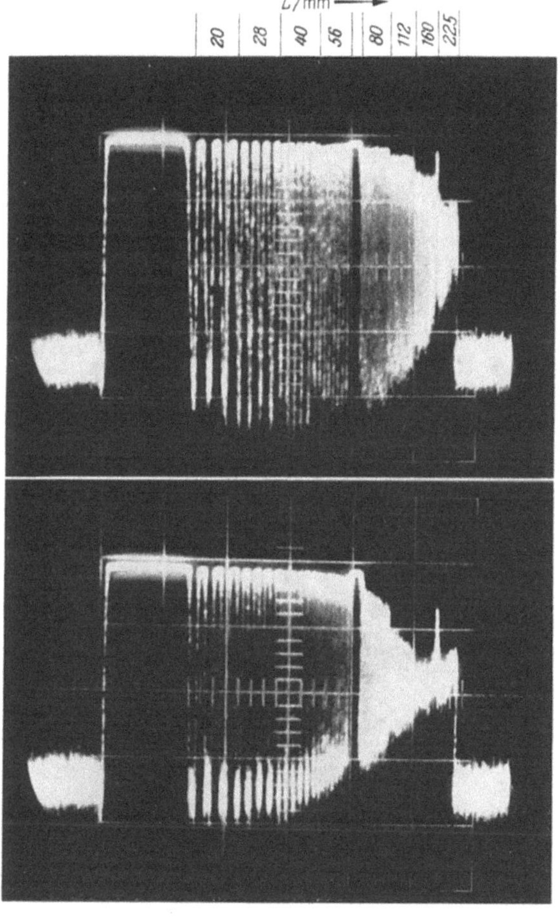

Abb. 4. Schirmbildaufnahmen der Modulationswiedergabefunktion zweier Filmemulsionen.

Im Mikrophotometer wird hierdurch das Bild des Prüflingsrasters periodisch über den Meßspalt geführt und die Helligkeitsverteilung mit Hilfe des SEV-Rohres ermittelt. Die Dimensionen des Meßspaltes betragen, bezogen auf das Rasteroriginal, etwa $1 \times 200\,\mu$. Für die Lichtquelle muß selbstverständlich Gleichspannung benutzt werden, da sich die Helligkeitsmodulation der Lampe bei Wechselstrombetrieb den Meßsignalen überlagern würde.

Der Photometerstrom liefert nach einer logarithmischen Verstärkung auf der Y-Koordinate eines Kathodenstrahl-Oszillographen unmittelbar den wiedergegebenen Kontrast des Prüflings für die im Raster enthaltenen Ortsfrequenzen. Die Ablenkung in der X-Koordinate wird mit der Wechselspannung der Schwingvorrichtung synchronisiert.

Die Abb. 4 zeigt die Wiedergabefunktionen von zwei Filmemulsionen, wobei der Ortsfrequenzumfang neben einer Grundfrequenz von 2 Linien/mm in der Abstufung $\sqrt{2}$ von 20—225-Linien/mm reicht. Die Übertragungsfunktion des Mikrophotometers, besonders von Vergrößerungsobjektiv und Meßspalt, sind in den dargestellten Schirmbildern natürlich mit enthalten. Wenn jedoch die Übertragungsfunktion des Photometers hoch genug über denjenigen der zu prüfenden Emulsionen liegt, dann liefert diese Anordnung rasch einen ausgezeichneten Überblick über eine große Anzahl von zu untersuchenden oder zu vergleichenden photographischen Schichten.

Selbstverständlich kann durch die Verwendung von Farbfiltern auch bei Farbfilmen sehr einfach das Verhalten der Einzelschichten untersucht werden, gleichgültig, ob es sich dabei um die Prüfung der Emulsionsschichten selbst oder um die Beurteilung von Schärfeveränderungen durch Entwicklungseinflüsse handelt.

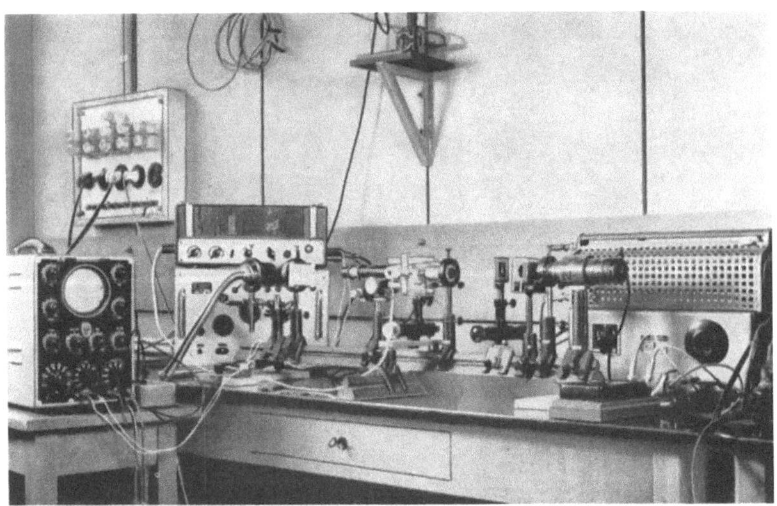

Abb. 5. Übersicht eines laboratoriumsmäßigen Aufbaues des Schwing-Mikrophotometers.

Die Abb. 5 und 6 zeigen einen laboratoriumsmäßigen Aufbau des Gerätes und einige Details, insbesondere die Schwingplatte.

Der besondere Vorteil dieser Meßanlage gegenüber normalen registrierenden Mikrophotometern besteht neben der Schnelligkeit der Datengewinnung in der einfachen Einstellung der optimalen Schärfe und der Parallelität von Rasterstrichen zum Meßspalt. Die Veränderung der Wiedergabefunktion bei einer Defokussierung kann sofort am Bildschirm abgelesen werden. Es ist möglich, diese Anordnung bei einer entsprechenden Abwandlung auch zur Prüfung der Kontrastübertragungsfunktion von Photoobjektiven zu verwenden.

Abb. 6. Probenhalterung, Mikroskop und Meßspalt.

3. Kombinationen von Objektiv und Photoschicht

Routinemäßige Reihenuntersuchungen von photographischen Emulsionen mit diesem Gerät führen in Verbindung mit fabrikatorischen Toleranzfestlegungen zu der Frage, wie die MÜF einer Schicht auszusehen habe, welche minimalen Forderungen zu stellen sind und welche maximalen Möglichkeiten für die photographische Praxis bestehen.

Photographische Schichten werden in Verbindung mit einem abbildenden Objektiv verwendet. Da man in einer normalen Kamera niemals die Auflösung erreicht, die einer Emulsionsschicht als maximales Auflösungsvermögen zukommt, wurden Untersuchungen über das Zusammenwirken von Objektiv und photographischer Schicht angestellt. Hierbei sind wesentlich zwei Punkte zu unterscheiden:

1. Der Einfluß der Apertur in Verbindung mit der Schichtdicke der Emulsion und

2. die Überlagerung der verschiedenen MÜF.

Zur ersten Frage wurde die MÜF eines hochauflösenden Feinkornfilms mit einer Schichtdicke von etwa 6 μ für die Apertur 1 : 22 und für 1 : 5,6 bestimmt. Die Aufbelichtung erfolgte im Kontakt ohne abbildendes Objektiv. Das Ergebnis zeigt die Abb. 7. Der Apertureinfluß auf die Übertragungsfaktoren für hohe Ortsfrequenzen ist beträchtlich und bei dicken Emulsionsschichten naturgemäß noch schwerwiegender (siehe hierzu auch Beitrag LANGNER-MÜLLER).

Die Beantwortung der zweiten Frage läßt sich aus der rechnerischen Überlagerung der MÜF von Objektiven und Filmen ableiten. Es wurden die MÜF von zwei auf dem Markt befindlichen Filmen (Abb. 8) mit den MÜF zweier Objektive (Abb. 9) überlagert. Die Objektive sind jeweils Dreilinser. Es wurden nach einer Veröffentlichung von Rosenhauer und Rosenbruch (Zeitschrift für Instrumentenkunde 1957, S. 83) für das gute Objektiv die MÜF für die optische Achse (0°) und für 8° Bildwinkel und für das schlechtere nur die für 8° Bildwinkel verwendet. Die Multiplikation der entsprechenden Funktionen zeigt die Abb. 10. Es ergeben sich somit erhebliche Schärfeunterschiede, sowohl bei der Berücksichtigung der resultierenden Kontraste für niedrige Ortsfrequenzen als auch besonders für das zu erzielende maximale Auflösungsvermögen, wenn man hierzu etwa den Minimalkontrast von 0,1 betrachtet. Für größere Bildwinkel, z. B. für den Bildrand, ergeben sich noch erheblich stärkere Kontrastverminderungen.

Noch augenfälliger werden die Schärfeunterschiede bei der Berücksichtigung einer zweiten optischen Abbildung, wie sie in der Praxis durch die Projektion oder eine Rückvergrößerung eintritt (Abb. 11).

Es wurden dabei nur die Grenzfälle betrachtet, Film I und 2×Objektiv A in der optischen Achse (I AA) bzw. Film II und 2×Objektiv B bei einem Bildwinkel von 8° (II BB). Diese Ergebnisse wurden durch Aufnahmen nachgeprüft und bestätigten sich in erschreckender Weise.

Dabei handelt es sich hier um Optimalbedingungen ohne Berücksichtigung von weiteren Verminderungen der Schärfe durch Defokussierung, mangelhafte Tiefenschärfe, Apertureinflüsse und andere in der photographischen Praxis vorkommende Mängel.

Die praktische Auflösungsgrenze und damit die Ortsfrequenzbereiche, für welche Kontrastanhebungen Schärfe- und Auflösungsgewinn erwarten lassen, liegen demnach beim heutigen Stand der Technik für Kleinbildaufnahmen bei 40—130 Linien/mm und für 8 mm Schmalfilm bei 50—80 Linien/mm. Der zukünftigen Entwicklung ist also noch ein weiter Spielraum gegeben.

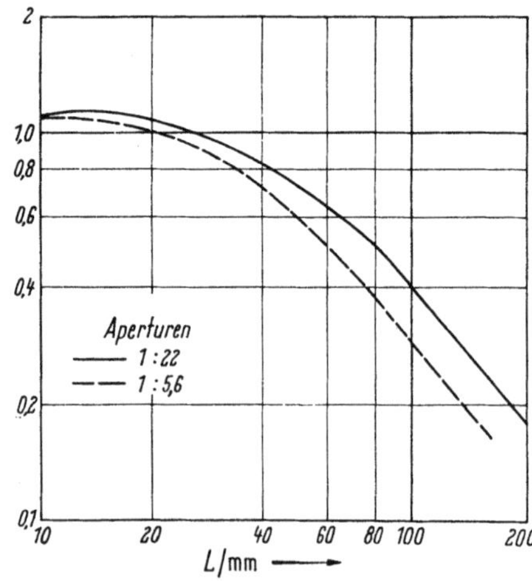

Abb. 7. Modulationsübertragungsfunktion (MÜF) eines Dünnschichtfilms bei Belichtungsapertur 1 : 22 und 1 : 5,6.

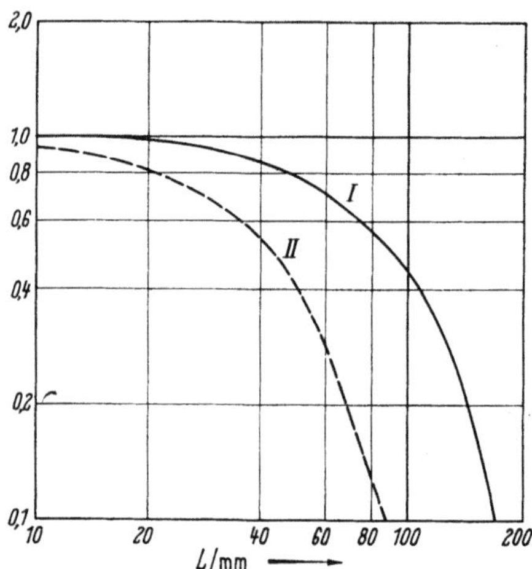

Abb. 8. MÜF zweier marktgängiger Schwarz-Weiß-Filme mittlerer Empfindlichkeit.

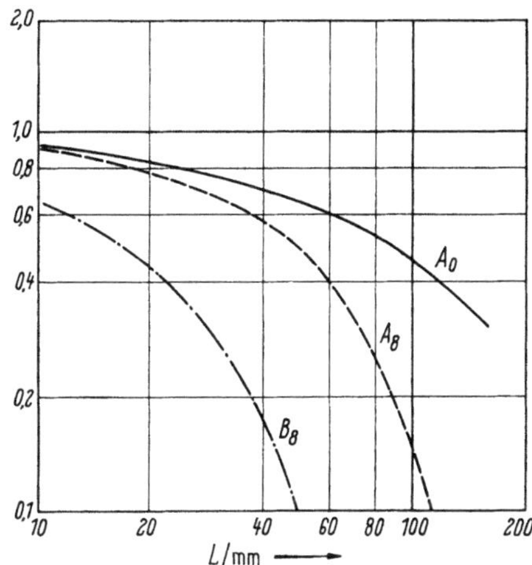

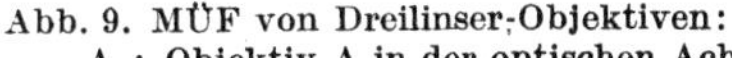

Abb. 9. MÜF von Dreilinser-Objektiven:
A_0: Objektiv A in der optischen Achse
A_8: Objektiv A bei 8° Bildwinkel
B_8: Objektiv B bei 8° Bildwinkel
(nach ROSENHAUER und ROSENBRUCH, Zs. f. Instrumentenkunde **65**, 83–90, 1957).

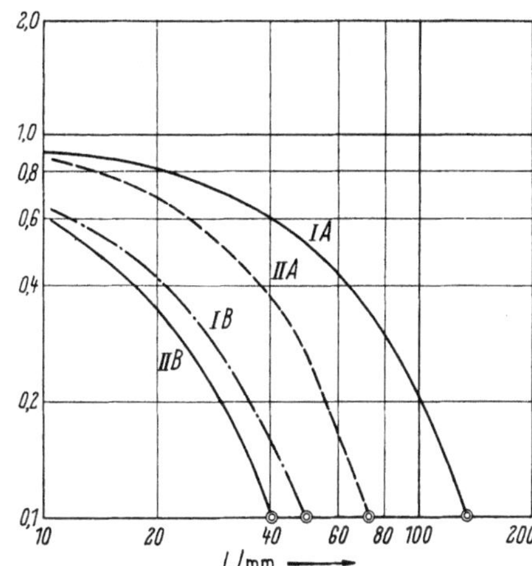

Abb. 10. Filme I und II in Kombination mit den Objektiven A_0 und B_8.

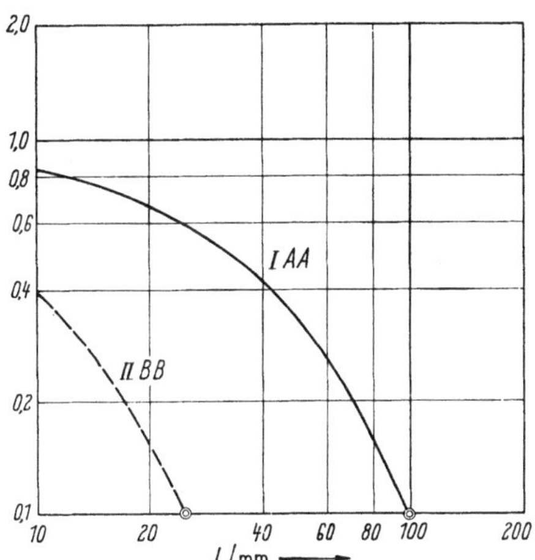

Abb. 11. Film I bzw. II zweimal kombiniert mit den Objektiven A_0 bzw. B_8.

Zur Chemie der Weißkuppler

Von W. Püschel

Zusammenfassung

Der Trivialname „Weißkuppler“ wird als Sammelbezeichnung für eine Klasse von Verbindungen eingeführt, die die Eigenschaft besitzen, oxydativ mit Farbentwicklern zu praktisch farblosen Reaktionsprodukten zu kuppeln. Sie führen auch unter den Bedingungen der photographischen Praxis zu farblosen Endprodukten. Sie können dazu dienen, bei der Verarbeitung farbenphotographischer Materialien unerwünscht auftretende Farbentwickler-Oxydationsprodukte abzufangen. Über die chemischen Grundlagen dieser Reaktion wird am Beispiel einer Anzahl von geeignet substituierten Pyrazolonen berichtet.

Das von H. Köchlin und O. N. Witt [*1*] 1881 aufgefundene Verfahren zur Herstellung von Indoanilinfarbstoffen durch gemeinsame Oxydation von Dialkyl-p-phenylendiaminen in alkalischem Milieu mit Phenolen hat durch die Arbeiten von R. Fischer Bedeutung für die Photographie gewonnen. R. Fischer fand, daß man als Oxydationsmittel zur Oxydation des Dialkyl-p-phenylendiamins auch belichtetes Halogensilber verwenden kann. Durch diese Entdeckung wurde die Möglichkeit gegeben, mit Hilfe der gefundenen Reaktion auf photographischem Wege farbige Bilder zu erzeugen [*2*]. Diese Arbeiten bilden die Grundlage nahezu aller z. Zt. ausgeübten Farbenverfahren [*3*].

Der Mechanismus der Reaktion wurde im Verlauf der letzten 20 Jahre von einer großen Anzahl von Autoren untersucht und interpretiert [*4*]. Aus den sehr verwickelten Reaktionsabläufen, die bei diesen Untersuchungen beobachtet wurden, hebt sich als wesentlich für den Ablauf der oxydativen Kupplung folgende Reaktionsweise als die nach dem bisherigen Stand der Dinge wahrscheinlichste ab:

Der Reaktionsablauf läßt sich in zwei Schritte aufteilen, erstens die Oxydation des Dialkyl-p-phenylendiamins und Überführung in eine kupplungsfähige Form, zweitens die eigentliche Kupplungsreaktion des oxydierten Dialkyl-p-phenylendiamins mit der im folgenden als Kuppler bezeichneten, eine aktive Methylengruppe enthaltenden Verbindung.

Die Oxydationsreaktion der Dialkyl-p-phenylendiamine ist in ihren Einzelheiten äußerst verwickelt [*4, 5*]. Unter den möglichen Oxydationsprodukten wird als kuppelnde Form heute allgemein das positiv geladene elektrophile Chinonimoniumion II angenommen, dessen Entstehung man unter Fortlassung aller denkbaren Zwischenstufen in folgendem Reaktionsschema ausdrücken kann:

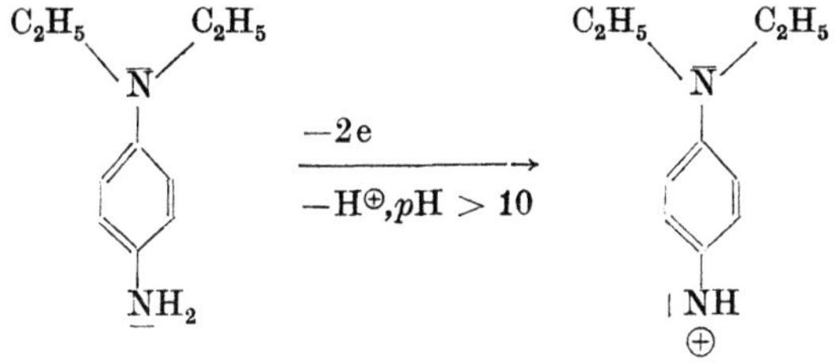

$$\text{I} \xrightarrow[-\text{H}^{\oplus}, p\text{H} > 10]{-2e} \text{II}$$

Als Oxydationsmittel können sowohl Halogensilber als auch andere gebräuchliche anorganische Reagenzien, wie z. B. Kaliumpersulfat oder Kaliumferricyanid, dienen.

Als Kupplungspartner sind Verbindungen mit aktiver Methylengruppe geeignet. Sie reagieren bei den bevorzugt angewandten *p*H-Werten oberhalb *p*H 10 in der Form ihres Carbanions

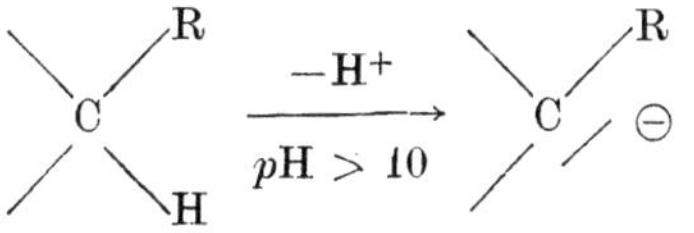

$$\text{III} \xrightarrow[p\text{H} > 10]{-\text{H}^{+}} \text{IV}$$

Die nun folgenden Ausführungen beziehen sich im wesentlichen auf Derivate des Pyrazolons-(5). Je nach der Natur des Substituenten R lassen sie sich in zwei unterschiedliche Klassen einteilen:

Fall A. Für den Fall R=H läuft die Reaktion in folgender Weise ab:

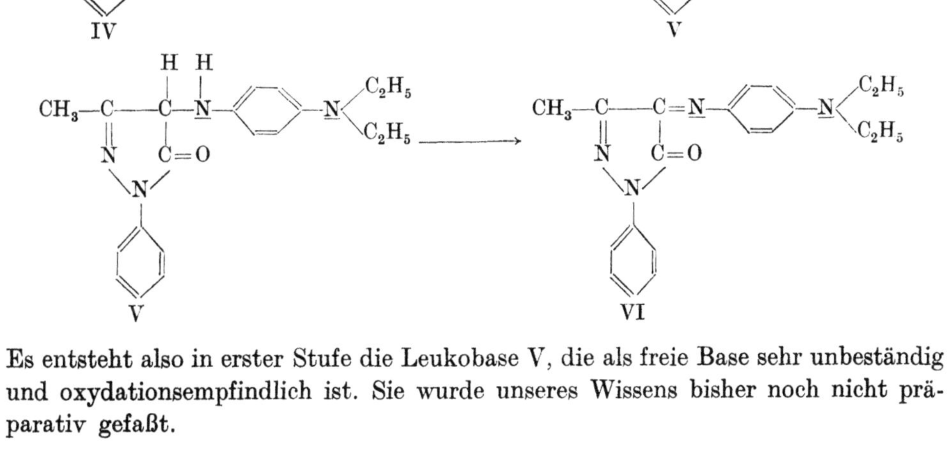

$$\text{IV} + \text{II} \xrightarrow{p\text{H} > 10} \text{V}$$

$$\text{V} \longrightarrow \text{VI}$$

Es entsteht also in erster Stufe die Leukobase V, die als freie Base sehr unbeständig und oxydationsempfindlich ist. Sie wurde unseres Wissens bisher noch nicht präparativ gefaßt.

In einem weiteren Schritt wird diese Leukobase (durch Oxydation) in den Azomethinfarbstoff VI überführt. Über diesen Vorgang bestehen zwar gewisse Vorstellungen, die aber im einzelnen experimentell wenig gestützt sind. Sicher ist, daß der Vorgang unter Abgabe von zwei weiteren Elektronen abläuft und daß als Elektronenakzeptoren sowohl das Chinondiimin II als auch übliche Oxydationsmittel, wie z. B. Kaliumferricyanid, dienen können.

Fall B. Geeignete Substituenten sind z. B. Cl, SO_3H, [*6*] die Azogruppe [*7*] oder eine geeignet substituierte Methingruppe [*8*]. Für R=Cl läßt sich die Reaktion dann folgendermaßen formulieren:

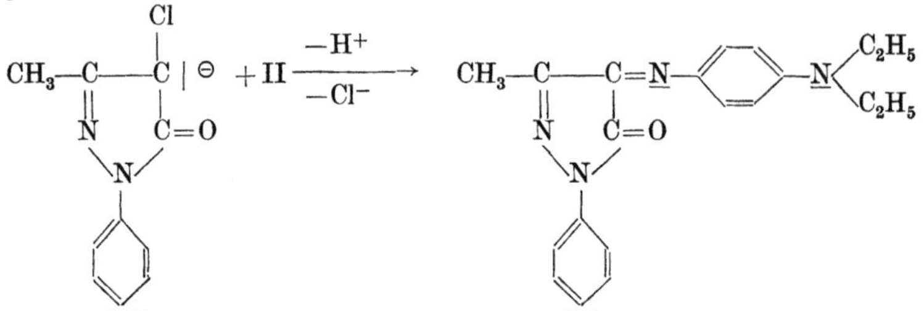

$$\text{VII} + \text{II} \xrightarrow[-Cl^-]{-H^+} \text{VI}$$

Die Kupplungsreaktion läuft auch dann noch ab, wenn R in Formel II nicht mehr Wasserstoff ist, sondern einen Substituenten darstellt, der nach dem primären Kupplungsschritt spontan eliminiert wird.

HÜNIG und DAUM [*9*] zeigten am Beispiel der 2,4,6-Trialkylphenole, daß auch dann noch Kupplung mit oxydierten p-Phenylendiaminen eintritt, wenn in der kuppelnden Stellung ein Wasserstoffatom durch eine Methylgruppe ersetzt ist. So erhielten sie für den Fall des Mesitols zunächst ein farbloses Kupplungsprodukt, das sich langsam zu dem erwarteten Farbstoff des 2,6-Dimethylphenols unter Eliminierung der Methylgruppe zersetzt. Der Mechanismus wird von den Autoren eingehend diskutiert.

Im folgenden wird gezeigt werden, daß die Kupplungsreaktion bei Anwesenheit einer Methylgruppe nicht nur auf Trialkylphenole beschränkt ist, sondern daß es sich um eine allgemeingültige Reaktion handelt, die auch noch bei Substitution durch Aryl- und Aralkylreste [*10*] eintritt. Ersetzt man z. B. im 3-Methyl-1-phenyl-pyrazolon-(5) ein Wasserstoffatom an der aktiven Methylengruppe durch einen Methylrest, so tritt auch in diesem Fall Kupplung mit oxydiertem Diäthyl-p-phenylendiamin ein. Im Gegensatz zu den Trialkylphenolen bleibt aber jetzt die Reaktion endgültig auf der „Leukostufe“ stehen. Man kann die farblose Verbindung IX isolieren, die das Umkristallisieren aus organischen Lösungsmitteln übersteht und so analysenrein gewonnen werden kann.

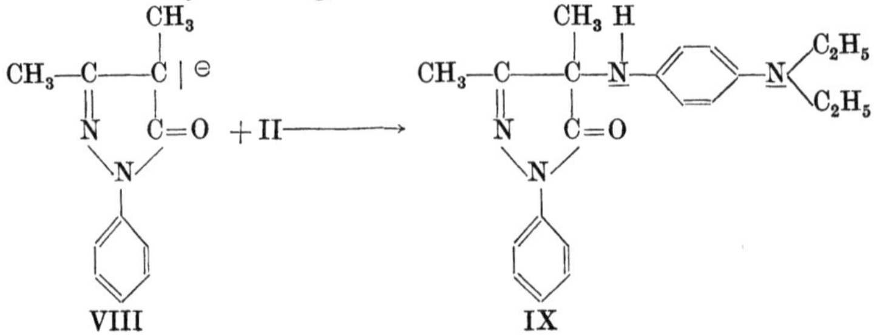

$$\text{VIII} + \text{II} \longrightarrow \text{IX}$$

Die Verbindung ist relativ stabil. An der Luft verändert sie sich in reinem Zustande nicht mehr und ist jahrelang haltbar. Sie wird am besten in wäßrig alkalischem Milieu hergestellt. Es empfiehlt sich, stark verdünnt zu arbeiten. Als Oxydationsmittel erwies sich Kaliumpersulfat als besonders günstig. Es läßt sich aber auch Kaliumferricyanid oder Wasserstoffperoxyd u. a. verwenden. Die Reaktion läuft ebenso in photographischen Schichten unter der oxydierenden Einwirkung von Halogensilber ab und hat in dieser Form Eingang in die Praxis der Farbenphotographie gefunden. Sie dient dort zum Abfangen unerwünscht auftretender Oxydationsprodukte [*10*]. Die in Tabelle 1 aufgeführten „Leukobasen" wurden analysenrein isoliert:

Tabelle 1

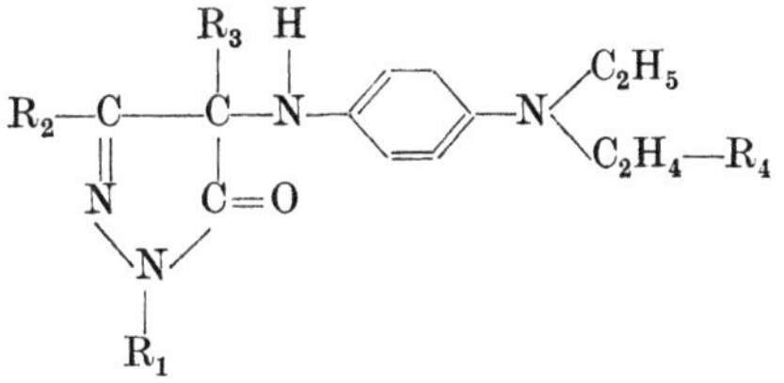

R_3 H
R_2—C—C—N—⟨ ⟩—N(C_2H_5)(C_2H_4—R_4)
N C=O
N
R_1

	R_1	R_2	R_3	R_4
IX	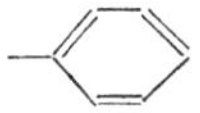 —	—CH_3	—CH_3	—H
X	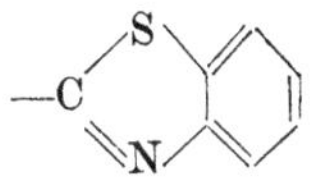 —C (S, N)	—CH_3	—CH_3	—H
XI	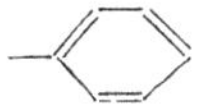 —	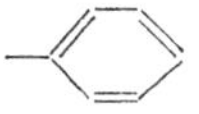 —	—CH_3	—H
XII	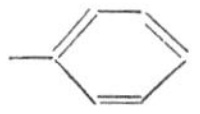 —	—CH_3	 —	—OH
XIII	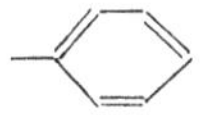 —	—CH_3	—CH_2— 	—H

Diese Reaktion ist innerhalb eines weiten Bereiches für Pyrazolone gültig. Weder Alkyl, Aralkyl noch Arylreste werden eliminiert, wenn nicht besondere Verhältnisse vorliegen. Die Substituenten an der Alkylgruppe haben innerhalb gewisser Grenzen keinen Einfluß auf das beschriebene Verhalten.

Die Tabelle 2 führt aus einer großen Anzahl von synthetisierten Verbindungen einige wenige charakteristische Verbindungen auf, die farblos kuppeln, deren Kupplungsprodukte jedoch nicht analysiert wurden.

Tabelle 2

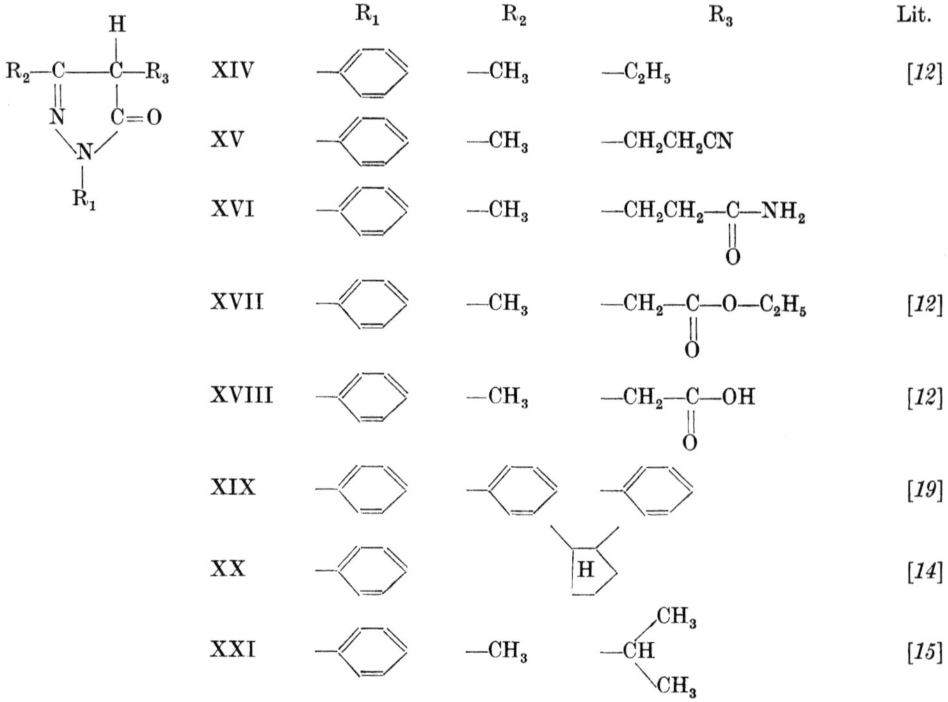

General formula: R_2—C——C(H)—R_3, N=C (ring) … C=O, N—R_1

	R_1	R_2	R_3	Lit.
XIV	—C_6H_5	—CH_3	—C_2H_5	[12]
XV	—C_6H_5	—CH_3	—CH_2CH_2CN	
XVI	—C_6H_5	—CH_3	—CH_2CH_2—C(=O)—NH_2	
XVII	—C_6H_5	—CH_3	—CH_2—C(=O)—O—C_2H_5	[12]
XVIII	—C_6H_5	—CH_3	—CH_2—C(=O)—OH	[12]
XIX	—C_6H_5	—C_6H_5	—C_6H_5	[19]
XX	—C_6H_5	H (ring, R_2/R_3 joined)		[14]
XXI	—C_6H_5	—CH_3	—CH(CH_3)CH_3	[15]

Die Konstitution der farblosen Kupplungsprodukte als „stabilisierte Form" der Leukobase V ließ sich mit Hilfe von X auf folgendem Wege sicherstellen:

In Verbindungen dieser Art ist der aromatische Zustand im Pyrazolonring weitgehend aufgehoben, und das Pyrazolon verhält sich wie ein cyclisches Säurehydrazid, das in alkalischem Milieu zu verseifen ist. Behandelt man die Verbindung X in wäßrigem Dimethylformamid mit Natronlauge, so tritt die entsprechende Ringspaltung ein, und man erhält die Verbindung der Formel XXII.

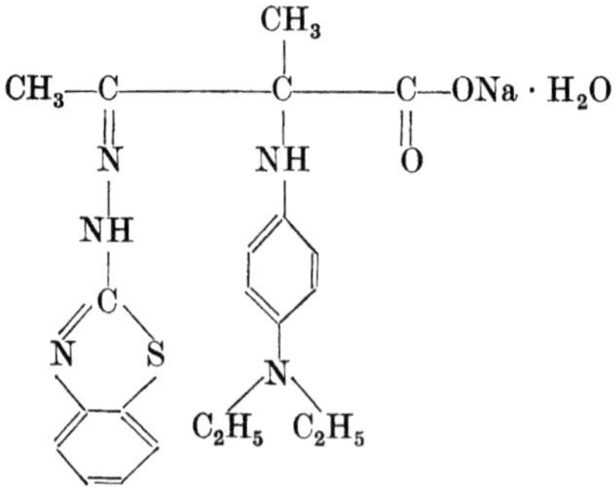

CH_3—C(=N—NH—C(benzothiazolyl: N, S))——C(CH_3)(NH—C_6H_4—N(C_2H_5)C_2H_5)——C(=O)—ONa · H_2O

XXII

Es handelt sich um eine in reinem Zustande farblose Verbindung, die mit einem Mol Kristallwasser kristallisiert. Sie ist relativ empfindlich. Nach kurzem Stehen an feuchter Luft färbt sie sich gelb. Es ist nicht leicht, die Verbindung in analysenreinem Zustande zu erhalten. Ihre Konstitution geht aus ihrem Verhalten gegen Säuren hervor. Sie löst sich unter Gasentwicklung in Eisessig. Beim Verdünnen mit Wasser und mehrstündigem Erwärmen auf 50° erhält man als Zersetzungsprodukt das Monobenzthiazolylhydrazon XXIII des Diacetyls in 60% Ausbeute.

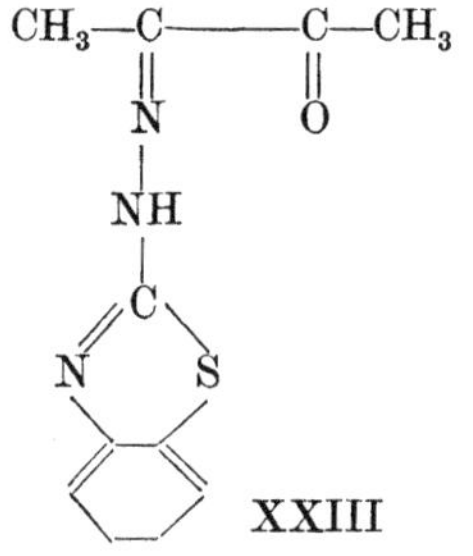

CH_3—C——C—CH_3
N O
NH
C
N S

XXIII

Die Konstitution des Hydrazons wurde durch Analyse und unabhängige Synthese aus Benzthiazolylhydrazin und Diacetyl sichergestellt. Schmelzpunkte und IR-Spektren der unabhängig gewonnenen Substanzen stimmen überein. Sie geben keine Schmelzpunktsdepression. Da bei der Spaltung außerdem Diäthyl-p-phenylendiamin entstanden sein mußte, wurde versucht, die Verbindung in der Mutterlauge nachzuweisen. Das gelang durch Zugabe von 1-Phenyl-3-methylpyrazolon-(5) und oxydative Kupplung in sodaalkalischem Milieu. Es entstand der Azomethinfarbstoff VI, der identisch war mit dem aus den entsprechenden Ausgangsprodukten unabhängig hergestellten Farbstoff. Nachweis durch Analyse, Schmelzpunkt, Mischschmelzpunkt und IR-Spektrum. Durch diese Reaktionsfolge dürfte die Konstitution der Verbindung X sichergestellt sein.

Wenn weiter oben davon gesprochen wurde, daß Substituenten an der Alkylgruppe innerhalb weiter Grenzen keinen Einfluß auf die Stabilität der farblosen Kupplungsprodukte haben, dann soll jetzt eine dieser Grenzen aufgezeigt werden. Substituiert man die Methylgruppe durch einen Phenylrest, dann erhält man das 1-Phenyl-3-methyl-4-benzylpyrazolon-(5), das ebenfalls noch zu einer stabilen „Leukobase" kuppelt (Tabelle 1, XIII). Substituiert man jedoch in diesem Benzylderivat den zweiten Wasserstoff durch eine Phenylgruppe, geht also zum 1-Phenyl-3-methyl-4-diphenylmethylpyrazolon-(5) XXIV über,

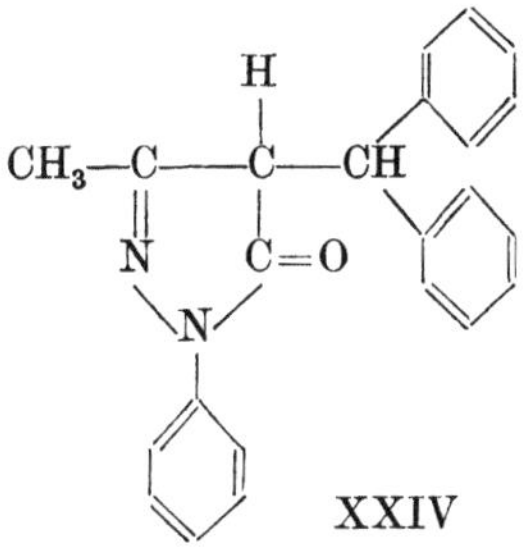

H
CH_3—C——C—CH
N C=O
N

XXIV

dann beobachtet man zwar im Anfang der Reaktion die Bildung der „Leukobase", sie ist aber nicht mehr in reinem Zustand zu isolieren. Schon während der Reaktion zersetzt sie sich langsam unter Bildung des Azomethinfarbstoffes VI. Geht man noch einen Schritt weiter und substituiert die p-Stellungen der beiden Phenylkerne im Diphenylmethanrest durch die Dimethylaminogruppe (XXV), dann tritt spontan Umkupplung ein.

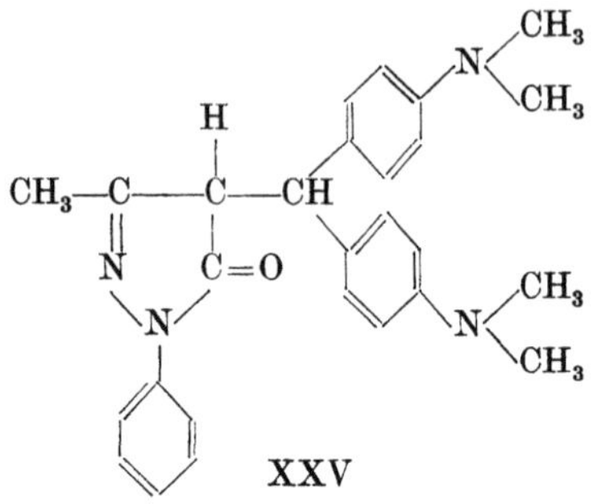

XXV

Die Bildung der Leukobase wird nicht mehr beobachtet, man erhält sofort den Azomethinfarbstoff VI. Der Versuch, diese Reihe durch Darstellung des 1-Phenyl-3-methyl-4-(p-dimethylamino)-benzylpyrazolon-(5) (XXVI), das die hydrierte Form eines Pyrazolonstyryl-Farbstoffes darstellt, zu vervollständigen, mißlang.

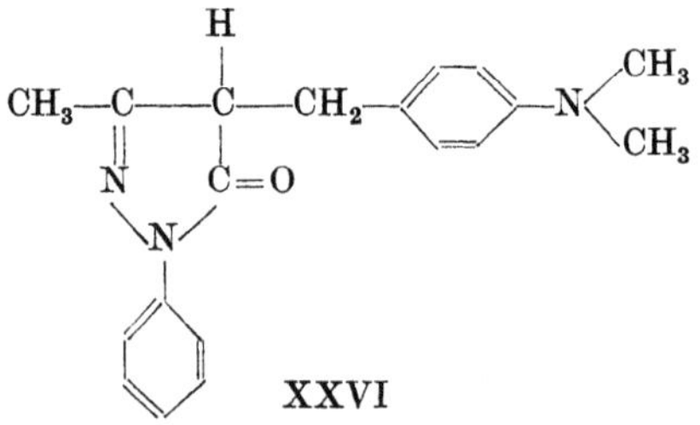

XXVI

Bei der Hydrierung von 1-Phenyl-3-methylpyrazolon-(5) mit p-Dimethylaminobenzaldehyd wurde zwar die berechnete Menge Wasserstoff aufgenommen und eine farblose Reaktionslösung erhalten. Es gelang aber nicht, die hydrierte Verbindung rein zu isolieren. Die anfänglich farblosen Hydrierlösungen verfärben sich an der Luft sofort gelb. Wahrscheinlich wird schon an der Luft der Styrylfarbstoff wieder zurückgebildet. Setzt man die farblose Hydrierlösung, aus der kein Ausgangsprodukt mehr zu isolieren ist, unmittelbar nach der Hydrierung mit oxydiertem Diäthyl-p-phenylendiamin um, so bildet sich spontan der Azomethinfarbstoff VI. Das Verhalten entspricht also dem der Verbindung XXV.

In einer weiteren Arbeit [*11*] wird gezeigt, daß das Pyrazolonmolekül auch dann noch kupplungsfähig bleibt, wenn die 4-Stellung des Pyrazolons durch den Acetaminorest substituiert ist. Aus dem 1-Phenyl-3-methyl-4-acetaminopyrazolon-(5), XXVII z. B., entsteht das bei Zimmertemperatur stabile „Leukoprodukt“ XXVIII.

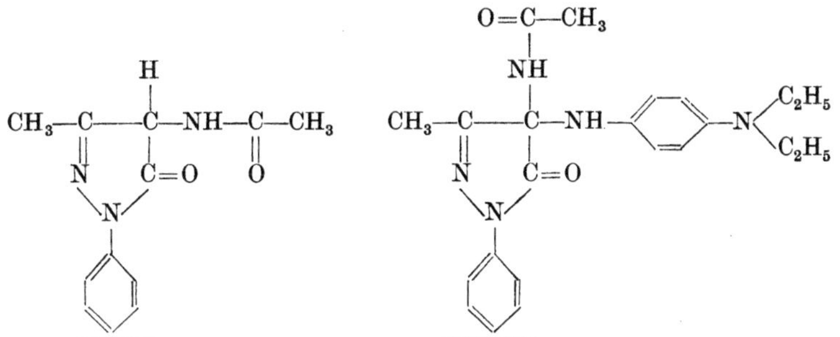

XXVII XXVIII

Bei höherer Temperatur zerfällt es aber unter Bildung des Azomethinfarbstoffes VI.

Es muß in diesem Zusammenhang noch erwähnt werden, daß der Bereich der geschilderten Reaktion über den Rahmen der hier beschriebenen Pyrazolone hinausgeht. So wird sie auch bei Acylessigesterderivaten beobachtet. Jedoch sind hier die Produkte nicht mehr so stabil wie bei den Pyrazolonen. Möglicherweise unterliegen die Kupplungsprodukte einer Art Japp-Klingemann-Reaktion. Immerhin ließ sich vom α-Methylacetessigester die entsprechende ,,Leukobase" als Pikrat isolieren und analysenrein herstellen.

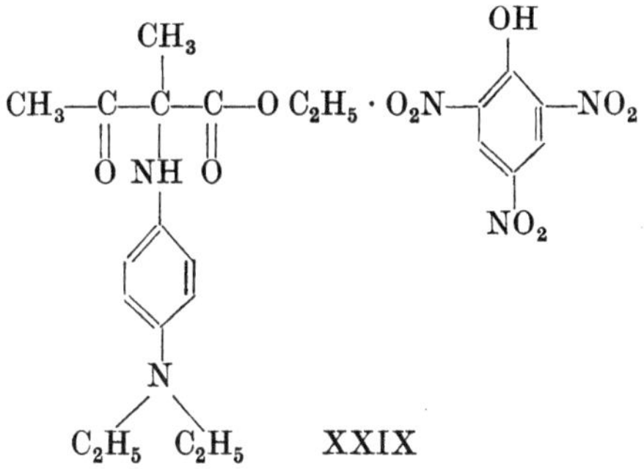

XXIX

Abschließend läßt sich zu dem geschilderten Reaktionsverhalten folgendes sagen: Es besteht kein Anlaß anzunehmen, daß der erste Schritt der oxydativen Kupplung mit normalen Farbkupplern sich von dem der substituierten Kuppler unterscheidet. Der bei alkylsubstituierten Pyrazolonen verbliebene restliche Wasserstoff kann ebenfalls noch abdissoziieren, wie *p*K-Messungen zeigen [*21*]. Es besteht also auch in diesem Fall die Möglichkeit, daß bei *p*H-Werten oberhalb 10 die Kupplung über das Carbanion verläuft.

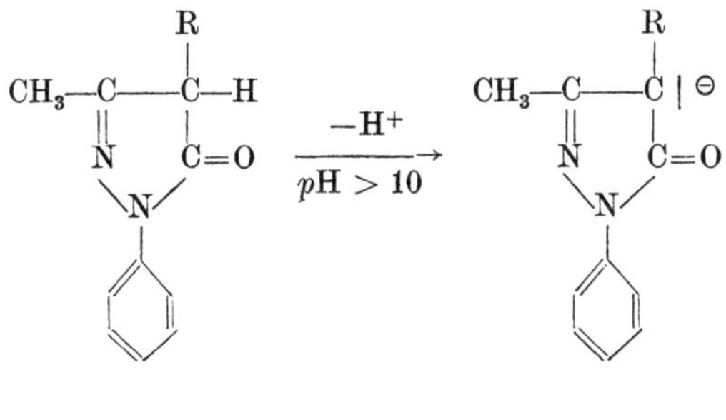

Mit diesem ersten Schritt ist bei den stabilen „Leukobasen“ die Reaktion abgeschlossen. Die Beeinflussung der Stabilität dieser „Leukobasen“ durch Substituenten geht aus der abschließenden Tabelle 3 hervor.

Man beobachtet bei näherer Betrachtung eine Zunahme der Stabilität der in Frage kommenden „Leukobasen“ in Richtung auf die unsubstituierte Methylgruppe. Die Bereitschaft zur Eliminierung des Restes steigt, je stärker das zur aktiven Methylengruppe α-ständige C-Atom durch geeignete Substituenten aktiviert wird. Die Frage nach dem Ablauf der Eliminierung bleibt noch offen. Es sind Arbeiten im Gange, die zur Klärung der sich aus den geschilderten Reaktionsverhalten ergebenden Konsequenzen beitragen sollen.

Tabelle 3

(1-Phenyl-3-methyl-pyrazolon-(5): CH_3–C(=N)–CH(R)–C=O, N–C_6H_5)

R =	$=CH-C_6H_4-N(CH_3)_2$ $(-CH_2-C_6H_4-N(CH_3)_2)$ $-CH[C_6H_4-N(CH_3)_2]_2$	spontane Eliminierung
R =	$-CH(C_6H_5)_2$	noch Eliminierung (langsam)
R =	$-CH_2-C_6H_5$ $-CH_3$ $-C_6H_5$	keine Eliminierung („stabile Leukobasen“)

Experimenteller Teil

1-Phenyl-3,4-dimethyl-4-(4'diäthylamino-)-anilino-pyrazolon-(5) IX

10 g Natriumcarbonat wasserfrei und 1,4 g (0,05 Mol) Kaliumpersulfat werden in 300 cm³ Wasser gelöst. In diese Lösung trägt man 0,95 g 1-Phenyl-3,4-dimethyl-pyrazolon-(5) [*12*] (0,05 Mol), gelöst in 25 cm³ Methanol, ein. Man kühlt auf 5° ab und läßt unter kräftigem Rühren 1,15 g 4-Diäthylaminoanilinsulfat (10% Unterschuß), gelöst in 20 cm³ Wasser schnell zulaufen. Der entstehende Niederschlag wird abgesaugt und mit Wasser nachgewaschen. Er muß sofort weiterverarbeitet werden, da er dazu neigt, an der Luft zu zerlaufen. Man löst noch feucht in heißem Essigester, gießt von eventuell sich abscheidenden Wassertropfen ab und läßt in einem Eisbad auskristallisieren.

Rohausbeute: 1,3 g = 74,2% d. Th.; man kristallisiert aus Methanol um, Ausbeute 0,8 g = 45,7% d. Th., Schmp. 106°.

$C_{21}H_{26}ON_4$	Molgewicht: 350,47			
	C	H	O	N
Ber.	71,97	7,47	4,56	15,98
Gef.	72,19	6,98	5,00	15,93

1,3-Diphenyl-4-methyl-4-(4'-diäthylamino)-anilinopyrazolon-(5) XI

1,25 g 1,3-Diphenyl-4-methylpyrazolon-(5) [*13*] werden wie oben mit 1,15 g 4-Diäthylaminoanilinsulfat und 1,4 g Kaliumpersulfat umgesetzt. Der erhaltene Niederschlag wird abgesaugt, mit Wasser nachgewaschen und im Vakuum bei Zimmertemperatur getrocknet.

Rohausbeute: 1,3 g = 63,2% d. Th.; man kristallisiert aus Cyclohexan, dann Alkohol um, Ausbeute 0,8 g = 38% d. Th., Schmp. 164°.

$C_{26}H_{28}ON_4$	Molgewicht 412,54			
	C	H	O	N
Ber.	75,69	6,84	3,88	13,58
Gef.	75,46	6,91	4,21	13,50

1-Phenyl-3-methyl-4-benzyl-4-(4'-diäthylamino)-anilino-pyrazolon-(5) XIII

1,3 g 1-Phenyl-3-methyl-4-benzylpyrazolon-(5) [*16*] werden wie oben mit 1,15 g 4-Diäthylaminoanilinsulfat und 1,4 g Kaliumpersulfat umgesetzt. Der gebildete Niederschlag wird sofort abgesaugt und mit Wasser nachgewaschen. Anschließend trocknet man bei Zimmertemperatur.

Rohausbeute: 1,7 g = 79,7% d. Th.; man kristallisiert aus Methanol um, Ausbeute 1,0 g = 55,3% d. Th., Schmp. 140°.

$C_{27}H_{30}ON_4$	Molgewicht 426,57		
	C	H	N
Ber.	76,02	7,09	13,13
Gef.	76,29	7,34	13,20

1,4-Diphenyl-3-methyl-4-(4′-äthyloxäthylamino)-anilino-pyrazolon-(5) XII

1,25 g 1,4-Diphenyl-3-methylpyrazolon-(5) [*17*] werden mit 1,25 g 4-Äthyloxäthylaminoanilinsulfat und 1,4 g Kaliumpersulfat, wie oben angegeben, umgesetzt, abgesaugt, mit Wasser nachgewaschen und im Vakuum bei Zimmertemperatur getrocknet. Sollte der Niederschlag schmierig ausfallen, läßt er sich auf Ton trocknen und durch Umkristallisieren weiter aufarbeiten.

Rohausbeute 1,3 g = 60,8% d. Th.; man kristallisiert aus Methanol um, Ausbeute 0,91 g = 42,5% d. Th., Schmp. 163°.

$C_{26}H_{28}O_2N_4$	Molgewicht 428,53			
	C	H	O	N
Ber.	72,87	6,58	—	13,05
Gef.	72,06	6,30	—	12,52

1-Benzthiazolyl-3,4-dimethyl-4-(4′-diäthylamino)-anilinopyrazolon-(5) X

1. 2-Benzthiazolylhydrazin. 50 cm³ 95%iges Hydrazinhydrat werden mit 200 cm³ Methanol auf 50° erwärmt. Man rührt und tropft im Verlauf von 15 Min. 85 g 2-Chlorbenzthiazol zu und erhält anschließend 1/2 Stde. auf 50°. Nach dem Erkalten wird der entstandene Niederschlag abgesaugt, mit Alkohol nachgewaschen und im Vakuum bei Zimmertemperatur getrocknet.

Man kristallisiert aus viel Alkohol um.

Ausbeute 40—50 g = 68—80% d. Th., Schmp. 204—207°.

2. 1-Benzthiazolyl-3,4-dimethylpyrazolon-(5). 16 g 2-Benzthiazolylhydrazin und 14 g α-Methylacetessigester [*22*] werden in 120 cm³ Xylol 3 Stdn. mit Wasserabscheider am Rückfluß gekocht. Beim Abkühlen fällt die Verbindung aus. Man saugt ab, wäscht erst mit Benzol, dann mit Methanol nach. Zur Reinigung kocht man die Verbindung mit 250 cm³ Methanol aus.

Ausbeute 17 g = 76% d. Th., Schmp. 250—255° (subl. ab 220°). Zur Analyse kristallisiert man aus Dioxan um und dann aus sehr viel Methanol.

$C_{12}H_{11}ON_3S$	Molgewicht 245,31			
	C	H	N	S
Ber.	58,75	4,51	17,13	13,07
Gef.	58,46	4,45	16,78	13,17

3. 1-Benzthiazolyl-3,4-dimethyl-4-(4′-diäthylamino)-anilinopyrazolon-(5) X. 1,2 g 1-Benzthiazolyl-3,4-dimethylpyrazolon-(5) werden, wie oben angegeben, mit 1,15 g 4-Diäthylaminoanilinsulfat und 1,4 g Kaliumpersulfat umgesetzt. Der gebildete Niederschlag wird sofort abgesaugt, mit Wasser nachgewaschen, etwa 2 Stdn. im Vakuum angetrocknet, dann aus Essigester umkristallisiert.

Rohausbeute: 1,5 g = 73,9% d. Th.; man kristallisiert aus Essigester um, Ausbeute 0,9 g = 45,0% d. Th., Schmp. 178—179°.

$C_{22}H_{25}ON_5S$	Molgewicht 407,54				
	C	H	O	N	S
Ber.	64,83	6,18	3,93	17,19	7,87
Gef.	64,77	6,22	4,57	17,07	7,60

Natriumsalz der 2-(4-Diäthylamino)-anilino-3-benzthiazolylhydrazonobuttersäure XXII

1 g X werden in 20 cm³ Dimethylformamid zusammen mit 0,5 g Natriumsulfit sicc. und 10 cm³ 2 n-Natronlauge zum Sieden erhitzt. Man läßt nur kurz aufkochen und filtriert heiß. Die Verbindung kristallisiert am besten über Nacht im Kühlschrank aus. Man saugt möglichst gut von der Mutterlauge ab, wäscht nicht mit Wasser nach, sondern verreibt mit Aceton und trocknet im Vakuum bei Zimmertemperatur. Die Verbindung kristallisiert mit 1 Mol Kristallwasser, das sie beim Erhitzen in der Trockenpistole bei der Siedetemperatur des Methanols verliert. Beim Stehen an der Luft wird die entsprechende Wassermenge wieder aufgenommen. Die Verbindung verfärbt sich an feuchter Luft und im Licht sehr schnell gelb. Sie ist nicht leicht analysenrein zu erhalten. Bei der Vorbereitung zur Analyse wurde mit wenig Methylenchlorid verrieben und im Dunkeln getrocknet.

Trockenverlust (Trockenpistole siedendes Methanol):

eingewogen	0,2168 g	ber.	3,86%
nach dem Trocknen	0,2090 g	gef.	3,44%
Verlust	0,0078 g		

Rohausbeute: 0,75 g = 67,5% d. Th., Schmp. roh 145° (Zers.). Man kristallisiert aus Methanol um, Ausbeute 0,4 g = 36,7% d. Th., Schmp.: sintert bei 150° und verkohlt zwischen 200° und 300°.

$C_{22}H_{26}O_2N_5SNa \cdot H_2O$	Molgewicht 449,52				
	C	H	O	N	S
Ber.	56,76	6,06	10,31	15,04	6,88
Gef.	56,64	5,86	10,04	15,17	7,10

Diacetylmonobenzthiazolylhydrazon XXIII

1. Aus XXII. 1,9 g XXII werden in 6 cm³ Eisessig gelöst. Man beobachtet eine deutliche Gasentwicklung. Wenn alles gelöst ist, gibt man 20 cm³ Wasser zu und erwärmt unabhängig von dem sich bildenden Niederschlag unter Stickstoff 4 Stdn. auf 80°. Anschließend kühlt man in Eiswasser, saugt nach $^1/_2$ Stde. ab und trocknet im Vakuum bei Zimmertemperatur.

Rohausbeute: 0,55 g = 55,7% d. Th.; man kristallisiert aus Methanol um, Ausbeute 0,35 g = 35,6% d. Th., Schmp. 203°.

$C_{11}H_{11}ON_3S$	Molgewicht 233,30				
	C	H	O	N	S
Ber.	56,64	4,75	6,86	18,01	13,74
Gef.	56,46	4,99	6,97	17,66	13,30

2. Aus Diacetyl und 2-Benzthiazolylhydrazin. 8,6 g (0,1 Mol) Diacetyl werden mit 10 cm³ Methanol und 0,5 cm³ Eisessig gemischt und zum Sieden erhitzt. Man läßt 8,5 g Benzthiazolhydrazin (0,05 Mol) heiß gelöst in 20 cm³ Methanol im Verlauf von 5 Min. zutropfen und erhitzt weitere 10 Min. zum Sieden. Nach dem Abkühlen wird der Niederschlag abgesaugt und einmal aus Methanol umkristallisiert.

Ausbeute: 3,5 g = 30% d. Th., bezogen auf 2-Benzthiazolylhydrazin, Schmp. 201°.

$C_{11}H_{11}ON_3S$	Molgewicht 233,30				
	C	H	O	N	S
Ber.	56,64	4,75	6,86	18,01	13,74
Gef.	56,40	4,88	7,18	17,95	13,32

5-Oxo-4-[4-diäthylamino-phenylimino]-3-methylpyrazolin. VI

1. Aus XXII. Die Mutterlauge aus XXIII wird mit 80 cm³ Wasser verdünnt und mit gesättigter Sodalösung auf *p*H 10 gestellt. Eine eventuell auftretende stärkere Trübung wird durch Zugabe von mehr Wasser (maximal 80 cm³) fast zum Verschwinden gebracht. Man gibt 1,9 g 1-Phenyl-3-methylpyrazolon-(5) zu, wartet bis alles gelöst ist und filtriert. Das Filtrat wird bei Zimmertemperatur unter Rühren im Verlauf von 5 Min. mit 2,7 g Kaliumpersulfat, gelöst in 50 cm³ Wasser, versetzt. Man kühlt anschließend in Eiswasser und saugt nach 1 Stde. ab.

Rohausbeute: 0,9 g = 63,9% d. Th., man kristallisiert aus Alkohol um, Ausbeute 0,5 g = 35,7% d. Th., Schmp. 118°.

$C_{20}H_{22}ON_4$	Molgewicht 334,43			
	C	H	O	N
Ber.	71,83	6,63	4,78	16,75
Gef.	71,60	6,71	5,07	16,38

2. Aus 1-Phenyl-3-methylpyrazolon-(5) und 4-Diäthylamino-anilinsulfat. 5,4 g (0,03 Mol) 1-Phenyl-3-methylpyrazolon-(5) werden in 200 cm³ 5%iger Sodalösung gelöst. Zu dieser Lösung werden 7 g (10% Unterschuß) 4-Diäthylaminoanilinsulfat gegeben. Wenn eine klare Lösung entstanden ist, läßt man bei Zimmertemperatur 16 g Kaliumpersulfat, gelöst in 300 cm³ Wasser und mit 2 n-Sodalösung auf *p*H 7 gestellt, unter Rühren im Verlauf von 5 Min. zulaufen. Nach der Zugabe wird $^1/_2$ Stde. im Eiswasser nachgerührt, anschließend abgesaugt, mit Wasser nachgewaschen und getrocknet. Man kristallisiert aus Alkohol um.

Ausbeute: 6,2 g = 59,5% d. Th., Schmp. 117°.

$C_{20}H_{22}ON_4$	Molgewicht 334,43			
	C	H	O	N
Ber.	71,83	6,63	4,78	16,75
Gef.	71,39	6,72	5,35	16,92

3. Darstellung aus XXIV. 1,7 g XXIV werden, wie für IX angegeben, mit 1,15 g 4-Diäthylaminoanilinsulfat und 1,4 g Kaliumpersulfat umgesetzt. Es wird zunächst die Bildung eines farblosen Produktes beobachtet, das sich aber sehr bald rotviolett verfärbt. Man saugt ab und wäscht mit Wasser nach. Das erhaltene Produkt wird in kaltem Methanol angerieben, bis es krümelig zerfällt. Den gebildeten Niederschlag saugt man ab. Das rötlich verfärbte Produkt schmilzt bei 115—125° und ist möglicherweise die verunreinigte „Leukoverbindung". Sie wurde nicht analysiert. Die rote Mutterlauge wird auf etwa $^1/_5$ des Ausgangsvolumens eingeengt. Beim Abkühlen des Konzentrates erhält man geringe Mengen eines Farbstoffs, dessen IR-Spektrum mit dem von VI identisch ist.

4. Darstellung aus XXV. 2,4 g XXV werden, wie für IX angegeben, mit 1,15 g 4-Diäthylaminoanilinsulfat und 1,4 g Kaliumpersulfat umgesetzt. In diesem Fall wird die Bildung eines farblosen Produktes nicht mehr beobachtet. Es entsteht spontan der Farbstoff, der abgesaugt und mit Wasser nachgewaschen wird. Man trocknet im Vakuum bei Zimmertemperatur. Nach dem Umkristallisieren aus Alkohol erhält man 0,8 g des Farbstoffs VI. Schmp. 110°. Das IR-Spektrum des auf die beschriebene Art und Weise hergestellten Farbstoffs ist identisch mit dem des unabhängig synthetisierten Produktes.

1′-Phenyl-3-methyl-4-diphenylmethylpyrazolon-(5) XXIV

15 g 1-Phenyl-3-methyl-4-diphenylmethylenpyrazolon-(5) [*18*] werden in 200 cm³ Methanol gelöst. Man gibt etwa 5 g Raney-Nickel (feucht) zu und hydriert in einem V2A-Rühr-Autoklaven bei 50° und 10 atü Wasserstoff. Der Wasserstoff wird anfänglich gut aufgenommen. Wenn sich die Aufnahme merklich verlangsamt, bricht man die Reaktion ab, läßt abkühlen und saugt das Raney-Nickel ab. Das Filtrat wird mit Wasser bis zu einer eben beginnenden Trübung versetzt und in Eis gestellt. Nach einiger Zeit kristallisiert die Verbindung aus. Man saugt ab und trocknet im Vakuum bei Zimmertemperatur.

Ausbeute: 6 g = 40% d. Th.; man kristallisiert aus Isopropanol um, Schmp. 208—213°.

$C_{23}H_{20}ON_2$	Molgewicht 340,43			
	C	H	O	N
Ber.	81,33	6,13	5,16	8,46
Gef.	81,03	6,25	4,99	8,61

1-Phenyl-3-methyl-4-di-(4′-dimethylamino)-phenylmethylpyrazolon-(5) XXV.

1. 1-Phenyl-3-methyl-4-(4′-dimethylamino)-diphenylmethylen-pyrazolon-(5). 5 g Auramin (als freie Base) werden zusammen mit 5 g 1-Phenyl-3-methylpyrazolon in 50 cm³ Toluol 3 Stdn. auf 50° erwärmt. Man läßt über Nacht stehen und saugt anschließend den gebildeten Niederschlag ab. Die Verbindung wird aus viel Methanol umkristallisiert.

Ausbeute: 8 g = 58% d. Th., Schmp. 258°.

$C_{31}H_{36}ON_4$	Molgewicht 480,68		
	C	H	N
Ber.	76,03	7,09	13,14
Gef.	75,87	6,72	13,54

2. 1-Phenyl-3-methyl-4-(4′-dimethylamino)-diphenylmethyl-pyrazolon-(5). 30 g unter 1. hergestellten Methylen-Verbindungen werden in 700 cm³ Methanol angeschlämmt und in einem V2A-Rührautoklaven bei Anwesenheit von 10 g Raney-Nickel (feucht) bei 90° und 10 atü Wasserstoff hydriert. Der Wasserstoff wird glatt aufgenommen. Wenn sich die Aufnahme merklich verlangsamt, bricht man die Reaktion ab. Nach dem Öffnen des Autoklaven wird noch einmal zum Sieden erhitzt und das Raney-Nickel abgesaugt. Beim Stehen in Eiswasser kristallisiert die gebildete Verbindung nach einiger Zeit aus. Man kristallisiert aus Methanol um.

Ausbeute: 9 g = 30% d. Th., Schmp. 195°.

$C_{31}H_{38}ON_4$	Molgewicht 482,68		
	C	H	N
Ber.	76,03	7,09	13,14
Gef.	76,11	7,17	13,40

α-Methyl-α-(4-diäthylamino)-anilinoacetessigsäureäthylester XXIX.

1,3 g α-Methylacetessigester [*22*] (0,01 Mol) werden mit 20 cm³ Methanol verdünnt und unter Rühren zu einer Lösung von 1,15 g 4-Diäthylaminoanilinsulfat (0,05 Mol) in 700 cm³ 2,5%iger Sodalösung gegeben. Nach kurzer Zeit entsteht eine klare Lösung, die wiederum unter Rühren bei 20° im Verlauf von 2 Min. mit 1,3 g Kaliumpersulfat, gelöst in 5 cm³ Wasser und mit 2n-Sodalösung neutral gestellt, versetzt wird. Unmittelbar nach der Zugabe gibt man 50 cm³ einer heißen 0,5%igen Pikrinsäurelösung in einem Guß zu, rührt 2 Min. nach und stellt dann mit Eisessig auf *p*H 6. Nach einiger Zeit fällt, wenn man mit Eis kühlt, die gesuchte Verbindung aus. Man saugt ab, wäscht mit Wasser nach und trocknet im Vakuum. Man kristallisiert aus Methanol um.

Ausbeute: 1,5 g = 59% d. Th. bezogen auf 4-Diäthylaminoanilinsulfat. Schmp. 175—177°.

$C_{23}H_{29}O_{10}N_5$	Molgewicht 535,53			
	C	H	O	N
Ber.	51,59	5,46	29,88	13,08
Gef.	51,57	5,35	30,00	13,43

1-Phenyl-3-methyl-4-ω-cyanäthylpyrazolon-(5) XV

6 g α-(ω-Cyanäthyl)-acetessigester [*20*] werden mit 5 g Phenylhydrazin in 60 cm³ Toluol 3 Stdn. mit Wasserabscheider gekocht. Der beim Erkalten ausfallende Niederschlag mit Benzol nachgewaschen und im Vakuum getrocknet. Man kristallisiert aus Aceton: Wasser 1 : 1 um.

Ausbeute: 4,4 g = 54% d. Th., Schmp. 160—162°.

1-Phenyl-3-methyl-4-ω-carbamidoäthylpyrazolon-(5) XVI.

10 g XV werden so in 20 cm³ Schwefelsäure eingetragen, daß die Temperatur 20° nicht übersteigt. Man läßt 6 Stdn. bei dieser Temperatur stehen und trägt auf 100 g Eis aus. Anschließend wird mit konz. Natronlauge auf *p*H 8—9 gestellt, filtriert und dann mit Eisessig auf *p*H 6 zurückgestellt. Eventuell ausfallende Neutralsalze werden durch Zugabe von Wasser in Lösung gebracht. Nach einigem Stehen kristallisiert die gesuchte Verbindung aus. Man kristallisiert aus Methanol um.

Ausbeute: 4 g = 37% d. Th., Schmp. 201—203°.

$C_{13}H_{15}N_3O_2$	Molgewicht 245,29			
	C	H	O	N
Ber.	63,66	6,16	13,05	17,13
Gef.	63,59	6,24	13,57	16,92

Literatur

[1] KÖCHLIN, H. u. O. N. WITT: D.R.P. 15 915.
[2] FISCHER, R. u. H. SIEGRIST: D.R.P. 253 335; D.R.P. 257 160; Photogr. Korr. **19**, 208 (1914).
[3] WAHL, O.: Angew. Chem. **64**, 259 (1952).
[4] EGGERS, J.: Mitteilungen aus den Forschungslaboratorien der Agfa Leverkusen-München, Bd. III, 1961, S. 73, dort weitere Lit.
VITTUM, P. W. u. A. WEISSBERGER: Journ. Photogr. Sc., **2**, 81 (1954);
VITTUM, P. W. u. A. WEISSBERGER: Journ. Photogr. Sc., **6**, 157 (1958).
[5] HÜNIG, S. u. W. DAUM: Ann. Chem. **595**, 133 (1955), Anm. 14.
[6] EGGERS, J.: Mitteilungen aus den Forschungslaboratorien der Agfa Leverkusen-München, Bd. II, 1958, S. 183.
[7] HANSON JR., W. T. u. P. W. VITTUM: P.S.A. Journ. **13**, 94 (1947).
[8] KENDALL, J. D. u. R. B. COLLINS: GB 513 596.
[9] HÜNIG, S. u. W. DAUM: Ann. Chem. **595**, 131 (1955).
[10] PÜSCHEL, W.: D.B. 1 155 675/18. 9. 1956.
[11] MENZEL, K. u. W. PÜSCHEL: siehe diese Mitteilungen.
[12] KNORR, L. u. A. BLANCK: Ann. Chem. **238**, 162–165, (1887).
[13] RUPE, H. u. B. PIEPER: Helv. Chim. Acta **12**, 645 (1929).
[14] MANNIG, C.: Arch. d. Pharm. **267**, 700 (1929).
[15] AUWERS, K. v. u. F. DERSCH: Ann. Chem. **462**, 116 (1928).
[16] MICHAELIS, A.: U. VOSS u. M. GREISS: Chem. Ber. **34**, 1307/1308 (1901).
[17] BECKH, W.: Chem. Ber. **31**, 3163 (1898).
[18] HEIDUSCHKA, A. u. O. ROTHACKER: Journ. prakt. Chem. [2] **84**, 538 (1911).
[19] WISLICENUS, W., H. EICHERT u. M. MARQUARDT: Ann. Chem. **436**, 93 (1924).
[20] KEIMATSU, S. u. S. SUGASAWA: C.Z. 1928 II 1881, (Journ. Pharm. Soc. Japan **48**, 103).
[21] EGGERS, J.: unveröffentlicht.
[22] FOLKERS, K. u. H. ADKINS: Journ. Am. Chem. Soc. **53**, 1416 (1931).

4,4'-Bis-dialkylamino-azobenzole
Ein Beitrag zur oxydativen Kupplung der p-Phenylendiamine

Von K.-W. Schranz und W. Püschel

Zusammenfassung

Die Bildung von Azofarbstoffen aus dialkylsubstituierten p-Phenylendiaminen sowohl in vitro als auch unter den Bedingungen der photographischen Entwicklung wird beschrieben. Es wird der Versuch unternommen, die Entstehung der Azofarbstoffe in den bekannten Mechanismus der Oxydation von dialkylsubstituierten p-Phenylendiaminderivaten einzuordnen. Zur Beschreibung der Azofarbstoffbildung wird eine Hydraziniumstruktur formuliert und in diesem Rahmen zur Diskussion gestellt.

Die oxydative Farbkupplung von dialkylsubstituierten p-Phenylendiaminen mit aktiven Methylen- oder Methinverbindungen nach R. Fischer ergibt Azomethinfarbstoffe nach folgendem allgemeinen Formelschema:

$$(R_1)(R_2)CH_2 + H_2\bar{N}-C_6H_4-\bar{N}(Y_1)(Y_2) + 4\,Ag^{\oplus} \longrightarrow (R_1)(R_2)C=\bar{N}-C_6H_4-\bar{N}(Y_1)(Y_2) + 4\,Ag + 4\,H^{\oplus}\,.$$

Der Mechanismus und die Reaktionskinetik dieser Reaktion sind von einer ganzen Reihe von Autoren beschrieben, wobei gelegentlich die Entstehung von gefärbten Nebenprodukten erwähnt wird [*1*]. So beschrieb z. B. R. Gerbaux [*2*] einen sich vom p-Amino-N-diäthylanilin ableitenden Azofarbstoff (I) als Nebenprodukt bei der oxydativen Kupplung dieses p-Phenylendiaminderivates mit Pyrazolonen zu den entsprechenden Azomethinfarbstoffen.

$$(Y_1)(Y_2)\bar{N}-C_6H_4-\bar{N}=\bar{N}-C_6H_4-\bar{N}(Y_1)(Y_2)$$

I: $Y_1 = Y_2 = C_2H_5-$
II: $Y_1 = -C_4H_9$
$Y_2 = -C_4H_8-SO_3Na$

Auch S. Hünig [*3*] beobachtete das Auftreten des Azofarbstoffes (I) bei Untersuchungen der Reaktion von oxydierten p-Phenylendiaminen mit aktiven Methylenverbindungen.

Bei der Untersuchung der Reaktion von oxydierten Farbentwicklern mit Arylhydrazonen, die normalerweise zu farblosen Endprodukten führt, beobachteten wir gelegentlich das Auftreten von säurestabilen Farbstoffen mit Indikatoreigenschaften. Wir vermuteten, daß es sich auch bei diesen Verbindungen um Azofarbstoffe handelt, die durch oxydative Selbstkupplung der Farbentwickler entstanden sind. Die Bildung von Azoverbindungen bei der Oxydation von aromatischen Aminen ist an sich bekannt. E. BAMBERGER [4] erhielt bei der Oxydation von wäßriger Anilinlösung mit Kaliumferricyanid neben viel Teer Azobenzol. M. MARTYNOFF [5] isolierte bei der Behandlung von p-Amino-N-diäthylanilin mit Nitrobenzol in Gegenwart von Natriumhydroxid als Nebenprodukt den Azofarbstoff (I). Ebenso erhielten L. HORNER und J. DEHNERT [6] diese Verbindung bei der Autoxydation von p-Amino-N-diäthylanilin in Toluol bei Anwesenheit von Alkali-tert.-butylat. Entsprechende eigene Versuche im wäßrigen Milieu zeigten, daß sich eine natronalkalische Lösung von p-Amino-N-diäthylanilin (pH > 11) bei Oxydation mit Kaliumpersulfat anders verhält als eine analoge sodaalkalische Lösung. Während die sodaalkalische Lösung nach anfänglicher Rotfärbung eine schmutzige Farbe annimmt und schließlich ein teerartiger Niederschlag entsteht, nimmt die natronalkalische Lösung sofort eine intensiv gelbe Farbe an, die beim Ansäuern reversibel nach Rot umschlägt. Bei der Durchführung dieses Versuches im präparativen Maßstab konnte in einer Ausbeute von 50% ein Farbstoff isoliert werden, der auf Grund seines Schmelzpunktes und seiner Analysenwerte dem von R. GERBAUX [2] beschriebenen Azofarbstoff (I) entspricht. Zur Sicherung der Konstitution wurde der Farbstoff wieder zum ursprünglich eingesetzten Diamin reduziert und dieses dünnschichtchromatographisch identifiziert (Abb. 1).

Desgleichen wurde der Azofarbstoff (I) durch Kondensation von p-Nitroso-N-diäthylanilin und p-Amino-N-diäthylanilin synthetisiert und dünnschichtchromatographisch und IR-spektrographisch mit dem durch oxydative Kupplung erhaltenen Farbstoff verglichen; die beiden Farbstoffe sind identisch.

Unter den gleichen Reaktionsbedingungen konnte durch oxydative Kupplung von p-Amino-N-ω-sulfobutyl-N-butylanilin der entsprechende Azofarbstoff (II) in einer Ausbeute von 80% dargestellt werden. Auch dieser Farbstoff ergab bei der Reduktion das ursprünglich eingesetzte Diamin, das dünnschichtchromatographisch nachgewiesen wurde (Abb. 1). Nach den erhaltenen Analysenwerten wurde die Verbindung als Natriumsalz mit 3 Mol Kristallwasser isoliert.

Die präparative Darstellung der beiden Azofarbstoffe (I) und (II) gelingt nur in ätzalkalischer Lösung mit befriedigenden Ausbeuten. In sodaalkalischer Lösung bilden sich neben den Azofarbstoffen nicht näher untersuchte Produkte, die die Aufarbeitung praktisch unmöglich machen.

Nach der präparativen Darstellung der Entwicklerazofarbstoffe durch oxydative Selbstkupplung im wäßrigen Milieu interessierte die Frage, ob auch unter praktischen photographischen Bedingungen Azofarbstoffe *allgemein* als Nebenprodukte auftreten. Aus mit p-Amino-N-diäthylanilin entwickeltem Schwarz-Weiß- und Color-Material konnte in allen Fällen mit Methanol der Azofarbstoff (I) extrahiert und dünnschichtchromatographisch identifiziert werden (Abb. 2—4).

Entwickleransätze siehe S. 374!

Außer der pH-Abhängigkeit beobachteten wir eine Beeinflussung der Azofarbstoffbildung durch den Sulfitgehalt des Entwicklers, wie die Entwicklung von photographischem Material in einem sodaalkalischen und einem natronalkalischen, sulfitfreien Entwickler zeigt (Abb. 2). Die Bildung der Azofarbstoffe findet auch dann noch statt, wenn bei Anwesenheit von Kupplern die oxydative Kupplung zu Azomethinfarbstoffen die Hauptreaktion darstellt; hier läßt sich eine Abhängigkeit von der Reaktivität des Farbkupplers beobachten (Abb. 3).

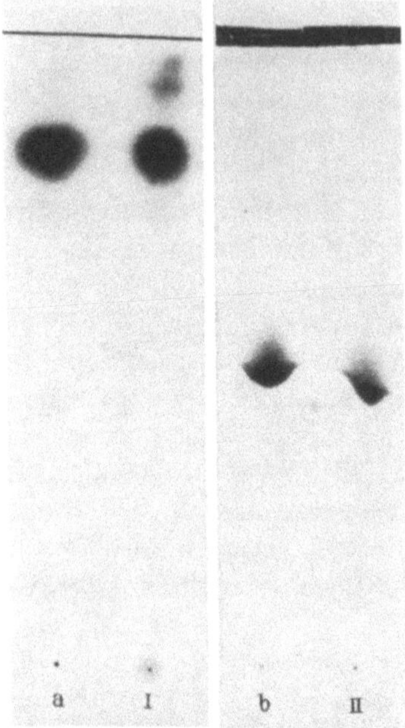

Abb. 1. Dünnschichtchromatogramm der reduzierten Azofarbstoffe (I) und (II) und der beiden Entwickler p-Amino-N-diäthylanilin (a) und p-Amino-N-ω-sulfobutyl-N-butylanilin (b).

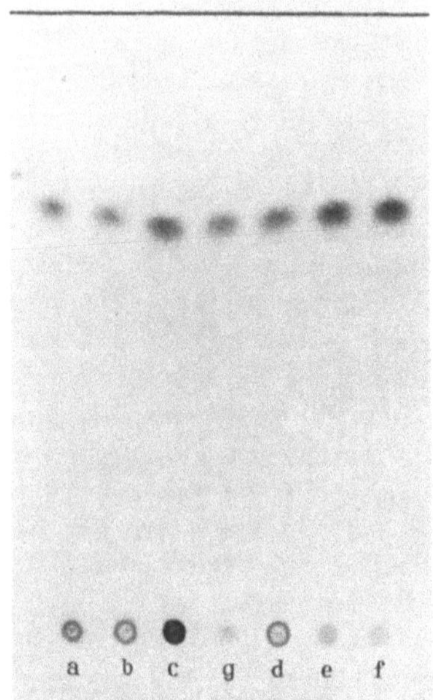

Abb. 2. Dünnschichtchromatogramm der Eindampfrückstände der Extraktionslösungen aus unterschiedlich entwickeltem Schwarz-Weiß-Material (BW 1).

a entwickelt mit Entwickler A
b wie a, jedoch nach Entwicklung noch gebleicht und fixiert
c entwickelt in Entwickler B
d wie b, jedoch in B entwickelt
e entwickelt in Entwickler C
f wie b, jedoch in C entwickelt
g Azofarbstoff (I)

Die durchgeführten Versuche belegen, daß unter den üblichen Bedingungen der Farbentwicklung immer — wenn auch in geringem Umfang — Entwicklerazofarbstoff entsteht. Von Interesse ist nun, wie sich ein solcher Azofarbstoff aus den bekannten Zwischenprodukten der Oxydation von dialkylsubstituierten p-Phenylendiaminen bilden kann.

Azofarbstoffe bilden sich — wenn nicht durch Kupplung von Diazoniumsalzen auf entsprechend reaktive Komponenten — durch Oxydation von Hydrazoverbindungen. Auf die Möglichkeit des Auftretens eines solchen Hydrazobenzols bei der Oxydation von p-Phenylendiaminderivaten wurde bereits von L. MICHAELIS und S. GRANICK [7] hingewiesen. Diese Vorstellung wurde auf Grund ihrer in dieser Arbeit gewonnenen Erkenntnisse verworfen.

Im Rahmen einer umfangreichen Arbeit über die Eigenschaften von Farbentwicklern interpretieren R. L. BENT et alii [8] die von R. GERBAUX [2] als Nebenreaktion entdeckte Bildung des Azofarbstoffes (I) als eine Oxydation der sich durch

Dimerisation des Semichinons bildenden Hydrazoverbindung. Ähnliche Vorstellungen entwickelte S. HÜNIG [3]. Eine Hydrazoform zu isolieren gelang uns bisher nicht. Die Entwicklerazofarbstoffe lieferten bei den unterschiedlichsten Reduktionsversuchen immer die Ausgangsdiamine. Allerdings zeigten die alkalischen Lösungen der mit Zinkstaub reduzierten Azofarbstoffe (I) und (II) ein anderes Verhalten als alkalische Lösungen der entsprechenden dialkylsubstituierten p-Phenylendiamine.

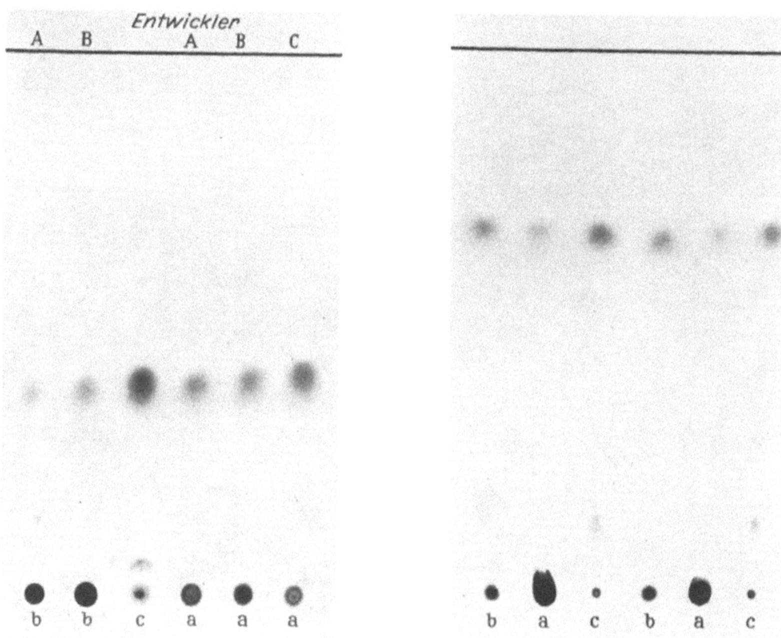

Dünnschichtchromatogramme der Eindampfrückstände der Extraktionslösungen aus

Abb. 3.
komponentenhaltigen, photographischen Schichten (BW). Eingelagerte Komponente:
a 4-(Octadecenyl-succinyl-amido)-ω-cyanacetophenon
b 1-(3-Sulfo-4-äthoxy-phenyl)-3-heptadecyl-pyrazolon-(5)
c Azofarbstoff (I)

Abb. 4
vorschriftsmäßig verarbeiteten, handelsüblichen Colormaterial:
a Color-Cinepositiv-Film
b Color-Umkehr-Film
c Azofarbstoff (I)

Die Lösungen färbten sich unmittelbar nach der Reduktion an der Oberfläche purpurn, und die absinkenden Farbschlieren wurden sofort wieder entfärbt. Auch die Entfärbung einer methanolischen, salzsauren, roten Semichinonlösung beim starken Abkühlen (— 85 °C) und das Wiederauftreten der Farbe beim Erwärmen dieser Lösung können als Hinweis aufgefaßt werden, daß 2 Moleküle Semichinon zu einem Hydrazobenzol bzw. in saurer Lösung zu einem Hydraziniumsalz kombinieren. Gerade dieser letzten Struktur könnte u. U. im Rahmen der Oxydation von p-Phenylendiaminderivaten Bedeutung zukommen, wenn man annimmt, daß diese Verbindung in Ausgangsdiamin und sogenannte T-Form disproportioniert. Mit der Vorstellung einer Hydraziniumstruktur im Einklang steht der Hinweis von R. L. BENT et alii [8], daß das Semichinon bei dem in Frage kommenden *p*H-Wert (ca. 10) im Gleichgewicht mit dem Semichinonkation vorliegt. Unter Einbeziehung dieser evtl. intermediär auftretenden Verbindungen und unter Zugrundelegung der bereits bekannten Tatsachen [1] könnte der Oxydationsmechanismus von *p*-Phenylendiaminderivaten wie folgt ergänzt werden:

Disproportionierung

Oxydation

+Kuppler

Leukobase

Azomethinfarbstoff

Die gestrichelten Pfeile sollen die hypothetischen Reaktionen andeuten, für die außer der Existenz der entsprechenden Entwicklerazofarbstoffe und der vorstehend kurz erwähnten Versuche bisher keinerlei Hinweis erhalten werden konnte. Die Pfeile geben lediglich die interessierende Reaktionsrichtung an, ohne die einzelnen Gleichgewichtsreaktionen zu berücksichtigen.

Die Untersuchungen werden von uns in dem Bestreben fortgesetzt, weitere Belege für die formulierte Hydraziniumform zu erarbeiten oder sie unter geeigneten Bedingungen zu isolieren. Abschließend danken wir Herrn Dr. VETTER für die dünnschichtchromatographischen Untersuchungen.

Experimenteller Teil

4,4'-Bis-diäthylamino-azobenzol (I)

10,8 g (40 mMol) p-Amino-N-diäthylanilinsulfat werden in 200 ml 10%iger Natronlauge und 100 ml Methanol gelöst. Dazu wird langsam unter Rühren eine 5%ige wäßrige Lösung von 21,6 g (80 mMol) Kaliumpersulfat getropft, wobei leichte Erwärmung des Reaktionsgemisches eintritt (ca. 28—30°). Nach 24 Stunden Stehen wurde der entstandene Niederschlag abgesaugt und mit wenig Wasser verrieben. Das Rohprodukt — 3,9 g (58,6%) vom Schmp. 151—157° — wird einmal aus Methanol umkristallisiert. Braungelbe Kristalle.

Ausbeute: 2,3 g (34,6% d. Th.), Schmp. 164—166°; sint. ab 163° [*9*]: 171°).

$C_{20}H_{28}N_4$ (324,5)	Ber. C 74,0	H 8,70	N 17,3
	Gef. 73,44	8,83	17,13

Natriumsalz des 4,4'-Bis-(N-ω-sulfobutyl-N-butyl-amino)-azobenzols (II)

9,0 g (30 mMol) des Natriumsalzes von p-Amino-N-ω-sulfobutyl-N-butylanilin werden in 200 ml 10%iger Natronlauge gelöst. Dazu wird langsam unter Rühren eine 5%ige wäßrige Lösung von 16,2 g (60 mMol) Kaliumpersulfat getropft, wobei leichte Erwärmung des Reaktionsgemisches eintritt (ca. 28—30°). Nach 24 Stunden Stehen wird der gelbe Niederschlag abgesaugt; das Rohprodukt — 8,1 g (77,8%) vom Schmp. > 300° — wird einmal aus wenig Wasser umkristallisiert. Goldgelbe Kristalle.

Ausbeute: 6,1 g (58,6% d. Th.), Schmp. 297—328° unter Zersetzung. Der Farbstoff enthält Kristallwasser.

$C_{28}H_{24}N_4O_6S_2Na_2 \cdot 3\,H_2O$ (694,8)

Ber.	C 48,4	H 6,97	N 8,1	O 20,7	S 9,5	Na 6,6
Gef.	48,68	7,15	8,04	21,57	8,78	6,3

Die beiden Azofarbstoffe (I) und (II) wurden außerdem in natronalkalischer Lösung mit Zinkstaub reduziert und die erhaltenen farblosen Lösungen dünnschichtchromatographisch untersucht. In beiden Fällen konnten die Ausgangsdiamine, das p-Amino-N-diäthylanilin und das p-Amino-N-ω-sulfobutyl-N-butyl-anilin, durch direkten Vergleich nachgewiesen werden (Abb. 1). *Adsorbens*: Kieselgel G.

Laufmittel:

1. Benzol/Diäthylamin 60 : 15
für die reduzierte Lösung des Azofarbstoffes (I) und des entsprechenden Diamins.

2. Aceton/Diäthylamin/5 n-Ammoniak 50 : 10 : 10
für die reduzierte Lösung des Azofarbstoffes (II) und des entsprechenden Diamins.

Sprühmittel:

1%ige Lösung von Silbernitrat in 1%igem wäßrigem Ammoniak.

Identifizierung von 4,4'-Bis-diäthylamino-azobenzol in verarbeitetem photographischem Material

1. Teststreifen (12×18 cm) von diffus belichtetem Schwarz-Weiß-Material (BW 1) wurden in den Entwicklern A—C 15 Min. entwickelt.

A
2,5 g p-Amino-N-diäthylanilinsulfat
1,0 g Natriumsulfit sicc.
1,0 g Kaliumbromid
75,0 g Kaliumcarbonat
1 l Wasser

B
Analog A, jedoch ohne Sulfit

C
2,5 g p-Amino-N-diäthylanilinsulfat
1,0 g Kaliumbromid
1 l 1 n Natronlauge

Anschließend wurde das gewässerte Material geschnitzelt, mit 50 ml Methanol extrahiert, das Lösungsmittel abgedampft und der Rückstand dünnschichtchromatographisch untersucht. In einem zweiten Versuch wurde nach der Entwicklung in üblicher Weise gebleicht, fixiert und anschließend wie vorstehend beschrieben weiterverarbeitet und dünnschichtchromatographisch untersucht. *Adsorbens:* Kieselgel G

Laufmittel: Benzol/Chloroform 50 : 25.

Das unterschiedlich verarbeitete Material enthielt in jedem Fall 4,4'-Bis-diäthylamino-azobenzol, s. Abb. 2.

2. In den vorstehend beschriebenen Entwicklern wurden Teststreifen (12×18 cm) von komponentenhaltigen (s. Legende Abb. 3) einschichtigem photographischem Material (BW-Emulsion) entwickelt und wie unter 1 angegeben auf Anwesenheit von 4,4'-Bis-diäthyl-amino-azobenzol (I) untersucht, s. Abb. 3.

Adsorbens: Kieselgel G.

Laufmittel: Benzol/Chloroform 60 : 15.

Auch bei diesem Versuch wurde der Azofarbstoff (I) identifiziert.

Das das 1-(3-Sulfo-4-äthoxy-phenyl-)-3-heptadecyl-pyrazolon-(5) enthaltende Material konnte im Entwickler C nicht entwickelt werden, da die Schicht sofort ablief.

3. Auch vorschriftsmäßig verarbeiteter, handelsüblicher Cinepositiv- und Color-Umkehrfilm wurde mit Methanol extrahiert. Auch in diesem Fall konnte das 4,4'-Bis-

diäthylamino-azobenzol dünnschichtchromatographisch nachgewiesen werden, s. Abb. 4.

Adsorbens: Kieselgel G.

Laufmittel: Benzol/Chloroform 50 : 25.

Aus der Färbung der Extrakte und aus den Dünnschichtchromatogrammen (Abb. 2—4) läßt sich schließen, daß mit steigendem *p*H-Wert, niedrigerem Sulfitgehalt und geringerer Reaktivität der Komponente die Azofarbstoffbildung begünstigt wird.

Literatur

[*1*] a) EGGERS, J.: Agfa Mitteilungen aus dem Forschungslaboratorium der Agfa Leverkusen-München, Bd. III, 1961, S. 73;
b) VITTUM, P. W. u. A. WEISSBERGER: The Journal of Photographic Science **2**, 81 (1954; **6**, 157 (1958).

[*2*] GERBAUX, R.: Bull. Soc. Chim. Belg. **58**, 498 (1949).

[*3*] HÜNIG, S. u. G. PEILSTÖCKER: A. **598**, 105 (1956).

[*4*] BAMBERGER, E. u. F. MEINBERG: Ber. dtsch. chem. Ges. **26**, 497 (1893) Anmerk. 1.

[*5*] MARTYNOFF, M.: Compt. rend. **225**, 1332 (1947).

[*6*] HORNER, L. u. J. DEHNERT: Ber. dtsch. chem. Ges. **96**, 786 (1963).

[*7*] MICHAELIS, L. u. S. GRANICK: J. Amer. chem. Soc. **65**, 1747 (1943).

[*8*] BENT, R. L. et alii: J. Amer. chem. Soc. **73**, 3100 (1951).

[*9*] VORLÄNDER, D. u. E. WOLFERTS: Ber. dtsch. chem. Ges. **56**, 1238 (1923) Anmerk. 13.

Azomethinfarbstoffe von Pyrazolonen und Pyrazolobenz-imidazolen

Von K.-H. MENZEL und W. PÜSCHEL

Pyrazolobenzimidazole [1] mit dem Grundgerüst XVIII können wie Pyrazolone an ihrer aktiven Methylengruppe nitrosiert werden. Die erhaltenen Isonitrosoverbindungen beider Substanzklassen lassen sich durch Reduktion in Amine und diese wiederum durch Acylierungsreaktionen in Acylaminoverbindungen überführen. Es zeigte sich, daß diese 4-Acylaminopyrazolone bzw. 3-Acylaminopyrazolobenzimidazole in der Lage sind, mit p-Phenylendiaminderivaten, z. B. p-Diäthylaminoanilin oxydativ zu farblosen Produkten zu kuppeln. Aus diesen so erhaltenen 4-Acetylamino-4-(4'-diäthylamino)-anilinopyrazolonen bzw. 3-Acetylamino-3-(4'-diäthylamino)-anilinopyrazolobenzimidazolen entstehen beim Erwärmen Farbstoffe, die man ihrem Absorptionsspektrum entsprechend als Azomethinfarbstoffe von Pyrazolonen bzw. Pyrazolobenzimidazolen ansehen muß.

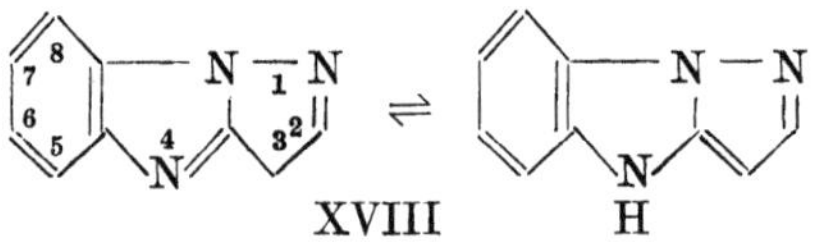

XVIII

H

1-Phenyl-3-aminopyrazolon-(5) (IV) wird durch Nitrosierung mit salpetriger Säure in 1-Phenyl-3-methyl-4-isonitrosopyrazolon-(5) (V) überführt. Durch katalytische Reduktion erhält man daraus die 4-Aminoverbindung VI, und durch Acetylierung entsteht daraus das 4-Acetylaminopyrazolon VIa.

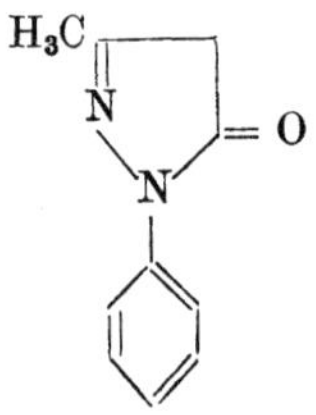

IV

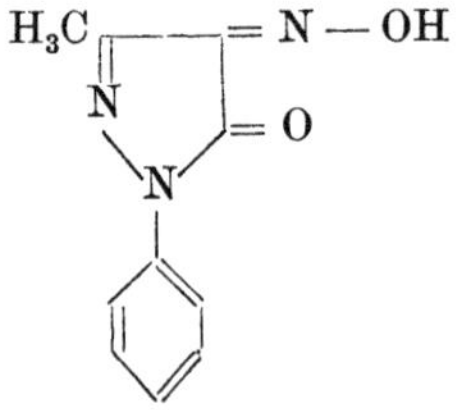

V

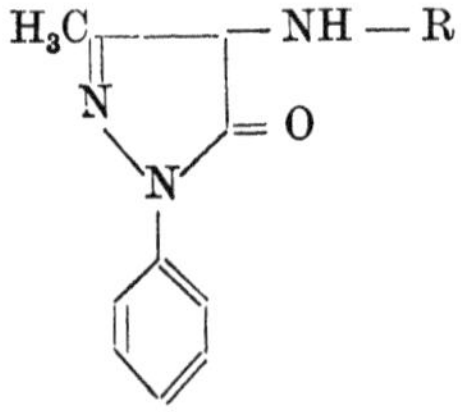

VI R = H
VIa R = —$COCH_3$

Alle entsprechend IV aufgebauten Pyrazolone gehen bekanntermaßen mit Derivaten des p-Phenylendiamins, beispielsweise mit p-Diäthylaminoanilin, unter oxydierenden Bedingungen eine Kupplungsreaktion ein, die zu purpurnen Azomethinfarbstoffen führt. Es bildet sich aus IV und p-Diäthylaminoanilin unter Oxydation der Azomethinfarbstoff I.

IV + $H_2N-C_6H_4-N(C_2H_5)_2$ ⟶ I

VIa + $H_2N-C_6H_4-N(C_2H_5)_2$ ⟶ VII

VII ⟶ I

Als Oxydationsmittel können Kaliumpersulfat, Kaliumferricyanid, Wasserstoffperoxyd oder belichtetes Halogensilber dienen.

Es zeigte sich nun, daß auch 4-Acetylaminopyrazolone, z. B. VIa, in der Lage sind, oxydativ mit p-Phenylendiaminderivaten zu kuppeln. Dabei bilden sich farblose Kupplungsprodukte. Beispielsweise entsteht aus VIa und p-Diäthylaminoanilin 1-Phenyl-3-methyl-4-acetylamino-4-(4'-diäthylamino)-anilinopyrazolon-(5) (VII).

Erwärmt man VII in einem Lösungsmittel wie Dimethylformamid oder in Methanol in Gegenwart von etwas Natriummethylat, so erhält man einen violetten

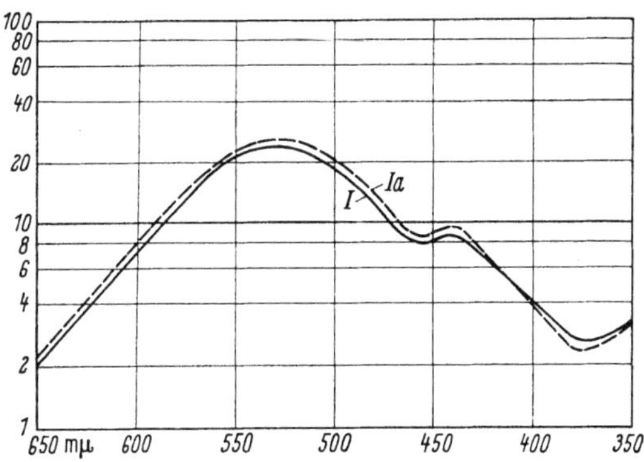

Abb. 1 Absorptionsspektrum des Farbstoffs I.

Farbstoff, dessen Absorptionsspektrum mit demselben von I identisch ist. Die Spektren wurden in 10^{-4} molarer Lösung in Methanol aufgenommen. Kurve I entspricht dem auf dem Umweg über die Verbindung VII erhaltenen Farbstoff, während Kurve Ia die Absorption des auf direktem Wege hergestellten Azomethinfarbstoffes wiedergibt.

Man muß annehmen, daß VII beim Erwärmen unter Abspaltung von Acetamid in den Farbstoff I übergeht.

In analoger Weise entsteht aus 1-(4'-Sulfo-)-phenyl-3-phenylpyrazolon-(5) VIII über die 4-Isonitrosoverbindung IX und die 4-Aminoverbindung X die 4-Acetylaminoverbindung Xa. Diese läßt sich ebenfalls oxydativ mit p-Diäthylaminoanilin kuppeln, und man erhält 1-(4'-Sulfo)-phenyl-3-phenyl-4-acetylamino-4-(4'-diäthylamino)-anilinopyrazolon-(5) (XI). XI gibt beim Erwärmen in Dimethylformamid einen Azomethinfarbstoff II, der entsprechend seinem Absorptionsspektrum identisch ist mit dem aus VIII direkt durch oxydative Kupplung mit p-Diäthylaminoanilin erhaltenen Farbstoff II.

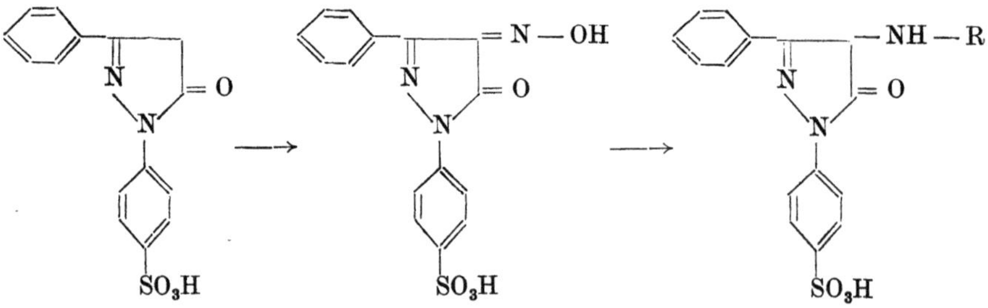

VIII IX X R = H

Xa R = — CO — CH_3

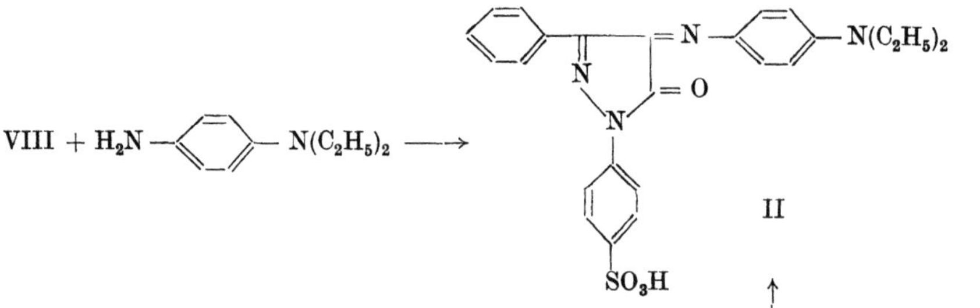

II

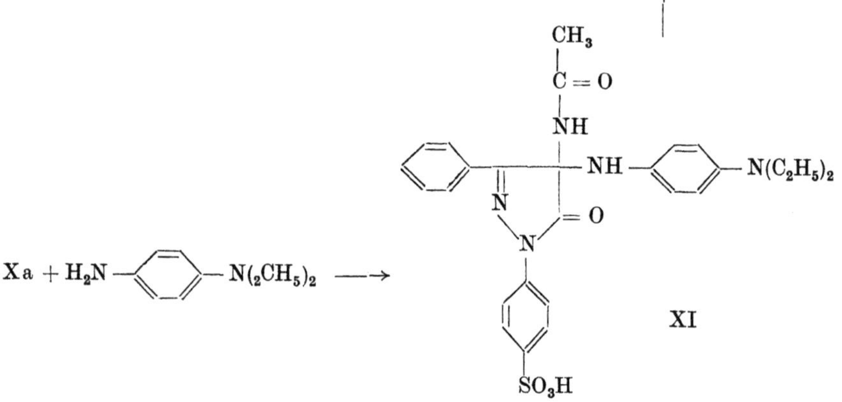

XI

Die Kurven dieser beiden Farbstoffe können als identisch betrachtet werden. Sie wurden ebenfalls in 10^{-4} molarer Lösung in Methanol aufgenommen. Kurve II entspricht dem Farbstoff, der aus XI hergestellt wurde. Kurve IIa dem auf direktem Wege hergestellten Farbstoff.

Entsprechende Reaktionen lassen sich auch in der Reihe der Pyrazolobenzimidazole durchführen, wie am Beispiel der 2-Phenylpyrazolo-[1,5-a]-benzimidazolsulfonsäure-(6) (XIV) gezeigt werden soll. Diese erhält man aus 2-Nitrophenylhydrazinsulfonsäure-(4) durch Kondensation mit Benzoylessigsäureäthylester, wobei zunächst

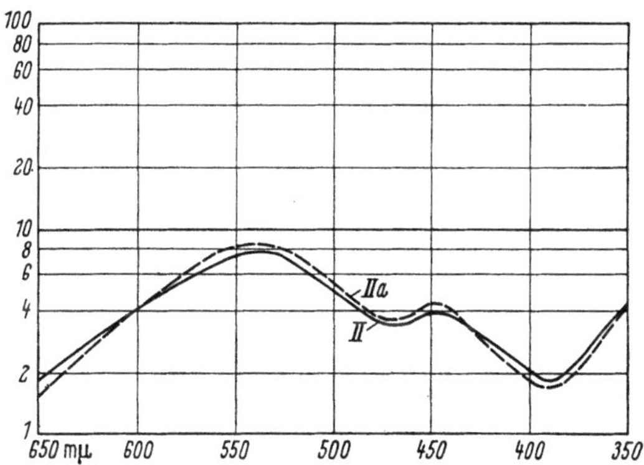

Abb. 2 Absorptionsspektrum des Farbstoffs II.

1-(2'-Nitro-4'-sulfo-)phenyl-3-phenylpyrazolon-(5) (XII) entsteht, dessen Nitrogruppe reduziert wird unter Bildung von 1-(2'-Amino-4'-sulfo-)phenyl-3-phenylpyrazolon-(5- (XIII). XIII wird durch Schmelzen in Anilin und Anilinhydrochlorid einer Ringschlußreaktion unterworfen, und man erhält 2-Phenylpyrazolo-[1,5-a]-benzimid) azolsulfonsäure-(6) (XIV).

XII → XIII → XIV

XIV bildet beim Nitrosieren die 3-Isonitrosoverbindung XV, die sich katalytisch zur 3-Aminoverbindung XVI reduzieren läßt. Aus XVI erhält man mit Essigsäureanhydrid die 3-Acetylaminoverbindung XVIa und mit Propionsäurechlorid die 3-Propionylverbindung XVIb.

XIV ⟶ XV ⟶

XVI: R = H
XVIa: R = CO — CH_3
XVIb: R = CO — C_2H_5

Während XIV mit p-Diäthylaminoanilin oxydativ zum Azomethinfarbstoff III kuppelt, bilden sich aus XVIa und XVIb unter denselben Bedingungen 2-Phenyl-3-acetylamino-3-(4'-diäthylamino)-anilinopyrazolobenzimidazolsulfonsäure-(6)XVIIa bzw. die 3-Propionylaminoverbindung XVIIb. Aus diesen erhält man beim Erwärmen in Dimethylformamid den Azomethinfarbstoff III. Im Spektrum entspricht die Kurve III dem aus XVIIa erhaltenen Azomethinfarbstoff, die Kurve IIIa dem aus XIV direkt hergestellten Farbstoff, und die Kurve IIIb stammt von dem Farbstoff aus XVIIb. Der Farbstoff IIIb wurde nicht in derselben Reinheit wie III und IIIa erhalten, was sich durch die niedrigere Extinktion ausdrückt. Die Messung wurde in 10^{-4} molarer Lösung in Methanol : n-Natronlauge 1 : 1 durchgeführt.

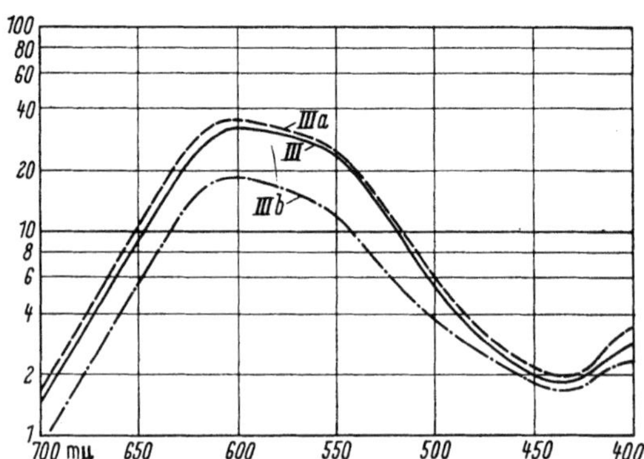

Abb. 3 Absorptionsspektrum des Farbstoffs III.

XIV + H_2N–⟨C₆H₄⟩–$N(C_2H_5)_2$ ⟶ HO_3S–[Pyrazolobenzimidazol: N—N, N, =N–C₆H₄–$N(CH_5)_2$, –C₆H₅]   III

↑

XVIa od. XVIb + H_2N–⟨C₆H₄⟩–$N(C_2H_5)_2$ ⟶ HO_3S–[Pyrazolobenzimidazol: N—N, N, NH–C₆H₄–$N(C_2H_5)$, NH–C=O–CH_3, –C₆H₅]

XVIIa: R = CH_3

VXIIb = R = C_2H_5

Die bisher unbekannten Kupplungsprodukte von 4-Acylaminopyrazolonen und 3-Acylaminopyrazolobenzimidazolen mit p-Diäthylaminoanilin können in fester Form isoliert werden und sind in organischen Lösungsmitteln, z. B. Methanol oder Dimethylformamid oder bei Anwesenheit von sauren Gruppen, in wäßrigen Alkalien löslich. Sie besitzen die Eigenschaft, daß sie beim Erwärmen auf Temperaturen von 100—160°, sei es in fester Form, in gelöster Form oder nach Aufbringung auf ein geeignetes Trägermaterial, wie Papier, in die entsprechenden Azomethinfarbstoffe überführt werden können. Die Überführung dieser farblosen Kupplungsprodukte in die Azomethinfarbstoffe kann durch Anwendung von wasserfreien Alkalien wie Alkoholaten beschleunigt werden.

Experimenteller Teil

Azomethinfarbstoff I aus 1-Phenyl-3-methylpyrazolon-(5) und p-Diäthylaminoanilin

14,6 g Silbernitrat werden in 114 cm^3 Wasser gelöst. Dazu gibt man unter Rühren eine Lösung von 5,8 g Kochsalz und 0,12 g Gelatine in 114 cm^3 Wasser. Dann versetzt man mit einer Lösung von 1,74 g 1-Phenyl-3-methylpyrazolon-(5) und 11,4 g Soda sicc. in 100 cm^3 Wasser. Schließlich tropft man innerhalb von 15 Min. eine Lösung von 2,62 g p-Diäthylaminoanilinsulfat in 114 cm^3 Wasser hinzu. Man rührt noch ca. 30 Min. und saugt dann ab. Der trockene Rückstand wird mit ca. 1 l Methanol ausgekocht, filtriert und mit Methanol nachgewaschen bis das Filtrat farblos abläuft. Die methanolische Farbstofflösung wird im Wasserstrahlvakuum eingeengt. Hieraus kristallisieren ca. 1,5 g Farbstoff I. Schmp. 117°.

1-Phenyl-3-methyl-4-acetylamino-4-(4′-diäthylamino)-anilino-pyrazolon-(5) (VII): Zu einer Lösung von 9,24 g VIa in 125 cm^3 n-Natronlauge und 200 cm^3 Wasser gibt man eine Lösung von 10,2 g p-Diäthylaminoanilinsulfat in 150 cm^3 Wasser. Hierzu tropft man unter Rühren eine Lösung von 4,5 g Wasserstoffperoxyd (30%ig) in 40 cm^3 Wasser. Bei 30° wird noch 15 Min. gerührt. Nach Stehen im Kühlschrank über Nacht wird abgesaugt und mit Wasser gewaschen.

Ausbeute ca. 5 g; Schmp. 145—147°; Farbänderung bei 130°.

		C	H	N	O
$C_{22}H_{27}O_2N_5$ (377)	Ber.	65,78	7,16	18,56	8,48
	Gef.	66,03	7,16	18,08	8,39

Azomethinfarbstoff I aus VII

1 g VII löst man in 15 cm^3 Methanol und versetzt mit 5 cm^3 5%iger Natriummethylatlösung. Man kocht im Dampfbad kurz auf, stellt die Farbstofflösung mit verdünnter Essigsäure neutral und dampft das Lösungsmittel im Wasserstrahlvakuum bei Raumtemperatur ab. Der Rückstand wird in Wasser aufgenommen und der Farbstoff durch Zugabe von etwas Kochsalz ausgesalzen.

Ausbeute 0,7 g; Schmp. 65°.

1-(4′-Sulfo-)phenyl-3-phenylpyrazolon-(5) (VIII)

26,6 g Phenylhydrazinsulfonsäure-(4) (70,8%ig) und 21,5 g Benzoylessigsäureäthylester (89%ig) werden in Gegenwart von 8,2 g Natriumacetat sicc. in 19 cm^3 Wasser, 7,5 cm^3 Eisessig und 27 cm^3 Isopropanol 2 Stdn. am Rückfluß gekocht. Danach werden 20 cm^3 40%ige Natronlauge zugetropft und weitere 30 Min. gekocht. Die Reaktionsmischung gibt man dann auf eine Mischung von Eis und Salzsäure und saugt dann das ausgefallene Produkt ab. Dieses wird mit 200 cm^3 Wasser aufgekocht, erneut abgesaugt und mit Methanol nachgewaschen. Es wird nochmals mit 200 cm^3 Methanol ausgekocht und abgesaugt.

Ausbeute 30 g; Schmp. Zers. 318°.

1-(4'-Sulfo-)phenyl-3-phenyl-4-isonitrosopyrazolon-(5) (IX) bzw. 1-(4'-Sulfo-)phenyl-3-phenyl-4-aminopyrazolon-(5) (X)

31,6 g Pyrazolon VIII werden in 250 cm³ 4%iger Natronlauge gelöst. Dazu gibt man 70 cm³ 10%ige Natriumnitritlösung und tropft diese Lösung bei 0° in 100 cm³ 20%ige Schwefelsäure. Danach wird 30 Min. bei gleicher Temperatur gerührt und dann mit 1 l Methanol versetzt und abgesaugt. Das noch feuchte Nitrosoprodukt wird in 350 cm³ Methanol angeteigt und mit ca. 60 cm³ n-Natronlauge auf *p*H 8—9 gestellt. In Gegenwart von Raney-Nickel wird bei 50° und 50 atü H_2 2 Stdn. hydriert. Es wird vom Katalysator filtriert und das Filtrat mit 20%iger Schwefelsäure auf *p*H 3 gestellt. Das ausgefallene Produkt wird abgesaugt und mit 200 cm³ Methanol verrührt und erneut abgesaugt.

Ausbeute 32 g; Schmp. Zers. ab 280°.

1-(4'-Sulfo-)phenyl-3-phenyl-4-acetylaminopyrazolon-(5) (Xa)

26 g X werden in 125 cm³ Essigsäureanhydrid und 10 cm³ Pyridin 6 Stdn. bei 80—90° gerührt. Das Lösungsmittel wird im Wasserstrahlvakuum abdestilliert und der Rückstand mit 125 cm³ 20%iger Salzsäure verrührt. Das Acetylprodukt kristallisiert nach einiger Zeit aus und wird abgesaugt. Es wird mit 800 cm³ Methanol ausgekocht und erneut abgesaugt.

Ausbeute 18 g; Schmp. 278—280°.

Azomethinfarbstoff II aus VIII und p-Diäthylaminoanilin

14,6 g Silbernitrat werden in 114 cm³ Wasser gelöst. Dazu gibt man eine Lösung von 5,8 g Kochsalz und 0,12 g Gelatine in 114 cm³ Wasser. Dann versetzt man mit einer Lösung von 3,16 g VIII und 11,4 g Soda sicc. in 100 cm³ Wasser. Schließlich tropft man innerhalb von 15 Min. eine Lösung von 2,62 g p-Diäthylaminoanilinsulfat in 114 cm³ Wasser hinzu. Man rührt ca. 30 Min. und saugt nach Ansäuern mit 20%iger Salzsäure ab. Der Rückstand wird mit 200 cm³ Wasser angeschlämmt und mit 6%iger Kaliumcarbonatlösung neutral gestellt. Der Farbstoff geht in Lösung und wird vom zurückbleibenden Silbersatz abfiltriert. Das Filtrat wird im Vakuum eingeengt. Hieraus isoliert man ca. 1 g II.

Schm. Zers. > 310°.

1-(4'-Sulfo-)phenyl-3-phenyl-4-acetylamino-4-(4'-diäthylamino)-anilinopyrazolon-(5) (XI)

Eine Lösung von 9,3 g Xa und 15 g Soda sicc. in 75 cm³ Wasser versetzt man mit einer Lösung von 6,5 g p-Diäthylaminoanilinsulfat in 150 cm³ Wasser. Zu dieser Mischung tropft man bei Raumtemperatur unter Rühren eine Lösung von 2,8 cm³ Wasserstoffperoxyd (30%ig) in 25 cm³ Wasser. Man läßt 1 Stde. bei Raumtemperatur stehen und fällt die Additionsverbindung dann mit 3%iger Salzsäure aus. Es wird abgesaugt und mit Wasser neutral gewaschen.

Ausbeute 7 g; Schmp. Zers. ab 210°.

Farbänderung bei 160°.

		C	H	O	N	S
$C_{27}H_{29}O_5N_5S \cdot 2\,H_2O$ (571)	Ber.	56,76	5,77	19,61	12,25	5,60
	Gef.	57,09	5,84	19,23	12,44	5,90

Azomethinfarbstoff II aus XI

1 g XI wird in 15 cm³ Dimethylformamid zum Sieden erhitzt, bis sich eine Farbstofflösung gebildet hat. Das Lösungsmittel wird im Wasserstrahlvakuum unter schwachem Erwärmen abdestilliert. Den Rückstand nimmt man in 10 cm³ Methanol auf. Nach Verdampfen des Lösungsmittels erhält man den Farbstoff II.

Ausbeute 0,8 g; Schmp. Zers. $> 310°$.

1-(2'-Nitro-4'-sulfo-)phenyl-3-phenylpyrazolon-(5) (XII)

22,8 g 2-Nitrophenylhydrazinsulfonsäure-(4) (52%ig) und 11,8 g Benzoylessigsäureäthylester (95,2%ig) werden in Gegenwart von 7 g Natriumacetat sicc. in 6 cm³ Wasser, 6 cm³ Eisessig und 21 cm³ Isopropanol 1 Stde. am Rückfluß gekocht. Dann tropft man 18 cm³ 40%ige Natronlauge hinzu und kocht eine weitere Stde. am Rückfluß. Man kühlt ab und gibt das Reaktionsgemisch auf eine Mischung von 180 g Eis und 75 cm³ konz. Salzsäure. Das ausgefallene Produkt wird abgesaugt. Es wird mit 30 cm³ Methanol verrührt, erneut abgesaugt und mit 15 cm³ Methanol gewaschen.

Ausbeute 15 g; Schmp. Zers. ab 250° (unscharf).

1-(2'-Amino-4'-sulfo-)phenyl-3-phenylpyrazolon-(5) (XIII)

180,5 g XII werden in 700 cm³ Methanol, 300 cm³ Wasser und 55 cm³ 45%iger Natronlauge gelöst. In Gegenwart von 4,5 g Raney-Nickel wird bei 55—60° und 50 atü H_2 in einem Rührautoklaven 2 Stdn. hydriert. Das vom Katalysator getrennte Filtrat wird mit 150 cm³ 20%iger Salzsäure versetzt, gekühlt und abgesaugt. Es wird mit 500 cm³ Methanol ausgekocht, abgesaugt und mit Methanol nachgewaschen.

Ausbeute 115 g; Schmp. Zers. ab 260° (unscharf).

2-Phenylpyrazolo-[1,5-a]-benzimidazolsulfonsäure-(6) (XIV)

115 g XIII werden mit 46 g gepulvertem Anilinchlorhydrat vermengt und in 172,5 cm³ Anilin eingetragen. Die Mischung wird 1 Stde. bei 160—170° Badtemperatur gerührt und dann mit 700 cm³ 20%iger Salzsäure versetzt. Es wird kräftig durchgerührt, gekühlt und abgesaugt. Das feuchte Rohprodukt wird mit 460 cm³ Methanol verrührt, abgesaugt und mit Methanol gewaschen, bis das Filtrat farblos abläuft.

Ausbeute 96 g; Schmp. Zers. ab 280° (unscharf).

2-Phenyl-3-isonitrosopyrazolo-[1,5-a]-benzimidazolsulfonsäure-(6) (XV)

9,6 g XIV werden in 31 cm³ 10%iger Natronlauge unter Erwärmen gelöst. Die filtrierte Lösung wird mit 22 cm³ 10%iger Natriumnitritlösung versetzt und bei — 5 bis 0° zu 77 cm³ 20%iger Schwefelsäure getropft. Nach beendeter Zugabe wird noch 1 Stde. gerührt, wobei die Kühlung entfernt wird. Das orangerote Nitrosoprodukt wird dann abgesaugt und mit wenig Methanol nachgespült. Das noch feuchte Produkt wird mit 30 cm³ Methanol ausgekocht, abgesaugt und mit 15 cm³ Methanol nachgewaschen.

Ausbeute 10,3 g; Schmp. Zers. ab 260° (unscharf).

2-Phenyl-3-aminopyrazolo-[1,5-a]-benzimidazolsulfonsäure-(6) (XVI)

10,3 g XV werden in 85 cm^3 Wasser angerührt und durch Zugabe von 15 cm 25%igem Ammoniak in Lösung gebracht. In Gegenwart von Raney-Nickel wird in einem Rührautoklaven 2 Stdn. bei 50° und 50 atü H_2 hydriert. Man kühlt auf 30° ab und filtriert in 35 cm^3 vorgelegte 20%ige Schwefelsäure. Nach Abkühlen auf 0—10° wird das ausgefallene Amin abgesaugt und mit 30 cm^3 Wasser und dann mit 30 cm^3 Methanol gewaschen.

Ausbeute 8,8 g; Schmp. Zers. ab 260° (unscharf).

2-Phenyl-3-acetylaminopyrazolo-[1,5-a]-benzimidazolsulfonsäure-(6) (XVIa)

8,8 g XVI werden in 44 cm^3 Essigsäureanhydrid 30 Min. am Rückfluß gekocht. Zur siedenden Anschlämmung tropft man 3,5 cm^3 Pyridin und kocht weitere 30 Min. am Rückfluß. Die Reaktionslösung wird auf ein Gemisch von 100 g Eis und 35 cm^3 konz. Salzsäure gegeben, mit 200 cm^3 Wasser verdünnt und zum besseren Kristallisieren über Nacht bei Raumtemperatur stehengelassen. Das Produkt wird abgesaugt und das angetrocknete Produkt aus einer Mischung von 98 cm^3 Wasser und 147 cm^3 Methanol in Gegenwart von Aktivkohle umkristallisiert.

Ausbeute 6 g; Schmp. Zers. ab 305° (unscharf).

		C	H	O	N	S
$C_{17}H_{14}O_4N_4S \cdot H_2O$ (388)	Ber.	52,58	4,12	20,62	14,43	8,22
	Gef.	52,92	4,10	20,64	14,32	8,3

2-Phenyl-3-propionylaminopyrazolo-[1,5-a]-benzimidazolsulfonsäure-(6) (XVIb)

10 g XVI werden in 50 cm^3 Pyridin angerührt. Bei Raumtemperatur tropft man 3,6 g Propionylchlorid hinzu und rührt 1 Stde. bei 80—80°. Die Lösung wird in eine Mischung von 200 g Eis und 100 cm^3 konz. Salzsäure gegeben und abgesaugt. Es wird aus einer Mischung von 300 cm^3 Methanol und 100 cm^3 Wasser in Gegenwart von Aktivkohle umkristallisiert.

Ausbeute 6 g; Schmp. Zers. ab 220°.

		C	H	O	N	S
$C_{18}H_{16}O_4N_4S \cdot H_2O$ (402)	Ber.	53,73	4,47	19,90	13,93	7,96
	Gef.	53,29	4,44	19,87	13,90	7,90

Azomethinfarbstoff III aus XIV und p-Diäthylaminoanilin

14,6 g Silbernitrat werden in 114 cm^3 Wasser gelöst. Hierzu gibt man eine Lösung von 5,8 g Kochsalz und 0,12 g Gelatine in 114 cm^3 Wasser sowie eine Lösung von 3,13 g XIV und 11,4 g Soda sicc. in 600 cm^3 Wasser. Zu dieser Mischung tropft man innerhalb von 15 Min. eine Lösung von 2,62 g p-Diäthylaminoanilinsulfat in 114 cm^3 Wasser. Man rührt noch 30 Min., säuert dann mit 20%iger Salzsäure an, saugt ab und wäscht mit Wasser. Der Rückstand wird in 200 cm^3 Wasser angeschlämmt und mit 6%iger Kaliumcarbonatlösung auf *p*H 7—8 gestellt. Der Farbstoff geht in Lösung und wird vom ungelösten Silbersalz filtriert. Der Farbstoff wird mit 20%iger Salzsäure ausgefällt, abgesaugt und mit Wasser gewaschen.

Ausbeute 2 g; Schmp. Zers. $> 315°$.

2-Phenyl-3-acetylamino-3-(4'-diäthylamino-)anilinopyrazolo-[1,5-a]-benzimidazolsulfonsäure-(6) (XVIIa)

Eine Lösung von 19,4 g XVIa und 30 g Soda sicc. in 150 cm³ Wasser versetzt man mit einer Lösung von 13,1 g p-Diäthylaminoanilinsulfat in 200 cm³ Wasser. Unter Rühren tropft man 5,66 cm³ Wasserstoffsuperoxyd (30%ig), die mit 50 cm³ Wasser verdünnt worden waren, hinzu und läßt die Reaktionsmischung 1 Stde. stehen. Das auskristallisierte Natriumsalz wird abgesaugt, mit 50 cm³ 3%iger Salzsäure verrührt, erneut abgesaugt und mit Wasser gewaschen, bis das Filtrat farblos abläuft.

Ausbeute: 15 g; Schmp. Zers. ab 230°.

Farbänderung bei 110°.

		C	H	O	N	S
$C_{27}H_{28}O_4N_6S \cdot 3\ H_2O$ (584)	Ber.	55,29	5,80	19,11	14,33	5,46
	Gef.	54,83	6,02	19,25	14,21	5,48

Azomethinfarbstoff III aus XVIIa

1 g XVIIa wird mit 15 cm³ Methanol verrührt, mit 5 cm⁵ 5%igem Natriummethylat versetzt und kurze Zeit im Dampfbad erhitzt. Es bildet sich eine rotviolette Farbstofflösung. Diese wird mit 40%iger Essigsäure neutralisiert und das Lösungsmittel wird dann im Wasserstrahlvakuum bei Raumtemperatur abdestilliert. Den Rückstand nimmt man in 250 cm³ Wasser auf und fällt den Farbstoff durch Zugabe von Kochsalz aus. Der abgesaugte Farbstoff wird in Methanol aufgenommen. Das Lösungsmittel wird verdampft.

Ausbeute 0,7 g; Schmp. Zers. $>$ 315°.

2-Phenyl-3-propionylamino-3-(4'-diäthylamino-)anilinopyrazolo-[1,5-a]-benzimidazolsulfonsäure-(6) (XVIIb)

10 g XVIb werden gemeinsam mit 15 g Soda sicc. in 75 cm³ Wasser gelöst. Man versetzt dann mit einer Lösung von 6,5 g p-Diäthylaminoanilinsulfat in 100 cm³ Wasser. Hierzu tropft man unter Rühren 2,8 cm³ Wasserstoffperoxyd (30%ig), die zuvor mit 25 cm³ Wasser verdünnt worden waren. Danach läßt man $1^1/_2$ Stdn. stehen und fällt dann das Produkt durch Zugabe von 3%iger Salzsäure aus, saugt ab und wäscht mit Wasser, bis das Filtrat farblos abläuft.

Ausbeute 8 g; Schmp. Zers. ab 220°.

Farbänderung bei 120°.

		C	H	O	N	S
$C_{28}H_{30}O_4N_6S \cdot 2\ H_2O$ (582)	Ber.	57,73	5,85	16,49	14,43	5,89
	Gef.	58,00	5,90	16,01	14,45	5,96

Azomethinfarbstoff III aus XVIIb

1 g XVIIb wird in 15 cm³ Methanol verrührt, mit 5 cm³ 5%iger Natriummethylatlösung versetzt und kurz aufgekocht. Die Farbstofflösung wird, wie bei der Herstellung aus XVIIa beschrieben, aufgearbeitet.

Ausbeute 0,7 g; Schmp. Zers. $>$ 315°.

Literatur

[*1*] MENZEL, K. H., R. PÜTTER u. G. WOLFRUM: Angew. Chemie **74**, 839 (1962).

Absorption und Sensibilisierung von Oxonolen in Abhängigkeit vom pH-Wert

Von H. Kampfer

Unter der Flut von Arbeiten über Polymethinfarbstoffe nehmen die über die anionische — kurz „Oxonole“ genannte — Gruppe einen bescheidenen Rahmen ein [*1*]. Die Veröffentlichungen befassen sich hauptsächlich mit den Verwendungsmöglichkeiten in der Photographie als spektrale Sensibilisatoren oder — häufiger — als Antihalo- und Filterfarbstoffe. Nur wenige Untersuchungen (u. a. [*2*—*6*]) behandeln Zusammenhänge zwischen Farbe, Konstitution und Sensibilisierungseigenschaften. Einige Beobachtungen zu diesem Thema beizutragen, soll Gegenstand der folgenden Zeilen sein.

Oxonole im engeren Sinne bestehen aus zwei Ketomethylenheterocyclen, die durch eine Polymethinkette mit ungerader C-Zahl miteinander verbunden sind. Ihr chromophores System läßt sich durch die mesomeren Grenzformeln A↔B beschreiben.

$O^{(-)}$ … $(CH{=}CH)_n$—CH … O (Ringe a, b) ↔ O … $(CH—CH)_n{=}CH$ … $^{(-)}O$ (Ringe a, b)

A B

a, b = heterocyclischer (bzw. carbocyclischer) Ring.

Zu den Oxonolen im weiteren Sinne gehören Farbstoffe, in denen die heterocyclischen Kerne zum Teil oder ganz durch offenkettige Gruppen mit ungesättigten mesomeriefähigen Resten ersetzt sind — wie in den Formeln C und D.

$O^{(-)}$ … $(CH{=}CH)_n$—CH=C(X)(Y) $^{(-)}X$(Y)C—$(CH{=}CH)_n$—CH=C(X)(Y)

C D

X, Y = —CHO, —CN— —COOR, —$CONH_2$ u. ä.

Im folgenden sollen nur die als photographische Sensibilisatoren wichtigen Monomethinoxonole der allgemeinen Formeln A—C (für $n = 0$) betrachtet werden.

Besonders auffällig ist bei vielen Oxonolen der große Farbunterschied zwischen den (Alkali- oder Trialkylamin-)Salzen und den zugehörigen freien Säuren. Die Bathochromie der Salze beträgt bis zu 200 nm. In der Literatur werden die freien Oxonole meist als Enole (E) formuliert. Der Übergang

OH O … CH O—H··O … CH ⇌ O··H—O … CH

E F G

des Anions A ↔ B in das Enol in offener (E) oder cyclischer Form mit H-Brücke (F⇌G) ist sicher mit einer Hypsochromie verbunden. Andererseits zeigen manche Oxonole beim Übergang Salz → freie Säure keinerlei Veränderung des Absorptionsspektrums (vgl. Abb. 1, 2). Dabei handelt es sich um starke Säuren, in denen die Mesomerie A ↔ B erhalten bleibt.

Auch über Umlagerungen, die beim Ansäuern von Oxonolsalzlösungen eintreten und unter Farbaufhellung verlaufen, ist verschiedentlich berichtet worden [*4*, *5*]. KNOTT [*4*] hat z. B. beim Versuch der Gewinnung des freien [2-Benzylmercapto-4-thiazolon-(5)]-[2-phenyl-4-oxazolon-(5)]-methinoxonols ein in wäßrigem Alkali unlösliches Isomeres isoliert, dem die Spiranstruktur H zugeschrieben wird und das Halogensilberemulsionen in der gleichen Weise wie normale Oxonole sensibilisiert.

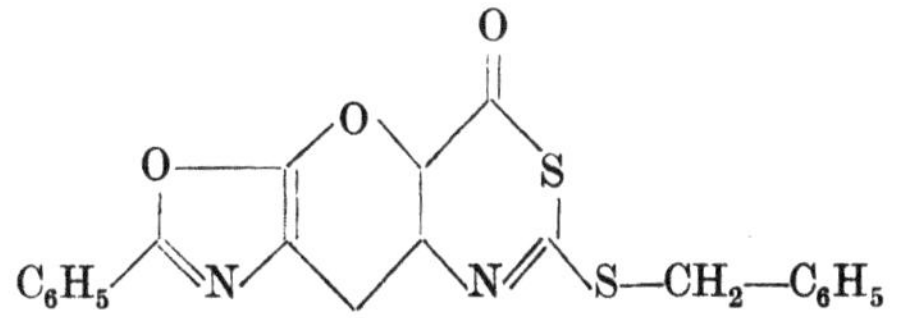

H

Wir haben an einer Reihe von Monomethinoxonolen durch Aufnahme der Absorptionsspektren und Untersuchung der Sensibilisierung unter basischen, neutralen und sauren Bedingungen zu klären versucht, ob und in welcher Weise konstitutionelle Unterschiede zwischen Salz- und Säureformen bestehen und inwiefern diese die Sensibilisierung beeinflussen. Die Wahl geeigneter Oxonole wurde zunächst auf solche mit dem stark aciden Rhodanin- und dem schwach aciden 2-Thiohydantoinrest beschränkt. Es wurden die zweikernigen Oxonole I, II, III, IX und die einkernigen Oxonole IV-VII untersucht. Die Oxonole I und II sind literaturbekannt [*7*, *8*, *9*].

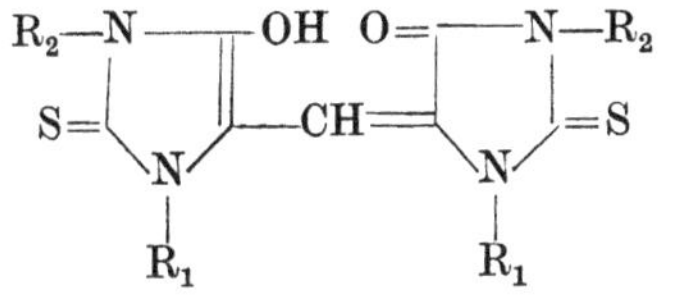

I: $R_1 = C_6H_5$; $R_2 = C_2H_5$

IX: $R_1 = R_2 = CH_3$

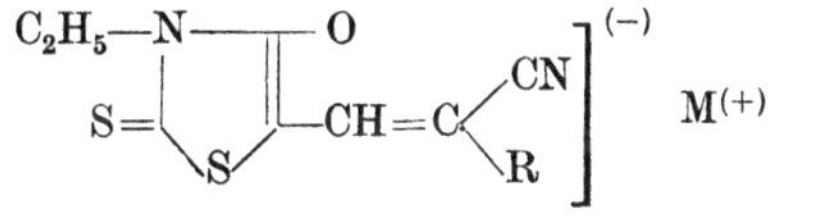

IV: $R = -CONHC_6H_5$; $M = (C_2H_5)_3NH$

VI: $R = -SO_2C_6H_5$; $M = K$

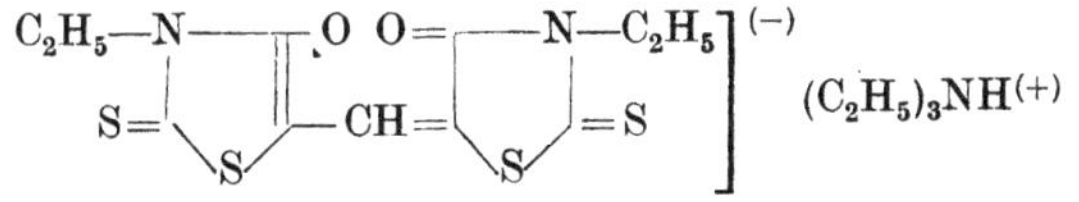

II

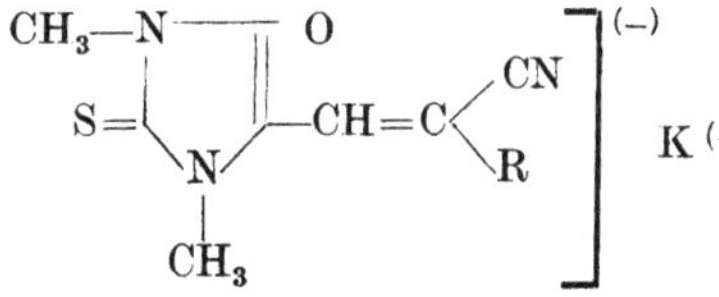

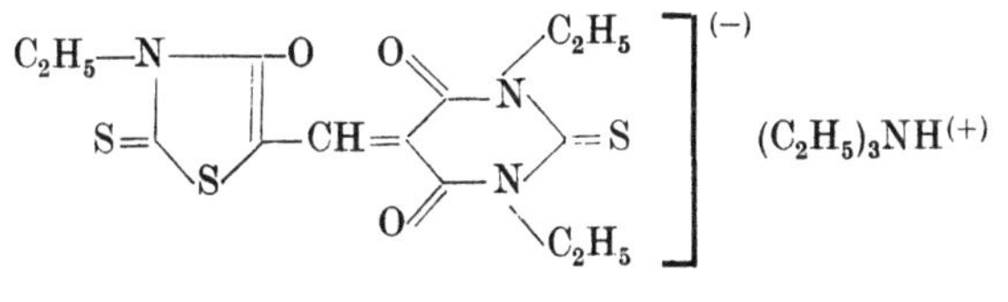

III

V: $R = -CONHC_6H_5$

VII: $R = -SO_2C_6H_5$

Die Oxonole zeigen in wäßriger oder methanolischer Lösung (bei I und IX unter Zusatz von Triäthylamin) die Farbe der Anionen (I, II, IX = rot; III, IV = orange; V, VI, VII = gelb). Auf Zusatz von verdünnter Essigsäure tritt bei I und IX sofort eine Farbaufhellung ein, bei den übrigen Farbstoffen nicht. Zugabe von verdünnter Salzsäure entfärbt nur die Thiohydantoinoxonole (I, IX, V, VII), teilweise unter Abscheidung der schwach gelben freien Oxonole (I, IX, VII). Bei nachfolgendem Übergang ins alkalische Gebiet tritt die ursprüngliche Farbe des Anions wieder auf. Die farblosen Formen von I und IX lösen sich jedoch im Gegensatz zur freien Säure von VII nicht in wäßrigem Alkali, sondern erst auf Zusatz von Alkohol. Die freien Rhodaninoxonole II, III, IV werden durch konz. Salzsäure aus ihren wäßrigen Lösungen ohne sichtbare Farbverschiebung ausgefällt. Die von Phenylsulfonylacetonitril abgeleiteten Farbstoffe VI und VII werden durch Salzsäure allmählich zerstört. Aus II ist durch Behandlung mit Perchlorsäure das freie Oxonol auch in einer „bräunlich-gelben" Form erhalten worden [*9*]. Rhodaninoxonole sind erwartungsgemäß stärker sauer als Thiohydantoinoxonole. Bei letzteren erfolgen im sauren Medium offenbar Veränderungen des Moleküls unter Verkürzung des Schwingungssystems, worauf bereits an anderer Stelle hingewiesen wurde [*10*].

Zur Klärung der Beobachtungen wurden die Absorptionsspektren in Methanol aufgenommen — und zwar in 10^{-4} -molarer Lösung unter neutralen, basischen und sauren Bedingungen (Zusatz von $1^0/_{00}$ H_2O, *n*-NaOH bzw. *n*-HCl, Abb. 1—6). Die Absorptionskurven der stark aciden Rhodaninoxonole (Abb. 1, 2) sind in allen drei Medien deckungsgleich. Das chromophore System der Anionen wird beim Übergang von alkalischer zu saurer Lösung nicht verändert. Die schwach sauren Thiohydantoinoxonole (Abb. 3—6) zeigen dagegen eine starke Hypsochromie und Änderung der Absorptionscharakteristik im UV. Insbesondere erscheint (bei V und VII, Abb. 3, 4) mit dem Verschwinden der langwelligen Farbbande eine zwischen 335 und 345 nm liegende UV-Bande bzw. wird verstärkt (bei I und IX), Abb. 5, 6). Der Effekt tritt beim Übergang vom neutralen zum sauren Medium ein und läßt auf Umlagerungen der primär gebildeten Enole (E) schließen, verbunden mit einer Verkürzung des chromophoren Systems. Zum Vergleich wurden die UV-Spektren der 5-Äthyliden-2-thiohydantoine VIII (Abb. 5, Kurve 3) und X (Abb. 6, Kurve 3) aufgenommen. Ihre langwelligen Absorptionsmaxima (328 bzw. 327 nm) liegen in dem gleichen Bereich wie die der Oxonole in sauren Lösungen (I = 340, IX = 339, V = 334, VII = 344 nm). Das Schwingungssystem scheint demnach ähnliche Ausdehnung zu besitzen.

C_2H_5—N——=O S= N =CH—CH_3 C_6H_5

VIII

CH_3—N——=O S= N =CH—CH_3 CH_3

X

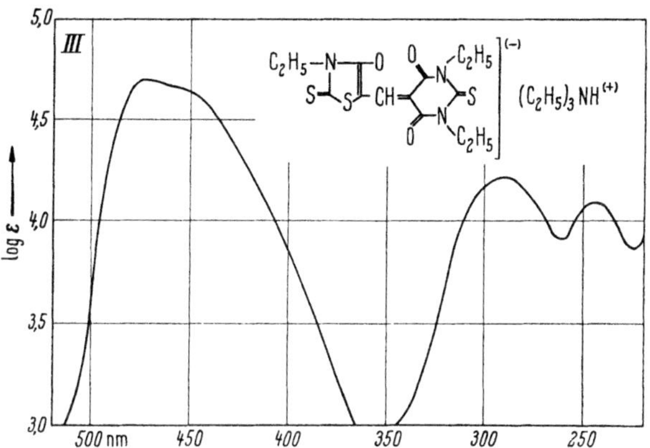

Abb. 1[1] (neutrales, bas. oder saures Medium)

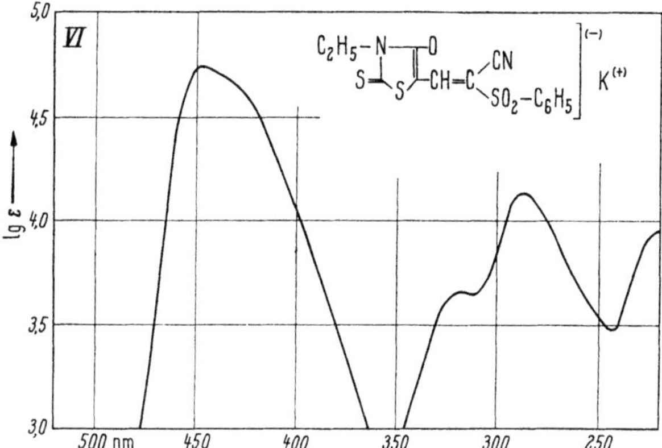

Abb. 2 (neutrales, bas. oder saures Medium)

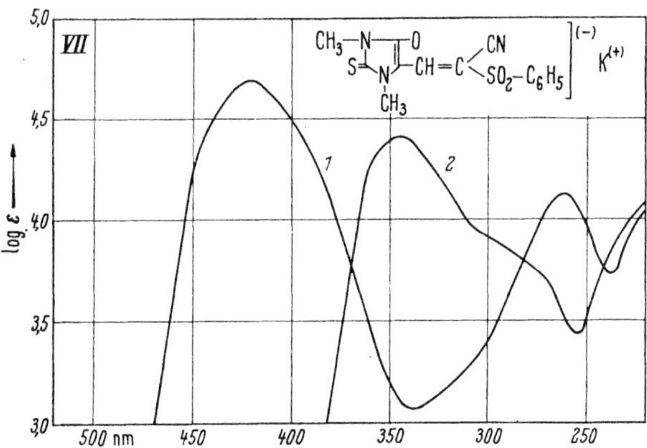

Abb. 3 1 bas. oder neutrales Medium
2 saures Medium

[1]) Gemeinsame Unterschrift der Abb. 1 – 6 siehe unter Abb. 6

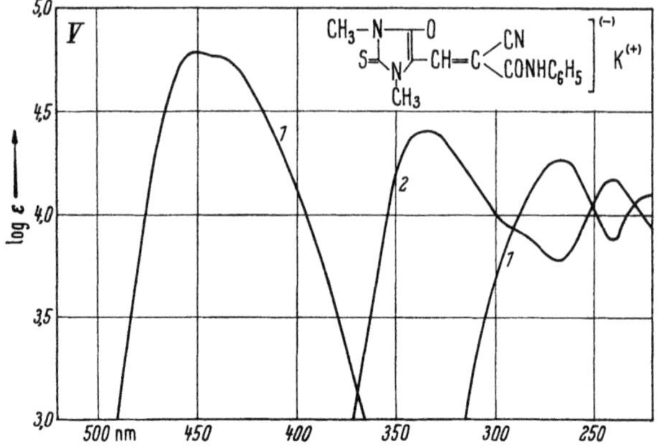

Abb. 4 1 bas oder neutrales Medium
2 saures Medium

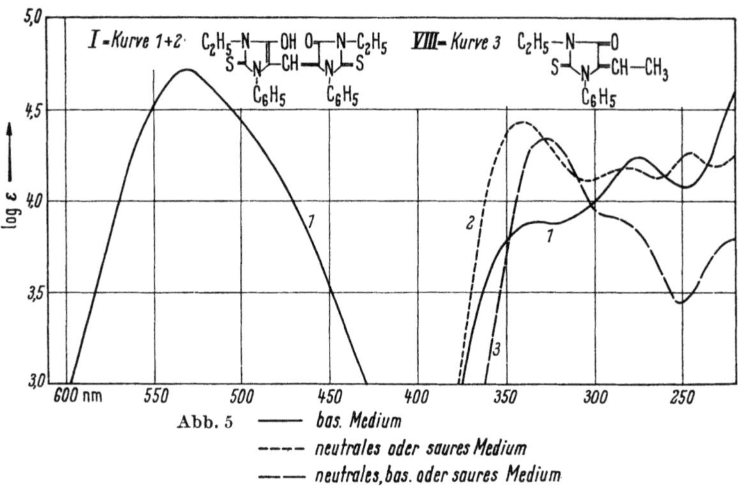

Abb. 5 —— bas. Medium
- - - - neutrales oder saures Medium
— — neutrales, bas. oder saures Medium

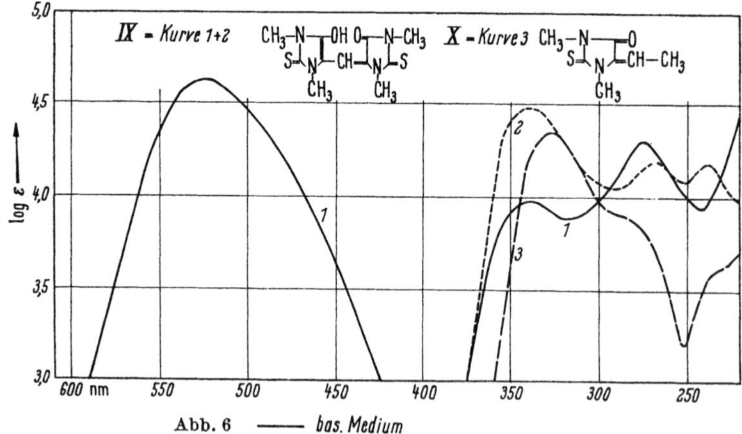

Abb. 6 —— bas. Medium
- - - - neutrales oder saures Medium
— — neutrales, bas. oder saures Medium

Abb. 1—6. Absorptionsspektren in Methanol unter Zusatz von 1‰ H_2O, n-HCl bzw. n-NaOH.

Eine definitive Entscheidung der Struktur konnte am Oxonol I mit Hilfe des NMR-Spektrums (Abb. 7) getroffen werden. Unter den möglichen Konstitutionen ist XI die einzige, die mit den beiden gekoppelten Dubletts bei 6,8 und 5,0 ppm (Spinkopplungsparameter 10 Hz) — sie entsprechen zwei Protonen an benachbarten C-Atomen — in Einklang zu bringen ist. Keines der Signale kann einer Hydroxylgruppe zugeordnet werden, da mit D_2O kein Austausch D gegen H stattfindet.

C_2H_5—N——=O O=——N—C_2H_5

S= N =CH— N =S

H

C_6H_5 C_6H_5

XI

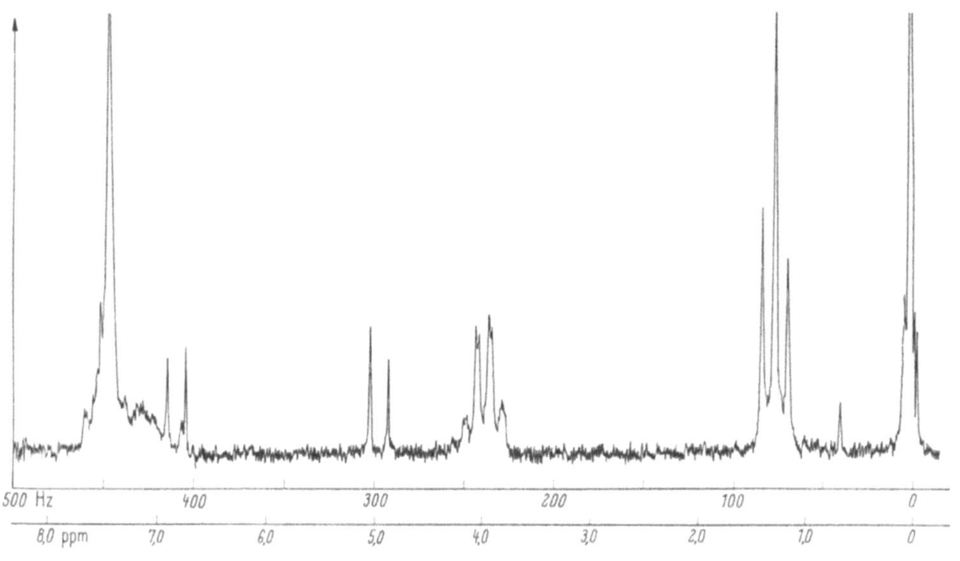

Abb. 7. NMR-Spektrum von I.

Damit findet für I die 200 nm betragende Hypsochromie Anion → freies Oxonol in der Umlagerung des Enols unter Bildung von XI ihre Erklärung. Auch die Unlöslichkeit von I in wäßrigen Alkalien wird verständlich, da die Reaktion XI → I-Anion nur in alkoholhaltiger Lösung genügend schnell verläuft. XI-Analoge Strukturen sind für IX und die freien Oxonole von V und VII wahrscheinlich.

Nach diesen Ergebnissen schien es zweifelhaft, ob Verbindungen vom Typ XI noch sensibilisieren. Zur Klärung dieser Frage wurden die Oxonole I-VII, IX in einer Chlorbromsilberemulsion bei verschiedenen *p*H-Werten untersucht. Ferner wurden zum Vergleich von Sensibilisierung und Absorption die Extinktionen der langwelligen Farbbanden der Oxonole in Methanol-Wasser 1 : 1 bei *p*H 2,0, 6,6 und 8,7 gemessen (Abb. 8—14). Die Spektren unterschieden sich von den in Methanol aufgenommenen. Die Absorptionsmaxima sind schwach bathochrom verschoben. Außerdem ist in den Thiohydantoinfarbstoffen V (Abb. 12) und VII (Abb. 14) bei *p*H 2,0 die farbige Anion-Form in erheblichem Maß am Gleichgewicht beteiligt. Die Extinktionen der Rhodaninfarbstoffe sind auch hier wenig *p*H-abhängig (Abb. 9—11, 13).

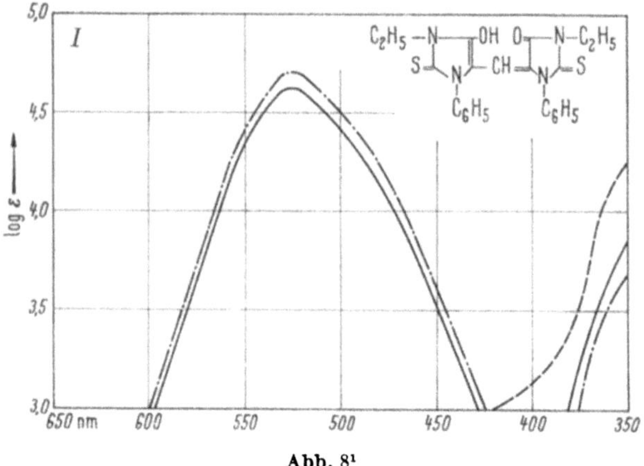

Abb. 8[1]

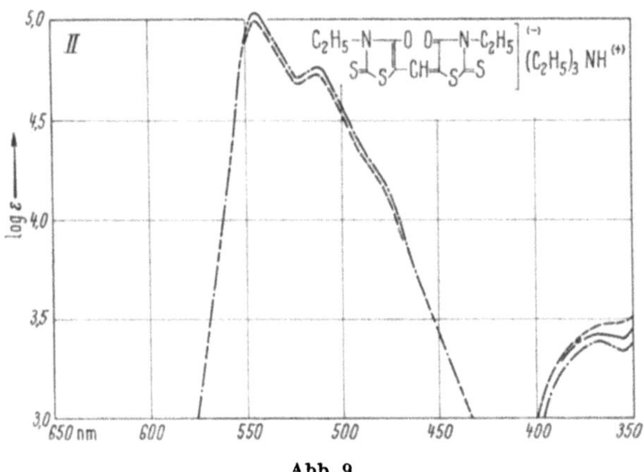

Abb. 9

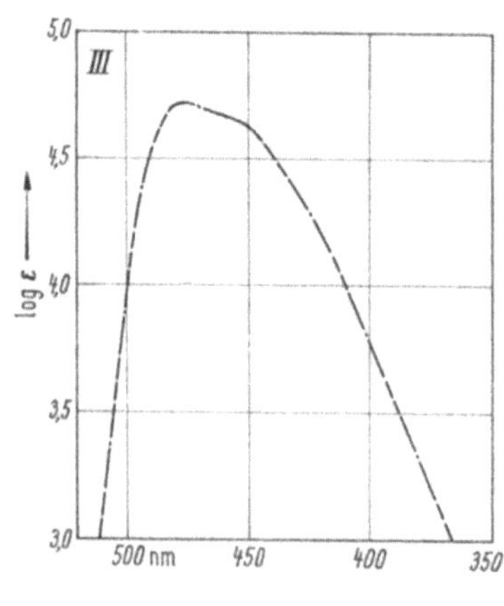

Abb. 10

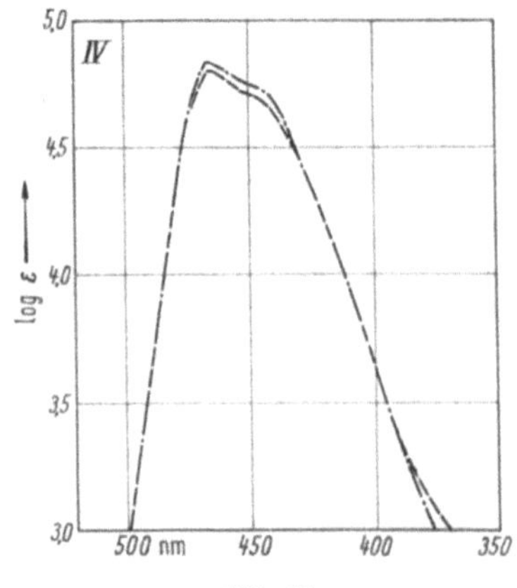

Abb. 11

[1] Gemeinsame Unterschrift der Abb. 8 – 14 siehe unter Abb. 14

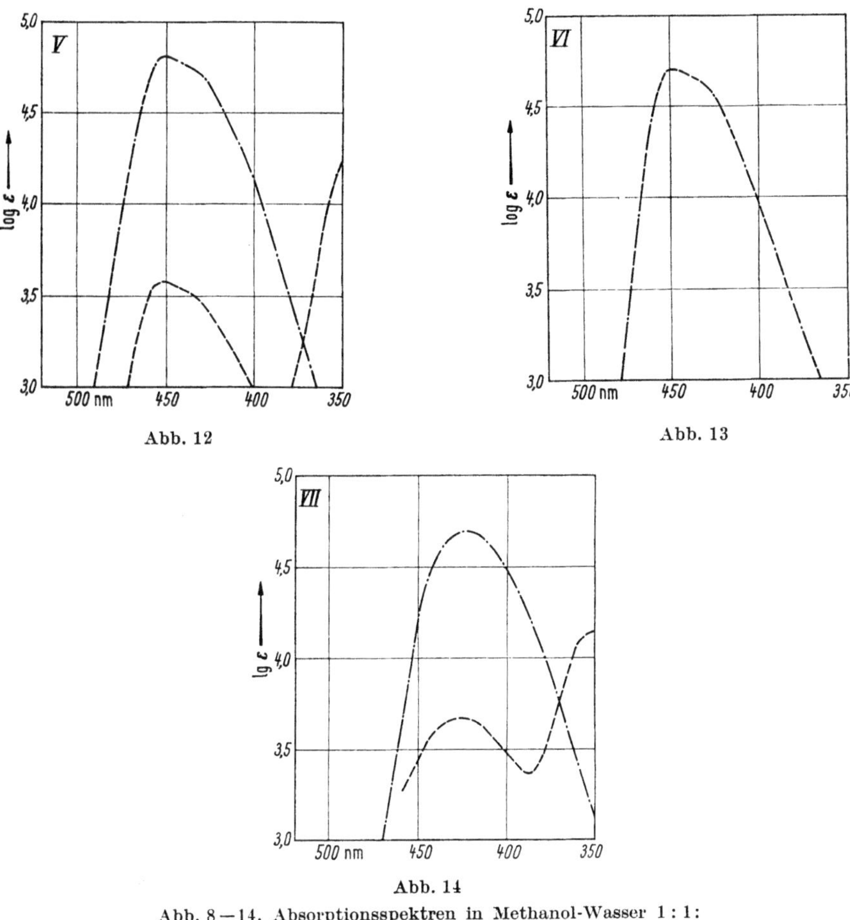

Abb. 12

Abb. 13

Abb. 14

Abb. 8—14. Absorptionsspektren in Methanol-Wasser 1 : 1:
— . — . — bei pH 8,7
———— bei pH 6,6
— — — bei pH 2,0

Die Farbstoffe (50 mg/kg) wurden in üblicher Weise zur Emulsion gegeben. Dann wurden die pH-Bereiche eingestellt und Sensibilisierungsmaxima bzw. relative Empfindlichkeiten bestimmt (vgl. Tabelle). Die Gegenüberstellung von Sensibilisierung und Absorption in den 3 pH-Bereichen 8,6—8,8, 6,6—7,0 und 1,8—2,0 ergibt folgendes Bild: Die Empfindlichkeit ist in allen Fällen (außer III) im neutralen und basischen Medium nahezu gleich, nimmt aber beim Übergang zu sauren pH-Werten in charakteristischer Weise ab. Der Empfindlichkeitsverlust ist hierbei um so größer, je größer die Extinktionsabnahme der jeweiligen langwelligen Absorptionsbande ist. So nimmt die Empfindlichkeit bei Rhodaninoxonolen (II, III, IV, VI) weniger ab als bei Thiohydantoinoxonolen (I, V, VII, IX). Am deutlichsten wird der Effekt bei I und IX, bei denen im sauren Medium die langwellige Absorptions- und die Sensibilisierungsbande völlig verschwindet. Als Ursache ist die Bildung einer Verbindung vom Typ XI anzusehen, die nicht mehr sensibilisiert, die jedoch im neutralen pH-Bereich in das normale sensibilisierende Oxonol übergeht.

Zusammenfassend lassen die Ergebnisse offenbar folgende Deutung zu: für die untersuchten Oxonole ist neben dem normalen Dissoziationsgleichgewicht J $\rightleftharpoons$ K ein zweites K $\rightleftharpoons$ L bestimmend, für das eine Verkürzung des Schwingungssystems charakteristisch ist. Die Formen L haben als solche in der Emulsion wahrscheinlich keine sensibilisierenden Eigenschaften. Liegt das Gleichgewicht —

Tabelle

Farbstoff	pH-Bereich	SM (nm)	E	AM (nm)	log ε
I	8,6—8,8	verschleiert		525	4,71
	6,6—7,0	560	28	525	4,64
	1,8—2,0	—	12	—	—
II	8,6—8,8	595	27	545	5,04
	6,6—7,0	595	27	545	5,04
	1,8—2,0	595	22	545	4,99
III	8,6—8,8	530	25	476	4,73
	6,6—7,0	530	29	476	4,73
	1,8—2,0	530	26	476	4,73
IV	8,6—8,8	520	27	478	4,84
	6,6—7,0	520	27	478	4,84
	1,8—2,0	520	24	478	4,82
V	8,6—8,8	480	26	451	4,82
	6,6—7,0	480	25	451	4,82
	1,8—2,0	480	21	451	3,58
VI	8,6—8,8	495	26	448	4,72
	6,6—7,0	495	27	448	4,72
	1,8—2,0	495	24	448	4,72
VII	8,6—8,8	460	25	422	4,70
	6,6—7,0	460	25	422	4,70
	1,8—2,0	460	19		3,67
IX	6,8	560	26		
	1,8	—	14		

SM = Sensibilisierungsmaximum; AM = Absorptionsmaximum;
E = relative Empfindlichkeit, bestimmt in Stufen eines Keils mit dem Anstieg $S = \log \sqrt[3]{2}$
(Emulsion: Printon K, Entwicklung: Varitol hart)

$$\underset{\mathrm{J}}{\mathrm{O{=}\overset{|}{C}{-}\overset{|}{C}{=}CH{-}\overset{|}{C}{=}\overset{|}{C}{-}O^{(-)}}} \rightleftharpoons \underset{\mathrm{K}}{\mathrm{O{=}\overset{|}{C}{-}\overset{|}{C}{=}CH{-}\overset{|}{C}{=}\overset{|}{C}{-}OH}} \rightleftharpoons \underset{\mathrm{L}}{\mathrm{O{=}\overset{|}{C}{-}\overset{|}{C}{=}CH{-}\overset{H}{\overset{|}{C}}{-}\overset{|}{C}{=}O}}$$

wie bei stark sauren Oxonolen — überwiegend auf seiten der Anionen, so ist die Sensibilisierung nur wenig abhängig vom pH-Wert. Nimmt — wie bei schwach sauren Oxonolen — die Beteiligung der Form L zu, so wird die Sensibilisierung stärker *p*H-abhängig und kann im sauren Medium ganz verschwinden. Wegen des möglichen Einflusses anderer, in der Natur der photographischen Emulsion begründeter Faktoren können diese Schlüsse allerdings nur Ansätze sein.

Herrn Dr. H. WALZ sind wir für Aufnahme und Deutung des NMR-Spektrums zu Dank verpflichtet.

Experimenteller Teil

Das NMR-Spektrum von I (Abb. 7) wurde in $CDCl_3$ bei 60 MHz mit Tetramethylsilan als innerem Standard aufgenommen.

Angaben der Absorptionsmaxima (AM): in Methanol.

1,3-Diäthyl-2-thio-4- [2-thiono-3-äthyl-4-hydroxythiazolinyl- (5)-methylen]-barbitursäure, Triäthylaminsalz (III): 3 g 5-Acetanilidomethylen-3-äthylrhodanin werden mit 2,2 g 1,3-Diäthyl-2-thiobarbitursäure in 20 ml absol. Äthanol unter Zusatz von 1,5 g Triäthylamin 10 Min. zum Sieden erhitzt. Nach Eindampfen im Vakuum wird der Rückstand mit Äther gewaschen und aus Isopropanol-Äther umkristallisiert.

Ausbeute: 2,8 g, Fp. 138—141°. AM = 473 nm.
Analyse: $C_{20}H_{32}N_4O_3S_3$ ber. 50,85% C, 6,8% H, 11,9% N, 20,3% S
gef. 50,35% C, 6,6% H, 11,7% N, 20,3% S
Freies Oxonol: Fp. 203—205°, orangefarbene Kristalle.

3-Äthyl-2-thiono-4-hydroxy-5- [2-cyan-2-anilino-carbonylvinyl]-thiazolin, Triäthylaminsalz (IV): 1,5 g 5-Acetanilidomethylen-3-äthylrhodanin werden mit 1,8 g Cyanacetanilid in 20 ml Pyridin und 2 g Triäthylamin gekocht. Der Farbstoff wird mit Äther gefällt und aus Isopropanol umkristallisiert.

Ausbeute: 1,25 g, Fp. 151—153°.
Analyse: $C_{21}H_{28}N_4O_2S_2$ ber. 13,3% N, 15,1% S
gef. 13,4% N, 14,7% S
Freies Oxonol: Fp. 172—174°, gelbes Pulver.

1,3-Dimethyl-2-thiono-4-hydroxy-5-[2-cyan-2-anillino-carbonylvinyl]-imidazolin, K-Salz (V): 1,4 g 1,3-Dimethyl-2-thio-5-acetanilidomethylenhydantoin werden mit 1 g Cyanacetanilid in 25 ml absol. Äthanol gelöst und 10 Min. mit 1,25 ml 4-n-methanol. K-Methylat bei 25° gerührt. Der Farbstoff wird abgesaugt, mit Chloroform gewaschen und aus Methanol -H_2O umkristallisiert.

Ausbeute: 0,9 g, Fp. 275—277° (Zers.). AM = 451 nm.
Analyse: $C_{15}H_{13}KN_4O_2S$
ber. 51,15 %C, 3,8% H, 15,9% N, 9,1% S
gef. 51,1% C, 3,8% H, 15,8% N, 9,1% S

3-Äthyl-2-thiono-4-hydroxy-5-[2-cyan-2-phenylsulfonyl-vinyl]-thiazolin, K-Salz (VI): 3 g 5-Acetanilidomethylen-3-äthylrhodanin werden mit 1,8 g Phenylsulfonylacetonitril in 15 ml absol. Äthanol unter Zusatz von 2 ml 5 n-methanol. KOH 5 Min. zum Sieden erhitzt. Der Farbstoff wird mit Äther ausgefällt und aus Isopropanol-Äther umkristallisiert.

Ausbeute: 3,1 g, Fp. 271° (Zers.). AM = 447 nm.
Analyse: $C_{14}H_{11}KN_2O_3S_3 \cdot 2\ H_2O$
ber. 6,6% N, 22,6% S
gef. 6,5% N, 22,5% S

1,3-Dimethyl-2-thiono-4-hydroxy-5-[2-cyan-2-phenylsulfonyl-vinyl]-imidazolin, K-Salz (VII): Aus 1,4 g 1,3-Dimethyl-2-thio-5-acetanilidomethylen-hydantoin und 1 g Phenylsulfonylacetonitril analog VI.

Ausbeute: 1,1 g, Fp. 252—253° (Zers.). AM = 420 mm.
Analyse: $C_{14}H_{12}KN_3O_3S_2$,
ber. 11,3% N, 17,2% S
gef. 11,2% N, 17,1% S
Freies Oxonol: Fp. 184—187°, blaßgelbe Kristalle.

1-Phenyl-3-äthyl-2-thio-5-äthylidenhydantoin (VIII): 3,8 g 1-Phenyl-3-äthyl-2-thiohydantoin werden mit 5 g Acetaldehyddiäthylacetal in 10 ml Eisessig und 1 ml Piperidin 3 Std. zum Sieden erhitzt. Durch Entfärben mit Bleicherde, Eindampfen und Umkristallisieren aus absol. Äthanol werden blaßgelbe Kristalle erhalten.

Ausbeute: 1,5 g. Fp. 110—112°, AM = 328 nm.
Analyse: $C_{13}H_{14}N_2OS$
ber. 63,5% C, 5,7% H, 11,4% N, 13,0% S
gef. 63,5% C, 5,9% H, 11,4% N, 13,3% S

Bis-[1,3-diuethyl-2-thiohydantoin]-methinoxonol (IX): 1,4 g 1,3-Dimethyl-2-thiohydantoin werden mit 0,8 g Diäthoxymethylacetat in 6 ml Piperidin kurz erhitzt und 2 Tage stehengelassen. Die purpurrote Lösung wird mit Methanol verdünnt. Auf Zusatz von 50%ig. Essigsäure fällt das Oxonol als rotes Pulver aus, das sich allmählich entfärbt. Zur Reinigung wird aus Essigester oder Aceton-Methanol umkristallisiert.

Ausbeute: 0,5 g. Fp. 262—265°, fast farblose Kristalle.
Analyse: $C_{11}H_{14}N_4O_2S_2$
ber. 44,3% C, 4,7% H, 18,8% N, 21,5% S
gef. 44,4% C, 4,7% H, 18,85% N, 21,6% S

1,3-Dimethyl-2-thio-5-äthylidenhydantoin (X): Aus 2,5 g 1,3-Dimethyl-2-thiohydantoin analog VIII.

Ausbeute: 0,9 g. Fp. 95—96°. AM = 327 nm.
Analyse: $C_7H_{10}N_2OS$
ber. 49,4% C, 5,9% H, 16,5% N, 18,8% S
gef. 49,5% C, 6,1% H, 16,2% N, 18,75% S

Literatur

[1] HAMER, F. M.: The Cyanine Dyes and Related Compounds, 1964, S. 463 ff.
[2] SHEPPARD, S. E. u. a.: J. chem. Physics **11**, 263 (1943).
[3] BROOKER, L. G. S. u. a.: J. Amer. chem. Soc. **73**, 5332 (1951).
[4] KNOTT, E. B.: J. chem. Soc. **1952**, 2399.
[5] GLAUERT, R. H. u. a.: J. chem. Soc. **1955**, 30.
[6] CHIEN-PENLO, W. J. CROXALL: J. Amer. chem. Soc. **76**, 4166 (1954).
[7] USP 2.533.206.
[8] BROOKER, L. G. S. u. a.: J. Amer. chem. Soc. **73**, 5335 (1951).
[9] USP 2. 241. 238.
[10] RIESTER, O.: Ullmanns Encyklopädie d. techn. Chem., 3. Aufl., Bd. 14, S. 331.

Entwicklereigenschaften von Acylamino-hydroxythiazolen

Von H. Ulrich und W. Lässig

Zusammenfassung

5-Acylamino-2-hydroxy-4-phenylthiazole zeigen in alkalischer Lösung Entwicklereigenschaften trotz der Anwesenheit eines Acylsubstituenten, welcher die Elektronendichte am Aminostickstoff vermindert. In Kombination mit Phenidon, Metol oder 1-p-Aminophenyl-3-aminopyrazolin zeigen die Thiazole starke Superadditivität und sind in diesem Verhalten mit Hydrochinon vergleichbar. Die Lage der Superadditivitätsmaxima einiger Mischungen wurde ermittelt und mit den Phenidon/Hydrochinon-Systemen verglichen.

Die Mehrzahl der bekannten Entwicklersysteme mit ausgeprägter Superadditivität [*1*] sind Gemische aus Aminophenolen oder Pyrazolidonen mit gewissen Dihydroxyverbindungen, wie Hydrochinon oder Ascorbinsäure [*2*]. Phenidon[1] selbst zeigt nur schwache Superadditivität mit einigen Aminophenolen [*1*] z. B. in Kombination mit p-Aminophenol. Es überraschte daher zu beobachten, daß einige neue Acylamino-hydroxythiazole

R — CO — NH — (4-Phenyl-thiazol-Ring mit N und S) — OH

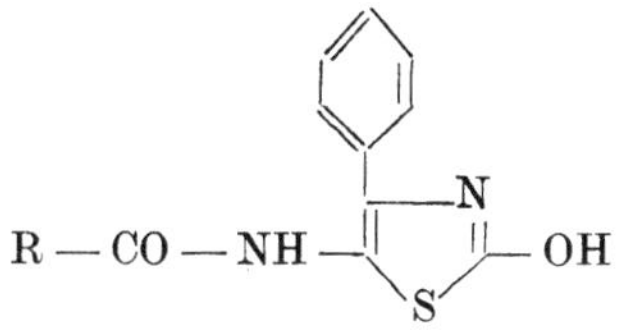

I:	R = — CH_3;	Molgew. 234; Fp. 241° C
II:	R = — C_2H_5;	Molgew. 248; FP. 225° C
III:	R = — H;	Molgew. 220; Fp. 232° C

als heterocyclische „quasi"-aromatische Analoga des p-Acylaminophenols die Rolle der Dihydroxyverbindung im Gemisch mit Phenidon, Metol oder 1-p-Aminophenyl-3-aminopyrazolin [*3*] übernehmen können unter Ausbildung von stark superadditiven Effekten. Dieses Verhalten schien uns mit Rücksicht auf die für Theorie und Praxis gleich wichtige Frage der Superadditivität von Entwicklergemischen einer eingehenden Untersuchung wert.

Aus der Erfahrung weiß man, daß aromatische aminogruppenhaltige Entwickler ihre Entwicklereigenschaften verlieren, wenn sie am Aminostickstoff acyliert werden, obgleich die Reaktionsprodukte formal noch der Entwicklerregel von Lumière-Andresen und Kendall gehorchen. Wir überzeugten uns bei den fraglichen Thiazolen daher zuerst, daß die Acylaminogruppe unter den gewählten Versuchsbedingungen nicht zur freien Aminogruppe verseift worden ist. Dies geschah mit Hilfe der Dünnschichtchromatographie.

---

[1] Phenidon wird hergestellt von der Ilford Ltd. für 1-Phenyl-3-pyrazolidon.

Durchführung der Versuche

Die neuen Verbindungen wurden durch Nitrierung des bekannten 2-Hydroxy-4-phenyl-thiazols in 2-Stellung und nachfolgende katalytische Hydrierung in Gegenwart des Säureanhydrids bzw. der Säure, die dem jeweiligen Acylrest entsprach, hergestellt:

Darstellung von 2-Hydroxy-4-phenyl-2-nitro-thiazol.

35,4 g 2-Hydroxy-4-phenylthiazol werden feinst gepulvert und in einem 1-l-Kolben mit 300 ml 65%iger Salpetersäure übergossen. Unter Umschütteln löst sich das Thiazol langsam auf. Die dabei auftretende Selbsterwärmung steuert man durch Kühlung auf max. 40°. Nach kurzer Zeit fällt die Nitroverbindung in gelben Kristallen aus. Man saugt auf einer Fritte ab und kristallisiert mehrmals aus Eisessig um.

F.: 183° u. Z. Ausbeute: 11,2 g.

2-Hydroxy-4-phenyl-5-acetylamino-thiazol (I).

22,2 g der Nitroverbindung werden in der Mischung von 500 ml Eisessig und 250 ml Acetanhydrid suspendiert und nach Zugabe von 3 g Raney-Nickel bei 50—60° mit 25 atü Wasserstoff hydriert. Man saugt noch warm vom Katalysator ab und stellt in Eis. Beim Anreiben kristallisiert die Verbindung I in farblosen filzigen Nadeln aus.

F.: 241° (aus Eisessig) Ausbeute 9,8 g
Ber. N: 11,95 Ber. S: 13,68
Gef. N: 11,93 Gef. S: 13,50

2-Hydroxy-4-phenyl-5-propionylamino-thiazol (II).

22,2 g Nitroverbindung werden in der Mischung von 200 ml Propionsäure und 100 ml Propionsäureanhydrid suspendiert und wie vorstehend (unter I) hydriert. Der ausgefallene Kristallbrei wird noch heiß abgesaugt und durch Umkristallisieren aus Eisessig vom restlichen Katalysator befreit und gereinigt.

F.: 225° (aus Eisessig) Ausbeute 14,2 g
Ber. N: 11,28 Ber. S: 12,91
Gef. N: 11,50 Gef. S: 12,75

2-Hydroxy-4-phenyl-5-formylamino-thiazol (III).

22,2 g der Nitroverbindung werden in 200 ml 96%iger Ameisensäure suspendiert und wie vorstehend (unter I) hydriert. Die Wasserstoffaufnahme erreicht nicht den theoretischen Wert. Man verrührt den resultierenden steifen Kristallbrei mit ca. 1 l Wasser und saugt ab. Nach dem Trocknen wird mit 200 ml Aceton ausgekocht. Aus dem Aceton scheidet sich beim Abkühlen die Verbindung III in feinen weißen Kristallen ab.

F.: 232° u. Z. (aus Eisessig) Ausbeute: 9,4 g
Ber. N: 12,72 Ber. S: 14,56
Gef. N: 12,44 Gef. S: 14,35

Mit Rücksicht auf die Synthesemöglichkeiten sind die Verbindungen in 4-Stellung durch den Phenylrest substituiert. Um auszuschließen, daß dieser Substituent für die Entwicklungsaktivität verantwortlich ist, untersuchten wir die Entwicklungseigenschaften des 4-Acetamino-3-phenylphenols. In Übereinstimmung mit der Erwartung zeigte es keine Entwicklungseigenschaften. Versuche zur Verseifung der Acylaminogruppe mißlangen.

Für die photographischen Untersuchungen wurde der unsensibilisierte Film *Agfa Phototechnisch B* benutzt. Streifen der für sensitometrische Zwecke üblichen Größe wurden hinter einem Graustufenkeil belichtet und bei 20 °C mit konstanter mechanischer Bewegung entwickelt. Die Dichte des zweiten Meßfeldes, welches einer Belichtung an der Schulter der Gradationskurve entspricht, wurde einschließlich Schleier gemessen und gegen die Entwicklungszeit aufgetragen. Durch graphische Interpolation wurden daraus die Zeiten ermittelt, die nötig sind zur Erzielung der Schwärzung $S = 1$ für diese Belichtung.

Die Entwicklerlösungen hatten folgende Zusammensetzung:

Konstante Gesamtkonzentration der Mischung beider Entwicklersubstanzen 10 mMol
Natriumsulfit sicc. 10 g
Natriumcarbonat sicc. 40 g
Wasser ad 1 Ltr.

Die *p*H-Werte der Lösungen auf dieser Basis betrugen 11,1. In einem Fall (Abb. 1) wurde der *p*H-Wert 10,5 durch eine verminderte Sodamenge (6,5 g) eingestellt; in einem zweiten Fall (Abb. 6) die höheren *p*H-Werte 12,8 bzw. 13,4 durch Natriumhydroxyd.

Ergebnisse

Eine stark alkalische Lösung von 5-Acetamino-4-phenyl-2-hydroxythiazol (I) verfärbt sich an der Luft langsam strohfarben. In Gegenwart von Sulfit ist diese Lösung stabil und zeigt Entwicklereigenschaften. Abb. 6 zeigt, daß I unter den gewählten Bedingungen eine höhere Entwicklungskraft aufweist als Hydrochinon. Die Erhöhung des *p*H-Wertes von 12,8 auf 13,4 verstärkt die Entwicklungskraft von I noch merklich; ein Verhalten, welches eher an p-Aminophenole erinnert als an Hydrochinon, dessen Entwicklungskraft in Übereinstimmung mit früheren Ergebnissen von HENN dabei unverändert bleibt [*4*].

Eine carbonatalkalische Lösung von I zeigt nur sehr geringe Entwicklungsaktivität (Abb. 1—3; 0 Mol% Phenidon im Gemisch). Die Aktivitäten der drei Thiazole sind praktisch gleich trotz der unterschiedlichen Acylreste R. Ihr Super-Additivitätsmaximum liegt ähnlich wie das von Hydrochinon bei ca. 10 Mol% Phenidon.

Der Schleier war in diesen Versuchen vernachlässigbar klein (vgl. jedoch Abb. 6). Die Mischungen der Thiazole mit Phenidon erreichen etwa $^1/_3$—$^1/_2$ der Entwicklungsaktivität vergleichbarer Phenidon-Hydrochinon-Mischungen, je nach dem Mischungsverhältnis der Partner (Abb. 2).

Einige Mischungen von I + IV sind ebenfalls in Abb. 1 eingetragen. In diesem Fall ist das Maximum der Superadditivität in Richtung höherer Phenidonkonzentrationen verschoben. Metol zeigt eine deutliche Superadditivität mit den Thiazolen, wie in Abb. 4 für ein Beispiel gezeigt ist.

Wir vermuteten, daß Sulfit bei der Superadditivität der Thiazole mit Phenidon eine Rolle spielt, da eine frisch anoxydierte, orangefarbene Lösung von Phenidon in Kaliumcarbonat durch I nur in Anwesenheit von Sulfit entfärbt wird, ein Verhalten, welches dem Hydrochinon ähnlich ist und sich unterscheidet von dem Ver-

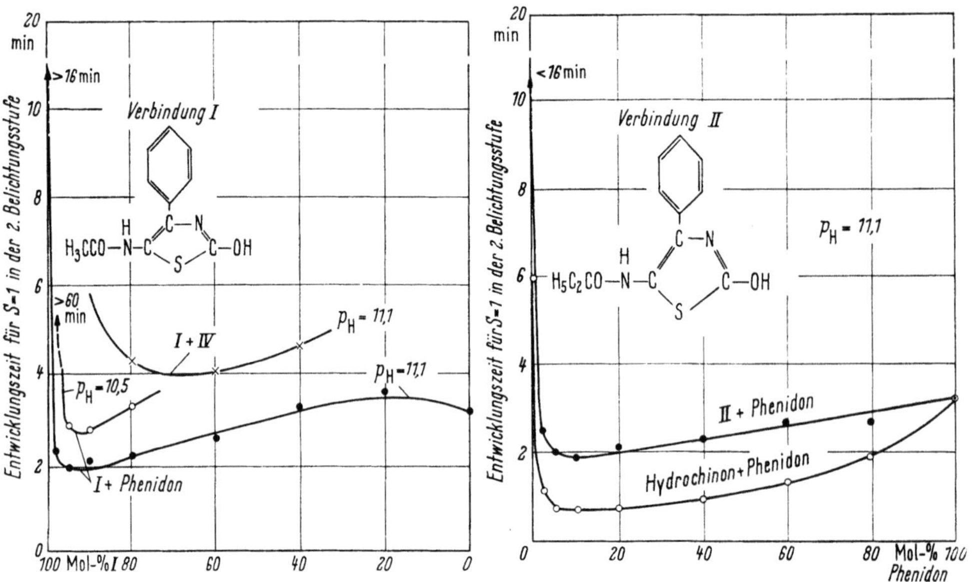

Abb. 1. Superadditivität der Verbindung I mit Phenidon bzw. 1-(p-Amino-phenyl)-3-amino-pyrazolin (IV).

Abb. 2. Superadditivität der Verbindung II mit Phenidon bei pH 11,1. Zum Vergleich ist das System Hydrochinon + Phenidon eingetragen.

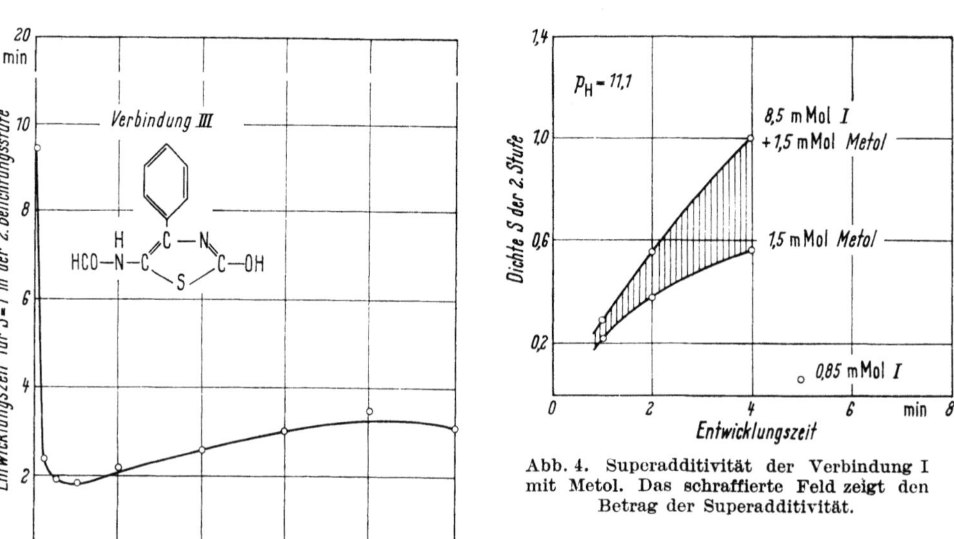

Abb. 3. Superadditivität der Verbindung III mit Phenidon bei pH 11,1.

Abb. 4. Superadditivität der Verbindung I mit Metol. Das schraffierte Feld zeigt den Betrag der Superadditivität.

halten der Ascorbinsäure. Wie in Abb. 5 gezeigt wird, ist jedoch Sulfit ohne Einfluß auf die Entwicklungsgeschwindigkeit des Superadditivitätssystems I + Phenidon. Seine Rolle ist noch nicht geklärt. Sulfonierung der Thiazole erscheint unwahrscheinlich mit Rücksicht auf deren chemische Konstitution. Versuche zur Isolierung definierter Oxydationsprodukte der Thiazole schlugen fehl.

Die Ähnlichkeit der Thiazole und des Hydrochinons im Entwicklungsverhalten kommt auch zum Ausdruck durch die relativ lange Induktionsperiode und die Fähigkeit, durch quaternäre Salze beschleunigt zu werden (Abb. 7).

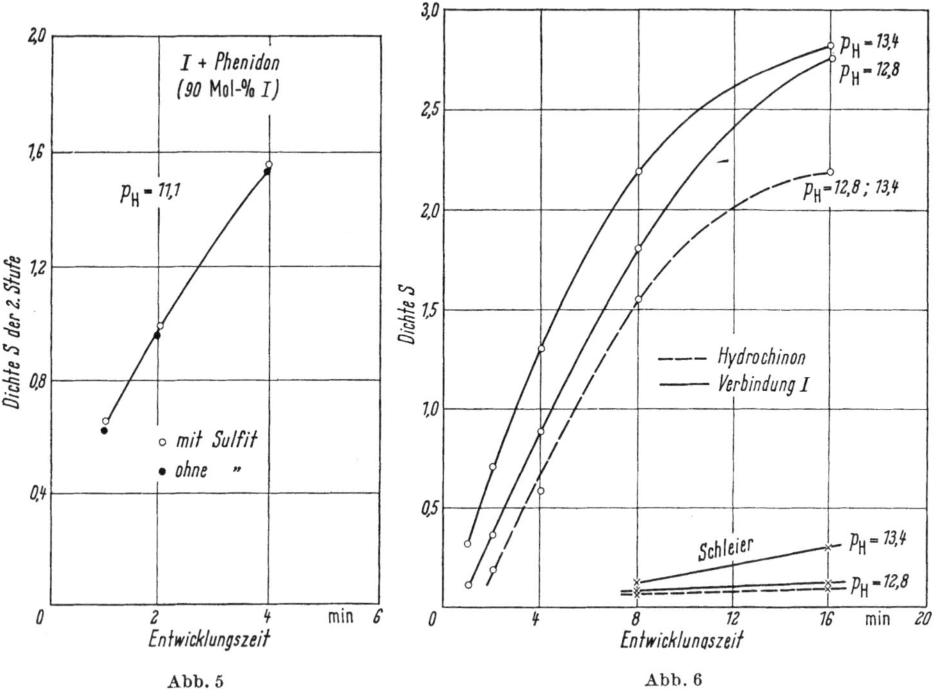

Abb. 5

Abb. 6

Abb. 5. Übereinstimmende Dichte-Zeit-Kurven zeigen, daß ohne Sulfit keine Änderung der Entwicklungskraft resultiert.

Abb. 6. Dichte-Zeit-Kurven von I in stark alkalischer Lösung. Die Dichte entspricht der 2. Belichtungsstufe. Hydrochinon zum Vergleich.

Abb. 7. Beschleunigungseffekt von Diäthyl-benzyl-cyanäthoxyäthyl-ammonium-chlorid (V) (0,5 g/l).

Wir prüften die chemische Natur der entwickelten Bilder. Sie bestehen aus Silber, nicht aus Silbersulfid, welches bei einer eventuellen Aufspaltung des Thiazolringes während der Entwicklung denkbar gewesen wäre.

Diskussion

Rein formal kann man die 5-Acylamino-2-hydroxythiazole als quasi-aromatische Azavinyloge des Hydrochinons auffassen.

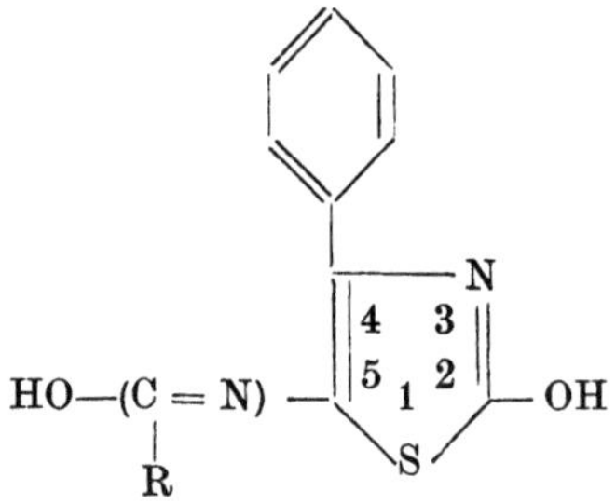

HO—(C = N) — (Thiazolring: N 3, 4, 5, 1 S, 2) — OH
R

Obgleich das Infrarotspektrum der Festsubstanz keinen Anhalt für eine solche Struktur liefert, ist denkbar, daß in wäßrig alkalischer Lösung ein geringer Anteil an dieser tautomeren Struktur vorhanden ist. Hierdurch würde formal erklärbar, weshalb die Thiazole Hydrochinon in superadditiven Phenidon/Hydrochinon-Systemen zu ersetzen vermögen.

Deutungsversuche für den Mechanismus der Superadditivität der Thiazole müssen an Hand des bisher vorliegenden Materials noch rein hypothetisch bleiben. Vermutlich wird man die Entwicklungseigenschaft der Thiazole in Zusammenhang zu bringen haben mit der Elektronenverteilung im heterocyclischen Ringsystem. Es sei dahingestellt, ob eine vermehrte positive Ladung (δ^+) am C_2-Kohlenstoffatom oder eine vermehrte negative Ladung (δ^-) am C_5-Kohlenstoffatom des Thiazolrings den entscheidenden Faktor darstellt.

Wir danken Herrn K. WINGENDER für seine Hilfe bei der Durchführung der Entwicklungsversuche, Herrn Dr. H. VETTER für dünnschichtchromatographische Untersuchungen und Herrn Dr. J. EGGERS für wertvolle Diskussionen.

Literatur

[1] LEVENSON, G. I. P. u. T. H. JAMES: J. Phot. Sci., **2**, 169 (1954).
[2] HENN, R. S. u. I. R. KING: Phot. Sci. Techn., Ser. 2, Bd. 1, S. 126 (1954).
[3] ULRICH, H. u. H. SCHUELER: Phot. Sci. Eng., **4**, 225 (1960).
[4] HENN, R. W.: PSA-J. (Phot. Sci. Tech.), **18 B**, 51 (1952).

Zur Anfärbung von Gelatine mit Reaktivfarbstoffen

Von B. Seidel

Gelatineschichten auf Filmunterlagen oder homogene Lösungen von Gelatine lassen sich mit geeigneten Reaktivfarbstoffen bei sehr milden Bedingungen in hoher Ausbeute umsetzen. Viscositätsmessungen an Gelatine, die einer identischen Behandlung — aber ohne Zusatz von Farbstoff — ausgesetzt wurden, lassen keinen erkennbaren Abbau des Proteins erkennen. Von verschiedenen Farbstoffen mit unterschiedlichen Reaktivgruppen erwiesen sich die Remazolfarbstoffe (mit -SO_2-CH_2-CH_2-OSO_3H als Reaktivgruppe) als sehr geeignet. Die optimalen Umsetzungsbedingungen für diese Klasse sind: $t = 45$ °C, pH $= 11{,}0$, Färbezeit 10 Min. Mit Gelatine umgesetzte Azofarbstoffe ließen sich in sauren Bleichbädern, wie sie für das Silberbleichverfahren benutzt werden, ebensogut bleichen wie nicht umgesetzte Azofarbstoffe. Reaktiv angefärbte Gelatine neigt zur Koagulation bei niederen pH-Werten auf Grund einer Verschiebung ihres isoelektrischen Punktes in der Reaktion. Die Kapazität der Gelatine für Reaktionen an ihren Seitenketten-Amino- und Hydroxylgruppen ist groß genug, um praktisch brauchbare Mengen an Farbstoffen, Farbkupplern, Weißtönern usw. durch kovalente Bindungen anzuknüpfen. Auf diese Weise können solche Stoffe diffusionsfest gemacht werden.

Einführung

Farbkuppler und Bildfarbstoffe, die in photographischen Schichten nicht diffundieren, sind eine der Voraussetzungen der Dreischichten-Farbphotographie. Auch für andere Verbindungsklassen, wie Weißtöner, Filterfarbstoffe usw., ist Diffusionsfestigkeit von großer Bedeutung. Im Falle der Farbkuppler wurden vor allem zwei Methoden entwickelt, um die Diffusion dieser Verbindungen in der photographischen Schicht zu unterbinden. Sie stammen von den Kodak- und Agfa-Forschungslaboratorien und werden in verschiedenen Systemen angewandt. Diese Methoden umfassen das Anknüpfen von „Ballastgruppen" an die Farbkupplermoleküle und die Dispersion dieser Verbindungen in einer getrennten hydrophoben Phase innerhalb der Emulsionsschicht.

Daneben sind auch andere Versuche gemacht worden, um Diffusionsfestigkeit zu erzielen. Darunter befinden sich das Anfügen photographisch interessanter Moleküle an ein Polymerrückgrat, das selbst diffusionsfest ist, und die Anknüpfung solcher Moleküle an das Substrat. Die Verknüpfung substituierter α-Naphthole an partiell verseiftes Polyvinylacetat über eine Acetalgruppierung [*1*] mag als Beispiel der erstgenannten Methode dienen ebenso wie die Verwendung von Poly-(p-aminostyrol) [*2*] oder Poly-(styrol-p-sulfonsäure) [*3*] als Polymerrückgrat. Die chemische Verknüpfung von α-Naphtholen an den Schichtbildner, z. B. Gelatine in wasserfreiem Medium, diene als Beispiel für die zweite Methode. Härtungssubstanzen, die mit Gelatine reagieren, sind seit langem bekannt. Jedoch erst in neuerer Zeit sind Verbindungen in der Literatur beschrieben worden, die mit dem Schichtbildner über kovalente Bindungen reagieren und weitere reaktionsfähige Stellen für erneute

Umsetzungen durch chemische Reaktionen neben der chromogenen Entwicklung enthalten, z. B. Phenylsulfo-fluorid-Derivate [*4*]. Auf dem Gebiet der Azo-Farbstoffe, wie sie z. B. für das Azo-Silberfarbbleichverfahren benutzt werden, sind polymere Individuen vorgeschlagen worden [*5*], um das erwähnte Ziel zu erreichen. Auch langkettige Verbindungen relativ hohen Molgewichts wurden eingesetzt [*6*]. Ein anderer Weg besteht in der Ausfällung saurer Farbstoffe in der Schicht durch starke organische Basen [*7*]. Ein weiterer Weg zur diffusionsfesten Einlagerung von photographisch wirksamen Verbindungen in die photographische Schicht wurde in den Farbstoff-Entwickler-Verbindungen gewählt, die unlängst von den Polaroid-Forschungslaboratorien erarbeitet wurden.

Mit dem Erscheinen einer Anzahl von Reaktivfarbstoffen auf kommerzieller Basis war es möglich, die kovalente Verknüpfung dieser Stoffe mit Gelatine im allgemeinen und von wäßrigen Lösungen im besonderen in einigen Einzelheiten zu studieren. Über einige Ergebnisse dieser Untersuchungen wird im folgenden berichtet.

In Anbetracht der Tatsache, daß Wolle sehr leicht gefärbt werden kann, wohingegen ein Protein in homogener wäßriger Lösung durchaus nicht zu reagieren braucht, waren die Bedingungen und die Leichtigkeit, mit der Reaktivfarbstoffe sich würden mit Gelatine umsetzen lassen, von besonderem Interesse. In einer umfassenden Arbeit über Reaktivfarbstoffe zitiert ZOLLINGER [*8*] Untersuchungen, in denen gezeigt wird, daß Calciumalginat sich in fester Form mit Reaktivfarbstoffen umsetzen läßt, daß aber Natriumalginat in Lösung nicht zur Reaktion gebracht werden kann. Zwischen Wolle und Gelatinelösungen besteht nun der Konstitution nach ein im groben vergleichbarer Zusammenhang, so daß auch in ihrem Verhalten sich hätte ein ähnlicher Parallelismus erwarten lassen können.

Experimenteller Teil

Es wurden zwei Versuchsreihen ausgeführt. In der einen wurden Gelatineschichten auf einer festen Unterlage durch Eintauchen in Farbstofflösungen gefärbt, in der anderen homogene Lösungen von Gelatine.

Für alle Experimente wurden kommerzielle Farbstoffe mit verschiedenen Mengen an Verschnittsubstanzen, z. B. Salzen usw., ohne weitere Reinigung benutzt. Die Gelatine war von photographischer Qualität und lufttrocken. Alle anderen Chemikalien hatten analytische Reinheit.

Die Färbung von Gelatineschichten

Filmstreifen von 5×10 cm^2 mit einer 3,5 μ dicken Gelatineschicht wurden für 1 Stde. bei 20 °C in Wasser gequollen und dann mit 50 ml einer 1-gewichtsprozentigen Lösung des Farbstoffs (großer Überschuß) in Pufferlösungen von *p*H 1—13 für jeweils 30 Min. (bei 20 °C) angefärbt. Nach 2stündigem Waschen in destilliertem Wasser wurden die Proben in einer 1%igen Formaldehydlösung für 10 Min. gehärtet, 5 Min. gewässert und in zwei Hälften zerschnitten. Die eine Hälfte wurde für 12 Min. gewässert, die andere für 2 Min. in ein Pyridin-Wasser-Gemisch (1 : 3) getaucht und 10 Min. gewässert. Anschließend wurden beide Proben getrocknet. Die optischen Messungen der Farbdichten der jeweiligen Vergleichsstreifen wurden in einem Zeiß-M4Q-Spektralphotometer bei der Wellenlänge der Maximalabsorption des Farbstoffes vorgenommen.

Die Anfärbung homogener Gelatinelösungen

An mehreren Farbstoffen, die aus Klassen mit unterschiedlichen Reaktivgruppen stammten, wurden Fixierausbeuten in homogenen Gelatinelösungen bestimmt. Die Reaktion erfolgte nur im alkalischen *p*H-Bereich.

Zu jedem Versuch wurde eine frische Gelatinelösung (20 Gew.%) hergestellt und auf 45 °C gebracht (*p*H = 5,8—6,0). Unmittelbar vor dem Versuch wurden die Farbstoffe bei möglichst tiefer Temperatur aufgelöst (5—10 Gew.%), um Hydrolyse hintanzuhalten. Eine berechnete Farbstoffmenge wurde zu 50 ml der Gelatinelösung hinzugefügt und die Mischung auf genau 45 °C erwärmt. Dann wurde die in einem vorhergehenden Experiment bestimmte Menge an 2-n-Natronlauge hinzugegeben, die nötig war, um einen gewünschten *p*H-Wert zu erreichen. Dieser wurde elektrometrisch geprüft (Glaselektrode). Nach Reaktion des Farbstoffs mit der Gelatine für eine bestimmte Zeit bei 45 °C wurde die Reaktion dadurch abgestoppt, daß der *p*H-Wert mit 2-n-Salzsäure auf einen Wert von 6 zurückgestellt wurde, und die Mischung rasch auf 20 °C abgekühlt. Unter diesen Bedingungen trat praktisch keine weitere Reaktion ein. Die Gelatinelösungen wurden sodann über eine stets gleichbleibende Glasoberfläche (35×35 cm^2) ausgegossen und abgeschält, nachdem die Gelierung erfolgt war. Nach Lufttrocknung der angefärbten Gelatinen wurden Parallelproben von je etwa 200 mg Gewicht ausgewogen. Eine davon wurde trocken gehalten. Die andere wurde in Leitungswasser für zwei Tage bei 18 °C gewässert. Beide Proben wurden dann in jeweils 50 oder 100 ml Wasser (so daß vergleichbare optische Dichten der Lösungen erreicht wurden) gelöst und die Extinktionen der Lösungen bestimmt. Aus den Einwaagen, der Verdünnung und den Extinktionswerten wurden sodann in einfacher Weise die Fixierausbeuten berechnet, indem die trockene Probe als Standard (100%) benutzt wurde.

Viscositätsmessungen

Parallel zu verschiedenen Versuchen zur Bestimmung der Fixierausbeuten zwischen Gelatine und Azo-Farbstoffen wurden Viscositätsmessungen in folgender Art ausgeführt:

Die Gewichte aller zur Anfärbung benutzten Reagenzien wurden bestimmt, und die Menge der Gelatinelösung, die auf die Glasplatten ausgegossen war, wurde gewogen. Aus der Kenntnis dieses und des Gesamtgewichtes wurde eine genaue 3%ige Gelatinelösung (bezogen auf Trockengelatine) nach dem üblichen Wässerungsprozeß hergestellt. Auslaufzeiten wurden jeweils doppelt in einem Ostwald-Viscosimeter, dessen Temperatur konstant gehalten werden konnte, bei 40° ± 0,03 °C bestimmt. Grenzviscositäten wurden nicht ermittelt. Parallel dazu wurden Messungen an reinen Gelatinelösungen vorgenommen, die derselben Behandlung unterworfen wurden wie die gefärbte Gelatine.

Ergebnisse und Diskussion

Die Extinktionen der Gelatineschichten, die dadurch gefärbt wurden, daß sie in eine Farbstofflösung eingetaucht worden waren, sind in Tabelle 1 für Remazol-Brillantrot BB[1] in ihrer *p*H-Abhängigkeit zusammengefaßt.

[1] Remazol-Farbstoffe werden hergestellt von den Farbwerken Hoechst AG, Frankfurt/M.

Tabelle 1. *Extinktionswerte von Gelatineschichten gefärbt mit Remazol-Brillantrot BB nach Waschen mit Wasser (30 Minuten),* (A), *und Pyridin/Wasser (1 : 3, 2 Minuten),* (B).

*p*H	A	B
1	2,85	0,04
5	0,06	0,02
9	0,11	0,06
11	0,34	0,26
12	1,08	1.05
13	1,81	1,85

Die Abhängigkeit der Anfärbung vom *p*H-Wert in der Spalte A entspricht sehr weitgehend dem Verhalten des Azo-Farbstoffs auf Wolle, wie er für textile Färbebedingungen berichtet wird [*9*].

Die tiefe Anfärbung der Gelatine in stark saurem Medium geht auf eine Salzbildung zwischen den protonisierten Seitenketten-Aminogruppen des Proteins und den Sulfonsäuregruppen des Farbstoffs zurück. Alle Remazol-Farbstoffe enthalten die $-SO_2-CH_2-CH_2-OSO_3H$-Gruppe als reaktiven Rest im Molekül. Das Pyridin vermag das Protein in dem gebildeten Salz leicht zu ersetzen und wäscht daher den Farbstoff aus. In neutralem Medium erfolgt keine Protonisierung der Aminogruppen, daher keine Salzbildung und keine Färbung. Im alkalischen Gebiet wird unter dem Einfluß der steigenden Hydroxylionenkonzentration mehr und mehr Farbstoff in das Vinylsulfon ($-SO_2-CH{=}CH_2$) [*10*] übergeführt, das seinerseits mit der Gelatine unter Bildung kovalenter Bindungen reagiert ($-SO_2-CH_2-CH_2-NH$-Protein). Unter den gewählten Bedingungen nimmt die Intensität der Anfärbung mit steigender Alkalität zu, bis die Gelatineschicht schließlich zerstört wird. Da die Extinktionswerte von der Behandlung der Proben mit dem Pyridin/Wasser-Gemisch praktisch unbeeinflußt bleiben, muß ein anderer Fixierungsmechanismus als im sauren Gebiet wirksam sein. Dabei handelt es sich zweifellos um die vorstehend skizzierte reaktive Koppelung des Farbstoffs an das Substrat durch kovalente chemische Bindungen. Die *p*H-Abhängigkeit der Färbung, der Parallelismus zum Verhalten der Wolle und die Extraktion saurer Anfärbung durch Pyridin können als beweiskräftige Hinweise für das Vorliegen dieses Mechanismus gewertet werden.

Ein sehr ähnliches Verhalten wie für Remazol-Brillantrot BB wurde an Procion-Gelb 6GS[1] beobachtet, obwohl das Minimum im neutralen Gebiet nicht ganz so ausgesprochen ist (Minimalextinktion 0,16 bei *p*H 7) und ebenso mit Levafix E-Farbstoffen[2].

Über Reaktionen von Vinylsulfonen mit Proteinen ist in der Literatur bereits berichtet worden. P. ALEXANDER [*11*] vernetzte Wolle mit Divinylsulfon bei 20 °C und *p*H 7, und KLEIST, BAYER und HEYNA [*12*] benutzten bifunktionelle Vinylsulfone als Härtungsmittel für Gelatine. Im Vergleich zu Reaktivfarbstoffen wurde eine Reihe von Supranol-Farben[3] geprüft, die in Gelatine unter den benutzten Bedingungen relativ diffusionsfest sind. Sie ließen sich ohne Ausnahme mit Pyridin/Wasser-Gemisch von den Gelatineschichten abziehen.

Die Fixierausbeuten der Reaktion folgender im Handel befindlicher Farbstoffe mit Gelatine wurden in ihrer *p*H-Abhängigkeit untersucht, wie im experimentellen Teil beschrieben: Cibacron-Brillantrot 3[1] B, Levafix-Brillantgelb E 3 G, Procion-Gelb 6 GS, Remazol-Gelb G und Remazol-Brillantrot BB. Nach der Literatur (s. ZOLLINGER [*10a*]) enthalten Cibacron-Farbstoffe den Monochlortriazinylrest als

[1] Procion-Farbstoffe werden hergestellt von der Imperial Chemical Industries, England.
[2] Levafix-Farbstoffe werden hergestellt von den Farbenfabriken Bayer, Leverkusen.
[3] Supranol-Farbstoffe werden hergestellt von den Farbenfabriken Bayer, Leverkusen.

Reaktivgruppe und Procion-Farbstoffe einen Dichlortriazinylrest. In Levafix-Farbstoffen verleiht die 2,3-Dichlorchinoxalin-Gruppe dem Farbstoffmolekül seine Reaktionsfähigkeit. Remazol-Farbstoffe enthalten, wie bereits erwähnt, einen Schwefelsäurehalbester des β-Hydroxyäthysulfons außer dem farbgebenden System im Molekül. Die erhaltenen Resultate sind in den Abb. 1—4 zusammengefaßt. Alle Farbstoffe wurden für 5 Min. bei 45 °C mit Gelatine bei verschiedenen *p*H-Werten umgesetzt, die auf den Abszissen der graphischen Darstellungen angegeben sind. In jedem Falle wurden 5 g Farbstoff auf 80 g lufttrockne Gelatine eingesetzt.

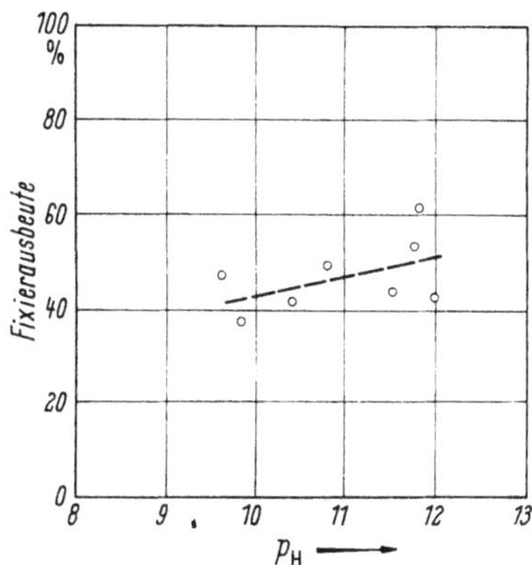

Abb. 1. Fixierausbeute der Reaktion von Cibacronbrillantrot 3B mit Gelatine, 5 g Farbstoff auf 80g Gelatine (5 Min., 45 °C), *p*H-Abhängigkeit.

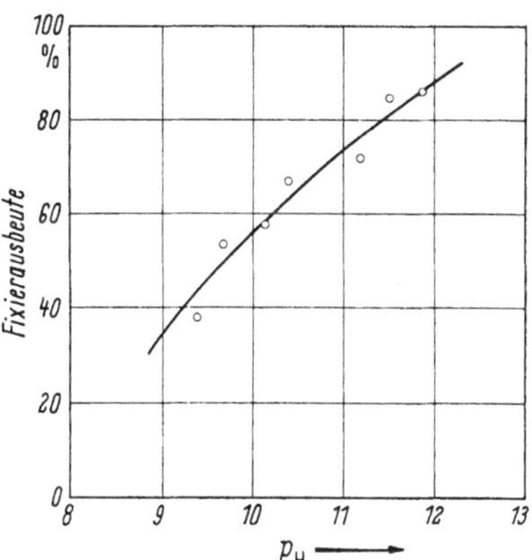

Abb. 2. Fixierausbeute von Levafixbrillantgelb E 3 G (Bedingungen s. Abb. 1).

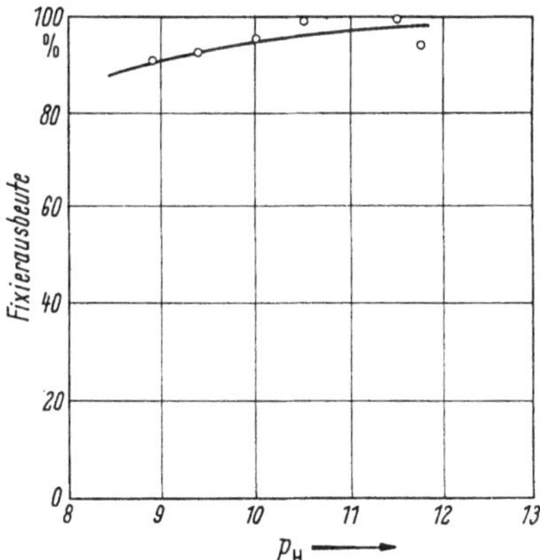

Abb. 3. Fixierausbeute von Procionbrillantgelb 6 GS (Bedingungen s. Abb. 1).

Die experimentellen Ergebnisse streuen teilweise erheblich, insbesondere im Falle der Farbstoffe, die eine Monochlortriazinylgruppe als Reaktivgruppe tragen (Cibacron-

[1] Cibacron-Farbstoffe werden hergestellt von der Firma Ciba, Basel.

Farbstoffe) und etwas geringer bei dem Levafix E-Farbstoff. Ein großer Teil der Streuungen scheint jedoch in der Natur der Gelatine begründet zu liegen. Abb. 1 läßt eine relativ geringe Fixierausbeute unter den benutzten Reaktionsbedingungen erkennen, die auf eine vergleichsweise geringe Reaktionsfähigkeit der Reaktivgruppierung zurückzuführen ist. Im Vergleich dazu zeigt Abb. 2 eine viel stärkere Abhängigkeit der Fixierausbeute vom *p*H-Wert, doch wird unter den gewählten Reaktionsbedingungen kein Maximum erreicht.

Vermutlich liegen alle in den Abb. 1—5 eingetragenen Fixierausbeuten an der unteren Grenze ihres wahren Wertes mit der möglichen Ausnahme von Abb. 3 (s. unten). In dem gewählten Verfahren zur Bestimmung der Fixierausbeute würden alle die Faktoren ihren Wert verringern, die zu einem Abbau der Gelatine während der Reaktion oder in der nachfolgenden Wässerung ebenso wie zu mechanischen Verlusten oder Eliminierung von niedermolekularem Material aus der Gelatine führen. Ebenso dürften die benutzten Farbstoffe höchstwahrscheinlich einen gewissen Anteil an hydrolysiertem Material von Anfang an enthalten. Dieser Anteil ist natürlich nicht in der Lage, mit der Gelatine zu reagieren. In dem untersuchten *p*H-Bereich zeigen die Procion-Farbstoffe eine hohe Fixierausbeute, die sich dem Grenzwert von 100% nähert. Dieses Verhalten veranschaulicht die Leichtigkeit mit der Dichlortriazinylreste mit Gelatine in Lösung reagieren. Es erscheint jedoch fraglich, ob die erhaltenen Werte vollkommen verläßlich sind, und zwar aus zwei Gründen:

1. Es ist aus textiler Erfahrung bekannt, daß hydrolysierte Procion-Farbstoffe nur relativ schwierig aus dem Substrat ausgewaschen werden können (s. [*10a*], S. 129). Dies dürfte in gewissem Umfange auch für Gelatine zutreffen.

2. Es ist möglich, daß das Abstoppen der Reaktion infolge der hohen Reaktionsfähigkeit der Procion-Farbstoffe unvollständig war und daß die Reaktion sich über die eigentliche Alkalibehandlung bei 45 °C hinaus fortsetzte.

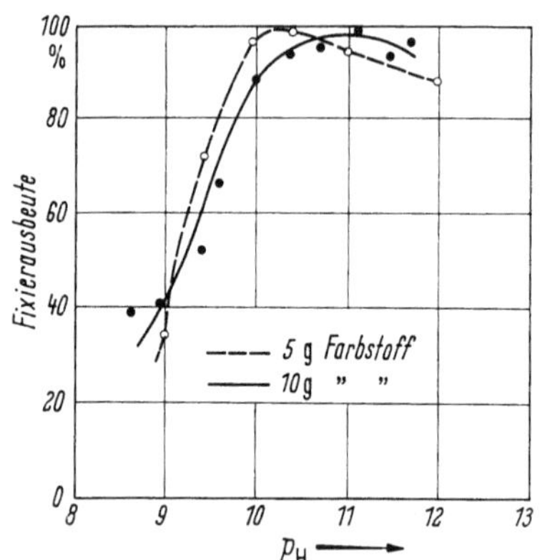

Abb. 4. Abhängigkeit der Fixierausbeute von Remazolbrillantrot BB mit Gelatine von der Reaktionszeit bei *p*H 10, 11, 5 und 10 g Farbstoff (andere Bedingungen s. Abb. 1).

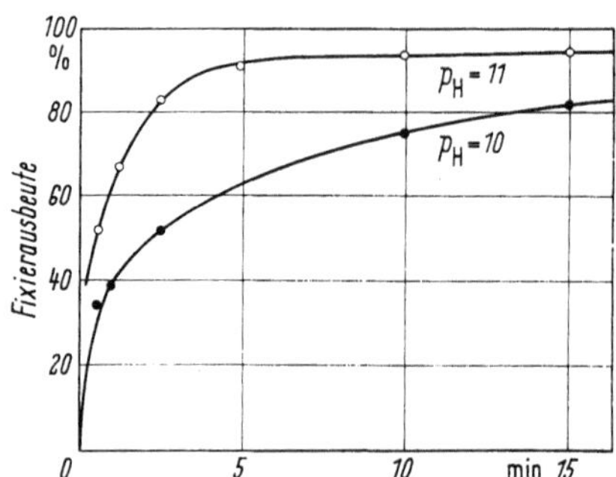

Abb. 5. Fixierausbeute von Remazolbrillantrot BB (Bedingungen s. Abb. 1).

Bei Remazol-Brillantrot BB (Abb. 4) tritt ein ausgesprochenes Maximum der Fixierausbeute bei etwa *p*H 11 auf. Es scheint je nach der Menge des angewandten

Farbstoffs etwas zu variieren und wurde bei größeren Farbstoffkonzentrationen oft etwas nach höheren *p*H-Werten verschoben gefunden. Bei geringeren Konzentrationen wurde es bis hinunter zu einem *p*H-Wert von 10,3 beobachtet. In verschiedenen Versuchsreihen wurde der 100%-Grenzwert im Maximum der Kurve immer wieder angenähert. Bei *p*H-Werten um den Neutralpunkt fand keine Reaktion mit der Gelatine statt, und nicht umgesetzter (oder hydrolysierter) Farbstoff konnte quantitativ oder doch fast quantitativ durch Wässerung entfernt werden. Ganz ähnliche Resultate wurden mit Remazol-Gelb G erhalten, das dieselbe Reaktivgruppe trägt wie Remazol-Brillantrot BB. Bei einer Reaktionszeit von 2 Stdn. ließ sich die Reaktion in beiden Fällen auch bei 20 °C erfolgreich durchführen.

Um einen möglichen Abbau der Gelatine während der Alkalibehandlung nach Möglichkeit hintanzuhalten, wurde nach den kürzesten Reaktionszeiten zwischen Farbstoff und Gelatine gesucht, die noch zu brauchbaren Fixierausbeuten führten. Abb. 5 zeigt die entsprechenden Versuchsergebnisse. Es tritt klar in Erscheinung, daß bei *p*H 11 die Reaktion von Remazol-Brillantrot BB mit Gelatine nach 10 Min. nahezu vollständig ist, während bei *p*H 10 nach 15 Min. Umsatz die Fixierausbeute immer noch zunimmt.

In Abb. 6 sind Viscositätsmessungen an Gelatine wiedergegeben, die mit Remazol-Brillantrot BB umgesetzt wurde, zusammen mit Fixierausbeuten der benutzten Proben und Viscositätsdaten für Gelatinelösungen, die genau die gleiche Behandlung wie die gefärbte Gelatine erfuhren außer, daß kein Farbstoff zugesetzt wurde. Man erkennt, daß die Gelatine unter den benutzten Bedingungen für die Reaktivanfärbung bis zu einem *p*H-Wert von 11,75 und vermutlich sogar bis zu einem *p*H-Wert von 12 keine Schädigung erlitt, die mit der benutzten Methode erkennbar wäre.

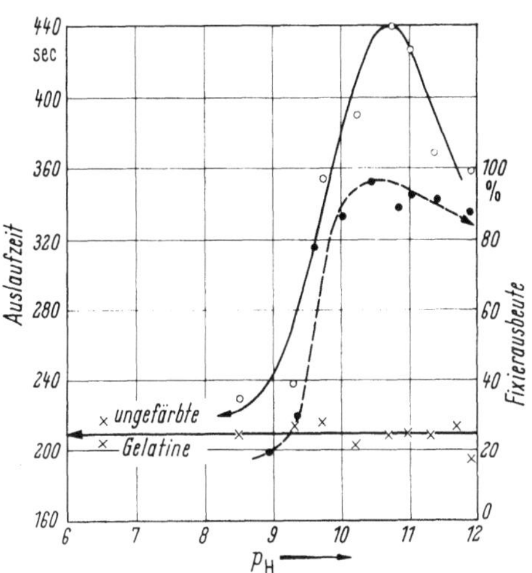

Abb. 6. Viskositätsverhalten mit Remazolbrillantrot BB reaktiv gefärbter Gelatine (zusammen mit Fixierausbeuten) im Vergleich zu ungefärbter, aber sonst gleichartig behandelter Gelatine.

Das Viscositätsverhalten der gefärbten Gelatine als Funktion des *p*H läuft im gewissen Maße der Fixierausbeute der Gelatine mit dem Farbstoff parallel. Der Viscositätsabfall bei hohen *p*H-Werten nach Durchlaufen des Maximums ist jedoch ausgeprägter.

Dies mag mit einem oder auch beiden der folgenden Faktoren zusammenhängen: 1. werden bei hohen *p*H-Werten eine große Anzahl von Wasserstoffbrücken-Bindungen aufgebrochen, besonders zwischen Sulfonsäuregruppen im Farbstoff und restlichen Seitenketten-Aminogruppen in der Gelatine und 2. dürfte eine gewisse Hydrolyse an den Bindungen des Farbstoffs zum Substrat eintreten, wie es von Textilien her unter schärferen Reaktionsbedingungen wohlbekannt ist.

Eigenschaften von reaktiv angefärbter Gelatine

Jede Reaktion von Gelatine an Seitenketten-Aminogruppen oder Hydroxylgruppen ändert ihren isoelektrischen Punkt, insbesondere, wenn die Aminogruppen betroffen sind. In der durchgeführten Reaktion werden sie „ersetzt" durch die Sulfonsäuregruppen der Farbstoffe. Es ist daher ganz natürlich, daß reaktiv angefärbte Gelatine im sauren Bereich und oft sogar bei *p*H-Werten um 7 koagulieren wird, je nach der Konstitution und Konzentration des benutzten Farbstoffs. Dies ist auch von anderen Proteinderivaten ähnlicher Natur bekannt [*13*]. Im Stadium des Begießens müssen photographische Emulsionen oder Gelatineschichten innerhalb eines gewissen *p*H-Bereiches gehalten werden. Für die praktische Anwendung müssen daher Reaktivfarbstoffe, die zur Anfärbung von Gelatine benutzt werden sollen, so beschaffen sein, daß sie die „Maskierung" der Aminogruppen in der Gelatine durch geeignete Substitution in der Molekel zu kompensieren vermögen.

Kapazität der Gelatine für Reaktivfärbungen

Aus der Literatur über die Reaktivfärbung von Wolle ist bekannt, daß praktisch alle Gruppen, die zur Reaktion in diesem Protein zur Verfügung stehen, in der Tat zu reagieren vermögen. Das ist von HILLE [*14*] mit verschiedenen Reaktiv-Farbstoffklassen für Histidin, Serin, Lysin, Threonin, Cystin und Tyrosin gezeigt worden, von OSTERLOH [*9*] für Serin, Threonin, Lysin und Tyrosin mit Remazol-Farbstoffen. VON HORNUFF und FLATH [*15*] fanden, daß die endständigen Aminosäuren Serin, Threonin, Glycin, Alanin und Valin sich mit Mono- und Dichlortriazin-Farbstoffen umsetzen. Die Seitenkettengruppen von Arginin, Histidin und Tyrosin reagierten ebenso. Über Hydroxyprolin sind keine Daten verfügbar, aber da sowohl aliphatische als auch aromatische Hydroxylgruppen der Reaktion mit verschiedenen Klassen von Reaktivfarbstoffen zugänglich sind, scheint es fast sicher, daß auch Hydroxyprolin zu reagieren vermag. Vernachlässigt man endständige Aminogruppen und benutzt man die Zahlen einer von MEES gegebenen Tabelle über die Zusammensetzung der Gelatine [*16*], so läßt sich berechnen, daß insgesamt $14{,}1 \times 10^{-4}$ Äquivalente an reaktionsfähigen Gruppen pro Gramm Gelatine theoretisch für einen Umsatz zur Verfügung stehen, wenn man Hydroxyprolin ausschließt, oder $25{,}1 \times 10^{-4}$ Äquivalente pro Gramm Gelatine, wenn man es einschließt.
(Aus der angeführten Tabelle wurden folgende Aminosäuren für die Berechnung herangezogen: Arginin 5,0, Histidin 0,7, Lysin 4,1, Serin 3,1, Threonin 1,2, Hydroxypyrolin 11,0 [alle Zahlen $\times 10^{-4}$ Äquivalente pro Gramm Gelatine].)

Die angegebenen Zahlen berücksichtigen sterische Effekte ebensowenig wie irgendwelche anderen Faktoren, die die Verfügbarkeit an sich reaktionsfähiger Gruppen für die Reaktion beeinträchtigen können.

In einem Experiment wurden 56 g Remazol-Brillantrot BB mit 100 g lufttrockener Gelatine (als 20%ige Lösung) unter optimalen Bedingungen (*p*H 11,2, $t = 45$ °C, 30 Min.) mit einer Fixierausbeute von 89% umgesetzt. Zu je 100 g Reaktionslösung wurden 15 g Kaliumbromid zugesetzt, um Koagulierung der Gelatine hintanzuhalten. Da der im Handel erhältliche Farbstoff etwa 50% an reinem Remazol-Brillantrot BB (Molgewicht 772)[1] enthält, wurden 25 g an reiner Substanz mit dem Substrat verknüpft.

---

[1] Wir danken den Farbwerken Hoechst AG., Frankfurt/Main, für diese Information,

Unter Berücksichtigung des Molgewichtes berechnet sich daraus, daß $3{,}2 \times 10^{-4}$ Mol Farbstoff auf 1 g Gelatine festgelegt wurden. Das bedeutet, daß weniger als $^1/_4$ aller in der Gelatine theoretisch für eine Reaktion verfügbarer Gruppen (ausschließlich Hydroxypyrolin) tatsächlich zur Herstellung kovalenter Bindungen zum Farbstoff benutzt wurden. Welche Gruppen dabei im einzelnen reagieren und in welchem Ausmaß, ist unbekannt. Der Gesamtumsatzgrad entspricht in etwa den Zahlen, die für Wolle mit verschiedenen Reaktivfarbstoff-Klassen bisher berichtet worden sind [*9*, *14*, *16*].

Experimentell gesehen, scheint die Erreichung höherer Umsatzausbeuten mehr erschwert zu werden durch Koagulation von partiell bereits durch Reaktivverknüpfungen in Anspruch genommene Gelatine als durch irgendeinen anderen Faktor. Sterische Behinderungen sollten bei den berichteten Umsätzen noch keine allzu große Rolle spielen. Die Reaktivität an Gelatine kovalent verknüpfter Farbstoffe bleibt unbeeinträchtigt. Remazol-Brillantrot BB, das reaktiv auf das Substrat festgelegt wurde, läßt sich in einer photographischen Schicht, die Silberkörner enthält, in sauren Bleichbädern, wie sie für das Azosilber-Farbbleichverfahren benutzt werden, leicht bildweise bleichen. Man erhält reine Weißen.

Die Farbstoffmenge, die durch kovalente Bindungen auf Gelatine festgelegt werden kann, erscheint groß genug, um die Anwendung eines dergestalt reaktiv angefärbten Substrates in photographischen Schichten, z. B. für das Silber-Farbbleichverfahren, als möglich erscheinen zu lassen [*17*]. Nach den berichteten Ergebnissen ist dies auch dann vorstellbar, wenn nur ein Teil der Gelatine in einer Emulsion mit Farbstoff umgesetzt wird und der andere Teil, der eigentlich für die Emulsionsherstellung benutzt wird, unverändert bleibt.

Zusammenfassung

Die Reaktivverknüpfung photographisch wertvoller Substanzen, wie Farbstoffe, deren Verhalten sich wegen ihrer Eigenfärbung besonders gut optisch verfolgen läßt, mit Gelatine ist unter sehr milden Bedingungen möglich. Dabei erwies sich, daß insbesondere die Vinylsulfongruppe oder ihr Vorläufer, der Schwefelsäurehalbester des β-Hydroxyäthylsulfons, unter mehreren Klassen untersuchter Verbindungen besonders leicht reagiert. Die Reaktion kann so geführt werden, daß kein erkennbarer Abbau der Gelatine stattfindet und daß eine so hohe Fixierausbeute erreicht wird, daß ein quantitativer Umsatz angenähert wird. Die Reaktion kann natürlich ebenso auf andere Verbindungsklassen ausgedehnt werden, die in Gelatine diffusionsfest eingelagert werden müssen, z. B. Farbkuppler, Weißtöner, Filter- und Schirmfarbstoffe u. dgl.

Das bietet den Vorteil, daß verhältnismäßig komplizierte und langkettige Substituenten, die sonst nötig sind, um ein Molekül in hydrophilen Systemen wie Gelatine diffusionsfest zu machen, durch ein verhältnismäßig kurzes Brückenglied zum Substrat ersetzt werden können.

Der Autor dankt Herrn Dr. H. Ulrich für seine Unterstützung und sein fortwährendes Interesse an dieser Arbeit.

Literatur

[1] SCHNEIDER, W.: Angew. Chem. **57**, 113 (1944) und dort angeführte Zitate, besonders W. SCHNEIDER und R. SPERLING, Fortschr. der Photographie, Bd. **3**, Herausgeber E. Stenger und H. Staude, Leipzig 1944, S. 191.
[2] Gevaert Photoprodukten N.V., Belg. Pat. 600 768.
[3] GASPAR, B. u. B. LINDEN: US-Patent 2 943 934.
[4] Gevaert Photoprodukten N. V., Belg. Pat. 606 122.
[5] GASPAR, B.: US-Pat. 2 470 769.
[6] Ciba AG., s. Belg. Pat. 606 364; Belg. Pat. 605 768 u. a.
[7] GASPAR, B.: s. Brit. Pat. 516 883.
[8] ZOLLINGER, H.: Angew. Chem. **73**, 135 (1961) und darin angeführte Zitate.
[9] OSTERLOH, F.: Mell. Textilber. **41**, 1533–37 (1960).
[10] Zum Reaktionsmechanismus s. a) ZOLLINGER, H.: Angew. Chem. **73**, 125 (1961), bes. S. 129; b) BOHNERT, H.: J. Soc. Dyers Colorists **75**, 581 (1959).
[11] ALEXANDER, P.: Mell. Textilber. **35**, 3 (1954).
[12] I.G. Farbenindustrie AG., DRP 872 153, s. auch Farbwerke Hoechst AG., DBP 1 100 942.
[13] s. Agfa AG., Brit. Pat. 861 414.
[14] HILLE, E.: Textil-Praxis **1962**, 171–177.
[15] v. HORNUFF, G. u. H. J. FLATH: Faserforschung und Textiltechn., 559–67 (1961).
[16] MEES, C. E.: The Theory of the Photographic Process, rev. ed., N.Y., The MacMillan Co. 1954, S. 53.
[17] Eine Anwendung dieser Tatsache ist kürzlich beschrieben worden; Ciba AG., Belg. Patent 615 313.

Die Identifizierung hydrophiler Substituenten in organischen Verbindungen durch Chromatographie bei verschiedenen pH-Werten

Von J. Eggers und F. Schlegelmilch[1]

Zusammenfassung

Die theoretisch geforderte Abhängigkeit des R_F-Wertes vom pH-Wert des Laufmittels konnte an einer Reihe von Substanzklassen nachgewiesen werden. Durch Chromatographie an acetyliertem Papier bei verschiedenen pH-Werten lassen sich so Substanzen mit den hydrophilen Substituenten COOH, OH, NH_2 und bedingt auch SO_3H nachweisen. Verbindungen mit vicinalen Gruppen können ebenfalls erkannt werden. Das besondere chromatographische Verhalten dieser Verbindungen wird diskutiert.

1. Einleitung

Die Papierchromatographie hat sich erst in bezug auf die Trennung von Substanzgemischen im Mikromaßstab zu einer unentbehrlichen einfachen Analysenmethode entwickelt. Die Identifizierung der getrennten Substanzen auf dem Papierchromatogramm erfolgt im allgemeinen durch Reaktionen mit farbgebenden Reagenzien. Die Laufhöhe im Papierchromatogramm, die durch den R_F-Wert angegeben wird, liefert in der Regel keine spezifischen Aussagen über die Art der Verbindungen, es sei denn, daß man Vergleichssubstanzen mit heranzieht. Da jedoch in vielen Fällen keine charakteristischen Farbreaktionen erzielt werden und außerdem die erforderlichen Vergleichssubstanzen nicht vorhanden sind, besteht das Bestreben, auch aus der Höhe des R_F-Wertes Rückschlüsse auf die chemische Konstitution der zu untersuchenden Verbindungen zu gewinnen. Gegenüber anderen Stoffkonstanten, wie Schmelzpunkt, Molgewicht, spez. Drehvermögen usw., hat der R_F-Wert den Vorteil, daß zu seiner Bestimmung die Substanzen nicht in reiner Form isoliert zu werden brauchen, da die Verunreinigungen während der Bestimmung abgetrennt werden.

2. Zusammenhang zwischen R_F- bzw. R_M-Wert und chemischer Struktur

Die theoretischen Grundlagen für die Beziehung zwischen dem R_F-Wert und der chemischen Struktur in der Verteilungschromatographie wurde zuerst niedergelegt von Consden, Gordon und Martin [*1*]

$$\alpha = A_L/A_S\left(\frac{1}{R_F} - 1\right)$$

und später von Martin [*2*].

$$\ln \alpha = \Delta\mu/RT\,.$$

[1] Vorgetragen auf „XIXth International Congress of Pure and Applied Chemistry“, London 1963 (C 2—11).

Sie leiteten Beziehungen ab zwischen dem Verteilungskoeffizienten α und dem R_F-Wert sowie der freien Energie $\Delta\mu$. A_L und A_S sind vom Papier abhängige Konstanten. Opienska-Blauth und Mitarbeiter [3] versuchten, den Zusammenhang zwischen gemessenem R_F-Wert und chemischer Struktur durch eine empirische Gleichung auszudrücken. Jedoch erst die Einführung des R_M-Wertes durch Bate-Smith und Westall [4]

$$R_M = \log\left(\frac{1}{R_F} - 1\right)$$

machte die theoretischen Zusammenhänge von chromatographischen Daten und chemischer Konstitution praktisch anwendbar, da die Ermittlung der schwer bestimmbaren Papierkonstanten entfällt und trotzdem die gleichen Beziehungen zwischen R_M-Wert und Konstitution zu erwarten sind wie zwischen dem Logarithmus des Verteilungskoeffizienten α und der chemischen Struktur. Sie konnten im Experiment zeigen, daß dieser Zusammenhang für eine Anzahl von Flavonen, Anthocyanen usw. erfüllt wird. Inzwischen hat sich auch in vielen anderen Fällen der R_M-Wert als eine nützliche Rechengröße erwiesen. So unternahmen es viele Autoren [5—26], die Gültigkeit der Martinschen Beziehung über den additiven Einfluß der einzelnen Bauelemente eines Moleküls auf den R_M-Wert bzw. die Abweichungen hiervon an Hand eines umfangreichen Untersuchungsmaterials verschiedener Stoffklassen nachzuweisen. Sie versuchten, ähnlich wie dies z. B. in der Thermodynamik beim Abschätzen von Verbrennungswärmen u. a. ausgeführt wird, den Gesamt-R_M-Wert so zu zerlegen, als bestünde er aus additiven Beiträgen aller Gruppen im Molekül. Um die Messungen bzw. Berechnungen der R_M-Werte jedoch zur organischen Strukturanalyse zu verwenden, müssen ganz konstante Versuchsbedingungen [4] — besonders hinsichtlich der Temperatur — eingehalten werden. Auch sind die Einflüsse der einzelnen Funktionsgruppen im Molekül in Wirklichkeit nicht immer gleich. Aus diesem Grunde müssen die Gruppenkonstanten mit besonderen Faktoren versehen werden. Das führt in vielen Fällen zu einer großen Rechenarbeit durch Aufstellung von Exponentialreihen mit Hilfe von Rechenmaschinen [6].

Obwohl z. B. Hulme und Swain [27] auf Grund von Vergleichen der ΔR_M-Werte eine neue Säure in Apfelsäften charakterisieren konnten, wird der Analytiker die obenerwähnten Versuche und Operationen als langwierig empfinden. Der Nachteil der ΔR_M-Methode zur Strukturanalyse liegt darin begründet, daß die Messungen der R_M-Werte nicht genau genug sind und die Ergebnisse einer Berechnung daher nicht immer verläßlich sind.

3. Zusammenhang zwischen R_F- bzw. R_M-Wert und chemischer Struktur bei verschiedenem pH-Wert[1]

Bei polaren Stoffen ist zu erwarten, daß sich der R_F-Wert im pH-Gebiet des pK-Wertes[2] ändert, denn die Verteilung zwischen organischer und wäßriger Phase

---

[1] Der pH-Wert ist gleich dem negativen Logarithmus der Wasserstoffionenkonzentration $[H^{\oplus}]$.

[2] Als pK-Wert bezeichnet man den negativen Logarithmus der Dissoziationskonstanten K, er bedeutet damit den pH-Wert, bei dem 50% der Substanz in undissoziierter und 50% in dissoziierter Form vorliegen.

wird zugunsten der wäßrigen Phase verschoben, wenn Substanzen mit den Gruppen SO_3H, COOH und OH in die dissoziierte Form, Verbindungen mit der Gruppe NH_2 in die Salzform übergehen.

Somit wird bei normaler Papierchromatographie (stationäre wäßrige Phase) bei den hydrophilen Substituenten SO_3H, COOH und OH der R_F-Wert mit zunehmendem *p*H-Wert im Gebiet des *p*K-Werts erniedrigt. Umgekehrt nimmt der R_F-Wert von NH_2-Gruppen enthaltenden Substanzen bei Verwendung von normalem Papier im Gebiet des *p*K-Werts mit steigendem *p*H-Wert zu. An Arbeiten über die *p*H-Abhängigkeit des R_F-Wertes sind die von GOLUMBIC, ORCHIN und WELLER [*28*] zu erwähnen. Sie fanden bei einer Reihe von Phenolen eine lineare Abhängigkeit des Logarithmus des scheinbaren Verteilungskoeffizienten $\log \alpha$ vom *p*H-Wert.

In einer Arbeit über Hydroxycarbonsäuren und Hydroxyaldehyde aus Flechten wurde von WACHTMEISTER [*29*] die Abhängigkeit der R_F-Werte vom *p*H-Wert des Laufmittels als Folge der Ionisation der OH-Gruppe beobachtet. Es besteht somit die Möglichkeit Substanzen zu trennen, die sich bei einem bestimmten *p*H-Wert nicht trennen lassen. Zu diesem Zweck wird die Chromatographie in einem anderen *p*H-Bereich wiederholt, in dem die eine Substanz als Ion, die andere als organophile Verbindung vorliegt. Dieses Prinzip wurde bei der Säulen-Verteilungschromatographie des Penicillins von LEVI und TERJESEN [*30*] sowie HAIS und Mitarbeitern [*31*] angewandt.

Ausführliche theoretische Untersuchungen über die bei dissoziierenden Substanzen zu erwartende *p*H-Abhängigkeit des R_F-Werts wurden von WAKSMUNDZKI und SOCZEWINSKI [*32—34*] angestellt und am Beispiel der Chinaldinsäure experimentell bestätigt. Sie leiteten ab, daß Säuren nur für den Fall, daß der *p*H-Wert sehr viel größer als der *p*K-Wert ist, eine lineare Abhängigkeit zwischen dem Logarithmus des scheinbaren Verteilungskoeffizienten $\log \alpha$ bzw. dem R_M-Wert und dem *p*H-Wert besteht. Ist bei Säuren der *p*H-Wert niedriger als der *p*K-Wert, so wird der $\log \alpha$ bzw. R_M unabhängig vom *p*H-Wert. Bei Basen gilt die *p*H-Abhängigkeit von $\log \alpha$ und R_M in entsprechender Weise.

WAKSMUNDZKI und SOCZEWINSKI leiteten aus ihren Gleichungen ferner ab, daß man die *p*H-Abhängigkeit der R_F-Werte zur Bestimmung der *p*K-Werte von Substanzen benutzen kann.

Bei der praktischen Ausführung dieser Methode zur *p*K-Bestimmung stößt man im allgemeinen bei normaler Papierchromatographie auf Schwierigkeiten, da dort die *p*H-Abhängigkeit der R_F-Werte gering ist. Verwendet man aber acetyliertes Papier und macht damit die wäßrige Phase zur beweglichen, so sprechen die R_F-Werte von Substanzen mit den oben angegebenen Substituenten im Gebiet ihrer *p*K-Werte auf *p*H-Änderungen erheblich an. Trägt man den negativen R_M-Wert $[(-R_M) = \log (R_F/1 - R_F)]$ gegen den *p*H-Wert des Laufmittels auf, so steigt $(-R_M)$ mit zunehmender und sinkt mit abnehmender Hydrophilie. Eine Zunahme des R_F-Werts entspricht nach der obigen Gleichung einer Zunahme des $(-R_M)$-Werts. Da die *p*K-Werte der oben angegebenen hydrophilen Substituenten in verschiedenen *p*H-Bereichen liegen, kann die Änderung des $(-R_M)$-Werts zur Identifizierung der Substituenten herangezogen werden. Substanzen, die Aminogruppen enthalten, sind daran zu erkennen, daß sich der $(-R_M$-)Wert im Gebiet des *p*K-Werts in umgekehrter Weise verändert wie bei den Substituenten SO_3H, COOH und OH.

3.1. Identifizierung einzelner hydrophiler Substituenten

Abb. 1 zeigt die Benzolderivate Benzoesäure, Phenol, Anilin und Benzolsulfonsäure. Bei den ersteren erkennt man die Erhöhung der ($-R_M$)-Werte mit zunehmendem *p*H-Wert im Gebiet der *p*K-Werte ihrer Wasserstoffionen-Dissoziation bei *p*H 3—9 für Benzoesäure und bei *p*H 10,5—13,5 für Phenol. Beim Anilin sieht

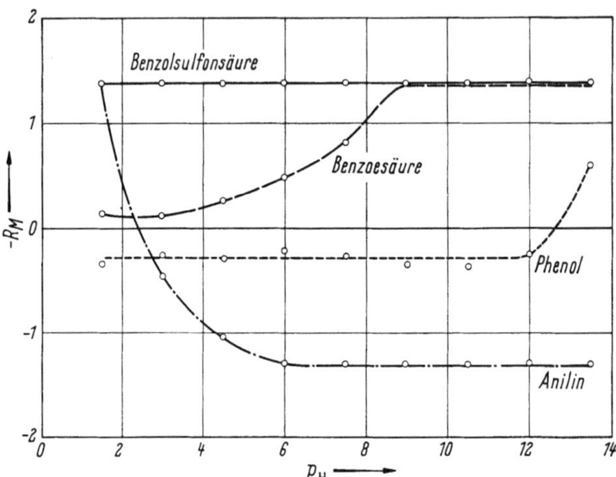

Abb. 1. Abhängigkeit der ($-R_M$)-Werte vom *p*H-Wert des Laufmittels bei den „Grundsubstanzen" Benzolsulfonsäure, Benzoesäure, Phenol und Anilin.

man die Abnahme des ($-R_M$)-Wertes mit steigendem *p*H-Wert im Gebiet des *p*K-Werts bei *p*H 1,5—6. Benzolsulfonsäure zeigt im Bereich oberhalb *p*H 1,5 einen konstant hohen Wert, der zwar kein charakteristisches Kriterium darstellt, jedoch das Vorhandensein einer oder mehrerer Sulfogruppen wahrscheinlich macht.

Natürlich wird die Laufhöhe nicht nur durch die Art des Substituenten bestimmt, sondern auch durch das „Grundgerüst" und durch die Anordnung der Substituenten.

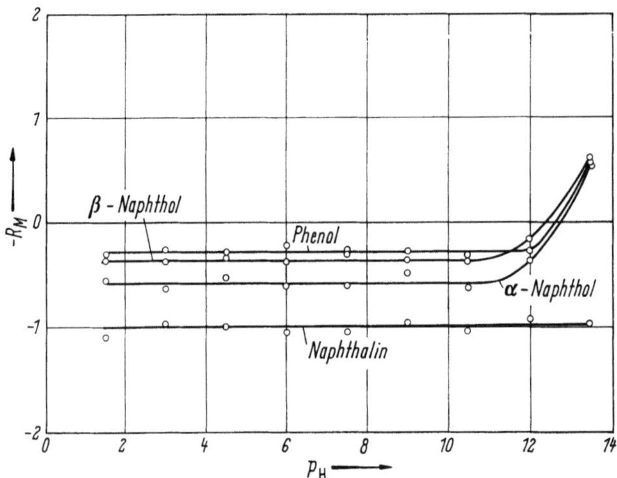

Abb. 2. Abhängigkeit der ($-R_M$)-Werte vom *p*H-Wert des Laufmittels bei Phenol, α- und β-Naphthol sowie Naphthalin.

Trotzdem wird der *p*H-Bereich bei den Änderungen der $(-R_M)$-Werte kaum beeinflußt. Dies zeigt Abb. 2 an den Beispielen Phenol, α- und β-Naphthol. Der $(-R_M)$-Wert des OH-freien Grundkörpers Naphthalin liegt gegenüber dem der beiden Naphthole um den Betrag der OH-Gruppe niedriger. Natürlich bleibt auch der Anstieg der $(-R_M)$-Kurve bei *p*H 10,5—13,5 aus.

3.2. Identifizierung bei mehrfachem Auftreten derselben Substituenten

Führt man in den Benzolkern des Anilins noch eine weitere Aminogruppe ein, so kommt man zu den drei stellungsisomeren Phenylendiaminen. Wie man an dem Verlauf ihrer $(-R_M)$-Kurven in Abb. 3 erkennen kann, verhalten sie sich ähnlich

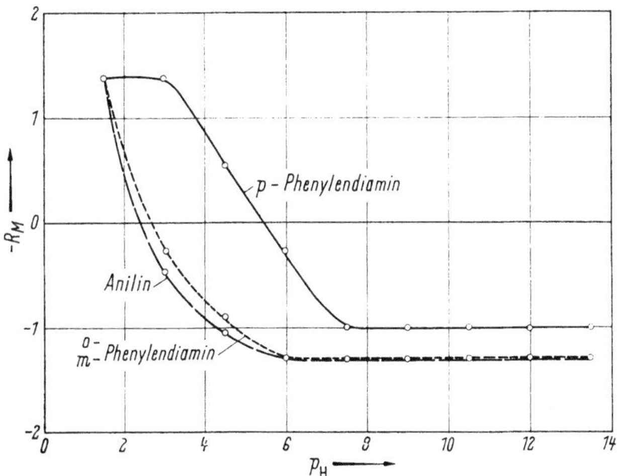

Abb. 3. Abhängigkeit der $(-R_M)$-Werte vom *p*H-Wert des Laufmittels bei den drei stellungsisomeren Phenylendiaminen.

wie Anilin. Insbesondere zeigen sie den für die Aminogruppe charakteristischen Abfall des $(-R_M)$-Werts bei *p*H 1,5—6,0. Lediglich bei p-Phenylendiamin verläuft der Abfall der $(-R_M)$-Kurve viel flacher, und die Einmündung in das horizontale Niveau erfolgt analog seinen höheren *p*K-Werten erst bei höheren *p*H-Werten. Das bedeutet, daß p-Phenylendiamin gegenüber seinen beiden stellungsisomeren Verbindungen einen hydrophileren Charakter aufweist. Die sehr niedrigen $(-R_M)$-Werte des Anilins, o- und m-Phenylendiamins im alkalischen Gebiet erlauben keine Entscheidung, ob hier noch Unterschiede in der Hydrophilie vorliegen, dazu müßten andere Laufmittel ausprobiert werden. Daß solche Unterschiede auftreten können, wird später an den Beispielen der stellungsisomeren Aminophenole und Anisidine gezeigt. Die sekundären Einflüsse zweier Aminogruppen aufeinander stören den charakteristischen Verlauf der *p*H-Abhängigkeit der $(-R_M)$-Werte für aromatische Substanzen mit NH_2-Gruppen nicht. Allerdings kann über die Anzahl der NH_2-Substituenten keine Aussage gemacht werden.

Treten mehrere aromatische OH-Gruppen auf, so ist die Hydrophilie im sauren und neutralen *p*H-Gebiet, in dem die OH-Gruppen noch undissoziiert sind, gegenüber den analogen Verbindungen mit nur einer OH-Gruppe im allgemeinen höher. Dies gilt, wie Abb. 4 zeigt, in gleicher Weise für Hydrochinon, Resorcin und Phloroglucin im Vergleich zum Phenol. Phloroglucin besitzt zwischen *p*H 1,5 und 13,5 einen höheren $(-R_M)$-Wert als Hydrochinon und Resorcin sowie einen viel höheren als Phenol. Die durch die Protonendissoziation verursachte $(-R_M)$-Zunahme zwischen *p*H 10,5 und 13,5 ist wegen des von vornherein schon höheren Wertes bei den Polyhydroxy-Verbindungen nicht so ausgeprägt wie beim Phenol, aber doch noch deutlich zu erkennen. Laufmittel anderer Zusammensetzung zeigen den Sprung auch bei diesen Verbindungen deutlicher.

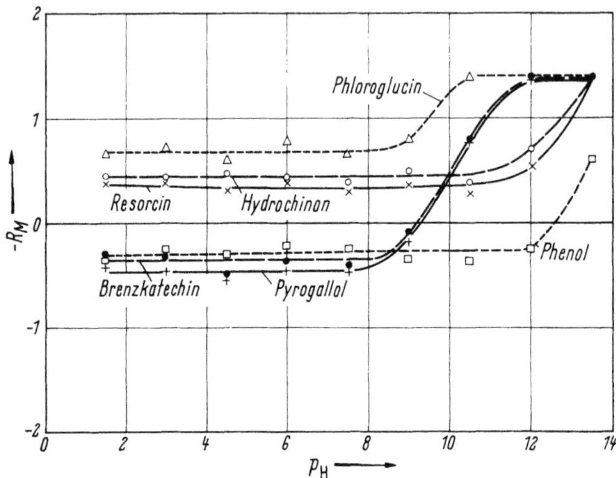

Abb. 4. Abhängigkeit der $(-R_M)$-Werte vom *p*H-Wert des Laufmittels bei den Polyphenolen Brenzkatechin, Resorcin, Hydrochinon, Phloroglucin und Pyrogallol.

Anders verhält es sich bei den Polyhydroxy-Verbindungen mit vicinalen OH-Gruppen wie Brenzkatechin und Pyrogallol. Hier tritt in beiden Fällen eine starke Erhöhung des $(-R_M)$-Wertes zwischen *p*H 7,5 und 12,0 auf, die nicht durch Protonendissoziation zu erklären ist. Beide Verbindungen verhalten sich im Gebiet von *p*H 1,5—7,5 so, als ob je eine OH-Gruppe weniger im Molekül vorhanden ist. Dies ist auf die Ausbildung einer intramolekularen Wasserstoffbrücke zurückzuführen. Diese Erscheinung, die als Ortho-Effekt bezeichnet wird, wurde in anderem Zusammenhang bereits von WATSON [*35*] erörtert. Der Ortho-Effekt zeigt, daß die beiden benachbarten OH-Gruppen nicht unabhängig voneinander vorliegen. Infolge Ausbildung der Wasserstoffbrücke verhalten sich Brenzkatechin und Pyrogallol chromatographisch zunächst wie Phenol. Interessant ist, daß der mit steigendem *p*H-Wert auftretende „Orthosprung", der mit dem Aufhören der Wasserstoffbrücken-Bindung zusammenhängt, nicht genau an der Stelle der *p*K-Werte der Wasserstoffionendissoziation der beteiligten OH-Gruppen liegt. Vicinale OH-Gruppen lassen sich so an dem Orthosprung bei *p*H 7,5—12 erkennen.

3.3. Identifizierung bei kombiniertem Auftreten von Substituenten

Ist außer einer SO_3-H-Gruppe noch ein anderer Substituent am Benzolkern vorhanden, so überwiegt in dem angegebenen Laufmittel der Einfluß der Sulfogruppe so stark, daß andere Substituenten nicht mehr zu erkennen sind. Die betreffenden R_F-Werte liegen in diesem Fall schon an der Laufmittelfront. So ist z. B. in o-, m- und p-Sulfanilsäure die NH_2-Gruppe nicht mehr nachzuweisen.

In Abb. 5 sind die Kurvenverläufe der $(-R_M)$-Werte für o-(Anthranilsäure), m- und p-Aminobenzoesäure in Abhängigkeit vom *p*H-Wert zusammengestellt. Alle drei Verbindungen zeigen ebenfalls die für ihre beiden funktionellen Gruppen typischen Sprünge bei *p*H 1,5—4,5 für die Aminogruppe und bei *p*H 4,5—10,5 für die Carboxylgruppe ungestört nebeneinander. Der niedere $(-R_M)$-Wert der Orthover-

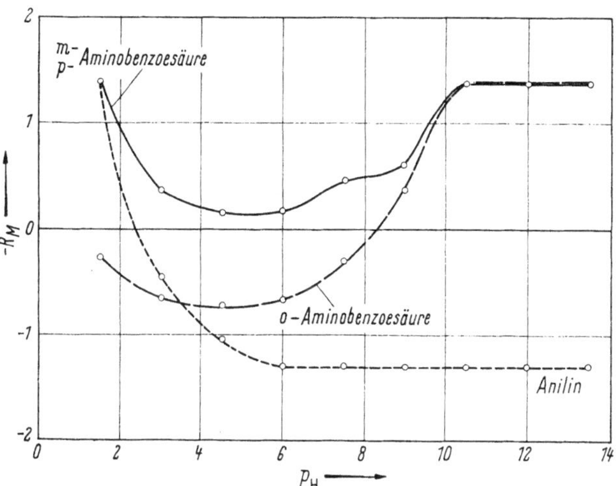

Abb. 5. Abhängigkeit der $(-R_M)$-Werte vom *p*H-Wert des Laufmittels bei den drei stellungsisomeren Aminobenzoesäuren.

bindung ist darauf zurückzuführen, daß das mit zunehmendem *p*H-Wert freigestellte Wasserstoffion zur Ausbildung einer intramolekularen Wasserstoffbrücke beansprucht wird. Infolge der Chelatbildung verhält sich die o-Verbindung hydrophober als seine beiden Isomeren, die nicht zur Wasserstoffbrücken-Bindung befähigt sind.

Die Kombination einer Aminogruppe mit einer Hydroxylgruppe in den drei stellungsisomeren Aminophenolen zeigt die für beide Substituenten charakteristischen Änderungen der $(-R_M)$-Werte in Abb. 6, und zwar eine Abnahme zwischen *p*H 1,5

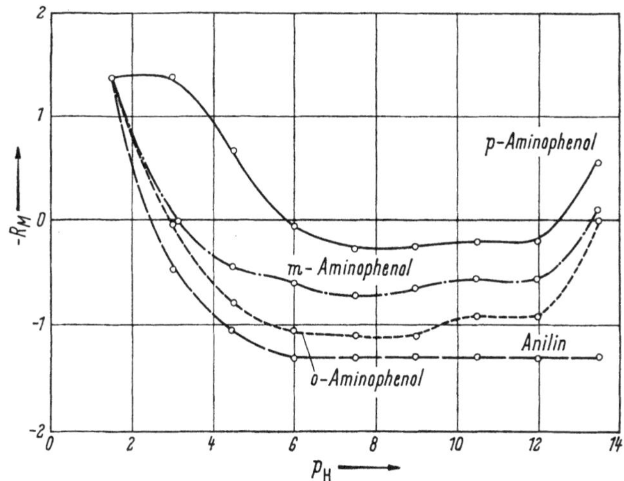

Abb. 6. Abhängigkeit der $(-R_M)$-Werte vom *p*H-Wert des Laufmittels bei den drei stellungsisomeren Aminophenolen.

und 6, die durch die NH_2-Gruppe verursacht wird, und eine Zunahme oberhalb *p*H 12, die von der OH-Gruppe herrührt. Analog zu den Phenylendiaminen zeigt auch hier die p-Verbindung einen nach höheren *p*H-Werten verschobenen Abfall der Hydrophilie im sauren Gebiet, der in Übereinstimmung mit dem höheren Säure-*p*K-Wert der Aminogruppe der p-Verbindung steht. Die Unterschiede in den $(-R_M)$-Werten von p- und m-Aminophenol über den gesamten *p*H-Bereich lassen vermuten, daß die m-Verbindung zu einem gewissen Teil zur Wasserstoffbrücken-Bindung befähigt ist.

Ist der in der OH-Gruppe abdissoziierbare Wasserstoff durch Verätherung entfernt, so ist die $(-R_M)$-Erhöhung oberhalb von *p*H 10,5 nicht vorhanden. Die für die NH_2-Gruppe charakteristische Änderung zwischen *p*H 1,5 und 6 bleibt jedoch erhalten. Dies zeigen die Kurven der betreffenden Anisidine in Abb. 7. Auch hier

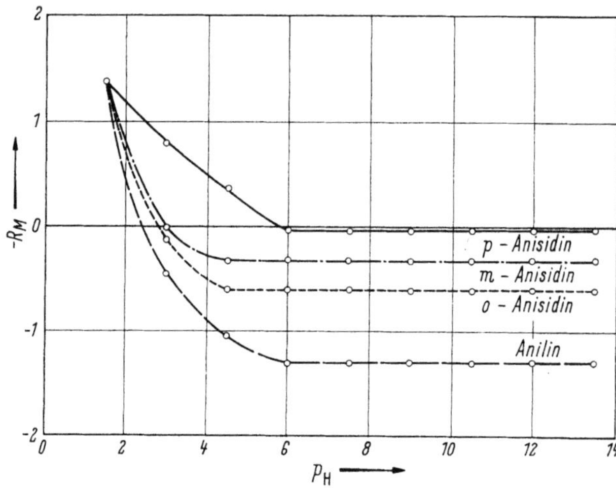

Abb. 7. Abhängigkeit der $(-R_M)$-Werte vom *p*H-Wert des Laufmittels bei den drei stellungsisomeren Anisidinen.

ist zu erkennen, daß in der Reihenfolge o-Anisidin, m-Anisidin und p-Anisidin der hydrophile Charakter zunimmt und die p-Verbindung eine Sonderstellung einnimmt. Die Identifizierung der NH_2-Gruppe wird dadurch jedoch nicht beeinflußt. Die CH_3O-Gruppe als nichthydrophile Gruppe ist natürlich nicht erkennbar.

In Abb. 8 sind die *p*H-$(-R_M)$-Kurven der drei stellungsisomeren Hydroxybenzoesäuren zusammengestellt. Während die COOH-Gruppe gut erkannt werden kann, ist die Identifizierung der OH-Gruppe nicht mehr möglich, da sich die Verbindungen so hydrophil verhalten, daß ihre R_F-Werte bereits in der Laufmittelfront liegen. Zur Erkennung der OH-Gruppe muß daher — wie in anderen ähnlichen Fällen — ein anderes Laufmittelgemisch herangezogen werden. Die Identität der Kurven von m- und p-Hydroxybenzoesäure deuten darauf hin, daß die m-Verbindung nicht mehr zur Wasserstoffbrücken-Bindung neigt. Anders ist das bei der o-Verbindung. Die Salicylsäure benimmt sich infolge der Wasserstoffbrücke bei niedrigen *p*H-Werten so, als wenn keine OH-Gruppe vorhanden ist. Das chromatographische Verhalten entspricht in diesem Bereich dem der Benzoesäure. Die mit zunehmendem *p*H-Wert auftretende Erhöhung des $(-R_M)$-Werts, die auf die COOH-Gruppe zurückzuführen ist, tritt bei der Salicylsäure schon bei niederen *p*H-Werten auf als bei der Benzoesäure. Dies steht in Einklang mit dem niederen

pK-Wert der Carboxylgruppe. Die pK-Erniedrigung bei der Salicylsäure ist nach BAKER [36] darauf zurückzuführen, daß das Anion durch Chelatbildung stabilisiert wird. Diese Stabilisierung des Anions erleichtert die Abspaltung und erschwert die Anlagerung des Carboxylprotons.

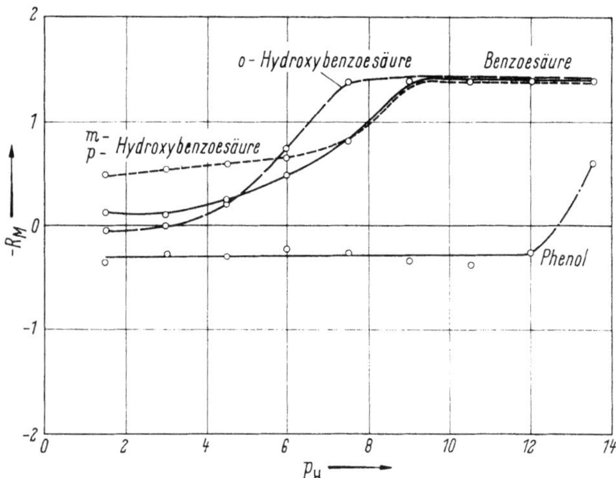

Abb. 8. Abhängigkeit der ($-R_M$)-Werte vom pH-Wert des Laufmittels bei den drei stellungsisomeren Hydroxybenzoesäuren.

4. Experimentelles

Die Durchführung der Versuche erfolgte auf acetyliertem Papier Nr. 2043a/45ac der Fa. Schleicher & Schüll. Die Papiere wurden — um sie von dem durch die Acetylierung verbliebenen Essigsäureüberschuß zu befreien — mehrmals mit dest. Wasser vorgewaschen. Trotzdem ist das Papier nicht ohne Einfluß auf den pH-Wert des Laufmittelgemischs. Durch Vergleich der pH-Werte des eingestellten Laufmittels im Chromatographiebehälter und auf dem Papier zeigte sich, daß die Pufferlösungen von pH 1,5 und 3,0 um 0,1—0,2 pH-Einheiten erhöht und die Pufferlösungen von pH 9,0, 10,5, 12,0 und 13,5 um 0,1—1,3 pH-Einheiten erniedrigt werden.

Als Laufmittel diente ein Gemisch von Chloroform-Methanol-Wasser (25:50:25), wobei sich nur die wäßrige Phase zwangsläufig mit dem pH-Wert in ihrer Zusammensetzung ändert, nicht aber die Mengenverhältnisse des organischen Lösungsmittelanteils. Aus der Konstanz der ($-R_M$)-Werte von Substanzen, die in dem betrachteten Bereich keinen pK-Wert besitzen, kann geschlossen werden, daß die mit der pH-Variation verbundenen Änderungen der Laufmittelzusammensetzung keine störende Veränderung der Laufhöhe bedingen. Die pH-Werte von 1,5—13,5 in pH-Abstufungen von je 1,5 wurden im fertigen Lösungsmittelgemisch mit der Glaselektrode unter Standardbedingungen mit HCl bzw. NaOH eingestellt. Hierbei wurden für die Pufferlösungen pH 1,5—6,0 ein Zitronensäure/LiOH-Puffer (21 g Zitronensäure, 200 ml 1 n-LiOH und 800 ml dest. Wasser) und für die Pufferlösungen pH 7,5—13,5 ein Borsäure/LiOH-Puffer (10 g H_3BO_3, 5 g LiOH und 1000 ml dest. Wasser) verwendet.

Um konstante Bedingungen am Aufsatzpunkt zu gewährleisten, wurden die einzelnen Testsubstanzen (10—100 μg) zusammen mit 0,010 ml halbkonzentrierter Ammoniaklösung aufgesetzt. Vor dem Einhängen der Papierstreifen in den Chromatographiebehälter wurden die frisch hergestellten Laufmittelgemische zunächst gut umgeschüttelt. Nachdem die Laufmittelfront eine Höhe von 20 cm erreicht hat (1—2 h), wurden die Papierchromatogramme zum Trocknen aus dem Chromatographiebehälter herausgenommen.

Zur Identifizierung der einzelnen Flecken wurden die Papierchromatogramme zunächst unter der UV-Lampe (254 und 365 mμ) ausgewertet. Hierbei gaben sich bereits die meisten Substanzen zu erkennen, besonders gut aber die Salicylsäure durch ihre intensiv blauviolette Fluoreszenz. Für Naphthalin, Benzoesäure und Benzolsulfonsäure — letztere allerdings erst nach dem Besprühen mit $KMnO_4$ — wurde die Absorption im UV als Erkennungsmittel benutzt. Die Phenole und Phenolcarbonsäuren wurden mit $FeCl_3$, $KMnO_4$ oder Persulfat + N, N-Diäthyl-p-Phenylendiamin nachgewiesen. Die Amine, Aminocarbonsäuren und Aminosulfonsäuren wurden mit diazotiertem Diphenetidin (NH_3), Ninhydrin oder durch Diazotierung + Kupplung mit β-Naphthol sichtbar gemacht.

Literatur

[1] Consden, R., H. A. Gordon u. A. J. P. Martin: Biochem, J. **38**, 224 (1944).
[2] Martin, A. J. P.: Biochem. Soc. Symp. **3**, 4 (1949).
[3] Opienska-Blauth, J., O. Saklawska-Szymonova u. M. Kanski: Nature **168**, 511 (1951).
[4] Bate-Smith, E. C. u. R. G. Westall: Biochim. Biophys. Acta **4**, 427 (1950).
[5] Reichl, E. R.: Mh. Chem. **86**, 69 (1955).
[6] Schauer, H. K. u. R. Bulirsch: Z. Naturf. **10b**, 683 (1955).
[7] Schauer, H. K. u. R. Bulirsch: Naturwiss. **43**, 34 (1956).
[8] Schauer, H. K. u. R. Bulirsch: Z. Naturf. **13b**, 327, (1958).
[9] Pardee, A. B.: J. Biol. Chem. **190**, 757 (1951).
[10] Long, A. G., J. R. Quayle u. R. J. Stedman: J. Chem. Soc. 2197 (1951).
[11] Isherwood, J. A. u. C. S. Hanes: Biochem. J. **55**, 824 (1953).
[12] French, D. u. G. M. Wild: J. Am. Chem. Soc. **75**, 2612 (1953).
[13] Kalbe, H.: Z. physiol. Chem. **297**, 19 (1954).
[14] Macek, K. u. Z. J. Vejdlěek: Nature **176**, 1173 (1955).
[15] Reichl, E. R.: Mikrochim. Acta 955 (1956).
[16] Lederer, M.: Proc. 2nd Intern. Congr. Surface Activity, London 1957, S. 506.
[17] Franc, J. u. J. Jokl: J. Chromatog. **2**, 423 (1959).
[18] Howe, J. R.: J. Chromatogr. **3**, 389 (1960).
[19] Green, J. u. S. Marcinkiewicz: Chrom. Rev. **5**, 58 (1963).
[20] Marcinkiewicz, S., J. Green u. D. MacHale: Chromatogr. Rev. **5**, 65 (1963).
[21] Green, J., S. Marcinkiewicz u. D. MacHale: Chromatogr. Rev. **5**, 91 (1963).
[22] Marcinkiewicz, S. u. J. Green: Chromatogr. Rev. **5**, 117 (1963).
[23] Green, J. u. S. Marcinkiewicz: Chromatogr. Rev. **5**, 123 (1963).
[24] Marcinkiewicz, S. u. J. Green: Chromatogr. Rev. **5**, 135 (1963).
[25] Marcinkiewicz, S. u. J. Green: Chromatogr. Rev. **5**, 141 (1963).
[26] Green, J. u. S. Marcinkiewicz: Chromatogr. Rev. **5**, 158 (1963).
[27] Hulme, H. C. u. T. S. Swain: Nature **168**, 254 (1951).
[28] Golumbic, C., M. Orchin u. S. Weller: J. Am. Chem. Soc. **71**, 2624 (1949).
[29] Wachtmeister, C. A.: Acta. chem. Scand. **6**, 818 (1952).
[30] Levi, A. A. u. S. G. Terjesen: C.A. **41**, 6026i (1947).
[31] Hais, J. M., J. V. Koštiř, M. Vondráček u. K. Wiesner: Hais und Macek, Handbuch der Papierchromatographie Bd. I, 1963, S. 75.
[32] Waksmundzki, A. u. E. Soczewiński: C.A. **53**, 4859 (1959).
[33] Waksmundzki, A. u. E. Soczewiński: J. Chromatog. **3**, 252 (1960).
[34] Soczewiński, E.: Nature **188**, 391 (1960).
[35] Watson, H. B.: Modern Theories of Organic Chemistry, Oxford University Press 1937, S. 205.
[36] Baker, W.: Nature **137**, 236 (1936).

Kopiereffekt schichtförmiger Magnetspeicher

Von W. Abeck

Der Kopiereffekt schichtförmiger Magnetspeicher war im letzten Jahrzehnt wiederholt Gegenstand eingehender Untersuchungen. Aus der Reihe der Veröffentlichungen seien vor allem die Arbeiten von Tafel [*1*] und von Schrader, Simon und Ackermann [*2*] erwähnt.

Tafel untersuchte Zeit- und Temperaturabhängigkeit des Kopiereffekts und berechnete die Aktivierungsenergie des Kopiervorgangs. Er beschreibt seine Wellenlängenabhängigkeit und deutet den Kopiereffekt als magnetische Nachwirkungserscheinung, die einen reversiblen und irreversiblen Anteil erkennen läßt.

Nach Tafel besteht der irreversible Anteil aus Umklapp-Prozessen, die durch thermische Aktivierung ausgelöst bzw. verstärkt werden können. Jeder dieser Umklapp-Prozesse liefert einen irreversiblen Beitrag zur Magnetisierung. Bei dieser Deutung ist Voraussetzung, daß die Eisenoxidteilchen einzelne Weißsche Bezirke darstellen.

Der reversible Anteil wird Gitterplatzwechseln der Eisenionen zugeschrieben. Bekanntlich haben Magnetit (Fe_3O_4) und γ-Eisen(III)-oxid (γ-Fe_2O_3) Spinellstruktur, in denen die Eisenionen Tetra- und Octaederplätze einnehmen, deren Beiträge zur Magnetisierung verschieden sind. Während im ungestörten Gitter eine bestimmte Platzverteilung vorliegt, können durch mechanische Spannungen, Magnetostriktion, thermische Energie oder unter der Einwirkung des kopierenden Feldes Platzwechselvorgänge ausgelöst werden, die eine Erhöhung der Magnetisierungsintensität zur Folge haben können.

Hieraus läßt sich folgern, daß der Ordnungszustand des Eisenoxidkristalles einen Einfluß auf den Kopiereffekt ausübt.

Simon, Schrader und Ackermann untersuchten physikalische, magnetische und kristallographische Eigenschaften verschiedener Eisenoxide und versuchten, diese Eigenschaften in Beziehung zum Kopiereffekt zu setzen. Sie kamen zu dem Ergebnis, daß alle Faktoren, die eine Dynamikerhöhung zur Folge haben, zu einer Verstärkung des Kopiereffekts führen. Eine besondere Bedeutung kommt nach diesen Untersuchungen der Teilchengröße und dem Ordnungszustand des Gitters zu. Nach Simon, Schrader und Ackermann besteht das optimale Oxid in einem Kompromiß:

Wegen der erwünschten Dynamik soll das Eisenoxid eine hohe Primärteilchengröße und zur Minderung des Kopiereffekts einen hohen Ordnungszustand des Gitters aufweisen.

Tafel führte seine Untersuchungen an niederkoerzitiven Magnetbändern durch, und auch Simon, Schrader und Ackermann standen nur niederkoerzitive, gefällte kugel- und würfelförmige Eisenoxide zur Verfügung, die darüber hinaus durch einen mehr oder weniger hohen Gehalt an Magnetit und Fremdionen verunreinigt waren. Die Kopierdämpfungswerte (*KD*-Werte) der Versuchsprodukte bewegten sich zwischen 40 und 48 dB.

Vor mehr als zehn Jahren wurden die niederkoerzitiven Magnetbänder durch höherkoerzitive Bänder mit erheblich verbesserter Remanenz abgelöst. In der Zwischenzeit sind die magnetischen Eisenoxide ständig weiter verbessert worden. Die heute für die Bandfabrikation verwendeten Oxidpulver lassen sich nach ihrer äußeren Form in zwei Gruppen, in nadelförmige und würfelförmige Oxide unterteilen. In der Koerzitivkraft bewegen sich diese Materialien zwischen 250 und 350 Oerstedt. Während nadelförmige Eisenoxide mit einem Länge-Breite-Verhältnis von etwa 10 : 1 als reine γ-Eisenoxide eingesetzt werden, kann bei den würfelförmigen Typen die hohe Koerzitivkraft nur durch Einbau von Kobaltionen in das Gitter des Eisenoxids erreicht werden. Diese kobaltdotierten Pigmente sind insofern äußerst interessant, als sie bereits im statistisch verteilten Zustand eine außergewöhnlich hohe Remanenz (B_R/B_S ca. 0,83), d. h. eine fast rechteckförmige Hystereseschleife aufweisen. Sie spielen heute, trotz mancher Vorteile, nur noch eine untergeordnete Rolle und werden vornehmlich für die Herstellung von Spezialbändern eingesetzt.

Einen ähnlichen B_R/B_S-Wert erreicht man mit nadelförmigen Eisenoxiden durch die magnetische Orientierung der einzelnen Pigmentnadeln in der magnetisierbaren Schicht.

Die technische Fertigung der kobaltdotierten, würfelförmigen Eisenoxide geschieht auf dem Fällungswege, meist durch Nitratoxydation von Eisen-Kobalt-Mischhydroxiden zum kobalthaltigen Fe_3O_4 und nachfolgender Oxydation zum γ-Fe_2O_3.

Ausgangsmaterial für die nadelförmigen Eisenoxide sind das unmagnetische α- bzw. γ-Eisenoxidhydrat, das bei Temperaturen oberhalb 300 °C reduktiv in Fe_3O_4 und durch nachfolgende Luftoxydation in γ-Fe_2O_3 übergeführt wird.

Beide Herstellungsverfahren laufen also über die Fe_3O_4-Stufe. In seinen magnetischen Eigenschaften ist der stöchiometrisch aufgebaute Magnetit dem γ-Fe_2O_3 mindestens gleichwertig. In der Regel sind Remanenz und Koerzitivkraft sogar höher. Die um 5—6 Zehnerpotenzen höhere Leitfähigkeit des Fe_3O_4 macht dieses Material für die Herstellung schichtförmiger Magnetspeicher an sich sehr interessant, da hierdurch das Problem der statischen Aufladung an Magnetbändern ohne zusätzliche Maßnahmen gelöst wäre. Der hohe Kopiereffekt des Fe_3O_4 ist ein wesentlicher Grund mit dafür, daß diese Materialien für die Bandherstellung heute nicht mehr eingesetzt werden. Trotz intensivster Bemühungen ist es uns nicht gelungen, die Kopierdämpfung der Magnetite über einen Wert von 50 dB hinaus zu verbessern.

Die verschiedenen Eisenoxide mit ihren H_C- und *KD*-Werten sind in Abb. 1 zusammengestellt.

Aus dieser ist ersichtlich, daß die Magnetite den γ-Eisenoxiden in der Kopierdämpfung um 10—15 dB unterlegen sind und daß auch die *KD*-Werte der γEisenoxide sich in relativ weiten Grenzen bewegen. Immerhin gelingt es, beim γ-Fe_2O_3 Spitzenwerte in der Kopierdämpfung von 60—65 dB zu erreichen. Über einige Untersuchungen an Pigmenten und Bändern wird im nachfolgenden berichtet. Alle

KD-Werte wurden nach DIN 45 519 (d. h. bei $v = 38{,}1$ cm, 1000 Hz-Impulse mit Vollaussteuerung nach 24 Std. Lagerung bei 20 °C) bestimmt.

Typ		H_c [Oe]	KD [dB]
Fe_3O_4	würfelförmig	120 - 220	40 - 50
Fe_3O_4	nadelförmig	250 - 400	40 - 50
Fe_2O_3	würfelförmig	100 - 250	40 - 55
Fe_2O_3	nadelförmig	220 - 370	50 - 65
Fe_2O_3	kobalthaltig	200 - 800	50 - 60

Abb. 1. Kopierdämpfung verschiedener Eisenoxidtypen.

Die am Ort der Nachbarwindung für den Kopiereffekt wirksame Feldstärke beträgt etwa 10—20 Oerstedt. Betrachten wir die Remanenzkurven der heute verwendeten Eisenoxide, so sehen wir, daß ihr steiler Anstieg im Bereich von 200—400 Oerstedt liegt.

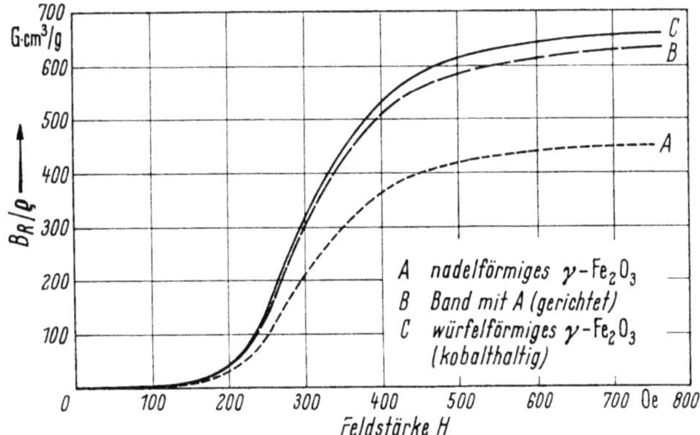

Abb. 2. Remanenzkurven.

Der an Pulvern bzw. Bändern gemessene H_C-Wert ist ein Mittelwert, der nichts darüber aussagt, in welchem Ausmaß niederkoerzitive Anteile im Pulvergemisch enthalten sind. Diese Anteile durch Messungen am Pulver selbst genau zu erfassen ist schwierig.

Geht man aber von der Überlegung aus, daß für ein magnetisch einheitliches Material Voraussetzung ist, daß die einzelnen Teilchen in Form und Größe übereinstimmen, ergibt sich die Aufgabe, bei der Herstellung des ferromagnetischen Materials auf dessen Isometrie ganz besonders zu achten. In der Tat konnte durch Entwicklung entsprechender Verfahren ein beachtlicher Erfolg in der Verringerung des Kopiereffekts erzielt werden.

Neben dieser Maßnahme sind noch einige andere für die Kopierdämpfung von großer Bedeutung.

Das für die Herstellung nadelförmiger Eisenoxide bereits erwähnte Eisenoxidhydrat wird im technischen Maßstab durch Luftoxydation einer Eisen(II)-salzlösung in Gegenwart von metallischem Eisen hergestellt, nachdem man dem Reaktionsgemisch sehr feinteilige nadelförmige „Keime" zugesetzt hat, die im Laufe der Reaktion zu größeren Teilchen aufwachsen. Unter Erhalt des Länge-Breite-Verhältnisses der Keimteilchen (in der Regel 10 : 1) können Nadeln bis zu einer Länge von 1 μ und größer hergestellt werden.

Das Eisenoxidhydrat ist wohlgemerkt unmagnetisch und wird erst in einem weiteren Prozeß in Fe_3O_4 bzw. γ-Fe_2O_3 umgewandelt. Dennoch sind sowohl die magnetischen Eigenschaften als auch die Kopierwirkung des nach Umwandlung resultierenden γ-Fe_2O_3 im nichtmagnetischen Material bereits weitestgehend fixiert.

Wir fanden, daß für die Koerzitivkraft und ganz besonders für den Kopiereffekt die *Bildungsgeschwindigkeit* des Eisenoxidhydrats von großer Bedeutung ist. Wenn auch allgemein gilt, daß mit zunehmender Teilchengröße der Kopiereffekt größer wird, so kann der Abfall bei entsprechend langsamer Bildungsgeschwindigkeit im Teilchenlängenbereich 0,4—1 μ auf ca. 2,5 dB eingeschränkt werden, während als Folge größerer Bildungsgeschwindigkeit der Unterschied 5 dB und mehr betragen kann.

$$Fe(OH)_2 \xrightarrow{Luft} FeO(OH) \quad [Keim]$$
$$FeSO_4 + H_2O \xrightarrow{Luft} FeO(OH) + H_2SO_4$$
$$Fe + H_2SO_4 \xrightarrow{Luft} FeSO_4 + H_2O$$
usw.

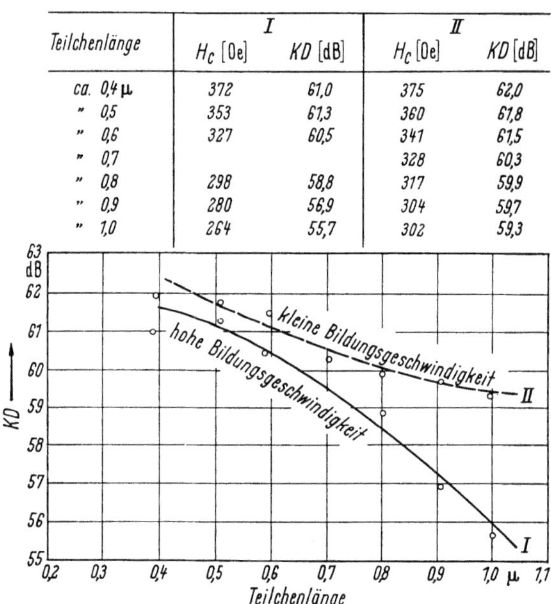

Teilchenlänge	I H_c [Oe]	I KD [dB]	II H_c [Oe]	II KD [dB]
ca. 0,4 µ	372	61,0	375	62,0
„ 0,5	353	61,3	360	61,8
„ 0,6	327	60,5	341	61,5
„ 0,7			328	60,3
„ 0,8	298	58,8	317	59,9
„ 0,9	280	56,9	304	59,7
„ 1,0	264	55,7	302	59,3

Abb. 3. Kopierdämpfung / Teilchengröße.

Bei unseren ausgedehnten Arbeiten, die Kopierdämpfung der Eisenoxide positiv zu beeinflussen, haben sich in Übereinstimmung mit den Ergebnissen von Simon, Schrader und Ackermann in erster Linie alle die Maßnahmen als erfolgreich erwiesen, die auf die Ausbildung eines geordneten, störstellenfreien Kristallgitters hinzielen.

Als Beispiel sei hier nur der Einfluß der Temperatur angeführt, bei der die reduktive Umwandlung des Eisenoxidhydrats in Fe_3O_4 vorgenommen wird. An dem hier untersuchten nadelförmigen γ-Fe_2O_3 von etwa 0,5 μ Teilchenlänge konnte durch Erhöhung der Reduktionstemperatur von 320 °C auf 440 °C die Kopierdämpfung des reoxydierten Produkts um mehr als 10 dB, nämlich von 51 dB auf 62 dB verbessert werden.

Im Zuge der Magnetbandfertigung muß das Oxidpulver in einen guten Dispersionszustand versetzt werden. Dies geschieht üblicherweise durch Mahlung des Eisenoxids in der Lösung eines Lackbindemittels. Dieser Mahlprozeß birgt u.U. erhebliche Gefahren für die Kopierdämpfung. Die Gefahr ist um so größer, je feinteiliger das zu mahlende Material ist. Mit Einsetzen des Mahlprozesses beobachtet man bei den nadelförmigen Eisenoxiden einen Abfall der Koerzitivkraft z. T. wohl deshalb, weil mit dem angestrebten Zerteilen der Agglomerate ungewollt das Zerbrechen eines Teiles der nadelförmigen Partikel vonstatten geht. Darüber hinaus ist leicht einzusehen, daß durch die dem einzelnen Teilchen zugeführte Energie eine Deformation des Gitters stattfinden kann.

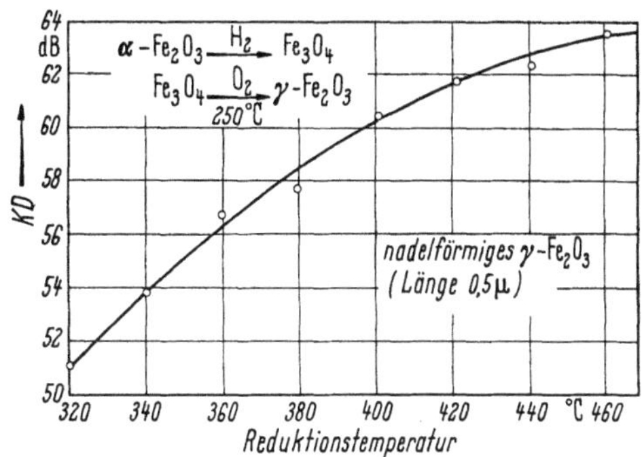

Abb. 4. Kopierdämpfung / Reduktionstemperatur.

In der nächsten Abbildung ist die Wirkung eines solchen Mahlprozesses auf den Kopiereffekt eines nadelförmigen und eines kobalthaltigen, würfelförmigen Eisenoxids dargestellt. Man ersieht aus dem Diagramm, daß durch die Mahlung an der Kopierdämpfung 5 dB und mehr verlorengehen können.

Dank ausgedehnter Forschungs- und Entwicklungsarbeiten stehen heute Eisenoxidpigmente zur Verfügung, die es ermöglichen, schichtförmige Magnetspeicher mit *KD*-Werten von 60 dB und mehr herzustellen.

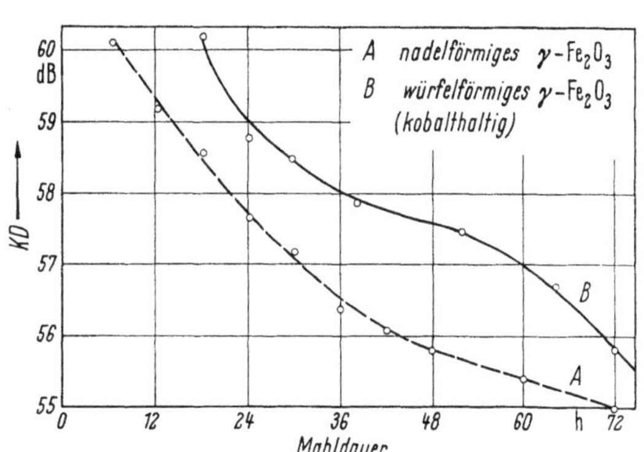

Abb. 5. Kopierdämpfung / Pigmentmahlung.

Aus der Theorie der magnetischen Schallaufzeichnung ist bekannt, daß der Kopiereffekt von der Gesamtdicke des Magnetbandes und von der Dicke der magnetisierbaren Schicht beeinflußt wird. In praktischen Versuchen wurde ermittelt, daß eine Abstandserhöhung von 10 μ im Bereich 10—60 μ die Kopierdämpfung um ca. 1 dB verbessert. Hieraus ergibt sich, daß für den Magnetfilm, der in der Regel auf einer 120—130 μ starken Unterlage gefertigt wird, der Kopiereffekt keine Rolle mehr spielen kann. Die an Magnetfilmen ermittelten *KD*-Werte liegen oberhalb 70 dB.

Relativ stark geht in den Kopiereffekt die Dicke der magnetisierbaren Schicht ein. Mit zunehmender Schichtdicke steigt der Kopiereffekt rasch an.

Aus der Darstellung, die auf praktischen Bandmessungen fußt, ersieht man, daß der Kopiereffekt bei einem Dreifachspielband mit einer Schichtdicke von 6 μ, das darüber hinaus noch bei kleinen Bandgeschwindigkeiten betrieben wird, keine Rolle spielt, während es andererseits nur sehr schwierig ist, hochremanente Studiobänder (sogenannte high-output-Bänder, Schichtdicke 20 μ und mehr) mit hohen *KD*-Werten herzustellen.

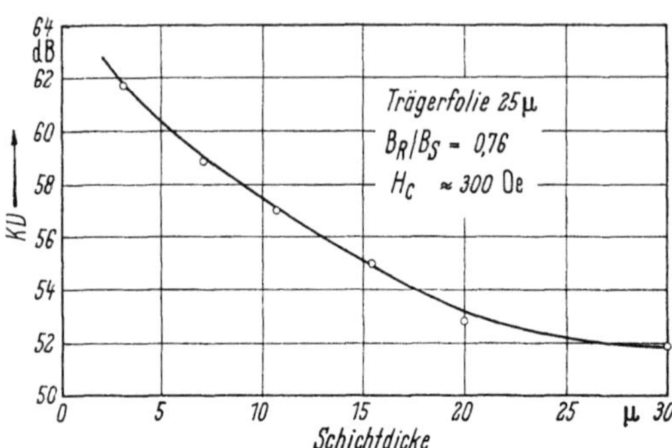

Abb. 6. Kopierdämpfung / Schichtdicke.

Wie bereits eingangs erwähnt, werden die nadelförmigen Eisenoxide durch Einwirkung äußerer Magnetfelder bei der Bandherstellung orientiert. Dabei steigt in Orientierungsrichtung die Remanenz stark und die Koerzitivkraft leicht an. Für magnetische Bildaufzeichnung nach dem Ampex-Verfahren weist das Band entsprechend der Bildaufzeichnungsrichtung eine Quermagnetisierung auf. Die Schallaufzeichnung erfolgt bei diesem Verfahren gegen die Orientierungsrichtung. Gelegentlich wurde an den sogenannten Video-Magnetbändern ein relativ starker Echoeffekt beobachtet, den man der Aufzeichnungsrichtung zuzuschreiben geneigt war.

Die von uns durchgeführten Untersuchungen des Kopiereffekts an Bändern gleichen Schichtaufbaus mit unterschiedlicher Orientierungsrichtung konnten die Richtigkeit einer solchen Vermutung nicht bestätigen. Unabhängig von der Dicke der magnetisierbaren Schicht fanden wir für den statistisch verteilten Zustand des Pigments als auch für dessen Längs- und Querorientierung praktisch gleiche *KD*-Werte.

	$d = 5\mu$		$d = 10\mu$	
	B_R/B_S	KD [dB]	B_R/B_S	KD [dB]
ungerichtet	0,63	60,5	0,63	58,4
längs gerichtet	0,73	60,5	0,76	58,6
quer gerichtet	0,62	59,8	0,61	57,7

Abb. 7 Kopierdämpfung / Magnetische Orientierung.

Ob sich durch Temperatur- oder Zeiteinwirkung die Verhältnisse verschieben können, ist unwahrscheinlich, doch sind unsere Untersuchungen noch nicht so weit abgeschlossen, daß diese Frage hier endgültig beantwortet werden kann.

Wenn es heute möglich ist, schichtförmige Magnetspeicher herzustellen, an denen im üblichen Meßverfahren *KD*-Werte von 60 dB und mehr ermittelt werden, ergibt sich die Frage nach dem zeit- und temperaturabhängigen Verhalten dieser Bänder, da für die Praxis nicht nur der *KD*-Wert nach 24 Stunden, sondern der nach längerer Lagerung zu erwartende Kopiereffekt interessiert.

Bei den von uns in dieser Richtung durchgeführten Untersuchungen hat sich gezeigt, daß hinsichtlich des zeit- und temperaturabhängigen Verhaltens zwischen kobalthaltigen, würfelförmigen Oxiden und nadelförmigem Material Unterschiede bestehen. Bei annähernd gleichen Ausgangswerten reagiert das kobalthaltige Pigment mit einer etwa um den Faktor 2 größeren Zunahme des Kopiereffekts. Dieses Verhalten ist sehr wahrscheinlich auf die im kobaltdotierten Gitter leichter ablaufenden Platzwechselvorgänge zurückzuführen.

Unsere Untersuchungen weisen darauf hin, daß Maßnahmen, welche die Kopierdämpfung allgemein verbessern, auch einen günstigen Einfluß auf die Zeitabhängigkeit ausüben. An den Bändern unserer Fabrikation, die mit nadelförmigem Eisenoxid von etwa 0,5 μ Teilchenlänge hergestellt werden, wurde für die Zeitabhängigkeit der Kopierdämpfung ein Wert von ca. 0,5 dB ermittelt, d. h. bei Verdoppelung der Lagerzeit nimmt der Kopiereffekt um 0,5 dB zu. Das bedeutet, daß eine Kopierdämpfung, die nach 24 Stunden mit 60 dB gemessen wird, nach einem Jahr auf etwa 56 dB und nach 100 Jahren auf etwa 52,5 dB abfällt.

Durch den Einsatz von sogenannten Echolöschköpfen, bei dem das Band ein geringes Hochfrequenz-Magnetisierungsfeld durchläuft, wird das instabile Kopiersignal weitgehend beseitigt, ohne die eigentliche Aufnahme wesentlich zu schwächen. Hierdurch hat der Kopiereffekt weiter an Bedeutung verloren; dennoch bleibt er ein interessantes Phänomen. Es sei abschließend erwähnt, daß alle Maßnahmen, die zur Verringerung des Kopiereffektes beitragen, gleichzeitig auch der Löschbarkeit der Bänder zugute kommen, womit die an sich bekannte Auffassung, daß Kopiereffekt und Löschbarkeit in engem Zusammenhang stehen und wahrscheinlich gleichen Ursprungs sind, erneut bestätigt wird.

Literatur

[1] Tafel, H. J.: Der Kopiereffekt bei der Schallaufzeichnung auf Magnetband, Fernmeldetechn. Zeitschr. Band 6. (1953) Nr. 1, S. 17–24.

[2] Schrader, R., Simon A., Ackermann G.: Zur Kenntnis des Zusammenhanges der Struktur ferromagnetischer Eisenoxyde mit Dynamik und Kopiereffekt von Magnetofonbändern [1], Wissenschaftliche Zeitschrift der Techn. Hochschule Dresden 2 (1952/53), H. 4/5. S. 537–545.

Magnetbeschichtung von Bildfilmen nach dem Kaschierverfahren

Von W. Abeck und H. Hörmann

Allgemeines

Mit der fortschreitenden Entwicklung der Magnetbandtechnik hat auch die Magnetbeschichtung von Bildfilmen in zunehmendem Maße an Bedeutung gewonnen. Vom Verfahren her gesehen sind es im wesentlichen zwei Methoden, nach welchen das Aufbringen des Magnettonstreifens auf den Bildfilm erfolgt

Bei dem sog. ,,Naßverfahren" wird mit einer geeigneten Antragsvorrichtung eine Eisenoxid-Lackdispersion an den Film angetragen. Nach Verdunsten des Lösemittels resultiert ein Magnettonstreifen, dessen Qualität von der Beschaffenheit der verwendeten Dispersion und den technischen Merkmalen der Bespurungsmaschine bestimmt wird. Dieses Verfahren erfordert jedoch eine ständige Kontrolle der aufgegossenen Schicht. Wegen des hierfür hohen technischen Aufwands wird das Naßverfahren vornehmlich von der Filmindustrie oder größeren Spezialfirmen ausgeübt.

Das sog. ,,Klebeverfahren" bedient sich vorgefertigter Magnetbänder. Es hat den Vorteil, daß ein gleichmäßiges und vorgeprüftes Material für die Beschichtung eingesetzt werden kann. Aus dieser Sicht bietet das ,,Klebeverfahren" ein hohes Maß an Sicherheit. Es eignen sich hierfür vornehmlich Magnetbänder, deren Trägerfolie durch Anlösen mit geeigneten Lösungsmitteln in einen klebefähigen Zustand versetzt werden kann. Diese Forderung ist bei Bändern auf Acetylcellulose-Unterlage hinreichend erfüllt.

Ein Nachteil dieser Methode ist die relativ große Dicke des aufgeklebten Magnettonstreifens. Die Praxis hat gezeigt, daß dieser nicht mehr als höchstens 15μ über die Filmoberfläche hinausragen darf. Die heute für die Bespurung zur Verfügung stehenden dünnsten Magnetbänder (auf AC-Basis) haben eine Dicke von 30μ, d. h. die Trägerfolie ist dicker als die Magnetschicht selbst. Bei größeren Filmlängen muß daher eine Ausgleichspur aufgeklebt oder aber der Bildfilm zur Aufnahme des Magnettonstreifens ausgefräst werden.

Dieser Nachteil wird vermieden, wenn nicht das ganze Band, sondern nur die Magnetschicht allein (ohne Trägerfolie) auf den Film aufgeklebt wird. Dieser Gedanke wurde bereits vor mehr als einem Jahrzehnt zuerst in den USA aufgegriffen. Da die Magnetschicht wegen ihrer nicht ausreichenden mechanischen Festigkeit allein nicht gehandhabt werden kann, fertigt man Bänder mit einer sog. *übertragbaren* Magnetschicht, d. h. die Magnetschicht wird auf eine *temporäre* Unterlage aufgegossen und von dieser auf die zu beschichtende Unterlage, in unserem Falle auf den Bildfilm, übertragen. Die Haftung wird durch einen wärmeaktivierbaren Kleber vermittelt, der sich auf der Magnetschicht befindet. Vom Verfahren her gesehen ist das Kaschierverfahren eine Variante des ,,Klebeverfahrens".

Wenn das Kaschierverfahren in der Vergangenheit noch nicht die Bedeutung erlangt hat, die ihm von der Qualität des Magnettonstreifens an sich zukommt, so lag dies in erster Linie an der zu schwierigen Handhabung des bis vor einigen Jahren ausschließlich in den USA gefertigten speziellen Bandmaterials. Als Trägerfolie diente damals Hydratcellulose, die eine nachträgliche Befeuchtung des beschichteten Films erforderte, bevor die Trägerfolie entfernt werden konnte. Aus diesem Grunde war das Band auch nur unter bestimmten Bedingungen lagerfähig.

Den letzten Stand der Entwicklung auf diesem Gebiet stellt das Agfa Magneton-Kaschierband PEK dar.

Aufbau und Funktionsweise des Magnetonkaschierbandes

Auf einer 40 μ starken Polyesterfolie befindet sich eine ca. 10 μ dicke magnetisierbare Schicht, auf die eine Heißsiegel-Klebstoffschicht in einer Stärke von 3—4 μ aufgegossen ist.

Das Bindemittel für die magnetisierbare Schicht besteht aus einem Polyurethan-Reaktionslack (Polyester-Lack) mit Zusatz spezieller Hochpolymerer. Hierdurch erhält die Schicht eine außergewöhnlich hohe mechanische Festigkeit und die Eigenschaft, daß sie sich ohne besondere Maßnahmen rückstandslos von der Trägerfolie abziehen läßt.

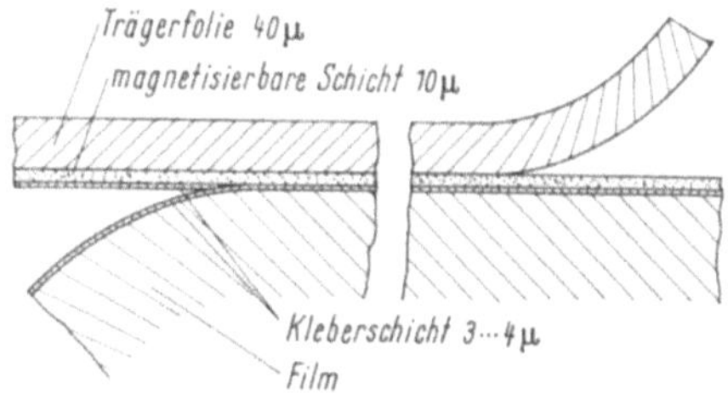

Abb. 1

Bei Raumtemperatur weist das Band keinerlei klebende Eigenschaften auf und kann daher wie ein normales Magnetband gehandhabt werden. Es ist feuchtigkeitsunempfindlich und innerhalb eines weiten Temperaturbereichs lagerfähig. Die Heißsiegel-Klebstoffschicht ist durch Wärme aktivierbar. Bei Erwärmung auf ca. 90 °C wird sie klebrig, um bei ca. 115—120 °C optimale Klebeeigenschaften zu entwickeln. Unter leichter Druckanwendung läßt sich das Magneton-Kaschierband auf fast sämtlichen Materialien (Kunststoffe, Papier, Metall, Textilien u. a.) fest verankern. Die temporäre Polyester-Trägerfolie kann nach diesem Prozeß leicht abgezogen werden. Die aufkaschierte Magnetschicht zeichnet sich durch eine außergewöhnlich große Oberflächenglätte aus, Eigenschaften, die in einem guten Frequenzgang, einer hohen Wiedergabeempfindlichkeit für hohe Frequenzen und in einem geringen Modulationsrauschen zum Ausdruck kommen.

Filmbespurung im Kaschierverfahren

Die Verwendung des Magneton-Kaschierbandes für die Bespurung von Bildfilmen stellt einen speziellen Anwendungsbereich des Magneton-Kaschierbandes dar. Hierfür wird das Band in Kombination mit einer speziellen Kunststoff-Lösung eingesetzt. Diese Lösung, die in Breite des Magnettonstreifens mit einer geeigneten Vorrichtung angetragen wird, dient dem Zweck, das Filmmaterial für den Kaschiervorgang zu präparieren. Die von der Agfa entwickelte Speziallösung „Kleber H 658 E" kann sowohl für die Emulsionsseite als auch für die Filmrückseite verwendet werden. Das im „Kleber H 658 E" enthaltene Lösemittel soll weitgehend verdunstet, die sich ausbildende Kunststoffschicht aber noch nicht völlig trocken sein, wenn das Magneton-Kaschierband mit dem Film in Kontakt gebracht wird. Dies ist bei Raumtemperatur nach etwa 3—4 Sekunden der Fall.

Bei den heute auf dem Markt befindlichen Maschinen für die Filmbeschichtung nach dem Kaschierverfahren, z. B. der „Lamicord 16" der Firma Siemens & Halske

AG wird nur das Kaschierband, nicht aber der Bildfilm erwärmt. Wie bereits oben erwähnt, soll die Temperatur des Kaschierbandes im Augenblick des Kontaktes mit der zu beschichtenden Unterlage 115—120 °C betragen. Es hängt von den Maschinenbedingungen ab (Abstand der Heizvorrichtung von der Kontaktstelle, Maschinengeschwindigkeit u. a.), auf welche Temperatur die Heizvorrichtung zweckmäßigerweise eingestellt wird. In der genannten „Lamicord 16" wird bei einer Einstellung der Heizvorrichtung auf ca. 170 °C das günstigste Ergebnis erzielt.

Die Trägerfolie kann praktisch unmittelbar nach dem Kaschiervorgang von der aufkaschierten Spur abgezogen werden.

Die Arbeitsgeschwindigkeit beträgt 60—90 cm/sec. Allgemein haftet die aufkaschierte Spur auf der Emulsionsseite als auch auf der Rückseite der verschiedensten Filmmaterialien gleich gut. In sehr vereinzelten Fällen wurden gewisse Schwierigkeiten hinsichtlich der Haftung bei der Bespurung der Filmrückseite beobachtet. Diese Schwierigkeiten waren stets auf ein abweichendes Verhalten der Filmunterlage zurückzuführen und konnten durch Änderung der Antragsmenge der Kunststofflösung oder Änderung der Maschinengeschwindigkeit schnell behoben werden.

Bereits einleitend wurde die außergewöhnlich gute Oberflächenqualität der aufkaschierten Magnetschicht erwähnt.

Die Messung der elektroakustischen Eigenschaften eines mit gleichem Eisenoxid nach dem Gieß- und Kaschierverfahren auf 16 mm Film aufgebrachten Magnettonstreifens nach DIN 15 681 macht die Vorzüge des Kaschierverfahrens deutlich. Gemessen wurde auf einem Magnetfilmlaufwerk mit 25 B/s (= 19,05 cm/sec) im Vergleich zu dem Leerteil des Bezugsfilmes 16 nach DIN 15 638. Der Arbeitspunkt wurde entsprechend dem Pflichtenheft 12/3 April 1964 der ARD gewählt, d. h. 2 dB über maximale Ausgangsspannung für 10 kHz; Sprechkopf 14 μ, Hörkopf 7 μ.

Wie aus der folgenden Zusammenstellung hervorgeht, zeigt sich eine deutliche Überlegenheit der kaschierten Spur im Frequenzgang, der Aussteuerbarkeit bei 10 kHz und im Modulationsrauschen.

	gegossen	kaschiert
Empfindlichkeit E (1 kHz) dB:	−0,5	−1,3
Klirrfaktor K_3 %:	1,1	1,2
Vollaussteuerung U_v ($K_3 = 3\%$)		
(dB über Bezugspegel):	+4,2	+3,8
Frequenzgang 1 : 10 kHz dB:	−2	+1
Höhenaussteuerbarkeit $U_{10\max}$ dB:	−4,5	+1
Modulationsrauschen dB:	33	38
Geräuschspannungsabstand dB:	46	49
Optimum 1 kHz mA:	4,8	4,3

Ein weiterer nicht zu unterschätzender Vorteil des Kaschierverfahrens liegt in der Tatsache begründet, daß der Film durch Lösungsmittel nicht angegriffen wird. Eine nachträgliche Krümmung des Films kann daher nicht eintreten. Die aufkaschierte Spur zeigt ebenfalls keine Krümmung, sondern liegt völlig plan.

Das Magneton-Kaschierband PEK ist z. Z. in Breiten von 6,25 mm und 2,45 mm lieferbar und steht allen Interessenten zur Verfügung.

Bespurungsmaschinen für das Magneton-Kaschierband PEK für 8, 16 und 35 mm befinden sich bei einer Reihe einschlägiger deutscher Firmen in der Entwicklung.

Protonen als Ladungsträger der elektrischen Leitfähigkeit und der Photoleitfähigkeit von Anthracen-Kristallen

Von R. MATEJEC[1]

Zusammenfassung

Durch potentiometrische Messungen an Anthracenkristallen, welche in einer Elektrolysezelle mit Lösungen von verschiedenem *p*H-Wert und verschiedenem Redoxpotential in Kontakt stehen, wird gezeigt, daß die elektrische Dunkelleitfähigkeit und die Photoleitfähigkeit des Anthracens in dieser Versuchsanordnung praktisch ausschließlich durch Protonen getragen wird; die elektrische Überführungszahl der (beweglichen) Protonen im Anthracenkristall ist in der verwendeten Versuchsanordnung im Dunkeln und bei UV-Belichtung innerhalb der Meßgenauigkeit ($\pm 5\%$ Fehler) praktisch gleich eins.

Als Funktion des *p*H-Wertes der Lösungsphasen gemessen steigen die Dunkelleitfähigkeiten und die Photoleitfähigkeiten der Anthracenkristalle mit steigenden *p*H-Werten an, wenn O_2 anwesend ist.

Dieser Effekt wird *p*H-abhängigen Oxydationseinflüssen an der Grenzschicht zwischen Oberfläche des Anthracenkristalls und Lösungsphase zugeschrieben.

Potentiometric measurements on anthracene crystals, in contact with solutions of different *p*H-values and different redoxpotentials in an electrolytic cell, show that the electrical conductivity of anthracene in the dark and the photo-conductivity are almost exclusively due to protons. For the experimental arrangement used, the transport number of the (mobile) protons in the anthracene crystal is equal to unity within the experimental accuracy (uncertainty $\pm 5\%$), both in the dark and for irradiation with UV light.

The conductivity in the dark and the photo-conductivity of anthracene crystals both increase with increasing *p*H-values, when O_2 is present. This effect is ascribed to the influence of *p*H-dependent oxydation-processes in the boundary layers between the surface of the anthracene crystal and the solution phase.

1. Einleitung

Die an organischen Molekülkristallen beobachtbaren elektrischen Leitfähigkeits- und Photoleitfähigkeitseffekte werden meist (in Analogie zu den klassischen anorganischen Halbleiterkristallen) als elektronische Halbleitereffekte diskutiert (vgl. z. B.

[1] Vorgetragen anläßlich der Hauptversammlung der Deutschen Bunsengesellschaft e.V. am 9. Mai 1964 in Berlin. Im Original veröffentlicht in: Ber. d. Bunsengesellschaft f. physikal. Chemie (früher Z. f. Elektrochemie) **68, 964 (1964).**

[*1* bis *28*]). Gegen eine solche Auffassung wurden jedoch schon Einwände vorgebracht; z. B. wurde vermutet, daß bei den organischen Molekülkristallen in gewissen Fällen bewegliche Wasserstoffionen und nicht bewegliche Elektronen oder Defektelektronen für die elektrische Dunkel- und Photoleitfähigkeit verantwortlich wären (s. z. B. [*29*]).

Unter gewissen Bedingungen kann man eine sichere Auskunft über bestimmte elektrische Leitfähigkeitsanteile durch potentiometrische Messungen an geeignet zusammengestellten elektrochemischen Ketten erhalten (vgl. insbesondere [*30*]; ferner auch [*31* bis *34*]). In der vorliegenden Arbeit wird durch ein solches potentiometrisches Verfahren der Anteil der Wasserstoffionen an der elektrischen Dunkel- und Photoleitfähigkeit ermittelt. Das Anthracen wurde als Musterbeispiel erwählt, weil das elektrische und photoelektrische Verhalten organischer Molekülkristalle am Anthracen bisher am zuverlässigsten untersucht worden ist (vgl. z. B. [*10* bis *28*]).

Außerdem kann in der gleichen Versuchsanordnung geprüft werden, ob und in welchem Maße Randschichteffekte an der Phasengrenze zwischen Anthracenkristall und einer umgebenden (wäßrigen) Lösung festzustellen sind.

2. Experimentelles

21. Allgemeines

Dem hier angewendeten Verfahren zur Bestimmung der Überführungszahl (t_X) einer bestimmten Ionensorte (X) in einem Festkörper liegt folgendes allgemeine experimentelle Prinzip zugrunde (vgl. [*30*]):

Der zu untersuchende, möglichst dünne, plättchenförmige Festkörper (z. B. der Anthracenkristall) wird auf seinen beiden gegenüberliegenden, großen Begrenzungsflächen mit zwei Lösungsphasen [(A) und (B) in Abb. 1] in Kontakt gebracht, welche gegeneinander elektrisch gut isoliert sind und welche eine im Verhältnis zum unter-

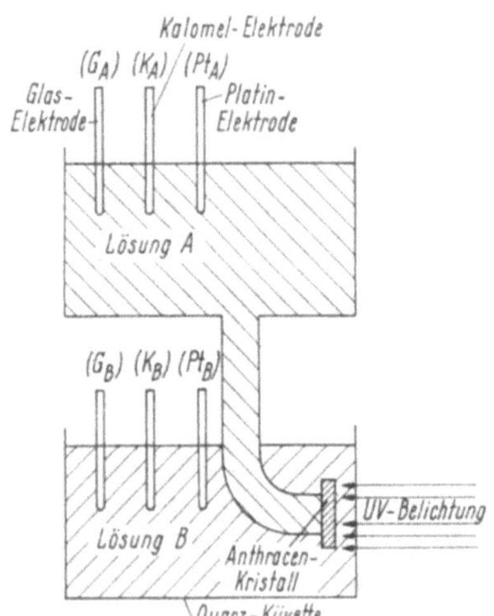

Abb. 1. Versuchsanordnung (schematisch). (Pt_A) und (Pt_B) sind zwei Platinelektroden, welche direkt in die Lösungen (A) und (B) eintauchen und welche auf die Redoxpotentiale dieser Lösungen ansprechen. (G_A) und (G_B) sind zwei Glaselektroden, welche direkt in die Lösungen (A) und (B) eintauchen und auf die H^+-Ionenkonzentrationen dieser Lösungen ansprechen. (K_A) und (K_B) sind zwei Kalomelelektroden, welche indirekt über KNO_3-Salzbrücken an die beiden Lösungen (A) und (B) angekoppelt sind.

suchten Festkörper hohe elektrische Leitfähigkeit haben. Durch Verwendung geeignet zusammengesetzter Lösungen [(A) und (B) in Abb. 1] und geeignet gewählter Elektroden lassen sich dann Überführungszahlen potentiometrisch ermitteln.

Zur Untersuchung von Randschichteffekten wird der Kristall andererseits in der in Abb. 1 skizzierten Anordnung auf beiden Seiten mit der *gleichen* Lösung in Kontakt gebracht; durch konduktometrische Messungen lassen sich dann Randschichteffekte untersuchen.

22. Experimentelle Einzelheiten

Die untersuchten, plättchenförmigen Anthracenkristalle wurden aus reinem, pulverförmigen Anthracen durch langsame Sublimation im Vakuum hergestellt. Ihre Flächenausdehnung betrug etwa 1×1 [cm^2], ihre Dicke lag zwischen 10^{-3} und 10^{-2} [cm].

Aus einer großen Zahl wurden stets nur die besten, absolut poren- und rissefreien Kristalle für die Messungen ausgewählt; Risse und Poren, welche die Meßergebnisse verfälschen, waren an den für die Messungen unbrauchbaren Kristallen leicht zu erkennen, weil dort infolge der in die Risse eingedrungenen Elektrolytlösung der elektrische Dunkelwiderstand um Größenordnungen kleiner war als bei den zuverlässigen Kristallen. Außerdem war auch keine Photoleitfähigkeit festzustellen, wenn ein (unbrauchbarer) Kristall durch die in die Risse oder Poren eingedrungene Elektrolytlösung überbrückt wurde.

Die Kristalle wurden in der in Abb. 1 skizzierten Versuchsanordnung mit einem elektrisch hochisolierenden Silikonharz auf ein gebogenes, mit dem gleichen Silikonharz überzogenes Glasrohr aufgekittet. Darauf wurde das Glasrohr mit der einen Lösung [z. B. (A)] gefüllt und in eine Quarzküvette eingetaucht, welche die andere Lösung [z. B. (B)] enthielt.

In den Lösungen (A) und (B) wurden niedrige pH-Werte ($p\mathrm{H} < 2{,}5$) mit verd. H_2SO_4, mittlere ($2{,}5 < p\mathrm{H} < 9$) mit Borsäure/Borat-Puffermischungen und hohe ($p\mathrm{H} > 9$) mit Na_2CO_3/NaOH-Mischungen eingestellt. Als Redoxsystem wurde im sauren bis neutralen pH-Bereich Fe^{+3}/Fe^{+2} verwendet, mittels Citratzusatz (Bindung der Fe^{+3}-Ionen unter Komplexbildung) wurde der Redoxbereich dieses Redoxsystems zu negativeren Potentialen erweitert. Im neutralen bis alkalischen pH-Bereich wurde Ferri-/Ferrocyanid, im alkalischen pH-Bereich außerdem auch Sn^{+4}/Sn^{+2} verwendet. Die Konzentrationen der Redox- und der pH-Puffer lagen in der Größenordnung von $10^{-1}\,n$. Mit den Lösungen wurde ein pH-Bereich von 2 bis 12 und ein Redoxbereich von -350 bis $+800$ mV (bezogen auf die gesättigte Kalomelelektrode) experimentell untersucht. Zur Untersuchung der Kristalle im photoleitenden Zustand wurde jeweils der Kristall von einer Seite her durch die wäßrige Lösung hindurch mit ungefiltertem (UV)-Licht einer Quecksilberdampflampe belichtet.

In die Lösungen (A) und (B) tauchten als redoxempfindliche Elektroden je eine Platinelektrode (Pt_A) und (Pt_B) und als H^+-empfindliche Elektroden je eine Glaselektrode (G_A) und (G_B) direkt ein, ferner standen als redox- und H^+-unempfindliche Elektroden je eine Kalomelelektrode (K_A) und (K_B) indirekt über KNO_3-Brücken mit den Lösungen (A) und (B) elektrisch in Kontakt.

Die elektrischen Potentialdifferenzen zwischen den einzelnen entsprechenden Elektrodenpaaren wurden zum Teil direkt mit einem sehr hochohmigen Knick-Millivoltmeter gemessen (Eingangswiderstand des Meßinstruments: $R > 10^{12}\,\Omega$); bei einigen Werten, wo es auf besonders große Meßgenauigkeit ankam, wurden jedoch darüber hinaus auch Stromspannungskurven gemessen und die elektrochemischen Ruhepotentiale der entsprechenden Ketten aus dem Schnittpunkt dieser Stromspannungskurven mit der Potentialachse (wo die Stromstärke $i = 0$ ist) ermittelt (vgl. Abb. 3). Die elektrischen Stromstärken wurden bei der Messung der Stromspannungskurven und bei den in Abschnitt 4 beschriebenen Randschichtuntersuchungen ermittelt aus dem Spannungsabfall, welcher über einen mit der Elektrolysezelle in Serie geschalteten, konstanten Hochohmwiderstand von $10^{12}\ \Omega$ festzustellen war.

3. Potentiometrische Bestimmung der H^+-Überführungszahlen

31. Theoretische Grundlagen des Meßverfahrens

311. Potentialdifferenzen unter speziellen Bedingungen. Eine allgemeine, ausführliche und exakte Theorie des hier verwendeten potentiometrischen Verfahrens zur Messung der Überführungszahlen findet sich bei [*30*]; die theoretischen Grundlagen sollen hier deshalb nur kurz gestreift werden.

Für die in Abb. 1 schematisch gezeigte Anordnung:

Elektrode A/Lösung A/Anthracen-Kristall/Lösung B/Elektrode B

können die folgenden resultierenden EMK-Werte gemessen werden:

1. ΔE_G zwischen den Glaselektroden G_B und G_A (Kette G),
2. ΔE_{Pt} zwischen den Pt-Elektroden Pt_B und Pt_A (Kette Pt),
3. ΔE_K zwischen den Kalomelelektroden K_B und K_A (Kette K).

Allgemein kann die EMK ΔE einer Kette (= Potentialdifferenz zwischen rechter und linker Elektrode) berechnet werden, indem die Änderung dG der freien Enthalpie der Kette nach Durchtritt der Ladung dq von der linken zur rechten Elektrode gleich der an der Kette geleisteten reversiblen Nutzarbeit $-\Delta E \cdot dq$ gesetzt wird. Folglich gilt

$$\Delta E = -dG/dq = -\Delta G/F\,, \tag{1}$$

wobei ΔG die Änderung der freien Enthalpie bei Durchgang von 1 Faraday (= 1 F) ist.

Im einzelnen seien folgende Rechnungen mitgeteilt:

I. Die Lösungen A *und* B *haben gleiches Redox-Potential, aber verschiedene* p_H-*Werte* ($p_{H,A}$ *und* $p_{H,B}$).

I. 1. Berechnung der Potentialdifferenz $\Delta E_{G,I}$ zwischen den Glaselektroden G_B und G_A.

a) Falls im Anthracen ausschließlich Protonen wandern, dann tritt bei Fluß von 1 Faraday durch Kette I jeweils 1 Mol H^+ von der Glaselektrode G_A in die Lösung ein und die gleiche Menge an H^+ tritt in den Anthracenkristall über. Somit erfolgt keine Änderung der Zusammensetzung der Lösung A. Ebensowenig findet eine Änderung der Zusammensetzung der Lösung B statt. Da die zugehörige Änderung der freien Enthalpie ΔG für Fluß von 1 Faraday gleich Null ist, so muß auch die EMK gleich Null sein, d. h. es ist

$$\Delta E_{G,I} = 0 \text{ für } t_{H^+} = 1\,, \tag{2}$$

wobei t_{H^+} die Überführungszahl der Protonen im Anthracen bedeutet.

b) Falls umgekehrt im Anthracen ausschließlich Elektronen wandern, dann tritt bei Fluß von 1 Faraday durch Kette I jeweils 1 Mol H^+ von der Glaselektrode und 1 Mol Elektronen aus dem Anthracen-Kristall in Lösung A ein. Hierbei wird die oxydierte Stufe des Redox-Systems in die reduzierte Stufe überführt. Der umgekehrte

Vorgang erfolgt in Lösung B. In diesem Falle verhält sich der Anthracen-Kristall wie ein Platin-Blech zwischen den Lösungen A und B, und somit ist die EMK der Kette gleich der Summe der Potentialdifferenzen $G_A - Pt_A$ und $Pt_B - G_B$. Bei gleichen Redoxpotentialen der Lösungen A und B sind die Potentialdifferenzen $Pt_A - K_A$ und $Pt_B - K_B$ einander gleich. Somit kann man für die EMK der Kette I auch die Summe der Potentialdifferenzen der Einzelketten $G_A - K_A$ und $K_B - G_B$ setzen, die durch die Differenz der pH-Werte der Lösungen A und B bestimmt ist. Derart erhält man

$$\begin{aligned} \Delta E_{G,I} &= (RT/F) \ln (c_{H^+,B}/c_{H^+,A}) \\ &= (2{,}3\, RT/F)\,(p_{H,A} - p_{H,B}) \text{ für } t_e = 1\,, \end{aligned} \tag{4}$$

wobei t_e die Überführungszahl der Elektronen im Anthracen bedeutet. Hierbei ist es irrelevant, ob Überschuß- oder Defekt-Elektronenleitung vorliegt.

Unter Einführung von

$$\Delta E_{G,I}(t_e = 1) = \Delta E_{G,I,\max} \tag{4a}$$

erhält man alsdann $0 < \Delta E_{G,I} < \Delta E_{G,I,\max}$ für $p\mathrm{H}_{,A} > p\mathrm{H}_{,B}$ bei endlichen Beiträgen von Protonen- und Elektronenleitung. Dazu gehören die Beziehungen

$$t_e = \Delta E_{G,I}/\Delta E_{G,I,\max}; \quad t_{H^+} = 1 - \Delta E_{G,I}/\Delta E_{G,I,\max}\,. \tag{5}$$

I. 2. Mißt man die Potentialdifferenz $\Delta E_{K,I}$ zwischen den Kalomelelektroden K_B und K_A, so gilt

$$\begin{aligned} \Delta E_{K,I} &= \Delta E_{G,I} + [\Delta E(K_A - G_A) + \Delta E(G_B - K_B)] \\ &= \Delta E_{G,I} - [\Delta E(G_A - K_A) + \Delta E(K_B - G_B)]\,. \end{aligned} \tag{6}$$

Die in der zweiten Zeile von Gl. (6) in eckigen Klammern stehende Differenz ist wiederum durch die Differenz der pH-Werte der Lösungen A und B gegeben, also gleich der rechten Seite von Gl. (4) oder gleich $\Delta E_{G,I,\max}$.

Somit kann man an Stelle von (6) schreiben

$$\Delta E_{K,I} = \Delta E_{G,I} - \Delta E_{G,I,\max}\,. \tag{7}$$

Durch Einsetzen von Gl. (7) in Gl. (5) folgt:

$$t_e = 1 + \Delta E_{K,I}/\Delta E_{G,I,\max}; \quad t_{H^+} = -\Delta E_{K,I}/\Delta E_{G,I,\max}\,. \tag{8}$$

II. Die Lösungen A *und* B *haben verschiedene Redoxpotentiale, aber gleiche* pH-*Werte.*

II. 1. Berechnung der Potentialdifferenz $\Delta E_{Pt,II}$ zwischen den Pt-Elektroden Pt_B und Pt_A.

a) Falls im Anthracen ausschließlich Elektronen wandern, dann wird bei Fluß von 1 Faraday durch Kette II jeweils 1 Äquivalent Elektronen aus der Lösung A an die Elektrode Pt_A abgegeben und die gleiche Menge an Elektronen tritt in Lösung A aus dem Anthracenkristall ein. Somit erfolgt keine Änderung der Zusammensetzung der Lösung A. Entsprechend findet auch keine Änderung der Zusammensetzung der Lösung B statt. Da die zugehörige Änderung der freien Enthalpie ΔG der gesamten Kette für Fluß von 1 Faraday gleich Null ist, so muß auch die EMK $= 0$ sein, d. h. es ist

$$\Delta E_{Pt,II} = 0 \text{ für } t_e = 1\,, \tag{9}$$

wobei t_e die Überführungszahl der Elektronen im Anthracen bedeutet. Hierbei ist es irrelevant, ob Überschuß- oder Defekt-Elektronenleitung vorliegt.

b) Falls umgekehrt im Anthracen ausschließlich Protonen wandern, so verhält sich der Anthracenkristall wie eine Kombination von 2 Glaselektroden in Reihe zwischen den Lösungen A und B. Somit ist die EMK der Kette gleich der Summe der Potentialdifferenzen $\Delta E(\mathrm{Pt_A} - \mathrm{G_A})$ und $\Delta E(\mathrm{G_B} - \mathrm{Pt_B})$. Bei gleichen pH-Werten der Lösungen A und B sind die Potentialdifferenzen $\Delta E(\mathrm{G_A} - \mathrm{K_A})$ und $\Delta E(\mathrm{G_B} - \mathrm{K_B})$ einander gleich. Somit kann man für die EMK der Kette II auch die Summe der Potentialdifferenzen $\Delta E(\mathrm{Pt_A} - \mathrm{K_A})$ und $\Delta E(\mathrm{K_B} - \mathrm{Pt_B})$ setzen, die gleich der Differenz der Redoxpotentiale der Lösungen B und A, $\Delta E_{\mathrm{Redox}}$, ist; damit wird

$$\Delta E_{\mathrm{Pt,II}} = \Delta E_{\mathrm{Redox}} \text{ für } t_{\mathrm{H^+}} = 1\,. \tag{10}$$

Bei vergleichbaren Beiträgen von Protonen- und Elektronenleitung erhält man

$$t_e = 1 - \Delta E_{\mathrm{Pt,II}}/\Delta E_{\mathrm{Redox}};\ t_{\mathrm{H^+}} = \Delta E_{\mathrm{Pt,II}}/\Delta E_{\mathrm{Redox}}\,. \tag{11}$$

312. Potentialdifferenzen unter erweiterten Versuchsbedingungen. Aus den im nachfolgenden Abschnitt 32 mitgeteilten experimentellen Ergebnissen geht hervor, daß beim Anthracen in der hier verwendeten Versuchsanordnung (s. Abb. 1) ein relativ einfacher Fall vorliegt: Aus den an den Ketten (G), (Pt) und (K) innerhalb eines recht großen pH- und Redoxbereichs gemessenen Potentialdifferenzen

$$\Delta E_{\mathrm{G,I}} \approx 0\,, \tag{12}$$

$$\Delta E_{\mathrm{Pt,II}} \approx \Delta E_{\mathrm{Redox}} \tag{13}$$

und

$$\Delta E_{\mathrm{K,I}} \approx \frac{RT}{\mathrm{F}} \ln \frac{c_{\mathrm{H^+,A}}}{c_{\mathrm{H^+,B}}} \tag{14}$$

folgt, daß innerhalb dieses pH- und Redoxbereichs die Überführungszahl ($t_{\mathrm{H^+}}$) der Protonen im Anthracen gleich eins sein muß. Für diesen Fall ist aus der allgemeinen Theorie (vgl. [*30*]) zu erwarten, daß innerhalb dieses pH- und Redox-Bereichs auch bei gleichzeitiger Anwesenheit beliebiger pH- und Redox-Differenzen zwischen den Lösungen (A) und (B) die an den Ketten (G), (Pt) und (K) meßbaren Potentialdifferenzen durch die Gln. (12) bis (14) gegeben sind.

32. Experimentelle Ergebnisse der Überführungszahl-Messungen am Anthracen

321. Überführungszahlen ($t_{\mathrm{H^+}}$) der Protonen; Meßergebnisse aus den Ketten (*G*) und (*K*); Lösungszustand *I*. Durch Messung der elektrischen Potentialdifferenzen ($\Delta E_{\mathrm{G,I}}$) zwischen den Glaselektroden der Kette (G) und der Potentialdifferenzen ($\Delta E_{\mathrm{K,I}}$) zwischen den indirekt angekoppelten Kalomelelektroden der Kette (K) wurden nach den im Abschnitt 31/I dargelegten Überlegungen die Überführungszahlen ($t_{\mathrm{H^+}}$) der Protonen im Anthracen ermittelt. Bei den Versuchen war jeweils das Redoxpotential der beiden Lösungen (A) und (B) gleich, ihr pH-Wert dagegen verschieden (Lösungszustand I nach Abschn. 31). Die gemessenen elektrischen Potentialdifferenzen ($\Delta E_{\mathrm{G,I}}$) und ($\Delta E_{\mathrm{K,I}}$) sowie die daraus berechneten Überführungszahlen ($t_{\mathrm{H^+}}$) der Protonen im Anthracen sind in Tabelle 1 eingetragen. Man erkennt aus dieser Tabelle 1, daß im ganzen hier untersuchten pH- und Redoxbereich die Überführungszahl ($t_{\mathrm{H^+}}$) der Protonen innerhalb der Meßgenauigkeit gleich eins ist.

Es ist sehr bemerkenswert, daß sich die Potentialdifferenzen ($\Delta E_{\mathrm{G,I}}$) und $\Delta E_{\mathrm{K,I}}$) nicht ändern, wenn der Kristall mit UV-Licht bestrahlt wird (vgl. Tabelle 1). Dies zeigt, daß die Überführungszahl ($t_{\mathrm{H^+}}$) der Protonen im Anthracen auch dann praktisch gleich eins bleibt, wenn der Anthracenkristall mit UV-Licht bestrahlt wird,

Tabelle 1. *Überführungszahlen (t_{H^+}) der Protonen im Anthracen bei 20 °C, berechnet aus Messungen an den Ketten* (G) *und* (K). *Lösungszustand I (Gleiche Redoxpotentiale und verschiedene pH-Werte in den Lösungen A und B). Die Redoxpotentiale (in* [mV]*) sind bezogen auf die gesättigte Kalomelelektrode.*

Belichtungszustand: 0) Kristall unbelichtet.
a) Kristallfläche UV-belichtet, welche mit höherem *p*H-Wert in Kontakt steht.
b) Kristallfläche UV-belichtet, welche mit niedrigerem *p*H-Wert in Kontakt steht.

	Vorgegebene Werte					gemessene Werte		berechnete Überführungszahlen (t_{H^+})	
Verwendetes Redoxsystem	$E_{Redox,A} = E_{Redox,B}$ [mV]	$p_{H,A}$	$p_{H,B}$	$\Delta E_{G,I,max} = \frac{RT}{F} \ln \frac{c_{H^+,B}}{c_{H^+,A}}$ [mV]	Belichtungszustand	$\Delta E_{G,I}$ [mV]	$-\Delta E_{K,I}$ [mV]	$t_{H^+} = 1 - \frac{\Delta E_{G,I}}{\Delta E_{G,I,max}}$	$t_{H^+} = \frac{-\Delta E_{K,I}}{\Delta E_{G,I,max}}$
Fe^{+3}/Fe^{+2}					0	+ 7	− 87	1,09	1,07
	+680	1,5	2,9	− 81	a	− 2	− 78	0,975	0,97
					b	− 5	− 74	0,94	0,92
					0	−12	−142	0,93	0,91
	+261	3,0	5,7	−157	a	− 6	−150	0,96	0,955
					b	−10	−148	0,945	0,945
Ferri-/Ferro-cyanid					0	−25	−515	0,95	1,00
	+305	2,2	11,15	−516	a	−16	−510	0,97	0,99
					b	− 5	−522	0,99	1,01
					0	+ 4	−350	1,01	1,01
	+345	3,1	9,1	−348	a	− 8	−345	0,98	0,99
					b	−10	−345	0,97	0,99
Sn^{+4}/Sn^{+2}					0	− 2	−121	0,985	0,945
	−420	9,8	12,0	−128	a	0	−123	1,00	0,96
					b	5	−125	0,96	0,985

Tabelle 2. *Überführungszahlen (t_e) der elektronischen Ladungsträger (⊖ und ⊕) im Anthracen bei 20 °C, berechnet aus Messungen an der Kette (Pt). Lösungszustand II (gleiche pH-Werte, verschiedene Redoxpotentiale). Die Redoxpotentiale (in [mV]) sind bezogen auf die gesättigte Kalomelelektrode.*

Belichtungszustand: 0) Kristall unbelichtet; a) Kristallfläche UV-belichtet, welche mit höherem Redoxpotential in Kontakt steht; b) Kristallfläche UV-belichtet, welche mit niedrigerem Redoxpotential in Kontakt steht.

Vorgegebene Werte						gemessener Wert	berechnete Überführungszahlen (t_e)
verwendetes Redoxsystem	$p_{H,A} = p_{H,B}$	$E_{Redox,A}$ [mV]	$E_{Redox,B}$ [mV]	ΔE_{Redox} [mV]	Belichtungszustand	$\Delta E_{Pt,II}$ [mV]	$t_e = 1 - \frac{\Delta E_{Pt,II}}{\Delta E_{Redox}}$
Fe^{+3}/Fe^{+2} ohne Citratzusatz	1,5	+680	+345	−335	0	−329	+0,02
					a	−336	−0,005
					b	−330	+0,015
	3,0	+504	+261	−243	0	−246	−0,01
					a	−237	+0,03
					b	−232	−0,05
Fe^{+3}/Fe^{+2} mit Citratzusatz	4,2	+214	− 85	−299	0	−305	−0,02
					a	−287	+0,04
					b	−299	0,00
	6,5	+112	−160	−272	0	−279	−0,025
					a	−266	+0,02
					b	−270	+0,01
Ferri-/Ferrocyanid	7,0	+382	+ 65	−317	0	−328	−0,035
					a	−309	+0,025
					b	−304	+0,04
	9,1	+345	+ 56	−289	0	−290	−0,005
					a	−285	+0,01
					0	−267	+0,08
Sn^{+4}/Sn^{+2}	2,5	+ 85	+ 17	− 68	0	− 68	0,00
					a	− 66	+0,03
					b	− 65	+0,045
	11,0	−226	−410	−184	0	−180	+0,02
					a	−179	+0,025
					b	−182	+0,01

obgleich durch eine solche UV-Bestrahlung die elektrische Leitfähigkeit des Kristalls sehr stark erhöht wird (u. U. um Größenordnungen; vgl. Abschnitt 4).

322. Überführungszahlen (t_e) der elektronischen Ladungsträger (⊖ und ⊕); Meßergebnisse aus der Kette (Pt); Lösungszustand II. Durch Messung der elektrischen Potentialdifferenzen ($\Delta E_{\text{Pt,II}}$) zwischen den Platinelektroden der Kette (Pt) wurden mit Hilfe der im Abschnitt 31/II dargelegten Überlegungen die Überführungszahlen (t_e) der elektronischen Ladungsträger (⊖ und ⊕) im Anthracen ermittelt. Bei diesen Versuchen waren jeweils die p_{H}-Werte der beiden Lösungen (A) und (B) gleich, ihr Redoxpotential war dagegen verschieden (Lösungszustand II nach Abschnitt 31). Die gemessenen Potentialdifferenzen ($\Delta E_{\text{Pt,II}}$) und die daraus berechneten Überführungszahlen (t_e) der elektronischen Ladungsträger im Anthracen sind in Tabelle 2 eingetragen. Man erkennt aus dieser Tabelle 2, daß im ganzen hier untersuchten pH- und Redoxbereich die Überführungszahl (t_e) dieser elektronischen Ladungsträger sowohl im unbelichteten Zustand als auch bei UV-Belichtung der Kristalle sehr klein ist und unterhalb der vorhandenen Meßgenauigkeit ($\pm 5\%$) liegt.

323. Überführungszahlen (t_{H^+}) der Protonen im Anthracen unter erweiterten experimentellen Bedingungen. Auch dann, wenn gleichzeitig beliebige Redoxpotential-Differenzen und beliebige pH-Differenzen zwischen den beiden Lösungen (A) und (B) vorgelegen haben, war die Potentialdifferenz (ΔE_{G}) zwischen den beiden Glaselektroden (G_{A}) und (G_{B}) stets praktisch gleich Null und die zwischen den beiden indirekt angekoppelten Kalomelelektroden (K_{A}) und (K_{B}) meßbare elektrische Potentialdifferenz ΔE_{K} innerhalb der Meßgenauigkeit gleich dem durch die Gl. (4a) gegebenen Maximalwert ($-\Delta E_{\text{G,I,max}}$), wie es nach Abschnitt 312 aus der Theorie für ($t_{\text{H}^+} = 1$) gefordert wird. Als Beispiel ist aus Abb. 2 die bei einer konstanten pH-Differenz,

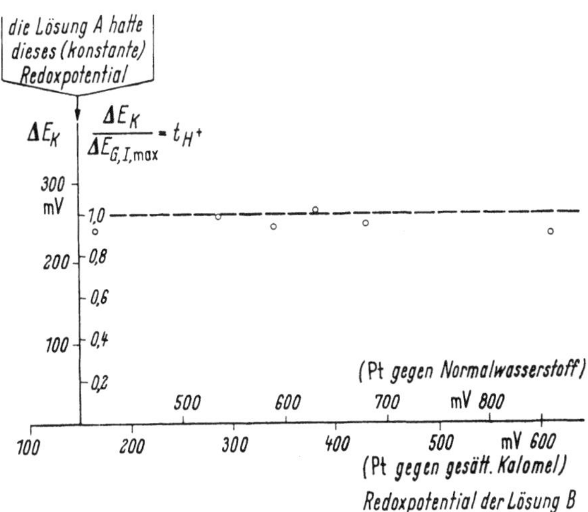

Abb. 2. Potentialdifferenz (ΔE_K) der Kette (K) und daraus nach Gl. (8) berechnete Überführungszahl (t_{H^+}) der Protonen im Anthracen als Funktion von der Redoxpotentialdifferenz zwischen den beiden Lösungen (A) und (B).

aber variablen Redoxpotentialdifferenz zwischen den beiden Kalomelelektroden gemessene Potentialdifferenz (ΔE_{K}) eingetragen.

Aus der bei diesem Versuch konstanten pH-Differenz von $p\text{H}_{,\text{B}} - p\text{H}_{,\text{A}} = 6{,}0 - 1{,}5 = 4{,}5$ p_H-Einheiten zwischen den beiden Lösungen (A) und (B) errechnet man für $(\Delta E_{\text{G,I,max}})$ einen Wert von $+261$ mV. Wie aus Abb. 2 hervorgeht, stimmen die experimentell erhaltenen (ΔE_K)-Werte mit diesem theoretischen $(\Delta E_{\text{G,I,max}})$-Wert in Größe und Vorzeichen in dem hier untersuchten Redoxbereich gut überein; für die Überführungszahl (t_{H^+}) der Protonen im Anthracen ergeben sich somit wieder Werte von $t_{\text{H}^+} \approx 1$.

Mißt man in der Kettenanordnung (K) unter Verwendung der indirekt über die KNO_3-Brücken an die Lösungen (A) und (B) angekoppelten Kalomelelektroden (K_A) und (K_B) durch Anlegen von äußeren Spannungen die Stromspannungskurven, dann kann man diesen die Potentialdifferenzen (ΔE_K) als Ruhepotentiale der Zelle viel genauer entnehmen als durch direkte Messung der Potentialdifferenzen. In der Abb. 3 sind an Hand eines speziellen Beispiels solche im Dunkeln und bei UV-Belichtung eines Anthracenkristalls mit verschiedenen Belichtungsrichtungen gemessene Stromspannungskurven eingetragen.

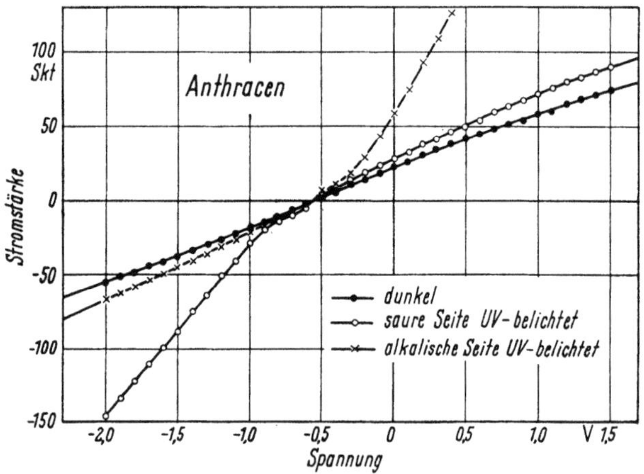

Abb. 3. Stromspannungskurven, gemessen an einem Anthracenkristall in der Kette (K) $T = 20$ °C, Kristalldicke ca. 10^{-3} cm, Stromquerschnitt ca. 0,2 cm². pH-Werte der Lösungen: pH(A) = 2,2; pH(B) = 11,15.
Abszisse: An die alkalische Lösung von außen angelegtes Potential, relativ zum Potential der sauren Lösung, welches gleich Null gesetzt worden war.

Die pH-Differenz betrug bei dem in Abb. 3 dargestellten Versuch zwischen den beiden Lösungen (A) und (B) 8,95 p_H-Einheiten; nach Gl. (8) läßt sich daraus ein theoretischer $(\Delta E_{\text{G,I,max}})$-Wert von $+516$ [mV] berechnen. Der Abb. 3 kann man andererseits entnehmen, daß bei der einen im Dunkeln und bei den beiden während der UV-Belichtung aufgenommenen Stromspannungskurven unter den hier vorgelegenen Versuchsbedingungen die zur Kompensation der Kettenspannung (ΔE_K) erforderliche Potentialdifferenz -515 ± 5 [mV] betragen hat. Dieser experimentelle (ΔE_K)-Wert stimmt mit dem oben genannten theoretischen $(-\Delta E_{\text{G,I,max}})$-Wert, wie es für praktisch reine Protonenleitung nach Abschnitt 312 gefordert wird, hinsichtlich Größe und Vorzeichen sehr genau überein.

Den in Abb. 3 zusammengestellten Stromspannungskurven kann man ferner entnehmen, daß die Photoleitfähigkeit immer dann, wenn die belichtete Kristallfläche mit der positiv gepolten Lösung in Kontakt steht, wesentlich größer ist als bei Kontakt der belichteten Lösung mit der negativ gepolten Lösung. Auf diesen Effekt wird in Abschnitt 4 eingegangen (vgl. z. B. dort Abb. 4). Bei UV-Belichtung der positiv gepolten Kristallseite zeigten die Stromspannungskurven dabei auch einen mehr oder weniger stark ausgeprägten Knickpunkt, oberhalb dessen die Stromstärke viel stärker mit wachsender Spannung anstieg als unterhalb (vgl. Abb. 3). Wahrscheinlich muß immer erst eine bestimmte Mindestspannung überschritten werden, bevor ein nennenswerter Teil der durch die Belichtung erzeugten positiven Ladungsträger (d. h. der Protonen) unter Durchwanderung des Kristalls die erwähnte große Photoleitfähigkeit verursacht.

4. Konduktometrische Untersuchung von Randschichteinflüssen

Unter Verwendung der in Abb. 1 skizzierten Anordnung wurden auch Leitfähigkeits- und Photoleitfähigkeitmessungen an den Anthracenkristallen durchgeführt und auf diese Weise Randschichteinflüsse der Phasengrenzen Anthracen/Lösung untersucht. Zur Vermeidung von hier störenden pH-Unsymmetrie- und EMK-Effekten wurden für die in diesem Abschnitt beschriebenen konduktometrischen Messungen in der in Abb. 1 skizzierten Versuchsanordnung auf beiden Seiten des Kristalls stets die gleichen Lösungen [Lösung (A) = Lösung (B)] verwendet. Variiert wurde jeweils das Redoxpotential und der pH-Wert dieser Lösungen.

In der Abb. 4 ist zunächst an Hand eines typischen Beispiels der zeitliche Verlauf einer solchen Dunkel- und Photoleitungsmessung eingetragen.

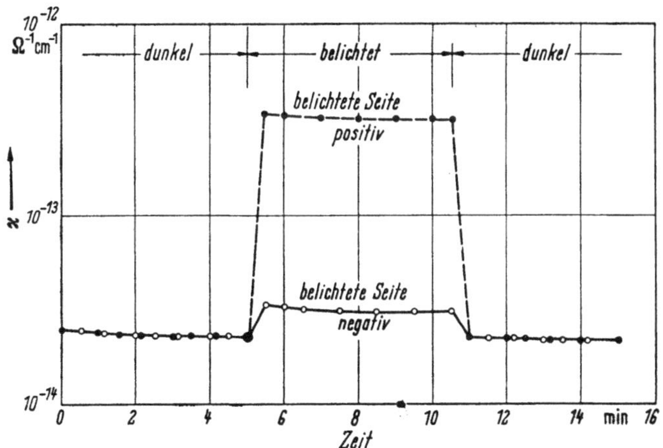

Abb. 4. Zeitlicher Verlauf der Dunkel- und der Photoleitfähigkeit an einem in die Meßzelle der Abb. 1 eingebauten Anthracenkristall bei positiver und negativer Polung der bestrahlten Kontaktfläche Kristall/Lösung.
pH-Wert der Lösung = 2,0; Meßgleichspannung am Kristall ca. 100 Vol, Redoxpotential $E_{\text{Redox}} \ll 600$ [mV], bezogen auf die gesättigte Kalomelelektrode.

Aus dieser Abb. 4 ist ersichtlich, daß die Photoleitung bei positiver Polung der bestrahlten Kontaktfläche (Kristall/Lösung) wesentlich größer ist als bei negativer Polung (vgl. auch Abb. 3). Unter Berücksichtigung der geringen Eindringtiefe des aufgestrahlten UV-Lichtes zeigt dieser Befund, daß positiv geladene Ladungsträger für die Photoleitfähigkeit des Anthracens verantwortlich sind. Dieser Sachverhalt ist aus der Literatur bereits bekannt (vgl. [*14—21*]).

Die elektrischen Dunkel- und Photoleitfähigkeiten der Anthracenkristalle waren in der Meßzelle jedoch nur dann zeitlich konstant, wenn bei gegebenem *p*H-Wert das Redoxpotential (E_{Redox}) von derjenigen Lösung, welche bei der konduktometrischen Messung *positiv* gepolt wurde, einen negativeren Wert hatte als der folgende Ausdruck:

$$E_{\text{Redox}} < 720 \pm 20\,[\text{mV}] + \frac{RT}{\text{F}} \ln c_{\text{H}^+} \tag{15}$$

War das Redoxpotential der positiv gepolten Lösung dagegen positiver als der durch die Beziehung (15) gegebene Ausdruck, dann stiegen die Dunkel- und die Photoleitfähigkeiten im Laufe der Messung allmählich an. In welchem Bereich des (E_{Redox}/*p*H)-Diagramms dieser Leitfähigkeits- und Photoleitfähigkeitsanstieg erfaßt werden konnte und in welchem er nicht auftrat geht aus Abb. 5 hervor.

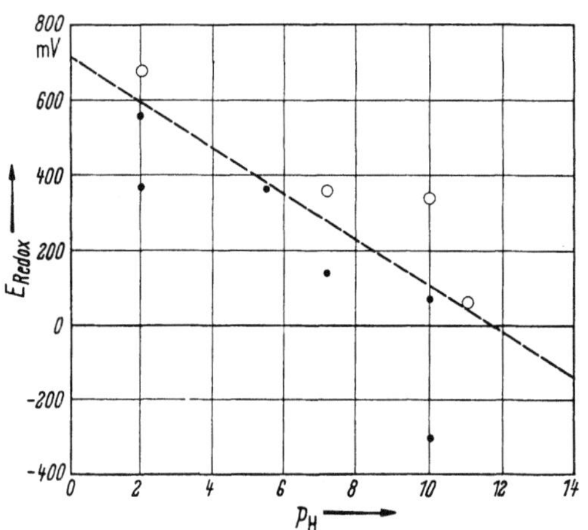

Abb. 5. Bereiche der zeitlichen Zunahme und der zeitlichen Konstanz der Photoleitfähigkeiten von Anthracenkristallen im ($E_{\text{Redox}}/p_{\text{H}}$)-Diagramm.
An den mit ○ bezeichneten Meßpunkten nahm die Dunkel- und die Photoleitfähigkeit wie in Abb. 6 angegeben im Laufe der Messung zu.
An den mit ● bezeichneten Meßpunkten blieb die Dunkel- und die Photoleitfähigkeit während der Messung zeitlich konstant.

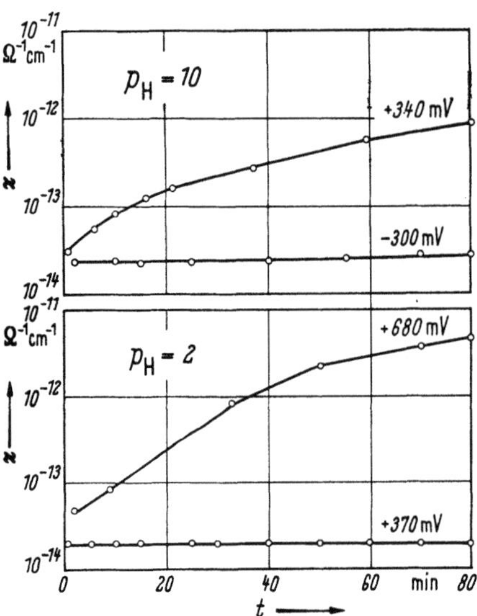

Abb. 6. Zeitliche Veränderung oder Konstanz der Dunkelleitfähigkeiten von Anthracenkristallen bei Kontakt mit Lösungen von verschiedenem *p*H-Wert und verschiedenem Redoxpotential (Beispiele zu den Meßpunkten der Abb. 5).

Zur Illustration, innerhalb welcher Größenordnungen die zeitliche Zunahme und die zeitliche Konstanz der Leitfähigkeitsdaten bei den in Abb. 5 eingetragenen Meßpunkten registriert wurden, sind als Beispiele einige Zeitfunktionen der bei verschiedenen *p*H-Werten und verschiedenen Redoxpotentialen gemessenen Dunkelleitfähigkeiten in Abb. 6 eingetragen. Die Zeitfunktionen der Photoleitfähigkeiten zeigten stets die gleiche Konstanz oder den gleichen Anstieg wie die jeweils bei gleichem *p*H-Wert und gleichem Redoxpotential gemessenen Dunkelleitfähigkeiten.

Die Ergebnisse der Abb. 5 und 6 lassen sich am einfachsten deuten durch die Annahme, daß die Anthracenkristalle an den Phasengrenzen Anthracen/Lösung langsam oxydiert werden, sobald in der Lösung das durch die Beziehung (15) geregelte *p*Habhängige Redoxpotential überschritten wird. Die dabei entstehenden Oxydationsprodukte wirken offenbar als „Protonenquellen" der Dunkel- und der Photoleitfähigkeit des Anthracens.

Auch durch Sauerstoff wurde die Dunkel- und die Photoleitfähigkeit der Anthracenkristalle (irreversibel) vergrößert; die Dunkel- und die Photoleitfähigkeitswerte, welche eine Reihe von Anthracenkristallen nach einer Kontaktzeit von ca. 6 Std. mit sauerstoffhaltigen, sonst aber redoxfreien Lösungen unterschiedlichen pH-Wertes annahm, sind in Abb. 7 zusammengestellt.

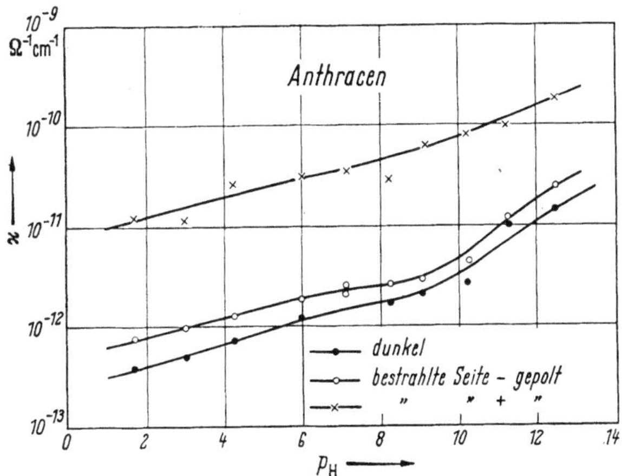

Abb. 7. Abhängigkeit der Dunkelleitfähigkeit und der Photoleitfähigkeiten bei positiver und bei negativer Polung der UV-belichteten Kristallseite vom pH-Wert der mit den Kristallen in Kontakt stehenden, an Sauerstoff gesättigten Lösungen. Kontaktzeiten ca. 6 Std.

Man erkennt aus Abb. 7, daß der Sauerstoffeinfluß im alkalischen pH-Bereich zu höheren Dunkelleitfähigkeiten und höheren Photoleitfähigkeiten führt als im sauren pH-Bereich; offenbar ist das Anthracen an der Kristalloberfläche auch durch Sauerstoff umso leichter zu oxydieren, je höher der pH-Wert der angrenzenden Lösung ist, obgleich das Redoxpotential des Sauerstoffs bei allen pH-Werten positiver ist als der durch die Beziehung (15) gegebene Ausdruck und obgleich die pH-Funktion des O_2-Redoxpotentials der durch die Beziehung (15) festgelegten pH-Funktion parallel verläuft.

Außerdem ist aus Abb. 7 wieder ersichtlich, daß die Photoleitfähigkeit bei positiver Polung der bestrahlten Kristallseite immer größer ist als bei negativer Polung (vgl. Abb. 4).

5. Diskussion der Ergebnisse

Es wäre zwar prinzipiell denkbar, daß eine Protonenwanderung als Ursache der am Anthracen beobachtbaren elektrischen und photoelektrischen Effekte nur dann überwiegt, wenn der Anthracenkristall (wie bei den vorliegenden Versuchen) mit Flüssigkeitselektroden in Kontakt steht. Bei Kontaktierung des Kristalls mit Metallelektroden könnten elektronische Ladungsträger im Anthracen überwiegen. Leider ist eine Übertragung des hier angewendeten Meßverfahrens auf nur mit Metallelektroden kontaktierte Kristalle nicht möglich. Wenn jedoch in der hier verwendeten Versuchsanordnung die beweglichen Protonen lediglich durch die Lösungsphasen in den

Kristall hineingebracht würden, dann müßte die Dunkelleitfähigkeit und die Photoleitfähigkeit des Anthracens mit steigender H^+-Ionenkonzentration der Lösungsphasen zunehmen und nicht, wie z. B. in Abb. 7 dargestellt, abnehmen.

Auch die Frage, ob die beweglichen Protonen von den Anthracenmolekülen selbst oder aber von irgendwelchen Verunreinigungen stammen, ist mit Sicherheit nicht einfach zu entscheiden.

Die aus Abschnitt 4 (besonders aus Abb. 5 und 6) ersichtliche Abhängigkeit der Dunkel- und der Photoleitfähigkeit des Anthracens vom *p*H- und Redoxzustand der angrenzenden Lösungen sowie der schon aus der Literatur bekannte Einfluß des Oberflächenzustandes der Kristalle (vgl. [*21*]) und des Sauerstoffs (vgl. [*35*]) machen es wahrscheinlich, daß Oyxdationsprodukte des Anthracens wie z. B. Hydroxy-Anthracene, Hydroxy-Anthrachinone, Hydro-Anthrachinone usw. als „Protonenquellen“ der Dunkel- und der Photoleitfähigkeit wirken. Die aus der Literatur bekannte Steigerung der elektrischen Photoleitfähigkeit durch Kontaktierung des Anthracens mit halogenhaltigen wäßrigen Lösungen [*36*] kann im Hinblick auf Abb. 5 ebenfalls als Oxydationseffekt (z. B. als oxydative Bildung phenolischer OH-Gruppen) und eine damit verbundene Erhöhung der „Protonenquellen-Konzentration“ gedeutet werden.

Unter der Voraussetzung, daß solche Oxydationsprodukte des Anthracens die Protonenlieferanten der Dunkel- und Photoleitfähigkeit sind, kann man annehmen, daß der Mechanismus der Photoleitfähigkeit des (spurenweise oxydierten) Anthracens ähnlich abläuft wie der Fluoreszenzmechanismus von tetracenhaltigem Anthracen: Nach der optischen Anregung wird die absorbierte Energie im Kristallgitter strahlungslos von Molekül zu Molekül übertragen; dabei gelangt sie offenbar auch gelegentlich an eine „Protonenquelle“ und kann dann dort mit einer gewissen (geringen) Wahrscheinlichkeit Protonen freisetzen; es ist bekannt, daß die Gleichgewichtskonstanten der Protonendissoziation phenolischer Oxy-Verbindungen im optisch angeregtem Zustand andere Größen haben als im Grundzustand (vgl. [*37—39*]). Die geringe Quantenausbeute ($\varphi \approx 10^{-6}$ bis 10^{-5}) der Photoleitung des Anthracens findet nach diesen Vorstellungen wahrscheinlich seine Erklärung in der schlechten Koppelung zwischen den die Anregungsenergie tragenden elektronischen Oszillatoren und denjenigen (atomaren) Oszillatoren, welche die zu dissoziierende Protonenbindung enthalten.

Herrn Prof. Dr. C. Wagner, Göttingen, verdanke ich die Anregung, die früher am Halogensilber angewendete potentiometrische Meßmethode [*34*] auf organische Halbleiter zu übertragen; ihm sowie auch den Herren Dr. H. Nassenstein und Dr. R. Menold, Ing. Abt. AP der Farbenfabriken Bayer danke ich außerdem für wertvolle Diskussionen.

Literatur

[*1*] Wartanjan, A. T.: J. phys. Chem. **20**, 1065 (1946) (russ.), **22**, 769 (1950) (russ.); **27**, 272 (1953) russ.).

[*2*] Nelson, R. C.: J. chem. Physics **19**, 798 (1951); **22** 886 (1954) u. J. Opt. Soc. Am. **46**, 10, 13, (1956).

[*3*] Meier, H.: Z. f. Elektrochem. **58**, 859 (1954); **59**, 1029 (1955); Z. wiss. Phot. **50**, 301 (1955); **53**, 1 (1958); Z. f. Elektrochem. **58**, 859 (1954); **63**, 971 (1959) u. Z. f. phys. Chem. **208**, 323 u. 340 (1958).
ferner „Die Photochemie der organischen Farbstoffe“, Berlin/Göttingen/Heidelberg: Springer 1963.

[4] NODDACK, W., G. ECKERT u. H. MEIER: Z. f. Elektrochem. **56**, 738 (1952).
[5] NODDACK, W. u. H. MEIER: Z. f. Elektrochem. **57**, 691 (1953).
[6] NODDACK, W., H. MEIER u. A. HAUS: Z. f. phys. Chem. **212**, 55 (1959).
[7] INOKUCHI, H. u. H. AKAMATU: Solid State Physics **12**, 93 (1961).
[8] INOKUCHI, H. J. KURODA u. H. AKAMATU: Bulletin of the Chem. Soc. Japan 749 (1961).
[9] POHL, H. A.: Chem. Engng. **68**, 104 (1961).
[10] RIEHL, N.: Ann. d. Physik (6) **20**, 93 (1957).
[11] ROSENBERG, B.: J. chem. Physics **29**, 1108 (1958).
[12] WILK, M.: Z. f. Elektrochem. **64**, 930 (1960).
[13] LE BLANC, O. H.: J. chem. Phys. (USA) **35**, 1275 (1961).
[14] CHYNOWETH, A. G. u. W. G. SCHNEIDER: J. chem. Phys. **22**, 1021 (1954).
[15] GOLDSMITH, G. J. u. D. E. HILL: Phys. Rev. **98**, 238 (1955).
[16] ZINSZER, H. J.: Z. f. Naturforschg. **11a** 306 (1956).
[17] KALLMANN, H. u. M. SILVER: Halbleiter und Phosphore Braunschweig: VIEWEG & SOHN 1958, S. 435.
[18] BOROFFKA, H.: Z. f. Physik **160**, 93 (1960).
[19] KALLMANN, H. u. N. POPE: J. chem. Phys. **30**, 585 (1959); **32**, 300 (1960); Nature (London) **185**, 753 (1960) u. **186**, 31 (1960).
[20] HELFERICH, W. u. P. MARK: Z. f. Physik **166**, 370 (1962) u. **168**, 495 (1962); J. appl. Phys. **33**, 205 (1962).
[21] KEPLER, R. G.: Phys. Rev. **119**, 1226 (1960) u. "Proc. on Conf. Electronic Conductivity in organic solids", Duke University, Durham, North Caroline April (1960), New York: Interscience Public. Co. (1961).
[22] SILVER, M. u. W. MOORE: Halbleiter-Physik-Konferenz Prag 1960, S. 854.
[23] NORTHROP, D. C. u. O. SIMPSON: Proc. Roy. Soc. (A) **244**, 377 (1958).
[24] HORSTEREY, D. C.: J. chem. Phys. **36**, 557 (1962).
[25] LYONS, L. E.: J. chem. Soc. 5001 (1957).
[26] FERGUSON, J. u. W. G. SCHNEIDER: Canad. J. Chem. **36**, 1633 (1958).
[27] LYONS, L. E. u. G. C. MORRIS: J. chem. Soc. London 3648 (1957).
[28] SCHNEIDER, W. G. u. I. C. WADDINGTON: J. chem. Phys. **25**, 358 (1956).
[29] MATEJEC, R.: Z. f. phys. Chem. N. F. **24**, 24 (1960).
[30] WAGNER, C.: Advances in Electrochemistry and Electrochemical Engineering, **4** (1964), New York: Interscience Publishers.
[31] WAGNER, C.: Z. f. Elektrochem. **60**, 1 (1956).
[32] JAENICKE, W.: Phys. stat. solidi **3**, 31 (1963).
[33] JAENICKE, W., B. FÜTTERER u. R. ZAPP: Internat. Wiss. phot. Konf. Zürich 1961.
[34] MATEJEC, R.: Z. f. Elektrochem. **66**, 326 (1962).
[35] JARNAGIN, R. C., J. GILLILAND, J. S. KIM u. M. SILVER: J. Chem. Phys. (USA) **39**, 573 (1963).
[36] POPE, M., H. KALLMANN, A. CHEN u. P. GORDON: J. Chem. Phys. **36**, 2486 (1962).
[37] FÖRSTER, TH.: Z. f. Elektrochem. **54**, 42 (1950).
[38] WELLER, A.: Z. f. physikal. Chemie **17**, 224 (1958), ferner in: Progress in Reaction Kinetics Vol. 1, London: Pergamon Press 1961, S. 189.
[39] LIPPERT, E., W. LÜDER, J. BOOS, H. PRIGGE u. I. SEIBOLD-BLANKENSTEIN: Z. f. Angew. Chemie **73**, 695 (1961).

Über den Zusammenhang zwischen der spektralen Empfindlichkeit von photoelektronischen Empfängern und deren photometrischen Eigenschaften

Von F. Bestenreiner

Selen-Photoelemente stehen seit über drei Jahrzehnten als Empfänger für die objektive Photometrie in Verwendung (Beleuchtungsstärke — Leuchtdichte — photographische Belichtungsmessung) und wurden aus dieser Stellung auch durch die zahlreichen anderen photoelektronischen Bauelemente, welche in der Zwischenzeit angeboten worden sind, nicht verdrängt. Dies hauptsächlich wegen der guten Annäherung ihrer spektralen Empfindlichkeit an die des „Normalauges", welche ja allen photometrischen Verfahren zugrunde liegt, sodann wegen ihrer einfachen schaltungstechnischen Anwendbarkeit (Hilfsspannungen, Verstärker etc. sind nicht erforderlich) und trotz einiger gravierender Nachteile (fragliche kurzzeitige und langzeitige Konstanz, Individuenstreuung, Temperaturfehler u. a.).

Im Verlaufe von jahrelangem Arbeiten des Verfassers mit großen Stückzahlen an Selen-Photoelementen einerseits, sowie mit einer ständig steigenden Zahl von Kalibrierlichtquellen andererseits, welche laufend aufeinander abzustimmen waren, hat sich immer wieder ein gewisser Rest an Undefiniertheit ergeben: unerklärliche Abweichungen von Gerät zu Gerät, mangelnde Übereinstimmungen zwischen Lieferantenangaben und Abnahmemessungen, Diskrepanzen zwischen Labor- und Betriebsmessungen usw. In einer bestimmten Anzahl einzelner Fälle ließen sich die auftretenden Unstimmigkeiten, welche zwar an sich gering waren, deren Nichtbeachtung jedoch auf lange Sicht die Gefahr einer „Kalibrierwert-Verschleppung", damit aber letzten Endes das Aus-der-Toleranz-Fallen ganzer Produktionsserien mit sich hätte bringen können, auf Abweichungen in der Farbempfindlichkeit der Selen-Photoelemente zurückführen. Es wurden daher Untersuchungen angestellt, deren Ziel es war, den Zusammenhang zwischen einer Funktion, welche im allgemeinen „spektrale Empfindlichkeit" genannt wird und das Verhalten des Photoelementes bei Bestrahlung mit verschiedenen monochromatischen Lichtern angibt, und dem Verhalten des Photoelementes bei verschieden zusammengesetzten Lichtern — hier bei einer Reihe von Farbtemperaturen — aufzuklären.

1. Der Begriff der relativen spektralen Empfindlichkeit

eines photoelektronischen Bauelementes ist definiert (DIN 44 020, Blatt 1, 2.082)[1] als „der auf die im Intervall $\mathrm{d}\lambda$ auffallende Bestrahlungsstärke $E_{e\lambda}$ bezogene Photostrom $\mathrm{d}I_{ph}$, bezogen auf ein Maximum der spektralen Empfindlichkeit"

$$S_{\lambda\,\mathrm{rel}} = \frac{\mathrm{d}I_{ph}}{E_{e\lambda}\,\mathrm{d}\lambda} \cdot \frac{1}{\left(\dfrac{\mathrm{d}I_{ph}}{E_{e\lambda}\,\mathrm{d}\lambda}\right)_{\max}} \cdot 100 \quad \text{in } \% \tag{1}$$

[1] „Photoelektronische Bauelemente, allgemeine Begriffe".

Für die praktische Photometrie hat die relative spektrale Empfindlichkeit den Sinn, aus ihr und der bekannten spektralen Zusammensetzung des Lichtes den Photostrom, welchen ein Meß-Empfänger abgibt, berechnen zu können mit Hilfe der Integration

$$I_{ph} = \left(\frac{\mathrm{d} I_{ph}}{E_{e\lambda}\mathrm{d}\lambda}\right)_{\max} \int_0^\infty E_{e\lambda} \cdot S_{\lambda\,\mathrm{rel}} \cdot \mathrm{d}\lambda \tag{2}$$

Sowohl die Definition von $s_{\lambda\,\mathrm{rel}}$ als auch die Integration hat aber nur dann Gültigkeit, wenn zwischen der Bestrahlungsstärke $E_{e\lambda}\mathrm{d}\lambda$ und dem Photostrom $\mathrm{d}I_{ph}$ eine lineare Beziehung besteht, welche unabhängig von Parametern des Schaltkreises und von der Lichtintensität ist. Beides ist aber, wie im Anschluß gezeigt werden wird, nicht der Fall.

Über die spektrale Empfindlichkeit ist bereits von den verschiedensten Gesichtspunkten aus eine große Anzahl von Untersuchungen durchgeführt worden; eine Literaturzusammenstellung darüber gibt BESTENREINER [*1*]. Die meisten Autoren jedoch geben keine Angaben, unter welchen Betriebsbedingungen — Widerstand des äußeren Schließungskreises, Intensität des Meßlichtes — diese Meßwerte erhalten worden sind. Ein solcher Mangel haftet ebenfalls fast allen Firmendruckschriften an, in welchen Anleitungen zum praktischen Gebrauch von Selen-Photoelementen oder anderen photoelektronischen Bauelementen gegeben werden. Bei einigen Autoren finden sich jedoch Angaben über den Einfluß der Betriebsbedingungen auf die spektrale Empfindlichkeit. So kommt z. B. WOLF [*2*] auf Grund der Messung von Filterfaktoren ver-

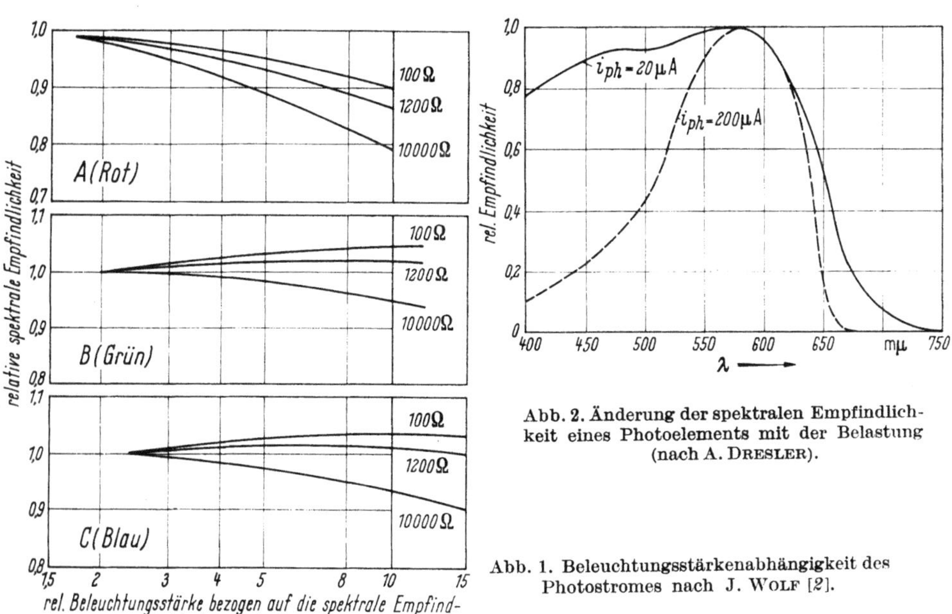

Abb. 2. Änderung der spektralen Empfindlichkeit eines Photoelements mit der Belastung (nach A. DRESLER).

Abb. 1. Beleuchtungsstärkenabhängigkeit des Photostromes nach J. WOLF [*2*].

schiedenfarbiger Gläser zu dem Ergebnis, daß die spektrale Empfindlichkeit von Selen-Photoelementen sowohl von der Größe des äußeren Widerstandes als auch von der Intensität des Meßlichtes abhängt (Abb. 1). Zu einem ähnlichen Ergebnis kommen BARNARD [*3*] und DRESLER [*4*]. Letzterer berechnet aus Filterfaktormessungen

Empfindlichkeitskurven für zwei verschiedene Photoströme bei einem Außenwiderstand von 25 Ω, welche in Abb. 2 dargestellt sind; da jedoch zur Konstruktion der sich über das ganze Spektrum erstreckenden Kurven jeweils nur zwei Meßwerte verwendet werden, nämlich die Filterfaktoren eines Blau- bzw. eines Rotglases, so sollte dem dargestellten Ergebnis höchstens das Gewicht eines Deutungsversuches beigemessen werden, nicht aber das einer exakten, für weitere Betrachtungen verbindlichen Aussage[1]. Goldmann [*5*] stellt Abweichungen des Photostromes vom Additivitätsgesetz fest in dem Sinne, daß der Photostrom eines Selen-Photoelementes bei gleichzeitiger Bestrahlung mit Licht zweier verschiedener Spektralbereiche (von kleineren Wellenlängen als 630 mμ der eine, von größeren Wellenlängen als 630 mμ der andere) größer ist als die Summe der Photoströme, welche bei einzelner Beaufschlagung erreicht werden. Schließlich existiert auch eine Reihe von Arbeiten über die Wellenlängenabhängigkeit von anderen Effekten: die „Ermüdung" z. B., das ist die zeitliche Änderung des Photostromes bei konstant gehaltener Beleuchtung, hat beträchtliche Werte, hauptsächlich für den langwelligen Teil des Spektrums, wie O. H. Knoll [*6*], S. G. Jurow [*7*], Preston [*8*], Poole [*9*], Hall [*10*] feststellen. Verschiedene Vorzeichen des Temperaturkoeffizienten des Kurzschluß-Photostroms in Abhängigkeit von der Lichtfarbe ermitteln Helbig, Klaus [*11*]: für rotes Licht ist er positiv, für blaues negativ.

Ein allgemeines Prinzip der Reaktion von Selen-Photoelementen auf Bestrahlung mit Licht von verschiedenen Wellenlängen läßt sich aus der Sichtung all dieses Materiales nicht gewinnen; auch in der in neuerer Zeit erschienenen Monographie von G. Blet [*12*] ist keine geschlossene Beantwortung dieses Fragenkomplexes enthalten.

Hingegen hat Bestenreiner [*1*] auf Grund des theoretisch gut bekannten Verhaltens von *pn*-Übergängen bei Bestrahlung — Cummerow [*13*], Wiesner [*14*], Madelung [*15*] — hergeleitet, daß die das spektrale Verhalten eines Selen-Photoelementes bestimmende Größe eine von den Parametern des Schaltkreises und von der Strahlungsintensität separierbare Funktion (die sog. „Spektralfunktion") ist, welche nur von den Halbleitereigenschaften abhängt. Mit dieser Funktion $F(\lambda)$ — sie ist gleich dem auf die Einheit der Strahlungsleistung bezogenen „Generatorstrom" [*14*] — läßt sich die allgemeine Kennliniengleichung des *pn*-Überganges schreiben:

$$i(\lambda) = E(\lambda) \cdot F(\lambda) - \left\{ i_S \left(e^{\frac{U(\lambda) + R \cdot i(\lambda)}{\mathfrak{v}}} - 1 \right) + \frac{U(\lambda) + R \cdot i(\lambda)}{R_n} \right\}^{*} \tag{3}$$

Es bedeuten:

$i(\lambda)$ Photostrom, erzeugt von Licht der Wellenlänge λ.
$E(\lambda)$ monochromatische Strahlungsleistung der Wellenlänge λ
i_S Sperrsättigungsstrom des *pn*-Überganges
$U(\lambda)$ am äußeren Widerstand abfallende Spannung bei Belichtung mit Licht von der Wellenlänge λ.
R Bahnwiderstand
$\mathfrak{v}$ KT/e
R_n dem *pn*-Übergang parallelgeschalteter Widerstand (akzidenteller Leckwiderstand).

[1] Dresler selber bemerkt zu diesem Ergebnis: „Die Veränderung von φ_z (die rel. spektr. Empf., Anm. d. Verf.) gegenüber der ursprünglichen Kurve ist recht erheblich, ja, man möchte sagen, unwahrscheinlich groß".

* Diese Beziehung geht aus der entsprechenden in [14] durch Multiplikation des Photostromes mit — 1 hervor. Dadurch wird hier der Photostrom als positive Größe erhalten.

Die auf ihr Maximum normierte Form der Spektralfunktion $F(\lambda)$ ist identisch mit der relativen spektralen Empfindlichkeit nach Gl. (1), sofern sie aus Messungen des Kurzschlußstromes erhalten wird.

Mißt man hingegen Klemmenspannungen (bei sehr großem R_n gleich der Leerlaufspannung) und bildet man aus den Meßwerten formal nach Gl. (1) die (nunmehr „auf die Klemmenspannung bezogene") relative spektrale Empfindlichkeit, so erhält man

$$[S_{\lambda\,\mathrm{rel}}]_U = \frac{\mathfrak{v} \cdot \ln\left[\frac{E(\lambda) \cdot F(\lambda)}{i_S} + 1\right]}{E(\lambda)} \cdot \text{const.} \tag{4}$$

einen Ausdruck, welcher nicht mehr unabhängig von der Strahlungsleistung $E(\lambda)$ ist. Für sehr kleine Strahlungsleistungen geht er über in die Formel für die relative spektrale Empfindlichkeit des Kurzschlußstromes, für sehr große $E(\lambda)$ hingegen entartet er in jenem Wellenlängenbereich, in welchem $F(\lambda)$ endliche Werte hat, in eine wellenlängenunabhängige Funktion der Strahlungsleistung:

$$[S_{\lambda\,\mathrm{rel}}]_U = \left[\frac{\ln E(\lambda)}{i_S}\right] \cdot \text{const.} \tag{5}$$

Abb. 3 zeigt die aus Kurzschlußstrommessungen erhaltene relative spektrale Empfindlichkeit eines Selen-Photoelementes, die daraus berechnete spektrale Klemmenspannungskurve und Meßpunkte derselben.

Für Betriebsfälle, bei denen dem Photoelement Leistung entnommen wird (äußerer Widerstand $\neq 0$ und $\neq \infty$; $R \neq 0$), läßt sich Gl. (2) allerdings nicht auf analyti-

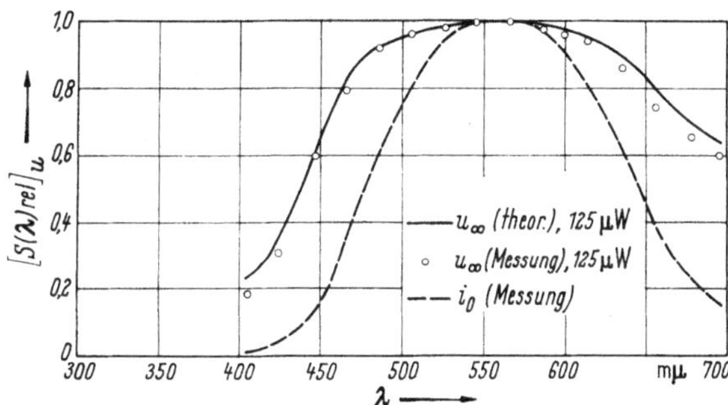

Abb. 3. Zur Berechnung der spektralen Empfindlichkeit der Klemmenspannung.

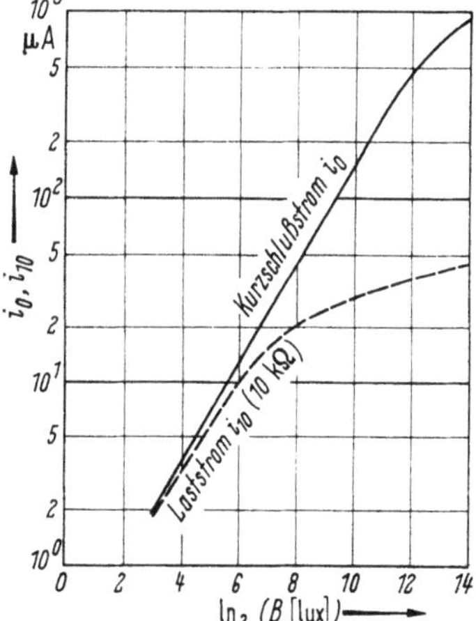

Abb. 4. Kurzschlußstrom und Laststrom für Photoelemente.

schem Wege lösen. Aus Stetigkeitsgründen wird jedoch die Form der $s_{\lambda\,\mathrm{rel}}$-Funktion zwischen der des Kurzschlußstroms und der der Klemmenspannung liegen.

In der meßtechnischen Praxis kann fast niemals mit Kurzschlußströmen gearbeitet werden (es sei denn bei Verwendung eines Stromkompensators). Aber selbst Kurzschlußströme verhalten sich nicht bis zu beliebig hohen Beleuchtungsstärken linear zu derselben, wie Abb. 4 zeigt. Demnach ist der Schluß von der spektralen auf die integrale Empfindlichkeit in der nach DIN 44 020 vorgeschlagenen Weise nur sehr bedingt möglich, d. h. aber, daß der photometrische Wert des Befriffes „spektrale Empfindlichkeit“ äußerst fraglich ist. Es ist daher mit ein Ziel der vorliegenden Untersuchungen, die Grundlagen für eine Meßmethode zu erarbeiten, mit Hilfe derer eine zutreffende Beurteilung von photoelektronischen Empfängern bezüglich ihrer photometrischen Eignung möglich ist.

2. Der Begriff „Effektivität“

2.1 Allgemeines

Der Begriff „Effektivität“ scheint wesentlich geeigneter zur Beurteilung photoelektronischer Empfänger hinsichtlich ihrer heterochromatisch-photometrischen Eigenschaften zu sein als der der spektralen Empfindlichkeit. Es handelt sich dabei um folgendes:

Die Reaktion, welche irgendein photoelektrischer Empfänger auf Bestrahlung zeigt, werde allgemein Photoeffekt genannt. Es kann sich dabei um Strom, Spannung, Widerstand etc. handeln. Wie werden es im folgenden mit Kurzschlußströmen und Leerlaufspannungen zu tun haben.

Einer Folge von Strahlungsenergiefunktionen $E(\lambda, T_k)$ entspricht eine Folge von Photoeffekten $I(T_k, S)$, wobei T_k ein die Energiefunktion kennzeichnender Parameter, S eine spektrale Empfindlichkeitsfunktion ist. Dividiert man jedes Glied dieser Folge durch ein bestimmtes derselben, welches den Parameter T_0 habe, so erhält man die normierte Photoeffektfolge $I(T_k, S)/I(T_0, S)$. Zwei normierte Photoeffektfolgen sind einander gleich, wenn sie in S und T_0 übereinstimmen. Mit den Worten der Praxis: zwei photoelektrische Empfänger werden bei einer bestimmten Lichtart $E(\lambda, T_k)$ dann und nur dann denselben Photoeffekt ergeben, wenn sie in ihren spektralen Empfindlichkeiten übereinstimmen. Im besonderen wird ein photoelektrischer Empfänger alle Lichtarten in der Einheit Lux dann richtig bewerten, wenn seine spektrale Empfindlichkeit $S(\lambda)$ gleich der spektralen Hellempfindlichkeit des Normalauges $V(\lambda)$ ist und ein linearer Zusammenhang zwischen Bestrahlung und Photoeffekt besteht.

Sind jedoch die Spektralfunktionen verschiedene oder/und besteht keine Photoeffektlinearität, so beträgt das Verhältnis des der Funktion $S_i(\lambda)$ zugeordneten Photoeffektes zu dem der Funktion $S_0(\lambda)$ zugeordneten:

$$\eta = \frac{I(T_k, S_i)/I(T_0, S_i)}{I(T_k, S_0)/I(T_0, S_0)} \tag{6}$$

Die Größe werde „Effektivität“ genannt.

Der Photoeffekt $I(T_k, S)$ selber entsteht durch Integration über den Wellenlängenbereich, und zwar nach Gl. (2) für den Kurzschlußstrom und für die Leerlaufspannung nach folgendem aus einer Umformung von Gl. (4) erhaltenen Ausdruck

$$U = \mathfrak{v} \int_{\lambda_1}^{\lambda_2} \ln \left[E(\lambda) \frac{e^{\frac{s(\lambda) \cdot E_0 S_{\max}(\lambda)}{\mathfrak{v}}} - 1}{E_0} + 1 \right] \mathrm{d}\lambda \tag{7}$$

wobei

$S(\lambda)$ die „auf die Klemmenspannung bezogene“ relative spektrale Empfindlichkeit.

E_0 die Strahlungsleistung des energiegleichen Spektrums, mit welcher die Bestimmung der spektralen Empfindlichkeit durchgeführt worden ist.

$S_{\max}(\lambda)$ der Maximalwert der absoluten auf die Klemmenspannung bezogenen spektralen Empfindlichkeit

sind.

Zu der Begriffsbildung Effektivität ist noch zu notieren[1]:

KROCHMANN [*16*] nennt diese Größe „Aktinität". Da jedoch dieser Begriff laut DIN 4519 („Aktinität von Lichtquellen für bildmäßige photographische Aufnahmen") die Wirkung von Licht auf photographisches Material beschreibt und in erster Linie zur Kennzeichnung der Lichtquelle dient, scheint für einen Begriff, mit welchem Empfängereigenschaften gekennzeichnet werden sollen, die Wahl eines eigenen Terminus gerechtfertigt zu sein.

Es möge noch eine Unterscheidung definiert werden:

a) die Effektivität irgendeines Empfängers in Bezug auf einen solchen mit spektraler Augenempfindlichkeit werde „primäre Effektivität" genannt: η I. Aus ihr läßt sich z. B. der Fehler ermitteln, welcher entsteht, wenn mit dem betreffenden Empfänger bei Licht von anderer spektraler Zusammensetzung als der des Eichlichtes gemessen wird.

b) die Effektivität irgendeines Empfängers in Bezug auf irgendeinen anderen Empfänger, wobei die spektrale Empfindlichkeit beider ungleich der Augenempfindlichkeit sei, werde „sekundäre Effektivität" genannt: η II. Handelt es sich z. B. bei diesen Empfängern um Individuen aus einem Kollektiv, deren spektrale Eigenschaften einer gewissen Streuung unterliegen, so ist die sekundäre Effektivität ein Maß für die Streuung der Meßwerte bei Lichtern von anderer spektraler Zusammensetzung als der des Eichlichtes.

2.2 Berechnung der Effektivität von Selen-Photoelementen

Innerhalb der Mannigfaltigkeit von Farbspektren nimmt die Folge der Glühspektren eine ausgezeichnete Stellung ein. Es liegt daher nahe, dieselben zu Untersuchungen über die Effektivität von Photoelementen heranzuziehen. Vom praktischen Standpunkt besonders interessiert die Frage: welcher Fehler tritt ein, wenn ein mit einem photoelektronischen Empfänger ausgestattetes Meßgerät zur Messung von Lichtern eingesetzt wird von anderer Farbtemperatur als derjenigen, welche bei der Eichung verwendet worden war? Diese Frage wird nun rechnerisch und experimentell zu beantworten versucht. Die Berechnung der Effektivität erfolgt dabei nach Gl. (2) für den Kurzschlußstrom und nach Gl. (7) für die Leerlaufspannung. Durchgeführt wurden die Integrationen nach der Simpsonschen Formel mit einer Streifenbreite von $2 \cdot 10^{-6}$ cm auf einer elektronischen Datenverarbeitungsmaschine (Zuse). Die Ergebnisse der Berechnungen sind als ausgezogene Kurven über den Farbtemperaturen in den Abb. 14—19 dargestellt. Die spektralen Empfindlichkeitskurven der verschiedenen photoelektronischen Empfänger, welche den Berechnungen zugrundegelegt worden waren, zeigen die Abb. 8—11.

3. Messungen

3.1. Zur spektralen Empfindlichkeit

Die Photoströme bei den Belastungen 0,1 kΩ (in praxi der Kurzschlußstrom) und 10 kΩ sowie die Klemmenspannung an einem Abschlußwiderstand von 100 MΩ wurden bei einer Reihe monochromatischer Lichter gemessen. Die für alle Wellenlängen konstante Strahlungsleistung, mit einem von der PTB spektral geeichten

[1] Zur Problematik der Begriffsbildung sowie zur Meßmethode vgl. den Tagungsbericht [18], veröffentlicht zwischen Abschluß und Erscheinen der vorliegenden Arbeit.

Silizium-Photoelement (TP 60) kontrolliert, betrug 125 Wcm^{-3} *). Zur Darstellung der monochromatischen Lichter wurden Doppelinterferenzlinienfilter (DIL) der Fa. Schott verwendet. Hierzu soll vermerkt werden, daß erst mit Verwendung dieser Filtertype befriedigende Ergebnisse erzielt worden sind. Einfache Interferenzlinienfilter haben, wie Diagramm 5 zeigt, besonders im langwelligen Teil ihres Absorptionsspektrums eine noch beträchtliche Durchlässigkeit, welche die Messungen dann stark verfälscht, wenn das Empfindlichkeitsmaximum des Prüflings in diesen Bereich bzw. auf die langwellige Flanke der Absorptionskurve fällt. Als Beispiel hierfür zeigt Abb. 6 die mit einfachen Interferenzfiltern aufgenommenen Empfindlichkeitsmeßpunkte eines Selen-Photoelementes im Vergleich zur glatten Kurve, wie sie mit Doppelinterferenzlinienfiltern erzielt wird. Sodann muß noch berücksichtigt werden, daß die Interferenzfilter ein zweites Durchlässigkeitsmaximum im ultraroten Spektralgebiet haben, welches, würde es nicht unterdrückt, die Messungen wegen der hohen Empfindlichkeit des Silizium-Photoelementes in diesem Bereich stark verfälschen würde. Zwischen Lampe und DIL-Filter wurden daher noch zwei KG-Gläser mit je 5 mm Dicke und eine Wasserschicht von 5 cm Dicke geschaltet.

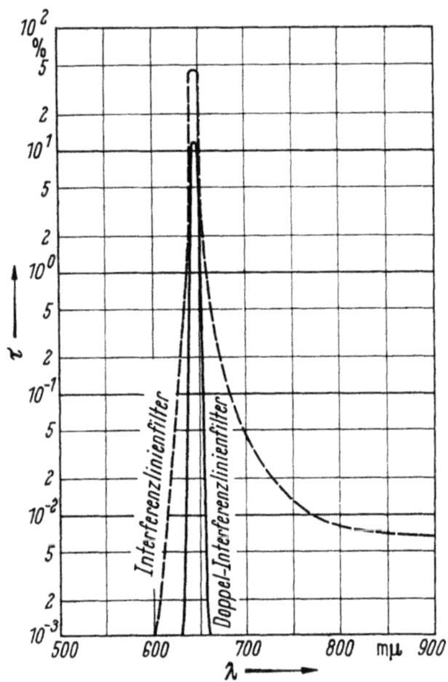

Abb. 5. Durchlässigkeitskurven von Interferenzlinienfiltern.

3.2 Zur Darstellung definierter Beleuchtungsstärken bei verschiedenen Farbtemperaturen

Zur experimentellen Bestimmung der Effektivität ist folgendes Problem gestellt: Ein photoelektrischer Empfänger wird mit Lichtern von verschiedener spektraler Zusammensetzung — in unserem Falle verschiedener Farbtemperatur — aber gleicher

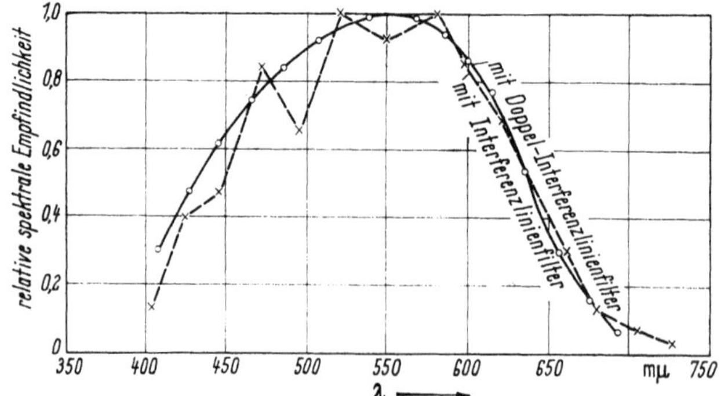

Abb. 6. Meßbeispiel für relative spektrale Empfindlichkeit.

* Die Dimension Wcm^{-3} bedeutet: Strahlungsleistung pro Flächeneinheit (cm^{-2}) und Wellenlängeneinheit (cm^{-1}).

Beleuchtungsstärke beaufschlagt; die Photoeffekte werden auf einen als Bezugsphotoeffekt bevorzugten normiert; die Abweichung der Effektivität von der Einheit gibt dann sofort den Fehler an, der gemacht wird, wenn man mit einem bei der Bezugsfarbtemperatur geeichten photoelektronischen Empfänger Helligkeiten von anderen Farbtemperaturen mißt. Das eigentliche experimentelle und meßtechnische Problem bei dieser Untersuchung ist die Darstellung der verschiedenen Lichter mit jeweils gleicher Helligkeit.

Der Darstellung von Lichtern mit Farbtemperaturen, welche höher als die Schmelzpunkte der hochschmelzenden Metalle liegen, haben DAVIS und GIBSON [*17*] eine ausführliche Untersuchung gewidmet und dazu eine Reihe von Flüssigkeitsfiltern angegeben, mit denen eine Lichtquelle von 2848 °K auf die Farbtemperaturen 3500, 4000, 5000, 6000, 7000, 8000, 9000, 10 000 °K umgefiltert werden kann. Allerdings geht mit dieser Filterung die Definiertheit der der Lichtquelle eingeeichten Lichtstärke verloren, so daß für jedes der gefilterten Lichter deren Stärke neu bestimmt werden muß. Gerade diese Bestimmung kann aber nicht mehr mit irgendeinem photoelektronischen Empfänger ausgeführt werden, da die ganze Untersuchung ja auf die Aufdeckung der Fehler photoelektronischer Empfänger abzielt. Auch Photoelemente mit Filterkombinationen zum Angleich der Photoelementeigenschaften an die des Auges (z. B. Dresler-Zellen) erschienen uns — im Hinblick auf die Erfahrungen, die bereits vorlagen — nicht vertrauenswürdig genug. So blieb als letzte und auch ursprüngliche Möglichkeit die visuelle Methode. Sie wurde durchgeführt in Form eines Vergleiches der zu bestimmenden Lichtstärke von variierender Farbtemperatur mit der Lichtstärke einer geeichten Glühlampe 2848 °K über einen Lummer-Brodhun-Würfel auf der Photometerbank. (Auf die berüchtigte Problematik dieser — heterochromen — Lichtmessung soll hier im einzelnen nicht eingegangen werden.) Für jede Filterung wurden vier Abstandeinstellungen zur Leuchtdichtegleichheit der Photometerfelder durchgeführt, aus deren Mittelwerten die Lichtstärke des Prüflings errechnet wurde.

In Abb. 7 ist der Verlauf der Davis-Gibson-Absorptionswerte sowie der aus unseren eigenen Messungen berechneten über der Farbtemperatur dargestellt, woraus eine gute Genauigkeit unserer Messungen sowie die gelungene Herstellung der Filter gefolgert werden kann. Alle weiteren Auswertungen beziehen sich auf diese Kurve.

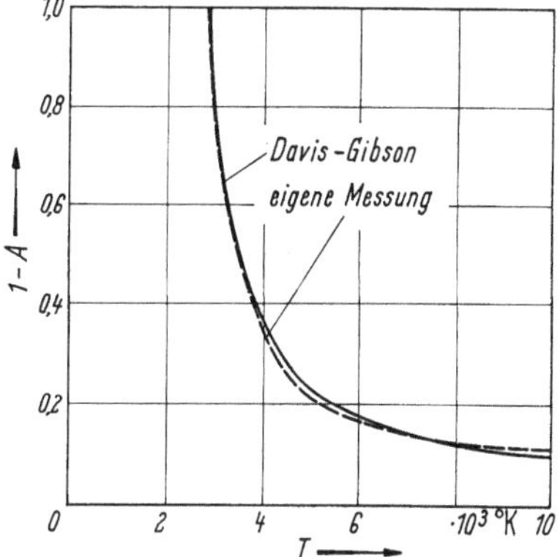

Abb. 7. Filterfaktoren der Davis-Gibson-Filter.

4. Diskussion der Meß- und Rechenergebnisse

4.1 Spektrale Empfindlichkeit

In den Abb. 8—11 sind relative spektrale Empfindlichkeiten dargestellt, und zwar für den Selen-Photoelement-Typ 1 und 2 sowie für das Silizium-Photoelement die des Kurzschlußstromes i_0, für die Cadmiumsulfidzelle die des Photowiderstandes; die Kurven sind Lieferantenangaben. Die spektralen Empfindlichkeiten von den Selen-

Photoelement-Typen 3, 4, 5, 6[1], und zwar des Kurzschlußstromes i_0, des Arbeitsstromes i_{10} bei einem Außenwiderstand von 10 kΩ und der Klemmenspannung u sind das Ergebnis eigener Messungen. Ein Außenwiderstand von 10 kΩ wurde deshalb gewählt, weil diese Belastung typisch ist in einer großen Anzahl von Anwendungs-

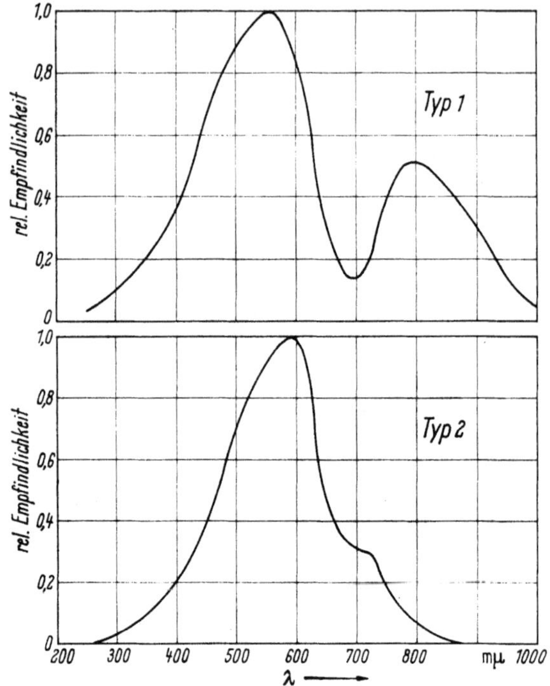

Abb. 8. Relative spektrale Empfindlichkeit (Kurzschlußstrom) Typ 1 und 2.

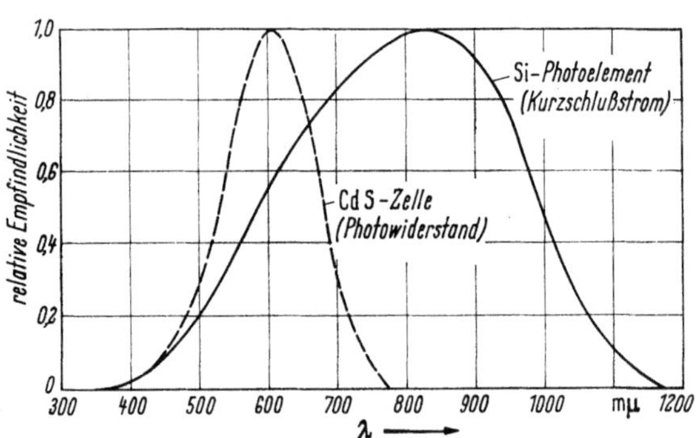

Abb. 9. Relative spektrale Empfindlichkeit.

fällen des Selen-Photoelements für photographische Zwecke. Leider standen zur Zeit der Messung Interferenzfilter zur Darstellung der monochromatischen Lichter nur für das sichtbare Spektrum zur Verfügung, so daß der jeweils jenseitige Verlauf extra-

[1] Typ 1 und 2: Fabrikat aus Ost-Deutschland.
Typ 3, 4, 6: Fabrikat aus Westdeutschland.
Typ 5: Französisches Fabrikat.

poliert werden mußte. Für den Photoelementtyp 4 geschah dies auf Grund einer Lieferantenangabe, für die anderen Typen wurde nach bestmöglichem Ermessen gehandelt. Es konnte jedoch zunächst vermutet werden, daß die jenseitigen Verläufe für die weiteren Betrachtungen von geringerem Gewicht sein würden, weil bei allen Messun-

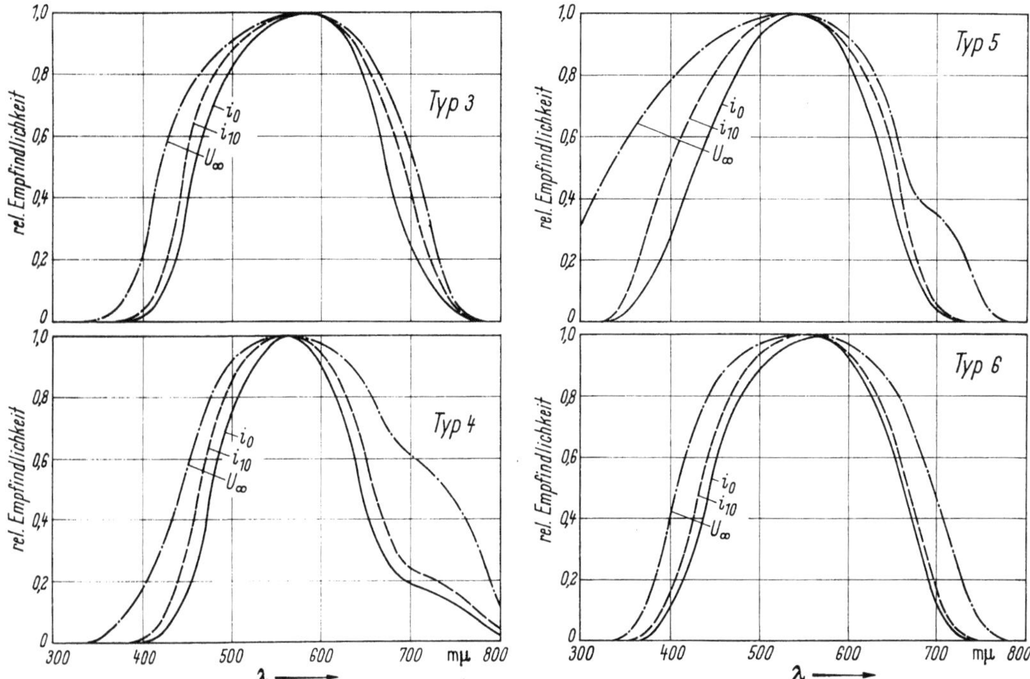

Abb. 10. Relative spektrale Empfindlichkeit.

Abb. 11. Relative spektrale Empfindlichkeit.

gen mit integralen Spektren sich zwischen Prüfling und Lichtquelle 6 mm Glas[1] und 20 mm Wasser befanden, welche zusammen sowohl für die Unterdrückung des ultraroten sowie des ultravioletten Lichtes sorgten. Daß diese Vorstellung doch nicht ganz stichhaltig gewesen sein dürfte, wird weiter unten besprochen werden. Ein erster Blick zeigt, daß sich die Kurven, abhängig von der Belastung, für den jeweiligen Photoelementtyp stark voneinander unterscheiden, so daß auf gar keinen Fall von einer spektralen Empfindlichkeit eines Photoelementtyps schlechthin gesprochen werden kann, wie ja auch im theoretischen Teil dieser Arbeit erörtert worden ist.

Zusätzlich wurden nun noch Messungen der Klemmenspannung durchgeführt unter Variation der eingestrahlten monochromatischen Lichtleistung, was die Ermittlung des $\mathfrak{v}$-Wertes zum Zweck hatte. Dieser geht ja nach Gl. (7) in die Integration zur Klemmenspannung ein. Theoretisch sollte er eine Konstante sein und bei Zimmertemperatur 25 mV betragen. Wie aus zahlreichen eigenen und Messungen anderer bekannt, stimmt in diesem Punkt die Praxis jedoch schlecht mit der Theorie, wie sie z. B. in [14] dargestellt ist, überein. Der $\mathfrak{v}$-Wert ergibt sich aus einigen Umformungen als:

$$\mathfrak{v} = \frac{d\,U(\lambda)}{d \ln E(\lambda)}$$

[1] Davis-Gibson-Filter bestehen aus Doppelküvetten mit drei Planglasplatten von je 2 mm Stärke.

und stellt somit die Steigung der Klemmenspannungskurve über dem Logarithmus der Strahlungsleistung dar. Für mittlere und hohe Strahlungsleistungen ist diese Kurve eine Gerade (Abb. 12). In Abb. 13 sind die $\mathfrak{v}$-Werte der verschiedenen Photo-

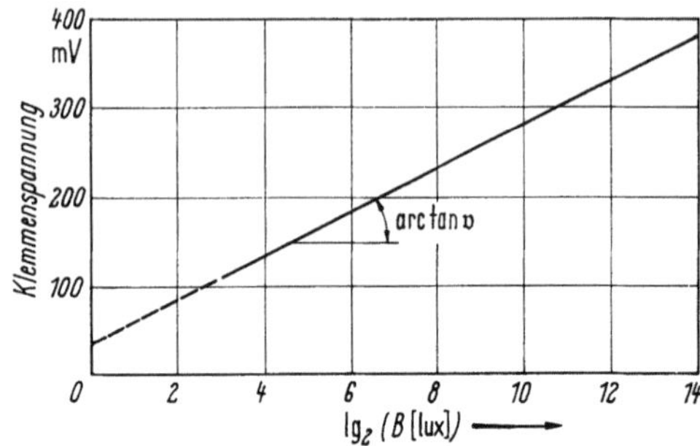

Abb. 12. Bestimmung des $\mathfrak{v}$-Wertes in der p_n-Kennliniengleichung.

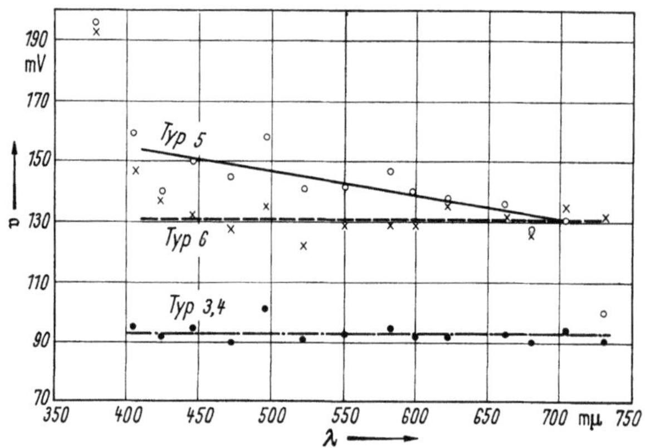

Abb. 13. Spektraler Verlauf der $\mathfrak{v}$-Werte.

elementtypen über der Wellenlänge dargestellt. Während die $\mathfrak{v}$-Werte der Fabrikate 3, 4 und 6 im überwiegenden Wellenlängenbereich als konstant angesehen werden können, nimmt er bei Fabrikat 5 leicht ab mit zunehmender Wellenlänge.

Für alle weiteren Untersuchungen wurde der $\mathfrak{v}$-Wert als konstant angenommen.

4.2. Effektivität

In den Diagrammen 14—19 sind die Effektivitäten eingetragen, welche unter Zugrundelegung der spektralen Empfindlichkeiten aus den Abb. 8—11 mit der Formel (2) für den Kurzschluß und der Formel (7) für die Leerlaufspannung berechnet wurden. Man erkennt sofort den grundsätzlich steilen Verlauf der Kurven bei den niederen Farbtemperaturen des Glühbereiches, womit sich bereits die Ausgangsfrage der vorliegenden Untersuchungen, nämlich die nach der Ursache der zunächst oft unerklärlichen Unstimmigkeiten bei Kalibrierungen und Kontrollen zwanglos beantworten läßt: Zunächst bei festgehaltenem Lichtstrom, aber varriierender Glühlampentemperatur wird diese Steilheit enorme Abweichungen des Photoeffektes ergeben (primäre

Effektivität), welche aber in praxi tatsächlich niemals vorkommen. Hier handelt es sich immer um die Abweichungen zwischen den Effekten verschiedener Photoelemente untereinander (sekundäre Effektivität). Die folgende Tabelle gibt die berechnete Effektivität zweier Photoelemente desselben Typs (Nr. 3) an, sowie deren Differenz:

T [°K]	$\eta[i_0(3,1)]$	$\eta[i_0(3,2)]$	$\Delta\eta\%$	$\eta[u(3,1)]$	$\Delta\eta(u/i_0)\%$
1 000	3,308	5,440	213,2	1,456	−185,2
1 500	1,695	2,026	33,1	1,199	− 49,6
2 000	1,247	1,327	8,0	1,079	− 16,8
2 500	1,066	1,082	1,6	1,021	− 4,5
2 848	1,000	1,000	0,0	1,000	0,0
3 000	0,979	0,975	−0,4	0,993	1,4
3 500	0,933	0,923	−1,0	0,979	4,6
4 000	0,906	0,896	−1,0	0,972	6,6
5 000	0,882	0,878	−0,4	0,968	8,6
6 000	0,875	0,879	+0,4	0,969	11,4
7 000	0,873	0,886	+1,3	0,973	10,0
8 000	0,874	0,895	+2,1	0,976	10,2
9 000	0,876	0,904	+2,8	0,979	10,3
10 000	0,878	0,912	+3,4	0,982	10,4

Während im Gebiete hoher Farbtemperaturen die Effektivitätendifferenz vernachlässigbar klein ist, nimmt sie im Glühlampentemperaturbereich beträchtliche Werte an. Dasselbe gilt jedoch auch für ein und dasselbe Photoelement bei jeweils verschiedener Belastung; dieser Fall ist ebenfalls — für Kurzschlußstrom bzw. Klemmenspannung des Photoelementes Nr. 3.1 — in der Tabelle dargestellt. Hier ist

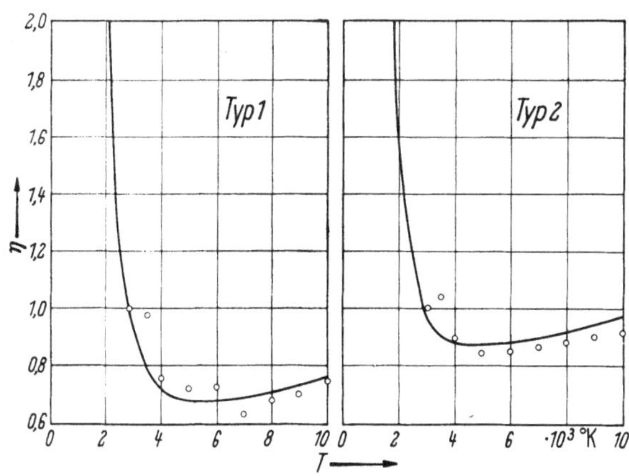

Abb. 14. Effektivität (Kurzschlußstrom).

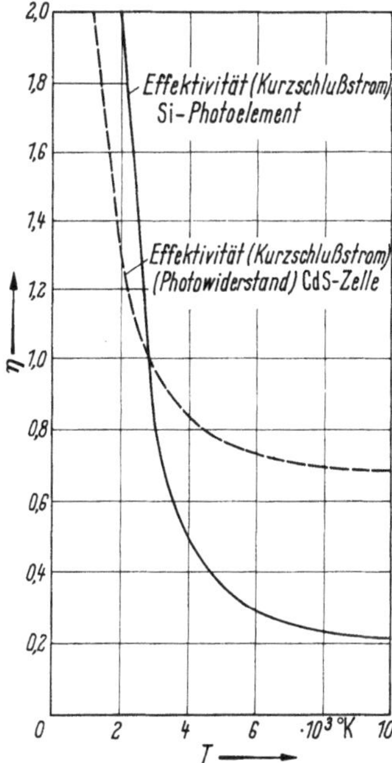

Abb. 15. Effektivität.

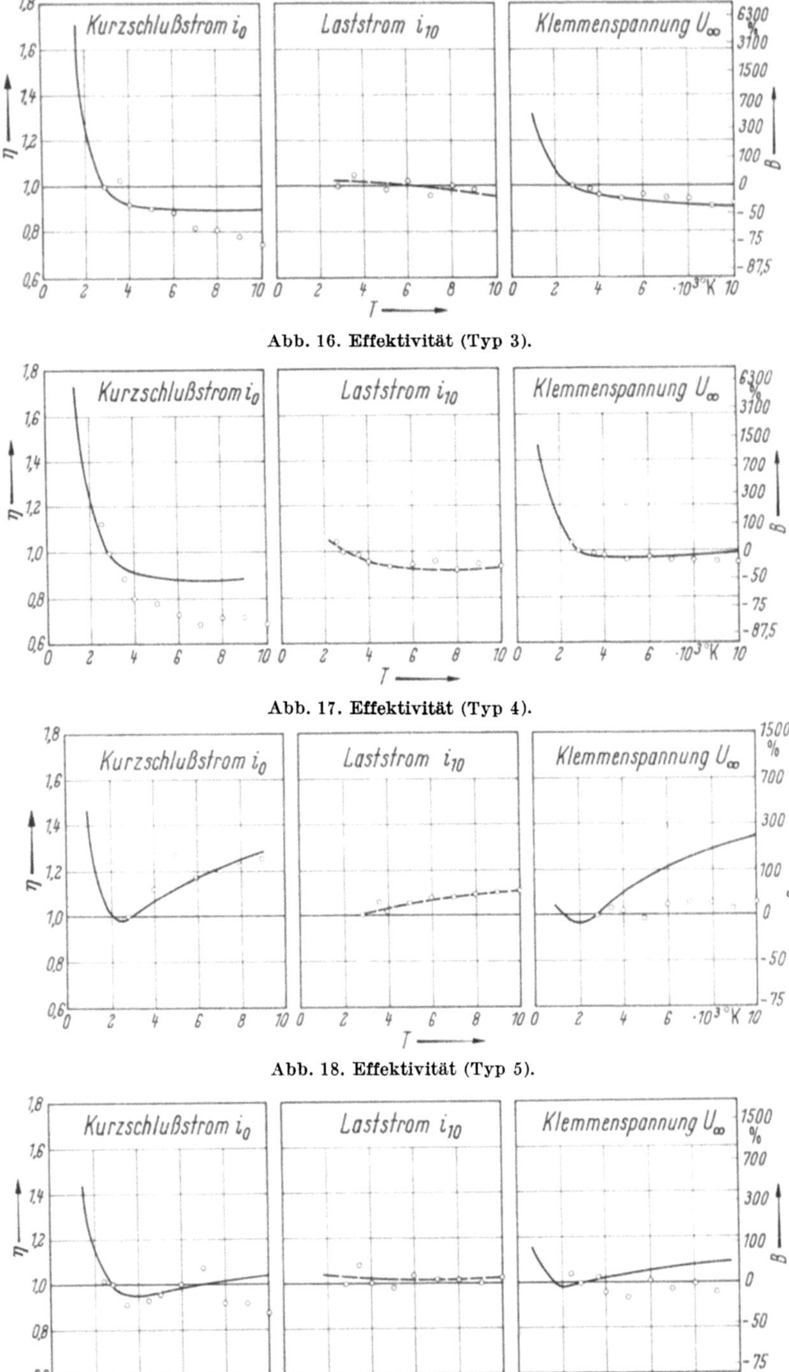

Abb. 16. Effektivität (Typ 3).

Abb. 17. Effektivität (Typ 4).

Abb. 18. Effektivität (Typ 5).

Abb. 19. Effektivität (Typ 6).

die Abweichung auch bei hohen Farbtemperaturen — nach Vorzeichenwechsel — beträchtlich.

In die Diagramme 14, 16, 17, 18 und 19 sind nun auch Meßwerte der Effektivität eingetragen. Besonders fällt auf die Übereinstimmung und geringe Streuung der Klemmenspannungswerte der Typen 3 und 4, was eine gute Bestätigung für die Gl. (14) darstellt. Keine Übereinstimmung ist zu beobachten bei den Photoelementtypen 5 und 6. Während bei 5 das Vorzeichen und die Tendenz der Meßwerte mit den Rechenwerten übereinstimmen, ist auch das Vorzeichen der Meßwerte ein anderes beim Typ 6. In diesem Zusammenhang muß man noch einmal den Verlauf der $\mathfrak{v}$-Kurven (Abb. 13) dieser Photoelement-Typen betrachten, durch dessen Abweichung von der theoretisch geforderten Horizontalen sich die Wirksamkeit eines anderen *pn*-Mechanismus anzudeuten scheint, als derjenige es ist, welcher diesen Berechnungen zugrunde gelegt worden ist. Unter Umständen muß für eine verfeinerte Betrachtungsweise doch die Tatsache berücksichtigt werden, daß es sich beim Selen-Photoelement nicht um einen homogenen *pn*-Übergang innerhalb eines Einkristalles, sondern um einen solchen zwischen zwei verschiedenen Kristallen handelt (heterojunction). Eine Theorie des Gleichrichterverhaltens dieser sog. „*pn*-Kontakte“ hat in jüngster Zeit Dolega (noch nicht veröffentlicht) entworfen.

Bei den Photoströmen, insbesondere bei den Kurzschlußströmen, ist die Streuung der Meßwerte größer, was wohl — wegen des linearen Zusammenhanges zwischen Beleuchtungsstärke und Photostrom — auf ein stärkeres Wirksamwerden von Fehlern bei der Reproduktion der verschiedenfarbigen Lichter zurückzuführen sein wird. Für die Astströme beim Außenwiderstand 10 kΩ steht ein rechnerischer Vergleich aus den in 1.1 angeführten Gründen aus. Man erkennt jedoch, daß die Effektivität der 10 kΩ-Ströme etwa zwischen der des Kurzschlußstromes und der der Leerlaufspannung oder auch näher an dieser liegt. Bei den Kurzschlußströmen liefert der rechnerische Vergleich ebenso wie bei den Leerlaufspannungen nur teilweise eine Bestätigung. Diese ist gegeben für die Photoelementtypen 1 und 2, sowie — mit gewissen Vorbehalten — für den Typ 5 und 6. Größere Abweichungen hingegen sind zu konstatieren bei den Typen 3 und 4, welche eigentlich nicht restlos zu erklären sind. Unter Umständen kann sich hier die mangelnde Definiertheit der außerhalb des Sichtbaren gelegenen Spektralempfindlichkeitswerte auswirken. Bei den Typen 1 und 2, deren Empfindlichkeitsspektren bis weit ins Ultrarote vom Hersteller angegeben worden ist (allerdings nur für den Kurzschlußstrom), stimmen Rechnung und Messung jedenfalls recht gut miteinander überein. Insofern könnte also die unter 4.1) notierte Annahme, das ultrarote Spektrum würde so genügend durch die vor dem Photoelement befindlichen Glas-[1] und Wasserschichten absorbiert werden, daß eine Empfindlichkeit der Photoelemente für diesen Spektralbereich keinen nennenswerten Ausschlag mehr geben würde, nicht ganz berechtigt gewesen sein.

5. Schlußfolgerungen und Zusammenfassung

Aus den beschriebenen experimentellen Untersuchungen und den theoretischen Überlegungen läßt sich folgern:

5.1. Die herkömmliche Definition der relativen spektralen Empfindlichkeit kann nur dann zur Berechnung von integralen Photoströmen angewendet werden, wenn zwischen Photostrom und Bestrahlungsstärke ein linearer Zusammenhang besteht.

[1] vgl. Fußnote S. 457.

5.2. Der Theorie zufolge besteht ein solcher im Falle des Kurzschlußstromes. In praxi stellt jedoch der immer vorhandene Bahnwiderstand des Photoelementes einen äußeren Belastungswiderstand dar und bewirkt bei hohen Beleuchtungsstärken eine Nichtlinearität der Kurzschlußstrom-Beleuchtungsstärken-Kennlinie, so daß auch hier die Integration nicht uneingeschränkt möglich ist.

5.3. Vollends zur Integration unanwendbar ist die oben zitierte Definition der spektralen Empfindlichkeit, wenn es sich um Leistung liefernde Photoströme handelt, weil die Separierung der Variablen in der für den Belastungsfall gültigen Kennliniengleichung nicht möglich ist.

5.4. Eine Separierung der Variablen in der Kennliniengleichung und somit die Integration ist möglich für den Fall der Leerlaufspannung.

Hierfür läßt sich auch die relative spektrale Empfindlichkeit ableiten. Ihr Verlauf ist abhängig von der Strahlungsenergie, und zwar geht dieselbe für verschwindende Strahlungsleistung in die des Kurzschlußstromes über, während sie für sehr große Strahlungsleistungen in eine von der Wellenlänge unabhängige Funktion der Strahlungsleistung entartet.

5.5. Die Angabe einer einzigen Spektralkurve ist also zur Kennzeichnung des spektralen Verhaltens eines Selen-Photoelementes nicht ausreichend.

5.6. Die Effektivität der untersuchten Selen-Photoelemente ist am größten für Glühlampenlicht und strebt nach Vorzeichenwechsel für Sonnen- und Tageslicht einem innerhalb gewisser Grenzen konstanten Wert zu.

5.7. Der steile Verlauf der Aktinität im Bereich der Glühlampenlichter erklärt gegenseitige Abweichungen der Kalibrierungen verschiedener Photoelemente gleichen Typs aber auf Grund von statistischen Individuenstreuungen geringfügig verschiedener spektraler Empfindlichkeiten sowie Abweichungen der Kalibrierungen ein und desselben Photoelementes bei verschiedenen Belastungen, wenn die Farbtemperatur der Glühlampen sich verändert.

5.8. Die Messung der relativen spektralen Empfindlichkeit bei verschiedenen Belastungen stimmt qualitativ, für den Klemmenspannungsfall quantitativ mit der Theorie überein (vgl. 5.4).

5.9. Die Messung der Effektivität ergibt in einigen Fällen eine recht gute Übereinstimmung mit den Rechenwerten, andererseits treten jedoch auch Abweichungen auf, welche unter Umständen auf eine andere Art des *pn*-Mechanismus hinweisen als diejenige, welche den theoretischen Betrachtungen zugrunde gelegt worden ist.

Aus diesen Meßergebnissen und Überlegungen läßt sich schließlich folgern:

5.10. Da bei gegebenem Energiespektrum der Zusammenhang zwischen spektraler Empfindlichkeit und integralem Photostrom rechnerisch entweder sehr schwierig oder grundsätzlich überhaupt nicht hergestellt werden kann, da außerdem noch rechnerisch nicht erfaßbare Effekte höherer Ordnung einen Einfluß auf das Meßergebnis haben können, empfiehlt es sich, den Begriff der spektralen Empfindlichkeit im Hinblick auf die photometrischen Eigenschaften eines Selen-Photoelementes überhaupt fallen zu lassen und an seine Stelle den der Effektivität zu setzen. Das ideale Photoelement für photometrische Zwecke müßte demnach eine Effektivität = 1 für alle möglichen Lichtfarben haben.

Die vorstehende Arbeit ist im Agfa Camera-Werk München durchgeführt worden im Rahmen von Untersuchungen an Selen-Photoelementen für photographische Belichtungsmesser. Mein Dank gebührt Herrn F. FREITAG für die Ausführung der numerischen Integrationen sowie Fräulein E. WITASSEK und Herrn K. HUSEMANN für die Durchführung der umfangreichen Messungen und deren Auswertung.

Literatur

[1] BESTENREINER, F.: Zs. f. ang. Phys. **16**, **4**, 235 (1963)
[2] WOLF, I.: Ann. Phys. **6**, **8**, 30 (1951).
[3] BARNARD, G. P.: Proc. Phys. Soc. **51**, 222 (1939).
[4] DRESLER, A.: Licht **11**, 139 (1941).
[5] GOLDMANN, Z. A.: Bl. Acad. URSS Sei. phys. **16**, 110 (1952).
[6] KNOLL, O. H.: Diss. Karlsruhe T.H. (1936), S. 118.
[7] JUROW, S. G. u. W. S. CHASANOW: Uspechi fiz. Nauk **38**, 547 (1940).
[8] PRESTON, J. S.: Nature, **153**, 680 (1944).
[9] POOLE, H. H.: Nature, **154**, 274 (1944).
[10] HALL, J. A.: J. Iron Inst. **149**, 547 (1944).
[11] HELBIG, E. u. H. KLAUS: Jenaer Jahrbuch 1959, II, S. 441.
[12] BLET, G.: Photopiles au Sélénium, Paris: Dunod 1959.
[13] CUMMEROW, R. R. L.: Phys. Rev. **95**, 16 (1954).
[14] WIESNER, R.: Halbleiterprobleme III, Vieweg & Sohn 1956, S. 59.
[15] MADELUNG, O.: Handbuch d. Phys. Bd. XX, S. 162.
[16] KROCHMANN, J.: Lichttechnik **12**, **4**, 203 (1960).
[17] DAVIS, R. u. K. S. GIBSON: Mis. Pub. Bureau of Standards, No. 114, 1931.
[18] BESTENREINER, F.,: Optik, **21**, **10**, 535 (1964),

Über den Wirkungsgrad von Beleuchtungssystemen photographischer Kopiergeräte

Von W. ZAHN

In der vorliegenden Arbeit wird zunächst allgemein der Wirkungsgrad von Beleuchtungssystemen photographischer Kopiergeräte definiert und für verschiedene Beleuchtungssysteme diskutiert. Anhand einer eingehenderen Untersuchung der Lichtführung und Lichtverluste bei einem Linsen- und Planspiegelsystem wird gezeigt, daß letztere Systeme unter gewissen Voraussetzungen einen erheblich höheren Wirkungsgrad als die Linsensysteme besitzen.

I. Einleitung

Im allgemeinen versteht man unter dem Wirkungsgrad von *Projektionsgeräten* (z. B. Stehbildwerfern) das Verhältnis des auf den Projektionsschirm gelangenden Nutzlichtstromes zum gesamten Lichtstrom, der von der Projektionslampe abgestrahlt wird. Diese Betrachtungsweise ist sinnvoll, solange es allein auf eine möglichst große Helligkeit des projizierten Bildes ankommt.

Bei *photographischen Kopiergeräten*, die zwar im Grundaufbau den Projektionsgeräten ähneln, liegen die Verhältnisse jedoch anders. Auch hier ist — in gewissen Grenzen — ein möglichst helles projiziertes Bild zur Verringerung der notwendigen Belichtungszeiten erwünscht, doch spielt für die Qualität des Kopierergebnisses auch die Beschaffenheit des die Vorlage durchstrahlenden Lichtes eine Rolle.

Betrachten wir einen Punkt im Ausschnitt der Bildbühne, so tritt von diesem Punkt ausgehend ein Strahlenbündel in den Objektivraum ein. Der Öffnungswinkel dieses Strahlenbündels kann zwischen 0° und 180° variieren. Beträgt er 180°, so verhält sich die Bühne im allgemeinen wie eine selbstleuchtende Fläche (Lambertstrahler) und strahlt sehr weiches, d. h. diffuses Licht ab. Ist er jedoch 0°, d. h. geht von einem Puntke ein enges Bündel praktisch parallelen Lichtes aus, so sprechen wir von sehr hartem, d. h. gerichtetem Licht. Ein typisches Beispiel dafür ist die Lichtabstrahlung in der Bildbühne eines Stehbildwerfers.

Bei Beleuchtungssystemen für Kopiergeräte können Öffnungswinkel zwischen 0° und 180° vorkommen, je nachdem, welchen Verwendungszweck das Gerät besitzt. So wird für das Kopieren von Amateurbildern allgemein möglichst weiches Licht angestrebt, um dadurch Kratzer- und Staubabbildung weitgehend zu vermeiden. Für die Rückvergrößerung von Mikrofilmen wird man im Interesse hohen Kontrastes andererseits sehr hartes Licht fordern. Im allgemeinen wird es so sein, daß ein Teil des Lichtes, das aus der Bildbühne austritt, durch das Objektiv hindurchgeht und zur Helligkeit der Abbildung in der Positivebene beiträgt, während der andere Teil am Objektiv vorbeistrahlt und je nach Öffnungswinkel mehr oder weniger stark eine Verminderung der Kratzerabbildung bewirkt. Daraus folgt, daß — gleicher Lichtstrom durch die Bildbühne vorausgesetzt — große Weichheit geringe Positivhelligkeit bedeutet, während hartes Licht zu einem wesentlich helleren Bild in der Positivebene führt, sofern — wie allgemein üblich — dieses durch einen Kondensor in das Objektiv konzentriert wird. Für diese beiden Spezialfälle — Öffnungswinkel von 0° und 180° — kann das Verhältnis des durch das Objektiv hindurchgehenden Lichtstromes zum Bildbühnen-Lichtstrom exakt angegeben werden. Bezeichnen wir den Bildbühnen-Lichtstrom mit Φ_B, den durch das Objektiv gehenden Lichtstrom mit Φ_P, so ergibt sich bei einem Öffnungswinkel von 0°, bei dem voraussetzungsgemäß der gesamte Bildbühnen-Lichtstrom in das Objektiv eintritt

$$\frac{\Phi_P}{\Phi_B} = \vartheta$$

und für den Fall des Öffnungswinkels von 180° (Lambertstrahler)

$$\frac{\Phi_P}{\Phi_B} = \vartheta \cdot \frac{V^2}{4B^2(V+1)^2},$$

wobei V die Vergrößerung, B die auf die Objektivbrennweite bezogene Blende und ϑ $(0 \leqq \vartheta \leqq 1)$ die Durchlässigkeit des Objektivs und anderer, eventuell zwischen Negativ und Positiv befindlicher absorbierender Medien bedeutet. Für den praktischen Fall einer Objektivdurchlässigkeit von $\vartheta = 0{,}8$, einer Vergrößerung $V = 1{,}5$ fach und der Blende $B = 4{,}5$ ergibt sich für extrem hartes Licht $\Phi_P/\Phi_B = 0{,}8$, für den Lambertstrahler jedoch $\Phi_P/\Phi_B = 3{,}6 \cdot 10^{-3}$, d. h. es kommt bei gleichem Lichtstrom durch die Bildbühne zugunsten der Weichheit 222mal weniger Licht auf das Positiv als im Fall extrem harten Lichtes.

Auf den allgemeinen Fall einer zahlenmäßigen Festlegung eines beliebigen Grades der Weichheit und dessen Zusammenhang mit der Positivhelligkeit soll hier nicht näher eingegangen werden. Nur soviel sei erwähnt, daß das Verhältnis der Positiv-Beleuchtungsstärken, gemessen einmal mit einer in die Negativbühne eingeschobenen Mattscheibe, das andere Mal ohne diese Mattscheibe, ein mögliches Maß für die Weichheit des Kopierlichtes darstellt. Wir fanden, daß sich zwischen der so gemessenen Weichheit und dem Logarithmus der Positivhelligkeit unter gewissen Voraussetzungen ein linearer Zusammenhang ergibt. Wir werden zu gegebener Zeit eine weitere Arbeit über die Ergebnisse dieser Untersuchung veröffentlichen.

Die fortschreitende Entwicklung fordert nun auf dem Kopiergerätesektor auch für Beleuchtungsanlagen immer höhere Leistungen. Es wird verlangt, daß entweder bei gleicher Weichheit hellere Positivabbildung und damit kürzere Belichtungszeit oder bei gleicher Positivhelligkeit weicheres Licht und damit geringere Retouchiernotwendigkeit erzielt wird. Selbstverständlich tritt in vielen Fällen auch die Forderung „heller *und* weicher" auf. In jedem Fall bedeutet die Erfüllung dieser Forderungen eine Erhöhung des Lichtstromes durch die Negativbühne. Dies kann durch Steigerung der elektrischen oder optischen Lampenleistung (Watt bzw. Lumen pro Watt) oder durch rationellere Ausnutzung des Lichtes der Kopierlampe in der Beleuchtungsanlage erreicht werden.

Eine Erhöhung der *elektrischen* Lampenleistung ist zwar einfach, aber erreicht bald ihre Grenzen. Man kann immer wieder die Beobachtung machen, daß die Installation einer Lampenleistung von mehr als 500 W zu mannigfaltigen wärmetechnischen Problemen führt, die mit weiter steigender Leistung nur noch mit sehr hohem

Aufwand lösbar sind. Aus diesem Grunde ist die Steigerung der elektrischen Lampenleistung ein nur bedingt brauchbarer Weg zur Steigerung der Lichtleistung eines Kopiergerätes.

Die Steigerung der *optischen* Lampenleistung, z. B. durch Übergang von Hochvolt- auf Niedervolt-Lampen, ist dagegen ein gutes, wenn auch nur beschränktes Mittel zur Lösung unseres Problems, weil hierbei mehr als ein Faktor 2 nicht zu gewinnen ist.

Der folgerichtigste Weg besteht ohne Zweifel darin, in den Beleuchtungsanlagen für Kopiergeräte eine sinnlose Vergeudung des Lichtes zu vermeiden. Wie wir später sehen werden, geht zwischen Lampe und Bildbühne bei Linsensystemen bis zu 99,5% des Lampenlichtstromes verloren. Es gilt also, diese Verluste zu vermindern und bei gleichem Lampenlichtstrom mehr Licht durch die Bildbühne zu bringen. Je nach Bauart des Systems wird sich dies durch Erhöhung der Weichheit oder der Positivhelligkeit oder von beidem bemerkbar machen. Diese Leistungssteigerung drückt sich in der Erhöhung des *Leuchtenwirkungsgrades* aus. Er wird im nächsten Abschnitt definiert und eingehender behandelt.

Bei einer Weiterentwicklung von Lampenhäusern muß man also möglichst auf eine Erhöhung dieser Größe bedacht sein.

II. Definition und Bestimmung des Leuchtenwirkungsgrades

Der Leuchtenwirkungsgrad ist in Anlehnung an DIN 5032, Blatt 1 definiert als das Verhältnis des durch die Bildbühne austretenden Lichtstromes zum gesamten Lichtstrom der Kopierlampe.

Also $L = \Phi_B/\Phi_L \cdot 100\%$. Hierin bedeuten Φ_B den aus der Bildbühne austretenden Nutzlichtstrom und Φ_L den von der Lampe abgestrahlten Gesamtlichtstrom. Φ_B errechnet sich aus dem Integral

$$\Phi_B = \int_F E(F)\,\mathrm{d}F,$$

wobei E die örtliche Beleuchtungsstärke eines Flächenelementes $\mathrm{d}F$ des Negativbühnenschnittes darstellt. Ist dieser gleichmäßig ausgeleuchtet, so ist der Lichtstrom $\Phi_B = F \cdot E$ Lumen, wobei F die Fläche des Bühnenausschnittes darstellt und E die örtlich konstante Beleuchtungsstärke, die in ihm herrscht. Der Leuchtenwirkungsgrad (weiterhin kurz LWG genannt) ist also von der Größe des Bildbühnenausschnittes abhängig. Der Lampenlichtstrom Φ_L kann gemessen, oder einfacher, aber etwas ungenauer, den Datenblättern der Lampenhersteller entnommen werden. Letzteres ist für das vorliegende Problem im allgemeinen ausreichend, da für die Beurteilung eines Systems bereits die Kenntnis der Größenordnung des LWG genügt. Selbstverständlich muß bei von den Datenblättern abweichenden Betriebsbedingungen der Lampe der Lichtstrom entsprechend umgerechnet werden.

Die für die vorliegende Arbeit notwendigen Lichtmessungen an Beleuchtungssystemen wurden mit flachen Selen-Sperrschicht-Photoelementen durchgeführt, deren Empfindlichkeit durch vorgeschaltete Neutralgraufilter herabgesetzt wurde, um bei den vorkommenden hohen Beleuchtungsstärken den Linearitätsbereich des Elementes nicht zu überschreiten. Die Photoelemente waren in Lux geeicht, und ihre Ströme wurden mit einem niederohmigen Galvanometer (100 Ohm Innenwiderstand) registriert. Die nach dem obigen Ausdruck für Φ_B häufig auftretenden Flächenintegrale wurden durch Aufsummieren hinreichend kleiner Flächenelemente nach Multiplikation mit den zugehörigen Funktionswerten berechnet.

Unter Berücksichtigung der bei lichttechnischen Messungen sehr zahlreichen Fehlerquellen wird die Absolutgenauigkeit der ermittelten Lichtstromwerte auf $\pm 20\%$ geschätzt. Die Relativgenauigkeit der Messungen liegt bei $\pm 10\%$.

III. Der Leuchtenwirkungsgrad von Beleuchtungssystemen für Kopiergeräte

Im folgenden wird nun der LWG und die Eigenschaften der wichtigsten Typen von Beleuchtungssystemen für Kopiergeräte besprochen.

Streusysteme sind dadurch gekennzeichnet, daß das Licht von Opal- oder Klarglaslampen über weiße, diffus reflektierende Flächen zur Bildbühne hin gestreut wird. Opallampen werden meist mit Hilfskondensor verwendet, um in der Bildbühne eine höhere Lichtkonzentration zu erzielen. Solche Systeme sind vor allem in einfachen Vergrößerungsgeräten zur Verarbeitung von Amateurmaterial eingebaut.

Die Streusysteme erzeugen in der Regel sehr weiches Licht und besitzen einen LWG von rund 5%, der bei hochgezüchteten Systemen bis über 15% gesteigert werden konnte.

Neben den Streusystemen sind die *Linsensysteme* die verbreitetsten Beleuchtungsaggregate für Kopiergeräte. Sie werden vor allem in anspruchsvollere Spezialvergrößerungsgeräte für Schwarzweiß und Color, sowie in Beleuchtungsanlagen für automatische Rollenkopiermaschinen für SW und Color eingebaut. Im Prinzip ähneln sie den Linsensystemen von Stehbildwerfern, doch sind wegen der speziellen Anforderungen, die an die eben erwähnten Geräte zu stellen sind, gewisse Abwandlungen notwendig. Diese bedingen, daß der LWG, der bei Projektoren 5...15% erreicht, bei Linsensystemen für Kopiergeräte nur 0,5...2% beträgt. D. h. bei Verwendung der gleichen Lampe tritt aus der Bildbühne eines Stehbildwerfers im Durchschnitt 10mal mehr Licht aus als bei einem Linsensystem für ein Kopiergerät: Sehr gleichmäßige Positivausleuchtung, weiches Kopierlicht und das Vorhandensein von Engstellen im Strahlengang für Verschluß und Einschwenkfilter sind zusätzliche Forderungen an Kopiergeräte, deren Erfüllung eine Verkleinerung des LWG bedingt.

Zur Frage der Gleichmäßigkeit der Positivausleuchtung soll hier noch angemerkt werden, daß ein physikalisch-gesetzmäßiger Zusammenhang zwischen der Güte der Positivausleuchtung und der Lichtausbeute der Beleuchtungsanlage nicht besteht. Die Praxis erweist es aber immer wieder, daß eine gute Positivausleuchtung nur auf Kosten der Positivhelligkeit erreicht wird. Eine gute Positivausleuchtung liegt dann vor, wenn die hellste Stelle des Positivs von der dunkelsten nur um weniger als 15% in der Beleuchtungsstärke abweicht. Im allgemeinen wird der hellste Bereich in der Mitte des Formates, der dunkelste in den Ecken liegen. Dies rührt zum größten Teil daher, daß die Helligkeit der Abbildung nach dem bekannten $\cos^4$-Gesetz mit zunehmendem Bildwinkel abnimmt, ein Effekt, dem sich noch die von der Bauart des Objektivs abhängige Randvignettierung überlagert. Doch auch die Beleuchtungssysteme selbst tragen zu dem erwähnten Randabfall in der Positivausleuchtung bei, indem das Licht Linsen und Mattscheiben des Kondensors bei senkrechtem Einfall mit kleineren Verlusten durchsetzt als beim Durchtritt unter einem Winkel gegen die optische Achse, wie es in den Ecken des Formates der Fall ist.

Gegen diesen Eckenabfall muß im allgemeinen durch die Wahl entsprechender Mattscheiben, asphärischer Kondensoren oder anderer Hilfsmittel angegangen werden. Dies geht, wie schon bemerkt, meist nur unter Lichtverlusten und damit auf Kosten des LWG.

Nach dem bisher Gesagten sind also bei den Kopiergeräten die Streusysteme den Linsensystemen im Hinblick auf den LWG überlegen. Weiterhin besitzen Streusysteme sehr weiches Licht und liefern eine gleichmäßige Positivausleuchtung. Dennoch werden ihnen in vielen Fällen, insbesondere bei Rollenkopiermaschinen, die Linsensysteme vorgezogen, weil Streusysteme auch eine Reihe von Nachteilen besitzen, die schwer ins Gewicht fallen.

Als erstes wäre hier die Schwierigkeit zu nennen, daß in Streusystemen in Ermangelung enger Lichtbündel keine kleinen und damit schnellen Verschlüsse und Einschwenkfilter angebracht werden können. Man ist deshalb gezwungen, diese vor dem Vergrößerungsobjektiv zu installieren, was eine Reihe von Schwierigkeiten, wie die Gefahr einer Brillanzminderung der Abbildung durch verstaubte und verkratzte Filter sowie Einbauprobleme bei Verwendung von Wechselobjektiven verschiedener Brennweite mit sich bringt. Auch im Zusammenhang mit dem Meßteil für eine automatische Belichtungsregelung ergeben sich in einem solchen Fall Einschränkungen, auf die hier jedoch nicht näher eingegangen werden soll. Man wird deshalb danach trachten, Verschluß und Einschwenkfilter in das Beleuchtungssystem zu verlegen.

Weiterhin kann bei Streusystemen beim Übergang von großen auf kleine Kopierformate kein Helligkeitsausgleich erfolgen, d. h. der gesamte zur Verfügung stehende Lichtstrom kann nicht auf das kleinere Format konzentriert werden, um die Belichtungszeitverlängerung auf Grund der jetzt notwendigen stärkeren Vergrößerung zu kompensieren. Dies ist bei Linsensystemen durch Einschwenklinsen jedoch leicht möglich.

Schließlich haben Linsensysteme den Vorteil, daß bei speziellen, lichtschwachen Konstruktionen die Positivhelligkeit durch Verringerung der Streumittel und damit allerdings auf Kosten der Weichheit vergrößert werden kann. Damit ist eine ausreichende Kopiergeschwindigkeit immer gesichert. Streusysteme können dagegen nur weiches Licht liefern. Die Positivhelligkeit kann also nicht auf Kosten der Weichheit angehoben werden. Dadurch ist es möglich, daß Streusysteme für spezielle Zwecke eine zu geringe Positivhelligkeit aufweisen, obwohl sie wesentlich mehr Licht durch die Bildbühne abstrahlen als Linsensysteme.

Zusammenfassend läßt sich also sagen, daß Linsensysteme zwar alle speziellen technischen Anforderungen erfüllen, aber bei hinreichender Positivhelligkeit auf Grund ihres kleinen LWG zu hartes Licht liefern. Die Streusysteme wiederum besitzen einen hohen LWG, liefern sehr weiches Licht bei einer für viele Fälle ausreichenden Positivhelligkeit, erlauben aber dann weder einen Formatausgleich, noch den Einbau von kleinen Verschlüssen und Einschwenkfiltern. Es stellt sich somit die Frage, ob es ein optisches System gibt, das die Vorteile der Linsen- und Streusysteme zugleich in sich vereinigt. Es wird sich zeigen, daß dies bei den Planspiegelsystemen der Fall ist. Wir wollen nun in den nächsten Abschnitten die Linsen- und Planspiegelsysteme näher betrachten und letztere insbesondere auf ihre Lichtleistung und Einsatzmöglichkeit hin untersuchen.

IV. Lichtführung und Lichtverluste eines Linsensystems

Bevor wir uns den Planspiegelsystemen zuwenden, wollen wir zunächst die Ursache und das Ausmaß der Lichtverluste bei einem Linsensystem eingehender betrachten. Im nächsten Kapitel wird auf die gleiche Weise ein Planspiegelsystem untersucht, und damit ein Einblick in dessen rationellere Lichtführung gewonnen.

Um das Linsensystem später mit dem Planspiegelsystem unter gleichen Voraussetzungen vergleichen zu können, wollen wir für beide Systeme die Erfüllung der nachfolgend zusammengestellten Forderungen verlangen:

a) Positivausleuchtung sehr gleichmäßig, Maximalabweichung der hellsten von der dunkelsten Stelle 15%;

b) Erzeugung sehr weichen Lichtes;

c) Verengung im Strahlengang für Verschluß und Einschwenkfilter;

d) Weitgehende Ausschaltung der Wärmestrahlung vor der Filtereinschwenkposition.

Die Erfüllung dieser Funktionsforderungen ist, wie wir wissen, mit zusätzlichen Lichtverlusten verbunden. Das sukzessive „Versickern" des Lichtstromes von der Lampe bis zum Austritt aus der Bildbühne wird in den folgenden Abschnitten bei beiden Systemen genauer verfolgt.

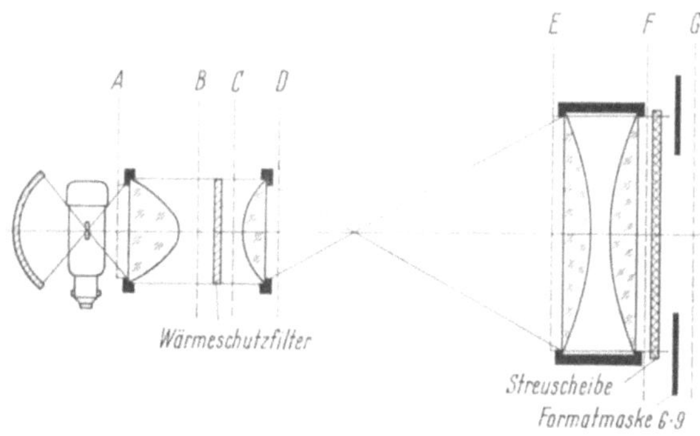

Abb. 1. Linsensystem.

Die quantitative Untersuchung wurde an einem vierlinsigen Kondensorsystem mit Zwischenabbildung der Lampenwendel durchgeführt (Abb. 1). Durch die Verwendung von asphärischen Linsen für den lampenseitigen Kondensor ist das System speziell auf eine sehr gleichmäßige Positivausleuchtung (Unterdrückung des Randabfalles) ausgelegt. Im Parallelstrahlengang des asphärischen Kondensors befindet sich ein Schott Wärmeschutzfilter KG 1/5 mm. Lampenseitig ist die Bildbühne mit einer Streuscheibe unterlegt. Die Fläche des Bildbühnenausschnittes beträgt 47 cm² (Negativ-Nennformat 6×9 cm).

Es wurde nun die Beleuchtungsstärke an den Schnittstellen A...G gemessen und aus ihrer örtlichen Verteilung der Gesamtlichtstrom des Schnittes bestimmt. Die Zahlenwerte sind in Tabelle 1 zusammengestellt.

Bei Durchsicht der Tabelle 1 stellt man fest, daß der Leuchtenwirkungsgrad dieses Systems 0,9% beträgt, also dem Mittel der bereits angegebenen Werte entspricht. Ferner erkennt man, daß die stärksten Lichtverluste bei der Erfassung des Lampenlichtstromes selbst und zwischen dem Eintritt in den Bildbühnendoppelkondensor und dem Austritt aus der Bildbühne erfolgen. An diesen Stellen gehen insgesamt rund 89% des Lampenlichtstromes verloren. Die Verluste an den Linsen sind demgegenüber unbedeutend.

Tabelle 1

Linsensystem			
Meßstelle	Licht-strom lm	Prozent des Gesamtlicht-stromes	Faktor der jeweiligen Abnahme
Lampe 100 W/12 V	2800	100	—
Schnitt A	500	18	5,6
Schnitt B	470	16	1,1
Schnitt C	320	11,3	1,4
Schnitt D	270	9,6	1,2
Schnitt E	220	7,8	1,2
Schnitt F	190	4,6	1,7
Schnitt G	25	LWG = 0,9%	5,1

Will man also durch ein anderes Beleuchtungssystem einen höheren LWG erzielen, so muß man vor allem an den erwähnten Positionen eine rationellere Lichtführung erreichen. Dies ist gerade bei einem Spiegelsystem der Fall.

V. Lichtführung und LWG eines Planspiegelsystems

Unter Planspiegelsystemen wollen wir Beleuchtungssysteme verstehen, bei denen das von der Lampe ausgehende Licht in hohlen, prismatischen und innenverspiegelten Kanälen durch Vielfachreflexionen zur Bildbühne geleitet wird. Sie finden in Kopiergeräten seltener als Linsen- und Streusysteme Anwendung.

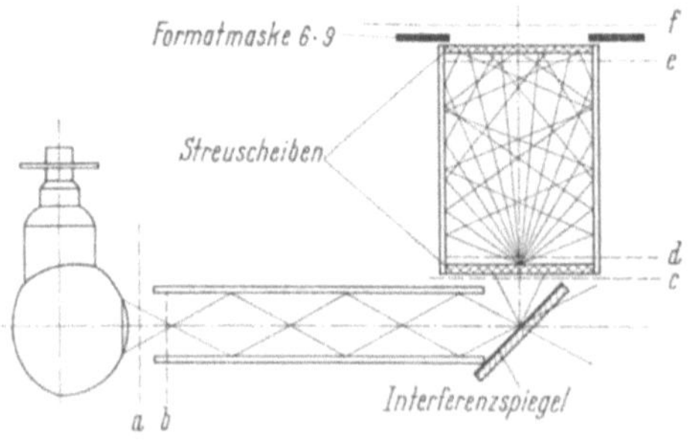

Abb. 2. Planspiegelsystem.

Aus der Vielzahl der konstruktiven Möglichkeiten haben wir auf der Grundlage der im vorigen Abschnitt aufgestellten Forderungen eine für unsere Zwecke besonders günstige Konstruktion verwirklicht, und diese auf Lichtführung und LWG hin untersucht. Dieses Spiegelsystem (Abb. 2) hat den Vorteil, daß es für seine Lichtführung keine radiale Symmetrie zur optischen Achse erfordert. Daher ist es möglich, Lampen zu verwenden, die einen Lichtstrom ohne Radialsymmetrie abstrahlen, wie z. B. die bekannten Ellipsoidreflektorlampen für Schmalfilmgeräte. Der bei diesen Lampen bereits einseitig konzentrierte Lichtstrom besitzt einen ungleichmäßig erhellten rechteckigen Querschnitt, so daß er in Verbindung mit einem Linsensystem nur bedingt brauchbar wäre, wogegen bei einem Spiegelsystem die Unregelmäßigkeit dieser Verteilung bedeutungslos ist. Der von der Lampe ausgehende Lichtstrom wird in einen hohlen, innenverspiegelten Lichtleitschacht von quadratischem Querschnitt weitergeleitet und tritt nach Umlenkung durch einen infrarotdurchlässigen Interferenzspiegel sowie Durchgang durch eine schwache Streuscheibe in einen weiten, auf den Querschnitt des zu kopierenden Formates gebrachten Planspiegelschacht ein. Auf Grund der darin erfolgenden Vielfachreflexionen verteilt sich das Licht gleichmäßig auf die den Schacht abschließende Streuscheibe und wird von dort nach allen Seiten abgestrahlt (Lambertstrahler, weiches Licht). Die Bildbühne befindet sich unmittelbar über der Abschlußstreuscheibe. Verschluß und Einschwenkfilter können an den beiden Enden des Zuführungsschachtes angebracht werden (Schnitt a und c).

Tabelle 2

Planspiegelsystem			
Meßstelle	Lichtstrom lm	Prozent des Gesamtlichtstromes	Faktor der jeweiligen Abnahme
Lampe 150 W/12 V	4200[1]	100	—
Schnitt a	2700	64	1,6
Schnitt b	2000	48	1,3
Schnitt c	950	23	2,1
Schnitt d	840	20	1,1
Schnitt e	670	16	1,2
Schnitt f	390	LWG = 9,3%	1,7

[1] Angegeben ist der von der Lampenwendel abgestrahlte Lichtstrom, wie er sich auf Grund elektrisch-optischer Berechnungen ergibt. Der effektive, aus dem Ellipsoidreflektorsystem austretende Lichtstrom entspricht dem Wert des Schnittes a.

In Tabelle 2 kann man die Lichtstromwerte der Schnitte a...f verfolgen. Der in der letzten Spalte angegebene LWG ist demnach beim Spiegelsystem ca. 10mal größer als beim Linsensystem und entspricht mit seinem Wert von rund 10% den Streusystemen. Man sieht, daß die hohen Verluste, die in den Linsensystemen bei der Erfassung des Lichtstromes der Lampe entstehen, durch den jetzt möglichen günstigeren Lampentyp vermindert werden. Ferner erlaubt der Spiegelschacht eine rationellere Anpassung des Lichtquerschnittes an das Kopierformat als ein Doppelkondensor.

Sollen in einem Kopiergerät verschieden große Negativformate kopiert werden, so ist es möglich, für jedes Format einen eigenen Spiegelschacht einzusetzen, dessen Querschnitt auf das zu kopierende Format abgestimmt ist. Man kann z. B. die verschiedenen Schächte ähnlich wie Mikroskop-Objektive auf einem Revolver montieren und durch Drehen des Revolvers den gewünschten Schacht in den Strahlengang bringen. Dies entspricht funktionsmäßig bei einem Linsensystem dem in Abschnitt III erwähnten Einschwenken eines Zusatzkondensors, der ebenfalls dazu dient, den vorhandenen Lichtstrom auf ein bestimmtes Negativformat zu konzentrieren.

VI. Spiegel- und Linsensystem für Farbmischung

Noch deutlicher als unter IV. und V. zeigt sich die Überlegenheit des Spiegelsystems über das Linsensystem, wenn es darum geht, farbig gefiltertes Licht von mehreren Beleuchtungsaggregaten zu vereinigen. Es münden dann z. B. drei Spiegel-

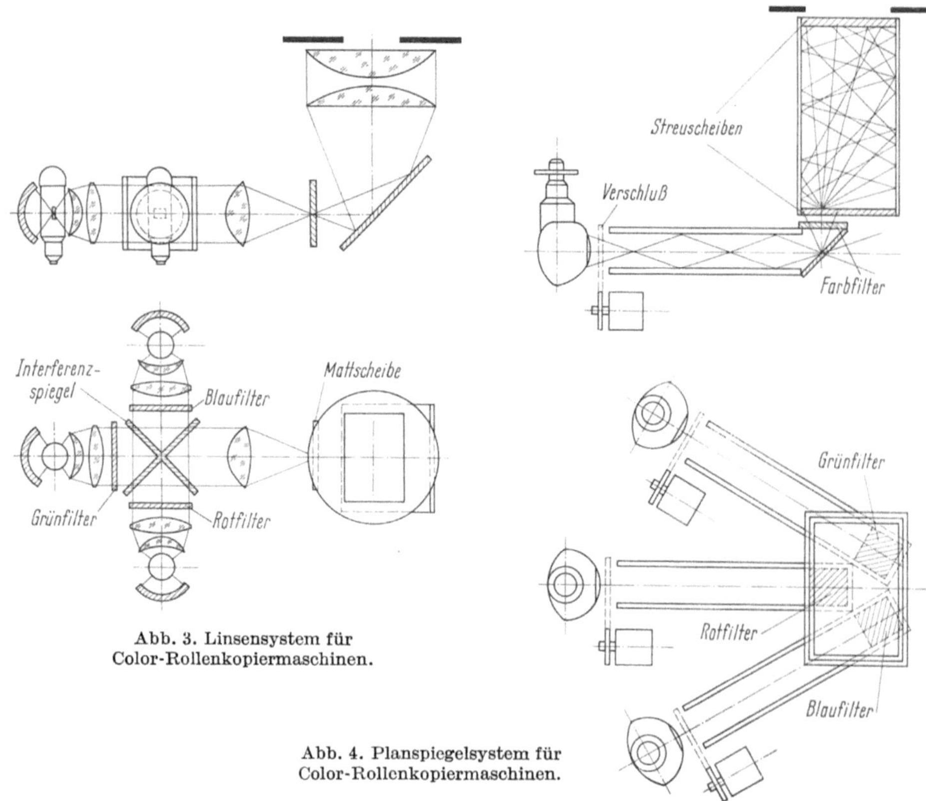

Abb. 3. Linsensystem für Color-Rollenkopiermaschinen.

Abb. 4. Planspiegelsystem für Color-Rollenkopiermaschinen.

kanäle gemeinsam in den Spiegelschacht (Abb. 4). Das blaue, grüne und rote Licht wird dort gemischt und der Bildbühne zugeführt. Da jeder der drei Kanäle mit einem Verschluß versehen ist, kann somit die Belichtungszeit von jeder Farbe z. B. durch eine automatische Belichtungssteuerung gleichzeitig und unabhängig voneinander geregelt werden.

Bei einem Linsensystem müssen die additiv gefilterten Parallelstrahlengänge der Lampenkondensoren (Abb. 3) durch dichroitische Spiegel zusammengeführt werden und nach Mischung mittels einer Streuscheibe in den Bildbühnenkondensor eintreten.

Ein solches Kondensorsystem, wie es in Color-Rollenkopiermaschinen eingebaut wird, wird in Tabelle 3 kurz mit dem entsprechenden Spiegelsystem verglichen. Da es sich bei dem zu messenden Licht um sehr enge Spektralbereiche handelt, werden die Lichtströme nicht in Lumen, sondern nur durch relative Intensitäten angegeben. Die Farbfilter bzw. dichroitischen Spiegel sind so beschaffen, daß sie für jeden der drei additiven Spektralbereiche Blau, Grün und Rot einen möglichst hohen Prozentsatz des Lampenlichtstromes hindurchlassen. Damit entsprechen die Lichtintensitäten der drei Spektralbereiche untereinander ungefähr der spektralen Verteilung der verwendeten drei Glühlampen, deren Farbtemperatur etwa 3200° abs. beträgt. Die spektrale Empfindlichkeit des photographischen Color-Papiers ist wiederum so abgestimmt, daß zur Erzielung von neutralen Kopien durchschnittlicher Color-Negative ungefähr gleichlange Belichtungen der drei spektralen Intensitäten notwendig sind.

Tabelle 3

System	Lampenlicht-strom und -Leistung	Relativer Lichtstrom durch die Negativbühne		
		Blau	Grün	Rot
Kondensor-system (Abb. 3)	3×4400 lm 3×200 W/50 V	1	1	1
Spiegel-system (Abb. 4)	3×4200 lm 3×150 W/12 V	33	14	15

Man sieht auch hier die Überlegenheit des Spiegelsystems gegenüber dem Kondensorsystem, das bei gleichem Lampenlichtstrom einen erheblich geringeren Lichtstrom durch die Bildbühne erzeugt. Die unterschiedlichen Faktoren in den einzelnen Farben werden teils durch die verschiedene Farbtemperatur der verwendeten Lampen, teils durch die verschiedene Art der Farbfilterung bei beiden Systemen verursacht.

Anmerkend sei an dieser Stelle noch einmal darauf hingewiesen, daß diese Zahlen nicht das geringste über die Beleuchtungsstärke des projizierten Bildes aussagen. Diese hängt, bei gleichem Bildbühnen-Lichtstrom Φ_B, von der Weichheit des Kopierlichtes ab. So ist in Grün sowie in rot trotz der großen Verschiedenheit der Bildbühnen-Lichtströme die *Positiv*helligkeit beider Systeme nur etwa gleichgroß und die in Blau für das Spiegelsystem doppelt so groß. Dafür ist das Licht des Spiegelsystems wesentlich weicher als das des Linsensystems.

VII. Zusammenfassung der Ergebnisse

Die Forderung nach hoher Weichheit des Kopierlichtes unserer Beleuchtungssysteme für Kopiergeräte läßt sich ohne Verringerung der Positivhelligkeit nur durch eine Erhöhung des Leuchtenwirkungsgrades erreichen. Dies bedeutet, daß man die

Lichtverluste in den Beleuchtungsanlagen reduzieren muß. Da bei den Linsensystemen keine Aussicht besteht, dies in einem ausreichenden Maße zu erreichen, erweist es sich als notwendig, ein anderes Beleuchtungssystem zu suchen, das prinzipiell eine höhere Lichtausbeute besitzt, ohne daß damit Nachteile für den praxisgerechten Einbau der Beleuchtungsanlagen in Geräte verbunden sind.

Dies ist bei den Planspiegelsystemen der Fall, die alle positiven Merkmale der Linsensysteme aufweisen, jedoch im Mittel einen ca. 10mal höheren LWG als diese besitzen. Letzteres ist vor allem darauf zurückzuführen, daß Planspiegelsysteme den Einbau von Speziallampen erlauben, deren Lichtstrom gut ausgenützt werden kann und daß durch entsprechende Wahl des Querschnittes der Mischschächte eine verlustarme Konzentration des Lichtes auf das jeweilige Negativformat möglich ist. Auch im Hinblick auf die Mischung von farbig gefilterten Lichtströmen erweist sich das Spiegelsystem dem Linsensystem hinsichtlich Lichtausbeute und Einfachheit der optischen Anordnung überlegen.

Da ein Spiegelsystem sehr weiches Licht erzeugt, gelten die genannten Vorteile dann, wenn ausdrücklich weiches Licht gefordert wird, wie dies bei den meisten Kopiergeräten für die Verarbeitung von Amateurmaterial der Fall ist.

Die experimentellen Untersuchungen, auf die sich die vorliegende Arbeit stützt, wurden in den Jahren 1963/64 im Agfa Camera-Werk, München, durchgeführt. In diesem Zusammenhang möchte ich Herrn ERICH NAGEL für die Lösung der konstruktiven Probleme sowie Frau ULRIKE SÖLLNER für die gewissenhafte Ausführung der praktischen Versuchsarbeiten besonders danken.

Quellenverzeichnis der Arbeiten dieses Bandes, die ganz oder teilweise bereits anderweitig veröffentlicht sind

KLEIN, E. u. R. MATEJEC: Zusammenfassung über die heutigen Vorstellungen zur spektralen Sensibilisierung: Vortrag auf dem 2. Internat. Farbensymposium vom 21. bis 24.4.1964 auf Schloß Elmau/Obb.

KLEIN, E. u. E. MOISAR: Wachstum und Kristalltracht der Silberhalogenidkristalle photographischer Emulsionen: Zusammenfassung von Ber. d. Bunsengesellschaft **67**, 349, 949 (1963).

KLEIN, E., H. J. METZ u. E. MOISAR: Zwillingsbildung bei Silberhalogenidkristallen photographischer Emulsionen: Zusammenfassung von Phot. Korr. **99**, 99 (1963) und **100**, 55 (1964).

KLEIN, E. u. S. WAGNER: Ein Beitrag zum Solarisationsverhalten photographischer Silberbromidemulsionen: Auszug aus der Dissertation von S. WAGNER, Techn. Hochschule Aachen (1963).

MOISAR, E.: Untersuchungen über die topographische Verteilung des latenten Bildes: Zusammenfassung von Ber. d. Bunsengesellschaft **67**, 356 (1963) u. Vortrag vor der Royal Phot. Soc. (Oxford 1964).

EGGERS, J., E. MOISAR u. S. WAGNER: Der Aufbau des latenten Bildes bei Blitzfolgebelichtungen: Auszug aus Phot. Korr. **100**, 111 (1964).

MATEJEC, R. u. E. MOISAR: Das Redoxverhalten des latenten Bildes, Teil I: Das Redoxverhalten der Außenkeime: Auszug aus Phot. Korr. **100**, 39 (1964).

MATEJEC, R. u. R. MEYER: Elektrodentheorie der photographischen Entwicklung: Zusammenfassung von Z. wiss. Phot. **57**, 18 (1963) und Phot. Sci. Engng. **7**, 265 (1963).

MEYER, R.: Zur Reaktionskinetik des Silbersalzdiffusionsverfahrens: Auszug aus Z. wiss. Phot. **58**, (1964), im Druck.

LANGNER, G.: Zur Berechnung der Körnigkeit, des kleinsten nachweisbaren Kontrastes und der Anzahl der nachweisbaren Helligkeitsstufen photographischer Schichten: Auszug aus Phot. Korr. **99**, 177 (1963).

KLEIN, E. u. G. LANGNER: Zur Messung der Körnigkeit und des Wiener-Spektrums photographischer Schichten: Auszug aus J. Phot. Sci. **11**, 177 (1963).

LANGNER, G. u. R. MÜLLER: Zur Praxis der Modulationsübertragungsfunktion: Zusammenfassung von Phot. Korr. **99**, 35, 69 (1963).

MATAJEC, R.: Protonen als Ladungsträger der elektrischen Leitfähigkeit und der Photoleitfähigkeit von Anthracen-Kristallen: Ber. d. Bunsengesellschaft **68**, 964 (1964).